FUNDAMENTALS OF SEMICONDUCTOR DEVICES

2nd Edition

반도체 소자공학

제2판

Fundamentals of Semiconductor Devices, 2nd Edition

1 2 3 4 5 6 7 8 9 10 HM 20 18

Original: Fundamentals of Semiconductor Devices, 2nd Edition © 2017
By Betty Lise Anderson, Richard L. Anderson
ISBN 978-0-07-352956-1

This authorized Korean translation edition is jointly published
by McGraw-Hill Education Korea, Ltd. and **Hantee Media**.
This edition is authorized for sale in the Republic of Korea.

This book is exclusively distributed by **Hantee Media**.

When ordering this title, please use ISBN 978-89-6421-316-2

Printed in Korea

Betty Lise Anderson
Richard L. Anderson

FUNDAMENTALS OF SEMICONDUCTOR DEVICES

2nd Edition

반도체 소자공학

제2판

박정호 · 김득영 · 김종열 · 이종창 · 이형주 · 황진영 옮김

역 자

박정호	고려대학교	전기전자공학부	pak@korea.ac.kr
김득영	동국대학교	물리·반도체공학부	dykim@dongguk.edu
김종열	세종대학교	전자정보통신공학과	jrkim@sejong.ac.kr
이종창	홍익대학교	전자전기공학부	wave@hongik.ac.kr
이형주	안동대학교	전자공학과	lhjoo@andong.ac.kr
황진영	항공대학교	항공전자정보공학부	jinhwang@kau.ac.kr

반도체 소자공학 제2판

발 행 일 2018년 6월 15일 초판 1쇄
지 은 이 Betty Lise Anderson, Richard L. Anderson
옮 긴 이 박정호 김득영 김종열 이종창 이형주 황진영
펴 낸 이 김준호
펴 낸 곳 한티미디어 | 서울시 마포구 연남로 1길 67 1층
등 록 제15-571호 2006년 5월 15일
전 화 02) 332-7993~4 | **팩 스** 02) 332-7995
I S B N 978-89-6421-316-2 (93560)
가 격 35,000 원

마 케 팅 박재인 최상욱 김원국
편 집 유채원
관 리 김지영
표 지 하상희
인 쇄 갑우문화사

이 책에 대한 의견이나 잘못된 내용에 대한 수정정보는 한티미디어 홈페이지나 이메일로 알려주십시오.
독자님의 의견을 충분히 반영하도록 늘 노력하겠습니다.

홈페이지 www.hanteemedia.co.kr | 이 메 일 hantee@hanteemedia.co.kr

PERFACE

역자 서문

인류가 이룩한 과학과 기술의 발전의 역사를 돌아보면, 어떤 시기에 그 시대의 과학과 기술의 패러다임을 바꾸는 사건이 있었는데, 이를 '산업혁명'이라고 부른다. 지난 반세기 동안 이룩한 트랜지스터라 불리는 반도체 소자의 발명과 뒤이은 IC 칩과 컴퓨터의 개발은 3차 산업혁명이라 불리는 컴퓨터와 인터넷의 개발을 통한 정보통신의 혁명을 이룩하는 데 절대적인 역할을 했으며, 역사상 유래를 찾아볼 수 없을 만큼 인류의 일상생활 패턴을 바꾸어놓았다. 최근에 4차 산업혁명 기술로서 빅 데이터 활용 기술, 인공 지능(artificial intelligence), 자율 주행 자동차, 인공 장기, 3-D 프린팅, 가상 현실, 증강 현실, 생물 정보 분석 및 조절 기술, 인간과 로봇의 융합 등이 언급되고 있는데, 이런 4차 산업혁명 기술의 성공을 위해서는 많은 양의 정보 저장과 신속한 처리를 위한 반도체 메모리와 정보처리용 CPU 기술이 또한 필수적이다. 그러므로 전자, 통신, 전기, 컴퓨터 재료, 화공 분야 학생들에게 반도체 소자공학에 대한 적절한 입문서는 무엇보다 중요하다고 할 수 있다.

그동안 국내외에서 반도체 공학 강의를 위한 다수의 교재가 출판되고 있는데, 역자들이 상당 기간 강의를 하면서 그 경험을 통해 학생들에게 반도체의 기초가 되는 내용부터 최근 소자의 개발 동향과 그 물리적 현상을 함께 소개할 수 있는 교재를 찾던 중 Anderson & Anderson이 저술한 책의 내용을 보고 그 목적에 잘 부합되어서 주목하게 되었다.

이 책은 특히 현대 물리학의 기초를 충분히 습득할 기회를 갖지 못하는 국내 대다수 대학의 여건에서, 학생들이 부담감 없이 이 부분에 접근하고 이해하기 쉽도록 상당한 배려를 하고 있다. 또한 반도체 물성에서 가장 중요한 캐리어 밀도와 캐리어 이동도에 대해서 다른 책들과 달리 다소 세부적인 사항들을 포함하고 있다. 그리고 반도체 소자 가운데 다이오드, MOSFET과 다른 종류의 FET, 바이폴라 트랜지스터, 광소자와 전력용 반도체 소자까지 많은 중요한 반도체 소자들의 작동 원리와 물리적 현상을 다루며, 좀 더 깊이 있는 내용들은 보충 자료(Supplement)에 보완하여 설명하였다. 따라서 이 책의 내용은 학부 학생들 3, 4학년들에게 강의 교재로 사용될 수 있을 뿐만 아니라, 대학원 초년생들의 반도체 공학 강의 교재로, 그리고 산업계에서 반도체 분야에 종사하는 엔지니어들에게도 좋은 참고도서가 되리라 믿는다. 역자들은 저자의 독자들에 대한 배려가 손상되지 않도록 세심한 주의를 기울였으며 최대한 정확한 의미가 전달되도록 노력하였다.

이 책의 2판 번역에 역자들과 출판사가 협력하여 좋은 역서가 되도록 많은 노력을 기울였으나 아직 미흡한 부분이 있다는 생각을 떨치기 어렵다. 본의 아닌 오류나 미흡한 부분을 발견하는 경우 독자들의 넓은 양해를 바라며 오류가 지적되는 대로 추후 수정, 보완할 것을 다짐한다. 아무쪼록 본 역서가 국내 반도체 공학을 공부하는 학생과 직장인 들에게 유익한 교재가 되기를 바라며, 이 책과 같이 중요 서적의 보급과 출간에 사명감을 가지고 열정적으로 임하는 한티미디어의 김준호 사장에게 감사드리며, 이 책의 원고 교정 및 편집에 노력한 여러 분들의 노고에도 감사드린다.

2018년 6월

대표 역자 박정호

PERFACE

저자 서문

이 책은 반도체 소자들의 동작 원리를 다루는 교재이다. 이 책은 전기·전자공학을 전공하는 (3학년 또는 4학년) 학부생 또는 대학원 신입생뿐만 아니라, 컴퓨터공학, 물리학, 그리고 재료공학을 전공하는 학생들에게도 적합하다. 또한 이 책은 현대의 반도체 소자와 관련된 분야에 종사하는 실무 엔지니어와 과학자 들의 참고서로도 유용하게 사용할 수 있다.

이 책에 앞서서 요구되는 선수 과목은 일반적으로 대학교 학부 1학년 또는 2학년에서 배우는 화학, 물리학, 그리고 전기회로 등이다.

이 교재는 반도체 소자에 대한 두 학기 또는 세 학기 과정에서 사용하기에 적절하다. 그러나 어려운 내용의 일부를 제외하고 일부를 '단지 읽어보는' 정도로 배정한다면 한 학기 과정용으로도 사용할 수 있을 것이다. 저자들은 상세한 유도 부분에 관한 일부 절들을 생략해도 나머지 다른 부분의 이해에 영향을 미치지 않도록 이 책의 내용을 체계화하려고 시도하였다.

이 책은 다섯 부분으로 나뉜다.

1. 물질
2. 다이오드
3. 전계 효과 트랜지스터
4. 바이폴라 트랜지스터
5. 광전 소자와 전력 반도체 소자

처음 네 부분에는 '보충' 자료가 뒤따르는데, 소자 동작의 기본 원리를 이해하는 데 꼭 필요한 것은 아니지만, 강사의 재량에 따라 배정할 수도 있는 관련 자료들이 포함되어 있다.

1부의 "물질"은 네 장과 한 보충 자료로 구성된다. 첫 두 장은 선수 과목 내용을 복습하는 내용이 상당히 포함되어 있다. 이 내용은 나중에 소개할 장들에서 소자 동작 원리를 설명하는 데 광범위하게 사용될 것이므로 여기에 포함하였다. 선수 과정에서 다룬 내용의 상세함 정도에 따라 이 장들의 많은 내용은 읽기 숙제로 돌릴 수도 있다.

이와 같은 과목에서 다루는 양자역학의 수준은 매우 다양하다. 이 책에서는 양자역학의 기본 개념이 1부의 주된 장들에 포함되어 있다. 양자역학을 보다 자세히 다루고자 하는 강사들은 1부의 보충 자료에서 더 광범위한 자료를 찾을 수 있을 것이다.

특정 종류의 크고 작은 소자(예, 다이오드, 전계 효과 트랜지스터, 바이폴라 트랜지스터, 광 검출기)의 기본 동작 원리는 동일하다. 그러나 소자 동작에 관련된 많은 변수들의 상대적인 중요성은 소자 치수에 의존한다. 이 책에서는 치수가 큰 소자의 일반적인 거동을 먼저 다룬다. 우리는 각각의 경우 (계단 접합과 장채널 전계 효과 트랜지스터 등과 같은) '기본형' 소자를 다루는데, 이로부터 기본적 물리를 배울 수 있고, 그러고 나서 2차적인 효과를 고려한 보다 현실적인 소자 모델을 개발한다. 이러한 2차적인 효과는 현대의 소형 소자의 전기적 특성에 상당한 영향을 미친다. 강사는 바라는 만큼 또는 주어진 시간에 따라 수준을 조절할 수 있다.

학부 교재에서는 일반적으로 생략하지만 이 책에서 다룬 주제들은 다음과 같다.

- 상태 밀도 계산에서와 전도도 계산에서 사용되는 전자와 정공의 유효 질량의 차이.
- 다수 캐리어인가 소수 캐리어인가에 따른 전자와 정공의 이동도 (그리고 그에 따른 확산 계수의) 차이점.
- 바이폴라 접합 트랜지스터(그리고 이종 접합 BJT의 구성)의 베이스 내 도핑 농도 경사가 전류 이득과 스위칭 속도에 미치는 효과.
- 축퇴 반도체에서의 밴드 갭 감소. 이 현상은 다이오드나 전계 효과 트랜지스터의 전기적 특성에는 별 영향을 미치지 않지만 바이폴라 접합 트랜지스터의 이미터에서는 한 차수 정도의 크기로 전류 이득을 줄일 수 있다.
- 고출력 반도체 소자에 사용하기 위한 넓은 밴드 갭 반도체(예, GaN와 4H-SiC)의 사용.

실리콘과 실리콘 기반의 소자에 중점을 두는 한편, 화합물 반도체 소자, 합금 소자(예, Si:Ge, AlGaAs), 그리고 이종 접합(조성이 다른 반도체 간의 접합) 소자들도 역시 고려하는데 이는 밴드 갭 공학 기술을 이용해서 이러한 소자들의 성능 증진이 가능하기 때문이다.

공정은 반도체 공학의 중요한 부분이지만, 시간 관계상 종종 뛰어넘는다. 이 자료는 부록 C에 소개되어 있으며, 원한다면 읽기만 하는 내용으로 배정할 수도 있다.

보충 자료 주제들은 일련의 Online Module에 작성되었다. 이 모듈의 내용들은 보통 첫 반도체 소자 과정에서 가르치는 수준 이상의 내용인데, 책의 적절성을 보완하는 내용을 담고 있다. 예를 들어, Online Module 7은 CMOS 소자를 이용한 일부 기본적인 대표 회로를 묘사한다. 이 Online Module들은 웹에서 다운로드할 수 있게 준비되어 있다.

감사의 글

우리는 무엇보다 아낌없는 사랑으로 지원하고 인내하며 도와준 우리들 각자의 배우자 Bill과 Claire에게 감사한다. 우리는 또한 이름을 알 수 없는 원고 교정자들의 논평과 제안에 대해서도 감사하며, 아울러 McGraw-Hill 사의 담당자들에게도 모든 도움에 감사한다. 우리는 이 책의 초판에 관해 가치 있는 피드백을 해준 우리 학생들과 그들의 교수님들께 감사한다. 특별히, 노트르담 대학의 Gary Berstein 교수님께 그의 광범위한 논평과 제안에 감사한다. 우리는 또한 소자의 주사형 전자 현미경(scanning electron microscopy, or SEM) 사진을 제공해준 IMEC의 Cor Claeys와 Rita Rooyackers에게 감사한다.

Anderson & Anderson

CONTENTS

차례

Chapter 3 동질 반도체에서의 전류의 흐름

Chapter 4 이질 반도체

1부 보충: 양자역학의 개요 194

Part 2
다이오드

Chapter 5
전형적인 pn 동종 접합

Chapter 6
다이오드에 관한 추가 고려사항

2부 보충: 다이오드 358

Part 3
전계 효과 트랜지스터

Chapter 7
The MOSFET

Chapter **8**

다른 전계 효과 트랜지스터

3부 보충: MOSFET의 추가 고려사항 517

Part 4

양극성 접합 트랜지스터

Chapter **9**

양극성 접합 트랜지스터: 정적 특성

Chapter 10 BJT의 시변 해석

4부 보충: 양극성 소자 656

Part 5
광전자 및 전력 반도체 소자

Chapter 11
광전소자

Chapter 12
전력 반도체 소자

부록

PART 1

물질

서론

반도체는 대부분의 현대적인 전자 시스템(예를 들어, 컴퓨터, 통신망, 제어 시스템)의 기반이 된다. 전자공학 분야에서는 다른 물질(예를 들어, 하드디스크 드라이브에서의 자성체 물질)에 대한 응용도 다루지만, 본 교재에서는 반도체를 기반으로 하는 전자소자에 국한하여 중점을 둘 것이다.

반도체 소자의 동작 원리와 설계에 대한 이해를 위해서는 관련된 반도체 물질에 대한 이해가 선행되어야 한다. 본 교재의 1부에서는, 원자 자체로부터 출발하여 물질 내에서의 전자의 거동을 논의한 다음, 단결정 반도체 내에서의 전자로 논의를 확대할 것이다.

고전역학은 고체 내에서의 전자의 거동을 충분하게 묘사하지 못한다는 사실을 알고 있다. 그러므로 전자의 거동을 예측하려면 원칙적으로 고전역학 대신에 양자역학을 사용하여야 하지만, 양자역학의 적용은 우리에게 더욱 친숙한 고전역학(또는 뉴턴역학)만큼 간단하지가 않다. 따라서 어느 정도의 양자역학적 효과를 고려하기 위하여, 익숙한 고전적인 방정식들을 변형한 의사-고전역학(pseudo-classical mechanics)을 도입할 것이다.

1장에서는, 소자의 동작을 이해하는 데 꼭 필요한, 기본적인 양자역학적 개념들을 다룬다(더 상세한 논의는 1부의 4장 뒤에 있는 보충에서 다룬다). 2장에서는 의사-고전역학을 다루는데, 단순하고 직관적인 의사-고전적 방정식을 사용하면 복잡한 장(field) 내에서의 전자의 거동을 쉽게 예측할 수 있게 된다.

또한 의사-고전역학을 이용하여 에너지 밴드 다이어그램을 도시하고 사용할 수 있게 된다. 에너지 밴드 다이어그램은 반도체 내에서의 전자와 정공의 운동, 즉 전류를 이해하고 예측하는 데 필수적이다.

3장에서는 반도체 내에서 전류를 운반하기 위해 이용할 수 있는 전하 캐리어의 수에 의하여 반도체의 전도도가 조절될 수 있음을 배운다. 반도체 내에서의 전하 캐리어는 전자와 정공이다. 그 수는 반도체 물질에 의도적(인위적)으로 첨가하는 불순물 원소의 농도에 의하여 조절된다. 또한 캐리어 농도는 온도에 의존하며, 반도체에 빛을 쪼여주는 경우에도 변하게 된다.

반도체에는 두 가지의 주된 전류의 형태가 있는데, 각각 드리프트 전류(drift current, 표동 전류)와 확산 전류(diffusion current)이다. 드리프트 전류는 전계가 존재할 때 생기는 반면, 확산 전류는 캐리어 농도가 위치에 따라(공간적으로) 변할 때 발생한다.

4장에서는 도핑이나 물질의 조성 자체가 위치에 따라 변하는 이질 반도체 물질들을 다룬다. 위치에 따른 이러한 변동은 내부 전계를 생성하여 소자의 성능을 향상시킬 수 있다. 대부분의 현대적인 반도체 소자는 이러한 이질 물질로 이루어진 영역들을 가진다.

1부의 보충에는 반도체 물질과 관련된 추가적인 주제로, 양자역학에 대한 좀 더 상세한 논의와 포논에 대한 논의가 포함된다.

이제, 원자 내의 전자에 대하여 알아보기로 하자.

CHAPTER 1

반도체 내의 전자 에너지와 상태

1.1 서론

반도체에 대한 공부를 물질 내에서 전자가 어떻게 거동하는지를 다루는 기본적인 물리학으로부터 시작하기로 하자. 고체 내에서의 전자의 운동을 제어하는 능력(기술)이 반도체 소자공학의 기초가 된다. 반도체 소자의 전자적 특성을 이해하기 위해서는 소자를 구성하는 물질의 전자적 특성과, 그 특성이 불순물(의도적이든 그렇지 않든), 온도, 인가된 전압, 소자 구조 및 광 복사에 의하여 어떻게 영향을 받는가를 이해하는 것이 필수적이다.

고체는 원자들로 구성되어 있기 때문에, 우선 원자의 전자적 특성을 살펴보고, 다음으로 그 결과를 간단한 분자와, 이어서 고체로 확장해보자. 특히 반도체 소자와 집적회로에서 보편적으로 가장 많이 사용되고 있는 두 종류의 반도체인 실리콘(Si)과 갈륨비소(GaAs)의 결과들에 대하여 중점적으로 다룰 것이다. 또한 현대의 반도체 소자에서 중요한 역할을 하는 다른 몇몇 반도체 및 합금 반도체들도 살펴보기로 한다.

원자를 고찰할 때에는 양자역학을 사용하게 되는데, 양자역학은 원자나 전자와 같은 아주 작은 물체의 거동을 정확하게 기술하는 데 필요한 과학의 한 분야이다. 양자역학을 따르다 보면, 양자역학에서는 에너지가 오직 이산적인 묶음(packet), 즉 양자(quantum)로만 존재할 수 있다는 생각에 기초를 두고 있음을 깨닫게 될 것이다. 양자의 크기는 너무 작아서, 자동차나 먼지 입자와 같이 상대적으로 큰 물체의 운동량이나 속도를 계산할 때에는 그 결과에 전혀 영향을 주지 않지만, 전자와 원자에 대한 양자적인 묘사는 매우 중요하다.

양자역학에 대한 이해는 쉽지 않으며, 여러 개의 입자로 구성된 계의 특성을 양자역학을 사용하여 닫힌 형태의 수식으로 계산하는 것 또한 어렵다. 그러나 다행스러운 것은, 실제 전자의 질량을 **유효 질량(effective mass)**으로 대체하고 뉴턴의 법칙이나 로렌츠 방정식과 같은 고전적인 식들을 사용하는 **의사-고전역학(pseudo-classical mechanics)**에 의해 반도체 내에서 관심의 대상인 전자의 거동을 결정할 수 있다는 점이다. 따라서 이 절에서는 양자역학에 대한 최소한의 논의만 제시할 것이다. 반도체 소자에서의 몇몇 전자적 과정에 적합한 양자역학에 관한 더 상세한 논의는 1부의 4장 뒤쪽에 있는 보충에 소개하였다.

반도체를 이해하기 위한 핵심은 수학적 결과에 대한 물리적 해석에 달려 있다. 본 교재는 물리적인 이해에 중점을 둔다.

1.2 간략한 역사

20세기 초에, 과학자들은 X-선 산란, 광전효과, 그리고 원자의 광 방출 및 광 흡수 스펙트럼과 같은 실험에서 관측된 결과들을 설명할 수 있는 원자 모형의 개발을 위해 노력하였다. 1910년에 톰슨(J. J. Thomson)은 그림 1.1a에 나타낸 바와 같이 양(+) 전하들이 연속적으로 균일하게 분포된 구에 전자들이 띄엄띄엄 박혀 있는 모형을 제안하였다. 1911년에 러더퍼드(Ernest Rutherford)는 톰슨의 모형을 개량하였다. 즉, 원자구조에 대한 러더퍼드의 모형에서는 모든 양전하와, 실질적으로 모든 원자의 질량이 원자의 중심에 있는 작은 영역에 집중되어 있는 것으로 가정하였다. 이 원자핵은 보통 반경이 10^{-14} m 정도인 구로 간주한다. 음(−)으로 대전된 전자는 마치 태양 주위를 공전하는 행성이나 지구 주위를 공전하는 위성과 같이, 양으로 대전된 원자핵의 주위를 공전하는 것으로 가정하였다.

1913년에, 보어(Niels Bohr)는 그림 1.1b에서 보듯이, 원자에 관한 러더퍼드의 모형에서 전자들이 원자핵을 중심으로 궤도 원운동을 한다고 가정하였다. 이러한 가정으로부터, 원자가 안정하기 위해서는 전자들이 어떤 특정한 에너지 값들만 가질 수 있어서, 전자의

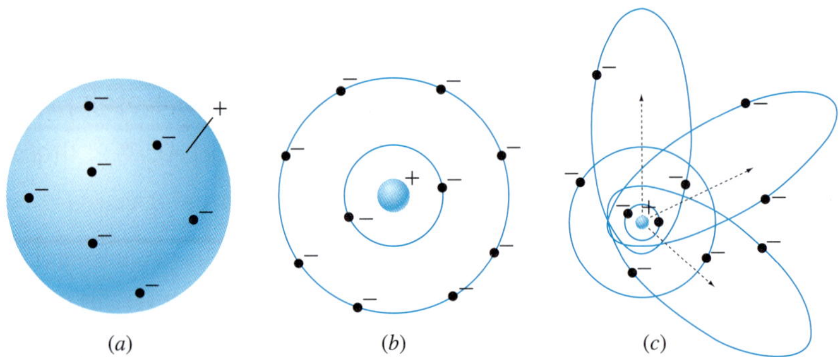

그림 1.1 (a) 원자의 톰슨 모형, 양전하가 구 안에 균일하게 분포되어 있고 전자는 그 안에 박혀 있는 음의 점전하로 간주된다. (b) 보어의 모형, 양전하는 작은 원자핵 안에 집중되어 있고 전자들은 궤도 원운동을 하고 있다. (c) 윌슨-조머펠트 모형, 보어의 모형과 유사하지만 타원 궤도가 허용된다.

에너지들이 **양자화(quantized)**되어 있을 것으로 예측하였다. 에너지와 많은 다른 관측 양들(직접 측정될 수 있는 성질들)은 플랑크 상수의 항으로 표현된다. 플랑크 상수, h는 6.63×10^{-34} J · s의 값을 갖는다. 보어가 원자 내의 전자에 대하여 예측한 에너지는 분광 스펙트럼 데이터로부터 얻은 실험 결과와 매우 잘 일치한다.

1916년에, 윌슨(Wilson)과 조머펠트(Sommerfeld)는 보어의 모형을 일반화하여 입자의 운동이 시간에 대하여 주기적인 모든 물리계에 적용하였다. 이러한 변형 과정을 통하여 그림 1.1c에 나타낸 바와 같이 전자의 타원 궤도의 가능성을 허용하였다.

1.3 수소 원자에의 적용

이 절에서는, 수소 원자에 관한 보어의 모형을 간략하게 살펴본다. 수소 원자가 강조되는 이유는, 반도체 소자에서 **수소 원자와 유사한 불순물(hydrogen-like impurity)**이 중요하기 때문이며, 이 불순물들은 보어 모형과 유사한 방식으로 취급할 수 있다. 1부의 보충에서는 이 결과들을, 슈뢰딩거 방정식(Schrödinger's equation)으로 나타낸 양자역학을 이용하여 구한 결과들과 비교할 것이다.

1.3.1 수소 원자의 보어 모형

먼저 전자가 원자핵 주위를 원형 경로로 공전하는 보어 모형으로부터 출발하기로 하자. 수소 원자핵의 질량은 전자의 질량의 1830배인 1.67×10^{-27} kg이므로, 원자핵은 공간에 고정되어 있는 것으로 간주한다.

한 예로 하나의 궤도 전자를 갖는 중성의 수소 원자를 고려하고, 그 전자와 원자핵을 모두 점전하로 취급한다. 전하량이 각각 Q_1과 Q_2인 두 입자 사이의 쿨롱 힘은 다음과 같다.

$$F = \frac{Q_1 Q_2}{4\pi\varepsilon_0 r^2} = \frac{-q^2}{4\pi\varepsilon_0 r^2} \tag{1.1}$$

여기서 r은 두 전하 사이의 거리이고, $\varepsilon_0 = 8.85 \times 10^{-12}$ F/m은 자유공간(원자핵과 전자의 사이에는 자유공간만 존재하기 때문에)에서의 유전율이다. 식 (1.1)의 가장 우변의 표현은, 수소 원자핵이 단 하나의 양성자를 가지므로 Q_1은 $+q = 1.602 \times 10^{-19}$ C이고, 전자의 전하량 Q_2는 $-q$의 전하량을 갖는다는 사실로부터 얻어진다. 결과적으로 식 (1.1)에 나타난 음(−)의 부호는 상호작용하는 힘이 인력임을 나타낸다.

두 입자 간의 인력(구심력)에 관한 표현과 더불어, 고전역학에서 한 입자에 가해진 힘 F는 위치 에너지의 기울기(gradient)에 음(−)의 부호를 붙인 것과 같음을 상기하자.

$$F = -\nabla E_p = -\frac{dE_P}{dr} \tag{1.2}$$

위 식의 가장 우변의 표현에서, 기울기는 r 방향으로 구하며, E_P는 위치 r에서의 전자의 위치 에너지이다. 식 (1.1)을 이용하여 식 (1.2)를 다시 쓰면 다음과 같다.

$$dE_P = dE_P(r) = -Fdr = \frac{q^2\,dr}{4\pi\varepsilon_0 r^2} \tag{1.3}$$

E_P를 구하기 위하여 양변을 적분하면 적분상수가 나타난다. 위치 에너지의 실제 값은 임의의 값(따라서 적분상수의 선택도 임의로 할 수 있음)을 가지므로, 위치 에너지의 값은 전적으로 기준의 선택에 의존한다. 무한대의 위치에서 쿨롱 힘이 영이라는 점을 주목하여 편리한 기준을 선택할 수 있다. 따라서 이 경우에는 $r = \infty$를 기준점으로 선택하여, $r = \infty$에서의 위치 에너지를 **진공 준위(vacuum level)**, E_{vac}으로 정의한다.

$$E_P(r = \infty) = E_{\text{vac}} \tag{1.4}$$

이 값은 원자핵의 속박으로부터 전자를 자유롭게 하는 데 필요한 에너지로, 본질적으로 전자를 원자핵으로부터 무한히 멀어지게 하는 데 필요한 에너지이다. 만약 전자가 원자핵으로부터 무한히 멀어지면, 실제로 더 이상 원자의 일부로 간주할 수 없으며, 이제는 진공 내에서의 자유 전자가 된다.

따라서 주어진 r 값에 대하여 다음과 같이 식 (1.3)을 풀 수 있다.

$$\int_{E_P}^{E_{\text{vac}}} dE_P = \int_r^{\infty} \frac{q^2\,dr}{4\pi\varepsilon_0 r^2} \tag{1.5}$$

여기서 E_P는 원자핵으로부터 거리 r만큼 떨어진 곳에서의 전자의 위치 에너지이다. 양변을 적분하여 다시 정리하면 다음의 결과를 얻는다.

$$E_P = E_{\text{vac}} - \frac{q^2}{4\pi\varepsilon_0 r} \tag{1.6}$$

그림 1.2는 E_P의 r에 대한 의존성을 보여준다. 식 (1.1)로부터 힘은 위치 에너지의 기울

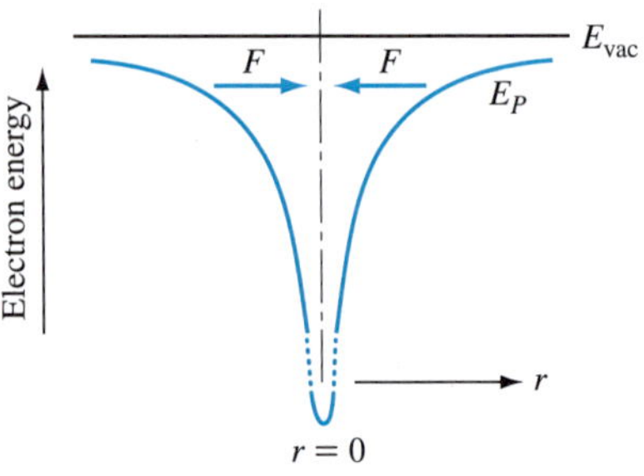

그림 1.2 단일 양(+)의 점전하의 부근에서의 전자의 위치 에너지. 전자 또한 점전하로 간주된다.

기에 음의 부호를 붙인 것과 같으므로 전자에 작용하는 힘은 원자핵 쪽을 향하고, 쿨롱 힘은 구심력이다. 원자핵은 점전하로 간주되기 때문에, r이 영에 가까워지면 E_P는 음의 무한대로 발산한다. 그러나 원자핵의 반경은 대략 10^{-14} m 정도이고, 가장 작은 전자의 궤도 반경이 10^{-10} m 정도이기 때문에 위치 에너지는 $r = 0$ 근처에서 최소가 된다.

전자가 원자핵 주위를 반경 r인 원주를 따라 공전하기 때문에 뉴턴역학으로부터 원심력은 다음과 같음을 알 수 있다.

$$F = \frac{mv^2}{r} \tag{1.7}$$

원자가 안정하기 위해서는, 전자에 가해지는 알짜 힘이 영이 되어야 한다. 쿨롱 인력에 의한 구심력[식 (1.1)]과 원운동에 의한 원심력[식 (1.7)]을 같다고 놓으면 다음과 같이 쓸 수 있다.

$$\frac{mv^2}{r} - \frac{q^2}{4\pi\varepsilon_0 r^2} = 0 \tag{1.8}$$

보어는 또한 하나의 완전한 궤도를 공전하는 전자의 각운동량의 적분 값은 플랑크 상수 h의 정수배가 된다고 가정하였다.

$$\oint P_\theta d\theta = \int_0^{2\pi} mvrd\theta = nh \tag{1.9}$$

여기서 n 양의 정수이다. 보어 모형에서는 원형 궤도를 가정하였으므로 특정 원 궤도에서는 r은 상수이고, 위치 에너지 E_P와 속도 v도 역시 상수이다. 따라서 적분 값은 다음과 같다.

$$2\pi mrv = nh \tag{1.10}$$

여기서 각각의 n의 정수 값에 대하여 해가 존재한다. 따라서 다음과 같이 쓸 수 있다.

$$mv_n r_n = n\frac{h}{2\pi} = n\hbar \tag{1.11}$$

여기서 새로운 기호를 도입하였다. 공학자들과 물리학자들이 $h/2\pi$라는 양을 매우 빈번하게 사용하므로 "h-bar"라고 발음하는 특수기호 $\hbar$로 나타낸다. 식 (1.11)에서의 아래첨자 n은 특정한 양자수 n과 연관된 궤도 반경 또는 속도를 나타낸다.

식 (1.8)과 식 (1.11)을 연립하여 풀면, ***n*번째 상태의 보어 반경(Bohr radius of the n-th state)**에 대한 표현식을 유도할 수 있다. 여기서 "상태(state)"는 특정한 n 값과 관련한 특성을 의미한다.

$$r_n = \frac{4\pi\varepsilon_0 n^2 \hbar^2}{mq^2} \tag{1.12}$$

따라서 특정한 상태에 있는 전자의 속도는 다음과 같이 쓸 수 있다.

$$v_n = \frac{q^2}{4\pi\varepsilon_0 n\hbar} \tag{1.13}$$

한편, 보어 모형에서의 주된 목표는 이 상태와 관련된 에너지를 구하는 것이다. 이 계의 총 에너지는 위치 에너지에 운동 에너지를 더한 것과 같다. n번째 에너지 준위의 운동 에너지는 다음과 같다.

$$E_{K_n} = \frac{1}{2}mv_n^2 = \frac{mq^4}{2(4\pi\varepsilon_0)^2 n^2\hbar^2} \tag{1.14}$$

n번째 에너지 준위에 대하여, 식 (1.12)에 나타낸 r_n 값을 식 (1.6)에 대입하면 위치 에너지를 다음과 같이 쓸 수 있다.

$$E_{Pn} = E_{\text{vac}} - \frac{mq^4}{(4\pi\varepsilon_0)^2 n^2\hbar^2} \tag{1.15}$$

따라서 총 에너지 E_n은 다음과 같다.

$$E_n = E_{Kn} + E_{Pn} = E_{\text{vac}} - \frac{mq^4}{2(4\pi\varepsilon_0)^2 n^2\hbar^2} \tag{1.16}$$

여기서 에너지 또한 **양자화(quantized)**되어 있다. 즉 에너지는 양자수 n과 관련한 이산적인 값들만 가질 수 있다. 보어 모형에서 $n = 1$은 전자의 가장 작은 궤도 반경과 에너지를 나타내고, $n = 2$는 그다음으로 작은 값을 나타낸다.

예제 1.1

수소 원자의 첫 4개의 궤도에 대하여 에너지와 궤도 반경을 구하라.

■ **풀이**

$$\begin{aligned}
E_n &= E_{\text{vac}} - \frac{mq^4}{2(4\pi\varepsilon_0)^2 n^2\hbar^2} \\
&= E_{\text{vac}} - \frac{(9.11\times10^{-31}\,\text{kg})(1.60\times10^{-19}\,\text{C})^4}{(2)(4)^2(3.1416)^2(8.85\times10^{-12}\,\text{F/m})^2(1.05\times10^{-34}\,\text{J}\cdot\text{s})^2}\left(\frac{1}{n}\right)^2 \\
E_n &= E_{\text{vac}} - \left(\frac{1}{n}\right)^2(2.18\times10^{-18}\,\text{J}) \\
&= E_{\text{vac}} - \left(\frac{1}{n}\right)^2(13.6\,\text{eV})
\end{aligned} \tag{1.17}$$

여기서 **전자볼트(electron volt**, eV)라는 새로운 에너지의 단위를 도입하였다. 전자볼트는 전자가 1 V의 전위로 가속될 때, 전자가 얻는 에너지의 양으로 정의된다. SI(International System) 단위인 줄(joule)과 전자볼트 간의 환산을 위하여 다음의 식을 사용한다.

$$\boxed{1 \text{ eV} = 1.60 \times 10^{-19} \text{ joules}}$$

전자볼트는 SI 단위가 아니므로 계산할 때 주의하여야 한다.

보어 반경은 식 (1.12)을 이용하여 다음과 같이 계산할 수 있다.

$$\begin{aligned} r_n &= \frac{4\pi\varepsilon_0 n^2 \hbar^2}{mq^2} = \frac{(4)(3.1416)(8.85 \times 10^{-12}\,\text{F/m})(1.05 \times 10^{-34}\,\text{J} \cdot \text{s})^2}{(9.11 \times 10^{-31}\,\text{kg})(1.60 \times 10^{-19}\,\text{C})^2} \times n^2 \\ r_n &= 0.0526 n^2\,\text{nm} \end{aligned} \tag{1.18}$$

표 1.1에 처음 4개의 에너지 준위의 에너지와 보어 반경이 주어졌다. 이 에너지와 궤도 반경을 각각 그림 1.3과 1.4에 도시하였다.

표 1.1 수소 원자의 처음 4개의 보어 에너지와 궤도 반경

E_n	r_n
$E_1 = E_{vac} - 13.6$ eV	$r_1 = 0.0526$ nm
$E_2 = E_{vac} - 3.40$ eV	$r_2 = 0.212$ nm
$E_3 = E_{vac} - 1.51$ eV	$r_3 = 0.477$ nm
$E_4 = E_{vac} - 0.850$ eV	$r_4 = 0.848$ nm

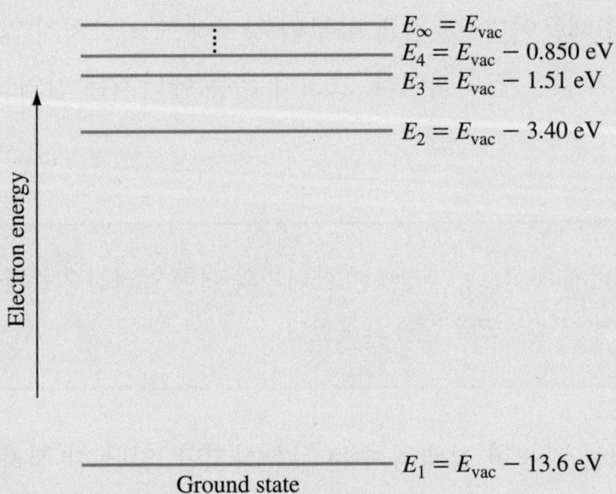

그림 1.3 수소 원자 내의 허용된 에너지. 더 높은 에너지는 간격이 더욱 좁게 나타나며, 진공 준위에 접근한다.

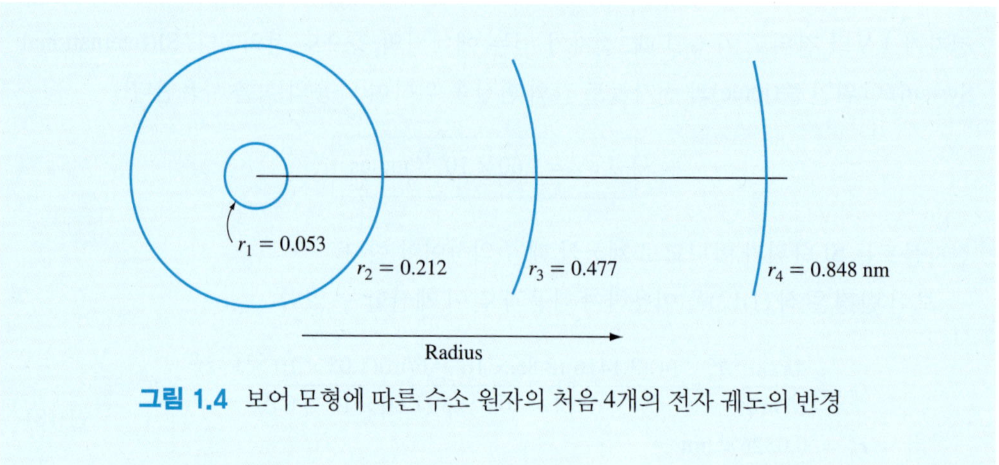

그림 1.4 보어 모형에 따른 수소 원자의 처음 4개의 전자 궤도의 반경

이 예제에서 주목해야 할 몇 가지 사항들이 있다. 첫째, 진공 에너지 준위와 허용된 에너지들 간의 차이는 $1/n^2$에 따라 변한다. 따라서 양자수가 더 높아질수록 에너지 준위들이 서로 더 가까워지고 에너지의 차이가 줄어든다. 둘째, 보어 반경은 n^2에 따라 변한다. 이는 에너지 준위가 더 높아질수록 전자가 원자핵에서 더욱 멀어짐을 의미한다. 만약 전자가 E_{vac}보다 더 큰 에너지를 갖는다면, 쿨롱 힘이 전자를 해당 원자에 속박시키기에 충분하지 않다. 이 경우에는 전자가 원자를 벗어나게 되어 수소 이온(H^+)이 생성된다.

또 주목할 사항은, 특정 상태의 에너지에 대하여 구체적인 값을 주지 않고, 그 에너지를 어떤 기준 준위(이 경우에는 E_{vac})로부터 몇 eV만큼 떨어져 있다고 표현한다는 점이다. "이 준위는 10 eV이다."라고 말하는 것은 무의미하다. 왜냐하면 기준의 선택에 따라 10 eV는 어느 곳에든 있을 수 있기 때문이다. 이 점은 아무리 강조해도 지나치지 않는다. 위치 에너지 값과, 따라서 총 에너지 값은 임의적이다. 그러나 운동 에너지는 임의적이지 않다.

> 어떤 한 상태의 에너지는 항상 에너지 차이, 즉 그 상태의 에너지와 어떤 알려진 기준과의 차이로 표현되어야 한다. 예를 들어, $E_{vac} - E$와 같이 표현한다.

마지막으로, 전자가 가질 수 있는 가능한 상태의 수는 무한하지만, 일단 한 전자가 이 상태들 중의 하나를 점유하면 수소 원자는 중성이 되고, 더 이상 다른 전자들을 끌어들이지 않는다는 것을 명시해둔다.

예제 1.2

그림 1.5에서 보듯이, 포물선 형태의 위치 에너지 내에서 진동하고 있는 1차원 계의 한 입자를 고려하자. 이는 현대적인 양자우물 레이저(quantum well laser)[1] 내의 전자로 근사적으로 표현할 수 있다. 위치 에너지 함수는 포물선이고 입자는 단순 조화 진동자(simple harmonic oscillator)이다. 이 입자의 운동을 에너지 다이어그램을 이용하여 설명하라. 운동 에너지가 어느 곳에서 최대이고 최소인지, 그리고 힘의 방향에 유의하라.

■ **풀이**

에너지 보존 법칙에 따르면, 입자가 일정한 에너지를 가져야 함을 의미한다. 따라서 이 입자는 이 특정한 에너지를 가지고 앞뒤로 진동 운동을 한다. 입자가 중앙에 있을 때, 가장 작은 위치 에너지와 가장 큰 운동 에너지를 가지며, 따라서 가장 큰 속도를 갖는다. 입자에 작용하는 힘은 위치 에너지의 기울기에 음의 부호를 붙인 것과 같음을 상기하자[식 (1.2)]. 그러므로 입자가 중앙을 거쳐서, 예를 들어 우측 방향으로 진행한다면 힘은 좌측 방향으로 향한다(중앙의 우측 방향으로 기울기가 양이다). 따라서 이 입자는 감속된다. 오른쪽으로 움직임에 따라 계속해서 속도가 느려진다. 총 에너지는 일정하지만 위치 에너지가 증가하므로 운동 에너지는 감소하게 된다. 입자가 가장자리에 도달하면 운동 에너지가 영이 되어 잠깐 동안 정지한다. 그러나 힘은 여전히 좌측으로 입자를 가속시키므로 입자는 다

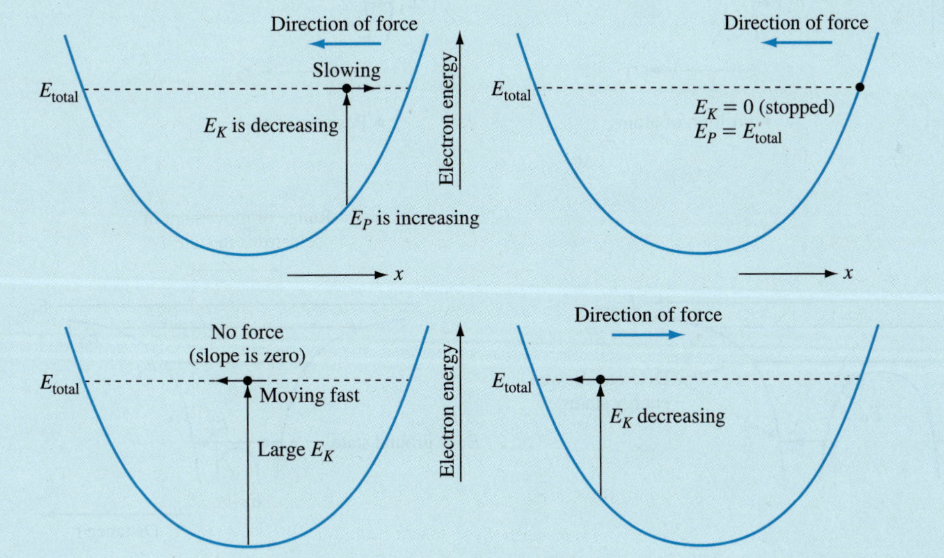

그림 1.5 포물선 위치 에너지 내에서의 전자의 운동. 전자는 일정한 총 에너지로 앞뒤로 진동한다.

1) 위치 에너지가 양자화된 "우물"을 형성하기 때문에 **양자우물(quantum well)**이라고 부른다.

시 왼쪽으로 움직이기 시작한다. 입자는 중앙을 통과할 때까지 속력을 높인다. 중앙을 지나 힘이 우측으로 향하는 영역에서, 입자는 다시 한번 느려지기 시작한다.

1.3.2 분자에의 응용: 공유 결합

이제 수소 원자의 보어 모형을 수소 이온 H_2^+와 수소 분자 H_2로 확장해보자. 그림 1.6a는 고립된 2개의 수소 원자핵에 대한 전자의 에너지 다이어그램을 나타내고 있다. **고립(isolated)**이라는 말은, 원자핵들이 충분히 멀리 떨어져 있어서 서로에게 영향을 주지 않음을 의미한다. 앞 절에서 계산한 바와 같이, 각각의 원자핵에 대한 전자의 에너지 준위는 동일하고 양자화되어 있다.

여기서 원자핵들이 서로 접근하도록 허용되면, 전자는 쿨롱의 법칙에 따라 두 원자핵에 의해 영향을 받게 될 것이다. H_2^+이온 내의 임의의 점에서 단일 전자가 갖는 위치 에너

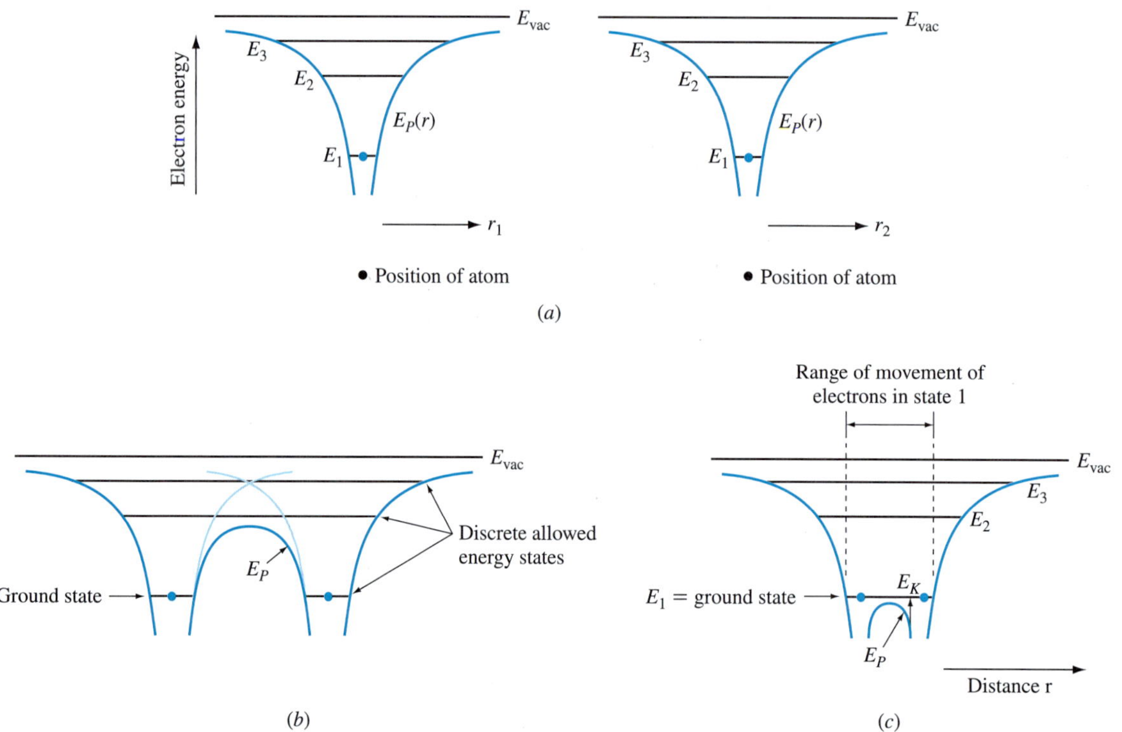

그림 1.6 상호작용하지 않는 두 수소 원자의 에너지 밴드 다이어그램. (b) 두 원자핵이 서로 가까워짐에 따라 상위 에너지 준위들은 합쳐지고, 해당 준위의 전자들은 원자들 사이에서 공유된다. (c) 원자핵들이 서로 충분히 가까워지면 모든 에너지 준위들이 공유된다. 수소에서는 보통 가장 낮은 준위가 유일하게 점유된 준위이므로, 만약 두 전자가 점유하고 있다면 H_2 분자는 안정하다.

지는 다음과 같이 쓸 수 있다.

$$E_P = E_{\text{vac}} - \frac{q^2}{4\pi\varepsilon_0 r_1} - \frac{q^2}{4\pi\varepsilon_0 r_2} \tag{1.19}$$

여기서 r_1과 r_2는 전자와 각각의 두 원자핵 사이의 거리이다. 그림 1.6b는 허용된 전자의 에너지 상태들을 보여주며, 여전히 양자화되어 있다. 바닥상태(가장 낮은 에너지 상태)에 있는 전자는 원자핵 중의 어느 하나에 속박되어 있으나, 여기(들뜬) 상태에 있는 전자는 두 원자핵 사이를 앞뒤로 진행하므로 결과적으로 두 원자에 의해 공유되어 있음을 주목하라. 전자들은 허용된 가장 낮은 에너지 상태를 추구하려는 경향이 있기 때문에 이렇게 전자가 상부의 준위들 중의 하나를 점유하는 조건은 오래 지속되지 않으며, 전자는 신속히 바닥상태로 복귀하게 될 것이다.

그림 1.6c는 두 원자핵 사이의 간격이 충분히 좁아지는 경우의 에너지 밴드 다이어그램을 보여주며, 원자핵 간의 위치 에너지의 최댓값이 바닥상태의 에너지(E_1)보다 아래쪽에 있다. 이 상황에서는 바닥상태에 있는 전자가 두 원자핵에 의해 공유되며, $E = E_P$인 두 위치 사이를 진동한다.

그러나 이 경우에 흥미로운 일이 일어난다. 각각의 원자핵들이 바닥상태를 갖기 때문에, 중성의 H_2 분자에서는 두 전자가 이 바닥상태들을 점유할 수 있게 된다. 비록 두 번째 전자의 존재가 정전기력과, 따라서 에너지 밴드 다이어그램을 약간 변경시키지만 두 전자들 모두가 그림에 표시된 영역 내에서 진동하게 될 것이다.

원자핵 사이의 영역에서, 운동 에너지($E_K = E_1 - E_P$)가 작으므로, 속도도 작다. 전자는 이 영역에서 더 천천히 진행하며, 전자는 평균적으로 대부분의 시간을 두 원자핵 사이에서 소비한다. 그러므로 전자는 2개의 양의 원자핵을 함께 끌어당기려는 경향이 있는 이 영역 내에서 음으로 대전된 "전자구름(electron cloud)"을 생성한다. 그러나 만약 원자핵 간의 간격이 너무 좁으면, 위치 에너지 E_P가 감소하지만 총 에너지 E는 보존되므로 운동 에너지 E_K가 증가한다. 운동 에너지가 증가하므로 전자의 속력도 증가하여 전자구름 효과가 줄어들고, 인력을 감소시킨다. 그러므로 특정한 간격에서, 전자구름에 기인한 원자핵 간의 결합이 안정해져서 안정한 H_2 분자가 만들어진다. 이러한 결합 기구(mechanism)를 **공유 결합(covalent bonding)**이라 부른다.

1.3.3 양자수와 파울리 배타 원리

양자역학의 기본 전제는, 원자 내의 에너지가 양자화되어 있어서 어떤 특정한 이산적인 값으로만 존재한다는 것이다. 앞에서 **주양자수(principal quantum number)**라 부르는 양자수 n을 도입하였다. 이 값은 허용된 상태에 있는 전자의 에너지를 기술하고 있다. 1부의 보충에 나타낸 바와 같이, 양자역학적 고려(예를 들어, 슈뢰딩거 방정식)로부터 세 가지의 서로 다른 양자수가 존재하는데, 궤도의 타원율을 기술하는 방위 양자수(azimuthal quantum number) n_θ를 포함한다. 나머지 두 항목은 궤도의 경사와 전자의 **스핀(spin)**[2)]을 기술하고 있다. 에너지는 주로 주양자수에 의해 결정된다. 다른 세 가지 양자수도 에너지에 영향을 줄 수 있으나 그 효과는 상대적으로 미미하다.

이러한 양자수들의 물리적인 의미가 트랜지스터를 이해하는 데 필수적이지는 않지만 **파울리 배타 원리(Pauli exclusion principle)**는 필수적인데, 이는 어떤 상태가 점유될 것인가를 결정하기 때문이다.

파울리 배타 원리

상호작용하는 계 내의 두 전자는 정확히 같은 양자수의 조합(set)을 가질 수 없다.

예를 들어, 원자의 가장 낮은 에너지 궤도에서 $n = 1$이다. 이 상태가 2개의 전자를 가질 수 있다는 것을 대학교 1학년 화학 과목에서 이미 배웠다. 이때, 이들 두 전자는 각각 $+\frac{1}{2}$과 $-\frac{1}{2}$의 서로 다른 스핀 양자수를 가져야 한다.

$n = 2$인 상태에서는 두 가지의 가능한 궤도 형태들이 있다. 한 궤도는 구 대칭이며 서로 반대인 스핀의 두 전자를 보유한다('s' 상태). 또 하나의 궤도는 모양은 같지만 서로 다른 방향을 가진 3개의 타원형 궤도이다('p' 상태). 이들 각각의 궤도는 반대되는 스핀의 두 전자를 보유할 수 있으므로, $n = 2$인 두 번째 "각(shell)" 내에서 보유 가능한 최대의 전자수는 8개가 된다. 주기율표는 이러한 양자수들에 의해 구성된다.

다음 절에서는, 파울리 배타 원리가 실리콘 결정과 같은 고체 물질 내에서의 전자의 에너지에 어떻게 영향을 주는가를 살펴볼 것이다.

1.3.4 결정 고체 내의 공유 결합

이 절에서는 실리콘 원자들이 서로 결합하여 결정을 형성하는 기구를 논의한다. 실리콘은 원자번호가 14이며, 지금까지 알려진 가장 중요한 반도체 물질이다. 실리콘은 첫 번째 각에는 2개의 전자로 가득 채워져 있고, 두 번째 각에는 8개의 전자로 가득 채워져 있으며,

2) 스핀은 고전역학과는 유사성이 없는 양자역학적인 파라미터이다. 대략적으로 이것은 전자를 자전하는 구로 간주함으로써 야기되는 것으로 볼 수 있다. 자전하는 전자에 있는 전하는 자기장을 발생시킨다. 이러한 스핀 자기장의 크기는 양자화되며, 인가된 자기장에 대하여 두 가지의 방향이 가능하다.

세 번째 각에는 4개의 전자로 절반이 채워져 있다. 이 세 번째 각은 8개의 전자까지 수용할 수 있다. 다른 원자들과 마찬가지로, 무수히 많은 더 높은 위치의 각들이 존재하지만 원자가 여기 상태에 있을 때를 제외하고는 비어 있다.

에너지 밴드 실리콘은 소위 다이아몬드 구조로 결정화되어 있으며, 이 구조는 각 원자가 4개의 "최인접 원자(the nearest neighbor atom)"를 갖는 공간적 배치이다. 원자의 배열은 1.8절에서 간략히 다룬다. 여기서는 결정 구조 내에서 각각의 Si 원자가 4개의 최인접 원자들과 4개의 최외각 전자들 중 하나씩을 공유하고 있음에 주목하자. 그림 1.7a의 결합 구조 묘사에서 나타낸 바와 같이 인접한 원자들은 2개의 전자들에 의해 서로 결합하고 있다. 이 그림에서 결정 구조는 명료한 표현을 위하여 2차원으로 도시되었다. 이 결합 모형에서 결정은 결합 전자들과 양이온 핵(core) 간의 정전기력에 의해 결합을 유지하고 있다(공유 결합).

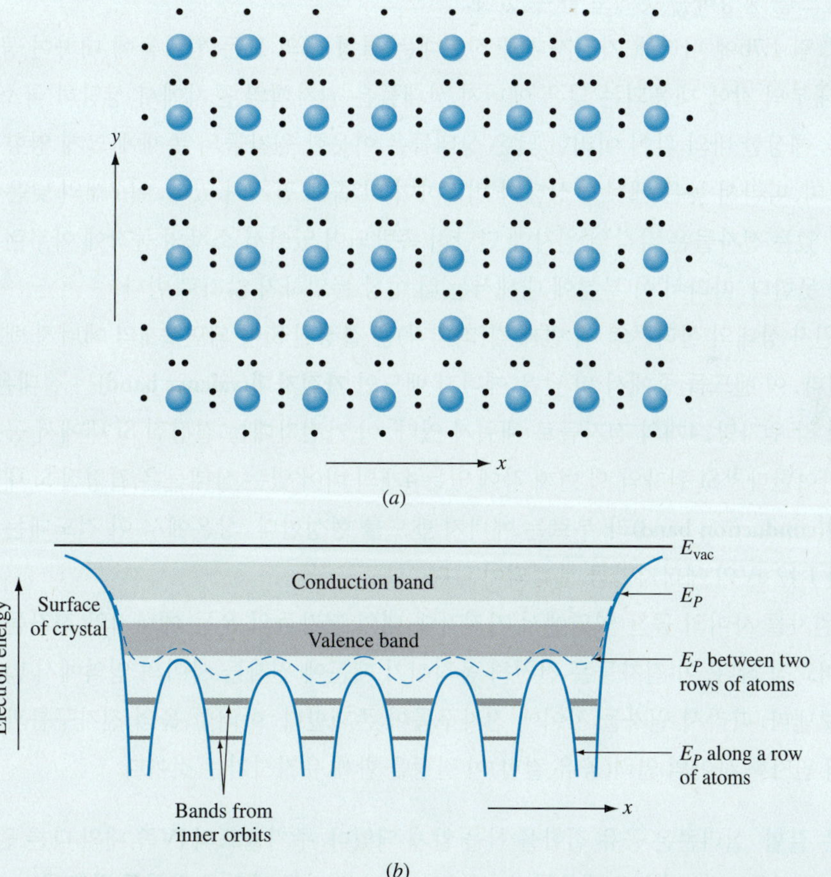

그림 1.7 (a) 결정 고체의 2차원 결합 묘사, (b) 결정 내의 원자 배열(실선)과 원자 배열 사이(점선)를 따르는 전자의 위치 에너지. 이 묘사에서 전자는 점전하로 간주한다.

원자들 간의 간격이 좁기 때문에[나노미터(nm)의 1/4 정도] 전자는 이웃한 전자들뿐만 아니라 이웃한 모든 원자핵들의 영향을 받는다. 수소 분자에 대해서와 마찬가지로, 그림 1.7b에서와 같이 전자의 위치 에너지는 이웃하고 있는 각각의 원자에 기인한 위치 에너지의 합이다. 여기서 위치 에너지 E_P는 위치의 함수이며, 이 경우에는 x 방향으로 나타내고 있다. 주목할 점은, 표면 근처를 제외하고는 위치 에너지 E_P가 결정격자의 주기를 따르는 주기함수라는 점이다.

그림 1.7b의 중요한 특징은 고립된 원자들(그림 1.6a)과 관련한 이산적인 상태들이, 이제 결정이 되면 에너지 밴드로 넓게 퍼진다는 점이다. N개의 원자들로 구성된 결정에서, 단일 원자에서 시작된 각각의 상태들은 N개의 이산적인 상태들의 에너지 밴드로 분할된다. 무수히 많은 원자들을 포함하는 결정에서, 이 에너지 상태들은 그 값의 차이가 거의 영에 가깝게 근접하게 되므로 각각의 에너지 밴드는 에너지에 있어서 보통 연속으로 간주된다. 실리콘 결정 내에서는 개별 Si 원자들의 개개의 각들이 합쳐져서 허용된 상태의 에너지 밴드를 생성하는 것으로 볼 수 있다.

그림 1.7b에 나타낸 가전자대와 전도대는 결정 내의 모든 원자들에 대하여 공통이지만, 내부의 각에 대응되는 낮은 에너지 상태들은 원자핵의 근처에서 상당히 국소화되어 있다. 예상한 바와 같이 이러한 낮은 상태들은 이웃한 원자들의 존재에 크게 영향을 받지 않으며, 따라서 높은 에너지 상태와 비교하여 더 좁게 펼쳐져 있다. 이 2개의 낮은 에너지 각에 있는 전자들은 각각의 원자에 단단히 속박되어 있어서 소자의 동작에 아무런 역할을 하지 못한다. 따라서 이 부분에 대해서는 더 이상 논의하지 않기로 한다.

원자 상태의 실리콘의 세 번째 각(최외각)은 결정질 Si이 되면 2개의 에너지 밴드로 분리된다. 이 밴드들 중에서 더 낮은 에너지 밴드인 **가전자대(valence band)**는 절대온도 0 K에서 각 원자당, 4개의 전자들로 채워져 있다. 이 가전자대는 결정질 Si 내에서 공유 결합에 관여한다.[3)] Si 원자의 세 번째 각에 있는 4개의 비어 있는 상태들은 결정질 Si 내에서 **전도대(conduction band)**라 부르는 에너지 밴드를 형성한다. 상온에서 이 전도대는 가전자대와 1.12 eV의 에너지만큼 분리되어 있다.

원자들 사이의 공간 영역에서 가전자대 내의 전자들의 운동 에너지와 전자들의 속도가 비교적 작다. 이 전자들은 천천히 움직이기 때문에 원자들 사이의 영역에서 많은 시간을 보낸다. 따라서 원자들 사이에 전자구름이 존재한다. 이러한 음의 전자구름과 인접한 양의 원자핵 사이의 인력(공유 결합)이 결정을 함께 유지시키는 것이다.

이온 결합 실리콘은 공유 결합을 함을 알게 되었다. 주기율표의 IV족 내의 다른 원소들도 같은 양상을 보일 것으로 예측할 수 있다. 그러나 실리콘 이외에 **화합물 반도체(compound**

3) 수소에서는 첫 번째 각의 전자가 공유 결합에 참여함을 상기하라.

semiconductor)라 부르는 기술적으로 흥미로운 다른 많은 반도체 물질들이 있다. 이 결정 물질들은 모든 원자들이 같은 원소인 실리콘과는 달리, 서로 다른 원소들이 규칙적으로 배열된 구조를 갖는다. 갈륨비소(GaAs)가 그 한 예이다. 이것은 갈륨(Ga) 원자와 비소(As) 원자가 사이사이에 교대로 배치된 것을 제외하고는 실리콘과 동일한 일반적인 결정 구조를 갖는다. 갈륨은 주기율표에서 III족이고, 따라서 최외각에 3개의 전자를 갖는다. V족인 비소는 최외각 전자가 5개이다. 따라서 이들 두 원자가 이웃하게 되면 전자들을 공유함으로써 각자의 최외각을 8개의 전자들로 "채우게" 된다.

전자들은 여전히 원자핵 사이의 영역에서 대부분의 시간을 보내지만, 여기서는 약간의 차이가 있다. As의 원자핵은 더 큰 양전하를 가지기 때문에 전자들은 결합할 때에 As 원자 쪽으로 끌어당겨지는 경향이 있다. 이것은 결과적으로 As 원자가 약간 음으로 대전되고 Ga 원자는 약간 양으로 대전되는 효과를 발생시킨다. 그 결과로 나타나는 쿨롱 힘은 함께 결정 물질을 결속하는 데 도움을 준다. InP(indium phosphide)는 III-V족 반도체 결정의 또 다른 예이다. III-V족 물질들은 대부분 공유 결합의 특성을 가지지만 부분적으로 이온 결합의 특성도 함께 갖는다.

CdTe(cadmium telluride)는 II-VI족 반도체의 한 예이며, 그 결합은 이온 결합의 특성이 강하고 공유 결합의 특성은 상대적으로 약하다. 식염 NaCl은 비록 반도체는 아니지만 I-VII족 결정의 한 예이다. NaCl은 주로 이온 결합을 하는 것으로 간주된다.

전자 친화도, 이온화 전위, 그리고 밴드 갭 그림 1.8을 참조하여, 반도체 전자공학에 유용한 몇 가지 물리량들을 정의하기로 한다. 전도대의 가장 낮은 에너지를 E_C, 전도대의 가장자리(edge)로 표시하고, 가전자대의 가장 높은 에너지를 E_V, 가전자대의 가장자리로 표시한다. 이보다 더 하위의 밴드들은 반도체 소자 물리에서의 관심 대상이 아니므로 생략하기로 한다.

이온화 에너지(ionization energy) γ는 결정 내의 가전자대의 가장 높은 위치에서 진공 준위로 전자를 여기시키기 위하여 필요한 최소 에너지로 정의된다. 대부분의 전자들의 상

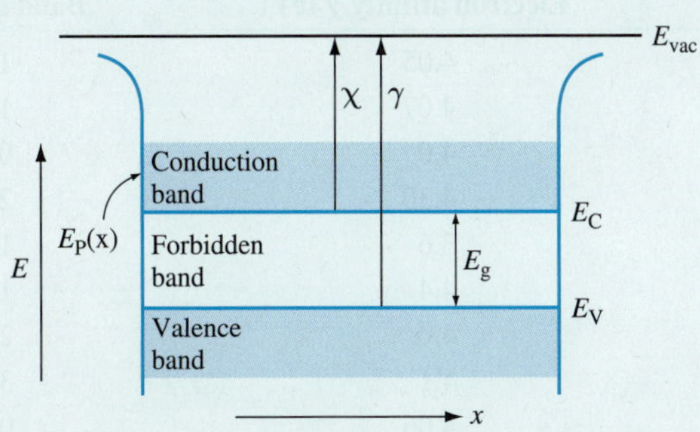

그림 1.8 진공 에너지 준위 E_{vac}, 전자 친화도 χ, 이온화 에너지 γ 및 밴드 갭 E_g의 정의.

태는 전도대의 값보다 더 낮은 에너지 상태에 있기 때문에 대부분의 전자들은 가전자대에 존재한다. 가장 쉽게 이온화되는 전자들은 원자를 떠나기 위해 요구되는 여분의 에너지가 최소인 전자들이며, 이들은 가전자대의 꼭대기에 존재한다.

$$\gamma = E_{\text{vac}} - E_V \tag{1.20}$$

전자 친화도(electron affinity) χ는 진공 준위와 비어 있는 상태의 가장 낮은 값(이 경우에는 E_C) 간의 에너지 차로 정의한다.

$$\chi = E_{\text{vac}} - E_C \tag{1.21}$$

에너지 갭 E_g는 전자가 가전자대로부터 전도대로 여기하는 데 필요한 최소 에너지이다.

$$E_g = E_C - E_V \tag{1.22}$$

따라서 그림 1.8에서 알 수 있듯이, 다음의 결과를 얻는다.

$$\gamma = E_g + \chi \tag{1.23}$$

전자 친화도와 금지대역 폭(forbidden band gap)[보통 간단히 **밴드 갭(band gap)**이라 부름]은 반도체의 기본적인 특성이다. 관심의 대상인 몇 가지 반도체에 대한 값들이 표 1.2에 주어져 있다. 이 양들은 소자의 동작을 기술하는 데 폭넓게 사용될 것이다. 또한 표 1.2에는 절연체인 비정질(amorphous) SiO_2(silicon dioxide)가 포함된다. 이 물질이 포함되는 이유는 그 특성이 몇몇 반도체 소자에서 매우 중요하기 때문이다.

반도체의 밴드 갭은 정확하게 측정할 수 있는 반면에 전자 친화도는 그렇지 못하다는 점을 지적하고자 한다. 밴드 갭은 가전자대에서 전도대로 전자를 여기시키는 데 필요한 에너지로 정의할 수 있다. 이는 광전도도(photo-conductivity)를 광자 에너지의 함수로 측정함으로써 결정할 수 있으며, 3장에서 논의할 것이다. 광자는 밴드 특성이 잘 정의된 벌

표 1.2 300 K에서 몇 가지 통상적인 물질에 대한 전자 친화도와 밴드 갭

Semiconductor	Electron affinity χ (eV)	Band gap E_g (eV)
Si	4.05	1.12
GaAs	4.07	1.43
Ge	4.0	0.67
GaP	4.30	2.25
AlSb	3.6	1.6
InP	4.4	1.35
SiC	4.0	2.2
GaN	4.1	3.437
GaSb	4.06	0.7
SiO_2 (amorphous)	~0.9	~9

크(bulk) 물질 내로 침투한다. 그러나 전자 친화도를 측정하기 위해서는 여기된 전자들이 반도체의 표면을 통과하여 진공 중에 있는 검출기(collector)에 도달해야 한다. 그런데 반도체 표면에서의 특성은 표면의 오염이나 기계적인 응력(strain) 때문에 벌크에서의 특성과는 다를 수 있다. 이러한 예상대로, 전자 친화도에 대하여 발표된 수치들에는 다소간의 편차가 있다. 표 1.2에 열거된 수치들은 대체로 신뢰할 만하다. 그러나 SiO_2는 비정질이기 때문에 전자 친화도와 밴드 갭은 잘 정의되지 않는다. 따라서 SiO_2에 대하여 주어진 수치들은 근사적이다.

이제 이러한 에너지 밴드의 점유에 관하여 논의하자. 모든 것들은 가장 낮은 에너지를 추구하려는 경향이 있으므로, 일반적으로 임의의 주어진 시간에서 대부분의 전자들은 가전자대 또는 더 낮은 에너지 밴드 내에서 발견할 것으로 기대된다. 사실 절대온도 영도에서는 모든 전자들이 가능한 한 가장 낮은 상태에 있어야 하므로, 전체 가전자대를 포함하여 모든 허용되는 가장 낮은 밴드까지 가득 채워지게 된다.

> 절대온도 영도(0 K)에서, 모든 전자들은 가능한 한 가장 낮은 상태에 있다. 완전한 반도체에서 가전자대의 모든 상태들은 전자들로 채워지고 전도대의 모든 상태들은 비어 있다.

가전자대가 가득 찬 것으로 가정하면, 금지대에는 어떤 상태도 존재하지 않으므로, 가전자대가 흡수할 수 있는 최소 에너지는 E_V에서 E_C로 전자가 여기할 수 있는 E_g이다. 만약 가용한 에너지가 갭을 건너기에 충분하지 않으면 전자의 최종 상태는 금지대 내부에 존재해야 하므로, 결과적으로 전자는 그 에너지를 흡수할 수 없게 된다. 따라서 전자는 가전자대 내에 남아 있을 것이다. 절대온도 0 K에서는 전류가 흐를 수 없음을 주목하라. 절대온도 0 K에서는 모든 상태가 채워져 있으므로 전자는 움직일 수가 없다. 따라서 어디로도 갈 수 없다.

상온에서는 열적인 동요로 인하여 그림 1.9에 나타낸 바와 같이 약간의[4] 전자들이 전도대로 여기된다. 이들 전자는 결국 가전자대 내의 비어 있는 상태로 다시 떨어지게 되어, 가지고 있던 여분의 에너지를 열이나 빛의 형태로 재방출한다. 전자가 전도대에서 머무르는 평균 시간을 "전자 수명(electron lifetime)" 또는 간단히 "수명(lifetime)"이라 부르는데, 물질에 따라 $10^{-10} \sim 10^{-3}$ s 정도의 값을 갖는다.

전도대 내의 전자들은 결정 내에서 이리저리 자유롭게 움직일 수 있다. 전자들은 (충돌 사이에) 일정한 에너지로 이동하지만, 같은 에너지에서 전자가 이동할 수 있는 많은 비어

4) "약간"이라는 표현은 상대적이다. 실리콘은 상온에서 전도대에 cm^3당 대략 100억(10^{10}) 개 정도의 전자가 존재하는데, 이는 대략 결정 내의 10^{13}개의 전자당 1개의 비율이다.

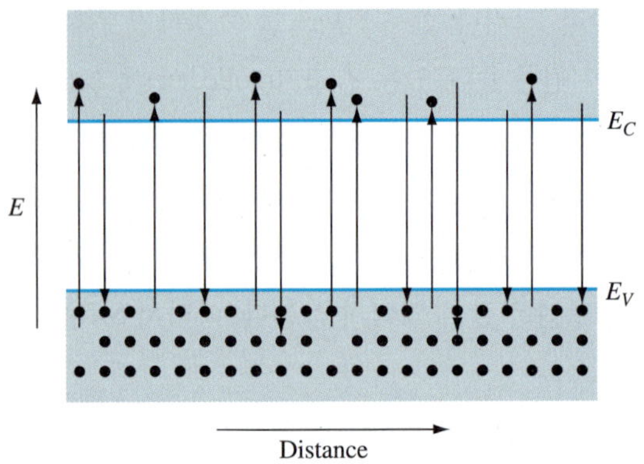

그림 1.9 상온에서 전자들은 전도대로 여기되기도 하고 가전자대로 이완되어 되돌아오기도 한다. 임의의 주어진 시간에도 전도대에는 얼마간의 전자들이 존재하고 있다.

있는 상태들이 있다. 이 에너지 밴드를 **전도대(conduction band)**라 부르는데, 움직이는 전자가 전류를 운반하기 때문이다.

그림 1.9에서는 에너지 밴드 다이어그램상의 가전자대 상부와 전도대의 하부만 보여주고 있음을 주목하라. 모든 것들은 최저의 에너지를 추구하려고 하고, 가전자대가 대부분 가득 채워져 있기 때문에 가전자대의 가장 상부를 제외하고는 비어 있는 상태들을 거의 기대할 수 없다. 만약 가전자대 내부의 깊숙한 곳에 있던 전자가 전도대로 여기된다면 더 높은 에너지를 갖는 가전자가 즉시(약 10^{-12} s 이내로), 여기의 결과로 생긴 빈 상태를 채우게 될 것이다. 이와 유사하게 전자가 전도대 내에서 더 높은 에너지 상태로 여기된다면, 그 전자는 매우 신속하게 더 낮은 에너지 상태를 찾을 것이다. 그러므로 우리가 관심을 갖는 거동들의 대부분은 가전자대의 상부 근처와 전도대의 하부 근처에서 주로 일어난다.

영(0 K)이 아닌 온도에서, 가전자대에는 약간의 빈 상태가 존재한다. 이 빈 상태를 **정공(hole)**이라 부르는데, 흥미롭게도 정공 역시 주위로 이동할 수 있다. 실제로 상태는 이동할 수 없지만 만약 빈 상태의 근처에 있던 전자가 그 빈 상태로 이동한다면 그 전자는 뒤에 새로운 하나의 빈 상태를 남기게 된다. 그림 1.10에서 보듯이, 만약 1개의 전자가 왼쪽으로 비어 있는 상태를 향하여 한 칸을 이동한다면, 1개의 정공이 오른쪽으로 한 칸 이동하는 것과 같은 효과를 갖는다.

하나의 전자가 전류의 운반을 나타낸다면, 하나의 정공도 전류를 운반하는 것으로 생각할 수 있다. 만약 음으로 대전된 전자가 왼쪽으로 이동하면 전자가 "운반하는" 전류는 오른쪽으로 향한다. 만약 정공이 오른쪽으로 이동하고 그 결과로 전류도 오른쪽으로 향하게 된다면 정공은 양(+)으로 대전되어 있음에 틀림없다. 뒤에서 살펴보겠지만, 정공을 반도체 내에서 양으로 대전된 전류 운반자로 생각하는 것이 매우 유용함이 판명되었다. 정

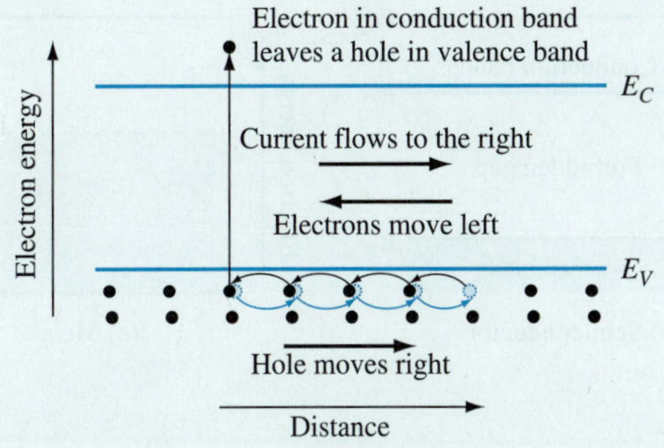

그림 1.10 가전자대 내의 많은 전자들의 이동이 양(+)으로 대전된 하나의 "정공"의 이동으로 간주된다.

공의 개념은 3장에서 더 상세하게 다룰 것이다.

다결정 및 비정질 물질 다결정 물질들은 서로 다른 결정 방향을 갖는 단결정 물질의 작은 영역(결정립, grain)들을 갖는다. 이 결정립은 수 nm에서 수 mm 정도의 크기를 갖는다. 결정립들 간의 서로 다른 결정 방향 때문에 결정립계(grain boundary)에서 결정의 주기성이 깨진다. 따라서 결정립계 근처에서의 밴드 구조에 영향을 미친다.

비정질 물질은 소정의 짧은 범위 규칙성을 가지지만, 긴 범위의 규칙성은 없다. 결과적으로 비정질 물질의 에너지 밴드 구조는 결정 물질의 그것과는 크게 다르다.

절연체, 반도체 및 금속 실리콘을 반도체라 부르는 까닭은 절연체보다는 더 잘 전도되지만 금속보다는 못하기 때문이다. 그 이유는 그림 1.11에 나타낸 바와 같이, 여러 가지 물질에 대한 에너지 밴드 다이어그램에서 부분적으로 찾을 수 있다. 절연체는 매우 넓은 금지대역 폭[5]을 가지며, 따라서 전도대로 여기될 수 있을 만큼 충분한 에너지를 갖는 가전자들이 거의 없다. 따라서 상온에서조차도 전자가 전도대로 여기될 가능성이 거의 없으므로 절연체는 전도가 잘되지 않는다.

이 상황을 금속과 비교해보자. 금속에서는 전도대로 간주되는 점유된 가장 높은 밴드가 이미 부분적으로 채워져 있다. 따라서 이 에너지 밴드 내의 모든 전자들은 매우 낮은 온도에서도 전류의 흐름에 기여할 수 있다.

반도체는 그림 1.11b에서 보듯이 중간 크기의 밴드 갭을 갖는다. 반도체는 영이 아닌 온도에서 절연체보다 전도대 내에 더 많은 전자들이 있고 가전자대 내에 더 많은 정공들을 가지므로 전도가 더 잘 이루어진다. 반면에 금속의 전도도에는 훨씬 못 미친다. 반도체

5) 이 경우는 결정질 절연체에 관한 것이다. 많은 절연체들(예를 들어, SiO_2)은 비정질이고 금지대역 폭의 값이 잘 정의되지 않는데, 그 이유는 "금지대역"의 전 범위에 걸쳐 존재하는 상태들의 농도가 작기 때문이다.

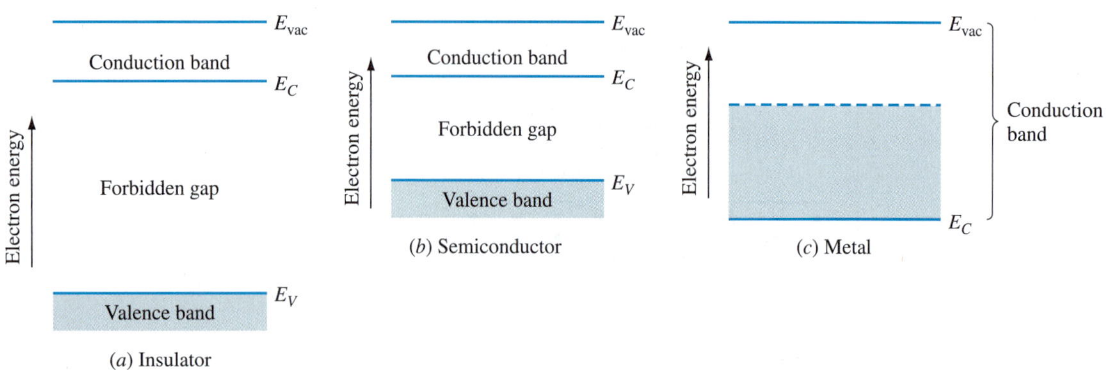

그림 1.11 에너지 밴드 다이어그램. (a) 절연체, (b) 반도체 및 (c) 금속. 보통은 음영 표시된 부분의 에너지가 점유된다.

의 에너지 밴드 구조와 관련된 다른 중요한 세부사항들에 관해서는 뒷부분에서 검토할 것이다.

1.4 파동-입자 이중성

고전적으로 에너지는 파동(예를 들어, 음파, 수면파, 전자기파 등)이나 입자(예를 들어, 전자, 총알 등)에 의해 전달되는 것으로 간주되었다. 그러나 전자와 같은 입자들 또한 파동과 같은 거동을 나타낸다. 전자의 경우에, 일부의 거동은 전자를 파동으로 간주할 때 더 쉽게 설명되지만 다른 거동들은 입자로 묘사하는 것이 더 편리하기도 하다. 실제로 어떤 종류의 문제들을 푸는 데에는 입자적인 묘사가 더 편리하지만, 다른 문제들의 경우에는 파동적인 설명이 더 좋을 수도 있다. 트랜지스터나 레이저 다이오드(laser diode)와 같은 반도체 소자의 동작 원리를 설명하는 데 있어서는 두 가지 묘사가 모두 사용될 것이다.

이와 유사하게, 고전적으로 파동으로 간주되던 것들을 때로는 입자로 간주하기도 한다. 파동-입자 이중성을 증명하기 위한 수많은 실험들이 있었다.[6] 여기서는 그 결과들이 전자소자를 학습하는 데 중요하다고 간단히 언급하는 정도로 끝내기로 한다.

1. 고전적인 파동은 양자화된 에너지를 갖는다. 각 에너지의 양자는 입자로 고려될 수 있다. 전자기파 복사(예를 들어, 빛)의 경우에는 그 입자를 **광자(photon)**라 부른다. 음향파(예를 들어, 소리)의 경우에는 그 입자를 **포논(phonon)**이라 부른다. 이러한 각 입자들은 다음과 같은 에너지를 갖는다.

6) 관심이 있는 독자들은 원자물리학에 관한 교재들을 참조하라.[1]

$$E = h\nu = \frac{h}{2\pi} \cdot 2\pi\nu = \hbar\omega \tag{1.24}$$

여기서 h는 플랑크 상수이고 ν[그리스 문자 nu]는 고전적 파동의 진동수(주파수)이다. 본 교재에서는 광자와 포논을 다음과 같이 표현하여 구분한다. 여기서 아래첨자pht와 phn은 각각 photon(광자)과 phonon(포논)을 나타낸다.

$$E = h\nu = \hbar\omega_{\text{pht}}(\text{photons})$$
$$E = \hbar\omega_{\text{phn}}(\text{phonons})$$

2. 고전적인 입자는 에너지와 파장을 갖는 파동으로 간주될 수 있다. x 방향으로 진행하는 전자기파의 전계는 다음과 같이 진폭이 A인 간단한 정현파 함수로 나타낼 수 있다.

$$\mathscr{E}(x, t) = A\cos\left[2\pi\left(\frac{x}{\lambda} - \nu t\right)\right] = A\cos(Kx - \omega t)$$

여기서 λ는 파장, t는 시간, 그리고 K는 **파수 벡터(wave vector)**라고 부른다. 광자의 에너지는 $E_{\text{pht}} = h\nu = \hbar\omega_{\text{pht}}$이고 $\hbar = h/2\pi$이므로 다음의 결과를 얻는다.

$$\mathscr{E}(x, t) = A\cos\left(Kx - \frac{E}{\hbar}t\right) \tag{1.25}$$

파수 벡터 K는 전파 상수(propagation constant)라고도 부른다. [1차원 문제에서는, 종종 **파수(wave number)**로 불린다. 3차원에서는 방향을 나타내므로 벡터이다.] 파수 벡터는 파장과 다음의 관계를 갖는다.

$$\boxed{K = \frac{2\pi}{\lambda}} \tag{1.26}$$

물질은 파동을 이용하여 기술할 수도 있다. 전자는 질량을 가진 입자이지만 파동으로도 기술할 수 있는 하나의 예이다. 1차원에서 물질파(matter wave)는 다음과 같이 파동 함수 $\Psi(x, t)$로 표현할 수 있다.

$$\Psi(x, t) = A\sin\left(Kx - \frac{E}{\hbar}t\right) \tag{1.27}$$

여기서 물질파의 파장은 다음과 같다.

$$\lambda = \frac{2\pi}{K} \tag{1.28}$$

물질파는 일반적으로 다음과 같이 쓸 수 있다.

$$\Psi(x, t) = A\,e^{j[Kx-(E/\hbar)t]} \tag{1.29}$$

여기서 식 (1.27)은 식 (1.29)의 허수부이다.

이 표현들은 진폭 A가 위치에 따라 일정한, 진공 중에서의 파동에 대한 것이다. 이 표현들은 물질의 내부(예를 들어, 반도체 내에서의 전자)에 대해서는 약간의 수정이 가해진다.

1.5 파동 함수

식 (1.29)는 진공 중에서의 물질파의 1차원 파동 함수의 한 예이다. 일반적으로 파동 함수는 다음과 같은 3차원 공간과 시간의 함수로 주어진다.

$$\Psi = \Psi(x, y, z, t) \tag{1.30}$$

본 교재에서는 개념을 도입하는 데 중요한 경우를 제외하고는, 단순화하기 위하여 1차원 공식화를 사용할 것이다.

1.5.1 확률과 파동 함수

파동 함수 $\Psi(x, t)$의 특성과, 그와 연관된 입자의 거동을 기본적으로 연결시켜주는 것이 **확률 밀도(probability density)**, $P(x, t)$이다. 확률 밀도는 다음과 같이 주어진다.

$$\boxed{P(x, t) = \Psi^*(x, t)\Psi(x, t)} \tag{1.31}$$

여기서 $\Psi^*(x, t)$는 $\Psi(x, t)$의 복소 공액(complex conjugate)이다. 시각 t에서, 좌표 x 근처의 dx 영역 내에서 입자를 발견할 확률은 다음과 같이 쓸 수 있다.

$$P(x, t)\,dx = \Psi^*(x, t)\,\Psi(x, t)\,dx \tag{1.32}$$

입자는 어딘가에는 반드시 있어야 하므로, 전체 공간에서 입자를 발견할 확률은 1이 된다. 따라서 식 (1.32)를 전체 공간에 대하여 적분하면 다음과 같다.

$$\int P(x, t)\,dx = \int \Psi^*(x, t)\,\Psi(x, t)\,dx = 1 \tag{1.33}$$

이 경우에 파동 함수가 **정규화(normalized)**되었다고 한다.

1.6 전자 파동 함수

1부의 보충에서 논의하는 바와 같이, 전자의 파동 함수 $\Psi(x, t)$는 공간에 의존하는 항과 시간에 의존하는 항의 곱으로 표현할 수 있다. 1부의 보충에서 시간에 대하여 변하지 않는 위치 에너지의 경우[다시 말해서, 격자 진동(포논)이 없는 경우]에는 시간 종속(time-dependent) 파동 함수가 $e^{-j(E/\hbar)t}$이므로 파동 함수를 다음과 같이 쓸 수 있다.

$$\boxed{\Psi(x,t)=\psi(x)\,e^{-j(E/\hbar)t}} \tag{1.34}$$

여기서 $\Psi(x,t)$는 시간 종속 파동 함수이고, $\psi(x)$는 시간 독립(time-independent) 파동 함수이며, E는 입자의 총 에너지이다. 시간 독립 파동 함수 $\psi(x)$는 위치에 따라 변하는 위치 에너지 E_P에 의존한다. 시간 독립 파동 함수는 1부의 보충에서 기술하는 바와 같이 시간 독립 슈뢰딩거 방정식으로부터 구할 수 있다.

$$\frac{-\hbar^2}{2m}\frac{d^2\psi(x)}{dx^2}+E_p(x)\psi(x)=E\psi(x) \tag{1.35}$$

시간 독립 슈뢰딩거 방정식

x의 함수인 위치 에너지를 알면, 식 (1.35)로부터 $\psi(x)$를 구할 수 있다. 일단 파동 함수가 구해지면, 전자의 거동을 예측할 수 있게 된다. 예를 들어 예제 1.1에서 본 바와 같이, 퍼텐셜 우물을 형성한 위치 에너지의 분포는 전자를 공간 영역(우물) 안에 가두게 한다. 특정한 영역 안에서 전자를 발견할 확률은 식 (1.32)에 파동 함수를 대입함으로써 구할 수 있다.

반도체 소자에 있어서는, 반도체 결정 내에서의 전자의 거동에 대하여 주로 관심을 갖고 이것에 대하여 점차적으로 고찰해나갈 것이다.

1.6.1 1차원 내의 자유 전자

가장 간단한 모형으로, 전자의 위치 에너지가 일정한 "결정" 안에 질량이 m_0인 1개의 전자가 있는 (가상의) 경우를 생각해보기로 하자. 그림 1.12a는 물리적인 그림을 보여준다. 그림 1.12b는 x 방향의 간단한 에너지 다이어그램을 보여준다. 표면에 여전히 에너지 장벽이

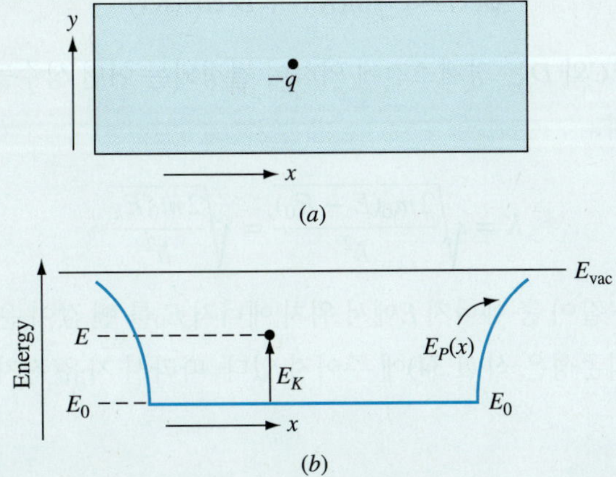

그림 1.12 결정 내의 전자에 대한 자유 전자 모형. (a) 물리적 그림, (b) 위치 에너지는 결정 내의 모든 곳에서 일정하다고 가정한다.

있음을 주목하라. 그러나 표면 가까이에는 전자가 존재하지 않는 것으로 가정하면, 일정한 위치 에너지를 갖는 우주(전 공간) 내의 전자로 문제를 단순화할 수 있다. 이것을 **자유 전자 근사화(free electron approximation)**라고 부른다.

이 경우를 포함하여 모든 전자는 $E = E_P + E_K$의 총 에너지를 가지며, 에너지 보존 법칙 때문에 총 에너지는 일정하다. 즉 그림 1.12b에 있는 에너지 다이어그램상에서 전자는 수평으로(총 에너지가 일정하도록) 움직여야 한다. 총 에너지가 변하기 위해서는, 전자는 어딘가로부터 에너지를 얻거나 잃거나(예를 들어, 원자나 광자와의 충돌을 통하여) 하여야 한다. 일단, 그러한 충돌이 일어나지 않는다고 추가적으로 가정하여 문제를 간단하게 유지하자. 따라서 이러한 결과는 충돌 사이의 시간 동안에서만 유효할 것이다.

위치 에너지 E_P는 어떤 상수 E_0와 같기 때문에, 1차원에서의 시간 독립 슈뢰딩거 방정식[식 (1.35)]을 다음과 같이 쓸 수 있다.

$$-\frac{\hbar^2}{2m_0}\frac{d^2\psi(x)}{dx^2} + E_0\psi(x) = E\psi(x) \tag{1.36}$$

여기서 $E_P(x)$를 위치에 무관한 일정한 위치 에너지 E_0로 대체하였다. E_0와 총 에너지 E는 모두 상수이며, 따라서 이 미분방정식을 표준 형식으로 고쳐 쓰면 다음과 같다.

$$\frac{d^2\psi(x)}{dx^2} + \frac{2m_0}{\hbar^2}(E - E_0)\psi(x) = 0 \tag{1.37}$$

식 (1.37)의 해는 다음과 같다.

$$\psi(x) = Ae^{jKx} + Be^{-jKx} \tag{1.38}$$

이 식은 다음과 같이 쓸 수도 있다.

$$\psi(x) = C\sin(Kx) + D\cos(Kx) \tag{1.39}$$

여기서 A와 B, 또는 C와 D는 경계조건에 의하여 결정되는 어떤 상수들이다. 또한 K는 다음과 같이 쓸 수 있다.

$$K = \sqrt{\frac{2m_0(E - E_0)}{\hbar^2}} = \sqrt{\frac{2m_0E_k}{\hbar^2}} \tag{1.40}$$

이 식에 나타낸 바와 같이 총 에너지 E에서 위치 에너지 E_0를 뺀 값이 운동 에너지 E_K이다. 파동 함수의 시간 의존성은 식 (1.34)에 주어져 있다. 따라서 자유 전자의 총 파동 함수는 다음과 같다.

$$\Psi(x, t) = A\,e^{j[Kx-(E/\hbar)t]} + B\,e^{j[-Kx-(E/\hbar)t]} \tag{1.41}$$

이 방정식은 각각 진행 방향이 $+x$ 방향과 $-x$ 방향인 2개의 평면파의 형식을 갖는다. 분명하게 전자는 이 중 어느 방향으로도 진행할 수 있다. 또한 전자기 평면파 방정식에서 일반적으로 각진동수 ω로 표현되는 양이 여기서는 $E/\hbar$라는 양으로 나타나 있음에 주목하자. 전자의 "파동"이 $\omega = E/\hbar$의 각진동수를 갖는다고 말할 수 있다면 편리하겠지만, 유감스럽게도 E의 값은 위치 에너지의 기준 값의 선택에 의존한다. 기준이 되는 에너지가 임의적이므로 $E/\hbar$의 값은 유일하지 않아서 전자의 "진동수"는 물리적으로 측정가능한 양이 아니다.

전자 파동에서 $E/\hbar$는 쉽게 해석할 수 있는 양이 아님을 알았다. 그렇다면 K에 대해서는 어떠한가? 그것의 의미는 무엇인가?

식 (1.41)의 첫 번째 항인 $Ae^{j[Kx-(E/\hbar)t]}$을 고찰해보자. 이 파동에서 일정한 위상을 갖는 점을 생각해본다면, 양의 K에 대하여 시간의 증가에 따른 위상 항 $Kx - (E/\hbar)t$는 x가 증가하는 경우에만 일정하게 유지된다. 다시 말해서, 파동은 K가 양이면 $+x$ 방향으로 진행한다. 이와 유사하게 음의 K의 경우에는, 이 항은 $-x$ 방향으로 진행하는 파동을 나타낸다. 식 (1.41)은 다음과 같이 쓸 수 있다.

$$\Psi(x, t) = A\, e^{j[Kx-(E/\hbar)t]} \tag{1.42}$$

그리고 파동의 전파 방향은 K의 부호에 따라 주어진다. 식 (1.25)와 식 (1.27)을 연관시켜, 지적한 바와 같이 K를 **파수 벡터(wave vector)**라 부른다.

파수 벡터는 전자의 파동적 성질을 기술하기 위하여 사용된다. 예를 들어, 파동의 일정한 위상을 갖는 점의 속도를 위상속도(phase velocity)라 부른다. 따라서 위상속도는 다음의 식에 의해서 주어진다.

$$v_p = \frac{x}{t} = \frac{E}{\hbar K}$$

총 에너지 K가 위치 에너지의 기준 값에 의존하므로 위상속도는 유일하지 않다.

입자의 질량중심과 관련된 속도가 파동의 "군속도(group velocity)", v_g이다. 군속도는 다음과 같이 주어진다.

$$v_g = \frac{dx}{dt} = \frac{1}{\hbar}\frac{dE}{dK} \tag{1.43}$$

파수 벡터의 개념을 좀 더 논의하기 위하여 식 (1.40)을 다음과 같이 재정리하자.

$$E = E_0 + \frac{\hbar^2 K^2}{2m_0} \tag{1.44}$$

이 식이 그림 1.13에 나타낸 바와 같은 자유 전자의 E-K 관계식이다. 식 (1.44)의 두 번째 항은 운동 에너지($E = E_P + E_K = E_0 + E_K$이므로)이고, 고전적인 입자의 운동 에너지인 $p^2/2m_0$와 매우 유사하다. 다만 여기서 고전적인 운동량 p가 $\hbar K$로 대치되었다.

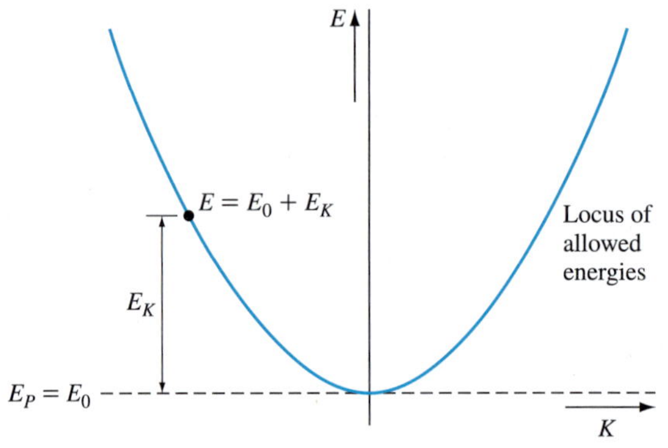

그림 1.13 자유 전자의 $E - K$ 다이어그램.

1.6.2 드브로이 관계식

자유 전자를 파동이나 입자로 간주할 수 있기 때문에, 이 두 가지 표현을 연결시키는 방법을 갖게 되면 유용할 것이다. 식 (1.42)를 살펴보면, 일정한 t에서 $Kx = n(2\pi)$일 때마다 파동 함수 Ψ의 값이 반복됨을 알 수 있다. 즉 모든 정수 n에 대하여 n이 1씩 증가할 때마다 x가 한 파장 λ만큼 증가하게 된다.

$$K = \frac{2\pi}{\lambda} \tag{1.45}$$

식 (1.44)의 도함수를 취하면 다음의 결과를 얻는다.

$$\frac{dE}{dK} = \frac{\hbar^2 K}{m_0}$$

이 결과를 식 (1.43)에 대입하고 양 변에 m_0를 곱하면, 자유 전자의 고전적인 운동량 p에 해당하는 $m_0 \upsilon_g = \hbar K$를 구할 수 있다.

$K = 2\pi/\lambda$이고 $\hbar = h/2\pi$이므로, 다음의 드브로이 관계식을 얻는다.

$$\lambda = \frac{h}{p} \tag{1.46}$$

이 식은 입자의 파장(양자역학)과 운동량(고전역학)을 연관 짓는다. 드브로이 관계식은 전자의 경로상에서 위치 에너지가 일정한 때에만 유효하다는 점에 유의해야 한다. 이 관계식은 고체 내의 전자에 대해서는 유효하지 않다.

식 (1.44)로부터 아직도 더 많은 것들을 도출할 수 있다. 만일 2계 도함수를 취하면 다음의 결과를 얻는다.

$$\frac{\partial^2 E}{\partial K^2} = \frac{\hbar^2}{m_0} \tag{1.47}$$

이것은 E-K 궤적(locus)의 곡률(2계 도함수)이 질량에 반비례함을 암시한다. 자유 전자의 포물선 형태의 E-K 관계의 경우에는 곡률이 일정하므로 질량이 일정하다.

1.6.3 3차원 내의 자유 전자

만일 위치 에너지가 3차원 공간 내에서 일정[$E_P(x, y, z) = E_P(r) = E_0$]하다면, 파동 함수는 다음과 같이 된다.

$$\Psi(\vec{r}, t) = \Psi(x, y, z, t) = A\, e^{j[\vec{K}\cdot\vec{r} - (E/\hbar)t]} \tag{1.48}$$

여기서 K는 다음과 같다.

$$\vec{K} = \hat{i}K_x + \hat{j}K_y + \hat{k}K_z \tag{1.49}$$

또한 $\vec{r}$은 다음과 같다.

$$\vec{r} = \hat{i}x + \hat{j}y + \hat{k}z \tag{1.50}$$

여기서 x, y 및 z는 파동 함수를 구하는 공간 내의 임의의 점의 좌표이다.

3차원에서 파수 벡터 $\vec{K}$의 크기는 다음과 같다.

$$|\vec{K}| = \sqrt{K^2} = \sqrt{\frac{2m}{\hbar^2}(E - E_0)} = \sqrt{\frac{2m}{\hbar^2}E_K} \tag{1.51}$$

이 식은 1차원 내의 자유 전자에 대해 구한 것처럼 다음과 같이 쓸 수 있다.

$$E - E_0 = E_K = \frac{\hbar^2 K^2}{2m} \tag{1.52}$$

일정한 위치 에너지를 갖는 3차원 계에 대하여 다음과 같이 기술할 수 있다.

1. 하나의 허용된 에너지 "밴드"가 있다. 즉 E_0와 무한대 사이의 에너지의 범위는 자유 전자에 대하여 허용된 에너지 상태를 나타낸다.[7] 에너지 밴드는 $E = E_0$(또는 $K = 0$)에서 최솟값을 갖는다.

2. 주어진 방향에서의 전자의 속도는 다음과 같이 주어진다.

$$v_x = \frac{1}{\hbar}\frac{\partial E}{\partial K_x} \qquad v_y = \frac{1}{\hbar}\frac{\partial E}{\partial K_y} \qquad v_z = \frac{1}{\hbar}\frac{\partial E}{\partial K_z} \tag{1.53}$$

7) 여기서는 전자의 에너지를 mc^2로 제한하는 상대론적 효과를 무시한다. 반도체 전자공학에서는 그렇게 높은 에너지는 중요하지 않다.

3. 식 (1.52)에서 보듯이, $E - K$ 관계는 3차원상에서 포물면이다. 포물면의 곡률은 그것의 2계 도함수 $\partial^2 E/\partial K^2 = \partial^2 E_0/\partial K^2 + \partial^2 E_K/\partial K^2$에 의해 구해진다. 자유 전자에 있어서, E_0는 어디서나 일정하므로, $E - K$ 곡선의 곡률은 K 공간에서는 어느 방향에서나 같다. (총 에너지 또한 상수이다.)

$$\frac{\partial^2 E}{\partial K^2} = \frac{\partial^2 E_K}{\partial K^2} = \hbar^2 \frac{1}{m_0} \tag{1.54}$$

여기서 m_0는 자유 전자에 대하여 상수이다.

4. 이 경우에 드브로이 관계식 $\lambda = h/p$는 유효하고, $p = mv$이다.

자유 전자 모형은 반도체 내의 전자에 대해서는 미흡한 근사이지만, 앞에서 논의한 파동-입자 이중성은 다음 절에서 논의할 실제 반도체 내에서의 **준-자유 전자(quasi-free electron)**에 대해서는 어느 정도 유사한 결과를 도출한다.

1.6.4 준-자유 전자 모형

금속에서는 그 단순성 때문에 자유 전자 모형(E_P = 일정)이 때때로 쓰이기도 하지만, 반도체에서는 이산적인 에너지 밴드의 존재를 예측할 수 없기 때문에 적합하지 않다. 더 사실적인 모형들에서는 결정격자 내의 전자에 대한 위치 에너지의 주기성을 고려함으로써 다수의 에너지 밴드들을 예측할 수 있게 된다. 위치 에너지의 정확한 함수 관계는 명확하게 알려져 있지 않으므로, 이 모형은 위치 에너지에 대해 다른 주기 함수를 가정한다. 이러한 모형이 **준-자유 전자 모형(quasi-free electron model)**으로 알려져 있다. 그중에 한 경우를 고찰해보자. 1차원 공간에서 출발하여 3차원으로 그 결과를 확장하기로 한다.

격자 상수가 a인 1차원 결정인 고체의 내부 깊숙이 존재하는 전자를 생각해보자. 대응되는 전자의 위치 에너지 함수는 그림 1.14에 나타내었으며, 여기서 전자는 점전하로 간주된다. 전자가 어떤 표면으로도 접근하지 않는다고 가정함으로써 표면의 영향을 무시할 수 있으며, 위치 에너지는 무한히 반복되는 정교한 주기함수로 간주할 수 있다.

결정 내의 퍼텐셜을 어떤 주기 함수 $E_P(x)$로 묘사해보자. 이는 x축에서 주기 a를 가지고 반복되므로, $E_P(x) = E_P(x \pm na)$이고 n은 임의의 정수라고 놓을 수 있다. 따라서 슈뢰딩거 방정식[식(1.35)]은 다음과 같게 된다.

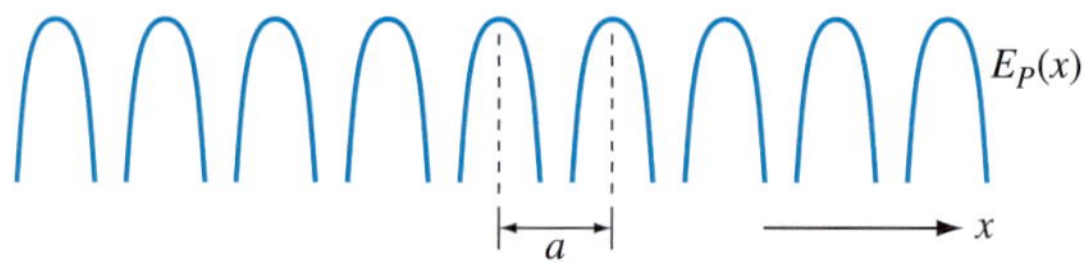

그림 1.14 결정 내에서의 전자의 위치 에너지는 주기적인 함수이다.

$$\frac{d^2\psi(x)}{dx^2}+\frac{2m_0}{\hbar^2}[E-E_P(x)]\psi(x)=0 \tag{1.55}$$

이 식을 일정한 위치 에너지를 갖는 전자에 대한 식 (1.37)과 비교해보라.

위치 에너지 $E_P(x)$의 명확한 형태를 알지 못하므로 슈뢰딩거 방정식을 정확히 풀 수는 없다. 그러나 위치 에너지가 주기적이라는 사실을 알기 때문에, **블로흐 정리(Bloch theorem)**[2]를 이용할 수 있다. 이 정리에 의하면, 주기적인 퍼텐셜 내에 놓인 전자에 대하여 시간 독립인 파동 함수를 다음과 같이 쓸 수 있다.

$$\psi(x)=U_K(x)\,e^{jKx} \tag{1.56}$$

여기서 $U_K(x)$는 x축에서 결정의 주기와 같은 주기를 갖는 어떤 함수이며, 그 이상의 $U_K(x)$의 정확한 형태는 알 수 없다. 완전한 블로흐 파동 함수는 다음과 같다.

$$\Psi(x,t)=U_K(x)\,e^{j[Kx-(E/\hbar)t]} \tag{1.57}$$

이 식은 단위 진폭의 평면파 $e^{j[Kx-(E/\hbar)t]}$가, 주기 a를 가진 어떤 주기 함수 $U_K(x)$에 의해 변조된 것임을 나타낸다. $U_K(x)$는 주기 함수이므로 다음과 같이 쓸 수 있다.

$$U_K(x)=U_K(x+na) \tag{1.58}$$

여기서 n은 정수이다. 비록 $U_K(x)$에 대하여 모든 것을 알 수는 없으나, 이것이 주기 함수이기 때문에, E-K 관계의 일반적인 특성에 관한 어떤 사항들을 도출할 수 있다.

예를 들어, 결정이 전자에 작용하는 힘은 전파 방향(K의 부호)에 무관함을 알고 있다. 그러므로 다음과 같이 쓸 수 있다.

$$\boxed{E(K)=E(-K)} \tag{1.59}$$

이는 $E(K)$가 $K=0$에서 극값(극댓값 또는 극솟값)을 가짐을 암시한다.

시간 독립인 파동 함수의 식 (1.56)에

$$1=e^{j(2\pi nx/a)}\,e^{-j(2\pi nx/a)} \tag{1.60}$$

을 곱하면 다음 식을 얻게 된다.

$$\psi(x)=U_K(x)\,e^{-j(2\pi nx/a)}\,e^{jKx}\,e^{j(2\pi nx/a)} \tag{1.61}$$

이는 다음과 같이 고쳐 쓸 수 있다.

$$\psi(x)=U_K\,e^{-j(2\pi nx/a)}\,e^{j(K+2\pi n/a)x} \tag{1.62}$$

여기서 $U_K(x)$와 $e^{-j[2\pi nx/a)}$은 두 함수 모두 격자의 주기 a로 x축에서 주기적임을 관찰할 수 있다. 따라서 이 두 함수를 하나의 블로흐 변조인자(Bloch modulation factor)로 합칠 수 있게 된다.

$$U'_K = U_K e^{-j(2\pi nx/a)} \tag{1.63}$$

만일 다음을 정의하면

$$K' = K + \frac{2\pi n}{a} \tag{1.64}$$

식 (1.62)는 다음의 식으로 다시 쓸 수 있다.

$$\psi(x) = U'_K e^{jK'x} \tag{1.65}$$

식 (1.65)는 식 (1.62)와 동일하고, 동일한 주기를 가지므로, 두 식은 다음과 같이 동일한 에너지에 상응하는 상태들을 나타내야 한다. 즉 다음과 같이 쓸 수 있다.

$$E(K) = E\left(K + \frac{2\pi n}{a}\right) \tag{1.66}$$

따라서 $E(K)$ 관계는 주기 $2\pi/a$로 K에 대하여 주기적이다.

이러한 점들을 보여주는 가능한 E-K 관계가 그림 1.15a에 도시되어 있다. $E(K)$는 우함수[식 (1.59)]이며, $n = 0, \pm1, \pm2, \cdots$인 n에 대하여 $E(K) = E(K + 2\pi n/a)$임을 보였다. 이것으로부터 E-K 곡선은 실제로 어떤 모양을 가지든지 $K = 0, \pm2\pi n/a, \pm4\pi/a, \cdots$가 되는 점들에 대해 대칭이므로, 이들 점에서 동일한 극댓값이나 극솟값을 가져야 한다고 결론지을 수 있다. 그뿐만 아니라 이러한 대칭성으로 인하여 E-K 관계는 이들 값 사이의 중간 지점, 즉 $K = \pm\pi/a, \pm3\pi/a, \cdots$에서 또 다른 동일한 극값들을 가져야 한다.

그림 1.15로부터 다음을 알 수 있다:

1. $E(K)$는 주기 $2\pi/a$로 K공간에서 주기적이다.
2. $K = 0, \pm2\pi/a, \pm4\pi/a, \cdots$에서 E는 동일한 극값들을 갖는다.

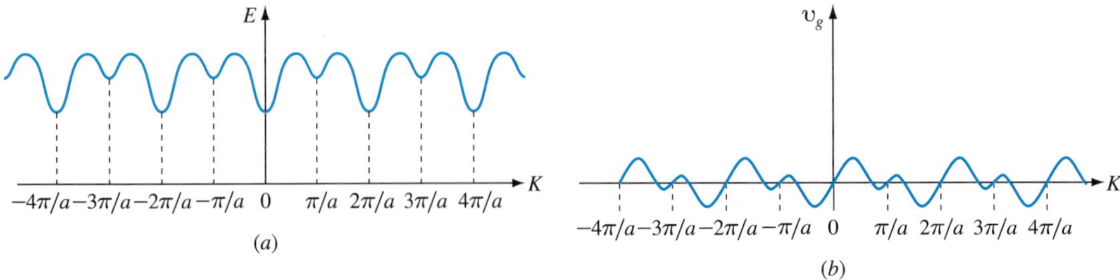

그림 1.15 주기적인 퍼텐셜에 대한 하나의 가능한 E-K 다이어그램, (a) E-K, (b) 군속도 v_g-K.

3. $K = \pm\pi/a, \pm3\pi/a, \cdots$에서 동일한 극값들이 존재한다.
4. E-K 곡선의 기울기는 $K = 0, \pm\pi/a, \pm2\pi/a, \pm3\pi/a, \cdots$에서 0이다.
5. 군속도 $\upsilon_g = (1/\hbar)\,dE/dK$는 E-K 곡선에서와 같은 주기로 K 공간에서 주기적이다. 이는 그림 1.15b에 나타나 있다.

실제로 측정할 수 있는 모든 양들은 같은 주기 $2\pi/a$로 K 공간에서 주기적임이 증명된다. 모든 것들은 반복되기 때문에, 단지 $-\pi/a \le K \le \pi/a$의 영역에서만 고려하는 것이 관례적이다. 그림 1.16(그림 1.15의 확장된 영역과 비교하여)에 나타낸 바와 같이, 이러한 영역은 **축소된 영역(reduced zone)** 또는 **제1 브릴루앙 영역(first Brillouin zone)**으로 알려져 있다. 실제로 E-K가 $K = 0$에서 대칭이기 때문에 때때로 축소된 영역의 절반만 표시하기도 한다.

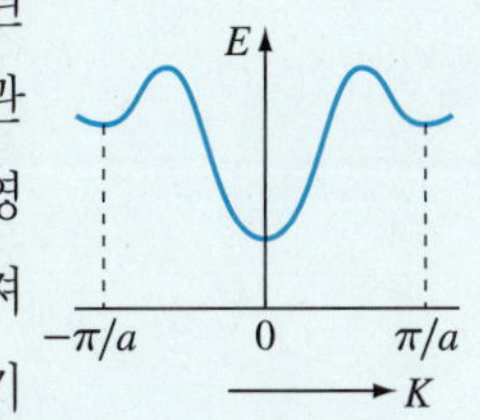

그림 1.16 축소된, 또는 제1 브릴루앙 영역.

이 예에서, 극솟값은 $K = 0$과, 또한 $K = 2\pi n/a$에서 존재한다고 가정하였다. 마찬가지로 극댓값을 선택할 수 있고 또 다른 극값도 존재할 수 있다. (영역의 내부에 극댓값도 있는 경우를 선택하였다.) 여기에 제공된 일반적인 고려사항들로부터 정확한 형태와 극댓값 및 극솟값들의 수를 예측할 수는 없다. 실제의 E-K 다이어그램은 원리적으로 $E_P(x)$를 알아야만 계산될 수 있다.

이제 그림 1.16의 E-K 다이어그램으로 돌아가자. 이는 특정 에너지 밴드의 최댓값 및 최솟값을 보여주기 때문에 실질적으로 또 다른 형태의 에너지 밴드 다이어그램이다. 이러한 점을 보이기 위하여 그림 1.16을 그림 1.17a에 다시 그려놓았다. 허용된 에너지의 범위는 E_2와 E_0의 사이에 있다. 그림 1.17b에서는 실제 공간에서의 에너지 밴드 다이어그램 E-x가 그려져 있고, 에너지의 최댓값과 최솟값들은 결정 내에서의 위치의 함수로 그려져 있다. 전자가 표면 근처에 존재하지 않는 한, 에너지의 최댓값과 최솟값들은 각각 결정 내의 모든 곳에서 동일하다. 또한 한 점으로 간주된 전자의 위치 에너지 함수(주기 함수)가 x에 대응하여 그려져 있다.

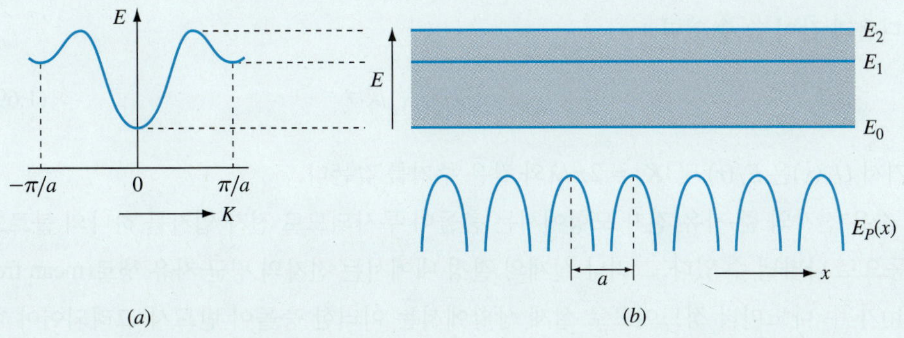

그림 1.17 (a) E-K 다이어그램, (b) 대응되는 에너지 밴드(E-x) 다이어그램.

거의 비어 있는 밴드에서는, 전자들이 더 낮은 상태를 점유하려는 경향이 있어서 그림 1.17a의 E-K 그래프의 최소와 관련된 특성들을 갖는다. 마찬가지로, 거의 차 있는 에너지 밴드에서는 비어 있는 상태(정공)들이 밴드의 최댓값 가까이에 존재할 것이다.

E-K 다이어그램과 통상의 에너지 밴드 다이어그램은 상호 보완적이다. E-K 다이어그램에서는 주어진 전자의 위치에 대한 정보가 전혀 없고, 에너지 밴드 다이어그램에서는 파수 벡터에 대한 어떤 것(파장, 운동 방향)도 드러나 있지 않다. 실제로 E-x와 E-K의 두 묘사는 상호 간의 푸리에 변환(Fourier transform)이다. 두 관계식은 결정 내에서의 전자의 거동에 대한 이해를 위하여 필요하므로, 두 가지 형태의 다이어그램을 모두 사용할 것이다.

$U_K(x)$의 값은 위치에 따라 주기적으로 변하기 때문에, 파동 함수에 대한 식 (1.56)은 변조된 평면파 또는 블로흐 파동 함수이다. 다시 파수 벡터 K는 다음과 같이 파장과 연계된다.

$$K = \frac{2\pi}{\lambda} \tag{1.67}$$

그러나 이번에는 다음과 같은 조건을 갖는다.

$$K \neq \sqrt{\frac{2m_0}{\hbar^2}(E - E_P(x))} \tag{1.68}$$

위치 에너지 함수 $E_P(x)$에 대하여 주기적이라는 것 이외에는 아무것도 모른다고 가정하였기 때문에 $U_K(x)$에 대해서도 주기적이라는 것을 제외하고는 정확한 형태를 알 수 없다.

자유 전자에 대한 운동량은 $p = \hbar K$임을 보였다. 그러나 준-자유 전자 모형에서는 모든 점에서 위치 에너지가 일정하다는 가정이 적용되지 않으므로 이 관계가 성립하지 않는다. 즉 드브로이 관계식을 충족하지 않는다. 그러나 $\hbar K$는 자유 전자의 고전적인 운동량과 유사하기 때문에 때때로 "결정 운동량(crystal momentum)"이라 부른다.

3차원 결정 내에서의 위치 에너지 $E_P(r)$은 모든 결정 방향에서 주기적이며, 파동 함수는 다음과 같이 쓸 수 있다.

$$\psi(r) = U_K(r)\, e^{j\vec{K}\cdot\vec{r}} \tag{1.69}$$

여기서 $U_K(x)$은 $E_P(r)$ 및 $|\vec{K}| = 2\pi/\lambda$와 같은 주기를 갖는다.

자유 전자와 준-자유 전자 모형에서는 충돌이 무시되므로 전자 입자를 하나의 블로흐 파동으로 나타낼 수 있다. 그러나 실제의 결정 내에서는 전자의 평균 자유 행로(mean free path)가 수 나노미터 정도이므로 실제 상황에서는 이러한 충돌이 반드시 고려되어야 한다. 그 결과, 전자 입자는 파동 함수의 중첩으로 고려되어야 한다. 이 주제는 1부의 보충에서 더 자세히 논의하기로 한다.

1.6.5 반사와 터널링

전자를 파동으로 고려하는 것에 대한 흥미로운 결과가 있다. 그림 1.18a에 나타낸 바와 같이 전위 장벽에 접근하는 전자 파동을 고려하자. 전자는 장벽의 높이보다 낮은 에너지를 갖는다. 전자는 장벽으로부터 반사되기를 기대하지만, 파동이 장벽에서 갑자기 멈춘 후 되돌아간다고 말할 수는 없다. 대신에 그림에서 보듯이, 전자 파동은 실제로 장벽으로 짧은 거리를 침투하게 된다. 이는 전자 전하의 일부가 (고전역학적으로는) 금지된 영역에 존재함을 의미한다. 예를 들어, 그림에서의 장벽이 결정의 표면을 나타낸다면, 실제로 전자 전하의 어느 일부분이 결정의 바깥쪽에서 발견된다.

이러한 터널링(tunneling) 과정은 전자기파가 도체 안으로 짧은 거리[**침투 깊이(skin depth** 또는 **penetration depth)**]를 침투하는 것과 유사하다. 이러한 침투 현상을 줄이기 위하여 **차폐(shielding)**를 적용하여 전자 시스템을 보호하도록 한다. 이러한 시스템들은 무시할 수 있을 만큼의 전자기파의 침투만이 허용될 수 있도록, 충분한 두께의 전도도가 높은 금속(예를 들어, 구리 또는 알루미늄)으로 에워싼다. 전자에 대해서 유사한 추론이 가능하다. 전자가 침투하는 것을 차단하기 위하여 전위 장벽은 충분한 높이와 두께를 가져야 한다. 그림 1.18a의 장벽은 무한한 두께를 갖기 때문에, 전자는 짧은 거리를 침투하지만

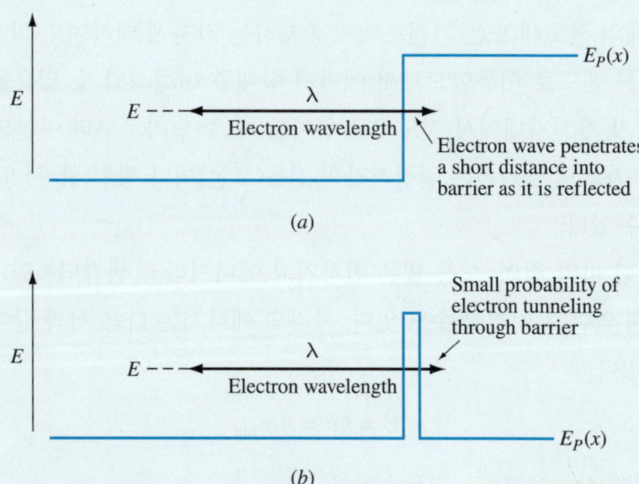

그림 1.18 전자 파동이 공간 내에 퍼져 있다. (a) 파동이 전위장벽으로부터 반사될 때, 전자 파동 함수는 금지 영역 안으로 짧은 거리를 침투한다. 따라서 전자 전하의 일부분이 장벽의 오른쪽에서 발견된다. (b) 만일 장벽이 매우 얇으면, 전자 파동 함수 Ψ는 장벽을 통과하여 퍼질 것이다. 확률 밀도 $\Psi^*\Psi$는 장벽에서 멀리 떨어진 곳에서도 0이 아니기 때문에, 전자가 장벽을 통과하여 다른 쪽에 나타날 기회가 어느 정도 있다.

궁극적으로는 반사된다.

다음으로 그림 1.18b에서 보듯이, 장벽이 매우 얇다고 가정하자. 전자기파는 짧은 거리만큼 장벽을 침투하기 때문에, 만일 장벽의 두께가 침투 깊이보다 더 얇다면, 전자기파의 일부는 장벽의 바깥쪽에서도 발견될 수 있다. 물리적인 전자는 둘로 나눌 수 없으므로 장벽의 양쪽 중에서 어느 한쪽에는 있어야 한다. 그러나 전자의 파동 함수는 장벽을 통하여 퍼져 있다. 파동 함수에 그 함수의 복소 공액을 곱하면 확률 밀도 함수가 된다는 것[식 (1.32)]을 상기하자. 양자역학적인 해석은, 파동 함수가 장벽 건너편의 허용된 영역에까지 퍼져 있기 때문에 전자가 장벽을 "뚫고(tunnel)" 장벽 건너의 영역으로 진행할 확률이 어느 정도 있다는 것이다. 이 확률은 아주 작아서, 보통 전자는 장벽으로부터 반사될 것이다. 비록 주어진 전자가 장벽을 투과하는 터널링의 확률이 매우 작더라도 장벽에 부딪히는 전자들의 개수가 많을 수 있으므로, 결과적인 터널링 전류는 무시할 만큼 작지 않을 수도 있다.

장벽 안으로의 전자의 침투와 얇은 전위 장벽에서의 전자의 터널링은 모두 반도체 소자의 동작과 신뢰성에 상당한 영향을 미치는 중요한 양자역학적 효과로서, 본 교재 전반에 걸쳐 등장하게 될 것이다. 이러한 효과들은 1부의 보충과 소자 동작에 관한 장에서 좀 더 상세히 논의하기로 한다.

1.7 광 방출과 흡수에 관한 1차 고찰

이제까지 반도체의 전도대 또는 가전자대에 존재하는 전자에 대하여 논의하였고, 전자는 한 밴드에서 다른 밴드로 이동함으로써 에너지 상태를 변화시킬 수 있음을 주목하였다. 예를 들어, 전자가 가전자대에서 전도대로 천이할 때, 어딘가로부터 여분의 에너지를 얻어야 한다. 이 추가분의 에너지는 결정격자의 진동(포논)이나 광원(광자) 또는 이 둘의 조합으로부터 올 수 있다.

앞에서 지적한 바와 같이, 보통 빛은 전자기파 에너지라고 생각되지만, 빛은 입자, 즉 광자로 이루어져 있다고 여겨질 수도 있다. 광자의 에너지는 다음 식과 같이 광파의 진동수와 관련되어 있다.

$$E = h\nu = \hbar\omega_{\text{pht}} \tag{1.70}$$

여기서 h는 플랑크 상수이고 ν는 진동수이다.

빛에너지는 $h\nu$의 정수배로만 흡수되거나 방출되어야 한다. 다시 말해서, 정수 개수의 광자들만 흡수되거나 방출될 수 있다. 예를 들어, 파장이 600 nm인 적색 광선을 고찰해보자. 이 빛(광파)의 진동수는 다음과 같다.

$$\nu = \frac{c}{\lambda} \tag{1.71}$$

여기서 c는 빛의 속도이고 λ는 파장이다. 따라서 $\lambda = 600$ nm의 파장에 해당하는 진동수는 다음과 같다.

$$\nu = \frac{3.0 \times 10^8 \text{ m/s}}{600 \times 10^{-9} \text{ m}} = 5 \times 10^{14} \text{ Hz} \tag{1.72}$$

또는 500 terahertz(THz)이다. 따라서 광자 1개의 에너지는 다음과 같다.

$$\begin{aligned} E = h\nu &= (6.63 \times 10^{-34} \text{ J} \cdot \text{s})(5 \times 10^{14} \text{ s}^{-1}) = 3.3 \times 10^{-19} \text{ J} \\ &= 3.3 \times 10^{-19} \text{ J} \cdot \frac{1 \text{ eV}}{1.6 \times 10^{-19} \text{J}} = 2.06 \text{ eV} \end{aligned} \tag{1.73}$$

따라서 파장이 600 nm인 빛은 2.06 eV의 정수배로만 방출되거나 흡수될 수 있다.

예제 1.3

수소 원자에서의 전자는 에너지를 흡수하거나 방출함으로써 하나의 허용된 에너지 준위에서 다른 에너지 준위로 전환할 수 있다. 과학자들은 다양한 물질에서의 광 방출 스펙트럼을 이용하여 그 물질의 에너지 구조를 결정한다. 다음 각각의 선 스펙트럼들에 대하여 처음 및 나중 에너지 상태를 결정하라.

a. $\lambda_1 = 656.28$ nm(적색)
b. $\lambda_2 = 486.13$ nm(청색)
c. $\lambda_3 = 434.05$ nm(보라색)
d. 이들 천이를 모두 공통으로 갖고 있는 에너지 준위는 어느 것인가?

■ **풀이**

a. $\lambda_1 = 656.28$ nm(적색). 식 (1.70)과 (1.71)로부터, 이 파장에 상응하는 에너지는 다음과 같이 구해진다.

$$E = \frac{hc}{\lambda} = \frac{(6.63 \times 10^{-34} \text{ J} \cdot \text{s})(2.998 \times 10^8 \text{m/s})}{656.28 \times 10^{-19} \text{ m}} = 3.02 \times 10^{-19} \text{ J} = 1.89 \text{ eV}$$

이 값에 어느 에너지 차가 상응하는지를 찾기 위하여 수소 원자에 대한 허용된 에너지 준위들의 적절한 조합들을 시도해야 한다. 표 1.1로부터, 그 답은 다음과 같다.

$$E_3 - E_2 = (E_{\text{vac}} - 1.51) - (E_{\text{vac}} - 3.4) = 1.89 \text{ eV}$$

따라서 전자의 처음 에너지 상태는 $n = 3$이고 나중 에너지 상태는 $n = 2$이다.

b. $\lambda_2 = 486.13$ nm(청색). 이 파장에 상응하는 에너지는 다음과 같이 구해진다.

$$E = \frac{hc}{\lambda} = 2.55 \text{ eV}$$

이 에너지는 다음과 같이 오직 E_4에서 E_2로의 천이의 결과이다.

$$E_4 - E_2 = (E_{vac} - 0.85) - (E_{vac} - 3.4) = 2.55 \text{ eV}$$

c. $\lambda_3 = 434.05$ nm(보라색). 이 파장에 상응하는 에너지는 다음과 같이 구해진다.

$$E = 2.86 \text{ eV}$$

이 에너지는 다음의 천이에 상응한다.

$$E_5 - E_2 = (E_{vac} - 0.544) - (E_{vac} - 3.4) = 2.86 \text{ eV}$$

d. 이 천이의 집단을 발머 계열(Balmer series)이라고 부른다. 발머 계열은 E_2 준위로의 광학적 천이들을 기술한다. 여기서 짚고 넘어가야 할 또 다른 점이 있다. 광자의 에너지는 빛의 파장(또는 진동수)에 의존($E = h\nu$)한다. 파장이 600 nm인 광선들 중에서, 에너지가 더 높은(더 강렬한) 광선일수록 더 많은 광자들로 구성되지만, 각각의 광자는 여전히 2.06 eV의 에너지를 가져야 한다. 물체에 조사되는 빛의 일률(power, 단위 초당 에너지)은 광자당 에너지와 초당 물체에 조사되는 광자들의 수의 곱으로 주어진다.

예를 들어, $\lambda = 600$ nm(2.06 eV)인 광자들로 구성된 빛이 반도체에 입사한다고 가정하자. 그림 1.19a에서 보듯이 반도체는 2.5 eV의 밴드 갭을 갖는다. 이 특정한 물질은 2.06 eV의 광자를 흡수할 수 없다. 왜 그럴까? 가전자대의 꼭대기 가까이에 있는 전자를 고려하자. 광자의 에너지를 흡수하기 위해서는, 전자는 출발한 곳보다 2.06 eV만큼 에너지가 더 높은 상태에 도달해야 한다. 그러나 그 위치는 금지대역 내에 존재하므로 허용된 에너지 상태가 없다. 따라서 이 물질은 이 특정한 파장의 빛에 대하여 투명하다.[8)]

그림 1.19b에서는 밴드 갭이 광자의 에너지보다 작은 새로운 물질을 선택하였다. 이제는 광자의 에너지가 흡수될 수 있으며, 이 경우에는 광자의 에너지가 전자에게 전달되고 광자는 소멸된다.

그림 1.19c에서 보듯이, 광의 방출에서는 그 과정이 역으로 일어난다. 처음에 높은 에너지 상태(다시 말해서, 전도대)에 있던 전자는 가전자대로 "떨어질" 수 있으나 가지고 있던 여분의 에너지를 방출해야 한다. 이 에너지는 열이나 빛이나, 아니면 이 둘의

8) 물론 2개의 광자가 한 전자와 동시에 부딪혀, 전자에게 $2 \times 2.06 = 4.12$ eV의 에너지를 주는 것은 가능하다. 이 값은 전자를 가전자대로부터 전도대로 여기시키고도 남을 만큼의 에너지이지만, 3개의 입자(2개의 광자와 1개의 전자)가 동시에 충돌하는 것은 통계적으로 거의 불가능에 가깝다.

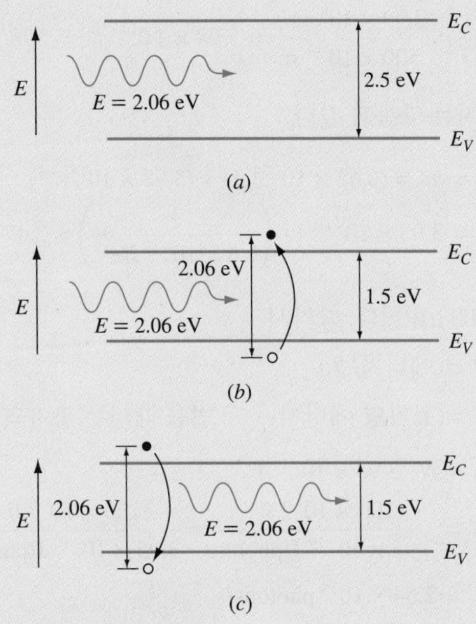

그림 1.19 (a) 에너지가 2.06 eV인 광자가 에너지 갭이 2.5 eV인 물질에 입사한다. 광자는 흡수될 수 없다. (b) 밴드 갭은 2.06 eV에 의해 분리된, 허용된 상태들이 존재할 만큼 충분히 작아서 광자는 흡수될 수 있다. 광자의 에너지는 전자에게 주어진다. (c) 방출에서는, 전자는 더 낮은 에너지 상태로 이동하고, 광자의 형태로 여분의 에너지를 내어놓는다.

적당한 조합이 될 수 있다. 여기서 에너지 보존 법칙이 흡수와 방출을 논의하는 데 사용된다. 1부의 보충에서 논의된 바와 같이, 또 다른 제약 조건, 즉 고전역학에서의 운동량 보존과 유사한 파수 벡터의 보존도 또한 관찰되어야 한다.

예제 1.4

100 μW의 빛이 광 검출기(photodetector)에 입사한다.

a. 만일 빛이 녹색(λ = 500 nm)이라면, 광 검출기의 표면에 초당 얼마나 많은 광자들이 부딪히는가?

b. 만일 일률(광 전력)은 100 μW로 유지한 채로 빛의 파장만 적외선(λ = 1 μm)으로 바꾸면, 광 검출기의 표면에 초당 얼마나 많은 광자가 부딪히는가?

■ **풀이**

a. 광자당 에너지는 $E = h\nu$이다. 녹색 빛의 진동수 ν는 다음과 같이 주어진다.

$$\nu = \frac{c}{\lambda} = \frac{2.99 \times 10^{8}\ \text{m/s}}{500 \times 10^{-9}\ \text{m}} = 5.98 \times 10^{14}\ \text{s}^{-1} = 598\ \text{THz}$$

따라서 광자당 에너지는 다음과 같다.

$$\begin{aligned} E &= h\nu = (6.62 \times 10^{-34}\ \text{J}\cdot\text{s})(5.98 \times 10^{14}\text{s}^{-1}) \\ &= 3.95 \times 10^{-19}\ \text{J} \cdot \left(\frac{1}{1.6 \times 10^{-19}\text{J/eV}}\right) = 2.47\ \text{eV} \end{aligned}$$

일률은 $P = E/t = 100\,\mu W$이다. 따라서

$$\begin{aligned} 100\,\mu W &= (\text{에너지/초}) \\ &= (\text{광자당 에너지}) \cdot (\text{표면을 때리는 광자의 수/초}) \\ &= N \cdot 3.95 \times 10^{-19}\ \text{J} \\ N &= \frac{100 \times 10^{-6}\ \text{W}}{3.95 \times 10^{-19}\ \text{J/photon}} = \frac{100 \times 10^{-6}\ \text{J/s}}{3.95 \times 10^{-19}\ \text{J/photon}} \\ &= 2.54 \times 10^{14}\ \text{photons/s} \end{aligned}$$

b. 적외선의 경우에, 광자당 에너지는 다음과 같다.

$$E = h\nu = \frac{hc}{\lambda} = \frac{(6.62 \times 10^{-34}\ \text{J}\cdot\text{s})(2.99 \times 10^{8}\text{m/s})}{1 \times 10^{-6}\text{m}} = 1.98 \times 10^{-19}\ \text{J}$$

그리고 초당 광자의 개수는 다음과 같다.

$$N = \frac{100 \times 10^{-6}\text{W}}{1.98 \times 10^{-19}\text{J/photon}} = \frac{100 \times 10^{-6}\ \text{J/s}}{1.98 \times 10^{-19}\text{J/photon}} = 5.05 \times 10^{14}\text{photons/s}$$

따라서 주어진 광 전력의 양을 공급하는 데 필요한 광자의 수는 빛의 파장에 의존한다.

계산 과정에서 자주 파장을 에너지로 변환하기 때문에, 일단 상수들을 한꺼번에 곱하여 얻어지는 다음의 결과를 기억해두는 것이 유용하다.

$$\begin{aligned} E &= h\nu = \frac{hc}{\lambda} = \frac{(6.62 \times 10^{-34}\text{J}\cdot\text{s})(2.99 \times 10^{8}\ \text{m/s})}{\lambda} \cdot \frac{1\ \text{eV}}{1.6 \times 10^{-19}\text{J}} \\ &= \frac{1.24 \times 10^{-6}\ \text{eV}}{\lambda} \end{aligned}$$

또는

$$\boxed{E(\text{eV})\lambda(\mu\text{m}) = 1.24} \tag{1.74}$$

이 공식을 **황금률(golden rule)**이라 부른다. eV 단위의 광자당 에너지와 μm 단위의 광

자의 파장을 곱하면 1.24가 된다. 따라서 파장이 500 nm(0.5 μm)인 광자는 1.24/0.5 = 2.48 eV의 에너지를 갖는다.

예제 1.5

그림 1.20a는 어떤 광통신 시스템을 도식적으로 나타낸 것이다. 이 시스템은 반도체 레이저 다이오드 광원, 반도체 광 검출기, 그리고 광원과 광 검출기 사이에서 광 신호를 전송하기 위한 광섬유 케이블로 구성된다. 그림 1.20b에 도시된 바와 같이, 최근 사용하는 광섬유는 λ = 1.55 μm에서 최소의 광 흡수를 갖는다. 따라서 중계기(repeater)들 사이에서 최대의 광섬유 길이를 얻기 위해서는, 레이저는 이 파장의 빛을 방출해야 한다.

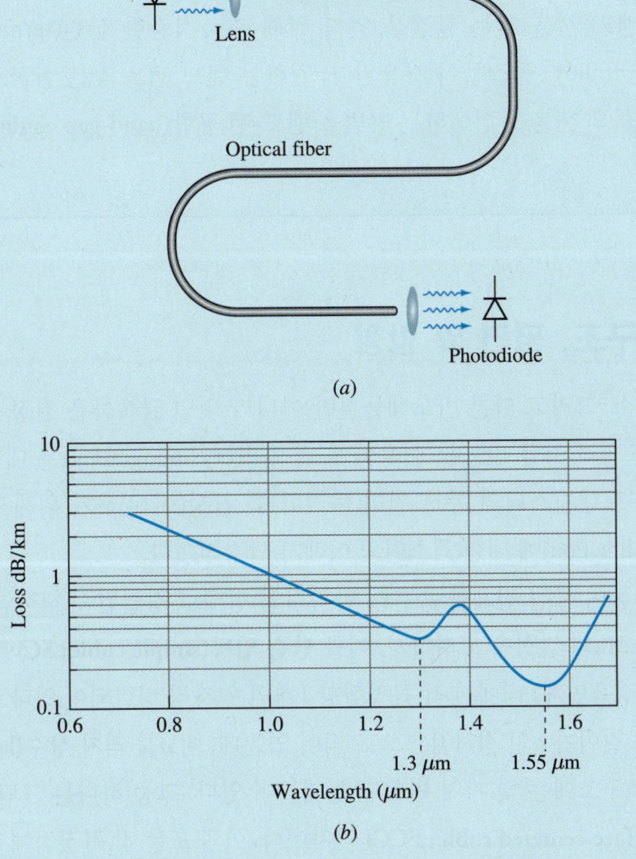

그림 1.20 (a) 광섬유 광통신 링크(link)는 광원, 광섬유, 그리고 광 검출기로 구성된다. (b) 광섬유의 전형적인 흡수 스펙트럼.

a. 반도체 레이저가 발광 물질의 밴드 갭과 동일한 에너지를 갖는 광자를 방출한다면, 레이저를 구성하는 발광 물질의 밴드 갭은 얼마인가?
b. 대부분의 광 검출기는 수광 물질의 밴드 갭보다 큰 에너지를 갖는 광자들에 대하여 민감(검출 가능)하다고 할 때, 광 검출기의 수광 물질의 최대 밴드 갭은 얼마인가?

■ **풀이**

a. 황금률[식 (1.740)]로부터 다음의 결과를 얻는다.

$$E(\text{eV}) = \frac{1.24}{\lambda(\mu\text{m})} = \frac{1.24}{1.55} = 0.80\ \text{eV}$$

레이저의 밴드 갭은 0.80 eV이어야 한다.

b. a와 유사하게, 광 검출기의 최대 밴드 갭은 0.80 eV이어야 한다.

주의: 특정한 밴드 갭을 갖는 물질을 얻기 위해서는 적당한 삼원(ternary) 또는 사원(quaternary) 합금(alloy) 물질들이 사용된다. 원하는 밴드 갭을 갖는 합금을 구성하는 다양한 성분 원소들의 비율을 선택하는 방법을 **밴드-갭 공학(band-gap engineering)**이라 부른다.

1.8 결정 구조, 평면 및 방향

실리콘, 갈륨비소, 그리고 다른 반도체들뿐만 아니라 몇몇 금속들은 결정 구조를 가짐을 알고 있다. 반도체 소자를 만드는 이들에게 결정학(crystallography)은 대단한 관심사이다. 다이오드와 트랜지스터의 동작 원리(물리학)를 감상(이해)하기 위해서는 결정 평면(plane)과 방향(direction)에 대한 최소한의 이해가 필수적이다.

결정은 원자들이 물질 전체를 통틀어 반복적인 형태로 정렬된 규칙적인 구조이다. 예를 들어, 그림 1.21a의 결정을 고려하자. 이를 **단순 입방(simple cubic: SC)**이라 부른다. 원자들은 입방체(정육면체) 내에서 각 꼭짓점당 1개의 원자씩 정렬되어 있다. 모든 6개의 면은 모두 한 변의 길이가 a인 정사각형으로 되어 있는데, 이 a를 **격자 상수(lattice constant)**라 부른다. 입방 구조에는 몇 가지 변형된 형태들이 있다. 그중 하나는 그림 1.21b에 나와 있는 **면심 입방(face-centered cubic: FCC)** 격자이다. 이 구조는 각 꼭짓점에 있는 원자들에 추가로, 입방체의 각 면의 중앙에도 원자들이 있는 구조이다. 통상의 식염(NaCl)은 FCC 구조이며, 나트륨(sodium, Na) 원자들이 번갈아 배치되고 그 사이 사이에 염소(chlorine, Cl) 원자들이 배치된다. 그림 1.21c는 **체심 입방(body-centered cubic: BCC)** 구조로, 각 입

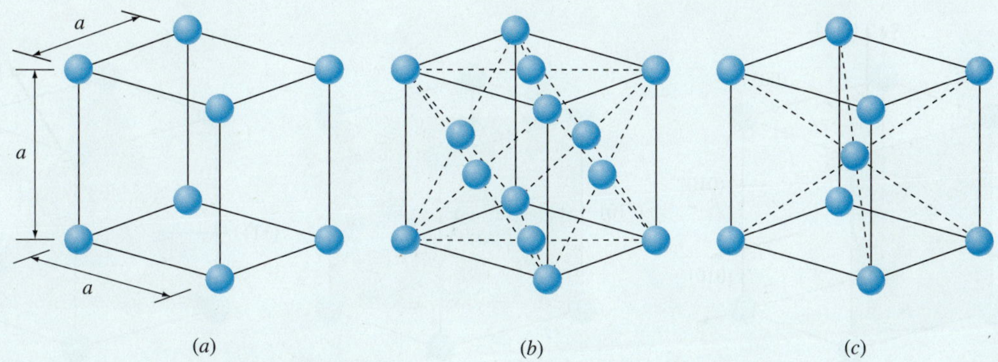

그림 1.21 입방 결정: (a) 단순 입방, (b) 면심 입방(각 면의 중심에 원자들이 있는 구조), (c) 체심 입방.

방체의 중앙에 원자가 하나씩 위치하고 있다.

실리콘의 결정 구조는 **다이아몬드(diamond)** 구조이며, 실제로 이 또한 입방 구조의 변형된 형태이다. 이 입방체의 구성은 FCC 격자와 마찬가지로 각 면의 중앙에 1개씩의 원자를 가지고 있으나, 그림 1.22a에서 보는 바와 같이 입방체의 내부에도 4개의 원자가 추가되어 있다. 실제로, 다이아몬드 구조는 2개의 FCC 구조들이 포개져서(겹쳐서) 구성되어 있다.

GaAs의 경우도, 그림 1.22a에서와 같은 방식으로 원자들이 정렬되어 있다는 의미에서 다이아몬드 격자 구조이다. 그러나 그림 1.22b에서 보듯이, 원자들의 절반은 갈륨이고 나머지 절반은 비소 원자로 구성되어 있다. 이러한 구조를 **섬아연광(zinc blende)** 구조라 하

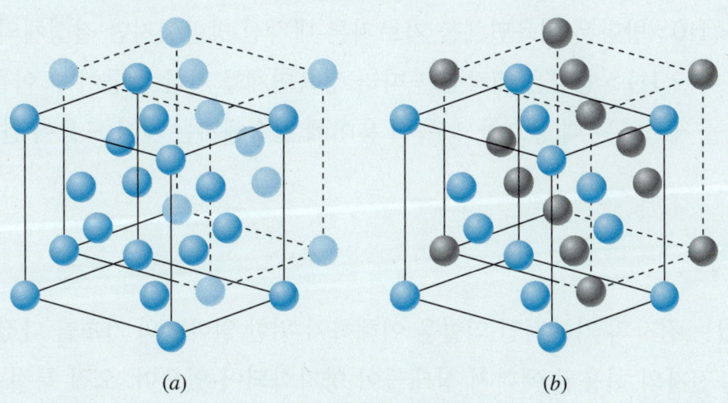

그림 1.22 (a) 다이아몬드 구조는 2개의 겹쳐진 FCC 격자들로 구성된다. 두 번째 FCC 입방체는 주대각선(the longest diagonal) 방향으로 길이의 1/4만큼 어긋나 있다. 점선은 단위 다이아몬드 격자 셀(cell)의 바깥쪽에 있는 두 번째 FCC 격자의 부분들을 나타낸다. (b) 섬아연광 물질은 다이아몬드 구조와 같은 구조를 갖지만 두 종류의 원자를 가진다. 진한 색의 원자가 한 종류[예를 들어, 갈륨(Ga)]이고, 옅은 색의 원자는 또 다른 종류[예를 들어, 비소(As)]이다.

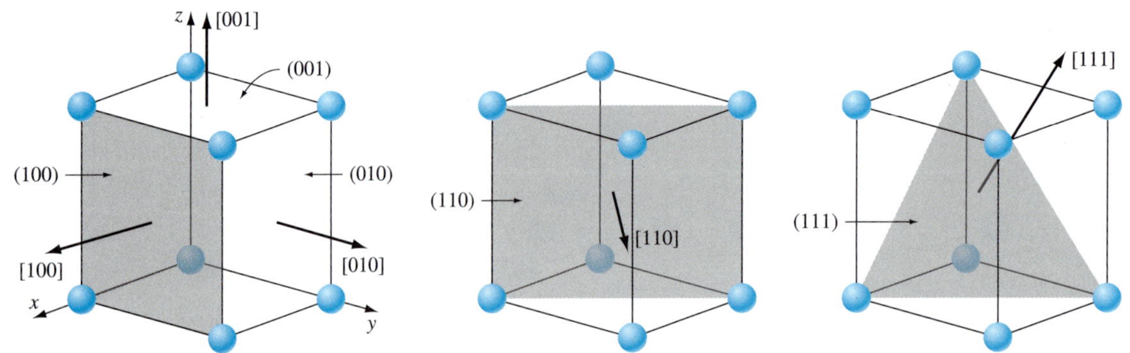

그림 1.23 3개의 가장 중요한 결정학적 평면(소괄호로 표시)과 이에 상응하는 결정학적 방향(대괄호로 표시).

는데, 이와 같은 정렬을 보이는 광물에서 따온 이름이다. 섬아연광 구조는 실제로 2개의 FCC 구조가 겹쳐져 있다. GaAs에서 한 FCC는 갈륨으로 되어 있고 또 다른 FCC는 비소로 구성되어 있다. 본 교재의 뒷부분에서도 계속 확인할 수 있듯이, 반도체 소자들의 특성은 반도체 표면의 결정 평면과 전자(또는 정공)가 이동하는 결정 방향에 의존한다.

반도체에서 결정 구조상으로 가장 중요한 것은 세 가지 평면과 세 가지의 결정 방향이다. 이들을 입방체 격자에 대하여 그림 1.23에 나타내었다. 입방체의 면들 중 어느 하나를 (100) 평면이라 한다. (110) 평면은 입방체의 두 모서리를 포함하고 입방체를 대각선으로 자른다. (111) 평면은 입방체를 한쪽 구석(꼭짓점)에서 가장 먼 두 꼭짓점을 포함하도록 자른 면이다. [100], [110], 그리고 [111] 방향은 각각 이에 상응하는 평면들과 서로 수직이 되는 방향들이다. 따라서 <100>방향들[9] 중 하나는 입방체의 한 모서리와 나란한 방향이고, 임의의 <110>방향은 정육면체를 가로지르는 대각선 방향이지만 결정체의 어느 한 평면과 평행하며, <111>방향은 대각선을 따라 정육면체를 자른 방향이다. 이들 방향과 평면들은 소자를 제조하는 데 중요하므로, 이 용어에 친숙해지는 것이 도움이 된다.

1.9 요약

물질 내에 있는 전자의 기본적인 역할을 이해하기 위한 얼마간의 기초를 다졌다. 보어 모형으로부터, 전자의 허용된 에너지 상태들이 양자화되어 있으며, 오직 특정한 이산적인 값들만 허용되는 것을 알았다. 이것이 양자역학 분야에서의 기본 개념이며, 다음 장에서, 그리고 본 교재 전체에 걸쳐서 더욱 자세히 논의할 것이다.

9) 특정 평면의 표준은 소괄호로 표현되나, 동등한 평면들, 예를 들어, (100), (010), (001), (−100) 등을 지정할 때는 중괄호, 즉 {100}을 사용한다. 유사하게 특정 방향들은 대괄호 [100], [110] 등으로 표현되고, 동등한 방향들을 통틀어 표현할 때는 <100>, <110> 등으로 나타낸다.

이 상태들은 고립된 수소 원자에 대하여 해석적으로 결정되었다. 다음으로 분자와 결정 고체 내에서의 공유 결합에 대하여 논의하였는데, 결정 내에서 전자들은 고체를 유지하기 위하여 원자들 사이에서 동등하게 공유되어 있다. 부분적으로 이온 결합인 결합에서는 전자들도 공유되지만, 이에 부가적으로 고체를 유지하도록 도와주는 핵들 사이의 쿨롱 인력이 존재한다.

고체에서와 같이, 많은 원자들이 거리가 가까워지면 파울리 배타 원리에 따라서 이산적인 허용 상태들은 에너지 밴드로 퍼지게 된다. 주어진 물질에 대해, 어떤 허용되는 에너지 범위가 있고, 어떠한 상태도 존재하지 않는(적어도 이상적인 결정에 대해서는 존재하지 않는) 금지대역이 있음을 알게 되었다.

또한 에너지 밴드 다이어그램으로부터, 에너지 밴드가 이웃한 원자까지는 확장되지 않는 개별 원자들에 어떤 전자들이 속박되어 있는지를 배웠다. 공유 결합에 참여한 전자들은 결정 전체에 걸쳐 확장되어 전자들이 공유될 수 있는 가전자대를 점유한다. 또한 에너지가 더 높은 전도대도 결정 전체에 걸쳐 확장되어, 준-자유 전자들을 갖게 된다. 이 전자들은 결정 내부를 쉽게 이동할 수 있으므로 전기를 전도한다.

파동-입자 이중성의 개념을 간략히 논의하였다. 고전적으로는 입자(예를 들어, 전자)로 여겨지는 것들이 파동적 성질(예를 들어, 파장)을 가지는 반면에, 고전적으로는 파동(예를 들어, 광자)으로 여겨지는 것들이 또한 입자로 여겨질 수 있다. 물질파들은 파동 함수에 의해 특정 지어지며, 파동 함수는 입자의 위치 에너지가 주어지면 슈뢰딩거 방정식으로부터 계산될 수 있다. 결정 내의 전자에 대한 두 가지 예를 고찰하였다. 즉, 결정 내에서 위치 에너지가 일정하다고 할 때의 자유 전자, 그리고 결정 내의 위치에서 위치 에너지가 주기 함수인 준-자유 전자이다. 이들 두 가지 경우는 본 교재를 통틀어 반복적으로 언급할 것이다.

고전적인 입자(전자)와 파동(빛)의 상호작용이, 관련 입자들의 상호작용에서의 에너지 보존의 관점에서 간략하게 논의하였다.

반도체의 전기적 특성은 반도체 결정의 구조에 의해 결정되기 때문에, 몇 가지 관심 있는 반도체들(특히 실리콘과 갈륨비소)의 구조에 관해 간단히 논의하였다.

마지막으로 에너지 밴드 다이어그램으로부터 물질의 어떤 전기적 특성들을 직접적으로 결정하는 법을 배웠다. 넓은 밴드 갭을 가진 물질은 일반적으로 전도가 잘되지 않고 절연체일 수 있다. 반면에 금속의 경우, 전도 전자를 포함하는 에너지 밴드가 낮은 온도에서조차도 부분적으로 차 있어, 이 물질들은 전도가 매우 잘된다. 반도체는 중간 수준의 밴드 갭을 가지고 있어 전도도가 절연체와 금속의 중간 정도이다.

전기 기술자가 전도가 매우 잘되는 물질이나 절연성이 뛰어난 물질을 원한다는 것은 이해할 수 있다. 그러나 반도체의 유용성은 앞에서 이제까지 배운 내용만으로는 분명하지 않다. 이러한 중간 수준의 밴드 갭 에너지가 주는 특별한 성질에 대한 이해를 증진하기 위해 다음의 몇 장들을 활용할 것이다. 본 교재의 나머지 부분은 이러한 특별한 성질들이, 유용한 반도체 소자들을 만드는 데 어떻게 이용되는지를 보이는 데 할당될 것이다.

1.10 참고문헌

1. Robert Eisberg and Robert Resnick, *Quantum Physics of Atoms, Molecules, Solids, Nuclei and Particles*, 2nd ed., John Wiley and Sons, New York, 1985.
2. Charles Kittel, *Introduction to Solid State Physics*, 8th ed., John Wiley and Sons, New York, 2004.
3. R. A. Smith, *Wave Mechanics of Crystalline Solids*, Chap. 4, Chapman and Hall, London, 1961.
4. Leon Brillouin, *Wave Propagation in Periodic Structures*, 2nd ed., Dover, New York, 1953.

1.11 복습문제

1. 전자볼트를 정의하라.
2. 광자를 정의하라.
3. 파울리 배타 원리를 기술하라.
4. 원자의 에너지 준위들이 고체에서는 에너지 밴드가 되는 이유를 설명하라.
5. 결정 절연체와 반도체의 밴드 구조 사이에 어떤 차이가 있는가?
6. 반도체와 금속의 밴드 구조 사이에 어떤 차이가 있는가?
7. 반도체가 0 K에서는 절연체처럼 거동하고, 온도가 증가하면 전도도가 증가하는 이유를 설명하라.
8. 반도체 내의 정공을 정의하라.
9. 정공이 어떻게 전기 전도에 기여하는지 그림으로 나타내라.
10. 금속의 위치 에너지 그림을 그려라. 금속 표면에 있는 전위 장벽의 존재를 정성적으로 설명하라.
11. 고전적으로는 전자가 에너지 장벽을 터널링하는 것이 금지되지만 양자역학적으로는 전자가 얇은 에너지 장벽을 터널링하는 것이 가능하다는 것을 살펴보았다. 장벽이 더 두껍거나 더 높을수록, 터널링의 확률은 더 낮아진다. 1나노미터 이하의 장벽은 전자가 터널링하기에 충분히 얇다. 천문학적인 개수의 전자, 양성자 등으로 구성된 한 사람이 한 벽돌담을 터널링할 가능성을 논하라.
12. 전자가 광자를 흡수할 때 전자의 에너지가 증가하는 이유를 설명하라. 광자에는 무슨 일이 일어나는가?

1.12 연습문제

1.1 식 (1.6)이 식 (1.3)으로부터 얻어짐을 보여라.

1.2 식 (1.8)과 (1.11)로부터 식 (1.12)와 (1.13)이 유도되는 과정들을 채워라.

1.3 보어 모형을 이용하여, 핵 내의 두 양성자와 핵 주변을 도는 하나의 전자로 이루어진 He^+이온에 대한 첫 3개의 에너지 준위를 구하라. 첫 세 준위의 반경은 얼마인가?

1.4 그림 P1.1의 각각의 위치 에너지 분포에 대하여, 이 영역의 공간에 있는 전자에 대한 힘의 크기와 방향을 그려라.

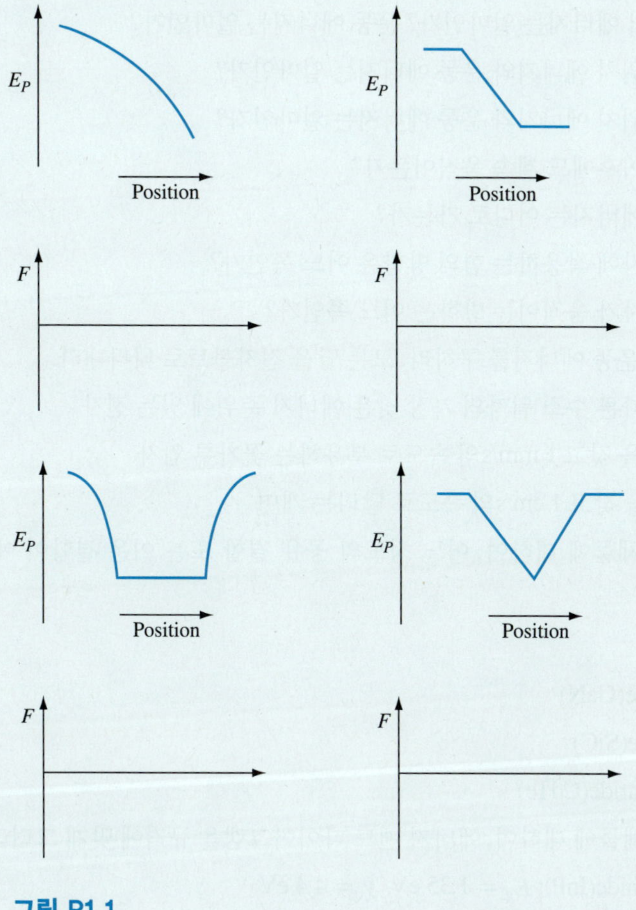

그림 P1.1

1.5 그림 P1.2의 에너지 다이어그램에 있는 전자를 고려하자. 전자가 처음에 A점에 있다가 왼쪽으로 움직인다. C점에서, 원자와 충돌하여 일부 에너지를 잃는다.

a. 처음 위치 에너지는 얼마인가?

b. 처음 운동 에너지는 얼마인가?

c. 처음 가속도는 얼마인가?

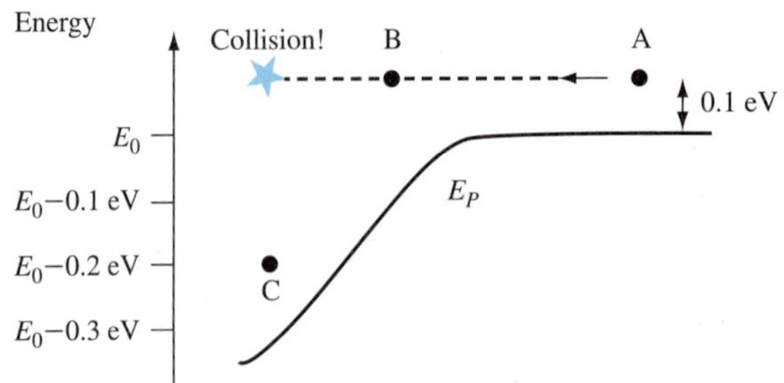

그림 P1.2

d. B점에서, 위치 에너지는 얼마인가? 운동 에너지는 얼마인가?

e. 충돌 직전에 위치 에너지와 운동 에너지는 얼마인가?

f. 충돌 직후에 위치 에너지와 운동 에너지는 얼마인가?

g. 전자는 충돌 이후에도 계속 움직이는가?

h. 전자가 잃은 에너지는 어디로 가는가?

i. 충돌 후에 전자에 작용하는 힘의 방향은 어느 쪽인가?

j. 충돌 후에 전자가 움직이는 방향은 어느 쪽인가?

1.6 다음 각 경우의 운동 에너지를 구하라. 모든 답을 전자볼트로 나타내라.

a. 보어 모형에 따른 수소 원자의 가장 낮은 에너지 준위에 있는 전자

b. 10 ng의 질량을 갖고 1 mm/s의 속도로 부유하는 꽃가루 입자

c. 3 mg의 질량을 갖고 1 cm/s의 속도로 달리는 개미

1.7 다음의 각 반도체들에 대하여, 어느 정도의 공유 결합 또는 이온 결합이 예상되는가? 그 이유는?

a. Silicon(Si)

b. Gallium nitride(GaN)

c. Silicon carbide(SiC)

d. Cadmium telluride(CdTe)

1.8 다음의 각 반도체들에 대하여, 에너지 밴드 다이어그램을 규격에 맞게 그려라.

a. Indium phosphide(InP); $E_g = 1.35$ eV, $\chi = 4.4$ eV

b. Germanium(Ge); $E_g = 0.67$ eV, $\chi = 4.0$ eV

c. Gallium nitride(GaN); $E_g = 3.437$ eV, $\chi = 4.1$ eV

d. Amorphous silicon dioxide(SiO_2); $E_g = 9$ eV, $\chi = 0.9$ eV

1.9 Gallium phosphide(GaP)에서 전도대 바닥에 있는 전자가 결정으로부터 자유롭게 되기 위해서는 최소 얼마의 에너지를 얻어야 하는가? 가전자대 꼭대기에 있는 전자에 대해서도 반복하라.

1.10 비축퇴(non-degenerate) 반도체는 절대온도 0 K에서는 전도 전류가 흐를 수 없다. [축퇴도(degeneracy)는 2장에서 다룰 것이다]. 게르마늄(Ge)에서 하나의 전자가 전도가 가능하려면 적어도 얼마의 에너지를 얻어야 하는가?

1.11 상온에서 1 cm^3의 진성 실리콘에는 전도대에 대략 100억 개의 전자들이 존재한다.

a. 가전자대에는 얼마나 많은 정공들이 존재하는가?

b. 만약 전자들이 끊임없이 더 낮은 에너지를 찾아 정공(더 낮은 에너지의 빈 상태)과 재결합한다면, 어떻게 100억 개의 개수가 일정하게 유지될 수 있는가?

1.12 그림 1.12에서의 전자가 일정한 에너지를 갖고 오른쪽으로 이동하고 있다고 가정하자. 전자가 물질의 표면에 접근하면 전자에 무슨 일이 일어나는가? 에너지 다이어그램을 이용하여 설명하라.

1.13 식 (1.37)의 해가 식 (1.38)임을 보여라. K의 값이 양수와 음수가 되는 것이 어떤 중요한 의미를 갖는가?

1.14 a. 다음의 드브로이 파장을 계산하라.

i. 1 eV의 운동 에너지를 갖고 있는 자유 전자

ii. 1 KeV의 운동 에너지를 갖고 있는 자유 전자

iii. 10 ng의 질량을 갖고 1 cm/s의 속도로 부유하는 꽃가루 입자

iv. 강의실에서 1.5 m/s로 걸어가고 있는 귀하

b. 한 원자의 전형적인 크기는 얼마인가? 큰 물체에 대해서는 왜 양자역학과 파동적 표현이 유용하지 않은지 설명하라.

1.15 그림 1.13의 E-K 다이어그램의 바닥에 있는 전자의 파장은 얼마인가? 이 전자의 운동 에너지는 얼마인가?

1.16 움직이는 물체의 크기가 그 물체의 드브로이 파장보다 훨씬 크다면, 그 물체에는 고전 물리학의 법칙이 적용된다. 입자는 파동으로 간주될 수 있다(식 1.25). 여기서 파수 벡터 K는 $K = 2\pi/\lambda$이고, 자유 입자(일정한 E_P)에 대하여 $\lambda = h/p$이며 $p = mv$이다. 무게가 3000 lb이고 60 mph로 달리는 자동차의 파장과 10^6 cm/s로 움직이는 자유 전자의 파장을 구하라. [주: 줄(joule)의 단위는 kg · m^2/s^2이다].

1.17 다음의 파장을 갖는 광자의 에너지를 구하라. (a) 1 cm, (b) 1 μm, 그리고 (c) 1 nm.

1.18 AM 라디오 송신소에서 1 MHz의 주파수와 100 KW의 전력으로 전자기파를 송출한다.

a. 각 광자의 에너지는 얼마인가?

b. 초당 송출되는 광자의 개수는 얼마인가?

1.19 일정한 속도로 움직이는 전자(다시 말해서, 자유 전자)의 속도가 10^5 cm/s이다. 다음을 결정하라.

a. 전자의 운동량.

b. 전자의 파수 벡터.

c. 전자의 드브로이 파장.

d. 전자의 운동 에너지.

1.20 그림 P1.3에 주어진 E-K 다이어그램을 고려하자.

a. 요구되는 기준을 만족시키는지를 검증하라.

i. $E(K)$는 K 공간에서 $2\pi/a$의 주기로 주기적이다.

ii. $K = 0, \pm 2\pi/a, \pm 4\pi/a, \cdots$에서 등가 극값이 존재한다.

iii. $K = \pm\pi/a, \pm 3\pi/a, \pm 5\pi/a, \cdots$에서 등가 극값이 존재한다.

iv. $K = 0, \pm\pi/a, \pm 2\pi/a, \cdots$에서 E-K 곡선의 기울기는 0이다.

b. 제1 브릴루앙 영역을 나타내라.

c. 이에 상응하는 υ_g-K 다이어그램을 그려라.

d. 이 물질에서 전자가 발견될 가능성이 가장 큰 곳은 E-K 다이어그램의 어느 영역인가?

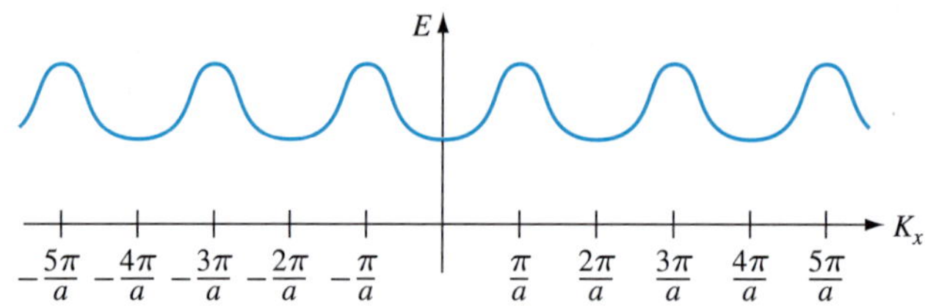

그림 P1.3

1.21 전자기파로부터 공간 영역을 차폐하기 위해 침투 깊이보다 더 두꺼운 도체를 이용하는 것과 전위 장벽을 침투하기 위한 전자의 능력 사이의 유사성을 설명하라.

1.22 반도체 표면에서의 전위 장벽에 대하여, 그림 1.18a의 무한히 두꺼운 전위 장벽으로 대략적으로 근사할 수 있다(그림 1.12를 참조하라).

a. 그러면 그림 1.18b에서와 같이 얇은 전위 장벽을 어떻게 구축할 수 있는가? 얇은 전위 장벽은 터널 다이오드, 접촉(contact) 및 전계 효과 트랜지스터 등을 포함하는 반도체 소자들에서 광범위하게 이용되고 있다.

b. 어떻게 퍼텐셜 우물(위치 에너지가 높은 영역에 의해 구속된 낮은 위치 에너지를 갖는 얇은 영역)을 만드는가? 퍼텐셜 우물들은 레이저, 광 검출기, 그리고 이종 접합 바이폴라 트랜지스터(HBT) 등에서 광범위하게 사용된다.

1.23 a. 보어 모형으로부터 수소 원자가 E_3 준위에서 E_1 준위로 천이할 때 예상되는 방출

파장은 얼마인가? E_1으로 끝나는 천이들을 모두 라이먼 계열(Lyman series)이라 부르는데, 일반적으로 스펙트럼의 자외선 영역에서 발견된다.

b. E_3에서 E_2로의 천이에서 예상되는 방출 파장은 얼마인가? 이것은 발머 계열(Balmer series)에서의 첫 번째 방출선이고 적외선 영역이다.

1.24 a. 광 흡수에 의해 전자들이 E_2에서 E_4로 천이하기 위해서는 어떤 파장의 빛을 수소에 비추어야 되는가?

b. 만약 파장 $\lambda = 520$ nm(녹색)의 빛을 수소 기체에 통과시키면 무슨 일이 발생하는가? 이를 설명하라.

1.25 그림 1.19a를 논의할 때, 2.5 eV의 밴드 갭을 갖는 물질에서 가전자대 꼭대기 근방의 전자는 금지대역 내의 상태에서 끝나기 때문에 2.06 eV의 에너지를 갖는 광자를 흡수할 수 없음을 지적하였다.

a. 가전자대의 가장자리 E_V로부터 2.06 eV 이상 깊은 가전자대에 있는 전자에 대해서는 어떻게 되는가? 이 전자에서 광자 흡수는 왜 일어나기 어려운가?

b. 전도대의 전자에 의해서는 2.06 eV의 광자가 왜 흡수되기 어려운가?

1.26 격자 상수 $a = 0.40$ nm인 단순 입방 결정 구조를 고려하자.

a. 단위 체적당 얼마나 많은 원자들이 있는가? (힌트: 단위 셀의 체적과 단위 셀당 원자 수를 계산하면 쉽게 풀 수 있다. 단위 셀 내에는 8개의 원자들이 관련되어 있지만, 단순 입방 구조에서 각 원자들은 서로 꼭짓점이 되는 서로 다른 8개의 셀의 일부분이다. 따라서 꼭짓점당 8개 원자 1/8 원자, 즉 단위 셀당 1개의 원자가 있다.)

b. (100) 면에서는 단위 면적당 얼마나 많은 원자들이 있는가? (110) 면에서는 어떠한가? (111) 면에서는 어떠한가?

c. 격자가 FCC 구조로 바뀌면 어떻게 되는가(격자 상수는 $a = 0.40$ nm로 동일)? 단위 체적당 얼마나 많은 원자들이 존재하는가?

CHAPTER 2

동질 반도체

2.1 서론

이 장에서는 동질(homogeneous) 반도체의 몇 가지 전자적 특성을 공부하기 위해 고체 내의 전자의 운동에 대한 이해를 넓히고자 한다. 동질 반도체는 하나의 균일한 물질로 구성되어 있다. 예를 들면, 순수한(진성, intrinsic) 실리콘 또는 불순물이 균일하게 분포되어 있는 실리콘이다. 다음 장들에서는 서로 다른 물질들과, 불순물들이 불균일하게 분포된 물질들을 통합한 소자들에 관하여 검토하기로 한다.

반도체에서는 독특한 방식으로 전류가 흐른다. 금속에서는 전자에 의해 전류가 흐르는 반면에, 반도체에서는 두 가지 형태의 입자 또는 전하 캐리어, 즉 전자와 정공이 전류를 흐르게 한다. 정공은 1장에서 논의한 것과 같이 인위적인 개념이지만, 반도체의 전자적 성질을 기술하는 데 있어서 매우 편리하다.

전자와 정공의 거동을 논의하기 위해서는, 양자역학을 사용하는 것이 필수적이다. 왜냐하면 반도체 결정에서의 전자의 운동은 통상의 고전역학으로는 정확하게 기술할 수 없기 때문이다. 양자역학은 1부의 보충에 좀 더 상세히 논의되어 있다.

1장에서 논의한 바와 같이, 전자는 전자의 파동 함수로 기술할 수 있다. 파동 함수는 슈뢰딩거 방정식[식 (1.35)]을 풀어서 구할 수 있으며, 이 방정식을 풀기 위해서는 위치의 함수로 정의된 전자의 위치 에너지 E_P를 알아야 한다. 그러나 유감스럽게도, 고체 내의 전자에 대한 위치 에너지를 완전히 또는 정확히 아는 것은 매우 어렵다. 이러한 이유로, 1장에서는 두 가지 근사를 논의하였다. 즉 E_P를 위치에 무관한 상수로 가정한 자유 전자 근사화와, E_P를 위치의 주기 함수로 고려한 준-자유 전자 근사화이다.

다행히도 반도체의 경우, 관심의 대상이 되는 대부분의 전자들—전류를 운반한다고 알려진—의 운동을 기술하는 데 있어서 "의사-고전역학(pseudo-classical mechanics)"을 이용하는 것이 가능하다. 의사-고전역학은 뉴턴의 법칙과, 다른 친숙한 방정식들을 적용하되, 올바른 결과를 가져다주는 "유효한(effective)" 물리량들을 사용한다. 예를 들어, 전자에 대하여, 유효 질량을 사용할 수 있고, 이를 $F = ma$와 같은 고전적인 방정식에 대입하면, 전자의 실제적 운동을 예측할 수 있다. 그러면 뉴턴의 법칙은 다음과 같아진다.

$$F = m^*a \tag{2.1}$$

여기서 m^*를 전자의 **유효 질량(effective mass)**이라 부르며 격자의 주기성에 기인한 힘과 전자의 상호작용을 고려하고 있다. 식 (2.1)에서 힘 F는 전자에 가해지는 **외력(external force)**이다. 이러한 방식으로, 비록 실제로는 전혀 비슷하지 않다고 하더라도, 마치 전자가 보통의 자유 입자인 것처럼 취급할 수 있다. 이 접근 방식은 어느 정도까지만 유효하지만, 적용이 가능한 경우에는 매우 편리하게 사용된다.

반도체에서 관심의 대상이 되는 전자들은 보통 밴드의 상단이나 바닥 가까이에 있다. 밴드의 바닥 근방에 있는 전자들은 1장에서 간략하게 논의한 바와 같이, "준-자유(quasi-free)" 전자처럼 거동한다. 가전자대 상단 가까이에 있는 정공들도 입자로 취급될 수 있을 것이다.

이 장에서는 결정 내의 전자의 에너지와 파수 벡터 K 사이의 관계를 논의한다. 파수 벡터는 전자를 파동으로 취급할 때 나타나지만, 에너지-파수 벡터 관계(E-K relation)는 전자를 입자로 취급하는 데 필요한 몇 가지 파라미터를 결정할 수 있게 한다.

또한 이 장에서는, 불순물의 효과와 준-자유 전자(그리고 정공) 농도의 온도 의존성 및 에너지에 따른 분포에 대해서도 논의하기로 한다.

2.2 결정 내의 전자에 대한 의사-고전역학

결정 내의 전자에 대해서는 질량, 속도, 운동 에너지 및 위치 에너지와 같은 친숙한 물리량들과 $F = ma$와 같은 친숙한 식들을 포함하는 고전역학을 사용할 수 없음을 알고 있다. 그러나 양자역학과는 상반되게 고전역학이 제공하는 물리적 직관 및 상대적으로 더 단순한 수식들 때문에, 고전역학을 쓸 수 있다면 매우 편리할 것이다. 이 절에서는 전자의 실제 질량을 유효 질량 m^*로 대체한 고전 방정식들을 사용하는 의사-고전역학을 정의할 수 있음을 보이는데, 유효 질량은 결정에서의 주기적인 퍼텐셜과 전자의 상호작용을 연관시킨다. 이 유효 질량을 고전적 식들에 사용할 때, 전자에 가해진 힘 F를 외력 또는 인가된 힘으로 취급하면 결정 내에서의 전자의 거동을 정확하게 예측할 수 있다. 먼저 가장 쉬운 경우인, 1차원 결정 내의 전자부터 논의를 시작하기로 하자.

2.2.1 1차원 결정

자유 전자 1장에서는 1차원 결정에 있는 전자의 에너지-파수 벡터 관계를 두 가지 경우로 논의하였다. 자유 전자 근사화에서, 위치 에너지는 E_0의 값을 갖는 상수로 가정하였다. 따라서 E-K 관계는 다음과 같은 형태를 갖는다.

$$E = E_0 + \frac{\hbar^2 K^2}{2m_0} \tag{2.2}$$

여기서 두 번째 항은 운동 에너지이다.

$$E_K = \frac{\hbar^2 K^2}{2m_0} \tag{2.3}$$

이 자유 전자의 경우에 드브로이의 관계식은 유효하며, $m_0 \upsilon = p = h/\lambda$이다. 여기서 υ는 전자의 속도이다. 운동 에너지는 다음의 고전적인 값을 갖는다.

$$E_K = \frac{m_0 \upsilon^2}{2} = \frac{p^2}{2m_0}$$

이 경우, 뉴턴의 법칙 $F = m_0(d\upsilon/dt)$가 유효하다. 자유 전자의 경우에 결정으로부터 인가되는 복잡한 추가적인 힘이 없으므로, 실제의 고전적인 식들과 실제의 자유 전자의 질량을 그대로 쓸 수 있음을 주목하자.

결정 내에 있는 전자의 속도는 다음의 군속도[식 (1.43)]에 의해 주어진다.

$$\upsilon = \upsilon_g = \frac{1}{\hbar}\frac{dE}{dK} \tag{2.4}$$

여기서 군속도는 E-K 다이어그램의 기울기에 비례한다. $F = m_0(d\upsilon/dt)$와 식 (2.4)로부터 전자 질량 m_0는 다음과 같이 표현될 수 있다.

$$m_0 = \hbar^2 \left(\frac{d^2E}{dK^2}\right)^{-1} \tag{2.5}$$

E-K 곡선은 포물선이므로, d^2E/dK^2는 상수이고, 따라서 m_0는 에너지에 무관한 상수이다.

준-자유 전자 준-자유 전자 모형은 위치 에너지가 양쪽 방향으로 무한대까지 확장되는 주기 함수로 모형화된 결정 내의 영역에 전자가 있다고 보는 것임을 상기하자(그림 1.14). 준-자유 전자의 거동에 관한 물리적 모형을 얻기 위해서는, 식 (2.2)에서 (2.5)까지의 자유 전자에 대한 식들과 유사한 형태로 그 특성을 표현하는 것이 편리하다.

유효 질량을 구하기 위해서 물질의 E-K 곡선을 검토할 것이다. 먼저 그림 1.16과 그림 2.1a에 반복해서 나타낸 바와 같이, 전도대의 바닥 가까이에 있는 전자를 고려하자. 여기서 전도대의 바닥이 $K = 0$에 있는 물질을 선택하였다. GaAs가 이러한 물질 중 하나이다. E-K

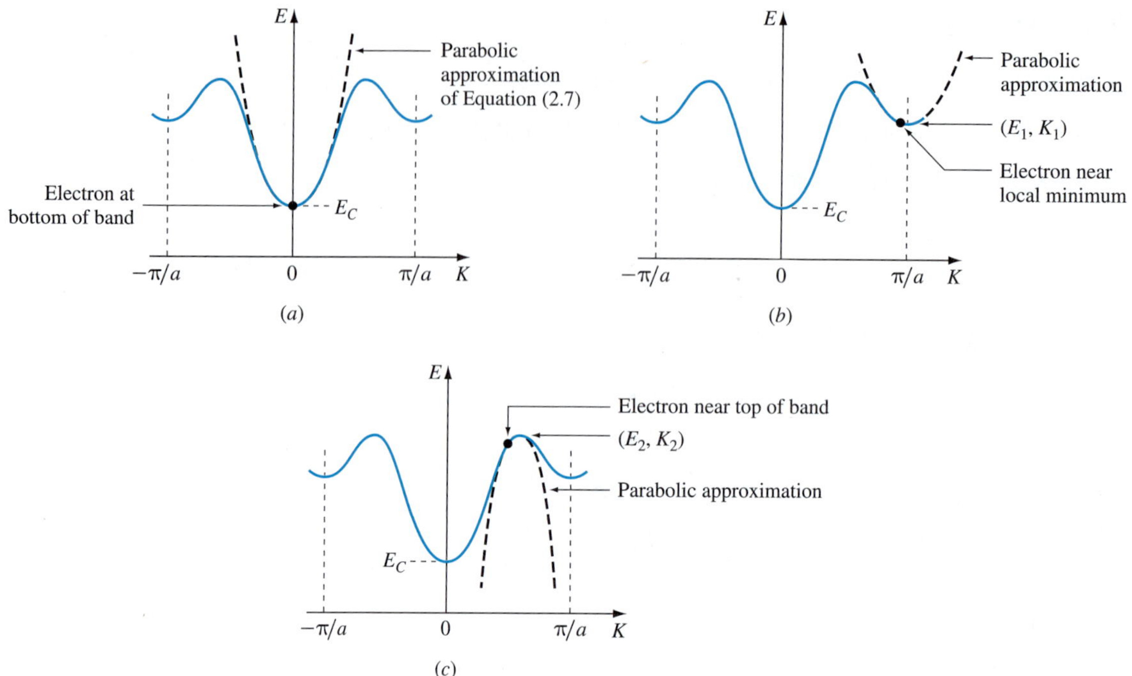

그림 2.1 (a) $K = 0$의 전도대 바닥에 있는 전자에 대한 E-K 다이어그램. 속도와 운동 에너지가 모두 0이므로, 전체 에너지는 위치 에너지와 같다. (b) 한 극소점에 있는 전자에 대한 E-K 다이어그램. 전자는 다른 유효 질량을 갖는다. (c) 밴드 상단 가까이에 있는 전자에 대한 E-K 다이어그램.

관계식을 멱급수(power series)로 전개하기로 하자. $E = E_C$인 전도대의 바닥 근처에 있는 전자를 고려하기 때문에, 다음과 같이 $K = 0$ 근방에서 에너지를 K의 함수로 전개한다.

$$E = E_C + \left[\left(\frac{dE}{dK}\right)\bigg|_{K=0}\right]K + \left[\left(\frac{1}{2}\frac{d^2E}{dK^2}\right)\bigg|_{K=0}\right]K^2 + HOTs \tag{2.6}$$

여기서 HOTs(higher order terms)는 고차 항들을 의미한다. $K = 0$에서 도함수를 계산하면 $dE/dK = 0$이다. 근사적으로 HOTs를 무시하면 다음의 결과를 얻는다.

$$E = E_C + \left(\frac{1}{2}\frac{d^2E}{dK^2}\right)K^2 \tag{2.7}$$

이는 포물선의 표현식이다. E-K 관계식이 포물선인 영역으로 제한하면, 다시 말해서 이 경우에 밴드의 바닥 가까이로 제한하면, 고차항의 무시는 정당화될 수 있다.

자유 전자의 경우, 군속도는 다음과 같이 주어진다[식 (2.4)].

$$v = \frac{1}{\hbar}\frac{dE}{dK}$$

여기서도 군속도는 같은 형태를 갖는다. 즉 결정 내에서의 전자의 속도는 군속도이며 다음과 같이 주어진다.

$$v = v_g = \frac{1}{\hbar}\frac{dE}{dK} \tag{2.8}$$

이 값은 E-K 다이어그램의 기울기에 비례한다. 그림 2.1a로부터, 대역의 정확히 바닥($K = 0$, $dE/dK = 0$)에 있는 전자는 속도가 0이다. 운동 에너지는 운동과 연관된 에너지이므로 $K = 0$에서 운동 에너지는 $E_K = 0$으로 추론할 수 있다. 전자의 총 에너지는 운동 에너지와 위치 에너지의 합이므로, 전도대의 바닥에서의 총 에너지는 위치 에너지 E_P와 같다. 다시 말해서 다음과 같이 쓸 수 있다.

$$E_P = E_C \tag{2.9}$$

따라서 밴드의 바닥 가까이에 있는 전자의 위치 에너지는 밴드의 바닥에서의 에너지이다.

1차원 결정 내에 있는 전자에 대한 식 (2.7)과 자유 전자에 대한 식 (2.2)를 비교해보자 (여기서 다시 반복하면 다음과 같다).

$$E = E_0 + \frac{\hbar^2}{2m_0}K^2 \quad \text{자유 전자} \tag{2.2}$$

$$E = E_C + \left(\frac{1}{2}\frac{d^2E}{dK^2}\right)K^2 \quad \text{준-자유 전자} \tag{2.7}$$

자유 전자에 있어서 E_0는 위치 에너지이고 식 (2.2)의 두 번째 항은 운동 에너지이다. 결정 내의 전도대 바닥 근처의 전자에 대해서는[식 (2.7)], 위치 에너지가 E_C로 대체되었으며 ($E_P = E_C$), 따라서 $\frac{1}{2}(d^2E/dK^2)^2$ 항은 준-자유 전자의 운동 에너지 또는 운동과 관련된 에너지가 된다. 그러므로 운동 에너지 E_K는 다음과 같이 쓸 수 있다.

$$E_K = \frac{1}{2}\frac{d^2E}{dK^2}K^2 \tag{2.10}$$

식 (2.10)의 $\frac{1}{2}(d^2E/dK^2)$ 항은 식 (2.2)의 $\hbar^2/2m_0$에 유사하게 대응되므로, 유효 질량을 다음과 같이 정의할 수 있다.

$$m^* = \hbar^2\left[\frac{d^2E}{dK^2}\right]^{-1} \tag{2.11}$$

이 식은 다음의 자유 전자의 경우와 유사하다[식 (2.5)].

$$m_0 = \hbar^2 \left[\frac{d^2E}{dK^2} \right]^{-1} \tag{2.5}$$

여기서 유효 질량은 E-K 다이어그램의 곡률에 반비례한다.

고차 항들을 무시하는 것에 의하여, 등가적으로 E-K 곡선이 포물선으로 근사되는 영역, 즉 이 경우에는 전도대 바닥 근방으로 E-K 곡선을 효과적으로 제한할 수 있음을 상기하자. 이러한 영역에서는 유효 질량이 상수이다. 그러나 E-K 곡선은 또한 $K = \pm\pi/a$의 근처에서도 포물선으로 근사되므로, 여기서도 일정한 유효 질량의 개념이 쓰일 수 있음을 주목하자. E-K 곡선상의 이 극소점 (E_1, K_1) 근방에서, 위의 과정과 유사한 방식으로 $K = K_1$에서 에너지를 전개할 수 있다. 이 극소점(여기서 $\upsilon_g = 0$, 따라서 $E_K = 0$) 근방의 포물선 영역에 있는 전자는 $E_P = E_1$에서 다른 위치 에너지를 갖는다. 따라서 다음과 같이 쓸 수 있다.

$$E_K = \frac{1}{2}\frac{d^2E}{dK^2}\bigg|_{K=K_1} (K - K_1)^2$$

그리고

$$m^* = \hbar^2 \left[\frac{d^2E}{dK^2}\bigg|_{K=K_1} \right]^{-1}$$

그러나 여기에서의 곡률은 $K = 0$에 대한 값과 다를 수 있으므로, 일반적으로 m^*의 값도 다르게 나타난다.

질량 M인 고전적 입자의 운동 에너지는 $E_K = M\upsilon^2/2 = P^2/2M$이다. 단 $M\upsilon = P$는 입자의 운동량이다. 이와 유사하게, 주기적인 결정 내에서 $K = 0$인 최소 근처에 있는 전자에 대하여, 식 (2.10)과 (2.11)로부터 다음과 같이 쓸 수 있다.

$$E_K = \frac{m^*\upsilon^2}{2} = \frac{\hbar^2K^2}{2m^*} \tag{2.12}$$

여기서 υ는 군속도이고, 물리량 $\hbar K$는 1장에서 언급한 바와 같이, 종종 **결정 운동량(crystal momentum)**으로 지칭된다.

$$\text{결정 운동량} = \hbar K$$

K_1 근처에서의 운동 에너지는 다음과 같아진다.

$$E_K = \frac{\hbar^2(K - K_1)^2}{2m^*} \tag{2.13}$$

여기서 m^*는 이 극소점에서의 전자의 유효 질량이다. 이 경우에, 전자의 운동량은 결정 운동량과 같지 않아 $m^*\upsilon \neq \hbar K$임을 주목하자. 전자 천이에서 보존되는 것은 입자의 운동량이라기보다 결정 운동량 $\hbar K$이다.

그림 2.1c에서 E_2 근방에 있는 전자를 고려하자. E-K 다이어그램은 여기서도 포물선처럼 보이지만, 곡률은 음수이다. E-K 곡선의 기울기는 밴드의 상단에서 0이므로, 식 (2.8)로부터 E_2에 있는 전자의 속도는 0이고, 운동 에너지 또한 0이다. 따라서 밴드 상단에서의 극대점 근처에서의 전자의 위치 에너지는 E_2가 된다. 이러한 경우에, 그림 2.1c에서 전자의 총 에너지는 전자의 위치 에너지보다 작다. 이는 운동 에너지가 음수라는 것을 의미한다. 최대 근처의 포물선 영역에서 E-K 곡선의 곡률은 음수이거나, 식 (2.11)로부터 m^*는 실제로 음수이다. 이것은 비물리적(nonphysical)으로 보이는데, 이 점에 대해서는 뒤에 다시 논의할 것이다. 여기서는, 음의 유효 질량이 음의 운동 에너지를 초래하는 것은, 식 (2.12) 또는 (2.13)에서의 E_K의 표현에 부합하고 있음을 주목하자.

극값들 근처 영역들의 사이에서는, 식 (2.11)에서 정의한 바와 같이 식 (2.6)의 고차 항들(HOTs)을 무시할 수 없으므로 유효 질량은 에너지의 함수가 된다. 지금까지의 논의는 고차 항들을 무시한 것에 기반을 두고 있으므로, 그 결과는 m^*가 상수인 포물선 영역에서만 유효하다.

다음으로, 전자에 가해진 힘을 고려하자. 고전역학으로부터 힘은 다음과 같이 쓸 수 있음을 상기하라.

$$F = -\frac{dE_P}{dx} \tag{2.14}$$

비슷한 방식으로, 의사-고전역학에서 밴드의 바닥 근방에 있는 전자의 경우에는 $E_P = E_C$이므로 다음과 같이 쓸 수 있다.

$$F = -\frac{dE_C}{dx} \tag{2.15}$$

힘이 인가된 경우의 예가, 그림 2.2a에 나와 있다. 여기서 반도체 시료 양단에 전압이 인가되면 전계 $\mathscr{E}$가 생성된다. 고전역학으로부터, $F = -q\mathscr{E}$라는 것을 알고 있다. 식 (2.15)로부터, 힘이 가해지면 반드시 전도대 가장자리에 기울기가 생성되어야 한다[1)]는 것을 알 수 있다. 이러한 생각은 그림 2.2b에 도시되어 있다. 이 경우에, 전계는 음의 x 방향이고, 전자에 가해지는 힘은 전자를 오른쪽으로 가속시킨다($F = -dE_C/dx$). 에너지 보존에 의해

1) 결정에서의 밴드 구조의 논의에서, 그림 1.14에 나타낸 바와 같이 E_P는 공간상의 주기 함수로 간주되었다. 그러나 그림 2.2에 나타낸 바와 같이 반도체 내에 전계가 존재한다면, E_P의 주기는 전계에 의해 상쇄되고, 따라서 에너지 밴드는 어느 정도 변경된다.—밴드의 가장자리(E_C와 E_V)는 잘 정의되지 않는다. 그림 2.2b에서 보듯이, 매우 높은 전계를 제외하고는 여전히 근사적으로 E_C와 E_V는 잘 정의되고 전계에 의해 공간상에 기울어진 것으로 고려할 수 있다.

총 에너지(충돌 사이에서)는 일정하므로 전자는 에너지 밴드 다이어그램에서 수평적으로 이동한다는 것을 상기하자. 다이어그램으로부터, x가 증가함에 따라 위치 에너지(E_C)는 감소하고 운동 에너지(총 에너지와 위치 에너지의 차)는 증가하는 것을 관찰하게 된다. 이것은 전자가 전계에 의해 가속됨에 따라 전자의 운동 에너지가 증가한다는 예측과 잘 부합한다.

전자가 이동함에 따라, 전자는 원자, 결함(defect) 및 불순물들과 충돌할 것이다. 충돌하는 동안 에너지는 다른 입자에 전달될 수 있는데, 이 경우 전자는 그림 2.2b에서와 같이 총 에너지의 일부를 잃게 된다. 그러나 전자는 가해진 전계의 힘에 의해 가속을 계속한다. 그 가속도는 다음과 같다.

$$a = \frac{dv}{dt} \tag{2.16}$$

m^*가 양수인 최소 근처에서 $F = m^*a$이므로, 전자는 가해진 힘의 방향으로 가속된다.

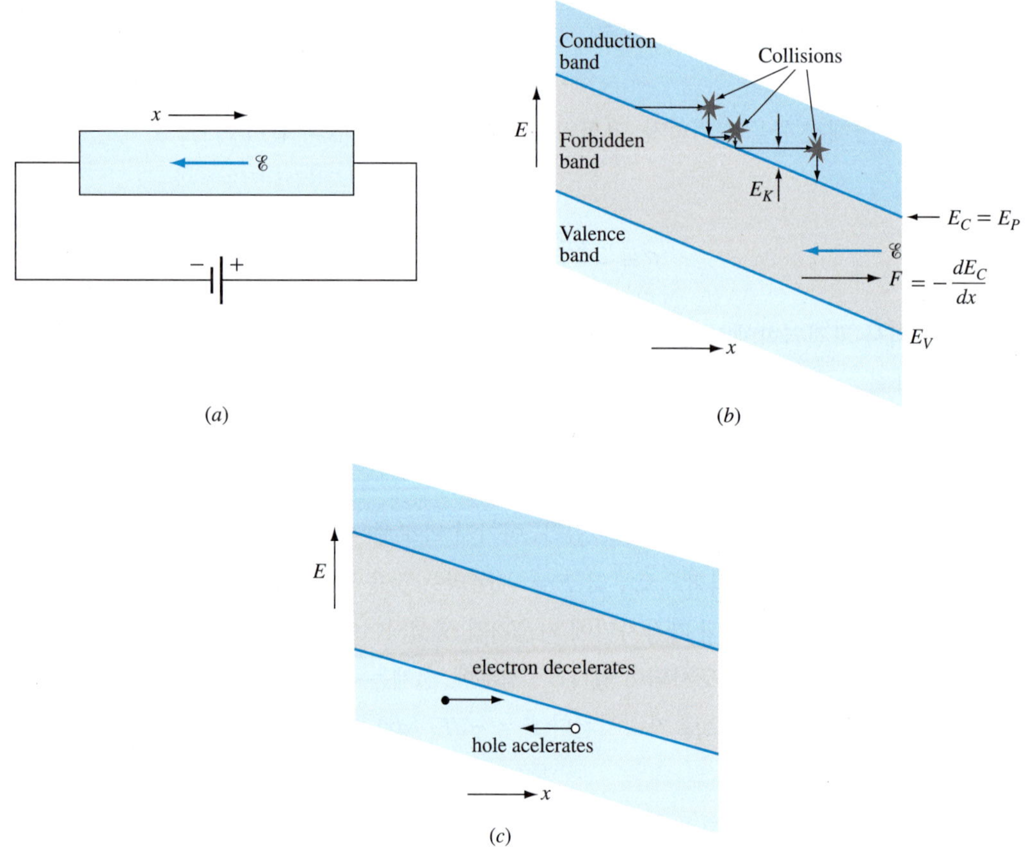

그림 2.2 외부 전계가 반도체 막대 사이에 인가된다. (a) 물리적 그림, (b) 에너지 밴드 다이어그램. 전도대의 전자는 오른쪽으로 가속되고, 전자들은 충돌 사이에 일정한 에너지로 움직인다. (c)에서, 가전자대의 전자는 오른쪽으로 움직이면서 감속된다. 이는 정공이 왼쪽으로 가속되는 것과 동등하다.

그러나 최대 근처에서의 유효 질량은 음수이다. 이것은 전자가 전자에 가해진 힘의 방향으로 가속되는 대신에 **감속(decelerated)**됨을 의미한다. 이는 그림 2.2c에 묘사되어 있다. 가전자대의 꼭대기 근처의 전자에 대하여 위치 에너지는 E_V이고, 따라서 전자에 인가되는 힘은 $F = -dE_V/dx$이다. 가전자대의 꼭대기 근처에 빈 상태(정공)들이 있으면, E_V 아래의 전자는 (여기서는 유효 질량이 음의 값을 가지므로) 이 빈 상태들을 통하여 양의 x 방향으로 움직여서, E_V에 도달하거나(속도가 0) 충돌을 할 것이다. 그때가 되면, 전자는 에너지를 잃고 다시 양의 x 방향으로 움직이게 된다. 이 전자의 이동은 정공이 음의 x 방향으로 움직이는 것과 동등하다. 전자에 가해지는 전체 힘이 외부에서 인가된 힘과 결정 내의 모든 원자들에 의해 작용된 힘을 합한 결과이므로 이러한 거동이 일어난다. 유효 질량은 내부의 원자들에 의한 힘을 설명하므로 의사-고전역학이 사용될 수 있다. 이 경우에, 내부적인 힘들의 효과가 합쳐져서 전자를 "틀린" 방식으로 가속시킨다.

2.2.2 3차원 결정

의사-고전역학에서는 유효 질량을 구하는 데 E-K 다이어그램을 사용한다. 이를 이용하여 인가된 전계하에서의 전자의 거동을 예측한다. 1장에서 블로흐 파동 함수의 논의로부터 E-K 다이어그램의 일반적인 형태와 특성들(즉, K에 대하여 주기 함수이고, 브릴루앙 영역의 중앙에서 그 기울기가 0인 것 등)에 대한 이해를 증진하였음을 상기하라. 1차원에서 다룬 E-K 다이어그램에 대한 논의와 의사-고전역학에서 사용되는 유효한 파라미터들을 2차원 및 3차원으로 확장할 수 있다. 3차원 결정에서의 결과들을 정리하면 다음과 같다.

1. 3차원에서 블로흐 파동은 다음과 같이 주어진다.

$$\Psi(\vec{r}, t) = U_K(\vec{r})\, e^{j\left[\vec{K}\cdot\vec{r}-(E/\hbar)t\right]}$$
$$\psi(\vec{r}) = U_K(\vec{r})\, e^{j\left(\vec{K}\cdot\vec{r}\right)} \tag{2.17}$$

여기서 $\vec{r}$은 위치 벡터이고, $U_K(\vec{r})$은 결정의 주기를 갖는 $\vec{r}$의 주기 함수이다.

2. 임의의 밴드에서의 E-$\vec{K}$ 관계는 $2\pi/a$, $2\pi/b$ 및 $2\pi/c$의 주기를 갖고 K 공간에서 주기적이다. 여기서 a, b 및 c는 각각 x, y 및 z 방향에 대한 주기이다.

3. E-$\vec{K}$ 곡선에서의 모든 정보와, 이로부터 도출되는 파라미터들은 축소 영역 또는 제1 브릴루앙 영역에 포함된다.

4. 3차원에서의 전자의 (군)속도는 다음과 같다.

$$\vec{v} = \frac{1}{\hbar}\left(\hat{i}\frac{\partial E}{\partial K_x} + \hat{j}\frac{\partial E}{\partial K_y} + \hat{k}\frac{\partial E}{\partial K_z}\right) \tag{2.18}$$

여기서 $\hat{i}$, $\hat{j}$ 및 $\hat{k}$는 각각 x, y 및 z 방향의 단위 벡터이다.

5. K 공간상의 $K = 0$와 모든 주요 결정 방향에서, 축소 영역의 가장자리에는 극대 또는 극소점들이 있다. 달리 말하면, 축소 영역의 가장자리(3차원에서 가장자리는 표면이다)에서 K 공간의 모든 방향으로 E-K 곡선의 기울기는 0이다. 한 가지 예외는 두 밴드가 축소 영역의 경계에서 겹쳐질 경우이다. 그 경우, 입방 결정에 대하여 두 E-K 곡선의 기울기가 반드시 각각 0이 될 필요는 없지만, 합은 항상 0이 되어야 한다.
6. 3차원 결정에 대해서는 E-$\vec{K}$ 관계를 그리기가 어렵다. 실제로, E는 주요 결정 방향에 따라 K의 함수로 그려진다. $K = 0$인 점에 대한 대칭성 때문에, 브릴루앙 영역의 반쪽에 대해서만 E를 그려도 된다.
7. 밴드의 극대 또는 극소점 근처에서, 뉴턴의 법칙이 사용될 수 있도록 유효 질량 m^*가 정의될 수 있다. 이 유효 질량은 극소점 근처에서는 양의 값이며 극대점 근처에서는 음의 값을 갖는다.
8. 극대 또는 극소점 근처에서, E-K 곡선의 곡률은 K의 방향, 즉 전자의 이동 방향에 의존할 수 있다. 이 경우에, 유효 질량은 방향에 의존한다.

$$m_x^* = \hbar^2\left(\frac{\partial^2 E}{\partial K_x^2}\right)^{-1}$$
$$m_y^* = \hbar^2\left(\frac{\partial^2 E}{\partial K_y^2}\right)^{-1} \tag{2.19}$$
$$m_z^* = \hbar^2\left(\frac{\partial^2 E}{\partial K_z^2}\right)^{-1}$$

9. 입방 단위의 셀 구조와 $K = 0$에서 극값을 갖는 반도체의 경우에, 곡률은 방향에 무관하며 다음과 같다.

$$m^* = m_x^* = m_y^* = m_z^* \qquad (K = 0) \tag{2.20}$$

다시 말해서, 유효 질량은 스칼라 양이다.

2.3 전도대의 구조

이제 몇 가지의 대표적인 반도체 물질에 대한 개별적인 전도대의 구조를 고찰하고자 한다. GaAs, Si, 그리고 Ge의 전도대에 대한 각각의 E-K 관계가 각 물질에 대해 가장 낮은 최솟값을 갖는 K의 방향에 따라 그림 2.3에 그려져 있다.

GaAs의 전도대에서, 최소는 $K = 0$에서 발생한다. 입방 구조가 갖는 대칭성 때문에, 이 최소 위치 근처의 E-K 곡선의 곡률, 따라서 m^*는 임의의 운동 방향에 대하여 동일하다.

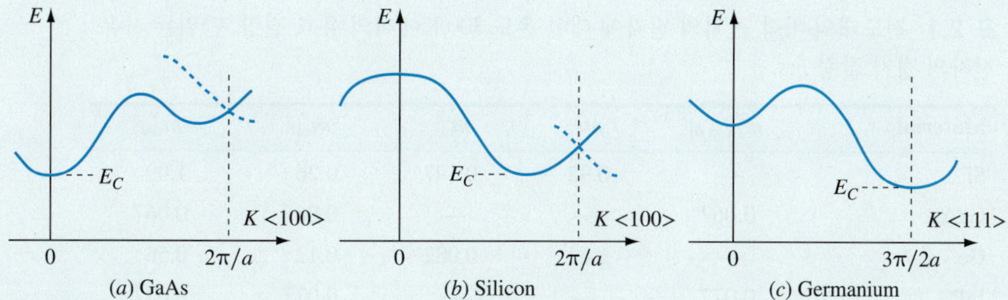

그림 2.3 3개의 대표적인 반도체의 *E-K* 다이어그램. 결정학적 방향은 *K*축에 표시되어 있다. *E-K* 곡선의 기울기는 여러 개의 밴드가 그 곳에서 겹쳐지지 않는 한, 브랄루앙 영역의 가장자리에서 0이 되어야 한다. 전도대의 바닥은 E_C로 설계되어 있다.

따라서 GaAs의 경우, 전도대의 바닥 근처에 있는(대부분 이곳에 있다) 전자의 유효 질량은 스칼라 양이다[식 (2.20)]. 그 값은 0.067 m_0로 측정되었다. 여기서 m_0는 자유 전자의 정지 질량이다. GaAs는 <100> 방향의 영역의 가장자리에서 두 밴드가 같은 에너지를 갖는 물질의 예이다.[2)] 따라서 그곳에서 *E-K* 기울기는 0이 아니지만, 오히려 기울기의 합이 0이다.

반면에 실리콘(그림 2.3b)에서는 전도대의 최소 위치가 <100> 방향으로, 브릴루앙 영역 가장자리에서 *K* 값의 대략 0.85배 되는 *K* 값에 존재한다. 이 최소 위치는 관심의 대상이 되는 대부분의 전자들이 발견되는 전도대의 바닥이다. 유감스럽게도 여기서의 유효 질량은 스칼라 양이 아닌데, 그 이유는 이 최소 위치에서 각 방향에 대한 곡률이 다르기 때문(*K* 공간에서)이다. 실리콘에서 [100] 방향으로 움직이는 전자에 대해서는, 종 유효 질량(longitudinal effective mass)이라고 불리는 하나의 유효 질량 $m^*_\parallel$이 있으며, 다른 두 방향으로 움직일 때 사용되는 2개의 횡 유효 질량(transverse effective mass)은 같은 값으로서 $m^*_\perp$로 표기한다.

그림 2.3c에서 보듯이, 게르마늄은 <111> 방향으로 영역의 가장자리에서 전도대의 최솟값을 갖는다. 이곳에서도 유효 질량은 스칼라 양이 아니다. $K = 0$에 또 다른 극소점이 더 높은 에너지 값으로 존재한다. 이러한 더 높은 에너지의 극소점에 있는 전자는 스칼라의 유효 질량을 갖는다.

Si이나 Ge과 같이 전도대의 바닥 근처에서 유효 질량이 스칼라가 아닐 때, 그 값은 전자들이 움직이는 방향에 좌우된다. 그러므로 $m^*_\parallel$과 $m^*_\perp$의 적절한 가중평균을 취하여 m^*의

---

2) 다이아몬드 구조와 섬아연광 구조에서 영역의 가장자리는 $K = 2\pi/a$에 있다. <100> 방향에서, 원자 평면들 사이의 간격은 $a/2$이다. <111> 방향에서의 간격은 $2a/3$이다. 여기서 a는 격자 상수이다.

표 2.1 전도대의 바닥 근처의 전자에 대한 온도 300 K에서의 유효 질량. 단위는 자유 전자의 정지 질량 m_0.

Material	$m^*_{(K=0)}$	$m^*_{\parallel}$	$m^*_{\perp}$	m^*_{ce}	m^*_{dse}
Si	—	0.92	0.197	0.26	1.09
GaAs	0.067	—	—	0.067	0.067
Ge	—	1.64	0.082	0.12	0.56
InP	0.077	—	—	0.077	0.077

값을 얻는다. 이 특별한 평균 방법과 그 결과로 주어지는 m^*의 값은 풀고자 하는 특별한 문제의 형태에 따라 좌우된다. 가장 보편적인 두 가지의 평균 방법에는 전도도를 구하거나 이에 관련된 계산에 사용되는 전자의 **전도도 유효 질량(conductivity effective mass)** m^*_{ce}과 전자의 농도를 구하는 데 쓰이는 **상태 밀도 유효 질량(density-of-states effective mass)** m^*_{dse}이 있다. 이들 두 가지의 평균 방법들은 Online Module OM5에서 논의한다. 표 2.1에는 몇 가지 대표적인 반도체들에 대한 유효 질량의 성분 및 평균값이 나열되어 있다.

2.4 가전자대의 구조

전도대의 경우에는 물질에 따라 반도체 밴드 구조가 다양할지라도, 가전자대는 전자공학에서 중요하게 여기는 반도체들에 대하여 정성적으로 비슷하다. 또한 가전자대는 전도대보다 더 단순한 구조를 갖는 경향이 있다. 가전자대는 3개의 (부)밴드들이 중첩되어 있다 이들 (부)밴드들은 그림 2.4에 나타낸 바와 같이, 모두 $K = 0$에서 최댓값을 갖지만, 곡률이 각각 다르므로 서로 다른 유효 질량을 갖는다.

전자의 유효 질량은 E-K 그래프의 곡률에 반비례하므로, 가전자대의 꼭대기 근처에서 음수임을 상기하라. 뿐만 아니라 가전자대는 정상적으로는 전자들로 거의 대부분 채워져 있고, 밴드의 꼭대기 근처에서만 약간의 빈 상태들을 갖는다. 만약 이 빈 상태들을 정공으로 간주하면, 이 정공이 **양(positive)**의 유효 질량과 함께 양의 전하를 갖는다고 생각할 수 있다. 이 장의 후반부에서, 이러한 발상의 전환이 정당함을 확인할 것이다.

두 밴드는 $K = 0$에서 같은 에너지의 최댓값을 갖는다. 이 두 밴드를 h와 l로 표기하였는데, 이들은 각각 **무거운 정공(heavy hole**, 더 작은 곡률)과 **가벼운 정공(light hole**, 더 큰 곡률)을 뜻한다. 제3의 밴드는 스핀-궤도 결합(spin-orbit coupling)에 기인하여, 에너지 Δ 만큼 갈라져(split-off) 있다. 이 스핀-궤도 상호작용은 전자들 각각의 스핀(자전)에 의해 영향을 받는 자기력과 전자들의 궤도(공전)로 인해 생긴 자기장에서 비롯된다. **갈라짐 밴드 (split-off band)**는 s로 표기한다.

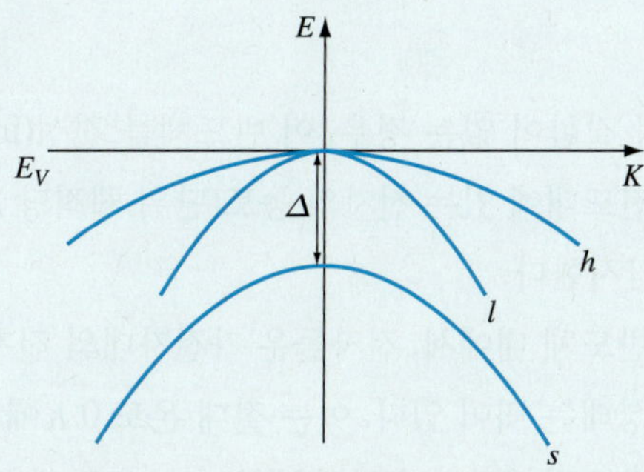

그림 2.4 가장 대표적인 반도체들에서의 가전자대의 E-K 다이어그램. h는 무거운 정공(heavy hole) 밴드, l은 가벼운 정공(light hole) 밴드, 그리고 s는 갈라짐 밴드(split-off band)를 나타낸다. 가전자대의 꼭대기는 E_V로 정해져 있다.

각각의 밴드들에 관련된 정공의 유효 질량 값이, 갈라짐 에너지(split-off energy) Δ와 함께 표 2.2에 주어져 있다. 또한 Online Module OM5에서 논의한 바와 같이, 정공의 전도도 유효 질량 m^*_{ch}와 상태 밀도 유효 질량 m^*_{dsh}도 주어져 있다. 이들은 전도대에서의 전자의 경우, 종 방향과 횡 방향의 유효 질량을 평균한 것을 제외하고는, 마찬가지로 두 가지의 서로 다른 평균 방법으로부터 얻어진다. 가전자대의 정공에 대해서는 가벼운 정공과 무거운 정공을 합친다. 일반적으로, 갈라짐 밴드는 에너지의 관점에서 다른 두 밴드로부터 상당히 떨어져 있기 때문에, 매우 적은 수의 정공들만을 포함하게 되므로 (가중 평균에서는) 무시될 수 있다. 전자의 경우와 같이, 전도도 유효 질량은 전기 전도와 관련된 계산에 사용되는 반면에, 상태 밀도 유효 질량은 캐리어(운반자) 농도에 관련된 계산에 사용된다.

표 2.2 몇 가지 반도체들의 가전자대 내에서의 정공의 유효 질량(질량은 전자의 정지 질량 m_0의 배수로 주어진다).

Material	m^*_{lh}	m^*_{hh}	m^*_{sh}	Δ, eV	m^*_{ch}	m^*_{dsh}
Si	0.16	0.48	0.24	0.044	0.36	1.15
GaAs	0.082	0.45	0.15	0.34	0.34	0.48
Ge	0.044	0.28	0.08	0.29	0.21	0.292
InP	0.08	0.4	0.15	0.11	0.3	0.42

2.5 진성 반도체

반도체에 불순물이나 결정 결함이 없는 경우, 이 반도체를 진성(intrinsic)이라고 부른다. 뒤에서 다루겠지만, 이는 전도대에 있는 전자의 농도(단위 체적당 개수)가 가전자대에 있는 정공의 농도와 같음을 암시한다.

절대 온도 0 *K*의 진성 반도체 내에서, 전자들은 가전자대의 전자(허용) 에너지 상태를 모두 점유하며, 전도대의 상태는 비어 있다. 이는 절대 온도 0 *K*에서 모든 전자는 가능한 한 가장 낮은 에너지 상태에서 발견되어야 하기 때문인 것으로 예측할 수 있다.

절대 온도 0 *K*보다 높은 온도에서, 결정은 물질에서와 마찬가지로 광자의 형태로 흑체복사(blackbody radiation)를 방출한다. 광자의 에너지는 전자에 흡수되어, 전도대로 올라갈 수 있는 충분한 에너지를 줄 수 있다. 더 높은 온도에서는 전자는 또한 결정격자로부터 전자에 전달되는 얼마간의 열에너지를 얻게 된다. 결정격자에 있는 원자들은 진동하고, 이 격자 진동은 파동으로서 결정을 통해 전파될 수 있다. 이러한 음향파(acoustic wave)를 **포논(phonon)**이라 부르며, 각 포논은 에너지와 파수 벡터를 수반한다. 1부 보충에서 논의되는 바와 같이, 포논은 전자나 광자와 마찬가지로 파동 또는 입자로 취급될 수 있다.

전자는 흑체복사에 의한 광자를 흡수하거나, 여러 개의 광자를 흡수하거나, 광자와 포논의 조합을 흡수하여 가전자대에서 전도대로 여기될 수 있다(문제 2.7을 참조하라). 이는 가전자대에 빈 상태, 즉 정공을 남기게 한다. 전자는 이제 준-자유 전자가 되고, 가전자대에는 준-자유 정공(quasi-free hole)이 있게 된다. 이 전자와 정공을 함께 **전자-정공 쌍(electron-hole pair)**이라 부른다. 포논의 흡수에 의해 전자-정공 쌍이 생성될 때, 그 과정을 **열적 생성(thermal generation)**이라고 부르는데, 이는 포논 또는 격자 진동이 결정의 열에너지를 운반하기 때문이다. 마찬가지로 만일 광자가 에너지를 제공한다면, 그 과정은 **광학적 생성(optical generation)**이라 부른다.

그림 2.5a는 **결합 다이어그램(bond diagram)**을 이용하여 물리적 공간(실제 공간)에서의 생성 과정을 나타내고 있으며, 그림 2.5b는 **에너지 밴드 다이어그램(energy band diagram)**상에서의 생성 과정을 나타낸 것이다. 결합 다이어그램(여기서는 2차원으로 표현됨)에서 각 실리콘 원자는 자신이 갖고 있던 4개의 최외각 전자(전자가전자)들을 이웃하는 4개의 실리콘 원자들과 함께 공유한다. 이로써 전자들은 원자들 사이에서 공유 결합을 형성하며, 각 원자는 8개의 전자로 채워진 완전한 최외각을 갖는다.

만약 가전자대 내의 한 전자가 얼마간의 여분의 에너지를 얻게 되면(예를 들어, 광자를 흡수하여), 이 전자는 결합을 끊고 전도대 내의 더 높은 에너지 상태로 이동할 수가 있다. 이제 이 전자는 더 이상 공유 결합에 기여하지 않는다. 이 전자는 결정 여기저기로 움직일 수 있다. 이제 전도대 내에 있는 이 전자가 움직인다면, 움직이는 전하는 전류를 나타낸다.

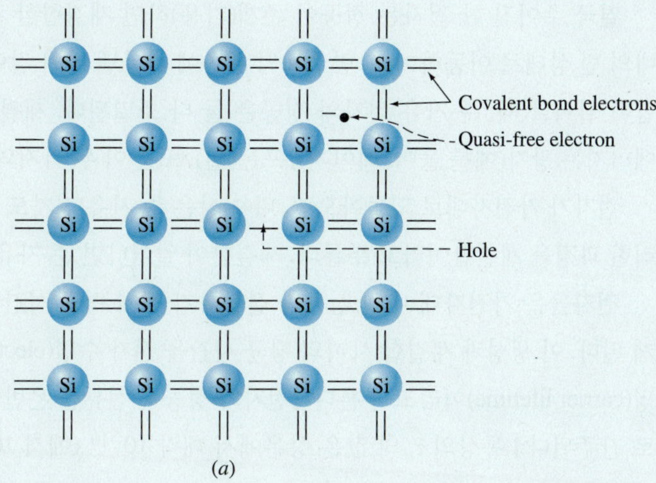

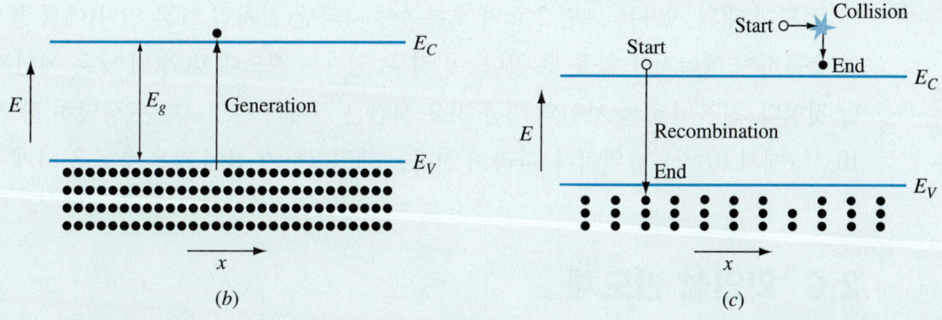

그림 2.5 생성에서 한 가전자가 얼마간의 여분의 에너지를 얻어 전도대로 이동한다. (a) 물리적 그림 또는 결합 다이어그램, (b) 에너지 밴드 다이어그램. 재결합 과정 (c)에서, 한 전자가 전도대로부터 가전자대의 한 정공으로 떨어져, 전도대 전자와 정공이 둘 다 사라진다. 또한 한 전자가 어떤 입자와 충돌하여(c의 오른쪽) 가진 에너지를 잃고, 전도대에 머물러 있을 수도 있다. 시각적인 이해를 돕기 위하여, 여기된 전자와 정공은 서로 가까이 있는 것으로 나타내었다. 실제로, 이들은 적어도 격자 상수의 수 배만큼 떨어져 있다.

유사하게, 가전자대 내의 빈 상태는 결정 이곳저곳을 움직이는 준-자유 정공으로 간주될 수 있다. 만약 결합되어 있는 한 가전자가 빈 상태로 자리를 옮기면, 결합되어 있던 자리에 새로운 빈 상태가 나타난다. 다시 말해서 정공이 이동한 것이다.

전도대로 여기된 모든 전자들은 각각 가전자대에 정공을 하나씩 남기게 된다. 그러므로 진성 반도체 내에서, 평형 상태의 전도대 내의 전자 농도 n_0는 평형 상태의 가전자대 내의 정공의 농도 p_0와 같다. 다시 말해서, 진성 반도체 물질에 대하여 다음과 같이 쓸 수 있다.

$$n_0 = p_0 = n_i \quad \text{진성} \tag{2.21}$$

여기서 아래첨자 0는 열평형 상태에서의 농도를 가리키고, n_i는 진성 반도체에서 전자 및 정공의 평형 농도(equilibrium concentration)로 정의된다.

결국 주어진 한 전자는 정공이 존재(가용)하면 재결합할 것이다. 즉 전자는 가전자대 내의 빈 상태로 이동하여, 그림 2.5c의 왼쪽에 나타낸 바와 같이 정공을 채울 것이다. 재결합이 일어날 때, 준-자유 전자와 정공은 둘 다 소멸된다. 재결합에 의해 소멸되는 전자의 에너지는 광자(예를 들어, 레이저), 포논(열), 또는 이 두 가지의 조합으로 방출된다.

전자가 가전자대로 되돌아오면, 더 이상은 준-자유 전자도 정공도 존재하지 않는다. 이러한 과정을 재결합이라고 부른다. 재결합이 일어나면 준-자유 전자와 정공은 사라진다.

전자들은 가전자대 내의 정공과 결합하기 전에 평균 시간 τ_n만큼 전도대 내에 머무르게 된다. 이 생성과 재결합 사이의 평균 시간을 전자 수명(electron lifetime) 또는 캐리어 수명(carrier lifetime)이라고 부른다. [전자와 정공은 전류를 운반하기 때문에 캐리어(운반자)로 간주된다.] 통상의 τ_n의 값은 상온에서 대략 10^{-10} s에서 10^{-3} s 범위이고 물질에 따라 다르다.

전도대 내의 전자는 그림 2.5c의 오른쪽에 나타낸 것처럼 다른 입자(예를 들어, 포논)와 충돌하여 에너지를 잃을 수 있다. 이 경우, 전자는 전도대 내의 더 낮은 에너지로 이동할 것이다. 전자의 충돌 사이의 평균 자유 시간은 전자의 수명보다는 상당히 짧으며, 대략 10^{-13} s에서 10^{-12} s 범위이다. 따라서 전자는 재결합하기 전에 많은 충돌을 하게 된다.

2.6 외인성 반도체

진성 반도체에 있어서 전도대의 전자 농도는 가전자대의 정공 농도와 같음을 알게 되었다. 한편 **도펀트(dopant)** 원자를 첨가함으로써, 전자와 정공의 수를 같지 않게 할 수 있으며, 이렇게 만든 물질을 **외인성(extrinsic)**이라고 부른다. 만일 $n_0 \neq p_0$이면, 그 반도체는 외인성 반도체라고 불린다. 외인성 반도체는 진성 물질에 불순물(impurity) 원자를 첨가하여 [이 과정을 **도핑(doping)**이라 부름] 만들어낸다. 도펀트 원자는 다음 절에서 소개하는 바와 같이, 도너(donor, 주개) 또는 억셉터(acceptor, 받개)의 둘 중 하나가 될 수 있다.

만일 $n_0 > p_0$이면, 반도체는 n형(n-type)이라고 부르며, 주로 음(−)으로 대전된 전자에 의해 전류가 흐른다는 의미이다. 만일 $p_0 > n_0$이면 반도체는 p형(p-type)이며, 주로 양(+)으로 대전된 정공에 의해 전류가 흐른다.

2.6.1 도너

그림 2.6a의 결합 표현에 나타낸 바와 같이, 인(P)과 같이 최외각에 5개의 전자를 지닌 한 원자가 순수한 실리콘 결정에서 한 Si 원자와 대체하였다고 가정하자. Si 원자는 4개의 가전자를 갖고 있다. 결합이 이미 4개의 전자들로 충분히 채워졌으므로 인 원자의 여분의 한 전자는 공유 결합에 필요가 없다. 따라서 이 여분의 전자는 결합에 참여한 가전자들보다

는 인 원자에 더 느슨하게 속박되어 있다. 여기서 알 수 있듯이, 여분의 전자는 가전자보다 쉽게 전도대에 "제공(donated)"될 수 있으므로, 첨가된 인을 **도너(donor)** 원자라고 부른다. 시각적인 이해를 돕기 위하여, 그림 2.6a(그리고 다른 결합 다이어그램)에서 전자가 이온화된 도너 근처에 있는 것으로 나타냈지만, 실제로는 도너 이온으로부터 멀리 떨어져 있으므로, 느슨하게 속박된 전자로 볼 수 있다.

인(P) 도너로 도핑된 실리콘 결정의 에너지 밴드 다이어그램이 그림 2.6b에 도시되어 있다. 인 원자는 주위를 둘러싼 실리콘 원자들과는 다소 다른 에너지 준위들을 갖고 있으

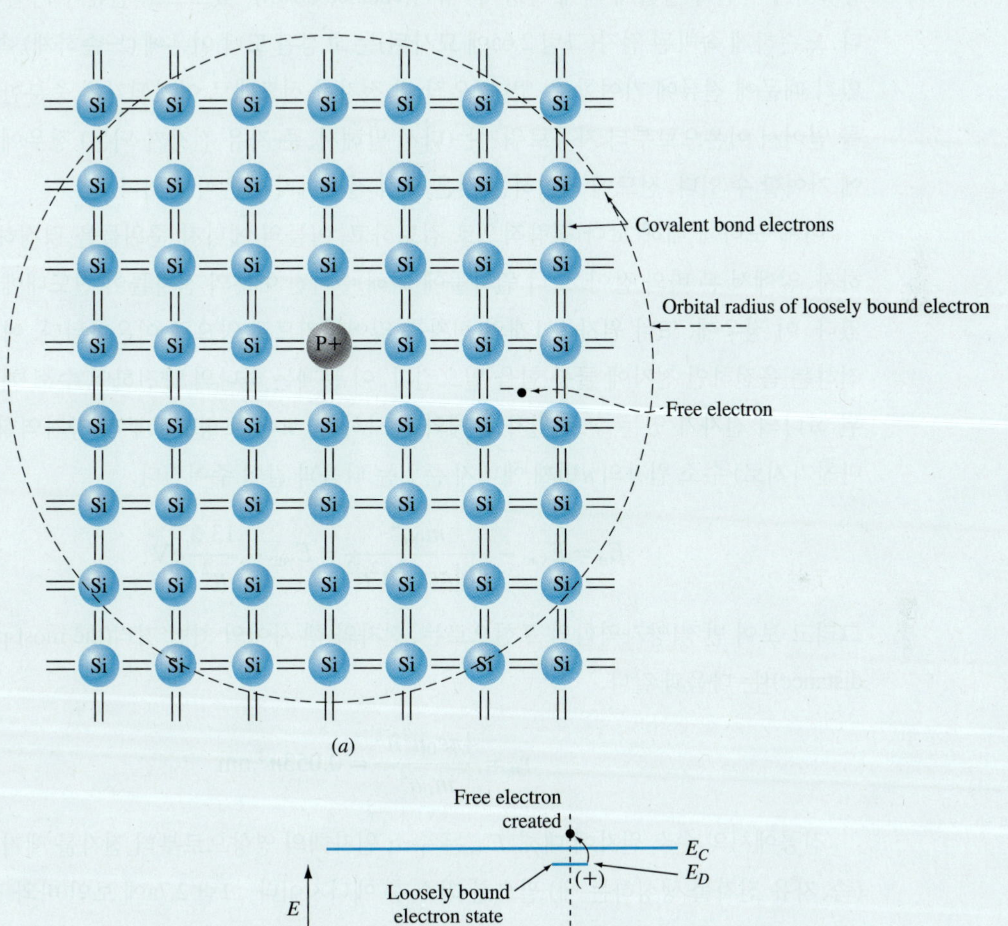

그림 2.6 실리콘 결정의 도너: (a) 결정의 결합 다이어그램, (b) 1개의 인(도너) 원자로 도핑된 실리콘의 에너지 밴드 다이어그램.

며, 이들 중의 일부는 실제로 실리콘의 금지대역 내에 있다. 도너 원자와 관련된 가장 낮은 에너지(바닥) 상태는 단지 도너 원자 가까이에만 존재하므로, 에너지 E_D의 도너 상태는 결정 전체에 걸쳐 존재하지 않는다. 또한 도너 상태는 전도대 가장자리 가까이의 에너지를 갖고 있다. 따라서 이는 도너의 다섯 번째 전자를 전도대로 여기시키기 위해 매우 작은 에너지만 필요함을 나타낸다. 이것은 이 전자는 결합에 참여하지 않기 때문에 도너 원자에 느슨하게 속박되어 있다는 이전의 개념과 부합한다. 주목할 점은, 이 경우에 정공이 생성되지 않는다는 것이다. 인 원자는 양으로 이온화되어 뒤에 남아 있을 뿐이며, 이 이온은 4개의 가전자 결합에 의해 결정에 "묶여(chained down)" 있으므로 전류에 기여할 수 없다. 느슨하게 속박된 전자(그림 2.6a에 묘사된)는 고정된 도너 이온에 (느슨하게) 속박되어 있기 때문에 전류에 기여할 수 없다. 오직 이 전자가 전도대로 여기되기에 충분한 에너지를 얻어서 이온으로부터 자유로워지는(다시 말해서, 준-자유 전자가 되는) 경우에만 전류에 기여할 수 있다. 전도에 기여하는 것은 오직 전자이지 이온이 아니다.

이제 도너에 대해 보다 정량적으로 검토하고, 이들의 에너지 준위들을 결정해보기로 하자. 앞에서 본 바와 같이, 도너 원자들에 의해 주어진 여분의 전자들이 전도대에 등장하였다. 이 경우에, 도너 원자는 1개의 전자를 잃어버리므로 양으로 이온화된다. 이온의 양전하는 음전하인 전자에 쿨롱 힘을 일으킨다. 이 문제는 하나의 양전하인 수소 핵에 속박된 하나의 전자가 있는 수소 원자 문제와 유사하다. 보어 모형으로부터(양자역학에서도 마찬가지로) 수소 원자의 n번째 에너지 준위는 다음과 같이 주어진다.

$$E_n = E_{\mathrm{vac}} - \frac{m_0 q^4}{2(4\pi\varepsilon_0)^2\hbar^2 n^2} = E_{\mathrm{vac}} - \frac{13.6}{n^2}\,\mathrm{eV} \tag{2.22}$$

그리고 보어 반경[양자역학의 표현으로는, 전자와 핵 사이의 최빈 거리(the most probable distance)]는 다음과 같다.

$$r_n = \frac{4\pi\varepsilon_0 n^2\hbar^2}{m_0 q^4} = 0.053n^2\ \mathrm{nm} \tag{2.23}$$

진공에서의 수소 원자에 대해, E_{vac}는 수소 원자핵의 영향으로부터 전자를 제거하는 데(즉, 자유 전자를 생성하는 데) 필요한 최소 총 에너지이다. 그림 2.7a에 보인 바와 같이, 공간상에 있는 하나의 인 원자도 이와 비슷하게 이산적인 에너지 준위들을 가지며, 에너지 E_{vac} 또는 그 이상의 에너지를 가진 전자는 원자의 영향으로부터 자유롭다. 유사하게 반도체 내에서의 도너 원자의 경우 그림 2.7b에 나타낸 것처럼, E_C는 한 전자가 도너 이온의 영향으로부터 벗어나기 위해 얻어야 하는 총 에너지이다. 전자가 $E > E_C$의 에너지를 가지게 되면, 전도대에서 결정 내를 이리저리 자유롭게 움직일 수 있다. 높은 에너지 상태에 있는 전자는 큰 보어 반경을 가지므로 충분히 높은 에너지 상태에서는 전자와 속박된 도너

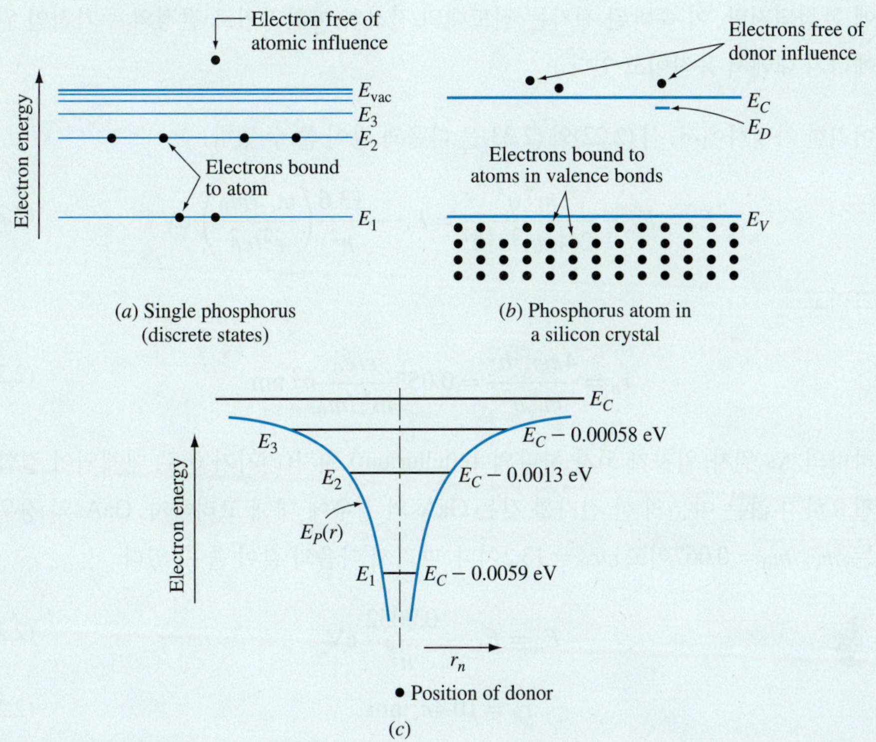

그림 2.7 (a) 1개의 인 이온에서의 이산적인 에너지 상태들. (b) 도너 원자를 포함한 반도체 결정의 에너지 밴드 다이어그램. 개별 원자에서 전자는 핵의 영향에서 벗어나기 위해 E_{vac} 또는 그 이상의 에너지를 가져야 한다. 반도체의 경우, 전자가 도너 이온의 영향으로부터 벗어나기 위해서 E_C 또는 그 이상의 에너지를 가져야 한다. (c) GaAs에서의 도너의 에너지 다이어그램.

이온 사이의 거리가 그들 사이의 쿨롱 힘을 무시할 수 있을 만큼 충분히 크게 된다. 그림 2.7b에서는 오직 하나의 도너 준위(가장 낮은 것)만을 보여주고 있으나, 실제로 반도체 내의 도너의 상태는 여러 개이다. 예를 들어, 그림 2.7c는 GaAs 내의 도너 원자에 대한 밴드 구조를 보여준다. 전도대 가장자리 아래에는 진공 내의 단일 수소 원자의 경우와 비슷하게, 이산적인 상태들이 있다. 만약 이 상태들 중 어느 것에 전자가 점유된다면, 그 상태는 가장 낮은 상태일 가능성이 가장 크다. 이 준위를 도너의 바닥상태 에너지 E_D로 부른다.

분석을 계속하기 위하여, 다음을 가정한다.

1. 전자와 이온 사이의 평균 거리가 충분히 커서, 이 사이의 물질은 자유 공간보다는 결정 물질에 더 가깝다. 따라서 자유 공간에서의 유전율 ε_0를 물질의 거시적인 유전율 ε으로 대체하는 것을 허용한다.
2. 도너 원자의 속박상태에 있는 전자는 전도대의 바닥 근처에 있는 전자의 경우와 같은 전도도 유효 질량 m^*_{ce}를 갖는 것으로 취급할 수 있다. (비록 도너 이온에 가까운 영역

에 한정되지만, 이 속박된 전자는 전도대의 전자와 마찬가지로 결정의 주기적인 위치 에너지 내에서 움직이고 있다.)

이러한 가정하에서, 식 (2.22)와 (2.23)을 다음과 같이 쓸 수 있다.

$$E_n = E_C - \frac{m_{ce}^* q^4}{2(4\pi\varepsilon)^2 n^2 \hbar^2} = E_C - \frac{13.6}{n^2}\left(\frac{m_{ce}^*/m_0}{\varepsilon^2/\varepsilon_0^2}\right) \text{eV} \tag{2.24}$$

그리고

$$r_n = \frac{4\pi\varepsilon n^2 \hbar^2}{m_{ce}^* q^2} = 0.053 \frac{\varepsilon/\varepsilon_0}{m_{ce}^*/m_0} n^2 \text{ nm} \tag{2.25}$$

하나의 As 원자(원자가 5)가 하나의 Te(tellurium) 원자(원자가 6)로 대체되어 결합에 필요하지 않는 여분의 한 전자를 갖는 GaAs의 경우에 대해 고려하자. GaAs의 경우에는, $m_{ce}^*/m_0 = 0.067$이고 $\varepsilon/\varepsilon_0 = 13.2$이다. 따라서 다음과 같이 쓸 수 있다.

$$E_n = E_C - \frac{0.0052}{n^2} \text{eV} \tag{2.26}$$

$$r_n = 10.4 n^2 \text{ nm} \tag{2.27}$$

r_n의 모든 값들이 GaAs의 격자 상수(0.565 nm)와 비교해서 크므로, 가정 1이 상당히 타당함을 알 수 있다. 즉, 속박된 전자가 발견될 수 있는 가장 작은 에너지는 격자 상수의 약 20배의 궤도 반경에 상응한다. 시각적인 이해를 돕기 위하여, 결합 다이어그램에서(그림 2.6a), 전자와 도너는 이보다 더 가깝게 보여진다.

식 (2.26)으로부터 바닥상태(이온화되지 않은 도너 원자의)에 대하여 계산된 에너지는 전도대 가장자리로부터 0.0052 eV 아래이며, 이 값은 실험값(0.0059 eV)과 상당히 일치한다. 따라서 가정 1은 상당히 정확하다고 볼 수 있다. 여기 상태에서는 r_n이 매우 커서 가정 1이 아주 적절하며, 식 (2.26)으로부터 계산된 에너지들은 실험값과 거의 일치함을 알 수 있다.

반면에, 인(원자가 5)으로 도핑된 실리콘(원자가 4)의 경우에는, 그렇게 잘 일치하지는 않는다. $m_{ce}^*/m_0 = 0.26$ 및 $\varepsilon/\varepsilon_0 = 11.8$을 쓰면 다음의 결과를 얻는다.

$$E_n = E_C - \frac{0.026}{n^2} \text{eV} \tag{2.28}$$

$$r_n = 2.4 n^2 \text{ nm} \tag{2.29}$$

바닥상태에서는 식 (2.28)로부터 $E_C - E_1 = 0.026$ eV인데, 이 값은 실리콘 내의 인에 대한 측정값 0.045 eV보다 상당히 작다. 이러한 불일치는 $r_1 = 2.4$ nm(식 2.29)가 실리콘의 격자 상수 0.543 nm와 비교할 때, 가정 1을 정당화할 만큼 충분히 크지 않음을 주목한다면 설명이 가능해진다. 그러나 모든 **여기된(excited)** 상태의 경우, r_n은 가정 1을 잘 만족시킬 만큼 충분히 크므로, 이러한 여기 상태들에 대해서는 모형이 실험값과 매우 잘 일치한다.

그러나 큰 유효 질량 또는 작은 유전 상수를 갖는 반도체(또는 절연체)의 경우에는, 식 (2.24)와 (2.25)는 유효하지 않으며, 도너 상태의 에너지는 전도대의 상당히 아래에 있게 된다.

2.6.2 억셉터

반도체에 도너로 도핑하는 대신에, 대체되는 원자들보다 최외각에 더 적은 전자들을 갖는 불순물들을 첨가할 수 있다. 3개의 가전자를 갖는 붕소(B)로 도핑된 실리콘(4개의 가전자)의 경우를 고려해보자. 그림 2.8a는 붕소로 도핑된 실리콘이 어떻게 p형 물질을 생성하는지를 보여주고 있다. 붕소는 실리콘에 대하여 억셉터로 불린다. 비록 그 의미가 전자의 공유이지만 원자는 보편적으로 자신의 외각을 채우고자 한다는 것을 알고 있다. 붕소 원자 가까이에 있는 실리콘 원자들은 각자 8개의 최외각 전자를 갖고자 하지만, 전체적으로는 하나의 전자가 부족하다. 실리콘 원자 근처로부터 이 상태가 전자로 점유되면 결합은 채워지지만, 붕소 원자는 양성자보다 더 많은 전자를 가지므로 음으로 대전되게 된다. 마지막으로 점유된 전자는 근처의 어떤 공유 결합에서 왔을 것이므로, 정공을 그 자리에 남기게 된다. 1개의 억셉터로 도핑된 반도체 물질에 대한 에너지 밴드 다이어그램이 그림 2.8b에 나와 있다. 그림의 (a)에서 정공이 이미 붕소 원자로부터 짧은 거리를 이동했음을 주목하라.

전자가 가전자대로부터 에너지가 E_A인 억셉터 상태로 여기되기 위해서는 많은 에너

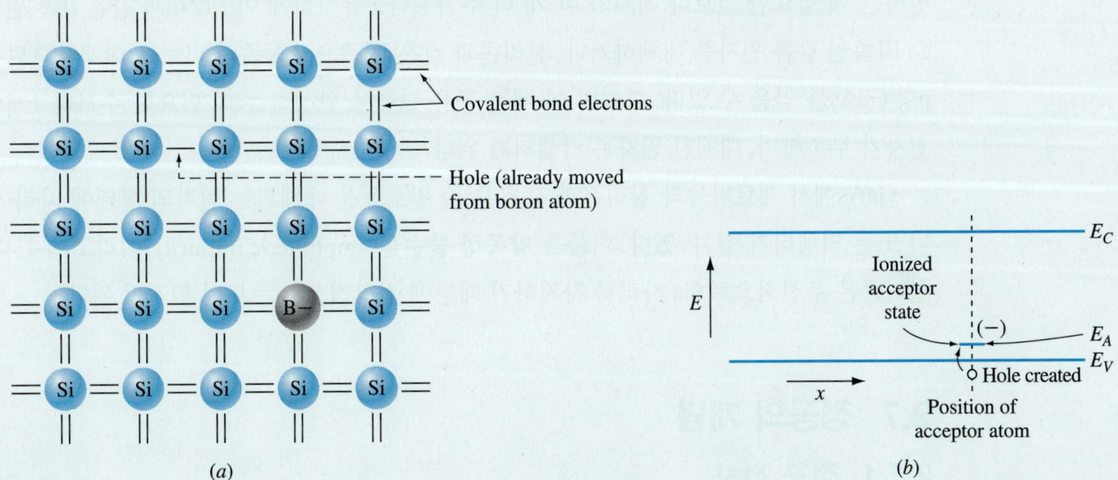

그림 2.8 반도체의 억셉터: (a) 결합 다이어그램, (b) 에너지 밴드 다이어그램. 전자는 뒤에 준-자유 정공을 남기면서, 가전자대에서 억셉터 상태로 여기된다.

지를 필요로 하지 않는다. 그런 일이 발생할 때, 가전자대에서 정공이 생성되고(자유롭게 이동할 수 있는 정공), 억셉터 원자는 음으로 이온화된다. 이번에도(도너 원자와 마찬가지로) 억셉터 원자는 결정에 묶여 있어, 움직이거나 전류를 전달할 수 없다. 오직 정공만이 움직일 수 있다.

억셉터의 경우에는, 억셉터의 상태 E_A의 에너지를 구하기 위하여 전도대보다 가전자대를 조사해야 한다. 앞에서 지적한 바와 같이, 전자공학에서 관심을 갖는 반도체들의 대부분은 3개의 가전자대로 되어 있으며, 이들 모두는 $K = 0$에서 최댓값을 갖는다. 이들 밴드 중, 2개는 $E = E_V$에서 최댓값을 갖는다. 반면에, 세 번째는 에너지 Δ만큼 낮게 갈라져 있다. 도너 상태에서 사용한 계산과 비슷한 과정을 따르고, 동일한 가정을 함으로써, 정공의 속박상태에 대하여 다음의 결과를 얻는다.

$$E_n = E_V + \frac{13.6}{n^2}\left(\frac{m_{ch}^*/m_0}{\varepsilon^2/\varepsilon_0^2}\right)\text{eV} \tag{2.30}$$

$$r_n = 0.053n^2\left(\frac{\varepsilon}{\varepsilon_0}\right)\left(\frac{m_0}{m_{ch}^*}\right)\text{nm} \tag{2.31}$$

여기서 m_{ch}^*는 정공의 전도도 유효 질량을 나타낸다. "정공의 속박상태(bound state for a hole)"라는 표현은 억셉터 원자가 정공에 의해 채워진 것을 의미한다(이온화되지 않음).

GaAs와 같은 III-V족 물질이 주 물질(host material) 인 경우에, 이 물질이 비소원자(5개의 가전자)를 주기율표 상의 VI족 원자[예를 들어, 텔루륨(Te)]로 대체함으로써 n형으로 될 수 있다고 앞에서 언급한 바를 상기하자. [GaAs는 또한 갈륨 원자(3개의 가전자)를 실리콘과 같은 IV족 원자로 대체해도 n형을 만들 수 있다. 어느 경우에나, 가전자 결합을 완성하는 데 필요한 것보다 전자가 한 개 더 추가된다.] 유사하게 아연(Zn)과 같은 II족 원자로 III족인 갈륨 원자를 대체하거나, 실리콘과 같은 IV족으로 V족인 비소를 대체함으로써 p형 GaAs를 얻을 수 있다. 그러면 이 계는 공유 결합을 완성하는 데 필요한 수보다 1개의 전자가 부족하며, 대체한 원자는 억셉터가 된다.

GaAs에서 게르마늄과 실리콘과 같은 IV족 원소들은 대체되는 원자의 형태에 따라 도너 또는 억셉터가 될 수 있다. 이들을 **양쪽성 불순물(amphoteric impurity)**이라고 부른다. 실리콘은 우선적으로 Ga 자리를 차지하기 때문에 정상적으로는 도너 원자가 된다.

2.7 정공의 개념

2.7.1 정공 전하

가전자대에서 전자에 의해 채워지지 않은(not) 상태를 정공이라 부르며, 이 정공들은 가전자대에서 이리저리 움직일 수 있다. 이 절에서는 이러한 생각들을 좀 더 자세히 전개할 것이며, 정공들은 양의 전하를 갖고 있고, 전류를 운반한다는 사실을 보다 엄밀하게 보여줄 것이다. 전류를 고려함으로써 이 논의에 접근할 것이다.

전계가 인가된 n형 반도체를 고려해보자. 전도대에는 단위 체적당 n개의 전자들이 있으며, 가전자대에는 단위 체적당 p개의 정공들이 있다(n형이므로 $n > p$). 따라서 전도대의 전하 밀도는 전자당 전하량과 전자의 농도를 곱한 $-qn$이다. 전자에 의한 전류밀도(단위면적당 전류)는 다음과 같다.

$$J = -qn\langle v \rangle \tag{2.32}$$

여기서 $\langle v \rangle$는 전자의 평균 속도이다. 또한 식 (2.32)를 다음과 같은 형태로 쓸 수 있다.

$$J = -\frac{q}{\text{volume}}\sum_i v_i \tag{2.33}$$

여기서의 부피는 결정의 부피이며, 합은 각각의 전자들의 속도에 대해 계산한다.

식 (2.33)은 가전자대 내의 전자들의 경우에도 적용되나, 가전자대는 기본적으로 채워져 있다. 그림 2.9a는 1차원의 경우에 대한 E-K 다이어그램에서 완전히 채워진 한 가전자대를 보여주고 있다. 전자의 속도는 다음과 같이 주어짐을 상기하자.

$$v = \frac{1}{\hbar}\frac{dE}{dK} \tag{2.34}$$

그림으로부터 E-K 다이어그램은 대칭적이며, 따라서 속도가 v_i인 전자에 대해 속도가 $-v_i$인 반대되는 전자가 존재한다. 그러므로 가전자대 내의 전자들의 경우, 모든 상태가 채워질 때 총 전류밀도는 $J = 0$이다. 전자들은 실제 공간에서 움직이지만, E의 각 값에서 주어

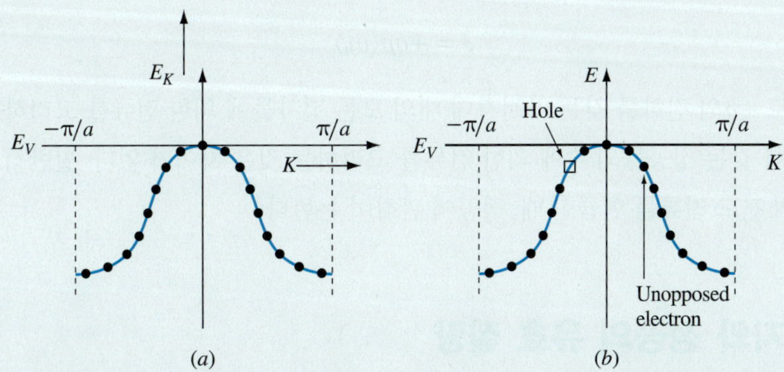

그림 2.9 E-K 다이어그램에서 가전자대 내의 상태들. (a) 모든 상태는 가득 차 있다. (b) 한 상태가 비어 있는데(정공), 이는 동일한 에너지를 가지나 방향이 반대인 K 벡터와 속도를 갖는 상충되지 않는 전자가 있음을 의미한다.

진 에너지에 대하여 상반되는 속도를 갖는 두 상태가 그림에서 존재한다는 것을 유의하라.

절대 온도 0 K보다 높은 온도에서, 가전자대는 대부분 전자들로 채워지나 여전히 상당한 수의 정공들이 존재한다(예를 들어, p형 물질에서 정공의 수는 가전자대의 전자 수의 $10^{-8} \sim 10^{-4}$배이다). 가전자대의 전자들 대부분은 반대 속도를 갖는 전자들에 의해 상충되나, 전부가 그러하지는 않으며 이를 그림 2.9b에서 보여주고 있다. 그러므로 서로 상충되지 않는 전자들을 고려하는 것이 편리하다.

$$J = \frac{-q}{\text{volume}} \sum_i v_{ui} \tag{2.35}$$

여기서 아래첨자 u는 상충되지 않는 전자들을 의미한다. 따라서 식 (2.35)는 다음과 같이 고쳐 쓸 수 있다.

$$J = \frac{-q}{\text{volume}} \sum [v_i - v_{hi}] = \frac{-q}{\text{volume}} \left[\sum v_i - \sum v_{hi}\right] \tag{2.36}$$

여기서 대괄호 내의 첫 번째 항은 가득 찬 밴드의 모든 전자들에 대한 합인 반면에, 두 번째 항(v_{hi})은 비어 있는(정공) 상태들에 대한 합이다. 즉 $\sum v_{ui} = \sum (v_i - v_{hi})$이다. 그런데

$$\sum_i v_i = 0 \tag{2.37}$$

이므로, 식 (2.36)은 다음과 같이 쓸 수 있다.

$$J = +\frac{q}{\text{volume}} \sum_i v_{hi} \tag{2.38}$$

만약 우리가 정공을 입자로 간주한다면, 식 (2.38)로부터 그들 각각은 $+q$의 전하를 갖는 것으로 고려되어야 한다. 따라서 정공 농도 p에 대하여, 총 정공 전류밀도는 다음과 같다.

$$J = +qp\langle v_h \rangle \tag{2.39}$$

그러므로 $-q$의 전하를 갖는 가전자대 내의 모든 전자들에 의한 전류를 고려하는 것과 $+q$의 전하를 갖는 정공들의 수에 의한 전류를 고려하는 것은 차이가 없다. 일반적으로 가전자대 내의 전도 전류를 언급할 때, 정공에 관하여 논한다.

2.8 전자와 정공의 유효 질량

전자와 정공의 유효 질량은 홀 효과(Hall effect)를 이용하여 측정할 수 있다. 그림 2.10에 나타낸 바와 같이, 전류가 오른쪽으로 흐르는(전자는 왼쪽으로 움직이는) 반도체를 고려하자. 또한 자기장 $\vec{B}$가 함께 인가되는데, 그 방향은 지면으로 들어가는 쪽으로 향하고 있

다. 전자에 가해지는 로렌츠(Lorentz) 힘 $F = Q[\vec{v} \times \vec{B}]$는 다음과 같이 주어진다.

$$\vec{F}_e = -q\left[\vec{v}_e \times \vec{B}\right] = m_e^* \vec{a}_e \tag{2.40}$$

여기서 $\vec{F}_e$는 전자에 가해지는 힘, $\vec{v}_e$는 전자 속도, $\vec{a}_e$는 전자의 가속도, 그리고 m_e^*는 전자의 유효 질량이다. 음의 부호는 전자가 음전하이기 때문에 나타난다. n형 반도체의 경우에(그림 2.10a), 전도대의 전자에 의하여 전류가 흐른다. 전자의 속도는 왼쪽 방향이다. 이 예제에서 $\vec{v}_e \times \vec{B}$는 아랫방향으로 향하기 때문에, 전자에 작용하는 힘은 위로 향한다. m_e^*가 양의 값이기 때문에 전자는 위 방향으로 가속된다. 따라서 반도체의 상부는 하부와 비교하여 음으로 대전되므로 생성되는 전압, V는 음의 값이다. 전도도와 반도체 시료의 차원(dimension)을 고려하면, 측정된 값 V로부터 유효 질량을 계산할 수 있다.

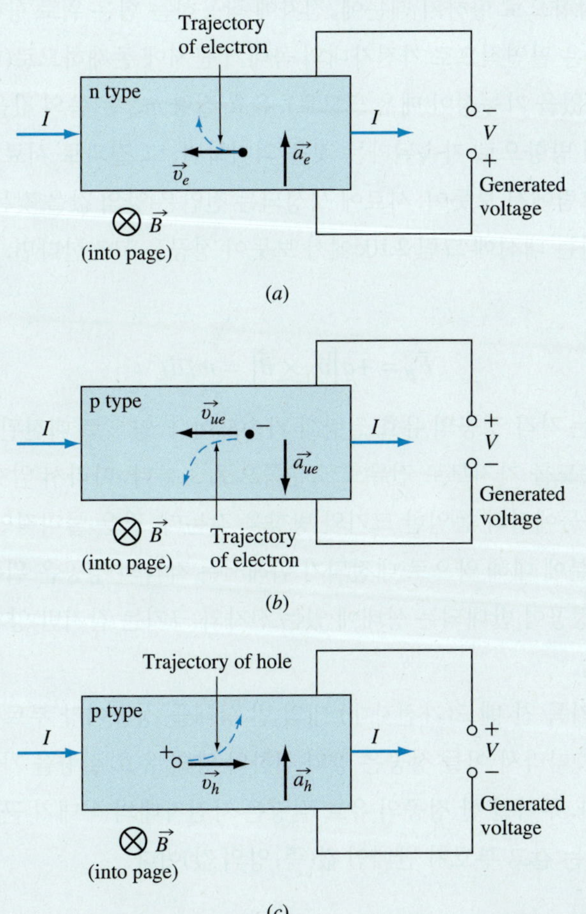

그림 2.10 반도체에서 캐리어에 가해지는 로렌츠 힘. (a) 전도대 내에서의 전자(음전하, 양의 유효 질량). (b) 가전자대 내에서의 상충되지 않은 전자(음전하, 음의 유효 질량). (c) 가전자대 내에서의 정공(양전하, 양의 유효 질량).

이미 앞부분에서 전자가 가전자대의 꼭대기 가까이에 있을 때, E-K 다이어그램의 곡률이 그 부분에서 음수이므로 유효 질량이 음의 값임을 보았다. 이제 빈 상태를 양의 전하를 갖는 정공으로 고려하면, 정공은 상충되지 않는 전자의 (음의) 유효 질량과 크기는 같으며 부호가 반대되는 양의 유효 질량을 가지게 됨을 보일 것이다. 그림 2.10b에 나타낸 바와 같이, 전류가 오른쪽으로 흐르는(전자는 왼쪽으로 움직이는) p형 반도체를 고려하여 이를 보이고자 한다. 이 경우에 가전자대의 상충되지 않는 전자들에 의해 전류가 흐른다고 생각할 수 있다. 자기장 $\vec{B}$가 다시 인가되는데, 그 방향은 지면으로 들어가는 쪽으로 향하고 있다. 상충되지 않는 전자에 가해지는 로렌츠 힘은 다음과 같이 주어진다.

$$F_{ue} = -q\left[\vec{v}_{ue} \times \vec{B}\right] = m^*_{ue}\vec{a}_{ue}$$

여기서 아래첨자 "ue"는 가전자대 내의 상충되지 않는 전자들을 의미한다. 이 예제에서 $\vec{v}_{ue} \times \vec{B}$는 아랫방향으로 향하기 때문에, 전자에 작용하는 힘은 위로 향한다. 따라서 상충되지 않는 전자들은 필연적으로 가전자대의 꼭대기 근처에 존재하므로(더 낮은 에너지 상태들은 점유되어 있을 가능성이 매우 크므로), 유효 질량 m^*_{ue}는 음의 값을 갖는다. 사실 이것은 전자가 아래 방향으로 가속된다는 것을 의미하며, 그 결과로 시료의 하부가 음으로 대전된다. 이제 그림에서 보듯이, 시료에 생성되는 전압은 양의 값을 갖는다.

전자를 고려하는 대신에 그림 2.10c에서 보듯이 정공을 고려한다면, 로렌츠 힘은 다음과 같이 주어진다.

$$\vec{F}_p = +q\left[\vec{v}_h \times \vec{B}\right] = m^*_h\vec{a}_h \tag{2.41}$$

여기서 m^*_h와 $\vec{a}_h$는 각각 정공의 유효 질량과 가속도이다. 양으로 대전된 정공들은 오른쪽 방향으로 $\vec{v}_h$의 속도를 가지므로 전류도 오른쪽으로 흐른다. 따라서 알짜 로렌츠 힘은 상충되지 않는 전자들에서와 동일한 크기와 방향을 갖는다. 같은 물리적인 결과, 즉 시료의 윗부분이 아랫부분에 대해 양으로 대전되기 위해서는 각각의 정공은 위쪽을 향해 가야 하며, 사실 이것은 정공이 반대되는 상태에 있는 전자와 크기는 같지만 양의 유효 질량을 가짐을 의미한다.

따라서 거의 가득 찬 밴드(가전자대) 내의 빈 상태를 정공이라 부르는 입자로 취급할 수 있음을 알았다. 따라서 이들 정공은 양의 전하와 양의 유효 질량을 가지고 외력에 대하여 응답할 수 있다. 주어진 한 정공의 유효 질량은 가전자대의 꼭대기 근처에 있는 전자의 유효 질량과 크기는 같고 부호가 반대인 값(즉, 양의 값)이다.

2.9 밴드 내의 전자에 대한 상태 밀도 함수

앞에서는 반도체에서 전자들이 점유할 수 있는 에너지 상태들의 밴드(band)가 존재한다는 개념을 정립하였다. 또한 대부분의 전자들은 전도대의 바닥 근처에 존재하며, 대부분의 정공들은 가전자대의 꼭대기 근처에 존재한다는 것을 언급하였다.

그러나 반도체 내에서 전류의 흐름을 묘사하기 위해서는 좀 더 많은 정보가 필요하다. 준-자유 전자 및 정공의 농도와 에너지에 따른 각각의 분포를 더 정확하게 알 필요가 있다. 아직 분명하지는 않지만, 대부분의 전자소자들 내에서, 전류는 소자 내에 생성된 다양한 에너지 장벽들을 극복할 만큼 충분한 에너지를 갖는 전자 또는 정공의 수에 따라 결정된다. 따라서 이들 소자의 전류-전압 관계를 결정하기 위해서는, 에너지에 따른 전자들(및 정공들)의 분포를 알아야 한다.

이 결정을 위해서는 다음의 두 가지가 필요하다. 첫째, 허용 상태들이 에너지에 대해 어떻게 분포되어 있는지를 알아야 한다. 둘째, 주어진 에너지에서 상태가 점유될 확률을 알아야 한다. 예를 들어, 에너지 상태가 높으면 높을수록 점유될 확률이 낮다는 것을 직관적으로 예측할 수 있다.

먼저 다음 절에서는 에너지에 따른 상태 분포에서 시작하고, 뒤이은 절에서는 점유 확률에 대해 논의하기로 한다.

2.9.1 상태 밀도와 상태 밀도 유효 질량

Online Module OM5에서 유도된 상태 밀도 함수를 고찰함으로써 시작한다. 자유 전자의 경우($E_p = E_0$이고, 일정), 허용 상태는 다음 식과 같은 에너지에 따른 분포를 갖는다.

$$S(E) = \frac{1}{2\pi^2}\left(\frac{2m_0}{\hbar^2}\right)^{3/2}\sqrt{E - E_0} \tag{2.42}$$

여기서 **상태 밀도 함수(density-of-states function)**, S(E)는 단위 에너지당 단위 체적당 상태의 수이다. 따라서 반도체 내에서의 상태 밀도를 표현하기 위해 유사한 공식을 사용하고자 한다. 유효 질량이 상수가 되는 E-K 다이어그램의 포물선 부분에 대해서만 국한하여 고려하자. 그러면 전도대 바닥 근처에 있는 전자들에 대해서 다음과 같이 쓸 수 있다.

$$\begin{aligned} S(E) &= \frac{1}{2\pi^2}\left(\frac{2m^*_{dse}}{\hbar^2}\right)^{3/2}\sqrt{E - E_C} \\ &= \frac{1}{2\pi^2}\left(\frac{2m^*_{dse}}{\hbar^2}\right)^{3/2}\sqrt{E_K} \qquad \text{전도대} \end{aligned} \tag{2.43}$$

여기서 m^*_{dse}는 전자의 상태 밀도 유효 질량이다. 운동 에너지 E_K는 총 에너지 E와 전도대의 바닥 근처의 포물선 부분에 있는 전자의 위치 에너지 E_C의 차이이다: $E_K = E - E_C$.

GaAs와 같은 물질의 전도대 바닥 근처에서 m_e^*는 스칼라이다. 그러나 실리콘과 같은 물질에서는, 앞에서 언급하였고 Online Module OM5에서 보다 상세하게 논의한 바와 같이, 각 등가 극소점에서의 유효 질량은 방향에 의존하므로, 종축과 횡축의 전자 질량(각각, $m_{\parallel}^*$과 $m_{\perp}^*$)을 적절히 평균한 값이 사용되어야 하며, 등가 극소점의 수를 고려하여 m_{dse}^*의 값을 도출하여야 한다. 자세한 사항은 Online Module OM5에서도 다루고 있다. 관심의 대상이 되는 몇몇 반도체들에 대한 값들이 표 2.1에 주어져 있다.

마찬가지로 가전자대 꼭대기 근처의 포물선 부분에서 상태 밀도 함수는 다음과 같다.

$$S(E) = \frac{1}{2\pi^2}\left(\frac{2m_{dsh}^*}{\hbar^2}\right)^{3/2}\sqrt{E_V - E} \qquad \text{가전자대} \tag{2.44}$$

이 식은 전자 또는 **정공(hole)**의 상태 밀도이며, 가전자대의 가장자리 E_V는 가전자대의 정공에 대한 위치 에너지이고, Online Module OM5에서 언급한 바와 같이 m_{dsh}^*는 가벼운 정공과 무거운 정공의 유효 질량을 적절히 조합한 값이다. 몇몇 결과들이 표 2.2에 주어져 있다.

전도대와 가전자대 내에서의 전자의 상태 밀도 함수는 그림 2.11에 개략적으로 도시되어 있으며, $S(E)$ 곡선은 에너지 밴드 다이어그램(에너지 대 위치) 위에 겹쳐서 도시하였다. 금지대역 내에는 전자 또는 정공들에 대한 상태가 없으므로(순수한 물질의 경우), 그곳에서 $S(E)$는 0인 것에 유의하라. $S(E)$에 대한 식 (2.43)과 (2.44)는 E-K 곡선의 포물선 영역에서만 타당하다는 점을 강조하고자 한다.

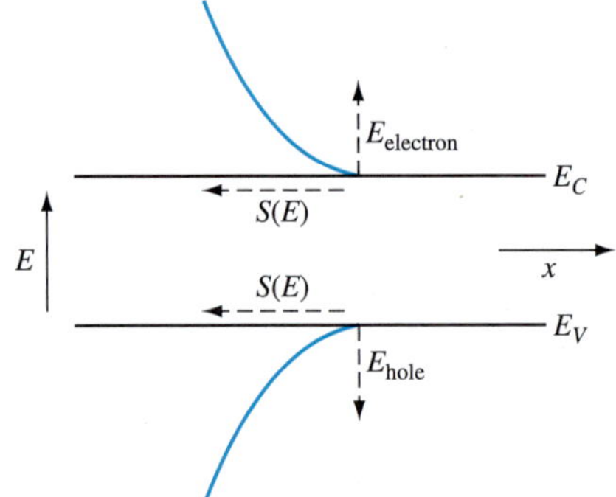

그림 2.11 전도대와 가전자대 내의 전자에 대한 상태 밀도 함수. 상태 밀도 대 에너지의 그래프는 에너지 밴드 다이어그램(에너지 대 위치 x) 위에 겹쳐놓았다.

2.10 페르미-디랙 통계

허용 상태(에너지 준위)들이 에너지에 대해 어떻게 분포하는지를 알았으니, 이제 주어진 에너지 상태가 전자로 채워지는 확률을 고찰할 필요가 있다. 에너지가 E_a인 한 주어진 상태에서, 이 특정한 상태가 전자로 채워지는 확률을 $f(E_a)$로 표시하자. 만일 에너지 E_a에 단위 체적당 S_a개의 상태가 있다면, 이 E_a에서의 전자 농도 n_a는 다음과 같다.

$$n_a(E_a) = S_a f(E_a) \tag{2.45}$$

에너지에 따른 분포 상태에 대해 다음과 같이 일반화할 수 있다.

$$n(E) = S(E)f(E) \tag{2.46}$$

여기서 $n(E)$는 단위 에너지당 단위 체적당 전자의 수를 나타낸다. 그러면 미소 에너지 범위 dE에 있는 전자의 수는 다음과 같이 된다.

$$n(E)dE = S(E)f(E)dE \tag{2.47}$$

따라서 주어진 밴드에서, 평형 상태에서, 전체 에너지 밴드에 있는 단위 체적당 총 전자의 수 n_0는 다음과 같이 쓸 수 있다.

$$n_0 = \int_{\text{band}} S(E)f(E)dE \tag{2.48}$$

여기서 적분은 허용된 에너지를 갖는 전체 밴드에 걸쳐 계산한다.

n_0를 정확하게 결정하기 위해서는 $S(E)$와 $f(E)$, 둘 다 알아야 한다. 2.9.1절에 $S(E)$에 대한 식이 주어졌지만, 이들 식은 상태 밀도 유효 질량을 포함하기 때문에 밴드 극점 가까이에서만 유효하다. 밴드 극점 가까이에서의 캐리어들만을 고려하는 한, $S(E)$를 알 수 있다. 이제 점유 확률 $f(E)$를 살펴보자. 항 $f(E)$는 모든 에너지에 대해 결정될 수 있지만, 고려하고 있는 전자가 결정을 통해(밴드 내에서) 자유롭게 움직이는 경우와 국소화된 상태(불순물에 대해)들에 속박된 경우에 대하여 서로 다른 형식을 갖는다.

$f(E)$의 도출은 어느 정도 복잡하므로, 다음 절에서 그 결과를 언급하고 논의한다.[2]

2.10.1 밴드 내의 전자와 정공에 대한 페르미-디랙 통계

한 전자가 허용된 밴드 내에서 에너지 E의 주어진 상태를 점유하는 확률을 다음과 같이 표시한다.

$$f(E) = \frac{1}{1 + e^{(E - E_f)/kT}} \quad \text{페르미-디랙 확률 함수} \tag{2.49}$$

여기서 에너지 E_f는 **페르미 에너지(Fermi energy)** 또는 **페르미 준위(Fermi level)**라 불리는

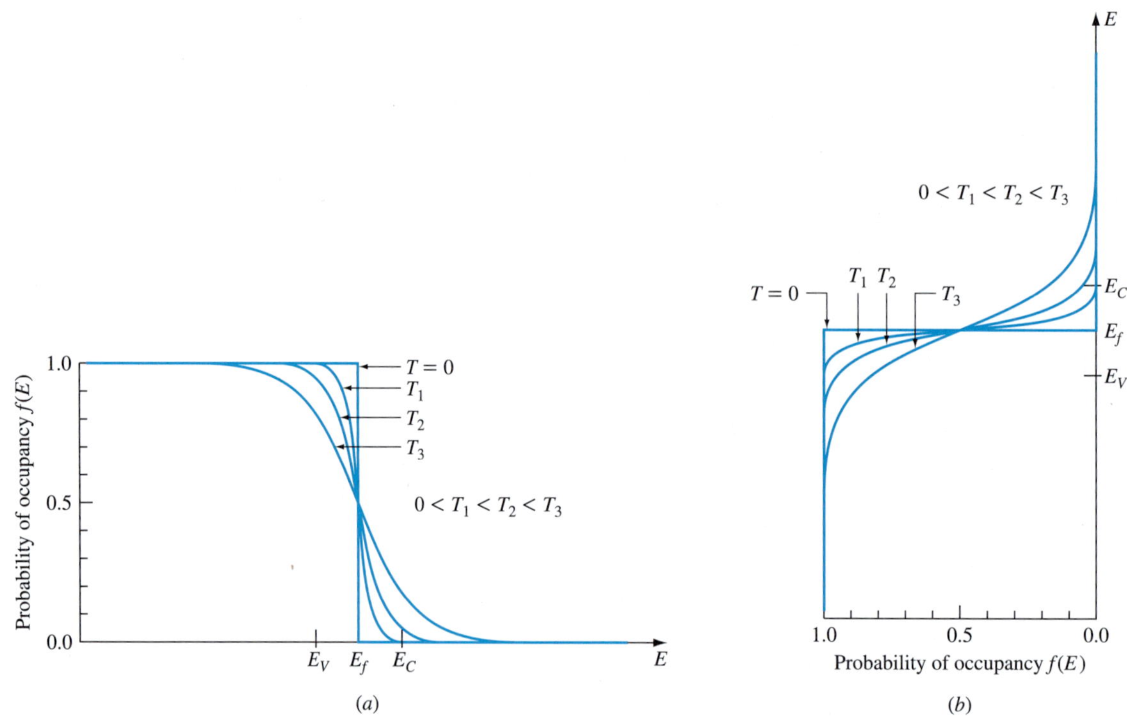

그림 2.12 페르미-디랙 분포 함수는 만일 상태가 존재한다면 에너지 상태 E의 점유 확률을 나타낸다.

기준 에너지이고, 식 (2.49)는 **페르미-디랙 확률 함수(Fermi-Dirac probability function)**로 알려져 있다. 그림 2 .12a는 몇몇 온도에서의 에너지의 함수로 페르미-디랙 분포를 보여준다. 또한 이 그림에서는 E_C와 E_V의 가능한 값을 표시한다. 그림 2.12b에서는 종속 변수를 y축상에, 독립 변수를 x축상에 도시하는 통상의 다이어그램을 90° 돌려놓았다. 이렇게 하여 이 그림이 에너지가 수직으로 표시되는 에너지 밴드 다이어그램과 같은 다른 그래프와 일치하도록 하였다. 확률은 그림 2.12b의 도표상에서 왼쪽 방향으로 증가한다.

페르미 준위 또는 페르미 에너지는 $f(E) = 1/2$인 특정한 에너지 준위로 주어진다. 따라서 (만일 상태가 존재한다면) 그 에너지에 있는 상태의 점유 확률은 50%이다. 페르미 준위보다 낮은 에너지의 상태는 비어 있기보다는 전자로 채워져 있을 가능성이 더 크다. 페르미 준위보다 높은 에너지의 상태는 1/2보다 작은 점유 확률을 가지며, 이는 채워질 가능성보다 비어 있을 가능성이 더 크다는 의미이다.

그림 2.12는 몇 가지의 서로 다른 온도에 대한 페르미-디랙 함수를 보여준다. 절대 온도 0 K에서는 각각의 전자가 가능한 한 최저의 에너지를 갖는다. 이는 반도체에서, 가전자대 내의 모든 상태가 가전자로 완전히 채워져 있음을 의미한다. 그러므로 가전자대의 임의의 에너지를 갖는 상태의 점유 확률은 1이고, 반면에 전도대의 임의의 에너지를 갖는 상태의 점유 확률은 0이 된다. 페르미 준위는 진성 물질에서는 대체로 금지대역의 중앙에 매

우 가깝게 있다. 페르미 준위에 있는 상태의 점유 확률은 1/2이지만, 실제로 거기에는 어떠한 상태도 없다는 점을 주목하라.

이제 어느 정도 높은 온도, T_1에 대해 고찰하여보자. 결정은 얼마간의 열에너지를 갖고 있기 때문에, 얼마간의 전자들은 전도대에 있을 만큼의 충분한 에너지를 갖게 된다. 전도대 바닥 근처의 상태는 점유율이 1/2보다 작지만 0도 아니다. 이것은 어떤 주어진 시간에 주어진 상태가 비어 있을 가능성이 크나(probably empty), 한 전자가 그 상태를 점유할 확률이 낮지만 존재한다는 것을 의미한다. 에너지가 높을수록 그 상태는 전자로 채워질 가능성은 더 낮다. 이와 마찬가지로 가전자대 꼭대기 근처의 상태는 점유되어 있을 가능성이 크다(probably occupied). 이들 상태 중 일부는 비어 있게 되는데, 이는 얼마간의 정공이 존재함을 의미한다. 가전자대에서 비어 있을 가능성이 가장 큰 상태는 꼭대기 근처의 상태이며, 이는 대부분의 정공들이 가전자대의 꼭대기 근처에서 발견될 것이라는 의미이다.

한 상태가 정공으로 채워질 확률은 1에서 그 상태에 전자가 점유될 확률을 뺀 값이 되는데, 이는 상태가 점유되거나 아니면 비어 있기 때문이다. 따라서 정공의 페르미-디랙 분포 함수는 다음과 같이 쓸 수 있다.

$$f_p(E) = 1 - f(E) \tag{2.50}$$

식 (2.49)로부터 다음과 같아진다.

$$f_p(E) = 1 - \frac{1}{1 + e^{(E - E_f)/kT}} \tag{2.51}$$

또는 다음과 같이 쓸 수 있다.

$$f_p(E) = \frac{1}{1 + e^{(E_f - E)/kT}} \tag{2.52}$$

만일 식 (2.49)에서 $e^{(E - E_f)/kT} \gg 1$이면, $f(E) \ll 1$이므로, 다음과 같아진다.

$$f(E) \approx e^{-(E - E_f)/kT} \tag{2.53}$$

마찬가지로 식 (2.52)에서 $f_p(E) \ll 1$인 경우, 다음과 같이 쓸 수 있다.

$$f_p(E) \approx e^{-(E_f - E)/kT} \tag{2.54}$$

식 (2.53)과 (2.54)를 **페르미-디랙 확률 함수의 볼츠만 근사(Boltzmann approximation to the Fermi-Dirac probability function)** 또는 단순히 **볼츠만 확률 함수(Boltzmann probability function)**라고 부른다.

예제 2.1

어느 경우에 볼츠만 근사가 유효하게 사용될 수 있는가?

■ **풀이**

만약 $e^{(E-E_f)/kT} \gg 1$이면, 식 $f(E) = e^{-(E-E_f)/kT}$은 다음의 실제 확률과 근사적으로 같다.

$$f(E) = \frac{1}{1 + e^{(E-E_f)/kT}}$$

10이라는 인자보다 더 크면 "~에 비해 큰(large compared with)"을 의미한다고 간주하자. 그러면 $e^{(E-E_f)/kT} \approx 10$이므로 $(E - E_f) > kT\ln(10)$이다. 따라서 볼츠만 근사가 적용되기 위해서는 $(E - E_f) > kT\ln(10) = 2.3kT$가 요구된다. 즉, 만약 페르미 준위로부터 $2.3kT$보다 더 큰 상태의 점유 확률을 계산한다면, 보다 간단한 근사식[전자에 대해서는 식 (2.53), 정공에 대해서는 식 (2.54)]들을 사용할 수 있다.

그림 2.12로 되돌아가면, 온도가 증가함에 따라 전도대 내에서 주어진 한 상태의 점유 확률이 증가함을 볼 수 있다. 마찬가지로 가전자대 내에서 주어진 상태의 점유 확률은 감소한다. 이것은 보다 높은 온도에서는 전류를 수송하는 데 더 많은 전자와 정공을 사용할 수 있음을 의미한다.

예제 2.2

상온에서 진성 Si의 전도대의 바닥에 있는 상태의 점유 확률을 계산하라.

■ **풀이**

상온에서 실리콘의 밴드 갭은 1.12 eV이다. 전자는 전도대의 바닥, 즉 $E = E_C$가 되는 곳에 있다. 뒤에 밝히겠지만, 진성 물질의 페르미 준위는 근사적으로 금지대역의 중간 갭(mid-gap)에 위치한다. 따라서 $E_C - E_f \approx E_g/2 = 0.56$ eV이다. 식 (2 .49)로부터 $f(E)$는 다음과 같다.

$$f(E) = \frac{1}{1 + e^{(E-E_f)/kT}} = \frac{1}{1 + e^{(E_c-E_f)/kT}}$$

$$= \frac{1}{1 + e^{(0.56\text{ eV})/(0.026\text{ eV})}} = \frac{1}{1 + 2.26 \times 10^9} = 4.4 \times 10^{-10}$$

이는 대략 20억 개의 상태 중 한 상태가 채워지는 꼴이다. 이 예제에서 볼츠만 확률 분포 함수가 유효함에 주목하라.

속박상태의 전자에 대한 페르미-디랙 확률 함수는 다소 다르다. 그러나 본 교재에서는 대부분의 경우에 모든 도너와 억셉터는 이온화되었다고 가정할 것이다 이러한 가정이 정당함을 Online Module OM2에서 증명할 것이다.

2.11 전자와 정공의 에너지에 대한 분포

이제 전도대의 바닥 근처와 가전자대의 꼭대기 근처에서의 허용 상태의 분포 $S(E)$를 알고, 에너지가 E인 상태의 점유 확률 $f(E)$를 알게 되었다. 이 절에서는 전도대에서 전자의 에너지에 따른 분포를 구하고, 가전자대에서 정공의 에너지에 따른 분포를 구하는 데 이러한 정보를 이용할 것이다. 그러면 가전자대에서의 정공들과 전도대에서의 전자들에 대한 전체 농도가 얻어진다.

그림 2.13은 반도체의 에너지 밴드 다이어그램을 나타내고 있다. (a)는 n형 반도체에 대한 묘사이고, (b)는 p형 반도체에 대한 묘사이다. 그림에서 $S(E)$와 $f(E)$에 대한 다이어그램을 에너지 밴드 다이어그램에 덧붙여놓았다. 전자와 정공의 분포 함수, 즉 $n(E)$와 $p(E)$도 다음과 같이 음영으로 묘사된다.

$$n(E) = S(E)f(E) \qquad \text{전도대}$$

$$p(E) = S(E)[1 - f(E)] = S(E)f_p(E) \qquad \text{가전자대}$$

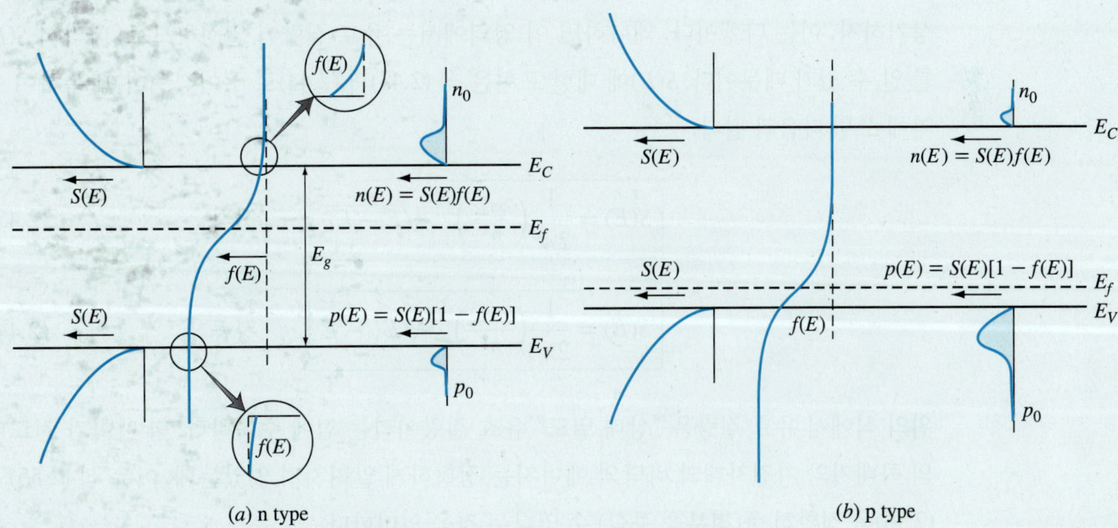

그림 2.13 전도대 바닥 근방에 있는 전자들의 분포 $n(E)$는 상태 밀도 분포 $S(E)$에 특정한 에너지 준위에서의 점유 확률 $f(E)$를 곱한 것이다. 가전자대 꼭대기 근처에 있는 정공들의 분포 $p(E)$는 상태 밀도 분포에 특정한 에너지 준위가 비어 있을 확률을 곱한 것이다. (a) n형, (b) p형.

각각의 곡선들 아래의 면적은 전도대에서의 전체 전자 농도 n_0와 가전자대에서의 전체 정공 농도 p_0를 나타낸다. n형 물질에서 전자들에 대한 음영 처리된 면적이 정공들에 대한 면적보다 더 큰 이유는 페르미 준위가 가전자대보다 전도대에 더 가깝게 있기 때문이다. p형 물질에서는 페르미 준위가 전도대보다 가전자대에 더 가깝게 있기 때문에 정공 농도가 전자 농도보다 더 크다. 시각적인 선명성을 위하여, 그림에서 n_0와 p_0의 상대적인 값을 나타내는 영역들을 상당히 과장되게 나타내었다. 뒤에 보이겠지만, 도너 농도가 10^{17} cm^{-3}인 n형 반도체의 경우에는 $n_0 \approx 10^{17}$ cm^{-3}이고 $p_0 \approx 10^3$ cm^{-3}이므로 한 그림에 함께 나타내기에는 그 차이가 너무 크다.

평형 상태에서 전도대의 총 전자 농도는 전체 밴드에 걸쳐 적분함으로써 얻어진다.

$$n_0 = \int_{E_C}^{\text{top}} S(E)f(E)dE = \int_{E_C}^{\text{top}} n(E)dE \tag{2.55}$$

여기서 n_0는 전도대의 평형 상태의 전자 농도이고 적분은 전도대의 바닥 E_C에서 밴드의 꼭대기까지 취해진다.

마찬가지로 가전자대에서의 평형 상태의 정공 분포 함수는 다음과 같다.

$$p_0 = \int_{\text{bottom}}^{E_V} S(E)f_p(E)dE = \int_{\text{bottom}}^{E_V} p(E)dE \tag{2.56}$$

여기서 적분은 가전자대 에너지의 전 범위에 걸쳐 취해진다.

대부분의 캐리어들은 그들 각각의 밴드에서의 극점들 가까이에 집중되어 있다는 것을 상기하자. 이는 다행이다. 왜냐하면 이 영역에서는 유효 질량이 일정하므로, 따라서 $S(E)$를 알 수 있기 때문이다. $S(E)$에 대한 표현은 식 (2.43)과 (2.44)로 주어졌으며, 반복하여 여기에 쓰면 다음과 같다.

$$S(E) = \frac{1}{2\pi^2}\left(\frac{2m^*_{dse}}{\hbar^2}\right)^{3/2}\sqrt{E - E_C} \quad \text{전자} \tag{2.43}$$

$$S(E) = \frac{1}{2\pi^2}\left(\frac{2m^*_{dsh}}{\hbar^2}\right)^{3/2}\sqrt{E_V - E} \quad \text{정공} \tag{2.44}$$

위의 식에서 유효 질량은 "상태 밀도" 유효 질량이라는 점에 주목하라. 더 나아가 전도대의 꼭대기와 가전자대의 바닥의 에너지는 정확하게 알려지지 않았는데, 이는 식 (2.55)와 (2.56)을 정확히 풀(적분을 구할) 수 없다는 것을 의미한다.

이제 식 (2.55)와 (2.56)을 **비축퇴 반도체(nondegenerate semiconductor)**에 대해 (근사적으로) 풀어보자. 만일 전도대 내의 임의의 상태에서 전자의 점유 확률이 작고, 그리고 가전자대 내의 임의의 상태에서 정공의 점유 확률이 작으면, 이 반도체를 정의에 의해 비축퇴되었다고 말한다.[3] 만일 "작다는(small)" 것을 10%의 확률로 택하면, 페르미 준위는 전도대의 가장자리에서 적어도 $2.3kT$ 아래이고, 가전자대의 가장자리에서 적어도 $2.3kT$ 위라는 것을 뜻한다. $E_C - E_f > 2.3kT$이고 $E_f - E_V > 2.3kT$일 때, 페르미-디랙 확률 함수를 볼츠만 근사로 하는 것이 유효하고, 두 밴드 모두에서 사용할 수 있다.

방정식들을 풀기(적분을 구하기) 위하여, 다음 두 가지의 단순화가 필요하다.

1. $S(E)$가 $E \geq E_C$ 또는 $E \leq E_V$인 어느 곳에서나, 각각 식 (2.43)과 (2.44)로 주어진 형태를 가진다고 가정하자. 상태 밀도 함수 $S(E)$는 금지대역 내에서 0이다.

2. 전도대에서는 적분의 상한을 $+\infty$로 확장하고, 가전자대에서는 적분의 하한을 $-\infty$로 확장한다.

마지막 가정은 확률 인자 $f(E)$와 $f_p(E)$가 밴드 가장자리에서 에너지가 멀어짐에 따라 (지수적으로) 급속히 감소하기 때문에 타당하다. 이러한 영역에서는 상태 밀도와 확률의 곱이 매우 작아서 적분에 거의 기여하지 못한다. 적분에 주된 영향을 미치는 부분은 밴드 가장자리의 처음 몇 kT 범위 안에 있으며, 이 영역에서는 식 (2.43)과 (2.44)가 타당하다 (그리고 상태 밀도 유효 질량이 알려져 있다).

이제 식 (2.55)를 다음과 같이 기술할 수 있다.

$$n_0 = \frac{1}{2\pi^2}\left(\frac{2m_{dse}^*}{\hbar^2}\right)^{3/2}\int_{E_C}^{\infty}\sqrt{E - E_C}\, e^{-[(E - E_f)/kT]}dE \tag{2.57}$$

그리고 마찬가지로 식 (2.56)을 다음과 같이 기술할 수 있다.

$$p_0 = \frac{1}{2\pi^2}\left(\frac{2m_{dsh}^*}{\hbar^2}\right)^{3/2}\int_{-\infty}^{E_V}\sqrt{E_V - E}\, e^{-[(E_f - E)/kT]}dE \tag{2.58}$$

이 결과들은 다음과 같다.

$$\boxed{n_0 = N_C e^{-[(E_C - E_f)/kT]}} \tag{2.59}$$

$$\boxed{p_0 = N_V e^{-[(E_f - E_V)/kT]}} \tag{2.60}$$

여기서 N_C와 N_V는 다음과 같다.

3) 역으로, 만약에 볼츠만 근사가 어느 한 밴드에 대해 유효하지 않으면 반도체는 축퇴되었다고 (degenerate) 말한다. 축퇴 반도체의 또 다른 정의는 페르미 준위가 전도대 내에 있거나(축퇴, n형), 가전자대 내에 있는(축퇴, p형) 것이다.

$$\boxed{N_C = 2\left(\frac{m_{dse}^{*}kT}{2\pi\hbar^2}\right)^{3/2}} \tag{2.61}$$

$$\boxed{N_V = 2\left(\frac{m_{dse}^{*}kT}{2\pi\hbar^2}\right)^{3/2}} \tag{2.62}$$

여기서 N_C를 **전도대의 유효 상태 밀도(effective density of states in the conduction band)**라고 부른다. 만일 N_C 개의 상태가 모두 $E = E_C$에 위치해 있다면, 그중 한 상태가 채워질 확률은 $e^{-[(E_C - E_f)/kT]}$가 될 것이고, 전도대에서의 전자 농도 n_0는 식 (2.59)에 의해 주어진다. 마찬가지로 N_V는 **가전자대의 유효 상태 밀도(effective density of states in the valence band)**이다.

유효 상태 밀도 N_C와 N_V는 비축퇴(nondegenerate) 반도체에 대하여 다음의 식들로 표현될 수 있다.

$$N_C = 2.54 \times 10^{19}\left(\frac{m_{dse}^{*}}{m_0}\right)^{3/2}\left(\frac{T}{300}\right)^{3/2} \text{ cm}^{-3} \tag{2.63}$$

$$N_V = 2.54 \times 10^{19}\left(\frac{m_{dsh}^{*}}{m_0}\right)^{3/2}\left(\frac{T}{300}\right)^{3/2} \text{ cm}^{-3} \tag{2.64}$$

이 식들은 물질 또는 온도를 비교하는 데 유용하다. 예를 들어, 유효 질량이 보다 작은 물질에 대하여, 유효 상태 밀도는 이에 상응하여 감소한다.

식 (2.59)와 (2.60)을 곱함으로써, 다음과 같은 매우 유용한 관계식을 도출할 수 있다.

$$n_0 p_0 = N_C N_V e^{-[(E_C - E_f)/kT]} e^{-[(E_f - E_V)/kT]} = N_C N_V e^{-(E_g/kT)} = n_i^2 \tag{2.65}$$

여기서 $E_g = E_C - E_V$이다. 따라서 다음의 결과를 얻는다.

$$\boxed{n_0 p_0 = n_i^2 \quad \text{비축퇴 반도체}} \tag{2.66}$$

n_i는 진성 물질에 대한 전도대에서의 전자 농도이다. 이 식은 평형 상태에서 전자-정공의 곱이 온도와 밴드 갭에 강하게 의존하고 있음을 보여준다. 식 (2.65)는 평형 상태에서 모든 비축퇴 반도체에 대하여 성립한다. 그러나 진성 물질에 대해서는, 다음과 같은 식도 성립한다.

$$n_0 = p_0 = n_i \quad \text{진성} \tag{2.22}$$

식 (2.66)은 **질량 작용의 법칙(law of mass action)**이라고 자주 불리며, 단지 비축퇴 반도체에 대해서만 유효하다. 이 식은 화학에서의 비슷한 관계식과 유사하다.

예제 2.3

상온(300 K)에서의 Si($n_0 = p_0 = n_i$)의 경우에 대하여 진성 농도 n_i를 구하라. 유효 질량은 $m^*_{dse} = 1.09\ m_0$ 및 $m^*_{dsh} = 1.15\ m_0$이다.[4)]

■ **풀이**

식 (2.65)으로부터 n_i는 다음과 같다.

$$n_i = \sqrt{N_C N_V}\ e^{-E_g/2kT} \tag{2.67}$$

식 (2.63)과 (2.64)로부터, 300 K에서 $N_C = 2.86 \times 10^{19}\ \text{cm}^{-3}$ 및 $N_V = 3.10 \times 10^{19}\ \text{cm}^{-3}$을 얻게 된다.

이 결과들은 $E_g/2kT$에 강하게(지수적으로) 의존하기 때문에, 반올림 오차(roundoff error)를 피하기 위하여 $T = 300$ K에서의 Si에 대하여 $E_g = 1.1242$ eV와 $kT = 0.02586$ eV의 정확한 값을 사용한다. 그러면 다음의 결과를 얻는다.

$$\begin{aligned} n_i(300\ \text{K}) &= \sqrt{(2.86 \times 10^{19})(3.01 \times 10^{19})}\, e^{-1.1242/(2 \times 0.02586)} \\ &= 1.08 \times 10^{10}\ \text{electrons/cm}^3 \end{aligned}$$

식 (2.59)와 (2.60)으로부터, 진성 반도체에 대해 다음과 같이 쓸 수 있다.

$$n_0 = p_0 = n_i = N_C e^{-[(E_C - E_i)/kT]} = N_V e^{-[(E_i - E_V)/kT]} \tag{2.68}$$

여기서 E_i는 진성 반도체의 페르미 에너지로서 정의된다. 따라서 N_C/N_V는 다음과 같다.

$$\frac{N_C}{N_V} = e^{(E_C - E_i)/kT - (E_i - E_V)/kT} = e^{(E_C + E_V - 2E_i)/kT} \tag{2.69}$$

E_i에 대하여 풀면 다음의 결과를 얻는다.

$$E_i = \frac{(E_C + E_V)}{2} + \frac{kT}{2} \ln \frac{N_V}{N_C} \tag{2.70}$$

여기서 $(E_C + E_V)/2$는 중간 갭에서의 에너지이다.

이 결과는 진성 반도체의 페르미 준위 E_i를 구하기 위해 사용할 수 있다. 식 (2.61)과 (2.62)로부터 다음의 결과를 얻는다.

4) 여기서 사용된 Si의 파라미터들은 참고문헌 [1]을 참고하라. 오래된 문헌 중 일부에서는 이와는 다소 다른 값들이 사용되며, 그 결과로 $n_i \approx 1.5 \times 10^{10}\ \text{cm}^{-3}$이 된다.

$$\frac{N_V}{N_C} = \left(\frac{m_{dsh}^*}{m_{dse}^*}\right)^{3/2} \tag{2.71}$$

따라서 E_i는 다음과 같다.

$$E_i = \left(\frac{E_C + E_V}{2}\right) + \frac{3}{4}kT \ln\left(\frac{m_{dsh}^*}{m_{dse}^*}\right) \tag{2.72}$$

이것은 E_i가 중간 갭으로부터 $\frac{3}{4}kT \ln (m_{dsh}^*/m_{dse}^*)$만큼 떨어져 있음을 의미하는데, 이 값은 일반적으로 작은 값이다.

예제 2.4

상온에서 Si의 밴드 갭의 중간 값과 E_i의 에너지의 차이를 구하라.

■ **풀이**

식 (2.72)로부터, 다음의 결과를 얻는다.

$$E_i - E_{\text{midgap}} = \frac{3}{4}kT \ln\left(\frac{m_{dsh}^*}{m_{dse}^*}\right) = \frac{3}{4}(0.026) \ln\left(\frac{1.15}{1.09}\right) = 1.05 \text{ meV}$$

이 값은 $E_g = 1.12$ eV와 비교하여 작은 값이다.

경우에 따라서 n_0와 p_0에 대한 식 (2.59)와 (2.60) 대신에, 다른 표현을 사용하는 것이 편리하다. 왜냐하면 진성 반도체에 대해 다음과 같은 관계식이 성립하기 때문이다.

$$\boxed{\begin{aligned} n_0 = n_i = N_C e^{-[(E_C - E_i)/kT]} \\ p_0 = n_i = N_V e^{-[(E_i - E_V)/kT]} \end{aligned}} \tag{2.73}$$

따라서 다음과 같이 쓸 수 있다.

$$\boxed{\begin{aligned} N_C = n_i e^{(E_C - E_i)/kT} \\ N_V = n_i e^{(E_i - E_V)/kT} \end{aligned}} \tag{2.74}$$

즉, 식 (2.59)와 (2.60)은 다음과 같이 고쳐 쓸 수 있다.

$$\boxed{\begin{aligned} n_0 = n_i e^{(E_f - E_i)/kT} \\ p_0 = n_i e^{(E_i - E_f)/kT} \end{aligned}} \tag{2.75}$$

특별히 위의 방정식은 비축퇴 반도체(E_f가 어느 한쪽의 밴드 가장자리로부터 $2.3kT$ 이상 떨어져 있음)에 대하여 유효하다는 것을 강조한다.

물질이 도너나 억셉터를 가지고 있는 경우, 그것들은 전체적인 전자와 정공의 농도에 영향을 준다. 예를 들어, 만일 주어진 반도체에 cm^{3}당 N_D 개의 도너로 도핑하면, 더 많은 전자가 전도대에 더해진다. 이것이 페르미 준위를 높이는 효과를 가지고 있음을 보일 수 있다. 식 (2.75)를 재정리하면 다음과 같다.

$$E_f - E_i = kT \ln\left(\frac{n_0}{n_i}\right) \tag{2.76}$$

따라서 n_0가 증가하면 $E_f - E_i$도 증가한다.

시료가 cm^{3}당 N_D 개의 도너로 도핑되어 있을 때, $n_0 = N_D + n_i$일 필요는 없다. 왜냐하면 도너들이 이온화하여 그 전자들이 전도대에 주어질 때, 일부 전자들은 가전자대로 떨어져 정공과 재결합하기 때문이다. 이것을 그림 2.14에 묘사하였다. 이는 또한 n형 물질의 정공의 수가 진성 값 p_i보다 적다는 것을 의미한다. 그러나 통상적으로 도핑 농도는 진성 캐리어 농도보다 훨씬 크다. 이것은 재결합이 가능한 정공의 수가 적어서, 그 결과로 제공된 전자들의 *대부분(most)*은 전도대에 그대로 남게 된다는 것을 의미한다. 따라서 n형 반도체의 경우에 $N_D \gg n_i$인 조건에서, 다음의 근사식이 성립한다.

$$n_0 \approx N_D \qquad N_D \gg n_i \text{인 경우} \tag{2.77}$$

이와 유사하게, 만일 p형 시료가 N_A 개의 억셉터로 도핑되면, 일부 전자들이 전도대로부터 억셉터 상태로 떨어질 수 있지만, 만일 $N_A \gg n_i$이면 정공의 농도에 대한 영향은 작아서 다음과 같이 쓸 수 있다.

$$p_0 \approx N_A \qquad N_A \gg n_i \text{인 경우} \tag{2.78}$$

그러나 물질이 n형이나 p형, 어느 쪽으로 도핑이 되더라도, 도핑 준위가 축퇴되지 않는 한, 다음 식이 여전히 성립된다.

$$n_0 p_0 = n_i^2$$

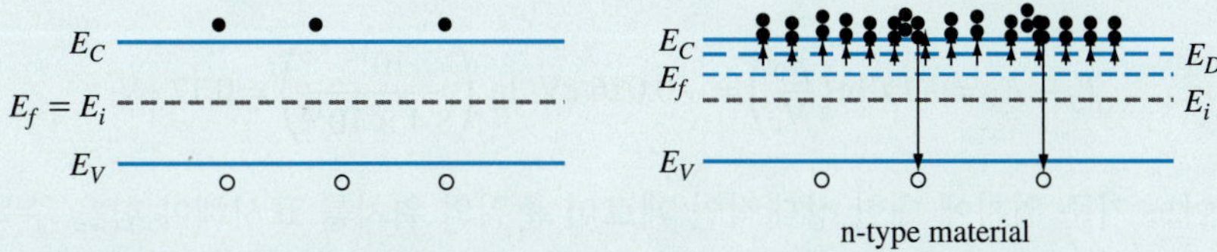

그림 2.14 진성 반도체와 도핑된 n형 물질 내의 전자들과 정공들. 도핑된 경우에, 도너로부터 제공된 전자들의 일부는 정공과 재결합한다.

예제 2.5

$N_A = 10^{16}\ \text{cm}^{-3}$로 도핑된 GaAs에서 전자와 정공 농도를 구하고, 페르미 준위의 위치를 정하라. 상온에서의 GaAs의 밴드 갭은 1.43 eV이다.

■ 풀이

먼저 식 (2.67)로부터 GaAs의 n_i를 구한다. 이를 위하여 유효 상태 밀도 N_C와 N_V를 알 필요가 있다. 상온이라 가정하고, 표 1.1과 1.2로부터 상태 밀도 유효 질량의 값을 이용하면, 식 (2.63)과 (2.64)로부터 다음의 결과를 얻는다.

$$\begin{aligned} N_C &= 2.54 \times 10^{19}\left(\frac{m_{dse}^*}{m_0}\right)^{3/2}\left(\frac{T}{300}\right)^{3/2}\ \text{cm}^{-3} \\ &= 2.54 \times 10^{19}\left(\frac{(0.067m_0)}{m_0}\right)^{3/2}(1)^{3/2} \\ &= 4.4 \times 10^{17}\,\text{cm}^{-3} \end{aligned}$$

같은 방식으로,

$$\begin{aligned} N_V &= 2.54 \times 10^{19}\left(\frac{m_{dsh}^*}{m_0}\right)^{3/2}\left(\frac{T}{300}\right)^{3/2}\ \text{cm}^{-3} \\ &= 2.54 \times 10^{19}(0.48)^{3/2} \\ &= 8.4 \times 10^{18}\ \text{cm}^{-3} \end{aligned}$$

그러므로 식 (2.67)로부터 n_i는 다음과 같다.

$$\begin{aligned} n_i &= \sqrt{N_C N_V}\, e^{-(E_g/2kT)} \\ &= \sqrt{(4.4 \times 10^{17})(8.4 \times 10^{18})}\, e^{-[1.43/2(0.026)]} \\ &= 2.2 \times 10^6\ \text{cm}^{-3} \end{aligned}$$

도핑 농도 N_A는 n_i보다 상당히 크기 때문에, $p_0 \approx N_A$를 가정할 수 있다.

$$p_0 = N_A = 1 \times 10^{16}\ \text{cm}^{-3}$$

식 (2.60)을 재정리함으로써 페르미 준위의 위치를 구할 수 있다.

$$E_f - E_V = -kT\ln\left(\frac{p_0}{N_V}\right) = -0.026\ \text{eV}\cdot\ln\left(\frac{10^{16}}{8.4 \times 10^{18}}\right) = 0.17\ \text{eV}$$

여기서 어느 기준 위치에 대한 상대적인 페르미 준위의 위치를 표시해야 함을 주목하라. 이 경우에는, 가전자대의 가장자리를 선택하였다.

에너지 밴드 다이어그램은 그림 2.15에 나타내었다. 이로부터 페르미 준위가 진성 준위의 아래에 있음을 알 수 있는데, 이는 물질이 전자보다 정공을 더 많이 갖는 p형이라는

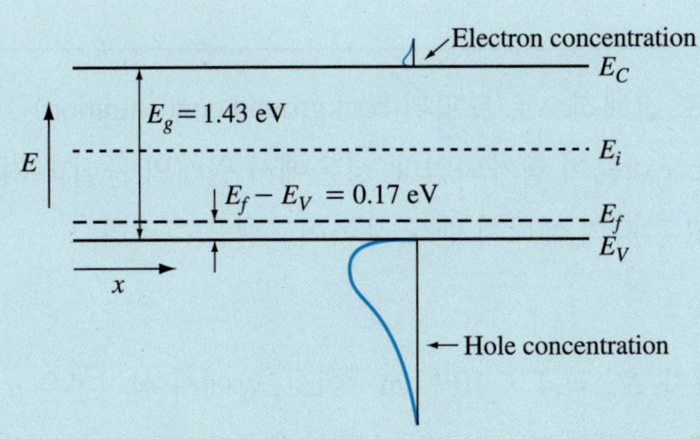

그림 2.15 예제 2.5의 p형 GaAs에 대한 에너지 밴드 다이어그램.

사실과 잘 부합한다.

이러한 식들은 물질이 비축퇴일 때만 적용된다는 것을 지적하였다. 따라서 이를 확인해야 한다. 만일 페르미 준위가 적어도 $2.3kT$ 이상 가전자대 가장자리의 위에 있으면, 그 물질은 비축퇴이다. $2.3kT = 0.06$ eV이고 $E_f - E_V = 0.17$ eV이므로, 페르미 준위는 가전자대 가장자리로부터 충분히 떨어져 있어서 반도체는 비축퇴이다.

최종적으로, 식 (2.66)으로부터 전자 농도를 구할 수 있다.

$$n_0 = \frac{n_i^2}{p_0} = \frac{(2.2 \times 10^6)^2}{10^{16}} = 4.8 \times 10^{-4}\ \text{cm}^{-3}$$

물질이 억셉터와 도너를 모두 포함하는 것은 흔히 있는 일이다. 예를 들어, 다이오드는 p형 영역과 인접한 n형 영역의 접합으로 이루어져 있다. 다이오드를 만들기 위해, p형 물질에서 시작하여, 그 일부분에 추가로 도너를 첨가한다. 이 과정을 **보상(compensation)**이라 부른다. 만일 도너의 개수가 억셉터의 개수보다 많아지면, 물질은 n형으로 바뀌게 된다. 전자와 정공의 개수를 계산하기 위해서는 두 도펀트들의 효과를 포함해야 한다. 예를 들어, 도너와 억셉터 둘 다 존재할 때, 도너 상태의 일부 전자들이 억셉터 상태로 떨어지면, 두 도펀트들은 이온화하지만 전하 캐리어의 개수에는 기여하지 않는다. 따라서 모든 도너와 억셉터들이 이온화된다고 가정하면, 다음과 같이 쓸 수 있다.

$$N_D > N_A \text{ 이면} \quad n_0 = N_D - N_A \text{이고 물질은 n형} \tag{2.79}$$

그리고

$$N_A > N_D \text{ 이면} \quad p_0 = N_A - N_D \text{이고 물질은 p형} \tag{2.80}$$

이 두 식 모두는 $(N_D - N_A) \gg n_i$ 또는 $(N_A - N_D) \gg n_i$일 때만 적용된다.

예제 2.6

$N_A = 4 \times 10^{16}\ \text{cm}^{-3}$으로 전체적으로 도핑된(background concentration) 실리콘 시료가 있다. 그 위에 $10^{17}\ \text{cm}^{-3}$의 도너들이 첨가되었다. 상온에서 원래의 물질과 최종 물질 내의 전자와 정공 농도를 구하고 각각의 에너지 밴드 다이어그램을 그려라.

■ **풀이**

우선 p형 물질로 시작하자. $N_A = 4 \times 10^{16}\ \text{cm}^{-3}$이고, 앞에서 실리콘은 $n_i = 1.08 \times 10^{10}\ \text{cm}^{-3}$임을 이미 알고 있다. 따라서 $N_A \gg n_i$의 조건이 충족되므로, p형 물질의 정공 농도는 $p_0 = N_A = 4 \times 10^{16}\ \text{cm}^{-3}$이다. 페르미 준위를 구하기 위해 식 (2.60)을 풀 수 있다.

$$E_f - E_V = -kT \ln\left(\frac{p_0}{N_V}\right) = -0.026\ \text{eV} \cdot \ln\left(\frac{4 \times 10^{16}}{3.1 \times 10^{19}}\right)$$
$$= 0.17\ \text{eV}$$

이 결과는 $2.3kT = 0.06$ eV보다 커서 물질은 비축퇴이고, 따라서 식 (2.73)을 사용하는 것은 타당하다.

p형 물질의 전자 농도는 다음과 같다.

$$n_0 = \frac{n_i^2}{p_0} = \frac{(1.08 \times 10^{10})^2}{4 \times 10^{16}} = 2.9 \times 10^3\ \text{cm}^{-3} \quad \text{p형}$$

n형 물질의 경우, 도너들과 억셉터들이 모두 존재한다. 다시 상온과 비축퇴를 가정하면, 다음과 같이 쓸 수 있다.

$$n_0 = N_D - N_A = 10^{17} - 4 \times 10^{16} = 6 \times 10^{16}\ \text{cm}^{-3}$$

식 (2.59)로부터 페르미 준위는 다음과 같이 계산된다.

$$E_C - E_f = -kT \ln\left(\frac{n_0}{N_C}\right) = -0.026\ \text{eV} \cdot \ln\left(\frac{6 \times 10^{16}}{2.86 \times 10^{19}}\right)$$
$$= 0.16\ \text{eV}$$

따라서 이 물질은 비축퇴이다. 그러므로 소수 캐리어 농도(minority carrier concentration)는 $n_0 p_0 = n_i^2$으로부터 구해진다.

$$p_0 = \frac{n_i^2}{n_0} = \frac{(1.08 \times 10^{10})^2}{6 \times 10^{16}} = 1.9 \times 10^{-3}\ \text{cm}^{-3}$$

두 물질의 에너지 밴드 다이어그램을 그림 2.16과 같이 나타내었다. 그림 (a)는 p형 물질을 나타낸 것이고 그림 (b)는 n형 물질을 나타낸 것이다. 각각의 경우, 페르미 준위의 위

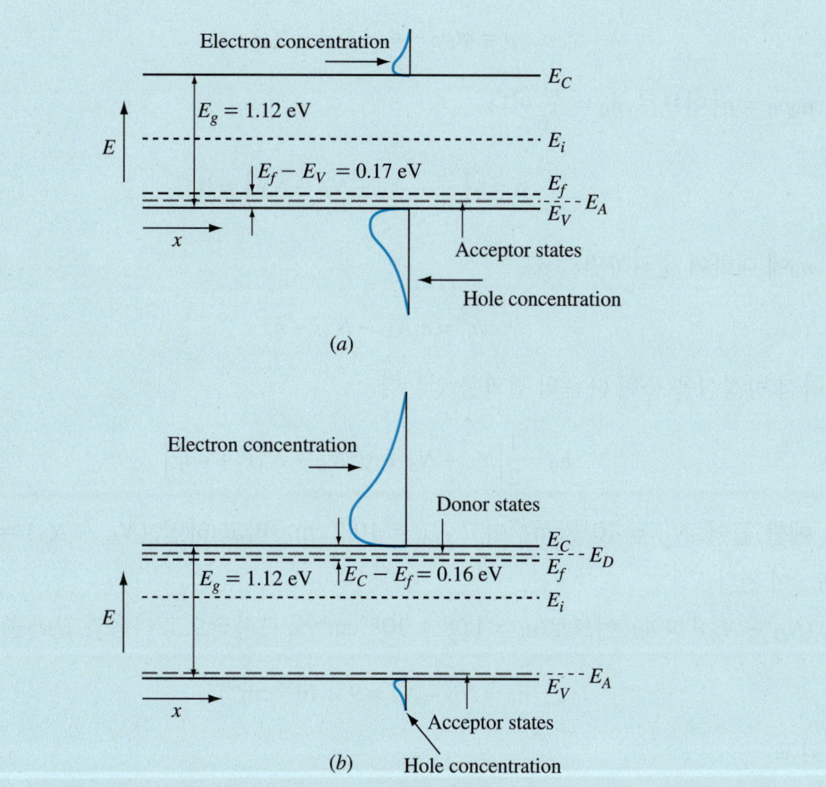

그림 2.16 예제 2.6에 대한 에너지 밴드 다이어그램: (a) 보상되지 않은 p형 물질, (b) 물질을 알짜(net) n형으로 만들기 위해 보상 효과를 일으키는 도너들을 첨가했다.

치와 캐리어 분포의 상대적 크기에 주목하라(시각적 선명성을 위하여, 규격을 무시하였다). 또한 p형 물질의 경우, 억셉터 에너지 준위 E_A는 나타나 있지만 도너 준위는 없음을 주목하라. 그러나 n형 물질의 경우에는, E_A와 E_D 모두 존재한다.

예제 2.7

예제 2.6에서, 도너와 억셉터가 모두 있고 $N_D > N_A$인 반도체의 경우에, $n_0 = N_D - N_A$의 관계식을 사용하였다. 이 식이 타당함을 증명하기로 한다. 이를 위해서는 반도체 결정이 전기적으로 중성이라는 조건을 이용한다.

$N_D > N_A$이고 전기적 중성(electrical neutrality)인 경우에, 전하 밀도 ρ는 0이다. 따라서 음전하들(n_0와 이온화된 억셉터 N_A)의 합은 양전하들(p_0와 이온화된 도너 N_D)의 합과 같아야 한다.

$$\rho = q(p_0 - n_0 + N_D - N_A) = 0$$

$n_0p_0 = n_i^2$이므로, $n_0 = \frac{n_i^2}{p_0}$이다.

$$\rho = q\left(\frac{n_i^2}{n_0} - n_0 + N_D - N_A\right) = 0$$

n_0에 대하여 정리하면,

$$n_0^2 = n(N_D - N_A) - n_i^2$$

따라서 방정식을 풀면 다음의 결과를 얻는다.

$$n_0 = \frac{1}{2}\left[N_D - N_A + \sqrt{(N_D - N_A)^2 + 4n_i^2}\right]$$

예를 들어, $N_D = 10^{17}\ \mathrm{cm^{-3}}$이고 $N_A = 10^{16}\ \mathrm{cm^{-3}}$라고 하면, $(N_D - N_A) = 9 \times 10^{16}$ $\mathrm{cm^{-3}}$이 된다.

$(N_D - N_A)^2 \gg 4n_i^2$이므로($n_i = 1.08 \times 10^{10}\ \mathrm{cm^{-3}}$), 근사적으로 다음과 같이 쓸 수 있다.

$$n_0 = N_D - N_A = 9 \times 10^{16}\ \mathrm{cm^{-3}}$$

그리고

$$p_0 = \frac{n_i^2}{n_0} = \frac{(1.08 \times 10^{10})^2}{9 \times 10^{16}} = 1.3 \times 10^3\ \mathrm{cm^{-3}}$$

실제로는, $N_D > N_A$인 경우에는 근사적으로 $n_0 = N_D - N_A$이고, $N_A > N_D$인 경우에는 근사적으로 $p_0 = N_A - N_D$이다.

이제 다시 되돌아가서 전도대 내에서 전자 농도의 에너지에 따른 분포 함수 $n(E)$에 관한 표현을 좀 더 자세히 알아보자. 식 (2.46)은 다음과 같다.

$$n(E) = S(E)f(E)$$

여기서 식 (2.43)으로부터 $S(E)$를 다음과 같이 쓸 수 있다.

$$S(E) = \frac{1}{2\pi^2}\left(\frac{2m_{dse}^*}{\hbar^2}\right)^{3/2}\sqrt{E - E_C}$$

또한 비축퇴 반도체에 대하여, 에너지 E인 상태의 점유 확률 $f(E)$는 다음과 같이 표현됨을 상기하자.

$$f(E) = e^{-[(E - E_f)/kT]} \tag{2.81}$$

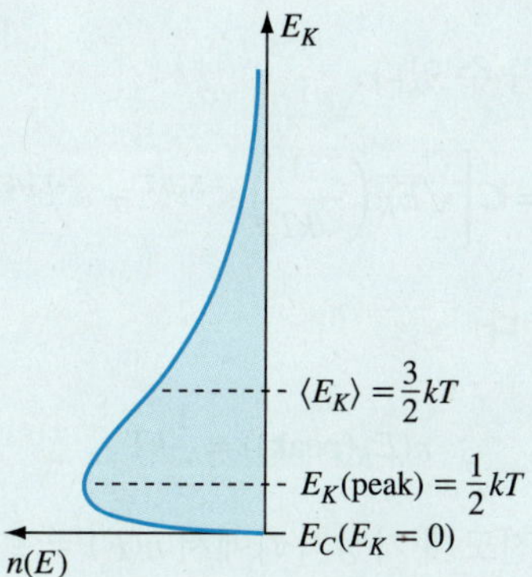

그림 2.17 에너지의 함수로서의 전자 분포함수 $n(E)$ (에너지는 수직 축 방향).

그러나 $E - E_f = (E - E_C) + (E_C - E_f) = E_K + (E_C - E_f)$이므로, 다음과 같이 쓸 수 있다.

$$n(E) = \frac{1}{2\pi^2}\left(\frac{2m_{dse}^*}{\hbar^2}\right)^{3/2} e^{-[(E_C - E_f)/kT]}\sqrt{E_K}e^{-E_K/kT} \tag{2.82}$$

여기서 $E_K = (E - E_C)$는 에너지 E에서의 전자의 운동 에너지이다.

위의 식에서, 상수 C를 다음과 같이 정의하자.

$$C = \frac{1}{2\pi^2}\left(\frac{2m_{dse}^*}{\hbar^2}\right)^{3/2} e^{-[(E_C - E_f)/kT]} \tag{2.83}$$

그러면 식 (2.82)를 다음과 같이 간단하게 쓸 수 있다.

$$n(E_K) = C\sqrt{E_K}e^{-E_K/kT} \tag{2.84}$$

이 함수를 그림 2.13에 도식적으로 나타내었고 그것을 확대하여 보여주는 것이 그림 2.17이다. E_K가 증가하면 전자 농도 $n(E_K)$가 증가하여 최댓값에 도달하고, 이어서 근사적으로 지수적으로 감소한다.

예제 2.8

a. 전자 농도가 최대가 되는 운동 에너지 $E_K(\text{peak})$를 구하라.
b. 전도대에서 전자의 평균 운동 에너지 $\langle E_K \rangle$를 구하라.
c. 이와 같은 평균 운동 에너지를 갖는 GaAs의 전도대 내에 있는 전자의 파장을 구하라.

■ **풀이**

a. $n(E_K)$가 $E_K(\text{peak})$에서 최고점(peak)에 도달하므로, 그 점에서의 도함수는 0이다. 식

(2.84)로부터 다음과 같이 쓸 수 있다.

$$\frac{dn(E_K)}{dE_K} = 0 = C\left[\sqrt{E_K}\left(-\frac{1}{kT}\right)e^{-E_K/kT} + e^{-E_K/kT}\left(\frac{1}{2\sqrt{E_K}}\right)\right]$$

따라서 다음의 결과를 얻는다.

$$n(E_K(\text{peak})) = \frac{1}{2}k\text{T}$$

다시 말해서, 전자 농도는 전도대 가장자리에서 $n(E) = \frac{1}{2}kT$ 위의 운동 에너지에서 최댓값이 된다. 상온에서 이 값은 $\frac{1}{2}(0.026)$ eV = 0.013 eV이다.

b. 전도대 전자들의 에너지 분포 함수 $n(E_K)$로부터 운동 에너지의 평균값을 구할 수 있다. 전도대 전자의 에너지 분포 함수는 다음과 같다.

$$\langle E_K \rangle = \frac{\int_0^\infty E_K n(E_K) dE_K}{\int_0^\infty n(E_K) dE_K}$$

식 (2.84)로부터 $n(E_K)$를 대체하면 다음과 같다.

$$\langle E_K \rangle = \frac{\int_0^\infty E_K C E_K^{1/2} e^{-E_K/kT} dE_K}{\int_0^\infty C E_K^{1/2} e^{-E_K/kT} dE_K} = \frac{\int_0^\infty E_K^{3/2} e^{-E_K/kT} dE_K}{\int_0^\infty E_K^{1/2} e^{-E_K/kT} dE_K}$$

적분을 계산하면, 다음과 같아진다.

$$\langle E_K \rangle = \frac{3}{2}kT$$

이 값은 화학과 물리학 수업에 등장하는 친근한 숫자이다. 여기서 요점은 다음과 같다.

- 약 $3kT$ 이상의 E_K에 대하여, $S(E)$는 $f(E)$와 비교하여 상대적으로 천천히 변한다.
- 근사적으로, $n(E_K)$가 E_K에 따라 지수적으로 감소하는 것으로 간주될 수 있다.

c. 파장을 구하기 위해, 1장으로부터 파수 벡터는 다음과 같음을 알고 있다.

$$K = \sqrt{\frac{2m^*}{\hbar^2}E_K} = \frac{2\pi}{\lambda}$$

이 식으로부터 $3kT/2$의 평균 운동 에너지를 갖는 전자의 파장은 다음과 같다.

$$\lambda = \frac{2\pi}{K} = \frac{2\pi}{\sqrt{\frac{2m^*}{\hbar^2}E_K}} = \frac{2\pi\hbar}{\sqrt{2m^*\left(\frac{3}{2}kT\right)}}$$

GaAs 내의 전자에 대하여, $m^* = m^*_{dse} = 0.067\ m_0$이므로 다음의 결과를 얻는다.

$$\lambda = \frac{2\pi(1.055 \times 10^{-34}\text{J}\cdot\text{s})}{\sqrt{2(0.067)(9.11 \times 10^{-31}\text{kg})\left[\frac{3}{2}(1.38 \times 10^{-23}\text{J/K})(300\text{K})\right]}} = 24\,\text{nm}$$

전자의 파장은 대략 격자 상수의 40배이다. 1장에서 언급한 바와 같이, 전자는 결정을 통하여 퍼져 있음을 이 결과를 통하여 다시 확인할 수 있다.

2.12 비축퇴 반도체에서의 캐리어 농도의 온도 의존성

지금까지 평형 상태의 캐리어 농도에 관하여 논의하면서, 반도체가 거의 상온(300 K) 또는 상온 가까이에 있는 것으로 가정하였다. 따라서 Si의 밴드 갭은 1.12 eV로 일정하다고 가정할 수 있고, 진성 캐리어 농도는 $n_i = 1.08 \times 10^{10}\ \text{cm}^{-3}$(300 K)이다. 더 나아가 $N_D \gg n_i$ 또는 $N_A \gg n_i$로 가정하였으며, 상온에서 도너 및 억셉터는 모두 이온화되어 있다고 가정하여, 평형 상태에서의 다수 캐리어 농도를 다음과 같이 기술하였다.

$$n_0 = N_D - N_A \qquad N_D > N_A \qquad \text{n형}$$

$$p_0 = N_A - N_D \qquad N_A > N_D \qquad \text{p형}$$

또한 소수 캐리어 농도는 다음의 관계식으로부터 결정된다.

$$n_0 p_0 = n_i^2 \tag{2.66}$$

그러나 고온에서는 열적으로 생성된 전자-정공 쌍이 캐리어 농도에 기여하고, 저온에서는 불순물이 충분히 이온화되지 않으므로, 이러한 가정은 수정되어야 한다.

2.12.1 고온에서의 캐리어 농도

2.11절에서 모든 도너들은 그들이 갖고 있던 여분의 전자를 전도대에 주었고, 마찬가지로 모든 억셉터들도 가전자대로부터의 전자들에 의해 채워졌다고 가정하였다. 1부의 보충에서, Si의 경우에 이러한 가정들은 대략 200 K 이상에서 유효함을 보였다. 여전히 도너에 속박된 전자 또는 여전히 억셉터에 속박된 정공의 농도는 불순물 농도와 비교하여 작다. 따라서 근사적으로, 모든 불순물이 이온화되어 있다고 간주할 수 있다. 더불어 소자에 사용되는 반도체의 경우에는 불순물 농도가 보통 n_i보다 훨씬 크므로, 열적으로 생성된 다수 캐리어의 기여는 무시할 수 있다. 그러나 충분히 높은 온도에서는, n_i가 알짜 도핑 수준과 비교될 만큼 커지므로 반드시 고려되어야 한다.

진성 캐리어 농도 n_i는 다음과 같이[식 (2.67)] 나타낼 수 있다.

$$n_i = \sqrt{N_C N_V}\, e^{-E_g/2kT} \tag{2.85}$$

따라서 n_i는 온도 의존성이 크다. $n_i(T)$를 계산할 때는 N_C, N_V 및 E_g의 온도 의존성을 고려해야 한다. N_C와 N_V의 온도 의존성은 2.11절에서 논의하였다. (식들을 여기서 반복한다.)

$$N_C = 2.54 \times 10^{19}\left(\frac{m^*_{dse}}{m_0}\right)^{3/2}\left(\frac{T}{300}\right)^{3/2}\ \text{cm}^{-3} \tag{2.63}$$

$$N_V = 2.54 \times 10^{19}\left(\frac{m^*_{dsh}}{m_0}\right)^{3/2}\left(\frac{T}{300}\right)^{3/2}\ \text{cm}^{-3} \tag{2.64}$$

Si에 대한 E_g의 온도 의존성은 다음과 같이 표현된다.

$$E_g(T) = 1.170 - \frac{4.73 \times 10^{-4} T^2}{T + 636}\text{eV} \tag{2.86}$$

이것은 그림 2.18(실선)에 도시되어 있다.

그림 2.18에서 점선은 250 K 이상에서 E_g가 좀 더 간단한 직선 표현(식)으로 근사될 수 있음을 나타낸다.

$$E_g = 1.206 - 2.73 \times 10^{-4} T\ \text{eV} \quad (T > 250\,\text{K}) \tag{2.87}$$

다음으로 진성 캐리어 농도에 대해 논의하자. 실리콘의 경우에 n_i는 다음 식으로 나타낼 수 있다.[1]

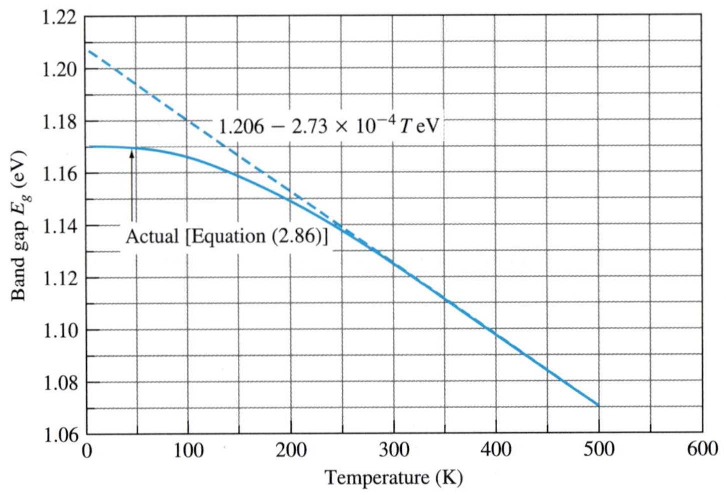

그림 2.18 실리콘의 에너지 밴드 갭의 온도 의존성.

$$n_i = 5.71 \times 10^{19}\left(\frac{T}{300}\right)^{2.365} e^{-(6733/T)}\ \text{cm}^{-3} \tag{2.88}$$

충분한 고온에서, 열적으로 생성된 캐리어는 다수 캐리어의 농도에 기여하게 된다. 이러한 효과가 중요해지기 시작하는 온도를 찾기 위해, 공간 전하 중성(space charge neutrality)의 기법을 사용하여 전자와 정공 농도를 구해보자. 즉, 거시적인 영역 내에서의 양전하의 수는 음전하의 수와 반드시 같아야 한다. 전자와 이온화된 억셉터는 음의 전하를 갖고, 반면에 정공과 이온화된 도너는 양의 전하를 갖는다. 그러므로 균일하게 불순물이 첨가된 반도체에 대해 평형 상태에서 모든 불순물들이 이온화되었다고 가정하면, 공간 전하 중성은 다음과 같이 기술할 수 있다.

$$p_0 + N_D = n_0 + N_A \tag{2.89}$$

또는

$$\boxed{p_0 - n_0 + N_D - N_A = 0 \qquad \text{공간 전하 중성}} \tag{2.90}$$

비축퇴의 경우, 다음의 조건을 이용한다.

$$n_0 p_0 = n_i^2$$

따라서 식 (2.90)은 다음과 같이 표현된다.

$$\frac{n_i^2}{n_0} - n_0 + N_D - N_A = 0 \tag{2.91}$$

또는

$$n_0^2 - n_0(N_D - N_A) - n_i^2 = 0 \tag{2.92}$$

n_0에 대하여 풀면 다음과 같다.

$$n_0 = \frac{N_D - N_A}{2} + \left[\left(\frac{N_D - N_A}{2}\right)^2 + n_i^2\right]^{1/2} \tag{2.93}$$

따라서 식 (2.66)으로부터 정공 농도는 다음과 같이 구할 수 있다.

$$p_0 = \frac{n_i^2}{n_0}$$

$(N_D - N_A) \gg n_i$인 경우(2.11 절에서 가정한 바와 같이, 고온 효과가 크지 않은 경우), 식 (2.93)은 앞에서의 결과로 귀결된다.

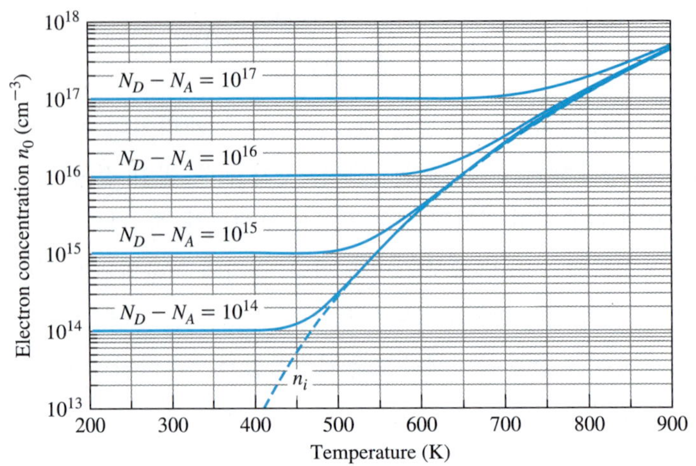

그림 2.19 n형 실리콘에서 네 가지의 알짜 도핑 값에 대하여 온도의 함수로 나타낸 전자 농도 n_0의 그래프. n_i의 온도 의존성도 함께 도시되어 있다.

$$n_0 = N_D - N_A \quad (N_D - N_A) \gg n_i \tag{2.94}$$

그림 2.19는 완전 이온화가 좋은 근사인 200 K 이상에서, 알짜 도너 도핑 농도를 파라미터로 하여 온도에 대한 n_0의 변화를 보여준다. n_i가 $(N_D - N_A)$의 20% 이상이 되면, n_0는 온도가 증가함에 따라 주목할 만큼 증가한다.

마찬가지로, 비축퇴 p형 반도체에 대하여 다음과 같이 쓸 수 있다.

$$p_0 = \frac{N_A - N_D}{2} + \left[\left(\frac{N_A - N_D}{2}\right)^2 + n_i^2\right]^{1/2} \tag{2.95}$$

그리고 $n_0 = n_i^2/p_0$이다.

예제 2.9

$N_D \gg N_A$인 경우에, n_0가 N_D 값보다 10%가 더 커지는 N_D를 구하라.

■ 풀이

식 (2.93)으로부터, N_A는 작으므로 무시하면 다음과 같다.

$$n_0 = 1.1N_D = \frac{N_D}{2} + \left[\left(\frac{N_D}{2}\right)^2 + n_i^2\right]^{1/2}$$

$$N_D(1.1 - 0.5) = \left[\frac{N_D^2}{4} + n_i^2\right]^{1/2}$$

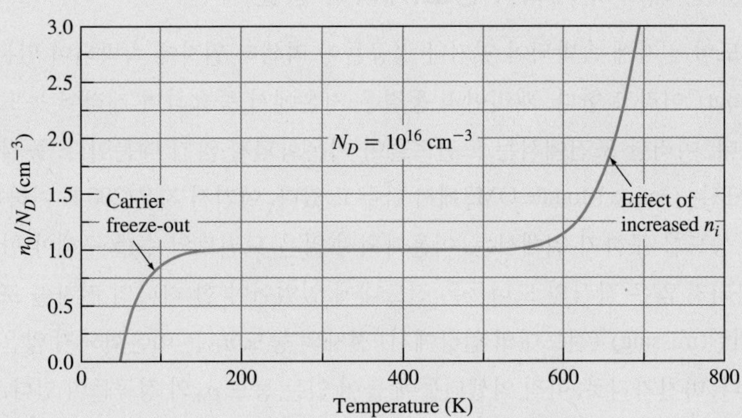

그림 2.20 정규화된 n_0/N_D를 온도의 함수로 표시한 그림. 이 그림은 $N_D = 10^{16}$ cm^{-3}에 대한 것이다.

$$0.6N_D = N_D\left[\frac{1}{4} + \frac{n_i^2}{N_D^2}\right]^{1/2}$$

$$(0.6)^2 = 0.36 = \frac{1}{4} + \frac{n_i^2}{n_D^2}$$

$$N_D = \frac{n_i}{\sqrt{0.11}} = 3.0n_i$$

그림 2.19로부터 n_0는 온도뿐만 아니라, N_D에도 의존함을 알 수 있다. 따라서 n_0를 N_D로 정규화한(나눈) 그래프가 편리하다. $N_D \gg N_A$라고 가정하면, 식 (2.93)으로부터 다음의 결과를 얻는다.

$$n_0 = \frac{N_D}{2} + \left[\left(\frac{N_D}{2}\right)^2 + n_i^2\right]^{1/2} \tag{2.96}$$

이 식은 다음과 같이 표현할 수 있다.

$$\frac{n_0}{N_D} = \frac{1}{2}\left\{1 + \left[1 + \left(\frac{2n_i}{N_D}\right)^2\right]^{1/2}\right\} \tag{2.97}$$

식 (2.88)에 의해 주어진 n_i의 온도 의존성을 이용하여, 그림 2.20에서는 $N_D = 10^{16}$ cm^{-3}인 경우에 n_0/N_D를 온도의 함수로 선형 눈금(linear scale)으로 나타내었다. 다음에서 논의되듯이, 저온에서는 $n_0 < N_D$이다. 왜냐하면 이 경우에 몇몇 전자들은 그대로 도너에 속박되어 있기 때문이다. 이 또한 그림 2.20에 나타나 있다.

2.12.2 저온에서의 캐리어 농도(캐리어 동결)

전자들이 도너 원자에 속박되어 있거나 정공들이 억셉터 원자에 속박되어 있는 것을 "동결(frozen out)"이라고 한다. 캐리어의 동결은 저온에서 중요하며 캐리어 농도에 영향을 주게 되는데, 이러한 조건에서는 도펀트들이 이온화되지 않기 때문이다. 동결된 캐리어의 평형 농도는 Online Module OM3에서 다루고 있다. 여기서 저온(200 K 이하)에서의 평형 캐리어 농도를 구하기 위해서는, 이온화되지 않은 도펀트의 수를 구해야 함을 강조한다. 이온화되지 않은 각각의 도너들은 전도대에 있었어야 할 하나의 전자를 포함하므로, 이 "잃어버린(missing)"(전도대의 입장에서) 전자의 농도 n_D는 이온화되지 않은 도너들의 농도와 같다. 마찬가지로, 아직 억셉터들에 붙어 있는 농도 p_A의 정공들이 있다. 공간 전하 중성 조건[식 (2.90)]에 의하여 다음과 같이 된다.

$$p_0 + p_A - n_0 - n_D + N_D - N_A = 0 \tag{2.98}$$

인(phosphorus)을 $N_D = 10^{16}\ \text{cm}^{-3}$ 수준으로 도핑한 실리콘에서의 결과가 그림 2.20의 저온 끝 부분에 주어져 있다.

여기서 도핑을 증가시키면 캐리어의 감소율이 동결될 것이다. 대략 $4 \times 10^{18}\ \text{cm}^{-3}$ 이상(축퇴성으로 도핑)으로 도핑된 Si에서는 도펀트 원자들의 바닥상태가 중첩된다. 이 경우에는 속박상태가 없게 되고 캐리어의 동결도 일어나지 않는다.

2.13 축퇴 반도체

지금까지는 도핑 수준이 낮은 반도체(즉, 비축퇴 반도체)의 성질에 관하여 논의하였다. 그동안 고찰해온 반도체의 밴드 갭 값은 평형 상태에서의 진성 물질에 대한 것이다. 비축퇴 반도체에서의 E_g의 값은 도핑 수준과는 무관하다고 가정하였다. 그러나 대부분의 전자 소자에서, 적어도 축퇴성으로 도핑된(degenerately doped) 얼마간의 영역이 있다. 높은 도핑 수준은 일부 소자들의 특성에 상당한 영향을 줄 정도로 물질의 전자적 성질을 변화시킨다. 주된 효과는 **불순물에 기인한 밴드 갭 감소(impurity-induced band-gap narrowing)** 효과로 알려져 있다. 먼저 이 효과에 관하여 논의하고, 다음으로 이와 연관된 효과인 불순물에 기인한 **겉보기 밴드 갭 감소(apparent band-gap narrowing)**에 대해 논의하여, 이 효과가 평형 상태의 캐리어 농도에 미치는 영향을 검토한다. 앞에서와 마찬가지로 평형 상태에서의 밴드 갭에 대해 논의한다.[5] 도핑 농도에 따른 E_g의 의존성은 반도체 다이오드

5) 어떤 비평형 상태, 예컨대, 전자-정공 간 상호 작용과 관련된 정전기적인 에너지는 밴드 갭을 더욱 축소시킬 수 있다.

(semiconductor diode)나 전계 효과 트랜지스터(field-effect transistor)의 전기적 특성에 대해서는 효과가 미미하다. 그러나 9장에서 논의하는 바와 같이, 바이폴라 접합 트랜지스터(bipolar junction transistor)의 전기적 특성에 대해서는 큰 효과를 갖는다.

2.13.1 불순물에 기인한 밴드 갭 감소

1장에서는 결정 안의 원자들이 서로 더 가까워지면, 그들의 전자 궤도는 공간에서 겹쳐지고, 개별적인 원자들의 이산적인 에너지 준위는 에너지의 값이 퍼져서, 에너지 밴드를 형성한다는 것을 보였다. 이와 비슷한 상황이 반도체 내의 불순물에 대해서도 존재한다. 도펀트의 이산적인 에너지 준위는 **소밴드(mini-band)**로 발전할 수 있다. 이러한 현상은 도핑 농도가 높아서 도펀트 원자들이 서로 가깝게 접근하여 상대방에 영향을 미칠 수 있을 때 발생한다. 이는 그림 2.21의 에너지 밴드 다이어그램에 반영되어 있다. 왼쪽은 억셉터가 없는 비축퇴 n형 반도체이다. 도너 원자들이 실리콘의 바다에 드문드문 존재하고 있어, 각자의 원자들은 고립된 원자들처럼 행동한다. 반면에 오른쪽에 나타낸 바와 같이 매우 높게 도핑된 경우에는, 이산적인 도너 상태들이 밴드로 확장된다.

소밴드 배후의 주된 효과가 그림 2.22에 개략적으로 나타나 있다. 여기서는 보어 모형을 사용하여 도너 원자들의 첫 번째 여기 상태가 중복될 만큼 가깝게 접근한 두 도너 원자를 고찰하자. 만약 첫 번째 여기 상태가 겹치면, 그 외의 더 높은 에너지의 불순물의 상태들도 모두 겹치게 된다. 모든 여기 상태의 에너지 상태가 서로 겹치며, 또한 그들은 이 물질의 모 원자(host atom)인 실리콘의 전도대와도 겹치게 된다. 이것은 그림 2.21에서와 같이 전도대의 바닥 E_C가 실질적으로 그것의 진성 값 E_{C0}로부터 겹쳐진 불순물 밴드의 바닥으로 낮아짐을 의미한다. 그 결과로 밴드 갭이 줄어든다.[4]

도너 농도가 증가하면 전도대에서의 이동, ΔE_C도 증가하며, 여기서 ΔE_C는 다음과 같다.

$$\boxed{\Delta E_C = E_{C0} - E_C} \tag{2.99}$$

도핑 농도 N_D의 증가에 따른 이 ΔE_C의 증가는, 주로 공간적으로 겹쳐진 등가에너지

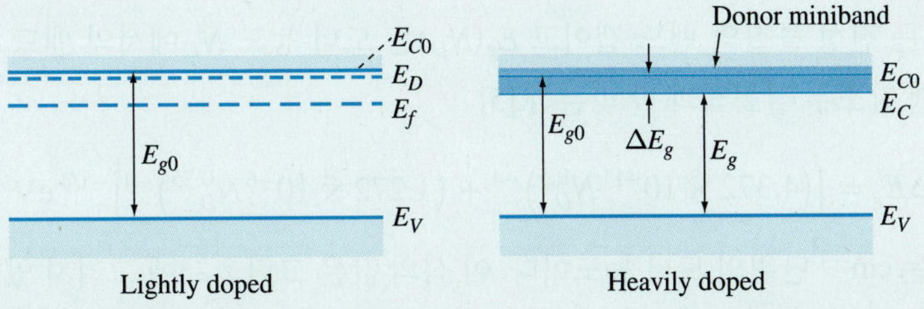

그림 2.21 높은 도핑 농도에서는 원래의 이산적인 도너 준위가 밴드로 퍼져서, 밴드 갭이 ΔE_g 만큼 효과적으로 좁아지게 된다.

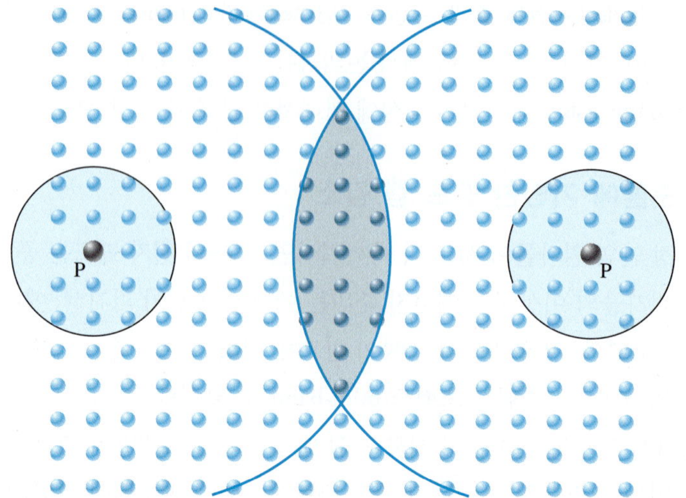

그림 2.22 만일 도핑 농도가 충분히 높으면(도펀트 원자들이 충분히 가까이 있어서), 더 높은 도너 준위의 상태들은 겹칠 수 있다.

(equi-energy)의 불순물 상태의 수가 증가함에 기인하나, 부분적으로는 이 불순물 밴드의 에너지가 확장됨에 기인하기도 한다. 충분히 높은 도핑 수준에서는 바닥상태도 겹친다. 그 점에서 ΔE_C는 계속해서 증가한다. 그러나 이제는 전도대 가장자리의 아래쪽으로의 이동은 주로 바닥상태 밴드의 확장으로 인하여 초래된다. Si에서 도너의 바닥상태는 4×10^{18} cm^{-3} 정도의 불순물 농도에서 겹친다. 이 농도는 어떤 다른 물질들과 비교할 때 큰 편이다. 전자의 전도도 유효 질량이 작은 반도체에서는 바닥상태가 보다 낮은 도핑 수준에서 겹친다. 예를 들어, $m^* = m^*_{ce} = 0.067\ m_0$를 갖는 GaAs는 도너 바닥상태가 대략 $N_D \approx 2 \times 10^{16}$ cm^{-3}에서 겹치게 된다.

보통은, 소자의 관점에서는, 전도대 가장자리의 하강보다는 밴드 갭의 축소로 표현하는 것이 더 유용하다. 따라서 n형 물질의 경우에 대하여, **불순물에 기인한 밴드 갭 감소 (impurity-induced bandgap reduction)** ΔE_g를 다음과 같이 정의한다.

$$\Delta E_g = E_{g0} - E_g(N_D) \quad \text{n형} \tag{2.100}$$

여기서 E_{g0}는 진성 물질의 밴드 갭이고 $E_g(N_D)$는 도너 농도 N_D에서의 밴드 갭이다. n형 Si의 밴드 갭 감소는 실험식과 잘 맞는다.[5]

$$\Delta E_g = \left[\left(4.372 \times 10^{-11} N_D^{0.5}\right)^{-4} + \left(1.272 \times 10^{-6} N_D^{0.25}\right)^{-4}\right]^{-1/4} \text{eV} \tag{2.101}$$

여기서 N_D는 cm^{-3} 단위의 도너 농도이다. 이 식의 값은 그림 2.23에 그려져 있다.

그림 2.23으로부터 밴드 갭 감소는 $N_D < 10^{16}$ cm^{-3}의 범위에서는 무시될 수 있으며, $N_D = 10^{20}$ cm^{-3}에서는 128 meV까지 증가하는 것을 볼 수 있다. $N_D \ll N_C$인 경우에, 이

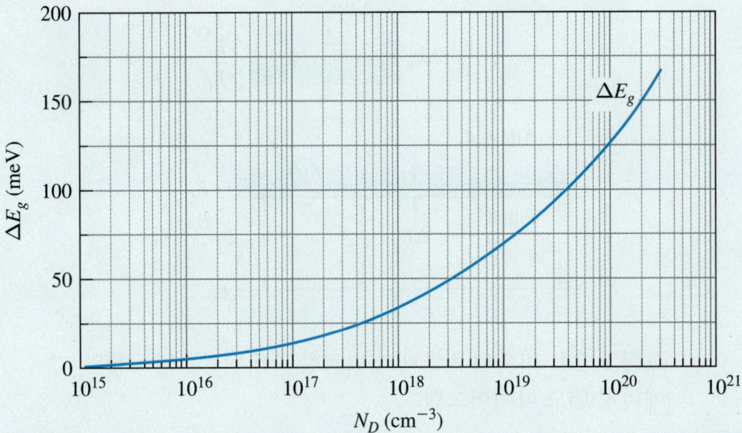

그림 2.23 인(P)이 도핑된 실리콘에서 도너 농도의 함수로 표현된 상온에서의 밴드 갭 감소.

불순물 밴드의 상태 농도는 작으므로 무시할 수 있다. 따라서 N_D가 대략 10^{17} cm^{-3}보다 작으면 불순물 밴드의 전자 농도는 무시될 수 있으며, 근사적으로 다음과 같이 쓸 수 있다.

$$n_0 = N_C e^{-(E_{C0}-E_f)/kT}$$

2.13.2 겉보기 밴드 갭 감소

앞에서 도너 도핑이 증가함에 따라 전도대의 가장자리가 내려가고, 따라서 밴드 갭이 어떻게 감소하는가를 살펴보았다. 그러나 도핑이 증가함에 따라 페르미 준위는 밴드 가장자리에 더 가까워진다. 어떤 도핑 수준에서는 페르미 준위가 실제로 변경된 전도대를 넘을 것이다.

이 경우에, 보통 전도대 가장자리의 에너지보다 더 관심의 대상이 되는 것은 페르미 준위의 에너지이다. 그러나 페르미 준위의 에너지는 높은 도핑 수준에서는 계산하기가 어렵다. 여기된 도너 상태들(또는 소밴드) 중 많은 것들이 전자로 채워져 있으며, 이것들의 에너지 의존성은 잘 알려져 있지 않다.

그림 2.24는 비축퇴 및 축퇴 반도체의 에너지 밴드 다이어그램을 나타낸다. 비축퇴 물질의 밴드 갭은 E_{g0}이고 불순물에 기인한 밴드 갭 에너지는 E_g인 반면에, 겉보기 밴드 갭은 E_g^*이다. 비축퇴 물질의 전도대 가장자리는 E_{C0}이고 불순물에 기인한 전도대 가장자리는 E_C인 반면에, 겉보기 전도대 가장자리는 E_C^*이다. 일반적으로, E_f의 위치는 정확하게 알려져 있지 않으며, 겉보기 밴드 갭의 축소는 소자의 측정을 통하여 결정된다.

겉보기 밴드 갭 감소를 결정할 수 있는 방법은 여러 가지가 있다. 이를 결정하는 보편적인 방법 중에는 비축퇴 반도체에 대하여 사용된 값으로부터 평형 전자-정공 농도의 곱

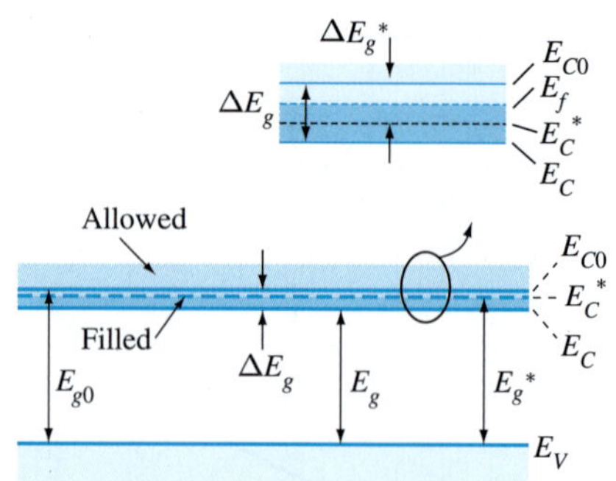

그림 2.24 비축퇴 반도체와 비교한 축퇴된 n형 반도체의 에너지 밴드 다이어그램.

을 적용하는 방식이 있다. 식 (2.65)를 다음과 같이 다시 쓸 수 있다.

$$n_0p_0 = N_CN_Ve^{\frac{-E_{g0}}{kT}} = n_i^2 \tag{2.65}$$

이 식은 다음과 같이 쓸 수 있다.

$$n_0p_0 = N_CN_Ve^{\frac{-(E_{g0}-\Delta E_g^*)}{kT}} = n_i^2e^{\frac{\Delta E_g^*}{kT}} \tag{2.102}$$

ΔE_g^*에 대한 이 정의는 뒤에 나올 바이폴라 접합 트랜지스터에서의 전류 이득(β)의 변화를 기술하는 데 있어 중요하다. 여기서 ΔE_g^*는 β에 영향을 주는 높은 도핑 효과에 대한 모든 것들을 반영한다.[6] 실험적으로 ΔE_g^*를 결정하기는 어려워서, 보고된 수치들 사이에는 상당한 산포(scatter)가 있다. 도핑 수준에 따른 ΔE_g^*에 관하여 알려진 한 관계식은 다음과 같다.[6]

$$\Delta E_g^* = 6.92\left[\ln\frac{N}{1.3\times10^{17}} + \sqrt{\left(\ln\frac{N}{1.3\times10^{17}}\right)^2 + 0.5}\,\right]\text{meV} \tag{2.103}$$

이 관계식은 그림 2.25에서 도핑 농도에 대한 함수로 그려져 있다. 식 (2.103)은 n형 및 p형 실리콘 모두에서 유효하며, N은 n형 실리콘에서는 N_D를, 그리고 p형 실리콘에서는 N_A를 나타낸다.

6) 더 직관적인 정의는 진성 밴드 갭 가장자리와 페르미 준위 간의 에너지 차이이며, 사실 이 정의는 분광학에서는 유용하다. 그러나 바이폴라 트랜지스터에서는 여기서 사용된 정의가 더 유용하다.

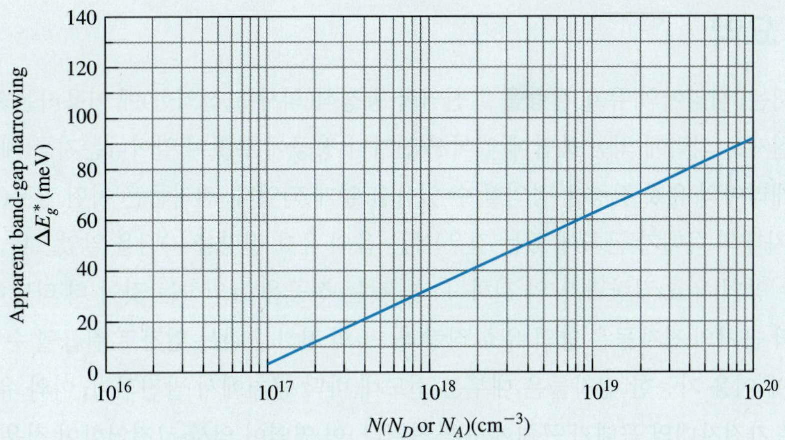

그림 2.25 축퇴된 n형 및 p형 실리콘에서의 밴드 갭 감소 그래프.

예제 2.10

상온에서 $N_D = 4 \times 10^{19}\ \text{cm}^{-3}$ 및 $N_A = 10^{15}\ \text{cm}^{-3}$으로 도핑된 실리콘 시료가 있다. n_0를 구하고, 완전한 에너지 밴드 다이어그램을 그려라.

■ **풀이**

상온에서는 모든 도너가 이온화된 것으로 가정할 수 있고 $N_A \ll N_D$이므로, 억셉터를 무시하고 $n_0 \approx N_D = 4 \times 10^{19}\ \text{cm}^{-3}$로 정할 수 있다. 그림 2.23으로부터[또는 식 (2.101)을 참조], 전도대 가장자리는 대략 100 meV 정도 낮아졌음을 알 수 있다. $N_A = 10^{15}\ \text{cm}^{-3}$이므로, 억셉터에 의한 밴드 갭 감소는 무시할 수 있다. 따라서 불순물에 기인한 밴드 갭 감소는 100 meV이다.

축퇴 도핑된 물질에서의 겉보기 밴드 갭 감소는 그림 2.25로부터[또는 식 (2.103) 참조], 대략 80 meV 정도로 주어진다. 결과적인 에너지 밴드 다이어그램을 그림 2.26에 도시하였다.

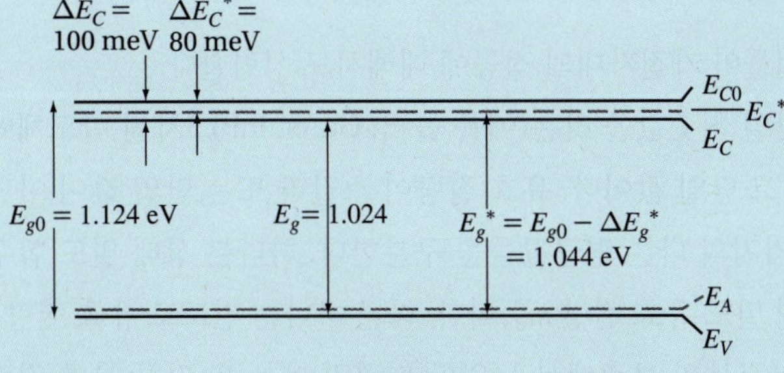

그림 2.26 예제 2.10에 대한 에너지 밴드 다이어그램.

2.14 요약

이 장에서는, 캐리어의 유효 질량을 고전역학 방정식(의사-고전역학)에 이용하는 경우, 그 결과가 실제로 외력에 의한 응답에 있어서 전자나 정공에 무엇이 일어나는지를 예측할 수 있도록 캐리어의 유효 질량을 정의할 수 있음을 알게 되었다. 전자들은 어떤 경우(예를 들어, 가전자대의 꼭대기 근처에 있는 경우)에는 음의 유효 질량을 가짐을 알았으나, 그러한 경우에는 양의 유효 질량과 양의 전하 $+q$를 갖는 정공을 논의하는 것이 더 타당하다. 전도대 바닥 근처의 전자들은 양의 유효 질량과 $-q$의 전하를 갖는 입자로 취급될 수 있다.

전도에 이용 가능한 전자들은 대부분 전도대 바닥 근처에서 발견되며, 이와 유사하게 정공들은 가전자대의 꼭대기 근처에서 발견된다. 이 영역이 의사-고전역학이 적용되는 영역인 점은 뜻밖이다.

$K = 0$에서 전도대의 최솟값 E_C를 갖는 1차원 결정에서, $K = 0$ 근처에서의 전자의 에너지는 다음과 같이 포물선의 형태로 표현될 수 있다.

$$E = E_C + \left(\frac{1}{2}\frac{d^2E}{dK^2}\right)K^2$$

여기서 E_C는 전자의 위치 에너지이고 운동 에너지는 다음과 같다.

$$E_K = \frac{1}{2}\frac{d^2E}{dK^2}K^2$$

전자의 (군)속도는 다음과 같이 주어진다.

$$v = v_g = \frac{1}{\hbar}\frac{dE}{dK}$$

전자의 유효 질량 m^*는 다음과 같이 E-K 곡선의 곡률과 관련된다.

$$m^* = \hbar^2\left(\frac{d^2E}{dK^2}\right)^{-1}$$

이와 유사한 표현들이 가전자대의 정공에 대해서도 성립한다.

$K = 0$에서 단일 최솟값을 갖는(예를 들어, GaAs, InP) 3차원 반도체에서 전자의 유효 질량은 스칼라이고 단일 값이다. 유효 질량이 스칼라 또는 단일 값이 아닌 경우에는 유효 질량에 대한 두 가지의 다른 평균값들을 구분한다. 하나는 상태 밀도 함수와 관련된 계산에 이용되는 상태 밀도 유효 질량 m_{ds}^*이다. 다른 하나는 전도도 유효 질량 m_c^*이다. 또 다른 과정들(예를 들어, 1부의 보충에서 논의할 터널링)에는 또 다른 유효 질량들이 이용된다. 따라서 어떤 주어진 계산에 어느 유효 질량이 이용되는지를 인지하는 것이 중요하다.

전자와 정공의 상태 밀도 유효 질량과 전도도 유효 질량의 값들이 다음 표에 나와 있다.

Material	m_{dse}^*/m_0	m_{dsh}^*/m_0	m_{ce}^*/m_0	m_{ch}^*/m_0
Si	1.09	1.15	0.26	0.36
GaAs	0.067	0.48	0.067	0.34
Ge	0.56	0.29	0.12	0.21
InP	0.077	0.42	0.077	0.30

또한 전자들과 정공들이 에너지 영역에서 어떻게 분포하는가를 살펴보았다. 이는 두 가지 파라미터로부터 도출된다.

1. 각 밴드에서의 상태 밀도 함수 $S(E)$는 전도대에 있는 전자들과 가전자대에 있는 정공들의 에너지(밴드 가장자리 근처)에 대해 포물선(2차 함수)으로 변하며, 다음과 같이 쓸 수 있다.

$$S(E)=\frac{1}{2\pi^2}\left(\frac{2m_{ds}^*}{\hbar^2}\right)\sqrt{|E_K|}$$

2. 에너지 E의 주어진 상태의 점유 확률은 $f(E) = 1/(1 + e^{(E-E_f)/kT})$로 쓸 수 있다. 여기서 E_f는 페르미 에너지이다. 따라서 에너지에 따른 전자 농도 분포 함수는 다음과 같다.

$$n(E) = S(E)f(E)$$

2.14.1 비축퇴 반도체

만약 페르미 준위가 금지대역 내에서 두 밴드의 가장자리로부터 최소한 $2.3kT$ 이상 떨어져서 위치하면, 그 물질은 비축퇴로 정의된다.

첨가되는 불순물은 반도체 내 캐리어 농도에 영향을 주게 된다. 도너들은 결합에 요구되는 수보다 더 많은 전자들을 가지며, 이러한 전자들은 전도대로 쉽게 여기된다. 억셉터들은 너무 적은 수의 전자들을 가지고 있어, 가전자대에 있는 전자들이 쉽게 이들 억셉터 상태로 여기되어, 가전자대에 정공들을 남긴다.

반도체 내에서의 캐리어들의 농도를 구하기 위해 다음 두 단계를 거친다.

1. 모든 도너들과 억셉터들은 이온화되었다고 가정한다. (알짜 도핑 농도 $|N_D - N_A|$가 진성 농도 n_i보다 충분히 큰 경우에는 상온에서 성립함.) 이러한 조건하에서, n형 물질에서는 $n_0 = N_D - N_A$이고 p형 물질에서는 $p_0 = N_A - N_D$이다. 이로써 다수 캐리어 농도를 구할 수 있다.

2. 소수 캐리어 농도를 구하기 위하여, 만약 물질이 비축퇴되어 있으면 다음의 식을 이용

할 수 있다.

$$n_0 p_0 = n_i^2 = N_C N_V e^{-E_g/kT}$$

여기서 n_i는 진성 물질의 전자 농도이고, N_C와 N_V는 다음과 같다.

$$N_C = 2.54 \times 10^{19} \left(\frac{m_{dse}^*}{m_0} \right)^{3/2} \left(\frac{T}{300} \right)^{3/2} \text{cm}^{-3}$$

$$N_V = 2.54 \times 10^{19} \left(\frac{m_{dsh}^*}{m_0} \right)^{3/2} \left(\frac{T}{300} \right)^{3/2} \text{cm}^{-3}$$

평형 상태 캐리어 농도는 다음과 같이 주어진다.

$$n_0 = N_C e^{-[(E_C - E_f)/kT]}$$
$$p_0 = N_V e^{-[(E_f - E_V)/kT]}$$

또는 다른 표현으로 다음과 같이 쓸 수도 있다.

$$n_0 = n_i e^{-[(E_f - E_i)/kT]}$$
$$p_0 = n_i e^{-[(E_i - E_f)/kT]}$$

고온에서는 열적으로 여기된 전자-정공 쌍들이 캐리어 농도에 영향을 준다. 매우 낮은 온도에서는 전자들이 도너 원자들에 속박되고 정공들이 억셉터 원자들에 속박되는 결과로 캐리어 농도가 감소한다.

2.14.2 축퇴 반도체

만약 물질들이 충분히 축퇴된다면, 다시 말해서, 페르미 준위가 전도대 내(n형)에 또는 가전자대 내(p형)에 위치할 때, 다음의 식을 이용한다.

$$n_0 p_0 = n_i^2 e^{\frac{\Delta E_g^*}{kT}} \qquad \text{축퇴된 n형 또는 p형}$$

여기서 ΔE_g^*는 겉보기 또는 불순물에 기인한 유효 밴드 갭 감소이다.

2.15 참고문헌

1. M. A. Green, "Intrinsic concentration, effective density of states and effective mass in silicon," *J. Appl. Phys.*, 67, pp. 2944-2954, 1990.
2. J. S. Blakemore, *Semiconductor Statistics*, App. A. Dover Publications, Toronto, 1987.
3. H. P. D. Lanyon and R. A. Tuft, "Bandgap narrowing in heavily doped silicon," *IEDM Technical Digest*, p. 316, 1978.

4. Yaun Taur and Tak H. Ning, *Fundamentals of Modern VLSI Devices*, 2nd ed., Chap. 2, Cambridge University Press, Cambridge, 2009.
5. S. Sokolic and S. Amon, "Modelling heavy doping effects for low temperature device simulations," *Journal de Physique IV*, Colloque C6, pp. C6-133-C6-138, 1994.
6. D. B. M. Klassen, J. W. Slotboom, and H. C. deGraaff, "Unified apparent bandgap narrowing in n- and p-type silicon," *Solid State Electron*., 35, pp. 125-129, 1992.

2.16 복습문제

1. 진성과 외인성 반도체의 차이는 무엇인가?
2. a. 정공의 진성 농도를 정의하라.
   b. 이 농도와 전자의 진성 농도 사이의 관계는 무엇인가?
   c. 이들 값은 0 K에서 얼마인가?
3. 다음을 정의하라.
   a. 도너.
   b. 억셉터.
4. 어떤 반도체에 도너와 억셉터들이 각각 N_D와 N_A로 도핑되어 있다. 평형 상태의 전자와 정공 농도 n_0와 p_0에 대한 식, 또는 이것들을 결정할 수 있는 식을 기술하라.
5. 다음 말의 의미를 물리적으로 설명하라: 한 전자와 한 정공이 재결합하여 사라진다.
6. 볼츠만 근사가 언제, 그리고 왜 사용될 수 있는지를 설명하라.
7. 분포 함수가 의미하는 것을 설명하라. 미국인들의 나이에 대한 분포를 예로 이용하라.
8. $T = 0$ K와 $T = 2500$ K에서 에너지 E에 대하여 페르미-디랙 함수 $f(E)$를 그려라. 이 그림은 무엇을 의미하는가?
9. 전자의 에너지 분포 함수는 두 가지 인자의 곱에 의해 주어진다. 이 두 가지 인자 각각에 주어지는 물리적 해석은 무엇인가?
10. (a) 진성, (b) n형 및 (c) p형 반도체에 대한 에너지 밴드 다이어그램을 그려라. 페르미 준위, 전도대 가장자리, 가전자대 가장자리, 도너 준위 및 억셉터 준위를 표시하고, 두 축에 이름을 붙여라.
11. 반도체가 축퇴되어 있다는 것이 의미하는 것을 설명하라.
12. 어떤 조건하에서 이산적인 도너 상태들이 소밴드로 확장되는가?
13. 축퇴 도핑된 p형 반도체에 대한 에너지 밴드 다이어그램을 그려라. 밴드 갭 감소와 겉보기 밴드 갭 감소를 나타내라.

2.17 연습문제

모든 불순물들은 이온화된 것으로 가정하고, 다른 언급이 없으면 $T = 300$ K로 가정한다. 몇 가지 대표적인 반도체들에 대한 물리상수들은 부록 A에서 찾을 수 있다.

2.1 그림 P2.1에 두 가지 물질의 E-K 다이어그램을 나타내었다. 전자의 유효 질량이 더 낮은 쪽은 어느 물질인가? 정공의 유효 질량이 더 낮은 쪽은 어느 물질인가? 어떻게 그러한 결론에 도달했는지를 설명하라.

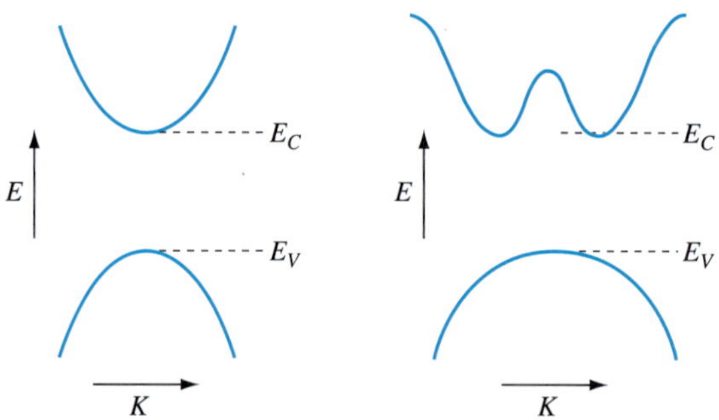

그림 P2.1

2.2 어떤 물질의 E-K 다이어그램이 다음과 같다고 가정하자.

$$E_{K(\text{Conduction})} = E_C + E_1 \cos^2\left(\frac{Ka}{2}\right)$$

$$E_{K(\text{Valence})} = E_V - E_2 \sin^2\left(\frac{Ka}{2}\right)$$

여기서 $a = 0.4$ nm, $E_1 = 4$ eV 및 $E_2 = 3$ eV이다.

a. 제1 브릴루앙 영역에 대하여 E-K 다이어그램을 그려라. 각 축에 이름을 붙여 완성하라.

b. 전도대의 바닥 근처의 전자들에 대한 유효 질량은 얼마인가?

c. 가전자대의 꼭대기 근처의 정공들에 대한 유효 질량은 얼마인가?

2.3 어떤 물질에서의 전자의 유효 질량이 진공에서의 질량보다 항상 작다고 말할 수 있는가? 어떤 물질에서의 전자의 유효 질량이 그 물질에서의 정공의 유효 질량보다 항상 작다고 말할 수 있는가?

2.4 그림 P2.2와 같은 E-K 다이어그램을 갖는 가상의 반도체를 고려하자. 전도대의 전자들 가운데 1과 최소 2에 위치한 두 가지의 서로 다른 유효 질량 중에서, 더 무거운 것은 어느 것인가? 전도대에 있는 가장 많은 수의 전자들에 의해 하나로 표시될 수 있는 유효 질량은 어느 쪽인가? 그 이유는?

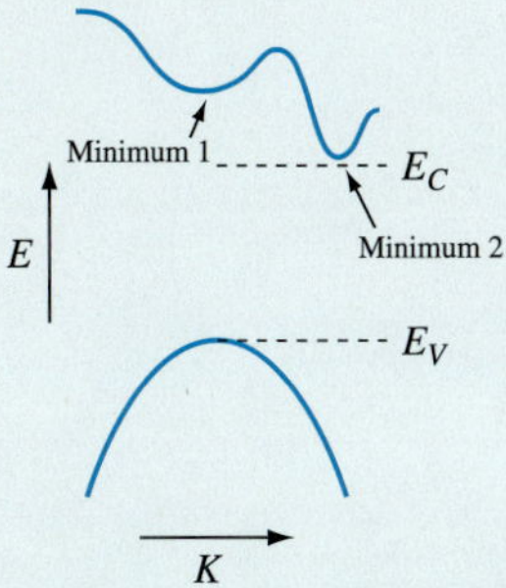

그림 P2.2

2.5 그림 P2.3의 에너지 밴드 다이어그램을 고려하자.

a. 전계를 구하고, 그 결과를 V/cm로 표현하라. 이것이 나타내는 방향은 어느 쪽인가?

b. 전자에 작용하는 힘을 구하라. 전자가 가속되는 방향은 어느 쪽인가?

c. 정공에 작용하는 힘을 구하라. 정공이 가속되는 방향은 어느 쪽인가?

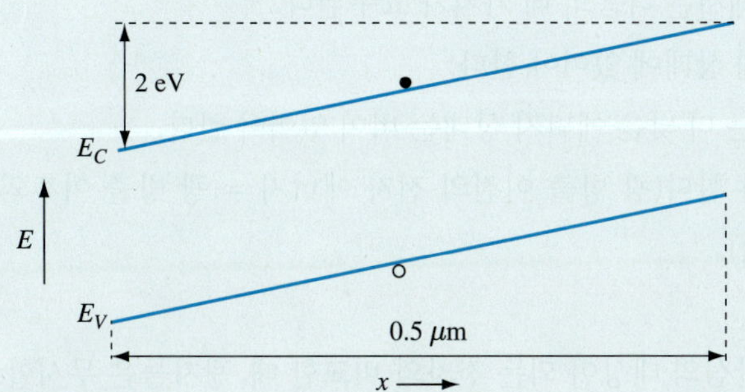

그림 P2.3

2.6 그림 P2.4에 주어진 바와 같이 위치 에너지(퍼텐셜 장벽)가 변하는 지점으로 접근하는 A, B 및 C의 세 가지 전자들을 고려하자. 이 3개의 전자들은 처음에는 모두 오른쪽으로 진행한다고 가정하자.

a. 처음에 어느 전자가 가장 큰 운동 에너지를 갖는가?

b. 처음에 어느 전자가 가장 작은 위치 에너지를 갖는가?

c. 장벽에서의 힘의 방향은 어느 쪽인가?

d. 장벽 영역에서 전자 C가 경험하는 힘은 전자 B가 경험하는 힘과 비교하여 더 큰가, 같은가, 아니면 더 작은가?

e. 처음의 운동 에너지와 동일한 운동 에너지로 끝나는 전자(들)은 어느 것인가?

f. 가장 큰 운동 에너지로 끝나는 전자는 어느 것인가?

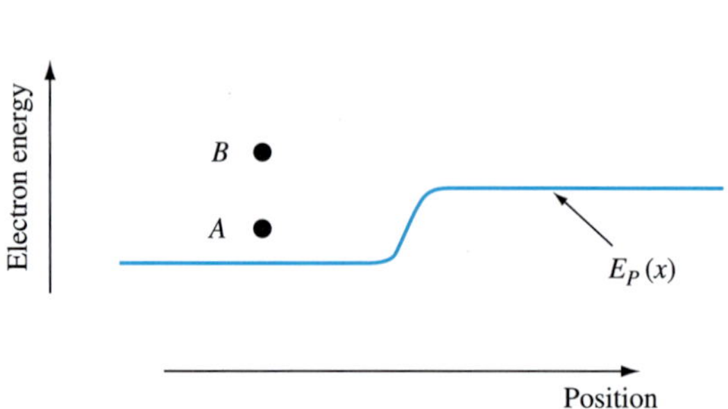

그림 P2.4

g. 가장 작은 위치 에너지로 끝나는 전자는 어느 것인가?

h. $F = -q\mathscr{E}$임을 상기하라. 여기서 $\mathscr{E}$는 전계이고, q는 전자 전하의 크기이다. 전계가 존재하는 영역(들)을 표시하라.

i. 표시한 영역(들)에서, 전계 벡터가 나타내는 방향은 어느 쪽인가?

2.7 광 방출이 일어나기 위해서는 다음의 네 가지가 요구된다.

a. 전자는 높아진 에너지 상태에 있어야 한다.

b. 전자가 이동할 수 있는 더 낮은 에너지 상태는 비어 있어야 한다.

c. 에너지는 보존되어야 한다(광 방출 이전의 전자 에너지 = 광 방출 이후의 전자 에너지 + 광자 에너지).

d. K는 보존되어야 한다.

반도체 전자공학에서 관심의 대상이 되는 전자와 비교할 때, 광자들은 무시할 수 있는 K를 가짐을 증명할 수 있다. 이는 광학적 천이를 일으키는 전자는 출발할 때와 (거의) 동일한 K로 끝이 남을 암시한다(에너지의 차이가 광자에게 전달되어야 하므로 에너지는 바뀐다). 전자와 정공이 발견될 가능성이 가장 높은 곳이 어딘지에 대한 예상과, 앞에서 언급한 네 가지 조건을 바탕으로 할 때, InAs 또는 GaP 중 어느 물질이 더 효율적인 광 방출 물질인가? 두 물질의 E-K 다이어그램이 그림 P2.5에 나타나 있다. 그렇게 판단하는 이유를 설명하라. GaP는 전도대의 최소와 가전자대의 최대가 서로 다른 K 값을 갖는 것을 의미하는 간접 밴드 갭 물질이다. 반면에, InAs는 직접 밴드 갭 물질이다.

2.8 그림 P2.6의 에너지 밴드 다이어그램을 고려하자.

a. 전자의 위치 에너지는 얼마인가?

b. 전자의 운동 에너지는 얼마인가?

c. 정공의 위치 에너지는 얼마인가?

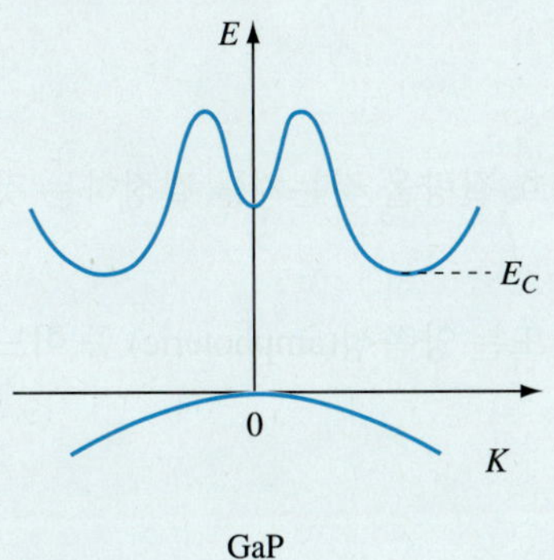

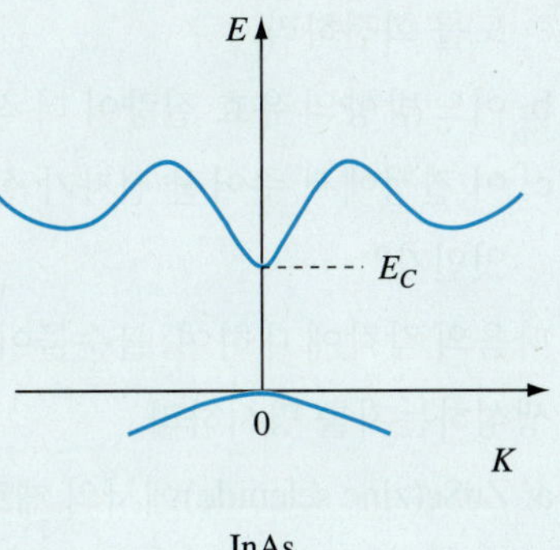

그림 P2.5

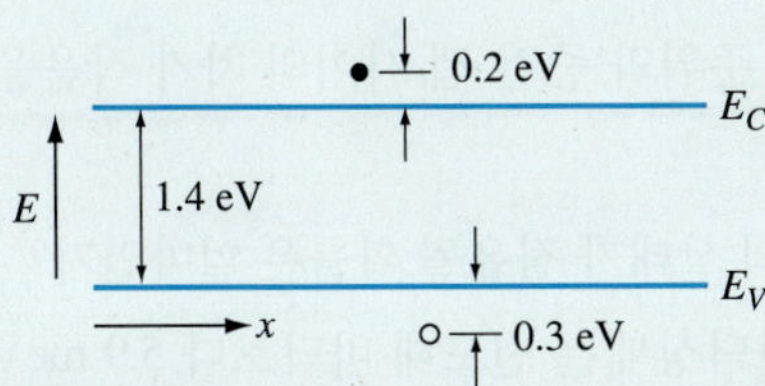

그림 P2.6

d. 정공의 운동 에너지는 얼마인가?

e. 수직축은 에너지, 즉 전자의 에너지를 의미한다. 어느 방향이 정공의 에너지가 증가하는 방향인가? 위쪽인가 또는 아래쪽인가?

2.9 어떤 GaAs 시료에 150 V/cm의 전계가 인가된다.

a. 전도대에 있는 어떤 전자가 처음에는 정지해 있다가 0.2 ps 동안 이 전계에 의해 가속되면, 전자의 속도는 얼마가 되는가?(이 문제는 전기 전도와 연관되므로 전도도 유효 질량을 이용하라.)

b. 같은 조건하에서 정공의 최종 속도는 얼마인가?

2.10 반도체에서 전도대 바닥 근처에 있는 전자의 에너지는 $E = E_C + AK^2$으로 표현될 수 있으며, 여기서 A는 K에 무관한 양수이다.

a. A항을 사용하여 전자의 유효 질량에 대한 표현을 구하라.

b. E의 함수로 전자의 속도에 대한 표현을 구하라.

2.11 3차원 E-K 관계식이 x와 z 방향은 같은 곡률을 갖고, y 방향으로는 다른 곡률을 갖는 어떤 반도체 물질을 고려하자. x와 y 방향을 고려하고, 관계식을 $E(x, y) = AK_x^2 + BK_y^2$이라고 놓자.

a. MATLAB과 같은 컴퓨터 프로그램을 사용하여 $B = 2A$의 경우에 대한 이 함수의 메쉬 플롯(mesh plot)을 생성하라. 이 함수의 형태에 대한 이해를 돕기 위해 투시

도를 회전하라.

b. 어느 방향의 유효 질량이 더 작은가?

c. 이 결정에서 주어진 전자가 실제로 어느 유효 질량을 갖는지를 결정하는 것은 무엇인가?

2.12 다음의 각각에 대하여, 불순물이 n형이나 p형 또는 양쪽성(amphoteric) 중 어느 것을 생성하는지를 명시하라.

a. ZnSe(zinc selenide)에서의 게르마늄(Ge).

b. GaP(gallium phosphide)에서의 탄소(C).

c. 실리콘(Si)에서의 아연(Zn).

d. AlAs(aluminum arsenide)에서 알루미늄(Al)을 대체한 인(P).

2.13 InP(indium phosphide)를 예로 들어, 진성 준위와 중간 갭 사이의 차가 작음을 보여라. 이 결과를 실리콘의 경우와 비교하라.

2.14 상온에서 진성 InP 내의 전도대 가장자리의 상태가 점유될 확률은 얼마인가?

2.15 GaAs 내에서 Te(tellurium)에 대한 도너 바닥상태는 전도대 바닥보다 5.9 meV 아래에 있다(스핀 때문에 두 가지 상태가 존재한다). 상온에서, 페르미 준위가 E_C보다 0.030 eV 낮다면 주어진 바닥상태의 점유 확률은 얼마인가?

2.16 페르미 준위보다 0.1 eV 높은 상태의 점유 확률은 얼마인가? 페르미 준위보다 0.1 eV 낮은 상태는? E_f보다 0.2 eV 높거나 낮은 경우에 대하여 반복하라.

2.17 비축퇴에 대한 정의를 증명하라. 페르미 준위가 전도대 바닥보다 $2.3kT$ 낮다면, 전도대에서 가장 낮은 에너지 상태에 대한 점유 확률이 10%임을 보여라.

2.18 다음에 대하여 상온에서 전자와 정공에 대한 유효 상태 밀도를 계산하라.

a. 실리콘(Si).

b. 갈륨비소(GaAs).

c. 게르마늄(Ge).

2.19 게르마늄에서 전자에 대한 유효 상태 밀도 N_C와 정공에 대한 유효 상태 밀도 N_V는 얼마나 차이가 나는가? 비율로 그 결과를 나타내라.

2.20 식 (2.51)로부터 (2.52)가 도출됨을 보여라. 다시 말해서,

$$f_p(E) = 1 - \frac{1}{1 + e^{(E - E_f)/kT}}$$

위의 식이 다음과 같아짐을 보여라.

$$f_p(E) = \frac{1}{1 + e^{(E_f - E)/kT}}$$

2.21 식 $n_0 = N_C e^{-[(E_C - E_f)/kT]}$와 식 $p_0 = N_V e^{-[(E_f - E_V)/kT]}$는 비축퇴 도핑된 반도체에 대해서만 유효하다는 것을 상기하라. 한 가지 이유는 비축퇴 도핑된 물질에서만 볼츠만 근사가 유효하다는 점이다. 또 다른 이유는 무엇인가?

2.22 a. 실리콘이 $N_D = 2.0 \times 10^{16}\ \text{cm}^{-3}$으로 도핑되어 있다. n_0와 p_0를 구하고 페르미 준위의 위치를 나타내라. 에너지 밴드 다이어그램을 그려라.

b. 새로운 실리콘 물질이 붕소로 $N_A = 8 \times 10^{14}\ \text{cm}^{-3}$으로 도핑되어 있다. n_0와 p_0를 구하고 페르미 준위의 위치를 나타내라. 에너지 밴드 다이어그램을 그려라.

2.23 실리콘이 $N_A = 6.0 \times 10^{16}\ \text{cm}^{-3}$으로 도핑되어 있다. n_0와 p_0를 구하라. 에너지 밴드 다이어그램을 그리고, 페르미 준위의 위치를 나타내라.

2.24 InP가 $N_D = 2.0 \times 10^{15}\ \text{cm}^{-3}$과 $N_A = 10^{14}\ \text{cm}^{-3}$으로 도핑되어 있다. 에너지 밴드 다이어그램을 그리고, 페르미 준위의 위치를 계산하라.

2.25 a. 상온에서 게르마늄에 대한 진성 캐리어 농도를 계산하라.

b. 200~500 K의 온도 범위에 대하여 n_i를 반-대수(semi-logarithmic)로 도시하라. 진성 캐리어 농도는 수직축(logarithmic)이 되어야 한다. 실리콘과 갈륨비소(GaAs)에 대한 그래프도 그려 넣어라.

2.26 Ge이 $4.5 \times 10^{15}\ \text{Sb/cm}^{-3}$으로 도핑되어 있다. Sb는 얕은(shallow) 도너라고 가정하고, 상온에서 n_0와 p_0를 구하라. 에너지 밴드 다이어그램을 그려라. 도너가 얕다고 한 가정이 왜 중요한가? 만약 도너 상태가 금지대역 내에서 깊은(deep) 준위라고 알려져 있다면, 무엇이 바뀌는가?

2.27 n형 실리콘 기판($N_D = 4.0 \times 10^{15}\ \text{cm}^{-3}$)의 한 부분에 억셉터를 $N_A = 5.3 \times 10^{17}\ \text{cm}^{-3}$의 농도로 첨가하여 어떤 다이오드를 만들었다. p형 영역에서 p_0와 n_0는 얼마인가?

2.28 GaAs 시료를 $N_A = 7.0 \times 10^{16}\ \text{cm}^{-3}$과 $N_D = 2.0 \times 10^{15}\ \text{cm}^{-3}$으로 도핑하였다.

a. n_0와 p_0를 구하라.

b. E_f의 위치를 결정하라.

c. 에너지 밴드 다이어그램을 그려라. 양 축에 이름을 붙이고 E_C, E_V, E_f, E_i 및 E_{vac}를 표시하라. 전자 친화도와 밴드 갭을 표시하라.

2.29 GaN 시료를 $N_D = 10^{18}\ \text{cm}^{-3}$과 $N_A = 2 \times 10^{16}\ \text{cm}^{-3}$으로 도핑하였다.

a. n_0와 p_0를 구하라.

b. E_f의 위치를 결정하라.

c. 에너지 밴드 다이어그램을 그려라.

2.30 GaAs 시료를 $N_D = 4.0 \times 10^{16}\ \text{cm}^{-3}$과 $N_A = 8.5 \times 10^{15}\ \text{cm}^{-3}$으로 도핑하였다. 평형 상태에서 전자와 정공의 농도를 구하고, 페르미 준위의 위치를 결정하라.

2.31 비축퇴 도핑의 가정을 깨기 위해서는 실리콘에 도너들을 얼마나 높은 농도로 도핑해야 하는가? 축퇴 도핑된 p형 물질이 되기 위해서는 얼마나 많은 억셉터들이 필요한가?

2.32 실리콘에서 페르미 준위를 E_i보다 $2.3kT$ 높게 하려면 얼마나 많은 도너 농도가 필요한가? E_f를 E_i보다 $2.3kT$ 만큼 낮게 만드는 억셉터 농도는 얼마인가?

2.33 특정 실리콘 시료의 $N_D = 10^{15}\ \text{cm}^{-3}$이고 $n_0 = 10^7\ \text{cm}^{-3}$일 때, N_A와 p_0를 구하라.

2.34 망간(Mn)은 실리콘의 전도대 가장자리보다 0.53 eV 아래에 도너 트랩(trap) 상태를 만든다. 만약 실리콘이 $N_D = 1.0 \times 10^{16}\ \text{cm}^{-3}$로 도핑되어 있다면, 트랩 상태의 점유 확률은 얼마인가? 망간의 농도는 충분히 작아서 전체적인 도핑에 영향을 주지 않고 트랩 상태는 단일 값을 가진다고 가정한다.

2.35 인으로 도핑된 실리콘 시료는 E_C보다 0.15 eV 낮은 페르미 준위를 갖고, 도너의 바닥상태는 E_C보다 0.045 eV 낮다. n_0를 구하라.

2.36 실리콘의 전도대 바닥 E_C에서 에너지 상태의 점유 확률은 5.0×10^{-2}이다.

a. 실리콘은 n형, p형 또는 진성 중 어느 것인가?

b. $N_D - N_A$ 값을 구하라.

2.37 주어진 반도체의 유효 상태 밀도 N_C는 $10^{18}\ \text{cm}^{-3}$이다. 전자의 상태 밀도 유효 질량은 얼마인가?

2.38 주어진 두 반도체 A와 B가, 동일한 상태 밀도 유효 질량을 갖는다고 하자. A에서는 $E_g = 1$ eV이고, B에서는 $E_g = 2$ eV이다. 진성 캐리어 농도의 비를 구하라.

2.39 많은 응용에서, 반도체 소자들은 넓은 범위의 온도에서 잘 견디고 동작할 수 있어야 한다. 즉 남극 대륙 또는 깊숙한 공간에서부터 열대성 기후의 뜨거운 트럭 내부에 이르기까지 동작할 수 있어야 한다. 예를 들어, 반도체 소자의 군용 시방서(specification, 표준)에서는 그 범위가 $-55°$C에서 $+150°$C까지 이른다. 이러한 두 극한온도에서 문제 2.27을 반복하라.

2.40 그림 2.17에 나타낸 바와 같이, 비축퇴 반도체에서 전자 분포는 $E_C + kT/2$에서 최댓값에 도달하고, 전자의 평균 운동 에너지는 $E_C + 3kT/2$에 존재한다. 진성 물질에서 이들 두 에너지의 상태가 점유될 확률을 구하라. $E_C + 10kT$에서 반복하라.

2.41 페르미 준위가 가전자대 가장자리보다 0.3 eV 높다고 할 때, Si과 GaAs의 전자 농도를 계산하라.

2.42 예제 2.8에서의 수학적 과정들을 완성하고, 그 결과를 증명하라.

2.43 n형 실리콘에서 겉보기 밴드 갭 감소가 중요해지는 도핑 농도는 얼마인가? (중요하다는 것을 0.03 eV의 축소로 규정하자.)

2.44 실리콘을 $N_D = N_A = 5 \times 10^{16}\ \text{cm}^{-3}$으로 도핑한다고 가정하자.

a. 페르미 준위는 어디에 위치할 것으로 예상하는가?

b. n_0와 p_0는 얼마일 것으로 예상하는가?

c. 계산을 수행하여 귀하의 예상 값을 검증하라(또는 수정하라). 물리적으로 무엇이 진행하고 있다고 생각하는가? 도너와 억셉터 상태 내에 있는 전자에 무슨 일이 일어나고 있는가?

2.45 식 (2.88)로부터 계산된 250~500 K까지의 온도의 함수로 된 실리콘의 n_i를 그리고, 이를 식 (2.85), (2.86), (2.63) 및 (2.64)로부터 계산된 결과와 비교하라. 상태 밀도 유효 질량의 작은 온도 의존성은 무시하라.

2.46 $N_A = 10^{14}$ cm^{-3}과 $N_D = 10^{15}$ cm^{-3}으로 도핑된 실리콘 시료가 600 K의 온도에 놓여 있다. n_0와 p_0를 구하라.

2.47 문제 2.46의 시료가 250 K의 온도로 냉각되었다. 이제 평형 캐리어 농도 n_0와 p_0는 얼마인가?

2.48 $N_D = 2 \times 10^{19}$ cm^{-3}인 실리콘의 겉보기 밴드 갭 감소를 구하라.

2.49 실리콘 시료가 $N_D = 6.0 \times 10^{18}$ cm^{-3}으로 축퇴 도핑되었다고 할 때, 전자와 정공 농도를 구하라.

2.50 $N_A = 1.5 \times 10^{19}$ cm^{-3}인 실리콘에 대하여 n_0와 p_0를 구하라.

2.51 이 장에서는, 전도도 유효 질량과 상태 밀도 유효 질량을 구분하였다. 이 문제는 전도도 유효 질량을 이용한 반도체의 전도도의 계산을 묘사한다(Online Module OM5에서 보다 상세히 검토한다). 전류밀도는 초당 단위 면적의 평면을 지나가는 전류이다. n형 반도체를 고려하자. 전류밀도는 다음과 같다.

$$J = -qn_0\langle v \rangle = -\sigma\mathscr{E}$$

여기서 n_0는 전자 농도, $\langle v \rangle$는 평균 전자 속도, 그리고 σ는 전도도이다. 음의 부호는 전자가 음으로 대전되어 있기 때문에 전류는 전자의 속도와 반대 방향임을 나타낸다. n형 반도체에서는 $n_0 = N_D$이므로 전도도는 다음과 같이 표현할 수 있다.

$$\sigma = -\frac{qN_D\langle v \rangle}{\mathscr{E}}$$

전자의 충돌 간의 평균 시간이 10^{-13}초라고 할 때, $N_D = 10^{16}$ cm^{-3}인 반도체의 전도도를 구하라.

CHAPTER 3

동질 반도체에서의 전류의 흐름

3.1 서론

2장에서는 주어진 반도체 내에서 전기 전도에 사용할 수 있는 캐리어들—가전자대의 정공들과 전도대의 전자들—의 수를 결정하는 방법에 대해 배웠다. 3장에서는 전류를 흐르게 하는 원리에 대해 고찰한다.

반도체 내에서 전하 캐리어들을 움직이게 하는 두 가지의 기본적인 기작(mechanism)에는 **표동(drift)**과 **확산(diffusion)**이 있다. 먼저, 보다 직관적으로 이해할 수 있는 표동 전류로부터 시작하는데, 이는 전자들과 정공들이 전계에 놓여 있을 때에 발생하는 전류이다. 그 뒤에 다루는 확산 전류는 위치에 따라 캐리어의 농도에 변화가 있을 때에 발생하는 전류이다.

3.2 표동 전류

평형 상태의 반도체에서 알짜(net) 전체 전류 값은 0이다. 전자들과 정공들은 각각이 갖는 열에너지로 인하여 이리저리 움직이고 있지만, 그 운동 방향이 매우 무작위(random)이기 때문에 개별적인 전하 캐리어들의 이동에 의해 발생하는 전류 값들을 모두 합하면 0이 된다. 전도대에 있는 1개의 전자를 생각하자. 그림 3.la는 이 전자의 전계가 가해지지 않았을 때의 운동 경로를 나타내고 있다. 각각의 충돌 뒤에 새로 진행하는 방향은 무작위이므로 여러 차례의 충돌이 일어나는 동안 경과된 시간에 걸쳐서 평균하면, 이 전자는 어느 특정한 방향으로도 진행이 이루어지지 않고 도로 제자리가 된다. 따라서 알짜 전류 값은 0이 된다.

하지만 그림 2.2를 다시 생각해보면, 어떤 반도체에 외부 전계가 가해졌을 때에, 음(−)

으로 대전된 전자들은 특정한 방향으로 가속되고, 양(+)으로 대전된 정공들은 그 반대 방향으로 가속된다. 그림 3.1b는 고전계의 영향하에 있는 어느 특정한 전자의 진행 상황을 보여준다. 많은 충돌이 발생할 수 있을 만큼의 충분한 시간에 걸쳐 평균을 해보면, 전반적인 경향은 오른쪽을 향해 떠내려가듯(표동) 이동하게 된다. 전하를 띤 입자의 알짜 이동은 전류를 수반하므로 이 이동을 "표동 전류(drift current)"라고 명명한다.

그림 3.1c에 나타낸 바와 같이, 벌크(bulk) 반도체 내의 좀 더 전형적인 전계 값의 경우에, 인가된 전계에 의해 유도된 속도는 열 속도와 비교했을 때 실제로는 아주 작다. 예를 들어, 10 V/cm 정도의 전계에 대하여 평균적인 표동 속도는 10^4 cm/s 정도인 반면에, 전자의 충돌 간의 평균 속도(열 속도)는 상온에서 대략 10^7 cm/s이다.

전류는 단위 시간당 특정 단면을 통과하는 전하량으로 정의된다. 전자의 전하는 음(−)이다. 그러므로 그림 3.1b와 3.1c에서 전자전류 $I_{n(\text{drift})}$는 왼쪽을 향하고 있다. 전계의 존재로 인해 구동되는 이러한 전류 기작을 뒤에서 다루게 될 확산 전류와 구별하기 위해 아래

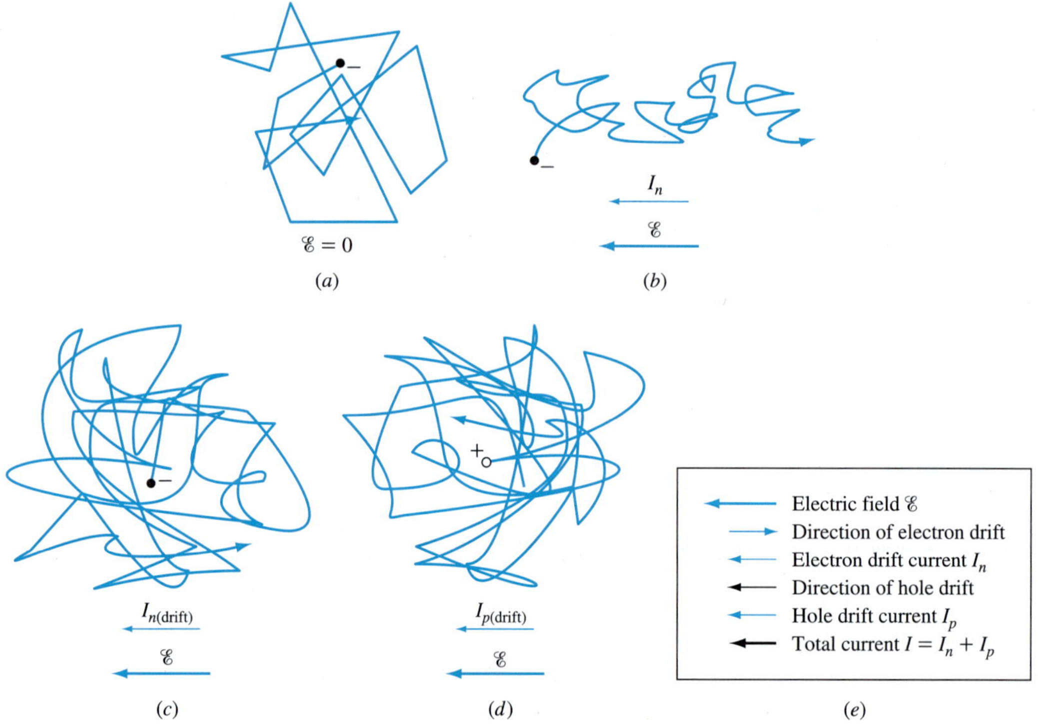

그림 3.1 결정 내에서의 전자의 운동. 전자는 충돌할 때마다 무작위로 방향을 바꾼다. (a) 인가된 전계가 없는 경우에는 특정 방향으로의 운동의 진전이 없다. (b) 전계가 인가된 경우에는, 전자는 특정 방향으로 표동하는 경향을 보인다. 이와 같은 궤적은 매우 높은 전계하에서만 관찰할 수 있다. (c) 저전계의 경우에는, 표동 속도는 열 속도보다 매우 느리다. 전자는 눈에 띄는 진행을 하기도 전에 수많은 충돌을 경험하게 된다. (d) 정공도 유사한 운동을 하게 된다. 그러나 양전하이므로 반대 방향으로 가속된다. (e) 전자와 정공은 서로 반대 방향으로 표동 운동을 하나, 그 결과로 생성되는 전류는 동일한 방향이다.

첨자로서 *drift*를 사용하기로 한다. 또한 정공들은 그림 3.1d에 나타낸 바와 같은 방식의 경로로 이동할 수 있다. 정공들의 전체적인 표동 운동은 전자들의 그것과 반대 방향이다. 이는 정공들이 양으로 대전되어 있어서 같은 전계하에서도 전자들과는 반대 방향으로 가속을 받기 때문이다. 그러나 정공들이 만들어내는 전류는 정공들의 이동과 같은 방향이므로, 그림 3.1e에 나타낸 바와 같이 정공 전류 $I_{p(\text{drift})}$도 또한 왼쪽을 향한다. 따라서 전체 표동 전류는 이들 두 성분의 합으로 다음과 같이 주어진다.

$$I_{(\text{drift})} = I_{n(\text{drift})} + I_{p(\text{drift})} \tag{3.1}$$

전류 I는 도선에 대해서는 정의하기가 편리한 양이다. 그러나 반도체에 대해서는 단위 시간당 단위 면적의 평면을 통과하는 전하량인 다음의 전류밀도 J에 관하여 다루는 것이 좀 더 유용할 때가 자주 있다.

$$J = \frac{I}{\text{area}} \tag{3.2}$$

이제 전류밀도의 표현식을 유도하기로 하자. 옴(Ohm)의 법칙으로부터 길이 L, 그리고 단면적 A인 균일한 시료의 저항 R(그림 3.2)은 다음과 같음을 상기하자.

$$R = \frac{V}{I} = \frac{\rho L}{A} \tag{3.3}$$

여기서 V는 전압이고 ρ는 **비저항(resistivity)**이라고 부르는데, 보통 옴-센티미터($\Omega \cdot \text{cm}$)의 차원을 갖는다. 균일한 반도체에서는 $V = \mathscr{E}L$이다. 여기서 $\mathscr{E}$는 전계이고 L은 시료의 길이이다. $I = JA$를 이용하면 식 (3.3)을 다음과 같이 표현할 수 있다.

$$\frac{\mathscr{E}L}{JA} = \frac{\rho L}{A} \tag{3.4}$$

또는

$$J_{(\text{drift})} = \frac{\mathscr{E}}{\rho} = \sigma\mathscr{E} \tag{3.5}$$

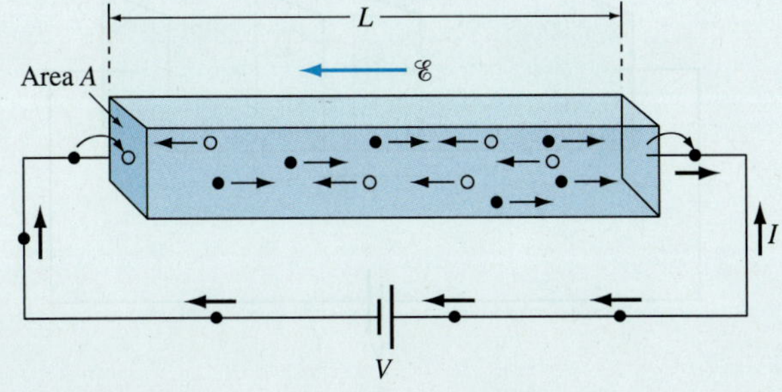

그림 3.2 전선 내에서는 전자들에 의해 전류가 운반되나, 반도체 내에서는 전자와 정공 모두에 의해 전류가 운반될 수 있다.

여기서 $\sigma = 1/\rho$인 양을 전도도라 부르는데, 옴-센티미터의 역수$[(\Omega \cdot \text{cm})^{-1}]$의 차원 또는 지멘스/센티미터(S/cm)의 차원을 갖는다. 나중에 다루게 될 확산 전류 성분과 구별하기 위하여 전류밀도에 아래첨자 *drift*를 추가하였다. 식 (3.5)는 종종 미시적(또는 국소 점 형식의) **점 형식 옴의 법칙(Ohm's law in point form)**이라고 부르기도 한다.

반도체에서 전류는 전자와 정공 모두에 의해 운반되기 때문에 총 전류밀도는 다음과 같다.

$$J_{(\text{drift})} = J_{n(\text{drift})} + J_{p(\text{drift})} \tag{3.6}$$

여기서 $J_{n(\text{drift})} = \sigma_n \mathscr{E}$이고 $J_{p(\text{drift})} = \sigma_p \mathscr{E}$이다. 여기서 σ_n은 전자에 의한 전도도이고 σ_p는 정공에 의한 전도도이다. n형 반도체에서는 정공보다 전자들이 더 많기 때문에 전자들이 대부분의 전류를 운반하고, p형 반도체 물질에서는 대부분의 전류가 정공에 의해 운반된다.

논의를 계속하기에 앞서 그림 3.2에 대하여 의아한 점을 관찰해보자. 반도체 내에서는 정공과 전자들이 모두 전류를 운반한다. 그러나 외부에 연결된 도선에서는 (같은 양의) 전류가 단지 전자들만으로 운반된다. 정공들에게는 무슨 일이 일어났는가? 반도체 막대의 왼쪽 끝을 살펴보면, 도선으로부터 반도체-도선 경계면에 도착하는 전자들과 동시에 반도체 막대로부터 정공들도 그곳에 도착하고 있음을 알 수 있다. 그 결과로, 사실상 전자는 도선과 반도체 사이의 옴 접촉면을 통해 반도체로 들어와 정공을 소멸시킨다. 마주 보고 다가오는 각각의 전자는 하나씩 정공을 제거하는 것이다. 정공이 소멸되지만 그것은 출발 당시부터 단지 빈 상태였음을 기억하자. 전자가 그 비어 있는 자리로 움직이면 정공은 사라지지만 전자는 계속 진행하고 있는 것이다.

다음으로 σ_n과 σ_p에 관한 식을 구한다. 먼저 정공 전도를 고려하자.

그림 3.3에 도시한 바와 같이 정공 농도가 p인 p형 반도체를 고려하자. 이제 평형 농도

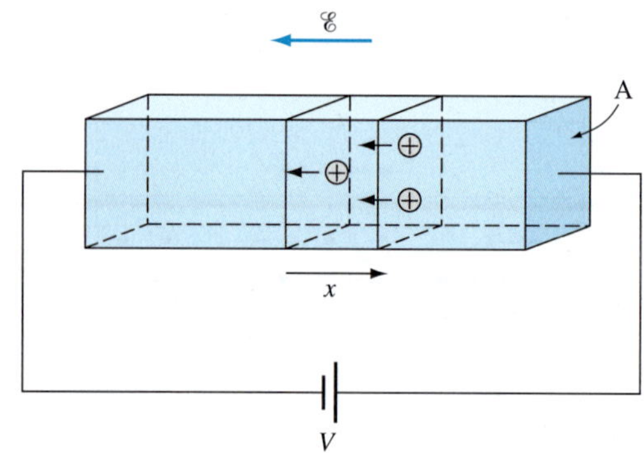

그림 3.3 시료의 전도도는 (이 경우) 면적 A를 통과하는 정공들의 흐름을 고려함으로써 구해진다.

p_0 대신에 좀 더 일반적인 표현인 p를 사용하였다. 왜냐하면 일단 전계가 가해지면 시료는 더 이상 평형 상태에 있지 않고 때때로 $p \neq p_0$이기 때문이다. 여기서 전계는 음(−)의 x 방향으로 인가되어 있다. 정공에 가해지는 힘 $F = +q\mathscr{E}$는 전계의 방향으로 정공들을 이동시킬 것이다. 모든 정공들은 평균적으로 전계에 의해 유도된 (표동) 속도 υ_{dp}를 가진다고 가정하자. 시간 dt 동안 단면적 A를 통과하는 총 전하량은 $dQ = qpA\upsilon_{dp}dt$와 같다. 전류는 단위 시간 동안 특정 평면을 통과하는 전하량으로 정의되기 때문에 다음과 같이 쓸 수 있다.

$$I_p = \frac{dQ}{dt} = qpA\upsilon_{dp} \tag{3.7}$$

정공 전류밀도는 $J_p = I_p/A$이다. 그러나 식 (3.7), (3.2), 그리고 (3.5)로부터 다음과 같이 쓸 수 있다.

$$J_{p(\text{drift})} = qp\upsilon_{dp} = \sigma_p\mathscr{E} \tag{3.8}$$

여기서 σ_p는 다음과 같다.

$$\sigma_p = qp\frac{\upsilon_{dp}}{\mathscr{E}} = qp\mu_p \tag{3.9}$$

여기서 μ_p는 **정공 이동도(hole mobility)**라고 부르는데, 단위 전계당 정공의 표동 속도를 의미한다.

$$\boxed{\mu_p = \frac{\upsilon_{dp}}{\mathscr{E}}} \tag{3.10}$$

이동도는 특정 물질에서 캐리어가 얼마나 용이하게 이동할 수 있는가 하는 정도를 나타낸 값이며, 보통 센티미터의 제곱/볼트-초($cm^2/V \cdot s$)로 표시한다. 이와 유사하게 전자의 이동도는 다음과 같다.

$$\boxed{\mu_n = -\frac{\upsilon_{dn}}{\mathscr{E}}} \tag{3.11}$$

여기서 전자 전도도 σ_n은 다음과 같다.

$$\boxed{\sigma_n = qn\mu_n} \tag{3.12}$$

마지막으로 총 표동 전류밀도는 다음과 같다.

$$J_{(\text{drift})} = J_{n(\text{drift})} + J_{p(\text{drift})} = (q\mu_n n + q\mu_p p)\mathscr{E} = \sigma\mathscr{E} \tag{3.13}$$

여기서 총 전도도는 다음과 같다.

$$\boxed{\sigma = qn\mu_n + qp\mu_p} \tag{3.14}$$

3.3 캐리어 이동도

전자와 정공의 이동도는 도너와 억셉터의 불순물 농도, 온도, 그리고 캐리어들이 소수 캐리어인가 다수 캐리어인가에 의존한다. (다수 캐리어는 n형 물질에서는 전자들이고 p형 물질에서는 정공들이다.) 이러한 효과들에 대한 물리적 고찰은 다음 절에서 다루지만, 여기에서는 상온에서의 실리콘에 대한 몇 가지 결과를 제시한다.

첫째 이동도는 도핑 농도에 따라 변한다. 보상되지 않은 물질의 경우에는 실험적인 데이터[1)]에 얼마간의 차이가 있지만 실리콘에서의 이동도는 자주 다음의 실험식으로 표현된다.

$$\mu = \mu_0 + \frac{\mu_1}{1 + \left(\dfrac{N}{N_{\text{ref}}}\right)^{\alpha}} \tag{3.15}$$

여기서 N은 도핑 농도(N_D 또는 N_A)이고 $\mu_0, \mu_1, N_{\text{ref}}$ 및 α는 적절한 피팅 파라미터(fitting parameter)들이다.

피팅 파라미터들은 캐리어들이 다수 캐리어인가 소수 캐리어인가에 의존한다.[2)] 상온에서 식 (3.15)는 다음과 같아진다.

다수 캐리어[1]:

$$\mu_n(N_D) = 65 + \frac{1265}{1 + \left(\dfrac{N_D}{8.5 \times 10^{16}}\right)^{0.72}} \tag{3.16}$$

$$\mu_p(N_A) = 48 + \frac{447}{1 + \left(\dfrac{N_A}{6.3 \times 10^{16}}\right)^{0.76}} \tag{3.17}$$

소수 캐리어[2-4]:

$$\mu_n(N_A) = 232 + \frac{1180}{1 + \left(\dfrac{N_A}{8 \times 10^{16}}\right)^{0.9}} \tag{3.18}$$

$$\mu_p(N_D) = 130 + \frac{370}{1 + \left(\dfrac{N_D}{8 \times 10^{17}}\right)^{1.25}} \tag{3.19}$$

1) 보상되지 않은 반도체에서 다수 캐리어의 이동도가 광범위하게 측정되었다. 소수 캐리어의 이동도는 측정하기가 훨씬 어려워서 보고된 결과가 많지 않다.

2) 바이폴라 접합 트랜지스터와 같은 일부 소자에서는 다수 캐리어보다 소수 캐리어가 더 소자 동작에 영향을 준다는 것을 알면 놀랄 것이다. 그러나 대부분의 전계 효과 트랜지스터에서는 다수 캐리어가 더 중요하다.

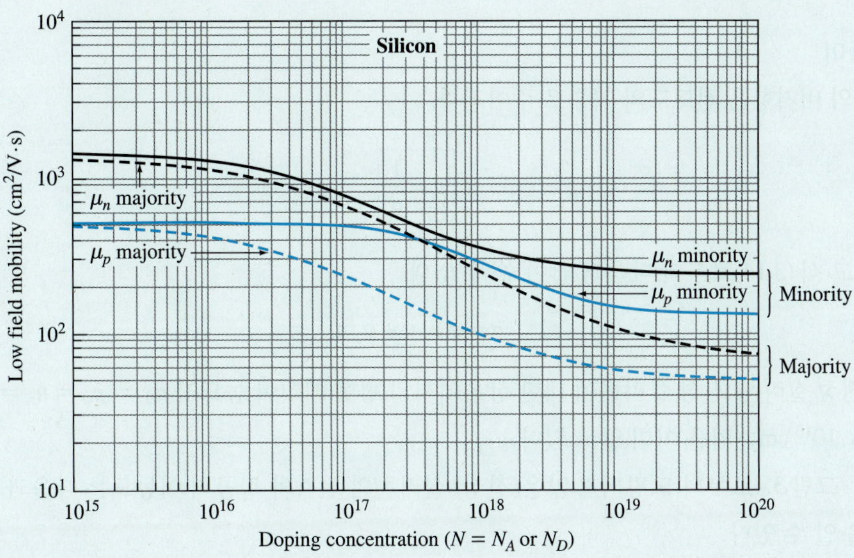

그림 3.4 상온에서의 p형과 n형 실리콘 내에서 도핑 농도의 함수로 표현된 다수 캐리어 및 소수 캐리어의 이동도. 실선: 소수 캐리어, 점선: 다수 캐리어.

이 식들은 저전계하의 실리콘에서만 적용된다(고전계 효과에 대한 논의는 3.3.5절에서 다룰 것이다). 이 결과들은 그림 3.4에 그래프로 표시되어 있다. 이 도표로부터 다음의 사실을 알 수 있다.

1. 낮은 불순물 농도에서는, 각각 다수 캐리어와 소수 캐리어로서의 전자의 이동도는 거의 같은 값을 갖는다: $\mu_n \approx 1330$ cm²/V·s.
2. 정공에 대해서도 유사한 결과를 보인다: $\mu_p \approx 495$ cm²/V·s.
3. 전자와 정공 이동도(다수 캐리어와 소수 캐리어인 경우 모두)는 불순물 농도가 증가함에 따라 단조 감소한다.
4. 주어진 도핑 농도에서, 전자와 정공의 소수 캐리어 이동도는 이에 상응하는 다수 캐리어 이동도일 때보다 더 크다.
5. 이 근소한 차이들은 도핑이 증가함에 따라 증가한다.

예제 3.1

진성 실리콘의 상온에서의 비저항을 계산하라. 그리고 이 값을 10^{17} cm^{-3}의 도너(또는 억셉터)로 도핑된 보상되지 않은 n형과 p형 실리콘의 결과와 비교하라. 여기서 $n = n_0$ 및 $p = p_0$로 가정하라.

■ 풀이

시료의 비저항은 전도도의 역수로 주어진다.

$$\boxed{\rho = \frac{1}{\sigma}}$$

그리고 식 (3.14)로부터 다음과 같이 쓸 수 있다.

$$\sigma = q(\mu_n n + \mu_p p)$$

a. *진성 실리콘*: 진성 실리콘에 대한 상온에서의 평형 캐리어 농도가 $n_0 = p_0 = n_i = 1.08 \times 10^{10}\ \text{cm}^{-3}$임을 이미 알고 있다.

그림 3.4로부터 도핑되지 않은(진성) 실리콘의 전자와 정공의 이동도는 다음과 같음을 알 수 있다.

$$\mu_n = 1330 \frac{\text{cm}^2}{\text{V} \cdot \text{s}}$$

$$\mu_p = 495 \frac{\text{cm}^2}{\text{V} \cdot \text{s}}$$

이 결과를 이용하여 다음과 같이 전도도를 구할 수 있다.

$$\begin{aligned}\sigma &= q(\mu_n n + \mu_p p) = q(\mu_n n_0 + \mu_p p_0) \\ &= 1.6 \times 10^{-19}\,\text{C}\left(1330 \frac{\text{cm}^2}{\text{V} \cdot \text{s}} \cdot 1.08 \times 10^{10}\,\text{cm}^{-3} + 495 \frac{\text{cm}^2}{\text{V} \cdot \text{s}} \cdot 1.08 \times 10^{10}\,\text{cm}^{-3}\right) \\ &= 3.15 \times 10^{-6}\,(\Omega \cdot \text{cm})^{-1}\end{aligned}$$

전도도로부터 비저항을 구할 수 있다.

$$\rho = \frac{1}{\sigma} = \frac{1}{3.15 \times 10^{-16}} = 3.17 \times 10^{5}\,\Omega \cdot \text{cm}$$

b. *n형 실리콘*: 이 물질은 더 고농도로 도핑되어서, 전류를 운반할 전자들이 아주 많으므로 진성 물질보다 더 높은 전도도 및 더 낮은 비저항을 나타낼 것으로 예상된다. $N_D \gg n_i$이고, 실질적으로 모든 불순물들이 이온화되었기 때문에 다음과 같이 쓸 수 있다.

$$n_0 = N_D = 10^{17}\,\text{cm}^{-3}$$

$$p_0 = \frac{n_i^2}{n_0} = \frac{(1.08 \times 10^{10}\,\text{cm}^{-3})^2}{10^{17}\,\text{cm}^{-3}} = 1.17 \times 10^{3}\,\text{cm}^{-3}$$

그림 3.4로부터, $10^{17}\ \text{cm}^{-3}$의 도너 농도에 대하여 전자 이동도와 정공 이동도가 다음과 같이 됨을 알 수 있다.

$$\mu_n \approx 650\frac{\text{cm}^2}{\text{V}\cdot\text{s}} \qquad \text{다수 캐리어 이동도}$$

$$\mu_p \approx 480\frac{\text{cm}^2}{\text{V}\cdot\text{s}} \qquad \text{소수 캐리어 이동도}$$

이 값들을 이용해서 다음의 값을 얻는다.

$$\begin{aligned}\sigma &= q(\mu_n n_0 + \mu_p p_0)\\ &= 1.6\times10^{-19}\,\text{C}\left(650\frac{\text{cm}^2}{\text{V}\cdot\text{s}}\cdot10^{17}\,\text{cm}^{-3} + 480\frac{\text{cm}^2}{\text{V}\cdot\text{s}}\cdot1.17\times10^{3}\,\text{cm}^{-3}\right)\\ &= 1.6\times10^{-19}(6.5\times10^{19} + 5.62\times10^{5}) = 10.4\,(\Omega\cdot\text{cm})^{-1}\end{aligned}$$

이 경우에 두 번째 항인 정공 항이 무시되고 있음을 유의하자. 따라서 비저항은 다음과 같다.

$$\rho = \frac{1}{\sigma} = \frac{1}{10.4} = 0.096\,\Omega\cdot\text{cm}$$

도핑된 Si은 진성 물질보다 훨씬 더 우수한 도전성을 갖는다.

c. *앞의 예제와 같은 도핑 수준이지만 n형 대신에 p형인 경우*: 어떠한 결과를 기대할 수 있을지를 미리 생각해보는 것으로 문제를 시작해볼 만한 가치가 있다. p형 물질은 더 많은 캐리어들을 갖고 있기 때문에 진성 물질보다 더 우수한 전도성이 있을 것으로 예상된다. 반면에 정공들은 일반적으로 전자들보다 이동도가 작으므로, p형 물질은 동등한 도핑 수준의 n형만큼 우수한 전도성을 갖기는 어려운 것이다. 우선 캐리어 농도를 구해보자.

$$p_0 = N_A = 10^{17}\,\text{cm}^{-3}$$
$$n_0 = \frac{{n_i}^2}{p_0} = 1.17\times10^{3}\,\text{cm}^{-3}$$

그런데 이동도는 다음과 같다.

$$\mu_n = 750\frac{\text{cm}^2}{\text{V}\cdot\text{s}} \qquad \text{소수 캐리어 이동도}$$

$$\mu_p = 230\frac{\text{cm}^2}{\text{V}\cdot\text{s}} \qquad \text{다수 캐리어 이동도}$$

그러므로 다음의 결과를 얻는다.

$$\begin{aligned}\sigma &= q(\mu_n n_0 + \mu_p p_0)\\ &= 1.6\times10^{-19}\,\text{C}\left(750\frac{\text{cm}^2}{\text{V}\cdot\text{s}}\cdot1.17\times10^{3}\,\text{cm}^{-3} + 230\frac{\text{cm}^2}{\text{V}\cdot\text{s}}\cdot10^{17}\,\text{cm}^{-3}\right)\\ &= 3.7\,(\Omega\cdot\text{cm})^{-1}\end{aligned}$$

이 경우에, 전자들의 수가 매우 적으므로 전도에 미치는 영향은 거의 무시될 정도이다. p형 시료에 대한 비저항은 다음과 같다.

$$\rho = \frac{1}{\sigma} = \frac{1}{3.7\,(\Omega \cdot \text{cm})^{-1}} = 0.27\Omega \cdot \text{cm}$$

p형 물질은 같은 도핑 수준의 n형 시료보다 다소 작은 전도성을 갖는다. 왜냐하면 p형의 전류는 주로 정공에 의해 운반되고 정공들은 전자보다 이동도가 작기 때문이다.

3.3.1 캐리어 산란

정의[식 (3.10)과 (3.11)]에 의해 이동도는 다음과 같이 표동 속도에 의존함을 상기하자.

$$\mu = \left| \frac{v_d}{\mathscr{E}} \right|$$

캐리어의 표동 속도는 산란 사건, 즉 입자들과의 충돌에 의해 캐리어의 운동 방향이나 에너지가 변하는 것들에 의해 영향을 받는다. 소수 캐리어의 이동도는 이러한 산란 기작에 의존한다. 뒤에 논의하는 바와 같이, 표동 속도는 또한 캐리어가 불순물 상태에서 지체하는 시간에도 의존한다. 이러한 불순물 밴드 전도는 산란과 함께 다수 캐리어의 산란에 기여한다. 다수 캐리어와 소수 캐리어의 이동도가 모두 산란에 의해 영향을 받기 때문에, 먼저 산란의 물리에 관해 검토할 것이다.

캐리어들은 이온화된 불순물 원자들과 포논(phonon)과 같은 "입자들"과의 상호 작용(충돌)에 의해 산란될 수 있다. 따라서 표동 속도와 이동도는 충돌 사이의 평균 자유 시간(mean free time)에 의존한다.

이온화된 불순물 산란 불순물의 산란 효과는 불순물(도너와 억셉터)들이 상온에서 대체로 이온화된 상태로, 즉 대전되어 있다는 것을 인식함으로써 이해할 수 있다. 쿨롱 힘이 이온화된 불순물에 접근하는 전자 또는 정공을 편향시킬 것이다. 이것을 이온화된 **불순물 산란(ionized impurity scattering)**이라 하며, 그림 3.5에 개략적으로 나타내었다. 양 이온(a)과 음 이온(b)에 대한 산란의 경우들을 나타내었다. 정공들은 양 이온으로부터는 멀어지도록 편향되고, 음 이온에 대해서는 가까워지도록 편향된다. 전자들은 이와 반대되는 방식으로 편향된다. 편향 정도는 캐리어의 속도와 캐리어가 이온에 얼마나 근접하느냐의 정도에 의존한다. 따라서 더 고농도로 도핑된 물질일수록 캐리어가 어떤 시간 내에 이온과 충돌할 확률은 더 높아지고, 충돌 사이의 평균 자유 시간은 더 작아질 것이며, 따라서 이동도도 더 작아질 것이라는 결론에 도달한다.

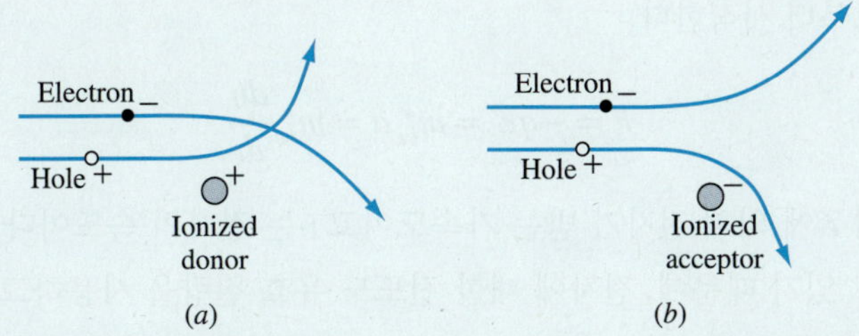

그림 3.5 (a) 이온화된 도너로 접근하는 전자는 도너 쪽으로 편향되지만, 정공은 도너의 반대 방향으로 편향된다. (b) 전자는 음으로 대전된 이온화된 억셉터에 대해 멀어지는 방향으로 편향되지만, 정공은 억셉터 쪽으로 편향된다.

추가적으로, 이온화된 도너와 억셉터들은 둘 다 캐리어들을 대체로 동등한 수준으로 산란시키므로, 보상된 물질에서의 이온화된 불순물 산란에 기인한 이동도는 총 도핑 농도 $N_D + N_A$에 의존한다. 비록 그림 3.4는 보상되지 않은 물질에 대한 것이지만, 일반적으로 $N_D \gg N_A$ 또는 $N_A \gg N_D$이므로 실제로 자주 이 그래프로부터 소수 캐리어의 이동도를 산출할 수 있다.

격자(포논) 산란 캐리어 이동도에 미치는 또 다른 영향은 주로 포논 산란이라고 부르는 격자 산란으로부터 온다. 임의의 온도에서 진동하는 원자들은 결정 내에서 압력(음향) 파를 생성한다는 것을 알고 있다. 1부의 보충에서 논의하는 바와 같이, 이 압력 파들을 **포논(phonon)**이라고 부른다. 전자들과 마찬가지로 포논들은 각각 에너지가

$$E_{\text{phonon}} = \hbar\omega \tag{3.20}$$

이고 파수 벡터는

$$K = \frac{2\pi}{\lambda} \tag{3.21}$$

입자로 간주될 수 있다(파동-입자 이중성). 여기서 ω는 격자 진동의 각 진동수이고 λ는 격자 진동의 파장이다. 따라서 포논을 입자로 간주하면, 포논은 전자(또는 정공)와 충돌하고 그것들을 산란시킬 수 있다. 포논 에너지는 보통 0.1 eV 이하의 좁은 범위에 걸쳐 있다. 주어진 에너지에서의 포논의 에너지 분포와 농도는 압력 파의 진폭, 따라서 온도에 의존한다. 온도가 증가함에 따라 더 강해진 격자 진동은 포논 농도를 증가시키고, 따라서 캐리어의 산란을 증가시키므로 이동도를 감소시킨다.

3.3.2 산란 이동도

산란이 이동도에 얼마나 영향을 미치는지를 검토해보자. 전계에 의해 전자가 받는 힘을

고찰하는 것으로부터 시작한다.

$$F = -q\mathscr{E} = m_{ce}^* a = m_{ce}^* \frac{dv}{dt} \tag{3.22}$$

여기서 a는 전계 $\mathscr{E}$에 의해 전자가 받는 가속도이고 v는 전자의 속도이다. 여기서는 전도 상태를 고찰하고 있기 때문에, 전자에 대한 전도도 유효 질량을 사용하고 있음을 유의하자. 여기서 단 한 가지의 산란 기작, 즉 이온화된 불순물 산란에 의한 이동도만을 고려하기로 한다.

식 (3.22)로부터 다음과 같이 쓸 수 있다.

$$dv = -\frac{q\mathscr{E}}{m_{ce}^*} dt \tag{3.23}$$

식 (3.23)의 양쪽 항을 (충돌 사이의 시간 간격에 대하여) 적분하면 다음의 식을 얻게 된다.

$$v(t) - v(t_0) = -\frac{q\mathscr{E}}{m_{ce}^*}(t - t_0) \tag{3.24}$$

여기서 t_0는 이전 충돌의 순간이다. 이 식은 특정 전자가 시간 t에서 다음 충돌의 바로 직전에 도달하게 되는 속도를 보여준다. 따라서 많은 횟수의 충돌을 고려하고 그 평균을 취하면 다음의 식을 얻는다.

$$v_{dn} = \langle v(t) - v(t_0) \rangle = -\frac{q\mathscr{E}}{m_{ce}^*} \langle t - t_0 \rangle \tag{3.25}$$

전자의 표동 속도는 $v_{dn} = \langle v(t) - v(t_0) \rangle$로 정의된다. 또한 충돌 사이의 평균 자유 시간은 다음과 같이 정의된다.

$$\bar{t}_n = \langle t - t_0 \rangle \tag{3.26}$$

그러면 전자의 표동 속도는 다음과 같이 쓸 수 있다.

$$v_{dn} = -\frac{q\mathscr{E}}{m_{ce}^*} \bar{t}_n \tag{3.27}$$

식 (3.11)과 (3.27)로부터 다음의 결과를 얻는다.

$$\boxed{\mu_n = \frac{q\bar{t}_n}{m_{ce}^*}} \tag{3.28}$$

정공에 대해서는, 전하를 $+q$, 그리고 전도도 유효 질량을 m_{ch}^*로 하여 같은 방식으로 계산하면 다음과 같다.

$$v_{dp} = \frac{q\bar{t}_p}{m_{ch}^*}\mathscr{E} = \mu_p \mathscr{E} \tag{3.29}$$

$$\boxed{\mu_p = \frac{q\bar{t}_p}{m_{ch}^*}} \tag{3.30}$$

여기서 μ_p는 정공 이동도이다.

이와 같이, 어떤 주어진 산란 기작에 대한 캐리어 이동도는 캐리어의 전도도 유효 질량과 그 산란 기작에 연관된 산란 시간에 의존하고 있음을 알 수 있다. 산란 시간은 캐리어와 다른 "입자들"과의 충돌 빈도에 의존한다.

캐리어-이온, 캐리어-포논 간의 충돌은 서로 독립적인 사건이므로, 다음의 마티센 법칙(Matthiessen's rule)으로 표현된다.

$$\frac{1}{t_n} = \frac{1}{t_{nii}} + \frac{1}{t_{nl}} \tag{3.31}$$

그리고

$$\frac{1}{\mu_n} = \frac{1}{\mu_{nii}} + \frac{1}{\mu_{nl}} \tag{3.32}$$

여기서 첨자 ii와 l은 각각 이온화된 불순물과 격자 (포논) 산란을 의미한다.

예제 3.2

상온의 진성 Si에 대하여, 산란 사이의 평균 자유 시간 $\bar{t}_n$과 $\bar{t}_p$를 구하라.

■ **풀이**

진성 Si의 경우에, $N_D = N_A = 0$이다. 그러므로 식 (3.28)로부터 $\bar{t}_n = (m_{ce}^*\mu_n)/q$이다. 그림 3.4로부터 $\mu_n = 1330\ \mathrm{cm^2/V\cdot s} = 0.133\ \mathrm{m^2/V\cdot s}$이다. 전자에 대한 전도도 유효 질량은 표 2.1로부터 $m_{ce}^* = 0.26\,m_0 = 0.26 \times 9.11 \times 10^{-19}$ kg이다.

평균 산란 시간은 다음과 같다.

$$\bar{t}_n = \frac{0.26 \times 9.11 \times 10^{-31} \times 0.133}{1.60 \times 10^{-19}} = 2 \times 10^{-13}\,\mathrm{s}$$

정공에 대해서도 위와 같은 방법으로, $\mu_p = 495\ \mathrm{cm^2/V\cdot s}$ 및 $m_{ch}^* = 0.36\,m_0$이므로 $\bar{t}_p = 1 \times 10^{-13}$ s을 얻는다.

3.3.3 불순물 밴드 이동도

위의 두 가지 산란 기작, 즉 이온화된 불순물 산란과 포논 산란은 소수 캐리어와 다수 캐리어 양쪽에 다 적용된다. 이 외에 추가적인 산란 기작이 있는데 이는 다수 캐리어가 도펀트 불순물 상태 안에서 진행하는 과정에서 일어난다. 2장에서 논의하는 바와 같이, 도핑이 증가함에 따라 도펀트 원자들과 관련된 상태들이 공간과 에너지에서 중첩이 되어 정상 조건의 전도대의 바닥인 E_{C0}로부터 정상 조건에서는 금지대인 안쪽으로 확장되어 불순물 밴드를 형성한다. 이 불순물 밴드의 대역폭(bandwidth)은 도핑이 증가함에 따라 증가한다. 이것은 그림 3.6에 보상되지 않은 n형 반도체 내의 전자들에 대해 도시되어 있다.

앞에서 이온화된 불순물에 의한 전도대 내의 전자들의 편향에 대해서는 이미 논의하였다. 하지만 불순물 밴드 내에서의 전자들은 도너 원자들과 연관된 상태에 놓여 있다. 이 전자들은 그림에 도시되어 있는 것처럼 도너 상태들에 의해 일시적으로 포획될 수 있다. 이 전자들은 포획과 재방출을 반복함으로써 그 진행을 늦추게 된다. 게다가 미니 밴드(mini-band) 안의 일부 전자들은 도펀트 원자 주위의 궤도상에 있다. 이 궤도들이 중첩되어 있기 때문에 이 전자들이 한 도펀트 원자로부터 또 다른 원자로 이동할 수는 있지만, 블로흐 파(Bloch wave)와 같이 쉽게(즉, 전자들이 전도대에서 하는 것처럼) 이동을 할 수는 없다. 도너 농도가 증가함과 동시에 이 불순물 밴드는 (에너지에 있어서, 그리고 상태의 농도에 있어서) 더 넓어진다. 더 많은 수의 전자들이 불순물 밴드 내에서 움직이면 표동 속도와 이동도가 감소한다[식 (3.11)].

보상되지 않은(uncompensated) 물질에서 이 기작(도너 또는 억셉터 상태들에 의한 다수 캐리어들의 속도 늦춤)은 단지 다수 캐리어에 대해서만 중요하다는 것을 강조한다. 그림 3.6의 n형 반도체에서 정공들은 단지 정상 조건의 가전자대에서만 움직여 간다. 그러나 보상된 물질에서는 그 안에 도너와 억셉터들이 둘 다 존재하므로, 소수 캐리어의 도핑 농도가 충분히 높다면 전자들은 도너 밴드 내로 이동해가는 반면에 정공들은 유사한 억셉터

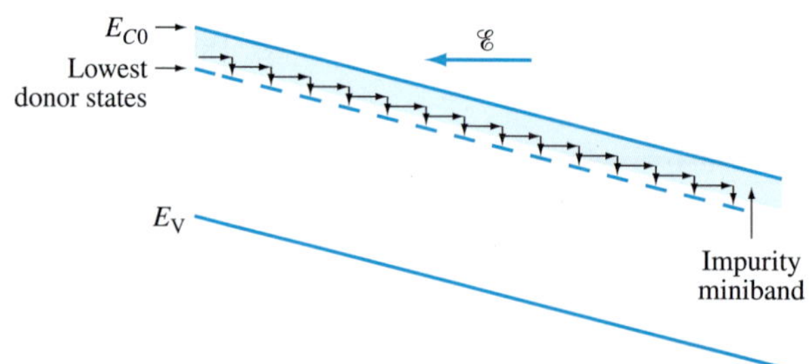

그림 3.6 다수 캐리어(이 경우 전자)는 n형 반도체에서 표동한다. 전자는 불순물 밴드에서 얼마간의 시간을 지체하며 이곳에서의 전자 이동도는 전도대에서의 이동도보다 상대적으로 낮아진다.

밴드 내로 움직여 갈 것이다. 그러면 소수 캐리어인 정공(또는 전자) 이동도는 억셉터(또는 도너) 농도의 함수가 된다.

"불순물 밴드 산란의 기작과 관련된" (다수 캐리어인) 전자의 이동도 μ_n은 N_D에 의존하지만 N_A에는 독립적인 반면에, μ_p는 N_A의 함수로 N_D에는 독립적이다. 이것은 앞에서 언급한 바와 같이, 다수 캐리어와 소수 캐리어 양쪽 모두 $N_D + N_A$의 함수가 되는 이온화된 불순물 산란과는 대조를 이룬다.

여기서는 그림 3.4가 보상되지 않은 물질에서의 측정을 반영하고 있음을 강조한다. 보상 효과가 있는 반도체에서는, 소수 캐리어 전류가 부분적으로는 불순물 밴드 내에서 운반될 것이며, 그것은 소수 캐리어 이동도를 그림 3.4에서의 값보다 감소시킬 것이다. 그러나 $N_D \gg N_A$ 또는 $N_A \gg N_D$인 경우가 많으며, 이 경우에 소수 캐리어 밴드 전송은 이동도에 큰 영향을 미치지 않는다.

그림 3.4로부터, 불순물 농도가 낮으면 불순물 밴드 전송 효과가 무시할 정도로 약해지고, 다수 캐리어와 소수 캐리어 이동도들은 전자와 정공 모두에서 각각 서로 접근한다는 사실을 알 수 있다. 도핑 수준이 증가함에 따라 이 효과는 좀 더 두드러지게 되고 다수 캐리어 이동도는 소수 캐리어 이동도보다 점점 더 작아진다.

이 절에서는, 실리콘을 이용한 이동도의 개념을 논의하였다. 비교를 위하여 GaAs와 Ge에 대한 저전계에서의 다수 캐리어 이동도의 도핑에 따른 의존성이 그림 3.7에 도시되어 있다. 이 물질들에 대한 소수 캐리어의 이동도 데이터는 가용하지 않는다. GaAs의 저전계의 전자 이동도는 Si이나 Ge에서보다 상당히 더 큰 것을 볼 수 있는데, 이는 주로 그 유효 질량이 더 작기 때문이다.

3.3.4 이동도의 온도 의존성

이동도는 또한 온도에도 민감하다. 온도가 증가하면 포논 농도가 증가하여 산란을 증가시키기 때문에 격자 산란에 의해 캐리어 이동도가 감소한다. 실리콘에서 격자 산란에 의한 이동도는 전자의 경우는 $T^{-2.6}$, 그리고 정공의 경우는 $T^{-2.3}$에 비례하여 변화한다.

그러나 온도가 증가함에 따라 캐리어들의 평균 열 속도가 증가하기 때문에 이온화된 불순물 산란의 영향은 감소한다. 따라서 캐리어들은 그들이 통과하는 이온화된 불순물 근처에서 더 짧은 시간을 보내게 되고, 그 결과로 이온들의 산란 효과가 감소되어 이온화된 불순물 산란에 의한 이동도가 온도 증가와 함께 증가한다.

이들 두 가지 효과는 캐리어들에 대해 동시에 작용한다. 통상의 반도체에 대한 이동도의 온도 의존성이 그림 3.8에 개략적으로 도시되어 있다. 낮은 온도에서는 이온화된 불순물 산란이 지배적인 반면에, 높은 온도에서는 포논 산란이 지배적이다.

3.3.5 고전계 효과

앞 절에서, 인가된 전계에 의해 주어진 속도(표동 속도)는 열 속도에 비해 작고, 또한 전계가 산란 시간 $\bar{t}$에 미치는 영향이 무시할 만하다고 가정하였다. 상수 $\bar{t}$에 대한 이 가정은 표동 속도가 전계에 비례하는 것으로 귀결된다. 즉 다음과 같이 쓸 수 있다.

$$\upsilon_d = \frac{q\bar{t}}{m_c^*}\mathscr{E} \qquad \text{저전계} \tag{3.33}$$

그러나 충분히 높은 전계에서는 $\mathscr{E}$이 증가함에 따라 충돌 사이의 평균 자유 시간 $\bar{t}$가 감소함으로써(더 빈번히 충돌함) 이동도가 감소한다. $\mathscr{E}$에 대한 υ_d의 의존성은 실험적으로 측정되었고, 그림 3.9에서는 상온에서 고순도의 벌크 Si 및 Ge에서의 전자와 정공에 대한 결

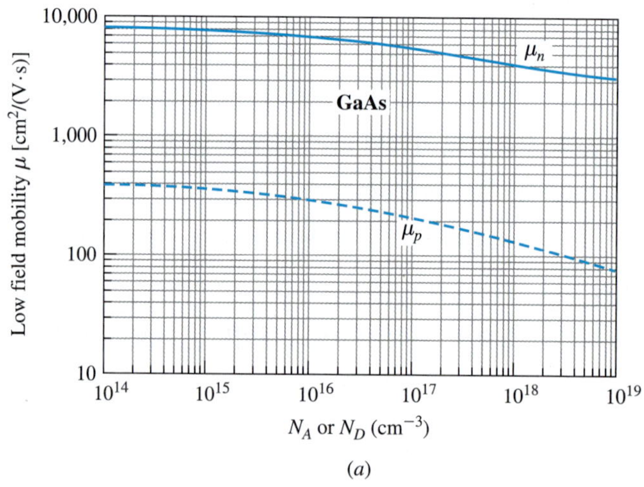

(*a*)

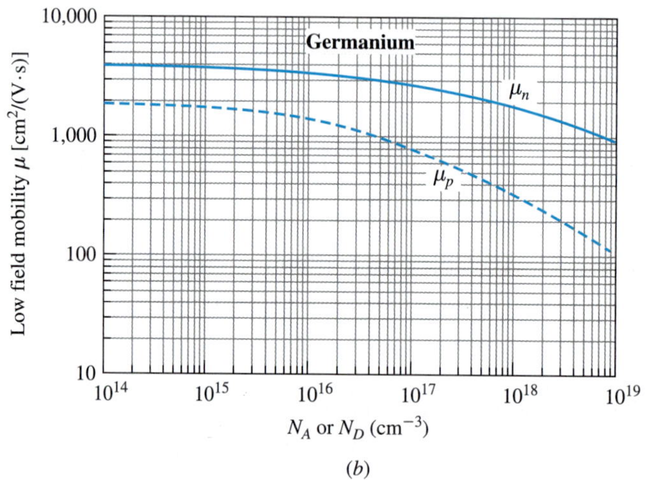

(*b*)

그림 3.7 보상되지 않은 (a) GaAs 및 (b) Ge 내에서 도핑 농도 N의 함수로 도시된 상온 및 저전계에서의 전자와 정공의 다수 캐리어 이동도.

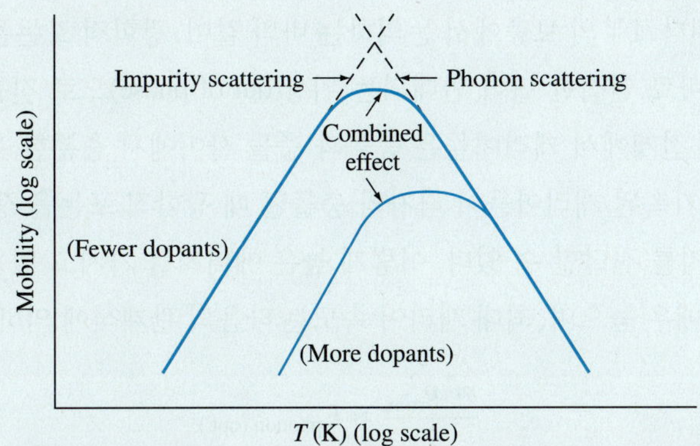

그림 3.8 온도의 함수로 나타낸 이동도. 저온에서는 불순물 산란이 지배적이지만, 고온에서는 격자 진동이 지배적이다.

과와 GaAs에서의 전자들에 대한 결과를 보여주고 있다.

낮은 전계에서는 표동 속도 υ_d가 $\mathscr{E}$에 비례하며, 따라서 μ는 상수이다. μ의 이 값을 저전계 이동도 μ_{lf}라고 부르며, 이것을 그림 3.4와 3.7에 나타내었다. 전계가 증가됨에 따라 υ_d는 준선형(sublinear)으로 증가하다가 제한(포화) 속도 υ_{sat}에 접근하는 것처럼 보인다. Si의 경우에, υ_{sat}의 값은 전자와 정공 모두에 대하여 대략 1×10^7 cm/s 정도이다. GaAs에서의 전자의 경우와, Ge에서의 전자와 정공 모두의 경우에 대해서 그 값은 대략 6×10^6 cm/s 정도이다.

이와 같은 속도 포화는 **광학적 포논 산란(optical phonon scattering)**이라고 부르는 과

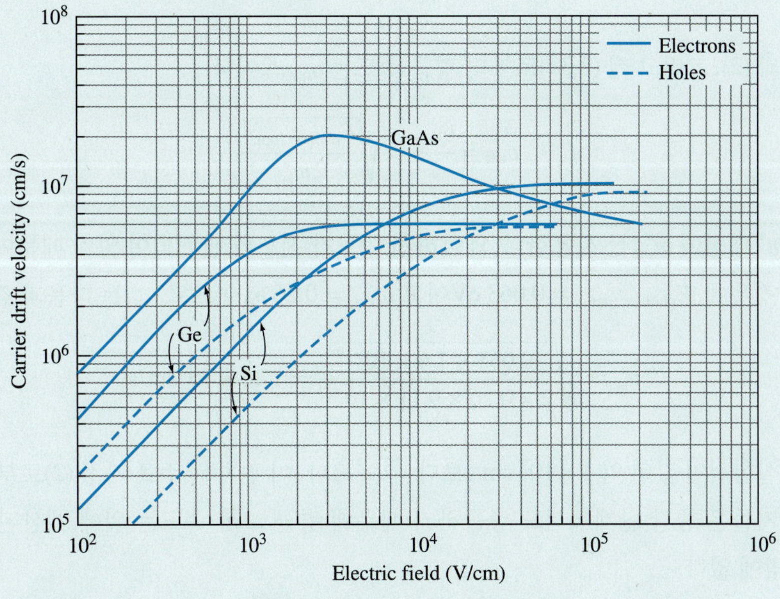

그림 3.9 실험에 의해 측정된 인가 전계에 대한 표동 속도의 의존성.

정으로부터 비롯된다. 1부의 보충에서 논의하는 바와 같이, 광학적 포논은 결정 내에서 원자들로 이루어진 바로 인접한 면이 반대되는 위상(out of phase)으로 진동하는 격자 진동과 관련된다. 높은 전계에서 캐리어들은 충돌과 충돌 사이에서 충분한 운동 에너지를 얻도록 가속되므로, 가속된 캐리어들이 격자와 충돌할 때 광학적 포논을 생성할 수 있을 만큼의 충분한 에너지를 전달할 수 있다. 이렇게 높은 에너지를 가지고 있는 캐리어가 포논을 생성할 확률은 매우 높으며, 최대 캐리어 속도는 다음의 관계식에 의하여 제한된다.

$$\frac{m^* \upsilon_{\max}^2}{2} \approx E_{\text{phonon (opt.)}} \tag{3.34}$$

여기서 $E_{\text{phonon(opt.)}}$는 광학적 포논의 에너지이고, m^*는 전계 $\mathscr{E}$ 방향으로의 캐리어 유효 질량이다. $E_{\text{phonon(opt.)}}$의 값은 Si에서는 0.063 eV이고, GaAs와 Ge에서는 0.034 eV이다.

예제 3.3

Si에서 전자의 포화 속도 값을 계산하라. 다음 가정을 적용하라.

1. 각각의 충돌 뒤에, 전자는 가지고 있는 모든 운동 에너지를 잃는다.

2. 전자들은 중간 단계의 충돌 없이 운동 에너지 $E_{\text{phonon(opt.)}}$을 얻는다. 즉 광학적 포논의 생성은 단지 산란 기작이다.

3. $E_K = 0$와 $E_K = m^* \upsilon_{\max}^2/2$의 사이에, 전자들은 E-K 곡선의 포물선 영역 안에 있고, 따라서 일정한 유효 질량의 개념이 유효하다.

■ **풀이**

가정 (1)과 (2), 그리고 식 (3.34)로부터 평균 속도는 $\upsilon_{\max}/2$이다.

$$\upsilon_{\text{sat}} = \frac{\upsilon_{\max}}{2} = \sqrt{\frac{E_{\text{phonon (opt.)}}}{2m_{ce}^*}} \tag{3.35}$$

여기서 m^* 대신에 m_{ce}^*를 사용한다. 왜냐하면 속도가 전도와 관련되어 있기 때문이다.

Si의 경우에, $E_{\text{phonon (opt.)}} = 0.063$ eV이고 $m_{ce}^* = 0.26\, m_0$이므로 υ_{sat}는 다음과 같다.

$$\upsilon_{\text{sat}} = \sqrt{\frac{0.063 \times 1.6 \times 10^{-19}}{2 \times 0.26 \times 9.11 \times 10^{-31}}} = 1.46 \times 10^7 \text{ cm/s}$$

이 값은 실험적인 값인 약 1×10^7 cm/s보다 다소 크다. 이 편차는 주로 가정 (2)로부터 야기된다. 전자들은 중간 단계에서도 충돌하기 때문에 평균 포화 속도는 위에 계산된 값보다 작을 수밖에 없다.

그림 3.9의 데이터는 상온에서 고순도의 물질에 대해 측정되었다. 더 고농도로 도핑된 반도체에서는 산란 시간이 감소되며, 이에 상응하여 저전계 속도 및 포화 속도도 감소한다. 도핑된 물질에서 충돌 사이의 평균 자유 시간 $\bar{t}$ 가 작아질수록 가정 (2)는 보다 부정확해진다. 즉 중간 단계의 충돌이 점점 더 중요해진다. 불순물 농도와 온도에 대한 $\bar{t}$의 의존성 때문에 υ_{sat} 또한 이러한 파라미터들에 의존한다.

그림 3.9로부터 Si과 Ge에서 전자와 정공들의 표동 속도 υ_d가 $\mathscr{E}$이 증가함에 따라 단조 증가하고 있음을 주목하라. 그러나 GaAs에서의 전자들에 대한 υ_d는 증가하여 최댓값에 도달하고 나면, 다시 감소하여 υ_{sat}에 접근한다. 이것은 GaAs에서의 전자들에 대한 E-K 관계(그림 2.3a)에 의해 설명될 수 있다. 저전계에서 대부분의 전자들은 $K = 0$의 극소점에 있으며 여기서 $m^* = 0.067\ m_0$이다. 이들이 충돌을 하면 산란되어 동일한 극소점으로 되돌아온다. 더 높은 전계에서는, 충돌 사이에 충분한 운동 에너지를 얻을 수 있으므로 더 높은 에너지의 극소점으로 산란될 수 있으며, 여기서의 유효 질량은 더 높은 값인 $m^* \approx 0.55\ m_0$를 갖는다. 이러한 유효 질량의 증가는 표동 속도[식 (3.27)]와 이에 상응하는 포화 속도[식 (3.35)]를 감소시킨다.

이러한 속도 포화 효과는 트랜지스터의 성능에 중대한 영향을 주므로 무시할 수 없다.

3.4 확산 전류

앞부분에서는 인가된 전계가 어떻게 표동 전류를 야기하는지를 논의하였다. 이제 반도체 내에서의 두 번째 형태의 전류인 확산 전류를 살펴보기로 하자. 확산은 움직일 수 있는 입자들이 높은 농도의 영역에서 낮은 농도의 영역으로 진행하는 과정을 말한다. 이러한 확산은 입자들의 무작위의 (열적) 운동[종종 **무작위 행보(random walk)**라고 칭함]으로부터 생성된다.

예를 들어, 누군가가 매우 조심스럽게 쟁반의 중앙에 탁구공들을 모두 가지런히 모아 놓았다고 가정하자. 만약 그 쟁반을 진동하도록 한다면[격자에 열에너지를 주는 것(다시 말해서, 포논)과 유사하게] 그 공들은 오랫동안 가지런한 채로 머물지 못한다. 탁구공들은 확산하며, 결국에는 쟁반 전체에 걸쳐 균일하게 분포될 것이다.

이와 동일한 확산 과정이 움직이는 전자와 정공들에서 발생한다. 그런데 그것들은 대전된 입자들이기 때문에 그 움직임은 **확산 전류(diffusion current)**라 부르는 전류를 생성한다.

그림 3.10a에 나타낸 바와 같이, 상온에서 단면적이 A인 반도체 물질의 막대(bar)를 생각하자. 여기에 전계는 인가되지 않았다. 그림 3.10b처럼, 어떤 시간 t에서 전자들은 위치에 따라 농도가 불균일하게 분포되어 있다고 가정한다. 반도체의 온도가 0 K가 아니기 때

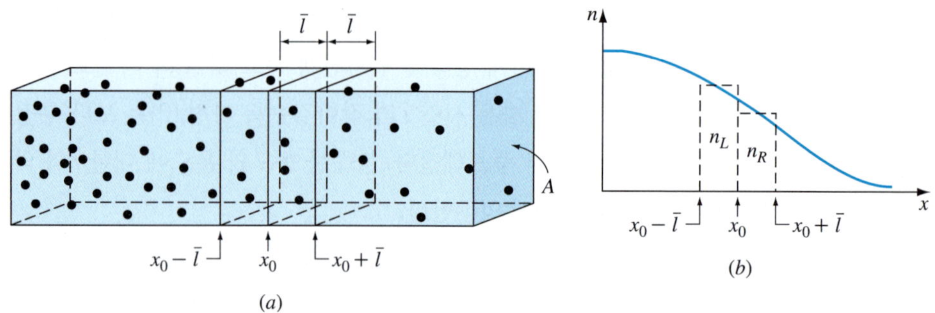

그림 3.10 확산. (a) 불균일한 전자 분포를 갖는 반도체 시료, (b) 전자의 농도 분포.

문에 각 전자는 얼마간의 열에너지를 갖고 있고, 따라서 얼마간의 속도를 갖는다. 하지만 전계가 없기 때문에 전자들의 운동 방향은 무작위이다. 각각의 전자는 50%의 확률로 오른쪽이나 왼쪽으로 갈 수 있다.

$x = x_0$인 평면을 생각하자. 전자들은 어느 한쪽 방향으로나 이 평면을 통과한다. 이 평면의 왼쪽에 높은 농도 n_L을 갖는 전자들이 있다면, 이 전자들의 절반은 오른쪽으로 이동해 가고 나머지 절반은 왼쪽으로 이동해 간다. 평면의 오른쪽에 낮은 농도 n_R을 갖는 전자들이 있다면, 이 전자들의 절반은 왼쪽으로 갈 것이다. 그러므로 오른쪽에서 왼쪽 방향으로보다 왼쪽에서 오른쪽 방향으로 더 많은 전자들이 $x = x_0$인 평면을 통과하게 된다. 결과적으로, 오른쪽으로 전자들의 알짜 선속(net flux)이 있으므로, 따라서 왼쪽으로의 알짜 전자 확산 전류가 흐르게 된다. (이와 정확히 같은 방식으로[3], 정공도 항상 높은 농도 영역으로부터 낮은 농도 영역으로 확산한다. 정공들은 양전하를 갖고 있기 때문에 정공 확산 전류는 정공 선속과 같은 방향으로 흐른다.)

다음으로 확산 전류밀도를 계산하기로 한다. 먼저 전속 밀도(electron flux density), 즉 단위 시간당 x_0에서의 단위 면적을 통과하는 전자들의 수를 구하는 것부터 시작한다. $\bar{t}$를 충돌 사이의 평균 자유 시간으로, $\bar{l}$를 평균 자유 시간 동안 캐리어가 진행한 평균 자유 행로(mean free path)로 놓는다.[4] x_0의 양쪽에 각각의 체적이 $\bar{l}A$인 2개의 영역을 고려하자. 평균적으로, 이 체적 내에 있는 전자들의 절반이 충돌 없이 평면 x_0에 도달할 것이며(나머지 절반은 다른 길을 갈 것이다), 도달 시간은 $\bar{t}$일 것이다. $\bar{t}$의 시간 동안, 왼쪽에 있는 전자들 중 절반이 오른쪽으로 x_0를 통과하고 오른쪽에 있는 전자들 중 절반이 왼쪽으로 x_0를 통과하게 된다. $\bar{t}$의 시간 동안, x_0를 통과하는 전자들의 알짜 수는 x_0로부터 $\bar{l}$의 거리 이내

3) 무작위 운동을 하는 다른 모든 입자들, 예를 들어 앞에서 언급한 탁구공들이나 결정 내에서의 불순물 원자들에서도 그렇다.

4) $\bar{t}$가 10^{-13} s 정도이고, 열 속도 $\bar{v}$는 상온에서 대략 10^7 cm/s임을 알고 있다. 따라서 적절한 근사로, $\bar{l} = \bar{v}\bar{t}$이고 $\bar{l}$는 10 nm 정도가 된다.

에 있는 양쪽 체적 내 전자들의 수의 차이의 1/2이 된다. 따라서 전속 밀도는 다음과 같다.

$$\mathrm{F}_n = \frac{(n_L - n_R)\bar{l}}{2\bar{t}} \tag{3.36}$$

여기서 n_L과 n_R은 각각 왼쪽과 오른쪽의 전자 농도들이다. 거리 $\bar{l}$ 내에서 n의 변화가 적다면, 다음과 같이 쓸 수 있다.

$$(n_L - n_R) \approx -\frac{dn}{dx}\bar{l} \tag{3.37}$$

따라서 전속 밀도는 다음과 같아진다.

$$F_n = \frac{-\bar{l}^2}{2\bar{t}}\frac{dn(x)}{dx} = -D_n\frac{dn(x)}{dx} \tag{3.38}$$

여기서

$$D_n \equiv \frac{\bar{l}^2}{2\bar{t}} \tag{3.39}$$

이고 D_n을 전자에 대한 **확산 계수(diffusion coefficient)**라고 부른다. 식 (3.38)에서 음의 부호 표시는 전속 밀도가 n이 감소하는 방향으로, 즉 항상 더 낮은 농도의 영역을 향하고 있음을 나타낸다.

전자의 확산 **전류(current)** 밀도는 전속 밀도에 전자의 전하량을 곱한 것과 같다.

$$J_{n(\mathrm{diff})} = -qF_n = qD_n\frac{dn(x)}{dx} \tag{3.40}$$

같은 방식으로, 정공에 대해서는 다음과 같이 쓸 수 있다.

$$J_{p(\mathrm{diff})} = +qF_p = -qD_p\frac{dp(x)}{dx} \tag{3.41}$$

확산을 일으키는 데에는 작용하는 힘이 없고 단지 전류를 발생시키는 유일한 것은 캐리어들의 열에너지와 농도의 불균일(variation)뿐이라는 것을 유의하라.

곧이어서 논의할 것이지만, 많은 소자에서 $dn(x)/dx$와 $dp(x)/dx$는 위치에 따라 변하며, 따라서 $J_{n(\mathrm{diff})}$와 $J_{p(\mathrm{diff})}$[식 (3.40)과 (3.41)] 또한 위치에 따라 변한다. 총 전류를 일정하게 유지하기 위하여 표동 전류는 이에 따라 적절히 변하게 된다. 이 주제는 **연속 방정식(continuity equation)**을 고찰하는 3.7절에서 더 자세히 논의하기로 한다.

확산 계수와 이동도가 양쪽 다, 입자가 물질 내에서 얼마나 용이하게 움직이는가의 척도임을 주목한다면 이들 사이에 관련이 있을 것으로 짐작할 수 있다. 다음 장에서 **아인슈타인 관계식(Einstein relation)**이라고 알려진 다음의 관계식을 유도할 것이다. 여기에 그

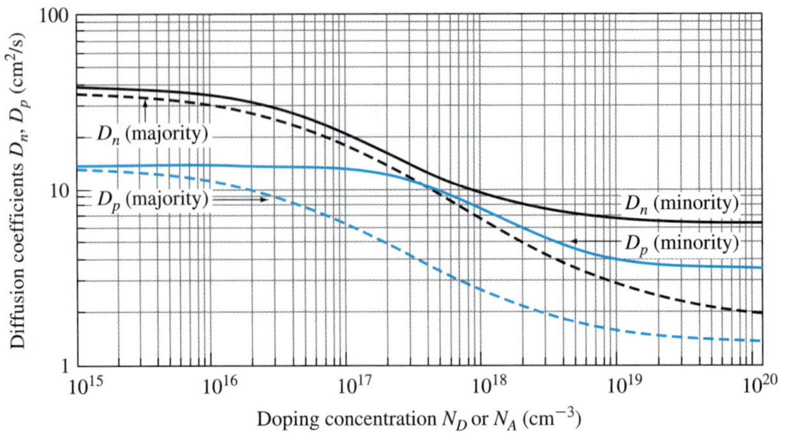

그림 3.11 실리콘에서 도핑 농도의 함수로 표현된 전자와 정공의 상온에서의 확산 계수.

결과를 나타내면 다음과 같다.

$$\boxed{\frac{D_n}{\mu_n} = \frac{kT}{q}} \tag{3.42}$$

$$\boxed{\frac{D_p}{\mu_p} = \frac{kT}{q}} \tag{3.43}$$

위의 관계식으로부터 확산 계수는 이동도에 비례함을 알 수 있다. 그림 3.11은 상온의 Si에서의 전자와 정공에 대한 다수 캐리어와 소수 캐리어의 확산 계수를 도핑 농도의 함수로 도시하고 있다. (그림 3.4의 이동도에 관한 그래프와 비교하라.)

전자와 정공에 대해 전계를 인가하는 것에 의하여 힘을 인가하는 것도 가능하다. 전자가 전계와 농도 변화의 영향을 모두 받는 경우에 대한 총 전자 전류는 다음과 같다.

$$J_n = J_{n(\text{drift})} + J_{n(\text{diff})} = q\mu_n n(x)\mathscr{E} + qD_n\frac{dn(x)}{dx} \tag{3.44}$$

또한 정공 전류도 표동과 확산 성분들을 가지고 있다.

$$J_p = J_{p(\text{drift})} + J_{p(\text{diff})} = q\mu_p p(x)\mathscr{E} - qD_p\frac{dp(x)}{dx} \tag{3.45}$$

아인슈타인 관계식을 이용하면, 식 (3.44)와 (3.45)는 다음과 같이 표현할 수 있다.

$$J_n = q\mu_n\left[n\mathscr{E} + \frac{kT}{q}\frac{dn}{dx}\right] \tag{3.46}$$

$$J_p = q\mu_p\left[p\mathscr{E} - \frac{kT}{q}\frac{dp}{dx}\right] \tag{3.47}$$

각 식에서 두 가지 성분은 표동과 확산 전류이다. 따라서 총 전류는 다음과 같다.

$$
\begin{aligned}
J &= J_{n(\text{drift})} + J_{p(\text{drift})} + J_{n(\text{diff})} + J_{p(\text{diff})} \\
&= q\mu_n n\mathscr{E} + q\mu_p p\mathscr{E} + qD_n\frac{dn}{dx} - qD_p\frac{dp}{dx}
\end{aligned}
\tag{3.48}
$$

여기서 p형 물질에서는 μ_n과 D_n은 소수 캐리어의 이동도와 확산 계수이고, μ_p와 D_p는 다수 캐리어에 대한 것이다. n형 물질의 경우에는 그 반대이다.

많은 소자들에서(예를 들어, 저항 소자), n과 p가 위치에 무관하게 균일한 영역이 있을 수 있다(즉, $dn/dx = dp/dx = 0$). 이 경우에, 식 (3.48)은 다음과 같아진다.

$$
J = (q\mu_n n + q\mu_p p)\mathscr{E} = (\sigma_n + \sigma_p)\mathscr{E} = \sigma\mathscr{E} \tag{3.49}
$$

이것은 식 (3.5)에 나타낸 바와 같이 미시적인 옴의 법칙이다.

3.5 캐리어의 생성과 재결합

특정 온도에서 전도대에는 전자들이, 가전자대에는 정공들이 얼마간 항상 존재하고 있다. 이 캐리어들은 이온화된 불순물로부터, 또한 가전자대에서 전도대로 여기되는 전자들이 전자-정공 쌍을 생성하는 결과로부터 생기는 것이다. 근사적으로, 상온 근처 및 그 이상에서는 모든 불순물들이 이온화되어 있으므로, 여기서는 단지 전자-정공 쌍과 관련된 과정만을 고찰하기로 한다. 전자-정공 쌍을 생성하는 과정 또는 가전자대로부터 전도대로 전자가 여기되는 과정을 **생성(generation)**이라는 용어로 정의한다. 전자가 전도대로부터 가전자대로 이동함으로써, 따라서 전자-정공 쌍이 소멸되는 과정을 **재결합(recombination)**이라고 부른다.

평형 상태에서는 반도체 내의 생성과 재결합이 같은 비율로 발생한다. 따라서 전자와 정공들의 평형 농도(n_0와 p_0)는 일정하다. 하지만 반도체 소자들은 비평형 조건에서 동작하며, 이 경우에는 이것이 반드시 옳지는 않아서, $n \neq n_0$이고 $p \neq p_0$이다. 많은 소자들에서, 생성과 재결합 과정은 그 소자들의 전기적 특성을 결정하는 데 있어서 중요하다. 생성과 재결합에는 수많은 물리적인 과정들이 관련되어 있다. 여기에서는 좀 더 일반적인 과정들에 대해 논의한다.

3.5.1 밴드 간 생성과 재결합

전자는 밴드 갭보다 큰 에너지를 가진 광자를 흡수함으로써(예를 들어, GaAs의 경우), 또는 광자와 포논을 동시에 흡수하는 것에 의해(예를 들어, Si의 경우), 가전자대로부터 전도대로 여기될 수 있다. 밴드 간(band-to-band) 천이 과정이 그림 3.12a에 도시되어 있다. 이 과정에서 전자-정공 쌍이 생성된다. 그림 3.12b는 그 역과정을 보여준다. 1개의 전자가 1개의 정공과 재결합할 때에 1개의 광자, 1개의 광자와 1개의 포논, 또는 다수의 포논들이 (도시한 바와 같이) 생성된다. 생성이든 재결합이든 어느 경우에서나, 에너지와 파수 벡터(결정 운동량)는 보존되어야 한다.

3.5.2 2-단계 과정

생성과 재결합은 또한 금지대역 안에 있는 전자 상태들이 관여되는 2-단계 과정에 의해 발생할 수도 있다. 그림 3.12c는 p형 GaAs에서의 생성에 대하여 이와 같은 경우를 나타내고

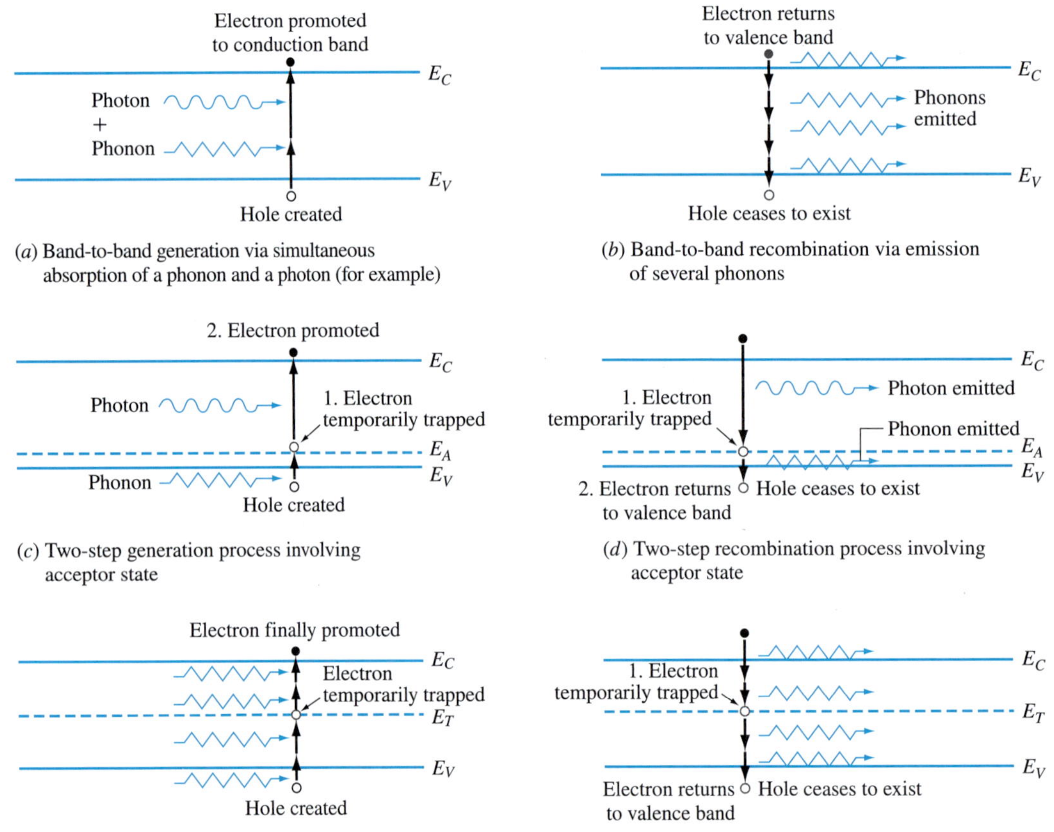

그림 3.12 다양한 생성과 재결합 과정. (a) 1전자가(이 경우에) 1개의 포논과 1개의 광자를 흡수하여 전자-정공 쌍이 생성된다. 이 생성 과정은 하나의 광자를 흡수해서도 가능하다. 광자와 포논은 동시에 흡수된다. (b) 여러 개의 포논의 동시 방출을 통한 밴드 간 재결합. (c) 2-단계 생성 과정, 이 과정에서 예를 들어, 전자는 포논을 흡수하여 억셉터 상태로 에너지 단계를 높이고, 다음 단계에서 광자를 흡수하여 전도대로 올라간다. (d) p형 물질에서의 전형적인 재결합 사건에서는 광자를 방출하여 전자가 잠정적으로 억셉터 상태에 있다가, 연이어 일어나는 포논의 방출로 가전자대로 되돌아가서 정공이 소멸된다. (e)와 (f) 트랩 상태를 경유한 재결합과 생성.

있다. 포논들 또는 광자들은 전자들을 가전자대로부터 억셉터 준위까지 여기시킨다. 다음으로, 광자들은 전자들을 억셉터 준위로부터 전도대까지 여기시킬 수 있다. 그림 3.12d는 재결합 과정을 나타내고 있다. 전도대로부터 억셉터 준위까지의 천이에서는 광자들을 방출하고, 억셉터 준위로부터 가전자대까지의 천이에서는 포논들을 방출한다.

Si에서의 생성과 재결합은 그림 3.12e와 3.12f에 나타나 있는 것처럼, 금지대역의 중앙 근처에 있는 **트랩 준위(trap level)**라고 부르는 에너지 E_T인 에너지 준위가 관여되는 2-단계 과정[5]으로 주로 이루어진다.

3.6 반도체에서의 광학적 과정

지금까지는, 캐리어 농도가 열평형 값을 갖고 있는 반도체를 주로 고려해왔다. 하지만 소자들에서는, 캐리어 농도가 비평형 값을 갖는 경우가 흔하다. 예를 들면, 반도체가 빛에 노출되어 빛을 흡수할 때에는, (예를 들어, 태양전지 내에서) 추가적인 전자와 정공들이 그들의 평형 농도를 초과하여 생성된다. 이 절에서는 반도체 내에서의 흡수와 방출이라는 광학적 과정과 이러한 과잉 캐리어 농도가 전류에 미치는 효과에 관해 논의한다.

3.6.1 흡수

1장에서는 원자에 의한 광자의 흡수에 대하여 논의하였다. 1개의 원자는 이산적인 에너지 상태를 가지며, 흡수되는 광자는 그 에너지가 2개의 허용된 상태 사이의 에너지 차와 같아야만 한다. 반도체 내에서도 이 과정은 고립된 에너지 상태들 대신에 허용된 에너지 밴드가 존재하는 것을 제외하고는 비슷하다. 따라서 어떤 범위에 걸쳐 흡수될 수 있는 광자 에너지가 있게 된다. 그러나 E-K 다이어그램에 기초하여 다른 제한이 있다는 것을 알게 될 것이다.

에너지 밴드 다이어그램이 그림 3.13a와 같은 반도체 물질을 고려하자. 전도대의 바닥과 가전자대의 꼭대기가 도시되어 있다. 평형 상태에서는, 전도대에는 n_0의 전자들이, 가전자대에는 p_0의 정공들이 있다. 전자-정공 쌍은 열적으로 일정하게 생성되고 있으며, 전자들은 더 낮은 에너지 상태에 있으려 하기 때문에 정공들과 일정하게 재결합하고 있다. 열적 평형 상태에서, 이들 두 과정은 정확하게 같은 비율로 일어난다.

여기서 다음과 같은 광자 에너지를 쓸 수 있다.

$$E = h\nu \tag{3.50}$$

지금 이 에너지를 가진 광자가 그림 3.13b에서와 같이 반도체에 도달하고 있다고 가정하자. 여기서 ν는 광의 진동수이고 h는 플랑크 상수이다. 광자가 흡수되기 위해서는 에너

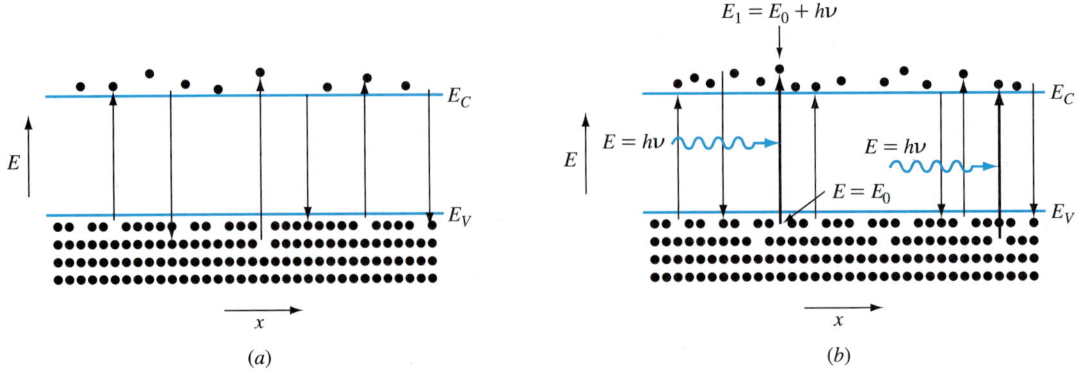

그림 3.13 (a) 열평형에서 전자와 정공은 동일한 비율로 생성 및 소멸되어 일정한 n_0와 p_0를 유지한다. (b) 시료에 빛이 조사되면, 광자가 흡수될 수 있고 과잉 전자-정공 쌍이 생성된다.

지 보존에 의해 그 **계(system)**의 에너지는 흡수의 전과 후에 같아야만 한다는 것을 이미 알고 있다. 전자와 광자의 충돌 전에, 그들의 에너지의 합은 다음과 같다.

$$E_{\text{electron+photon}} = E_0 + h\nu \tag{3.51}$$

여기서 E_0는 초기 상태(충돌 전)의 전자의 에너지이다. 광자가 전자와 충돌할 때에 전자가 광자의 에너지를 흡수할 수 있다. 광자 에너지가 전자로 전이되면 광자는 소멸된다. 그러므로 그 과정의 뒤에 전자는 에너지 보존에 의하여 다음의 에너지를 갖게 된다.

$$E_1 = E_0 + h\nu \tag{3.52}$$

여기서 $E_1 > E_C$이다.

밴드 갭보다 적은 $E = h\nu$의 에너지를 갖는 광자가 입사된다면, 그 광자는 흡수될 수 없음을 유의하자. 광자가 흡수되기 위해서는 전자는 금지대역 폭 안 어딘가의 에너지 상태에서 끝나야만 할 것이다. 따라서 금지대역 폭 안에 특별한 상태를 제공할 수 있는 트랩이나 불순물들의 도움을 통하지 않고서는 이것은 불가능하다. 그러므로 밴드 갭보다 적은 에너지를 갖는 광자의 빛은 흡수되지 않고, 반도체는 그 복사광에 대하여 투명한 것으로 나타난다.

하지만 아직 전체적인 내용을 다 논의하지는 못하였다. 에너지 보존 이외에 파수 벡터 K의 보존 법칙(고전역학에서 운동량 보존과 유사한)이 있다.[5] 반도체 전자공학[6]에서 관심의 대상이 되는 광자들은 브릴루앙(Brillouin) 영역의 가장자리에 있는 파수 벡터들과

5) 앞에서 나타낸 바와 같이, $\hbar K$의 물리량은 **결정 운동량(crystal momentum)**[때로는 단지 **운동량(momentum)**이라고도 함]이라고 부른다.
6) 이는 자외선에서 적외선 영역의 복사광을 의미한다. X-선은 아니다.

비교하여 매우 작은 파수 벡터를 가지고 있어, 많은 경우에 그 크기는 본질적으로 0으로 간주된다. 그러므로 전자들이 에너지 천이를 할 때에는 사실상 K가 일정해야 하므로, 이것은 E-K 다이어그램상에서 (거의) 수직적 천이를 해야 한다는 것을 의미한다. 그림 3.14에 이것을 나타내었다.

E-K 다이어그램이 그림 3.14a와 같은 특수한 반도체를 직접 갭(direct gap) 물질이라고 부른다. 직접(direct)이라는 말은 전도대의 최솟값이 가전자대의 최댓값과 같은 K 값에 있다는 것을 의미하고, 여기서 $K = 0$이다. 따라서 천이는 전자와 광자의 직접적인(다른 제3의 개입 없이) 상호작용으로부터 기인한다. 직접 갭 물질은 일반적으로 광 에너지의 효율적인 방출체(emitter)이며 흡수체(absorber)이다. 왜냐하면 전자들이 K를 얻거나 버릴 필요가 없으므로 전도대와 가전자대 사이를 천이하기가 용이하기 때문이다. GaAs와 InP는 직접 갭 물질의 좋은 예이다.

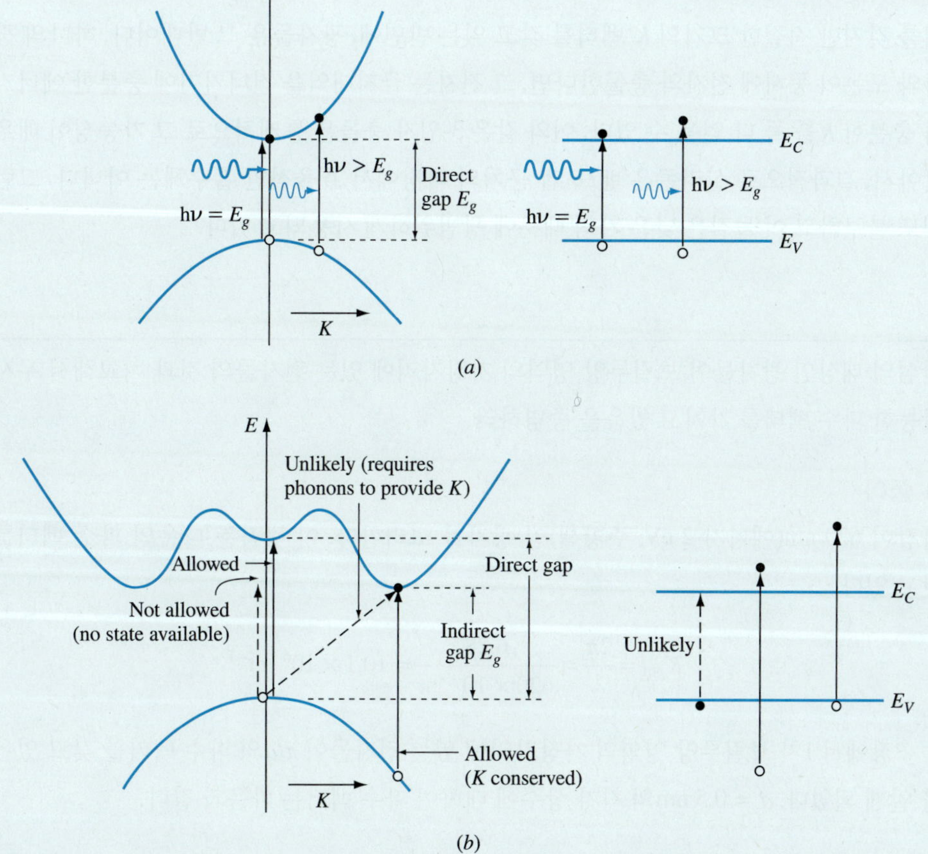

그림 3.14 흡수가 일어나기 위해서는 K뿐만 아니라 E도 모두 보존되어야 한다. (a) 직접 밴드 갭 반도체; 왼쪽은 E-K 다이어그램이고. 오른쪽은 통상의 에너지 밴드 다이어그램이다. (b) 간접 밴드 갭 물질(이렇게 불리는 이유는 전도대 바닥과 가전자대 꼭대기가 동일한 K 값에 있지 않아서 광자-전자 상호작용이 간접적이기 때문).

반면에, 간접 갭 물질은 그림 3.14b에 나타낸 바와 같다. 간접 갭 물질에서는 전도대의 최솟값이 가전자대의 꼭대기와 같은 K 값에 있지 않다. 전자는 밴드 갭의 크기에 가까운 광자 에너지를 흡수하여 한 밴드에서 다른 밴드로 간단히 옮겨갈 수가 없다. 왜냐하면 광자는 이 천이에 적합한 파수 벡터를 제공할 수 없기 때문이다. 간접 갭 물질에서 전자는 밴드 간 천이를 이루기 위해 에너지와 파수 벡터 둘 다를 얻어야 한다. 간접 갭 물질의 예로는 Si, Ge, 그리고 GaP 등이 있다.

여기서 한 가지 흥미로운 점이 제기된다. 실리콘은 간접 갭 물질이고, 따라서 광의 효과적인 흡수체가 아님에도 불구하고 광 검출기와 태양 전지에 가장 흔히 사용되는 물질이다. 게다가 Si의 주 밴드 갭은 1.12 eV이며, 이것은 근적외선인 1 μm를 약간 넘는 광자의 파장에 대응된다. 그림 3.14b에 의하면 이보다 상당히 더 높은 에너지에 이르기까지의 광을 전혀 흡수할 수 없어야 한다. 그러나 직접 밴드 갭보다 더 적은 에너지의 광자는 전자, 광자, 그리고 포논을 포함하는 3-입자 충돌에 의하여 흡수될 수 있다. 포논들은 적은 에너지를 갖지만 적절한 크기의 K 벡터를 갖고 있는 반면에, 광자들은 그 반대이다. 하나의 광자와 포논이 동시에 전자와 충돌한다면, 그 전자는 금지대역을 건너가기에 충분한 에너지와 충분한 K를 둘 다 얻을 수 있다. 이와 같은 3-입자 충돌은 통계적으로 그 가능성이 매우 낮아서, 결과적으로 실리콘은 밴드 갭 근처의 파장에서 효율적인 흡수체는 아니다. 그럼에도 불구하고 이 물질은 낮은 가격 때문에 광범위하게 사용되고 있다.

예제 3.4

관심의 대상인 광자들이 브릴루앙 영역의 가장자리에 있는 전자들의 것과 비교해서 무시 가능한 파수 벡터를 가지고 있음을 증명하라.

■ 풀이

파장이 620 nm(에너지 2 eV, 주황색)인 광자를 고려한다. 이 광자는 다음의 파수 벡터를 갖고 있다.

$$K_{\text{pht}} = \frac{2\pi}{\lambda} = \frac{6.28}{620 \times 10^{-9}\,\text{m}} = 10.1 \times 10^{6}\ \ \text{m}^{-1}$$

2장에서 1차 브릴루앙 영역의 가장자리에 있는 전자들이 π/a의 파수 벡터를 갖고 있음을 알게 되었다. $a = 0.5$ nm의 격자 상수에 대하여 파수 벡터는 다음과 같다.

$$K_e = \frac{\pi}{a} = \frac{3.14}{0.5 \times 10^{-9}} = 6.28 \times 10^{9}\ \text{m}^{-1}$$

위의 결과로부터 K 벡터의 비는 다음과 같다.

$$\frac{K_{pht}}{K_e} = \frac{10.1 \times 10^6}{6.28 \times 10^9} = 1.6 \times 10^{-3}$$

따라서 이 광자의 K 벡터는 전자의 약 1/1000 정도이다. 그러나 고에너지(X-선)의 광자는 브릴루앙 영역 가장자리에 있는 전자들과 거의 비슷한 크기의 파수 벡터를 가질 수 있음을 유의하라.

빛을 반도체에 비추면 평형 상태가 교란된다. 주어진 광자가 흡수되면 여분의 전자가 (평형 상태의 수 이상으로) 전도대에 생성되고, 동시에 여분의 정공이 가전자대에 생성된다. 흡수된 각각의 광자들에 대응하여 하나의 전자-정공 쌍이 생성된다. 이 전자와 정공들을 **과잉 캐리어(excess carrier)**—평형 농도 이상의 여분—라고 부른다. 과잉 전자 농도는 Δn이고 과잉 정공 농도는 Δp이다. 총 캐리어 농도는 평형 값과 과잉 농도를 합한 것이다.

$$\boxed{\begin{aligned} n &= n_0 + \Delta n \\ p &= p_0 + \Delta p \end{aligned}} \tag{3.53}$$

이 과잉 캐리어들은 균일하게 분포되어 있지 않다면 확산할 수 있고, 전계가 있다면 표동할 수 있다. 표동과 확산 전류가 0(또는 합해서 0)이라 할지라도 과잉 캐리어가 있는 한 그 물질은 평형 상태에 있지 않다. 빛이 꺼진다면 과잉 캐리어들은 시간에 따라 사라지고 그 물질은 평형 상태로 되돌아간다는 것을 곧 알게 될 것이다. 그러나 이를 논의하기에 앞서, 반도체에서의 광 방출에 대해서 검토하기로 한다.

3.6.2 방출

흡수와 반대되는 광학적 과정은 광의 방출이다. 이 과정은 그림 3.15에 나타낸 것처럼 처음에 E_1의 에너지 상태를 갖는 전자가 더 낮은 E_0의 에너지 상태로 천이를 한다. 에너지 보존에 의해서, 전자는 그 여분의 에너지를 광자(빛)로, 또는 포논(열)으로, 또는 양쪽 모두의 형태로 방출해야 한다.

포논의 생성이 없을 때에는, 방출된 광자의 에너지가 전자에 의해 잃어버린 에너지와

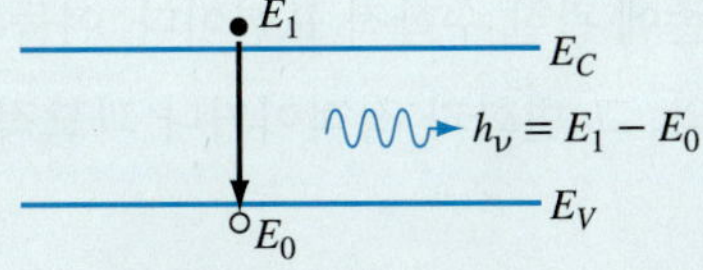

그림 3.15 광학적 방출. 전자는 에너지를 잃어, $E = h\nu$의 광자로 여분의 에너지를 잃는다.

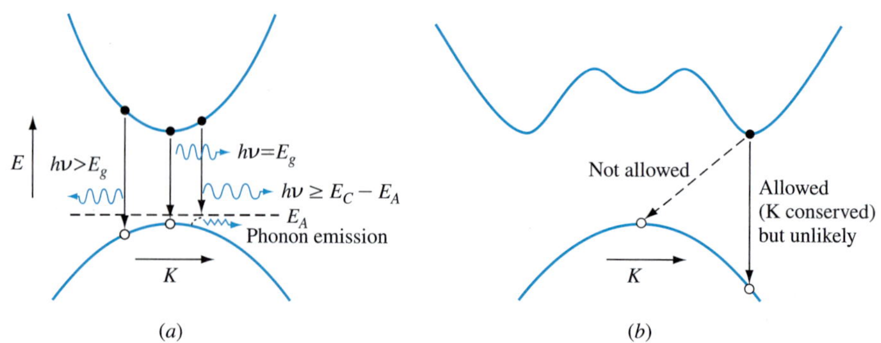

그림 3.16 *E-K* 다이어그램상의 방출. *K*와 *E* 둘 다 보존된다. (a) 직접 밴드 갭 반도체, (b) 간접 밴드 갭 반도체.

같아야만 한다. 그러므로 전자의 허용 에너지 준위들 간의 차이의 값과 같은 광자 에너지에서만 방출을 볼 수 있을 것으로 기대한다. 그림 3.16a에 나타낸 것과 같은, p형 직접 갭 반도체의 경우를 고려하자. 에너지 갭보다 더 큰 에너지에서의 방출은 가능하지만, *K*는 보존되어야만 한다. 그러므로 광학적 천이는 *E-K* 다이어그램상에서는 여전히 수직으로 일어나야만 한다. 에너지가 밴드 갭에 가까우면서 약간 더 큰 광의 방출은 오직 직접 갭 반도체에서만 일어날 수 있다. 그러나 전도대로부터 억셉터 준위로 광학적 천이를 하면서 더 낮은 에너지의 광자를 방출하는 것은 가능하다. 이 경우에 E_A로부터 가전자대로 일어나는 천이는 포논을 생성한다. 좁은 갭 물질(예를 들어, InSb, $E_g = 0.17$ eV)에서는 밴드 간 천이가 더 잘 일어난다. 더 넓은 갭 물질(예를 들어, GaAs, $E_g = 1.43$ eV)에서는 전도대-억셉터 상태 간 천이가 더 잘 일어난다.

GaP와 같은 물질의 간접 에너지 밴드 다이어그램이 그림 3.16b에 나와 있다. 여기서 허용되지만 가능성이 희박한 것으로 표시된 하나의 천이에 주목하라. 이것은 *K*가 보존된다 할지라도 이렇게 높은 에너지 준위에 정공이 존재할 확률이 매우 희박하기 때문이다. 그림에 나와 있는 또 다른 천이는 *K*가 보존되지 않으므로 허용되지 않는다. 결과적으로 간접 갭 물질은 직접 갭 물질보다 비효율적인 광 방출체이다.[7)]

3.7 연속 방정식

연속 방정식은 입자들의 보존에 관한 수학적 표현이다. 이들은 시간과 공간에서의 캐리어(전자와 정공) 농도의 변화와, 그 변화가 정적이거나 과도적으로 전기적 및 전기-광학적

7) 예외가 있다. 예를 들어, 간접 갭 반도체를 적당히 도핑함으로써, Online Module OM11에서 논의한 바와 같이 **등전자 트랩(isoelectronic trap)**을 생성하여, 일부 간접 갭 물질(예를 들어, GaP)들로부터 실질적인 광 방출을 얻을 수 있다.

특성들에 미치는 영향을 이해하는 데에 기초가 된다. 문제를 단순화하기 위해, 먼저 x 방향의 1차원 경우에 대한 캐리어 농도의 시간 의존성을 고찰한다. 따라서 주어진 시간에서의 캐리어 농도는 y와 z 방향으로는 균일하다고 가정한다.

금속 전선에서, 단위 시간당, 체적 내로 들어가고 또는 나가는 전자들의 수를 알아냄으로써 전류를 구한다. 반도체에서는, 전자와 정공 모두 한쪽 끝에서 반도체 내의 체적으로 들어가고 다른 쪽 끝으로 빠져나갈 수 있으므로 전자와 정공 모두를 고려해야 한다. 캐리어들은 체적 내에서 쌓이거나 없어질(재결합) 수도 있다. 그러므로 어떤 주어진 시간 동안에 체적 내로 들어오는 수와 빠져나가는 수가 다를 수도 있다. 연속 방정식은 전자들과 정공들의 모든 유입(source)과 유출(sink)을 고려한다.

그림 3.17에 나타낸 바와 같이, 단위 면적과 미소 길이 dx를 갖는 반도체 미소 체적을 고려하자. 표동과 확산으로 구성된 전속 밀도 F_n이 체적 안으로 흘러 들어간다고 할 때, 미소 체적 밖으로 나오는 전속 밀도는 일반적으로 다를 수 있다. 이 차이는 캐리어의 생성과 재결합, 그리고 체적 내에서의 적체 및 감소에 의해 비롯된다. 이 미소 체적 내에서의, 전도대 내에서의 전자 농도의 증가율은 다음과 같게 된다.

$$\frac{\partial n}{\partial t}dx = -\frac{\partial F_n}{\partial x}dx + (G_n - R_n)\,dx \tag{3.54}$$

여기서 G_n은 전자의 생성률이고, R_n은 전자의 재결합률(단위 시간당, 단위 체적당, 캐리어의 수)이다. $(\partial F_n/\partial x)dx$ 항은 dx 영역의 양쪽 끝에서의 전속의 차를 나타낸다.

앞에서 생성과 재결합에 대한 몇 가지 기작들을 살펴보았다. G_{th}는 열적(포논에서 비롯된) 생성률, G_{op}는 광학적(광자에서 비롯된) 생성률, 그리고 G_{other}는 다른 과정들(예를 들어, 포획 및 탈출)에서 비롯된 생성률이라 하자. 그러면 총 전자 생성률은 다음과 같다.

$$G_n = G_{n(\text{th})} + G_{n(\text{op})} + G_{n(\text{other})} \tag{3.55}$$

이 값은 단위 체적당, 단위 시간당, 생성된 전자의 수이다. 전속 밀도는 $F_n = -J_n/q$에 의해 전류밀도와 연관되므로, dx 항이 상쇄되어 식 (3.54)는 다음과 같이 된다.

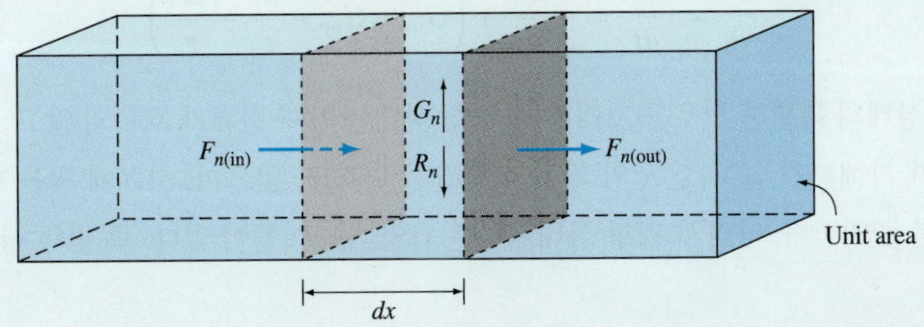

그림 3.17 연속 방정식을 도출하기 위한 입체도. 미소 체적 내에 축적되는 캐리어의 비율은 dx 영역에서의 재결합과 생성뿐만 아니라 들어오고 나가는 전류에 의존한다.

$$\boxed{\frac{\partial n}{\partial t} = \frac{1}{q}\frac{\partial J_n}{\partial x} + (G_n - R_n)} \qquad \text{전자에 대한 연속 방정식} \tag{3.56}$$

이 식은, 한 점에서의 전자 농도의 증가율이 같지 않은 전자 전류에 기인한 n의 증가분에 $G_n - R_n$의 알짜(net) 전자 생성률을 더한 것과 같음을 말한다. 여기서 J_n은 총 전자 전류 밀도로서 일반적으로 표동과 확산 전류로 구성된 것임을 다시 반복한다. 식 (3.56)은 **전자에 대한 연속 방정식(continuity equation for electrons)**이라고 부른다. 이와 비슷하게 정공에 대한 연속 방정식은 다음과 같다.

$$\boxed{\frac{\partial p}{\partial t} = -\frac{1}{q}\frac{\partial J_p}{\partial x} + (G_p - R_p)} \qquad \text{정공에 대한 연속 방정식} \tag{3.57}$$

다음으로, 식 (3.56)으로 되돌아가서 $n = n_0 + \Delta n$이고[식 (3.53)], 평형 상태에서의 전자 농도 n_0가 시간 독립적 또는 $\partial n_0/\partial t = 0$임을 상기하자. 따라서 다음과 같이 쓸 수 있다.

$$\frac{\partial n}{\partial t} = \frac{\partial n_0}{\partial t} + \frac{\partial \Delta n}{\partial t} = \frac{\partial \Delta n}{\partial t} \tag{3.58}$$

추가적으로 다른 생성 과정을 무시하면 아래와 같다.

$$G_{\mathrm{n}} = G_{\mathrm{th}} + G_{\mathrm{op}} \tag{3.59}$$

재결합 또한 일어난다. 전자는 재결합하기 전에 전도대에서 머무르는 평균 시간과 관련된 수명을 갖는다. 이 수명에 대해서는 3.8절에서 자세히 다룰 것이다. 잘 정의된[8] 소수 캐리어(전자)의 수명 τ_n에 대하여, 재결합률은 재결합에 사용할 수 있는 전자들(전도대에서의 전자들을 의미)의 수에 비례한다. 따라서 다음과 같이 쓸 수 있다.

$$R_n = \frac{n}{\tau_n} = \frac{n_0}{\tau_n} + \frac{\Delta n}{\tau_n} \tag{3.60}$$

이 결과들을 식 (3.56)에 대입하면 다음과 같다.

$$\frac{\partial n}{\partial t} = \frac{\partial \Delta n}{\partial t} = \frac{1}{q}\frac{\partial J_n}{\partial x} + \left(G_{\mathrm{th}} + G_{\mathrm{op}} - \frac{n_0}{\tau_n} - \frac{\Delta n}{\tau_n}\right) \tag{3.61}$$

평형 상태의 특별한 경우를 고려하자. 평형 상태는 알짜 전류가 흐르지 않고($J = 0$), 외부 전계가 가해지지 않고, 온도의 기울기(공간적 변화)가 없으며, 시료에 빛을 비추지 않는 경우를 의미한다. 따라서 평형 상태에서는 과잉 캐리어들이 없다. 즉 평형 상태에서는

8) "잘 정의된(well-defined)" 수명이란 소수 캐리어들이 각 밴드에서 지내는 평균 시간 $\bar{t}_n = \tau_n$ 또는 $\bar{t}_p = \tau_p$를 뜻한다. 이 정의는 대체로 전자 소자에 이용되는 반도체에 대한 경우이다.

$\Delta n = 0, J_n = 0$ 그리고 $G_{\text{op}} = 0$이다. 따라서 식 (3.61)의 좌변이 0이 되어 다음의 결과를 얻는다.

$$G_{\text{th}} = \frac{n_0}{\tau_n} \tag{3.62}$$

식 (3.62)를 고려하면 식 (3.61)은 다음과 같이 된다.

$$\frac{\partial n}{\partial t} = \frac{\partial \Delta n}{\partial t} = \frac{1}{q}\left(\frac{\partial J_n}{\partial x}\right) + \left(G_{\text{op}} - \frac{\Delta n}{\tau_n}\right) \tag{3.63}$$

마찬가지로 정공의 경우에는 다음과 같이 쓸 수 있다.

$$\frac{\partial p}{\partial t} = \frac{\partial \Delta p}{\partial t} = -\frac{1}{q}\left(\frac{\partial J_p}{\partial x}\right) + \left(G_{\text{op}} - \frac{\Delta p}{\tau_p}\right) \tag{3.64}$$

여기서 G_{op}, Δn 그리고 Δp는 일반적으로 위치의 함수이다.

전류밀도는 표동과 확산으로 구성되므로 다음과 같이 쓸 수 있다.

$$\begin{aligned} J_n &= J_{n(\text{drift})} + J_{n(\text{diff})} = qn\mu_n\mathscr{E} + qD_n\frac{dn}{dx} \\ J_p &= J_{p(\text{drift})} + J_{p(\text{diff})} = qp\mu_p\mathscr{E} - qD_p\frac{dp}{dx} \end{aligned} \tag{3.65}$$

따라서 연속 방정식은 다음과 같이 된다.

$$\begin{aligned} \frac{\partial n}{\partial t} &= \frac{\partial \Delta n}{\partial t} = n\mu_n\frac{\partial \mathscr{E}}{\partial x} + \mu_n\mathscr{E}\frac{\partial n}{\partial x} + D_n\frac{\partial^2 n}{\partial x^2} + G_{\text{op}} - \frac{\Delta n}{\tau_n} \\ \frac{\partial p}{\partial t} &= \frac{\partial \Delta p}{\partial t} = -p\mu_p\frac{\partial \mathscr{E}}{\partial x} - \mu_p\mathscr{E}\frac{\partial p}{\partial x} + D_p\frac{\partial^2 p}{\partial x^2} + G_{\text{op}} - \frac{\Delta p}{\tau_p} \end{aligned} \tag{3.66}$$

이러한 연속 방정식의 이용은 간단한 1차원 문제들에 대해 다음 두 절에 예시되어 있다. 트랜지스터 해석과 같은 좀 더 복잡한 경우에는, 2차원이나 3차원(공간적) 연속 방정식이 자주 요구된다. 종종 이 문제들은 닫힌 형태(closed form, 해석적 수식의 형태)로는 풀 수 없고, 소자 시뮬레이터에 의해 수치적으로 풀 수 있다.

3 차원에서의 연속 방정식은 다음과 같다.

$$\begin{aligned} \frac{\partial n}{\partial t} &= \frac{1}{q}\,\nabla \cdot J_n + (G_n - R_n) \\ \frac{\partial p}{\partial t} &= -\frac{1}{q}\,\nabla \cdot J_p + (G_p - R_p) \end{aligned}$$

3.8 소수 캐리어의 수명

전자와 정공들이 열적으로나 광학적으로 생성될 수 있고, 아울러 되돌아가서 복원되려는 힘(restoring force), 즉 재결합이 있음을 살펴보았다. 전자들이 높은 에너지(예를 들어, 전도대)에 있을 때, 이 전자들은 보다 낮은 에너지를 찾으려 하고, 얼마의 시간이 흐른 후에 가전자대의 정공들과 재결합될 것이다. 이 절에서는 이러한 현상들에 걸리는 시간에 대하여 관심을 가져보자.

소수 캐리어 수명(minority carrier lifetime) τ를, p형 반도체에서는 전자들이 전도대에서 보내는 평균 시간(τ_n), n형 반도체에서는 정공들이 가전자대에서 보내는 평균 시간(τ_p)의 척도로 정의한다. 수명을 결정하는 데 이용되는 한 가지 방법은 반도체에 빛을 쪼일 때 광전도도(photo-conductivity)의 시간 의존성을 측정하는 것이다.

그림 3.18의 회로에 연결된 균일한 반도체 시료를 고려하자. 반도체는 얇고, 흡수 계수가 작은 빛의 파장을 선택하자. 이렇게 함으로써 반도체 시료의 전체 체적에 걸쳐 고르게 빛이 조사된다고 간주할 수 있다. 만약 광 펄스(light pulse)가 인가되면 흡수를 통하여 전자-정공 쌍을 생성한다. 광 흡수는 과잉 캐리어를 생성하고 전도성 캐리어들이 더 많아져서 전도도가 증가한다. 시간에 따른 이러한 전류의 변화는 부하 저항 R_L의 양단에 인가되는 전압의 시간적 변화로서 오실로스코프를 통하여 측정된다. 만약 R_L 값이 반도체의 저항 R_S와 비교하여 작은 값으로 주어지면 전류는 V_A/R_S로 측정된다. 반도체 시료의 저항이 $R_S = \rho L/A$이고 $\sigma = 1/\rho$임을 고려하면 다음의 식을 얻는다.

$$i(t) = \frac{V_A}{\dfrac{\rho(t)L}{A}} = \frac{V_A A\sigma(t)}{L} \tag{3.67}$$

시간 의존 전압은 $i(t)$에 비례하고, 이것은 다시 캐리어의 수가 변함에 따라 시간적으로 변하는 전도도 $\sigma(t)$에 비례한다.

반도체 시료의 전도도는 다음과 같이 주어짐을 상기하자.

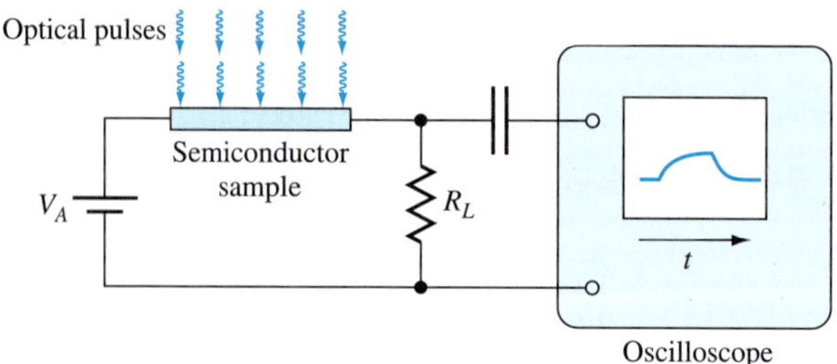

그림 3.18 반도체에서 소수 캐리어 수명 측정을 위해 이용되는 회로의 개략도.

$$\sigma = \sigma_n + \sigma_p = q(\mu_n n + \mu_p p) \tag{3.14}$$

여기서 캐리어 농도는 다음과 같다.

$$\begin{aligned} n &= n_0 + \Delta n \\ p &= p_0 + \Delta p \end{aligned} \tag{3.53}$$

여기서 n_0와 p_0는 평형 상태에서의 전자들과 정공들의 농도이고, Δn 및 Δp는 과잉 농도(이 경우, 광에 의해 비롯된)이다. 식 (3.14)와 (3.53)을 함께 고려하면 다음의 식을 얻는다.

$$\sigma = q(\mu_n n_0 + \mu_n \Delta n + \mu_p p_0 + \mu_p \Delta p) \tag{3.68}$$

또는

$$\sigma = \sigma_0 + \sigma_{pc} \tag{3.69}$$

여기서 광 조사가 없을 때의 전도도(암 전도도) σ_0는 다음과 같다.

$$\sigma_0 = q(\mu_n n_0 + \mu_p p_0) \tag{3.70}$$

또한 광전도도 σ_{pc}는 다음과 같다.

$$\sigma_{pc} = q(\mu_n \Delta n + \mu_p \Delta p) \tag{3.71}$$

한 예로서, 밴드 간 재결합이 일어나는, 즉 전도대의 전자가 가전자대의 정공과 직접 재결합하는, p형 직접 갭 반도체를 고려하자. 이 과정이 그림 3.19의 우측 끝 부분에 도식적으로 나타나 있다.

각각의 광자는 전자-정공 쌍을 생성하고, 재결합하는 각각의 전자는 전자-정공 쌍을 소멸시키기 때문에 과잉 전자들과 정공들의 농도는 $\Delta n = \Delta p$로 같다. 캐리어들이 생성되는 율과 재결합되는 율이 다를 수 있으므로, 어떤 경우에는 캐리어들이 축적되거나 고갈될 수 있다.

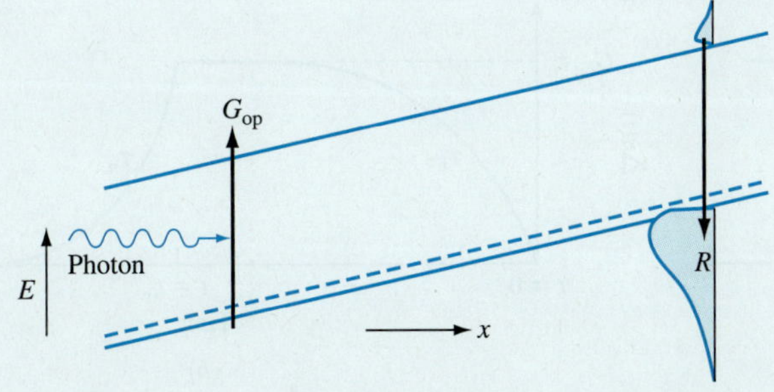

그림 3.19 전기적 바이어스와 광 조사 시의, 그림 3.18의 반도체 에너지 밴드 다이어그램. 재결합률 R과 광학적 생성률 G_{op}이 도시되어 있다.

광전류(photocurrent)의 시간 의존성은 Δn과 Δp의 시간 의존성에 비례한다. $\Delta n = \Delta p$이기 때문에 Δn에 대하여 연속 방정식[(식 (3.63)이나 (3.66)]을 풀 수 있다. 반도체는 동질이고 균일하게 광 조사되어 있으므로 $\mathscr{E}$는 일정하고, 따라서 $d\mathscr{E}/dx$, dn/dx 및 $\partial J_n/\partial x$가 모두 0이 된다. 따라서 다음과 같이 쓸 수 있다.

$$\frac{d\Delta n}{dt} = G_{\text{op}} - \frac{\Delta n}{\tau_n} \tag{3.72}$$

여기서 편미분은 상미분으로 대체된다. 식 (3.72)의 Δn은 특정 문제에 따른 적절한 초기 조건을 적용하여 풀어야 한다.

광전도도는 식 (3.71)에 $\Delta n = \Delta p$을 적용하여 다음과 같이 결정된다.

$$\sigma_{pc}(t) = q\Delta n(t)(\mu_n + \mu_p)$$

따라서 식 (3.67)로부터, 전류의 시간 의존성은 $\Delta n(t)$에 의존한다. 이제 반도체가 초기에 평형 상태에 있다가, $t = 0$에서 빛이 켜지는 경우에 대하여 먼저 검토하자.

3.8.1 상승 시간

빛이 켜지기 전에, 반도체는 평형 상태에 있다. 따라서 $t = 0$에서 $\Delta n = 0$이다. 이 경우에, $t > 0$에서의 식 (3.72)의 해는 다음과 같다.

$$\Delta n = G_{\text{op}}\tau_n(1 - e^{-t/\tau_n}) \tag{3.73}$$

이것은 시간에 따라 증가하는 함수이고, 특정 시정수 τ_n을 갖고 지수적으로 증가한다.

그림 3.20a는 이러한 경우에 대한 $\Delta n(t)$의 그래프를 보여준다. Δn이 시정수 τ_n을 갖고 증가하여 다음의 최댓값에 도달하는 것을 알 수 있다.

$$\Delta n_{\max} = G_{\text{op}}\tau_n \tag{3.74}$$

최댓값은 빛의 세기(light intensity), 흡수율, 그리고 τ_n과 관련되어 있는 G_{op}에 비례한

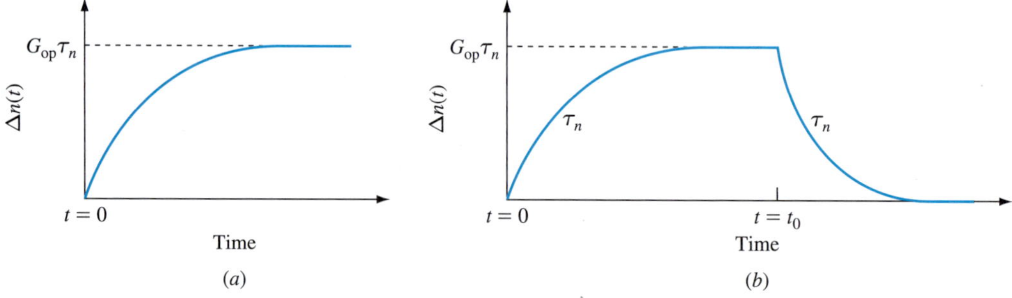

그림 3.20 광 펄스가 반도체에 가해졌을 때의 과잉 캐리어들의 변화. (a) 빛이 켜지면, 과잉 캐리어 농도는 지수적으로 증가한다. (b) 완전한 펄스(pulse)에서, 상승과 하강 시정수는 소수 캐리어의 수명과 같다.

다. 빛이 켜지면, 정상 상태의 과잉 캐리어 농도가 형성되기까지 얼마간의 시간(상승시간, rise time)이 걸린다.

3.8.2 하강 시간

이제 어떤 시간 $t = t_0$에서, 빛이 꺼진다고 가정하자. t_0 이후, 광학적 생성률은 0으로 된다. 식 (3.72)에 $G_{op} = 0$를 대입하면 다음의 해가 구해진다.

$$\Delta n(t) = \Delta n(t_0)\, e^{-(t - t_0)/\tau_n} \tag{3.75}$$

Δn은 같은 시정수 τ_n을 가지고 감소한다. n형 반도체에서는 비슷한 근사로 Δn과 τ_n은 각각 Δp와 τ_p로 대체된다.

식 (3.60)으로부터 재결합률은 $R = n/\tau_n$으로 주어진다. $n \ll N_A$인 p형 직접 밴드 갭 반도체에서는 일반적으로 다음과 같이 쓸 수 있다.

$$R = n\beta p = n\beta N_A$$

여기서 β는 주어진 전자가 단위 시간당 정공과 재결합할 확률이다. 그러면

$$\tau_n = \frac{1}{\beta N_A}$$

또는 τ_n은 N_A에 반비례하여 변한다. 도핑이 높을수록 수명이 더 짧아진다. 그러나 p형 간접 밴드 갭 반도체(예를 들어, Si)에서의 재결합은 금지대역 내의 트랩 상태들을 통해 이루어진다. 따라서 R은 트랩 상태의 농도 N_T에 의해 제한받게 된다.

빛이 켜지게 되면 과잉 캐리어 농도(그리고 광전도도와 광전류도 함께)가 빛의 세기에 비례하는 G_{op}에 의존하는 어떤 최댓값에 이르는 것을 살펴보았다 최대 전류 또한 식 (3.67), (3.71) 및 (3.74)로부터 소수 캐리어 수명에 비례한다. 따라서 광 검출기(photodetector)에서, 감도(sensitivity)는 캐리어 수명이 더 길수록 증가한다. 하지만 상승과 하강 시간도 또한 τ_n에 비례하므로, 고속 응답 속도를 위해서는 감도를 희생해야 한다.

예제 3.5

p형 반도체에서, (과잉)전자들이 전도대에 머무르는 평균 시간이 시정수 τ_n과 같음을 보여라.

■ **풀이**

그림 3.18의 광전도도 실험을 고려하고, $t = t_0 = 0$에서 빛의 조사(illumination)가 꺼진다고 가정하자. 그러면 식 (3.75)는 다음과 같아진다.

$$\Delta n(t) = \Delta n(0) e^{-t/\tau_n}$$

전자가 전도대에서 보내는 평균 시간 $\bar{t}_n$는 다음과 같이 주어진다.

$$\bar{t}_n = \frac{\int_0^\infty t \frac{dn}{dt} dt}{\int_0^\infty \frac{dn}{dt} dt}$$

$dn/dt = d\,\Delta n/dt$를 이용하여 dn/dt를 치환하면 다음과 같이 쓸 수 있다.

$$\frac{dn}{dt} = \frac{d\Delta n}{dt} = \Delta n(0)\left(\frac{-1}{\tau_n}\right) e^{-t/\tau_n},$$

따라서 분모 부분의 적분은 다음과 같아진다.

$$\int_0^\infty \frac{dn}{dt} dt = \Delta n(0)\left[\frac{-1}{\tau_n}\right] \int e^{-t/\tau_n} dt = \Delta n(0)$$

분자 부분의 적분은 다음과 같아진다.

$$\int_0^\infty t \frac{dn}{dt} dt = \int_0^\infty t \frac{d\Delta n}{dt} dt = \Delta n(0)\,\tau_n$$

따라서 다음의 결과를 얻는다.

$$\bar{t}_n = \frac{\int_0^\infty t \frac{dn}{dt} dt}{\int_0^\infty \frac{dn}{dt} dt} = \frac{\Delta n(0)\,\tau_n}{\Delta n(0)} = \tau_n$$

앞에서 언급한 바와 같이, 소수 캐리어의 수명은 p형 물질에서는 전자가 전도대에서, n형 물질에서는 정공이 가전자대에서 보내는 평균 시간이다. 소수 캐리어의 수명이 보상되지 않은 Si에서 도핑의 함수로 측정되었는데, 데이터상에서 상당한 산포를 보인다. 고농도의 도핑에서는 수명이 짧아지는데 이로 말미암아 소수 캐리어 수명 측정이 어려워진다. 저농도의 도핑에서 수명은 트랩 농도에 강하게 의존한다. 소수 캐리어 수명은 다음의 실험적 수식으로 적절히 맞추어진다.[3, 4]

$$\tau_n = \left[3.45 \times 10^{-12} N_A + 9.5 \times 10^{-32} N_A^2\right]^{-1} \tag{3.76}$$

$$\tau_p = \left[7.8 \times 10^{-13} N_D + 1.8 \times 10^{-31} N_D^2\right]^{-1} \tag{3.77}$$

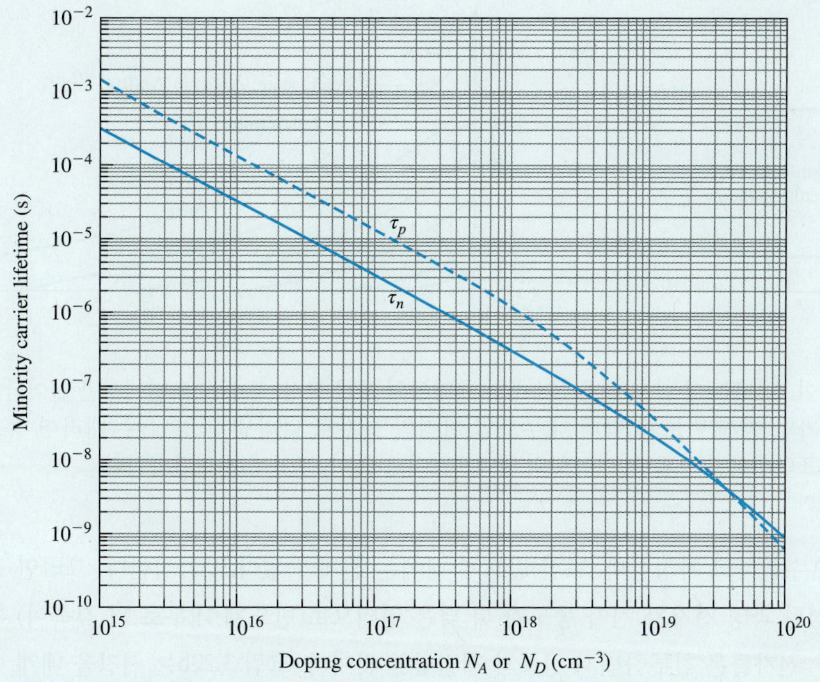

그림 3.21 보상되지 않은 고품질의 Si에서 도핑 농도 N_A 또는 N_D의 함수로 표시된 소수 캐리어 수명의 그래프.

여기서 N_A와 N_D는 cm^{-3} 단위로 표현되고 τ_n과 τ_p는 단위가 초이다. 그림 3.21은 수명을 식 (3.76)과 (3.77)을 이용하여 도핑 농도의 함수로 그래프로 나타낸 것이다. 고순도의 Si에서는 소수 캐리어 수명이 10^{-3} s(millisecond) 범위[9)]에 있다는 것을 알 수 있다. 또한 이 값들은 도핑 농도를 10^{20} cm^{-3} 정도로 증가시키면, 10^{-9} s(nanosecond)의 범위까지 감소한다.

3.9 소수 캐리어의 확산 길이

앞에서 재결합이 캐리어들의 수명을 유한하게 한다는 사실을 알게 되었다. 수명 시간 동안에도, 캐리어들은 얼마간의 운동 에너지를 가지고 있기 때문에 확산을 한다. 이 절에서는 캐리어들이 재결합하기 전에 평균적으로 얼마나 멀리 확산하는지를 살펴볼 것이다.

여기서, 그림 3.22a에 나타낸 것처럼 한쪽에 빛이 조사되는 p형 반도체를 고려한다. 광조사는 일정하게 지속되고, 흡수 계수가 매우 높아서 조사된 광은 실제적으로 표면에서

---

9) 넓은 범위에 걸친 트랩 농도의 변동 때문에 약하게 도핑된 Si에서 측정된 수명은 상당한 산포가 있다. 그림 3.21의 도표는 가장 높게 측정된 값(가장 낮은 트랩 농도에 대한)들을 나타낸다.

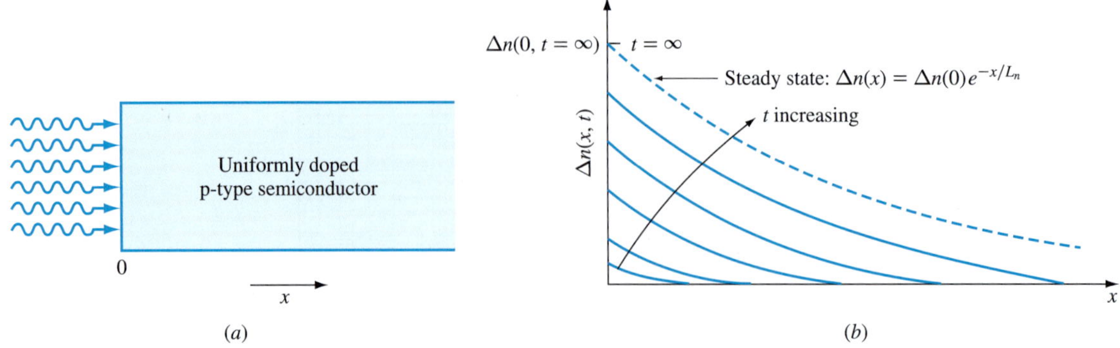

그림 3.22 (a) 표면에 빛이 조사된 p형 반도체에서의 소수 캐리어의 확산 묘사. 흡수는 표면에서만 일어난다고 가정한다. (b) 시간의 증가와 함께 반도체 막대 내부로의 거리의 함수로 나타낸 과잉 소수 캐리어 농도의 그래프. 과잉 캐리어들은 표면에서 생성되고, 저농도의 영역으로 확산하며, 그곳에서 재결합한다.

모두 흡수된다고 가정한다. 또한 반도체 내에는 전계가 없다고 가정한다. 그러면 표면에서 생성된 과잉 전자가 전자 농도가 더 낮은 영역으로(반도체 내부로 더 깊숙이) 확산될 것이다. 전자들은 침투하면서 정공과 재결합할 것이다. 그림 3.22b는 시간을 매개 변수로 하여 과잉 전자들의 농도 변화를 위치의 함수로 나타내었다. 빛이 켜지고 난 후 시간이 증가함에 따라 표면에서의 전자 농도는 증가한다. 전자들은 벌크로 확산하고 재결합한다. 표면에서의 생성률이 벌크에서의 재결합률과 같아질 때, 정상 상태의 조건에 도달한다.

전자들에 대한 연속 방정식[식 (3.63)]의 풀이로부터 Δn을 x와 t의 함수로 결정할 수 있다. 이것은 정상 상태의 조건, 즉 $\partial n/\partial t = 0$인 경우에는 간단히 풀 수 있다. 더욱이 모든 과잉 전자들은 표면에서 생성되고, $x > 0$에서 $G_{\text{op}} = 0$이고, $\mathscr{E} = 0$이므로, $J_{n(\text{drift})} = 0$이다. 그러면 식 (3.63)은 다음과 같아진다.

$$\frac{dJ_n}{dx} = q\frac{\Delta n}{\tau_n} \tag{3.78}$$

여기서 편미분은 시간에 대한 변화가 없으므로 상미분으로 대체되었다. 확산 전류밀도는 다음과 같이 쓸 수 있다.

$$J_{n(\text{diff})} = qD_n\frac{dn}{dx} = qD_n\left(\frac{dn_0}{dx} + \frac{d\Delta n}{dx}\right)$$

여기서 n_0는 상수이므로, 식 (3.78)은 다음과 같이 된다.

$$qD_n\frac{d^2(\Delta n)}{dx^2} = q\left(\frac{\Delta n}{\tau_n}\right) \tag{3.79}$$

또는

$$\frac{d^2(\Delta n)}{dx^2} = +\frac{\Delta n}{D_n \tau_n} \tag{3.80}$$

위의 식은 2계 미분 방정식이며, $x = 0$에서 $\Delta n = \Delta n(0)$과 $x = \infty$에서 $\Delta n = 0$의 경계 조건을 고려하여 풀 수 있다. 그 해는 다음과 같다.

$$\Delta n(x) = \Delta n(0)\, e^{-x/\sqrt{D_n\tau_n}} = \Delta n(0)\, e^{-x/L_n} \tag{3.81}$$

여기서 확산 길이(diffusion length)라고 불리는 새로운 물리량을 도입하였다.

$$\boxed{L_n = \sqrt{D_n \tau_n}} \tag{3.82}$$

이 양은 재결합되기 전에 전자가 확산하는 평균 거리이다. 이와 마찬가지로 정공의 경우는 다음과 같이 쓸 수 있다.

$$\boxed{L_p = \sqrt{D_p \tau_p}} \tag{3.83}$$

더 고농도로 도핑된 Si에서는 D_n과 τ_n이 모두 진성일 때의 값 아래로 감소되며, 마찬가지로 L_n도 감소된다. Si의 경우, 소수 캐리어의 확산 길이는 식 (3.82)와 (3.83)으로부터 구할 수 있다. 여기서 소수 캐리어 확산계수는 아인슈타인 관계식 $D/\mu = kT/q$를 이용하고 그림 3.11에 도시되어 있는 바와 같이 식 (3.18)과 (3.19)에 의해 계산될 수 있다. 소수 캐리어 수명은 식 (3.76)과 (3.77)로부터 구해진다. 이렇게 구한 Si에 대한 소수 캐리어 확산 길이 L_n과 L_p가 그림 3.23에 도핑 농도의 함수로 도시되었다. 그림에서 확산 길이는 단위

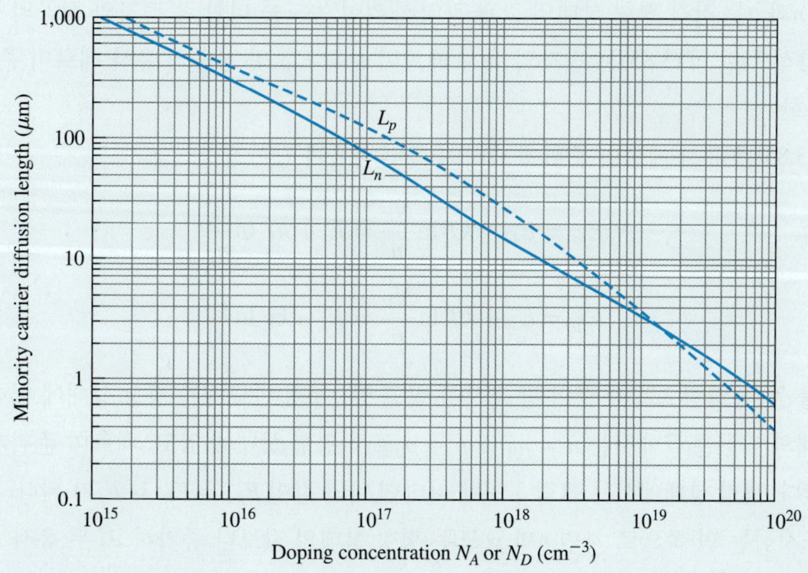

그림 3.23 보상되지 않은 고품질의 Si에서 불순물 농도 N_A 및 N_D의 함수로 나타낸 소수 캐리어 확산 길이 L_n 및 L_p.

cm^3당 10^{15}개의 불순물 농도에서 약 1 mm의 값을 가지며, 10^{20} cm^{-3}의 도핑 농도에서는 1 μm 이하의 값으로 감소한다.

직접 밴드 갭 반도체 내에서의 확산 길이는 이보다 훨씬 더 작은데, 이는 이 물질에서의 캐리어 수명이 훨씬 더 짧기 때문이다.

3.10 유사 페르미 준위

평형 상태에 있는 반도체에 대한 페르미 준위는 상수이고, 그 값은 전자들과 정공들의 평형 상태의 농도를 측정하는 데에 이용될 수 있다. 이 절에서는 반도체 물질이 평형 상태가 아닐 때의 전자와 정공의 농도를 표현하는 기준으로 이용되는 **의사(준) 페르미 준위(quasi Fermi level)**를 도입한다.

비축퇴(non-degenerate) 반도체에 적용되는 다음의 식들을 상기하자.

$$\begin{aligned} n_0 &= N_C e^{-(E_C - E_f)/kT} = n_i e^{(E_f - E_i)/kT} \\ p_0 &= N_V e^{-(E_f - E_v)/kT} = n_i e^{(E_i - E_f)/kT} \end{aligned} \quad \text{평형} \tag{3.84}$$

비평형 상태에서도 전자와 정공에 대하여 이와 비슷하게 표현하는 것은 유용하다. 즉 식 (3.84)와 유사하게 다음의 식을 쓸 수 있다.

$$\begin{aligned} n &= N_C e^{-(E_C - E_{fn})/kT} = n_i e^{(E_{fn} - E_i)/kT} \\ p &= N_V e^{-(E_{fp} - E_V)/kT} = n_i e^{(E_i - E_{fp})/kT} \end{aligned} \quad \text{비평형} \tag{3.85}$$

여기서 n과 p는 각각 평형 상태의 값과 과잉 캐리어 농도를 더한 총 전자와 정공의 농도이다. 결과적으로, 식 (3.85)는 전자의 유사 페르미 준위 E_{fn} 및 정공의 유사 페르미 준위 E_{fp}를 정의한다.

식 (3.85)를 유사 페르미 준위에 대하여 풀면 다음과 같아진다.

$$\begin{aligned} E_{fn} &= E_C - kT\ln\frac{N_C}{n} = E_i + kT\ln\frac{n}{n_i} \\ E_{fp} &= E_V + kT\ln\frac{N_V}{p} = E_i - kT\ln\frac{p}{n_i} \end{aligned} \tag{3.86}$$

예를 들어, 그림 3.22와 같이 광 조사를 받고 있는 p형 반도체가 정상 상태에 있다고 하자. 막대의 어두운 끝에서는 $n = n_0$ 및 $p = p_0$로서 평형 상태에 있고, 페르미 준위가 정의되어 있다. 평형 상태에서는 그림 3.24에 나타낸 바와 같이 $E_{fn} = E_{fp} = E_f$가 된다. 시료의 빛을 조사하는 면 쪽으로 가면 n과 p 모두 평형 상태의 값보다 증가하고, 두 유사 페르미 준위는 도시된 바와 같이 서로 나뉜다. 물질이 p형이므로, 즉 $p_0 \gg n_0$이고, 또한 어떤 지점에서도 $\Delta n = \Delta p$이므로 정공이 전자보다 항상 더 많다. 따라서 전체 캐리어 농도에 대한

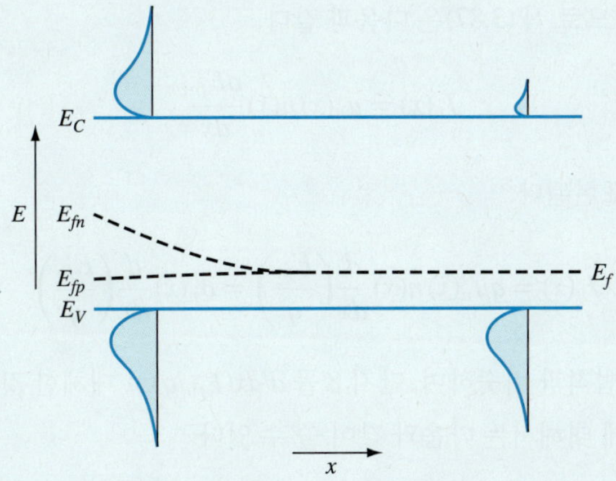

그림 3.24 그림 3.22의 정상 상태의 비평형 조건에 대한 전자와 정공의 유사 페르미 준위의 도시. 단, $\mathscr{E} = 0$을 가정한다.

과잉 캐리어 농도의 비율에 따른(상대적) 영향은 전자보다는 정공이 적게 된다. 따라서 E_f에 대한 E_{fp}의 변화량은 E_{fn}의 변화량보다 적다.

페르미 준위를 결정하기 위해서는 평형 상태에서의 전자와 정공 농도를 알아야 하는 것과 마찬가지로, 유사 페르미 준위를 구하기 위해서는 비평형 상태에서의 전자와 정공 농도를 알아야 한다. 에너지 밴드 다이어그램에서 유사 페르미 준위는 전자와 정공 농도를 위치의 함수로 표현하는 데에 편리하게 사용된다.

식 (3.84)가 비축퇴 반도체에서만 유효한 것과 같이, 식 (3.85)와 (3.86)은 유사 페르미 준위가 각각의 밴드 가장자리로부터 대략 2.3 kT보다 더 클 정도로 작은 값을 갖는 Δn의 경우에만 유효하다.

비축퇴 반도체에서, 전류밀도 J_n과 J_p는 각각 유사 페르미 준위 E_{fn}과 E_{fp}의 기울기의 형태로 표현될 수 있다. 전자 전류밀도는 식 (3.46)과 같이 표현할 수 있다.

$$J_n = q\mu_n\left[n(x)\mathscr{E}(x) + \frac{kT}{q}\frac{dn}{dx}\right] \tag{3.87}$$

그러나 식 (3.85)로부터 다음의 결과를 얻는다.

$$\begin{aligned}\frac{dn}{dx} &= \frac{d}{dx}\left[N_C e^{-(E_C - E_{fn})/kT}\right] \\ &= \frac{1}{kT}N_C e^{-(E_C - E_{fn})/kT}\left[\frac{dE_{fn}(x)}{dx} - \frac{dE_C(x)}{dx}\right] \\ &= \frac{n(x)}{kT}\left[\frac{dE_{fn}(x)}{dx} - \frac{dE_C(x)}{dx}\right]\end{aligned} \tag{3.88}$$

$dE_C(x)/dx = q\mathscr{E}(x)$이므로 식 (3.87)은 다음과 같다.

$$J_n(x) = \mu_n(x)\,n(x)\frac{dE_{fn}}{dx} \tag{3.89}$$

따라서 다음과 같이 표현된다.

$$J_n(x) = q\mu_n(x)\,n(x)\frac{d}{dx}\left(\frac{E_{fn}}{q}\right) = \sigma_n(x)\frac{d}{dx}\left(\frac{E_{fn}}{q}\right) \tag{3.90}$$

이 식은 미시적 옴의 법칙과 비슷하며, 단지 $\mathscr{E}$를 $d/dx(E_{fn}/q)$로 대체한 것이다.

마찬가지로 정공에 대해서는 다음과 같이 쓸 수 있다.

$$J_p(x) = \sigma_p(x)\frac{d}{dx}\left(\frac{E_{fp}}{q}\right) \tag{3.91}$$

J_n과 J_p에 대한 위의 관계식은 표동 전류와 확산 전류가 어떤 상황에 있더라도 유용하다. $dn/dx = dp/dx = 0$인 경우, 확산 전류는 없으며 다음의 결과를 얻는다.

$$\frac{d}{dx}\left(\frac{E_{fn}}{q}\right) = \frac{d}{dx}\left(\frac{E_{fp}}{q}\right) = \mathscr{E} \qquad \text{확산 없음}$$

앞에서 유사 페르미 준위를 이용하는 것도 비축퇴 반도체에서만 유용하다는 점을 강조해야 한다.

3.11 요약

반도체에서, 전류 흐름의 두 가지 기작들을 논의하였다. 전계 내에서의 캐리어 표동과 캐리어 농도의 기울기가 존재하는 경우의 확산에 의하여 전류가 흐른다.

일반적으로 전류의 흐름은 표동과 확산의 조합이다. 전자와 정공의 전류밀도는 다음과 같이 쓸 수 있다.

$$J_n = q\mu_n n\mathscr{E} + qD_n\frac{dn}{dx} = q\mu_n\left[n\mathscr{E} + \frac{kT}{q}\frac{dn}{dx}\right]$$

$$J_p = q\mu_p p\mathscr{E} - qD_p\frac{dp}{dx} = q\mu_p\left[p\mathscr{E} - \frac{kT}{q}\frac{dp}{dx}\right]$$

위의 식들에서, 이동도와 확산 계수는 도핑 농도가 증가함에 따라 감소한다. 어느 형태의 캐리어에 대해서도, 그 값(이동도 또는 확산 계수)은 캐리어가 다수 캐리어일 때보다 소수 캐리어일 때가 더 크다. 그 비율의 차이는 도핑 농도가 증가할수록 커진다. 보상효과가 없는 Si에서, μ 값은 그림 3.4로부터, 그리고 D 값은 그림 3.11로부터 구할 수 있다. 이동도와 확산 계수는 아인슈타인 관계식 $D/\mu = kT/q$와 관련되어 있다.

캐리어 이동도는 충돌 사이의 평균 자유 시간 $\bar{t}$에 비례한다.

$$\mu = \frac{q\bar{t}}{m^*}$$

저전계에서, 캐리어 이동도는 전계의 크기에는 무관하다. 고전계에서, 이동도는 전계가 증가할수록 감소한다.

반도체의 밴드 갭보다 더 큰 에너지를 갖는 광자가 반도체에 조사되면 전자-정공 쌍이 생성된다. 광자는 매우 작은 파수 벡터를 가지기 때문에 직접 밴드 갭 반도체에서 전자는 E-K 다이어그램상에서 거의 수직적 천이를 한다. 간접 밴드 갭 반도체에서는 전자의 천이에 필요한 파수 벡터의 변화를 제공하기 위해서 포논이 요구되므로, 간접 밴드 갭 물질에서는 광학적 천이가 이루어질 확률이 더 낮다.

소수 캐리어 수명과 확산 길이는 물질에 따라 다르나, 주어진 임의의 물질에서는, 불순물 농도의 증가에 따라 둘 다 감소한다.

다음과 같이 전자와 정공에 대한 연속 방정식이 도입되었다.

$$\frac{\partial n}{\partial t} = \frac{1}{q}\frac{\partial J_n}{\partial x} + (G_n - R_n)$$

$$\frac{\partial p}{\partial t} = -\frac{1}{q}\frac{\partial J_p}{\partial x} + (G_p - R_p)$$

이 식들의 3차원 표현은 다음과 같다.

$$\frac{\partial n}{\partial t} = \frac{1}{q}\nabla \cdot J_n + (G_n - R_n)$$
$$\frac{\partial p}{\partial t} = -\frac{1}{q}\nabla \cdot J_p + (G_p - R_p)$$

이 식들은 입자 보존을 수학적으로 표현한 것이다. 이 식들 자체는 매우 보편적이지만 비교적 간단한 경우에 한해서만 닫힌 형태의 해를 구할 수 있다.

소수 캐리어 수명은, p형 반도체에서는 전자가 정공과 재결합하기 전에 전도대에 머무르는 평균 시간 τ_n으로, n형 반도체에서는 정공이 전자와 재결합하기 전에 가전자대에 머무르는 평균 시간 τ_p로 정의되었다. 이와 유사하게, 소수 캐리어 확산 길이 L_n과 L_p도 소수 캐리어들이 재결합되기 전에 확산되는 평균 거리로 정의되었다.

$$L_n = \sqrt{D_n \tau_n}$$
$$L_p = \sqrt{D_p \tau_p}$$

잘 정의된 캐리어 수명에 대하여, 전자에 대한 연속 방정식은 다음과 같이 쓸 수 있다.

$$\frac{\partial n}{\partial t}=\frac{\partial \Delta n}{\partial t}=\frac{1}{q}\left(\frac{\partial J_{n(\text{drift})}}{\partial x}+\frac{\partial J_{n(\text{diff})}}{\partial x}\right)+\left(G_{\text{op}}-\frac{\Delta n}{\tau_n}\right)$$

정공에 대해서도 마찬가지로 다음과 같이 쓸 수 있다.

$$\frac{\partial p}{\partial t}=\frac{\partial \Delta p}{\partial t}=\frac{-1}{q}\left(\frac{\partial J_{p(\text{drift})}}{\partial x}+\frac{\partial J_{p(\text{diff})}}{\partial x}\right)+\left(G_{\text{op}}-\frac{\Delta p}{\tau_p}\right)$$

페르미 준위가 평형 상태의 반도체에서 전자와 정공 농도를 기술하는 유용한 개념인 것과 마찬가지로, 유사 페르미 준위 E_{fn}과 E_{fp}는 비평형 상태의 경우에 유용하다. 비축퇴 반도체에서는 캐리어 농도가 다음과 같다.

$$n=N_C e^{-(E_c-E_{fn})/kT}=n_i e^{(E_{fn}-E_i)/kT}$$
$$p=N_V e^{-(E_{fp}-E_V)/kT}=n_i e^{(E_i-E_{fp})/kT}$$

유사 페르미 준위에 대한 정보로부터, 전자와 정공의 전류는 다음과 같이 표현된다.

$$J_n(x)=\sigma_n(x)\frac{d}{dx}\left(\frac{E_{fn}}{q}\right)$$
$$J_p(x)=\sigma_p(x)\frac{d}{dx}\left(\frac{E_{fp}}{q}\right)$$

3.12 참고문헌

1. D. M. Caughey and R. Thomas, "Carrier mobilities in silicon empirically related to doping and fields," *Proc. IEEE*, 55, pp.2192-2193, 1967.
2. J. del Alamo, S. Swirhun, and R. M. Swanson, "Measuring and modeling minority carrier transport in heavily doped silicon," *Solid State Electronics*, 28, pp.47-54, 1985.
3. J. del Alamo, S. Swirhun, and R. M. Swanson, "Simultaneous measurement of hole lifetime, hole mobility and bandgap narrowing in heavily doped n-type silicon," *IEDM Technical Digest*, pp. 290-293, 1985.
4. S. E. Swirhun, Y.-H. Kwark, and R. M. Swanson, "Measurement of electron lifetime, electron mobility and bandgap narrowing in heavily doped p-type silicon," *IEDM Technical Digest*, pp. 24-27, 1986.
5. Chi-Tang Sah, Robert W. Noyce, and William Shockley, "Carrier generation and recombination in P-N junctions and *P-N* junction characteristics," *Proc. IRE*, 45, pp. 1228-1242, 1957.

3.13 복습문제

1. 반도체에 흐르는 전류에 대한 두 가지의 기본적인 기작들은 무엇인가? 각각을 물리적으로 설명하라.

2. 전류와 전류밀도의 차이는 무엇인가?
3. 전도도를 정의하라. 전도도에 단위를 부여하라.
4. 전자들과 정공들이 전도도에 어떻게 기여하는가를 설명하라.
5. 금속에는 정공이 없다. 회로의 나머지 부분과 반도체를 연결하는 도선에 전류가 도달하여 계속 흐를 때, 반도체 내에서 전류를 운반하는 정공에는 어떤 일이 일어나는지를 설명하라.
6. 이동도를 정의하라. 이동도에 단위를 부여하라.
7. 다수 캐리어와 소수 캐리어는 왜 다른 이동도를 갖는지를 설명하라.
8. 도핑된 반도체가 진성 반도체보다 전도성이 더 큰 이유는?
9. 이온화 불순물 산란이란 무엇인가? 저농도 도핑과 고농도 도핑 중에서 불순물 산란이 더 강한 쪽은? 낮은 온도 또는 높은 온도하에서는? 왜 그런가?
10. 포논 산란(phonon scattering)이란 무엇인가? 낮은 온도와 높은 온도 중에서 어느 경우가 포논 산란이 더 강한가? 왜 그런가?
11. 불순물 소 밴드의 존재가 다수 캐리어의 이동도에 어떻게 영향을 끼치는지를 설명하라. 어떤 도핑 조건(고농도, 저농도, 또는 임의의)하에서 이 영향이 가장 두드러지게 나타나겠는가?
12. 속도 포화란 무엇인가? 왜 발생하는가?
13. 전자들은 항상 농도가 낮은 영역으로 확산한다. 정공의 경우도 그러한가?
14. 트랩 상태(trap state)란 무엇인가?
15. 직접 밴드 갭 물질이 간접 밴드 갭 물질보다 더 우수한 빛의 방출체(emitter)와 흡수체(absorber)인 이유는 무엇인가?
16. 광자는 큰 K 벡터를 가지는가, 아니면 작은 K 벡터를 가지는가? E-K 다이어그램에서 한 밴드에서 다른 밴드로의 광학적 천이에 대해, 이 사실이 무엇을 의미하는가?
17. 과잉 캐리어는 무엇인가?
18. 캐리어 수명을 정의하라.
19. GaAs의 캐리어 수명이 Si의 수명보다 훨씬 더 짧은 이유는?
20. 연속 방정식의 의미를 말로(정성적으로) 설명하라. 각각의 항들은 무엇이고 그것들의 의미는 무엇인가?
21. 연속 방정식이 캐리어 수명을 구하는 데 어떻게 이용될 수 있는지를 말로 설명하라. 그림 3.17을 이용하여 설명해도 된다.
22. 평형(상태)을 정의하라.
23. 암 전도도와 광전도도 사이의 차이는 무엇인가?
24. 유사 페르미 준위는 무엇인가? 페르미 준위와는 어떻게 구별되는가?

3.14 연습문제

3.1 상온에서 $kT/2$의 운동 에너지를 갖는 전자를 고려하라. 실리콘을 가정하여 규격에 맞게 에너지 밴드 다이어그램을 그리고, 어디에 전자들이 존재할지를 표시하라. 열(순간) 속도는 얼마인가? 계산된 열 속도와 반도체에서의 전형적인 포화 속도를 비교하면 얼마나 차이가 있는가?

3.2 각각 다음의 도핑 조건을 갖는 상온의 실리콘에 대하여 전도도를 계산하라.

a. $N_D = 10^{18}\ \text{cm}^{-3}$

b. $N_A = 5 \times 10^{16}\ \text{cm}^{-3}$

c. $N_D = 2 \times 10^{19}\ \text{cm}^{-3}$

3.3 문제 3.2의 각각의 경우에 비저항을 계산하라.

3.4 저농도로 도핑된 실리콘 시료($N_D = 10^{14}\ \text{cm}^{-3}$)를 300 K에서 400 K로 가열하였다. 이 시료의 비저항은 높아질 것으로 예상되는가 아니면 낮아질 것으로 예상되는가? 그 이유를 설명하라. 만약 매우 고농도로 도핑된 실리콘의 경우에는 어떻게 될까?

3.5 게르마늄은 작은 밴드 갭($E_g = 0.67$ eV)을 갖기 때문에 흥미로운 반도체이다. (사실, 한때는 Ge을 반도체로 간주하지 않고 금속으로 분류하였다. 지금은 다시 게르마늄을 반도체로 분류한다.) 그 결과, 게르마늄은 실리콘이나 GaAs보다 높은 진성 농도 n_i를 갖는다. 진성 게르마늄의 전도도가 진성 실리콘에 비해 낮을 것으로 예상되는가, 높을 것으로 예상되는가? GaAs와 비교하면 어떤가? 그 이유는?

3.6 $N_D = 5 \times 10^{19}\ \text{cm}^{-3}$으로 도핑된 0.10 μm × 0.85 μm × 65 nm 규격의 실리콘 시료를 고려하자. 가장 얇은 길이 방향의 양단으로 1 V의 전압이 인가되었다. 생성되는 전류와, 이에 따른 전류밀도를 구하라. 이 규격은 전계 효과 트랜지스터의 전류 전도 채널을 의미한다.

3.7 $N_A - N_D = 9.9 \times 10^{16}\ \text{cm}^{-3}$으로 도핑된 단면적이 1.0 mm^{2}인 막대 모양의 실리콘에 25 mA의 전류가 흐를 때 정공의 표동 속도를 계산하라.

3.8 단면적이 0.2 cm^{2}이고 길이가 1 cm인 실리콘 막대 시료가 있다. 다음의 경우에 막대의 저항을 구하라. (a) 진성 Si, (b) $N_D = 10^{15}\ \text{cm}^{-3}$이고 $N_A = 0$, (c) $N_A = 10^{16}\ \text{cm}^{-3}$이고 $N_D = 0$.

3.9 길이가 1 cm인 실리콘 막대 시료에 인(phosphorus)이 $10^{18}\ \text{cm}^{-3}$의 농도로 균일하게 도핑되어 있다. 막대의 양단에 2.0 V의 전압이 인가된다. (a) 전자 표동 전류와 (b) 정공 표동 전류를 구하라.

3.10 전자가 결정 결함과 어떻게 "충돌"할 수 있는지를 설명하라. (힌트: 격자의 정상적인 주기적인 퍼텐셜은 결정의 결함에 의해 교란된다. 품질이 낮은 결정은 고품질의

결정보다 낮은 캐리어 이동도를 가질 것이다.)

3.11 도핑 농도 N을 가진 보상되지 않은 한 실리콘 반도체에서, 전자 이동도가 n형 실리콘보다 p형 실리콘에서 더 큰 이유를 설명하라. 그림 3.4를 참조하라.

3.12 문제 3.11에서 N을 낮게 하면, 전자 이동도가 서로 비슷해진다. 그 이유를 설명하라.

3.13 진성 GaAs에서 전자들과 정공들에 대한 충돌 사이의 평균 자유 시간을 비교하라. 실리콘에서는 이 값들이 어떻게 비교되는가?

3.14 진성 GaAs에 100 V/cm의 전계가 가해질 때, 문제 3.13의 결과를 이용하여 전자들과 정공들에 대한 충돌 사이의 운동 에너지의 평균 이득(증가)을 구하라.

3.15 길이가 1 cm인 실리콘 막대 시료에 인(phosphorus)이 1.0×10^{16} cm^{-3}의 농도로 균일하게 도핑되어 있다. 막대의 양단에 2.0 V의 전압이 인가된다. 다음을 구하라.

a. 전자 표동 전류밀도.

b. 정공 표동 전류밀도.

3.16 진성 GaAs에서의 전자의 포화 속도를 계산하라. 계산된 값은 실험 데이터와 비교해서 어떠한가?

3.17 실리콘에서 전자 속도는 5×10^4에서 2×10^5 V/cm의 범위에 걸쳐 포화 값($\upsilon_{sat} \approx 1 \times 10^7$ cm/s)을 가진다. 이 전계 범위에 걸쳐 이동도-전계($\mu - \mathscr{E}$)와 $\bar{t} - \mathscr{E}$의 관계를 도시하라.

3.18 $N_D = 5.5 \times 10^{18}$ cm^{-3}이고 $N_A = 10^{16}$ cm^{-3}으로 도핑된 n형 실리콘 시료를 고려하자. 1.5 μm의 길이에 걸쳐, 과잉 전자 농도가 10^{13} cm^{-3}에서 10^{15} cm^{-3}으로 선형적으로 증가하고 있다. 정공의 확산 전류밀도를 계산하라.

3.19 어떤 반도체의 과잉 전자 농도가 $\Delta n(x) = 10^{20}\, e^{-1\,\mu m/x}$에 따라 변한다고 하자. $x =$ 0.5 μm에서의 전자 확산 전류를 구하라. $D_n = 35$ cm^2/s라고 하자. 캐리어 농도를 위치의 함수로 도시하고, 전자가 움직이는 방향과 전자 전류의 방향을 표시하라.

3.20 어떤 실리콘 시료가, 시료 전체에 걸쳐 전자 농도가 선형적으로 변화하도록 도핑되어 있다고 하자. 시료의 두께는 0.5 mm이다. 도너 농도는 $x = 0$에서 $N_D = 0$으로부터 $x = 0.5$ μm에서 $N_D = 10^{16}$ cm^{-3}으로 변한다.

a. $n(x)$와 $p(x)$에 대한 식을 기술하라.

b. 전자의 확산 전류밀도를 구하라.

c. $x = 0$와 $x = 0.5$ μm에서 정공의 확산 전류밀도를 구하라. 소수 캐리어들이 확산 전류에 상당한 기여를 할 수 있는가?

d. $E_C(x) - E_f$의 표현을 x의 함수로 구하라. 에너지 밴드 다이어그램을 도시하라. (페르미 준위는 평형 상태에서 일정하다. 따라서 페르미 준위는 수평선으로 그리고 $E_C - E_f$를 적절하게 조절하라.)

e. 평형 상태에서, 총 전류는 0이어야 한다. 따라서 이 시료 내부에 전계가 존재함을 보여라. (다음 장에서, 도핑의 변화에 의해 전계가 생성됨을 살펴볼 것이다.)

3.21 다음의 물질들에 λ = 600 nm(적색)인 광자가 입사할 때, 흡수 확률(0, 낮음, 중간, 높음)을 언급하라.

Si

Ge

GaAs

InAs

SiC

GaN

CdS

3.22 진성 GaN 시료에, 파장이 사람이 볼 수 있는 빛의 청색 가장자리에 있는 λ = 300 nm인 10 mW/cm^{2}의 빔을 조사하고 있다. 전자의 수명은 2 ps라고 하자. 진성 GaN의 전자 이동도는 약 400 cm^2/V · s이고 정공 이동도는 약 100 cm^2/V · s이다.

a. 단위 초당 반도체 표면에 도달하는 광자의 수는 얼마인가? (에너지 = 전력 × 시간임을 상기하라.)

b. 이 에너지의 광자들은 흡수될 수 있음을 검증하라.

c. 모든 광자가 흡수되어 전자-정공 쌍을 생성한다고 가정하고, GaN 시료의 두께를 1 mm라 가정할 때, 광학적 생성률은 얼마인가?

d. 전자와 정공의 평형 농도는(암흑 상태에서) 얼마인가?

e. 빛이 비추어질 때, 과잉 캐리어 농도는 얼마인가?

f. 빛이 꺼질 때, 전자와 정공의 재결합 비율은 얼마인가? 빛이 켜질 때는?

g. 정상 상태의 캐리어 농도 n과 p는 얼마인가?

h. 이 시료의 전도도는 빛이 없을 때와 비교하여 값이 얼마나 변하는가?

i. 광 전력 수준은 같은 값으로 유지되지만 빛의 파장이 가시광선의 적색 가장자리 (λ = 700 nm)로 바뀐다고 가정하자. 이제 생성률은 어떻게 되는가?

3.23 적절한 초기 조건하에서 식 (3.73)이 해라는 것을 증명하기 위하여 식 (3.72)를 풀어라. 식 (3.75)에 대하여 반복하라.

3.24 직접 밴드 갭 반도체 시료의 한쪽 끝에 λ = 500 nm(녹색)의 빛이 5.0 mW/cm^{2}의 강도로 조사된다. 조사되는 표면의 면적은 0.80 cm^{2}이다. 캐리어 수명은 10 ns로 가정한다.

a. 단위 시간당 시료에 부딪치는 광자의 수를 구하라.

b. 만약 모든 광자들이 표면에서 1 μm 이내의 깊이로 균일하게(x에 대해) 흡수된다

면, 이 영역에서의 과잉 캐리어 농도 Δn과 Δp는 얼마인가?

3.25 앞에서 본 것처럼, 반도체의 한 부분에 빛을 조사함으로써 불균일한 캐리어의 공간적 분포를 생성할 수 있어서, 빛이 비추어지는 부분에 그렇지 않은 부분보다 더 많은 전자들과 정공들을 생성할 수 있다. 전계를 가하지 않고, 한 위치에 더 많은 전자들과 정공들을 생성하기 위한 다른 방법들에는 무엇이 있는가? 그곳에 알짜 확산 전류가 흐르는가?

3.26 그림 P3.1에 나타낸 것처럼 빛이 조사되는 반도체 막대를 고려하자.

a. 전자들과 정공들의 농도를 위치의 함수로 도시하라.

b. 전자들은 어느 방향으로 확산되는가? 정공들은 어떻게 되는가?

c. 전자들과 정공들의 확산 전류는 어느 방향으로 흐르는가?

d. 시료의 길이에 따른 위치 대 전압의 그래프가 아래의 그림처럼 보이는 이유를 설명하라.

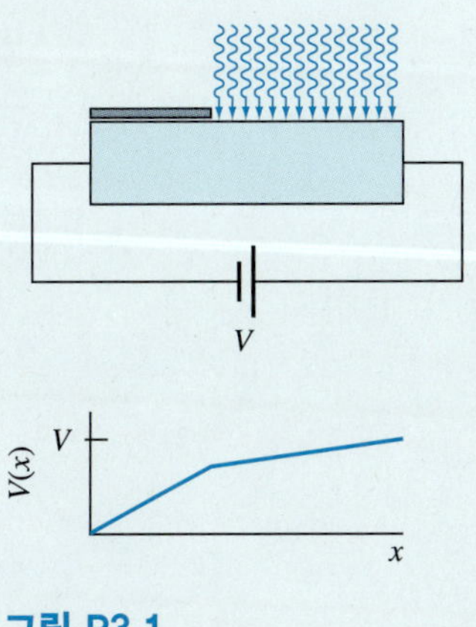

그림 P3.1

3.27 a. $N_A = 8.5 \times 10^{16}\ \text{cm}^{-3}$으로 도핑된 GaAs 시료의 암 전도도를 구하라.

b. 만약 시료에 빛이 조사되어 과잉 전자 농도가 $10^{17}\ \text{cm}^{-3}$이면, 과잉 정공 농도는 얼마인가?

c. 빛이 조사될 때 이 시료의 전도도는 얼마인가?

3.28 $N_A = 7.0 \times 10^{17}\ \text{cm}^{-3}$인 실리콘 시료에 빛이 조사되어 $\Delta n = \Delta p = 7.0 \times 10^{16}\ \text{cm}^{-3}$일 때, 전자들과 정공들의 유사 페르미 준위를 구하라. 이 위치를 빛이 비추어지지 않을 때의 페르미 준위의 위치와 비교하라.

3.29 InP 시료가 $E_f - E_V = 0.3$ eV로 도핑되어 있다. 또한 시료에 빛이 조사되어 $\Delta n = \Delta p = 10^3\ \text{cm}^{-3}$이 되었다. 유사 페르미 준위를 구하고 에너지 밴드 다이어그램을 도시하라. $\Delta n = \Delta p = 10^{10}\ \text{cm}^{-3}$에 대해서 이 과정을 반복하라.

CHAPTER 4

이질 반도체

지금까지 우리는 **동질(homogeneous)** 반도체에 대하여 살펴보았다. 동질 반도체란 전체에 걸쳐서 같은 물질로 이루어져 있고 불순물도 균일하게 첨가한 것을 의미한다. 이와는 달리 이질 반도체는 위치에 따라 불순물 농도가 다르거나 조성이 변화하는 반도체를 의미한다. 동질 반도체의 가장 일반적인 예는 pn 접합 다이오드(5장의 주제)로, 같은 반도체의 n형과 p형의 접합이다. 이 장에서는 위치에 따라 불순물 농도가 다른 반도체부터 시작하여 점차 다이오드에 이르게 될 것이다. 그 후 반도체 자체에서의 성분 조성이 변화하는 경우에 대해서 알아보기로 한다.

4.1 열평형 상태에서의 페르미 준위의 불변성

다음의 정리는 매우 중요한 결론이다.

> 열평형 상태에서 페르미 준위는 일정한 에너지에 있다.

이를 증명하기 위해 우리는 그림 4.la에 나타낸 바와 같은 두 가지 물질(여기에서는 두 가지 반도체)의 접합을 고려하기로 한다. 에너지 밴드 다이어그램은 진공 준위를 기준선으로 하여 그려놓았다. 이 예에서 보듯이 두 개의 반도체는 서로 다른 에너지 밴드 갭을 가지며(이는 서로 다른 물질이라는 것을 의미), 또한 불순물이 다르게 첨가되었다. 그림 (b)와 같이 이들 두 반도체의 페르미 준위는 서로 다르다고 가정한다. 나중에 살펴보겠지만 두 물질이 서로 접합할 때 그들은 각각 **전기적 중성(electrical neutrality)** 상태에 있다. 이와 같이 접합이 이루어진 직후의 상태는 불안정하다. 왜냐하면 물질 B보다 물질 A에서의 전자들이 더 높은 에너지를 가지기 때문이다. 접합된 물질의 시스템이 평형 상태에 도달할 때

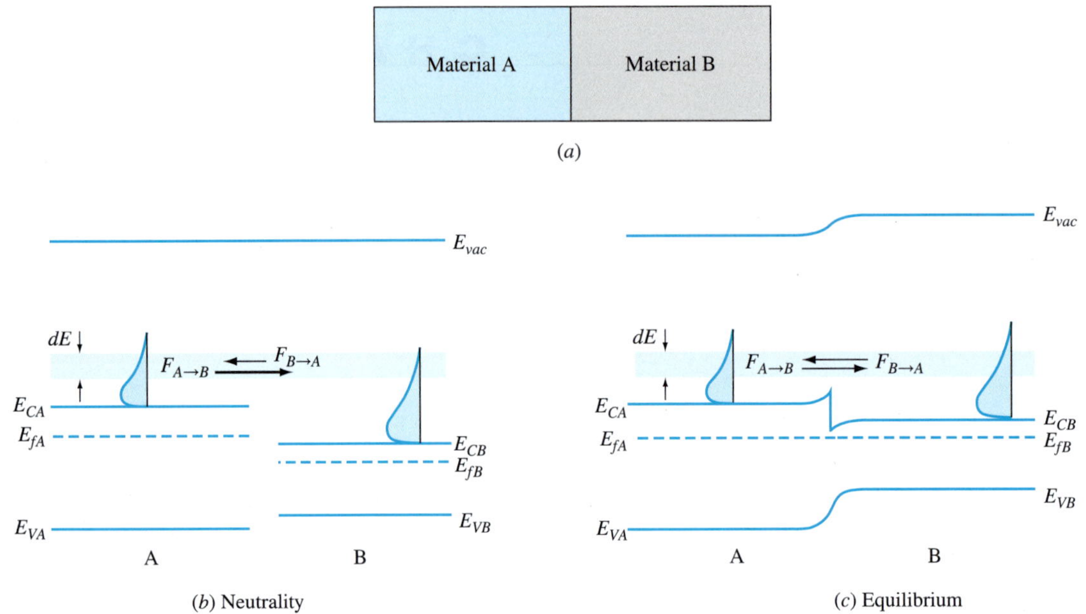

그림 4.1 (a) 평형 상태에서 다른 두 개의 물질이 접합하면 전류는 0이어야 한다. (b) 물질들이 처음 접합을 이룰 때 그들은 둘 다 전기적 중성이다. (c) 평형 상태에서 페르미 준위는 반드시 같아야 한다.

까지 전자들이 물질 A에서 낮은 에너지 상태인 물질 B로 간다. 평형 상태에서 전류의 합은 반드시 0이 되어야 한다. 그러므로 평형 상태에서 캐리어가 물질 A에서 물질 B로 이동하고 있다면, 같은 수의 캐리어가 반드시 물질 B에서 물질 A로 이동해야 한다.

물질 A에서 수용할 수 있는 캐리어의 숫자를 알아보기 위해 물질 A의 허용된 에너지 상태 밀도 함수를 $S_A(E)$라 하고 점유 확률을 $f_A(E)$라 하자. 그러면 에너지 준위 E에서의 전자 농도는 $S_A(E)f_A(E)$가 된다. 마찬가지로 물질 B의 에너지 준위 E에서의 허용된 에너지 상태 밀도 함수는 $S_B(E)$이고 $f_B(E)$는 점유 확률이다. $F_{A\to B}$는 물질 A로부터 물질 B로 전송하는 전자 흐름이라 하자. 전자가 움직이려면 주어진 상태와 같은 에너지 상태에 전자의 빈자리가 있어야 한다. 캐리어들을 물질 A로부터 물질 B로 보내기 위해 B에는 **빈(empty)** 상태가 있어야 한다. 물질 B 내 빈 상태의 농도는 $S_B(E)(1-f_B(E))$이다. 그림 (b)로부터 알 수 있는 바와 같이 주어진 에너지 범위 dE(그림에서 음영 부분)에서 물질 A 내의 전자 농도가 물질 B보다 훨씬 더 높다. 이것은 물질 B 내에 전자들이 들어갈 수 있는 빈 상태가 많이 있다는 것을 의미한다.

만약 어떤 좁은 에너지 범위 dE에서의 전자의 전송 흐름률을 구하면 다음과 같다.

$$F_{A\to B} = CS_A(E)f_A(E)\,S_B(E)\,(1-f_B(E))dE \tag{4.1}$$

여기서 C는 상수이다. 비슷하게 만약 $F_{B\to A}$를 물질 B에서 물질 A로의 전자 전송 흐름률이

라 하면

$$\mathrm{F}_{B\to A} = CS_B(E)\,f_B(E)\,S_A(E)\,(1-f_A(E))dE \tag{4.2}$$

그러나 평형 상태에서 이 두 전송 전자의 흐름률은 항상 같아야 한다(즉, 전류가 없다). 따라서 $F_{A\to B} = F_{B\to A}$이므로

$$S_A(E)f_A(E)S_B(E)\,(1-f_B(E)) = S_B(E)\,f_B(E)\,S_A(E)\,(1-f_A(E)) \tag{4.3}$$

이 식은 다음과 같이 정리된다.

$$f_A(E) = f_B(E) \tag{4.4}$$

점유 확률은 페르미 분포 함수로 나타내므로 식 (2.49)를 적용하여

$$f_A(E) = \frac{1}{1+e^{(E-E_{fA})/kT}}$$
$$f_B(E) = \frac{1}{1+e^{(E-E_{fB})/kT}} \tag{4.5}$$

이것을 식 (4.4)에 대입하면 다음의 결과를 얻는다.

$$E_{fA} = E_{fB} \tag{4.6}$$

그러므로 평형 상태에서 페르미 준위들은 같아진다. 이것을 그림 4.1c에 나타내었다. 주어진 물질 내에서 전도대 가장자리와 가전자대 가장자리로부터의 페르미 준위의 위치는 도핑 농도에 따라 변화하는 함수이다. 그러므로 만약 페르미 준위들이 조정되어 정렬된다면, 전체적인 에너지 밴드 다이어그램도 이에 따라 다시 조정되어야 한다.

이상에서와 같이 평형 상태에서 접합을 이룬 두 상이한 물질의 페르미 준위는 똑같다는 것을 알 수 있으며, 이로부터 평형 상태에서 페르미 준위는 시스템 전체에 걸쳐 일정하다고 정의할 수 있다. 이러한 물질에는 반도체(비축퇴 반도체나 축퇴 반도체), 절연체, 금속, 또는 합금 등이 해당한다. 이 사실은 전자 소자의 동작을 설명할 때 자주 사용되는 매우 중요한 결과이다.

4.2 경사 도핑

지금까지 우리는 반도체 내에서 항상 **알짜(net)** 도핑 농도를 사용해왔다. 또한 N_D나 N_A가 모두 위치에 상관없이 일정하다고 하였다. 이러한 가정은 많은 반도체 소자에서 적합하지 않다. 지금부터는 불균일한 도핑을 했을 때를 고려해보자. 먼저 평형 상태의 에너지 밴드 다이어그램에 도핑 농도 분포가 미치는 영향을 조사하고, 도핑 분포가 어떻게 캐리어의

농도에 영향을 미치는지를 살펴보자.

소자로 사용되는 많은 반도체들에는 도너와 억셉터가 모두 존재한다. 전자와 정공의 농도를 계산하려거나 페르미 준위의 위치를 구하려거나 그리고 에너지 밴드 다이어그램을 그리려거나 할 때 알짜 도핑 농도는 매우 중요한 물리량이다.

$$N'_D = N_D - N_A \qquad \text{n형} \tag{4.7}$$

또는

$$N'_A = N_A - N_D \qquad \text{p형} \tag{4.8}$$

보상된 p형 Si을 경사 도핑된 예로 들면, 그림 4.2에 나타낸 것과 같이 알짜 억셉터 농도 $N'_A = N_A - N_D$는 오른쪽으로 갈수록 감소한다. 여기서 물질은 전체에 걸쳐 비축퇴되어 있어서 밴드 갭의 감소 효과는 무시하며, 밴드 갭은 도핑 농도에 따라서 변화하지 않는다고 가정한다. 예를 들어 이러한 상황은 npn 바이폴라 트랜지스터의 베이스 영역의 형태이다.

2장에서 배웠듯이 알짜 억셉터 도핑이 많이 될수록 정공이 많아질 것이다. 그 예로서 그림 4.2를 보면, 도핑이 많이 되는 왼쪽 끝 부분에서는 페르미 준위가 가전자대 쪽으로 더욱 가까워질 것이라 예상되고, 도핑이 적게 된 물질 영역의 경우는 오른쪽 끝 부분에서와 같이 페르미 준위는 밴드 갭 중앙 영역에 가까워질 것이라 예상된다. 그러므로 그림 4.3과 같은 에너지 밴드 다이어그램으로 나타낼 수 있으며, 모든 거시적 영역이 전기적 중성이라고 가정할 수 있다. 전기적 중성 특성에 의해 어떠한 거시적 영역에서건 그림 (a)에서와 같이 음의 전하 농도와 양의 전하 농도가 같다. 그림 (b)에는 진공 준위 E_{vac}와 억셉터 상태의 이온화 에너지 준위 E_A 및 전자 친화도 χ가 나타나 있다. 모든 불순물은 이온화되고 정공 농도는 알짜 억셉터 농도와 같다고 가정하면, 정공 농도는 다음 식과 같이 된다.

$$p(x) = N'_A(x) = N_V e^{-(E_f - E_V)/kT} \tag{4.9}$$

식 (4.9)의 왼쪽 부분이 위치(x)의 함수이므로 오른쪽 부분도 역시 위치(x)의 함수이어

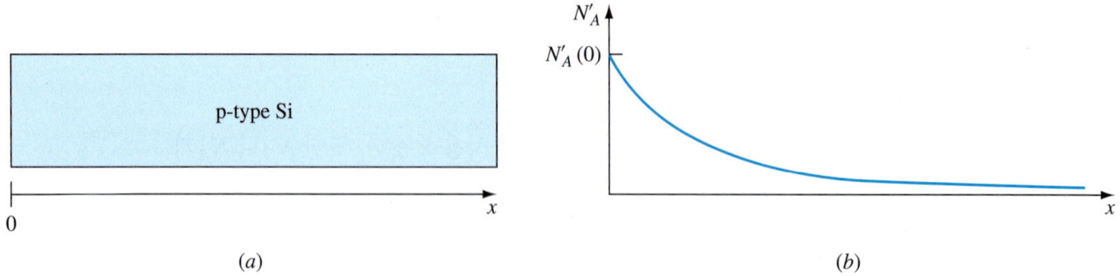

그림 4.2 불균일한 농도로 도핑된 반도체. (a) 막대 모양의 반도체 재료. (b) 거리의 함수로 나타낸 알짜 억셉터 농도.

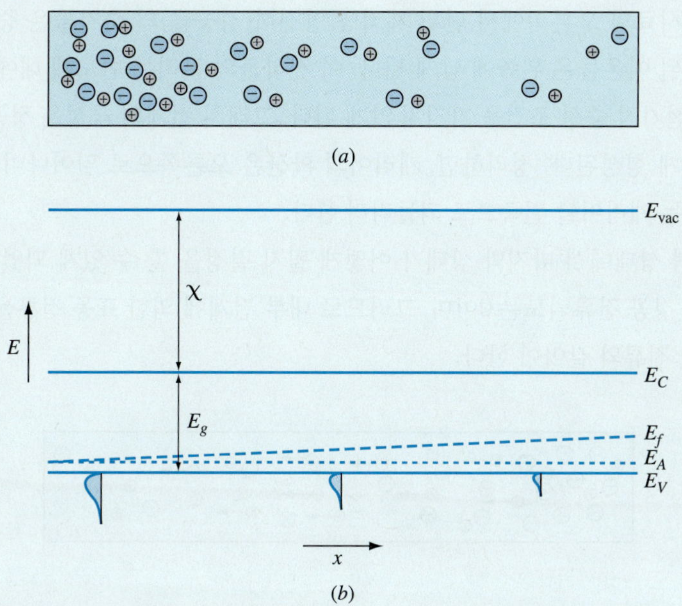

그림 4.3 (a) 불균일한 농도로 도핑된 반도체의 평형 상태 전 에너지 밴드 다이어그램. (b) 모든 거시적 영역에서 중성 조건이 성립한다.

야 한다. 물리량 N_V, k 및 T는 모두 상수이므로, $E_f - E_V$가 위치에 따라서 변해야 한다. 그러나 페르미 준위는 페르미 확률 함수가 1/2인 에너지 준위라는 것을 상기해야 한다. 페르미 함수는 상태 밀도 함수 및 도핑 농도 등에 대하여 독립적이고 온도에 의해서만 변화된다. 그러나 알고 있는 바와 같이 평형 상태의 페르미 준위는 위치에 상관없이 일정한 에너지를 갖는다. 그러므로 가전자대의 윗단 E_V가 도핑 농도에 따라 이동할 것이라고 예상할 수 있다. 따라서 그림 4.3b는 잘못되었다는 것을 알 수 있다. 이제 우리는 이를 어떻게 바로잡을지 결정해야 할 필요가 있다.

그림 4.3b로 돌아와서, 중성 조건의 가정하에 전계의 세기

$$\mathscr{E} = \frac{1}{q}\frac{dE_{vac}}{dx} \tag{4.10}$$

가 0으로 되지만, 정공 농도의 기울기는 존재한다는 사실을 인정해야 한다. 3장에서 배웠듯이 움직이는 정공들은 낮은 농도 영역으로 확산될 것이며, 이 경우에는 오른쪽으로 이동할 것이다. 그림 4.2에는 이온화된 억셉터 농도의 기울기 또한 존재한다. 억셉터 이온들은 음이온으로 대전되나 그들은 확산하지 않는다. 왜냐하면 음이온들은 결정격자에 갇혀 있기 때문이다. 그러므로 양전하(정공들)의 알짜 확산은 왼쪽에서 오른쪽으로 이동하며, 왼쪽에는 보상되지 않은 음이온들(이온화된 억셉터)이 남아 있다. 이것은 그림 4.4a에서

볼 수 있다. 시료의 오른쪽에서 단위 체적당 양전하(정공들)의 숫자들은 증가할 것이며, 음으로 대전된 이온들은 왼쪽에 남게 된다. 이 전하들의 분리는 반도체 내에 전계를 만들고, 더 이상 전기적 중성 조건을 가지지 않게 된다. 그래서 전계의 극성은 정공들이 왼쪽으로 되돌아가게 형성된다. 정리하면, 캐리어의 확산은 오른쪽으로 일어나며, 이것에 의해 형성된 전계는 캐리어를 왼쪽으로 되돌리려 한다.

이제 평형 상태에서 마지막 상태가 어떻게 될지 결정을 할 수 있게 되었다. 평형 상태에서는 알짜 정공 전류밀도는 0이며, 그러므로 내부 전계에 의한 표동 전류는 농도 기울기에 의한 확산 전류와 같아야 한다.

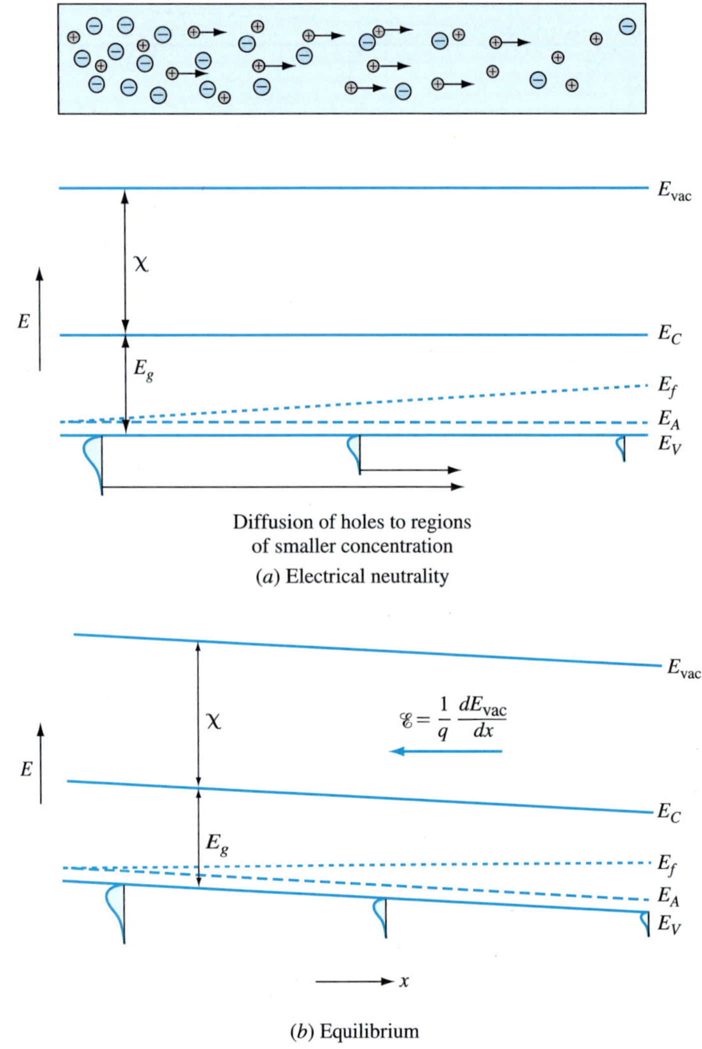

그림 4.4 (a) 이온화된 억셉터를 남겨놓고 정공이 농도가 낮은 곳으로 확산. 이로 인해 전계가 생성됨. (b) 평형 상태에서 불균일하게 도핑된 반도체의 올바른 에너지 밴드 다이어그램.

$$J_p = J_{p(\text{drift})} + J_{p(\text{diff})} = 0 = q\mu_p p_0(x)\mathscr{E} - qD_p \frac{dp_0(x)}{dx} \tag{4.11}$$

여기서 평형 상태의 정공 농도 $p = p_0$는 위치의 함수이다. 전하가 상대적으로 조금 움직여서 전계가 형성되었으므로 근사적으로 $p(x) = p_0(x) = N_A'(x)$는 여전히 잘 맞고, 식 (4.9)를 대입하면 식 (4.11)은 다음과 같이 된다.

$$\begin{aligned} q\mu_p p_0(x)\mathscr{E} &= -q\frac{D_p N_V}{kT} e^{-(E_f - E_V)/kT}\left[\frac{d(E_f - E_V)}{dx}\right] \\ &= -q\frac{D_p}{kT} p_0(x)\frac{d(E_f - E_V)}{dx} \end{aligned} \tag{4.12}$$

페르미 준위는 일정하므로, 즉 $dE_f/dx = 0$이므로,

$$\mu_p\mathscr{E} = \frac{D_p}{kT}\frac{dE_V}{dx} \tag{4.13}$$

다음으로 반도체의 종류(예를 들어 Si)는 변하지 않으므로, 전자 친화도, 밴드 갭 및 이온화 전위들 역시 일정하다. 그러므로 E_V와 E_C는 E_{vac}와 평행하다. 이것의 의미는 식 (4.10)으로부터 다음과 같이 된다.

$$\mathscr{E} = \frac{1}{q}\frac{dE_{\text{vac}}}{dx} = \frac{1}{q}\frac{dE_C}{dx} = \frac{1}{q}\frac{dE_V}{dx} \tag{4.14}$$

그러므로 전계의 세기는 전도대 가장자리와 가전자대 가장자리의 기울기에 비례한다. 평형 상태에서 수정된 에너지 밴드 다이어그램은 그림 4.4b와 같다.

평형 상태라는 것은 전기적 중성 상태가 아니다—평형 상태가 되기 위해서는 양과 음의 전하들이 일정한 정도로 분리된다. 평형 상태를 만들기 위해 작은 전하의 이동이 필요한데, 이 영역을 보통 **준중성 영역(quasi-neutral region)** 또는 **중성 영역(neutral region)**이라 한다.

정리하면, 평형 상태에서 에너지 밴드 다이어그램을 그리기 쉬운 방법은 다음과 같다.

1. 모든 거시적 영역이 전기적 중성이라고 가정한다.
2. 기준선으로 진공 준위 E_{vac}를 이용하고, 전자 친화도와 밴드 갭을 고려하여 에너지 밴드 다이어그램을 그린다.
3. 알짜 도핑 농도에 관한 정보로부터 페르미 준위를 결정한다(p형에서는 E_V를 기준하여 결정하고, n형에서는 E_C를 기준하여 결정한다).
4. 전자 친화도와 밴드 갭을 일정하게 유지하면서, 페르미 준위가 일정하도록 에너지 밴드 다이어그램을 적절히 경사지게 한다.

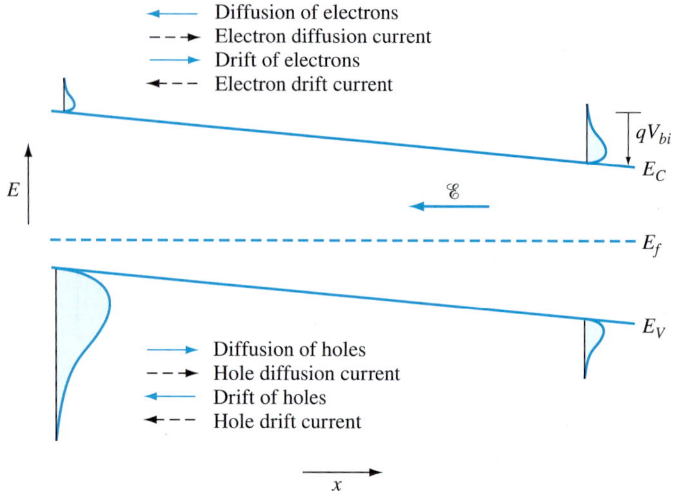

그림 4.5 평형 상태에서는 불균일하게 도핑된 반도체에서도 전류의 총합은 여전히 0이다.

경사 도핑에 의한 전계는 내부 전계이지 외부에서 가해준 것이 아니라는 것을 강조한다. 내부 전계는 도핑 농도가 균일하지 않을 때 자연적으로 발생한다. 왜냐하면 대전된 캐리어들이 확산되기 때문이다. 반도체는 **외부에서(externally)** 전계가 가해지지 않는 한 계속 평형 상태를 유지하고, 평형 상태에서 전체 전류는 여전히 0이다.

그림 4.5는 전자와 정공의 흐름과 이로 인한 전류를 모두 나타내었다. 전자들은 낮은 농도의 영역으로 확산되며(이 경우는 왼쪽으로), 전자 확산 전류가 오른쪽으로 흐르는 결과를 초래한다. 전자들이 전계의 반대 방향(오른쪽)으로 표동하면, 알짜 전자 표동 전류가 왼쪽으로 흐르는 결과를 초래한다. 위 그림에서 정공에 대한 화살표들의 방향도 모두 옳다는 것을 스스로 납득할 수 있을 것이다.

내부 전계 때문에 이 시료를 가로지르는 내부 전압이 생긴다. 왼쪽 부분이 오른쪽보다 높은 전자 위치 에너지를 가지는 것은 이 반도체를 가로지르는 알짜 전압 차 V_{bi}가 존재한다는 것을 의미한다.[1)] 그러나 불균일하게 도핑된 반도체가 건전지를 의미하는 것은 아니다. 그림 4.6이 그 이유를 설명한다. 반도체 막대의 한쪽 끝에서부터 다른 쪽 끝으로 금속선이 접촉되어 있다고 가정하자. 이 시스템은 여전히 평형 상태이다. 왜냐하면 어떠한 외부 전압도 주지 않았기 때문이다. 이러한 조건에 대한 에너지 밴드 다이어그램은 진공 준위는 전선 내에서 어디든지 같다는 것을 보여주고 있다. 반도체 내에서 진공 준위(이와 함께 가전자대 가장자리 및 전도대 가장자리)는 모두 금속의 진공 준위와 만나면서 휘어진

1) 그림에서 에너지는 단위가 eV이고 전압의 단위는 volt이므로 V_{bi}에는 q가 곱해져야 올바른 단위이다.

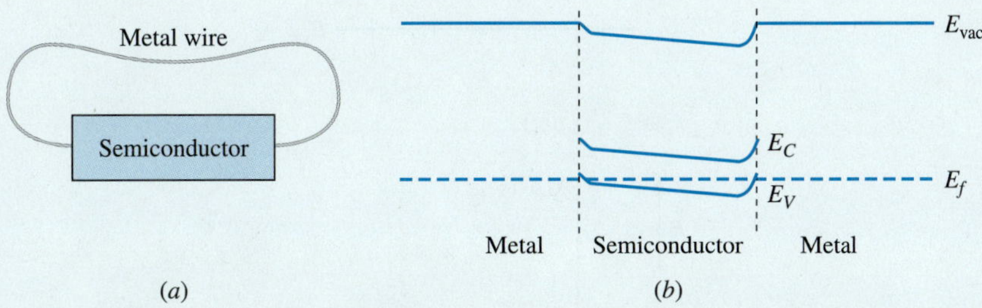

그림 4.6 (a) 경사 도핑된 반도체의 양쪽을 전선으로 연결한다. (b) 에너지 밴드 다이어그램. 외부 환경에 연결된(여기에서는 전선과 연결된) 반도체의 양단에 내부 전계가 생기지만 전체 환로에 추가되는 전압은 0이다.

다. 에너지 밴드의 휘는 정도는 반도체의 양끝에서 다르다. 따라서 전계가 존재한다는 것을 상기하며, 반도체와 금속의 접합에서 새로운 내부 전계가 생성된다는 것을 추측할 수 있다. 내부 전압은 그림의 회로에 나와 있듯이 0으로 된다는 것을 알 수 있다(Kirchhoff의 전압 법칙). 전계들은 모두 반도체 내에 있으며 바깥쪽으로 뻗지 못한다. 이는 그 양 끝에 접촉되는 금속에 상관없다는 것을 의미한다.

4.3 불균일한 조성

다음으로 반도체의 한쪽 끝에서 다른 쪽 끝으로 **조성(composition)**이 점차적으로 변하는 경우를 생각해보자. 예를 들어 순수한 Si(E_g = 1.12 eV)으로 시작하여 Ge(E_g = 0.67 eV)이 점차 섞여 결국 Si_yGe_{1-y}의 합금으로 된 경우를 생각하자. 여기서 y는 Si의 조성 농도를 나타낸다. Si과 Ge은 가전자가 각각 4개이므로 같은 다이아몬드 결정 구조를 가지며, Si:Ge의 합금도 역시 다이아몬드 구조를 갖는 반도체로 밴드 갭은 두 재료의 중간이다. 이 합금에 억셉터를 도핑하여 페르미 준위가 가전자대로부터 동일한 높이에 있다고 가정하자. $E_f - E_V$를 일정하게 유지하기 위하여, N_V는 위치에 따라 조금 변한다(왜냐하면 조성이 바뀌면 전자의 유효 질량이 조금 변하기 때문에[식 (2.62)]). 따라서 알짜 억셉터 농도는 균일하지 않다[식 (4.9)].

경사형 조성을 갖는 반도체 합금에 대한 평형 상태에서의 에너지 밴드 다이어그램을 결정하기 위하여 앞 절의 경사 도핑된 경우의 방법을 따른다. 우선 그림 4.7과 같이 거시적으로는 전기적 중성 조건이 성립하고 밴드 갭이 경사지게 그린다. 진공 준위를 기준으로 잡으면 전도대 밑단 E_C는 위치에 따라 변하지 않는다는 것을 알 수 있다. 이 이유는 Si:Ge 합금의 전자 친화도 χ는 기본적으로 합금 조성에 따라 변화하지 않기 때문이다. 전자 친화도는 Si과 Ge에 대하여 각각 4.04 eV(Si)와 4.0 eV(Ge)이다. 그러나 밴드 갭은 Si과 Ge에 대하여 각각 1.12 eV와 0.67 eV이므로 합금의 밴드 갭은 조성에 따라 확연히 달라진다. 따

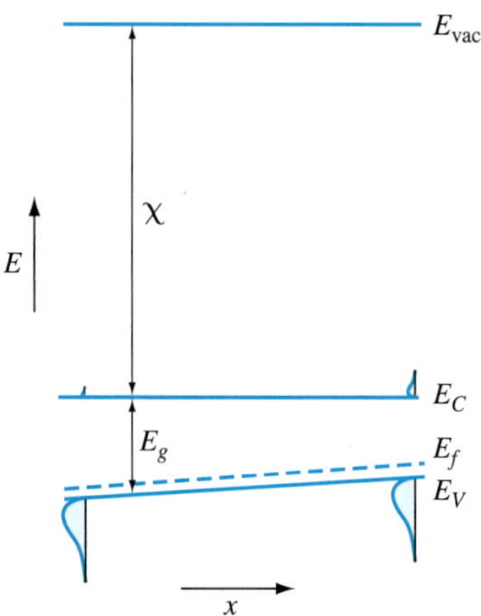

그림 4.7 전기적 중성 상태에서 불균일한 Si 조성을 갖는 Si:Ge 합금의 에너지 밴드 다이어그램(명확성을 위해 과장되게 그림).

라서 E_g가 감소함에 따라 E_V는 높아진다. Ge 농도가 증가함에 따라 E_g는 선형적으로 감소하는데, Ge 1원자 분율(atomic %)당 7.5 meV 감소한다.[1] 이 예에서 도핑 농도는 일정하므로 자유 정공 농도 p_0도 역시 균일하다(근사적으로 N_A'). 그러나 전자 농도는 균일하지 않다. 왜냐하면 밴드 갭이 일정하지 않기 때문이다(E_g가 감소함에 따라 n_i는 증가하며, $n_0p_0 = n_i^2$임을 기억하자).

정공 농도 p_0가 일정하므로 정공 확산은 무시한다. 그러나 가전자대 가장자리가 기울어져 있으므로 정공에 작용하는 힘이 존재한다. 정공에 작용하는 힘은 정공의 위치 에너지에 대한 음의 기울기이다.

$$F_h = -\frac{dE_{P(\text{holes})}}{dx} \tag{4.15}$$

그리고 정공에 대한 위치 에너지는 가전자대 가장자리에 해당한다. 그러므로

$$\frac{dE_{P(\text{holes})}}{dx} = -\frac{dE_V}{dx} \tag{4.16}$$

여기서 음의 부호는 에너지 밴드 다이어그램이 음의 전하를 갖는 전자를 대상으로 했기 때문이며, 양의 전하인 정공의 에너지는 가전자대 아래로 내려갈수록 커진다. 따라서 식 (4.15)는 다음과 같이 된다.

$$F_h = \frac{dE_V}{dx} \tag{4.17}$$

이 힘은 정공을 재분포시켜서 시료는 평형 상태로 되거나 페르미 준위가 위치에 상관

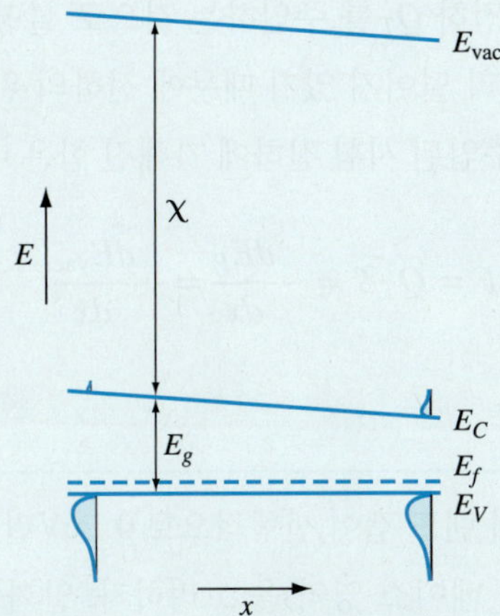

그림 4.8 불균일한 조성을 갖는 반도체에 대한 평형 상태에서의 에너지 밴드 다이어그램(마찬가지로 과장됨).

없이 일정하게 된다. 평형 상태의 경우는 그림 4.8에 나타내었다.

그림 4.8을 참조하면 현명한 학생들은 평형 상태에서 가전자대의 정공은 어떠한 힘도 받지 않고($F_h = dE_V/dx \approx 0$), 전도대의 전자는 오른쪽으로 가속되는 힘을 받게 될 것이라는 것을 알 수 있을 것이다.

$$F_e = -\frac{dE_{P(\text{electron})}}{dx} = -\frac{dE_C}{dx} \tag{4.18}$$

평형 상태에서 표동과 전자 농도의 기울기로 인한 확산에 의하여 전자에 힘이 가해진다. 평형 상태에서는 이들 표동과 확산에 의한 전류는 상쇄된다.

그런데 전자와 정공에 가해지는 힘은 다르므로 전자와 정공에 대한 **유효 전계(effective electric field)**의 세기 $\mathscr{E}_e^*$와 $\mathscr{E}_h^*$를 각각 다음과 같이 정의한다.

전자에 대하여,

$$\boxed{F_e = -q\mathscr{E}_e^* = -\frac{dE_C}{dx}} \tag{4.19}$$

정공에 대하여,

$$\boxed{F_h = q\mathscr{E}_h^* = \frac{dE_V}{dx}} \tag{4.20}$$

실제 전계는 $(1/q)(dE_{vac}/dx)$와 같고, 정의에 의해 단위 양의 시험 전하에 가해지는 힘이다. 이는 반도체 내에서 왼쪽에서 오른쪽으로 조그만 구멍을 뚫어서 정공을 주입하는 것과 절연 봉 끝에 작은 시험 전하 Q_T를 주입하는 것으로 설명될 수 있다. 시험 전하가 반도체 표면으로부터 충분히 멀리 떨어져 있기 때문에 전하의 위치 에너지는 E_{vac}이다(전하의 운동 에너지는 0이다). 이 주입된 시험 전하에 가해진 힘은 다음 식과 같다.

$$F = Q_T \mathscr{E} = -\frac{dE_P}{dx} = -\frac{dE_{vac}}{dx} \tag{4.21}$$

예제 4.1

0.05 μm의 베이스 폭에 걸쳐서 밴드 갭이 선형적으로 0.1 eV만큼 변화하는 p형 Si:Ge 합금(바이폴라 접합 트랜지스터의 베이스 영역)을 고려하자. 알짜 억셉터 농도는 일정하다고 가정한다. 유효 전계와 정공과 전자에 가해지는 힘, 그리고 실제 전계의 세기를 구하라.

■ **풀이**

ΔE_g는 Ge의 원자 분율당 7.5 meV 변화하므로, 이 트랜지스터는 Ge의 성분이 0에서 13 %로 변하고 있다. 이전에 봤던 SiGe 합금에서, 만약 억셉터 농도가 일정하다면 가전자대 준위는 본질적으로 일정하다. 그러므로 식 (4.20)으로부터 정공에 대한 힘(그리고 유효 전계)은 0이다.

$$\mathscr{E}_h^* = \frac{F_h}{q} = \frac{1}{q}\frac{dE_V}{dx} = 0$$

가전자대 윗단은 일정하므로, 밴드 갭이 감소함에 따라서 전도대 밑단은 아래로 내려간다. 0.05 μm의 베이스 폭에 대하여, 전자들의 유효 전계는 식 (4.19)에 의해 결정된다.

$$\mathscr{E}_e^* = \frac{1}{q}\frac{dE_C}{dx} = \frac{1}{q}\frac{dE_g}{dx} = \frac{1}{1.6\times10^{-19}\ \text{C}}\,\frac{(-0.1\ \text{eV})(1.6\times10^{-19}\ \text{V/eV})}{0.05\ \mu\text{m}}$$
$$= -\frac{0.1\ \text{V}}{5\times10^{-8}\ \text{m}} = -2\times10^{6}\ \text{V/m} = -20\ \text{kV/cm}$$

실제 전계는 식 (4.21)에 의해 표현된다. 이러한 경우에 전자 친화도는 물질을 가로지르며 거의 일정하고, E_{vac}는 거의 E_C와 평행하다. 그러므로 이들의 기울기는 같기 때문에 이 예에서 알 수 있듯이 실제 전계는 전자들에 대한 유효 전계와 같다.

$$\mathscr{E} = \frac{1}{q}\frac{dE_{vac}}{dx} \approx \frac{1}{q}\frac{dE_C}{dx} = -20\ \text{kV/cm}$$

위 식의 음의 부호는 실제 전계와 유효 전계 모두 음의 x 방향으로의 전계를 의미한다.

4.4 경사 도핑과 경사 조성의 조합

4.2절에서 설명한 바와 같이 Si:Ge 트랜지스터에서 베이스 영역의 전계는 경사 도핑된 억셉터 농도에 의해 더 증가한다. 따라서 소자의 속도가 더 증가하고 동작 주파수도 증가한다.

예제 4.2

예제 4.1과 같이 경사 조성의 베이스 영역을 가진 Si:Ge 트랜지스터에서 알짜 억셉터 농도는 이 영역에 걸쳐서 10^{18} cm^{-3}부터 3×10^{16} cm^{-3}로 지수함수적으로 감소되도록 도핑했다. 전자에 대한 유효 전계를 구하라.

■ **풀이**

그림 4.9에 베이스 영역의 에너지 밴드 다이어그램을 (a) 중성의 경우와 (b) 평형의 경우로 구분하여 나타내었다. 예제 4.1과 같이 $\Delta E_g = 0.1$ eV이고, 베이스 폭(W_B)은 0.05 μm이며, 경사진 조성이기 때문에 유효 전계는 -20 kV/cm이다. 앞의 경우에는 E_V를 상수로 고려했다. 그러나 여기에서는 경사 도핑으로 인한 추가적인 전계가 있다. 따라서

$$p(x) = N_A(x) = N_V e^{-(E_f - E_V(x))/kT}$$

$$E_V(x) - E_f = kT \ln \frac{N_A(x)}{N_V}$$

경사 도핑 농도에 의한 E_V에서의 추가적인 휘어짐의 값 ΔE_V는

$$\Delta E_V = (E_V(W_B) - E_V(0)) = \big(E_V(W_B) - E_f\big) - \big(E_V(0) - E_f\big)$$

또는

$$\Delta E_V = kT\left(\ln \frac{N_A(W_B)}{N_V} - \ln \frac{N_A(0)}{N_V}\right) = kT \ln \frac{N_A(W_B)}{N_A(0)}$$

$$\Delta E_V = 0.026 \ln \frac{3 \times 10^{16}}{10^{18}} = -0.091 \text{ eV}$$

음의 부호는 가전자대 가장자리가 페르미 준위에서부터 아래로 멀어지는 것을 의미한다(그림 4.9a에서는 페르미 준위가 위로 이동한 것을 보여준다). 조성비가 경사진 효과(가전자대와 전도대가 아래로 기울어짐)에 도핑도 경사진 경우(전도대 가장자리가 아래로 기울어짐)를 결합하여 유도된 전계는 다음과 같다.

$$\Delta E_C = 0.1 \text{ eV} + (-\Delta E_V) = 0.191 \text{ eV}$$

선형적인 조성비 경사와 지수함수적인 도핑 경사 각각은 전계를 일정하게 하는 데 기여하므로, 전자에 대한 알짜 유사전계는 다음과 같다.

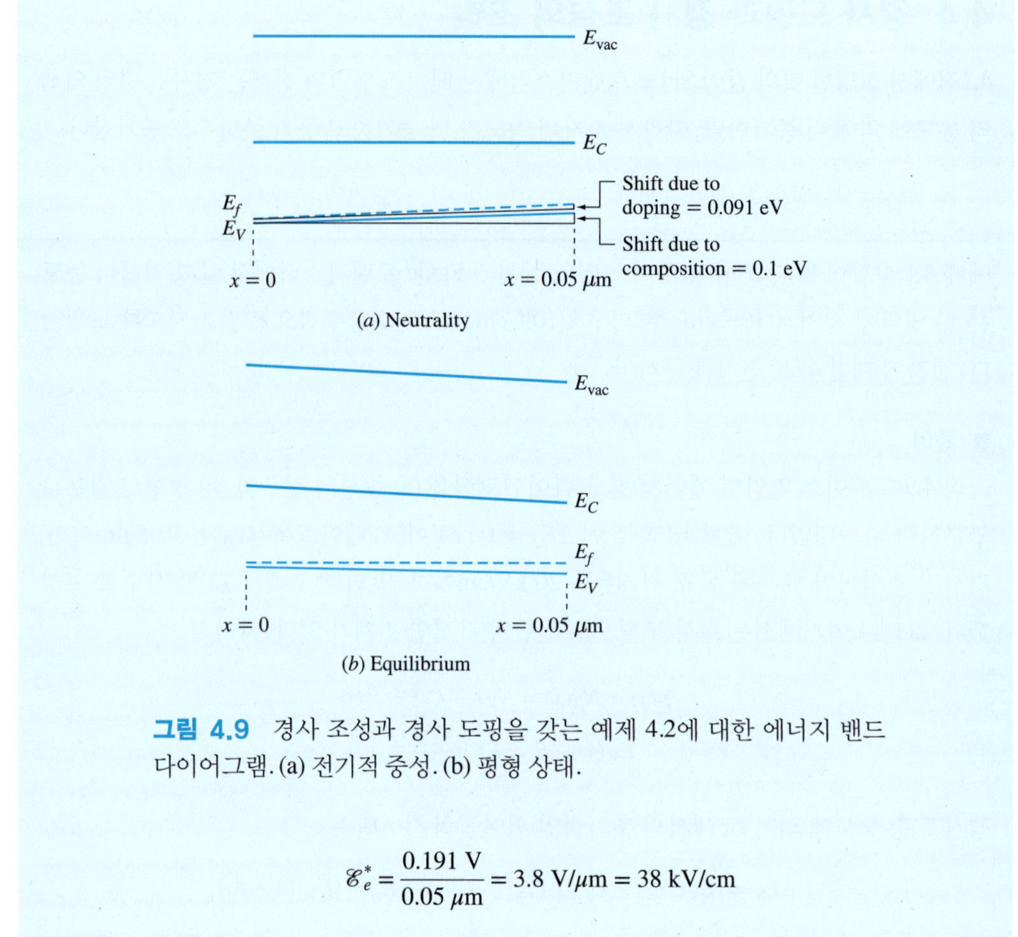

그림 4.9 경사 조성과 경사 도핑을 갖는 예제 4.2에 대한 에너지 밴드 다이어그램. (a) 전기적 중성. (b) 평형 상태.

$$\mathscr{E}_e^* = \frac{0.191\ \text{V}}{0.05\ \mu\text{m}} = 3.8\ \text{V}/\mu\text{m} = 38\ \text{kV/cm}$$

4.5 요약

이 장에서 우리는 불균일한 반도체에서 무슨 현상이 일어나는지를 예상해보기 위해 재료 물리학적인 이해의 범위를 확장하였고 그 결과는 매우 흥미로웠다. 경사 도핑 및 경사 조성비, 또는 이 둘의 복합적인 방법에 의해서 내부 전계가 반도체에서 생성될 수 있다. 이 전계는 바이폴라 트랜지스터의 성능을 향상시키기 위해서 베이스 영역에서 이용될 수 있다.

내부 전계는 외부로 작용할 수 없으며 이 시료를 전지로서도 사용할 수 없다. 더욱이 평형 상태에서 내부 전계에 의해 유도되는 표동 전류는 반대 방향의 확산 전류에 의해 균형을 이루고, 따라서 전자와 정공에 의한 알짜 전류는 여전히 0이다.

접합 구조의 평형 상태에서는 시스템 전체에 걸친 페르미 준위가 일정하다는 유용한 개념을 얻었다. 페르미 준위의 개념은 평형 상태에서만 유효한 반면에, 비평형 상태에서는 비슷하게 유사 페르미 준위가 사용된다.

4.6 참고문헌

1. John D. Cressler and Katsuyoshi Washio, "Bipolar Transistors," in *Guide to State-of-the-Art Electron Devices*, Joachim N. Burghartz, ed., Chap. 1, Wiley-IEEE Press, John Wiley and Sons, Chichester, UK, 2013.
2. H. Kroemer, "Quasielectric and quasimagnetic fields in nonuniform semiconductors," *RCA Review*, 18, pp. 332-347, 1957.
3. J. D. Cressler (ed), *Silicon Heterostrucure Handbook: Materials, Fabrication, Devices, Circuits and Applications of SiGe and Si Strained-Layer Epitaxy,* CRC Press, Boca Raton, FL, 2006.

4.7 복습문제

1. 평형 상태에서는 페르미 준위가 왜 일정한지 설명하라.
2. 반도체 시료에서의 경사진 도핑이 어떻게 내부 전계를 만드는가?
3. **준중성 영역(quasi-neutral region)**의 의미는 무엇인가?
4. 새로운 시스템에 있어서 에너지 밴드 다이어그램을 그리는 순서는 무엇인가?
5. 어느 물질에 내부 전계가 있을 때, 평형 상태에서 무슨 전류가 물질에 흐르는가?
6. 경사 조성이 어떻게 내부 전계를 만드는가?
7. 내부 전계를 갖는 재료가 전지로 사용될 수 없는 이유는 무엇인가?
8. (전자에 대한) **유효 전계(effective electric field)**의 의미는 무엇이며, 또 실제 전계와의 차이점은 무엇인가?

4.8 연습문제

4.1. 어느 반도체 시료에서 도핑 농도가 $N_D(x) = N_D(x=0)e^{-\frac{x}{\lambda}}$의 형태로 지수함수적으로 변화할 때 전계가 $\mathscr{E} = -\frac{kT}{q}\frac{1}{\lambda}$로 일정함을 밝혀라.

4.2. 어느 InP 반도체 시료의 도너 불순물 농도가 위치에 따라 지수함수적으로 변화하여 $x = 0$에서 $N_D = 1.0 \times 10^{16}\,\text{cm}^{-3}$이고 $x = 400$ nm에서 $N_D = 5 \times 10^{18}\,\text{cm}^{-3}$이다. 전계의 세기를 구하고 방향을 나타내라.

4.3. 4.3절에서 논의했던 경사 조성비를 갖는 SiGe 합금 구조를 생각해보자. 정공 농도는 상수라고 가정한다(N_A'는 근본적으로 상수이고 모든 첨가물은 이온화되어 있다). 평형 상태에서 정공에 대한 전계 및 확산은 없다. 그러나 전도대 안의 전자에 대한

전계는 있다. 평형 상태에서 알짜 전류는 없고, 표동 전류는 역확산 전류에 의해 분명 상쇄되었다. 확산 전류를 만드는 변화하는 전자 농도의 근원을 밝히고 설명하라.

4.4. 단지 표동 때문에 전자가 [예제 4.2]의 p 영역을 가로지르는 데 요구되는 시간은 얼마인가?

4.5. 경사 조성비를 갖는 AlGaAs 화합물 반도체가 제조되었다. $x = 0$에서 물질은 순수 GaAs ($\chi = 4.07$ eV, $E_g = 1.43$ eV)이고, 이로부터 2 μm 위치에서 조성은 $Ga_{0.6}Al_{0.4}As$ ($\chi = 3.84$ eV, $E_g = 1.92$ eV)로 바뀐다. 기판 물질은 진성 반도체이다. 전자와 정공에 대한 유효 전계와 실제 전계는 각각 얼마인가?

4.6. 그림 P4.1의 평형 상태 에너지 밴드 다이어그램을 고려하자.

a. 전자에 대한 유효 전계를 구하라.

b. 정공에 대한 유효 전계를 구하라.

c. 캐리어 농도를 그려라.

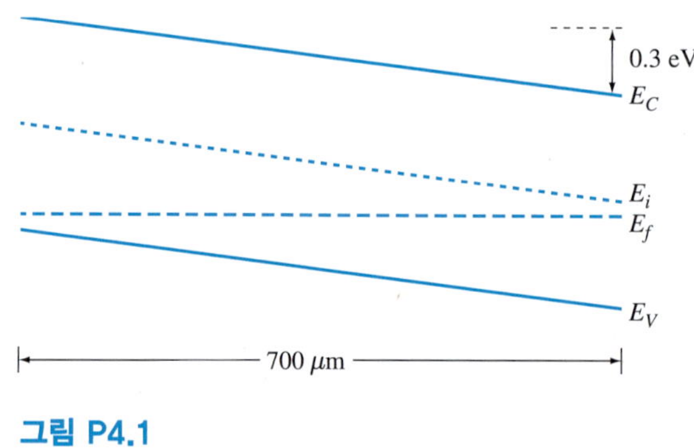

그림 P4.1

d. 다음 각각의 방향을 나타내라.

i. 정공 확산

ii. 정공 확산 전류

iii. 정공 표동

iv. 정공 표동 전류

v. 전자 확산

vi. 전자 확산 전류

vii. 전자 표동

viii. 전자 표동 전류

ix. 전자에 대한 전계

4.7. 어떤 시료의 에너지 밴드 다이어그램을 그림 P4.2에 나타내었다.

a. 전자에 대한 유효 전계를 구하라.

b. 정공에 대한 유효 전계를 구하라.

c. 캐리어 농도를 그려라.

d. 다음 각각의 방향을 나타내라.

i. 정공 확산
ii. 정공 확산 전류
iii. 정공 표동
iv. 정공 표동 전류
v. 전자 확산
vi. 전자 확산 전류
vii. 전자 표동
viii. 전자 표동 전류
ix. 전자에 대한 전계
x. 정공에 대한 전계

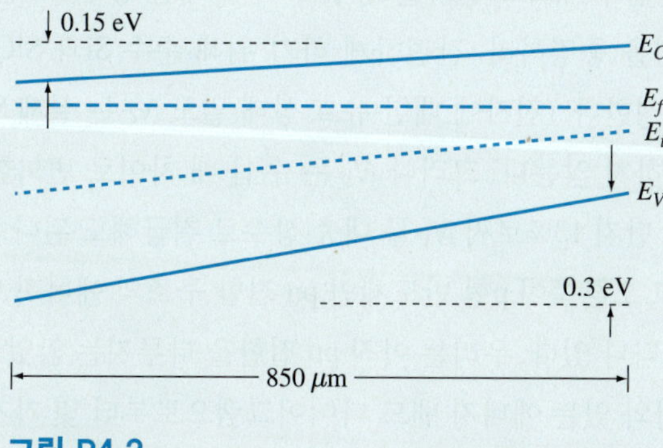

그림 P4.2

4.8. $0 < x < 0.5\ \mu$m에 대하여 $E_C - E_f = 0.2 + (0.8\ \text{eV}/\mu\text{m})x$로 도핑된 GaAs의 에너지 밴드 다이어그램을 그려라.

a. 전자에 대한 유효 전계를 구하라.

b. $J_{n(\text{diff})}, J_{n(\text{drift})}, J_{p(\text{diff})}, J_{p(\text{drift})}$의 방향을 구하라.

c. 전계의 방향을 나타내라.

4.9. 인(P)이 경사 도핑된 n형 Si이 있다. $0 \le x \le 1\ \mu$m 영역에서 도핑 농도가 10^{15} cm^{-3}으로부터 10^{18} cm^{-3}으로 선형적으로 변화한다고 가정한다. 이 영역에의 전계의 세기를 위치(x)의 함수로 구하라. $x = 0, 0.5$ 및 1 μm에서의 전계를 구하라.

4.10. npn 구조의 양극성 접합 트랜지스터(BJT)의 베이스 영역에서 흔히 알짜 억셉터 농도 N'_A는 $N'_A = N'_A(x_0)e^{-\frac{(x-x_0)}{\lambda}}$로 근사시킬 수 있다. 베이스 영역 내에서 전계를 위치(x)의 함수로 표현하라.

4.11. [문제 4.10]에서 $\lambda = 5 \times 10^{-6}$ cm일 때, BJT의 베이스 영역 내에서의 전계를 구하라.

4.12. 순수 GaAs에서 8.5 μm의 길이에 걸쳐 $Al_{0.35}Ga_{0.65}As$까지 선형적으로 경사진 조성을 갖는 $Al_yGa_{1-y}As$ 시료가 있다. 이 시료에는 도핑은 되어 있지 않다. 전자와 정공에 대한 내부 전계를 구하라. 이때 $Al_yGa_{1-y}As$의 밴드 갭은 $y < 0.43$에서 $E_g = 1.43 + 1.425y$ (eV)로 주어진다. y는 조성 값이지 거리가 아님을 명심하라. 전자 친화도는 상수이고 E_i는 갭의 중앙에 있다.

4.13. InP 기판 위에 성장한 $Ga_xIn_{1-x}As_yP_{1-y}$ 층으로 어느 광소자를 만들고자 한다. 이 층은 기판과 같은 격자 상수를 갖고 Ga 조성 값 x는 $0.47y$와 같게 유지되어 있다. As의 조성 값은 $y = 0$에서 $y = 0.5$까지 변화하고, 밴드 갭은 $E_g = 1.35 - 0.72y + 0.12y^2$ eV와 같이 변한다. 간단하게 하기 위해서 전자 및 정공의 유효 질량은 각각 일정하여 m^*_{dse} 및 m^*_{dsh}라고 가정한다. 순수 InP 층에서부터 $y = 0.5$ 층까지 $n_i(y = 0.5)$에 대한 $n_i(y = 0)$의 비율을 구하라.

4.14. 예제 4.2에서 논의한 SiGe 합금 구조를 생각해보자. 억셉터 농도가 10^{18} cm^{-3}부터 2×10^{16} cm^{-3}까지 지수함수적으로 변화할 경우 전자에 대한 총 유효 전계가 $\mathscr{E}^*_e = \mathscr{E}^*_{\text{doping}} + \mathscr{E}^*_{\text{composition}}$임을 증명하라. 간편하게 하기 위해 순수 Si과 SiGe에 대해서 N_C와 N_V는 같다고 가정한다. (전자에 대한 유효 상태 밀도 N_C는 실제 Si에서 Ge에 이르기까지 크게 변화하지 않는다. 그러나 N_V는 수십 배 차이로 변화한다. 그러나 문제에서는 Ge 조성이 단지 13%로써 N_V를 대충 상수로 취급해도 된다.)

4.15. 왼쪽이 n형 반도체이고 오른쪽이 p형 반도체인 pn 접합 구조의 에너지 밴드 다이어그램이 그림 P4.3에 나타나 있다. 우리는 아직 pn 접합을 다루지는 않았지만 여러분은 이미 그림 P4.3에 나와 있는 에너지 밴드 다이어그램으로부터 몇 가지 사항을 추론할 수 있는 충분한 지식을 갖고 있다.

a. 어느 영역에 전계가 존재하는가?

b. 내부 전압 V_{bi}는 얼마인가?

c. 전자와 정공의 농도를 그래프로 그려라. 평형 상태에서 전자 전류와 정공 전류의 표동 성분과 확산 성분의 방향을 나타내라.

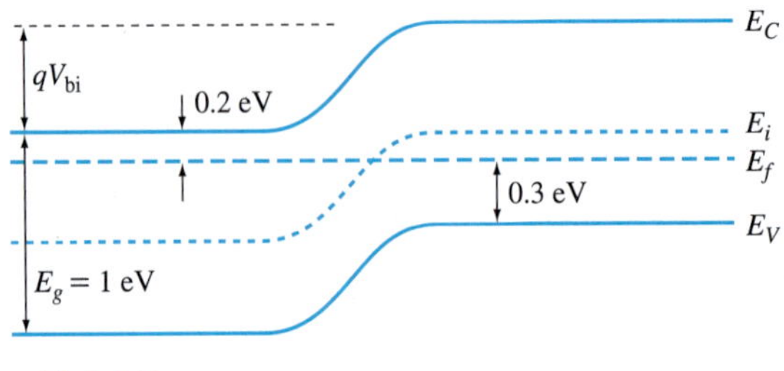

그림 P4.3

1부 보충: 물질

이 책 전체에 걸쳐서 각 부에서 다룬 내용들을 이 보충 부분에서 확장하여 다룬다. 이 보충에서 몇 가지 주제들을 다루어보기로 한다.

1장에서 반도체 결정 내의 전자에 관하여 두 가지 관심 있는 문제를 해결하는 데 양자역학을 사용하였다: 단순화된 자유 전자 모델과 보다 더 실제적인 준-자유 전자 모델이 그것이다. 1부 보충에서는 양자역학에 관하여 조금 더 자세하게 논의하고 있으며, 반도체 소자 내에서의 전자들의 거동에 대하여 몇몇 구체적인(단순화되었지만) 문제들을 다룬다. 중요한 점은 전자의 양자역학적 터널링 현상이다. 왜냐하면 이것은 여러 가지 전자 소자의 전기적 특성에 상당한 영향을 주며 소자 오작동의 원인이 되기 때문이다.

포논이 소자의 동작 특성에 상당한 영향을 주기 때문에 전자적 거동에 대한 포논들의 역할도 논의할 것이다

1 SUPPLEMENT

보충: 양자역학의 개요

S1.1 서론

학생들은 "내가 왜 양자역학을 알아야 하는가?"라는 합리적인 질문을 할지 모른다.

1장에서 원자 내 전자 상태의 양자화에 대한 이해가 어떻게 하여 결과적으로 결정 내의 에너지 밴드에 대한 이해로 이끌어지는가를 알 수 있었다. 에너지 밴드의 개념은 이 책에서 여러 번 반복된다. 또한 서로 다른 물질에서는 서로 상이한 밴드 구조를 갖는다는 것이 예측된다는 것을 알 수 있었다. 에너지 밴드 구조는 전기장, 결정결함, 불순물 및 기타 다른 요소들에 의해 변화될 수 있다. 전자와 정공이 이런 방해 요인들을 만났을 때 그들의 거동을 예측할 수 있어야 할 것이다. 왜냐하면 엄밀히 말해서 이러한 저해 요인들이 트랜지스터, 레이저 및 모든 반도체 소자들을 동작시키기 때문이다.

우리가 대학 1학년 물리학 시간에 배운 고전(뉴턴)역학으로는 전하 캐리어(전자와 정공)의 행동을 항상 믿을 만하게 예측할 수는 없다. 캐리어들은 크기가 매우 작고 그리고 저해 요인들이 나노미터 크기의 수준에 작용할 때 이러한 비고전적 효과들이 더욱더 중요해진다는 것이 분명하기 때문이다. 이는 아주 빈번한 사례이다. 양자역학에 근거한 전자 행동에 대한 정성적인 이해는 소자의 동작 특성을 이해하는 데 필수적이다. [보충 1]에서는 다양한 에너지 밴드 구조에 있어서 전자(또는 정공)들이 어떤 거동을 할 것인지를 예측할 수 있는 몇 가지 원칙을 소개할 것이다.

S1.2 파동 함수

모든 물질은 입자 또는 파동으로 구성된다고 생각할 수 있다. 전자의 입자성은 명백하므로, 다른 예로 전자가 파동처럼 행동하는 것을 고려하여 좀 더 구체적으로 살펴보자. 양자역학에서 전자는 파동 함수 $\Psi(x, y, z, t)$로 나타낼 수 있다. 개념을 소개하는 데 3차원 공식이 요구되지 않는다면, 단순하게 나타내기 위해 1차원 공식을 사용할 것이다. 파동 함수의 개념은 직접 측정할 수 없기 때문에 처음 공식을 접했을 때는 다소 당황스럽다. 그러나 다음에 소개된 **연산자(operator)**와 함께 파동 함수를 이해하면 전자의 행동을 예측할 수 있다.

양자역학에 담긴 고유한 개념은 오로지 측정 가능한 입자성(파동성), 즉 **관측 가능한 (observables)** 것만이 의미가 있다는 것이다. 관측 가능한 물리량 O를 여러 번 측정을 통해 평균값을 계산하는 규칙, 또는 이에 대한 기댓값을 계산하는 방법은

$$\langle O \rangle = \frac{\int \Psi^*(x,t) O_{\text{op}} \Psi(x,t)\, dx}{\int \Psi^*(x,t)\Psi(x,t)\, dx} \tag{S1.1}$$

이 된다. 여기서 Ψ^*는 파동 함수의 복소 공액이며, O_{op}는 관측 가능한 물리량 O와 결합되는 연산자로서 파동 함수를 연산하며, 적분은 모든 공간에서 이루어진다. 표 S1.1은 다양한

표 S1.1 양자역학적 연산자

Observable	Operator
x	x
y	y
z	z
r	r
$f(r)$	$f(r)$
v_x	$\dfrac{\hbar}{jm}\dfrac{\partial}{\partial x}$
v_y	$\dfrac{\hbar}{jm}\dfrac{\partial}{\partial y}$
v_z	$\dfrac{\hbar}{jm}\dfrac{\partial}{\partial z}$
$p_x = mv_x$	$\dfrac{\hbar}{j}\dfrac{\partial}{\partial x}$
$\vec{p} = \hat{i}\, p_x + \hat{j}\, p_y + \hat{k}\, p_z$	$\vec{p}_{\text{op}} = \hat{i}\, p_{x_{op}} + \hat{j} p_{y_{op}} + \hat{k}\, p_{z_{op}}$
v_x^2	$-\dfrac{\hbar^2}{m^2}\dfrac{\partial^2}{\partial x^2}$
p_x^2	$-\hbar^2 \dfrac{\partial^2}{\partial x^2}$
$E_K = \dfrac{mv^2}{2} = \dfrac{p^2}{2m} = \dfrac{\vec{p}\cdot\vec{p}}{2m}$	$-\dfrac{\hbar^2}{2m}\left(\dfrac{\partial^2}{\partial x^2} + \dfrac{\partial^2}{\partial y^2} + \dfrac{\partial^2}{\partial z^2}\right) = -\dfrac{\hbar^2}{2m}\nabla^2$
E	$-\dfrac{\hbar}{j}\dfrac{\partial}{\partial t}$

관측 가능한 물리량들의 연산자를 나타낸다. 몇몇 연산자들, 예를 들어 위치 연산자들은 단지 곱셈인자에 불과하다. 다른 연산자들은 적분을 취하는 것처럼 연산을 수행한다. 파동 함수의 개념을 좀 더 정리한 후 다음 절에서 예를 들어볼 것이다.

S1.3 확률과 파동 함수

1.5.1절에서처럼, 시간 t일 때 x 좌표의 근처 dx 영역에서 입자가 발견될 확률은

$$\boxed{P(x, t)\, dx = \Psi^*(x, t)\Psi(x, t)\, dx} \tag{S1.2}$$

이 된다. 여기서 함수 $P(x, t)$를 **확률 밀도(probability density)**라 한다. 입자는 어디엔가 존재해야 하기 때문에, 주어진 시간에 공간 내의 입자를 찾을 확률은 1이다. 즉, 모든 공간에 대한 적분

$$\boxed{\int P(x, t)\, dx = \int \Psi^*(x, t)\Psi(x, t)\, dx = 1} \tag{S1.3}$$

이 되며, 이 경우 파동 함수가 **규격화(normalized)**되었다고 한다. 식 (S1.1)이 임의의 파동 함수 또는 규격화된 파동 함수에 대하여 타당할 때 분모는 1이 되고 식 (S1.1)은 보다 단순한 형태가 된다.

$$\boxed{\langle O \rangle = \int \Psi^* O_{\text{op}} \Psi\, dx} \tag{S1.4}$$

S1.3.1 1차원 전위 우물 속의 입자

연산자의 적용 예로서, 그림 S1.1과 같이 길이가 L인 영역에서 위치 에너지 $E_p = E_0$로 일정하고 그 외 영역에서는 무한히 높은 위치 에너지를 갖는 배치에서 에너지 E를 갖는 전자를 고려해보자. 이런 구조를 **전위 우물(potential well)**이라 부르는데, 우물 안에 있는 전자는 탈출할 수 없다. 우물 안의 전자는 어떤 일정하고 유한한 에너지로 운동하기 때문에 무한 에너지 장벽을 건널 수도 없다. 이것은 원자 내 전자의 위치 에너지를 그대로 근사화한 것으로(그림 1.2 참조), 여기서는 양 측면이 수직하고 무한대인 것만 다르다. 물리적 직관을 통해 전자는 각 벽면에 반사되며 앞뒤로 진동한다고 예상된다. 나중에 입자에 대한 파동 함수를 구하는 방법을 알아본 후, 이 전위 우물 안에 있는 전자의 비규격화된 파동 함수를 찾는 방법에 대하여 알아볼 것이다. 우선은 이 문제에서 가장 작은 에너지 상태의 파

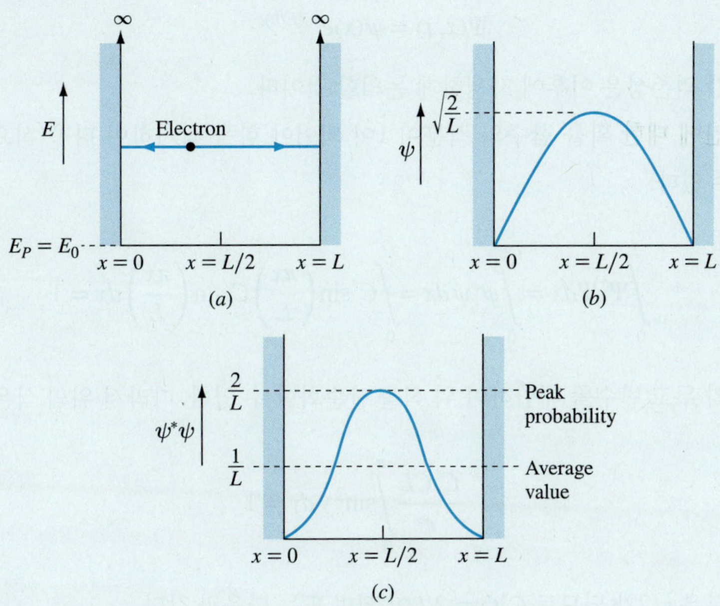

그림 S1.1 1차원 우물 속의 입자. (a) 위치 에너지 그림. 전자는 일정한 에너지로 양 벽면 사이에서 앞뒤로 진동한다. (b) 가장 낮은 허용 에너지의 파동 함수. (c) 확률 분포 함수.

동 함수는 다음 식과 같이 된다는 것을 받아들이자.[1)]

$$\Psi(x, t) = C \sin\left(\frac{\pi x}{L}\right) e^{-j(E/\hbar)t} \qquad 0 < x < L$$

$$\Psi(x, t) = 0 \qquad \text{어디에서나}$$

여기서 C는 상수이다. 전자가 우물 안에 존재해야 하므로(어떤 상황에서도 탈출할 만큼의 충분한 에너지를 갖지 못한다), 임의의 시간에 우물 속 어딘가에 있고 확률은 1이다. 또는 다음과 같이 나타낼 수 있다.

$$\int_0^L \Psi^* \Psi dx = \int_0^L \psi^* \psi dx = 1$$

여기서 ψ는 파동 함수 Ψ의 공간 부분이다. 즉, ψ는 단지 공간 x에만 의존하며 시간 독립적으로 취급된다. 즉,

1) 이것은 제시된 대로 정상파를 만드는 $E_p = \infty$인 우물의 경계 부분에서 진행파가 완전 반사된 결과이다.

$$\Psi(x, t) = \psi(x)e^{-j(E/\hbar)t}$$

이 된다. 시간 의존성은 이후에 자세하게 논의할 것이다.

모든 공간에 대한 확률 함수의 적분이 1이 되어야 함을 상기하여 다음 식으로부터 C 값을 구할 수 있다.

$$\int_0^L \Psi^*\Psi dx = \int_0^L \psi^*\psi\, dx = \int_0^L C^* \sin\left(\frac{\pi x}{L}\right) C \sin\left(\frac{\pi x}{L}\right) dx = 1$$

$y = (\pi x/L)$라 두고 변수를 대입하여 위 식을 단순화할 수 있다. 따라서 위의 식은

$$\frac{C^*CL}{\pi}\int_0^{\pi} \sin^2 y\, dy = 1$$

이 된다. 적분은 $\pi/2$가 되므로 $C^*C = 2/L$이 되며 또는 다음과 같다.

$$C = \sqrt{\frac{2}{L}}$$

그림 S1.1b는 파동 함수 $\psi(x)$의 그래프를 보여주고 있고, 이 경우에 대한 확률 밀도 함수 $\psi^*\psi$의 그래프를 그림 S1.1c에 나타내었다. $\psi^*\psi$의 최댓값은 $2/L$임을 주목하라. $\psi^*\psi$의 평균값 $1/L$이 그림에 표시되어 있다. 우물의 폭 L의 배수인 이 평균값은 입자가 우물 안에 있을 확률이 1이라는 것을 알려준다.

전자의 평균 위치를 찾아보자. 규격화된 파동 함수와 식 (S1.4)를 이용하여 다음과 같이 구할 수 있다. [이미 파동 함수를 규격화했으므로 식 (S1.1)보다는 식 (S1.4)를 사용하는 것이 적합하다.]

$$\langle x \rangle = \int_0^L \Psi^*(x, t) \cdot x \cdot \Psi(x, t) dx = \int_0^L \left(\frac{2}{L}\right)^{1/2} \sin\frac{\pi x}{L} \cdot x \cdot \left(\frac{2}{L}\right)^{1/2} \sin\frac{\pi x}{L}\, dx$$
$$= \frac{2}{L}\int_0^L x \sin^2\left(\frac{\pi x}{L}\right) dx$$

이 적분은 C를 구하기 위해 사용한 것과는 약간 다르지만 동일한 방법으로 진행한다. 다시 $y = (\pi x/L)$라 두고, 적분표에서 $\int_0^{\pi} y \sin^2 y\, dy = \pi^2/4$를 이용하면 $\langle x \rangle = L/2$를 얻는다. 따라서 전자의 평균 위치는 우물의 중간에 있다.

S1.4 슈뢰딩거 방정식

만약 양자역학적인 입자에 대하여 그 파동 함수를 알고 있으면 관측 가능한 물리량들, 예를 들면 위치, 속도, 운동량 및 기댓값(또는 평균값) 등을 구할 수 있다. 양자역학의 과제는 주어진 상황에서 특정한 입자의 파동 함수를 찾아내는 것이다. 일단 파동 함수를 알게 되면 입자의 행동에 관한 모든 것(관측 가능한 물리량)을 식 (S1.1)과 표 S1.1의 관측 가능한 물리량에 대한 적절한 연산자를 이용하여 구할 수 있다.

파동 함수는 슈뢰딩거 방정식으로부터 구할 수 있고 1차원 문제로 나타내면 다음과 같다.

$$-\frac{\hbar^2}{2m}\frac{\partial^2\Psi(x,t)}{\partial x^2}+E_{P_{\mathrm{op}}}\Psi(x,t)=-\frac{\hbar}{j}\frac{\partial\Psi(x,t)}{\partial t}\quad \text{슈뢰딩거 방정식} \tag{S1.5}$$

$-(\hbar^2/2m)(\partial^2/\partial x^2)$은 운동 에너지 연산자이며, $-(\hbar/j)(\partial/\partial t)$는 총 에너지 연산자이고. $E_{P\mathrm{op}}$는 위치 에너지 연산자이다[표 1.1 참조]. 따라서 슈뢰딩거 방정식을 다음과 같이 나타낼 수 있다.

$$E_{K_{\mathrm{op}}}\Psi+E_{P_{\mathrm{op}}}\Psi=E_{\mathrm{op}}\Psi \tag{S1.6}$$

이것은 위치 에너지와 운동 에너지의 합이 총 에너지라는 고전 역학적 관계와 유사하다.

$$E_K+E_P=E$$

이제 해결해야 할 물리적 문제는 위치 에너지를 통해 설명된다. 예를 들어 자유 전자의 위치 에너지, 원자 내 전자의 위치 에너지 및 결정 내 전자의 위치 에너지 등이 있다. 위치 에너지 연산자는 풀고자 하는 특별한 문제에 의존한다. 예를 들면 위치 에너지는 공간에서 그림 1.2에서처럼 원자에 근접해 있을 때 변할 수 있다. 많은 문제에서 E_P는 1차 근사로 시간에 대해서 독립적인 것으로 고려할 수 있다. 이 경우

$$-\frac{\hbar^2}{2m}\frac{\partial^2\Psi(x,t)}{\partial x^2}+E_P(x)\Psi(x,t)=-\frac{\hbar}{j}\frac{\partial\Psi(x,t)}{\partial t} \tag{S1.7}$$

이 식에서 표 S1.1로부터 $E_{P\mathrm{op}}(x)=E_P(x)$이다.

S1.5 전자에 대한 슈뢰딩거 방정식의 적용

전자에 대한 관측 가능한 물리량을 구하기 위한 몇 가지 절차가 있다. 이 절차는 세 단계로 이루어진다.

1. 위치 에너지 함수를 결정한다. 이는 전자에 작용하는 힘을 알고 또 전자를 점전하로 고려함으로써 결정될 수 있다. 힘은 위치 에너지의 음의 기울기이기 때문에, 다음과 같다.

$$F = -\nabla E_P \rightarrow -\frac{dE_P}{dx} \tag{S1.8}$$

2. 슈뢰딩거 방정식에서 위치 에너지 함수를 이용하여 파동 함수 Ψ를 구하기 위해 해를 구한다.
3. 관측 가능한 물리량을 구하기 위해 적절한 연산자와 함께 파동 함수 Ψ를 식 (S1.1)에 대입한다.

이것은 대체로 간단해 보이지만, 닫힌 형태에서 간단한 해석적 해를 갖는 물리적 문제들이 많지는 않다. 그러나 단순화된 경우를 고려하면 어떤 값이 있는데, 이들은 정량적으로 실제적인 것이 아니라 정성적인 직관을 나타낸다.

위치 에너지가 시간의 함수가 아닌 경우 슈뢰딩거 방정식은 변수 분리법을 이용하여 개별적으로 해를 구할 수 있다. 그 결과 파동 함수 Ψ는 두 개의 함수의 곱으로 표현된다. 하나는 시간에 독립적인 파동 함수 $\psi(x)$이고 다른 하나는 공간에 독립적인 파동 함수 $T(t)$이다.

$$\Psi(x, t) = \psi(x)T(t) \tag{S1.9}$$

여기서 소문자 ψ는 이전처럼 시간 독립 파동 함수를 나타내고 대문자 Ψ는 완전 파동 함수이다. 식 (S1.9)를 슈뢰딩거 방정식에 대입하여 해를 구한다. 그 결과는 2차 미분 방정식이고 각각은 동일한 분리 상수 E를 갖는다.

시간 독립 방정식은

$$-\frac{\hbar^2}{2m}\frac{d^2\psi(x)}{dx^2} + E_P(x)\psi(x) = E\psi(x) \tag{S1.10}$$

이며, 시간 종속 방정식은 다음과 같다.

$$-\frac{\hbar}{j}\frac{dT(t)}{dt} = ET(t) \tag{S1.11}$$

식 (S1.11)은 즉시 해를 구할 수 있다. 시간 종속 방정식의 해는

$$T(t) = e^{-j(E/\hbar)t} \tag{S1.12}$$

이 된다. 여기서 E는 분리 상수로써 상수 E는 전자의 총 에너지이다.

시간 독립 파동 함수 $\psi(x)$는 시간 독립 슈뢰딩거 방정식인 식 (S1.10)에 나와 있다. 그

러나 이 식의 해는 $E_P(x)$의 특정한 형태에 따라 결정되며, $E_P(x)$ 또한 풀고자 하는 특정 문제에 따라 달라진다.

일단 $E_P(x)$의 적절한 표현식이 주어지면 문제에 대한 적절한 경계조건을 이용하여 슈뢰딩거 방정식을 풀 수 있다. 파동 함수 $\Psi(x, t)$와 $\psi(x)$의 해에는 두 가지 제약이 있다.

1. 파동 함수는 공간에서 유한하고, 하나의 값이며, 연속이어야 한다.
2. 파동 함수의 기울기는 연속이어야 한다.

다음 절에서는 몇 가지 흥미로운(그리고 중요한) 문제의 결과들을 보여줄 것이다.

S1.6 양자역학으로부터 나타나는 몇 가지 결과

1.6절에서 슈뢰딩거 방정식은 두 가지 경우로 해가 구해졌다: 자유 전자 모델에서는 전자의 위치 에너지가 위치에 따라 일정한 값(E_0)으로 고려되었으며, 이 모델은 결정 내의 전자들에 대하여 보다 실제적이다. 준-자유 전자 모델에서는 전자의 위치 에너지를 격자의 주기성과 함께 위치의 주기적 함수로 고려하였다. 이러한 두 가지 경우의 중요한 결과들이 여기에서 반복된다.

S1.6.1 자유 전자

자유 전자의 파동 함수는 다음과 같다[식 (1.42) 참조];

$$\Psi(x, t) = Ae^{j[Kx-(E/\hbar)t]} \qquad \text{1차원} \tag{S1.13}$$

$$\Psi(\vec{r}, t) = Ae^{j\left[\vec{K}\cdot\vec{r}-(E/\hbar)t\right]} \qquad \text{3차원} \tag{S1.14}$$

여기서 A는 상수이며 파동 함수의 진폭을 나타낸다. 전자의 총 에너지는 E이며, K는 파동 벡터로 K의 크기는 [식 (1.44) 참조]

$$K = \frac{2\pi}{\lambda} = \sqrt{\frac{2m_0(E-E_0)}{\hbar^2}} = \sqrt{\frac{2m_0E_K}{\hbar^2}} \tag{S1.15}$$

이고, K의 방향은 운동 방향을 나타낸다. 여기서 운동 에너지 $E_K = (E - E_0)$이다.

전자 파동의 군속도 $v_g = v$는 전자의 질량 중심의 속도이다.

$$\begin{aligned} v_g &= \frac{1}{\hbar}\frac{dE}{dK} && \text{1차원} \\ \vec{v}_g &= \frac{1}{\hbar}\nabla_K E && \text{3차원} \end{aligned} \tag{S1.16}$$

여기서 $\nabla_K E$ 는 K 공간에서 E의 기울기를 나타낸다.

총 에너지는 다음과 같이 표현할 수 있다.

$$\begin{aligned} E &= E_0 + \frac{\hbar^2 K^2}{2m_0} && \text{1차원} \\ E &= E_0 + \frac{\hbar^2}{2m_0}\left(K_x^2 + K_y^2 + K_z^2\right) = E_0 + \frac{\hbar^2 K^2}{2m_0} && \text{3차원} \end{aligned} \tag{S1.17}$$

식 (S1.17)은 1차원(그림 1.13)에서 포물선이며 3차원에서는 각각 포물면이다. 모두 $K = 0$와 $E = 0$에서 최솟값을 갖는다. 자유 전자의 질량은 E-K 곡선의 곡률과 관련된다.

$$m_0 = \hbar^2 \left(\frac{d^2E}{dK^2}\right)^{-1} \tag{S1.18}$$

예제 S1.1

자유 전자의 운동량이 $\hbar K$임을 증명하라. 양자역학을 이용하여 자유 전자의 평균 운동량을 구하여 이를 증명한다.

■ 풀이

식 (S1.l)과 표 S1.1의 운동량 연산자를 이용한다. 양의 x 방향으로 운동하는 전자에 대해서 1차원의 비규격화된 파동 함수는 $\Psi(x, t) = Ae^{j[Kx-(E/\hbar)t]}$이다. 이때 평균 운동량은 다음과 같다.

$$\begin{aligned} \langle p_x \rangle &= \frac{\displaystyle\int \left[A^* e^{-j[Kx - (E/\hbar)t]}\right] \frac{\hbar}{j}\frac{\partial}{\partial x}\left[Ae^{j[Kx - (E/\hbar)t]}\right] dx}{\displaystyle\int \left[A^* e^{-j[Kx - (E/\hbar)t]}\right]\left[Ae^{j[Kx - (E/\hbar)t]}\right] dx} \\ &= \frac{\hbar}{j}(jK)\frac{\displaystyle\int \left[A^* e^{-j[Kx - (E/\hbar)t]}\right]\left[Ae^{j[Kx - (E/\hbar)t]}\right] dx}{\displaystyle\int \left[A^* e^{-j[Kx - (E/\hbar)t]}\right]\left[Ae^{j[Kx - (E/\hbar)t]}\right] dx} \qquad \text{자유 전자} \\ &= \hbar K \end{aligned}$$

따라서 자유 전자에서 $\hbar K$는 입자의 운동량이다.

이와 유사하게 3차원에서의 자유 전자에 대하여

$$\vec{p} = \hbar\vec{K} \qquad \text{3차원에서의 자유 전자}$$

이 된다. E-K 관계에서의 곡률은 K의 방향과 무관하기 때문이다.

S1.6.2 준-자유 전자

1장에서 살펴본 바와 같이, 결정에서 주기적 전위를 갖는 전자에 대한 슈뢰딩거 방정식의 해는 블로흐(Bloch) 파동 함수이다[식 (1.57)]:

$$\boxed{\Psi(x, t) = U_K(x)e^{j[Kx - (E/\hbar)t]}} \tag{S1.19}$$

$$\boxed{\Psi(\vec{r}, t) = U_K(\vec{r})e^{j\left[\vec{K}\cdot\vec{r} - (E/\hbar)t\right]}} \tag{S1.20}$$

이 식에서 U_K는 결정의 주기성을 따르는 함수이다. 여기서 $E_P(x)$ 또는 $E_P(\vec{r})$ 값을 모른다면 E-K 관계는 구할 수 없다. 그러나 자유 전자에서는(1.6.4절)

$$|\vec{K}| = \frac{2\pi}{\lambda} \tag{S1.21}$$

이고, 군속도는 다시

$$\boxed{\begin{array}{ll} \upsilon_g = \dfrac{1}{\hbar}\dfrac{dE}{dK} & 1\text{차원} \\ \vec{\upsilon}_g = \dfrac{1}{\hbar}\nabla_K E & 3\text{차원} \end{array}} \tag{S1.16}$$

이 된다.

준-자유 전자 모델로부터 각각의 E-K 관계를 갖는 다수의 허용 에너지 밴드를 예측할 수 있다.

임의의 에너지 대역 안에서 E-K 관계는 다음과 같은 주기성을 갖는 K 공간에서 주기적이다.

$$\frac{2\pi}{a} \qquad 1\text{차원}$$

$$\left(\frac{2\pi}{a}, \frac{2\pi}{b}, \frac{2\pi}{c}\right) \qquad 3\text{차원}$$

S1.6.3 위치 에너지 우물

지금까지 1장에서 다루었던 자유 전자와 준-자유 전자에 관하여 생각해왔다. 두 모델 모두 표면 효과가 무시된 경우인 결정 내에 깊이 있는 전자에 대하여 고려했다. 여기서는 전자에 높은 전위 장벽을 이루는 표면 효과에 대하여 고려할 것이다. 전자는 기본적으로 전위 우물 안에 갇혀 있다. 이런 상황은 많은 반도체 소자에서 상당히 중요하다.

그림 S1.2a에 결정 내에서 주기적인 전위를 나타내는 1차원 결정의 경우와 함께 표면에서의 위치 에너지를 나타내었다. 힘은 위치 에너지의 음의 기울기이기 때문에, 표면에 접근하는 전자는 물리적으로 감속되거나 반발될 것으로 예상된다.

예를 들면 그림 Sl.2a에서 왼쪽 위치 에너지 장벽의 기울기는 음이며, 따라서 힘은 양의 x 방향, 또는 오른쪽이 된다. 왼쪽 표면 방향으로 운동하는 전자는 감속되어 방향을 바꾼다. 오른쪽 가장자리에서 기울기는 양이고, 그러므로 힘은 음의 x 방향이다. 전자는 우물에 갇혀 있다. 충돌 중에 표면으로부터 평균 자유 거리보다 먼 거리의 전자들은 준-자유 입자처럼 행동할 것이다.

그림 S1.2a에서 위치 에너지 분포는 분석적으로 설명하기 어려우나, 그림 S1.2b에서처럼 문제를 단순화할 수 있다. 여기서 표면 전위를 급준한 위치 에너지 장벽으로 대체하고, 주기적 결정 전위를 일정한 위치 에너지로 바꾼다.

준-자유 전자의 경우 물질이 매우 두껍다고 가정해야 한다. 왜냐하면 전자는 이러한 장벽에 영향을 받을 정도로 충분히 표면 가까이 접근하지 않기 때문이다. 물질이 매우 얇은 경우 전자는 표면의 경계면에서 분명히 영향을 받기 때문에 문제가 복잡해지게 된다. 왜냐하면 전자의 평균 자유 거리가 우물의 폭보다 훨씬 크기 때문이다. 그림 S1.2c에서와 같

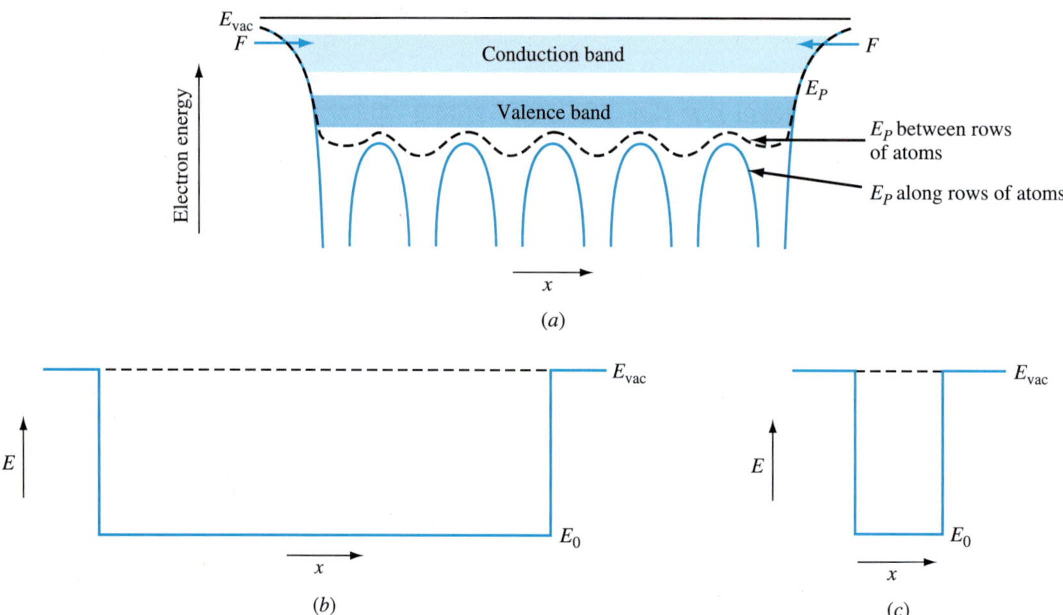

그림 S1.2 결정 내 전자의 위치 에너지. (a) 표면 효과를 고려한 실제적인 위치 에너지. (b) 해를 구하기 쉬운 이상적인 위치 에너지. (c) 이상적이지만 얇은 결정 내에서의 전자에 대한 위치 에너지 도표.

이 매우 얇은 두께를 갖는 결정성 물질을 생각해보자. 여기서는 두 개의 대칭적인 에너지 장벽이 있으나, 지금 그들은 단지 격자 상수 값 정도의 거리만큼 서로 아주 가까이 (공간 안에) 근접해 있다. 이러한 구조는 나중에 소개할 발광 다이오드, 레이저 및 몇몇 전계 효과 트랜지스터 구조 내에 있는 양자우물에 대한 근사이다.

S1.6.4 1차원에서의 무한 전위 우물

예제 S1.1에서 무한 에너지 우물에 대하여 알아보았으며, 허용된 가장 낮은 에너지 상태에서 전자의 파동 함수에 대한 결과를 알아보았다. 다시 이 문제로 돌아가서 해를 구해보자. 장벽의 에너지가 매우 높다고 가정했기 때문에 장벽은 무한대임을 상기하자. 이 문제는 매우 현실적이지 않지만 해를 구하기는 쉽다.

1차원 무한 에너지 우물에 대한 위치 에너지 그림을 그림 S1.3a에 나타내었다. 위치 에너지는 다음과 같다.

$$E_P(x) = E_0 \qquad 0 \le x \le L \tag{S1.22}$$

$$E_P(x) = \infty \qquad x \le 0 \text{과 } x \ge L \tag{S1.23}$$

지금까지 얻은 위치 에너지에 대한 표현들을 가지고 시간 독립 슈뢰딩거 방정식[식 (S1.10)]을 나타낼 수 있다.

$$-\frac{\hbar^2}{2m^*}\frac{d^2\psi(x)}{dx^2} + E_0\psi(x) = E\psi(x) \qquad 0 \le x \le L \tag{S1.24}$$

$$-\frac{\hbar^2}{2m^*}\frac{d^2\psi(x)}{dx^2} + (\infty)\psi(x) = E\psi(x) \qquad x \le 0 \text{ 과 } x \ge L \tag{S1.25}$$

시간 의존성은 통상적으로 식 (S1.12)처럼 $e^{-(jE/\hbar)t}$이다. 왜냐하면 위치 에너지는 시간에 따

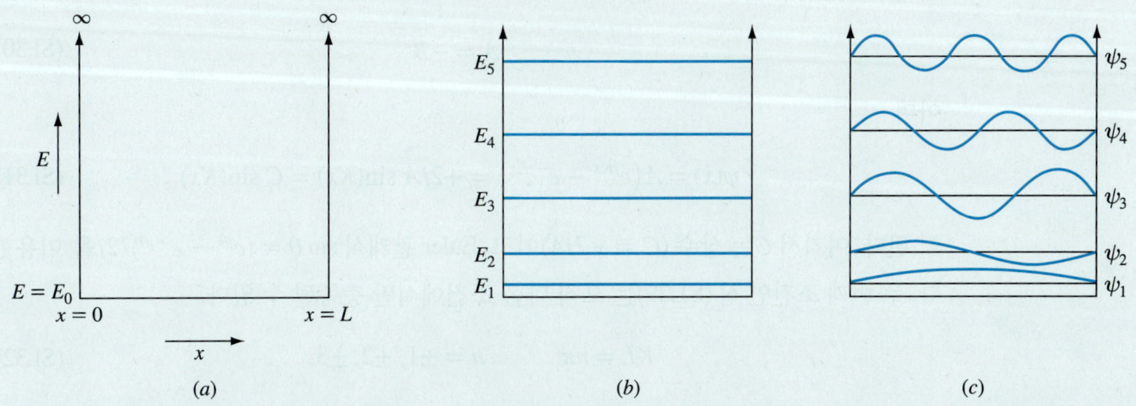

그림 S1.3 무한 전위 우물. (a) 위치 에너지는 무한대 값을 갖는 $x \le 0$과 $x \ge L$을 제외하고는 어디에서나 E_o이다. (b) 우물 내에서 전자에 대한 처음 다섯 개의 에너지 준위. (c) 다섯 개의 에너지 준위에 상응하는 파동 함수.

라 변하지 않기 때문이다.

전자는 무한 위치 에너지를 가져야 하므로 우물 밖에서는 전자가 발견될 수 없다. 전자의 확률 분포 함수가 $\psi^*\psi$이기 때문에, 이 값은 우물 밖에서 0이 되어야 한다. 따라서 이 두 영역에서 유일해 $\psi = 0$이 된다.

우물 안의 영역에서 슈뢰딩거 방정식, 즉 식 (S1.24)는 자유 전자에 대한 방정식[식 (1.36)]과 같다. 왜냐하면 이 영역에서 위치 에너지는 일정하기 때문이다. 단지 차이점이 있다면 전자는 엄밀히 말해 자유롭지 않기 때문에 m_0 대신에 유효 질량 m^*를 사용하였다. 이에 대한 해는 이전의 식 (1.38)에서 알아보았으며

$$\psi(x) = Ae^{jKx} + Be^{-jKx} \tag{S1.26}$$

여기서

$$K = \pm\sqrt{\frac{2m^*}{\hbar^2}(E - E_0)} \tag{S1.27}$$

이 된다. 이러한 경우 해는 단지 우물 안에서만 적용된다는 것에 주목하라.

전자가 우물 내부에서 앞뒤로 진동할 것이며, 따라서 식 (S1.27)에서 양의 이동과 음의 이동 두 개의 해를 가져야 한다.

다음으로 경계조건에 대하여 생각해보자. $\psi(x)$는 연속적이어야 한다. 따라서 파동 함수 $\psi(x)$가 우물 밖에서 0이라 했기 때문에, 우물 안의 해에 있어서도 $x = 0$ 및 $x = L$에서 또한 $\psi(x)$가 0이 되어야 한다. 식 (S1.26)에 대한 이러한 경계조건으로

$$\psi(x = 0) = 0 = A + B \tag{S1.28}$$

$$\psi(x = L) = 0 = Ae^{jKL} + Be^{-jKL} \tag{S1.29}$$

이 된다. 첫 번째 식으로부터

$$A = -B \tag{S1.30}$$

이며

$$\psi(x) = A\left(e^{jKx} - e^{-jKx}\right) = +2jA\sin(Kx) = C\sin(Kx) \tag{S1.31}$$

이 된다. 여기서 C는 상수 $(C = +2jA)$이고, Euler 관계식 $\sin\theta = (e^{j\theta} - e^{-j\theta})/2j$를 이용했다. 두 번째 조건인 식 (S1.29)는 오직 다음 조건에서만 충족될 수 있다.

$$KL = n\pi \qquad n = \pm1, \pm2, \pm3, \ldots \tag{S1.32}$$

이것은 파동 벡터 K가 양자화되어 (이산 값을 갖게 되는) 다음과 같은 특정한 값을 가질 수 있다는 것을 의미한다.

$$K = \frac{n\pi}{L} \tag{Sl.33}$$

식 (S1.27)로부터, K가 전자의 운동 에너지 E_K와 관련되어 있음을 알 수 있다. 왜냐하면 $E_K = E - E_0$이므로 운동 에너지 또한 양자화되기 때문이다.

$$E_K = (E - E_0) = \frac{\hbar^2 K^2}{2m^*} = \frac{\hbar^2 \pi^2}{2m^* L^2} n^2 \tag{Sl.34}$$

원자에서 보았던 것처럼 단지 이산적인 에너지만이 허용된다. 처음 몇 개의 에너지를 그림 S1.3b에 나타내었다. 근본적인 문제가 다르기 때문에 실제 에너지는 수소 원자의 경우와 다르다. 그러나 에너지 준위의 양자화는 동일한 양상으로 나타난다.

n은 임의의 정수이기 때문에, 무한 에너지 우물에서의 시간 독립 슈뢰딩거 방정식은 무한히 많은 해를 갖는다.

$$\psi_n(x) = C\sin(K_n x) = C\sin\left(\frac{n\pi x}{L}\right) \tag{Sl.35}$$

위 식은 각각 정상파의 형태를 갖는다. 처음 다섯 개의 해를 그림 Sl.3c에 나타내었다.

완전 해는 시간 의존항도 포함한다. 식 (S1.9)와 (S1.12)에서

$$\Psi_n(x, t) = C\sin(K_n x)e^{-j(E_n/\hbar)t} \tag{Sl.36}$$

이 된다.

파동 벡터 K_n은 n의 부호에 따라 양수 또는 음수가 될 수 있음을 주의하라. 식 (S1.34)로부터, 주어진 n(n = | ±1|, | ±2|, ⋯)의 크기는 E_K와 동일한 값을 갖는다.

또한 그림 Sl.4에서처럼 우물의 폭 L이 점점 넓어질수록 에너지 준위 간의 간격은 서로 점점 가까워진다. 무한한 L[그림의 (c)]에서는 허용된 에너지에서 연속 값을 갖는다. 우물을 충분히 좁히면, 상태는 그림 (a)와 (b)처럼 이산 에너지 준위로 분리된다. 이 경우 전위 우물을 **양자우물(quantum well)**이라 한다.

아래첨자 n은 어떤 양자 상태가 논의되는가를 지칭하므로 양자수이다. 각 파동 함수 ψ_n은 특정한 상태[**고유 상태(eigenstate)**]를 나타내는 **고유 함수(eigenfunction)**라 하는데, 각각의 양자화된 변수 K_n과 E_n을 **고윳값(eigenvalue)**이라 한다.

S1.6.5 유한 전위 장벽에서의 반사와 투과

무한 우물 안에 있는 전자의 파동은 두 개의 무한 장벽에서 반사되고 우물 안에서는 앞뒤로 진동한다는 것을 알았다. 이제는 전자가 유한한 전위 장벽에 접근하는 상황을 고려해 보겠다. 이 문제에 두 가지 가능한 구조가 있다. 장벽에 접근하는 전자는 장벽을 넘을 수

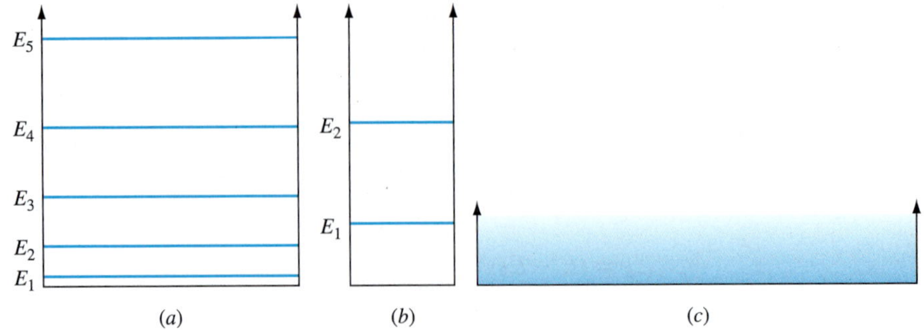

그림 S1.4 무한 전위 우물에서 에너지 준위에 따른 우물 폭의 효과. (a) 몇 개의 이산 상태. (b) 우물의 폭이 점차 좁아지면 에너지 준위 간 거리는 멀어진다. (c) 매우 넓은 우물에서 에너지 준위들은 매우 가까이 있으므로 준연속(에너지 밴드)처럼 보인다.

있는 충분한 에너지를 가질 수도 있고, 또는 전자의 에너지는 장벽보다 더 작을 수도 있다.

전자가 장벽보다 **더 높은(higher)** 에너지를 갖는다고 가정한다. 그림 S1.5에서처럼 표면 장벽의 한 방향으로 이동하는 물질 내의 전자를 생각해보자. 유한한 높이의 가파른 장벽이라 가정한다. 비록 전자가 낮은 운동 에너지를 가졌더라도 고전역학에서는 전자가 장벽을 지나갈 것이라고 예측된다.

전자와 같이 매우 작은 입자를 고려할 때는 고전역학이 적용되지 않아, 의심한 것처럼 다른 결과가 나타날 것이다. 양자역학에서 전자는 때로는 장벽을 지나가거나 때로는 뒤로 튕겨 나간다는 것을 알게 될 것이다. 장벽으로의 어떤 주어진 접근에 대해 전자가 반사될 것인지 지나갈 것인지를 정확하게 말할 수 없다. 그러나 슈뢰딩거 방정식을 이용하면 전자가 장벽에서 어떤 주어진 시도를 할 때 반사 또는 진행되는지 확률을 예측할 수 있다.

전자의 행동을 예측하기 위해서는 항상 파동 함수를 알아야 한다. 입사하는 전자는 일정한 위치 에너지 영역에 있다. 입사하는 전자가 장벽에 영향을 받을 정도로 충분히 가까워질 때까지는 자유 전자처럼 보인다. 입사하는 전자에 대한 파동 함수 ψ_i로 쓸 수 있으며, 이것은 오른쪽으로 이동하기 때문에 양의 K 값을 갖는다.

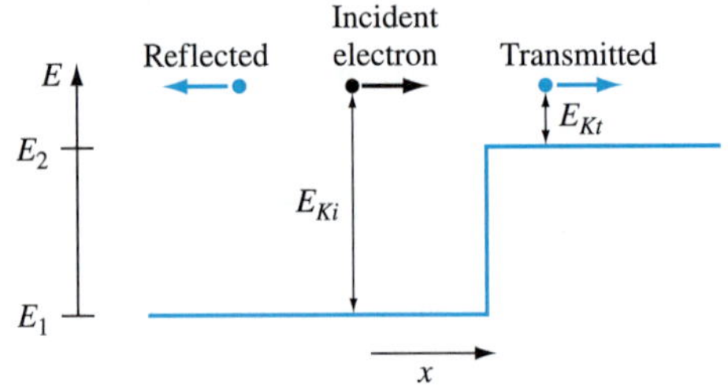

그림 S1.5 유한 전위 장벽에 의한 전자의 반사와 통과.

$$\psi_i = A\,e^{jK_i x} \tag{S1.37}$$

여기서

$$K_i = \sqrt{\frac{2m}{\hbar^2}E_{Ki}} \tag{S1.38}$$

이 된다.

만약 전자 파동이 반사되면

$$\psi_r = B\,e^{-jK_r x} \tag{S1.39}$$

이 된다. 여기서 $E_{Kr} = E_{Ki}$이기 때문에 $K_r = K_i$이다.

장벽을 통과한 파동의 파동 함수는 변화된 위치 에너지와 운동 에너지를 반영한다.

$$\psi_t = C\,e^{jK_t x} \tag{S1.40}$$

여기서 아래첨자 i, r 및 t는 각각 입사, 반사 및 통과 파동을 나타낸다.

전자가 입사하여 반사하든 아니면 통과되든 전자에 대한 파동 함수의 표현을 알게 되었다. 계수 A, B 및 C 사이의 관계는 반사와 투과에 대한 확률을 의미한다. 이것은 경계조건을 통해 알 수 있으며, 이에 대한 분석은 연습문제에서 다룰 것이다. 여기에 그 결과를 나타내면, 전자가 장벽에서 반사하는 확률은

$$R = \left[\frac{K_i - K_t}{K_i + K_t}\right]^2 \tag{S1.41}$$

이고, 장벽을 통과하는 확률은

$$T = 1 - R = \frac{4\,K_i K_t}{(K_i + K_t)^2} \tag{S1.42}$$

이다.

식 (S1.41)과 (S1.42)로부터, 장벽을 통과하는 에너지 E인 전자의 반사와 투과 확률은 전자의 방향에 무관하다는 사실에 주목하자. 즉 전자가 낮은 에너지 또는 높은 에너지 쪽으로부터 장벽으로 접근하는지 아닌지는 중요하지 않다.

예제 S1.2

총 에너지 E와 위치 에너지 장벽 ΔE_P의 항으로 반사 계수를 표현하라.

■ **풀이**

$E_K = E - E_P = \hbar^2 K^2/2m^*$이므로,

$$K_i = \sqrt{\frac{2m^*}{\hbar^2}(E - E_{Pi})}$$

$$K_t = \sqrt{\frac{2m^*}{\hbar^2}(E - E_{Pt})}$$

여기서 E_{Pi}와 E_{Pt}는 각각 입사 전자와 통과 전자의 위치 에너지이다. 식 (Sl.41)로부터 $\Delta E_P = (E_{Pt} - E_{Pi})$라 하면,

$$R = \left[\frac{1 - \sqrt{1 - \dfrac{\Delta E_P}{E}}}{1 + \sqrt{1 - \dfrac{\Delta E_P}{E}}}\right]^2$$

이 된다.

S1.6.6 터널링

1.6.5절에서 양자역학에서는 만약 전위 장벽이 충분히 얇다면 전자는 장벽의 다른 면으로 투과할 수도 있을 것이라는 것을 알았다. 터널링에 관하여 세 가지 경우를 생각해보자. 먼저 1장에서 본 바와 같이 터널링 장벽이 유한한 폭을 가지는 경우를 고려한다. 두 번째로 무한한 폭을 가질 때를 고려하고, 마지막으로 반도체 소자에서 공통적으로 나타나는 반도체의 금지대를 투과하는 전자의 경우를 고려한다.

경우 1: 유한 장벽 폭 이전 절의 경우와 반복되지만 이번에는 그림 Sl.6에서처럼 장벽의 높이보다 **더 작은(less)** 전자의 에너지와 폭 L을 가지는 장벽을 생각해보자. 고전역학의 관점에서 보면 이것은 무의미한 논의이다. 왜냐하면 입자가 장벽을 통과하지 못하기 때문인데, 전자가 충분한 에너지를 갖지 않으면 장벽에서 반사된다. 양자역학의 관점에서 보면 다른 결과를 얻을 수 있다. 그 결과는 고전역학과 매우 다른 개념이다: 입자의 총 에너지가 위치 에너지보다 작은 영역을 관통할 수 있는 가능성.

그림 Sl.6에서 전자는 장벽 높이보다 작은 총 에너지 E로 a 영역에서 출발한다고 가정하자. 비록 이 영역이 고전적으로 금지된 영역이라 할지라도, 전자가 장벽을 통과하여 이동할 수 있음을 보일 것이다. 전자의 에너지는 보존되고 그래서 일정한 에너지로 이동함을 기억하자.

a 영역에서의 입사 전자에 대한 파동 함수를 기술하면,

$$\psi_a = Ae^{jKx} = Ae^{j\sqrt{(2m^*/\hbar^2)(E - E_{Pa})}x} \tag{Sl.43}$$

이다. 이것은 위치 에너지가 일정한 영역에서의 전자에 대한 일반적인 해이며, 사인(sine)

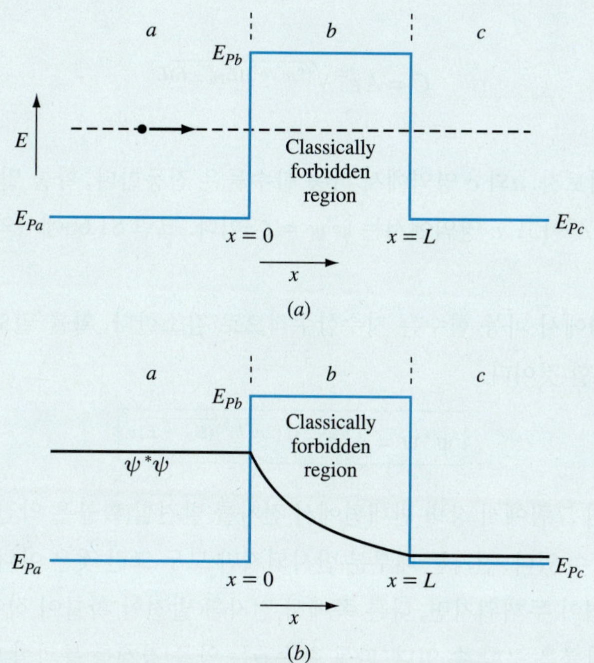

그림 S1.6 터널링 (a) 전자가 유한 에너지 장벽으로 접근. (b) 전자가 장벽의 반대쪽 측면에 보일 낮은 확률을 나타내는 확률 분포 함수.

또는 코사인(cosine)으로 표현할 수도 있다. 중요한 것은 위 식이 진동하는 파동의 특성을 가졌다는 것이다(그림에서는 파동 함수로 보이지 않지만, 나중에 보게 되는 $\psi^*\psi$ 값은 a 영역에서 일정하다). a/b 경계면($x = 0$)에서의 반사는 무시한다. 그러면 $x = 0$에서 파동 함수의 진폭은 A가 된다.

금지 영역에서 $K = \sqrt{(2m^*/\hbar^2)(E - E_{Pb})}$이고 $(E - E_{Pb})$가 음수이므로, K는 영역 b에서 허수이다. 그러므로,

$$\psi_b = Ae^{-\sqrt{(2m^*/\hbar^2)(E_{Pb}-E)}x} \tag{Sl.44}$$

이 된다. 이 경우 파동 함수의 지수부는 실수이며, 따라서 이 함수는 진동하지 않고 x 값에 따라 지수함수적으로 감소한다.

ψ는 경계 $x = 0$를 통과하여 연속적이어야 하므로(경계에서 반사는 무시되므로), ψ_a와 ψ_b 둘 다 같은 계수를 갖는다. $x = L$인 장벽의 건너편 측면 바로 내부는

$$\psi_b(L) = A\,e^{-\sqrt{(2m^*/\hbar^2)(E_{Pb} - E)}L} \tag{Sl.45}$$

이 되며, 경계에서 반사는 무시한다. 다음으로 c 영역에서는

$$\psi_c(x) = C\,e^{j\sqrt{(2m^*/\hbar^2)(E - E_{Pc})}x} \tag{Sl.46}$$

이 되며, 여기서

$$C = A\,e^{-\sqrt{(2m^*/\hbar^2)(E_{Pb} - E)}L} \tag{S1.47}$$

이 된다.

결과들을 살펴보자. a와 c 영역에서 파동 함수들은 진동한다. 확률 밀도 함수 $\psi^*\psi$는 a 영역에서 $\psi^*\psi = A^2$이고, c 영역에서는 $\psi^*\psi = C^2$이다. 그림 S1.6b에서와 같이 이들은 모두 상수이다.

그러나 b 영역에서 파동 함수는 지수함수적으로 감소한다. 확률 밀도 함수 $\psi^*\psi$ 또한 다음과 같이 감소할 것이다.

$$\boxed{\psi^*\psi = A^2\,e^{-2\sqrt{(2m^*/\hbar^2)(E_{Pb} - E)}x}} \tag{S1.48}$$

그리하여 위의 그림에서 장벽 반대편에서 전자를 발견할 확률은 약간 줄어들지만 0은 아니라고 해석할 수 있다. 전자는 대부분 반사되지만 모두 그런 것은 아니다.

그림처럼 장벽이 두꺼워지면, 다른 쪽에서 전자를 발견할 확률이 작아진다. 경계조건을 이용하여 이 확률을 구할 수 있다. 파동 함수 ψ는 양쪽 경계를 통과할 때 연속이어야 한다. 경계면에서 반사는 무시되기 때문에 다음과 같이 된다.

$$\boxed{\frac{\psi_b^*\psi_b(L)}{\psi_b^*\psi_b(0)} = e^{-2\sqrt{(2m^*/\hbar^2)(E_{Pb} - E)}L}} \tag{S1.49}$$

예제 S1.3

반도체의 터널링 구조를 만드는 방법에 대하여 생각해보자. 밴드 갭이 E_{g1}인 반도체 재료가 있다. 여기에 밴드 갭이 이보다 조금 더 큰 E_{g2}이고 두께가 매우 얇은(2 nm) 다른 물질을 접합시킨 후, 다시 첫 번째 재료의 두꺼운 층을 접합시킨다. 이 결과에 대한 에너지 밴드 다이어그램을 그림 S1.7에 나타내었다.

이제 전도대의 전자가 장벽의 최상층으로부터 1 eV 아래의 높이에서 얇은 층으로 접근한다고 가정하자. 밴드 갭이 큰 재료의 가전자대 가장자리의 영향 및 반사를 무시하면 전자가 장벽을 관통할 확률은 얼마인가?

■ 풀이

식 (S1.49)에서 장벽의 건너편 측면에서 전자를 찾을 확률은

$$e^{-2\sqrt{(2m^*/\hbar^2)(E_{Pb} - E)}L}$$
$$= \exp\left(-2\sqrt{\frac{2(9.1\times10^{-31}\,\mathrm{kg})}{(1.05\times10^{-34}\,\mathrm{J\cdot s})^2}(1\,\mathrm{eV}\cdot1.6\times10^{-19}\,\mathrm{J/eV})}\cdot2\times10^{-9}\,\mathrm{m}\right) = 1.1\times10^{-9}$$

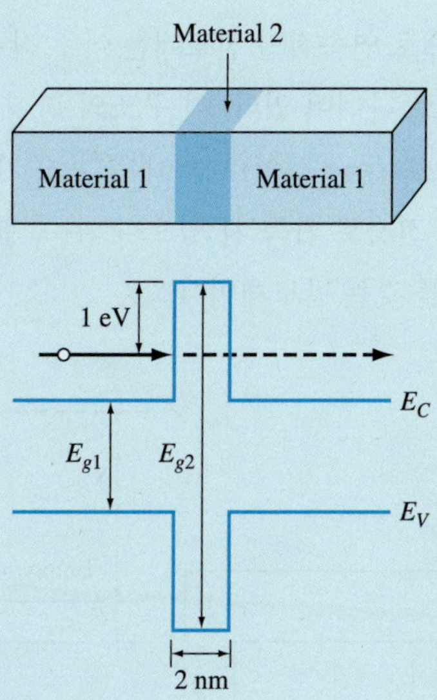

그림 S1.7 작은 밴드 갭을 갖는 두 물질 사이에 큰 밴드 갭을 갖는 물질이 샌드위치 형태를 이루어 전위 장벽이 형성되었다. 전도대의 전자는 장벽을 관통할 수 있다.

이다. 여기서 $m^* = m_o$라 두었다. 이것은 약 10억 개의 전자 중 1개의 전자가 관통한다는 것을 의미한다.

이 예제에서 터널링 확률은 작아 보이지만, 실제 재료에 입사되는 전자의 수는 충분히 많기 때문에 이렇게 두께가 얇은 절연층은 실제로 전자 전도 기능을 할 수 있다. 이와 유사한 장벽을 통과하는 터널링 현상은 비휘발성 메모리 소자에 광범위하게 응용되고 있다(고체 전자소자 및 플래시 메모리 등).

이제 다른 예를 들어보자. 이 책은 반도체 재료 및 소자에 관하여 설명하고 있지만, 초전도체에서의 터널링 현상에 대하여 고려해보는 것도 도움이 된다.

예제 S1.4

초전도체(Giaever) 터널링

터널링 현상의 다른 예로서, 박막 반도체(SnO_2) 양쪽에 접합된 초전도체(Sn)를 생각해보자. 그림 S1.8a에 개략적으로 나타낸 이 구조는 주석(Sn) 시료의 표면을 산화시켜 약 2 nm 두께의 SnO_2를 생성한다. 그리고 또 다른 Sn 층을 증착하고 양 끝에 전기 접점을 만든다. Sn은 일반적으로 금속으로 간주되지만 3.7 K 이하에서는 초전도체(전기 저항 0)가 된다.

또한 초전도체에서 일반적으로 연속적인 전도대는 아주 작은 금지대역 에너지 E_g(Sn에서는 1.15 meV)로 2개의 밴드로 나뉘어 있다. 이 구조의 평형 상태의 에너지 밴드 다이어그램은 그림 S1.8b에 개략적으로(눈금 없이) 나타내었다. 인가전압은 0이다. 온도가 낮기 때문에 아래의 에너지 밴드는 전자로 가득 차 있으나, 위쪽 밴드는 완전히 비어 있다. SnO_2 박막은 4 eV 정도의 금지대를 갖는 반도체이다.

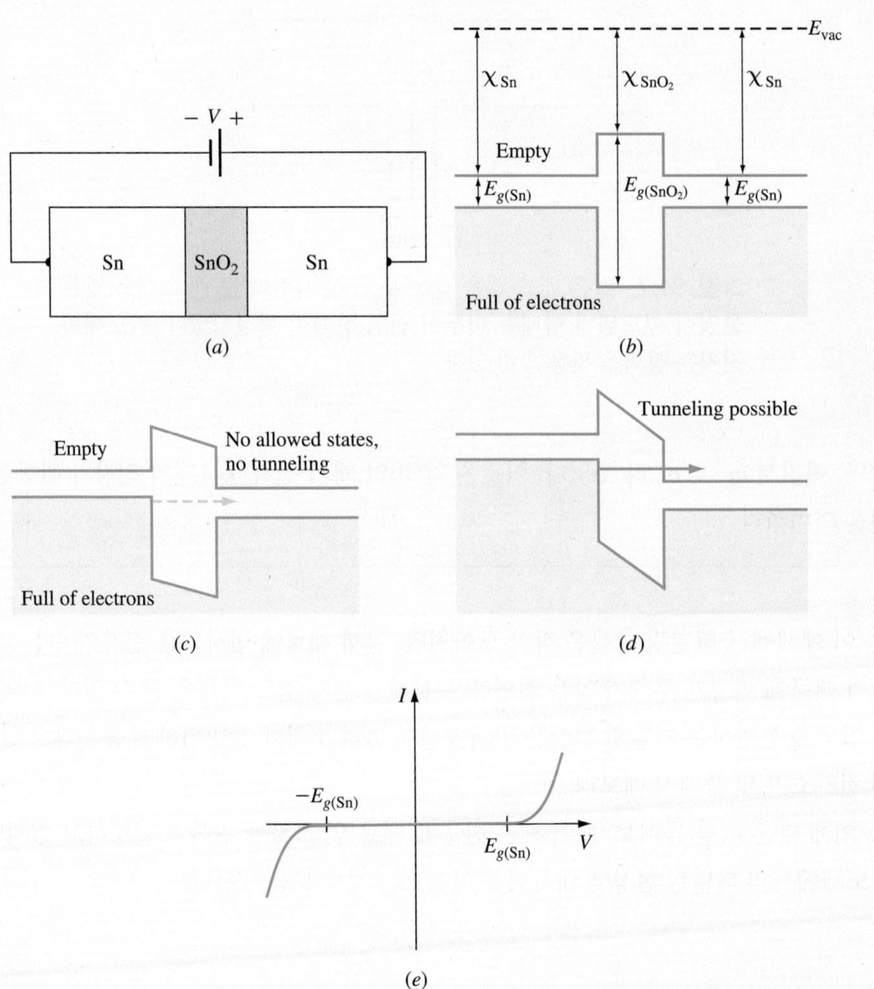

그림 S1.8 Giaever 터널링, (a) 물리적 구조는 2개 층의 초전도체(Sn은 3.7 K 이하에서 초전도체임)와 그 사이의 반도체(SnO_2) 박막으로 이루어진다. (b) 평형 상태에서의 에너지 밴드 다이어그램. (c) 작은 바이어스 인가 시 에너지 밴드 다이어그램. 전자에 의해 점유된 상태처럼 동일한 에너지에서 비어 있는 상태가 불가능하기 때문에 전자는 관통할 수 없다. (d) 더 큰 바이어스 상태에서, 왼쪽 가전자대의 전자는 오른쪽 전도대의 비어 있는 상태 방향으로 금지대를 통과한다. (e) 이 소자의 전류-전압 곡선.

평형 상태에서 전류의 흐름은 기대할 수 없다. 바닥 밴드는 전자로 가득 차 있으나 이 에너지에서는 빈 공간이 존재하지 않으므로 전자는 이동할 수 없다. 왜냐하면 전자는 동일한 에너지에서 움직이기 때문이다.

소자 양단에 작은 전압(예 0.5 mV)을 인가하자. 에너지 밴드 다이어그램은 그림 S1.8c과 같이 될 것이다. 인가전압이 반도체를 통과하면 떨어지기 때문에(무한 전도성을 가지는 초전도체에서는 전압 강하가 생기지 않는다), 밴드는 SnO_2 내부에서 기울어지게 되고, 전압의 변화는 위치 에너지의 변화를 의미한다. 에너지 밴드 다이어그램은 음으로 대전된 전자에 대한 것이므로, 에너지 밴드 다이어그램에서 양의 전압은 전자 에너지 장벽이 감소되는 것에 해당됨을 기억하자. 터널링은 일정한 에너지에서 발생하며, 터널링이 발생할 때 전자는 가득 찬 상태에서 비어 있는 상태로 관통한다. 평형 상태의 경우, 장벽의 가까이에 가득 찬 것처럼 동일 에너지에서 장벽의 건너편에서도 비어 있는 상태가 없으므로 전류는 여전히 흐를 수 없다.

그림 S1.8d는 Sn의 밴드 갭보다 더 큰 인가전압에서의 에너지 밴드 다이어그램이다. 전자는 가득 찬 상태인 왼쪽으로부터 비어 있는 상태인 오른쪽 방향으로 통과할 수 있고 전류가 흐르게 된다. 이 소자의 전류-전압 특성은 그림 (e)에 나타나 있다. 구조가 대칭적이므로 I-V 특성도 대칭적임을 주목하라.

이 구조는 전자 소자에서처럼 매우 유용하지는 않지만, 초전도 물체의 밴드 갭을 측정하는 방법으로 사용된다. 덧붙여 말하면, 초전도체에서 다른 종류의 터널링(Josephson 터널링) 및 반도체에서의 터널링(Esaki 터널링)과 위의 실험과 해석으로 이바르 예베르(Ivar Giaever), 브라이언 데이비드 조지프슨(Brian David Josephson)과 에사키 레오나(Leo Esaki)는 1973년 공동으로 노벨 물리학상을 받았다.

경우 2: 무한 장벽 폭 그림 S1.6에서 영역 b가 무한한 두께일 때를 생각해보자. 식 (S1.49)로부터, $L = \infty$에 대하여 확률 밀도 $\psi^*\psi$는 0의 값으로 지수함수적으로 감소한다. 그러나 장벽(고전적으로 금지대)의 반대편에서 적어도 장벽에 가까이 있지 않으면 전자를 찾을 확률이 0은 아니라는 것을 의미한다. 그러나 전자의 확률 밀도 함수가 0으로 감소하기 때문에, 전자는 무한히 먼 거리로 관통할 수 없다. 그리하여 전자는 유한한 높이의 장벽을 지나 어떤 거리를 관통하지만 낮은 위치 에너지 쪽으로 반사된다고 결론 내릴 수 있다.

전자는 그와 관련된 어떤 전하를 가지기 때문에, 이 전하의 약간은 고전적으로 분명히 금지대역 안에 있다고 할 수 있다.

경우 3: 반도체의 금지대역 안으로의 터널링 다음으로 밴드 갭이 $E_g = 1.12$ eV인 Si의 경우를 생각해보자. 그림 S1.9a에서처럼 전자는 $E_V < E < E_C$의 범위인 에너지 E로 Si 표면으로 입사한다. 비록 고전적으로 이 값의 에너지대는 허용되지 않지만, 전자는 실리콘 안으로 약간의 거리를 침투해 들어갈 수 있다. 전자는 실리콘 안으로 조금 침투하고 그 후 뒤로 물러날 것이기 때문에, 이러한 현상은 장벽으로부터의 반사와 실제로 유사하다. 그러나 전자가 실리콘 안에 있는 경우, 전자의 전하는 표면 근처의 에너지에 영향을 미치고 6장에서 다루는 것처럼 에너지 밴드 구조를 바꿀 수 있다. 여기서 전자가 실리콘 안으로 침투하는 거리를 구하고 연관된 전하 농도를 계산해보자.

이러한 경우(재료의 금지대 안으로의 터널링) 식 (S1.48)은

$$\psi^*\psi = A^2 e^{-2\sqrt{(2m^*/\hbar^2)(E_P^* - E)}\,x} \tag{S1.50}$$

가 되며, 여기서 m^*는 전자의 유효 질량이다. 전도대의 전자는 특정한 유효 질량을 가지고, 가전자대의 정공도 (다른) 유효 질량을 가지나 금지대역에서의 전자는 어떠한가? 이 경우의 유효 질량은 전자와 정공 유효 질량의 어떤 조합이다(터널링 유효 질량). 다음으로 E_P^*는 터널링 전자의 유효 위치 에너지이다. 여기에서 또 같은 어려움은 전도대에 있는 전자의 위치 에너지는 E_C이고 가전자대에 있는 정공의 위치 에너지는 E_V라는 것이다. 금지대 안에서 전자는 두 개의 위치 에너지 E_C와 E_V를 보게 된다. 식 (S1.50)의 $(E_P^* - E)$ 항은 병렬로 연결된 두 저항의 유효 저항과 동일한 형태를 갖는다.

$$\left(E_P^* - E\right) = \frac{(E_C - E)(E - E_V)}{(E_C - E) + (E - E_V)} = \frac{(E_C - E) + (E - E_V)}{E_g} \tag{S1.51}$$

$(E_P^* - E)$가 E의 함수이므로 $\psi^*\psi$도 E의 함수이다.

예제 S1.5

$\psi^*\psi\,(x_T)/\psi^*\psi(0) = e^{-1}$이 되기 위한 x 값을 특성 터널링 거리 x_T라 정의한다. Si에서 금지대 안으로의 특성 터널링 거리를 에너지의 함수로써 구하라. 유효 질량 $m^* = m_0/2$이고 에너지와 무관하다.

■ **풀이**

문제에서 특성 터널링 거리의 정의로부터

$$\frac{\psi^*\psi(x_T)}{\psi^*\psi(0)} = e^{-2\sqrt{(2m^*/\hbar^2)(E_P^* - E)}\,x_T} = e^{-1}$$

또는

$$\boxed{x_T = \frac{1}{2\sqrt{\frac{2m^*}{\hbar^2}\left(E_P^* - E\right)}}} \tag{S1.52}$$

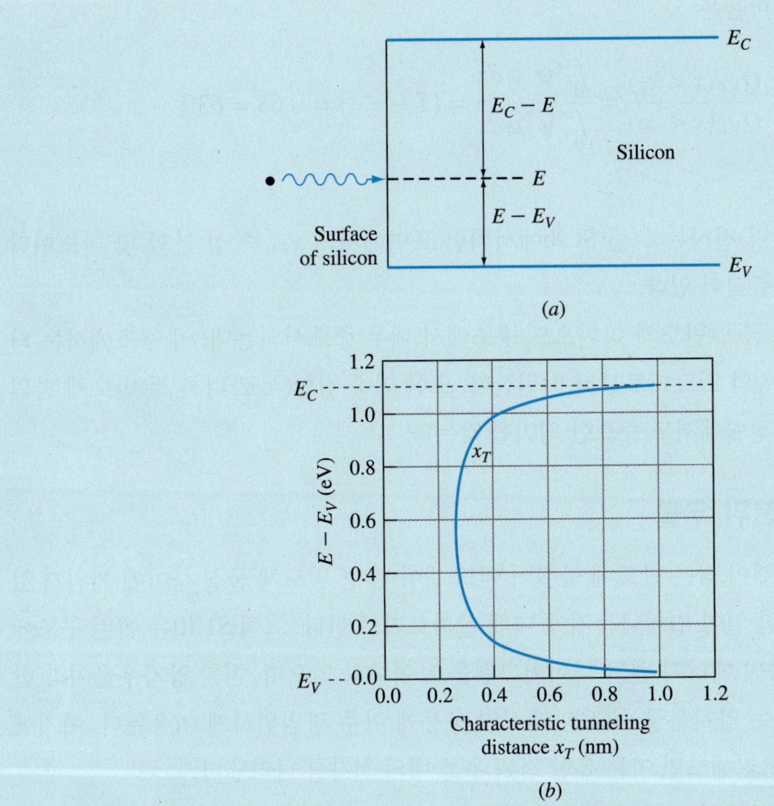

그림 S1.9 (a) Si 표면에서부터 금지대로의 전자 터널링의 예. (b) 전자 에너지 함수로서의 특성 터널링 거리 곡선. 어떤 에너지에서 터널링 전하의 63%는 $0 < x < x_T$ 지역에 존재한다.

그림 S1.9a는 식 (Sl.51)의 두 항을 나타낸다. $m^* = m_0/2$이고, $E_V = 0$와 $E_C = 1.12$ eV라 하면 그림 S1.9b에서처럼 E와 x_T와의 관계 곡선을 얻을 수 있다.

고전적으로 금지대는 전하를 포함하고 있다는 것을 주목하자. 이 지역에서 식 (Sl.50)과 그림 Sl.6으로부터

$$\psi^*\psi(x) = A^2 e^{-2\sqrt{(2m^*/\hbar^2)(E_P^* - E)}\,x}$$

이 된다.

dx 영역 안에서 전자를 발견할 확률은 $\psi^*\psi\, dx$이고 전자는 전하 q를 가지기 때문에, 금지대는 $\psi^*\psi(x)$에 비례하는 전자 전하 밀도 $Q_{VT}(x)$(터널링 전하 밀도)를 갖는다. 즉 전하 밀도는 고전적인 금지대 안의 거리에 비례하여 지수함수적으로 감소할 것이다.

주어진 전자에 대해서 $Q_{VT} dx = -q\psi^*\psi\, dx$이기 때문에, 하나의 특성 터널링 길이 x_T

내의 터널링 전하 비율은

$$\frac{Q_{VT}(x < x_T)}{Q_{VT}(x < \infty)} = \frac{\int_0^{x_T} \psi^* \psi dx}{\int_0^{\infty} \psi^* \psi dx} = \left(1 - e^{-1}\right) = 0.63 = 63\%$$

이 된다.

대부분의 터널링 전하는 그림 S1.9b에서처럼 표면에서의 x_T, 즉 십 분의 몇 나노미터 정도 거리 안에 집중되어 있다.

이상의 결과는 금속-반도체 다이오드 구조에서 매우 중요시되는데, 이 구조에서는 터널링 전자들이 금속의 전도대로부터 발원한다. 또한 이종 접합(서로 다른 두 반도체 간의 접합)에서의 밴드 정렬에서도 중요한 의미를 갖는다.

S1.6.7 유한 전위 우물

이 절에서는 밴드 갭이 작은 반도체 물질이 밴드 갭이 더 큰 반도체 물질 사이에 끼워져 있는 구조에서 어떠한 일이 일어나는지에 대해 살펴보기로 한다. 그림 S1.10은 이런 구조에 대한 이상적인 1차원 에너지 밴드 다이어그램을 보여주고 있으며, 이를 **양자우물**이라 한다. 이렇게 형성되는 양자우물 구조는 레이저 응용에 아주 광범위하게 이용된다. 여기에서는 전도대만을 고려해보면 이는 유한 전위 우물 내의 전자를 나타낸다.

전자가 그림 S1.10b와 같이 장벽층의 상단보다 낮은 에너지 상태에 있는 경우를 고려해보자. 직관적으로 입자는 우물에 갇히게 되고 앞뒤로 진동한다. 식의 전 과정을 유도하지 않지만 그 단계적인 윤곽을 나타내고 결과를 논의할 것이다. 각각 일정한 위치 에너지

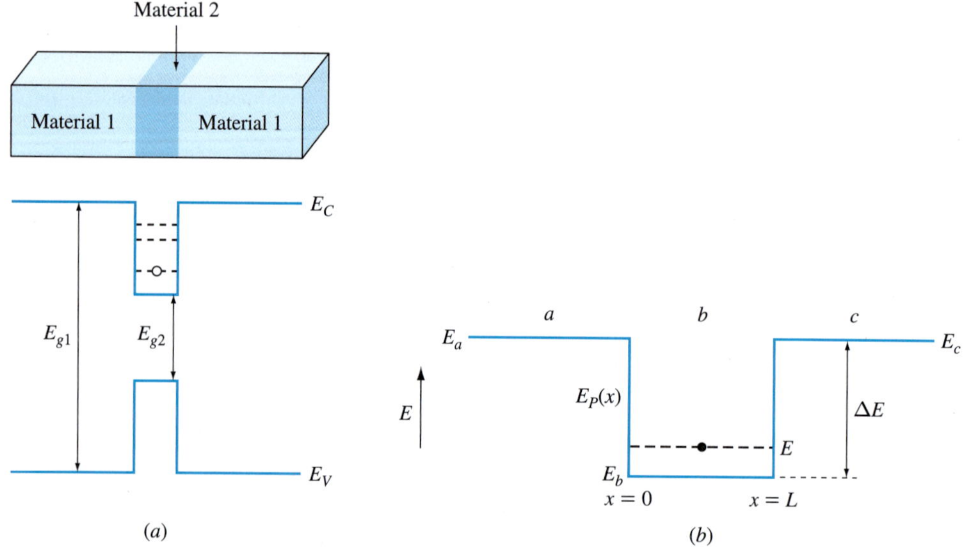

그림 S1.10 밴드 갭이 좁은 물질이 2개의 넓은 밴드 갭 물질 사이에 접합되어 있으면 양자우물이 형성된다.

를 갖는 3개의 영역이 있다. 우리는 지금까지 이런 문제를 많이 풀어보았다. 파동 함수는

$$\psi_{a,b,c}(x) = A_{a,b,c}\, e^{jK_{a,b,c}x} + B_{a,b,c}\, e^{-jK_{a,b,c}x} \tag{Sl.53}$$

이 되며, 여기서

$$|K_{a,b,c}| = \sqrt{\frac{2m^*}{\hbar^2}(E - E_{P_{a,b,c}})} = \sqrt{\frac{2m^*}{\hbar^2}E_{K_{a,b,c}}} \tag{Sl.54}$$

이 되고, 위치 에너지 E_P들이 서로 다르기 때문에 다른 영역에서의 파동 벡터 K들도 서로 다르다.

우물 안쪽(b 영역)에서, K는 무한 에너지 우물에서처럼 $\psi(x) = C\sin(Kx)$ 형태의 해를 가지는 실수이다. K가 허수인 유한 전위 우물 밖의 해는 터널링의 경우처럼 지수함수적으로 감소한다. 처음 3개의 해는 그림 S1.11에 나타내었는데, 여기서는 파동 함수와 확률 분포 함수 둘 다 나타내었다.

확률 분포 함수를 살펴보면, 전자가 우물 밖에서 발견될 확률이 작지만 유한하다는 것을 알 수 있다. 이를 달리 표현하면 전자가 장벽 사이에서 앞뒤로 진동함에 따라 전자가 우물 밖에서 약간의 시간을 소비한다고 표현할 수 있다. 전자는 실제로 짧은 거리 쪽의 장벽을 관통한다. 전위 우물에서 장벽이 높을수록 이 거리는 짧아지며, 전자는 우물 속에 더 단단히 갇히게 된다.

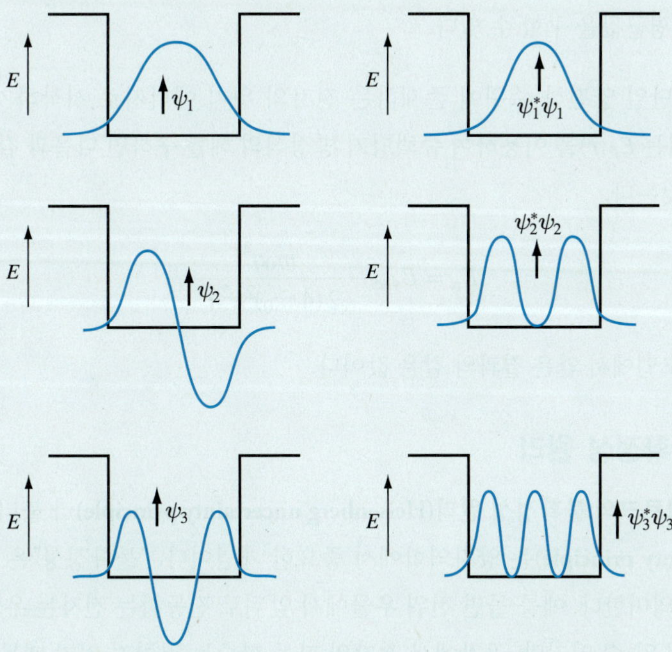

그림 S1.11 유한 에너지 우물에서 처음 3개의 파동 함수와 관련된 확률 밀도 함수 $\psi^*\psi$.

무한 전위 우물에서 살펴보았던 것처럼, 허용된 에너지 상태는 우물이 좁아질수록 더 멀어진다. 예를 들면 그림 S1.11에서의 우물은 3개의 이산 상태를 갖는다. 우물의 꼭대기 이상에는 전도대의 나머지 허용된 에너지 상태가 연속적으로 있다. 그러므로 양자우물 소자 설계자는 우물의 두께를 조절하고 장벽의 높이에 따른 재료를 선정하여 허용 에너지 준위의 간격과 에너지 준위의 수를 조절할 수 있다. 이것이 **밴드 갭 공학(band-gap engineering)**이다. 예를 들면 밴드 갭 공학은 레이저에 이용된다. 우물의 폭과 깊이를 조절함으로써, 전위 우물에서 전자(전도대)와 정공(가전자대)의 이산 상태 에너지는 특정한 파장의 빛을 방출하기 위해 조정될 수 있다.

S1.6.8 수소 원자

1장에서는 수소 원자의 허용 에너지 준위를 구하기 위하여 보어(Bohr) 모델을 사용하였다. 여기서는 이 문제에 양자역학을 적용하기 위해 사용된 몇 가지 단계를 짧게 서술한다.

수소 원자는 3차원 모형이 필요하며, 구면 좌표계에서 가장 잘 묘사된다. 다음과 같은 일반적인 과정을 따르기로 하자.

1. 전자를 점전하로 가정하여 구면 좌표계에서의 위치의 함수로써 위치 에너지를 나타낸다.
2. 허용된 파동 함수에 대한 슈뢰딩거 방정식을 구면 좌표계에서 푼다. 모든 문제에서 마찬가지로 파동 함수를 알고 있으면 식 (S1.1)을 이용하여 임의의 어떤 관측 가능한 기댓값 또는 평균값을 구할 수 있다.

원자핵인 단일 양전하 주위에 존재하는 전자의 위치 에너지로 시작하기로 한다. 식 (1.6)로 주어지는 $E_P(r)$을 이용하여 슈뢰딩거 방정식의 해를 구하면 다음과 같은 양자화된 에너지 값을 갖는다.

$$E_n = E_{\text{vac}} - \frac{m_0 q^4}{2(4\pi\varepsilon_0)^2 n^2 \hbar^2} \tag{S1.55}$$

이것은 보어 모델에서 얻은 결과와 같은 값이다.

S1.6.9 불확정성 원리

흔히 **하이젠베르크의 불확정성 원리(Heisenberg uncertainty principle)**라 불리는 **불확정성 원리(uncertainty principle)**는 양자역학에서 중요한 개념이다. "불확정성"은 양을 정확히 알 수 없음을 의미한다. 예를 들면 전위 우물에서 앞뒤로 진동하는 전자는 우물 안에서 어디 존재하는지 알 수 있지만, 공간에서 전자의 파동 함수는 펼쳐져 있기 때문에 정확하게 어떤 지점에 전자가 존재하는지 말할 수 없다. 불확정성 원리는 관측 가능한 값들의 쌍을 말하며, 그들 중 하나가 더 정확하게 알려지면, 다른 하나는 덜 정확해진다. 불확정성 원리에 대해 현실적으로 수용되는 예로써,

$$\Delta p \Delta x \sim \frac{\hbar}{2} \tag{Sl.56}$$

$$\Delta E \Delta t \sim \frac{\hbar}{2} \tag{Sl.57}$$

이 있으며, 여기서 Δx는 위치 불확정도이고 다른 기호는 이에 준한다. ~ 기호는 "~ 같은 정도의(on the order of)"를 의미한다. 관측 가능한 값 x와 p는 공액 변수라 한다.

식 (S1.56)으로부터 입자 운동량이 더 정확하게 알려지면, 위치는 덜 정확하게 예측할 수 있다. 식 (S1.57)은 전자 에너지가 더 정확하게 알려지면, 그 에너지에서 소비하는 시간에 대한 정확도는 떨어진다는 것을 나타낸다. 이에 대하여 더 알아보자.

실생활에 불확정성 원리를 연관 지어 예를 들어보자.

예제 S1.6

여기 상태 E_2에서 바닥상태 E_1으로 전자가 천이할 때, 광자의 에너지 스펙트럼의 폭을 구하라.

■ **풀이**

레이저에서 전자가 E_2 상태에서 낮은 에너지 E_1 상태로 천이될 때 각진동수 $\omega = 2\pi\nu$의 광자를 발생시키며 빛이 방출된다. 높은 에너지 상태 E_2에서 전자는 어떤 수명(이 상태에서 전자가 소비한 총 시간)을 갖는다. 만약 Δt가 높은 에너지 상태에서 전자가 소비한 시간이라면, 식 (S1.57)로부터

$$\Delta E \sim \frac{\hbar}{2\Delta t} \tag{Sl.58}$$

이 된다. 방출된 광자 에너지 스펙트럼의 폭은 분광계로 측정할 수 있다. 광자 에너지 폭의 너비(그림 S1.12)는 Δt의 측정값이다. $\Delta t = 1$ ns의 수명에 대해서

$$\Delta E = \frac{\hbar}{2\Delta t} = \frac{6.58 \times 10^{-16}\ \text{eV} \cdot \text{s}}{2 \times 10^{-9}\ \text{s}} = 3.29 \times 10^{-7}\ \text{eV}$$

이것은 80 MHz의 스펙트럼 폭에 해당한다.

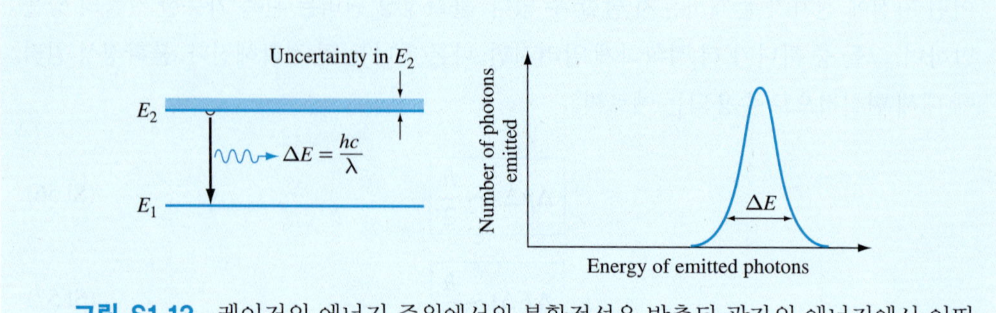

그림 S1.12 레이저의 에너지 준위에서의 불확정성은 방출된 광자의 에너지에서 어떤 불확정성을 만든다.

S1.7 포논

3장에서 **포논(phonon)**은 결정에서 격자 진동을 설명하는 데 사용되었다. 포논은 전자 또는 정공의 충돌 간의 평균 자유 시간에 영향을 미치고 따라서 캐리어의 이동도에 영향을 준다. 3장에서 높은 전기장이 있을 때 표동 속도는 **광학 포논(optical phonon)**들과 캐리어들의 상호 작용에 의해 제한된다고 설명하였다. 낮은 전계에서 **음향 포논(acoustical phonon)**은 이동도에 영향을 준다. 이 절에서는 포논에 대하여 조금 더 자세하게 논의해보자. 포논은 입자 또는 파동으로 취급될 수 있으며, 주기적인 구조 안에서 이동하기 때문에 에너지 밴드를 형성한다.

그림 S1.13은 결정 내에서 x 방향으로 진행하는 종 방향 압력 파와 횡 방향 압력 파를 나타낸다. 점선은 평형 상태에서 원자의 평면을 나타내며, 실선은 압력 파에 의해 변위된 평

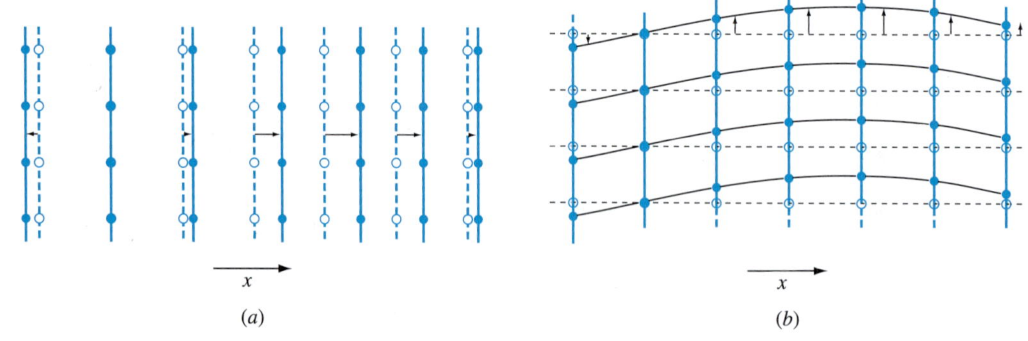

그림 S1.13 압력 파의 영향을 받고 있는 원자 평면의 변위. 종파 (a)에서 변위는 운동 방향이다. 횡파 (b)에서 변위는 운동 방향에 수직이다. 3차원 결정에서 각각의 종파에는 2개의 횡파가 존재한다. 점선은 평형 상태를 나타내고, 실선은 주어진 시간에 편향된 위치를 나타낸다.

면을 나타낸다. 종파에서 변위는 (a)에서 제시된 바와 같이 운동 방향이다. 횡파 (b)에서 변위는 운동 방향에 수직이다.

전자와 유사하게 포논의 에너지 밴드 개념을 살펴보자. 1장에서 주기적 구조로 운동하는 전자는 파동(블로흐 파동)처럼 취급되었으며, 파장 $\lambda = 2\pi/|K|$, 입자 에너지 E 및 결정 운동량 $\hbar K$를 갖는다. 이러한 전자는 에너지 밴드에 존재하고 각 밴드는 각각의 E-K 관계를 갖는다. 전자의 모든 중요한 정보(유효 질량, 허용 에너지, 위치 에너지 등)는 제1 브릴루앙(Brillouin) 구간의 에너지 밴드 다이어그램(E-K 관계)에 나타나 있다. 제1 브릴루앙 구간은 $-\pi/a \le K \le \pi/a$ 영역이며, 여기서 a는 격자의 주기성이다.

포논과 광자도 역시 격자를 통해 움직일 수 있는 파동들이다 이 절에서는 포논에 대하여 관심을 갖기로 한다. 포논 파동은 각진동수 ω와 파동 벡터 $|K| = 2\pi/\lambda$를 갖는다.

각진동수 ω인 격자 진동과 관련된 에너지는

$$\boxed{E = \left(n + \tfrac{1}{2}\right)\hbar\omega} \tag{S1.59}$$

이다. 여기서 n은 정수이다. $\hbar\omega$를 포논 1개의 에너지 E_{phonon}로 정의하면

$$\boxed{E_{\text{phonon}} = \hbar\omega} \tag{S1.60}$$

이 된다. 식 (S1.59)의 정수 n은 진동수 ω에서의 포논의 수를 나타낸다. 따라서 포논은 전자와 광자처럼 입자와 파동의 특성을 갖는다. 격자 진동의 진동수는 10^{13} Hz 정도이지만 포논의 에너지는 수분의 1 eV에 불과하다. 따라서 포논은 에너지가 eV로 표현되는 전자 또는 광자와의 관계로 고려하기 때문에, 포논은 진동수보다는 에너지를 고려하는 것이 더 편리하다.

격자 진동에 대한 이러한 자세한 표현은 이 책의 범위를 벗어나지만 중요한 결과를 다음과 같이 요약해본다.[1]

1. 포논에 대해서 $2\pi/a$의 주기성을 갖는 브릴루앙 구간이 K 공간 내에 있다. a는 등가 평면의 주기이다.
2. 모든 정보는 $-\pi/a \le K \le \pi/a$에 걸친 환산 영역(제1 브릴루앙 영역)에 존재한다.
3. 이 영역은 $K = 0$를 중심으로 대칭이다.
4. 기본 단위세포당 존재하는 원자만큼이나 많은 허용 에너지대가 존재한다. 관심 있는 대부분의 반도체(예, Si, Ge, GaAs)는 기본 단위 셀마다 2개의 원자를 갖는다.[2] 그리하

2) 결정의 "기본 단위세포(primitive unit cell)"는 원자의 가장 작은 배열이다. 이것이 반복되거나 이동되어 전체 결정을 만든다. 다이아몬드 격자구조 또는 섬아연광 격자구조에서 하나의 일반적인 단위세포에는 4개의 기본 단위 셀이 있다. 여기서 일반적인 단위세포는 입방체이다.

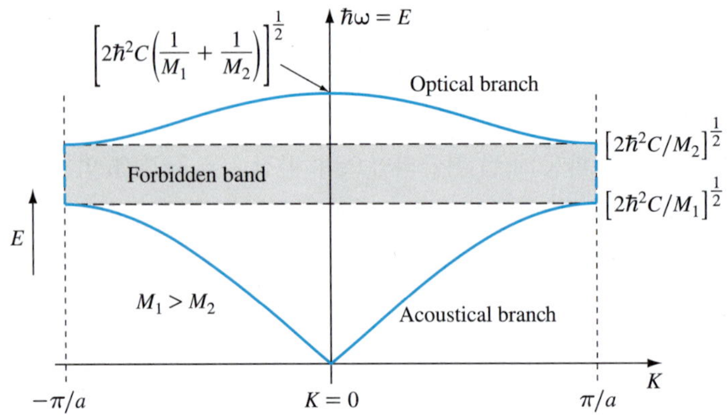

그림 S1.14 서로 다른 원자 질량 M_1, M_2를 갖는 결정에서 종파에 대한 포논 E-K 관계도. 최대 진동수는 10^{13} Hz 정도이며, 인접 평면 사이의 힘의 상수는 C이다.

여 이들 물질에서는 포논에 2개의 에너지 밴드가 존재한다.

5. 각 밴드에는 3개의 가지가 있는데, 하나는 종파에 기인하고 나머지 2개의 횡 방향 가지는 두 개의 횡 방향에 대응한다.
6. 입방 결정에서는 대칭성으로 인해 2개의 횡 방향 가지가 동일하다.

종 방향 가지의 표현은 쉽게 계산할 수 있다. 여기서 계산하지는 않겠으나, 그 절차는 용수철 상수가 C인 용수철에 연결된 질량이 M_1과 M_2(실리콘에서 모든 원자는 실리콘 원자이기 때문에 이것은 동일하다)인 2개의 원자를 기본 단위 셀로 간주하는 것이다. 용수철 상수 C는 연속하는 평면 사이의 인력과 척력을 나타낸다. E-K 관계도의 결과를 질량이 동일하지 않은 GaAs의 경우를 고려하여 그림 S1.14에 나타내었다.

"음향 포논"은 낮은 포논 에너지 밴드에 해당하며, "광학 포논"은 높은 에너지 밴드에 자리한다. 이들의 이름에 대한 이유를 짧게 언급하고자 한다.

그림에서 다음 사항을 주의 깊게 살펴보자.

1. 속도 $\upsilon = (1/\hbar)dE/dK$이기 때문에 주어진 진동수에서 포논의 군속도는 E-K 곡선의 기울기에 비례한다.
2. 아래의 가지에서 작은 K(큰 λ)에서 속도는 일정하고 음속과 동일하다. 따라서 **음향 가지(acoustical branch)**라 한다.
3. $K = 0$의 높은 가지에서 기울기는 0이고 따라서 속도 $\upsilon = 0$이다. 물리적으로 이것은 위상이 달리 진동하는 결정 내의 두 인접 평면에 상응한다. 이때 질량의 중심은 시간에 따라 변화하지 않으므로, 파동은 결정에서 전파하지 않는다.
4. $K = 0$에서 위쪽 가지 상단의 진동수는 10^{13} Hz 정도에 해당된다. 이것은 적외선에서

광자의 진동수와 비교 가능하다. 포논이 광자와 상호 작용하는 것은 나중에 설명할 것이다. 지금은 이것이 왜 이 가지를 **광학 가지(optical branch)**라 부르는지에 대한 이유라고만 말해두자.

5. 금지된 에너지 밴드는 두 원자의 질량의 차이에 따라 증가한다. 단 원소 반도체(Si, Ge, 다이아몬드)에서 $M_1 = M_2$이기 때문에 금지대는 없다.

6. 광학 밴드에서 $K = 0$일 때 에너지는 서로의 질량의 역수의 합에 의존한다. 질량이 작을수록 에너지는 커진다.

그림 S1.15는 Si, Ge 및 GaAs에서의 포논에 대한 E-K 곡선을 보여준다. 종 방향 가지와 함께 횡 방향 가지를 $K \geq 0$에 대한 <100> 방향에 나타내었다. $M_1 = M_2$인 Si과 Ge에서 종 방향 가지는 영역 가장자리에서 동일한 값을 갖는다. Ga와 As의 질량은 아주 조금 다르기 때문에, GaAs에서는 작은 금지 에너지 밴드가 존재한다.

위쪽 밴드를 광학 밴드라 부르는데, 그 이유는 광학적 광자와 직접적으로 상호 작용할 수 있기 때문이다. 광자가 포논을 만드는 상황을 고려해보자. 광학 에너지를 음향 에너지로 바꾸기 위해, 에너지와 파동 벡터가 모두 보존되어야 한다. 그림 S1.16의 E_{phonon}-K 관계도에서 광자의 E-K 관계도는 포논의 관계도와 중첩된다. 포논 곡선의 광학적 가지상의 한 지점에서 둘이 서로 교차한다. 따라서 단지 광학적 가지의 포논만이 광자와 직접 상호 작용할 수 있다. 파동에서 $\upsilon = (1/\hbar)dE/dK$이고, 빛의 속도는 음속보다 크기가 10^4 배 정도 더 크므로, 광자의 E-K 특성 곡선은 포논의 E-K 특성 곡선에 거의 수직이다.

광자와 포논의 에너지와 K 벡터를 비교해보자. $\upsilon = (1/\hbar)dE/dK$이기 때문에, 작은

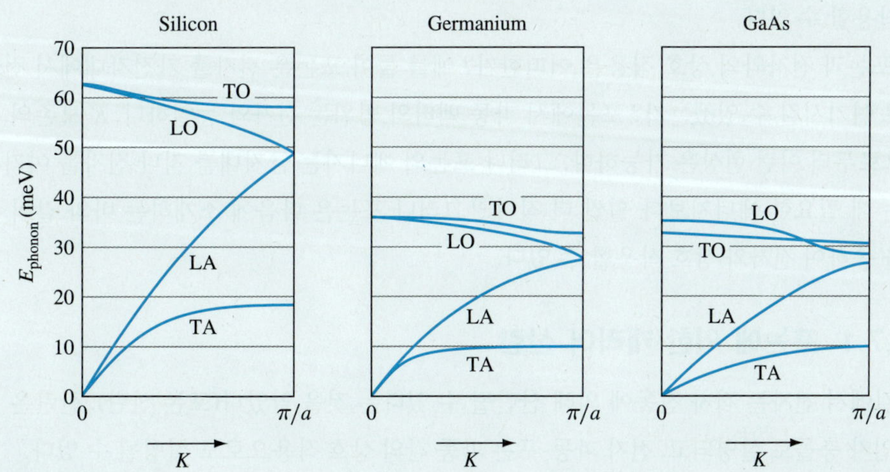

그림 S1.15 <100> 방향에서 Si, Ge, GaAs의 에너지-파동 벡터 관계도. 횡 방향 음향 (TA) 가지, 종 방향 음향 (LA) 가지, 종 방향 광학 (LO) 가지 및 횡 방향 광학 (TO) 가지들이 나타나 있다.

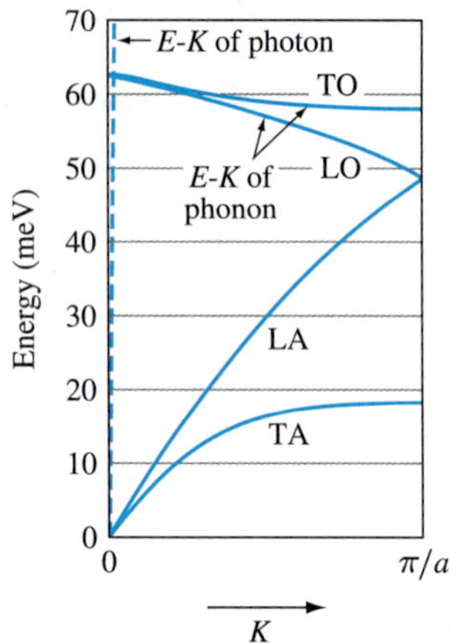

그림 S1.16 광자와 포논의 상호 작용은 E와 K 둘 다 보존을 요구한다. 따라서 광자는 단지 포논 E-K 곡선의 광학적 밴드에서만 포논을 만들 수 있다.

K(큰 λ)의 광자에서 빛의 속도와 dE/dK는 상수이다. 따라서 광자의 파동 벡터는

$$K = \frac{E_{\text{photon}}}{\hbar c}$$

이 된다. 여기서 c는 물질 내에서 빛의 속도이다. 실리콘에서 $K = 0$일 때 $E_{\text{Phonon}} = 0.063$ eV이다. $c = 3 \times 10^8$ m/s로 하면 동일한 에너지 0.063 eV를 갖는 빛의 광자는 $K_{\text{Photon}} \approx 2 \times 10^5\ \text{m}^{-1}$의 파동 벡터를 갖는다. 영역의 가장자리에서 포논의 K 값과 이것을 비교해보자: $K_{\text{Phonon}} = \pi/a \approx 5.6 \times 10^9\ \text{m}^{-1}$. 따라서 $K = 0$ 근처에서만 포논은 빛과 직접적으로 상호 작용할 수 있다.

포논과 전자와의 상호 작용은 어떠한가? 예를 들어 포논은 전자를 가전자대에서 전도대로 여기시킬 수 있겠는가? 포논에서 파동 벡터의 범위는 전자와 동일하다. K 보존의 관점으로부터 이런 현상은 가능하다. 그러나 포논의 에너지는 금지대를 지나 전자를 여기시키는 데 필요한 에너지보다 훨씬 더 작다.[3] 그러나 포논은 다음에 소개하는 바와 같이 산란을 통하여 전자와 상호 작용할 수 있다.

S1.7.1 포논에 의한 캐리어 산란

3.3절에서 전자는 격자 진동에 의해 산란될 수 있다는 것을 알았다(포논 산란). 산란은 입자-입자 충돌로 설명되고, 전자 파동-포논 파동 간의 상호 작용으로도 설명될 수 있다.

3) 그러나 많은 포논과 광자는 가전자대의 전자와 충돌할 수 있고 전도대로 전자를 여기시킬 수 있다.

어떤 임의의 온도에서 진동하는 원자는 결정에서 압력 파동을 만든다. 압력 파동은 그림 S1.17a에서처럼 원자 간격에 있어서 주기적인 수축과 팽창을 유발한다. 전자의 밴드 갭은 압력에 민감하므로(원자 간격에 민감하다) 압축 영역에서는 E_g를 높이고, 팽창 영역에서는 E_g를 감소시키려는 경향이 있다. 이 결과로 그림 S1.17b와 같은 전자의 에너지 밴드 구조가 그려진다. 전도대의 전자는 부분적으로 반사(산란)되고 이로 인해 위치 에너지 E_C가 변화한다. 이는 (c)의 이상적인 모델에서처럼 E_C가 급격하게 변화한다고 가정하는 극단적인 경우로 보는 것이 더 이해하기 쉽다. 전자가 이동함에 따라 전자는 일련의 전위 장벽과 만난다. 이들 장벽 각각은 S1.2.6절에서처럼 전자를 반사시키는 어떤 확률을 갖는다. 유사하게 정공은 E_V의 변화에 의해 반사(산란)된다. 온도 또한 영향을 준다. 온도가 올라감에 따라, 더 강한 격자 진동으로 전자 밴드 갭의 변화가 더 증가하고 따라서 산란이 증가하거나 또는 이동도가 감소한다.

또한 높은 에너지의 전자는 광학 포논의 발생에 의해 산란될 수 있다. 이 결과로 결국

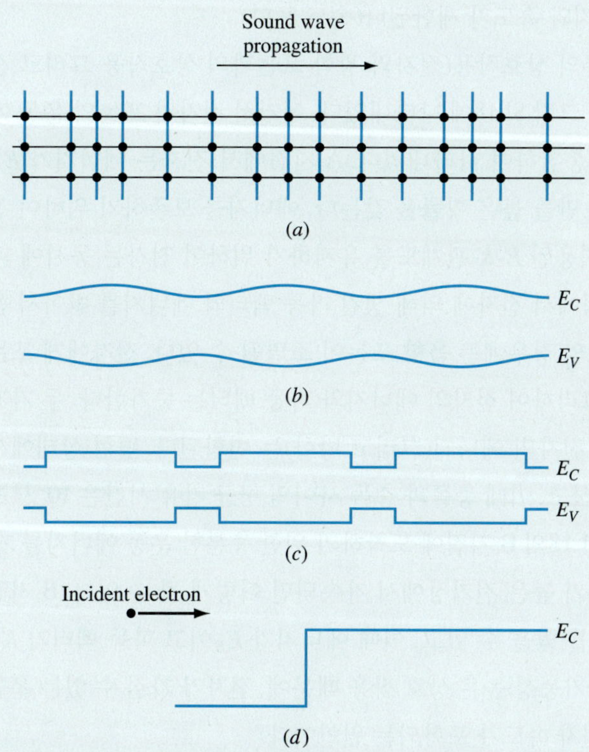

그림 S1.17 포논 산란. 포논은 결정에서 음향 파동 또는 압축 파동을 나타내는 입자이다. (a) 포논은 결정의 압축과 팽창을 야기한다. (b) 격자 간 간격의 변화는 주기적인 전자 밴드 갭의 좁힘과 넓힘을 야기한다. (c) 이러한 밴드 갭 변화는 가파른 전위 계단으로 모델화될 수 있다. 이 계단 모양은 (d)에서처럼 전위 장벽에서의 반사와 유사하다.

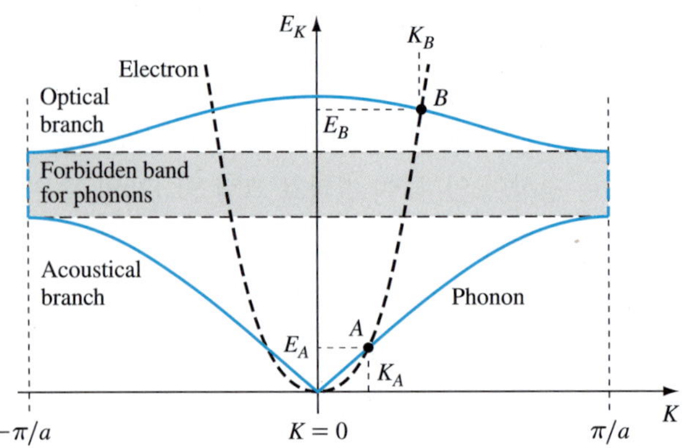

그림 S1.18 직접 밴드 갭 반도체에서 전도대 전자와 포논의 운동 에너지-파동 벡터 관계. 전자는 에너지가 E_B이고 파동 벡터가 K_B인 광학 포논을 만들 수 있고, 또는 에너지가 E_A이고 파동 벡터가 K_A인 음향 포논을 만들 수 있다.

전자의 운동 에너지와 속도가 제한된다(속도 포화).

이러한 두 종류의 상호작용(전자와 광학 포논과의 상호작용 그리고 전자와 음향 포논과의 상호 작용)을 그림 S1.18에 나타내었다. 여기서 전자와 포논의 운동 에너지-파동 벡터 (E_K-K) 관계도를 중첩하여 나타내었다. A 지점에서 전자는 에너지가 E_A이고 파동 벡터 K_A인 음향 포논을 만들 높은 확률을 갖는다. 에너지를 보존하기 위하여 전자는 이 에너지를 잃어야 하고, 허용된 E-K 관계도를 유지하기 위하여 전자는 동시에 파동 벡터를 잃어야 한다. 위의 과정에서 전자에 의해 생긴 파동 벡터와 에너지를 받아서 음향 포논이 만들어졌다. 반대 과정의 경우에는 음향 포논이 소멸될 수 있다. 전자에게 포논의 에너지와 파동 벡터를 주고, 그리하여 전자의 에너지와 파동 벡터는 증가한다. 두 가지 경우 모두에서 전자는 산란되고, 전자의 에너지(그리고 방향)는 변화된다. 평형 상태에서 포논의 생성과 소멸의 비는 동일하고, 이때 충돌과 충돌 사이의 평균 자유 시간은 10^{-13}초 정도이다.

전자가 그림 S1.18의 B 지점에 도착하기 위한 충분한 운동 에너지를 가질 수 있다고 가정하자. 만약 전자가 높은 전기장에서 가속되면 이렇게 될 수 있다. B 지점에서 전자는 에너지와 파동 벡터를 잃을 수 있고, 이때 에너지가 E_B이고 파동 벡터가 K_B인 광학 포논을 생성한다. 이러한 가능성 높은 상호 작용 때문에, 전자가 가질 수 있는 운동 에너지의 한계가 있고, 이것이 전자 속도가 포화되는 원인이다.

S1.7.2 간접 전자 전이

다음으로 간접 전이 밴드 갭을 갖는 반도체에서 포논의 역할에 대하여 생각해보자. 3장에서 간접 밴드 갭 반도체에서의 광흡수는 전자, 광자, 포논 등이 포함되는 3 입자 과정

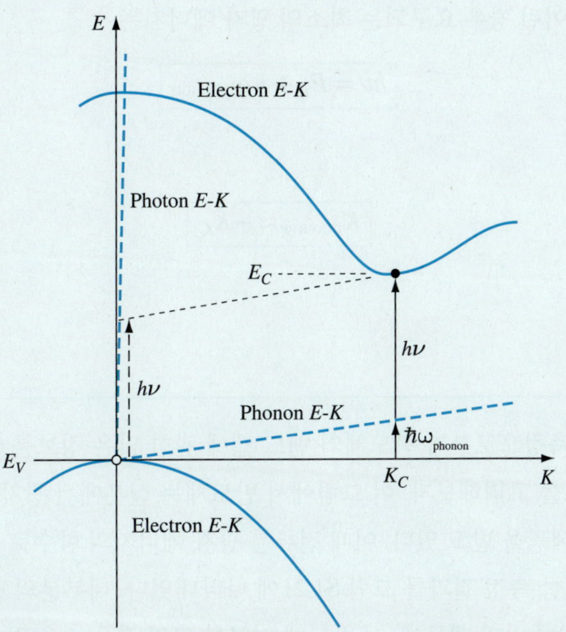

그림 S1.19 전자, 포논, 광자를 포함하는 간접 밴드 갭 반도체에서 광흡수의 예. 전이에 필요한 파동 벡터는 거의 포논으로부터 나온다. 포논은 적은 양의 에너지 $\hbar\omega$를 생성하나, 대부분의 에너지는 광자로부터 공급된다.

(3-particle process)이 필요하다고 소개하였다. Si의 경우 그림 S1.19에 설명되었으며 전자, 광자 및 포논 각각의 E-K 관계도를 겹쳐서 그려놓았다. 하나의 포논은 가전자대에서 전도대로 전자를 여기시키기 위한 충분한 에너지를 갖고 있지 않다는 것을 이미 알았다. 유사하게 반도체 전자공학에서 관심을 가지는 에너지에서 광자는 $h\nu$의 중요한 에너지를 가지나 파동 벡터는 무시된다. 그러나 전자에서는 광자와 포논을 동시에 흡수하여 가전자대에서 전도대로 여기될 수 있다. 광자가 에너지 $h\nu$를 공급할 때, 포논은 필수적인 파동 벡터 K_C와 에너지 $\hbar\omega_{phonon}$을 공급한다. 에너지 갭을 통과하여 전자를 여기시키기 위해 필요한 광자 에너지는 에너지를 보존하기 위해 적어도

$$h\nu = E_g - \hbar\omega_{phonon}$$

이고, 파동 벡터를 보존하기 위해

$$K_{phonon} \approx K_C$$

이 요구되며, 여기서 K_c는 전도대 바닥에서의 전자의 파동 벡터이다.

(포논 흡수와 반대로) 포논의 **방출(emission)**을 수반하는 광자 흡수로도 밴드-밴드 간

전이가 가능하다. 이런 경우 요구되는 최소의 광자 에너지는

$$h\nu = E_g + \hbar\omega_{\text{phonon}}$$

그리고

$$K_{\text{phonon}} \approx -K_C$$

이 된다.

예제 S1.7

광전류 스펙트럼 측정으로부터 반도체의 밴드 갭에 관한 많은 정보를 얻을 수 있다. 그림 S1.20과 같은 회로를 고려해보자. 이 그림에서 반도체는 실온에서 광자 에너지 $h\nu$가 일정하게 변화하는 단색광을 받고 있다. 이때 전류를 광자 에너지의 함수로 측정한다. 이 (가상적인) 반도체에 대한 측정 결과를 그림 S1.21에 나타내었다. 대부분의 반도체에서 가전자대 최댓값은 $K = 0$에 있기 때문에, 이 반도체 시료도 그와 같은 경우로 가정한다.

그림에는 4개의 뚜렷한 영역 구분이 있다.

영역 1. $h\nu < 0.88$ eV, 전류가 광자 에너지에 무관하다. 광자 에너지가 전자를 가전자대에서 전도대로 여기시키기에 부족하다. 이때 흐르는 전류를 **암전류(dark current)**라 하거나 빛이 없을 때의 전류라고 한다.

영역 2. $0.88 < h\nu < 0.96$ eV, $h\nu$가 증가함에 따라 전류가 조금씩 증가한다. 이러한 미세한 증가는 이 반도체가 간접 전이 반도체임을 의미한다. 전자가 광자와 광학 포논을 동시에 흡수하여 전도대로 여기된다. 포논이 에너지 $\hbar\omega_0$와 전도대의 최솟값에서의 파동벡터를 가지고 있다.

영역 3. $0.96 < h\nu < 1.08$ eV, 영역 2에서보다 광자 에너지에 따른 광전류가 급격히 증가한다. 이 영역에서는 전자가 광자와 포논을 동시에 흡수하여 가전자대에서 전도대로 여

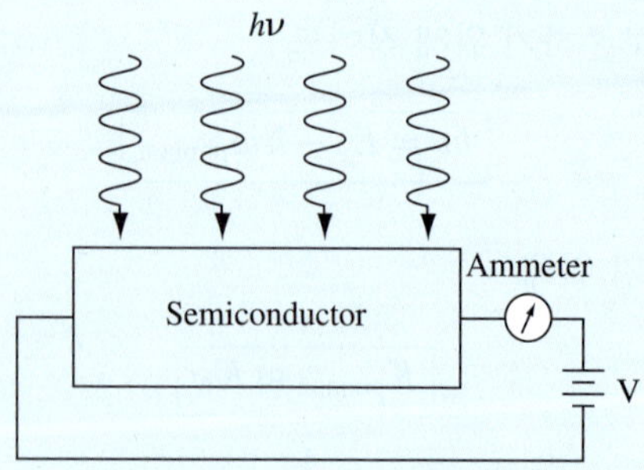

그림 S1.20 광전도 스펙트럼을 측정하기 위한 회로도.

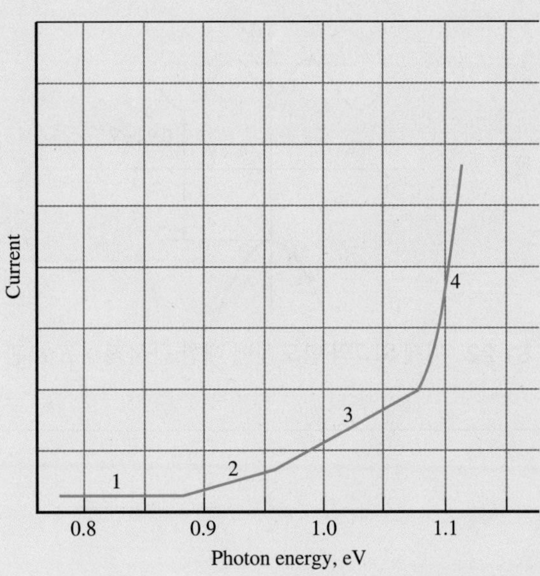

그림 S1.21 예제 S1.7의 반도체에 대한 광자 에너지에 따른 전류.

기되고, 더불어 포논 방출과 광자 흡수로 여기될 수도 있다.

영역 4. 1.09 eV에서의 광전류의 매우 급격한 증가는 포논의 도움이 없이 광자에 의한 밴드-밴드 간 전이를 의미한다. 이는 전도대 하단이 $K = 0$에 위치하고 가전자대 상단으로부터 1.08 eV 위에 있음을 의미한다.

광자와 포논의 동시 흡수에 의해 밴드-밴드 전이가 이루어지기 위한 최소한의 광자 에너지는 $h\nu = 0.88$ eV일 때이다.

$$0.88 \text{ eV} + \hbar\omega_{\text{phonon}} = E_g \tag{S1.61}$$

광자를 흡수하고 동시에 포논을 방출하기 위한 광자 에너지는

$$0.96 \text{ eV} - \hbar\omega_{\text{phonon}} = E_g \tag{S1.62}$$

(S1.61) 식과 (S1.62)을 더해서 E_g에 대해 풀면

$$E_g = 0.92 \text{ eV}$$

(S1.62) 식에서 (S1.61)을 빼서 $\hbar\omega_{\text{phonon}}$에 대해 풀면

$$\hbar\omega_{\text{phonon}} = 0.04 \text{ eV} = 40 \text{ meV}$$

그림 S1.22는 이 반도체에 대한 이러한 결과를 나타내는 에너지 밴드 다이어그램이다.

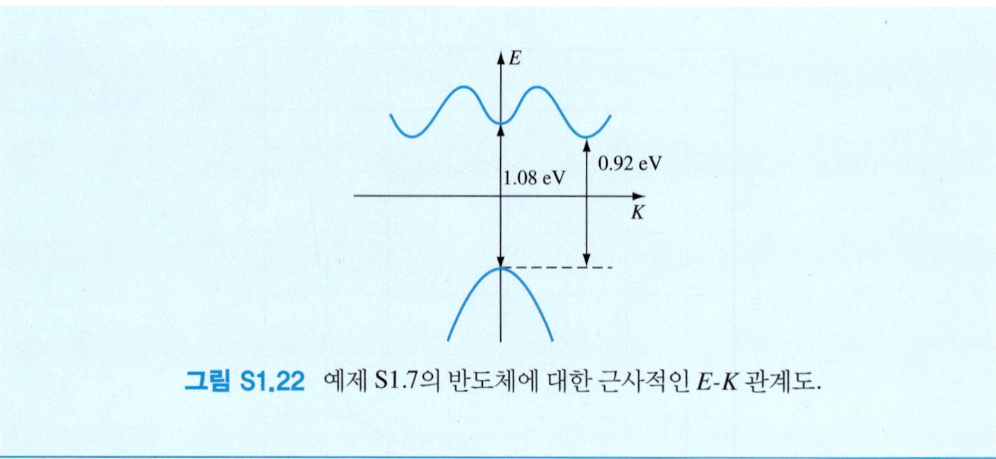

그림 S1.22 예제 S1.7의 반도체에 대한 근사적인 E-K 관계도.

S1.8 요약

슈뢰딩거 방정식을 설명하여 양자역학에 대한 이해를 넓혔다. 슈뢰딩거 방정식의 해는 파동 함수라 부르며, 관측 가능한 물리량 또는 일반적으로 측정 가능한 물리량에 대한 모든 것을 지칭할 때 사용할 수 있다. 관측 가능한 값은 관측 가능한 물리량에 대응하는 연산자를 이용함으로써 구할 수 있으며, 관측 가능한 입자를 나타내는 파동 함수를 알아야 한다.

일단 주어진 물리적 상황에서 입자의 파동 함수를 알면, 이 입자의 모든 관측 가능한 물리량을 측정할 수 있다. 대부분 실제 문제에서 위치 에너지는 정확하게 묘사될 수 없다는 것을 알았다. 그러므로 어떤 종류의 구조에 대한 물리적 직관을 얻는 데 사용되는 단순화된 모델에 의지한다. 예를 들면 수소 원자에서의 전자와 같이, 전위 우물의 전자가 갖는 에너지 준위는 양자화되어 있다. 수소 핵은 전자에게 전위 우물이다.

고전물리에서는 입자가 언제나 전위 장벽에서 반사될 것이라 예상되지만, 양자역학에서 입자는 전위 장벽을 관통할 수도 있다.

또한 불확정성 원리에 대하여 알아보았다. 이러한 비직관적인 개념은 예를 들면 입자의 위치를 정확히 알수록 입자의 운동량은 덜 정확히 알 것이라는 점을 예측한다. 불확정성 원리는 정확한 정의를 내리는 것을 금한다. 양자역학에서는 모든 것을 확률로 표현한다—전자는 전위 장벽을 관통할 확률을 갖는다거나, 또는 이 전자는 평균적으로 여기에 존재한다거나. 전자가 어디에 있다고 말할 수 없지만 주로 어디에 존재할 것이라고 논의할 수는 있다.

이 절에서는 단순하지만 통상적인 몇몇 소자 구조(전위 장벽과 전위 우물)에 양자역학의 원리를 적용했다.

식 (S1.56)과 식 (S1.57)이 운동량(p)-위치(x) 관계 및 에너지(E)-시간(t) 관계의 푸리에

(Fourier) 변환이기는 하지만, 이 식들은 흔히 하이젠베르크의 불확정성 원리라고 부른다. 하이젠베르크는 불확정도의 정확한 정의 없이 자유 전자에 대해 $\Delta p \Delta x \geq h$의 결과를 얻었고[2], 케너드(E. H. Kennard)는 식 (S1.56)의 Δp와 Δx를 운동량과 위치의 편차로 설명하였다.[3]

반도체 내에서 포논의 역할에 대해 시간을 할애하였다. 포논은 전자와 산란할 수 있고, 따라서 충돌 간의 평균 자유 시간에 영향을 미치고 결과적으로는 이동도에 영향을 미치며, 포논이 전자의 전이 과정을 돕기도 한다.

S1.9 참고문헌

1. See for example, C. Kittel, *Introduction to Solid State Physics*, 8th ed., Chapter 4, John Wiley and Sons, New York, 2004.
2. W. Heisenberg, "Über den anschaulichen Inhalt der quantentheoretischen Kinematik und Mechanik", *Zeitschrift für Physik* 43 (3-4): 172-198, 1927.
3. E. H., Kennard, "Zur Quantenmechanik einfacher Bewegungstypen", *Zeitschrift für Physik* 44 (4-5): 1927.

S1.10 복습문제

1. 파동 함수를 측정할 수 없는데 왜 파동 함수가 중요한지 설명하라.
2. 그림 S1.6에서처럼, 유한한 폭 L을 갖는 유한 전위 장벽에 반사하는 전자를 생각해보자. 이때 전자의 총 에너지가 전위 높이보다 크다고 가정하자. S1.6.5절에서 전자가 a/b 경계에 접근할 때 반사될 확률을 갖는다고 설명하였다. 전자가 반사하지 않고 장벽을 통과하여 이동한다고 가정하자. 전자가 장벽 b/c 경계에 도착하면 어떤 일이 발생하는가? 그 이후에는 어떻게 되는가?
3. 횡 방향 음향파와 종 방향 음향파 사이에는 어떤 차이점이 있는가?
4. 전자기파(예를 들면 광자)가 종 방향 모드일 수 있는가?
5. 음향파로부터 포논이 어떻게 산란을 하는가?
6. 그림 S1.19를 참고하여 간접 전이 물질에서 전자가 어떻게 밴드-밴드 전이를 하는지 설명하라. 직접 전이 물질과 비교했을 때 이 밴드-밴드 전이의 확률은 어떠한가?

S1.11 연습문제

S1.1 식 (S1.9)에서처럼 파동 함수 Ψ가 분리 가능하다고 가정하자. 여기에 슈뢰딩거 방정식을 대입하여 식 (S1.10)과 (S1.11)의 결과를 나타내라. 만약 이 과정이 어렵다면 미분 방정식의 변수 분리 부분을 복습하라.

S1.2 식 (S1.11)을 풀어서 그 해가 식 (S1.12)임을 보여라.

S1.3 무한 전위 우물의 $n = 3$ 상태를 고려한다. 여기에서 $0 \le x \le L$에 대하여 $\Psi_3 = A\sin(2\pi x/L)e^{-j(E_3/\hbar)t}$ 이다.

a. 시간 독립 파동 함수 $\psi_3(x)$를 나타내라.

b. 위치 x의 평균값을 구하라.

c. $\psi^*\psi$를 나타내라. 전자가 가장 존재 가능한 지점은 어디인가? 왜 그렇게 생각하는지 설명하라.

S1.4 문제(S1.3)에서,

a. 무한 전위 우물에 대한 시간 독립 파동 함수 $\psi_2(x)$를 나타내라. 위치 평균값은 어디라고 기대되는가?

b. 이 에너지 준위에 대한 확률 밀도 함수를 그려라. 전자가 발견될 확률이 가장 높은 곳을 지정하라.

c. 임의 순간에 평균 위치에서 전자를 발견할 확률은 얼마인가?

S1.5 무한 전위 우물의 최저 에너지 상태의 전자에 대해서 다음을 구하라.

a. 평균 운동량 p_x

b. 평균 속도 υ_x

c. 평균 에너지 E

S1.6 평면파 $\Psi(x, t) = e^{j[Kx-(E/\hbar)t]}$ 를 고려하자. 평균 속도 υ_x는 얼마인가?

S1.7 운동 에너지가 2.0 eV인 자유 전자가 있다.

a. 이 전자의 고전적인 속도를 구하라.

b. 이 전자의 고전적인 운동량을 구하라.

c. 전자의 총 에너지를 3.0 eV라 할 때, 이 입자에 대한 평면파를 $\psi(x, y) = Ae^{j(kx)}$의 형태로 나타내라.

d. 위의 (c)의 결과를 이용하여 양자역학으로부터 구한 군속도가 (즉, 군속도에 대한 관측 가능한 연산자 ($\upsilon_{op} = \frac{\hbar}{jm}\frac{\partial}{\partial x}$)를 이용한 결과가) 고전적인 결과(Part a)와 동일함을 밝혀라.

S1.8 그림 PS1.1에 보인 (인위적인) 파동 함수를 고려하자, 파동 함수 ψ는 $x < 0$과 $x > L$에서 0이다.

a. 확률 분포 함수를 나타내라.

b. 전자가 가장 발견되기 쉬운 영역을 나타내라.

c. 어떤 특정한 영역에서 전자가 존재할 확률을 구하기 위해, 우리는 주어진 영역에 대하여 $\Psi^*\Psi$를 적분하고 모든 공간에 대한 적분으로 나눈다[식 (S1.l) 참조]. $L/4 < x < L/2$ 영역에서 전자가 발견될 확률을 구하라.

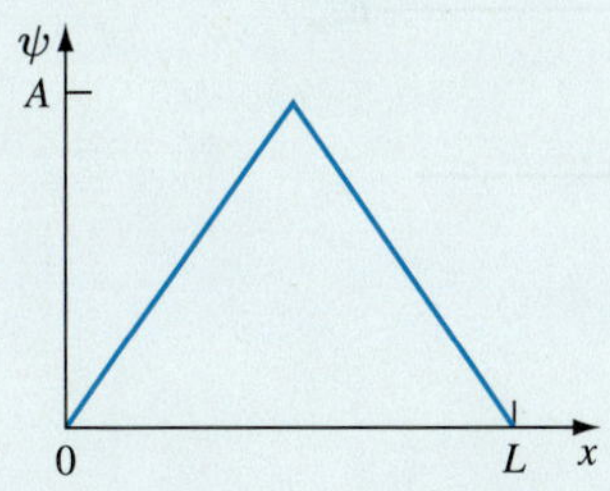

그림 PS1.1

S1.9 무한 전위 우물 속의 고유 함수를 구하라. 우물은 $x = -L/2$에서 시작해서 $x = L/2$에서 끝난다. 전자는 읽을 수 없기 때문에 좌표를 바꾸었는지 모른다. 그러므로 이전과 동일한 상태로 정확하게 좌표를 유지해야 한다. 처음 3개의 고유 함수를 간략하게 도식하고 그림 Sl.3과 비교하라. (힌트: 우리는 지금 전체 해를 가지고 있음을 명심하라.)

Sl.10 그림 Sl.6에 나타낸 바와 같이 장벽보다 낮은 에너지를 갖는 전자가 전위 장벽에 접근한다고 생각해보자. 그림 Sl.6의 장벽의 양 측면에서 반사를 무시하는 것이 왜 타당한 근사인지 설명하라. 각 장벽의 반사 계수를 약 20~30 % 정도로 하고 장벽은 두껍다고 한다. (힌트: 반사를 무시한 투과 확률과 반사 확률을 비교하라.)

Sl.11 Sn 대신에 초전도체 Pb(E_g = 2.73 meV)를 사용한 터널링 접합(즉 Pb/SnO_2/Pb)의 전기적 특성 곡선을 그려라. 수평축에 숫자 값과 함께 중요한 위치를 표기하라.

Sl.12 그림 PSl.2에 나타낸 위치 에너지 분포 함수를 살펴보자. 이것은 하나의 유한 장벽에 의해 분리된 2개의 에너지 우물로 이루어져 있다. 예상되는 파동 함수를 나타내라. 전자는 한쪽 우물에서 다른 우물 쪽으로 이동할 수 있는가? 만약 가능하다면 어떤 과정을 거치는가? 전자는 우물에서 탈출할 수 있는가?

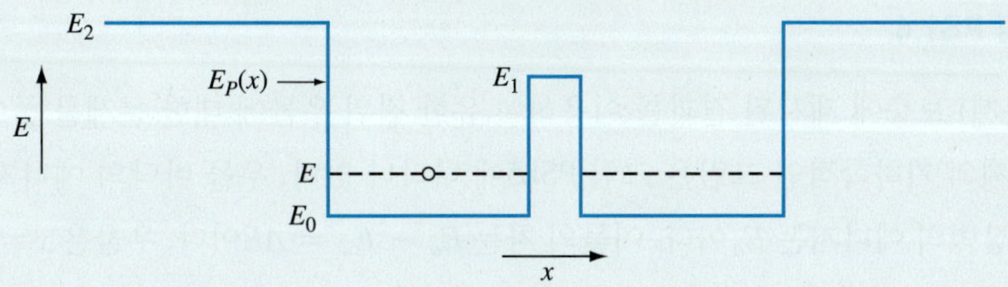

그림 PS1.2

Sl.13 그림 PS1.3에 나타낸 바와 같이 비대칭적인 전위 우물 안에 전자가 들어가 있다. 그림에는 특정한 에너지 상태에 대한 파동 함수가 표시되어 있다.

a. 확률 분포를 나타내라.

b. 평균적으로 전자가 발견될 확률이 가장 높은 곳은 어디인가?

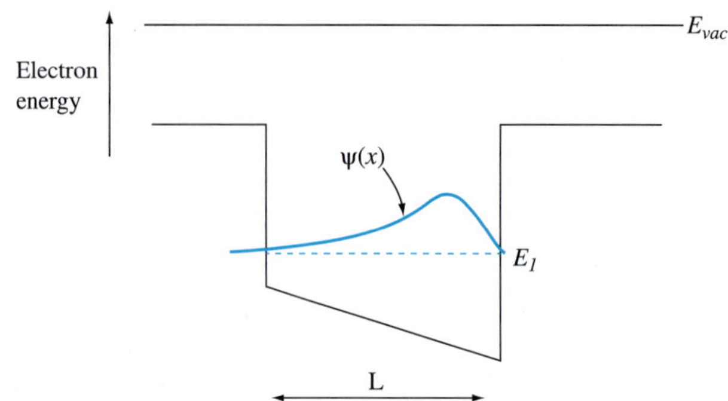

그림 PS1.3

c. 전자의 근사적인 위치 불확정도는 어느 정도인가? 그 이유를 밝혀라.

d. 전자가 왼쪽 벽면(또 오른쪽 벽면)으로 관통해 들어갈 수 있을까?

e. E_1 준위에 있는 전자는 우물을 탈출할 수 있을까?

f. (만일 존재한다면) 이 우물 속의 두 번째 에너지를 위한 현실적인 파동 함수를 그려라.

SI.14 그림 PS1.4과 같은 실 공간에서의 전위 우물도를 고려해보자.

a. 전계가 존재하는 영역을 표시하라.

b. E_1 준위에 있는 전자는 우물을 탈출할 수 있을까?

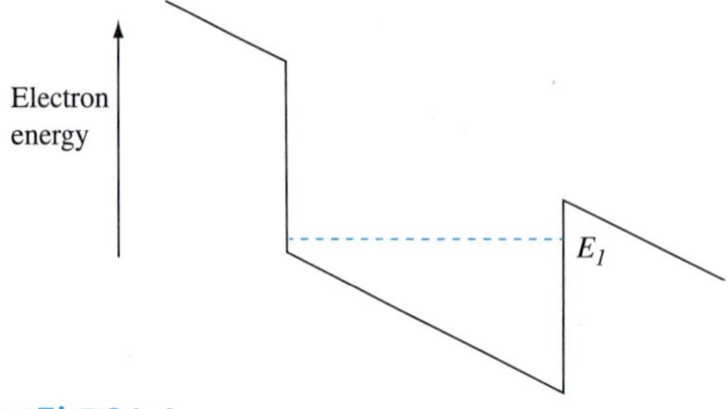

그림 PS1.4

SI.15 (긴 문제) 보충에 제시된 결과를 이용하여 유한 전위 우물에 대한 문제를 풀어보자. 이 문제의 기하학적인 그림은 그림 PS1.5에 나타나 있다. 우물 바닥의 에너지는 E_w이고 장벽의 에너지는 E_a이다. 이들의 차는 $E_a - E_w = \Delta E$이다. 우물은 $x = 0$에서 $x = L$까지 이어진다. 그림에서처럼 a, b, c 등 3개 영역으로 구분한다.

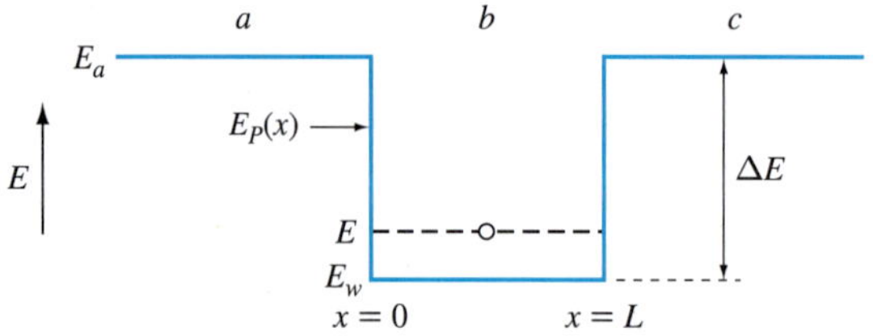

그림 PS1.5

a. 이 문제에 대한 시간 독립 슈뢰딩거 방정식을 나타내라(이것은 각 영역에 하나씩 총 3개가 필요하다).

b. 3개의 영역 각각의 슈뢰딩거 방정식을 풀어서 그 결과가 다음의 형태로 나타남을 밝혀라.

$$\psi_a(x) = A\,e^{ax}$$
$$\psi_b(x) = B\cos(Kx) + C\sin(Kx)$$
$$\psi_c(x) = D\,e^{-a(x-L)}$$

각 영역에서 에너지의 항으로 상수 a와 K를 표현하라.

c. A를 이용하여 상수 B, C 및 D를 표현하기 위하여 경계조건을 사용하라. (1) 양쪽 경계에서 ψ의 연속성과 (2) $x = 0$에서 $d\psi/dx$의 연속성을 적용할 필요가 있다. 그 결과는 $A = B$, $C = A(a/K)$ 및 다음과 같다.

$$D = A\left[\cos(KL) + \frac{a}{K}\sin(KL)\right]$$

d. K 값을 구할 필요가 있다. 마지막 경계조건 $x = L$에서 $d\psi/dx$의 연속성을 이용하여 다음을 증명하라.

$$\tan(KL) = \frac{2a}{K\left(1 - \dfrac{a^2}{K^2}\right)}$$

e. (d)의 결과는 특성 방정식이라 알려져 있으며, 닫힌 형태에서는 해를 구할 수 없다. 그러나 좌변과 K와의 관계 및 우변과 K와의 관계를 그려서 그들이 교차하는 곳을 찾아서 그래프적인 방법으로 해를 구할 수 있다.

i. 이를 위해 먼저 우물 안에 가두어진 전자에 대한 K의 최댓값을 구하라. (힌트: 이때 운동 에너지는 $E_a - E_w$보다 작아야 한다.)

ii. $a = \sqrt{(2m/\hbar^2)(E_a - E)}$ 및 $K = \sqrt{(2m/\hbar^2)(E - E_w)}$로 주어질 때 $a = \sqrt{K_{\max}^2 - K^2}$임을 밝혀라.

iii. $K = 0$에서부터 $K = K_{\max}$까지에 대한 특성 방정식의 양변을 나타내는 프로그램을 기술하라. 한 예로 $L = 2$ nm와 $\Delta E = 0.5$ eV를 이용한다.

iv. 이 우물 안에는 몇 개의 상태가 존재하고 그들의 에너지는 얼마인가?

f. $x = -0.2L$에서 $1.2L$까지 범위에서 가장 낮은 에너지 상태의 파동 함수를 그려라. 파동 함수는 대칭이어야 한다.

g. 위의 프로그램을 이용하여 다음에서 허용된 상태의 수를 구하라.

$$L = 3\text{ nm},\ \Delta E = 0.5\text{ eV}$$
$$L = 5\text{ nm},\ \Delta E = 0.5\text{ eV}$$

$$L = 2\text{ nm}, \Delta E = 1\text{ eV}$$
$$L = 3\text{ nm}, \Delta E = 0.2\text{ eV}$$

Sl.16 그림 PS1.6은 또 다른 터널링 소자, 즉 공명 투과 다이오드의 전도대 가장자리를 나타낸다. 이 구조는 2개의 터널링 장벽과 그들 사이의 하나의 양자우물로 이루어진다. 양자우물에는 오직 1개의 에너지 상태만 존재한다고 가정한다. *I-V* 특성 곡선에서 어떻게 4개 영역이 형성되는지 설명하라. 그림에서 음의 기울기를 갖는 구간을 부성 저항 구간이라고 부른다.

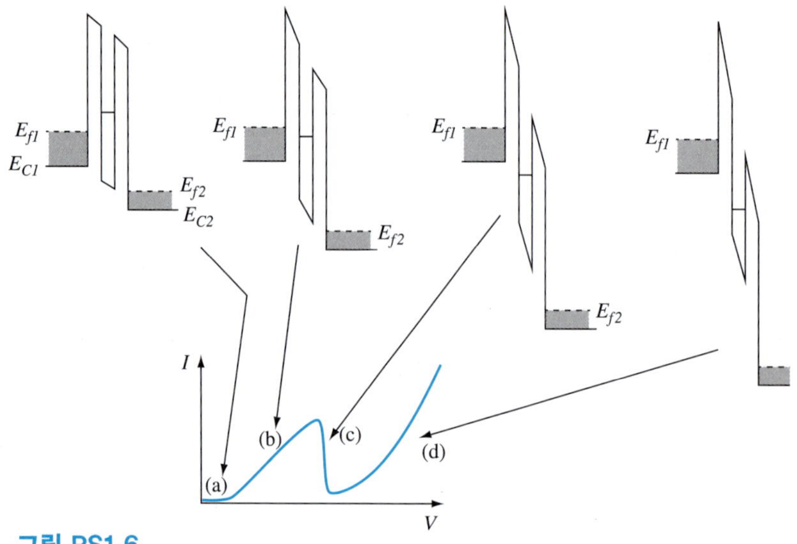

그림 PS1.6

Sl.17 두 종류의 원자(질량이 각각 M_1, M_2)로 이루어진 섬아연광 결정 구조에 대한 포논의 *E-K* 관계도인 그림 S1.14를 살펴보자.

a. 격자 상수는 거의 유사하기 때문에 원자들 사이의 힘은 상쇄된다고 가정한다. Si과 같이 동일 원자로 구성된 물질에서는 격자가 다이아몬드 격자가 된다($M_1 = M_2$). 다이아몬드(탄소)에 대한 광학적 포논의 에너지가 Si에 대한 광학적 포논의 에너지보다 큰 이유가 무엇인가? 다르게 표현해서 Ge에 대한 광학적 포논의 에너지보다 더 큰 이유가 무엇인가?

b. 왜 Ge의 포화 속도가 Si의 포화 속도보다 낮은지 설명하라.

c. 왜 GaAs 내의 전자의 포화 속도가 최댓값보다 낮은지 설명하라.

Sl.18 음향파는 단단한 물질 속에서 더 빠르게 진행한다. 포논의 군속도는 음향 포논의 *E-K* 관계도의 기울기에 비례한다(그림 S1.14 참조). 브릴루앙 영역 가장자리에서 이 기울기는 정상파에 해당하는 0이다. 진행파는 *E-K* 관계도의 원점에 더 가까이에서 발견된다. 힘의 상수가 같고 격자 상수도 유사하다고 가정하여 다이아몬드(탄소) 또는 납 중에서 어느 것이 단단한지 알아보기 위해 포논의 *E-K* 곡선을 이용하라.

PART 2

다이오드

이제 우리는 소자로 진입하기 위해 필요한 반도체 재료에서의 전자공학적인 배경을 갖추었다. 대부분의 전자 소자는 서로 다른 종류의 물질로 이루어진 접합의 전기적 특성에 의존한다. 대개(초전도 접합을 제외한) 이러한 것들 중 하나 이상은 반도체이다. 이러한 접합들은 2단자 소자이고 이를 다이오드(diode)라고 부른다.

이 책의 2부에서는 다양한 접합의 전기적 특성에 대해 분석한다. 여기에서 다루고자 하는 내용에는 다음과 같은 주제들을 포함한다.

1. **동종 접합(homojunction)**. 같은 반도체 물질에서 두 개의 다른 도핑 영역을 갖는 접합.
2. **이종 접합(heterojunction)**. 두 개의 다른 반도체 물질 사이의 접합. 기술적으로 반도체-절연체 등과 같은 경우도 포함하지만 이종 접합이라는 용어는 일반적으로 서로 다른 종류의 반도체 간의 접합을 의미한다.
3. **금속-반도체 접합(metal-semiconductor junction)**. 금속과 반도체 사이의 접합.

반도체 소자들은 이러한 접합으로 이루어져 있기 때문에, 반도체 접합 및 접합의 전기적 특성에 대한 이해는 대부분의 반도체 소자들(트랜지스터, 레이저 등)을 이해하는 데 필수적이다.

5장에서는 다이오드에 대하여 배운다. 반도체 다이오드는 접합이다. 다이오드는 스위치 특성을 나타내는 2단자 소자이다. 인가되는 전압의 한 극성에 대해서는 거의 개방 회로로 동작하고, 반대 극성에 대해서는 단락으로 동작한다. 이 특징은 그림 II.1에 실리콘 동종 접합 다이오드의 전류-전압 특성에 잘 나타나 있다. 0.7 V 이하의 인가전압인 경우 전류는 매우 작아서 다이오드는 개방 회로로 간주된다. 0.7 V 이상의 인가전압에 대해서는 전류는 전압에 따라 매우 급격히 증가하고, 이 다이오드는 0.7 V의 크기를 갖는 전압원으로 근사시킬 수 있다. 근사적 등가회로는 그림 II.2와 같이 표현된다. 다이오드의 일반적인 기

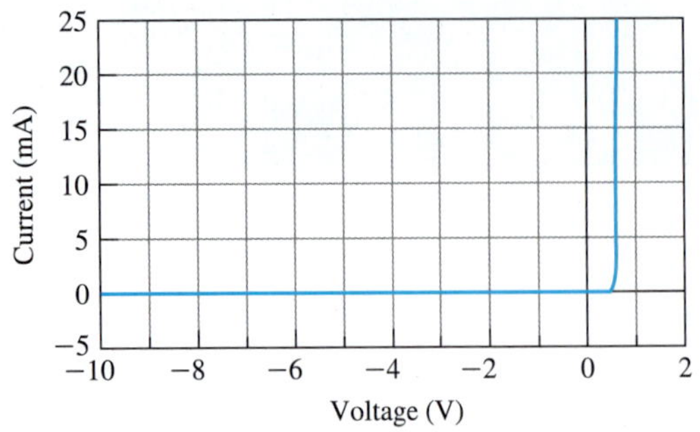

그림 II.1 실리콘 동종 접합의 전류-전압 특성. $V < 0.7$ V인 경우 전류는 무시 가능하다. 전류가 흐르는 경우 다이오드 전압은 거의 0.7 V로 일정하다.

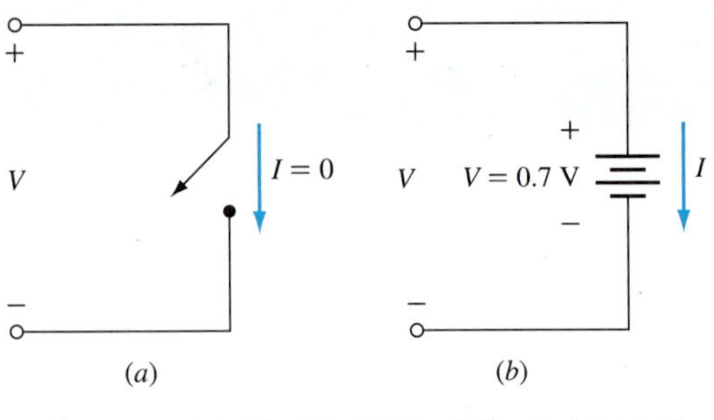

그림 II.2 (a) 실리콘 동종 접합 다이오드의 근사적 등가회로. $V < 0.7$ V인 경우 다이오드는 개방 회로로 동작한다. (b) 0.7 V 이상인 경우 다이오드는 $V = 0.7$ V의 정전압으로 근사된다.

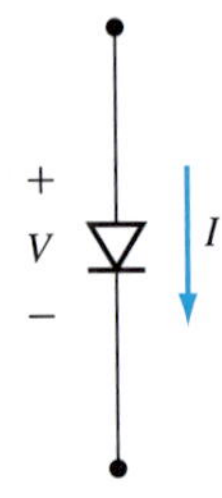

그림 II.3 다이오드를 나타내는 기호. 순방향 전압($V > 0$)에서 전류는 표시된 방향으로 흐르고 역방향 전압($V < 0$)에서는 0이다.

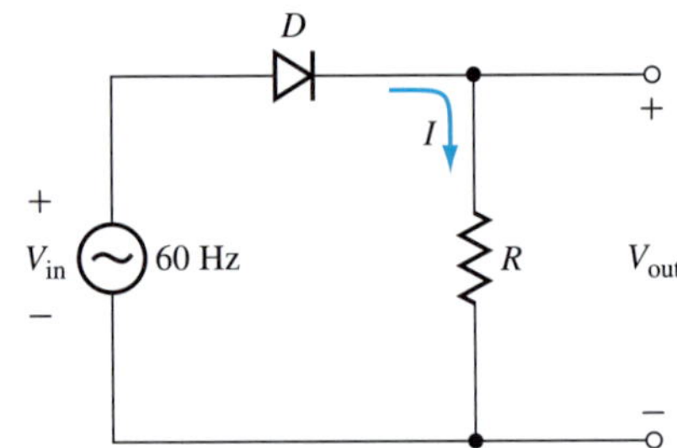

그림 II.4 정류기의 회로도. 출력 전압 $V_{out} = IR$이다. 순방향 전압 $V_{in} > 0.7$ V에 대해서만 다이오드가 전도 특성을 갖고 전류가 흐른다.

호는 그림 II.3과 같다. 0 V 이상 인가된 전압에 대해서 전류는 그림에 표현된 것과 같은 방향으로 흐르지만 전압이 0.7 V가 되기까지 전류는 무시될 정도로 작다.

다이오드의 일반적인 응용 분야는 그림 II.4의 회로와 같은 정류 회로이다. 여기에서 60 Hz의 입력 사인파가 다이오드 D와 저항 R의 직렬 조합에 가해진다. 출력 전압($V_{out} = IR$)이 저항 양단에 나타난다.

예제

$V_{in} = 5\sin(2\pi ft)$이고 $f = 60$ Hz, $R = 2$ kΩ이며, 다이오드는 그림 II.2의 등가회로에 의해 표현되는 그림 II.4의 정류 회로도를 고려하자. 입력 파형, 출력 파형 및 전류 파형을 각각 나타내어라.

■ **풀이**

입력 파형은 그림 II.5와 같이 $V_{in} = 5\sin(2\pi ft) = 5\sin(377t)$로 주어진다. $V_{in} < 0.7$ V일 때

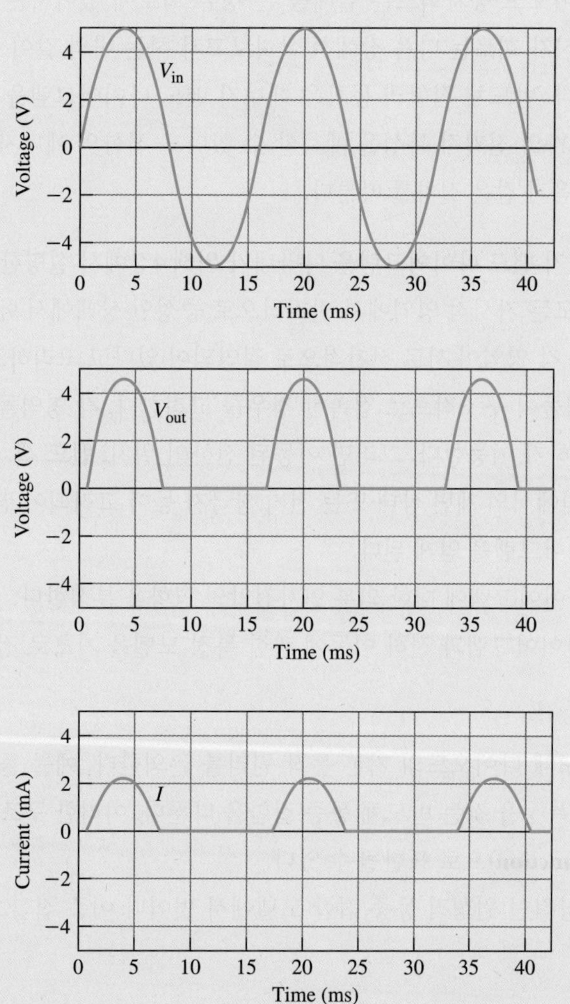

그림 II.5 $V_{in} = 5\sin(\omega t)$, $R = 2\ k\Omega$, 주파수 60 Hz($\omega = 2\pi f = 377$ rad/s)를 갖는 그림 II.4의 정류기 회로에 대한 입력 전압, 출력 전압 및 전류 파형.

전류는 0이고 따라서 $V_{out} = 0$이다. $V_{in} > 0.7$ V인 경우에는 다이오드 양단의 전압이 0.7 V이므로 $V_{out} = V_{in} - 0.7$ V이다. 그러므로 전류는 다음과 같다.

$$I = \frac{V_{out}}{R} = \frac{5\sin 377t - 0.7\text{V}}{2\ \text{k}\Omega}$$

이러한 회로를 반파 정류기라고 한다. 이것은 평균적으로 0의 값을 갖는 교류 전압을 평균값이 0이 아닌 맥동 전압으로 변환한다. 추가적인 회로를 이용하면 이러한 맥동 전압 파형은 일정한 직류 전압을 갖도록 평탄화될 수 있다.

그림 II.2의 다이오드 등가회로는 실례를 든 정류 회로에 있어서는 상당히 정확하다. 그러나 대부분의 전자 회로는 다음 장에서 살펴보고자 하는 바와 같이 좀 더 정확한 등가회로를 필요로 한다. 반도체 접합의 동작은 에너지 밴드 다이어그램을 통해 설명되고 이를 통해 우리는 소자의 전기적 특성을 예측할 수 있다.—접합의 에너지 밴드 다이어그램을 그리기 위해 다음과 같은 절차를 따른다.

1. 각 물질의 에너지 밴드 다이어그램을 나타내기 위해 4장에서 설명한 기법을 이용한다. 즉, 각 물질이 모든 거시적 영역에서 전기적으로 중성인 상태에서 에너지 밴드 모델을 시작한다. 보통 각 영역이 서로 전기적으로 절연되어 있다고 고려하고 시작한다.
2. 다음에 각 영역들이 구조적으로 접촉한 경우를 고려한다. 각 영역들의 페르미 준위가 같아지도록 전하가 이동한다. 그러면 이동된 전하의 위치, 밴드 갭, 전자 친화도, 일함수 및 접합 근처에서의 계면 상태 또는 전기 쌍극자 등이 고려되어 평형 상태에서의 에너지 밴드 다이어그램을 얻게 된다.
3. 에너지 밴드 다이어그램에 대한 외부 인가전압의 영향을 분석한다.
4. 에너지 밴드 다이어그램과 전하 이동에 관한 특정 모델을 기초로 전압의 함수로써 전류를 계산한다.

5장에서는 반도체 다이오드의 기본 동작 원리를 논의한다. 예를 들면 접합 지점에서 계단형 도핑 농도 특성을 갖는 반도체 동종 접합을 다룬다. 이러한 구조는 **원형 동종 접합(prototype homojunction)**으로 표현될 수 있다.

6장에서는 이상적인 원형적 동종 접합 모델에서 벗어나 이종 접합, 금속-반도체 접합을 다룬다.

CHAPTER 5

전형적인 pn 동종 접합

5.1 서론

pn 동종 접합(간단히 pn 접합)은 단결정 반도체로 이루어져 있으며 특정 경계에서 도핑 농도가 p형에서 n형으로 바뀐다. **동종 접합(homojunction)**이라는 단어는 같은 물질(예를 들면 실리콘)에서 두 영역 사이에 접합이 형성된 것을 말하며 반대로 **이종 접합(heterojunction)**은 두 개의 다른 반도체(예를 들면 Ge과 Si) 사이에 접합이 있는 경우이다.

pn 접합을 만드는 방법은 여러 가지가 있다. 일반적인 방법은 p형 실리콘 기판에 인(도너) 원자를 이온 주입하는 것이다. 이에 대한 결과 구조는 그림 5.1a에 도식적으로 나타나 있으며 A-A′에 대한 단면도는 그림 5.1b와 같다. n형 영역의 깊이는 수평 넓이에 비해 작으므로 대부분의 경우 옆면 효과는 무시할 수 있고 접합 특성은 B-B′ 단면을 분석함으로써 결정될 수 있다. 이를 그림 5.1c에 도식적으로 나타내었다.

이온 주입에 의한 전형적인 도핑 분포도는 그림 5.1d로 표현된다. p형 기판의 도핑 농도(N_A)는 결정 전체에 걸쳐 일정하다고 가정한다. 도너가 이온 주입될 때 그들은 기판에 결정 손상을 초래하면서 높은 에너지를 갖고 기판으로 침투한다. 도너 이온 주입 후에는 짧은 시간 동안 열처리 단계(결정 결함을 제거할 정도로 결정을 가열)를 거치게 된다. 도너가 억셉터보다 많은 영역에서는($N_D > N_A$) 반도체는 n형이 되고 $N_A > N_D$인 곳은 p형이 된다. 금속학적 접합 지점은 $N_D = N_A$인 또는 알짜 도핑이 0이 되는 위치인 x_0에서 형성된다. 에너지 밴드 다이어그램을 결정하는 것은 알짜 도핑 분포이므로 그림 5.1e에 $N_D = N_D' - N_A$를 위치의 함수로 나타내었다.

접합의 정전기적 특성을 해석하기 위해서는 N_D' 분포를 알아야 하지만 분포는 대부분 간단한 수학적 함수가 아니다. 그러므로 $N_D - N_A$ 분포에 대한 근사가 자주 이용된다.[1)]

1) 그러나 수치 해석법을 사용하는 소자 시뮬레이터에서는 더 복잡한 분포도가 사용될 수 있다.

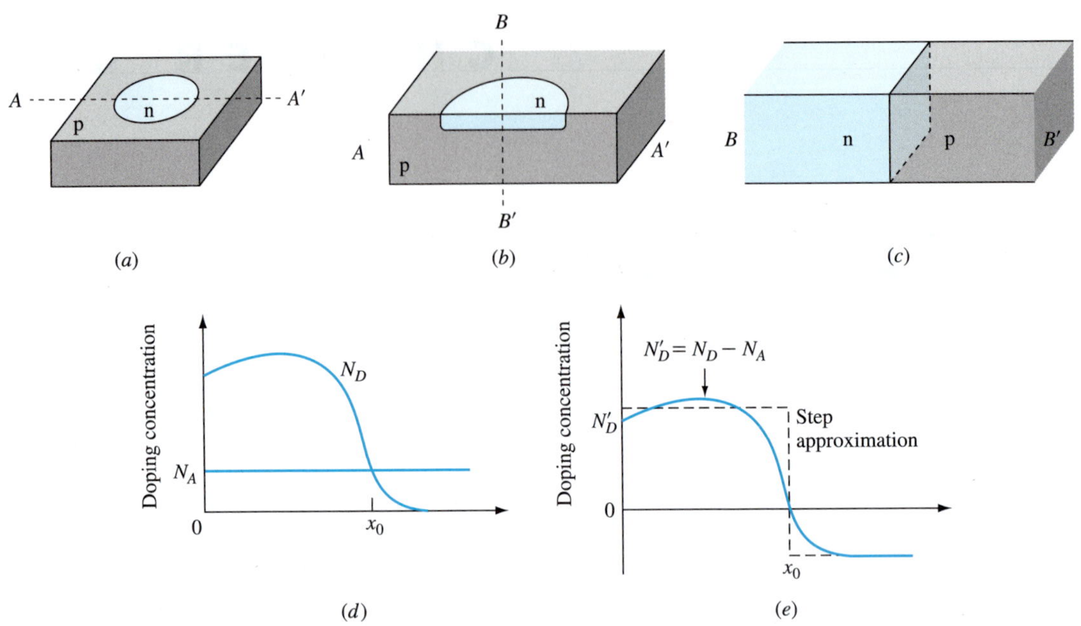

그림 5.1 (a) 평면형 pn 접합의 물리적 그림. (b) A-A′에 대한 단면도. (c) pn 접합의 도식적 표현. (d) p형 기판에 도너를 이온 주입한 대표적인 도핑 분포도(접합은 $N_D = N_A$ 지점에서 발생). (e) 이 접합에서의 알짜 도핑 농도 $N_D - N_A$와 계단형 근사(점선).

이러한 것 중 가장 간단한 경우가 그림 5.1e에 점선으로 나타낸 계단형 근사이다.

다이오드의 물리적 이해를 돕기 위해 반도체 동종 접합의 이 간단한 모델(계단형 접합)을 분석할 것이다. 우리는 이를 **원형 동종 접합(prototype homojunction)**이라고 부른다. 목적은 반도체 다이오드의 기본 동작 원리를 설명하는 것이다. 실제적으로 원형적 접합의 예는 거의 찾기가 어렵다. 그러나 단순화된 근사는 소자 특성의 많은 부분에 대해 해석적 계산을 가능하게 한다. 그 다음에 이러한 결과들을 6장에서 다루는 좀 더 실제적인 접합의 일차적 근사에 사용한다. 계단형 접합 모델에서 사용된 근사는 다음과 같다.

1. 도핑 분포는 계단형 함수이다. n형 영역에서는 $N'_D = N_D - N_A$가 일정하고 p형 영역에서는 $N'_A = N_A - N_D$가 일정하다.
2. 모든 불순물은 이온화된다. 그러므로 n 영역의 평형 전자 농도 $n_{n0} = N'_D$이고 p 영역의 평형 정공 농도 $p_{p0} = N'_A$이다.
3. 불순물에 의한 밴드 갭 감소 효과는 무시된다. 그러므로 이러한 단순 모델을 위하여 접합의 한쪽 면이 축퇴되었다면(실리콘에서 N_D 또는 $N_A > 4 \times 10^{18}\ \text{cm}^{-3}$), 페르미 준위는 진성 전도대의 바닥인 E_{C0}(n형)에 있거나 p형인 경우에는 가전자대 상부인

E_{V0}에 있다고 가정한다.[2)]

5.2 전형적인 pn 접합(정성적)

접합을 이해하기 위한 첫 번째 단계는 에너지 밴드 다이어그램을 그리는 것이다.

5.2.1 원형적 pn 접합의 에너지 밴드 다이어그램

전기적 중성 원형적 pn 접합의 에너지 밴드 다이어그램을 그리기 위해 우선 n과 p 영역이 물리적으로 떨어져 있고 모든 거시적 영역에서 전기적으로 중성이라고 가정한다. 다시 **전기적 중성(electrical neutrality)**이라는 것은 모든 영역에서 음의 전하와 양의 전하가 같은 것을 의미하고, 이러한 상황은 물질들이 서로 접합을 이룰 때 변화된다는 것을 나타낸다. 분리되어 있는 두 개의 반도체 각각의 에너지 밴드 다이어그램은 그림 5.2에 나타나 있다. 각각의 물질에 대한 전자 친화도 χ, 이온화 포텐셜 γ 및 에너지 갭 E_g가 나타나 있다. 첨자 n은 n형 반도체를 나타내고 첨자 p는 p형 반도체를 나타낸다. 또한 일함수 Φ도 나타나

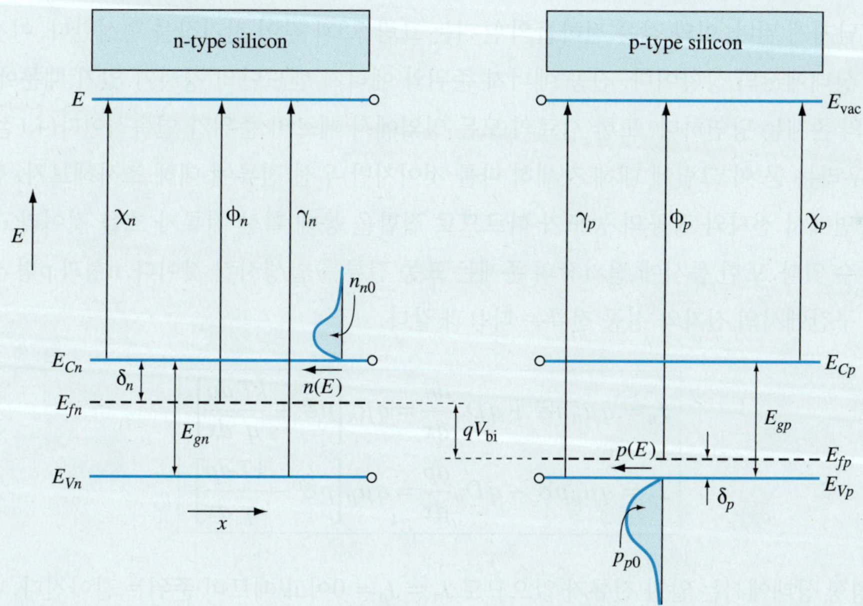

그림 5.2 도핑이 다르게 이루어진 2개의 동일한 반도체의 접합 전 에너지 밴드 다이어그램. 소수 캐리어 농도(n형의 정공, p형의 전자)는 매우 작아서 그림에는 나타나 있지 않다.

2) 실제로 페르미 준위는 일반적으로 축퇴되도록 도핑된 물질에서는 n형인 경우 (축소된) 전도대 안에 있고 p형인 경우 (축소된) 가전자대 안에 있다.

있다. 일함수는 진공 에너지 준위와 페르미 준위 간의 에너지 차이로 $\Phi = E_{vac} - E_f$이다.

모든 곳에서의 공간 전하 중성 조건 가정 때문에 물질에서 전자가 빠져나오기 위한 에너지는 어느 영역에서든지 일정하다. 그러므로 진공 에너지 준위는 두 물질의 어느 지점에서든 같다. 두 물질이 접하는 가장자리 접점에서 각 물질의 진공 에너지 준위를 기준점으로 삼는 것이 편리하다. 진공 에너지 준위에 있는 원은 이것을 나타낸다.

양 영역의 물질은 실리콘이므로 $\chi_n = \chi_p, E_{gn} = E_{gp}$ 및 $\gamma_n = \gamma_p$이다. 이는 전도대의 바닥이 (중성 조건을 위해) 두 물질에서 같은 에너지 $E_{Cn} = E_{Cp}$에 있다는 것을 의미한다. 마찬가지로 $E_{gn} = E_{gp}$이고 $E_{Vn} = E_{Vp}$이다. 전자 친화도와 이온화 에너지가 일정하기 때문에 각 반도체의 경계에서 E_C와 E_V는 그림 5.2의 추가적인 원으로 표시한 것과 같이 2차 기준점이다. 그러나 두 반도체에서 도핑이 다르므로 페르미 에너지 준위의 위치는 같지 않으며 따라서 $\Phi_n \neq \Phi_p$이다.

평형 상태 두 물질이 접합을 하게 되면[3], n 영역에서의 자유 전자들이 p 영역에서보다 많기 때문에 전자들이 n형 반도체에서 p형 반도체로 흐르게(확산하게) 된다. 전자들이 p형 영역으로 움직임에 따라 결정의 격자에 고정되어 있는 이온화된 도너(양으로 대전)를 남기게 된다. 동시에 정공은 p형 반도체에서 n형 반도체로 흐르면서 음으로 대전된 억셉터들을 남기게 된다. 이와 같은 전하들의 분리는 그림 5.3과 같이 전기장을 형성한다. 이것은 평형 상태에서의 상황이다. 진공 에너지 준위와 에너지 밴드단의 경사가 있기 때문에 전기장의 존재는 당연하다. 또한 시료의 모든 영역에서 페르미 준위가 연속적이다(4.1절 참조). 우리는 곧 이 그림에 대해 자세히 다룰 것이지만 우선 전류에 대해 조사해보자. 접합의 양면에서 전자와 정공의 농도가 다르므로 접합을 통해 확산 전류가 흐를 것이라고 예측할 수 있다. 또한 동시에 전기장의 존재는 표동 전류를 발생시킬 것이다. n형과 p형 사이 전이 구간에서의 전자와 정공 전류는 다음과 같다.

$$J_n = q\mu_n n\mathscr{E} + qD_n\frac{dn}{dx} = q\mu_n\left[n\mathscr{E} + \frac{kT}{q}\frac{dn}{dx}\right]$$
$$J_p = q\mu_p p\mathscr{E} - qD_p\frac{dp}{dx} = q\mu_p\left[p\mathscr{E} - \frac{kT}{q}\frac{dp}{dx}\right]$$

평형 상태에서는 알짜 전류가 없으므로 $J_n = J_p = 0$이고 페르미 준위는 같아진다. 내부 전계 $\mathscr{E}$가 **전이 영역(transition region)**이라고 부르는 곳에 발생하게 된다. 전이 영역의 모든 지점에서 전기장은 전자의 농도 기울기에 의한 확산 전류를 정확히 보상하는 전자의 표동 전류를 발생시킨다. 마찬가지로 정공의 표동 및 확산 전류 간의 균형이 존재하게 된다.

3) 접합 경계에서 원자의 주기성은 pn 접합 전체에 걸쳐서 유지되고, 또는 구조 전체에 걸쳐서 단결정이라고 가정하는 것이 마땅하다.

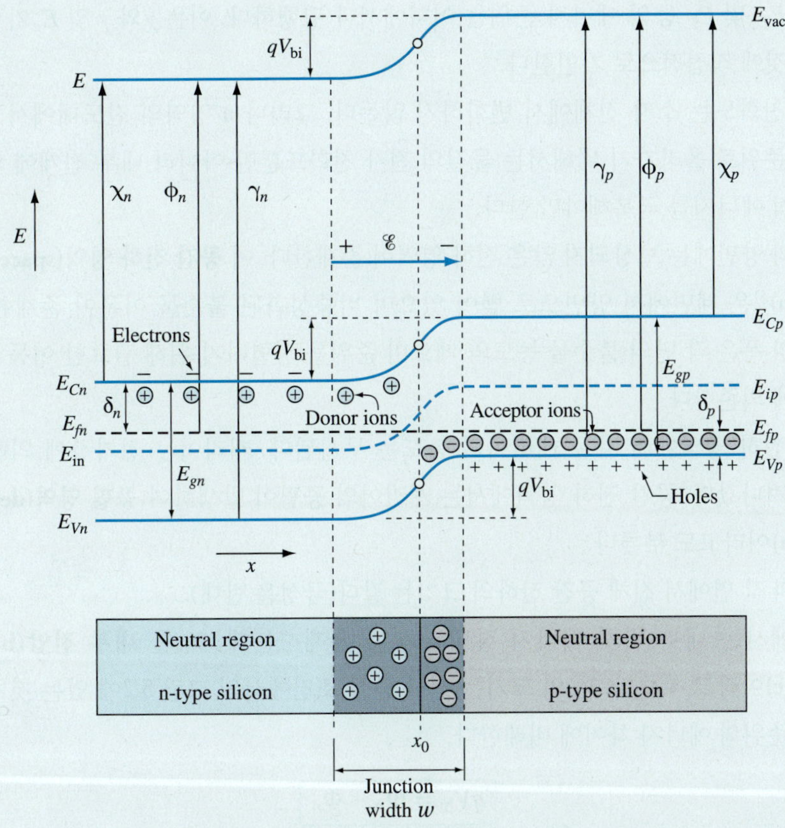

그림 5.3 평형 상태에서 pn 동종 접합의 에너지 밴드 다이어그램.

그러나 접합에서의 내부 전계는 밴드 모양을 바꾸게 된다. 우리는 **경계면(interface)에서** 진공 에너지 준위를 기준으로 사용하기 때문에 이것은 바뀌지 않는다. 또한 χ와 γ는 실리콘의 근본적인 성질이므로 이 값들도 바뀌지 않는다. 결과적으로 진공 에너지 준위, 전도대 및 가전자대는 그림 5.3에 나타낸 것과 같이 계면에서 원으로 표시된 위치에서 모두 고정된다. 이 에너지 밴드 다이어그램의 형태에 관한 상세한 내용은 나중에 설명할 것이다. 그러나 다음 사항들을 주목하여야 한다.

1. 계면 근처에서 n형 반도체로부터 나온 전자들이 p 영역의 정공들을 채워서 p 영역에 음전하(중성화되지 않은 억셉터) 영역을 발생시킨다. 마찬가지로 전자들은 n형 영역으로 확산되어 들어온 정공들을 소멸시키고 n 영역에 양전하(중성화되지 않은 도너) 영역을 발생시킨다. 이러한 현상으로 인해 n 영역의 중성화되지 않은 도너(양전하)와 p 영역의 중성화되지 않은 억셉터(음전하) 사이의 계면에 전기장이 유발된다. **비중성화(non-neutralized)**란 이온의 주위에 이온의 전하를 중성화할 수 있는 같은 크기의 자유 전자나 자유 정공이 없는 경우를 의미한다.

2. E_{vac}, E_C 및 E_V 등의 에너지 준위는 어디에서나 평행하다. 이는 χ와 γ 및 E_g가 일정하다는 것에 직접적으로 기인한다.
3. 전자 친화도는 소자 전체에서 변화하지 않는다. 그러나 n 영역의 전도대에서 오른편 진공 준위로 올라가기 위해서는 물질의 전자 친화도뿐만 아니라 내부 전계에 의한 정전기적 에너지를 극복해야만 한다.
4. 접합의 양면에는 보상되지 않은 전하 영역이 존재한다. 이 **공간 전하 영역(space charge region)**[4]은 계면에서 양면으로 뻗어 있으며 비중성화된 불순물 이온이 존재한다. 이 영역의 폭은 각 면의 불순물 농도와 페르미 준위를 정렬하기 위해 필요한 이동 전하의 크기에 의존한다.
5. 공간 전하 영역에서 자유 캐리어의 농도는 무시된다. 캐리어는 전기장에 의해 휩쓸려 빠져나갔다. 공간 전하 영역에서는 캐리어의 공핍이 발생하여 **공핍 영역(depletion region)**이라고도 부른다.
6. 접합의 각 면에서 전체 공간 전하의 크기는 같다(극성은 반대).
7. 접합에서는 내부 위치 에너지 장벽 qV_{bi}가 존재하는데, V_{bi}를 **내부 전압(built-in voltage)**이라고 부른다. V_{bi}의 크기는 전하 중성 조건에서의 그림 5.2에 있는 것처럼 페르미 준위의 에너지 차이에 비례한다.

$$qV_{\text{bi}} = \Phi_p - \Phi_n \tag{5.1}$$

여기에서 Φ_p과 Φ_n는 각 반도체의 일함수이고, V_{bi}는 편의상 양의 수로 나타낸다.
8. 전위 에너지 장벽은 전도대에서와 가전자대에서의 값이 같다. 이는 전자와 정공에 대한 위치 에너지 장벽이 같다는 의미이다.
9. 접합의 양면에서의 공간 전하의 크기가 같으므로 같은 도핑 수준에서는 각 면의 공간 전하 영역의 크기가 같다. 양면의 도핑 크기가 다를 때에는 공간 전하 영역의 대부분이 도핑이 더 적게 된 면에 위치한다.
10. 일함수의 도핑 크기에 대한 의존성 때문에 내부 전압은 어느 쪽이든 한쪽의 도핑 크기가 증가함에 따라 증가한다[식 (5.1), 그림 5.2].
11. 진공 준위의 기울기에 비례하는 전계는 금속학적 접합면 x_0에서 가장 큰 값을 갖는다. 이는 5.3절에서 설명할 것이다. 식 (5.2)와 같이 주어진 전기장은 4장에서 논의한 것과 같이 실제 전기장의 크기를 나타낸다.

$$\mathscr{E} = \frac{1}{q}\frac{dE_{\text{vac}}}{dx} \tag{5.2}$$

4) 전이 영역에 대한 또 다른 이름이다.

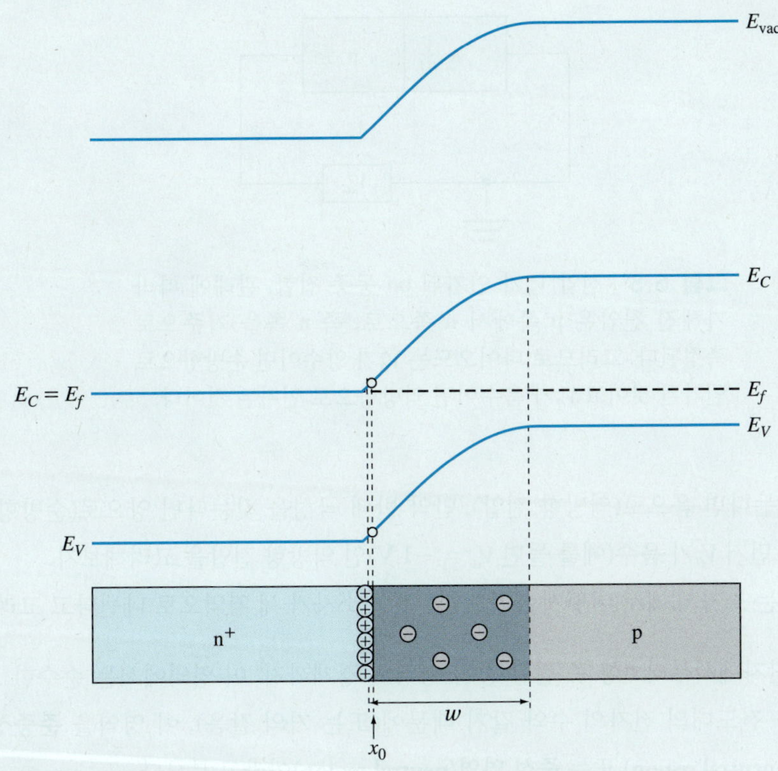

그림 5.4 일방형 n^+p 접합은 한쪽에 매우 높은 도핑 농도를 갖는다. 표기 n^+는 축퇴 도핑된 n형 반도체를 나타낸다. 축퇴 도핑된 반도체에서는 페르미 준위가 전도대 가장자리 근처에 있다고 근사된다.

12. 내부 전압은 대부분 작게 도핑된 영역에 걸쳐 나타난다.

앞의 9항에서와 같이 전이 영역은 기본적으로 더 작게 도핑된 쪽에 존재한다. 한쪽은 축퇴되고 다른 쪽은 축퇴되지 않은 접합에서는 그림 5.4와 같이 기본적으로 모든 공핍 영역이 작게 도핑된 영역에 나타나며 이러한 것을 **일방형 계단 접합(one-sided step junction)** 이라고 부른다. 이러한 종류로 n^+p 접합 또는 p^+n 접합이 있다. n^+라는 표기는 축퇴된 n형 반도체 또는 매우 높게 도핑된 n형 반도체를 나타내고 p^+는 매우 높게 도핑된 p형 반도체를 나타낸다.

전압이 가해진 경우의 에너지 밴드 평형 상태에서 pn 동종 접합인 경우에 대한 에너지 밴드 다이어그램을 어떻게 결정하는지 알아보았다. 이제 전압이 인가된 경우 에너지 밴드 다이어그램에 어떤 일이 나타나는지 알아보자. 그림 5.5의 경우를 살펴보자. p 영역은 인가전압 V_a에 의해 n 영역에 비해 마이너스로 만들어졌다. 관례에 따라 V_a는 p 영역으로부터 n 영역 방향으로 측정되며, 즉 n 영역을 기준으로 정의된다. 따라서 내부 전압과 같은

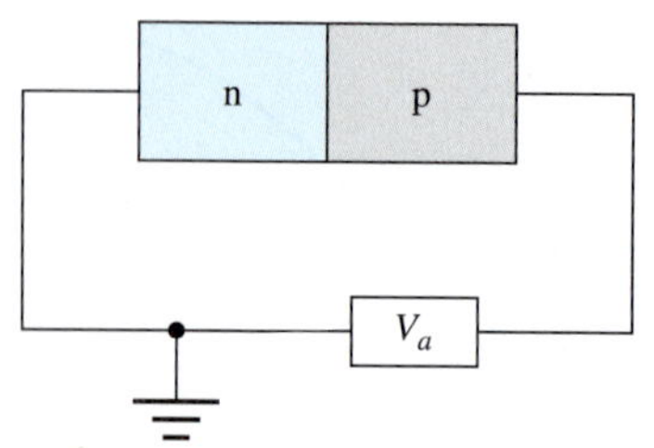

그림 5.5 전압 V_a가 인가된 pn 동종 접합. 관례에 따라 가해진 전압은 p 쪽에서 n 쪽으로, 즉 n 쪽을 기준으로 측정된다. 그러므로 다이오드는 V_a가 양수이면 순방향으로 인가된 것이고 V_a가 음수이면 역방향으로 인가된 것이다.

극성을 갖는다면 음으로(역방향 전압), 만약 반대 극성을 갖는다면 양으로(순방향 전압) 간주된다. 먼저 V_a가 음수(예를 들면 $V_a = -1$ V)인 역방향 전압을 고려해보자.
하지만 V_a는 소자 내에서 어떻게 분포할까? 우선 소자가 세 영역으로 나뉜다고 고려하자.

1. 왼쪽 단자에서부터 n형 쪽 접합 공핍 영역의 경계까지. 이 영역에서는 순수한 도너의 크기가 전도대의 전자의 수와 같기 때문에(또는 거의 같음), 이 영역을 **준중성 영역(quasi-neutral region)** 또는 **중성 영역(neutral region)**이라고 부른다.
2. 공핍 영역 자체는 이온을 갖고 있지만 가상적으로 자유 캐리어가 없다(또는 무시할 만한 수만 존재).
3. p형 쪽 공핍 영역의 경계에서부터 오른쪽 단자까지(이 영역도 준중성이다).

우리는 pn 접합을 이 세 영역의 저항들이 직렬로 연결된 것으로 고려하여 분석을 시작한다. 반도체의 비저항은 그 지점에서의 자유 캐리어의 농도, 즉 n 영역의 n_{n0}와 p 영역의 p_{p0}에 반비례한다는 것을 상기해보자. 그러나 전이 영역에서는 사실상 모든 자유 캐리어가 내부 전계에 의해 휩쓸려 나가서 이 지점에서의 캐리어의 농도는 앞에서의 두 자유 캐리어의 농도 어느 것에 비해서도 매우 작게 된다. 이는 전이 영역의 저항은 다른 두 지점의 저항에 비해 매우 크기 때문에 외부에서 가해진 전압은 실질적으로 모두 공핍 영역에 걸리게 된다는 것을 의미한다.

외부 인가전압을 반영하여 평형 에너지 밴드 다이어그램을 조절하기 위해서, 이전에 평형 상태에서의 에너지 밴드 다이어그램을 그렸던 방법대로 다시 시작한다. 금속학적 접합에서의 진공 에너지 준위를 기준으로 그림 5.6에서와 같이 에너지 밴드 다이어그램이 원형 주위로 회전한다. p 쪽이 전기적으로 더 음의 값을 갖기 때문에 전자의 위치 에너지가 더 높아지는 것을 의미하므로 그 지점에서의 에너지 밴드 다이어그램은 위로 올라간다. n 쪽은 더 양의 값을 가지므로 전자의 더 낮은 위치 에너지를 의미하고 n 쪽의 에너지

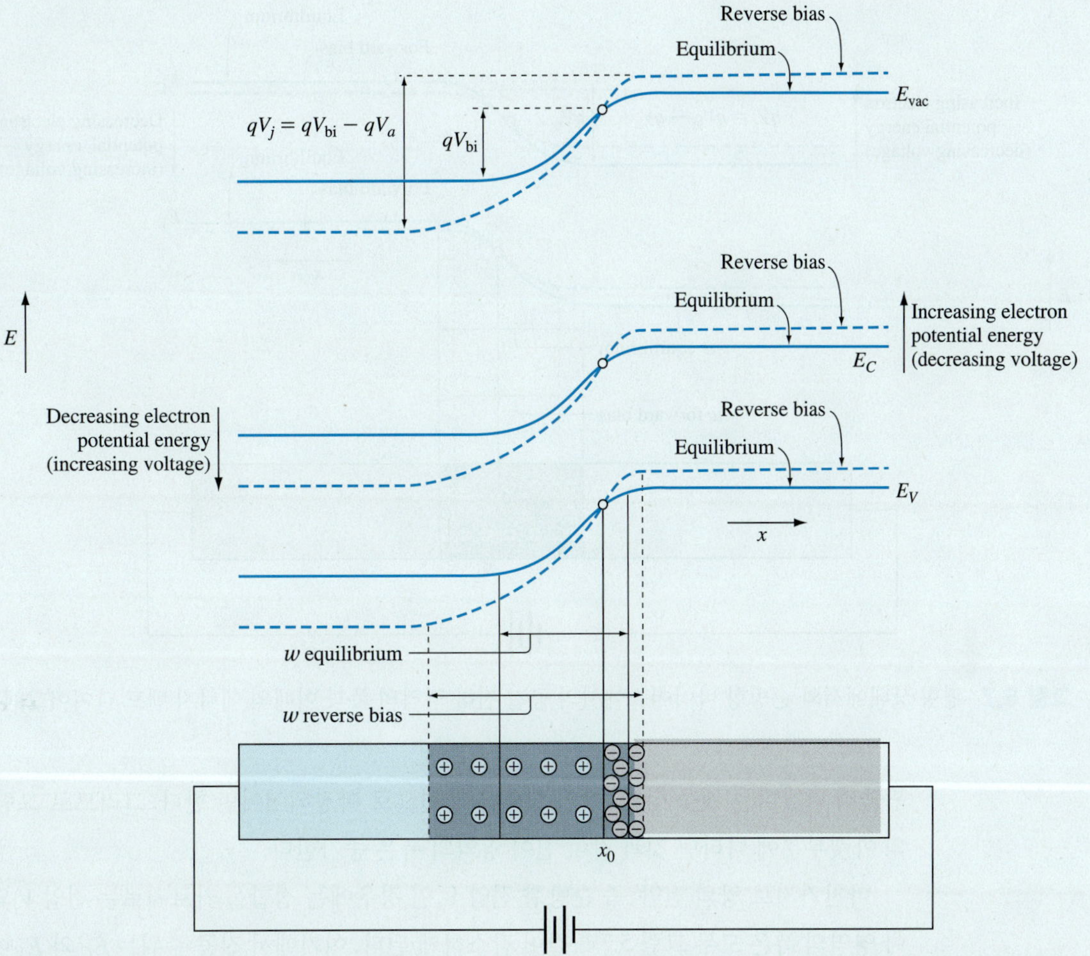

그림 5.6 역방향 바이어스된 경우의 pn 동종 접합. 실선: 평형 에너지 밴드 다이어그램, 점선: 역방향 바이어스하에서의 에너지 밴드 다이어그램. 역방향 바이어스에서는 전계가 증가하며 이는 더 많은 이온화된 억셉터와 도너를 필요로 하고 따라서 공핍 영역은 더 커지게 된다.

밴드 다이어그램은 낮은 곳으로 움직이게 된다. 그림 5.6은 이러한 결과를 나타낸다. 인가된 음의 전압은 전자와 정공 모두의 전위 장벽을 실질적으로 높이게 된다.

그림 5.6에서 접합 전압 V_j가 식 (5.3)과 같이 증가된 것을 알 수 있으며(V_a는 역방향 바이어스이므로 음수) 따라서 금속학적 접합에서의 전계도 더 커지게 된다.

$$V_j = V_{bi} - V_a \tag{5.3}$$

그러나 내부 전계는 접합 근처의 양으로 대전된 도너와 음으로 대전된 억셉터에 의해 발생되므로, 증가된 전계는 접합 양쪽 면에서의 전하량의 증가를 필요로 한다. 전하는 결정 격자에 고정된 이온화된 불순물의 결과이므로(이 지점에서의 이동 캐리어는 전계에 의해

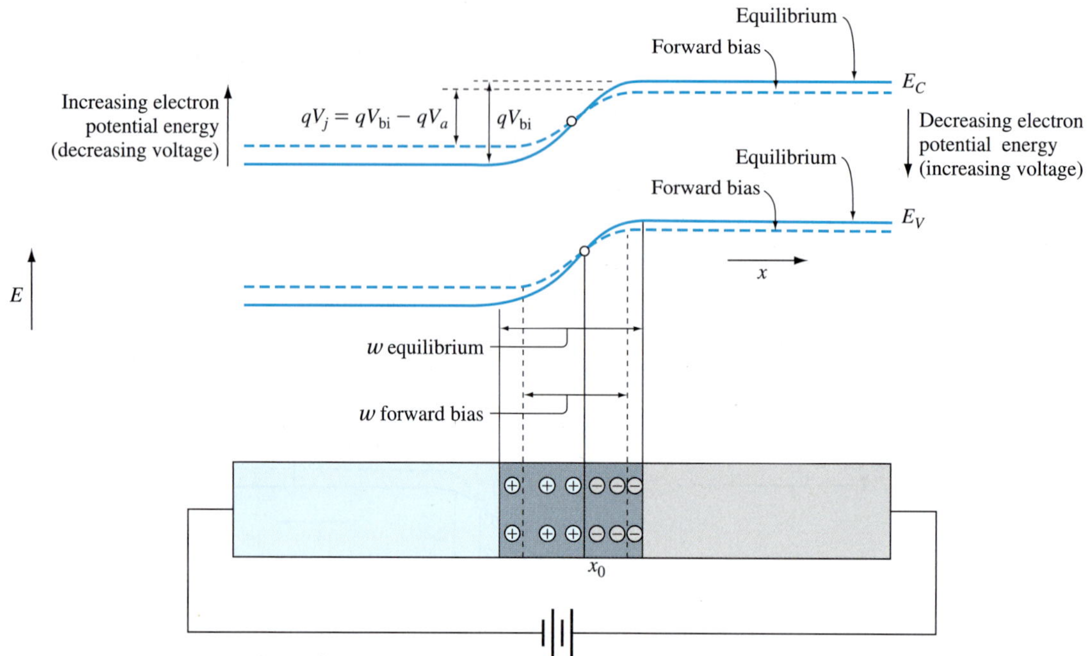

그림 5.7 평형 상태에서와 순방향 바이어스에서의 공간 전하 영역의 폭과 이때의 에너지 밴드 다이어그램.

휩쓸려 나갔다는 것을 상기) 전이 영역은 양면으로 확장되어야만 한다. 그러므로 그림 5.6의 아랫부분에 나타낸 것과 같이 전이 영역의 폭은 증가한다.

마찬가지로 양의 전압, 즉 순방향 전압 V_a인 경우에는 접합을 가로지르는 전압 V_j와 전이 영역의 폭은 모두 그림 5.7과 같이 감소하게 된다. 여기에서 진공 준위는 E_C와 E_V에 평행하고 따라서 새로운 정보를 갖지 않으므로 나타내지 않았다.

5.2.2 원형적 pn 동종 접합에서의 전류 흐름 분석

이제 다이오드에서의 전류 흐름을 정성적으로 설명해보자. 먼저 평형 상태에서의 전류를 고려한 후 전압이 인가된 경우로 나아간다.

평형 상태 평형 상태에서 다이오드의 에너지 밴드 다이어그램은 그림 5.8과 같다. 전자는 농도가 높은 영역(n형)에서 농도가 낮은 영역(p형)으로 확산한다. 또한 접합에서의 내부 전계는 전자의 표동을 발생시켜서 (평형 상태에서) 어느 지점에서나 전자의 확산을 정확하게 상쇄시킨다. 마찬가지로 정공은 p에서 n으로 확산하고 전계는 정공을 반대로 p 영역으로 돌아오도록 만든다. 이와 같은 현상으로 알짜 전자 전류나 정공 전류의 흐름은 없게 된다.

소자의 모든 영역에서는 전자의 열생성과 재결합이 일어난다. 중성 n 영역에서는 열생

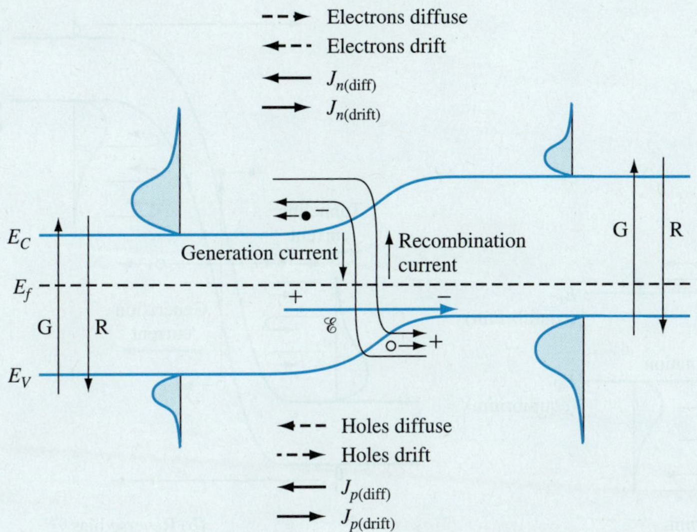

그림 5.8 평형 상태에서의 pn 동종 접합. 전이 영역에서의 내부 전계는 접합에서의 캐리어 농도 차에 의한 확산 전류에 정확히 반대되는 크기의 표동 전류를 유발한다. 전이 영역 내의 어느 지점에서나 열생성(G)과 재결합(R) 전류는 크기가 똑같고 방향이 반대이다.

성률과 재결합률이 평형 상태에서 같게 된다. 그러므로 이 영역에서는 전계가 없고 농도 변화도 없으므로 열생성-재결합 현상은 전류에 기여하지 못한다. 마찬가지로 중성 p 영역에서도 열생성-재결합 현상은 전류를 발생시키지 않는다.

그러나 전이 영역에서는 전계가 존재한다. 열생성되거나 재결합하는 전자-정공 쌍에 대한 효과에는 어떤 것이 있을까? 전이 영역 내에서 열생성된 전자는 n 쪽으로 가속되며 그림에서와 같이 n에서 p 방향으로 전류를 발생시킨다. 같은 열생성 결과에 의해 발생한 정공도 p 방향으로 가속되고 이것도 n에서 p 방향으로 전류를 발생시킨다. 그러므로 전이 영역에서의 전자-정공 쌍은 접합에서 전류를 발생시킨다.

마찬가지로 재결합하는 전자는 반대 방향으로 전류를 발생시킨다. n 영역에서 공핍 영역으로 들어온 전자는 p 영역에서 공급된 정공과 재결합한다. 이는 p에서 n으로 흐르는 순수한 전류를 발생시킨다. 평형 상태에서는 어느 지점에서나 열생성률과 재결합률이 같고 따라서 알짜 열생성-재결합 전류는 0이 된다.

역방향 전압 다음으로 역방향 전압에서의 전류 흐름을 생각해보자. 비교를 위해 평형인 경우는 다시 그림 5.9a에 나타내었고, 역방향 전압인 경우는 그림 5.9b에 나타내었다. 역방향 전압에서는 n형 반도체의 전자(다수 캐리어)들이 p형 반도체 쪽(낮은 농도 영역)으로 확산하려고 한다. 그러나 거기에는 위치 에너지 장벽이 존재한다. 따라서 무시 가능한 정도의 전자들만이 에너지 장벽을 넘을 수 있을 정도의 운동 에너지를 갖게 된다. 나머지 전

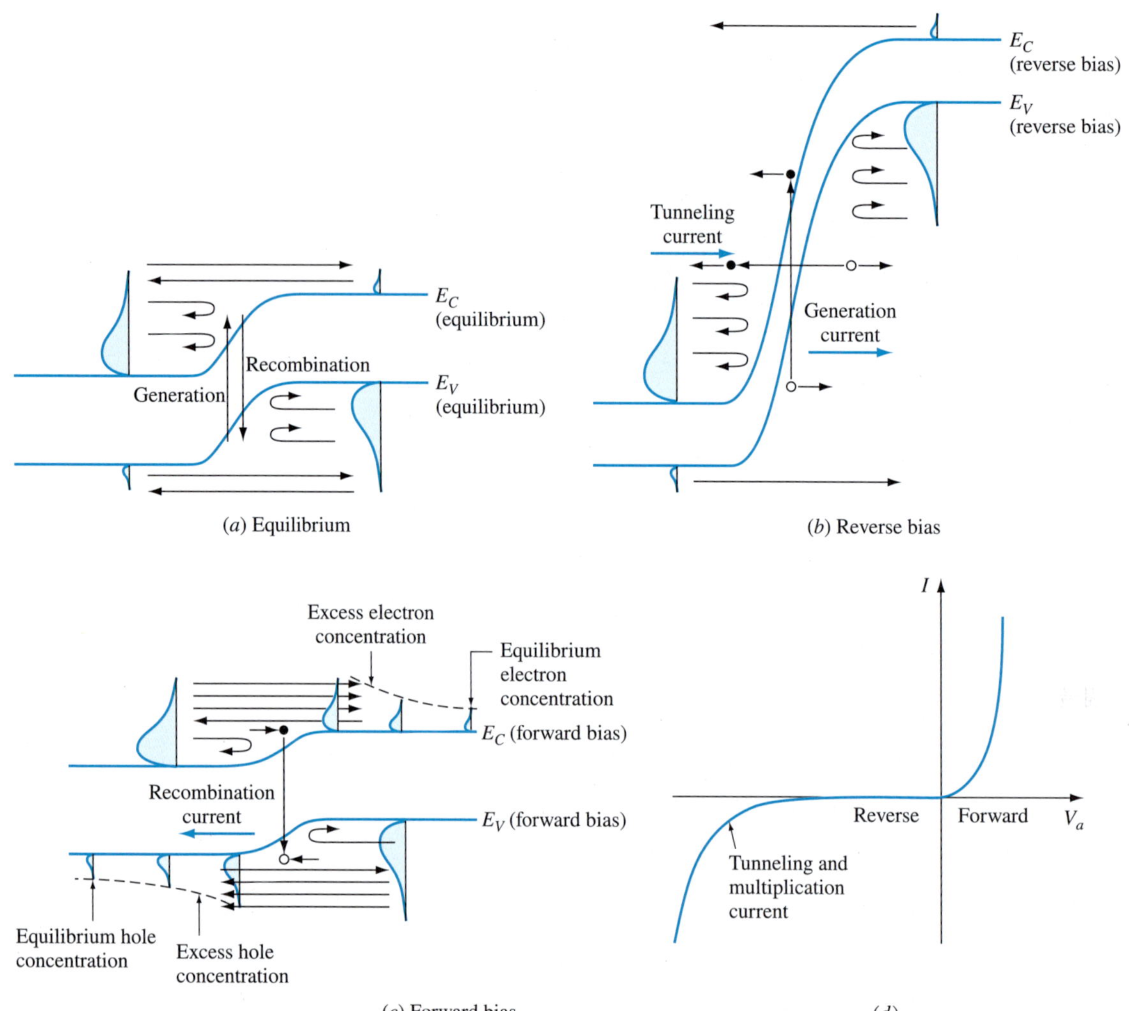

그림 5.9 pn 접합 다이오드에서 전류 흐름에 대한 정성적 분석. (a) 평형 상태에서 두 확산 전류는 반대 방향의 표동 전류에 의해 상쇄된다. (b) 역방향 바이어스에서는 캐리어 중 소수만이 접합을 통해 확산될 수 있다(일단 접합에 들어오면 그들은 전계 때문에 반대 방향으로 표동한다). 역방향 전압이 증가하면 터널링과 캐리어 증배 효과에 의해 전류가 증가한다. (c) 순방향 바이어스하에서 표동 전류는 약간 감소하지만 확산 전류는 매우 크게 증가한다. (d) 예상되는 전류-전압 특성.

자들을 보면 그들은 오른쪽으로 움직이지만 접합에서의 전계가 다시 왼쪽으로 가속시켜 돌아오게 하며 운동 에너지가 감소하여 점차적으로 멈추게 된다. 그러므로 이 과정에서는 접합을 통하는 알짜 전류의 흐름은 무시 가능하다.

그러나 접합의 오른쪽에서 전도대에 있는 소수의 전자들은 어느 정도의 운동 에너지를 갖고 있고, 어느 순간에서나 그들 중 50 %는 왼쪽으로 움직이게 된다. 만약 그러한 전자들 중 일부가 전이 영역으로 들어온다면 전계는 그들을 가속시켜서 n형 영역으로 들어오게 한다. 그러므로 순수한 전자 전류가 존재하지만 실제 이러한 전자의 농도는 매우 낮으므로 전류도 매우 작게 된다.

정공인 경우에도 마찬가지로 p 쪽의 정공들은 정공의 농도가 낮은 n 쪽으로 확산하려고 하지만 접합에 걸쳐 있는 장벽에 의해 움직임이 저해된다. 그러나 n 쪽의 매우 적은 수의 정공들이 접합으로 확산되어 오른쪽으로 가속된다. 전자와 정공이 접합으로 확산되어 전계에 의해 휩쓸려가는 전류를 **소수 캐리어 확산 전류(minority carrier diffusion current)**라고 한다.

역방향 전압이 인가된 경우에는 3개의 추가적인 전류 메커니즘이 있다. 전이 영역의 가전자대에서 전도대로 전자가 열적으로 여기된 후 전계에 의해 n 영역으로 휩쓸리게 되는 전자의 열생성 전류가 발생한다. 각각의 전자 생성과 함께 열생성된 정공들은 p 영역으로 빠져나가게 된다. 역방향 전압에서는 공핍 영역에서의 전자와 정공의 농도가 매우 작기 때문에 이 영역에서의 재결합은 무시된다. 역방향 전압에서의 생성 전류는 그 크기가 매우 작기 때문에 **누설 전류(leakage current)**라고 부른다. 두 번째 전류는 터널링 전류이다. n 쪽에서의 전자들은 높은 전압 장벽을 보게 되지만 그림 5.9b에서와 같이 장벽은 매우 얇을 수가 있기 때문에 오른쪽 가전자대의 일부 전자들은 금지대역을 통과하여 왼쪽의 전도대의 허용 에너지 상태로 들어가게 된다. 터널링은 1부의 보충에서 논의했고 5.3절의 '역방향 전압 터널링'에서 다시 언급할 것이다. 이 터널링 전류는 p 쪽의 가전자대의 전자들이 n 영역의 전도대로 금지대역을 뚫고 지나가서 왼쪽으로 가게 된다.

세 번째 전류 메커니즘인 **캐리어 증배(carrier multiplication)**는 공핍 영역 내에서 전자-정공 쌍을 발생시키는 전자 또는 정공의 충돌에 의해 발생한다. 이러한 추가적인 캐리어들도 역시 전류에 기여한다. 이 메커니즘은 5.3절의 '역방향 전압 캐리어 증배 및 사태(avalanche)'에서 자세히 언급한다.

순방향 전압 순방향 전압인 경우는 그림 5.9c와 같다. 이 경우 접합에 걸쳐 있는 위치 에너지가 감소하기 때문에 매우 많은 전자들이 접합을 넘어갈 수 있을 정도의 충분한 에너지를 갖게 된다. 그러므로 n 영역에서 p 영역으로 에너지 장벽을 넘어서 지나가는 알짜 전자 확산이 많이 일어나서 p에서 n 방향으로 알짜 전자 전류가 발생한다.

마찬가지로 가해진 전압은 정공에 대한 장벽도 낮추므로 알짜 정공 흐름이 일어나서 p에서 n 방향으로 알짜 정공 전류를 발생시킨다. 이러한 정공과 전자의 확산 전류가 합해져서 순방향 전압에서 매우 큰 전류를 나타낸다.

일단 전자가 p 영역으로 넘어오면 그 전하들은 바로($10^{-12} \sim 10^{-13}$ 초 정도의 유전 이완 시간 내에서) 반대로 대전된 같은 수의 정공에 의해 중성화된다. 이때 정공들은 p형 반도체의 저항성 접점을 통해 공급된다. 유전 이완 시간은 2부의 보충에서 더 자세히 설명한다. 그러나 여기에서의 초점은 전이 영역을 제외하고 p 영역은 가상적으로 전기적 중성이라는 것이다($\mathscr{E} = 0$). 마찬가지로 전이 영역 밖의 n 영역도 준중성이다. 앞에서 나타낸 것과 같이 이 영역은 **준중성(quasi neutral)**이라고 부른다.

순방향 바이어스에서는 전이 영역 밖의 접합 근처에는 접합을 통해 주입된 매우 많은 수의 소수 캐리어가 존재한다. 즉 p형 반도체 측의 경우 접합 근처에는 과잉 전자가 존재하고 n형 반도체 측의 접합 근처에는 과잉 정공이 존재한다. 과잉 전자 농도 Δn 및 과잉 정공 농도 Δp는 그림 5.9c에서와 같이 접합에서 확산됨에 따라 재결합에 의해 크기가 감소한다. 그러나 준중성 영역에서는 전계 $\mathscr{E} \approx 0$이므로 p 영역으로의 전자의 흐름은 모두 확산에 의해 발생한다. 같은 이론이 n형 영역으로 주입된 정공에도 적용된다. 따라서 소수 캐리어 전류를 흔히 **확산 전류(diffusion current)**라고 부른다.

접합에서 멀리 떨어진 과잉 캐리어가 없는 곳에서는 어떤 일이 일어나겠는가? 전류 흐름을 유지시키는 것은 무엇인가? 접합에서 멀리 떨어진 준중성 영역에서는 다수 캐리어가 표동에 의해 전류를 공급한다. 비록 이러한 준중성 영역에서의 전계는 0이라고 가정하였지만 실제로는 매우 작은 전계가 존재한다. 그렇지만 전류를 수송하는 데 필요한 다수 캐리어의 수가 매우 많기 때문에 다이오드 전류는 매우 작은 전계에서도 표동에 의해 유지될 수 있다.

앞에서 우리는 접합에서 멀어짐에 따라 과잉 소수 캐리어의 농도는 재결합에 의해 감소한다는 것을 알았다. 이런 효과에 의해 전자의 확산 전류는 거리에 따라 감소하게 되고 전류를 일정하게 유지하기 위해 반대로 정공의 표동 전류는 증가하게 된다.

순방향 바이어스 조건에서의 추가적인 전류가 전이 영역 내에서의 전자와 정공의 재결합에 의해 발생한다. 평형 상태에서는 재결합률과 열생성률이 같지만 순방향 바이어스에서는 공핍 영역 내에서의 전자와 정공의 농도가 (확산해 지나감에 따라) 모두 증가하기 때문에 재결합률이 훨씬 더 크게 된다. 여기에서 고려된 전형적인 접합에서는 터널링은 순방향에서 일어날 수가 없다. 왜냐하면 터널링은 일정한 에너지에서 발생하기 때문이다. 즉 순방향 전압에서는 역방향 전압에서와 달리 가전자대에서 금지대역의 건너편으로 갈 수 있는 같은 허용 에너지 상태가 없다. 그러므로 전자는 p 영역의 가전자대에서 n 영역의 전도대로 터널링을 할 수 없다. 순방향 전압에서의 전류 메커니즘을 요약하면, 전위 장벽이 감소하는 전압이 인가되면 전자와 정공들은 공핍 영역을 지나서 반대쪽으로 주입된다. 전자와 정공이 반대편에 도달하면 그들은 소수 캐리어가 된다. 전자와 정공이 접합에서 확산해감에 따라 그곳에서의 다수 캐리어와 재결합하게 되어 과잉 캐리어의 농도는 (지수함수적으로) 감소하게 된다. 마찬가지로 소수 캐리어의 확산 전류도 감소한다. 다수 캐리어는 전체 전류와 소수 캐리어의 확산 전류의 차이를 보상하며, 다수 캐리어는 표동에 의해 흐른다. 준중성 영역에서의 전계는 매우 작지만 다수 캐리어의 농도는 매우 크다.

일반적으로 pn 접합에서 역방향 누설 전류는 순방향 전류에 비해 매우 작다. 그러므로 근사적으로 pn 접합은 한 방향으로만 전류를 통과시키는 소자이다. pn 접합은 때로 **접합 다이오드(junction diode)**라고도 부른다.

다음 절에서는 전류를 전압의 함수로 정량적으로 나타낸다. 그러나 정성적으로 무엇을 예측할 수 있는지 생각해보자. 평형 상태에서 충분한 에너지를 갖고 전위 장벽을 넘는 전자들과 정공들의 수는 내부 전계에 의해 반대로 표동하는 수와 같다는 것을 알고 있다. 또한 전자와 정공의 분포 함수는 에너지에 따라 지수함수적으로 변화한다는 것을 알고 있다. 따라서 장벽이 미량의 인가전압 V_a에 의해 낮아진다면 장벽을 넘어서 확산할 캐리어의 수는 지수함수적으로 증가한다. (그것들이 전계를 극복하고 확산된다는 것을 주목하라.) 다음에 순방향 전압에서는 그림 5.9d와 같이 접합을 통과하는 전류는 V_a에 지수함수적으로 증가하는 것을 예측할 수 있다.

역방향 전압에서는 장벽이 증가하지만 장벽의 높이는 n에서 p로 흐르는 확산 전류에 아무런 영향을 미치지 않는다. 왜냐하면 유용한 소수 캐리어의 농도가 장벽 높이 변화에 따른 변화가 없기 때문이다. 그러나 역방향 전압이 증가함에 따라 접합의 폭은 증가하여 열생성 전류의 크기를 증가시킨다. 더욱이 터널링 거리가 (일정 에너지에서) 감소하여 터널링 전류를 증가시킨다. 아울러 역방향 전압이 증가함에 따라 전이 영역에서의 전계의 세기가 증가한다. 그러므로 캐리어는 충돌 간에 더 많은 운동 에너지를 얻게 된다. 만약 운동 에너지가 충분히 크다면 충돌에 의해 전자-정공 쌍이 만들어져서 증배 전류의 증가를 초래한다. 따라서 전류-전압 특성(I-V_a)의 모든 것을 그림 5.9d와 같이 정성적으로 예측할 수가 있다.

마지막으로 순방향 전압에서의 확산 전류는 때로 **주입 전류(injection current)**라고 부른다는 것을 언급한다. n형 영역의 전자들은 p형 영역으로 (장벽을 넘어서) 주입되고 p 영역의 정공들은 n 영역으로 주입된다.

5.2.3 터널 다이오드

터널 다이오드(에사키 다이오드 또는 에사키 터널 다이오드라고도 한다)는 접합 양쪽이 축퇴 도핑되어서 페르미 준위가 각각 (축소된) 전도대 및 가전자대 안에 위치하는 pn 접합이다. 터널 다이오드는 다른 고체 소자로 많이 대체되었지만, 이 소자는 양자역학적인 전자 터널링의 증거이고, 또 터널링이 실제 존재한다는 사실을 의심하는 사람들에게 확신을 주었다. 나아가 이 터널링 기구는 8장에서 논의할 터널 전계 효과 트랜지스터(tunnel field effect transistors: TFETs)의 기본이기도 하다.

전형적인 터널 다이오드의 전류-전압 특성 곡선을 그림 5.10에 나타내었다. 이 그림에서 보면 I-V 특성 곡선에 음의 기울기를 갖는 영역이 있고, 미분저항이 $R = dV/dI$이기 때

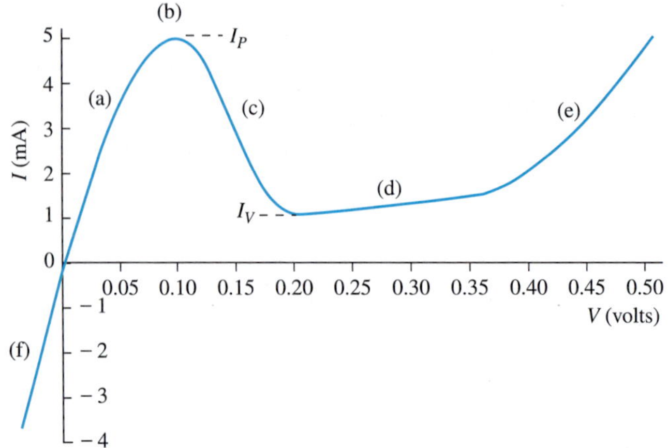

그림 5.10 게르마늄 터널 다이오드의 *I-V* 특성 곡선. 곡선상의 문자들은 그림 5.12의 (a)~(f) 부분에 나타낸 바이어스 조건에 해당한다.

문에, 이 다이오드는 이른바 부성 미분 저항 영역의 특징을 갖고 있다. 그림에 피크 전류 I_P와 밸리 전류 I_V가 표기되어 있다. 터널 다이오드의 부성 저항 특징은 진동자[5], 증폭기 및 스위치 등과 같은 소자 응용에 활용할 수 있다.

그림 5.11는 평형 상태의 p^+n^+ 터널 다이오드에 대한 이상적인 에너지 밴드 다이어그램이다. 도핑 농도가 높기 때문에 금속학적 접합을 가로지르는 공핍 영역이 얇다. 이 전이층의 두께는 약 10 nm 정도로 전자가 접합을 터널링할 수 있을 정도로 충분히 얇다. 내부 전압은 1 V 정도이고 공핍층의 두께는 10 nm 정도이기 때문에 공핍층 내의 평균 전계는 약 1×10^6 V/cm 정도이다. 이렇게 높은 전계에서 전자 위치 에너지를 주기적 모델로 근사시킬 수 없다. 또 전도대 가장자리 E_C와 가전자대 가장자리 E_V를 명확히 정의할 수 없거나 또는 모호하다. 그러나 터널 다이오드의 *I-V* 특성을 정성적으로 해석하기 위하여 공핍 영역 내에서의 E_C와 E_V는 pn 접합에서와 같이 모두 잘 정의되어 있다고 가정한다.

단순화하기 위해 다음과 같이 가정한다.

1. 터널링의 논의에서 전류는 일차적으로 접합 한쪽면의 페르미 에너지 준위 아래 전자로부터 또 다른 면의 페르미 에너지 준위 위의 빈 상태(정공자리)로 가며 흐른다.
2. 전자는 일정한 에너지로 '금지된' 영역을 넘어가서 같은 에너지를 갖는 빈 상태(정공)

5) 역사적 고찰; Jack Kilby(Texas Instrument)와 Robert Noyce(Fairchild Semiconductor)가 집적회로의 발명으로 명성을 높였지만, 같은 시기 Dick Rutz(IBM)는 동일 칩 안에 게르마늄 터널 다이오드와 게르마늄 저항을 집적하여 그 구조에 내재하는 다이오드 정전 용량과 인덕턴스를 이용하는 마이크로파 진동자로 이루어진 집적회로를 선보였다. R. F. Rutz, "A 3000 Mc Lumped-parameter oscillator using an Esaki negative-resistance diode," *IBM Journal of Research and Development*, 3, no.4, pp. 371-374, October 1959.

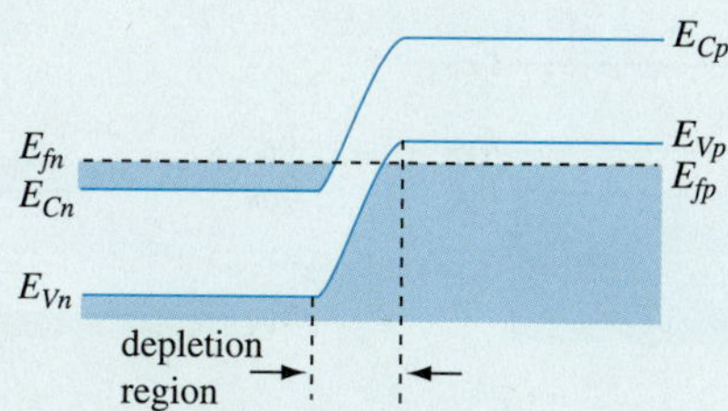

그림 5.11 평형 상태에서 n^+p^+ 터널 다이오드의 에너지 밴드 다이어그램. 페르미 준위들이 전도대(n^+) 및 가전자대(p^+) 안에 위치해 있다.

를 점유한다(불확정성 원리 범위 내에서의 에너지 보존).

3. 금지 영역을 횡단하는 전자는 같은 파동 벡터를 갖는 빈 상태를 점유한다(불확정성 원리 범위 내에서의 파동 벡터 보존 또는 결정 운동량의 보존).

가정 2와 가정 3은 직접 전이형 반도체에 대한 가정으로, 직접 전이형 반도체에서는 n^+ 물질의 전도대 안의 전자들이 모두 불확정성 원리 범위 내에서 같은 에너지와 같은 파동 벡터를 갖는 p^+ 물질 내의 빈 상태와 마주하고 있다.

예측되는 바와 같이, 그림 5.11에 나타내었듯이, 평형 상태에서는 다이오드를 흐르는 알짜 전류는 없다. 그림 5.12는 다양한 바이어스 조건에 대한 간략화된 에너지 밴드 다이어그램이다. 명확히 하기 위해 양쪽의 페르미 준위는 각각 전도대(n^+) 내부와 가전자대(p^+) 내부에 잘 위치해 있는 것으로 나타내었다.

그림 5.12a는 약한 순방향 전압(수 mV)에서의 에너지 밴드 다이어그램이다. 전자들은 일정한 에너지를 갖고 터널링할 수 있고, p^+에서 n^+로 양의 전류가 흐른다. (b)에서는 좀 더 높은 전압으로 전류가 증가한다. 이때 최대수의 전자가 같은 에너지를 갖는 정공과 마주하여 있고, 따라서 터널링 전류는 최대에 이르게 된다. (c)에서는 인가전압이 증가하여 같은 에너지를 갖는 전자와 정공의 농도가 (b)에서의 값보다 감소하고 전류도 감소한다. (d)와 같이 더 높은 전압에서는 같은 에너지를 갖는 전자와 정공이 없어서 결과적으로 터널링 전류는 0이 된다. 관측되는 전류에 상응하는 메커니즘이 잘 이해되지는 않지만, 1차적으로는 전이 영역내의 에너지 대역 간 상태를 통한 전자 재결합으로부터 나타나는 결과로 생각된다. (e)와 같이 아직 더 높은 전압에서 전류는 $I = Ce^{qV/nkT}$로 표현된다. 여기에서 n은 재결합 전류와 주입 전류의 조합을 의미하는 $1 < n < 2$의 범위에 있다. (f)와 같은 음의 인가전압에서는 전자는 p^+에서 n^+로 터널링을 하고 음의 전압이 증가함에 따라 음의 전류가 급격히 증가한다.

터널 다이오드의 성능 지수는 피크 전류와 밸리 전류의 비 I_P/I_V이다. GaAs 터널 다이오드에서 관측되는 I_P/I_V 값은 20 정도이다.

터널 다이오드가 진동자로 동작될 때, 즉 부성 저항 구간에서 동작될 때, 터널 다이오

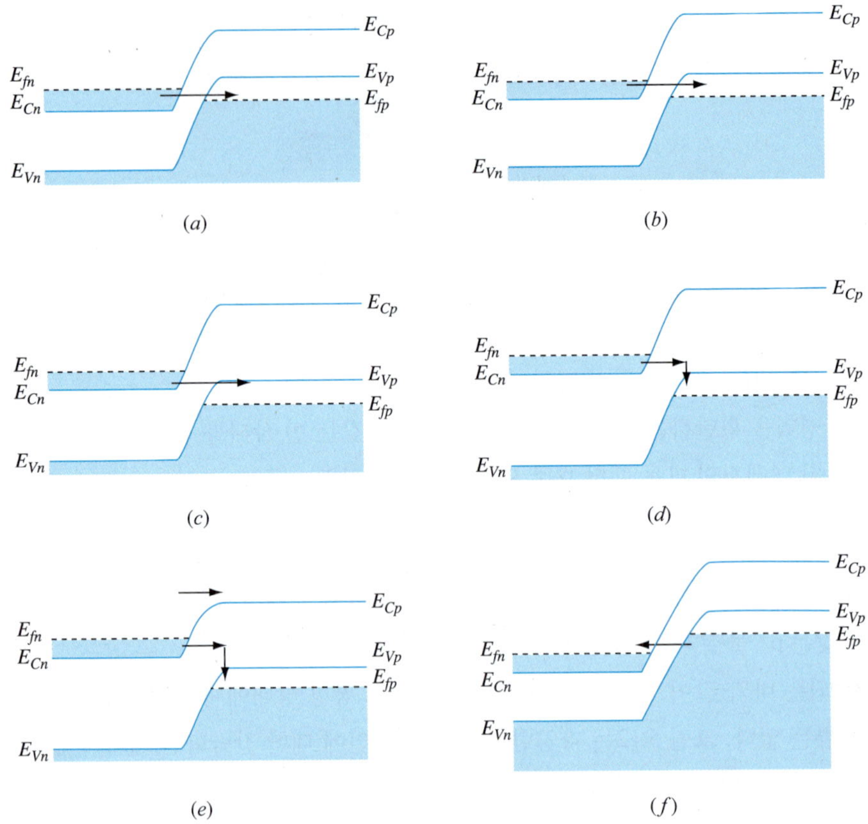

그림 5.12 전류 흐름의 메커니즘을 설명하는 다양한 바이어스 조건에서의 n^+p^+ 터널 다이오드에 대한 에너지 밴드 다이어그램. (a)~(e): 순방향 전압. (f): 역방향 전압.

드의 전기적 특성은 시간에 따라 매우 안정적이다. 그러나 스위치로 동작될 때 전기적 특성은 그림 5.10의 (e)와 같이 고전압 고전류 구간에 들어가 있고, 밸리 전류는 시간이 지남에 따라 증가한다. 이러한 열화 현상은 프렌켈(Frenkel) 결함(원자가 평형 위치에서 이탈하여 만들어지는 빈자리 및 틈새원자 등)과 이에 따른 공핍 영역에서 전자 재결합을 유발하는 금지대 내 에너지 상태의 생성에 의한 결과로 여겨진다.

앞선 논의는 직접 전이형 반도체의 p^+n^+ 접합에 대한 것이었다(가정 1, 2 및 3). 예를 들어 GaAs(직접 전이형 반도체)에서 터널링은 1차적으로 $K \approx 0$의 전도대 최소점과 $K \approx 0$의 가전자대 최대점에 있는 전자들 사이에서 일어난다. 부성 저항 영역은 간접 전이형 반도체에서 나타난다. 브릴루앙 영역 가장자리 근처 <100> 방향에서 전도대 최소점을 갖고 $K = 0$에서 가전자대 최대점을 갖는 Si에서는 가정 3이 만족되지 못한다. 그러나 부성 저항 영역은 나타나고, 피크-밸리 전류비 값은 많이 감소하여 3~4 정도이다. 이는 동시적인 포논의 생성 또는 포논의 흡수에 의해 파동 벡터의 보존 법칙이 만족되기 때문인 것으로 여겨진다. Ge도 $K = 0$에서 가전자대 최솟값을 갖고 <111> 방향에서 브릴루앙 영역의 가장자리($K = 3\pi/2a$)에 전도대 최소점을 갖는 간접 전이형 반도체이다. 그러나 상대적인 최솟값은 절대적인 최솟값 약간 위인 $K = 0$에서 갖는다. Ge에서의 터널링은 1차적으로 이 상대적인 최소점과 가전자대 사이에서 일어난다. 피크-밸리 전류비는 16이 넘는 것으로 관측되었다.

5.3 전형적인 pn 동종 접합(정량적)

이제 우리는 전형적인 pn 동종 접합의 동작을 에너지 밴드 다이어그램과 수송 과정의 관점에서 정성적으로 이해할 수 있게 되었다. 이번 절에서는 pn 동종 접합의 에너지 밴드 다이어그램에 대한 정량적 표현을 얻을 것이다. 또한 다양한 전류 메커니즘에 대한 정량적 표현을 할 수 있게 될 것이다. 이러한 특성들이 이해되면 접합의 I-V_a 특성을 알 수 있게 된다.

5.3.1 평형 상태에서의 에너지 밴드 다이어그램(계단 접합)

접합의 특성이 내부 전압에 의존하므로 우선 V_{bi}에 대한 분석으로 시작하자. 식 (5.1)을 다시 쓰면 다음과 같다.

$$qV_{\text{bi}} = \Phi_p - \Phi_n \tag{5.4}$$

위 식은 다음과 같이 표현 가능하며

$$qV_{\text{bi}} = E_g - (\delta_n + \delta_p) \tag{5.5}$$

여기에서 δ_n은 그림 5.2에 나타낸 것과 같이 접합의 중성 n 영역에서 전도대의 하단과 페르미 준위와의 차이를 나타내며 식 (5.6)과 같이 표현된다.

$$\delta_n = E_C - E_f = kT \ln \frac{N_C}{n_{n0}} = kT \ln \frac{N_C}{N'_D} \qquad \text{n형 측, 비축퇴} \tag{5.6}$$

만약 반도체가 축퇴 도핑되었다면 페르미 준위는 대역의 끝에 있다고 할 수 있다(전형적인 pn 접합에서의 밴드 갭 감소는 무시한다는 것을 기억하라). 이 경우

$$\delta_n = 0 \qquad \text{n형 측, 축퇴} \tag{5.7}$$

마찬가지로 δ_p는 중성 p 영역에서 페르미 준위와 가전자대의 상단과의 차이를 나타낸다.

$$\delta_p = E_f - E_V = kT \ln \frac{N_V}{p_{p0}} = kT \ln \frac{N_V}{N'_A} \qquad \text{p형 측, 비축퇴} \tag{5.8}$$

$$\boxed{\delta_p = 0 \qquad \text{p 형 측, 축퇴}} \tag{5.9}$$

앞에서 나타낸 것과 같이 여기에서의 접합도 양쪽이 모두 축퇴되지 않은 **pn 접합(pn junction)**을 의미한다. 그러나 대개 한쪽은 축퇴 도핑이 되며, 이 경우 n^+p 접합으로 표현되는데, 이는 n 영역이 축퇴되고 p 영역은 축퇴되지 않는다는 것을 나타낸다. p^+n 접합은 이와 반대되는 경우를 나타낸다.

이제 그림 5.3의 계단 pn 접합의 내부 전압을 계산하자. 식 (5.5), (5.6) 및 (5.8)에서 다음과 같은 식을 얻을 수 있다.

$$qV_{\text{bi}} = \left[E_g - kT\left(\ln\frac{N_C}{N_D'} + \ln\frac{N_V}{N_A'}\right)\right] \qquad \text{pn 접합} \tag{5.10}$$

만약 접합이 n^+p 또는 p^+n이라면 δ_n 또는 δ_p는 0이 되어야 하고 식 (5.10)은 다음과 같이 간단하게 된다.

$$\begin{aligned} qV_{\text{bi}} &= \left[E_g - kT\ln\frac{N_V}{N_A'}\right] \qquad n^+p \text{ 접합} \\ qV_{\text{bi}} &= \left[E_g - kT\ln\frac{N_C}{N_D'}\right] \qquad p^+n \text{ 접합} \end{aligned} \tag{5.11}$$

식 (5.10)과 (5.11)은 비축퇴 반도체인 경우 다음 식을 이용하여 간단히 할 수 있다.

$$\begin{aligned} n_i^2 &= N_C N_V e^{-E_g/kT} \\ E_g &= kT\ln\frac{N_C N_V}{n_i^2} \end{aligned} \tag{5.12}$$

다음에 식 (5.5)와 (5.12)로부터 다음과 같이 쓸 수 있다.

$$\begin{aligned} V_{\text{bi}} &= \frac{kT}{q}\ln\frac{N_D' N_A'}{n_i^2} \qquad \text{pn 접합} \\ V_{\text{bi}} &= \frac{kT}{q}\ln\frac{N_V N_D'}{n_i^2} \qquad p^+n \text{ 접합} \\ V_{\text{bi}} &= \frac{kT}{q}\ln\frac{N_C N_A'}{n_i^2} \qquad n^+p \text{ 접합} \end{aligned} \tag{5.13}$$

또한 pn 접합에서는 내부 전압을 다음과 같이 표현할 수 있다.

$$V_{\text{bi}} = \frac{E_g}{q} - \frac{kT}{q}\ln\frac{N_C N_V}{N_D' N_A'} \qquad \text{pn 접합} \tag{5.14}$$

이 식으로부터 N_D'과 N_A'이 각각 N_C와 N_V로 접근할 때에만 내부 전위가 밴드 갭과 같이 되는 것을 알 수 있다. 실리콘인 경우 $N_C \approx N_V$이므로 n^+p와 p^+n의 내부 전압은 실질적으로 적게 도핑된 반도체의 도핑 농도와 같게 된다.

만약 불순물에 의한 밴드 갭 감소(5.1절의 근사 3 참조)가 고려된다면 내부 전압은 식 (5.13)에 비해 약간 감소될 것이다. 이것은 밴드 갭 감소가 트랜지스터의 특성에 매우 큰 영향을 미치는 바이폴라 접합 트랜지스터에 대해 논의할 9장에서 다룰 것이다. 접합의 내부 전압을 어떻게 계산할 것인지 우리의 지식을 적용해보자.

예제 5.1

실리콘 pn 접합에서 n 영역 및 p 영역의 알짜 도너 및 억셉터 농도가 각각 10^{16} 도너/cm^{3}과 10^{15} 억셉터/cm^{3}로 균일하게 도핑된 경우의 내부 전압을 계산하라.

■ **풀이**

식 (5.13)에서

$$\begin{aligned} V_{\text{bi}} &= \frac{kT}{q}\ln\frac{N_A'N_D'}{n_i^{\,2}} = \frac{(0.026\text{ eV})\left(1.6\times10^{-19}\text{ J/eV}\right)}{1.6\times10^{-19}\text{ C}}\ln\left[\frac{10^{16}10^{15}}{\left(1.08\times10^{10}\right)^2}\right] \\ &= 0.026\text{V}\ln\left[8.57\times10^{10}\right] = 0.655\text{ V} \end{aligned}$$

일방형 계단 접합인 경우 식 (5.13)의 다른 표현 방식이 요구된다.

이러한 일방형 계단 접합은 아주 일반적이기 때문에 식 (5.13)을 그래프로 나타내어 반복적인 계산을 할 필요가 없도록 하는 것이 중요하다. 한쪽이 축퇴 도핑된 실리콘 일방형 계단 접합의 경우에 대한 V_{bi}의 그래프를 적게 도핑된 영역에서의 도핑 농도의 함수로 그림 5.13에 나타내었다. p^+n과 n^+p의 그래프에 차이는 없다. 만약 불순물에 의한 밴드 갭 감소가 고려된다면 그림 5.13의 결과는 약간 감소된다.

5.3.2 외부 전압이 가해진 경우의 에너지 밴드 다이어그램

다음으로 외부 전압이 가해진 경우의 pn 접합의 에너지 밴드 다이어그램을 정량적으로 분석한다. 에너지 밴드 다이어그램의 모양을 결정하기 위해, 그리고 전압에 따라 어떻게 변화하는지 파악하기 위해, 우선 위치에 따른 전하 농도 Q_V의 변화를 분석한다. 이로부터 전계 $\mathscr{E}(x)$를 구할 수 있고, 전계로부터 접합에서 위치에 따른 전압 $V(x)$의 변화를 결정할 수 있다.

우리는 그림 5.14a와 같은 좌표계를 이용할 것이다. 여기에서 x_0는 금속학적 접합의 위치를 나타낸다. $x < x_0$인 영역은 n형을, $x > x_0$인 영역은 p형을 나타낸다. 공핍층의 n 쪽

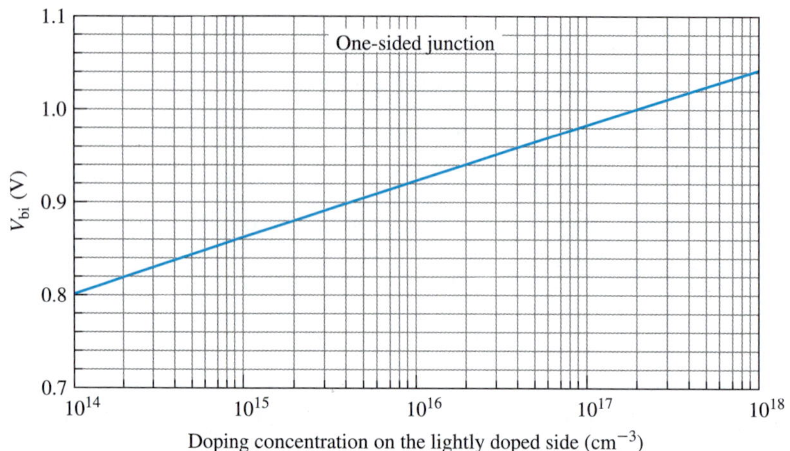

그림 5.13 실리콘 일방형 계단 접합에서의 내부 전압을 적게 도핑된 영역에서의 도핑 농도의 함수로 나타내었다. n^+p와 p^+n 간에 그래프의 차이는 없다.

으로의 경계는 x_n이고 p 쪽으로의 경계는 x_p이다. x_0를 기준으로 n형 반도체로의 공핍층의 폭은 w_n, p형으로의 폭은 w_p이며 전체 폭은 w이다. 그리고 이 예에서는 n형 반도체가 p형 반도체보다 더 높게 도핑되었다.

우리는 소자에서의 전하 분포를 알고 있다. 계단형 근사에 의해 n형과 p형 모두 알짜 도핑의 크기는 일정하다. 준중성 영역에서는 도너 이온 주위에는 전자들이, 억셉터 이온 주위에는 정공들이 많이 있으므로 이온화된 도핑 원자들은 모두 보상이 된다. 따라서 준중성 영역에서는 보상되지 않은 전하가 없으므로 전계가 발생하지 않는다. 그러나 접합에서는 이동성 캐리어는 휩쓸려 나가서 n 쪽에는 보상되지 않은 양의 도너 이온과 p 쪽에는 보상되지 않은 음의 억셉터 이온을 남기게 된다. 그러므로 이러한 전하들이 내부 전계를 유발하게 된다.

앞에서 전압이 인가된 경우 공핍층의 두께가 변화하는 것을 보았다. 역방향 전압에서는 접합 전압이 증가하고 보상되지 않은 더 많은 전하들이 '노출되므로' 공핍층이 넓어지게 된다. 순방향 전압에서는 접합 전압이 감소하고 전이 영역이 줄어든다. 이러한 내용들을 수식적으로 전개해보자. 다음과 같은 유도는 일반적이고 모든 전압 조건에 적용된다.

전계 $\mathscr{E}(x)$를 유도하기 위해 적합한 경계조건과 함께 푸아송(Poisson) 방정식을 푼다.

$$\frac{d\mathscr{E}}{dx} = \frac{Q_V(x)}{\varepsilon} \tag{5.15}$$

전하 밀도 $Q_V(x)$는 주어진 위치 x에서의 단위 부피당 전하이고(첨자 V는 부피를 의미하며 이것이 총 전하량이 아닌 전하 밀도를 의미하도록 사용된다), ε는 반도체의 유전율이

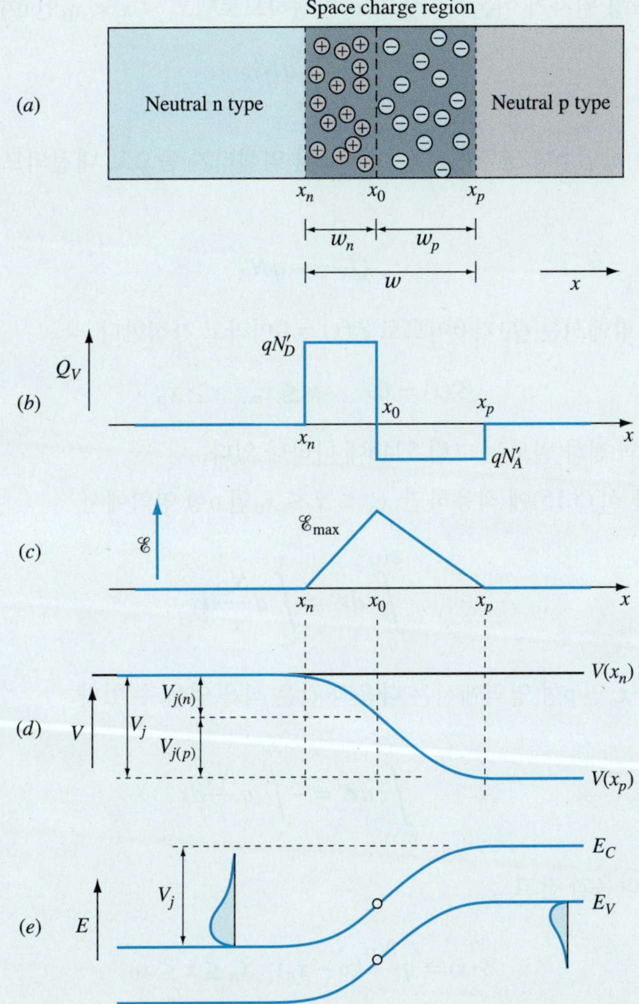

그림 5.14 전형적인 동종 접합: (a) 물리적 도해; (b) 전하의 분포; (c) 전하를 적분하여 얻는 전계; (d) 전계를 적분하여 얻는 전압; (e) 전압과 같은 형태이지만 전압 곡선을 뒤집은 형태의 에너지 밴드 다이어그램; (e)는 역방향 전압이 인가된 소자에 대한 에너지 밴드 다이어그램이다.

다.[6] $\mathscr{E}(x)$는 x에서 연속적이다.

푸아송 방정식을 풀기 위해서는 $Q_V(x)$를 알아야 하며, 가능한 전하들은 전자, 정공, 이온화된 도너와 억셉터들이다. 그러나 공핍층 내에는 전자와 정공이 거의 없다고 할 수 있다. 그러므로 공핍 영역 내에서는 $n = p = 0$[7]인 **공핍 근사(depletion approximation)**를 사

6) 유전율은 $\varepsilon = \varepsilon_r \varepsilon_0$이고, 실리콘의 상대 유전율 ε_r(유전 상수)은 11.8이다.
7) 실제로는 공핍 영역 내에서 확산하거나 표동하는 전자와 정공들이 존재하지만 그 수는 매우 적다.

용한다. 모든 도핑 원자가 이온화되었다고 가정하므로[8], $x_n < x < x_0$인 n형 영역에서는,

$$Q_V = qN'_D \tag{5.16}$$

이고, $x_0 < x < x_p$인 p형 영역에서는 이온화된 억셉터가 음으로 대전되므로 다음과 같이 된다.

$$Q_V = -qN'_A \tag{5.17}$$

앞으로 공핍층 밖에서는 Q_V가 0이므로 $\mathscr{E}(x) = 0$이라고 가정한다.

$$\mathscr{E}(x) = 0 \qquad x \le x_n,\ \ x \ge x_p \tag{5.18}$$

공핍 근사에서의 전하 밀도는 그림 5.14b에 나타나 있다.

위의 식들을 식 (5.15)에 적용하면, $x_n \le x \le x_0$인 n형 영역에서

$$\int_0^{\mathscr{E}(x)} d\mathscr{E} = \int_{x_n}^{x} q\frac{N'_D}{\varepsilon}dx \tag{5.19}$$

이고, $x_0 < x < x_p$인 p형 영역에서는 다음과 같은 식을 얻을 수 있다.

$$\int_{\mathscr{E}(x)}^{0} d\mathscr{E} = -\int_{x}^{x_p} q\frac{N'_A}{\varepsilon}dx \tag{5.20}$$

n 쪽의 결과는 다음과 같고

$$\mathscr{E}(x) = q\frac{N'_D}{\varepsilon}(x - x_n) \quad x_n \le x \le x_0 \tag{5.21}$$

p 쪽의 결과는 다음과 같다.

$$\mathscr{E}(x) = q\frac{N'_A}{\varepsilon}(x_p - x) \quad x_0 \le x \le x_p \tag{5.22}$$

$\mathscr{E}(x)$가 연속적이므로 이러한 결과들을 $x = x_0$에서 결합시키면 다음과 같다.

$$qN'_D(x_0 - x_n) = qN'_A(x_p - x_0) \tag{5.23}$$

계단 접합의 전계는 그림 5.14c에 그려진 것과 같이 n 영역에서는 거리에 따라 선형적으로

---

8) 낮은 온도(극저온)에서는 모든 도너와 억셉터가 이온화되지 않는다. 이 경우 전체 도너 수 N_D에서 이온화되지 않은 도너 수 n_D를 빼야 하고, 마찬가지로 전체 억셉터 농도 N_A에서 이온화되지 않은 억셉터 n_A를 빼야 한다. 이러한 것과 가능한 전자와 정공들을 고려하면 $Q_V(x) = q[N_D - n_D - n - N_A + p + p_A]$가 된다. 이온화되지 않은 도너와 억셉터 농도는 Online Module OM3에서 다루고 있다.

증가하고 p 영역에서는 선형적으로 감소한다. 또한 전계의 최댓값은 금속학적 접합인 x_0에서 나타난다.

앞에서 접합은 적게 도핑된 쪽으로 더 커진다고 예측하였는데 이제 예측이 맞는지 알아보자. w_n과 w_p를 각각 n 쪽과 p 쪽의 전이 영역의 폭이라고 하면 식 (5.23)으로부터 다음과 같이 표현할 수 있다.

$$\frac{w_n}{w_p} = \frac{(x_0 - x_n)}{x_p - x_0} = \frac{N'_A}{N'_D} \tag{5.24}$$

그러므로 만약 N'_D의 도핑 농도가 더 높다면(n 쪽), 예측한 바와 같이 w_p가 더 큰 공핍층 두께가 된다.

이제 전압 분포를 함수 $V(x)$로 알아보자. 이 경우 다음과 같은 표현식을 이용한다.

$$\mathscr{E} = -\frac{dV}{dx} \tag{5.25}$$

n 쪽에서 V를 $x = x_n$으로부터 $x \leq x_0$까지 적분하면 다음 식과 같다.

$$\int_{V(x_n)}^{V(x)} dV = -\int_{x_n}^{x} \mathscr{E}(x)dx = -\int_{x_n}^{x} \frac{qN'_D}{\varepsilon}(x - x_n)\, dx \tag{5.26}$$

또는

$$V(x) - V(x_n) = -\frac{qN'_D}{2\varepsilon}(x - x_n)^2 \quad x_n \leq x \leq x_0 \tag{5.27}$$

마찬가지로 p 영역에서는 다음과 같다.

$$V(x_p) - V(x) = -\frac{qN'_A}{2\varepsilon}(x_p - x)^2 \quad x_0 \leq x \leq x_p \tag{5.28}$$

식 (5.27)과 (5.28)이 $x = x_0$에서 같다고 놓으면 전이 영역의 n 쪽과 p 쪽 각각에서의 전압 강하를 다음과 같이 구할 수 있다.

$$V(x_n) - V(x_0) = V_j^n = \frac{qN'_D}{2\varepsilon}(x_0 - x_n)^2 = \frac{qN'_D}{2\varepsilon}{w_n}^2 \tag{5.29}$$

그리고

$$V(x_0) - V(x_p) = V_j^p = \frac{qN'_A}{2\varepsilon}(x_p - x_0)^2 = \frac{qN'_A}{2\varepsilon}{w_p}^2 \tag{5.30}$$

여기에서 V_j^n과 V_j^p는 각각 접합의 n 쪽과 접합의 p 쪽에 걸리는 전압을 나타낸다.

그러면 이제 접합 전체에 걸려 있는 전체 전압 V_j를 다음과 같이 구할 수 있다.

$$V_j = V_j^n + V_j^p = \frac{q}{2\varepsilon}[N'_D(x_0 - x_n)^2 + N'_A(x_p - x_0)^2] \tag{5.31}$$

이러한 값들은 그림 5.14d의 $V(x)$ 그래프에 나타나 있다. 전계가 양이므로 전압은 x_n에서 x_p로 감에 따라 감소한다.

$V(x)$가 연속적이므로 식 (5.27)과 (5.28)이 x_0에서 같다고 놓으면

$$V(x_0) = V(x_n) - \frac{qN'_D}{2\varepsilon}(x_0 - x_n)^2 = V(x_p) + \frac{qN'_A}{2\varepsilon}(x_p - x_0)^2 \tag{5.32}$$

x_0에서 식 (5.29)와 (5.30)을 구하고 그 비율을 취하면 다음과 같다.

$$\frac{V(x_n) - V(x_0)}{V(x_0) - V(x_p)} = \frac{V_j^n}{V_j^p} = \frac{N'_D {w_n}^2}{N'_A {w_p}^2} \tag{5.33}$$

식 (5.24)를 이용하면 식 (5.33)은 다음과 같이 대부분의 접합 전압은 더 낮게 도핑된 영역에 걸리게 됨을 나타낸다.

$$\boxed{\frac{V_j^n}{V_j^p} = \frac{N'_A}{N'_D}} \tag{5.34}$$

다음으로 접합 두께에 대한 관계식을 알아보자. 식 (5.29), (5.32) 및 (5.33)으로부터 w_n에 대한 식을 얻을 수 있다.

$$\boxed{w_n = (x_0 - x_n) = \left[\frac{2\varepsilon V_j^n}{qN'_D}\right]^{1/2} = \left[\frac{2\varepsilon V_j}{qN'_D\left(1 + \frac{N'_D}{N'_A}\right)}\right]^{1/2}} \tag{5.35}$$

마찬가지로 w_p에 대한 식은 다음과 같으며,

$$\boxed{w_p = (x_p - x_0) = \left[\frac{2\varepsilon V_j^p}{qN'_A}\right]^{1/2} = \left[\frac{2\varepsilon V_j}{qN'_A\left(1 + \frac{N'_A}{N'_D}\right)}\right]^{1/2}} \tag{5.36}$$

전체 접합의 폭은 다음과 같다.

$$\boxed{w = w_n + w_p = \left[\frac{2\varepsilon V_j(N'_A + N'_D)}{qN'_A N'_D}\right]^{1/2} \qquad \text{pn 접합}} \tag{5.37}$$

위 식을 접합 전압에 대해 풀면,

$$V_j = \frac{qN'_D N'_A w^2}{2\varepsilon\left(N'_D + N'_A\right)} \qquad \text{pn 접합} \tag{5.38}$$

일방형 계단 접합인 경우 접합은 대부분이 적게 도핑된 쪽에 걸쳐 있게 된다. n^+p 접합인 경우 $N'_D \gg N'_A$이므로 $w \approx w_p$가 된다. 식 (5.37)로부터 다음과 같이 구해지며

$$w = \left[\frac{2\varepsilon V_j}{qN'_A}\right]^{1/2} \qquad n^+p \tag{5.39}$$

p^+n인 경우는 다음과 같다.

$$w = \left[\frac{2\varepsilon V_j}{qN'_D}\right]^{1/2} \qquad p^+n \tag{5.40}$$

앞에서 최대 전계는 금속학적 접합 $x = x_0$에서 나타나는 것을 알았는데, 그 크기를 식 (5.21), (5.37) 및 (5.38)을 이용하여 다음과 같이 구할 수 있다.

$$\mathscr{E}_{\max} = \frac{qN'_D}{\varepsilon} w_n = \frac{qN'_A}{\varepsilon} w_p = \left[\frac{2qV_j N'_D N'_A}{\varepsilon\left(N'_D + N'_A\right)}\right]^{1/2} = \frac{2V_j}{w} \tag{5.41}$$

마지막으로 위치 에너지가 전위에 대해 다음 식과 같은 관계가 성립한다는 것을 인식하여 에너지 밴드 다이어그램의 모양을 구한다.

$$\frac{dE_P}{dx} = -q\frac{dV}{dx} = \frac{dE_C}{dx} = \frac{dE_V}{dx} \tag{5.42}$$

그러므로 전도대는, 그림 5.14e의 에너지 밴드 다이어그램과 같이 뒤집어져 있는 모양이기는 하지만, $V(x)$와 같은 모양을 갖게 된다.

전이 영역의 폭은 pn 접합에서 다양한 전류 메커니즘을 결정하는 데 중요하다. 그림 5.15는 일방형 계단 접합을 나타내는 식 (5.37)로부터 계산하여 전이 영역의 폭을 접합 전압 $V_j = V_{bi} - V_a$의 함수로 나타내고 있다. 도표에는 적게 도핑된 쪽의 다양한 농도의 경우에 대해서 나타내었다. 예상되는 바와 같이 w는 도핑 농도가 감소하고 접합 전압이 증가함에 따라 증가한다.

그림 5.16에는 일방형 계단 접합에 대해 인가된 전압이 각각 0.5 V(순방향 바이어스), 0 V 및 −5 V(역방향 바이어스) 경우의 접합의 폭을 도핑 농도의 함수로 나타내었다.

5.3.3 pn 동종 접합의 전류-전압 특성

이제 전형적인 pn 동종 접합의 정상 상태에서의 전류와 인가전압 특성 (I-V_a)에 대한 표현

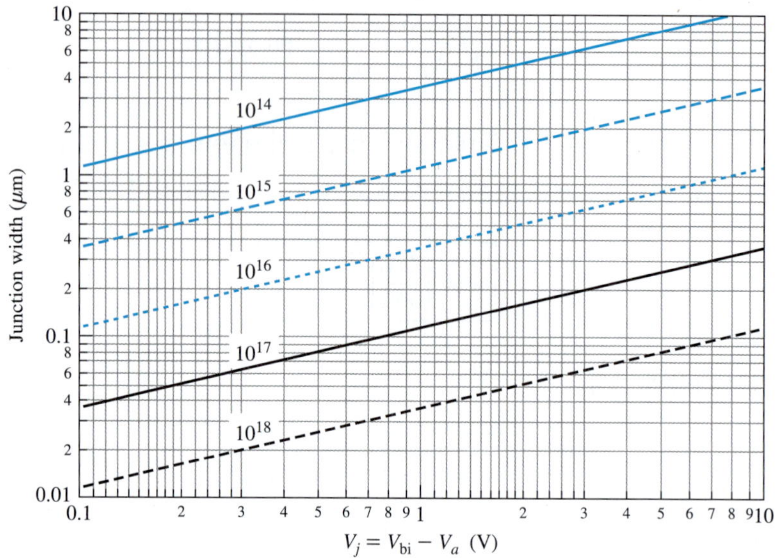

그림 5.15 실리콘 일방형 계단 접합에서의 접합 폭을 적게 도핑된 영역의 여러 도핑 농도에 대해 접합 전압을 변수로 나타내었다.

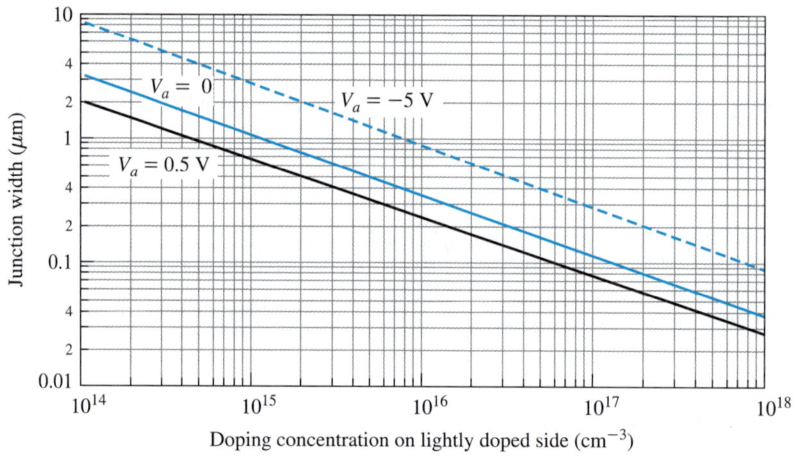

그림 5.16 실리콘 일방형 계단 접합에서의 접합 폭을 서로 다른 3개의 동작 전압에서 적게 도핑된 영역의 도핑 농도의 함수로 나타내었다.

을 알아보자. 일방형 계단 접합, 즉 n^+p와 p^+n 접합들은 특별히 나중에 논의할 것이다. 앞에서 가정했던 사항들에 추가하여 다음과 같이 가정한다.

1. 접합의 어느 쪽에서나 소수 캐리어의 농도는 다수 캐리어의 농도에 비해 매우 낮다.

$$\begin{aligned} n_p &\ll p_p \approx N'_A \\ p_n &\ll n_n \approx N'_D \end{aligned} \tag{5.43}$$

이를 **저준위 주입 조건(low-level injection condition)**이라고 한다.

2. 반도체의 벌크 영역에서는 다수 캐리어의 농도는 근본적으로 평형 농도 값이다. 이는 공간 전하 중성 조건($\Delta n = \Delta p$)과 저준위 주입 조건의 결과로서 다음과 같은 의미를 갖는다.

$$\begin{aligned} n_n &\approx n_{n0} = N_D' \\ p_p &\approx p_{p0} = N_A' \end{aligned} \tag{5.44}$$

3. 준중성 영역에서는 소수 캐리어에 의한 표동 전류는 확산 전류에 비해 무시 가능하다. 따라서 전류 식은 다음과 같다.

$$\begin{aligned} J_{n(p)} &= qD_n \frac{dn_p}{dx} \\ J_{p(n)} &= -qD_p \frac{dp_n}{dx} \end{aligned} \tag{5.45}$$

여기에서 D_n과 D_p는 소수 캐리어의 확산 계수를 나타낸다.

4. 반도체의 도핑은 비축퇴적이다. 이는 볼츠만 통계역학이 적용될 수 있다는 것을 의미하며 평형 상태에서 다음과 같다.

$$\begin{aligned} n_0 &= N_C e^{-[(E_C - E_f)/kT]} \\ p_0 &= N_V e^{-[(E_f - E_v)/kT]} \end{aligned} \tag{5.46}$$

5. 접합에 흐르는 전류는 양의 전압 V_a에 대해서는 양의 전류로, 음의 V_a에 대해서는 음의 전류로 정의한다. 따라서 양의 전류에서 전자는 n에서 p로, 정공은 p에서 n으로 흐른다.

I-V 특성을 파악하기 위해 우선 접합 양쪽의 준중성 영역의 폭이 그 영역의 소수 캐리어 확산 길이 L_n 또는 L_p보다 훨씬 큰 **긴-베이스 다이오드(long-base diode)**를 고려한다. 다음에 접합의 한 곳 또는 두 곳 모두의 길이가 확산 길이보다 훨씬 작은 **짧은-베이스 다이오드(short-base diode)**를 고려한다.

pn 접합을 통과하는 전류 흐름에서 가장 중요한 메커니즘은 소수 캐리어의 주입-추출(injection-extraction; I-E) 전류라고 할 수 있다. 이는 레이저, 발광 다이오드, 광검출 소자 등의 광전 소자뿐만 아니라 바이폴라 접합 트랜지스터 등과 같은 소자에서도 중요한 기본적인 물리량이다. 이 장에서 고려된 전형적인 접합에서 I-E 전류는 모두 확산 전류이며[9], 이것은 다음에 논의할 것이다. 그러고 나서 열생성-재결합(G-R) 전류, 터널 전류 및 캐리

9) 양쪽의 도핑이 불균일한 비전형적인 접합에서는 표동 전류도 또한 중요하지만 주입-추출 전류를 확산 전류(diffusion current)라고 언급하기로 한다.

어 증배와 사태 전류를 다룰 것이다.

확산 전류 확산 전류는 접합으로 확산하거나 접합으로부터 확산에 의해 멀어지는 소수 캐리어들로 구성된다. 다이오드의 I-V 특성을 얻기 위해 연속 방정식으로 시작하는 것이 편리하며 다음과 같이 다시 나타내었다. 여기에서 Δn과 Δp는 과잉 전자와 과잉 정공의 농도를 나타낸다.

$$\frac{\partial n}{\partial t} = \frac{\partial \Delta n}{\partial t} = \frac{1}{q}\left(\frac{\partial J_n}{\partial x}\right) + \left(G_{\mathrm{op}} - \frac{\Delta n}{\tau_n}\right) \tag{5.47}$$

$$\frac{\partial p}{\partial t} = \frac{\partial \Delta p}{\partial t} = -\frac{1}{q}\left(\frac{\partial J_p}{\partial x}\right) + \left(G_{\mathrm{op}} - \frac{\Delta p}{\tau_p}\right) \tag{5.48}$$

우선 pn 접합의 p 영역 안의 소수 캐리어인 전자들을 고려한다. 그러면 가정 3[식 (5.45)]으로부터,

$$J_n = J_{n(\mathrm{diff})} = qD_n\frac{dn}{dx} \tag{5.49}$$

식 (5.47)과 (5.49)를 결합하면 다음과 같다.

$$\frac{\partial n}{\partial t} = \frac{\partial \Delta n}{\partial t} = D_n\left(\frac{\partial^2 n}{\partial x^2}\right) - \frac{\Delta n}{\tau_n} \tag{5.50}$$

정상 상태에서 $\partial n/\partial t = 0$이고 식 (5.50)은 다음과 같이 표현된다.

$$\frac{\partial^2 n}{\partial x^2} = \frac{d^2 n}{dx^2} = \frac{\Delta n}{D_n\tau_n} = \frac{\Delta n}{L_n{}^2} \tag{5.51}$$

여기에서 전자에 대해 소수 캐리어 확산 길이는 식 (3.82)로 다음과 같다.

$$L_n = \sqrt{D_n\tau_n}$$

$n_p = n_{p0} + \Delta n_p$이고, Δn_p는 p 영역에서의 과잉 전자 농도이며, n_{p0}는 상수이므로, 식 (5.51)은 식 (5.52)와 같이 표현되고 그 해는 식 (5.53)과 같다.

$$\frac{d^2\Delta n_p}{dx^2} = \frac{\Delta n_p}{L_n{}^2} \tag{5.52}$$

$$\Delta n_p = Ae^{x/L_n} + Be^{-x/L_n} \tag{5.53}$$

상수 A와 B는 경계조건으로부터 구할 수 있다. 긴-베이스 다이오드에서 p 영역은 확산 길이의 몇 배 이상이며 따라서 과잉 캐리어는 그 영역의 끝에 도달하기 전에 모두 재결합된다. $x = \infty$에서 $\Delta n = 0$을 이용하여 식 (5.53)을 풀면 $A = 0$이 된다. $x = x_p$에서의 경계조건은 $\Delta n(x_p) = Be^{-(x-x_p)/L_n}$으로 $B = \Delta n(x_p)e^{x_p/L_n}$이 되며, 또

$$\Delta n\,(x) = \Delta n(x_p)e^{-(x-x_p)/L_n} \tag{5.54}$$

즉, 과잉 전자 농도는 접합의 경계에서부터 거리에 따라 지수함수적으로 감소한다.

$$J_n = qD_n\frac{dn}{dx} = qD_n\frac{d\Delta n}{dx} \tag{5.55}$$

이므로, 전자 전류는 다음과 같다.

$$J_n = \frac{qD_n}{L_n}\Delta n(x_p)e^{-(x-x_p)/L_n} \tag{5.56}$$

전자 전류밀도는 p 영역에서 x에 따라 지수 함적으로 감소한다는 것에 주의하라. 그러나 전체 전류는 일정해야 하므로 정공의 전류는 같은 크기로 증가한다. 이 정공 전류는 준중성 영역의 작은 전계에 의해 발생하는 표동 전류이다.

$x = x_p$인 전이 영역의 경계에서 전자 전류밀도는 다음과 같다.

$$J_n\,(x_p) = q\frac{D_n}{L_n}\Delta n\,(x_p) \tag{5.57}$$

$\Delta n(x_p)$를 인가된 전압의 함수로 나타내는 것이 편리하다. 우선 $\Delta n(x_p) = 0$ 또는 $n(x_p) = n_{p0}$인 평형 상태의 경우를 살펴보자.

평형 상태 그림 5.17의 평형 에너지 밴드 다이어그램을 살펴보자. n 영역에서 전자의 농

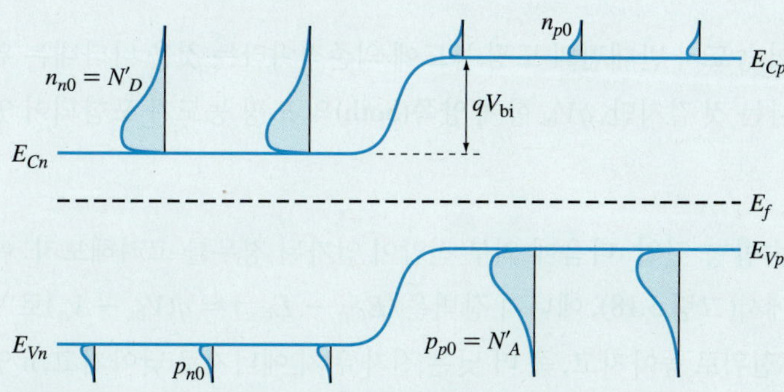

그림 5.17 계단 접합에 대한 평형 상태의 에너지 밴드 다이어그램.

도는 $n_{n0} = N_D'$이고 정공의 농도는 $p_{n0} = n_i^2/N_D'$이며, 둘 다 준중성 영역에서 일정하다. p 영역에서는 정공 농도는 $p_{n0} = N_A'$이고 전자 농도는 $n_{n0} = n_i^2/N_A'$이다. 전자와 정공 모두의 위치 에너지 장벽은 qV_{bi}이다.

이제 N_D', n_{p0}, N_A', p_{n0} 및 V_{bi}를 관련지어 보자. 중성 p 영역에서는 다음과 같다.

$$n_{p0} = N_C e^{-[(E_{Cp}-E_f)/kT]} \tag{5.58}$$

$e^{-E_{Cn}/kT}\, e^{+E_{Cn}/kT}$를 곱하면 이 식은 다음과 같이 표현된다.

$$n_{p0} = N_C e^{-[(E_{Cn}-E_f)/kT]}\, e^{-[(E_{Cp}-E_{Cn})/kT]} \tag{5.59}$$

그러나 전도대 가장자리에서의 에너지 계단은 다음과 같이 내부 전압에 비례하므로

$$(E_{Cp} - E_{Cn}) = qV_{\text{bi}} \tag{5.60}$$

식 (5.59)는 다시 다음과 같이 표현될 수 있다.

$$n_{p0} = \left[N_C e^{-[(E_{Cn}-E_f)/kT]}\right] e^{-qV_{\text{bi}}/kT} \tag{5.61}$$

위 식에서 큰 괄호 안은 n 영역에서 전자 농도를 나타낸다.

$$n_{n0} = N_D' = N_C e^{-q(E_{Cn}-E_f)/kT} \tag{5.62}$$

그러므로 식 (5.61)과 (5.62)를 결합하면 p 영역에서의 소수 캐리어 농도는 다음과 같이 표현된다.

$$n_p(x_p) = n_{p0} = N_D' e^{-qV_{\text{bi}}/kT} = n_{n0} e^{-qV_{\text{bi}}/kT} \tag{5.63}$$

마찬가지로

$$p_n(x_n) = p_{n0} = N_A' e^{-qV_{\text{bi}}/kT} = p_{p0} e^{-qV_{\text{bi}}/kT} \tag{5.64}$$

한쪽의 캐리어 농도가 반대편의 도핑 농도에 의존적이라는 것을 나타내는 위 식들은 직관적으로 어긋나는 것 같지만, qV_{bi} 항에 **양쪽(both)**의 도핑 농도가 포함되어 있다는 것에 주목하라.

확산 전류: 순방향 전압 다음에 외부 전압이 인가된 경우를 고려해보자. 예를 들면 V_a의 순방향 전압에서(그림 5.18), 에너지 장벽은 $(E_{Cp} - E_{Cn}) = q(V_{\text{bi}} - V_a)$로 변화한다. p 영역은 더 높은 전위로 높아지고, 즉 더 낮은 전자 위치 에너지로 낮아지고, n 영역은 위치 에너지가 증가된다. 식 (5.63)과 (5.64)를 변형하여 농도를 다른 쪽의 도핑 농도와 에너지 장

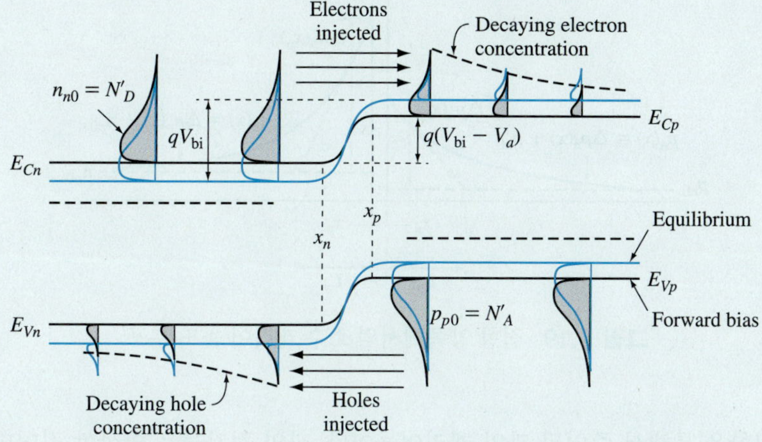

그림 5.18 순방향 바이어스에서 n 쪽은 위치 에너지가 올라가고 p 쪽은 내려간다. 파란 선은 평형 상태를 나타내고 검정 선은 순방향 전압을 나타낸다. 캐리어들은 확산에 의해 접합을 가로질러 주입된다. 그들은 접합을 통과하면 소수 캐리어가 되고 계속 확산하면서 재결합한다. 결과적으로 소수 캐리어의 농도는 접합에서부터 거리에 따라 변화하게 된다.

벽 높이의 식으로 표현할 수가 있다. 공핍 영역의 경계 x_n과 x_p에서 소수 캐리어 농도는 다음과 같다.

$$\begin{aligned} n_p(x_p) &= N'_D e^{-q(V_{bi}-V_a)/kT} \\ p_n(x_n) &= N'_A e^{-q(V_{bi}-V_a)/kT} \end{aligned} \tag{5.65}$$

또는 식 (5.63)과 (5.64)를 이용하면 다음과 같이 표현된다.

$$\boxed{\begin{aligned} n_p(x_p) &= n_{p0} e^{qV_a/kT} \\ p_n(x_n) &= p_{n0} e^{qV_a/kT} \end{aligned}} \tag{5.66}$$

순방향 전압이 인가된 경우 p 영역으로 주입된 과잉 전자들은 오른쪽으로 확산되며 다수 캐리어인 정공과 재결합한다. 또한 정공들은 n 영역으로 주입되고 역시 재결합한다. Δn_p는 p 영역에서의 과잉 전자 농도를 나타내고, Δp_n은 n 영역에서의 정공 농도를 나타낸다고 하면 다음과 같이 표현된다.

$$\begin{aligned} \Delta n_p(x_p) &= n_p(x_p) - n_{p0} \\ \Delta p_n(x_n) &= p_n(x_n) - p_{n0} \end{aligned} \tag{5.67}$$

그러면 식 (5.66)은 다음과 같이 표현된다.

$$\begin{aligned} \Delta n_p(x_p) &= n_{p0}\left(e^{qV_a/kT} - 1\right) \\ \Delta p_n(x_n) &= p_{n0}\left(e^{qV_a/kT} - 1\right) \end{aligned} \tag{5.68}$$

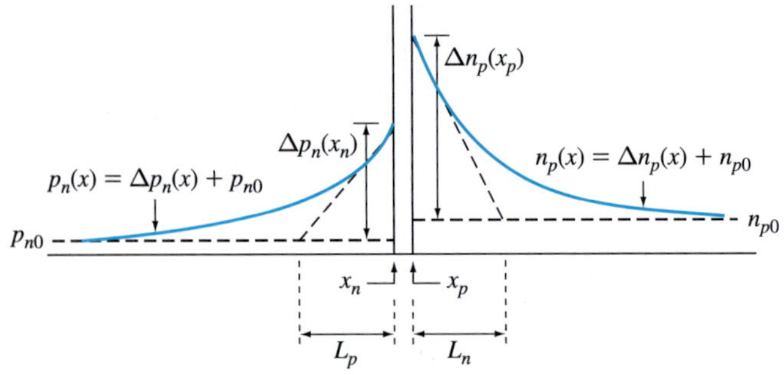

그림 5.19 접합 양쪽에서의 소수 캐리어 농도 분포.

이들은 접합을 통해서 주입된 과잉 캐리어들이다. 과잉 전자들은 확산할 것이며, p 물질 내에서 확산할 때 많은 정공들과 재결합할 것이다. 주입된 과잉 전자 농도는 x에 따라 다음과 같이 지수함수적으로 감소하고,

$$\Delta n_p(x) = \Delta n_p(x_p)e^{-(x-x_p)/L_n} \tag{5.69}$$

n 영역에서의 정공 농도는 다음과 같을 것이다.

$$\Delta p_n(x) = \Delta p_n(x_n)e^{-(x_n-x)/L_p} \tag{5.70}$$

이들 주입된 캐리어들의 농도를 그림 5.19에 나타내었다. 농도가 거리에 따라 변화하므로 확산 전류를 발생시킨다. p 영역에서의 전자 확산 전류는 다음과 같다.

$$J_n = qD_n\frac{dn}{dx} = qD_n\frac{d\Delta n}{dx} \tag{5.71}$$

여기에서 D_n과 L_n는 각각 소수 캐리어인 전자 확산 계수와 전자 확산 길이이다.

식 (5.69)와 (5.68)을 식 (5.71)에 대입하면 다음과 같다.

$$J_n = q\frac{D_n}{L_n}n_{p0}\left(e^{qV_a/kT} - 1\right)e^{-(x-x_p)/L_n} \tag{5.72}$$

전이 영역의 경계인 $x = x_p$에서 전자 확산 전류밀도는 다음과 같다.

$$J_n(x_p) = q\frac{D_n}{L_n}n_{p0}\left(e^{qV_a/kT} - 1\right) \tag{5.73}$$

마찬가지로 $x = x_n$에서의 정공 확산 전류밀도는 다음과 같으며,

$$J_p(x_n) = q\frac{D_p}{L_p}p_{n0}\left(e^{qV_a/kT} - 1\right) \tag{5.74}$$

여기에서 D_p와 L_p는 각각 소수 캐리어인 정공 확산 계수와 정공 확산 길이이다.

식 (5.73)과 (5.74)는 공핍 영역의 양 옆 경계에서의 소수 캐리어 확산 전류들을 나타낸다. 전이 영역에서의 재결합과 열생성 전류를 무시했기 때문에 p 쪽의 $x = x_p$를 통과하는 모든 과잉 전자들은 n 쪽에서부터 오게 되며 따라서 역시 $x = x_n$을 지나가게 된다. 이것은 그림 5.20a에 나와 있다. 마찬가지로 정공 확산 전류 $J_p(x = x_n)$는 x_p를 지나는 정공 전류와 같아야만 한다(그림 5.20b). 또한 [가정 3]에서 소수 캐리어의 표동은 무시된다고 하였으므로, 접합의 양쪽에서 소수 캐리어의 전체 전류는 확산에 의한 것이다. 그러므로 전자와 정공 전류는 그림 5.20c와 같이 전이 영역의 어느 지점에서나 연속적이다. x_n과 x_p 사이의 어느 지점에서나 전체 전류는 접합 양쪽으로부터의 확산 전류들의 합으로 다음과 같이 표현된다.

$$J = J_n(x_p) + J_p(x_n) \tag{5.75}$$

또한 그림 5.20은 확산 전류의 감소와 이에 따라 전체 전류를 일정하게 유지하기 위해 필요한 벌크 영역에서의 다수 캐리어의 표동 전류의 증가를 나타내고 있다.

위 식에 식 (5.73)과 (5.74)를 대입하면 전체 전류밀도는 식 (5.76)과 같다.

$$\boxed{J = q\left(\frac{D_n n_{p0}}{L_n} + \frac{D_p p_{n0}}{L_p}\right)\left(e^{qV_a/kT} - 1\right)} \tag{5.76}$$

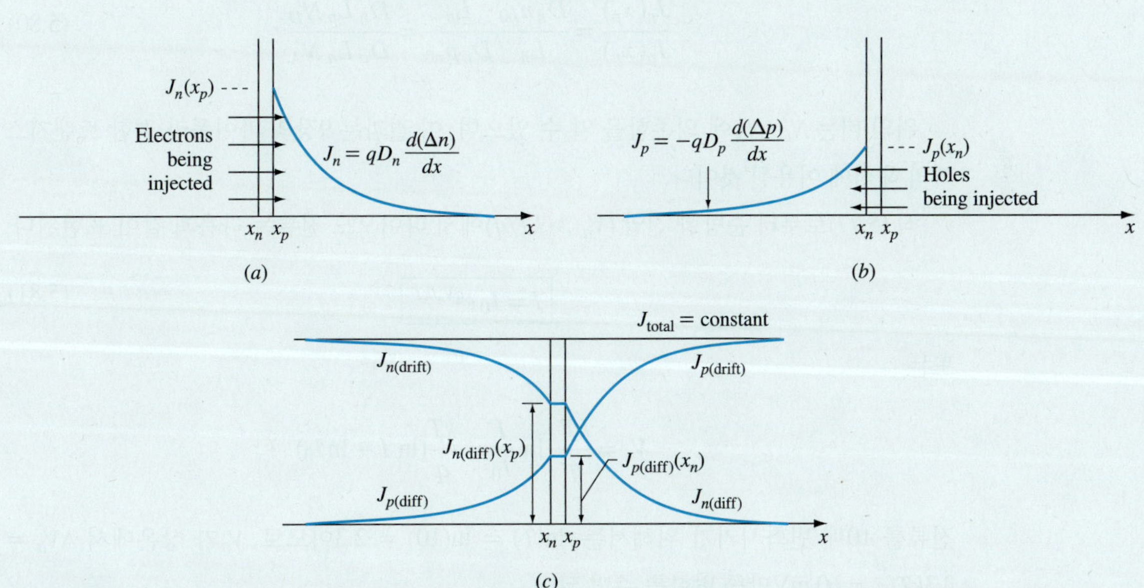

그림 5.20 (a) 순방향 바이어스에서 p 영역으로 주입된 전자들은 반드시 $x = x_n$면을 통과해야만 한다. (b) 마찬가지로 n 영역으로 주입된 정공들은 반드시 $x = x_p$면을 통과해야만 한다. (c) 접합에서의 전체 전류(공핍 영역에서의 재결합 전류를 무시)는 두 전류(전자전류 및 정공전류)의 합이다. 접합 밖에서는 소수 캐리어 확산 전류가 감소하고 전체 전류를 일정하게 유지하기 위해 다수 캐리어 표동 전류가 증가한다.

이는 일반적으로 다음과 같은 형태로 표현된다.

$$\boxed{J = J_0\left(e^{qV_a/kT} - 1\right)} \tag{5.77}$$

x_n과 x_p에서의 전류는 전적으로 확산에 의한 전류이고, J_0는 다음과 같다.

$$\boxed{J_0 = q\left(\frac{D_n n_{p0}}{L_n} + \frac{D_p p_{n0}}{L_p}\right)} \tag{5.78}$$

$L_n = \sqrt{D_n \tau_n}$, $L_p = \sqrt{D_p \tau_p}$, $n_{p0} = n_i^2/N_A'$ 및 $p_{n0} = n_i^2/N_D'$이므로 식 (5.78)은 다음과 같이 표현된다.

$$J_0 = qn_i^2\left(\sqrt{\frac{D_n}{\tau_n}} \cdot \frac{1}{N_A'} + \sqrt{\frac{D_p}{\tau_p}} \cdot \frac{1}{N_D'}\right) \tag{5.79}$$

따라서 J_0는 n_i^2에 비례함을 알 수 있다.

식 (5.77)은 회로 강의에서 익숙한 다이오드 방정식이다. 이제 다이오드 전류의 지수함수적 특성이 전위 장벽의 감소에 의한 것임을 알게 되었다.

x_p(또는 x_n)에서의 정공 전류에 대한 전자 전류의 비는 다음과 같다.

$$\frac{J_n(x_p)}{J_p(x_n)} = \frac{D_n n_{p0}}{L_n}\frac{L_p}{D_p p_{n0}} = \frac{D_n}{D_p}\frac{L_p}{L_n}\frac{N_D'}{N_A'} \tag{5.80}$$

위의 비는 N_D'/N_A'에 의존함을 알 수 있으며, 이 결과는 9장의 바이폴라 접합 트랜지스터의 해석에 이용될 것이다.

식 (5.77)로부터 순방향 전압 ($V_a \gg kT/q$)에서 다이오드 전류는 다음과 같이 표현된다.

$$\boxed{I = I_0 e^{qV_a/kT}} \tag{5.81}$$

또는

$$V_a = \frac{kT}{q} \ln \frac{I}{I_0} = \frac{kT}{q}(\ln I - \ln I_0)$$

전류를 10배 변화시키기 위해서는, $\ln(I) = \ln(10) = 2.3$이므로, V_a가 상온에서 $\Delta V_a = 2.3kT/q = 60$ mV만큼 변화를 주면 된다.

확산 전류: 역방향 전압 역방향 전압에서의 에너지 밴드 다이어그램을 그림 5.21에 나타내었다. 여기에서 확산 전류는 소수 캐리어가 전이 영역으로 확산되고 다시 접합 전계

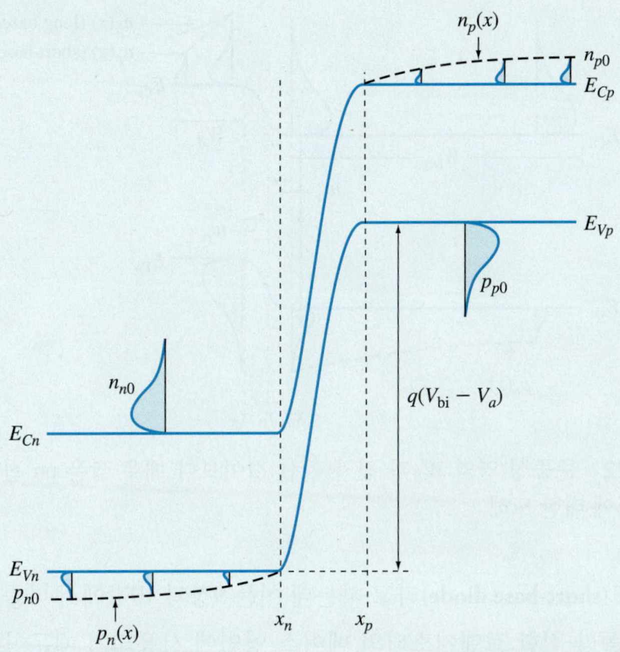

그림 5.21 역방향 바이어스된 전형적인 접합. 준중성 영역에서 발생된 소수 캐리어는 접합으로 확산하고 역방향 전류에 기여한다.

에 의해 휩쓸려 나가기 때문에 발생된다. 공핍 영역 경계에서 소수 캐리어 농도는 본질적으로 0이므로 과잉 캐리어 농도는

$\Delta n_p(x_p) = n_p(x_p) - n_{p0} = 0 - n_{p0} = -n_{p0}$이다. n 쪽에서 소수 정공 농도는 역시 0이므로 $\Delta p_n(x_n) = p_n(x_n) - p_{n0} = -p_{n0}$이다. 이때 소수 캐리어는 (주입된 것과 반대로) **추출(extract)된다**고 말한다. 역방향 전압에서 접합 근처에는 소수 캐리어의 수가 매우 적으므로 소수 캐리어가 접합으로 확산한다. 실제로 전이 영역의 확산 길이 안에서 발생된 모든 소수 캐리어는 전류에 기여한다. 그러나 수가 적으므로 이에 의한 전류는 앞에서 언급한 것과 같이 매우 작다.

역방향 전압에서 식 (5.76)과 (5.77)은 여전히 유효하다. 그러나 $V_a < -3kT$인 경우 지수가 커지고 음수이므로 지수 항은 0으로 수렴한다. 그러므로 정확한 근사화로 역방향 확산 전류는 $-J_0$이다.

역방향 전압에서의 확산 전류: 짧은-베이스 다이오드 J_0에 대한 식 (5.78)은 접합의 양쪽이 모두 소수 캐리어의 확산 길이보다 훨씬 크다고 가정하고 유도되었다. 달리 말하면, 중성 영역은 과잉 소수 캐리어 농도가 재결합에 의해 사라질 정도로 길다는 것을 의미한다. 그러나 한쪽의 길이는 확산 길이보다 짧은 경우가 자주 발생한다. 이러한 구조를 **짧은-**

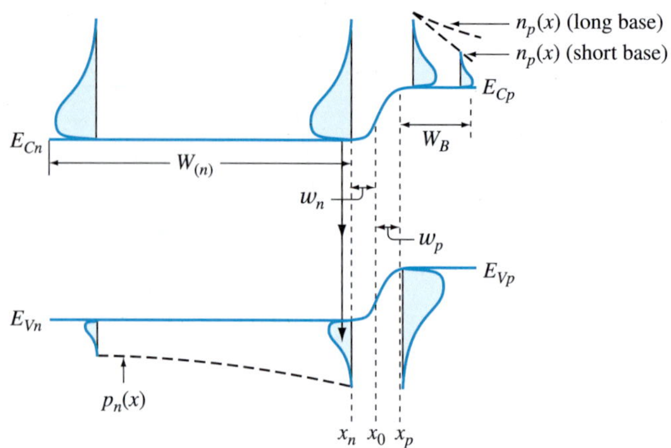

그림 5.22 준중성 영역 W_B가 전자 확산 길이보다 매우 짧은 pn 접합에서의 확산 전류에 대한 도해.

베이스 다이오드(short-base diode)라고 하는데 이는 9장과 10장에서 다룰 것과 같이 이러한 접합이 바이폴라 접합 트랜지스터의 베이스 영역에 사용되기 때문이다. 지금은 그림 5.22의 pn 접합을 고려하여 설명한다. 여기에서 '베이스'인 W_B는 전이 영역을 제외한 p 영역의 두께이며 전자의 확산 길이인 L_n보다 매우 짧다. 이 다이오드에서 n 쪽은 길어서 앞 절에서 설명한 것과 같이 거동한다. 하지만 p 쪽은 다르다.

순방향 전압에서 전자의 주입 과정은 같다. 그러나 p 영역에서의 재결합은 무시할 정도로 작은데, 이는 p 영역이 매우 얇아서 자연스럽게 전자들이 재결합할 정도로 오래 머무를 수 없기 때문이다. 각 영역의 끝에는 (나타나 있지 않지만) 가정한 접점이 있고, 그 접점은 각각 평형 상태의 전자와 정공 농도 n_{p0}와 p_{p0}를 공급한다. 즉 지수함수적으로 감소하는 대신에 캐리어 농도는 전이 영역의 경계와 준중성 영역의 끝까지의 거리인 W_B 내에서 평형 농도로 분포하도록 강요된다. 무시할 정도의 재결합만이 발생하므로 변화는 거의 선형적이다. 따라서 식 (5.71)의 $d\Delta n/dx$는 다음과 같고,

$$\frac{d\Delta n}{dx} = \frac{\Delta n_p(x_p)}{W_B} \tag{5.82}$$

전이 영역의 p 쪽에서의 확산 전류는 식 (5.73)에 의해 다음과 같이 된다.

$$J_n(x_p) = q\frac{D_n}{W_B}n_{p0}\left(e^{qV_a/kT} - 1\right) \tag{5.83}$$

n 쪽에서의 확산은 긴-베이스 다이오드와 똑같으므로 식 (5.78)은 다음과 같이 된다.

$$J_0 = q\left(\frac{D_n n_{p0}}{W_B} + \frac{D_p p_{n0}}{L_p}\right) \quad \text{짧은 p형 다이오드} \tag{5.84}$$

트랜지스터의 이미터-베이스 접합의 경우에 자주 사용되듯이, 만약 양쪽이 다 짧다면, 즉 p 쪽에서 $W_{B(p)} \ll L_n$이고, n 쪽에서 $W_{(n)} \ll L_p$인 경우에는 다음과 같다.

$$J_0 = q\left(\frac{D_n n_{p0}}{W_{B(p)}} + \frac{D_p p_{n0}}{W_{(n)}}\right) \quad \text{양측 모두 짧은 다이오드} \tag{5.85}$$

그리고 $x = x_p$ 또는 x_n에서의 정공 전류에 대한 전자 전류의 비율은 다음과 같다.

$$\frac{J_n}{J_p} = \frac{D_n}{D_p} \cdot \frac{W_{(n)}}{W_{B(p)}} \cdot \frac{N_D'}{N_A'} \quad \text{양측 모두 짧은 다이오드} \tag{5.86}$$

위 결과들은 동종 접합의 양쪽 반도체가 모두 비축퇴된 경우라는 것을 강조한다.

pn 동종 접합에서의 열생성과 재결합 전류 앞 절의 확산 전류에 대한 해석에서 캐리어의 열생성과 재결합은 준중성 영역에서만 발생한다고 가정하고 전이 영역에서의 열생성과 재결합은 무시하였다. 그러나 캐리어의 열생성과 재결합은 전이 영역에서도 발생하며 또한 전류에도 기여한다[열생성-재결합(G-R) 전류].

실리콘을 포함한 많은 반도체에서 캐리어 열생성 및 재결합은 진성 준위 근처의 에너지 $E_T \approx E_i$(E_T는 트랩 에너지 준위)를 갖는 금지대 내의 트랩을 통해서 주로 발생한다는 것을 알아보았다. 그러한 경우를 생각해보자. 간단히 하기 위해 $\tau_n = \tau_p = \tau_0$이고 $E_T = E_i$라고 가정한다. 이러한 조건하에서 알짜 재결합률은 다음과 같다.

$$R - G = \frac{np - n_i^2}{\tau_0(n + n_i + p + n_i)} \tag{5.87}$$

평형 상태에서는 어느 영역에서나 $np = n_i^2$이고 알짜 재결합은 예상된 것과 같이 0이 된다.

알짜 재결합률은 식 (5.87)에서와 같이 이용 가능한 전자 및 정공의 수에 의존한다. 전이 영역의 어떤 위치 x에서 캐리어 농도는 다음과 같다.

$$\begin{aligned} n(x) &= n_{n0} e^{-[E_C(x) - E_C(x_n)]/kT} \\ p(x) &= p_{p0} e^{[E_V(x) - E_V(x_p)]/kT} \end{aligned} \tag{5.88}$$

즉, 전자 농도는 x와 E_C가 증가함에 따라 매우 급격히 감소한다. 마찬가지로 $p(x)$는 x와 E_V가 증가함에 따라 급격히 증가한다. 이러한 결과들은 다음 절에서 역방향 및 순방향 전압에서 재결합과 열생성 효과를 평가하기 위해 사용될 것이다.

열생성과 재결합: 역방향 전압 역방향 전압이 인가된 경우의 재결합 및 열생성을 고려하기 위해 그림 5.23의 에너지 밴드 다이어그램을 참고하자. 역방향 전압에서는 전이 영역

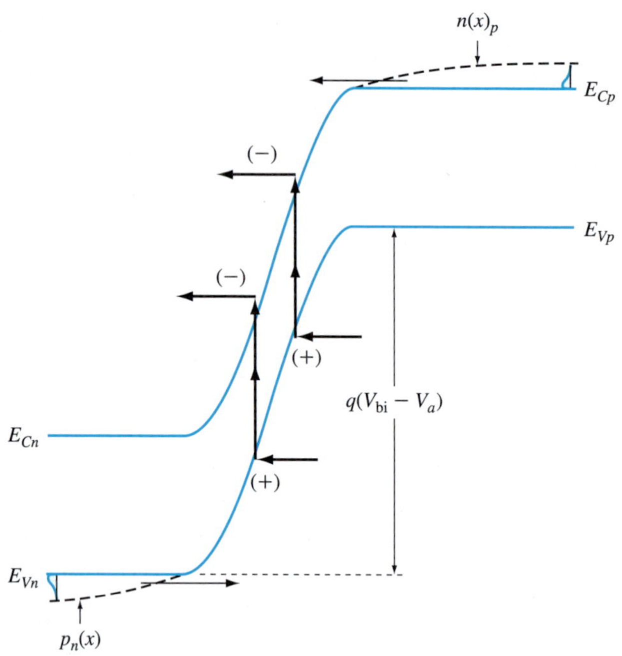

그림 5.23 역방향 바이어스된 pn 접합에서의 확산 전류와 열생성 전류의 도해. 열생성 전류는 일반적으로 확산 전류보다 훨씬 크다.

이 넓어진다는 것을 상기해보자. 폭이 넓으면 열생성과 재결합이 일어날 기회가 커진다. 그러나 역방향 전압에서는 대부분의 전이 영역에서 n과 p 모두 매우 작다. 계산을 단순화하기 위해 전이 영역인 $x_n \leq x \leq x_p$에서 n과 p가 무시된다고 가정하는 공핍 근사를 사용한다. 이 경우 재결합할 전자와 정공이 모두 매우 적기 때문에 재결합은 무시된다. 그러면 식 (5.87)로부터 다음과 같이 유도된다.

$$R = 0 \qquad G = \frac{n_i}{2\tau_0} \tag{5.89}$$

이는 전이 영역에서 열생성률이 일정하다는 것을 의미한다. 따라서 열생성 전류밀도 J_G는 다음과 같다.

$$J_G = -qGw = -\frac{qn_i w}{2\tau_0} \tag{5.90}$$

그러나 계단형 접합인 경우의 공핍폭 w는 다음과 같으므로

$$w = \left[\frac{2\varepsilon\left(N'_D + N'_A\right)(V_{bi} - V_a)}{qN'_D N'_A}\right]^{1/2} \tag{5.91}$$

식 (5.91)을 식 (5.90)에 대입하면 결과는 다음과 같다.

$$J_G = -\frac{n_i}{\tau_0}\left[\frac{q\varepsilon\left(N_D' + N_A'\right)(V_{\text{bi}} - V_a)}{2N_D'N_A'}\right]^{1/2} \quad \text{역방향 전압} \tag{5.92}$$

예제 5.2

역방향 바이어스된 전형적인 실리콘 pn 접합에서 확산 전류에 대한 열생성 전류의 비율을 구하라.

■ **풀이**

전형적인 실리콘 접합을 고려하자.

$$N_A' = 10^{17}\,\text{cm}^{-3}$$
$$N_D' = 10^{17}\,\text{cm}^{-3}$$
$$\tau_n \approx \tau_p = \tau_0 \approx 6\times 10^{-6}\,\text{s}$$
$$V_j = (V_{\text{bi}} - V_a) = 5\ \text{V}$$

τ_0는 그림 3.21로부터 평균적인 소수 캐리어 수명이다.

그림 3.11의 그래프로부터 $N_A' = N_D' = 10^{17}\ \text{cm}^{-3}$의 도핑 농도일 때 소수 캐리어의 확산 계수는 다음과 같다.

$$D_n = 20\ \text{cm}^2/\text{s}$$
$$D_p = 11\ \text{cm}^2/\text{s}$$

소수 캐리어 확산 길이는 그림 3.23으로부터 구하여 $L_n = 73\ \mu\text{m}$와 $L_p = 102\ \mu\text{m}$이다. 소수 캐리어 농도는 $n_{p0} = p_{n0} = n_i^2/10^{17} = 1.16\times 10^3\ \text{cm}^{-3}$이며, 식 (5.13)에서 내부 전압은 다음과 같다.

$$V_{\text{bi}} = \frac{kT}{q}\ \ln\ \frac{N_D'N_A'}{n_i{}^2} = 0.026\ \text{V}\ \ln\left[\frac{10^{17}\times 10^{17}}{\left(1.08\times 10^{10}\right)^2}\right] = 0.83\ \text{V}$$

접합 전압이 주어졌으므로 인가전압을 구할 수 있다.

$$V_j = 5\ \text{V} = V_{\text{bi}} - V_a = 0.83 - V_a \quad \text{또는} \quad V_a = -4.17\ \text{V}$$

확산 전류를 구하기 위해 식 (5.78)에서 누설 전류를 구한다.

$$\begin{aligned} J_0 &= q\left(\frac{D_n n_{p0}}{L_n} + \frac{D_p p_{n0}}{L_p}\right) \\ &= 1.6\times 10^{-19}\text{C}\left[\frac{\left(20\ \text{cm}^2/\text{s}\right)\left(1.16\times 10^3\ \text{cm}^{-3}\right)}{73\times 10^{-4}\ \text{cm}} + \frac{\left(11\ \text{cm}^2/\text{s}\right)\left(1.16\times 10^3\ \text{cm}^{-3}\right)}{102\times 10^{-4}\ \text{cm}}\right] \\ &= 7.1\times 10^{-13}\,\text{A/cm}^2 \end{aligned}$$

이것을 식 (5.77)에 대입하면 확산 전류를 얻는다.

$$\begin{aligned} J_{\text{diff}} &= J_0\left(e^{qV_a/kT} - 1\right) \\ &= 7.1\times10^{-13}\ \text{A/cm}^2\left(e^{[(1.6\times10^{-19}\ \text{C})(-4.17\ \text{V})]/[(0.026)(1.6\times10^{-19})\ \text{J/eV}]} - 1\right) \approx -J_0 \\ &= -7.1\times10^{-13}\ \text{A/cm}^2 = -7.1\times10^{-21}\ \text{A}/\mu\text{m}^2 \end{aligned}$$

다음 생성 전류를 구하자. 이를 위해 식 (5.91)에서 접합 폭을 구하면 $w = 0.36\ \mu$m이다. 이 값을 식 (5.90)에 대입하면 다음과 같이 구해진다.

$$\begin{aligned} J_G &= -\frac{qn_i w}{2\tau_0} = -\frac{(1.6\times10^{-19}\ \text{C})(1.08\times10^{10}\ \text{cm}^{-3})(0.36\times10^{-4}\ \text{cm})}{2(6\times10^{-6}\ \text{s})} \\ &= -5.2\times10^{-9}\ \text{A/cm}^2 = 5.2\times10^{-17}\ \text{A}/\mu\text{m}^2 \end{aligned}$$

또는

$$\frac{J_G}{J_{\text{diff}}} \approx \frac{5.2\times10^{-17}}{7.1\times10^{-21}} = 7.3\times10^3$$

역방향 전압에서 열생성 전류는 확산 전류에 비해 확실히 크다. 따라서 역방향 전압에서는 일반적으로 확산 전류를 무시할 수 있다.

열생성과 재결합: 순방향 전압 다음으로 순방향 전압에서의 재결합 및 열생성 전류를 고려해보자. 순방향 전압에서의 에너지 밴드 다이어그램은 그림 5.24에 나와 있다. 전이 영역에서 전자들은 접합의 n 쪽에서 열적 평형 상태를 이루고, 정공들은 p 쪽에서 열적 평형 상태를 이룬다. 그러므로 식 (5.46)으로부터 전이 영역에서는

$$\begin{aligned} n(x) &= n_{n0}\,e^{-[E_C(x)-E_{Cn}]/kT} \\ p(x) &= p_{p0}\,e^{-[E_{Vp}-E_V(x)]/kT} \end{aligned} \tag{5.93}$$

이고, 여기에서 x는 전이 영역 내에서의 위치를 나타낸다.

그러므로 전이 영역 내에서 np 곱은 식 (5.93)과 (5.13)으로부터 다음과 같다.

$$np = n_i^2\,e^{qV_a/kT} \tag{5.94}$$

$V_a \geq 3kT/q$ 정도의 적당한 순방향 전압 수준에서는 같은 영역에서 많은 전자들과 정공들이 있기 때문에 재결합 전류는 열생성 전류에 비해 크다. 식 (5.94)로부터 순방향 전압에서

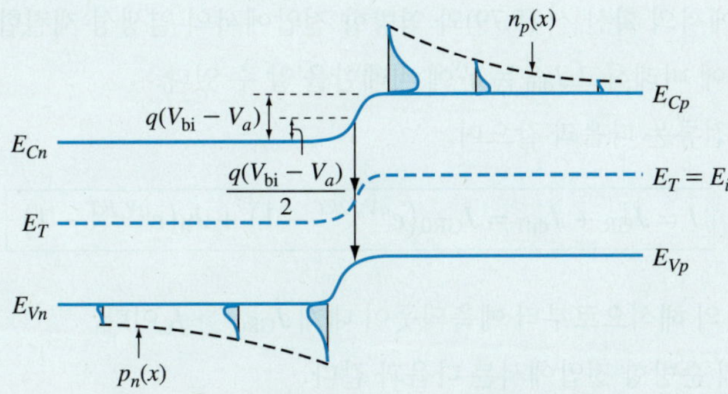

그림 5.24 순방향 바이어스된 pn 접합에서의 확산 전류와 재결합 전류. 확산 전류에 대한 장벽은 $q(V_{bi} - V_a)$이며, 재결합 전류에 대한 장벽은 이 값의 약 절반이다.

np 곱은 n_i^2보다 매우 크므로 식 (5.87)은 다음과 같이 된다.

$$R = \frac{np}{\tau_0(n+p)} = \frac{n_i^2 e^{qV_a/kT}}{\tau_0(n+p)} \tag{5.95}$$

접합의 어느 위치에서 재결합 비율이 가장 클까? 최대 재결합 비율은 $dR/dn = 0$으로 놓고 구할 수 있다[더 편리한 방법으로는 n이 식 (5.95)의 분모이므로 $d(1/R)/dn = 0$]. 식 (5.94)에서 $p = (n_i^2/n)e^{qV_a/kT}$을 이용하여 다음과 같은 경우에 x에서 최대 R(또는 최소의 $1/R$)을 얻는다.

$$n = p = n_i e^{qV_a/2kT} \tag{5.96}$$

또는

$$R_{\max} = \frac{n_i e^{qV_a/2kT}}{2\tau_0} \tag{5.97}$$

이 되어 양쪽에서 급격히 감소한다.

대부분의 재결합 전류는 $R \approx R_{\max}$에서 발생하므로 전자들과 정공들의 재결합 전류에 대한 장벽은 $(V_{bi} - V_a)/2$이다. 이것은 확산 전류에서의 값인 $(V_{bi} - V_a)$의 절반이다.

G-R 전류는 흔히 다음과 같이 근사적으로 표현되며,

$$J_{GR} = J_{GR0}\left(e^{qV_a/2kT} - 1\right) \tag{5.98}$$

J_{GR0} 항은 미소하게 전압 의존성이 있다.[10)]

10) 이 값은 접합의 폭 전체에 대한 적분을 통하여 얻어지며, 접합 폭은 인가전압에 따라 변화한다.

역방향 전압에서의 확산 식 (5.79)와 역방향 전압에서의 열생성-재결합 식 (5.92)를 비교하면, J_{GR}는 n_i에 비례하고 J_{diff}는 n_i^2에 비례함을 알 수 있다.

따라서 전체 전류는 다음과 같으며,

$$J = J_{GR} + J_{diff} = J_{GR0}\left(e^{qV_a/2kT} - 1\right) + J_0\left(e^{qV_a/kT} - 1\right) \tag{5.99}$$

역방향 전압에서의 해석으로부터 예측되듯이 대개 $J_{GR0} \gg J_0$이다.

$V_a > 3kT/q$의 순방향 전압에서는 다음과 같다.

$$J = J_{GR0}\, e^{qV_a/2kT} + J_0\, e^{qV_a/kT} \tag{5.100}$$

작은 V_a에서는 재결합 전류가 우세하며($J_{GR0} \gg J_0$이므로), 큰 V_a에서는 확산 전류가 우세하다. 이는 100 μm^{2}의 접합 면적을 갖는 경우의 그림 5.25[11]에 나타나 있다. I_{GR0}와 I_0는 그림에 표시된 것과 같이 직선 영역에서 외삽법으로 구할 수 있다. 높은 전류에서는 가해진 전압의 일부분이 물질의 직렬 저항(IR)에 걸리기 때문에 그래프는 직선에서 벗어난다. 전체 전류 영역에서는 J는 다음과 같이 근사되며,

$$J = J_s\left(e^{qV_a/nkT} - 1\right) \tag{5.101}$$

여기에서 J_s는 J_{GR0}와 J_0의 함수이고 **다이오드 성능 지수(diode quality factor)** n(어떤 경

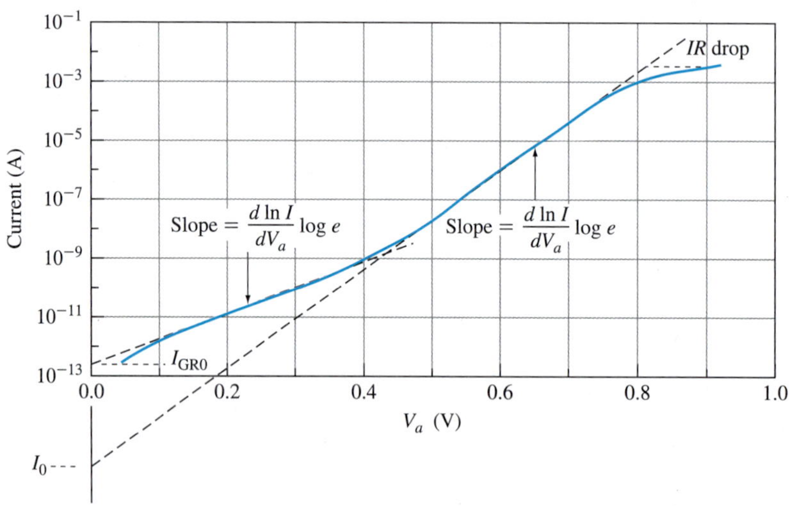

그림 5.25 재결합 전류와 확산 전류가 포함된 순방향 바이어스된 pn 접합에서의 I-V_a 특성. 높은 전류에서는 벌크에서의 IR 강하에 의해 직선으로부터 벗어난다.

11) 전류가 상용로그 눈금이기 때문에 그림 5.25의 기울기는 $d \log I/dV_a = (d \ln I/dV_a) \log e$이다.

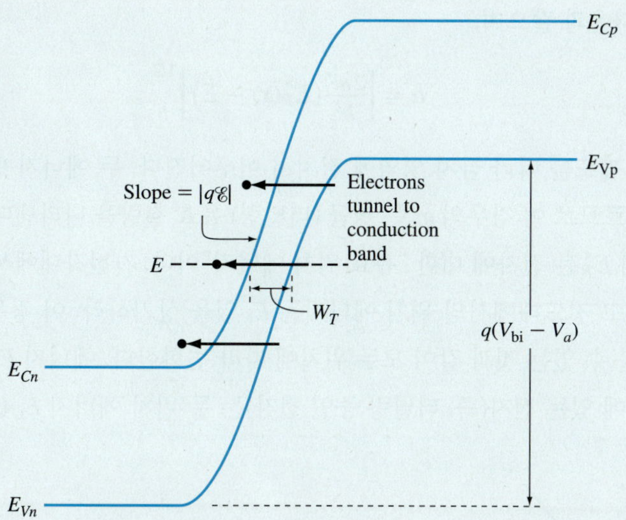

그림 5.26 한 단계 터널링 과정을 도식적으로 보인 역방향 바이아스된 pn 접합.

우에는 이상 지수라고도 함)은 1과 2 사이에 존재한다.[12)]

역방향 전압에서의 터널링 역방향에서는 **터널링(tunneling)**과 **캐리어 증배(multiplication)** 등 두 가지의 전류 메커니즘을 추가로 고려해야 한다. 그림 5.26과 같은 역방향 전압이 인가된 pn 접합을 고려하자. 터널링은 주어진 에너지 준위(예를 들면 그림에서 에너지 E)의 전자가 전위 장벽 건너편의 **같은 에너지(same energy)** 준위에 빈 상태와 마주하고 있을 때 발생할 수가 있다. 이 경우 역방향 전압에서 장벽은 금지대역이고 가전자대의 전자들은 전도대의 빈 공간 상태의 반대편에 있다. 이때 전자들은 어떠한 중간 상태도 거치지 않고 가전자대에서 전도대로 바로 가기 때문에, 이를 **1계단 터널링 과정(one-step tunneling process)**이라고 한다.

1부의 보충에서 언급한 것과 같이 전자는 고전적으로 금지대역을 뚫고 지나갈 유한한 가능성을 갖고 있다. 이러한 과정을 **터널링**이라 부르고 이 효과를 예측한 사람을 기려서 **제너 터널링(Zener tunneling)**이라고도 한다.

금지 영역에 수직으로 들어오는 에너지 E를 갖는 전자의 터널링 확률 T는 다음과 같다.

$$T = e^{-2\int \alpha \, dx} \tag{5.102}$$

12) 재결합 전류인 경우 다이오드의 성능 지수 2는 트랩 준위가 진성 준위($E_T = E_i$)에 있고 $\tau_n = \tau_p = \tau_0$라고 가정한 결과이다. 만약 이러한 조건들이 맞지 않다면 재결합 전류에 대한 다이오드의 성능 지수는 2보다 작게 될 것이다.

여기에서 α는 다음과 같으며,

$$\alpha = \left[\frac{2m^*}{\hbar^2}\left(E_P^*(x) - E\right)\right]^{1/2} \tag{5.103}$$

적분은 터널링 궤도를 따라 금지 영역에 걸쳐서 이루어진다. 두 에너지 밴드에서 전자의 유효 질량은 다르므로 이 경우의 m^*는 평균 (터널링) 유효 질량을 나타낸다.

식 (5.103)의 E_P^*는 전자에 대한 "유효 위치 에너지"이다. 가전자대에서의 전자의 위치 에너지는 E_V이고 전도대에서의 위치 에너지는 E_C임을 상기하라. 이 경우 이 두 값은 그림 5.27a에서 볼 수 있는 것과 같이 모두 위치에 따라 변화한다. 에너지 E를 갖고 금지 영역 내의 x 지점에 있는 전자(즉, 터널링 중인 전자)는 두 위치 에너지 $E_C(x)$와 $E_V(x)$에 의

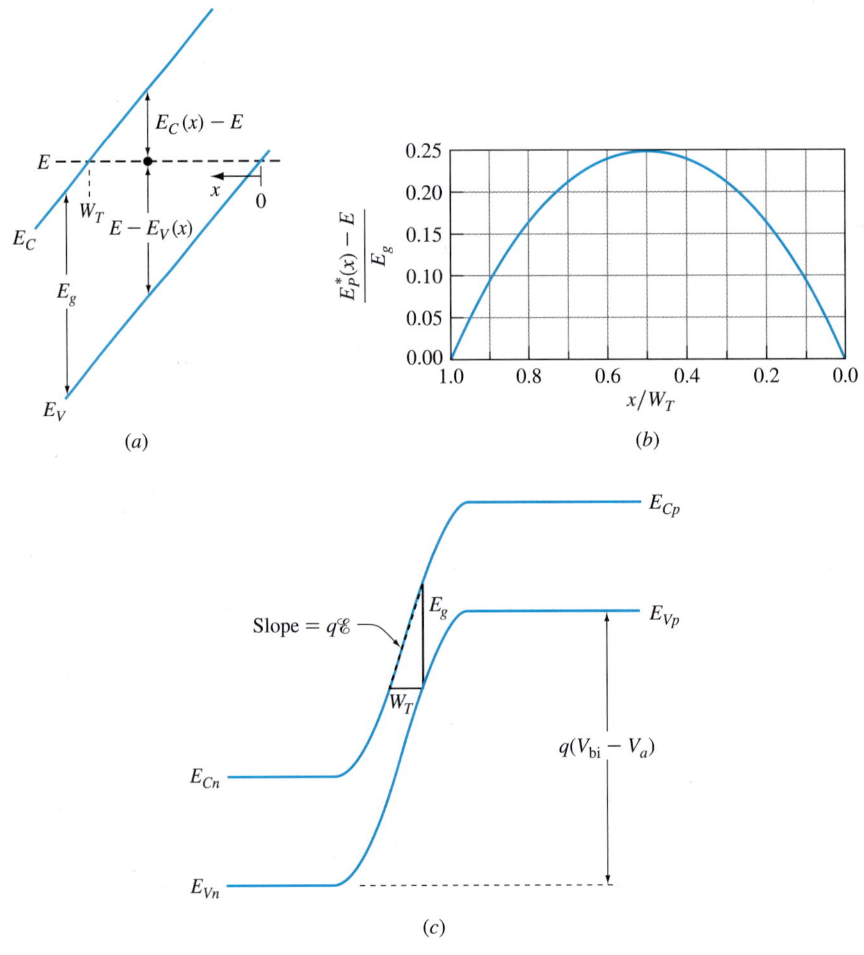

그림 5.27 (a) 터널링 동안의 유효 위치 에너지. (b) 터널링 전자의 규격화된 거리의 함수로 나타낸 전체 에너지와 유효 에너지 차이(에너지는 밴드 갭 에너지로 규격화되었다). 통과하는 어느 쪽에서든 전자의 에너지는 모두 위치 에너지이다. (c) 터널링 거리 W_T를 구하기 위한 에너지 밴드 다이어그램.

해 영향을 받는다. 터널링 전자에 의해 알 수 있는 유효 위치 에너지 $E_P^*(x)$는 두 병렬 저항들의 합성 저항과 유사하다.

$$\left(E_P^*(x) - E\right) = \frac{(E_C(x) - E)(E - E_V(x))}{(E_C(x) - E) + (E - E_V(x))} = \frac{(E_C(x) - E)(E - E_V(x))}{E_g}$$

터널링 과정에 대한 위치의 함수로서의 규격화된 유효 위치 에너지를 그림 5.27b에 표현하였다. $x = W_T$와 $x = 0$에서 $[E_C(0) - E]$와 $[E - E_V(W_T)]$는 0으로 같으므로 $(E_P^* - E)$는 0이다. 그러므로 $x = 0$(가전자대 경계)에서 전자는 아무런 장벽을 느끼지 않고 금지 영역으로 들어간다. 전자가 금지 영역 깊숙이 들어감에 따라 $(E_P^* - E)$가 증가하므로 전자가 되돌아올 (반사) 확률이 증가한다. 만약 전자가 $x = W_T$까지 터널링된다면 $(E_P^* - E)$는 최댓값인 $E_g/4$가 된다. 만약 전자가 다른 쪽으로 통과한다면 $(E_P^* - E)$는 다시 0이 되고 전자는 전도대로 들어간다.

다소 지루한 대수학적 전개를 통해 터널링 확률을 구하면 다음과 같다.

$$T = e^{-\pi W_T \sqrt{m^* E_g}/2^{3/2}\hbar} \tag{5.104}$$

여기에서 W_T는 터널링 거리이다. 터널링 거리는 $W_T = E_g/q\mathscr{E}$인 그림 5.27c에서와 같이 밴드 갭과 밴드단의 기울기에 의존한다. 기울기는 인가전압이 증가하고 W_T가 감소함에 따라 증가하며 따라서 터널링 확률은 증가한다. W_T가 가해진 전압과 도핑 농도에 의존하므로 식 (5.104)로부터 터널링 확률과 따라서 터널링 전류는 유효 질량, 밴드 갭, 도핑 농도 및 인가전압에 매우 의존적임을 알 수 있다.

역방향 전압이 인가된 접합에서 터널링에 의한 I-V_a 특성들은 다음 절에서 논의할 증배 및 사태와 함께 그림 5.28에 나타나 있다.

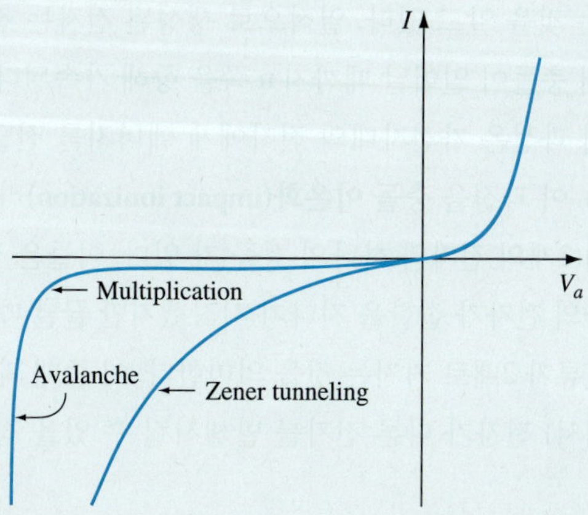

그림 5.28 제너 터널링, 캐리어 증배 및 사태를 나타내는 I-V_a 특성. 역방향과 순방향 특성이 같은 척도로 그려져 있지 않다.

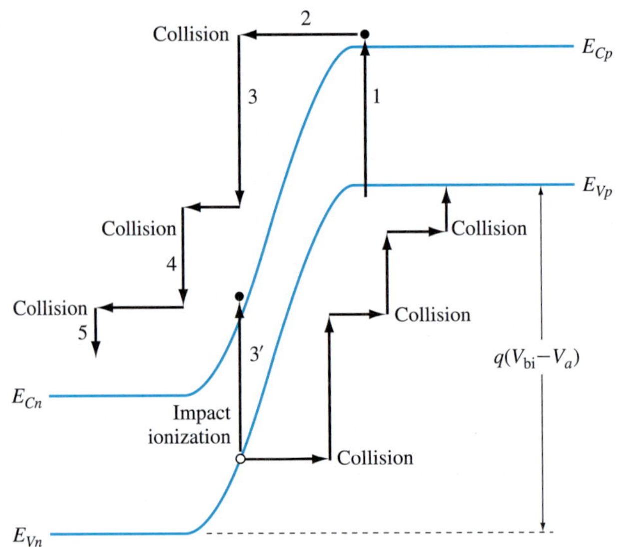

그림 5.29 역방향 바이어스에서의 캐리어 증배 과정. 전자가 열적으로 생성되고(1), 왼쪽으로 전계에 의해 가속된다(2). 운동 에너지가 밴드갭보다 크게 증가하고 전자가 가전자대의 다른 전자와 충돌하면(3), 충돌에 의한 이온화 과정이 일어나는데, 즉 2차 전자가 전도대로 여기된다(3'). 전자-정공 쌍의 이온화 결과는 최초의 전자 하나가 2개의 전류 캐리어를 발생시켜 효과적으로 전류를 증배시킨다.

역방향 전압에서의 캐리어 증배와 사태 역방향 전압에서 마지막으로 고려될 전류 메커니즘은 **증배(multiplication)**와 **사태(avalanche) 전류**이다. 그림 5.29에 나타낸 것과 같이 역방향 전압이 인가된 접합의 p 영역에서 전도대로 열적으로 여기된 전자를 고려해보자. 열생성 과정을 과정 1이라고 하자. 전자들(그리고 정공들)은 충돌과 충돌 간에 일정한 에너지로 운동한다는 것을 알고 있다. 열적으로 생성된 전자는 전이 영역의 경계까지 확산하고 경계에서부터 충돌이 일어날 때까지 n 쪽을 향해 가속된다(과정 2). 다음에 에너지를 잃는다(과정 3). 이 과정은 가전자대의 전자에게 에너지를 전달하여 전자를 전도대로 여기시킨다(과정 3′). 이 과정을 **충돌 이온화(impact ionization)**라고 한다. 이제 전류에 기여하는 3개의 캐리어(2개의 전자와 하나의 정공)가 있다. 이들은 접합의 각 영역으로 휩쓸리게 된다. 비록 하나의 전자가 접합을 지나기 시작했지만 끝날 때에는 2개의 캐리어가 되는데[13], 이는 원래 전류가 2배로 커지는 것을 의미한다. 이 증배 과정은 충돌 간에 (하나의 평균 자유 경로 내에서) 전자가 다른 전자를 발생시킬 수 있을 정도의 밴드 갭보다 큰 운동

13) 전류는 3배로 곱해져야 할 것 같지만 충돌에 의해 생성된 전자와 정공은 각각 접합의 일부 영역만을 지나가게 되므로 접합을 지나는 하나의 캐리어에만 역할을 한다.

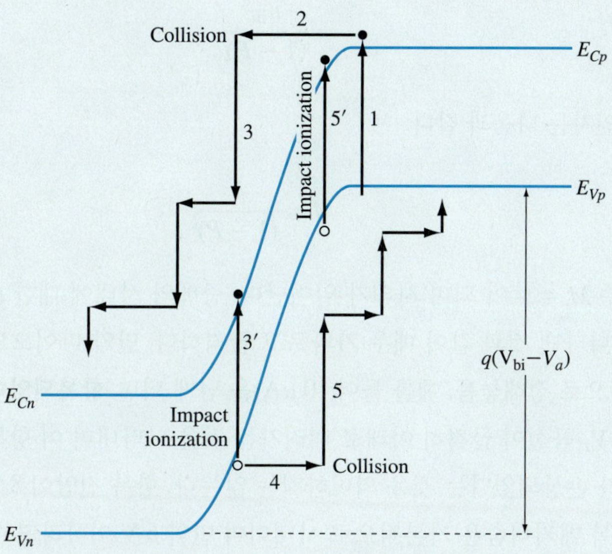

그림 5.30 전계가 매우 커서 새롭게 여기된 캐리어가 다시 다른 캐리어를 발생시킬 수 있을 때 사태가 일어난다.

에너지를 얻기 때문에 가능하다. 그림 5.29의 충돌 4와 충돌 5는 이러한 조건을 만족시키지 못하고 따라서 추가적인 증배를 발생시키지 못한다. 증배 인자는 접합의 전계에 강하게 의존한다.

캐리어 증배 과정에서 정공도 충돌 간에 정공-전자 쌍을 발생시킬 수 있을 정도의 충분한 운동 에너지를 얻는 것이 가능하며, 이는 그림 5.30에 과정 5′으로 표현되었다. 만약 더 이상의 캐리어가 생성되지 않는다면 증배 인자는 3이 된다. 그러나 임계 전계 이상에서는 생성된 전자가 다른 정공-전자 쌍을 생성시킨다. 그러므로 생성된 정공은 마찬가지로 계속할 수 있고 증배 인자는 무한대가 된다. 이러한 과정을 사태라고 부른다.

증배 과정을 분석해보자. P를 전자 또는 정공이 접합을 지나가면서 전자-정공 쌍을 발생시킬 수 있는 확률이라고 하고[14], n_{in}을 p 영역에서 전이 영역으로 들어오는 전자라고 하자. 그러면 Pn_{in}의 이온화 충돌이 발생하여 $n_{\text{in}}(1 + P)$의 전자들이 n 영역으로 도달하게 된다. 그러나 Pn_{in} 정공들이 또한 생성되었으며 그들은 $P(Pn_{\text{in}}) = P^2 n_{\text{in}}$ 쌍을 생성시키고, 따라서 접합을 지나는 전체 캐리어의 수는 다음과 같다.

$$n_{\text{in}}\left(1 + P + P^2 + P^3 + \ldots\right)$$

이는 다음과 같이 표현된다.

14) 단순화를 위해 정공과 전자의 확률은 같고 전이 영역 내에서의 전계는 일정하다고 가정한다.

$$\frac{n_{in}}{(1-P)}$$

그러므로 증배 인자는 다음과 같다.

$$M = \frac{1}{(1-P)} \tag{5.105}$$

$P = 1$인 경우 $M = \infty$이 되며 사태가 일어난다. 증배와 사태에 대한 I-V_a 곡선의 특성은 그림 5.28에 나타낸 것과 같이 매우 가파르고 급격하다. 만약 다이오드의 역방향 전류가 특정 값(약속으로 정해놓음. 예를 들어 10 μA)을 넘게 되면 **'항복되었다(broken down)'**고 한다. 이는 I-V_a 곡선이 급격히 아래로 내려가는 것을 나타내며 이 항복 현상은 비파괴적이므로 소자가 손상되었다는 것을 의미하지는 않는다. 항복 전압이 8 V 이상인 실리콘 pn 접합에서 항복 메커니즘은 기본적으로 사태이며 만약 6 V 이하라면 이는 제너 터널링이다.[15)]

5.3.4 역방향 바이어스 항복

앞에서 살펴보았듯이 역방향 전압을 증가시키면 증배와 사태뿐만이 아니라 터널링의 결과로 다이오드의 전류가 증가한다.

일방형 계단 접합 구조를 갖는 다섯 종류의 반도체에 대한 항복 전압을 그림 5.31에 나타내었다.[16)] 항복 전압은 낮게 도핑된 영역의 도핑 농도의 함수로 그려졌다. 주어진 반도체에서 항복 전압은 도핑 농도가 증가함에 따라 감소한다. 또 주어진 도핑 농도에 대해서는 항복 전압은 반도체의 밴드 갭 에너지가 증가할수록 감소한다.

이러한 현상들은 각각 사태 항복과 터널링 항복을 나타내는 그림 5.30과 5.26으로 설명될 수 있다. 사태가 발생하기 위해서(그림 5.30) 충돌 간에 캐리어가 정공-전자 쌍을 발생시킬 수 있을 정도의 충분한 운동 에너지를 얻을 수 있도록 접합 내의 전계가 커야 한다. 주어진 역방향 전압에서 낮게 도핑된 영역의 도핑 농도가 증가함에 따라 접합의 폭은 감소하고 따라서 전계는 증가한다. 밴드 갭이 증가함에 따라 전자-정공 쌍을 생성시키는 데 필요한 에너지가 증가하고 따라서 사태 항복을 일으키는 데 필요한 전계 및 역방향 전압이 증가한다.

터널링 항복(그림 5.26)인 경우에는 식 (5.104)와 같이 전자의 터널링 확률은 터널링 거

---

15) 역사적 고찰; 원래 항복은 터널링의 결과라고 생각되었기 때문에 사태 과정에 의해 항복 현상이 일어나는 다이오드를 종종 제너 다이오드라고도 한다.

16) 12장에 언급한 바와 같이 4H-SiC나 GaN와 같은 넓은 밴드 갭 반도체도 전력 반도체 소자로 사용되기 때문에 포함시켰다.

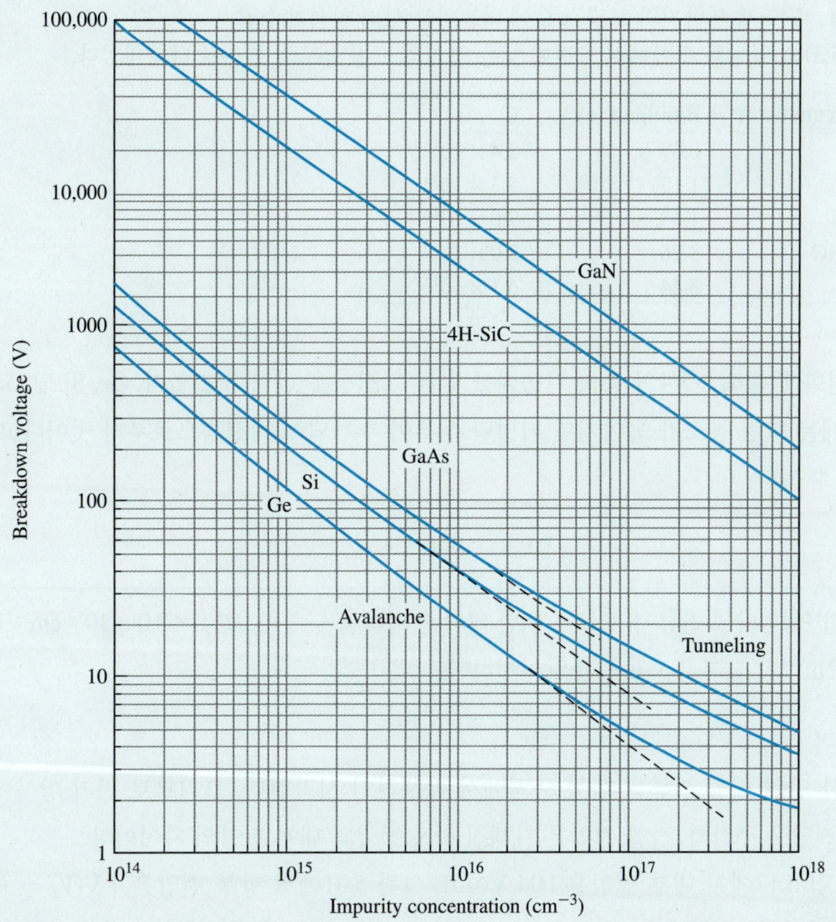

그림 5.31 5.31 Ge, Si, GaAs, 4H-SiC 및 GaN n^+p 또는 p^+n 접합의 항복 전압을 불순물 농도의 함수로 나타내었다. 점선은 우세한 항복 메커니즘을 터널링과 사태로 구분하는 도핑 준위를 나타낸다.

리(도핑 농도와 전압에 의해 결정)와 밴드 갭에 의존한다. W_T가 $\mathscr{E}$에 반비례하므로 최대 터널링은 $\mathscr{E}_{max}$와 관계된 에너지에서 발생한다.

잘 알려진 대부분의 일방형 반도체 다이오드에서 사태에 의한 항복 전압은 다음과 같이 나타낼 수 있다.

$$V_{br}(AV) = CN^{-3/4} \tag{5.106}$$

이 식에서 N은 낮게 도핑된 영역의 농도이고, C는 반도체의 종류에 따르는 상수이다. 그림 5.31의 반도체에 대한 계수 C 값을 표 5.1에 나타내었다.

그림 5.31의 대부분의 도핑 영역에서 사태 항복이 우세하고 항복 전압은 식 (5.106)으로 주어진다. log-log 눈금의 그림 5.31에서 각 반도체 종류별 항복 전압(V_{br}) 곡선은 농도

표 5.1 밴드 갭 에너지와 도핑 농도에 의존하는 사태 항복계수 C.
그림 5.31의 일방형 접합에서 도핑이 낮은 영역의 도핑 농도의 함수로 나타내었다.

Semiconductor	Bandgap (eV)	C
Ge	0.67	2.4×10^{13}
Si	1.12	5.3×10^{13}
GaAs	1.43	7.0×10^{13}
4H-SiC	3.26	3.0×10^{15}
GaN	3.44	6.1×10^{15}

(N) 변화에 대해 −3/4의 음의 기울기를 갖는 직선성을 나타내고 있다. Ge, Si 및 GaAs의 경우에는 도핑 농도가 높아지면 터널링 성분이 추가되어 직선성으로부터 벗어나고 있음을 알 수 있다.

예제 5.3

상당한 양의 터널 전류가 흐르기 위한 터널링 거리를 구하라. $N'_D = 8.0 \times 10^{17}\ \text{cm}^{-3} = 8.0 \times 10^{23}\ \text{m}^{-3}$인 실리콘 p⁺n 접합을 가정하라.

■ **풀이**

상당한 양의 터널 전류는 항복 근처에서 발생하기 시작한다. 그러므로 먼저 항복에서의 접합 전압을 구한다. 접합 전압은 가해진 항복 전압과 내부 전압의 차이이다.

그림 5.13에서 내부 전압은 1.04 V이고, 그림 5.31에서 항복 전압은 4 V($V_a = -4$ V)이다. 따라서 접합 전압 V_j는 $V_j = (V_{bi} - V_a) = 5.04$ V이다. 식 (5.41)에서 최대 전계는 $\mathscr{E}_{max} = 2\,V_j/w$이고, 식 (5.40)으로부터

$$w = \left[\frac{2\varepsilon V_j}{qN'_D}\right]^{1/2} = \left[\frac{2 \times 11.8 \times (8.85 \times 10^{-12}\ \text{F/m}) \times (5.04\ \text{V})}{(1.6 \times 10^{-19}\ \text{C}) \times (8 \times 10^{23}\ \text{m}^{-3})}\right]^{1/2}$$
$$= 9.1 \times 10^{-8}\ \text{m} = 91\ \text{nm}$$

그러므로

$$\mathscr{E}_{max} = \frac{2 \times 5.04\ \text{V}}{9.1 \times 10^{-8}\ \text{m}} = 1.1 \times 10^{8}\ \text{V/m}$$

마지막으로 그림 5.27c에서

$$W_T = \frac{E_g(\text{eV})}{q\mathscr{E}_{max}} = \frac{1.12\ \text{eV}}{(1.6 \times 10^{-19}\ \text{C})(1.1 \times 10^{8}\ \text{V/m})\left(\frac{1\ \text{eV}}{1.6 \times 10^{-19}\ \text{V}}\right)}$$
$$= 1.0 \times 10^{-8}\ \text{m} = 10\ \text{nm}$$

실리콘인 경우 터널링 거리가 10 nm 정도이거나 그 이하일 때 상당한 양의 터널링 전류가 흐른다고 결론지을 수 있다.

5.4 전형적인 동종 접합의 소신호 임피던스

전형적인 동종 접합의 직류 I-V_a 특성을 5.3절에서 논의하였다. 많은 응용에 있어서 다이오드의 소신호 교류 응답 특성은 중요하다. 직류 전압 V_a와 교류 전압 υ_a가 다이오드에 인가되어 각각 직류 전류 I와 교류 전류 i를 발생시키는 그림 5.32a의 회로를 고려해보자. 다이오드의 소신호 등가회로는 그림 5.32b에 나타나 있다. 직렬 저항 R_S는 접촉 저항과 다이오드의 준중성 영역의 저항을 합한 것을 나타낸다. 전이 영역의 소신호(미분) 저항은 R_P로 정의되고 C_j와 C_{sc}는 각각 접합과 관계된 접합 정전 용량과 축적 전하 정전 용량을 나타낸다. 이들 항목들을 순서대로 살펴보기로 한다.

5.4.1 접합 (미분) 저항

전이 영역의 소신호 (미분) 컨덕턴스 G_P는 다음과 같다.

$$G_P = \frac{dI}{dV_a}$$

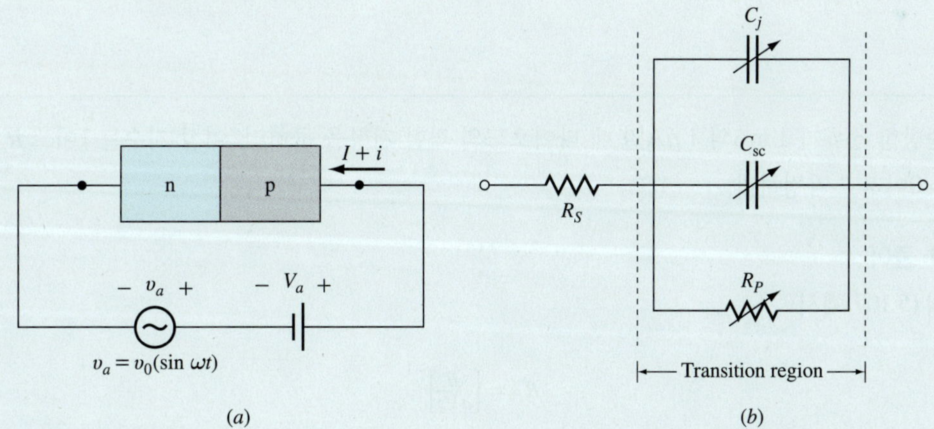

그림 5.32 (a) 직류 전압 V_a와 교류 전압 υ_a가 다이오드에 인가된 pn 접합. 결과적으로 나타나는 직류 및 교류 전류는 I와 i이다. (b) pn 접합의 소신호 등가회로. 직렬 저항 R_S(접촉과 준중성 영역의, 여기에서는 하나의 저항으로 합쳐졌음), 접합 저항 R_p, 접합 정전 용량 C_j 및 축적 전하 정전 용량 C_{sc}로 구성되어 있다. 화살표는 변수가 인가전압에 따라 변화하는 것을 나타낸다.

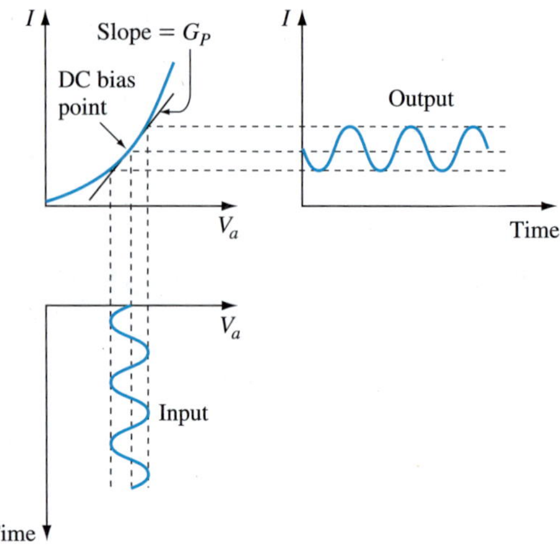

그림 5.33 소신호 저항 $R_P = 1/G_P$는 입력 전압 변화에 따른 출력 전류 변화를 파악하기 위해 사용된다.

이는 임의의 주어진 지점에서 직류 I-V_a 특성의 기울기와 같다.[17] 그림 5.33은 정전 용량 전류가 무시되는 경우 서서히 변화하는 작은 입력 전압에 대한 출력 전압을 결정하기 위해 소신호 컨덕턴스가 어떻게 사용되는지 나타내고 있다. (소신호) 접합 저항은 기울기의 역수이다.

$$R_P = \frac{1}{G_P} = \left[\frac{dI}{dV_a}\right]^{-1} \tag{5.107}$$

예제 5.4

순방향 전류가 1 mA와 1 μA일 때 다이오드의 접합 저항을 구하라. 이상 지수는 1이고 R_s = 0이라고 가정하라.

■ 풀이

식 (5.107)에서

$$R_P = \left[\frac{dI}{dV_a}\right]^{-1}$$

다이오드 전류는 다음과 같이 표현될 수 있다.

17) 여기에서 저항 R_S 양단에 걸리는 전압은 무시되었다.

$$I = I_0\left(e^{qV_a/kT} - 1\right) = I_0 e^{qV_a/kT} - I_0 \approx I_0 e^{qV_a/kT}$$

여기에서 $-I_0$ 항(괄호 속의)은 보통 10^{-14} A 수준이므로 무시되고, 따라서 $I \gg I_0$이다. 그러면,

$$\frac{dI}{dV_a} = \frac{q}{kT} I_0 e^{qV_a/kT} = \frac{qI}{kT}$$

그리고

$$R_P = \frac{kT}{qI}$$

$kT/q = 0.026$ V이므로 다음과 같다.

$$R_P = 26\ \Omega \qquad (I = 1\ \text{mA})$$
$$R_P = 26\ \text{k}\Omega \qquad (I = 1\ \mu\text{A})$$

5.4.2 접합 (미분) 정전 용량

pn 접합에는 **접합 정전 용량(junction capacitance)**과 **축적 전하 정전 용량(stored-charge capacitance)**이라는 두 가지 정전 용량이 있다. 이들은 모두 다이오드가 입력 전압에 반응하는 속도를 제한한다. 우선 접합 정전 용량을 살펴보자.

5.3.2절에서 살펴본 바와 같이 금속학적 접합의 어느 쪽이든 이온화된 불순물은 전하를 형성한다. 접합의 각 면의 전하량은 접합의 폭에 의존하고 접합 폭은 전압의 함수이다. 그러므로 인가전압의 변화는 그림 5.34와 같이 접합 양쪽의 전하량을 변화시킨다. 만약 인가전압이 dV_a만큼 변화한다면 접합의 한쪽 공간 전하는 dQ만큼 변화한다. 인가전압이 변함에 따라 전자와 정공은 각 면의 중성화되지 않은 이온의 수를 변화시키기 위해 접합에서 나오거나(만약 접합 폭이 증가하면), 또는 접합으로 들어간다(만약 접합의 폭이 감소하면). 이와 같은 전자와 정공의 움직임에 의한 전자 전류는 접합을 통해서가 아니라 외부 회로를 통해서 흐르게 된다. 전류는 연속적이어야 하므로 같은 크기의 변위 전류가 접합을 통해 흐르게 된다. 즉 접합은 커패시터로 작용한다.

소신호 또는 미분 접합 정전 용량 C_j는 다음과 같다.

$$C_j = \left|\frac{dQ}{dV_a}\right| \qquad (5.108)$$

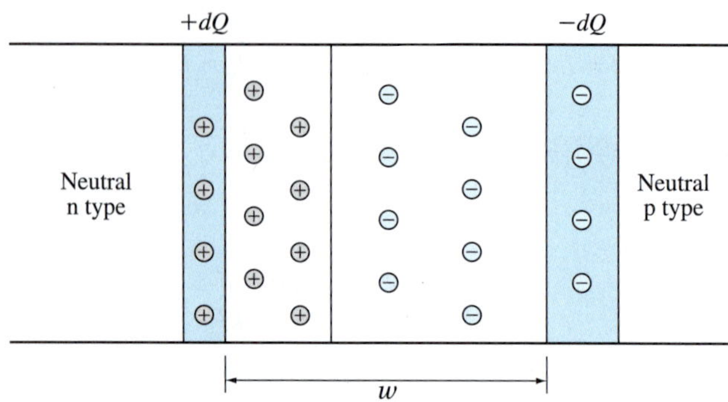

그림 5.34 접합 정전 용량 C_j의 도해. 인가전압의 변화는 접합 양단의 보상되지 않은 이온의 수를 변화시킨다. 이로 인해 접합 양단에서 전하량 dQ의 변화가 일어나고, 따라서 접합은 두께가 w인 평행 평판형 커패시터와 같다.

평형 상태에서는 접합 양쪽에 이미 어느 정도의 전하가 존재한다(공간 전하 영역의 이온화된 불순물). 전압이 인가되면 이 전하들은 증가하거나(역방향 전압에서), 또는 감소한다(순방향 전압에서). 그림 5.34는 공간 전하 영역 양쪽 끝에서 공간 전하가 변화하는 것을 보여줌으로써 이런 점을 강조하고 있다. 그러므로 접합은 평판 커패시터와 유사하며 접합 정전 용량을 다음과 같이 표현할 수 있다.

$$C_j = \frac{\varepsilon A}{w} \tag{5.109}$$

여기에서 A는 접합의 면적이며 w는 공간 전하 영역의 폭을 나타낸다. C_j는 식 (5.108)에서 정의된 것과 같이 미분 접합 정전 용량이다. 이 정전 용량은 종종 **공핍 정전 용량(depletion capacitance)**이라고도 부른다. w는 전압의 제곱근에 비례하므로 C는 비선형적이다. 식 (5.37)에서 w를 치환하면 계단 접합의 접합 정전 용량은 다음과 같다.

$$C_j = A\left[\frac{q\varepsilon N_D' N_A'}{2(N_D' + N_A')(V_{\text{bi}} - V_a)}\right]^{1/2} = A\left[\frac{q\varepsilon N_D' N_A'}{2(N_D' + N_A')V_j}\right]^{1/2} \quad \text{pn 계단 접합} \tag{5.110}$$

일방형 계단 접합인 경우에는 다음과 같다.

$$C_j = A\left[\frac{q\varepsilon N'}{2(V_{\text{bi}} - V_a)}\right]^{1/2} = A\left[\frac{q\varepsilon N'}{2V_j}\right]^{1/2} \quad \text{일방형 계단 접합} \tag{5.111}$$

여기에서 N'은 적게 도핑된 쪽의 도핑 농도를 가리킨다. 단위 접합 면적당 접합 정전 용

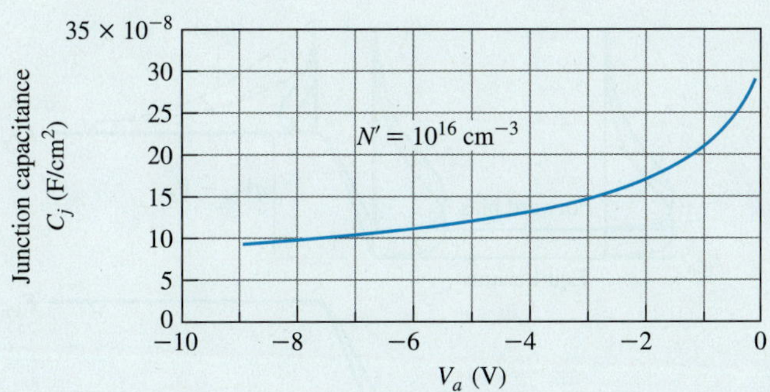

그림 5.35 $N' = 10^{16}\ \text{cm}^{-3}$인 일방형 계단 접합에서 인가전압 V_a에 따른 단위 면적당 접합 정전 용량.

량을 $N' = 10^{16}\ \text{cm}^{-3}$인 경우에 대하여 그림 5.35와 같이 인가전압 V_a의 함수로 나타내었다. V_a에 따라 C_j가 증가함을 알 수 있다. 식 (5.110) 또는 (5.111)로부터 $V_a = V_{bi}$인 경우 접합 정전 용량은 무한대가 될 것이다. 그러나 큰 V_a에 대해서는 전류가 크게 흐르고, 따라서 IR_S 전압 강하가 크게 된다. 접합 전압은

$$V_j = V_{bi} - (V_a - I\,R_s)$$

이므로 항상 0보다 크다.

5.4.3 축적 전하 정전 용량

접합에서 또 다른 종류의 정전 용량은 **축적 전하 정전 용량(stored-charge capacitance)**이다. 앞에서 논의한 접합 정전 용량인 경우에는 전압 변화에 따른 전하량의 변화는 접합 양쪽의 중성화되지 않은 이온의 변화에 의한 것이었다. 축적 전하 정전 용량에서는 접합 각 면에서 변화하는 전하에 해당하는 것은 소수 캐리어 농도의 변화이다. 왜냐하면 전압의 변화에 따라 접합 경계에서 소수 캐리어가 주입되거나 추출되기 때문이다.

그림 5.36a와 같이 순방향 전압에서 n^+p 접합의 경우를 살펴보자. n^+p 다이오드에서는 정공의 주입보다 전자의 주입이 훨씬 크므로 전자의 주입만을 살펴본다. 정상 상태에서 p형 영역이 전자 확산 거리보다 훨씬 크다고 가정하면(긴-베이스 다이오드), 과잉 전자의 분포는 앞서 식 (5.69)와 같다. 이를 다시 쓰면,

$$\Delta n_p(x) = \Delta n_p(x_p)e^{-(x-x_p)/L_n} \tag{5.69}$$

정상 상태에서 이러한 캐리어의 분포는 일정하게 유지된다. 이러한 분포의 경우 비록 축적된 전자 또는 정공은 순간순간 변화하기는 하지만 전하가 "축적"되어 있다고 말한다. p 영역에서 축적된 전체 소수 캐리어(전자) 전하량은 분포의 적분과 같다(접합의 면적을 곱함).

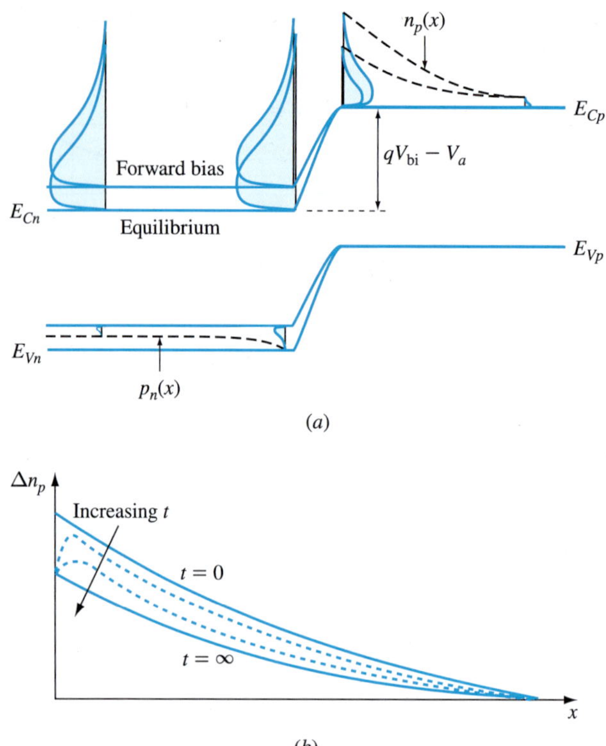

그림 5.36 n⁺p 접합에서 축적 전하 정전 용량의 도해. (a) 순방향 바이어스가 변화함에 따라 주입된 (소수 캐리어인) 전자의 수가 변화한다. 일방형 계단 접합에서 정공의 주입은 무시된다. (b) 순방향 전압의 급격한 감소량 ΔV_a는 주입된(축적된) 전자의 일부분이 n 접합 쪽으로 돌아가도록 하여 정전 용량에 기여한다.

$$Q_s = -qA\int_{x_p}^{\infty} \Delta n_p(x)dx = qA\Delta n_p(x_p)L_n \tag{5.112}$$

이것을 전류와 연관 지을 수 있다. x_p 면을 지나는 전류는 소수 캐리어의 확산에 의해 흐르게 되고 어느 지점에서나 전체 전류는 이 면을 지나는 전류와 같게 된다는 것을 생각하라. 식 (5.69)로부터 확산 전류는 다음과 같다(역시 정공에 의한 매우 적은 기여는 무시).

$$I|_{x_p} = qAD_n \frac{d\Delta n_p(x)}{dx}\bigg|_{x_p} = -qAD_n \frac{\Delta n_p(x_p)}{L_n} \tag{5.113}$$

식 (5.113)과 (5.112)를 결합하면 다음과 같으며,

$$\boxed{Q_s = \frac{I\,L_n^{\,2}}{D_n} = I\tau_n} \tag{5.114}$$

여기에서 $L_n = \sqrt{D_n \tau_n}$ 을 사용하였다. 이 결과는 정상 상태에서의 축적 소수 캐리어 전하는 전류에 비례한다는 것을 나타낸다.

만약 인가전압이 dV_a만큼 변화한다면 정상 상태 축적 전하는 dQ_s만큼 변화한다. V_a에 대한 Q_s의 변화율은 다음과 같으며,

$$\frac{dQ_s}{dV_a} = \frac{dI}{dV_a}\tau_n = \frac{\tau_n}{R_P} \tag{5.115}$$

여기에서 R_p는 식 (5.107)과 같은 다이오드 미분 저항이다.

dQ_s/dV_a는 정전 용량 차원을 갖지만 접합 단자에서 바라본 정전 용량은 아니다. 이는 V_a가 dV_a만큼 급격히 감소된 경우의 그림 5.36b를 통해 이해할 수 있다. 식 (5.68)에서 $\Delta n(x_p)$는 $e^{qV_a/kT}$에 비례하므로 $x = x_p$ 면에서의 과잉 캐리어 농도 또한 급격히 감소한다. 그러나 나머지 분포는 순간적으로 변화하지 않는다. 그러므로 과잉 전자의 최대 농도는 더 이상 $x = x_p$ 면에 있지 않고 그보다 오른쪽 어디엔가 존재한다. $J_n = qD_n(dn/dx)$이므로 축적된 전하는 낮은 농도를 갖는 양쪽으로 확산할 것이다. 오직 왼쪽으로 확산하여 n^+ 영역으로 들어가는 전하들만 외부 회로로 흘러 들어가서 결과적으로 정전 용량에 기여한다. 이 전하를 **재생 가능한 축적 전하(reclaimable stored charge)** Q_{sr}라고 부르고, 이와 관련된 축적 전하 정전 용량 C_{sc}는 다음과 같다.

$$C_{sc} = \frac{dQ_{sr}}{dV_a} = \delta\frac{dQ_s}{dV_a} = \delta I\tau_n\frac{q}{kT} \tag{5.116}$$

여기에서 δ는 재생 가능한 축적 전하 비율을 나타낸다.

이 양은 계산될 수 있지만 과정은 복잡하다. 여기에서 다루어진 경우는 축적된 전하의 반이 재생 가능하다. 즉 $\delta = 1/2$이다. 도핑이 불균일한 다이오드인 경우에 δ는 도핑 분포에 의존한다. 전형적인 pn 접합 다이오드에서의 축적 전하 정전 용량은 확산 전류에 비례하고, 접합 정전 용량이 $\sqrt{V_a}$ 에 비례하는 것과 달리, V_a에 대해 지수함수적으로 변화한다. 결과적으로 역방향 전압과 작은 순방향 전압에서는 접합 정전 용량이 우세하며, 큰 순방향 전압에서는 축적 전하 정전 용량이 우세하다.

예제 5.5

역방향 바이어스($V_a = -5$ V)와 순방향 바이어스($V_a = +0.75$ V)에서 접합 정전 용량과 축적 전하 정전 용량을 비교하라.

■ **풀이**

$N_A' = N_A = 10^{17}\ \text{cm}^{-3}$인 전형적인 실리콘 n^+p 접합을 고려한다. 접합 면적은 $100\ \mu\text{m}^2$ 이

고, 재생 가능한 전하 비율은 $\delta = 0.5$라고 하자.

■ 접합 정전 용량

식 (5.111)에서 n^+p 접합에 대해

$$C_j = A\left[\frac{q\varepsilon N_A}{2(V_{bi} - V_a)}\right]$$

이 접합에 대한 내부 전압은 그림 5.13에서

$$V_{bi} = 0.98 \text{ V}$$

$V_a = -5$ V에 대해,

$$C_j(-5) = \left(100\mu\text{m}^2 \frac{10^{-8}\text{ cm}^2}{1\ \mu\text{m}^2}\right) \times \left[\frac{(1.6\times10^{-19}\text{ C})(11.8)(8.85\times10^{-14}\text{ F/cm})\left(10^{17}\text{ cm}^{-3}\right)}{2(0.98+5)\text{ V}}\right]^{1/2}$$

$$C_j(-5) = 0.053 \text{ pF}$$

마찬가지로 $V_a = 0.75$ V에 대해,

$$C_j(0.75) = 0.27 \text{ pF}$$

■ 축적 전하 정전 용량

축적 전하 정전 용량을 구하기 위해 I를 파악하는 것이 필요하다. 이는 식 (5.77)로부터 확산 전류이고,[18] $I_0 = AJ_0$를 사용한다. $J_n \gg J_p$이므로 n^+ 물질로 주입되는 정공들은 무시 가능하고,

$$I = I_0\left(e^{qV_a/kT} - 1\right) = qA\left(\frac{D_n n_{p0}}{L_n}\right)\left(e^{qV_a/kT} - 1\right)$$

여기에서 D_n과 L_n은 각각 소수 캐리어 확산 계수와 확산 거리이다.

p형 물질인 경우 n_{p0}는 다음과 같다.

$$n_{p0} = \frac{n_i^2}{N'_A} = \frac{(1.08\times10^{10}\text{ cm}^{-3})^2}{10^{17}\text{ cm}^{-3}} = 1.17\times10^3\text{ cm}^{-3}$$

그림 3.11로부터 p 영역의 도핑 수준을 고려하여 D_n(p 영역의 소수 캐리어는 전자이다)을 찾아낸다. $N_A = 10^{17}\text{ cm}^{-3}$일 때 $D_n = 20\text{ cm}^2/\text{s}$을 얻는다. 그림 3.23에서 $L_n = 70\ \mu\text{m}$이다.

18) 열생성-재결합 전류는 축적 소수 캐리어 전하에 기여하지 못한다.

따라서 I_o는 다음과 같이 된다.

$$\begin{aligned} I_0 &= qA\left(\frac{D_n n_{p0}}{L_n}\right) \\ &= (1.6\times10^{-19}\ \text{C})(100\times10^{-8}\ \text{cm}^2)\ \left[\frac{(20\ \text{cm}^2/\text{s})(1.17\times10^3\ \text{cm}^{-3})}{7\times10^{-3}\ \text{cm}}\right] \\ &= 5.3\times10^{-19}\ \text{A} \end{aligned}$$

$V_a = -5$ V일 때 확산 전류는 $I = -I_0 = -5.3\times10^{-19}$ A이다. +0.75 V의 순방향 전압에서 전류는 $I = I_0(e^{qVa/kT} - 1) = 5.3\times10^{-19}\,A(e^{0.75/0.026} - 1) = 1.8\,\mu$A이다.

축적 전하 정전 용량은

$V_a = -5$ V인 경우:

$$C_{sc}(-5) = \frac{q}{kT}\delta I\tau_n = \left(\frac{1}{0.026\ V}\right)(0.5)(5.3\times10^{-19}A)(3\times10^{-6}s) = 3.1\times10^{-23}F \approx 0$$

소수 캐리어 수명은 그림 3.21에서 구하였다.

$V_a = +0.75$ V인 경우:

$$C_{sc}(0.75) = \frac{q}{kT}\delta I\tau_n = \left(\frac{1}{0.026\,V}\right)(0.5)\left(1.8\times10^{-6}A\right)\left(3\times10^{-6}s\right) = 100\ pF$$

이제 두 정전 용량을 비교해보자.

$V_a = -5$ V	$C_j = 0.053$ pF	$C_{sc} \approx 0$
$V_a = 0.75$ V	$C_j = 0.27$ pF	$C_{sc} = 100$ pF

예측된 것과 같이 접합 정전 용량은 역방향 전압에서 우세하고 축적 전하 정전 용량은 순방향 전압에서 우세하다.

5.5 과도현상

pn 접합은 스위치로 많이 사용된다. 전압 또는 전류 펄스가 순방향 전압(**ON**)과 역방향 전압(**OFF**) 사이로 구동 상태를 변화시키도록 인가된다. pn 접합은 구동 상태에 관계된 정전 용량을 갖고 있으므로 OFF에서 ON으로 전환(turn-on 시간), 또는 ON에서 OFF로 전환(turn-off 시간)하는 데 어느 정도의 시간이 필요하다고 예측될 수 있다. 이러한 과도현상은 그림 5.37을 이용하여 정성적으로 설명된다. 인가된 전압이 V_F(순방향 전압)에서 V_R(역방향 전압)로 전환된다. 수학적 계산을 간단히 하기 위해 V_F와 V_R 모두 V_{bi}보다 매우 크다고 가정한다. 또한 $R_1 \gg R_S$로 가정하여 다이오드의 직렬 저항 R_S가 무시되도록 한다(즉 $R_S = 0$).

보통 turn-off 시간은 turn-on 시간보다 매우 크므로 이 경우를 먼저 다룬다.

5.5.1 turn-off 과도현상

단순화를 위해 n^+p 접합의 경우를 다룬다. n^+p 접합에서는 축적된 과잉 전자 전하는 훨씬 더 크고 우세하므로 n 영역에서의 정공의 축적은 무시할 수 있다. 축적된 과잉 전자 전하는 n^+p 접합에서 훨씬 더 크고 더 우세하다.

$t < 0$에서 그림 5.37의 다이오드는 인가전압 V_F로 **동작 상태(ON)**에 있다. 접합은 순방향 전압으로 인가되었고 과잉 전자들은 준중성 p 영역으로 주입된다. $t = 0$에서 $x \geq x_p$ 영역의 과잉 전자 농도는 식 (5.69)와 같이 거리에 따라 변화한다.

$$\Delta n_p(x, 0) = \Delta n_p(x_p, 0)e^{-(x-x_p)/L_n} \tag{5.117}$$

접합 전압 V_j(**ON**)은 V_{bi}보다 작을 것이다(순방향 전압은 장벽을 낮춘다).

$V_F \gg V_{bi} > V_{on}$이므로, $t = 0$이 될 때까지 순방향 전류는 다음과 같다.

$$I_F(0) \approx \frac{V_F}{R_1} \tag{5.118}$$

$t = 0$일 때, 인가전압은 V_F에서 V_R로 전환된다. 이 경우 준중성 p 영역에서의 소수 캐리어(전자) 분포는 $t > 0$의 시간 t에서 거리 x의 함수로 그림 5.38에 나타나 있다. 과잉 캐리어는 더 이상 주입되지 않고 캐리어는 확산되어 가고 재결합하므로 과잉 캐리어 농도는 감소한다. 또한 캐리어의 일부분은 이전에 설명한 바와 같이 접합으로 역으로 확산될 것이다.

캐리어가 감소하는 일정 시간 동안에는 x_p에서 Δn_p의 기울기는 일정하게 됨을 주목하라. 이전에 x_p 면을 지나는 전류는 소자를 흘러 지나가는 전류와 같다고 했다. 하지만 여기에서는 전류가 전적으로 확산 전류에 의한 것이므로 이 면에서의 전류는 쉽게 구할 수 있다. 기울기는 일정하므로 전류는 $t = t_s$일 때까지 식 (5.119)와 같이 일정하다. t_s를 **축적 시**

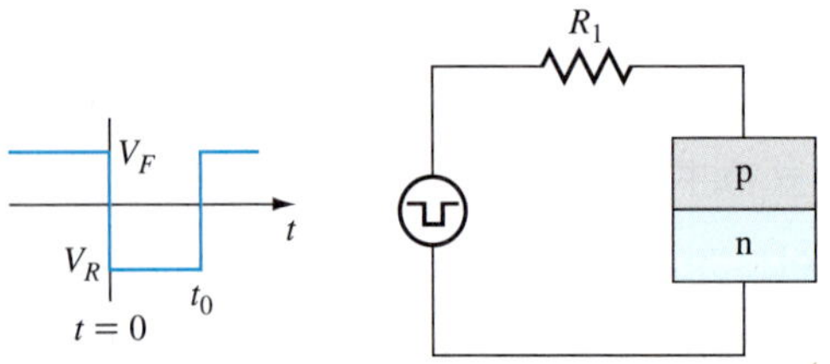

그림 5.37 pn 접합에서 ON/OFF 전환 간의 과도현상을 설명하기 위한 회로도.

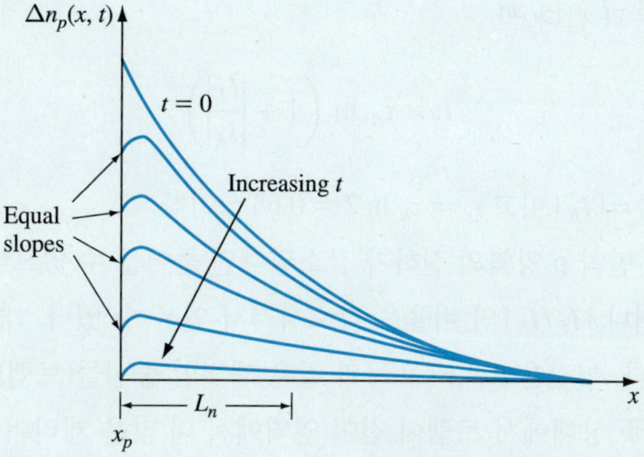

그림 5.38 V_F에서 V_R로 전환된 후 주입된 전자 농도의 시간에 따른 감소.

간(storage time)이라 한다.[19]

$$I_R \approx \frac{V_R}{R_1} \tag{5.119}$$

그림 5.39에 전류를 시간의 함수로 나타내었다. $t > t_s$에 대해 $x = x_p$에서의 기울기는 t에 따라 감소하고 전류의 크기는 정상 상태에서의 역방향 전류(≈ 0)가 될 때까지 감소한다.

기본적으로 축적 시간은 연속 방정식을 이용하여 계산할 수가 있지만 다소 복잡하다.

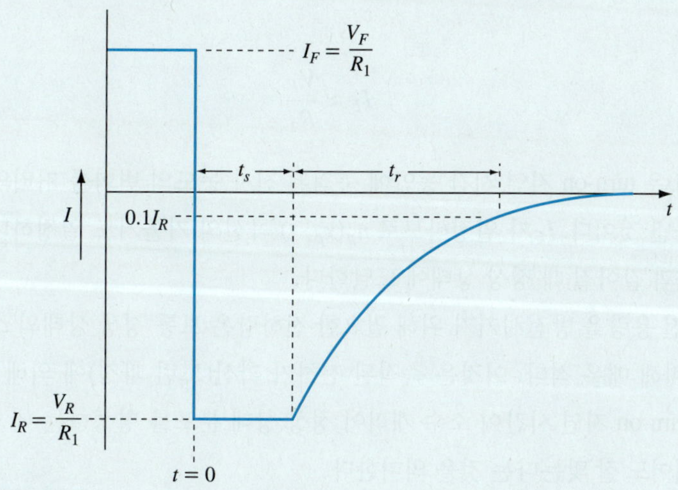

그림 5.39 다이오드의 turn-off 과정에서의 전류 과도현상. 축적 시간 t_s와 상승 시간 t_r이 나타나 있다.

19) V_R이 음의 값이기 때문에 I_R도 음의 값이다.

근사적 해석은 다음과 같다.[20)]

$$t_s \approx \tau_n \ln\left(1 + \left|\frac{I_F}{I_R}\right|\right) \tag{5.120}$$

$V_F = V_R$이면, $|I_F| \approx |I_R|$이고 $t_s = \tau_n \ln 2 = 0.68\,\tau_n$이다.

turn-off 시간은 만약 p 영역의 전하가 감소된다면 줄어들 수 있으며, 전하 감소는 전자 수명을 감소시키거나 $|I_F/I_R|$의 비율을 감소시켜서 얻을 수 있다. 캐리어 수명을 감소시키면 L_n도 감소된다. 이것은 Au나 Cu 등과 같은 재결합 중심들(트랩)을 첨가함으로써 가능하다. 그러나 OFF 상태에서 트랩이 전이 영역에서 더 많은 캐리어를 열생성하므로, 트랩들은 OFF 전류를 증가시키고 결국 전력 소모를 증가시킨다,

turn-off 시간은 더 적게 도핑된 영역의 두께를 감소시키거나 9장의 바이폴라 트랜지스터에서 나타낸 것과 같이 더 적게 도핑된 영역의 도핑 농도에 경사를 줌으로써 감소될 수 있다.

5.5.2 turn-on 과도현상

OFF 상태에서 **ON** 상태로의 전환(V_R에서 V_F로)에 관계된 지연 시간도 존재한다. 즉, 정상 상태 순방향 전압에 도달하기 위한 시간이 필요하다. 이 지연 시간은 접합 정전 용량을 방전시키고(접합 폭을 감소) 아울러 정상 상태의 전자 분포를 형성하기 위해 캐리어를 주입하는 데 시간이 필요하기 때문이다. $t = t_0$에서 V_F로 전환하면 다음과 같은 전류를 발생시킨다.

$$I_F \approx \frac{V_F}{R_1} \tag{5.121}$$

그림 5.40은 turn-on 지연 시간 동안에 축적된 전자 농도의 변화를 거리와 시간에 대한 함수로 나타낸 것이다. I_F가 일정하므로 $n_p(x_p, t)$ 곡선의 기울기도 일정하다. 재결합률이 전자 주입률과 같아질 때 정상 상태에 도달한다.

접합 정전 용량을 방전시키기 위해 필요한 전하량은 보통 정상 상태의 소수 캐리어 축적 전하에 비해 매우 적다. 이것은 축적된 전하가 확산(느린 과정)에 의해 형성되었다는 것과 함께 turn-on 지연 시간이 소수 캐리어 정상 상태 분포를 형성하는 데 필요한 시간이라고 근사되어도 잘 맞는다는 것을 의미한다.

---

20) 좀 더 정확한 관계를 나타내는 다음 식이 SPICE 시뮬레이션에 사용되기도 한다.

$$t_s \approx \tau_n \left[\mathrm{erf}^{-1}\left(\frac{1}{1 + \left|\frac{I_R}{I_F}\right|}\right)\right]^2$$

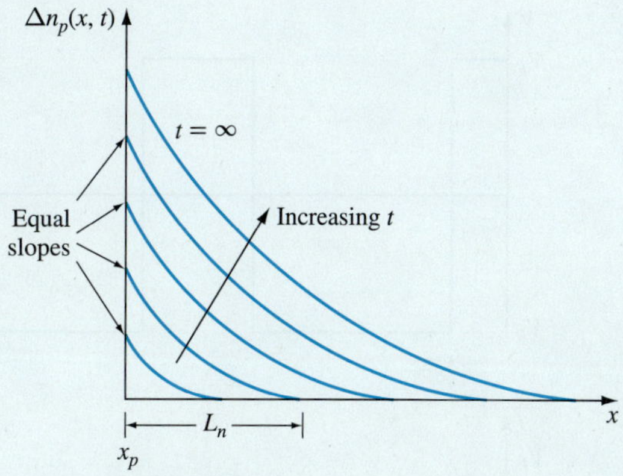

그림 5.40 OFF 상태에서 ON 상태로 전환된 후 축적되는 전자들의 축적.

그림 5.41은 직각 입력 전압 파형에 의해 발생하는 다이오드의 전류 및 전압 파형을 나타낸다. 입력 전압이 V_F에서 V_R로 전환될 때 다이오드 전류는 $I_F = V_F/R_1$에서 $I_R = V_R/R_1$으로 전환된다. 축적 시간 중에, 즉 다이오드 전류가 일정 값을 유지하는 동안, 다이오드 전압은 V_{on}으로 일정하게 유지된다. 실제 다이오드에서는 직렬 저항 R_S가 유한하다. 다이오드의 단자 전압은 $t = 0$에서 접합과 다이오드 직렬 저항에 걸쳐서 나타나는 전압의 합이므로 단자 전압은 $[V_j(\textbf{on}) + I_F R_S]$에서 $[V_j(\textbf{on}) + I_R R_S]$로 감소한다. 여기에서 I_F는 양수이고 I_R은 음수이며 이를 그림 5.41c에 나타내었다. 시간이 지나 $t = t_s$가 되면 다이오드 전류는 크기가 감소하고 다이오드 전압은 정상 상태 값으로 줄어든다.

turn-on 지연 시간이 turn-off 지연 시간보다 매우 작아서 최대 전환 주파수는 turn-off 지연 시간에 의해 제한된다는 것에 주목하라.

앞에서와 같은 pn 접합의 과도현상에 대한 정성적 토의에서 축적 전하 효과에 의해 발생하는 과도현상을 설명하기 위해 근사가 사용되었다. 순방향 인가전압 및 역방향 인가전압이 다이오드에 걸리는 전압 V_D에 비해 크다고 가정하여 I_F와 I_R을 결정할 때 V_D가 무시될 수 있도록 하였다. 많은 회로에서는 그림 5.42a의 회로에 나타낸 것과 같이 입력 전압이 V_F와 0 사이를 전환하도록 $V_R = 0$으로 놓는 것이 편리하다. 예시한 것과 같이 다이오드는 전압과 전류에 의존적인 R_p, C_j 및 C_{sc}가 포함되고 더불어 R_S의 효과가 포함된 등가회로로 표현된다.

그러한 경우에 전환 과정 동안의 다이오드 전압(V_D)과 전류(I_D)의 과도현상을 분석하는 것은 매우 흥미롭다. 이것은 R_p, C_j 및 C_{sc}의 비선형성 때문에 복잡한 문제이다. 그러나 이러한 스위칭 파형은 SPICE(Simulation Program with Integrated Circuit Emphasis)을 이용하여 해석할 수 있고, 이 문제는 Online Module OM6에서 다루고 있다. SPICE 분석을 이용한 V_D와 I_D의 시간에 대한 함수 그래프가 그림 5.42b에 나타나 있다.

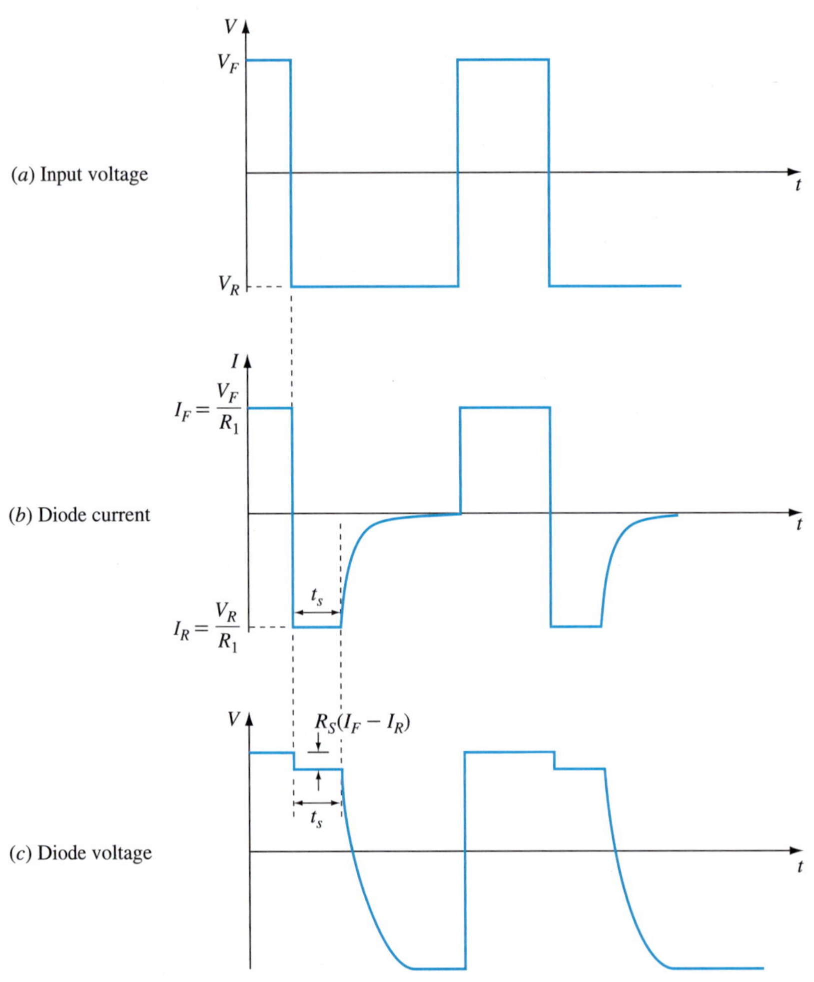

그림 5.41 다이오드가 turn-on 또는 turn-off 되는 경우의 파형도. (a) 입력 파형, (b) 다이오드 전류, (c) 다이오드 전압. turn-off 지연 시간은 turn-on 지연 시간에 비해 매우 크다.

지금까지는 긴-베이스 다이오드에 관하여 논의하였다. 짧은-베이스 n$^+$p 다이오드($W_B \ll L_n$)에서는 준중성 p 영역에서의 전자 재결합은 무시되고 $n_p(x)$와 I_n은 다음과 같이 표현될 수 있다.

$$\Delta n_p(x) = \Delta n_p(0)\left(1 - \frac{x}{W_B}\right) \tag{5.122}$$

그리고

$$I_n = qAD_n\frac{d\Delta n}{dx} = -\frac{qAD_n\Delta n(0)}{W_B} \tag{5.123}$$

짧은-베이스에 축적된 전체 과잉 전자 전하는 다음과 같으며

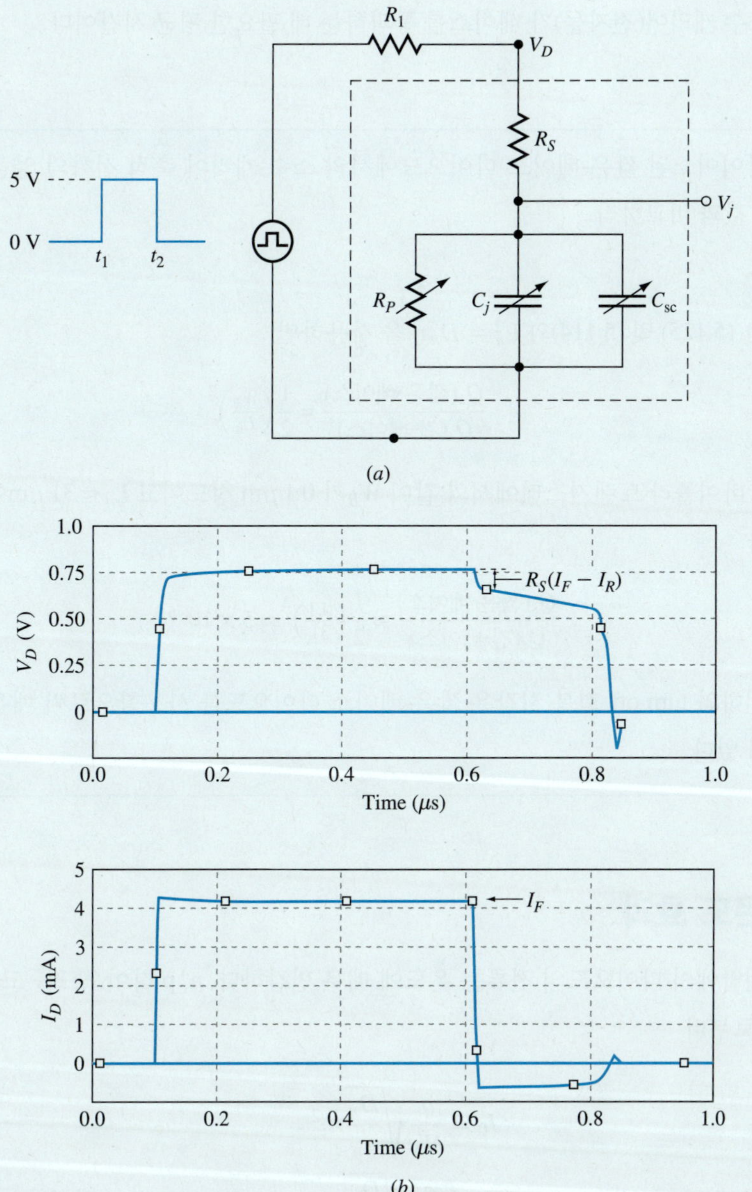

그림 5.42 (a) pn 동종 접합 다이오드의 스위칭 회로 모델. (b) $t_1 = 100$ ns에서 시작하여 $t_2 = 600$ ns에서 끝나는 입력 펄스에 대한 전압과 전류 응답에 대한 SPICE 분석 결과.

$$Q_s = -qA\ \Delta n(0) \cdot \frac{W_B}{2} = I_n t_T \tag{5.124}$$

여기에서 t_T는 **베이스 통과 시간(base-transit time)**으로 다음과 같다.

$$t_T = \frac{(W_B)^2}{2D_n} \quad \text{짧은-베이스 다이오드} \tag{5.125}$$

이것은 소수 캐리어(전자들)가 베이스를 통과하는 데 필요한 평균 시간이다.

예제 5.6

순방향 바이어스된 짧은-베이스 다이오드에서의 소수 캐리어 축적 전하의 양을 긴-베이스에서의 값과 비교하라.

■ **풀이**

식 (5.124), (5.125) 및 (5.114)와 $L_n^2 = D_n\tau_n$을 사용하면

$$\frac{Q_s(\text{짧은-베이스})}{Q_s(\text{긴-베이스})} = \frac{1}{2}\left(\frac{W_B}{L_n}\right)^2$$

대표적인 바이폴라 트랜지스터에서와 같이 W_B가 0.1 μm 정도이고 $L_n \approx 31$ μm에 대해 다음과 같다.

$$\frac{Q_s(\text{짧은-베이스})}{Q_s(\text{긴-베이스})} \approx \frac{1}{2}\left(\frac{0.1}{31}\right)^2 \approx 5 \times 10^{-6}$$

축적된 전하와 turn-off 회복 시간은 짧은-베이스 다이오드를 사용함으로써 매우 크게 감소될 수가 있다.

5.6 온도 효과

주어진 전압에서 다이오드의 전류는 온도에 매우 민감하다. n^+p 다이오드를 고려해보자. 식 (5.79)로부터

$$\begin{aligned} J_0 &= \frac{q}{N_A'}\sqrt{\frac{D_n}{\tau_n}}\,{n_i}^2 \\ &= \frac{q}{N_A'}\sqrt{\frac{D_n}{\tau_n}}\,N_C N_V e^{-E_g/kT} \end{aligned} \tag{5.126}$$

$1/T$에 대한 지수함수적인 온도 의존성에 비교하여 D_n, τ_n, N_C, N_V 및 E_g의 온도 의존성을 무시하면 J_0의 온도에 따른 변화율은 다음과 같이 표현된다.

$$\frac{\dfrac{dJ_0}{dT}}{J_0} = \frac{\dfrac{de^{-E_g/kT}}{dT}}{e^{-E_g/kT}} = \left(\frac{E_g}{kT^2}\right) = \frac{E_g}{kT}\cdot\frac{1}{T} \tag{5.127}$$

상온에서 실리콘인 경우에는 다음과 같이 되며, 이는 J_0가 1 °C당 14 % 변화하는 것을

의미한다.

$$\frac{1.12}{0.026} \cdot \frac{1}{300} = 0.14$$

마찬가지로 J_{GR0}는 n_i^2보다는 n_i에 의존적으로 변화하므로 온도에 따른 상대적인 변화는 이 값의 약 절반이다.

이와 유사하게 일반적인 동작 범위(0.1~1 mA)의 일정한 순방향 전류에서 다이오드의 순방향 전압은 1°C 증가에 따라 약 2 mV 감소한다.

5.7 요약

대부분의 pn 접합에서는 도핑 농도가 거리에 대하여 매우 복잡한 함수 특성을 가지므로 전기적 특성은 수치 해석적으로 계산하여야만 한다. 이런 일들을 수행할 수 있는 소프트웨어들이 많이 있지만, 실제로 동작에 관계된 실질적인 과정을 이해할 수 있는 통찰력을 제공하지는 못한다. 이 장에서는 pn 접합과 전형적인 pn 접합에 대해 매우 단순화한 모델을 사용하였다. 이 모델에서 양쪽의 알짜 도핑 농도가 거리에 따라 일정하고 또한 도핑은 금속학적 접합에서 계단함수라고 가정하였다.

우리는 세 종류의 접합을 다루었다.

1. 양쪽 모두 비축퇴 반도체로 이루어진 pn 접합
2. p 쪽이 축퇴되고 n 쪽이 비축퇴된 p^+n 접합
3. n 쪽이 축퇴되고 p 쪽이 비축퇴된 n^+p 접합

n과 p 영역에서 페르미 준위는 다음과 같이 표현된다.

$$E_f = E_C - kT\ln\frac{N_C}{N_D'} = E_i + kT\ln\frac{N_D'}{n_i} \qquad \text{n 영역}$$

$$E_f = E_V + kT\ln\frac{N_V}{N_A'} = E_i - kT\ln\frac{N_A'}{n_i} \qquad \text{p 영역}$$

축퇴된 반도체인 경우 흔히 다음과 같이 근사된다.

$$E_f \approx E_C \qquad \text{n}^+ \text{ 영역}$$

$$E_f \approx E_V \qquad \text{p}^+ \text{ 영역}$$

5.7.1 내부 전압

일반적인 접합의 전기적 특성을 결정하는 데 가장 중요한 변수는 내부 전압이다. 내부 전압은 일반적으로 다음과 같다.

$$V_{\text{bi}} = \frac{1}{q}\left|\Phi_p - \Phi_n\right|$$

여기에서 일함수 Φ_p와 Φ_n은 평형 상태에서 전이 영역의 양 끝 경계에서의 값으로 한다. 일반적으로 V_{bi}는 수치 해석적으로 해석되어야만 하지만 전형적인 동종 접합인 경우에는 다음과 같다.

$$V_{\text{bi}} = \frac{1}{q}\left[E_g - kT\ln\frac{N_C N_V}{N_D' N_A'}\right] = \frac{kT}{q}\ln\frac{N_D' N_A'}{{n_i}^2} \qquad \text{원형적 pn 접합}$$

$$V_{\text{bi}} = \frac{1}{q}\left[E_g - kT\ln\frac{N_V}{N_A'}\right] = \frac{kT}{q}\ln\frac{N_C N_A'}{{n_i}^2} \qquad \text{원형적 n}^+\text{p 접합}$$

$$V_{\text{bi}} = \frac{1}{q}\left[E_g - kT\ln\frac{N_C}{N_D'}\right] = \frac{kT}{q}\ln\frac{N_V N_D'}{{n_i}^2} \qquad \text{원형적 p}^+\text{n 접합}$$

5.7.2 접합 폭

전형적인 동종 접합에서 접합의 폭은 다음과 같이 표현된다.

$$w = w_n + w_p = \left[\frac{2\varepsilon V_j(N_A' + N_D')}{qN_A'N_D'}\right]^{1/2} \qquad \text{pn}$$

$$w = \left[\frac{2\varepsilon V_j}{qN_A'}\right]^{1/2} \qquad \text{n}^+\text{p}$$

$$w = \left[\frac{2\varepsilon V_j}{qN_D'}\right]^{1/2} \qquad \text{p}^+\text{n}$$

여기에서 접합 전압 $V_j = V_{\text{bi}} - V_a$이고 V_a는 인가전압이다.

n 쪽의 접합 폭과 p 쪽의 접합 폭의 비율은 다음과 같고, 접합 폭의 대부분은 적게 도핑된 쪽에 형성된다.

$$\frac{w_n}{w_p} = \frac{(x_0 - x_n)}{x_p - x_0} = \frac{N_A'}{N_D'}$$

마찬가지로 n 쪽과 p 쪽에 걸리게 되는 접합 전압의 비율은 다음과 같다.

$$\frac{V_j{}^n}{V_j{}^p} = \frac{N_A'}{N_D'}$$

여기에서도 마찬가지로 대부분의 접합 전압은 더 적게 도핑된 쪽에 나타나게 된다.

5.7.3 접합 전류

순방향과 역방향 전압에서의 세 가지 중요한 전류 메커니즘은 확산 전류밀도 J_{diff}, 표동 전류밀도 J_{drift} 및 열생성-재결합 전류밀도 J_{GR}이다. 전체 전류밀도는 $J = J_{\text{GR}} + J_{\text{diff}}$, 즉 다음과 같다.

$$J = J_{GR} + J_{\text{diff}} \approx J_{GR0}\left(e^{qV_a/2kT} - 1\right) + J_0\left(e^{qV_a/kT} - 1\right)$$

여기에서 J_{diff}는 표동 전류가 무시되는 전이 영역 경계에서 다음과 같다.

$$J_{\text{diff}} = J_0\left(e^{qV_a/kT} - 1\right)$$

여기에서 J_0는 온도가 1°C 증가함에 따라 14 % 증가한다.

일정한 전류에서는 다이오드 전압은 온도가 1°C 증가에 따라 2 mV 감소한다. 순방향 전압인 경우 상온에서 전압이 60 mV 바뀌면 전류는 10배 증가한다. 열생성-재결합 전류는 다음과 같이 표현된다.

$$J_{\text{GR0}} \approx \frac{q n_i w}{2\tau_0}$$

여기에서 전이 폭 w는 아주 미세하게 전압 의존적이다($\sqrt{V_j}$ 에 비례).

p와 n 양쪽의 길이가 소수 캐리어 확산 길이보다 훨씬 큰 소자에서 다음과 같다.

$$J_0 = q\left(\frac{D_n n_{p0}}{L_n} + \frac{D_p p_{n0}}{L_p}\right) \quad \text{긴-베이스 다이오드}$$

만약 p 쪽의 두께 W_B가 확산 길이보다 훨씬 작다면

$$J_0 = q\left(\frac{D_n n_{p0}}{W_B} + \frac{D_p p_{n0}}{L_p}\right) \quad \text{p측이 짧은 다이오드}$$

그리고 만약 둘 다 매우 작다면 다음과 같다.

$$J_0 = q\left(\frac{D_n n_{p0}}{W_{B(p)}} + \frac{D_p p_{n0}}{W_{(n)}}\right) \qquad \text{양측이 모두 짧은 다이오드}$$

일반적으로 $J_{GR0} \gg J_0$이고 J_{GR0}는 역방향 전압과 작은 순방향 전압에서 우세하다. 그러나 순방향 전압에서는 확산 전류가 훨씬 급격하게 증가하므로 높은 V_a 또는 높은 전류에서는 확산 전류가 우세하다.

5.7.4 접합 항복

역방향 전압에서 큰 역방향 전류(항복)를 초래할 수 있는 다른 두 가지 추가적인 전류 메커니즘이 있다.

제너 터널링에서는 전자가 p 영역의 가전자대에서 n 영역의 전도대로 터널링한다. 터널링 전류밀도는 다음과 같이 표현된다.

$$J \approx e^{-\pi W_T \sqrt{m^* E_g}/2^{3/2\hbar}} \qquad \text{터널링}$$

증배 전류는 높은 전계가 형성된 공핍 영역에서 충돌 이온화에 의해 발생한다. 캐리어 증배 인자 M은 다음과 같다.

$$M = \frac{1}{(1-P)}$$

여기에서 P는 접합을 지나가는 하나의 캐리어가 추가로 다른 정공-전자 쌍을 발생시킬 확률이다. P가 1이 되면 M은 무한대가 되고 사태가 발생한다.

제너 터널링의 경우 항복 현상이 완만하게 일어나며 높게 도핑된 접합(작은 터널링 거리)에서 우세하게 일어나지만, 사태 항복은 급격히 나타나며 더 낮게 도핑된 접합에서 우세하게 발생한다.

5.7.5 정전 용량

pn 접합의 정전 용량에는 두 가지 요소가 기여한다. 접합 정전 용량 C_j는 인가된 전압에 따른 전이 영역 내에서의 이온화된 전하의 변화에 의해 발생한다.

$$C_j = A\left[\frac{q\varepsilon N'_D N'_A}{2(N'_D + N'_A)(V_{\text{bi}} - V_a)}\right]^{1/2}$$

축적 전하 정전 용량은 순방향 전압에서 준중성 영역에 축적된 소수 캐리어 전하에 의해 나타난다. p 영역이 전자 확산 길이보다 훨씬 큰 n^+p 접합에서는

$$C_{sc} = (q/kT)\delta I \tau_n \qquad \text{긴-베이스 다이오드}$$

여기에서 δ는 재생 가능한 전하 비율로서 계단(전형적인) 접합에서는 1/2이다.

p 영역이 L_n보다 훨씬 작은 경우 정전 용량은 다음과 같이 p 영역의 두께에 비례한다.

$$C_{sc} = (q/kT)\delta I t_T = (q/kT)\delta I \left(\frac{W_B{}^2}{2D_n}\right) \quad \text{p측이 짧은-베이스 다이오드}$$

이 경우 $\delta = 2/3$이다.

역방향 전압과 작은 순방향 전압에서는 C_j가 우세하고 큰 순방향 전압에서는 C_{sc}가 우세하다.

5.7.6 과도현상

스위치로 구동될 때 전환 속도는 다이오드 정전 용량을 충전하거나 방전하는 데 필요한 시간에 의해 제어된다. 가장 중요한 성분은 축적 전하 정전 용량을 충전하고 방전하는 데 관계된 시간이다. 보통 순방향 전압에서 역방향 전압으로 전환하면서 축적된 전하를 제거하는 데 필요한 시간(turn–off 과도현상)이 역방향에서 순방향 전압으로 전환하는 시간(turn-on 과도현상)보다 훨씬 더 크다.

실제 대부분의 소자에 비해 전형적인 모델이 매우 단순화되었지만, 내포된 물리적 의미에 대한 안목을 제공하는 것에 중점을 두고자 한다. 다음 장에서는 모델을 좀 더 세분화하고 좀 더 실제적인 소자들에 대해 논의할 것이다.

5.8 복습문제

1. 그림 5.8을 참조하여 만약 전이 영역 자체에 반대 방향의 전계가 걸려 있다면 어떻게 전자들이 왼쪽에서 전이 영역으로 들어갈 수 있는지 설명하라.

2. 다이오드에서 왜 역방향 바이어스에서는 전류가 작고 순방향에서는 큰지 정성적으로 설명하라.

3. pn 접합에서 왜 역방향 바이어스에서는 열생성 전류가 재결합 전류보다 우세하고 반대로 순방향 바이어스에서는 재결합 전류가 열생성 전류보다 우세한가?

4. 터널 다이오드에서 Si 다이오드에서의 피크 전류의 면적이 GaAs 다이오드에서의 면적보다 큰 이유를 설명하라.

5. pn 접합에 대해 열평형, 역방향 바이어스 및 순방향 바이어스에서의 에너지 밴드 다이어그램을그려라.

6. pn 접합 순방향 바이어스가 인가된 상태에서 정상 상태 소수 캐리어 분포도를 그려라.

7. Si pn 접합에서의 내부 전압은 0.7 V 정도이다. 이 값이 전압계로 측정될 수 없는 이유

는 무엇인가?

8. 짧은-베이스 다이오드(short-base diode)란 무슨 뜻인가?

9. n^+p 접합의 p 영역에서 표동 전류가 무시되는 이유는 무엇인가?

10. pn 접합에서 열생성 전류와 재결합 전류의 원인을 밝혀라.

11. 교재에서 n^+p 접합의 n^+ 영역에 대한 밴드 갭 협소 효과를 무시하였다. 만일 밴드 갭 협소 효과가 고려된다면 내부 전압에 어떤 영향을 미칠까? I-V_a 특성에는 어떤 영향을 미칠까?

5.9 연습문제

5.1 $N_D = 5.0 \times 10^{15}\ \text{cm}^{-3}$으로 도핑된 n형 실리콘과 $N_A = 2.0 \times 10^{17}\ \text{cm}^{-3}$으로 도핑된 p형 실리콘으로 제작된 pn 접합이 있다.

a. 개략적인 에너지 밴드 다이어그램을 그려라. 이 그림에 x축 및 y축의 이름을 나타내고 모든 중요한 에너지 준위를 나타내어라.

b. n_{n0}, p_{n0}, n_{p0} 및 p_{p0}를 구하고, 이들 값을 그림으로 나타내어라.

c. 내부 전압은 얼마인가?

5.2 다이오드의 회로 기호는 그림 II.3과 같이 나타낸다는 것을 상기하라. pn 접합 다이오드의 어디가 양극(+로 표시된 끝)인가? p 쪽인가 아니면 n 쪽인가? 이유에 대해 설명하라.

5.3 실리콘 n^+p 접합이 있다. n형에서의 페르미 준위는 (진성) 전도대 가장자리, 즉 $E_f = E_{C0}$이다. p 영역은 $N_A = 2.0 \times 10^{17}\ \text{cm}^{-3}$으로 도핑되어 있다.

a. 개략적인 에너지 밴드 다이어그램을 그려라.

b. 개략적인 캐리어 농도를 그려라.

c. 내부 전압은 얼마인가?

5.4 접합의 n 영역에서의 접합 폭을 구하는 식 (5.35)를 유도할 때 생략된 단계들을 나타내어라.

5.5 실리콘으로 제작된 계단형 pn 접합이 있다. n 영역의 알짜 도핑 농도는 $N_D' = 2 \times 10^{16}\ \text{cm}^{-3}$이고, p 영역의 알짜 도핑 농도는 $N_A' = 5 \times 10^{15}\ \text{cm}^{-3}$이다.

a. 평형 상태에서 접합의 에너지 밴드 다이어그램을 척도에 맞게 그려라.

b. 내부 전압을 구하고, (a)의 그림에서 구한 값과 비교하라.

c. 접합층의 폭을 구하라.

d. n 영역과 p 영역 각각의 공핍 영역의 폭을 구하고, 각 전이 영역에 걸리는 전압을 구하라.

e. 전계를 그려라. 최댓값은 얼마인가?

f. 전압 분포를 그려라.

g. 전자에 대한 위치 에너지(E_C)를 나타내라.

h. $V_a = 0.5$ V일 때 에너지 밴드 다이어그램을 그려라.

i. $V_a = -5$ V일 때 에너지 밴드 다이어그램을 그려라.

5.6 그림 P5.la에 나타낸 pn 접합 다이오드의 에너지 밴드 다이어그램을 참고하여,

a. 전계가 존재하는 영역(들)을 나타내어라.

b. 내부 전압은 얼마인가?

c. 전자와 정공의 농도 분포를 그려라. 전자와 정공의 흐름 방향과 이들에 의한 표동 전류 성분 및 확산 전류 성분의 방향을 나타내어라.

d. 같은 소자에 전압이 가해진 경우가 그림 P5.lb에 나타나 있다. 만약 전체 접합 전압이 $V_j = V_{bi} - V_a$라면 인가된 전압은 얼마인가?

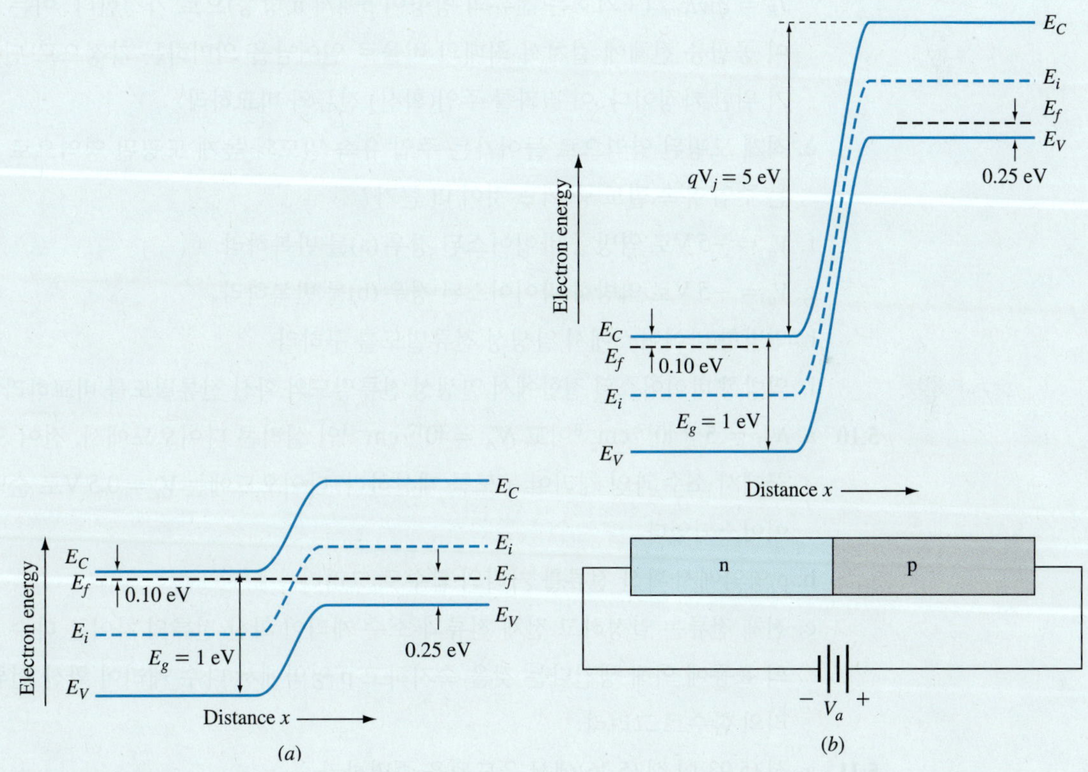

그림 P5.1

5.7 $N'_D = 10^{18}$ cm^{-3}인 n형과 $N'_A = 8.0 \times 10^{16}$ cm^{-3}인 p형으로 이루어진 Si pn 접합이 있다. 평형 상태에서 다음을 구하라.

a. w_n, w_p 및 w.

b. 내부 전압.

c. 최대 전계.

d. 얼마만큼의 V_{bi}가 n 쪽과 p 쪽에 각각 걸리는가?

e. 위에서의 계산 값들을 주의 깊게 이용하여 에너지 밴드 다이어그램을 그려라.

5.8 n형의 도핑이 축퇴 도핑되어 $E_C = E_f$이고, p형의 도핑 농도는 $N_A = 7.0 \times 10^{16}$ cm^{-3}인 pn 접합에서 평형 상태에서의 공핍층 폭을 구하라.

5.9 n 영역의 농도가 $N'_D = 5.0 \times 10^{17}$ cm^{-3}이고 p 영역의 농도가 $N'_A = 5.0 \times 10^{16}$ cm^{-3}인 Si pn 접합 다이오드가 있다. 순방향 바이어스는 $V_a = 0.4$ V이다.

a. $x = x_p$ 면에서 소수 캐리어에 의한 확산 전류밀도는 얼마인가?

b. $x = x_n$ 면에서 소수 캐리어에 의한 확산 전류밀도는 얼마인가?

c. 재결합과 열생성을 무시한 접합에서의 전체 전류밀도는 얼마인가?

d. 순방향 바이어스된 접합에서 최대 재결합 전류밀도는 얼마인가? 재결합 전류를 $J_R = qwR_{\max}$(+기호는 전류의 방향이 p에서 n 방향)으로 가정한다. 이는 재결합이 공핍층 전체에 걸쳐서 최대의 비율로 일어남을 의미하는 가정으로 단순화하기 위한 가정이다. 이 결과를 주입(확산) 전류와 비교하라.

e. 적게 도핑된 영역으로 들어가는 주입 유속 밀도와 높게 도핑된 영역으로 들어가는 주입 유속 밀도 중 어느 것이 더 큰가?

f. $V_a = -5$ V로 역방향 바이어스된 경우 (a)를 반복하라.

g. $V_a = -5$ V로 역방향 바이어스된 경우 (b)를 반복하라.

h. 역방향 바이어스에서 열생성 전류밀도를 구하라.

i. 역방향 바이어스된 접합에서 열생성 전류밀도와 확산 전류밀도를 비교하라.

5.10 a. $N'_D = 5 \times 10^{17}$ cm^{-3}이고 $N'_A = 10^{17}$ cm^{-3}인 실리콘 다이오드에서, 전이 영역 양 끝에서 소수 과잉 캐리어 농도를 계산하라. 다이오드에는 $V_a = 0.5$ V로 순방향 바이어스되었다.

b. p 영역에서 확산 전류를 거리의 함수로 그려라.

c. 전체 전류는 일정하고 전체 전류와 소수 캐리어 확산 전류의 차이는 다수 캐리어의 표동에 의해 생긴다는 것을 숙지하고 p 영역에서 다수 캐리어 확산 전류를 거리의 함수로 그려라.

5.11 a. 식 (5.93)이 식 (5.46)에서 유도됨을 증명하라.

b. 식 (5.94)를 유도하라.

5.12 5 V의 역방향 바이어스된 n^+p 접합이 있다. $N'_A = 3.0 \times 10^{17}$ cm^{-3}이고 접합 단면적은 85 μm^{2}이다.

a. 확산에 의한 역방향 전류를 구하라.

b. 열생성에 의한 역방향 전류를 구하라.

5.13 확산 계수, 확산 길이 및 수명이 도핑 농도에 의존적임을 주목하라[식 (3.18), (3.42), (3.82) 및 (3.76)]. 일방형 계단 실리콘 n^+p 접합이 있다.

a. $V_a = -5$ V일 때 역방향 확산 전류를 도핑 농도의 함수로 그려라.

b. $V_a = -5$ V일 때 역방향 열생성 전류를 도핑 농도의 함수로 그려라.

5.14 $N'_D = 5.0 \times 10^{15}$ cm^{-3}이고 $N'_A = 2.0 \times 10^{17}$ cm^{-3}인 실리콘 접합이 있다. 접합 단면적은 125 μm^{2}이다.

a. V_{bi}를 구하라.

b. I_0를 구하라.

c. $V_a = -5$ V, 0 V 및 +0.5 V일 때의 전류를 구하라. 확산 전류와 재결합-열생성 전류를 모두 고려하라. 또한 대부분의 공핍층은 적게 도핑된 영역에 나타남을 명심하라(따라서 수명은 그 물질에서 구해져야 한다).

5.15 V_a가 양수인 경우에 소신호 저항 R_p를 인가전압의 함수로 그려라. 역방향 누설 전류 $I_0 = 10^{-15}$ A이다. 저항 축은 로그 축을 사용하라. 다이오드의 저항에 대해 예측한 관점에서 그래프에 대한 의견을 말하라.

5.16 GaN와 Si에 대하여 $N' = 10^{15}$ cm^{-3}와 $N' = 10^{17}$ cm^{-3}일 때의 각각의 역방향 바이어스 항복 전압을 구하라. 어느 반도체가 더 고전압 구동에 적합한가? 높은 전압에서도 항복 없이 견디어낼 수 있는 소자를 만들려면 도핑이 높아야 할까? 낮아야 할까?

5.17 Ge 다이오드에서 10%의 터널링 확률을 생성하기 위해 요구되는 전계의 세기를 구하라.

5.18 $N'_D = N'_A = 10^{15}$ cm^{-3}인 대칭적인 GaAs 접합이 있다.

a. V_{bi}를 구하라.

b. 접합의 단면적이 75 μm^{2}이고 벌크 영역의 길이가 각각 2 μm인 경우에 벌크 영역의 직렬 저항 R_s를 계산하라. 직렬 저항 R_S는 반도체 물질의 유한한 저항률에 의한 것임을 주목하라. 미분 저항 R_P와는 다르다.

5.19 순방향 바이어스된 pn 접합을 고려하자.

$$I = I_0\left(e^{q(V_a - IR_S)/kT} - 1\right)$$

이고, 또는

$$V_a = \frac{kT}{q} \ln\left(\frac{I}{I_0} + 1\right) + IR_S$$

이다. $I_0 = 10^{-16}$ A 및 $R_S = 20\ \Omega$으로 하여 $0.3\text{ V} \le V_a \le 1\text{ V}$에서의 I와 V_a와의 관계를 그려라. (힌트: I 값을 먼저 취하고 이에 해당하는 V_a를 구하라.)

5.20 $N'_D = 5.0 \times 10^{17}$ cm^{-3}이고, $N'_A = 1.0 \times 10^{18}$ cm^{-3}인 실리콘 접합이 있다. 접합의 면적은 100 μm^{2}이다. $V_a = -5$ V에서의 접합 정전 용량은 얼마인가?

5.21 n형은 축퇴 도핑되었고 p형은 $N'_A = 10^{16}$ cm^{-3}의 도핑 농도를 갖는 접합이 있다. 양쪽이 모두 길고 재생 가능한 전하 비율은 0.5이다. $V_a = -5$ V, 0 V 및 +0.5 V 각각에 대해 접합 정전 용량과 축적 전하 정전 용량의 크기를 비교하라. 접합의 면적은 100 μm^{2}이다. 열생성-재결합 전류는 축적 전하에 기여하지 못하고 확산 전류만이 기여함을 주목하라.

5.22 바이폴라 트랜지스터는 두 개의 pn 접합을 서로 맞댄 구조이다. 순방향 활성 모드에서는 이미터-베이스 접합이 순방향 바이어스되고, 베이스-컬렉터 접합은 역방향 바이어스된다. 베이스는 일반적으로 매우 얇아서 확산 길이보다 매우 짧다. 그림 P5.2는 에너지 밴드 다이어그램을 나타낸다.

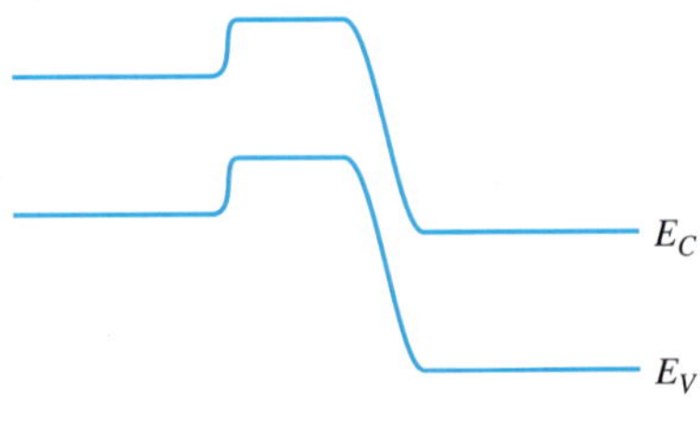

그림 P5.2

a. 대역도에 이미터, 베이스 및 컬렉터를 구분하여 나타내어라.

b. 이것은 npn 트랜지스터인가 pnp 트랜지스터인가?

c. E-B 접합에서 전자들은 주입되는가? 아니면 추출되는가?

d. C-B 접합에서 전자들은 주입되는가? 아니면 추출되는가?

e. 베이스 내에서 예상되는 전자 농도 분포를 그려라.

f. 이 얇은 베이스 영역은 짧은-베이스 다이오드라는 말의 근원이다. 트랜지스터를 설계하는 목표는 이미터에서 베이스로 주입된 모든 전자가 컬렉터로 나가는 것이다(즉, $I_E \approx I_C$). 어떻게 이 짧은 베이스 구조가 도움이 되는지 설명하라. (힌트: 전자에 다른 어떤 현상들이 일어나는가?)

5.23 그림 5.42에서 인가전압이 0일 때 다이오드 전류가 어떻게 음수가 되는지 설명하라.

5.24 식 (5.120)에서 축적 시간은 다음과 같다.

$$t_s = \tau_n \ln \left(1 + \left| \frac{I_F}{I_R} \right| \right)$$

그림 5.42(SPICE 그래프로부터 얻음)에서 $I_F = 4.2$ mA이고 $I_R = -0.6$ mA이다. p형 영역의 전자 수명을 구하라.

CHAPTER 6

다이오드에 관한 추가 고려사항

6.1 서론

5장에서 우리는 금속학적 접합에서 도핑이 계단 함수의 분포를 가진 원형적인 동종 접합에 관하여 다루었다. 이러한 접합은 실제상황에서 거의 존재하지 않지만, 이를 기술하는 모델은 수학적 분석에 용이하고, 계산 결과는 실제 소자의 특성을 어느 정도 보여주고 있다.

이 장에서는 다른 형태의 접합이나 좀 더 실제적인 접합을 다룬다. 먼저 도핑 분포가 계단 함수가 아닌 동종 접합을 논의할 것이다. 그다음엔 이종 접합과 금속-반도체 접합에 대해 간략하게 설명할 것이다.

6.2 비계단 동종 접합

비계단 동종 접합의 한 예로, 두 개의 연이은 pn 접합으로 구성되어 있는 실리콘 양극성 접합 트랜지스터(Bipolar junction transistor: BJT)의 경우를 고려하였다. 이 npn BJT의 구조는 그림 6.1에서 볼 수 있다.

이 활성 트랜지스터는 이미터(Emitter) 전극 아래의 영역으로 점선 박스로 표시되어 있다. 이 소자는 고농도로 도핑된 n형의 이미터(n^+로 표시되어 있는 영역), p형의 베이스(Base, p로 표시), 그리고 n형의 컬렉터(Collector, n-well로 표시)로 구성되어 있다. 소자 하단부에 묻혀 있는 고농도로 도핑된 n^+층(buried n^+)은 전도도가 매우 높아 n-컬렉터(n-well)와 컬렉터 전극을 전기적으로 연결해준다.

특정 공정 과정을 통해 제작된 BJT의 도핑 분포를 실험으로 측정한 결과가 그림 6.2에 나타나 있다. 그래프에는 결정 내부 깊이에 따른 다양한 불순물의 도핑 농도가 나타나 있다. 그림 6.2b에는 결정 내부 A-A′ 단면에서의 도핑 분포 그래프가 확장된 가로축에 그려

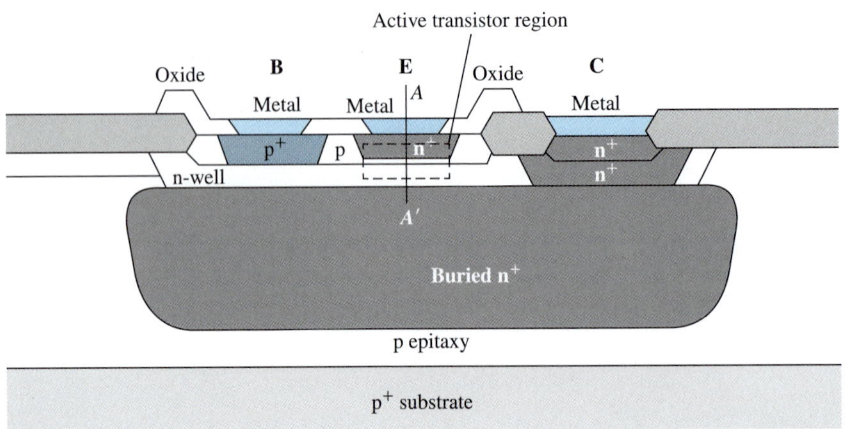

그림 6.1 npn 양극성 접합 트랜지스터의 개념도(척도 따르지 않음).

져 있다. 그림에서 볼 수 있듯이 베이스 영역의 너비는 0.14 μm이고, 이 영역의 p형 도핑 농도는 이미터 가장자리에서의 약 6×10^{17} cm^{-3}부터[$x = 0.13$ μm, N_D(As) = N_A(B)인 위치] 컬렉터 가장자리의 4×10^{16} cm^{-3}까지[$x = 0.27$ μm, N_A(B) = N_D(P)인 위치] 변하고 있다.

각각의 영역의 도핑 분포는 균일하지 않으며, $N_D = N_A$인 금속 접합을 볼 수 있다. 두 접합은 매우 가깝기 때문에 한 접합에서의 전류가 다른 접합에서의 전류에 영향을 준다. 이 장에서는 이 두 접합 근처에서의 에너지 밴드 다이어그램을 살펴보고 불균일 도핑 분포로 인해 나타나는 결과에 대해 논의해볼 것이다.

각 영역의 도핑 농도는 위치에 따라 크게 달라지므로 어느 접합도 계단형 접합이라고 할 수 없음에 주의해야 한다. 하지만 대부분의 이미터 영역은 축퇴되어 있으므로, 이 영역은 $E_f = E_C$로 근사하는 것이 합리적이다. 베이스 영역에서는 이미터-베이스(E-B) 접합점에서 멀어질수록 도핑 농도가 감소하고 이를 **초계단형 도핑 분포(hyperabrupt doping profie)**라 한다. 베이스-컬렉터(B-C) 접합에서는 접합의 양쪽 모두 알짜 도핑(net doping) 농도가 접합에서 멀어질수록 증가하고 있다. 이러한 도핑 변화도는 베이스와 컬렉터 영역에 전기장을 유발한다.

이 구조의 평형 상태 에너지 밴드 다이어그램이 그림 6.3에 도식으로 나타나 있다. 이미터와 n$^+$ 컬렉터는 축퇴적으로 도핑되어 있으므로, 이 영역은 $E_f = E_C$로 근사하였다. 이때, 불순물에 의한 밴드 갭 감소 효과는 고려되지 않았다. 또한 베이스와 컬렉터 영역에서 도핑 변화에 의해 유도된 전기장을 볼 수 있다.[1)]

1) 이미터 내의 도핑 기울기 또한 내부 전기장이 존재하게 만든다.

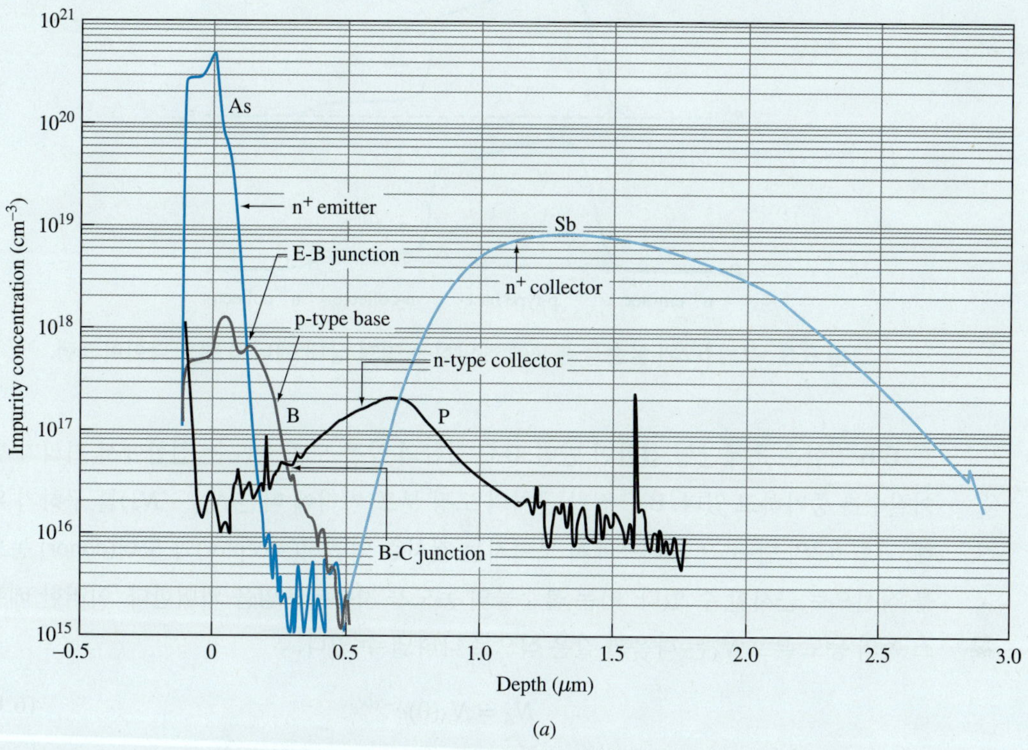

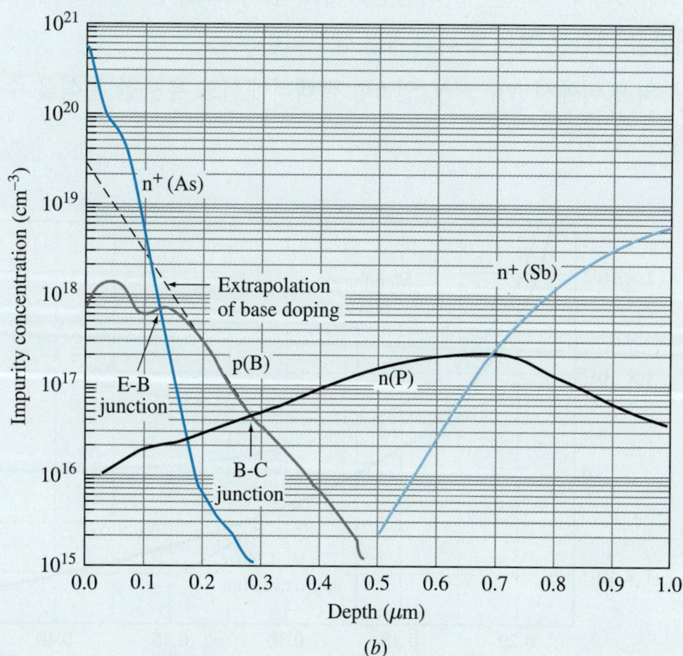

그림 6.2 (a) 그림 6.1의 소자 내부 A-A′ 절단면에서의 불순물 농도, (b) 확장된 가로축에 그려진 (매끄러워진) 불순물 농도.

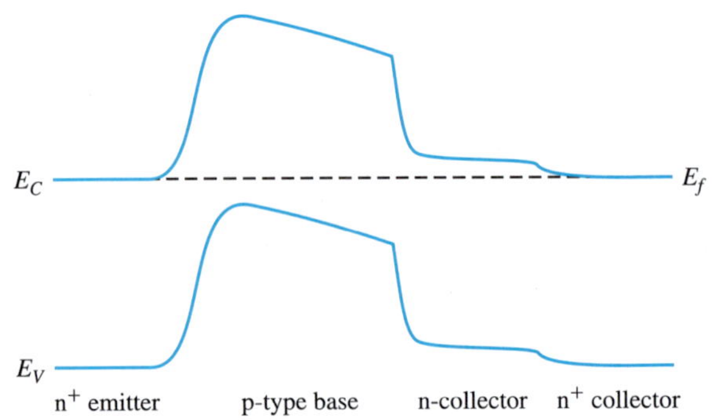

그림 6.3 그림 6.2의 불순물 분포에 해당하는 평형 상태 에너지 밴드 다이어그램.

E-B 접합은 초계단형 접합인 반면, B-C 접합의 양쪽 도핑 농도는 접합에서 거리가 멀어질수록 증가하고 있다. B-C 접합 근처의 도핑 분포(거리에 따른 $N_D - N_A$)를 구하기 위해, 그림 6.2의 반-로그 그래프에서 보여지는 것처럼 억셉터(acceptor)와 도너(donor) 농도를 직선으로 근사할 수 있다. 이는 불순물의 농도가 지수분포임을 의미한다. 이러한 베이스 쪽의 농도 분포 N_A는 다음과 같은 식으로 나타낼 수 있다.

$$N_A = N_A(0)e^{-x/\lambda_B} \tag{6.1}$$

이때 $N_A(0)$는 $x = 0$일 때 (외삽된) N_A의 값이고, λ_B는 베이스에서 N_A가 e(자연상수 2.718) 배만큼 변하는 거리를 나타내는 상수이다.

대부분의 영역에서 $N_D \gg N_A$인 n형 컬렉터에서도 유사한 분석을 수행하면 다음과 같은 식을 얻을 수 있다.

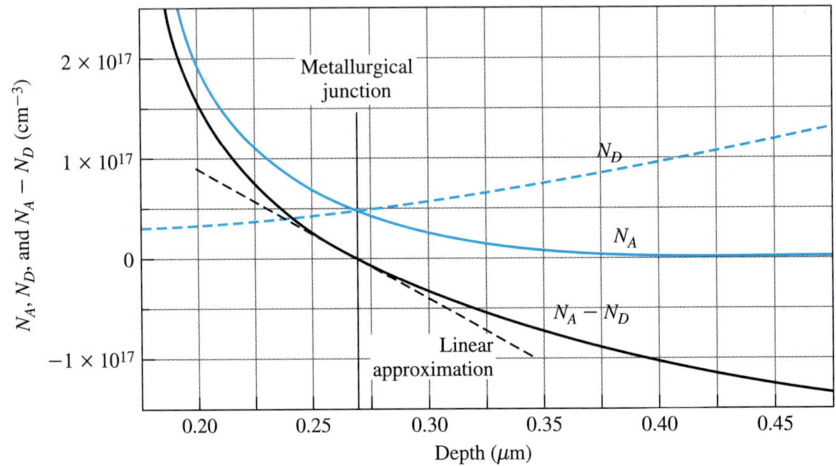

그림 6.4 베이스-컬렉터 접합 부근의 N_D, N_A, $N_A - N_D$ 그래프. 야금 접합은 $N_A - N_D = 0$이 되는 $x = 0.27\,\mu$m 지점에 위치해 있다.

$$N'_D \approx N_D = N_D(0)\, e^{x/\lambda_C} \tag{6.2}$$

이때 $\lambda_C = 0.195\ \mu\text{m}$이고 컬렉터 내부 전기장의 크기는 $\mathscr{E} = -1.33\ \text{V/cm}$이다.

그림 6.4는 베이스-컬렉터 접합 근처에서의 $N_D(x)$, $N_A(x)$, 그리고 $N_A(x) - N_D(x)$의 그래프를 보여준다. 이 접합은 (그림에 표시된 기울기를 따라) 선형적 경사형으로 근사되었고 이는 다음 절에서 논의한다.

예제 6.1

그림 6.2에 제시된 도핑 분포를 가진 BJT의 베이스 영역에서 평형 상태일 때 형성된 내부 전기장을 구하라.

■ **풀이**

식 6.1을 재배열하면 다음과 같은 식을 얻을 수 있다.

$$\frac{x}{\lambda_B} = \ln\frac{N_A(0)}{N_A(x)}$$

이 식에 $x = 0.27\ \mu\text{m}$일 때 $N_A = 4.5 \times 10^{16}\ \text{cm}^{-3}$의 값과 $x = 0$일 때 (외삽된) $N_A = 2.5 \times 10^{19}\ \text{cm}^{-3}$을 값을 대입하면 다음과 같이 λ_B를 얻을 수 있다.

$$\lambda_B = \frac{0.27\ \mu\text{m}}{\ln\left(\dfrac{2.5\times10^{19}\ \text{cm}^{-3}}{4.5\times10^{16}\ \text{cm}^{-3}}\right)} = 0.042\ \mu\text{m}$$

불순물이 모두 이온화되었다고 가정하면, 베이스 영역$(0.13 \le x \le 0.27\ \mu\text{m})$의 도핑 농도 분포를 다음과 같이 나타낼 수 있다.

$$p(x) = N_A(x) = N_A(0)\, e^{\frac{-x}{\lambda_B}} = N_V e^{-\frac{(E_f - E_V(x))}{kT}}$$

혹은

$$e^{\left(\frac{x}{\lambda_B} + \frac{E_f - E_V}{kT}\right)} = \frac{N_V}{N_A(0)}$$

다시 위의 식을 $[E_f - E_V(x)]$에 대하여 풀면 다음과 같은 결과를 얻을 수 있다.

$$E_f - E_V(x) = kT\left[\frac{x}{\lambda_B} + \ln\frac{N_V}{N_A(0)}\right]$$

그러나 E_f는 x에 대하여 상수이고, 전기장은 밴드 가장자리의 기울기에 비례하므로 다음과 같이 전기장을 표현할 수 있다.

$$\mathscr{E} = \frac{1}{q}\frac{dE_V(x)}{dx} = -\frac{kT}{q\lambda_B}$$

따라서 이러한 (지수의) 도핑 분포를 가진 베이스 영역의 내부 전기장은

$$\mathscr{E} = \frac{kT}{q\lambda_B} = -0.026\ \text{V}\left(\frac{1}{4.2 \times 10^{-6}\ \text{cm}}\right) = -6.1 \times 10^3\ \text{V/cm}$$

6.1 kV/cm이다. 이 내부 전기장은 전자가 베이스를 통과하는 데 걸리는 시간을 감소시키고, 결과적으로 이 BJT의 스위칭 속도(switching speed)를 증가시킨다.

6.2.1 선형적 경사형 접합

그림 6.4의 $N_A - N_D$를 베이스-컬렉터 금속 접합 x_0에서의 $N_A - N_D$ 함수 기울기를 이용하여 다음과 같이 1차 함수로 근사할 수 있다.

$$\boxed{N_A - N_D = -a(x - x_0)} \tag{6.3}$$

이때 x_0는 베이스-컬렉터 접합의 위치이고, a는 기울기 값이다. 이는 선형적 경사형 근사 방법으로, 그림 6.4에서 $a = 1.2 \times 10^{18}\ \text{cm}^{-3}/\mu\text{m}$를 얻을 수 있다.

그림 6.5는 금속 접합이 위치해 있는 $x = x_0$에서 선형적 경사형으로 근사된 알짜 도핑 농도를 위치에 따른 함수로 나타내고 있다. 수식을 단순하게 만들기 위하여 $x_0 = 0$으로 두었다. 공핍 근사를 통해 [전이 영역(transition region)에서는 사실상 자유 전자가 없으므로 양쪽에 남은 전하는 이온화된 불순물이다] 전하 부피 밀도 Q_V를 다음과 같이 나타낼 수 있다.

$$Q_V = \begin{cases} qax & -\dfrac{w}{2} \le x \le \dfrac{w}{2} \\ 0 & \text{이외의 모든 영역} \end{cases} \tag{6.4}$$

여기서 w는 전이 영역의 폭이다. 전이 영역은 $x = 0$를 중심으로 대칭이므로 그림 6.5b에서 볼 수 있듯이 $-w/2$부터 $w/2$까지이다.

이 접합에서의 전기장은 5장에서 소개했던 계단 접합의 전기장을 구하는 방법을 통해

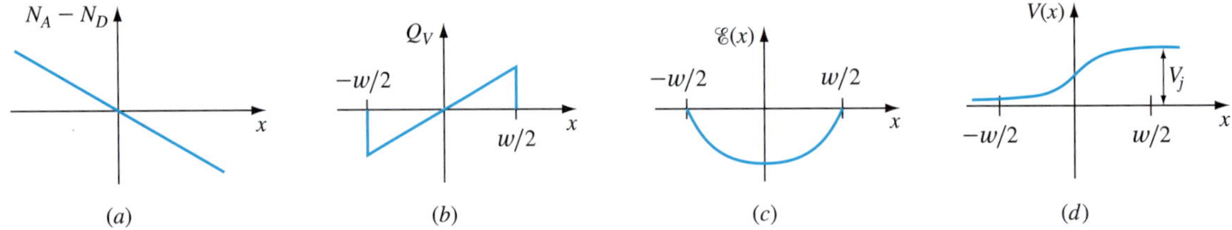

그림 6.5 선형적 경사형 접합에서 알짜 도핑 농도는 (a) x에 관하여 선형적이다. 공핍 근사를 통해 얻어진 이 접합의 전하 분포는 (b)와 같다. (c)는 전기장 분포, (d)는 전압 분포를 나타낸다.

계산할 수 있다. 다시 말해 전하 분포를 적분하여 다음과 같이 전기장을 구할 수 있으며, 그림 6.5c에서 보듯이 2차 함수이다.

$$\mathscr{E}(x) = \int_{-w/2}^{x} \frac{Q_V}{\varepsilon} dx = \frac{qa}{2\varepsilon}\left[x^2 - \left(\frac{w}{2}\right)^2\right] \qquad -\frac{w}{2} \le x \le \frac{w}{2} \tag{6.5}$$

또한, $\mathscr{E} = -dV/dx$이고, $x = -w/2$일 때 $V = 0$이므로, 전압 $V(x)$는 전기장을 적분하여 다음과 같이 계산할 수 있고 그림 6.5d와 같은 결과를 얻을 수 있다.

$$V(x) = \frac{qa}{6\varepsilon}\left(\frac{w^3}{4} + \frac{3xw^2}{4} - x^3\right) \qquad -\frac{w}{2} \le x \le \frac{w}{2} \tag{6.6}$$

마지막으로 접합의 폭 w를 $V_j = (V_{\text{bi}} - V_a)$의 관계식을 이용해 다음과 같이 정리할 수 있다.

$$w = \left[\frac{12\varepsilon V_j}{qa}\right]^{1/3} \tag{6.7}$$

지금부터는 베이스-컬렉터 접합에 선형적 경사형 근사를 적용하는 것이 타당한지를 검토해볼 것이다.

식 (6.7)에 $a = 1.2 \times 10^{18}\ \text{cm}^{-3}/\mu\text{m}$와 $V_j = 1\ \text{V}$를 대입해보면 $w = 0.088\ \mu\text{m}$를 얻을 수 있다. 다시 말해 금속 접합을 중심으로 양쪽으로 0.044 μm 지점까지 전이 영역이 형성되는 것이다. 이 거리에서는 그림 6.4에서 보이는 선형 근사된 도핑 값이 실제 값에 가까우므로, 이 근사 방법은 타당하다고 할 수 있다. 하지만 $V_j = V_{\text{bi}} - V_a = 5\ \text{V}$와 같은 역방향 전압을 가하는 경우에, 식 (6.7)로부터 계산된 공핍 영역은 금속 접합을 중심으로 양쪽으로 0.075 μm 지점까지이다. 이 접합으로부터 이만큼 떨어진 거리에서는 선형적 경사형 근사 방법의 신뢰성이 떨어지고, 계산된 접합 폭 역시 다소 부정확하다.

예상대로 도핑 분포 함수의 기울기를 나타내는 a가 커질수록 전이 영역의 폭은 감소한다.

내부 전압(built-in voltage, V_{bi})의 계산은 계단형 접합에서 계산할 때처럼 간단하지는 않다. 그림 6.6a에 전기적으로 중성인 경우의 에너지 밴드 다이어그램이 나타나 있고, 평형 상태일 때는 (b)에 나와 있다. 전이 영역의 가장자리는 그림에 표시되어 있다. 내부 전압은 다음과 같으며, 여기서 일함수는 전이 영역의 가장자리에서 계산하여 얻은 값을 사용하였다.

$$V_{\text{bi}} = \frac{1}{q}\left[\phi_P\left(\frac{-w}{2}\right) - \phi_n\left(\frac{w}{2}\right)\right] \tag{6.8}$$

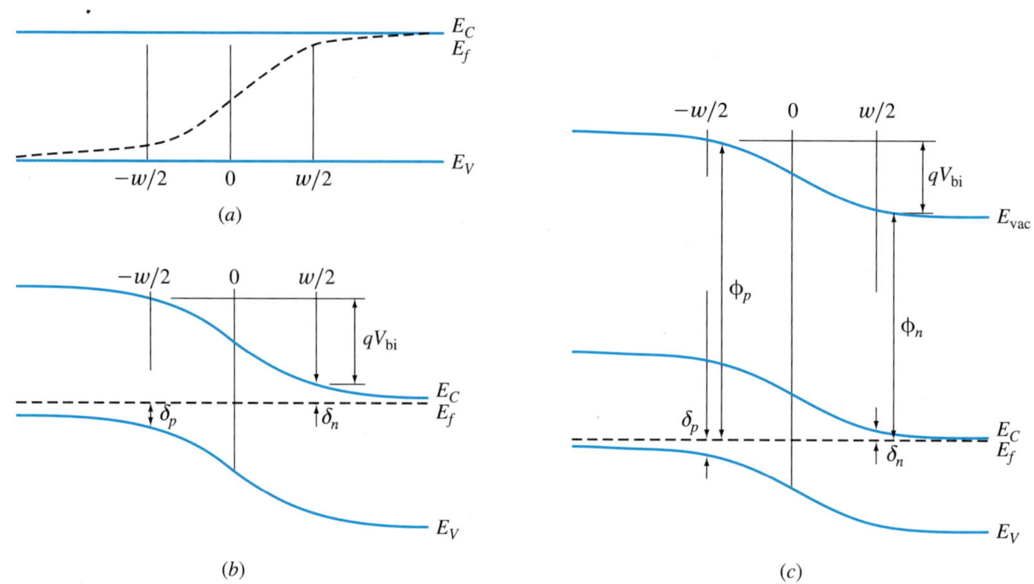

그림 6.6 선형적 경사형 접합의 에너지 밴드 다이어그램 (a) 중성 상태, (b) 평형 상태, 그리고 (c) 진공 준위가 표시된 평형 상태. 내부 전압은 $qV_{bi} = E_g - \delta_n - \delta_p$ 또는 $qV_{bi} = \Phi_p - \Phi_n$의 관계로부터 구할 수 있다.

또한, 다음과 같이 V_{bi}는 δ_n과 δ_p의 식으로도 표현할 수 있다.

$$qV_{bi} = E_g - \left[\delta_n\left(\frac{w}{2}\right) + \delta_p\left(-\frac{w}{2}\right)\right] \tag{6.9}$$

계단형 접합에 적용되는 계산 과정을 적용하여 $\delta_p = kT\ln(N_V/p_{p0})$와 $\delta_n = kT\ln(N_C/n_{n0})$으로 표현할 수 있고, 이때 n_{n0}와 p_{p0}는 공핍 영역 가장자리($-w/2$와 $+w/2$)에서 계산된 값을 사용하면 다음과 같이 V_i를 얻을 수 있다.

$$V_{bi} = \frac{kT}{q}\ln\left[\frac{\left(\frac{aw}{2}\right)^2}{n_i^2}\right] = \frac{2kT}{q}\ln\left(\frac{aw}{2n_i}\right) \tag{6.10}$$

식 (6.7)의 w를 위의 식에 대입하고, $V_j = V_{bi}$로 바꾸면 다음과 같은 식으로 정리되고 이 식을 반복 해법을 적용해 풀면 V_{bi}를 얻을 수 있다.

$$V_{bi} = \frac{2kT}{q}\ln\left[\frac{a}{2n_i}\left(\frac{12\varepsilon V_{bi}}{qa}\right)^{1/3}\right] \tag{6.11}$$

특히 임의의 도핑 분포에서 V_{bi}는 다음 식으로 나타낼 수 있다.

$$V_{\text{bi}} = \frac{1}{q}[\Phi_p(x_p) - \Phi_n(x_n)] \tag{6.12}$$

이때 Φ_p와 Φ_n는 평형 상태일 때 전이 영역의 가장자리에서 계산된 일함수이다. 이 결과는 그림 6.6c에 나타나 있다.

6.2.2 초계단형 접합

베이스-컬렉터 접합은 선형적 경사형 접합으로 다루었지만, 이전에도 언급하였듯이 이미터-베이스 접합은 n^+p형의 초계단 접합이다. 이 접합은 금속 접합으로부터 거리가 멀어질수록 베이스 영역의 도핑 농도가 감소하는 특성을 가지고 있다. 만일 접합 근처의 도핑 분포를 알고 있다면, 이 접합의 특성을 수치적으로 계산할 수 있으며 이를 수행할 수 있는 여러 소프트웨어 패키지가 있다. 여기서는 간단하게 몇 가지만 설명하기로 한다.

1. 내부 전압(built-in voltage)은 평형 상태하의 전이 영역의 가장자리에서 계산된 일함수를 이용하여 다음과 같이 정의할 수 있다.

$$V_{\text{bi}} = \frac{1}{q}[\Phi_p - \Phi_n]$$

2. 베이스 영역에 형성된 전기장은 주입된 소수 캐리어(minority carrier)를 E-B 접합으로부터 멀어지는 방향으로 가속시킨다. 이 전기장의 효과로 인하여 순방향 전압하에서 전류가 증가하고, 축적 전하 정전 용량(stored-charge capacitance)이 감소하며, 접합의 전환 속도(switching speed)가 증가한다. 이것은 양극성 트랜지스터에서 특히 중요하다.

3. 초계단형 접합은 인가전압에 따라 접합 정전 용량의 변화가 매우 크게 나타난다. 이러한 특성은 **버랙터(varactors**, 가변 용량 다이오드)와 같은 소자에 이용된다.

6.3 반도체 이종 접합

이종 접합은 이전에 언급했던 것과 같이 다른 두 종류의 물질 사이의 접합이다. 예를 들면 반도체와 금속 사이 접합, 혹은 두 개의 다른 반도체 물질 사이의 접합이 있다. 이 절에서는 반도체-반도체 이종 접합을 다룬다.

6.3.1 반도체-반도체 이종 접합의 에너지 밴드 다이어그램

밴드 갭, 전자 친화도, 이온화 전위, 그리고 일함수가 서로 다른 두 가지의 반도체 물질 사이에 형성된 접합을 알아보자. 이 접합의 전기적 특성은 이러한 물질 특성에 의해 결정된다.[1-3]

반도체 이종 접합은 χ와 E_g의 상대적인 값에 따라 여러 종류로 분류되며, 그림 6.7에 나와 있는 것처럼 **안장형(straddling)** 또는 **I 유형**, **엇갈린 형(staggered)** 또는 **II 유형**, 그리고 **단절된 형(broken-gap)** 또는 **III 유형**이 있다. I형 이종 접합이 기술적으로 가장 중요하므로 넓은 밴드 갭을 가진 반도체의 금지대역(forbidden gap)과(그림 6.7 참고) 좁은 밴드 갭을 가진 반도체의 금지대역의 (에너지) 영역이 겹치고, 접합 양측의 도핑 농도가 일정한 두 가지의 예를 다루어볼 것이다.

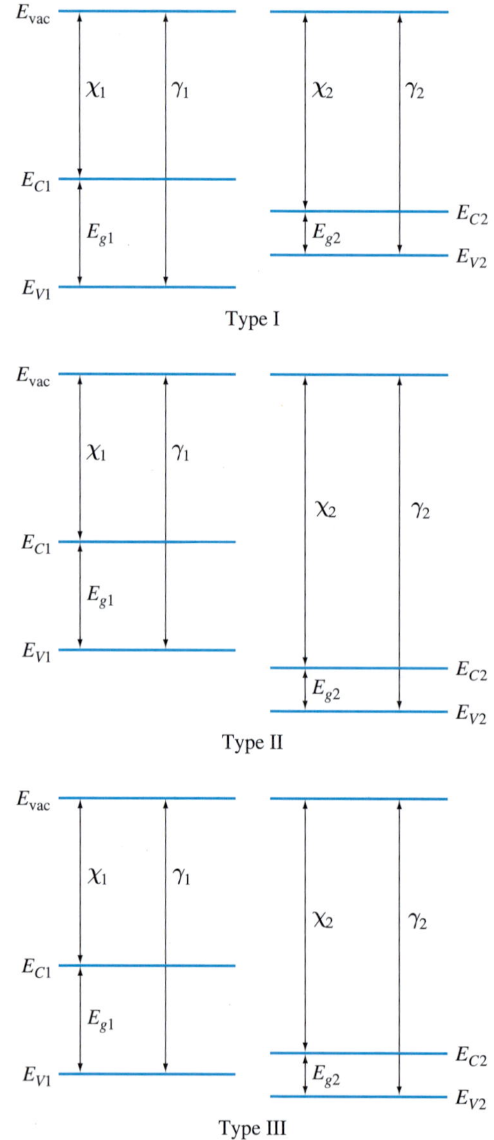

그림 6.7 이종 접합의 세 가지 형태: 넓은 밴드 갭이 좁은 밴드 갭과 겹쳐진 형태로 가장 중요한 I 형(안장형), II 형(어긋난 형), 그리고 III 형(단절된 형).

첫 번째로 **전자 친화도 모델**을 이용하여 이종 접합을 논의해볼 것이다. 이 모델에서는 금속 접합 점에서 반도체 특성 값(paramter)이 변하지 않으며 두 반도체의 격자 상수가 같다고 가정한다. 추후에 경계면 근처의 전하 쌍극자에 의한 두 반도체의 가전자대(valence band)의 변화를 이용하여 이 가정들을 수정해볼 것이다. 또한 금속 접합 근처 부근의 금지 대역 안에 생기는 상태들(**계면 상태**, Interface states)의 영향도 고려해볼 것이다.

전자 친화도 모델(Electron Affinity Model: EAM) 첫 번째 예는 두 개의 다른 반도체 사이에 형성된 이종 접합으로, 그림 6.8에 나타나 있다. 하나는(아래첨자 1로 표시) n형의 넓은 밴드 갭 반도체이고 다른 하나는(아래첨자 2로 표시) p형의 좁은 밴드 갭 반도체이다. 전자 친화도 모델을 토대로 예측한 이 접합의 밴드 다이어그램을 구하기 위하여 동종 접합의 경우처럼 거시적인 영역에서 전기적 중성 상태를 가정하고 접합면에서의 진공 준위를 기준으로 하였다.

넓은 밴드 갭 물질의 전도 상태를 대문자로 표기하는 관례에 따라, Np 접합으로 표기하였다. 두 반도체의 전자 친화도(χ)가 서로 다르므로 전도대(conduction band)의 경계에서 ΔE_C 만큼의 에너지 차이가 발생한다. 게다가 밴드 갭(그리고 따라서 이온화 전위 γ) 역시 다르므로, 두 반도체의 가전자대의 경계도 한 줄로 정렬되지 않고, ΔE_V 만큼 차이 나게 된다. 불연속점의 에너지 차이는 다음과 같다.

$$\Delta E_C = |\chi_2 - \chi_1|$$
$$\Delta E_V = |\gamma_2 - \gamma_1| \tag{6.13}$$

두 물질이 접합되게 되면, N형 물질의 전도대에 있는 전자들이 p형 물질 전도대의 낮은 에너지의 비어 있는 상태(empty states)로 흘러 들어가고, 그런 다음에 가전자대에 있는 정공들과 재결합한다. 이러한 캐리어들의 이동은 동종 접합의 경우와 같이 확산에 의하여 일

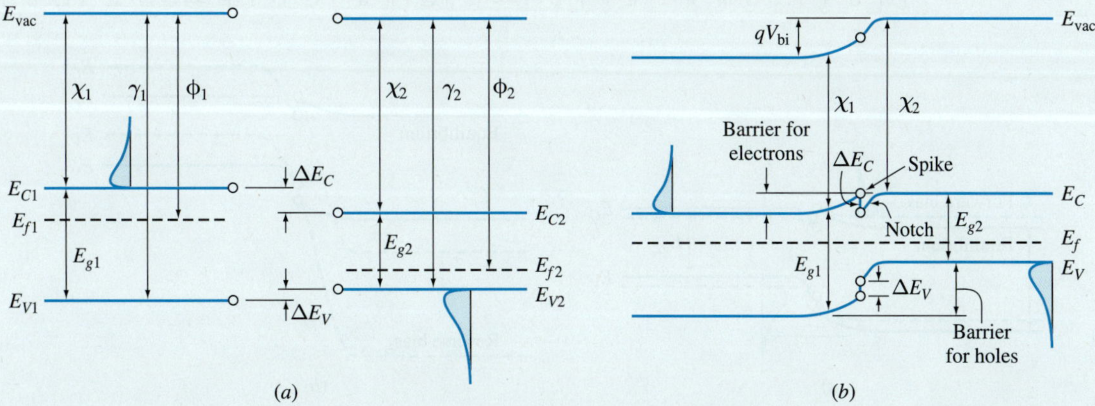

그림 6.8 전자 친화도 모델에 의해 예측된 Np I형 이종 접합의 에너지 밴드 다이어그램: (a) 전기적 중성 상태, (b) 평형 상태.

어난다. 마찬가지로 정공도 p에서 N으로 확산한다. 전하들이 이동하면, 접합 근처에 이온화된 도너(Donor)와 억셉터(Acceptor)들이 남게 되고, 동종 접합의 경우와 마찬가지로 전기장이 형성된다.

이러한 현상의 결과로 형성된 평형 상태 에너지 밴드 다이어그램이 그림 6.8에 나타나 있다. 에너지 밴드들은 경계면에 있는 E_{vac}, E_{C2}, E_{C1}, E_{V2}, E_{V1}과 같은 기준점들을 중심으로 회전한다. 에너지 밴드 다이어그램을 그릴 때, E_{vac}은 연속이고, 전자 친화도 χ, 밴드갭 E_g, 그리고 이온화 전위 γ는 해당 물질에서 고정 값이라는 것을 명심해야 한다. 따라서 E_{vac}이 휘어질 때, 전도대 가장자리도 반드시 각 물질 내의 E_{vac}에 평행하게 휘어져서 전자 친화도가 변하지 않도록 해야 한다. 마찬가지로, 전도대가 휘어지면, 가전자대 역시 반드시 각 물질 내의 전도대와 평행하게 휘어져서 밴드 갭 E_g가 변하지 않도록 해야 한다. 전도대에는 뾰족하게 솟은 부분과 움푹하게 파인 부분(위치 에너지 우물)이 존재한다. 이러한 결함(불연속점)은 특정 반도체나 그들의 도핑 농도에 따라 가전자대에 나타날 수도 있다. 이런 골짜기 혹은 위치 에너지 우물은 캐리어를 가두어둘 수 있고, 이 효과는 소자의 성능을 향상시키는 데 활용할 수 있다. 예를 들어, 레이저에서 이 에너지 우물은 전도대의 캐리어를 가두는 데 사용되고, 이는 유도방출(stimulated emission)의 확률을 높일 수 있다.

동종 접합의 경우와 같이 에너지 장벽을 낮추는 인가전압(p 방향에 양극, n 방향에 음극)을 순방향 바이어스라 하고(그림 6.9a), 반대의 전압 극성(역방향 바이어스)의 경우 에너지 장벽을 증가시킨다(그림 6.9b).

하지만 두 개의 다른 에너지 장벽이 있음에 주목해야 한다. 이 경우엔 전자에 대한 에너지 장벽이 정공에 대한 에너지 장벽보다 작다. 따라서 접합에 순방향 바이어스가 가해졌을 때, 전자가 정공보다 쉽게 주입될 것이다. 만약 전체 전류 중 전자 주입 전류의 비율을 (전자 주입 전류 / 전체 전류) **전자 주입 효율**이라 정의한다면, 이 값은 전자에 대한 에너지 장벽이 정공에 대한 에너지 장벽보다 작을 때 높아진다. 주입 효율을 높이면 쌍극자

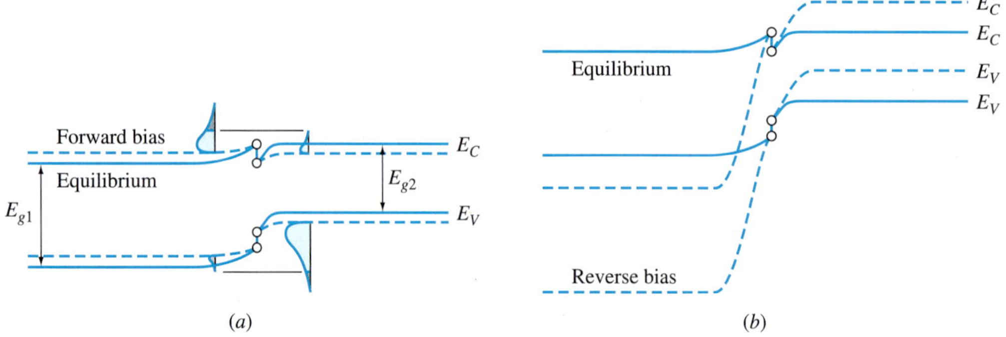

그림 6.9 EAM에 의해 예측된 Np 이종 접합의 평형 상태와(실선) 인가전압하에서의(점선) 에너지 밴드 다이어그램: (a) 순방향 바이어스, (b) 역방향 바이어스.

트랜지스터의 성능도 향상된다.

흥미로운 점은, 반도체 이종 접합의 경우 넓은 밴드 갭 물질은 그 밴드 갭보다 낮은 에너지를 가진 광자에 대하여 투명하므로 좁은 밴드 갭 물질에 대하여 '광학적 창(optical window)'의 역할을 할 수 있다는 것이다. 이 창문 효과를 이용하여 태양전지와 발광 다이오드에서 대상 광자들이 넓은 밴드 갭 창문을 통해 거의 흡수되지 않고 전달될 수 있다.

EAM을 이용하여 분석할 두 번째 종류의 이종 접합은 Nn 이종 접합이다. 기존처럼 그림 6.10a에서 볼 수 있는 중성 상태 다이어그램으로 시작한다. 이 경우, 평형 상태에 도달하려면 물질들이 접합할 때 전자들이 한쪽 반도체에서 다른 반도체로 평형 상태에 도달할 때까지 접합점을 건너 흘러가야 한다. 평형 상태는 그림 6.10에 나와 있다. 여기서는, 전자가 작은 일함수를 가진 반도체(N)의 전도대에서 큰 일함수를 가진 물질(n)의 전도대의 비어 있는 상태로 이동한다. 접합의 양쪽 물질에 있는 정공의 수는 무시할 만큼 작다.

전자가 왼쪽에서 오른쪽으로 이동하므로, 접합 부분의 전하 분포는 균일하지 않다. 이로 인하여 내부 전압이 발생한다. 하지만 이 경우엔 전자들은 왼편에서 결핍되고 오른편

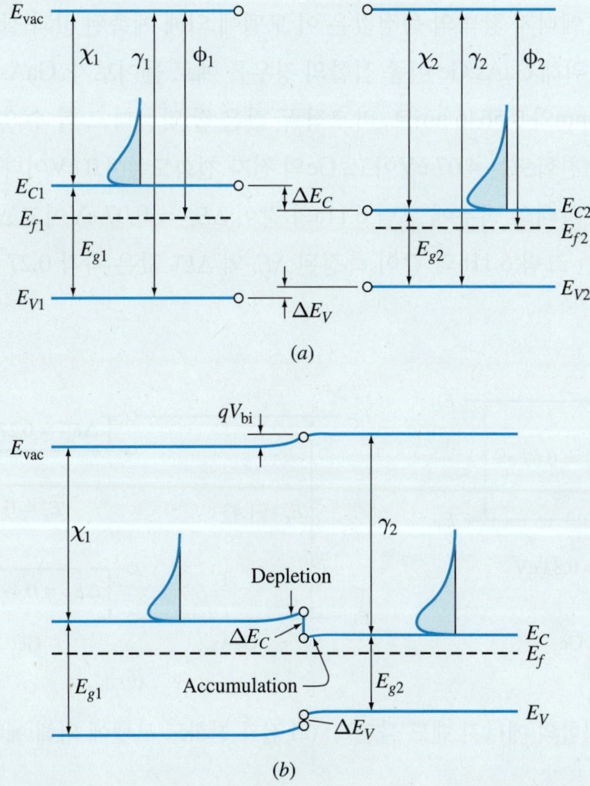

그림 6.10 전자 친화도 모델에 의해 예측된 I형 Nn 이종 접합의 에너지 밴드 다이어그램. (a) 중성 상태; 평형 상태에 도달하기 위해서는 왼쪽 물질에서 오른쪽 물질로 전자가 이동해야 한다. (b) 평형 상태.

에서는 축적된다. 다시 말해, 왼편에는 전하 농도 qN_D'를 갖는 공핍 영역이 생기고(캐리어들이 전기장에 의해 그 영역 밖으로 휩쓸려 나간다) 오른쪽엔 축적 영역이 생긴다(캐리어들이 국소 전기장에 의해 휩쓸려 들어온다). 전도대의 상태 밀도가 크므로, (음의) 전하 밀도 역시 크다. 전이 영역에서의 전체 전하는 0이므로 전이 영역의 폭이나, 접합 전압은 대부분 왼편에 존재한다.

이종 접합의 밴드 다이어그램을 그리기 위해 앞서 설명한 EAM은 밴드의 모양과 특성에 대한 일차적인 평가를 제공한다. 하지만 이것은 두 물질의 격자 상수가 완벽하게 일치하여 계면에서 어떤 불포화 결합(dangling bonds)도 없음을 가정하고 있다. 또한, 계면에서 두 물질의 가전자대 경계의 불일치로 인해 발생할 수 있는 전기 쌍극자(electric dipole)도 무시하고 있다. 이러한 효과들과, 그리고 이들이 EAM으로 예측된 접합 경계면의 밴드 정렬에 미치는 영향을 다음 절에서 정성적으로 논의해보자.

6.3.2 터널링 유도 쌍극자

전자 친화도 모델을 이용하면 계면에서의 밴드 정렬을 단순하고 직관적으로 예측할 수 있지만, 일반적으로 에너지 장벽의 측정값은 이 모델에 의해 예측된 값과 잘 맞지 않는다.[1-5] 이를 설명하기 위해 GaAs:Ge 이종 접합의 경우를 예로 들어보자. GaAs와 Ge의 격자 상수는 각각 0.5653 nm와 0.5646 nm로, 비교적 두 값은 잘 맞는다고 할 수 있다(0.124% 불일치). GaAs의 전자 친화도는 4.07 eV이고, Ge의 전자 친화도는 4.0 eV이다. 전자 친화도 모델에 의하면 중성 상태의 경우에 그림 6.11a와 같이 $\Delta E_C = 0.07$ eV이고 $\Delta E_V = 0.83$ eV로 예측된다.[2)] 하지만 그림 6.11b와 같이 측정된 ΔE_C와 ΔE_V 값은 각각 0.27 eV와 0.49 eV[1]이다.

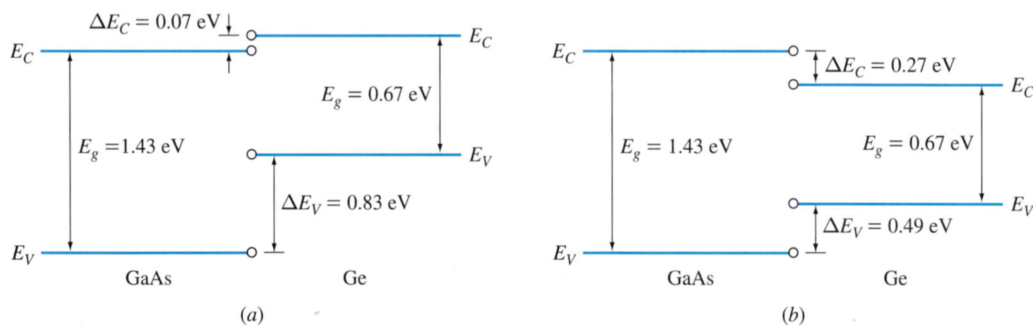

그림 6.11 GaAs:Ge 이종 접합의 에너지 밴드 불연속: (a) 전자 친화도 모델에 의해 예측된 결과, (b) 실험적으로 측정된 결과.

2) 이 경우 II형 혹은 엇갈린 형태의 이종 접합으로 나타나지만, 실험적으로 측정된 결과는, 곧 설명하겠지만 I형 접합이다.

이러한 차이는 (최소한 어느 정도는) 접합 경계면에서 가전자대 경계면의 불연속으로 인해 발생하는 전기 쌍극자의 존재로 설명할 수 있다.[3] 이것을 설명하기 위해, 그림 6.12와 같이 EAM으로 예측된 격자 상수가 일치하는 임의의 Np 이종 접합의 평형 상태 에너지 밴드 다이어그램을 고려하였다.

측정된 전자 친화도 값은 어느 정도의 불확실성은 있다. 일반적인 측정 방법으로는 진공 중에 놓인 n형 반도체에 단색광을 비추고, 반도체를 기준으로 전극 판에 양의 전압을 가하는 것이다(양극). 전자 친화도는 전자를 진공으로 방출시켜 양극에 전류를 발생시키는 최소 광자 에너지로 간주한다(에너지 보존). 하지만 파수 벡터(wave vector)도 보존되어야 한다. 광자의 파수는 무시할 만큼 작기 때문에, 전자는 반드시 전도대 바닥의 파수 벡터와 같은 진공 준위 위의 상태로 방출되어야 한다. 혹은, 포논(phonon)이 필요한 만큼의 파수를 제공할 수도 있다. 이 때문에 전자 친화도를 과대평가할 수 있다.

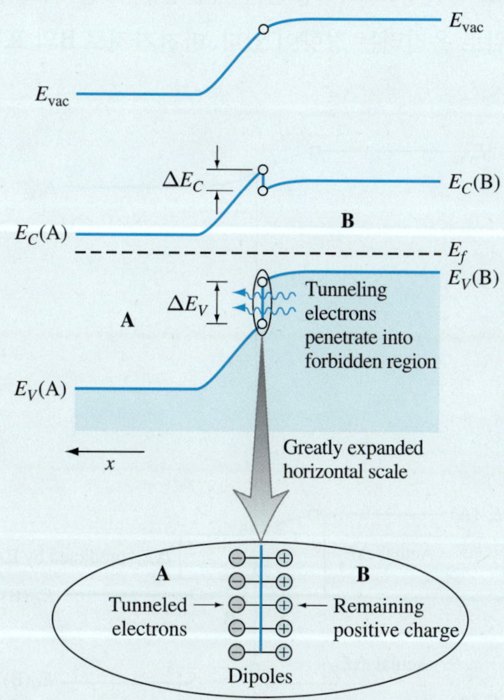

그림 6.12 전자 친화도 모델에 의해 예측된 임의의 I형 Np 이종 접합의 평형 상태 에너지 밴드 다이어그램. B 반도체의 가전자대의 전자들은 A 반도체의 금지대역 안으로 짧은 거리를 침투할 수 있고, 이로 인하여 계면 쌍극자가 발생한다.

---

3) 여러 초기 문헌들은 EAM과 실험의 차이를 계면 근처의 국지적 상태(localized states)를 가정하여 받아들였다. 좀 더 최근에는 그 차이가 주로 터널링 유도 쌍극자 층에 의한 것이라고 보고되었다.[2-4] 하지만 여전히 국재 상태와 쌍극자 층의 상대적 중요성에 대한 논쟁이 있다.

반도체 A의 금지대역과 같은 에너지에 위치한 반도체 B의 가전자대에 전자가 있음을 알 수 있다. 이 전자들은 장벽에 반사되어 돌아가기 전까지 금지 영역 내의 (나노미터 수준의) 짧은 거리를 터널링을 통해 들어갈 수 있다. 이렇게 물질 A로 전자가 침투하는 것은 접합의 A 쪽으로 음의 전하를 놓는 것과 같은 효과를 주고, 이로 인하여 이 영역에 음의 전하가 생성된다. 또한, 반드시 같은 수의 양의 공간 전하가 경계면에서 대략 1 나노미터 이내의 B의 영역에 존재해야 한다. 이 양전하는 반도체 B에 고정된 원자의 핵에 의한 것이다. 이러한 전하의 분리는 경계면에 형성된 쌍극자 층을 만든다.

이 경계면 쌍극자들은 에너지 밴드 다이어그램에 영향을 미친다. 그림 6.13은 쌍극자 층을 확대하여 보여주기 위해 그림 6.12의 접합 영역을 가로로 크게 늘린 것이다. 이 스케일에서 전자 친화도 모델에 의해 예측된 밴드는 근본적으로 평평하다. 그림에 표시된 원들은 EAM에 의해 예측된 밴드 경계의 위치를 나타낸다. 음의 전하는 에너지 밴드 다이어그램을 위로 올리므로, 터널링으로 이동한 전자들은 밴드를 위로 올려서 물질 A의 표면 근처의 밴드 경계를 위로 올리려는 경향이 있다. 마찬가지로 B의 표면의 양전하들은 밴드

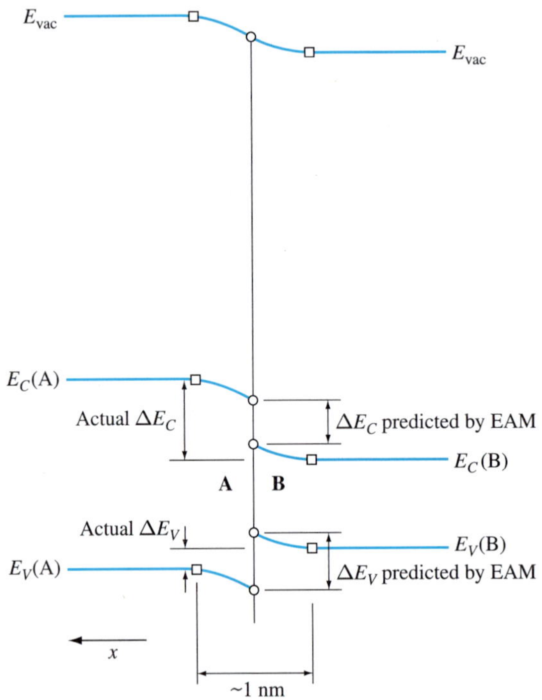

그림 6.13 그림 6.12의 이종 접합의 계면에서 수 나노미터 이내의 영역에 해당하는 부분의 평형 상태 에너지 밴드 다이어그램. 원은 전자 친화도 모델에 의해 예측된 밴드의 불연속점을 나타내고, 사각형은 터널링 유도 쌍극자의 영향을 나타낸다.

를 아래로 내리려는 경향이 있다. 그림에 표시된 사각형은 터널링 유도 쌍극자의 효과를 고려한 밴드 경계의 위치를 나타낸다.

예제 6.2

반도체 B의 전자들의 터널링에 의해 반도체 A의 금지 영역으로 침투하는 거리를 구하라. $m^* = m_0/2$로 가정하라.

■ **풀이**

에너지 $E = E_V(A) + 0.1\ \text{eV}$일 때 터널링으로 침투하는 전자를 고려하자. 이때 전자가 반도체 A로 침투할 확률은 다음과 같다.

$$\frac{\psi^*\psi(x)}{\psi^*\psi(0)} = e^{-2\left[\sqrt{(2|m^*|/\hbar^2)(E-E_V(A))}\right]x}$$

이때 E_V는 반도체 A의 가전자대 경계 근처의 전자가 갖는 위치 에너지이고, E_C의 영향은 무시되었다. 그리고 터널링 방향을 양의 x로 정하였다. 침투 거리 x_T를 $\psi^*\psi(x_T)/\psi^*\psi(0) = e^{-1}$를 만족할 때의 터널링 거리라고 정의한다면, 다음과 같은 결과를 얻을 수 있다.

$$2\sqrt{\frac{2|m^*|[E-E_V(A)]}{\hbar^2}}\,x_T = 1$$

혹은

$$\begin{aligned} x_T &= \frac{\hbar}{2\sqrt{2|m^*|[E-E_V(A)]}} \\ &= \frac{1.05\times10^{-34}\ \text{J}\cdot\text{s}}{2\sqrt{2(0.5)(9.11\times10^{-31}\ \text{kg})(1.6\times10^{-19}\ \text{J/eV})(0.1\ \text{eV})}} \\ &= 0.44\times10^{-9}\text{m} = 0.44\ \text{nm} \end{aligned}$$

따라서 전자는 넓은 밴드 갭 물질 안으로 대략 0.5 nm만큼 침투한다. 쌍극자 계면의 전체 폭(약 1 nm)은 일반적으로 1 마이크로미터 수준인 전이 영역의 폭에 비하여 매우 작다.

예제 6.3

GaAs:Ge 이종 접합의 계면에서 터널링에 의해 유도된 밴드 구부러짐으로 발생하는 전기장의 세기를 구하라.

■ **풀이**

실제 전기장을 구하기 위해 진공 준위 E_{vac}의 기울기를 살펴보자. 이 접합의 측정된 전도대 경계의 불연속 값 ΔE_C가 0.27 eV라는 점으로부터 전위의 변화를 알아낼 수 있다. 그림 6.11a로부터 전자 친화도 모델로 예측된 E_C의 차이는 반대 방향으로 0.07임을 알 수 있다. 따라서 터널링 유도 쌍극자의 효과는 전도대를 총 0.07 + 0.27 = 0.34 eV만큼 휘게 한다. 진공 준위 역시 같은 곡률로 휘게 된다.

이러한 밴드의 휨은 쌍극자의 길이와 같은 거리 내에서 일어나고, 이 거리는 약 1 nm 정도이다. $\mathscr{E} = (1/q)(dE_{\text{vac}}/dx)$이므로, 유효 전기장은 다음과 같다.[4)]

$$\mathscr{E} \cong \frac{0.34\text{ eV}\left(\dfrac{1.6\times 10^{-19}\text{ J}}{1\text{ eV}}\right)}{(1.6\times 10^{-19}\text{C})(10^{-9}\text{ m})} = 3.4\times 10^{8}\text{ V/m} = 3.4\times 10^{6}\text{ V/cm}$$

다시 한번 강조하지만 터널링 유도 쌍극자의 효과는 매우 짧은 거리에서 일어난다. 그림 6.14에 전자 친화도 모델(원, 검은 실선)에 경계면 쌍극자 효과(사각형, 컬러 실선)를 고려하여 예측된 평형 상태 에너지 밴드 다이어그램을 비교하여 나타내었다. 쌍극자 영역의 폭은 1 nm 수준이고 전이 영역의 폭은 1 μm 수준이므로, 진공 준위에 불연속점으로 나타나긴 하지만 그림에서 쌍극자 영역은 무시되었다. 전도대와 가전자대 역시 EAM에 의해 예측된 불연속성에 더해 추가적인 불연속점을 갖는다.

터널링 유도 쌍극자 효과의 크기는 가전자대의 단절된 정도에 따라 달라진다. 접합 경계면에서 단절된 E_V의 에너지 차이가 클수록, 더 많은 수의 전자가 장벽을 뚫고 금지 영역으로 침투한다. 이에 따라 더 많은 쌍극자가 형성되고, 따라서 EAM에 의한 예측의 오차는 더 커지게 된다. $\Delta E_V = 0$인 동종 접합의 경우 터널링 유도 쌍극자는 존재하지 않는다.

6.3.3 계면 상태들의 영향

이전 논의에서는 계면 상태의 존재, 즉 경계면 근처의 금지대역 내부에 존재하는 국재 상태들의 존재가 무시되었다. 이러한 상태들이 존재하면 그에 따라 에너지 밴드 다이어그램이 영향을 받는다. 이 효과들을 분석하기 위해, 일단 표면 상태들에 대하여 논의하고, 그다음에 계면 상태들에 대한 논의로 확장해볼 것이다.

반도체 결정의 주기적 특성에 의해 명확하게 정의된 허용된 에너지 대역(allowed energy band)과 금지된 에너지 대역이 존재하게 된다. 이러한 결정 주기성이 표면 근처에서 혹은 불순물과 같은 것에 의해 깨지면 밴드 구조는 바뀌게 된다. 불순물의 경우에는 금

4) 이러한 고전계에서는 전자의 위치 에너지가 주기적이었던 상태에서 급격하게 벗어나게 되고, 따라서 이 영역에서의 밴드 갭은 정확하게 정의되지 않는다.

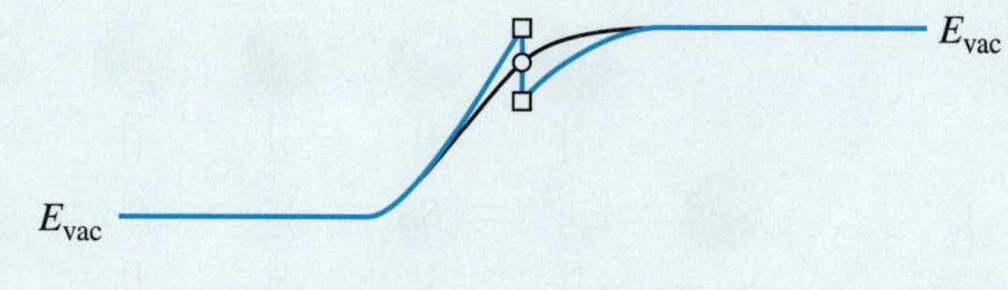

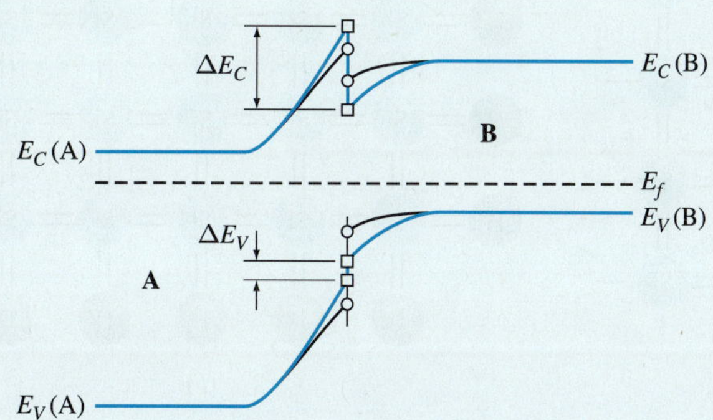

그림 6.14 그림 6.12와 6.13에서 다루었던 I형 Np 이종 접합의 평형 상태 밴드 다이어그램. E_{vac}, E_C, 그리고 E_V에서 보이는 불연속점을 나타내기 위해 가로축의 척도는 $10^2 \sim 10^3$ 배 수준으로 축소시켰다. 원과 검은색 실선은 전자 친화도 모델의 경우이고, 사각형과 색깔선은 터널링 유도 쌍극자의 영향이 포함된 결과를 나타낸다.

지대역 안에 전자나 정공을 포획할 수 있는 국지화된 허용 상태(localized allowed states)를 만든다. 표면에서도 위치 에너지가 더 이상 주기적이지 않으며, 그에 따라 밴드 구조는 더 이상 적용될 수 없다. 두 가지 효과가 있는데, 하나는 표면 그 자체에 의한 것이고, 다른 하나는 표면 근처의 비주기성 때문이다. 이것들은 일반적으로 내부의 밴드 구조가 표면까지 유효하다고 간주하고, 표면 효과는 **국재 표면 상태(localized surface states)**로 설명된다.

예를 들어 그림 6.15a에 2차원으로 그려진 Si 결정을 생각해보자. 내부에서는 각각의 Si 원자들이 4개의 이웃하는 원자들과 전자 2개를 공유하여 결합하고 있다(공유 결합). 하지만 표면의 원자들은 오직 3개의 이웃하는 원자들을 갖게 된다. 그렇다면 중성 상태하에서 각각의 표면 원자들은 결합하지 못한 하나의 전자와 하나의 비어 있는 (표면) 상태를 갖게 된다. 이들을 **불포화 결합(dangling bond)**이라고 한다. 표면 상태의 표면 밀도(단위 면적당 개수)는 표면 원자의 표면 밀도와 비슷하다. 내부의 원자 밀도가 N cm^{-3}이면, 표면의 원자 밀도는 $N^{2/3}$ cm^{-2} 수준이다. Si의 경우에, $N \approx 5 \times 10^{22}$ cm^{-3}이므로 표면 원자 밀도는 2.7×10^{15} cm^{-2} 정도가 된다. 원자는 {110}과 {100} 표면보다 {111} 표면에서 더 촘촘한 간격으로 배열되어 있으므로 이 표면에 더 많은 표면 상태가 생기게 된다. 3차원 결정에서, 실제 표면 상태 농도는 이 값보다 훨씬 더 감소하게 되는데 이는 표면 원자들이 결정 내 위치에서 벗어나 주변의 다른 원자들과 결합하여 불포화 결합을 감소시키기 때문이다.

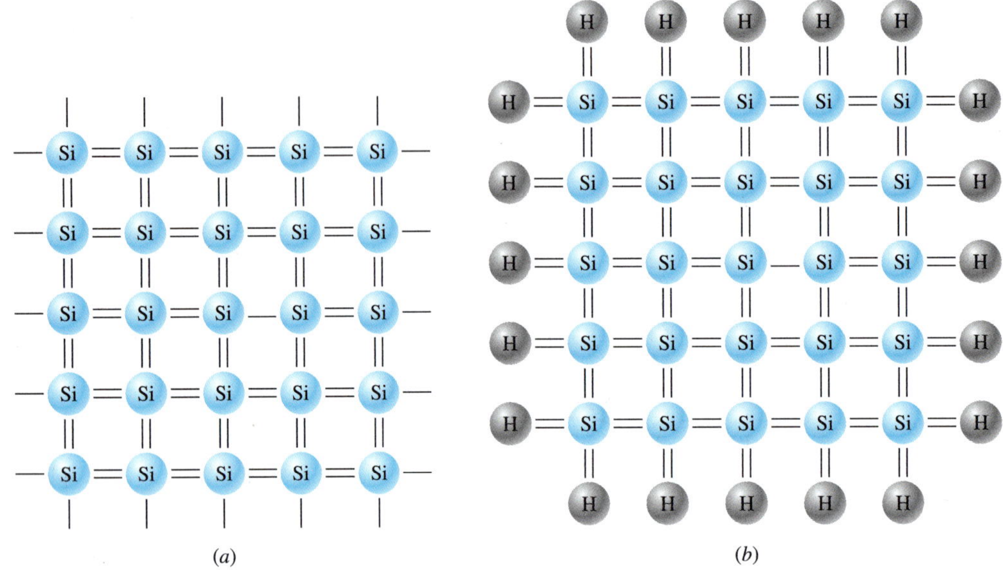

그림 6.15 (a) 표면에 미만족 결합을 보이는 결정, (b) 활성수소에 의해 결합이 안정화된 결정의 개념도.

위의 예시는 '깨끗한' 표면에 해당한다.[5] 하지만 실제의 표면에는 외부의 다른 원자들이 흡착되어 표면의 Si 원자들과 화학적으로 결합하기도 한다. 예를 들어 수소 원자에 노출된 깨끗한 Si 표면을 생각해보자. 각각의 수소 원자들은 최외각에 하나의 전자와 하나의 비어 있는 상태를 가지고 있고, 따라서 그림 6.15에서 볼 수 있듯이 Si 원자와 결합할 수 있다. 이 경우에 모든 불포화 결합들은 포화되고(채워지고), 표면 상태는 사라지게 된다. 아쉽게도 수소 원자는 쉽게 얻어지지 않고, Si 표면에서 이동성이 매우 좋다. 또한 수소 원자는 작고 매우 쉽게 확산되어서 표면 덮힘률(surface coverage)은 시간에 따라 변하게 된다.

이산화규소(SiO_2) 또한 표면 상태 밀도를 줄이는 데 이용될 수 있다. 이산화규소는 실리콘의 **자연 산화막(native oxide)**이라고 불리는데 이는 실리콘이 산소에 노출되면 자연스럽게 형성되기 때문이다. 이것은 절연체이고 전기적 절연이 필요한 곳에 쉽게 성장시킬 수 있기 때문에 집적회로의 공정에 유용하게 쓰인다. 또한 표면 상태를 화학적으로 비활성시키는 표면 **안정화(passivating)** 공정에서 수소보다 훨씬 안정적이다. 하지만 표면을 더욱 효과적으로 안정화하기 위하여 종종 이산화규소에 질소를 넣기도 한다.[6]

이들 표면 결합에 해당하는 에너지는 무엇일까? 표면 상태는 넓은 에너지 범위에 걸쳐 퍼져 있고, 많은 부분의 상태들이 내부의 금지대역에 해당하는 에너지 준위에 있다. 그림 6.16a는 중성 조건의 경우에 이 상태들이 에너지 밴드 다이어그램에서 어떻게 나타나

5) 하지만 표면의 약 1~3 nm 내부에서 원자들의 주기성이 흐트러져서 이 영역 내부에도 일부 표면 상태들이 존재한다는 것이 실험적으로 밝혀졌다.

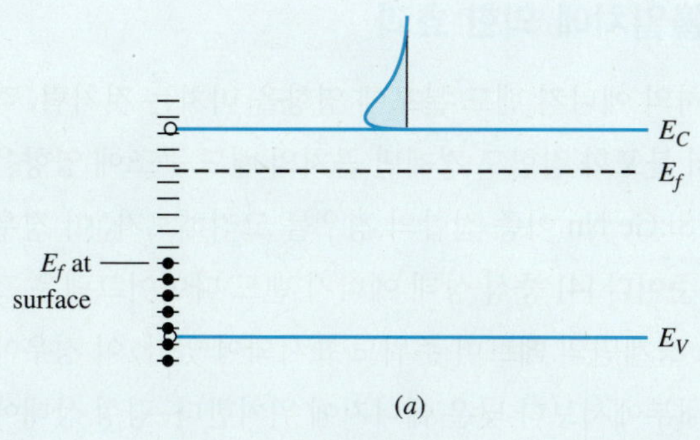

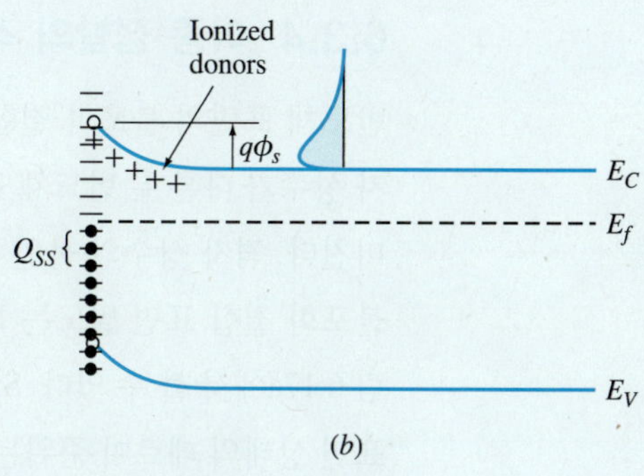

그림 6.16 표면 상태가 에너지 밴드 다이어그램에 미치는 영향. (a) 중성 상태에서는 표면에 n형 반도체의 전자보다 낮은 에너지의 비어 있는 상태들이 있다. (b) 평형 상태에서는 전자들이 표면 상태로 이동하여 표면 준위 ϕ_s를 발생시킨다. 그에 따른 단위 면적당 순 표면 상태 전하를 Q_{SS}로 표시하였다.

는지 보여준다. 특히 중성 조건의 경우엔 표면의 페르미 준위(Fermi level)가 내부의 페르미 준위와 같지 않다. 평형 상태에 도달하기 위해 내부의 전도대로부터 전자들이 이동하여 표면에 낮은 에너지의 상태들을 채운다. 만약 표면이 안정화되어 있지 않고 전자들이 일부 표면 상태를 채우게 되면 순 표면 전하가 형성된다(그림 6.16b의 Q_{SS}). 순 표면 전하는 같은 양의 반대 극성 전하를 내부에 발생시키고, 이에 따라 표면에 수직한 방향으로 전기장이 형성된다. 이 경우 양의 전하는 격자 내부에 있는 이온화된 도너(donor)이다. 그림 6.16b에서 볼 수 있듯이, 에너지 밴드는 이 전기장을 반영하기 위해 표면 근처 반도체 내부에서 휘어진다.

또한 내부를 기준으로 정전 전위(electrostatic potential) 차이 혹은 표면 전위 ϕ_s가 실리콘 표면에 존재하는 것을 볼 수 있다. ϕ_s의 값은 표면 상태의 밀도와 에너지 그리고 반도체의 도핑 농도에 따라 달라진다. ϕ_s의 극성은 보통 소수 캐리어가 표면에 포획될 수 있도록 하는 극성임을 주목할 필요가 있다. 그림 6.16에 있는 n형 물질의 경우, 정공은 표면에서 가전자대에 포획될 수 있다. 특히 표면 상태에 의한 전자 포획으로 인해 밴드가 휘어지는데, 그에 의한 위쪽 방향으로의 밴드 휘어짐은 정공에 대하여 전위 주머니(potential pocket)를 형성한다. 표면 상태 밀도와 표면 상태에 의해 유도된 표면 위치 에너지는 여러 소자의 특성에 강력한 영향을 미친다. 이것은 적절한 표면 처리에 의해 조절될 수 있는데, 그것들 중 다수는 마법 같아 보이기도 한다.

---

6) 요즘은 몸체 실리콘 표면을 더 제대로 안정화하기 위해 일부 산소를 질소로 대체하여 SiO_xN_y(실리콘 산화질소, 혹은 SiON)를 형성시킨다. 질소는 산소보다 전자를 하나 덜 가지고 있으므로, Si 표면 미만족 결합과 결합할 수 있고, 따라서 산화막-실리콘 계면 상태를 감소시킨다.

6.3.4 이종 접합의 격자 상수 불일치에 의한 효과

반도체 표면의 불포화 결합이 표면 근처의 에너지 밴드 분포에 영향을 미치는 것처럼, 격자 상수가 다른 두 반도체 경계면에서의 불포화 결합도 경계면 근처의 밴드 구조에 영향을 미친다. 격자 상수의 불일치가 4.1%인 Si:Ge Nn 이종 접합의 경우를 고려해보자. 이 경우 불포화 결합 표면 밀도는 10^{14} cm^{-2} 수준이다.[4] 중성 상태 에너지 밴드 다이어그램은 그림 6.17a에서 볼 수 있다. Si, Ge, 그리고 경계면의 페르미 준위도 표시되어 있다. 이 경우에 표면 상태의 페르미 준위는 두 반도체 내부에서보다 낮은 에너지에 위치한다. 평형 상태에 도달하기 위해, 양쪽 물질로부터 전자들이 이동하여 표면 상태에 포획되고, 이로 인하여 표면에 뾰족하게 솟은 위치 에너지가 형성된다(그림 6.17b). (단순화하기 위해 이 그림에서 터널링 유도 쌍극자 효과는 무시되었다는 것에 유의하라.) 경계면을 가로지르기 위해서는, 전자는 반드시 이 스파이크를 넘어갈 수 있을 만큼의 충분한 에너지를 가지고 있어야 한다. 이만큼의 에너지를 가진 전자는 거의 없기 때문에, 큰 계면 저항이 발생한다.[7)]

위에서 고려된 표면 상태는 격자 상수 불일치 때문에 생긴 불포화 결합으로 인해 발생한다. 또한 이 불일치는 경계면 근처의 영역에서 기계적인 변형도 유발한다. 이 변형은 거리에 따라 축적되다가 결국엔 결정에 결점을 초래한다. 이러한 결점 역시 결정의 주기성

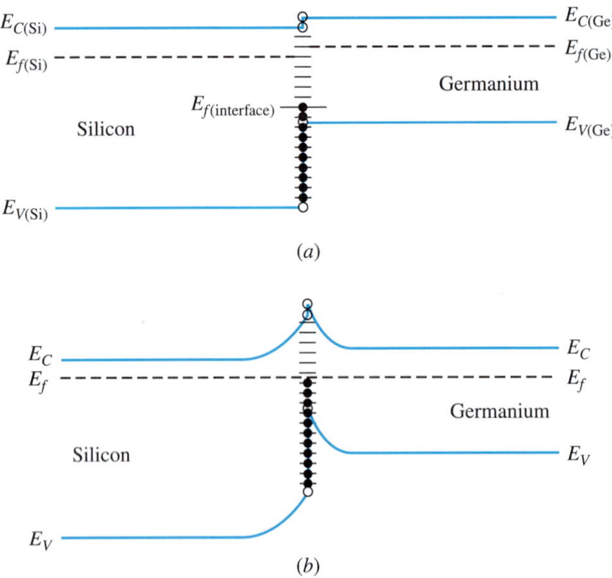

그림 6.17 전자 친화도 모델을 기반으로 예측된 실리콘-게르마늄 Nn 이종 접합의 에너지 밴드 다이어그램. 중성 상태의 경우는 (a)이며 Si, Ge, 그리고 접합 경계면의 페르미 준위가 표시되어 있다. 평형 상태의 경우는 (b)이며 페르미 준위가 한 줄로 정렬되어 있다.

7) 이전에 논의한 터널링 유도 쌍극자가 그림 6.17과 같이 전위 스파이크를 더 증가시킨다.

을 방해하므로 금지 영역 내부에 상태를 만든다.

또 하나의 계면 상태 원천으로는 접합을 가로지르는 전자 파동 함수의 비주기성이다. 비록 두 반도체의 격자 상수가 완벽하게 일치해도, 양쪽의 원자 크기가 다르기 때문에 블로흐(Bloch) 파동 함수가 접합 경계면을 가로지를 때 어느 정도 바뀔 것이다. 하지만 이 효과가 경계면의 밴드 정렬에 미치는 영향은 비교적 작다고 할 수 있다.

이종 접합의 격자 상수 불일치에 의한 불포화 결합으로 인해 발상하는 계면 상태는 심각한 문제이다. 결과적으로 이종 접합에 쓰이는 반도체들은 가능한 한 격자 상수가 일치하도록 해야 한다. 화합물 반도체 이종 접합의 경우에는 보통 3종 혹은 심지어 4종 반도체 합금을 이용하여 이를 해낼 수 있다.

6.4 금속-반도체 접합

접합은 반도체와 금속 사이에서도 발생할 수 있다. 금속이 반도체와 접촉하면 다음과 같은 두 가지 형태의 접합이 생길 수 있다: 정류형(rectifying) 접합으로 전류가 한쪽으로는 흐를 수 있으나 다른 방향으로는 흐를 수 없는 형태, 그리고 옴(Ohm)형 접합 혹은 저저항 접합으로 전류가 양방향으로 쉽게 흐를 수 있는 형태가 있다. 어느 형태의 접합이 발생할 것인지를 제어하는 것은 매우 중요하다. 옴형(저 저항) 접합은 모든 트랜지스터가 궁극적으로 외부 회로와 도체를 통해 전기적으로 접촉을 형성해야 하므로 매우 중요하다. 반면에 쇼트키 다이오드라고 불리는 정류형 금속-반도체 접합은 여러 응용 분야에 적용된다. 이 절에서는 이들 접합의 에너지 밴드 다이어그램과 전기적 특성에 대해 알아볼 것이다.

6.4.1 이상적인 금속-반도체 접합(전자 친화도 모델)

우선 전자 친화도 모델을 이용하여 이상적인 금속-반도체 접합에 대해 알아보자. 이 이상적인 모델에서는 금속-반도체 경계면 혹은 근처에서의 터널링 유도 계면 쌍극자나 금지대역 내의 상태들에 의한 효과는 무시한다. 이 부분은 다음 절에서 좀 더 현실적인 경우를 다루면서 다시 고려해볼 것이다. 우선 금속과 반도체의 정류형 접합을 생각해보자. 구체적으로 Al과 n형 Si 사이의 금속 반도체의 경우를 고려해보자. 이 접합의 중성 상태 에너지 밴드 다이어그램이 그림 6.18에 나와 있다.

알루미늄의 일함수는 4.1 eV이고 실리콘의 전자 친화도는 4.05 eV이다. 실리콘의 도너 농도는 페르미 준위가 E_c로부터 0.1 eV만큼 아래에 위치하도록 정하였다. EAM을 이용하여 평형 상태 에너지 밴드 다이어그램을 그리면 그림 6.18b와 같은 그림을 얻을 수 있다. 그림을 보면 알 수 있듯이 이 물질 조합의 경우 반도체의 전자들은 에너지 장벽을 넘지 않고 금속으로 이동할 수 있다. 금속의 전자들은 0.10 eV의 작은 에너지 장벽을 만난다(금속

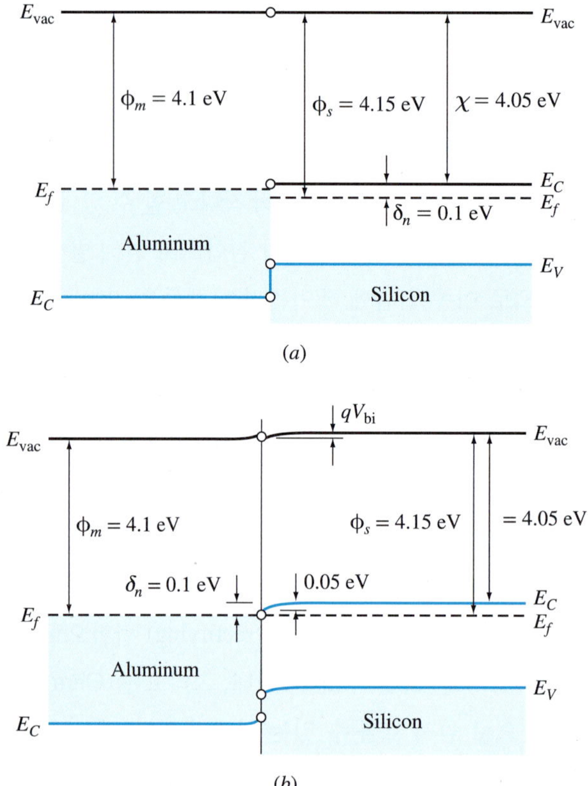

그림 6.18 전자 친화도 모델에 의해 예측된 Al:n-Si 금속-반도체 접합의 에너지 밴드 다이어그램: (a) 중성 상태, (b) 평형 상태. 금속에서 반도체로의 에너지 장벽은 0.10 eV로 예측되었으나 이는 실험값 0.7 eV보다 훨씬 작다. 좀 더 개선된 모델이 필요하다.

의 페르미 준위로부터 반도체의 전도대 경계까지의 측정치). 내부 전압은 0.05 V이다. 따라서 양 방향으로 전류가 흐를 수 있고, 이 Al-Si 접합은 저저항의 옴형 접합이라고 예상할 수 있다. 하지만 실험적으로 이 접합은 0.7 eV 수준의 에너지 장벽을 가진 정류형 접합으로 측정되었다. 명백하게 이 이상적 모델은 적합하지 않다고 할 수 있다. 다음 절에서 터널링 유도 계면 쌍극자와 계면 상태의 효과를 고려하여 이 모델을 개선해보자.

6.4.2 계면 유도 쌍극자의 영향

알루미늄과 실리콘 접합의 에너지 장벽 예측 값과 측정값의 차이는 대체로 접합면에 존재하는 전기 쌍극자에 의해 발생한다.[2]

이종 접합의 경우와 같이 Al 전도대의 전자들은 Si의 금지대역으로 터널링하여 들어가서 경계면에 전기 쌍극자를 형성한다. 그림 6.18b에서 볼 수 있듯이 전자들은 사실상 전체 금지대역으로 터널링하여 들어갈 수 있다. 이것은 많은 수의 전자들 혹은 많은 양의 전하를 나타내며, 따라서 쌍극자의 세기는 이전에 고려되었던 이종 접합에 비해 훨씬 클 것으로 예상할 수 있다. 다시 말하지만 쌍극자 영역의 두께는 1 나노미터 수준이다.

그림 6.19a는 EAM 기반의 중성 상태가 그려진 6.18의 경우에다 터널링 유도 쌍극자의 효과를 더한 것을 확대해서 보여주고 있다. 금속의 전자가 반도체의 금지대역 안으로 짧은 거리를 침투하고서 다시 반사되어 돌아오기까지, 그들은 매우 짧은 거리(1 나노미터 수준)의 실리콘 내부로 약간의 음의 전하를 운반한다. 이것은 Al 근처 Si 내부의 밴드를 위로 휘어지게 한다. 금속은 도체이므로 내부에 전기장이 형성되지 않는 것에 유의하자. 하지만 반도체 경계면에 있는 금속은 표면 쌍극자의 양의 전하로 대전(charged)될 수 있다. 쌍극자 층의 효과를 고려한 평형 상태 에너지 밴드 다이어그램이 그림 6.19b에 나타나 있다. 그림의 가로축을 공핍 영역의 범위로 조절했기 때문에 터널링에 의해 유도된 밴드 휘어짐은 급격한 불연속처럼 보인다. 이 경우에, 평형 상태에 도달하려면 전자는 반도체의 전도대에서 금속의 낮은 에너지의 허용된 상태로 이동해야 한다. 전자들이 이온화된 도너들을 남기고 반도체를 벗어나면, 반도체의 에너지가 페르미 준위가 정렬할 때까지 아래쪽으로 이동하게 된다. 소자의 전하 영역은 터널링 유도 쌍극자 층, 반도체의 공핍 영역(마이크로미터 수준), 금속 표면의 얇은 전하 영역(이 경우엔 양전하)으로 구성된다. 축적 영역은 그림 6.19a에 보이는 것처럼 메탈 내부에 단지 짧은 영역(나노미터의 수 분의 일)에 걸쳐 있다. 두 물질의 상대적인 전하 농도 때문에, 사실상 대부분의 전압 강하와 공간 전하 영역이 반도체 쪽에 존재하고, 그림 6.19b에 나타나듯이 보통 금속의 E_C는 일정하다고 가정한다.

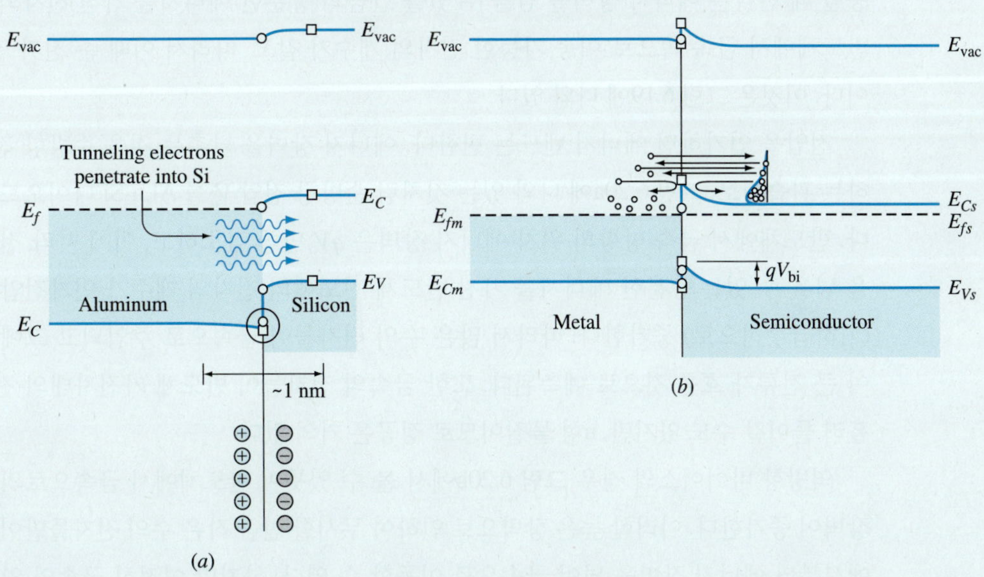

그림 6.19 (a) 터널링 유도 쌍극자의 효과를 포함한 Al:n-Si 쇼트키 장벽 다이오드의 중성 상태 에너지 밴드 다이어그램, (b) Al:n-Si 쇼트키 장벽 다이오드의 평형 상태 에너지 밴드 다이어그램.

또한 반도체에서 금속으로 이동하는 전자가 넘어야 하는 에너지 장벽과 금속에서 반도체로 이동하는 전자가 넘어야 하는 에너지 장벽이 다름에 주목하라. 경계면 쌍극자로 인해 경계면에서 거의 불연속적으로 단절된 진공 준위가 나타난다.

격자 상수가 일치하는 이종 접합의 경우 해당하는 반도체 쌍의 에너지 장벽의 높이가 비교적 특정 값으로 재현 가능하지만 금속-반도체 접합의 경우 실험적으로 측정된 에너지 장벽의 높이는 상당히 분산되어 있다(값이 일정하지 않다). 이는 금속이 증착되기 전에 Si 표면에 흡착된 외부 원자들에 의해 생겨난 계면 상태, 혹은 Si 반도체 표면의 구조 때문이라고 생각된다.[2]

6.4.3 금속-반도체 접합의 전류-전압 특성

금속-반도체 접합의 전기적 특성은 반도체 도핑 농도에 가장 크게 영향을 받는다. 여기서는 두 가지 극단적인 경우에 대해 알아보자. 첫 번째는 저농도로 도핑된 반도체의 경우를 다루어볼 것이다. 이러한 접합을 **쇼트키 장벽 다이오드(Schottky barrier diode)** 혹은 **쇼트키 다이오드(Schottky diode)**라고 부른다. 다음으로는 고농도로 도핑된 반도체의 경우를 다루어볼 것이며, 이 경우에는 저저항의 접합을 형성한다.

쇼트키 장벽 다이오드(일차원 모델) 이전에 그림 6.19의 접합을 쇼트키 다이오드라고 언급하였다. 이 장에서는 이것의 전기적 동작 특성이 다이오드와 비슷하다는 것을 증명할 것이다. 평형 상태에서는 양쪽의 페르미 준위가 같기 때문에 금속에서 반도체 쪽으로 이동할 때 만나는 에너지 장벽을 넘을 수 있을 만큼의 충분한 에너지를 가진 전자의 개수와 반도체에서 금속 쪽으로 이동 가능한 전자의 개수가 같고, 따라서 이때 순 전자 전류는 0이다. 이것은 그림 6.19에 나와 있다.

전압을 인가하면 에너지 밴드는 변한다. 에너지 장벽을 낮추는 것을 순방향 전압이라 하는 관습대로, 그림 6.20a에 나와 있는 것처럼 순방향 전압 V_a를 Al:n-Si 다이오드에 가한다. 반도체에서 금속 방향의 위치 에너지 장벽은 qV_a만큼 감소하고, 이에 따라 전위 장벽을 넘을 수 있는 충분한 에너지를 가진 반도체 전도대의 전자의 개수가 인가전압에 따라 (기하급수적으로) 증가한다. 따라서 많은 수의 전자들이 금속으로 주입되고 그에 상응하여 큰 전류가 흐를 것으로 예측된다. 또한 금속의 전자들이 반도체 가전자대의 전공으로 흘러 들어갈 수도 있지만, n형 물질이므로 정공은 거의 없다.

역방향 바이어스의 경우 그림 6.20b에서 볼 수 있듯이 반도체에서 금속으로의 에너지 장벽이 증가한다. 이러한 높은 장벽으로 인하여 무시할 만큼 작은 수의 전자들만이 반도체에서부터 에너지 장벽을 넘어 금속으로 이동할 수 있다. 하지만 여전히 금속의 일부 전자들은 에너지 장벽을 넘어 반도체로 이동할 수 있고(이 경우에 에너지 장벽은 반대 방향으

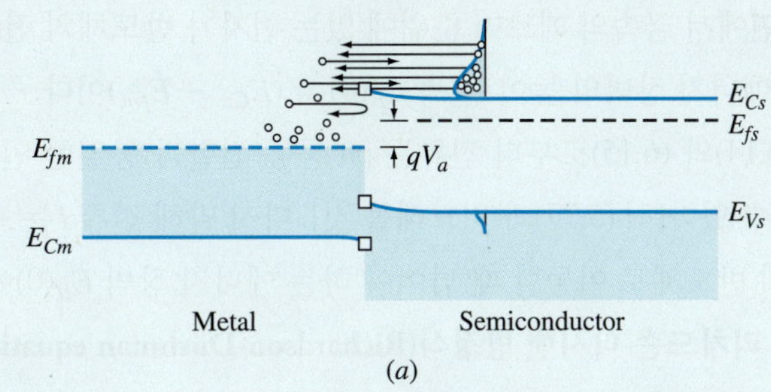

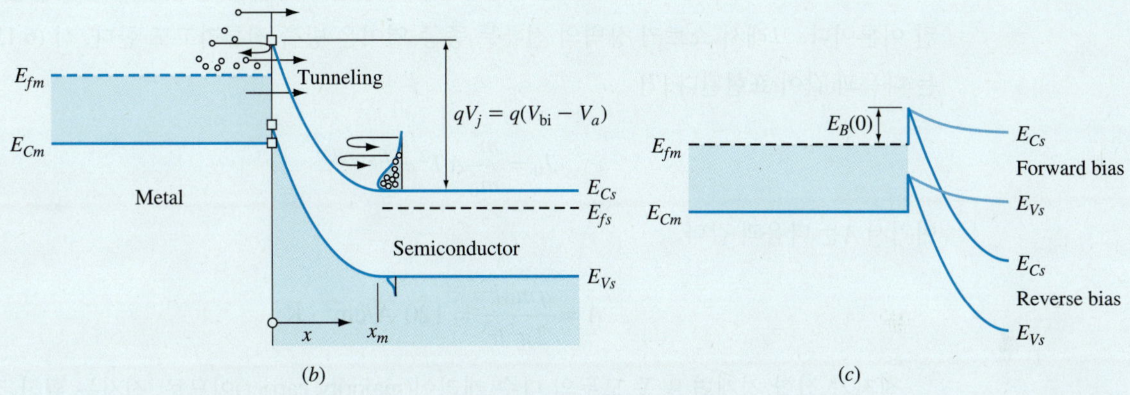

그림 6.20 금속:n형 반도체 쇼트키 장벽의 에너지 밴드 다이어그램. (a) 순방향 바이어스의 경우 전자들은 반도체에서 금속으로 흐른다. (b) 역방향 바이어스의 경우 적은 양의 누설 전류만 흐른다. (c) 1차 모델의 경우 금속-반도체 장벽($E_B(0) = E_C(x = 0) - E_{fm}$)은 인가전압에 무관하다.

로 이동하는 전자들이 넘어야 하는 에너지 장벽보다 작다), $-J_0$의 크기의 전류밀도에 기여할 수 있다. 금속에서부터 반도체로 이동하는 전자들이 넘어야 하는 에너지 장벽은 인가전압에 무관하고[8] 반도체로부터 금속으로 이동하는 전자들이 넘어야 하는 에너지 장벽은 인가전압에 지수적으로 변화하므로, 순 전류밀도는 다음과 같이 표현할 수 있다.[9]

$$J = J_0\left[e^{qV_a/kT} - 1\right] \tag{6.14}$$

여기서 계수 J_0는 다음과 같다.

$$J_0 = \frac{q\,m^*\,(kT)^2}{2\pi^2\hbar^3}e^{-E_B(0)/kT} \tag{6.15}$$

이때 m^*는 전자의 전도성 유효 질량(electron conductivity effective mass)이고 $E_B(0)$는 접

8) 실제로 장벽은 이미지 힘 효과(image force effects)로 인하여 역방향 전압이 증가함에 따라 조금 감소한다. 이는 2부 보충에서 논의할 것이다.

9) 좀 더 정확한 식은 $J = J_0[e^{qV_a/nkT} - 1]$이고, 이때 다이오드 성능 지수 n은 1보다 크다. 이는 2부 보충에서 논의할 것이다.

합 경계면에서 금속의 페르미 준위에 있는 전자가 반도체의 전도대까지 올라가는 데 넘어야 하는 에너지 장벽의 높이로, 즉 $E_B(0) = (E_{Cs} - E_{fm})$이다.

식 (6.14)와 (6.15)로부터 전류는 pn 동종 접합과 동일한 인가전압 의존성을 갖는다는 것을 알 수 있다[식 (5.77)과 비교해볼 것]. 다시 말해 전류 I는 평형 상태일 때 전자가 금속으로부터 반도체로 이동할 때 넘어야 하는 에너지 장벽 $E_B(0)$에 지수적으로 비례한다. 식 (6.15)는 **리처드슨-더시맨 방정식(Richardson-Dushman equation)**이라고 한다. 이것은 원래 금속에서부터 진공으로의 자유 전자(질량 m_0)의 열전자 방출을 설명하기 위해 발전시킨 이론이다. 그래서 쇼트키 장벽의 전류는 종종 열이온 방출 전류라고도 한다. 식 (6.15)는 다음과 같이 표현된다.[7]

$$J_0 = \frac{m^*}{m_0} A\,T^2\, e^{-E_B(0)/kT}$$

여기서 A는 다음과 같다.

$$A = \frac{q\,m_0\,k^2}{2\pi^2\hbar^3} = 120\ \text{A/cm}^2\cdot\text{K}^2$$

전자가 접합 경계면 양쪽 모두의 다수 캐리어(majority carrier)이므로, 전자는 확산 전류에 기여하지 않는다. 따라서 전류는 에너지 장벽을 넘을 수 있는 x 방향으로의 충분한 에너지를 가진 전자의 수에 따라 한정된다.

또한 역방향 바이어스가 가해진 쇼트키 다이오드에서는 터널링이 일어날 수도 있다. 그림 6.20c에서 볼 수 있듯이, 역방향 바이어스가 가해졌을 때 금속과 반도체 사이의 터널링 거리는 pn 접합의 터널링 거리보다 짧고, 따라서 역방향 터널링 전류는 쇼트키 장벽 다이오드에서 더 크다.

지금까지 Al과 n형 실리콘 사이의 금속-반도체 접합에 대해서 알아보았다. 하지만 p형 실리콘과도 접합을 만들어볼 수 있다. Al:p-Si 소자의 평형 상태 에너지 밴드 다이어그램을 그림 6.21a에서 볼 수 있다. 실험적으로 측정된 장벽의 높이는 약 0.6 eV이다(EAM으로 예측된 0.9 eV와 비교). 정공이 다수 캐리어이기 때문에 지금부터는 정공의 움직임에 관심을 갖기로 하자. 가전자대의 정공은 위치 에너지 장벽을 만나게 된다. 순방향 바이어스가 가해졌을 때(그림 6.21b), 정공이 넘어야 하는 장벽은 낮아지고 반도체로부터 금속으로 이동하는 정공이 증가하게 된다.

그림 6.21c와 같이 역방향 바이어스가 가해졌을 때는 정공이 넘어야 하는 에너지 장벽이 높아지고, 정공은 금속으로 거의 이동하지 못한다. 반도체의 전도대에 있는 전자들은 금속으로 표동(drift)되어 이동할 수 있지만, p형 물질이기 때문에 전자의 수가 매우 작고 따라서 전류의 크기 역시 매우 작다. n형 쇼트키 다이오드와 마찬가지로 역방향 전류는 터널링에 의해 발생한다.

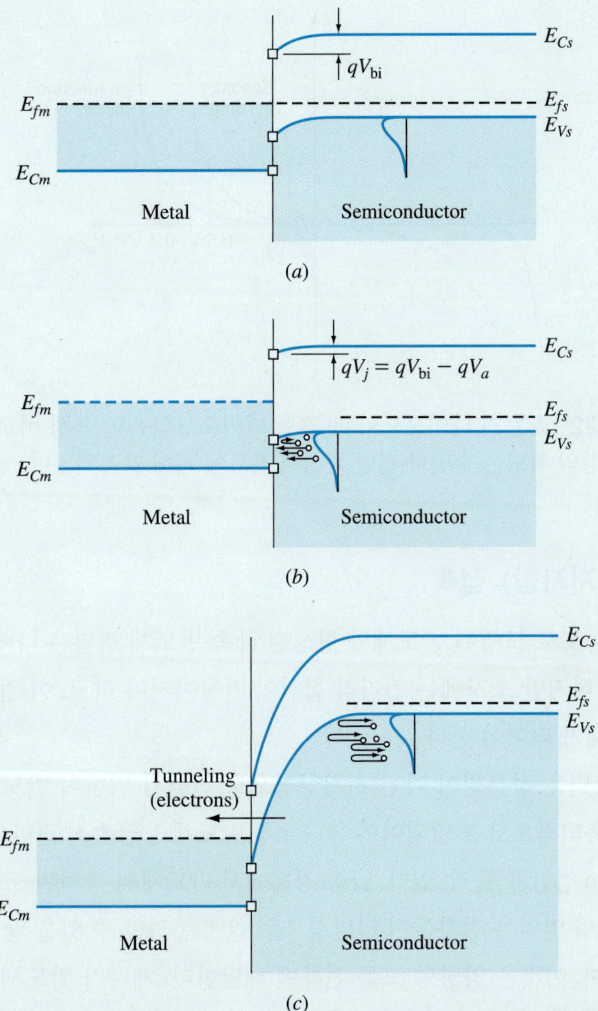

그림 6.21 p형 반도체로 만들어진 쇼트키 장벽 다이오드. (a) 평형 상태, (b) 순방향 바이어스, (c) 역방향 바이어스.

정류형 금속-반도체 접합은 다이오드이고, 따라서 정성적으로 pn 접합과 비슷하게 동작한다. 순방향 전류는 인가전압에 대하여 지수함수에 비례하여 증가하고, 역방향 바이어스가 가해졌을 때는 적은 양의 누설 전류가 흐른다.

그림 6.22는 쇼트키 다이오드와 pn 접합의 I-V_a 특성을 비교한 그래프이다. 일반적으로 쇼트키 다이오드의 내부 전압은 pn 접합의 내부 전압보다 작고, 이로 인해 특정 순방향 전압하에서 더 큰 전류가 흐르게 된다. 역방향 바이어스의 조건에선 이전에 논의된 캐리어의 터널링으로 인하여 쇼트키 장벽 다이오드에서 좀 더 완화된 역방향 특성을 나타낸다.

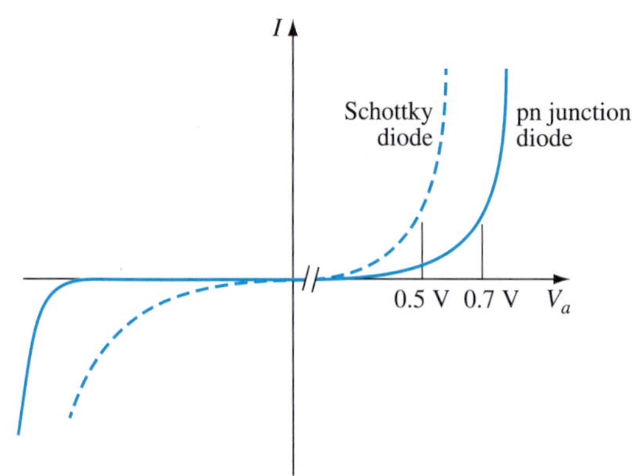

그림 6.22 쇼트키 다이오드와 pn 접합 다이오드의 I-V_a 특성 비교. 역방향 전압 특성의 척도는 순방향 전압 특성의 척도에 비해 압축되었다.

6.4.4 옴형(저저항) 접촉

이전 절에서 저농도로 도핑된 반도체와 형성된 금속-반도체 접합은 다이오드처럼 동작하는 것을 보았다. 하지만 소자에는 전기적 접점이 만들어져야 하고, 이 접점은 정류형이 아닌 저저항의 형태가 되어야 한다.

이 쇼트키 장벽을 정류형이 아닌 저저항형으로 만들기 위하여 반도체 표면은 금속이 증착되기 전에 축퇴적으로 도핑되어야 한다. n형 반도체의 금속적 접합의 예로 그림 6.23a와 같은 금속-n^+n 접합을 들 수 있다. 금속 경계에서 반도체의 축퇴된 도핑 농도 때문에 금속-n^+ 접합의 공핍 영역은 전자들이 터널링으로 쉽게 통과할 수 있을 만큼 얇고, 결과적으로 저저항이 되며, 이것은 양방향 모든 전류에 해당한다. 게다가 반도체-반도체 n^+n 접합 또한 저저항이므로, 따라서 금속과 n형 반도체 사이의 저항도 작다. 이 경우에 접합은 옴형이 된다. 그림 6.23b에 p형의 경우가 나와 있다. 이 터널링 전류는 2부의 보충 부분에서 더 자세히 논의하도록 한다.

실제적으로 모든 반도체로의 저저항 접점은 이런 식으로 만들어진다. 그림 6.1의 npn 양극성 트랜지스터를 그림 6.24에 다시 나타내었다. 활성 트랜지스터는 이미터 접점(E) 아래로 수직 방향의 n^+pn (n^+:p:n-우물) 영역이다. 금속-n^+ 이미터 접점은 앞에서 언급한 대로 저저항 접점이다. 컬렉터 접점(C)은 금속-n^+n(금속:n^+:n^+:파묻힌-n^+:n-우물) 구조로 파선(dashed line)으로 표시되었다. 베이스 접점(B)은 금속-p^+p 구조로 점선(dotted line)으로 표시되었다.

6.4.5 이종 접합 다이오드의 전류-전압(I-V_a) 특성

이종 접합의 전류-전압(I-V_a) 특성은 경계면에서의 밴드 정렬과 양쪽 면의 도핑 형태에 가

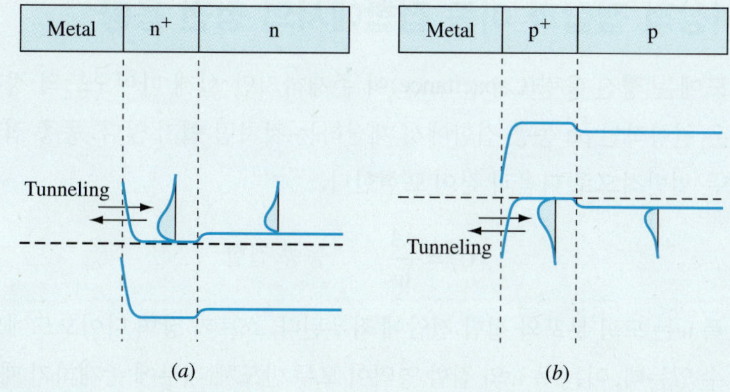

그림 6.23 축퇴적으로 도핑된 표면층을 이용한 저저항 금속-반도체 접점. (a) 금속-n^+n 접점, (b) 금속-p^+p 접점. 쇼트키 장벽은 터널링에 의한 침투를 허용할 만큼 얇다.

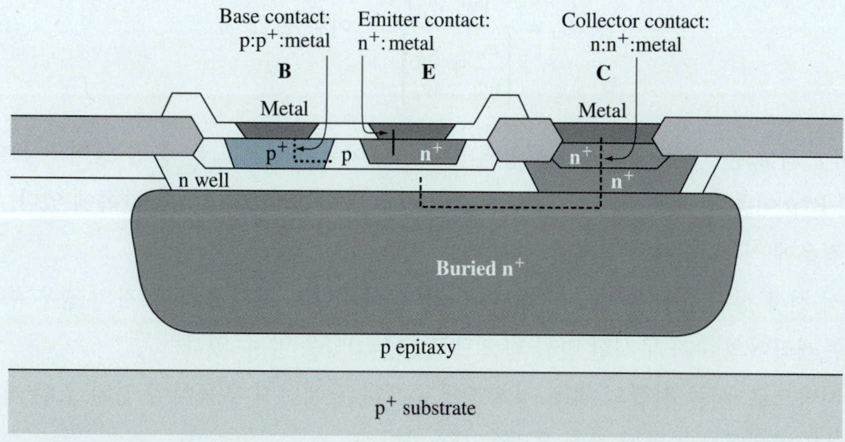

그림 6.24 저저항 접점이 표시된 npn 동종 접합 트랜지스터의 개념도. 베이스에는 p:p^+:금속 접점, 이미터에는 n^+:금속 접점, 그리고 컬렉터에는 n:n^+:금속 접점이 있다.

장 큰 영향을 받는다. 게다가 물질 경계면의 계면 상태는 상당한 생성-재결합(generation-recombination) 전류를 발생시킨다. 이러한 복잡성 때문에 이종 접합의 I-V_a 특성을 정확하게 예측하는 것은 어렵다.

이 장에서 고려하였던 격자 상수가 일치하는 I형 형태의 이종 접합의 경우 Np와 Pn 이종 접합의 경계를 가로지르는 전류는 주로 소수 캐리어의 확산에 의한 것이다. Nn과 Pp 이종 접합의 경우에는 다수 캐리어의 열이온 방출에 의해 전류가 발생한다. 다른 형태의 다이오드와 같이 순방향의 전압을 인가하면 전류는 지수적으로 증가하고, 역방향의 전압을 인가하면 적은 양의 누설 전류가 발생한다.

6.5 비이상적 접합과 이종 접합에서의 정전 용량

모든 다이오드에는 정전 용량(Capacitance)이 존재하지만 실제 다이오드의 정전 용량을 계산하는 것은 원형적인 pn 동종 접합에서 계산하는 것처럼 쉽지 않다. 동종 접합에서 접합 정전 용량은 일반적으로 다음과 같이 표현한다.

$$C_j = \frac{\varepsilon A}{w} \qquad \text{동종 접합} \tag{6.16}$$

이때 접합의 폭 w는 도핑 분포와 접합 전압에 좌우된다. 쇼트키 장벽 다이오드에도 같은 공식을 적용할 수 있는데, 이는 폭 w의 접합 영역이 모두 반도체 내부에 존재하기 때문이다.

Np와 Pn I형 이종 접합의 경우, 접합 정전 용량은 두 축전기(Capacitance)가 직렬로 연결되어 있는 것으로 간주하여 다음과 같은 식으로 계산된다.

$$C_j = \frac{A\left[\dfrac{\varepsilon_n \varepsilon_p}{w_n w_p}\right]}{\left[\dfrac{\varepsilon_n}{w_n} + \dfrac{\varepsilon_p}{w_p}\right]} \qquad \text{이종 접합} \tag{6.17}$$

여기서 ε_n과 ε_p는 각각 p 영역과 n 영역의 유전율이고, w_n과 w_p는 공핍 영역의 폭이다. N^+n과 P^+p 이종 접합과 쇼트키 장벽 접합의 경우 공핍 영역은 대부분 한쪽에 있다. 따라서 이 경우에 식 (6.16)으로 근사할 수 있다.

축적 전하 정전 용량은 계산이 더 쉽지 않다. 하지만 쇼트키 장벽 소자의 경우 주입되는 소수 캐리어의 수가 무시할 만큼 작으므로 $C_{sc} \approx 0$임을 알 수 있다.

마지막으로, 이종 접합의 경우 경계면에 존재하는 에너지 우물이 주입된 소수 캐리어의 재생을 방해하므로 축적 정전 용량이 감소한다.

6.6 요약

이 장에서는 5장에서 다루었던 원형적인 동종 접합의 결과를 비원형적인 동종 접합, 이종 접합, 그리고 금속-반도체 접합으로 확장하였다.

우선 전자 친화도 모델(EAM)을 이용하여 금속학적 접합에서의 평형 상태 에너지 밴드 다이어그램을 예측하였다. 이 모델은 격자의 주기성이 경계면에 걸쳐 일정하고 $\Delta E_V = 0$인 경우에 적합한 모델이다. ΔE_V가 0이 아닌 이종 접합의 경우에는 경계면에서 나노미터 이내의 영역에 발생하는 터널링 유도 쌍극자로 인해 전자 친화도 모델로 예측한 밴드 정렬과는 다른 결과를 얻게 된다. 금속-반도체 접합의 경우에는 비슷한 터널링 유도 쌍극자와 더불어 계면 상태의 존재가 밴드 정렬에 영향을 미친다.

pn 접합의 전류는 주입된 소수 캐리어가 접합으로부터 멀리 확산되는 비율에 의해 한정되지만, 금속-반도체(쇼트키 장벽) 접합에서 주입되는 소수 캐리어의 수는 에너지 장벽을 넘어 열이온적으로 주입되는 다수 캐리어에 비해 무시할 만큼 작다. 반도체가 축퇴적으로 도핑되어 있는 금속-반도체 접합에서는 에너지 장벽을 터널링으로 통과할 수 있을 만큼 공핍 영역의 폭이 좁기 때문에 낮은 저항의 접합이 생긴다.

이 장에서는 대부분 정성적인 분석을 제시하였는데, 그 이유는 정량적 분석은 도핑 분포나 밴드 정렬의 정보를 필요로 하고, 닫힌 형태의 해(closed-form solution)로 수정하기 어렵기 때문이다. 이러한 해석들은 관련된 수식들을 수치적으로 계산해주는 소자 시뮬레이터를 이용하는 것이 더 바람직하다.

6.7 참고문헌

1. S. Tiwari and D. J. Franck, "Empirical Fit to Band Discontinuities and Barrier Heights in III-V Alloy Systems," *Applied Physics Letters*, vol. 60, 1992, pp. 630-632.
2. Winfried Mönch, *Semiconductor Surfaces and Interfaces*, 4th ed., Springer-Verlag Berlin and Heidelbergh GmbH & Co. K, 2010.
3. Federico Capasso and Georgio Margaritando, eds., *Heterojunction Band Discontinuities: Physics and Device Applications*, North Holland, Amsterdam, 1987.
4. G. Margaritondo, *Electronic Structure of Semiconductor Heterojunctions*, Klewer, Dordrecht, 1988.
5. A. G. Milnes and D. L. Feucht, *Heterojunctions and Metal-Semiconductor Junctions*, Chap. 4, Academic Press, New York, 1972.
6. See, for example, A. van der Ziel, *Solid State Physical Electronics*, 2nd ed., Chap. 7, Prentice Hall, Englewood Cliffs, NJ, 1968.
7. C. R. Crowell and V. L. Rideout, "Normalized Thermionic Field Emission in Metal-Semiconductor (Schottky) Barriers," *Solid State Electronics*, vol. 12, 1969, pp. 89-105.

6.8 복습문제

1. 주어진 도핑 분포로부터 전하 분포, 전기장, 내부 전압, 에너지 밴드 다이어그램을 구하는 단계에 대하여 간략히 서술하라.
2. 본문에서 언급한 것처럼 선형적 경사형 도핑 접합에서 더 큰 기울기 계수 값이 더 좁은 공핍 영역을 발생시킬 것으로 예상되는 이유는 무엇인가?
3. 초계단형 접합이 의미하는 것은 무엇인가?
4. pn 접합에서 내부 전기장은 이온화된 도너와 억셉터에 의해 발생한다. 그림 6.10의 Nn 이종 접합에서 N 쪽에 전기장을 발생시키는 근원은 무엇인가? n 쪽의 근원은 무엇인가?

5. 전자 친화도 모델은 무엇이며, 이것은 어떻게 쓰이는가? 이 모델을 이용하여 접합의 에너지 밴드 다이어그램을 찾는 과정을 단계별로 요약하라.
6. 전도대와 가전자대의 가장자리에서 어떻게 터널링 쌍극자가 준불연속을 생성할 수 있는지를 설명하라.
7. 알루미늄과 p형 반도체 사이의 쇼트키 장벽의 경우에 반도체에서 금속으로의 정공의 흐름은 순방향 바이어스가 가해지면 증가하고 역방향 바이어스가 가해지면 감소한다. 정공은 인위적인 개념이므로, 이 현상을 반도체 가전자대의 실제 전자의 관점에서 설명하라.
8. 반도체에 저저항 접점을 형성하기 위하여 반도체의 접점 영역이 축퇴되어야 하는 이유를 설명하라.

6.9 연습문제

6.1 그림 6.1과 같은 실리콘 BJT(양극성 접합 트랜지스터)의 베이스-컬렉터 접합의 경우를 생각해보자. $a = 1.2 \times 10^{18}\ \mathrm{cm^{-3}}/\mu\mathrm{m}$인 선형적 경사형 접합을 가정했을 때, V_{bi}를 구하라.

6.2 pn 동종 접합이 그림 P6.1과 같은 도핑 분포를 가지고 있다.

a. p쪽 몸체 내부의 전기장의 세기를 구하라.

b. n쪽 몸체 내부의 전기장의 세기를 구하라.

c. 위치에 따른 $N_D - N_A$를 그리고, 기울기 a를 구하라.

d. 내부 전압을 구하라.

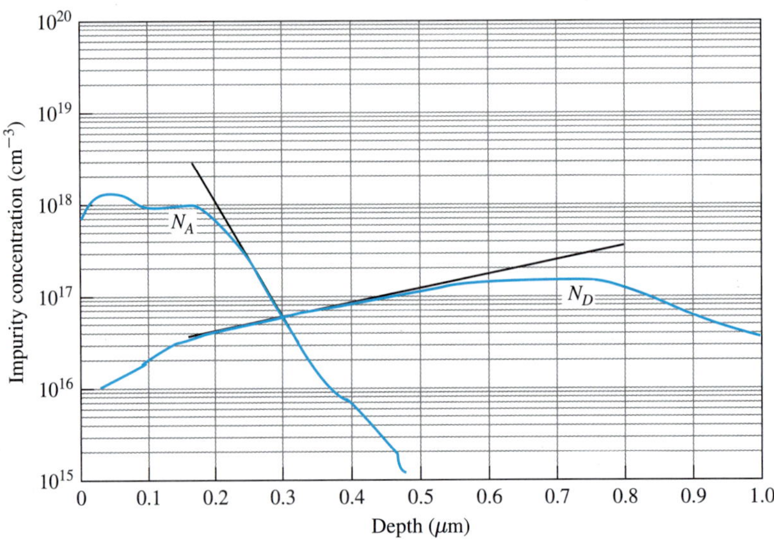

그림 P6.1

e. 평형 상태일 때 접합 폭을 구하라.

f. (e)에서 구한 폭에 대하여, 이 거리 구간에서 사용된 선형 근사의 유효성에 대해 논의하라.

6.3 6.2.2절에서 초계단형 접합은 인가전압에 따라 접합 정전 용량의 변화가 크다고 하였다. 물리적으로 왜 이렇게 예측될 수 있는지 설명하라.

6.4 그림 P6.2는 n형 반도체 A(밴드 갭: 1.5 eV)와 p형 반도체 B(밴드 갭: 1.0 eV) 사이 이종 접합의 평형 상태 에너지 밴드 다이어그램을 나타낸다.

a. 다음에 해당하는 방향을 표시하라.

전자 확산

전자 확산 전류 $J_{n(\text{diff})}$

전자 표동(drift)

전자 표동 전류 $J_{n(\text{diff})}$

정공 확산

정공 확산 전류 $J_{p(\text{diff})}$

정공 표동

정공표동 전류 $J_{p(\text{diff})}$

정공에 대한 유효 전기장

실제 전기장

b. 전도대 경계에서 양자우물과 비슷한 에너지 홈이 존재한다. 양자우물의 경우 하나 혹은 두 개의 불연속 상태를 가질 수도 있다.

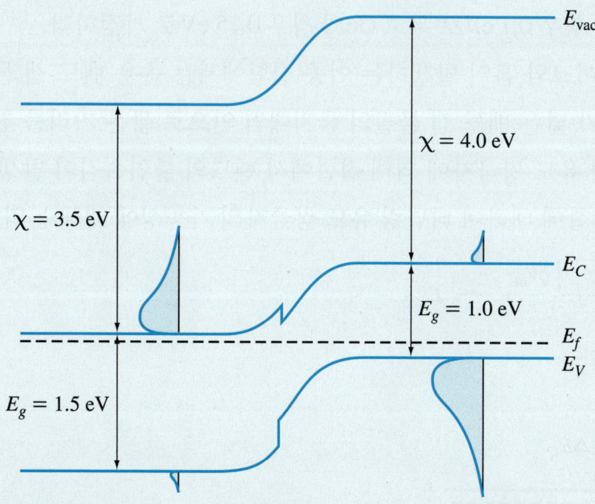

그림 P6.2

i. 전자에 대한 전위 우물의 위치를 그림에 표시하라.

ii. 만약 전자가 우물 안으로 포획되었다면, 그 전자가 우물 밖으로 탈출할 수 있는 방법(mechanism)을 나열하라.

6.5 전자 친화도 모델을 이용하여 p-GaAs ($E_g = 1.43$ eV, $\chi = 4.07$ eV, $\delta_p = 0.1$ eV)와 N-$Al_{0.3}Ga_{0.7}As$ ($E_g = 1.8$ eV, $\chi = 3.74$ eV, $\delta_n = 0.15$ eV) 이종 접합의 평형 상태 에너지 밴드 다이어그램을 (주어진 값의 비율을 맞춰) 그려라. 계면 상태는 무시하라.

6.6 위의 문제에서 GaAs를 $\delta_n = 0.1$ eV인 n형으로 바꾸고, AlGaAs를 $\delta_p = 0.15$ eV인 p형으로 바꿔서 동일 과정을 반복하라.

6.7 알짜 도핑 N_D'와 N_A'가 N 쪽과 p 쪽에서 각각 균일하게 분포된 그림 6.8과 6.9의 I형 Np 이종 접합이 있다. 이때, ε_n은 n 쪽의 유전율이고 ε_p는 p 쪽의 유전율이라고 하자. N과 p쪽의 공핍 영역 w_n과 w_p, 그리고 총 공핍 영역의 폭을 푸아송 방정식(Poisson's equation)을 이용하여 구하라. [힌트: 계면에서 전속밀도(Displacement, $\varepsilon\mathscr{E}$)는 연속이다.]

6.8 문제 6.7의 경우에 단위 면적당 접합 정전 용량은 다음과 같음을 보여라.

$$C_j = \left|\frac{dQ_V}{dV_a}\right| = \left|A\sqrt{\frac{q\varepsilon_n\varepsilon_p N_A' N_D'}{2(\varepsilon_n N_D' + \varepsilon_p N_A')(V_{bi} - V_a)}}\right|$$

6.9 간단한 전자 친화도 모델을 이용하여 그림 6.17의 SiGe Nn-접합의 에너지 밴드 다이어그램을 그려라(즉, 터널링 유도 쌍극자와 계면 상태를 무시하라). 두 가지 (전자 친화도 모델과 쌍극자가 존재하여 발생하는 영향을 포함한 모델을 이용한) 에너지 밴드 다이어그램으로부터 발생할 수 있는 전류 흐름의 차이에 대하여 논의하라. $E_C - E_f$의 값을 실리콘의 경우 0.1 eV로 두고 Ge의 경우 0.15 eV로 가정하라.

6.10 전도도에 에너지 스파이크와 홈이 발생하는 이종 접합에서는 좁은 밴드 갭 물질의 가전자대에 있는 전자가 넓은 밴드 갭 물질의 금지대역 안으로 짧은 거리를 침투할 수 있다. 이러한 터널링 유도 쌍극자에 의해 접합에서 밴드의 불연속점이 발생한다. 그림 P6.3의 Pn 이종 접합에 대하여 터널링 유도 쌍극자의 가능성에 대해 논의하라.

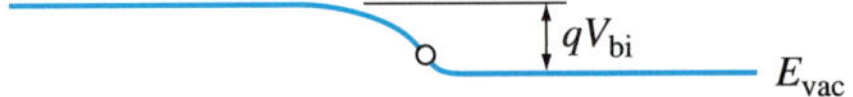

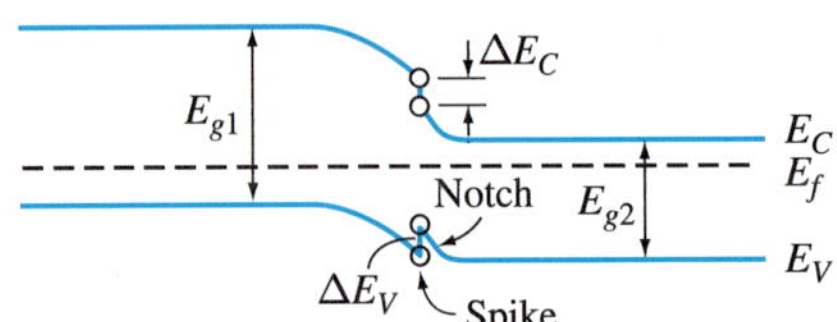

그림 P6.3

6.11 면적이 10 μm^{2}이고 전위 장벽 $E_B(0) = 1$ eV인 n-GaAs 쇼트키 장벽 다이오드에 대하여

a. 식 (6.15)로부터 I_0의 값을 구하라.

b. 다이오드 성능 지수(quality factor)가 $n = 1.3$인 경우에 순방향 I-V 특성 그래프를 그려라.

6.12 그림 P6.4의 접합에 대하여

a. 순방향과 역방향 바이어스일 때의 에너지 밴드 다이어그램을 그려라.

b. 이 접합은 저항형인가? 정류형인가? 이유는 무엇인가?

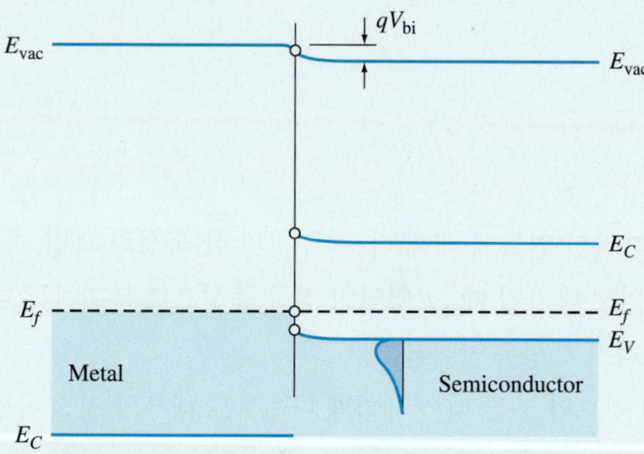

그림 P6.4

6.13 $N_D' = 10^{17}$ cm^{-3}이고 측정된 내부 전압이 0.70 V인 n-Si:Al 쇼트키 장벽 다이오드에 대하여 다음에 제시된 문제를 풀어보라. 접합의 면적은 10 μm^{2}이다.

a. 공핍 영역의 폭 w를 구하라. 이 접합은 일방형 접합(one-sided junction)으로 간주할 수 있다.

b. $V_a = -5$ V일 때 접합 정전 용량을 구하라.

6.14 $N_D' = 10^{16}$ cm^{-3}인 n형 GaAs와 $N_A' = 10^{17}$인 p형 게르마늄 사이에 이종 접합이 형성되어 있다. 밴드 가장자리에서 측정된 에너지의 불연속은 $\Delta E_C = 0.27$ eV, $\Delta E_V = 0.49$ eV이다.

a. 전자에 대한 에너지 장벽을 eV로 구하라.

b. 정공에 대한 에너지 장벽을 eV로 구하라.

c. (E_{vac}에서 측정된) 내부 전압을 eV로 구하라.

d. 진공 준위에 불연속점을 만드는 물리적인 요인은 무엇인가? 2부 보충: 다이오드

2 SUPPLEMENT

보충: 다이오드

S2.1 서론

이 보충에서는 다이오드의 추가적인 면들에 대해 다룬다. 첫째 한 극성의 과잉 캐리어가 갑자기, 예를 들어, 주입 등에 의해 추가될 때 그 영역이 전하 중성으로 복귀하는 데 필요한 시간인 유전 완화 시간의 물리적 특성을 알아본다.

그러고 나서 전에 다루었던 것보다 조금 더 상세하게 다이오드 내부의 정전 용량에 대해 탐구한다. pn 접합 다이오드나 쇼트키 다이오드의 C-V(정전 용량-전압) 특성 측정 결과가 접합 내의 도핑 분포도를 파악하는 데 어떻게 사용될 수 있는지 설명할 것이다. 전형적(계단) 접합 이외에 불균일하게 도핑된 접합도 고려할 것이다.

쇼트키 다이오드와 저저항 금속-반도체 pn 접합에서의 터널링 전류도 간단하게 논의한다.

S2.2 유전 완화 시간

pn 접합이 턴온되고, 과잉 캐리어가 접합을 가로질러 주입되면, 주입 순간에 과잉 전하가 존재할 것이다. 예를 들어, 만약 전자들이 p 쪽으로 주입되면 그곳은 추가적인 음전하가 존재할 것이다. 이 경우 p형 물질의 전하 중성 조건을 다시 확립하기 위해 추가적인 양전하를 외부 회로로부터 끌어들여야 한다. 이 과정은 적지만 유한한 시간인 유전 완화 시간 τ_D이 소비된다. 먼저 다수 캐리어에 대해 이 시간을 추정하고 나서 소수 캐리어에 대해 주정하자.

S2.2.1 경우 1: 다수 캐리어의 유전 완화 시간

우선 과잉 다수 캐리어의 경우를 살펴본다. 예를 들면, 순방향 바이어스된 쇼트키 장벽 접

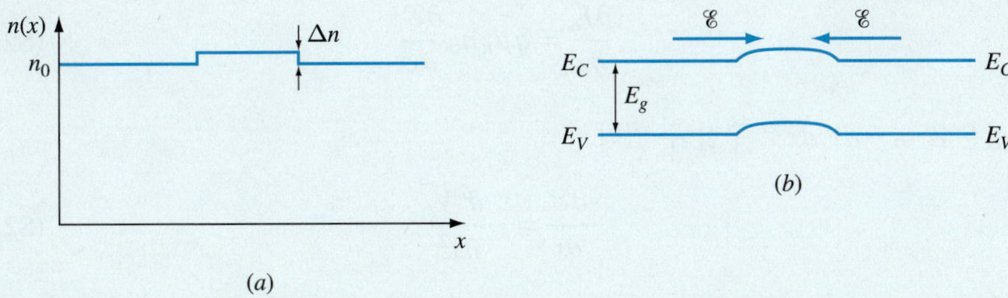

그림 S2.1 과잉 다수 캐리어에 대한 유전 완화 시간. (a) 국지화된 과잉 다수 캐리어 그룹(이 경우 전자들)이 샘플에 주입된다. (b) 전하가 일시적으로 밴드들을 왜곡시킨다. 전하는 주위 영역으로(궁극적으로는 접촉을 통해서) 빠져나가는 전자들에 의해 시간 상수 τ_D를 가지고 중성화되고 밴드는 평탄하게 돌아간다.

합의 경우와 같이 Δn의 과잉 전자가 n형 물질에 주입된 경우를 가정하자. $t = 0$인 시점에서는 그림 S2.1a에 나타낸 것같이 작은 영역에 $\Delta n(0)$의 과잉 전자가 존재한다. 이 그림은 캐리어의 농도를 위치의 함수로 보인다. 이 과잉 음전하는 국부적으로 전위를 변화시켜서 그림 S2.1b와 같이 에너지 밴드들의 가장자리가 구부러지게 한다. 에너지 밴드의 이 국부적 구부러짐은 전기장 $\mathscr{E}$를 생성하고 이 전기장은 과잉 전자들을 접합 영역에서 멀어지도록 역할을 한다.

이 전류를 찾을 수 있다. $\Delta n \ll n_0$이 되는 저주입의 경우, 전자의 전도 항에 비해서 전자의 확산 항을 무시할 수 있다. 따라서 전자에 의한 전류는 다음과 같다.

$$J_n = \sigma_n \mathscr{E} = q\mu_n n\mathscr{E} \tag{S2.1}$$

전자에 대한 연속 방정식은 다음과 같다.

$$\frac{\partial n}{\partial t} = \frac{1}{q}\frac{\partial J_n}{\partial x} \tag{S2.2}$$

이 경우에 과잉 캐리어가 다수 캐리어이고, 재결합과 열생성은 이런 높은 농도의 다수 캐리어에 무시할 만한 영향을 주기 때문에, 재결합과 열생성 항들은 무시한다. 식 (S2.1)에 미분을 취하면 다음을 얻는다.

$$\frac{\partial J_n}{\partial x} = q\mu_n\left[n\frac{\partial \mathscr{E}}{\partial x} + \mathscr{E}\frac{\partial n}{\partial x}\right] \tag{S2.3}$$

$$\frac{\partial J_n}{\partial x} = q\mu_n\left[(n_0 + \Delta n)\frac{\partial \mathscr{E}}{\partial x} + \mathscr{E}\frac{\partial (n_0 + \Delta n)}{\partial x}\right] \tag{S2.4}$$

저주입 조건을 가정했으므로 주입된 과잉 캐리어 수는 적고, 따라서 n_0에 비해 Δn은 무시할 수 있다. 또한 n_0는 일정하므로 $\partial n_0/\partial x = 0$이 됨을 인식할 수 있고, 다음의 결과를 얻는다.

$$\frac{\partial J_n}{\partial x} = q\mu_n n_0 \frac{\partial \mathscr{E}}{\partial x} \tag{S2.5}$$

전기장은 $\mathscr{E} = -dV/dx$로 구할 수 있다.

$$\frac{\partial \mathscr{E}}{\partial x} = -\frac{\partial^2 V}{\partial x^2} \tag{S2.6}$$

그리고 푸아송 방정식으로부터 다음과 같이 된다.

$$\frac{\partial^2 V}{\partial x^2} = -\frac{q\Delta n}{\varepsilon} \tag{S2.7}$$

다음에 식 (S2.5)와 (S2.7)을 결합하면 다음을 얻고

$$\frac{\partial J_n}{\partial x} = q\mu_n \left[-n_0 q \frac{\Delta n}{\varepsilon} \right] \tag{S2.8}$$

전자에 대한 연속 방정식은 다음과 같이 된다.

$$\frac{\partial n}{\partial t} = \frac{\partial \Delta n}{\partial t} = -\frac{q\mu_n n_0}{\varepsilon}\Delta n = -\frac{\sigma}{\varepsilon}\Delta n \tag{S2.9}$$

이는 표준 미분 방정식이고 이것의 해는 다음과 같다.

$$\Delta n = \Delta n(0) e^{-t/\tau_D} \tag{S2.10}$$

여기서 $\Delta n(0)$는 $t = 0$인 시점에서의 과잉 전자 농도이고 시간 상수는 다음과 같다.

$$\boxed{\tau_D = \frac{\varepsilon}{\sigma} = \frac{\varepsilon}{q n_0 \mu_n}} \tag{S2.11}$$

여기서 μ_n은 다수 캐리어 전자 이동도이다. p형 물질에서는 다수 캐리어 정공 이동도와 연관된 유사한 식들을 적용한다.

τ_D는 **유전 완화 시간(dielectric relaxation time)**이라고 부른다. 이것은 과잉 캐리어들을 중성화하는 데 요구되는 시간에 대한 척도이다. 그림 S2.1을 돌아보면 순 전하 밀도와 그에 따른 에너지 밴드를 보이는데, 순 전하 밀도가 시간 상수 τ_D를 갖고 감소해 정상(평평한) 조건으로 돌아간다.

예제 S2.1

비저항이 1 Ω-cm(0.01 Ω-m)인 실리콘의 유전 완화 시간을 구하라.

■ **풀이**

이 물질에서 $\sigma = 100$ S/m이다. 식 (S2.11)에서 다음 식을 얻는다.

$$\tau_D = \frac{\varepsilon}{\sigma} = \frac{8.85 \times 10^{-12}\ \text{F/m} \times 11.8}{100\ \text{S/m}} = 1.04 \times 10^{-12}\ \text{s}$$

이 시료의 유전 완화 상수는 충돌 간의 평균 자유 시간보다 약 10배 정도 더 큰 값이다. 또한 그 값은 반도체 소자들의 스위칭 속도보다 더 짧고, 그래서 대부분의 실제적인 경우 다수 캐리어의 이완은 순간적이라고 고려할 수 있다.

S2.2.2 경우 2: 소수 캐리어의 유전 완화 시간

만일 과잉 소수 캐리어가 주입된다면(예, 순방향 바이어스가 인가된 pn 접합) 상황이 다르다. 이 경우 소수 캐리어 농도의 변화는 국부적으로 매우 크고, 따라서 과잉 캐리어는 드리프트보다는 확산에 의해 퍼지게 될 것이다, 그러나 확산은 상대적으로 느린 과정이다.

n형 반도체에 정공이 주입된다고 가정해보자. 과잉 정공에 의해 발생한 전계는 전자에게 영향을 미친다. 시각 $t = 0$에서 과잉 정공은 있고 과잉 전자는 없다(그림 S2.2a 참조).

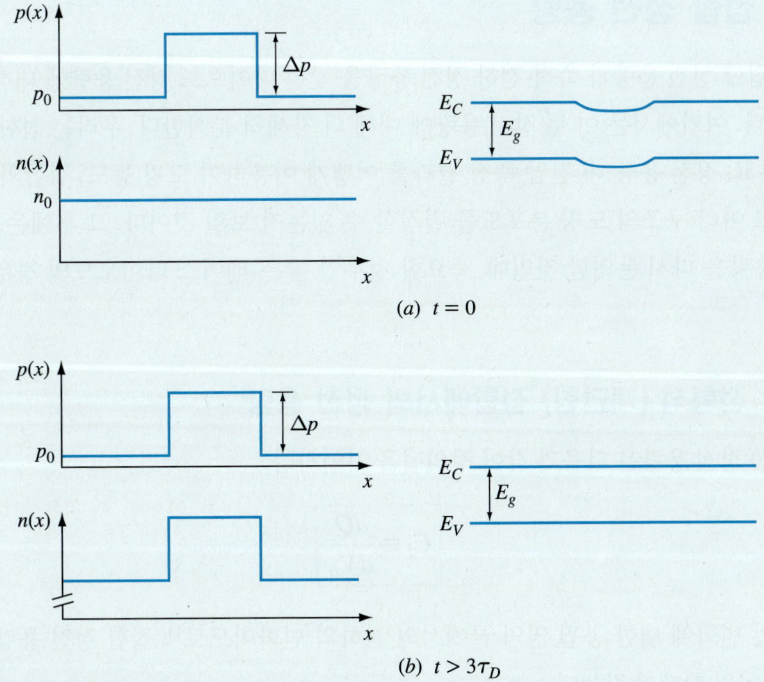

그림 S2.2 과잉 소수 캐리어(이 경우 정공들)에 대한 유전 완화. (a) 과잉 정공들이 $t = 0$에서 주입된다. 그 순간 국지적인 과잉 양전하에 의해 밴드는 밑으로 휘게 된다. (b) 유전 완화 시간의 몇 배에 해당하는 기간 동안에 과잉 전자들이 끌려 들어와서 전하를 중성화하고 밴드를 평평하게 한다. 캐리어 농도 그림은 척도가 같지 않음을 주의하라.

전자는 이 과잉 양 전하에 의해 발생한 전계에 의해 드리프트로 이 영역으로 이끌려 와서(그림 S2.2b), 음의 전자들이 이 양전하들을 중성화하려는 경향이 있다. 이 중성화는 유전 완화 시간 안에 발생한다. 전기적 중성은 빠르게 도달되지만 과잉 정공들(그리고 중성화를 위한 과잉 전자들)은 재결합하는 동안에 천천히 확산하여 일정 시간 동안에는 과잉 전공과 과잉 전자들이 아직 존재한다. 이 재결합 시간 동안에 중성 조건이 성립되기 때문에 에너지 밴드는 평평하다.

요약하면 다음과 같다.

1. 과잉 전하가 반도체에 주입된다면 대략 유전 완화 시간 τ_D 안에 전기적으로 중성화된다.
2. 만약 과잉 전하가 다수 캐리어로 구성된다면, 이 캐리어에 의해 형성되는 전계가 과잉 캐리어를 접촉을 통해 내보내는 역할을 한다.
3. 만약 과잉 전하가 소수 캐리어로 구성된다면, 이를 중성화하기 위해 다수 캐리어가 접촉을 통해 흘러 들어온다. 그러고 나서 과잉 전자와 전공이 확산하고 재결합한다.

S2.3 접합 정전 용량

5장에서 접합 정전 용량과 축적-전하 정전 용량을 갖는 다이오드 정전 용량에 대해 간략히 논의하였다. 여기에서는 이 두 정전 용량에 대해 더 자세히 분석한다. 우리는 접합 정전 용량을 다루고, 정전 용량 대 전압 측정 결과를 어떻게 이용하여 도핑 농도, 접합의 내부 전위, 그리고 여러 구조의 도핑 분포도를 결정할 수 있는지 보일 것이다. 그 후에는, 축적-전하 정전 용량을 다시 논의할 것인데, 중요한 경우인 짧은-베이스 다이오드의 경우를 다룰 것이다.

S2.3.1 전형적 (계단형) 접합에서의 정전 용량

접합(차동) 정전 용량은 다음과 같이 정의됨을 기억하라.

$$\boxed{C_j \equiv \frac{dQ}{dV_a}} \tag{S2.12}$$

dQ는 전압 변화에 대한 공핍 영역 끝에서의 전하의 변화이므로[1], 접합 정전 용량은 평행판 커패시터의 형태를 갖는다.

1) 더 정확하게는 $C_j = dQ/dV_j$이고 $dV_j = dV_a - R_s dI$이다. 그러나 정전 용량은 I가 작도록 그리고 $dV_j \approx dV_a$가 되도록 역방향 바이어스 또는 작은 순방향 바이어스하에서 측정된다.

$$C_j = \frac{\varepsilon A}{w} \tag{S2.13}$$

식 (S2.12)와 (S2.13)이 일반적이지만 전형적인 (계단) pn 접합에서의 결과는 다음과 같다.

$$C_j = A\left[\frac{q\varepsilon N_A' N_D'}{2(N_D' + N_A')(V_{\mathrm{bi}} - V_a)}\right]^{1/2} \quad \text{계단 접합} \tag{S2.14}$$

한쪽으로 치우친 계단형 접합에서는 수식이 다음과 같이 된다.

$$C_j = A\left[\frac{q\varepsilon N'}{2(V_{\mathrm{bi}} - V_a)}\right]^{1/2} \quad \text{한쪽으로 치우친 계단형 접합} \tag{S2.15}$$

여기서 N'은 낮게 도핑된 쪽의 (균일한) 순 도핑이다. 식 (S2.15)는 반도체가 균일하게 도핑된 쇼트키 다이오드에서도 유효하다.

소자 응답 시간에 대한 영향과는 별도로, 정전 용량은 실험적으로 소자에 대한 유용한 정보를 제공한다. 정전 용량-전압 특성은 접합의 내부 전압을 측정하는 데 사용될 수 있다. 이것을 알아보기 위해 다음과 같이 식 (S2.14)를 제곱한 후 역수를 취해 다음 식을 얻는다.

$$\frac{1}{C^2} = \frac{2(N_D' + N_A')(V_{\mathrm{bi}} - V_a)}{A^2 q\varepsilon N_D' N_A'} \tag{S2.16}$$

V_a를 제외하면 식 (S2.16)의 모든 것은 상수이다. $1/C^2$를 인가전압에 따라 그리면 그림 S2.3에서와 같이 직선이 된다. 이 직선을 연장하여 $(1/C)^2 = 0$이 되는 점을 구하면 $V_a = V_{\mathrm{bi}}$가 된다. 따라서 내부 전압을 실험 그래프로부터 바로 얻을 수 있다. 게다가 C-V 곡선의 기울기는 다음과 같다.

$$\frac{d\frac{1}{C^2}}{dV_a} = \frac{-2\left(N_D' + N_A'\right)}{A^2 q\varepsilon N_D' N_A'} \tag{S2.17}$$

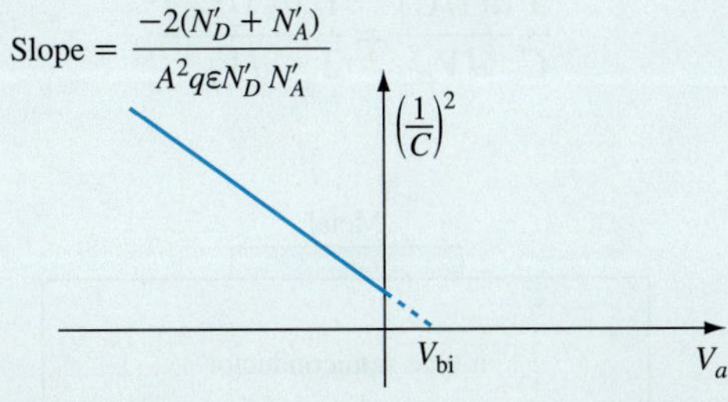

그림 S2.3 전형적인 (계단) pn 접합의 정전 용량-전압 특성은 V_{bi}를 실험적으로 측정하는 데 사용될 수 있다.

위 식에서 접합의 면적이 알려져 있다면 다음 값을 구할 수 있다.

$$\frac{N_D' + N_A'}{N_D' N_A'}$$

게다가 만일 $N_D' \gg N_A'$임이 알려졌다면, 기울기로부터 N_A'을 결정할 수 있다. 만약 $N_A' \gg N_D'$이라면 N_D'이 결정된다.

S2.3.2 불균일하게 도핑된 접합에서의 접합 정전 용량

앞에서의 해석은 양쪽이 일정하게 도핑된 계단형 접합과, 한쪽으로 치우친 계단형 접합 또는 반도체가 균일하게 도핑된 쇼트키 다이오드에서 유효하다. 그러나 불균일한 도핑인 경우에도 C_j-V_a 특성은 도핑 분포도를 구하는 데 유용하다. 그림 S2.4의 경우와 같이 쇼트키 다이오드가 반도체 표면에 제작되었지만, 이 경우 n형 실리콘의 도핑 수준이 표면에서부터 거리에 따라 변하는 경우를 고려하라. 이 경우 $1/C^2$-V_a 그래프는 직선이 아닐 것이다.

쇼트키 다이오드를 가로질러 인가된 전압이 V_a인 경우에 $N_D'(w)$를 (폭이 w인) 전이 영역 가장자리에서의 순 도너 도핑 수준이라고 하자. $C = |dQ/dV_a|$이고, dQ는 아래와 같이 쓸 수 있다.

$$dQ = qN_D'(w)Adw \tag{S2.18}$$

C는 다음과 같이 쓸 수 있다.

$$C = \left| qN_D'(w)A\frac{dw}{dV_a} \right| \tag{S2.19}$$

그러나 $C = \varepsilon A/w$이므로 $N_D'(w)$를 다음과 같이 표현할 수 있다.

$$\frac{1}{N_D'(w)} = \left| q\varepsilon A^2 \frac{1}{C}\frac{d(1/C)}{dV_a} \right| \tag{S2.20}$$

마지막으로 다음과 같으므로,

$$\frac{1}{C}\frac{d(1/C)}{dV_a} = \frac{1}{2}\frac{d\left(1/C^2\right)}{dV_a} \tag{S2.21}$$

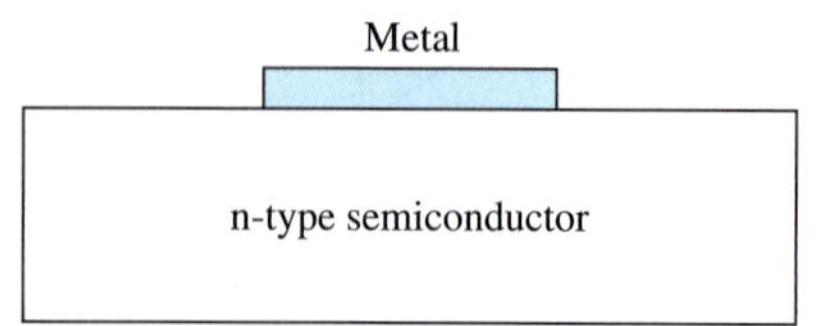

그림 S2.4 n형 반도체와 제작된 쇼트키 다이오드.

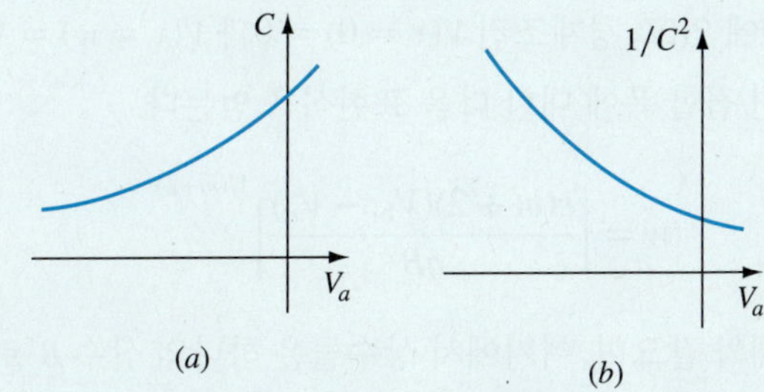

그림 S2.5 쇼트키 다이오드의 C-V 특성. (a) C 대 V_a, (b) 인가전압의 함수로 나타낸 $(1/C)^2$ 그래프.

식 (S2.20)은 다음과 같이 표현될 수 있다.

$$\frac{1}{N_D'(w)} = \left| \frac{q\varepsilon A^2}{2} \frac{d\left(1/C^2\right)}{dV_a} \right| \tag{S2.22}$$

그러면 거리의 함수로 표현되는 도핑 농도 분포도 $N_D'(w)$는 식 (S2.22)를 이용하여 C-V_a 특성과 실험적 $1/C^2$-V_a 그래프로부터 구할 수 있다. 이는 그림 S2.5에 보였다. (a)에서는 정전 용량이 전압의 함수로 그려져 있고, (b)에서는 $1/C^2$-V_a가 그려져 있다. 주어진 전압에서 w를 구하기 위해서 n형 물질로 확장되는 공핍 영역의 거리를 정전 용량과 식 (S2.13)으로부터 구할 수 있다. 그 지점에서의 도핑 농도는 $1/C^2$-V_a 특성의 기울기와 식 (S2.22)로부터 결정된다. 내부 전압은 이 경우 얻을 수 없다. 그러나 이 방법은 아직도 반도체 재료의 균일도를 측정하는 데 여전히 매우 유용하고, N_D'-x의 관계를 결정하기 위해 $1/C^2$를 인가전압의 함수로 그래프로 표현하고 또한 필요한 계산을 수행하는 자동 시스템이 사용 가능하다(또는 만들기 쉽다).

S2.3.3 버랙터

전압에 따른 정전 용량의 변화는 **가변 정전 용량 다이오드(variable capacitance diode)** 또는 **버랙터(varactor)**라고 불리는 소자류의 기본 특성이다. 이것들은 동조 회로, 라디오 신호의 주파수 변조, 주파수 변환기, 그리고 변수 증폭 등에 사용된다.

공핍 영역이 대부분 p 쪽에 존재하는, 한쪽으로 치우친 일방형 n^+p 접합을 고려하자. 도핑을 어떤 임의의 함수 형태로 아래와 같이 표현하자.

$$N_A' = Bx^m \tag{S2.23}$$

여기서 야금 접합은 $x = 0$에 있다. 푸아송 방정식은 다음과 같이 쓸 수 있는데,

$$\frac{d^2V}{dx^2} = \frac{-qN_A'}{\varepsilon}$$

천이 영역의 끝이 $x = w$에 있고, 경계조건 $V(x = 0) = 0$과 $V(x = w) = V_{\rm bi} - V_a$를 이용하여 푸아송 방정식을 풀면 접합 폭에 대한 다음 표현식을 얻는다.

$$w = \left[\frac{\varepsilon(m+2)(V_{\rm bi} - V_a)}{qB}\right]^{1/(m+2)} \tag{S2.24}$$

그러면 정전 용량은 아래와 같으며, 여기에서 상수들은 하나의 상수 B^*로 묶었다.

$$C = \left[\frac{qB\,\varepsilon^{m+1}}{(m+2)(V_{\rm bi} - V_a)}\right]^{1/(m+2)} = B^*\left(V_{\rm bi} - V_a\right)^{-1/(m+2)} = B^*\left(V_{\rm bi} - V_a\right)^{-s} \tag{S2.25}$$

민감도(sensitivity)라고 부르는 s는 다음과 같이 정의된다.

$$s = \frac{1}{m+2} \tag{S2.26}$$

s가 커질수록(또는 m이 작아질수록) 인가 (역방향) 전압에 따른 정전 용량 변화는 커진다. 선형적 경사 접합에 대해서는 $m = 1$, $s = 1/3$이다. 전형적 (계단형) 접합에서는 $m = 0$, $s = 1/2$이다.

$m = -3/2$인 흥미로운 경우가 있는데, 이 상황에서는 $s = 2$이고 정전 용량은 다음과 같다.

$$C \propto \frac{1}{(V_{\rm bi} - V_a)^2} \tag{S2.27}$$

만약 동조 회로에서 위와 같은 정전 용량이 인덕터 L과 사용된다면, 공진 주파수 f_r은 다음과 같고 인가전압에 따라 선형적으로 변화한다. 이는 동조 회로의 설계를 매우 간단하게 한다.

$$f_r = \frac{1}{2\pi\sqrt{LC}} \propto (V_{\rm bi} - V_a) \tag{S2.28}$$

S2.3.4 짧은-베이스 다이오드의 축적 전하 정전 용량

짧은-베이스 다이오드의 접합 정전 용량은 긴-베이스 다이오드와 똑같다. 그러나 짧은-베이스 다이오드는 축적된 소수 캐리어 전하가 긴-베이스 다이오드에 비하여 상당히 적기 때문에 축적 전하 정전 용량은 긴-베이스 다이오드에 비해 상당히 줄어든다.

p 영역이 균일하게 도핑되고 $W_B \ll L_n$인 그림 S2.6의 짧은-베이스 n^+p 다이오드를 고려하자. 축적된 전하는 짧은-베이스 안의 총 과잉 전하로 구성된다. 접합 가장자리에서의 전자 농도는 $n_p(x_p)$이고 접촉 끝에서는 n_{p0}이다. 따라서 재결합이 무시할 만하므로 이 분포에서 축적된 총 과잉 전하는 다음과 같이 표현된다.

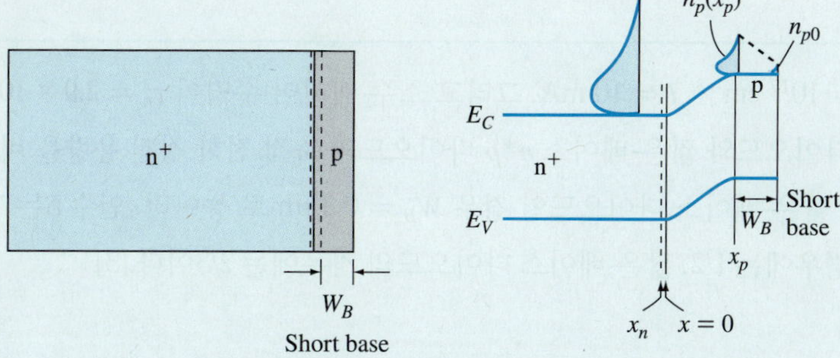

그림 S2.6 축적 전하 정전 용량을 생성하는 전하 분포를 보여주는 짧은-베이스 n^+p 접합.

$$Q_s = \frac{qA\left[n_p\left(x_p\right) - n_{p0}\right] W_B}{2} \tag{S2.29}$$

그리고 전류는 다음과 같다.

$$I = \frac{qAD_n\left[n_p\left(x_p\right) - n_{p0}\right]}{W_B} \tag{S2.30}$$

이것은 소수 캐리어 확산 전류이므로, D_n은 소수 캐리어 확산 계수이다.

식 (S2.29)와 (S2.30)으로부터 다음 식을 얻을 수 있으며

$$\frac{Q_s}{I} = \frac{(W_B)^2}{2D_n} \tag{S2.31}$$

축적된 전하는 다음과 같이 표현된다.

$$Q_s = I\frac{(W_B)^2}{2D_n} = I\tau_T \tag{S2.32}$$

여기서 **소수 캐리어 전송 시간(minority carrier transit time)** 또는 단순히 **전송 시간(transit time)**을 다음과 같이 정의한다.

$$\boxed{\tau_T \equiv \frac{Q_s}{I} = \frac{(W_B)^2}{2D_n}} \tag{S2.33}$$

5장에서와 같이 재사용 가능한 축적 전하 Q_{sr}는 실제 정전 용량에 기여하는 축적 전하의 비율이다.

$$\boxed{Q_{sr} = \delta Q_s = \delta I\tau_T} \tag{S2.34}$$

그러므로 축적 전하 정전 용량 C_{sc}는 다음과 같다.[3]

$$\boxed{C_{sc} = \frac{dQ_{sr}}{dV_a} = \delta\frac{dQ_s}{dV_a} = \delta I\tau_T\frac{q}{kT}} \tag{S2.35}$$

예제 S2.2

$N_A' = N_A = 10^{17}$ cm^{-3}, $I = 10$ mA, 그리고 소수 캐리어 수명이 $\tau_n = 2.9 \times 10^{-6}$ s인 긴-베이스 n^+p 다이오드와 짧은-베이스 n^+p 다이오드의 축적 전하 정전 용량을 비교하라(그림 3.21 참조). 짧은-베이스 다이오드인 경우 $W_B = 0.3$ μm로 놓아라. 인수 δ는 긴-베이스 다이오드의 경우에는 1/2, 짧은-베이스 다이오드의 경우에는 2/3이다.[3]

■ **풀이**

긴-베이스 다이오드인 경우에는 식 (5.116)으로부터 다음을 얻을 수 있다.

$$C_{sc} = \delta I \tau_n \frac{q}{kT} = \tfrac{1}{2} \times 10^{-2} \times 2.9 \times 10^{-6} \times \frac{1.6 \times 10^{-19}}{1.38 \times 10^{-23} \times 300} = 5.6 \times 10^{-7}\ \text{F}$$

짧은-베이스 다이오드인 경우에는 식 (S2.35)와 (S2.33)을 이용하여 다음을 얻는다.

$$C_{sc} = \delta I \tau_T \frac{q}{kT} = \delta I \frac{(W_B)^2}{2D_n}(q/kT) = \frac{2}{3} \times 10^{-2}\ \frac{(0.3 \times 10^{-4}\ \text{cm})^2}{2 \times 20\ \text{cm}^2/\text{s}} \times (1/0.026) = 5.8 \times 10^{-12}\ \text{F}$$

여기서 소수 캐리어 확산 계수는 그림 3.11로부터 $D_n = 20$ cm^2/s임을 찾았다.

이 예제에서 긴-베이스 다이오드의 축적 전하가 짧은-베이스 다이오드의 축적 전하보다 훨씬 더 크기 때문에, 긴-베이스 다이오드의 축적 전하 정전 용량은 짧은-베이스 다이오드의 축적 전하 정전 용량에 비해 약 10^5배 정도 크다.

S2.4 쇼트키 다이오드에서의 2차 효과

6장에서 쇼트키 다이오드의 1차 모델에 대해 토의하였다. 이 모델에서 다이오드 전류는 사실상 열이온에 의한 것이라고 가정하였다. 금속-반도체 접합에서 장벽 $E_B(0)$를 넘을 수 있는 x 방향으로의 충분한 에너지를 갖는 모든 캐리어들은 장벽을 넘어간다. 이는 그림 S2.7에 다시 나타내었다. 그림 (a)는 n 채널 쇼트키 다이오드의 평형 상태에서의 에너지 밴드 다이어그램을 나타낸다. 평형 상태에서 순 전류 흐름은 0이고 (a)에서 나타낸 것처럼 금속에서 반도체로의 전류밀도 J_0는 반도체에서 금속으로 흐르는 전류와 같다. V_a가 양의 값이고 순방향 바이어스인 (b)에서는 금속에서 반도체로의 장벽 $E_B(0)$는 변화가 없는 반면 반도체에서 금속으로의 장벽은 qV_a만큼(V_a는 양의 값) 감소한다. (c)에서는 역방향 바이어스(V_a는 음의 값)인 경우의 에너지 밴드 다이어그램을 보여준다. 여기에서도 금속에서 반도체로의 장벽은 변하지 않지만, 반도체에서 금속으로의 장벽은 증가한다. 이 결과는 식 (6.14)에서 주어진 전류-전압 관계이며, 1차 모델을 위해 여기서 반복한다.

$$\boxed{J = J_0\left(e^{qV_a/kT} - 1\right)} \tag{S2.36}$$

여기서 J_0는 다음과 같다.

$$\boxed{J_0 = \frac{qm^*(kT)^2}{2\pi^2\hbar^3}e^{-E_B(0)/kT}} \tag{S2.37}$$

그러나 실제 쇼트키 다이오드에서 고려할 필요가 있는 두 가지 중요한 2차 효과들이 있다. 이것들은 장벽을 통한 터널링과 영상 효과에 의한 장벽 저하이다.

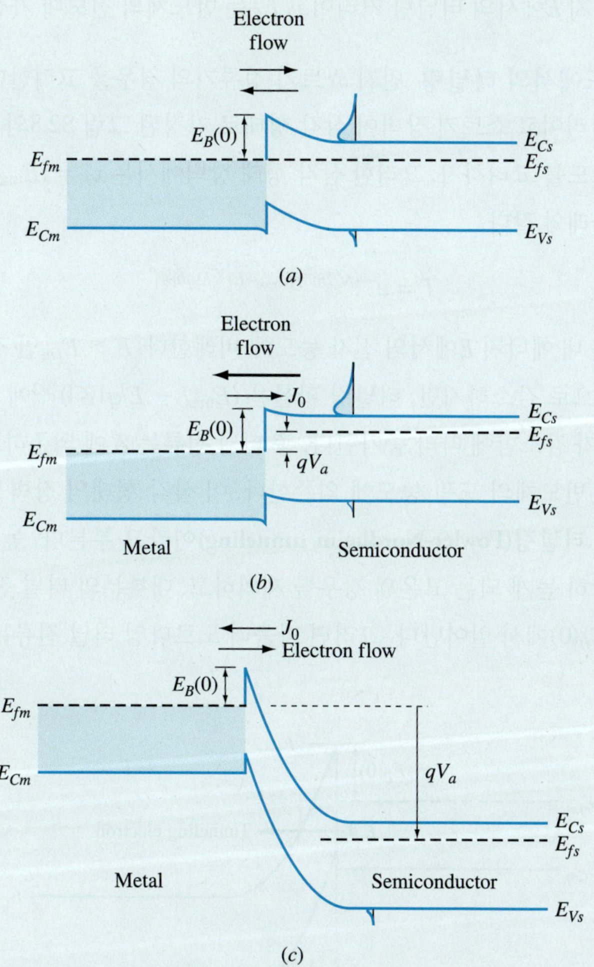

그림 S2.7 다음 조건에서의 n-쇼트키 장벽 다이오드 내의 1차 전류 흐름. (a) 순 전류가 흐르지 않는 평형 상태, (b) 반도체에서 금속으로 가는 전자에 대한 장벽이 감소되지만, 금속에서 반도체로의 장벽은 변하지 않아서, 반도체에서 금속으로 순 전류 흐름이 발생하는 순방향 바이어스, (c) 역방향 바이어스. 일차적으로 전자들이 장벽을 열이온적으로 넘는다고 가정한다.

S2.4.1 쇼트키 장벽을 통한 터널링

6장에서 보인 것처럼 쇼트키 장벽 내의 공핍 영역을 전자가 투과할 가능성이 존재한다. 우선 반도체가 낮게(비축퇴) 도핑된 정류기의 경우를 다루고 그런 다음 반도체가 축퇴 도핑된 저저항 금속 반도체 접촉을 다룬다.

어떤 경우든 x 방향 속도의 에너지 E를 갖는 전자가 반도체로 터널링할 확률은 아래와 같다.

$$T = e^{-2\int_0^{x_T}[(2m^*/\hbar^2)(E_C(x)-E)]^{1/2}dx} \qquad 0 \le x \le x_T \qquad \text{(S2.38)}$$

여기서 x_T는 에너지 E에서의 터널링 거리이고 E_C는 반도체의 전도대 가장자리이다.

쇼트키 다이오드에서의 터널링 먼저 쇼트키 정류기의 경우를 고려한다. x_T가 에너지 E에서의 터널링 거리이고 쇼트키 장벽이 삼각 형태로 가정된 그림 S2.8의 역방향 바이어스된 쇼트키 다이오드를 고려하자. 그러한 삼각 형태 장벽에서는 $x_T = (E_{max} - E)/q|\mathscr{E}|$이고 터널링 확률은 아래와 같다.

$$T = e^{-4\sqrt{2m^*}(E_{max}-E)^{3/2}/3q\hbar|\mathscr{E}|} \qquad \text{(S2.39)}$$

터널 전류는 금속 내 에너지 E에서의 전자 농도에 비례한다. $E > E_{fm}$인 경우, 전자 농도는 E에 따라 지수적으로 감소하지만, 터널링 확률은 $(E_{max} - E/q|\mathscr{E}|)^{3/2}$에 따라 지수적으로 감소하거나 $n(E)$가 감소함에 따라 증가한다. 총 터널 전류는 $\mathscr{E}$에 의존하고 $\mathscr{E}$는 인가하는 바이어스 전압과 반도체의 도핑 농도에 의존한다. 이 삼각 형태의 장벽을 통한 터널링을 **파울러 노르다임 터널링(Fowler-Nordheim tunneling)**이라고 부른다. 높은 에너지에서의 전자 농도가 상당히 높게 되는 고온의 경우를 제외하고, 대부분의 터널 전류는 $E \approx E_{fm}$ 또는 $E_{max} - E = E_B(0)$에서 일어난다. 그러면 파울러 노르다임 터널 전류는 다음과 같이 근사화할 수 있다.

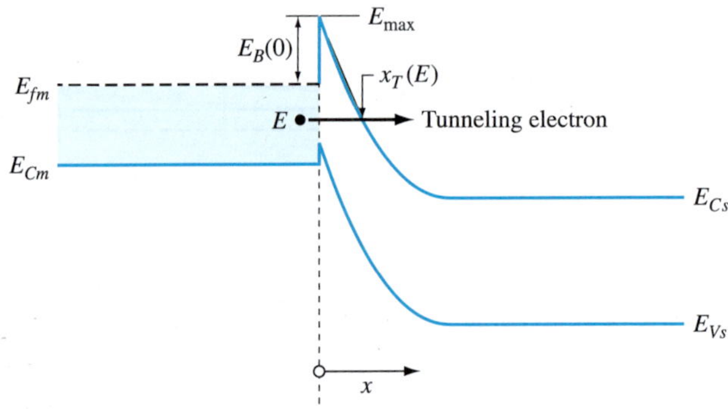

그림 S2.8 역방향 바이어스된 쇼트키 다이오드에서 전자들은 금속-반도체 장벽을 뚫고 지나갈 수 있다. 쇼트키 장벽은 삼각형에 가깝다고 가정한다. 터널링 거리는 x_T이다.

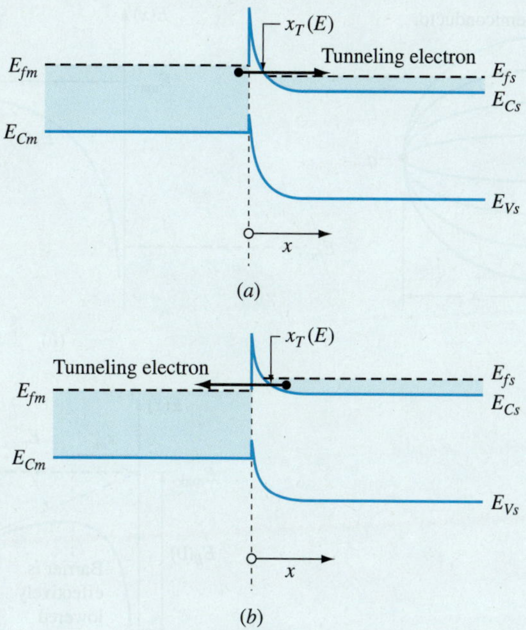

그림 S2.9 반도체가 축퇴 도핑된 금속-반도체 접합에서는 터널링 거리가 짧아 (a) 작은 역방향 바이어스에서 또는 (b) 작은 순방향 바이어스에서 큰 전류가 발생한다. 이는 적은 접촉 저항을 발생시킨다.

$$J_{FN} \approx \frac{q^2|\mathscr{E}^2|}{16\pi^2\hbar E_B(0)} e^{-4\sqrt{2m^*}(E_B(0))^{3/2}/3\hbar q|\mathscr{E}|} \tag{S2.40}$$

여기서 $\mathscr{E}$는 반도체 내의 전계이고 m^*는 터널링 전자의 유효 질량이다.

저저항 접촉 내에서의 터널링 반도체가 축퇴 도핑된 금속-반도체 접촉에서는 반도체 내의 페르미 준위가 전도대 내에 존재하고 이 에너지에서의 공핍 영역이 매우 좁아서 x_T를 작게 만들고 따라서 어떠한 에너지에서도 높은 터널링 확률을 초래한다. 이 경우 전류는 순방향 바이어스와 역방향 바이어스에서 모두 커진다. 그림 S2.9는 (a) 작은 역방향 바이어스에서와 (b) 작은 순방향 전압에서의 터널링을 나타낸다. (a)에서는 작은 역방향 바이어스(mV 영역)에서 큰 전류가 흐르는 반면 (b)에서는 작은 순방향 바이어스에서 큰 전류가 흐른다. 도핑 농도가 높아질수록 터널링 거리는 작아지고 접합 저항은 작아진다.

S2.4.2 영상 전하 효과에 의한 쇼트키 다이오드에서의 장벽 저하

위에서 묘사한 터널링뿐 아니라, 쇼트키 장벽 내에서의 전류는 장벽을 낮추는 영상 전하에 의한 일차적 예측으로부터 또한 변화된다. 이것은 쇼트키 장벽의 금속 근처의 반도체 내의 전자가 금속 표면에 양전하를 유도하기 때문에 일어난다. n형 쇼트키 다이오드에서

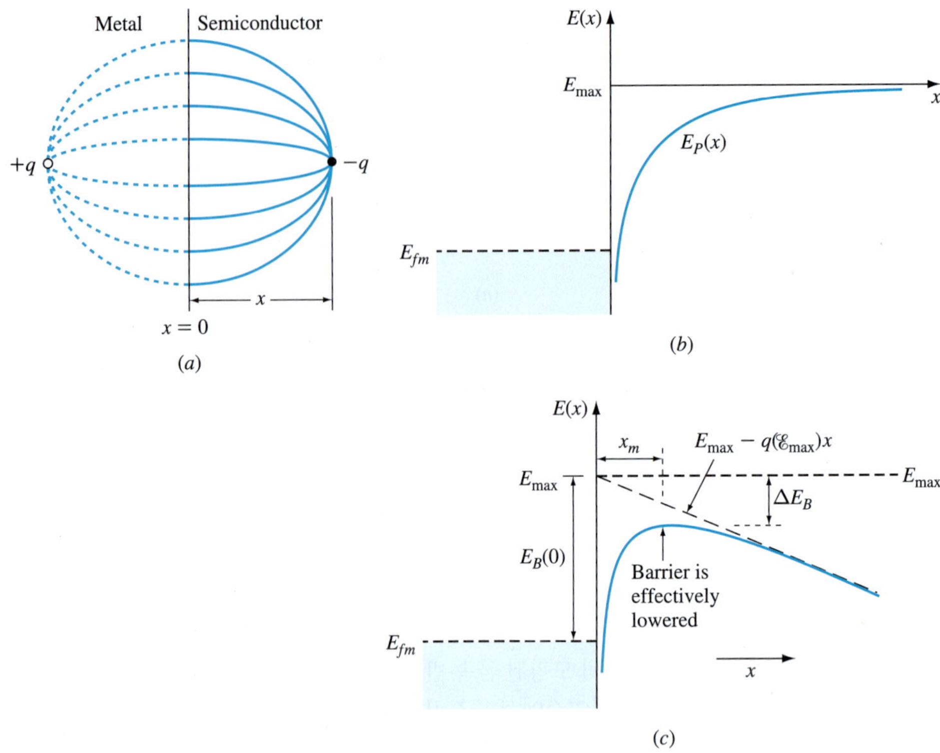

그림 S2.10 금속 계면으로부터 x 거리에 떨어져 있는 반도체 전도대 내의 전자는 금속 내에 양의 표면 전하를 생성한다. (a) 반도체 내의 전계는 금속 내의 거리 x에 있는 가상의 $+q$의 전하에 의해 발생한 것과 같다. (b) 결과적으로 생기는 반도체 내의 위치 에너지. (c) 이것과 반도체 공핍 영역 내의 전계와 결합하여 ΔE_B만큼 금속-반도체 장벽을 낮춘다.

금속 계면으로부터 거리 x만큼 떨어져 있는 전도대 내의 $-q$의 전하를 갖는 전자를 고려하자(그림 S2.10a 참조). 전자와 금속 표면 사이에는 인력이 발생할 것이다. 계면에서 발생하는 전계는 금속이 완전한 전도체라고 가정했으므로 금속과 수직이어야 한다. 그러면 반도체 내의 전계선은 금속을 반도체로 놓고 그 표면으로부터 안쪽으로의 거리 x에 전자의 $-q$에 대한 균형을 맞추기 위한 $+q$ 전하가 존재한다고 가정하고 발생한 전계와 같게 된다. 이 $+q$ 전하를 **영상(image)** 전하라고 명명한다. 등가 전계는 그림에 표현되었다.

영상 전하에 의해 발생한 전자에 인가되는 힘은 아래와 같이 쿨롱의 방정식을 따른다.

$$F = \frac{-q^2}{4\pi\varepsilon_s(2x)^2} = -\frac{dE_P}{dx} \tag{S2.41}$$

영상 전하 효과에 의한 전자의 위치 에너지는 E_P를 x에서부터 무한대로 적분하면 다음과 같이 얻을 수 있는데, S2.10b에서 보인 것과 같이 된다.

$$E_P(\text{image}) = E_{\max} - \frac{q^2}{16\pi\varepsilon_s x} \tag{S2.42}$$

거리에 따른 위치 에너지의 변화는 전계를 발생시킨다. 또한 반도체 안으로 들어가는 거리에 따라 변하는, 공핍 영역과 관계된 전계가 존재한다. 그러나 영상 전하 효과는 계면 근처에 집중되어 있고 따라서 반도체 공핍 영역에 의한 전계는 그림 S2.10c에 점선으로 나타낸 것과 같이 최댓값 $|\mathscr{E}_{\max}|$와 같다고 가정할 수 있다. 위치 x에서의 전자의 위치 에너지는 다음과 같이 된다.

$$E_P(x) = -q|\mathscr{E}_{\max}|x - \frac{q^2}{16\pi\varepsilon_s x} \tag{S2.43}$$

위의 값은 $x = x_m$에서 최댓값을 가지며 거기에서 x_m은 다음과 같다.

$$x_m = \left|\frac{q}{16\pi\varepsilon_s|\mathscr{E}_{\max}|}\right|^{1/2} \tag{S2.44}$$

영상 전하 효과에 의한 장벽 높이 변화는 다음과 같다.

$$\Delta E_B = q\left|\frac{q|\mathscr{E}_{\max}|}{4\pi\varepsilon_s}\right|^{1/2} \tag{S2.45}$$

$|\mathscr{E}_{\max}| = 10^5$ V/cm $= 10^7$ V/m와 $\varepsilon_s = 11.8\ \varepsilon_0$(예, Si)에 대한 장벽 변화 값은 $\Delta E_B \approx 0.036$ eV이고 계면에서 약 7 nm 떨어진 곳에서 발생한다. 이 거리는 계면 쌍극자에 의한 영향보다 10배 이상 큰 값임을 유의하라.

이 영상 전하에 의한 장벽 저하가 쇼트키 다이오드의 전류밀도를 증가시키기 때문에 다이오드 식은 다음과 같이 된다.

$$J_0 = \frac{qm^*(kT)^2}{2\pi^2\hbar^3} e^{-(E_B(0)-\Delta E_B)/kT} \tag{S2.46}$$

$|\mathscr{E}_{\max}|$ 값(따라서 J_0)은 도핑 수준과 인가전압에 의존한다.

$$|\mathscr{E}_{\max}| = \left[\frac{2qN_D'(V_{\text{bi}} - V_a)}{\varepsilon_s}\right]^{1/2} \tag{S2.47}$$

S2.5 요약

2부 "다이오드"의 보충에서 다이오드와 관계있는 추가적인 주제를 다루었다. 유전 완화 시간은 캐리어 농도가 갑자기 변한 뒤 전하 중성 상태를 재정립하기 위해 요구되는 시간이다. 한 예로는 과잉 캐리어가 접합을 가로질러 주입된 경우이다. 주입된 소수 캐리어에 대해서는, 시간 상수 τ_D 내에 다수 캐리어가 전하를 보상하고 에너지 밴드 가장자리의 수평을 유지하기 위해서 그 영역으로 이동해 들어간다. 주입된 다수 캐리어에 대해서는, τ_D가 이러한 캐리어들을 물질에서 저항성 접촉을 통해 빼내는 데 연관된 시간 상수이다.

우리는 또한 정전 용량 측정이 일부 접합 변수들을 조사하는 데 어떻게 사용될 수 있는지 검토하였다. 전형적인 (계단) 접합에서는 내부 전압을 실험적으로 측정하기 위해 C-V_a 특성이 사용될 수 있다. 정전 용량은 또한 접합의 양쪽 도핑 사이의 관계를 결정할 수 있도록 한다. 만약 접합이 한쪽으로 치우친 접합인 경우, 낮게 도핑된 쪽의 도핑 농도를 구할 수 있다. 불균일하게 도핑된 한쪽으로 치우친 접합인 경우, 도핑 분포를 구할 수 있다.

계단형 짧은-베이스 (더 낮게 도핑된 쪽의 폭이 소수 캐리어 확산 길이보다 짧은) 다이오드의 축적 전하 정전 용량은 매우 감소된 소수 캐리어 축적 전하 때문에 전형적인 긴-베이스 다이오드에 비해 여러 차수만큼 작은 것으로 알려졌다.

쇼트키 다이오드의 터널링 전류와 함께 저저항 금속-반도체 접촉 내에서의 전류에 대해 간략히 토의하였다. 터널링은 전류를 증가시키고, 영상 전하 효과도 금속-반도체 장벽을 낮추어 역시 전류를 증가시킴을 알아보았다.

S2.6 참고문헌

1. M. H. Norwood and E. Shatz, "Voltage variable capacitance tuning—A review," *Proc. IEEE*, 56, pp. 788-798, 1968.
2. S. M. Sze, *Physics of Semiconductor Devices*, 2nd ed., Chapter 2, John Wiley & Sons, New York, 1981.
3. Joseph Lindmayer and Charles Y. Wrigley, *Fundamentals of Semiconductor Devices*, Chapter 2, D. Van Nostrand, Princeton, NJ, 1965.
4. M. Lenzlinger and E. H. Snow, "Fowler-Nordheim tunneling into thermally grown SiO_2," *J. Appl. Phys.*, 40, pp. 278-283, 1969.

S2.7 복습문제

1. 왜 반도체 내에서의 유전 완화 시간이 다수 캐리어 주입 경우보다 소수 캐리어 주입인 경우 더 큰지 설명하라.
2. pn 접합의 C-V_a 특성을 측정할 회로를 대략적으로 그려라.
3. 왜 역방향 바이어스된 pn 접합에서 축적 전하 정전 용량이 무시될 수 있는가?
4. n형 반도체에 저저항 금속 접촉을 만들기 위해서는 반도체 표면을 축퇴 도핑된 n형으로 만들고, p형 반도체에서는 표면을 축퇴 p형으로 만든다. 이유를 설명하라.
5. n형 반도체 내의 쇼트키 다이오드의 영상 전하 효과는 전자에 대한 장벽을 낮춘다. p형

반도체를 사용한 쇼트키 다이오드에서의 효과는 무엇일까?

6. 유전 상수가 다른 반도체인 N^+n 이종 접합에서 유사한 장벽 효과가 보여질 것인지 설명하라.

S2.8 연습문제

S2.1 왜 유전 완화 시간이 다수 캐리어 주입보다 소수 캐리어 주입의 경우에 더 큰지 설명하라.

S2.2 전형적인 (계단형) 접합은 $N_D' = 2 \times 10^{16}$ cm^{23}, $N_A' = 5 \times 10^{15}$ cm^{-3}, $V_{bi} = 0.71$ V를 갖는다. 만일 접합 면적이 10^{-4} cm^{2}이라면, 이 접합의 C-V 특성과 $1/C^2$ 대 V_a를 그려라. $V_a = -5$ V에서 -0.5 V까지 그려라.

S2.3 n 쪽이 높게 도핑되고 p 쪽이 낮게 도핑된 실리콘 다이오드의 C-V 특성이 측정되었다. 실험적 결과들은 그림 PS2.1에 나타나 있다. 내부 전압과 N_A'의 값을 구하라. 접합 크기는 10^{-4} cm × 10^{-4} cm의 정사각형이다.

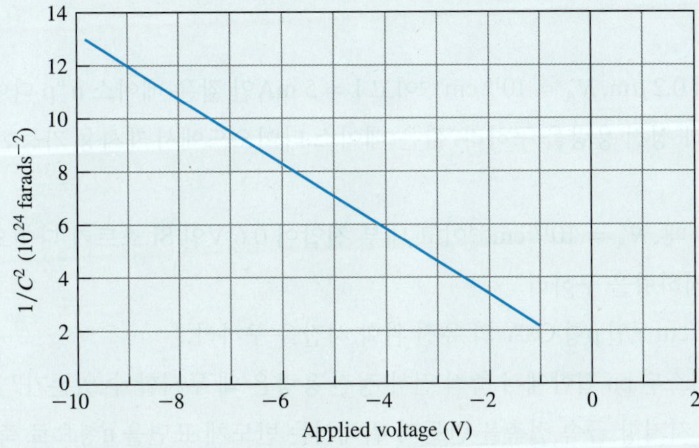

그림 PS2.1

S2.4 특정 접합의 C-V 측정 결과가 그림 PS2.2에 주어졌다. 접합의 폭을 인가된 전압의 함수로 그리고 도핑 농도 N_D'을 접합 폭 w의 함수로 그려라. 접합 면적은 5×10^{-7} cm^{-3}로 놓아라.

S2.5 S2.3.3절에서 버랙터에 대해 논의하였고, 인덕터와 접합의 동조 가능한 정전 용량을 사용하는 회로의 공진 주파수가 인가전압에 비례하는 특별한 경우에 대해 언급하였다. 그러나 접합 정전 용량을 동조 요소로 사용하는 어떤 회로에서는 정전 용량이 인가전압에 따라 선형적으로 변하게 하는 것이 편리하다. 증착된 에피층에서 요구되는 도핑 분포도(N_D' 대 x)를 구하라.

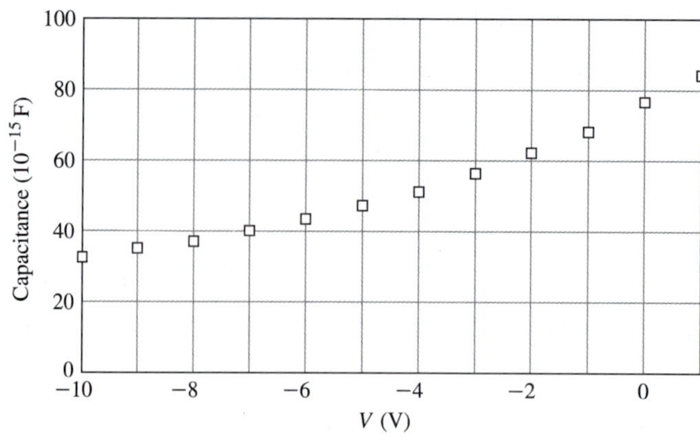

그림 PS2.2

S2.6 전형적인 Si pn 다이오드는 $N_A' = 10^{17}\ \mathrm{cm}^{-3}$ 그리고 $N_D' = 10^{16}\ \mathrm{cm}^{-3}$를 가진다. 접합의 넓이는 $10^{-5}\ \mathrm{cm}^2$이다. 다음 각 조건에서 접합 정전 용량을 구하라.

(a) $V_a = 0$

(b) $V_a = +0.6$ V

(c) $V_a = -5$ V

S2.7 p 영역의 폭이 0.2 μm, $N_A' = 10^{16}\ \mathrm{cm}^{-3}$이고 I = 5 mA인 짧은-베이스 n^+p 다이오드에서 축적 전하 정전 용량을 구하라. 짧은-베이스 다이오드에서 재사용 가능한 전하는 2/3이다.

S2.8 $V_a = -5$ V일 때, $N_A' = 10^{17}\ \mathrm{cm}^{-3}$이고 내부 전압이 0.6 V인 Si 쇼트키 다이오드의 에너지 장벽 저하량을 구하라.

S2.9 $N_A = 2 \times 10^{17}\ \mathrm{cm}^{-3}$인 p형 GaAs의 유전 완화 시간을 구하라.

S2.10 역방향 바이어스된 pn 접합에서 축적 전하 정전 용량은 왜 무시할 수 있는가?

S2.11 n형 반도체에 저저항 금속 접촉을 만들기 위해서는 반도체 표면을 n형으로 축퇴 도핑해야 하고, p형 반도체에서는 표면을 축퇴 p형으로 만든다. 이유를 설명하라.

S2.12 n형 반도체 내의 쇼트키 다이오드에서의 영상 전하 효과는 전자에 대한 장벽을 낮춘다. p형 반도체를 사용한 쇼트키 다이오드에서의 효과는 무엇인가?

PART 3

전계 효과 트랜지스터

지금까지 우리는 반도체 재료들과 2단자 소자들에 관해서 논의해왔다. 그러나 가장 중요한 반도체 소자는 단연 3단자 혹은 4단자 소자인 트랜지스터이다. 트랜지스터는 두 가지 매우 중요한 동작 모드를 가지고 있다. 즉 트랜지스터들은 증폭기가 될 수도 있고 또한 스위치가 될 수도 있다.

아날로그 회로에서처럼 트랜지스터가 증폭기로 쓰일 때, 한 단자에서의 전류 또는 전압이 다른 두 단자 간의 전류 또는 전압을 제어한다. 제어 신호의 작은 변화(손잡이를 돌리는 것에 대한 전기적 등가)는 출력 신호에 큰 변화를 만들어낼 수 있다. 따라서 작은 신호는 증폭이 되는 것이다.

디지털 모드에서 트랜지스터의 제어 단자의 신호는 스위치의 상태를 제어한다. 입력의 변화는 레버 이동과 전기적으로 등가이다—입력은 전류가 트랜지스터를 통과해 흐를 수 있는가 없는가를 제어한다.

모든 트랜지스터는 증폭기로서 또는 스위치로서 동작할 수 있는데, 이는 단지 주변 회로에만 의존한다. 그러나 이 책에서 우리는 회로 설계에 관한 논의는 다른 과정에 맡기고 트랜지스터 자체의 동작에 관한 물성적 현상에 초점을 맞춘다.

트랜지스터는 동작의 물성적 현상에 따라 두 가지 중요한 부류로 나뉜다. 이들은 전계 효과 트랜지스터(FET)와, 쌍극성 접합 트랜지스터(BJT)이다. 이들의 이름에 관한 기원은 우리가 이 소자들이 어떻게 동작하는가에 관한 이해를 증진시키면서 명확해질 것이다.

흥미롭게도 전계 효과 트랜지스터가 먼저 발명되었지만, 쌍극성 접합 트랜지스터가 실제 소자로서는 먼저 개발되었다. 수년 동안 쌍극성 접합 트랜지스터가 주도권을 쥐고 있었다. 그러나 좀 더 최근에는 FET가 제조하기 쉽고 가격도 싸기 때문에 BJT를 추월하였고, 현재 대부분의 전자 회로들은 회로의 기본 요소로서 FET를 사용하고 있다.

전계 효과 트랜지스터의 형태는 여러 가지가 있는데, 그들 모두는 **게이트(gate)** 구조를 가로지르는 전계가 **소스(source)**와 **드레인(drain)**이라고 부르는 두 개의 단자 사이를 흐르는 전류의 흐름을 제어한다는 본래의 특성을 공통적으로 가지고 있다. 여러 가지 FET 형태 간의 차이는 주로 게이트의 구조와 전계를 인가하는 데 사용된 메커니즘에 있다.

일반적인 FET

특별한 형태의 전계 효과 트랜지스터 해석을 시작하기 전에, 동작의 기본 원리를 이해하기 위해 전형적인 소자를 알아본다. 전계 효과 트랜지스터의 간단한 개략도가 그림 III.1에 나와 있다. 4개의 단자들이 있다; 첫 3단자는 소스(*S*), 드레인(*D*), 게이트(*G*)라고 불린다. 기판(*B*)이라고 불리는 소스에 종종 연결되어, 따라서 항상 보이지는 않는 4번째 단자도 있다. 소스로부터 드레인까지 전기적 도전성을 갖는 **채널(channel)**이 있다. 게이트는 채널 위에 있지만 전기적으로 격리되어 있다. 앞으로 살펴볼 것과 같이, 게이트 단자의 소스에 대한 전압 V_{GS}는 절연 영역 내의 전계를 변화시킴으로써 채널을 통한 캐리어들의 통과를 조절하는 데 사용된다. 이 조절 메커니즘은 FET의 특정 유형에 따라 다르다.

그림 III.la에서 소스, 채널, 그리고 드레인은 n형이며 p형 반도체(기판 혹은 본체)에 만들어진다. 이 소자는 n 채널 전계 효과 트랜지스터 또는 NFET라고 부른다. 그림 III.1b의 p 채널 소자(PFET)는 소스, 채널 및 드레인이 p형이며 기판은 n형이다. 그림은 절연된 게이트를 예로써 보여준다. 이 구조는 가장 공통적이다. 절연된 게이트의 FET는 7장에서 다룬다.

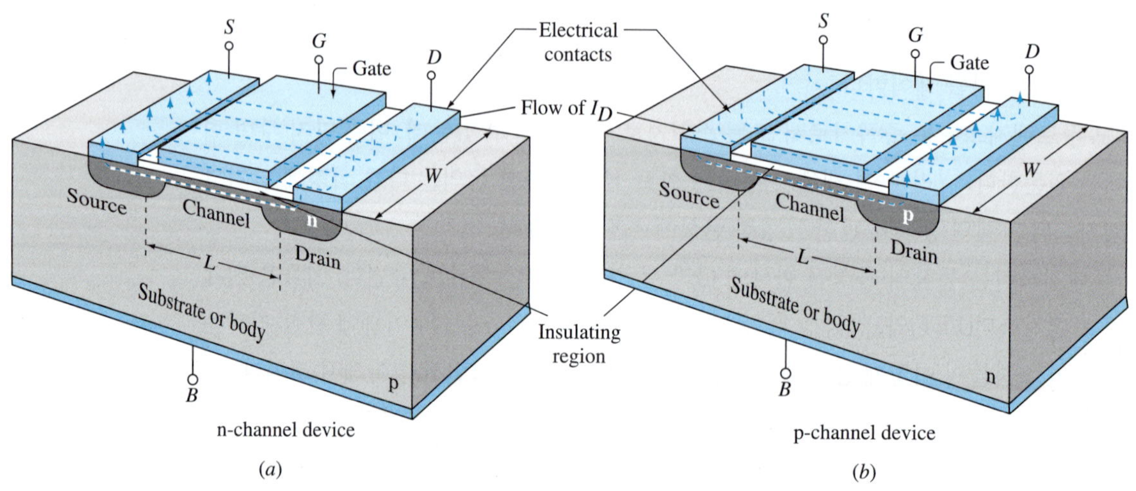

그림 III.1 일반적인 전계 효과 트랜지스터는 소스 *S*, 드레인 *D*, 그리고 게이트 전극 *G*에 의해 제어되는 채널을 가지고 있다. 이것은 일반적인 소자이긴 하지만 게이트는 특정한 부류인 절연된 게이트 전계 트랜지스터에 대해서 보였다. 다른 특정 게이트 구조들은 나중에 논의할 것이다. (a) n 채널 소자, (b) p 채널 FET. 통상적인 전류 흐름 방향은 점선 화살표 방향이다. 여기서 *W*는 채널 폭이고 *L*은 채널 길이이다.

두 가지 모두에 있어 FET와 기판 간에는 pn 접합이 존재한다는 것을 주목하라. 실제로 이 접합은 절대로 순방향 바이어스가 되지 않아야 한다. 이것은 전류가 기판 쪽이 아니라 드레인과 소스 간에만 흘러야 하기 때문이다. 또한 다수의 FET들이 같은 기판 내에 집적될 때, 접합이 순방향 바이어스가 되어 있지 않다면 실질적으로 모든 FET들은 서로 전기적으로 격리된다. 뒤에서 우리는 사실상 게이트로 혹은 게이트로부터는 직류 전류가 흐르지 않는다는 것을 볼 것이다. 게이트에 전압을 인가하는 것은 채널의 컨덕턴스에 영향을 주는 전계를 만들어내지만, 게이트 자체에는 전류가 흐르지 않는다.

캐리어들(전자와 정공)은 기판으로 흐르지 못하기 때문에 게이트를 통해 흐를 수 없고, 그들은 채널에 갇히게 되며, 적절한 바이어스 조건하에서 이 캐리어들은 소스와 드레인 간을 흐를 수 있게 되어 채널에 전류를 만들어내게 된다. 우리는 이 전류를 드레인 전류 I_D로 나타내는데, 이것은 또한 채널 전류이자 소스 전류이기도 하다.[1] 그림 III.l에서 점선 화살표들은 전류 흐름의 경로를 표시한다. n 채널 FET에 있어 채널 캐리어는 전자이며 소스에 대한 드레인 전압 V_{DS}는 양의 값이 된다. 전자가 소스에서 드레인으로 흐르므로 전류의 방향은 그림에 나와 있는 것처럼 드레인에서 소스 쪽으로 향한다.

p 채널 FET에 있어서, 캐리어는 정공이며 드레인-소스 전압은 음의 값이 된다. 따라서 정공이 소스로부터 드레인으로 흐른다. 관례대로 전류는 드레인에서 소스로 흐를 때 양의 값으로 정의되므로 I_D는 음의 값이 된다. 간단한 회로에 사용되는 FET의 예가 그림 III.2에 나와 있다. FET M1은 7장에서 자세히 논의할 n 채널 금속-산화물-반도체 전계 효과 트

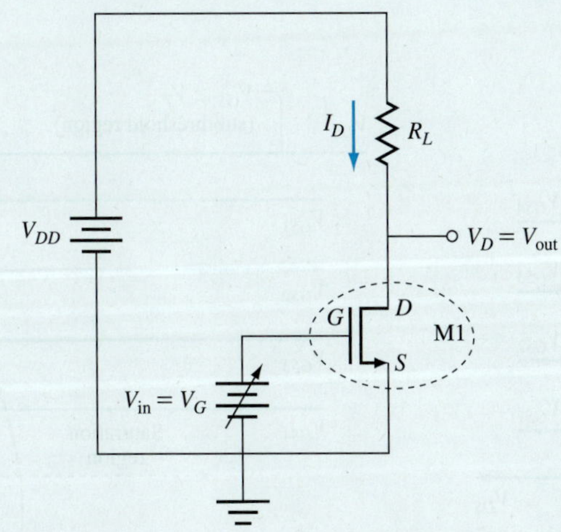

그림 III.2 간단한 NFET(인버터) 회로. 입력 전압 V_G가 채널 전류 I_D와 출력 전압 V_D를 제어한다.

1) 물론 채널과 게이트 간에, 그리고 채널과 기판 간에 약간의 누설 전류가 흐르지만, 이 누설 전류는 보통 드레인과 소스 간을 흐르는 채널 전류와 비교할 때 작다.

랜지스터(MOSFET)이다. 드레인 전원 전압 V_{DD}는 부하저항 R_L과 직렬 연결되어 있으며 채널이 드레인 D와 소스 S를 연결하고 있다.

반도체의 전도도는 캐리어 농도에 의해 제어된다는 것을 기억하라. 이 그림에서 소스는 접지(0) 전위에 있으므로 소스 전압은 $V_S = 0$, 게이트-소스 전압은 $V_{GS} = V_G$, 그리고 드레인-소스 전압은 $V_{DS} = V_D$가 된다. 채널 내의 전자 농도는 게이트(입력) 전압 $V_{in} = V_G$에 의해 제어된다. 회로의 출력 전압은 $V_{out} = V_D$이다. 키르히호프의 전압 법칙으로부터

$$V_{out} = V_{DS} = V_D = V_{DD} - I_D R_L$$

$I_D = 0$인 V_G에 대해서 $V_{out} = V_{DD}$이고, I_D가 클 때의 V_G에 대해서 $V_{out} \approx 0$이다. (우리는 뒤에서 드레인 전류 I_D가 매우 클 때, 드레인과 소스 간의 전압이 작다는 것을 알게 될 것이다.) 중간 정도 크기의 V_G 값에 대해서 $0 < V_{out} < V_{DD}$이다.

그림 III.3a는 NFET의 대표적인 전기적 특성을 보여준다. 여기서 채널을 흐르는 전류 I_D는 다양한 값의 제어 게이트 전압 V_{GS}에 대해 채널에 걸려 있는 전압 V_{DS}의 함수로 그려져 있다. 여기에는 3가지 동작 영역이 있다. 준선형 영역, 포화 영역, 그리고 준문턱 영역. 준문턱 영역은 $V_{GS} \le V_T$로 표시된 수평선이다. 우리는 채널에 어떤 주어진 크기의 전류가 흐르기 시작하는 데 필요한 크기의 V_{GS}로 문턱 전압 V_T를 정의하며, 이것은 자주 (전류 포화 영역 내에서) $I_{D\text{sat}} = 40\ W/L$ nA로 취해진다. 이 문턱 전압 이하의 모든 게이트 전압에 대해서, 드레인 소스 전압 V_{DS}의 값에 무관하게 I_D는 작으므로 종종 0으로 간주된다. 그것은 $V_{GS} < V_T$에 대한 모든 I_D-V_{DS} 곡선은 수평축에 가까이 놓여 있음을 의미한다.

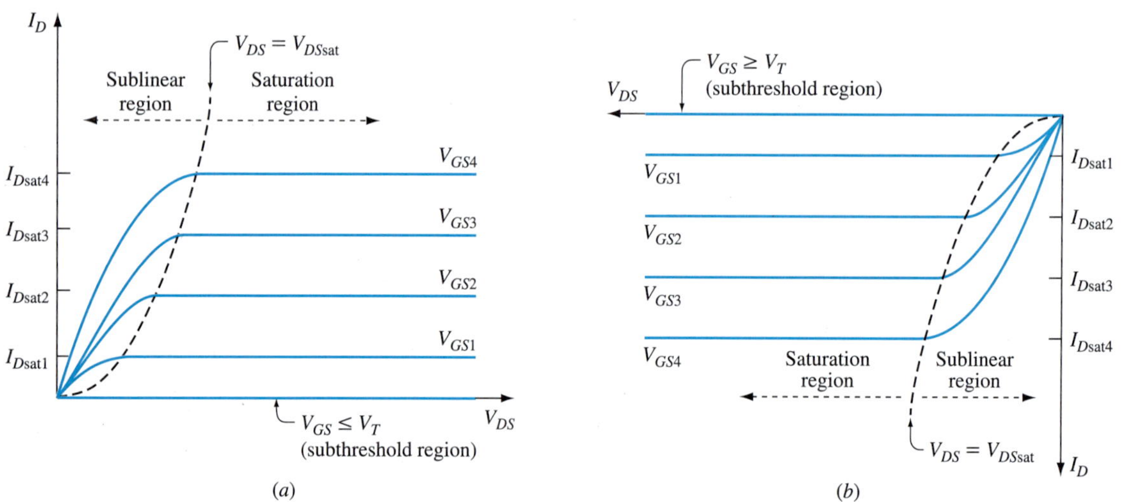

그림 III.3 5가지 V_{GS} 값에 대한 대표적인 I_D-V_{DS} 특성. (a) NFET, (b) PFET. 점선은 $V_{DS} = V_{DS\text{sat}}$에서 준선형 영역과 포화 영역을 구분하고 있다. NFET의 경우, 드레인-소스 전압과 드레인 전류는 양의 값이고, 상당한 정도의 전류가 흐르려면 게이트-소스 전압은 문턱 전압 V_T보다 높아야 한다. PFET의 경우, 드레인-소스 전압과 드레인 전류는 음의 값이고, 전류가 흐르기 위해서는 게이트-소스 전압이 문턱 전압보다 낮아야 한다.

게이트 전압 V_{GS}가 문턱 전압보다 클 때 전류가 흐를 수 있다. NFET에서 $V_{GS} > V_T$이고 V_{DS}가 양의 값이므로, 전자는 소스에서 드레인으로 흐르게 되고, 전류는 드레인에서 소스로 흐르게 된다.

다음으로 그림에 있는 곡선들 중의 하나를 살펴보자. 문턱 전압 이상의 어떤 주어진 V_{GS}에 대해($V_{GS} > V_T$), V_{DS}가 증가함에 따라 I_D-V_{DS} 관계는 준선형이고 I_D는 결국 포화된다는 것을 주목하라. 포화된 I_D의 값을 $I_{D\text{sat}}$라고 하며, 반면에 전류가 포화될 때의 V_{DS} 값은 $V_{DS\text{sat}}$라 한다. 이들은 모두 게이트 전압 V_{GS}의 함수이고 FET의 특성들이다.

$V_{DS} > V_{DS\text{sat}}$인 영역은 **전류 포화 영역(current-saturation region)** 또는 간단히 **포화 영역(saturation region)**이라고 한다. $V_{DS} > V_{DS\text{sat}}$인 영역은 여러 가지로 불리는데, **선형 영역(linear region**, 비록 준선형이지만), 3극관 영역(triode region), 또는 간단히 **준선형 영역(sublinear region)**이 그것이다. 그림 III.3a의 점선은 이 두 영역 간의 경계를 표시한다. 게이트 전압이 더 높아지면, $I_{D\text{sat}}$과 $V_{DS\text{sat}}$는 모두 더 커진다.

PFET의 대표적 특성이 그림 III.3b에 나와 있다. 여기서 V_{DS}가 음의 값에 대해 정공의 흐름(따라서 전류의 흐름)은 소스로부터 드레인으로 향한다. PFET에서 유한한 I_D에 대해 게이트 전압은 문턱 전압보다 더 작다(더욱 음의 값을 갖는다).

이 책의 3부에서 *I-V* 특성을 더욱 자세히 알아본다. 여기에서는 간단한 소개 정도로 왜 특성 곡선들의 모양이 그렇게 되는가에 대한 이해를 돕기 위해 지리학적으로 유추해보자. 그림 III.4a에 간단히 묘사된 바와 같이 얕은 운하로 서로 연결된 2개의 깊은 호수를 상상하자. 호수계의 바닥은 위치의 함수인 전자에 대한 위치 에너지와 다소 유사하며 물의 깊이는 전자 농도를 나타낸다. 왼쪽에 있는 호수(*S*, 소스를 나타냄)는 일정한 깊이를 가지고 있다. 오른쪽 호수(*D*, 드레인)에 대한 4가지 경우를 보여준다. 첫 번째 경우, *D*의 수면은 *S*의 수면과 같은 높이이므로 두 호수 간에 물은 흐르지 않는다. 이것은 물의 흐름 대 두 호수 수면 높이의 차이를 보여주는 그림 III.4b에 위치 1로 표시되어 있다. 수면이 같을 때 흐

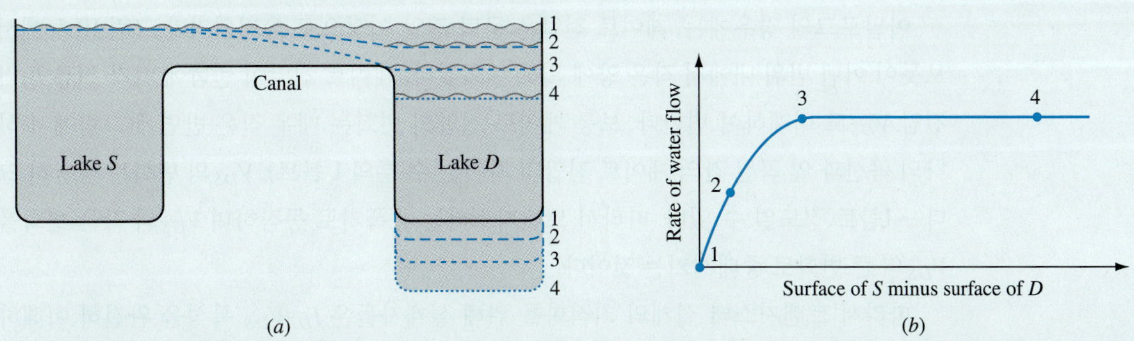

그림 III.4 FET 동작에 대한 호수 비유. (a) 2개의 호수가 운하로 연결되어 있다. 호수 *S*의 수면 높이는 일정하다. 4가지 값의 호수 *D*의 수면 높이가 그려져 있다. (b) 각 경우에 상응하는 물의 흐름.

름은 없다. 두 번째 경우, D의 수면이 S의 그것보다 약간 낮으므로 약간의 물이 S에서 D로 흐른다. 세 번째 경우는 D의 수면이 운하의 바닥과 같은 높이인 상황을 나타낸다.

운하에서 수면의 기울기는 증가하며 흐름의 비율도 증가한다. D의 수면이 운하의 바닥보다 낮은 경우(네 번째 경우), 운하에서 수면의 기울기는 영향을 받지 않는다. 물이 흐르는 비율은 운하에서의 수면의 기울기에 의해서 결정되므로 흐름의 비율은 세 번째 경우의 값에서 포화된다. D의 수면이 계속 내려가더라도 운하를 통한 물의 흐름의 비율은 같은 값으로 유지된다.

회로 속의 트랜지스터

이 책 3부의 대부분은 FET의 I_D-V_{DS} 특성의 모양을 이해하고 유도하는 데 할애된다. 그러나 먼저 우리는 이 트랜지스터들이 어떻게 증폭기나 스위치로 사용될 수 있는가를 간략히 조사할 것이다.

우리는 앞에서 디지털 회로에서 게이트 전압을 변화시키는 것은 스위치 손잡이를 움직이는 것과 비슷하다는 것을 언급한 바 있다. 그림 III.5a는 저항성 부하를 가진 NFET 인버터 회로를 보여준다. 이것은 그림 III.2의 회로를 다시 나타낸 것이다. 양의 전원 V_{DD}가 부하 저항 R_L을 통해 드레인에 인가되어 있다고 하자. 만일 입력 게이트 전압이 문턱 전압 이하라면(논리적 낮음), 채널을 통해 전류는 거의 흐를 수 없다—스위치는 열린 회로이다. $I_D \approx 0$이므로 그림 I1I.5b에서 '스위치 개방' 위치에 표시된 바와 같이, 저항 양단에 걸리는 전압 I_DR_L 역시 0이고 출력 전압은 $V_{DS} \approx V_{DD}$(논리적 높음)이 된다. 게이트 전압이 문턱 전압 이상으로 변하면(NFET에서), 채널을 통해 전류가 흐르게 된다—스위치는 닫힌다. 흐를 수 있는 전류의 양은 이제 트랜지스터와 함께 외부 회로에 의해서 결정된다. 회로는 부하선(load line, 그림의 점선)을 결정한다. 외부 회로의 저항은 I_D가 증가함에 따라 V_{DS}에 얼마간의 전압 강하를 가져온다. 그렇게 되면 출력 전압은 $V_{DS} = V_{DD} - I_DR_L$이 된다.

아날로그의 경우에는, 게이트 전압은 문턱 전압 이상으로 유지되지만 그림 III.5c에서 보듯이 어떤 범위 내에서 작은 양에 의해 변화된다. 게이트 전압이 변함에 따라 전류 I_D와 전압 V_{DS}도 비례하여 변한다. 보통 게이트 전압의 변화는 매우 작은 반면에(그림에서 하나의 곡선과 옆 곡선 간의 게이트 전압의 차이는 수 분의 1 볼트), V_{DS}의 변화는 상당히 크다—1볼트 정도일 수 있다. 따라서 트랜지스터는 증폭기로 동작하며 V_{GS}의 작은 변화를 V_{DS}의 큰 변화로 증대시키는 것이다.

따라서 트랜지스터 설계의 최적화를 위해 설계자들은 I_D-V_{DS} 특성을 완전히 이해하고 그들을 실현시킬 방법을 알고 싶을 것이다. 여기 이 도입부에서 우리는 게이트와 드레인 전압의 함수로 드레인 전류를 해석하는 기본 접근 방법을 간략하게 설명할 것이다. 그

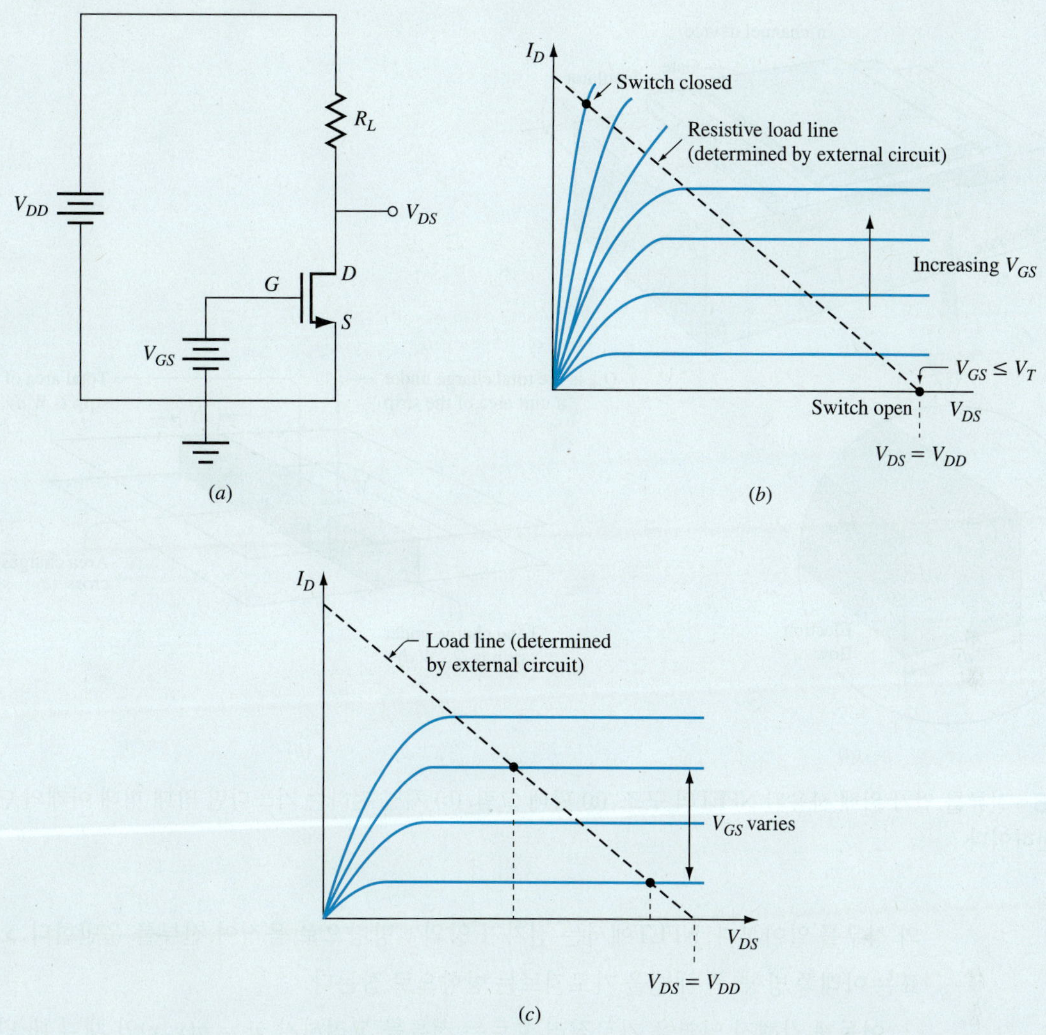

그림 III.5 I_D-V_{DS} 특성은 회로 내에서 트랜지스터의 동작을 결정한다. 예를 들어 (a)는 디지털 회로인 인버터를 보여준다. 디지털 동작에 있어 (b) 게이트 전압은 2개의 값 사이를 스위칭하는데, 하나는 문턱 전압보다 높고 또 하나는 낮다. 전류는 0에 가깝거나, 또는 트랜지스터(실선)와 회로(점선) 모두에 의해서 결정되는 어떤 값을 갖는다. 아날로그 회로 (c)에서는 게이트 전압이 문턱 전압 이상에 있지만 변화한다. V_{GS}가 변할 때, 전압 V_{DS}와 마찬가지로 트랜지스터를 흐르는 전류도 변한다.

러고 나서 7장에서 그 접근 방법을 완성하고 재정리할 것이다.

FET의 I_D-V_{DS} 특성 유도의 기초

드레인 전류에 관한 이해를 위해, 기초 물리학으로부터 전류는 단위 시간당 주어진 면적을 통과하여 지나가는 전하의 양으로 정의된다는 것을 기억하자. 그림 III.6의 n 채널 FET

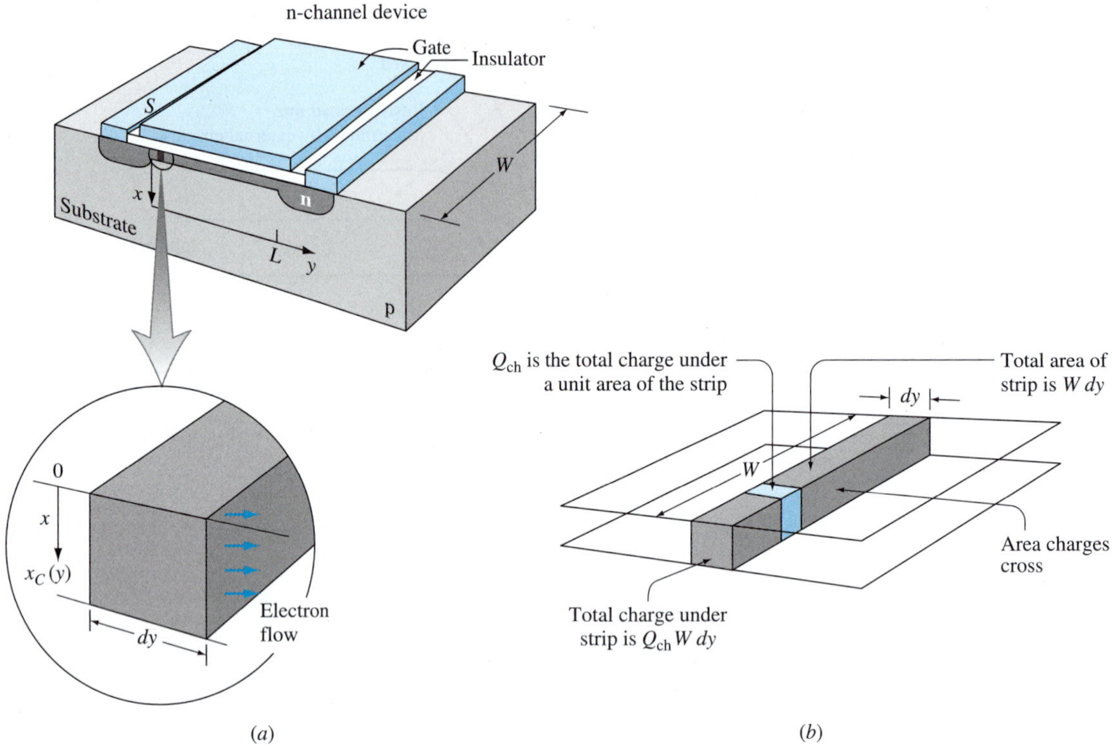

그림 III.6 전류를 얻기 위해 사용된 NFET의 구조. (a) 확대 그림, (b) 채널 전하는 가느다란 막대 형태 아래의 단위 면적당 전하이다.

의 경우를 알아본다. NFET에서는 전자가 양의 y 방향으로 움직여 전류를 운반한다. x 좌표는 아래쪽 방향, 즉 채널을 가로지르는 방향으로 잡는다.

어둡게 칠해진 영역을 가로질러 흐르는 전류를 고려하자. $n = n(x, y)$인 채널 내 단위 체적당 n의 전하가 있다고 가정하자. 위치 y에서 채널 내 단위 면적당 전하는

$$Q_{ch}(y) = -q \int_0^{x_C} n(x, y)dx \tag{III.1}$$

이고, 그림 III.6a에 표시된 것과 같이 채널 깊이 x_C에 걸쳐서 적분이 이루어진다. 채널 내 위치 y에서 미소 증분 길이 dy 내에서, 총 채널 전하는 아래와 같다.

$$(\text{Channel charge in } dy) = Q_{ch}(y)W\,dy \tag{III.2}$$

전류는 단위 시간당 주어진 면적을 통과하는 전하와 같으므로, 주어진 y에서 채널 전류 I_D는

$$I_D = -WQ_{ch}(y)v(y) \tag{III.3}$$

이고, 여기서 $v(y)$는 위치 y에서 채널 전자의 평균 속도이다. 식 (III.3)에서 속도 v는 양의 값이고, 전하 Q_{ch}는 음의 값이며, 음수 기호는 I_D(드레인으로부터 소스로)가 양의 물리 양임을 확실히 하는 것임을 주목하라. 또한 I_D는 y에 무관하며, 따라서 $Q_{ch}(y)$와 $v(y)$는 반비례함도 주목하라.

식 (III.3)은 모든 FET에 있어 전류 흐름에 대한 기본 식이며 임의의 주어진 구조에 대한 전기적 특성을 유도하는 출발점이다. 그러면 필요한 것은 특별한 FET 구조에 대해 인가된 전압의 함수로 나타낸 $Q_{ch}(y)$와 $v(y)$에 관한 해석적 표현이다. 일단 이 파라미터들이 모델화되고 나면, 그 수학적 해석은 모든 종류의 FET에 있어 비슷하다.

그림 III.6b에서 채널 내 단위 면적당 전하 Q_{ch}는 그림 III.4a의 운하 내 단위 면적당 물의 양과 유사하다는 점을 주목하라. 즉 단위 체적당 물의 양 곱하기 물의 깊이이다. v항은 위치 y에서 물 흐름의 평균 속도이다. 물에 관한 유추로부터, 물의 깊이는 운하를 따라 달라지고, 전기 전도에 참여하는 전하의 양이 FET에서 위치에 따라 달라진다는 것이 유사하다는 것은 분명하다.

일반적으로 채널을 흐르는 전류는 드리프트와 확산의 조합이다. 그러나 실제에 있어 우리는 우선적으로 드리프트 전류가 우세한 FET 동작에 관심이 있다(**드리프트 이동 모델** 혹은 **드리프트 모델**).

드리프트 전류는 채널을 따른 전계에 의해 흐른다. 우리는 이것을 그림 III.7a와 같이 종방향 전계 $\mathscr{E}_L$이라고 부른다. n 채널 소자에서 드레인은 소스보다 더 양의 값을 가진다. 따라서 종방향 전계는 음의 y 방향이 된다. 전자는 양의 단자 쪽으로 가속되므로, 그들의 속도는 전계와 반대 방향을 갖게 된다. 따라서 전자에 대해서

$$v(y) = -\mu(y)\mathscr{E}_L(y) \tag{III.4}$$

가 되고 여기서 $\mu(y)$는 위치 y에서 평균 채널 이동도(양의 값)이다. 식 (III.3)에 대입하면 채널 전류는 다음과 같다.

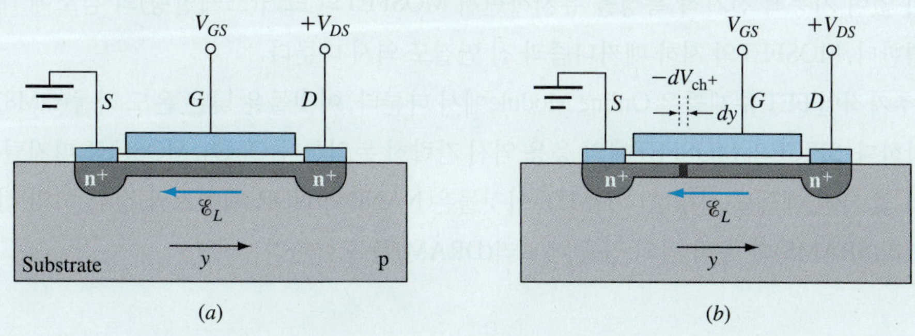

그림 III.7 (a) NFET에 대한 종방향 전계 $\mathscr{E}_L$. (b) 채널 전압의 증분 dV_{ch}.

$$I_D = WQ_{\text{ch}}(y)\mu(y)\mathscr{E}_L(y) \tag{III.5}$$

정의에 의해 전계는 $\mathscr{E} = -dV/dy$이다. 그림 III.7b와 같이, 채널 증분 dy에 걸리는 증분 전압은 dV_{ch}이다. 그러면

$$\mathscr{E}_L = -\frac{dV_{\text{ch}}}{dy} \tag{III.6}$$

식 (III.5)는 아래 형태로 표시될 수 있다.

$$I_D = -WQ_{\text{ch}}(y)\mu(y)\frac{dV_{\text{ch}}(y)}{dy} \quad \text{or} \quad I_D dy = -WQ_{\text{ch}}(y)\mu(y)dV_{\text{ch}}(y) \tag{III.7}$$

우리는 이 식을 모든 FET의 전기적 특성을 유도하는 데 있어 그 출발점으로 사용할 것이다.

3부의 구성 "전계 효과 트랜지스터"는 다음과 같다. 7장 "MOSFET"은 결과를 p 채널 MOSFET(PFET)에 기꺼이 적용할 수 있지만, 예로써 n 채널 MOSFET(NFET)을 사용하여 MOSFET 동작의 물성적 원리에 한정한다. 8장 "다른 전계 효과 트랜지스터"는 같은 칩에 제조된 NFET와 PFET 모두를 이용하는 상보형 MOS 트랜지스터(CMOSFET 혹은 간단히 CMOS)의 논의와 함께 시작한다. CMOS 인버터 회로를 디지털 스위칭과 아날로그 응용을 위해 언급한다. 다른 FET들도 논의한다. 이것들은 비휘발성 MOSFET 혹은 부유 게이트 트랜지스터, 절연체 위 실리콘(SOI) MOSFET, FinFET(7장에서 논의할 평면 MOSFET의 3D 변화), 이종 접합 전계 효과 트랜지스터(HFET), 금속 반도체 전계 효과 트랜지스터(MESFET), 접합 전계 효과 트랜지스터(JFET), 터널 전계 효과 트랜지스터(TFET)이다.

3부 보충 "전계 효과 트랜지스터들"에서 FET 특성의 설명에 사용된 전기적 파라미터의 측정에 관해 논의한다. 현대 FET들은 매우 짧은 채널 길이(수십 나노미터)를 사용하기 때문에 소자들은 더욱 빠르게 작동하지만 소자의 물성적 작동에도 역시 영향을 준다. 짧은 채널 효과와 동작 특성에의 영향들을 논의한다. 허용 전력 소모와 소자 칩 온도를 초과함이 없이 기능적 전기적 특성을 유지하면서 MOSFET의 크기(스케일링)의 감소에 대해 설명한다. MOSFET의 저하 메커니즘과 칩 연결도 역시 다룬다.

추가적인 FET 주제들은 Online Module에서 다룬다. 이것들은 낮은 온도 작동(OM8)을 포함한다. SPICE의 MOSFET에의 응용 역시 간략히 논의한다(OM9). MOSFET 디지털 회로의 몇 가지 예들도 설명한다(OM7). 이것들은 NAND와 NOR 게이트와 정적 임의 접근 메모리(SRAMS)와 동적 임의 접근 메모리(DRAM)를 포함한다.

CHAPTER 7

The MOSFET

7.1 서론

이 장에서는 FET들 중 가장 중요한 종류인 실리콘 기반 절연 게이트 전계 효과 트랜지스터(IGFET)에 관해서 논의한다. 이들 소자의 게이트 재료는 원래 금속(알루미늄)이었고, 절연체는 산화규소(SiO_2)였다. 이것은 금속-산화물-반도체 전계 효과 트랜지스터, 즉 MOSFET 명칭의 근원이다. 그러나 현재 제조 공정의 용이성과 재현성 때문에 게이트를 금속 대신 (현재 매우 짧은 MOSFET에서 금속이 종종 사용되지만) 전도성이 매우 좋은 고농도로 도핑된 다결정 실리콘(poly-Si)이 쓰이고 있다. 게이트 재료로서 n 채널 소자에서는 n^+ 다결정 실리콘, p 채널 소자에서는 p^+ 다결정 실리콘이 쓰인다. 절연체로는 아직 산화규소(SiO_2)가 보통 사용되고 있지만 기판 실리콘 표면을 더 좋게 보호하기 위해서, 절연체의 유전 상수를 높이기 위해서, 그리고 소자 성능을 향상시키기 위해 때때로 질소가 SiO_2에 혼합되기도 한다. 이 실리콘 산소 질화층은 SiO_xN_y 혹은 SiON이다. 더 높은 유전 상수를 가진 다른 산화물도 때때로 사용된다. 이러한 절연체들은 공통적으로 "산화물"로서 언급된다. IGFET라는 용어가 더 정확한 표현이지만 이 책에서는 실제 산업체에서 공통적으로 널리 사용되고 있는 용어인 MOSFET을 쓰기로 한다.

7.2 MOSFET(정성적 해석)

이 절에서 우리는 MOSFET의 기본 동작 원리를 정성적으로 탐구한다. MOSFET의 채널이 어떻게 생성되는가를 보여주기 위해서 MOS 커패시터에 대해 간략하게 정성적으로 기술한다. MOS 커패시터에 관한 좀 더 자세한 기술은 3부 보충, MOSFET의 추가적인 고려에 나와 있다.

7.2.1 MOS 커패시터 입문

이 절에서 우리는 그림 7.1a의 구조를 갖는 이상적인 MOS 커패시터(MOSC)를 고려한다. 이 커패시터는 축퇴된 n^+ 실리콘 게이트와, p형 기판과 게이트를 분리시켜주는 얇은 층의 (절연의) SiO_2로 구성되어 있다.

그림 7.1b는 MOSC의 단면도를 보여준다. A-A′ 선을 따라 게이트를 거쳐 x 방향으로 잘린 단면의 에너지 밴드 다이어그램이 (c), (d)에 나와 있다. 우리는 6장에서 이종 접합에 관해 사용된 과정을 따라 에너지 밴드 다이어그램을 결정하였다. 그러나 이 경우 이종 접합은 두 개가 있는데, 하나는 다결정 실리콘 게이트와 절연체 사이이고, 또 다른 하나는 절연체와 반도체 기판 사이이다.

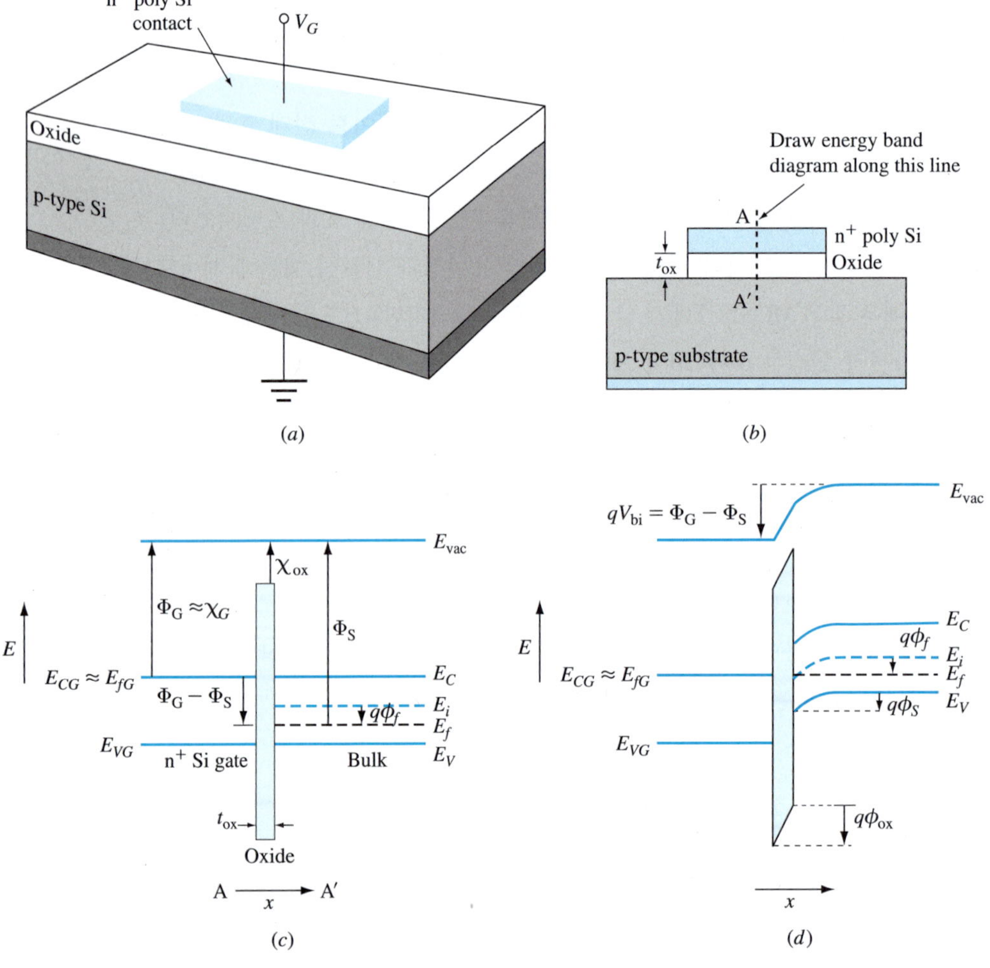

그림 7.1 MOS 커패시터 (a) n^+-Si/oxide/p-Si MOS 커패시터의 물리적 구조. (b) 단면도. (c) 전하 중성 조건하에서 에너지 밴드 다이어그램. (d) 평형 상태의 에너지 밴드 다이어그램(산화막과의 경계면 근처에서 p형 기판의 표면이 약하게 반전되어 있다는 것에 주의하라).

우리는 모든 거시적 영역에서 전기적 중성을 가정하여 시작하는데, 이 경우 E_{vac}는 일정하다. 그 결과는 그림 7.1c에 나와 있다. 여기서 Φ_G와 Φ_S는 각각 게이트와 반도체의 일함수[1)](eV) 이다.[2)] 게이트 재료는 축퇴되도록 도핑되어 있으며 따라서 게이트에서 페르미 준위는 전도대 가장자리에 가까우므로 Φ_G는 χ_G와 같도록 근사화되었음을 주의하라. ϕ_f는 페르미 준위와 진성 준위 사이의 전위차(볼트)이다. 대문자 Φ와 χ는 에너지로서 eV로 표현되고, 소문자 ϕ는 볼트로 나타낸 전위이다. 에너지 밴드 다이어그램에서 ϕ는 언제나 에너지 단위의 $q\phi$로 표현될 것이다.

평형 상태를 달성하기 위해서, 전자들은 (외부 회로를 통해) 게이트로부터 반도체 기판으로 흐르며 페르미 준위를 정렬한다. 결과적인 (평형 상태) 에너지 밴드 다이어그램이 그림 7.1d에 나와 있다. 우리는 에너지 밴드들이 굽어 있고 그 결과, 내부 전압이 걸려 있는 것을 본다. 그 전압의 일부는 산화막에 걸쳐서 떨어지고 또 일부는 반도체에 걸쳐 떨어진다. 게다가 이제 반도체는 그의 표면 근처에 공핍 영역을 갖는다 — 그것은 다수 캐리어가 공핍되는데, 이 경우 재료가 p형이므로 그것은 정공이다.

총 내부 전압은

$$V_{bi} = \frac{\Phi_G - \Phi_S}{q} = \phi_{ox} + \phi_S \tag{7.1}$$

로 주어지고, ϕ_{ox}는 산화막에 걸리는 전압이다. 실리콘 공핍 영역에 걸리는 전압은 때로 표면 전위(즉, 중성 기판에서의 전압에 비해서 산화막 계면의 실리콘 표면에서의 전압)라고 불리며, ϕ_s로 표시한다. 전계 $[\mathscr{E} = (1/q)(dE_{vac}/dx)]$는 절연체 양단 경계면에서 불연속임을 주의하라. 이것은 재료의 유전율의 차이에 기인한다(가우스의 법칙, $\mathscr{E}_1\varepsilon_1 = \mathscr{E}_2\varepsilon_2$).[3)] 산화막에 걸려 있는 내부 전압의 일부는 산화막 두께의 증가와 실리콘도핑 농도의 증가에 따라 커진다.

이 예에서 페르미 준위는 평형 상태(그림 7.1d)에서 실제로 진성 준위를 관통한다는 것을 주목하라. 이것은 기판이 p형으로 **도핑(doping)**되어 있지만, 그 표면 근처는 사실상(effectively) n형이라는 것을 의미한다. 표면 근처에서 페르미 준위는 가전자대 가장자리보다 전도대 가장자리에 더 가깝다. 계면에서는 에너지 밴드 변형 때문에 전자 농도가 정

1) MOSFET에서 원래의 게이트 재료는 금속이었기 때문에 Φ_M이라는 기호가 게이트의 일함수로 자주 쓰인다.
2) 게이트 재료는 밴드 갭 감소(4장)가 일어날 정도로 축퇴 도핑된다는 것에 주의하라. 이것이 게이트 재료의 전도대 가장자리 E_{CG}로 하여금 기판의 전도대 가장자리 E_{Csub}보다 약간 낮은 에너지 준위에 위치하게 하는 이유이다. 게이트 재료의 밴드 갭은 기판 밴드 갭보다 약간 작다. 그러나 이 밴드 캡 축소는 대개 0.1 eV 이하이므로 무시한다. 간략화하기 위해서 산화막 내에나 oxide/Si 경계면에 포획된 전하도 역시 무시한다.
3) SiO_2 유전체와 Si 기판에서 $\varepsilon_{Si} \approx 3\varepsilon_{SiO_2}$이 된다. 따라서 $\mathscr{E}_{SiO_2} \approx 3\mathscr{E}_{Si}$이고, 그림 7.1d와 그 이후 명료하게 보이기 위해 산화물과 반도체 경계에서의 전계는 비율을 맞추지 않고 그린다.

공 농도보다 높다. 실리콘 표면 영역은 공핍되는 것만이 아니라 **반전(invert)**된다. 여기서 우리는 도전성 게이트, 절연성 산화막, 공핍 영역, 그리고 기판으로 이루어진 부분은 전극들 사이에 2개의 다른 유전 상수를 가진 2개의 서로 다른 유전층(산화막과 공핍 영역)을 가진 커패시터로 간주될 수 있음을 주목한다. 내부 전압은 산화막과 기판에 나누어 걸림에 주의하라. 게이트와 산화막 사이에 전압이 인가되면, 이 전압 역시 산화막과 기판에 나누어 걸리며 그 결과 에너지 밴드 다이어그램과 전하들 역시 변하게 된다.

그림 7.2는 n^+ Si/oxide/p형 반도체에서 여러 가지 값의 게이트-기판 전압 V_G에 대한 에너지 밴드 다이어그램들과 전하 분포들을 보여준다. 평형에 대한 경우가 (a)에 나와 있다. 전자가 게이트로부터 기판으로 이동하므로, 결과적으로 Si/oxide 경계면에서 실리콘 내에 공핍 영역이 생기게 되고, 표시된 대로 게이트 전하는 양의 값이며 실리콘 공핍 영역 전하는 음의 값이 된다.

게이트에 음의 값의 전압이 인가되면, 이 전압은 산화막과 반도체 사이에 나누어 걸리게 된다. 반도체 내에서의 에너지 밴드들은 위로 변형되며, 산화막 경계면에서 반도체 내에 정공의 축적을 가져온다(b).

게이트에 계단형 전압(예, 2 V)이 인가되면, 유전체 이완 시간의 세 배(~10^{-12}초) 동안 실리콘 내에 공핍 영역이 형성되어 그 결과 에너지 밴드와 전하 분포는 (c)와 같이 된다. 그러나 시간이 지남에 따라, 전자들이 열적으로 여기되어 전도대로 들어가는데, 그들은 경계면에 있는 위치 에너지 우물에 포획된다. 이 음의 포획된 전하(Q_i)는 (d)에 표시된 것처럼 정상 상태 조건에 다다를 때까지 이 영역의 에너지 밴드를 끌어 올린다. 이 과정은 실리콘에서 10 ~ 100 ms 크기의 시간을 필요로 한다. 정상 상태에서 전자의 생성률과 재결합률은 같다. 정상 상태에서 공핍 영역의 폭은 dc 전압에 무관하다는 것을, 또는 Q_B는 일정하다는 것을 주의하라. 전압에 대한 전하의 의존성은 경계면 전하 Q_i에 관련되는 내용이다. (a), (b), (d)에서 페르미 레벨은 산화물 표면까지 확장되어 있음을 역시 주목하라. 이것들은 정상상태 조건들이기 때문에 여기서 E_f는 전자에 대한 준-페르미 레벨이다. 그러나 (과잉 입자들이 없다), 전자와 정공의 준-페르미 레벨이 같기 때문에 우리는 간단히 E_f를 페르미 레벨로 여긴다.

MOS 커패시터(MOSC)의 정전 용량-전압 특성은 MOSFET의 제작을 모니터링하기 위한 중요한 진단적 수단이다. 여기에 MOSC C-V 특성에 관한 간단한 소개를 한다.

MOSC의 C-V 특성을 측정하는 간단한 회로가 그림 7.3a에 나와 있다. 게이트와 기판 사이에 직류 전압 V_{DC}와 소신호 교류 전압 v_{ac}가 인가되고 교류 전류 i_{ac}가 측정된다. $i_{ac}/v_{ac} = 2\pi fC$에서 C가 계산될 수 있다.

대표적인 C-V 특성 곡선이 (b)에 나와 있다. (미분) 정전 용량이

$$C = \frac{dQ}{dV} = \frac{\varepsilon A}{W}$$

라는 것을 상기하라. 여기서 dQ는 변화 dV에 따라 산화막 각 면에서 발생하는 전하의 변화를 의미하고 W는 전하가 변화하는 영역들 간의 거리이다. 역방향의 직류 바이어스(그림 7.3b) 에 대해 dV의 작은 변화는 산화막의 각 면에서 dQ의 작은 변화를 가져오며, $C = C_{ox} = \varepsilon A/t_{ox}$이다. 따라서 이 조건에서, 알려진 게이트의 면적과 함께 산화막의 두께가 결정될 수 있다.

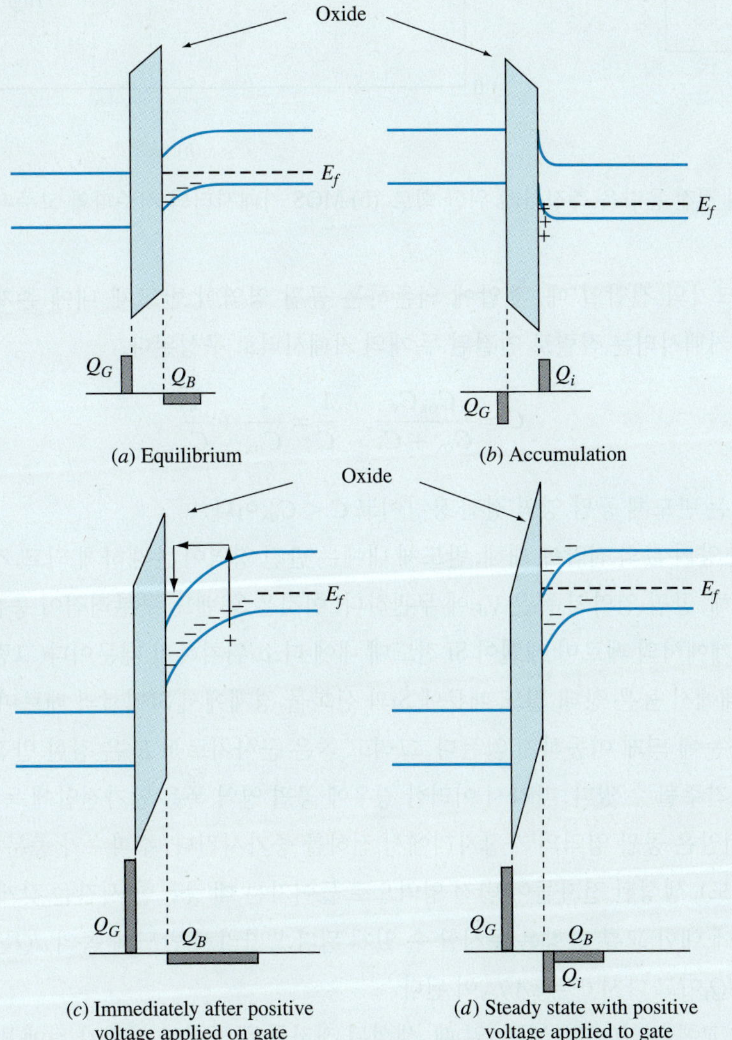

그림 7.2 3가지 바이어스 조건에 대해 그림 7.1의 n^+-Si/oxide/p-Si 커패시터의 전하 분포와 에너지 밴드 다이어그램. (a) 평형 상태의 경우. 전자는 n^+ 게이트로부터 p-Si형 실리콘 기판으로 이동하여 결과적으로 게이트는 양으로 대전되고 기판에는 음의 공핍 영역이 생긴다. (b) 축적 조건. 이때에는 기판에 비해 음의 값의 전압이 게이트에 인가되므로 정공이 실리콘-산화막 경계면에 축적된다. (c) 양의 2 V 계단형 파형 전압이 인가된 직후의 상황. 시간이 흐르면 전이 영역 내에서 생성된 전자는 (d)에 보인 것과 같은 정상 상태에 도달할 때까지 경계면에 있는 전위 우물에 포획된다.

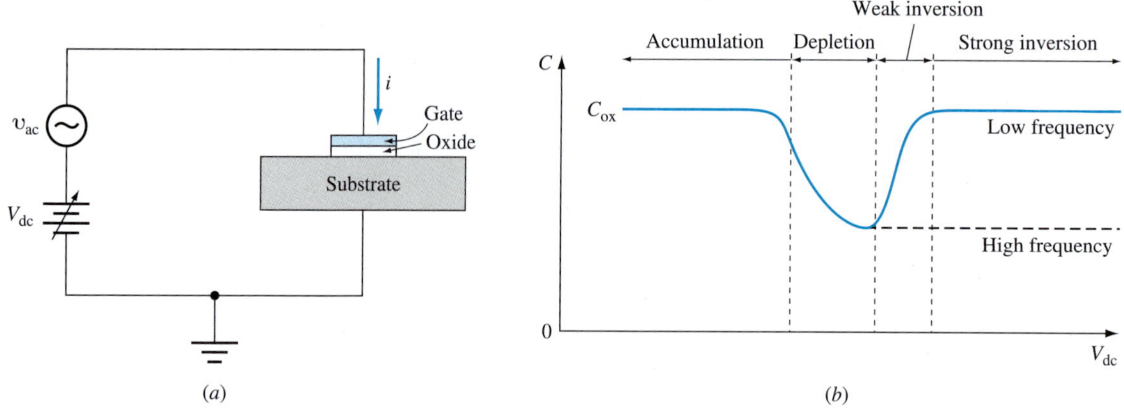

그림 7.3 (a) MOS 커패시터의 정전 용량을 측정하기 위한 회로. (b) MOS 커패시터의 저주파와 고주파 정전 용량-전압 특성.

중간 크기의 전압일 때, 전압에 의존하는 공핍 영역이 반도체 내에 존재하게 되고 MOSC의 커패시터는 직렬로 연결된 두 개의 커패시터로 구성된다.

$$C = \frac{C_{ox}C_s}{C_{ox} + C_s}, \quad \frac{1}{C} = \frac{1}{C_{ox}} + \frac{1}{C_s}$$

여기서 C_s는 반도체 공핍 영역 정전 용량이고 $C < C_{ox}$이다.

충분한 양의 값의 전압에 대해, 반도체 내에는 반전 영역이 존재하게 되고, 정상 상태의 직류에 대해, 공핍 영역의 폭은 V_{dc}에 무관하다. 이것은 Si 밴드 구부러짐이 충분하여 Si과 산화물 경계에서의 페르미 레벨이 Si 전도대 내에 다소 위치하기 때문이다(그림 7.2d를 보라). 전도대에서 높은 상태 밀도 때문에 Si과 산화물 경계에서 Si에서의 페르미 레벨은 전압에 따라 눈에 띄게 이동하지 않는다. 그리고 좋은 근사치로서 E_f은 강한 반전에서 일정한 값으로 간주될 수 있다. 따라서 이러한 경우에 공핍 영역 폭은 인가전압에 독립적이다.

교류 전압은 공핍 영역의 가장자리에서 전하를 증가시킨다. 주파수가 충분히 낮다면(1 ~ 10 Hz 정도), 생성된 전자들이 반전 영역으로 들어가는 데 충분한 시간을 갖게 되고 공핍 영역의 폭에 대한 교류 영향은 무시할 수 있게 된다.[4] 따라서 반도체 쪽의 dQ는 경계면에서 $dQ = dQ_i$이고 다시 $C = \varepsilon A/t_{ox}$이 된다.

고주파 교류 전압(~100 MHz)일 때, 생성된 전자들은 극성이 바뀌기 전에 반전 영역으로 들어가기에 시간이 충분하지 않으므로 dQ는 공핍 영역의 가장자리에 있게 되며, 정전 용량은 일정하게 되고, $C = C_{ox}C_s/(C_{ox} + C_s)$가 된다. 여기서 $C_s = \varepsilon A/w$이다. w는 공핍 영역의 폭인데 기판의 도핑 수준의 척도이다.

4) 저주파 전압은 공핍 영역의 폭에 영향을 주지 않을 정도로 천천히 변하는 직류 전압으로 생각할 수 있다.

MOS 정전 용량은 3부 보충에서 좀 더 자세히 다룬다.

7.2.2 MOS 커패시터 혼합 다이어그램

MOS 커패시터를 통합하는 소자들에 있어서 종종 "혼합" 다이어그램들을 사용하는 것이 편리하다. 혼합 다이어그램은 부분적으로 전자들로 채워진 우물에 대해 그림 7.4에서 표시한 것같이 물리적 형상과 에너지 밴드 다이어그램의 조합이다. 에너지 밴드 그림이 전자 에너지 대 게이트에 수직 방향, 위치 x의 도면이고, 외형 그림은 옆면 구조의 y 대 x의 도면화이고 그림 7.4a의 혼합 그림은 옆면 위치 y 대 전자 에너지를 도면화한 것이다. 표준적인 에너지 밴드 다이어그램이 그림 7.4b에 나타나 있다.

혼합 다이어그램을 그리기 위해,

- 에너지 밴드 다이어그램(그림 7.4b)의 반도체 본체에서의 페르미 준위가 표시된 바와 같이 외형 그림 (a)의 산화물/Si 경계와 정렬된다.
- (b)에서 우물의 바닥에서의 에너지는 (a)에 표시되어 있다(점선이 우물의 형태이다).
- 우물에서의 전자 농도는 혼합 다이어그램의 음영 처리된 영역에 표시되어 있다.

우리는 MOS 커패시터 전하들이 시간과 함께 어떻게 변하는가를 보여주기 위해 혼합 다이어그램을 사용한다. 그림 7.5a에서 혼합 다이어그램과 에너지 밴드 다이어그램은 게이트 전압이 없는 상태에서 p형 MOS 커패시터에 대해 보여준다. 어떤 시간 $t = 0$에서 양의 계단 함수 전압 V_G가 MOS 커패시터 (b)에 인가될 때 소자에 걸리는 전압은 따라서

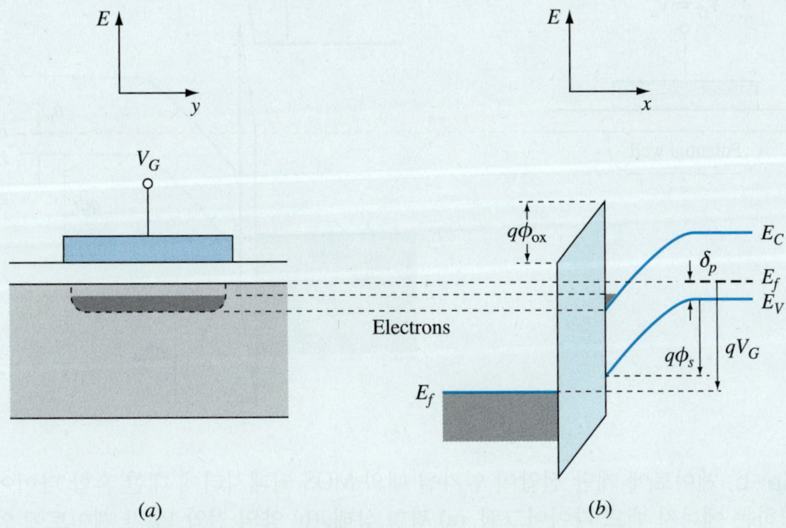

그림 7.4 (a) 혼합 다이어그램과 (b) MOS 커패시터에 해당하는 에너지 밴드 다이어그램. 음영 처리된 지역은 전위 우물의 전자 전하들을 표시한다.

$$V_j = V_{bi} + V_G = \phi_{ox} + \phi_s$$

V_G가 인가한 후 즉시 커패시터가 아직 충전되지 않아 전위 우물은 비어 있다. 그러나 Si 공핍 영역 가까이 열적으로 발생된 전자들은 우물에 포획된다. 축적 음의 전하들은 경계면(그곳에 음의 전하들이 있다) 가까이 에너지 밴드 그림을 위로(더 높은 전자 에너지) 움직이게 한다. 이러한 움직임은 그림 7.5c에서 지적한 것같이 표면 전위 ϕ_s를 감소시키고

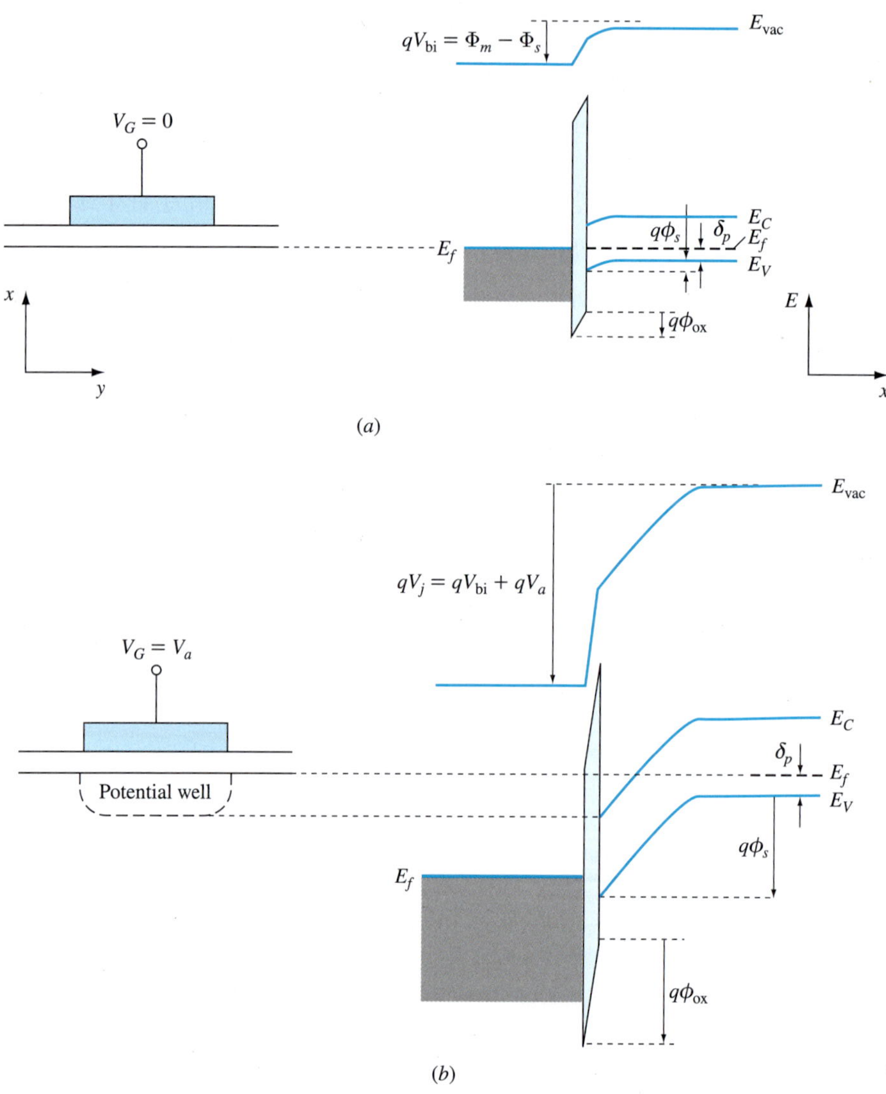

그림 7.5a–b 게이트에 계단 전압이 인가될 때의 MOS 커패시터에 대한 혼합 다이어그램과 그에 해당하는 에너지 밴드 다이어그램. (a) 평형 상태. (b) 양의 전압 V_G가 게이트에 인가되어 있다. 전압의 일부는 산화물에 걸리고 일부는 반도체에 걸린다. $t = 0$에서 커패시터는 아직 충전되지 않았고 전위 우물은 비워져 있다.

산화물 전위 ϕ_{ox}를 증가시킨다. 케패시터가 충분히 충전될 때 우물은 (d)의 그림과 같이 채워져 있다.

여기서 장벽은 전자가 우물에 들어가는(열적 발생에 의해) 율이 빠져나가는(재결합에 의해) 율과 같아지는 만큼 감소한다.

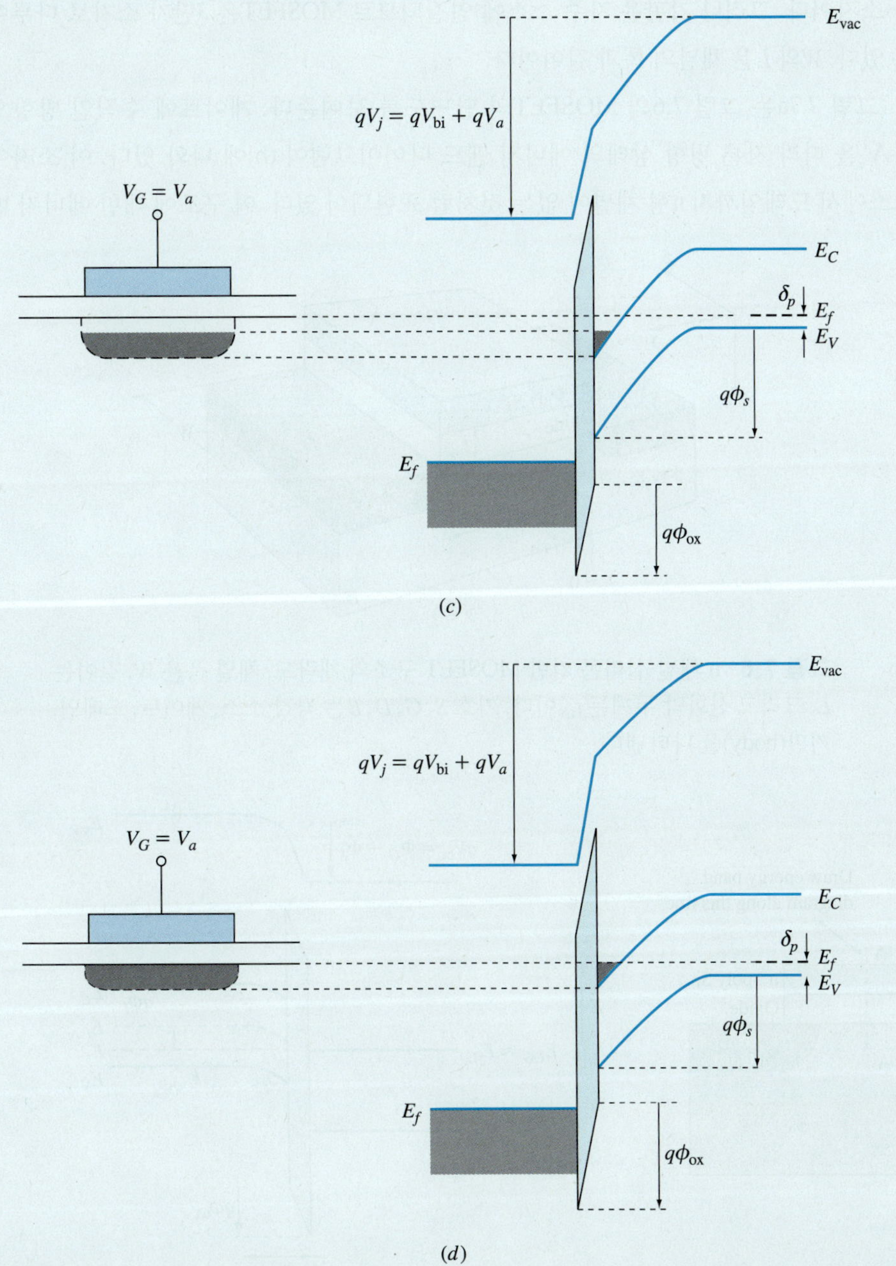

그림 7.5c-d (c) 우물이 채워지기 시작하는 짧은 시간 후에, 반도체와 산화물 경계면에서의 국부적 에너지 밴드 다이어그램의 상승. (d) 우물은 완전히 채워지고 커패시터는 충전되었다.

7.2.3 평형 상태의 MOSFET(정성적 해석)

n 채널 MOSFET의 개략도가 그림 7.6에 나와 있다. 이것은 게이트 영역의 양쪽에 n^+ 실리콘의 소스와 드레인 영역이 있다는 것을 제외하고는 지금까지 논의해온 MOS 커패시터와 비슷하다. 게이트, 소스, 드레인, 그리고 기판이 전기적으로 연결되므로 MOSFET은 4단자 소자이다. 그러나 기판은 자주 소스에 연결되므로 MOSFET은 3단자 소자로 다루어질 수 있다. W와 L은 채널의 폭과 길이이다.

그림 7.7a는 그림 7.6의 MOSFET의 단면도를 보여준다. 게이트에 수직인 방향으로 A-A′을 따라 자른 평형 상태의 에너지 밴드 다이어그램이 (b)에 나와 있다. 이 소자에는 소스에서 드레인까지 n형 채널이 없는 것처럼 표현되어 있다. 이 구조에 대한 에너지 밴드

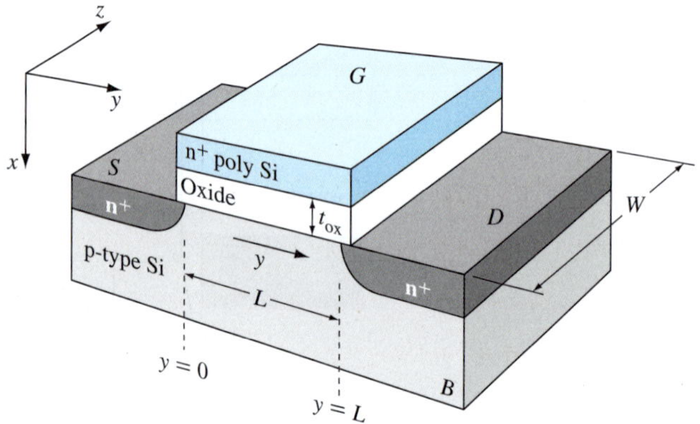

그림 7.6 n 채널 실리콘 기반 MOSFET 구조의 개략도. 채널 폭은 W, 길이는 L, 그리고 산화막 두께는 t_{ox}이다. 기호 S, G, D, B는 각각 소스, 게이트, 드레인, 기판(body)을 나타낸다.

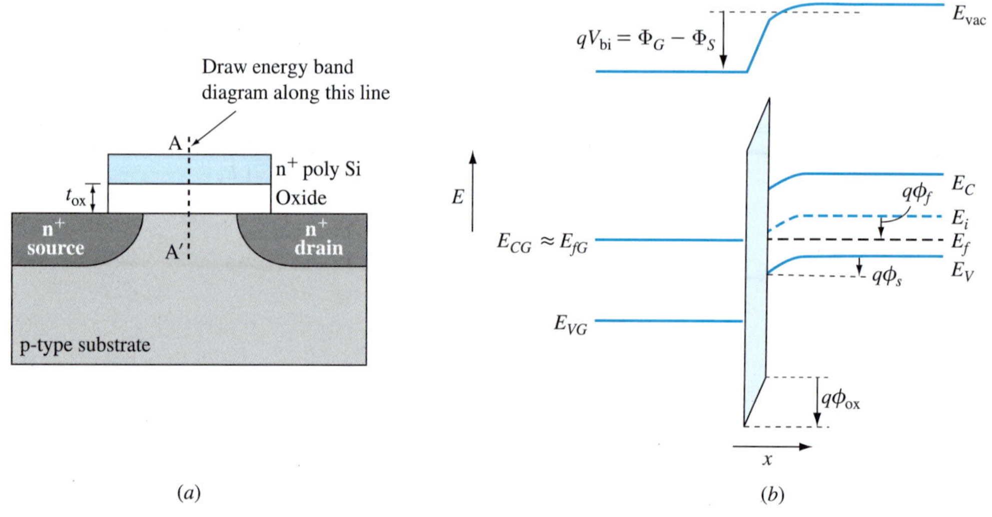

그림 7.7 (a) n 채널 FET의 단면도, (b) 평형 상태의 에너지 밴드 다이어그램.

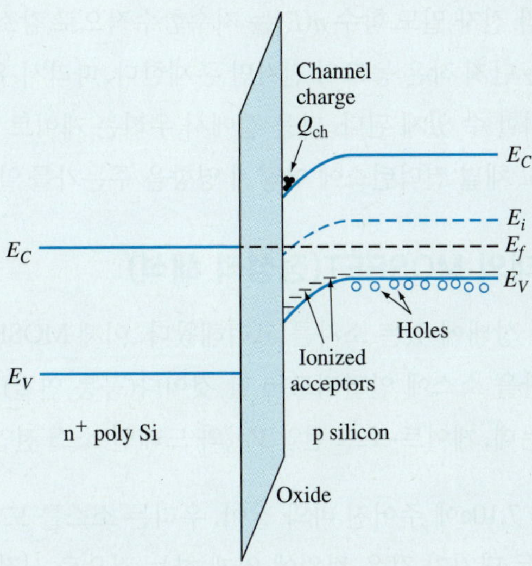

그림 7.8 채널 전하는 산화막 경계면 근처의 몸체에 축적된다. 이 경우 채널 전하는 전자로 구성된다.

다이어그램으로부터 채널이 실제로 존재하는지를 결정할 수 있다. 제시된 특별한 예에 대해, 기판에서의 에너지 밴드 변형($q\phi_s$)은 대략 1 eV의 절반 정도이다. (b)의 평형 상태 에너지 밴드 다이어그램이 그림 7.8에 다시 나와 있는데, 이것은 실리콘 내의 전하도 표시하고 있다. 그림으로부터 페르미 준위가 아직 반도체-산화막 경계면 근처에서 진성 준위에 가깝다는 것을 볼 수 있다. 다시 말해서 채널이 존재하지만 채널은 아주 적은 양의 전자를 가지고 있으므로 낮은 컨덕턴스를 갖는다. 채널에서의 전자 농도가 매우 낮으므로, 인가된 드레인-소스 전압에 대해서, 소스와 드레인 간에 아주 작은 전류만 흐를 수 있다. 이 소자는 **준문턱(subthreshold)** 영역에 있다고 말한다.

소스와 드레인은 n^+로 도핑되어 있지만, 유도된 채널은 약한 n형일 뿐이다. 전자 농도에 있어서 결과적인 차이는 채널의 양 끝단에 적당한(n^+n) 위치 에너지 장벽을 생성한다. 그림 7.9는 채널을 가로지르는 대신 채널을 따라서 평형 상태의 에너지 밴드 다이어그램을 보여준다.

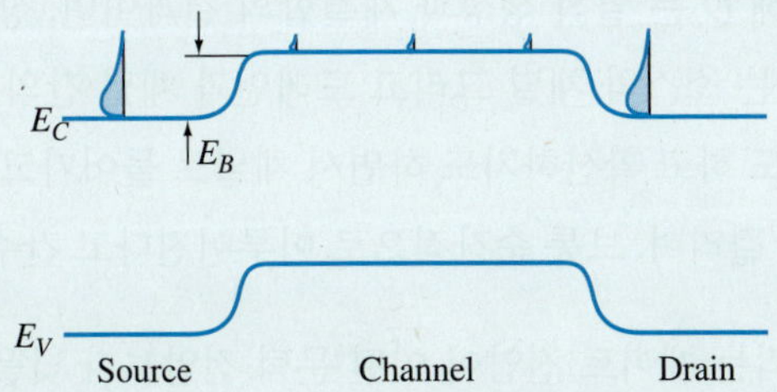

그림 7.9 그림 7.8의 소자의 채널을 따르는 에너지 밴드 다이어그램.

에너지 증가에 따라 전자 밀도 함수 $n(E)$는 지수함수적으로 감소하므로, 장벽 E_B가 아직 너무 커서 채널에는 단지 작은 농도의 전자만 존재한다. 따라서 유도된 채널은 n형이지만 채널 전도도는 무시할 수 있게 된다. 다음 절에서 우리는 게이트 전압을 변화시키는 것이 장벽 높이에, 그리고 채널 컨덕턴스에 어떻게 영향을 주는가를 알아낼 것이다.

7.2.4 비평형 상태의 MOSFET(정성적 해석)

지금까지 우리는 평형 상태에 있는 소자를 고려해왔다. 이제 MOSFET 동작의 물성을 조사해보자. 우리는 기판을 소스에 연결되도록 할 것이다(공통 연결). 아직 두 개의 변화시킬 수 있는 전압이 있는데, 게이트-소스 전압 V_{GS}와 드레인-소스 전압 V_{DS}가 그것이다.

V_{DS} = 0인 경우 그림 7.10a에 주어진 바와 같이, 우리는 소스를 드레인에 전기적으로 연결시킴으로써, 즉 그 두 단자가 같은 전위에 있게 하는 것으로 시작한다. 그러고 나서 소스에 대해 게이트에 전압을 인가하자. 그림 7.7에서의 내부 전위와 같이, 이 인가전압 역시 산화막과 기판 간에 나누어진다. 양의 값의 게이트 전압을 인가한 효과는 그림 7.10b와 같이 채널 에너지(전도대 가장자리)를 낮추는 것이다. 여기서 우리는 게이트에 수직으로 A-A′을 따라 에너지 밴드 다이어그램을 그렸다. 평형 대역도는 검은색, 그리고 바이어스 하에서의 에너지 밴드 다이어그램은 청색이다. 바이어스하에서 전도대 가장자리는 페르미 준위 쪽으로 변형된다. 표면은 이제 전보다 더욱 강하게 n형이 되며, 따라서 더욱 강하게 반전된다. 이제 채널에는 더 많은 전자들이 있게 되고, 채널 컨덕턴스를 증가시킨다. 이것을 채널이 '증가(enhanced)'되었다고 말한다.

이것을 알아보는 또 다른 방법은 그림 7.10c를 통해서이다. 그림은 3가지 다른 게이트 전압들에 대해서 채널을 따라 에너지 밴드 다이어그램을 보여주고 있다. 문턱 전압에 가까운 V_{GS}에 대해서, 실리콘 표면에서 소스와 채널 간의 에너지 장벽 E_B는 상당히 높다. 아주 적은 전자들이 채널에 존재하고 따라서 채널 컨덕턴스는 낮다. V_{GS}가 문턱 전압 이상으로 증가함에 따라 장벽은 감소한다. 더욱 많은 전자들이 채널로 들어갈 수 있게 되고, 따라서 채널 전도도는 증가한다.

MOSFET 채널에서의 채널 전하량 Q_{ch}는 커패시터에서의 경계면 전하 Q_i와 유사하다. 그러나 커패시터에 대해 Q_i는 열적 생성과 재결합의 결과이며, 상대적으로 느린 과정이다. MOSFET에서 전하는 소스와 채널 그리고 드레인과 채널 간의 장벽에 의해서 결정된다. 전자들은 전도하기도 하고 확산하기도 하면서 채널로 들어가고 나오는데, 전형적으로 10^{-12} ~ 10^{-11}초 정도가 걸리며, 보통 순간적으로 이루어진다고 간주된다.

문턱 전압의 정의 우리는 게이트 전압이 어떤 문턱 전압보다 낮을 때, 즉 준문턱 영역에 있을 때 채널 컨덕턴스가 작다는 것을 보았다. 캐리어 분포를 살펴보고, 반도체 내에서 전

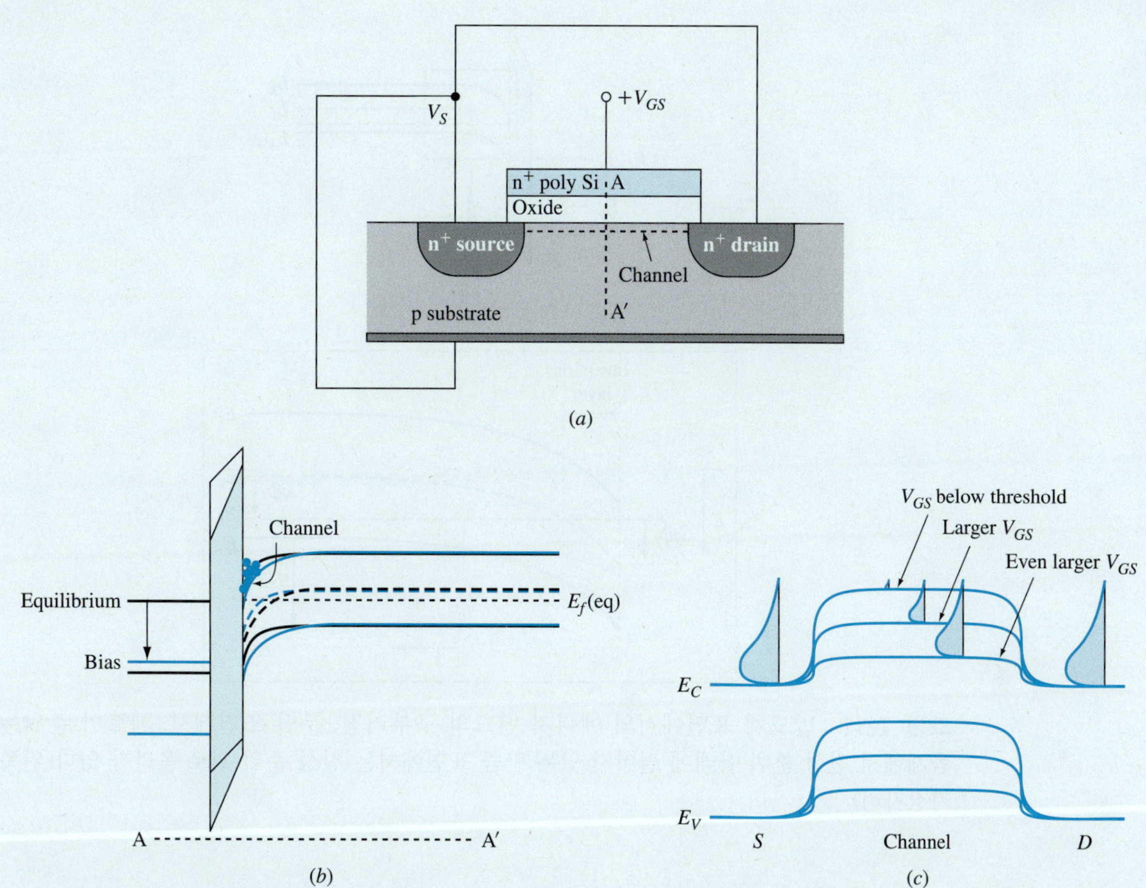

그림 7.10 특정 MOSFET의 예. (a) 소스, 기판, 드레인은 서로 연결되어 있다. (b) 평형 상태(검은색)일 때와 바이어스된 상태(청색)일 때, 단면 A-A′을 따른 에너지 밴드 다이어그램. (c) 3가지 V_{GS} 값에 대해서 채널을 따른 에너지 밴드 다이어그램.

자 농도는 다음과 같이 변한다는 것을 기억하자.

$$n = N_C e^{-(E_C - E_f)/kT} \tag{7.2}$$

전자 농도와 이에 따른 채널 컨덕턴스는 $E_C - E_f$의 지수함수적으로 변한다. 이 양은 게이트-소스 전압 V_{GS}에 의존한다. 지수함수는 부드럽게(급격하게지만) 변하는 함수이다. 따라서 어떤 게이트-소스 전압을 **문턱 전압(threshold voltage)**이라고 불러야 하는지 아직은 확실하지 않다. 통상적으로 문턱 전압이란 실리콘 표면에서의 전자 농도를 중성 기판(N'_A)에서의 정공 농도와 같아지도록 유도하는 데 필요한 전압이다.[5] 이것은 기판에서의 페르미 준위가 진성 준위 아래에 있는 만큼 n 채널에서의 페르미 준위가 진성 준위 위에 있으면 채

5) 앞에서 지적한 바와 같이, 가끔 사용되는 또 다른 판단 기준은 V_T는 포화 전류가 $I_{D\text{sat}} = 40\ W/L$ nA가 되게 하는 데 필요한 V_{GS}의 값이라는 것이다.

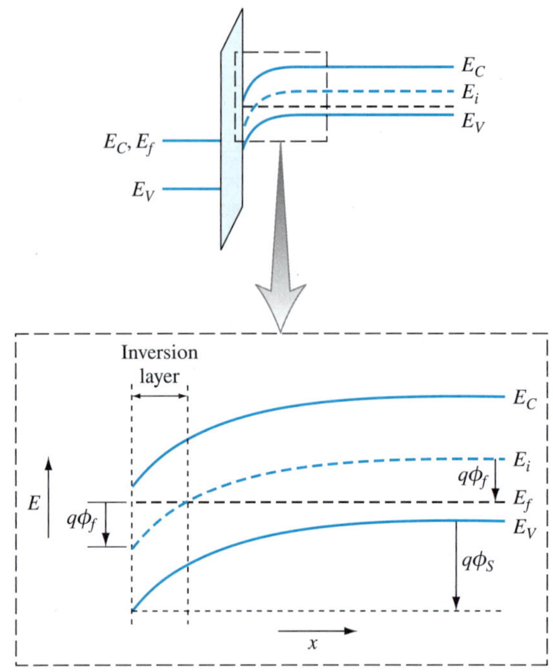

그림 7.11 반도체 표면에서의 에너지 밴드의 구부러짐. 문턱 조건에서, 페르미 준위는 몸체에서 진성 준위 아래에 떨어져 있는 만큼 표면에서는 진성 준위 위로 올라가 있다(왼쪽 가장자리).

널이 존재한다는 것과 같은 이야기이다. 이 조건이 그림 7.11에 나와 있다. 그러면

$$\phi_s = 2\phi_f \qquad (7.3)$$

여기서 ϕ_s는 **표면 전위(surface potential)**, 즉 기판에서의 전압과 비교한 실리콘 표면에서의 전압이라고 불린다.

증가형과 공핍형 MOSFET 앞의 예(그림 7.7)에서, 에너지 밴드 변형은 바이어스가 인가되지 않아도 표면이 n형이 되게 하는 원인이었다. 기판 도핑에 따라, 반도체의 표면은 평형 상태에서 반전될 수도 있고 반전되지 않을 수도 있다. 채널이 존재한다면, 그것은 도전성이 있다고 간주되기에 충분히 강할 수도 있고 그렇지 않을 수도 있다. 앞의 예에서, 표면은 평형 상태에서 적당한 채널로 보기에는 충분히 반전되지 않았다. 양의 값의 게이트-소스 전압이 인가되면, 채널 컨덕턴스는 증가한다. 앞에서 언급한 대로, 채널의 컨덕턴스는 양의 값의 게이트 전압을 인가함으로써 증가한다. **증가형(enhancement type)** FET는 평상시 "차단" 상태이다. 이는 게이트 전압의 인가에 의해 채널이 생성되기 전에는 분명하게 전류가 흐르지 않는다는 뜻이다.

그림 7.12a와 b는 증가형 NFET와 증가형 PFET(즉 각각 n 채널 FET와 p 채널 FET)를

보여준다. 현재 사용하는 대부분의 FET들은 MOSFET이기 때문에 우리는 적절한 곳에 n형 MOSFET과 p형 MOSFET에 대해 NFET와 PFET이란 용어를 각각 사용한다.

NFET에서 트랜지스터가 분명하게 전류를 흘리려면 양의 값의 게이트-소스 전압이 인가되어야 한다. PFET에 대해서 전도대 가장자리는 표면이 더욱 충분히 반전되어 더욱 많은 정공들이 채널로 들어갈 수 있도록 위로 변형되어야 한다.

이것은 소스에 비해 게이트에 음의 전압을 필요로 한다. 따라서 증가형 소자에 대해서 NFET의 문턱 전압은 양의 값이고 PFET의 문턱 전압은 음의 값이다. PFET에서 음의 게이트 전압의 증가는 채널 컨덕턴스의 증가를 가져온다. 그러나 그림 7.12c와 d에 주어진 바

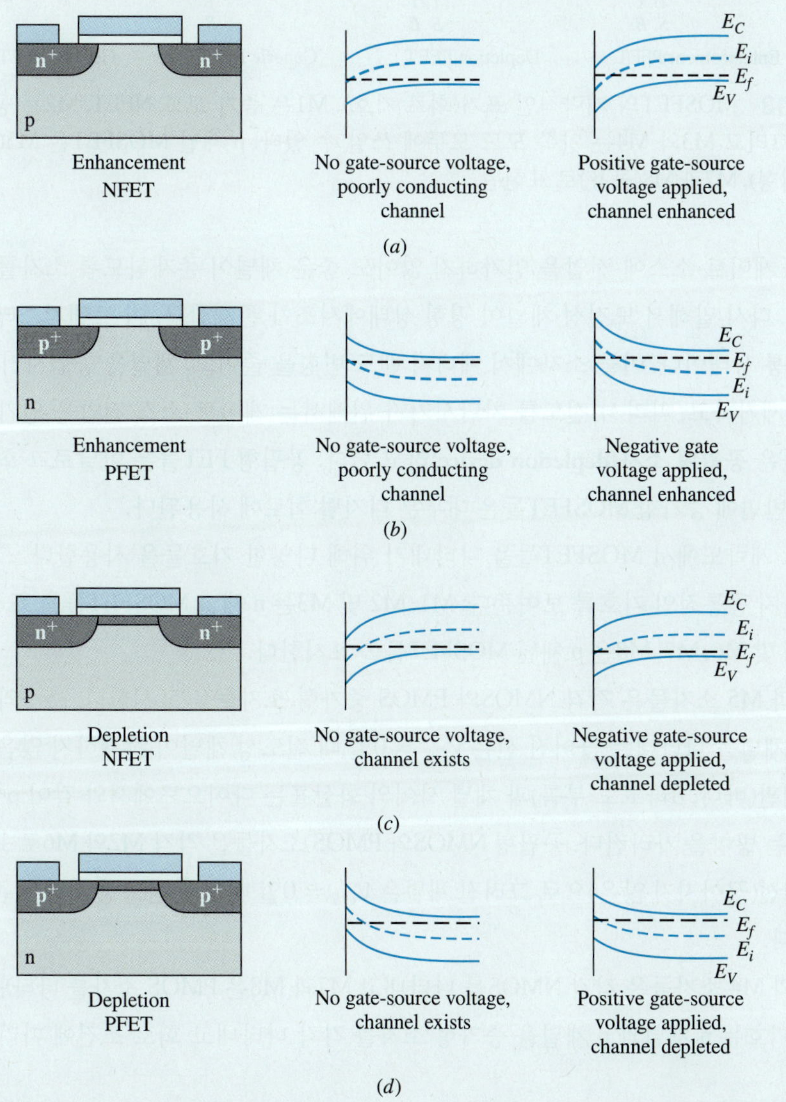

그림 7.12 반도체 내에서의 에너지 밴드 다이어그램. (a) 증가형 NFET, (b) 증가형 PFET, (c) 공핍형 NFET, (d) 공핍형 PFET.

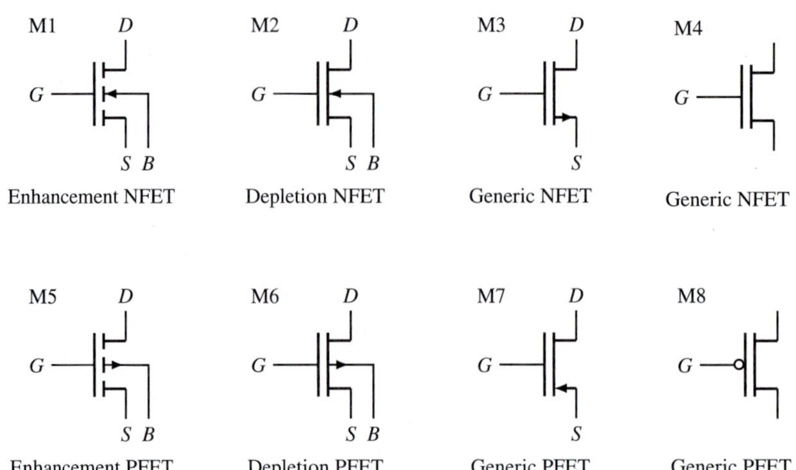

그림 7.13 MOSFET의 개략적인 표기(회로 기호). M1은 증가 모드 NFET, M2는 공핍 모드 NFET, 그리고 M3와 M4는 양쪽 모드 모두에 쓰일 수 있다. p 채널 MOSFET은 M5(증가형), M6(공핍형), M7과 M8(공용)로 표현됨.

와 같이 게이트-소스에 전압을 인가하지 않아도 좋은 채널이 존재하도록 소자를 제조할 수 있다. 다시 말해서 도전성 채널이 평형 상태에서조차 존재한다. 이 트랜지스터들은 평상시 **도통** 상태이다. 이들 소자에서 에너지 밴드 변형을 줄이고, 채널을 공핍시키며, 캐리어들을 제거하고, 따라서 전도를 차단시키기 위해서는 게이트-소스 전압을 인가해야 한다. 이들은 **공핍형 소자(depletion device)**라고 한다. 공핍형 FET들은 아날로그 회로에 사용되는 반면에 증가형 MOSFET들은 대부분 디지털 회로에 사용된다.

회로 개략도에서 MOSFET들을 나타내기 위해 다양한 기호들을 사용한다. 그림 7.13은 몇 가지 공통적인 기호를 보여준다: M1, M2 및 M3는 n 채널 MOSFET들을 표시하고[6], M4, M5 및 M6, M7, M8은 p 채널 MOSFET들을 표시한다.

M1과 M5 소자들은 각각 NMOS와 PMOS 증가형 소자들을 표시한다. 소스와 드레인 사이의 채널을 나타내는 끊어진 선은 $V_{GS} = 0$일 때 전도성 채널이 존재하지 않음을 나타낸다. 기판(바디, B라고도 부름)과 채널 사이의 화살표는 다이오드에서와 같이 p에서 n으로 향하는 방향을 가리킨다. 공핍형 NMOS와 PMOS 소자들은 각각 M2와 M6로 표시되어 있다. 실선(끊어지지 않은)으로 그려진 채널은 $V_{GS} = 0$일 때에도 전도성 채널이 존재함을 나타낸다.

M3와 M4 소자들은 각각 NMOS를 나타내고 M7과 M8은 PMOS 소자를 나타낸다. M4와 M8 기호는 n 채널과 p 채널을 증가형 소자를 각각 나타내고 회로 조건에 따라 전류는

6) 드레인과 소스 사이의 전압이 0 V인 경우 채널을 가로질러 표현된 NFET 채널의 에너지 밴드 다이어그램(a)과 채널을 따라 표현된 에너지 밴드 다이어그램(b).

어느 한쪽 방향으로 흐를 수 있다. 이러한 경우에 각 출력 단자는 소스 혹은 드레인으로서 작용한다(예, 정적 임의 접근 메모리 SRAM).

M8의 게이트 단자의 "기포"는 p 채널 소자를 표시한다. 기판 혹은 본체 연결은 보통 이러한 표시들로 보여주지 않는다. 전류를 최소화하기 위해서 어떤 pn 접합(소스와 본체, 드레인과 본체)들도 순방향 바이어스가 아닌 전압으로 연결된다고 가정한다. 본체 전압은 역시 문턱 전압에 영향을 주고 이것은 선택적 요소이다.

문턱 전압 이상 문턱 조건을 좀 더 자세히 살펴보자. 반도체 표면에서 전자 농도는

$$n_s = N_C e^{-(E_{C\mathrm{ch}} - E_f)/kT} \tag{7.4}$$

이고, $E_{C\mathrm{ch}}$는 그림 7.14와 같이 실리콘 표면에서 채널 내의 전도대 가장자리의 에너지이다. 강하게 도핑된 소스에서 $E_f \approx E_C$이므로(그림 7.14b를 보라), 장벽 높이는 $E_B = E_{C\mathrm{ch}} - E_f$와 같음을 또한 알 수 있다. 표면에서 채널 내 전자 농도는 다음과 같이 표현할 수 있다.

$$n_s = N_C e^{-E_B/kT} \tag{7.5}$$

이것으로부터 우리는 장벽 높이에 관해서 풀 수 있다.

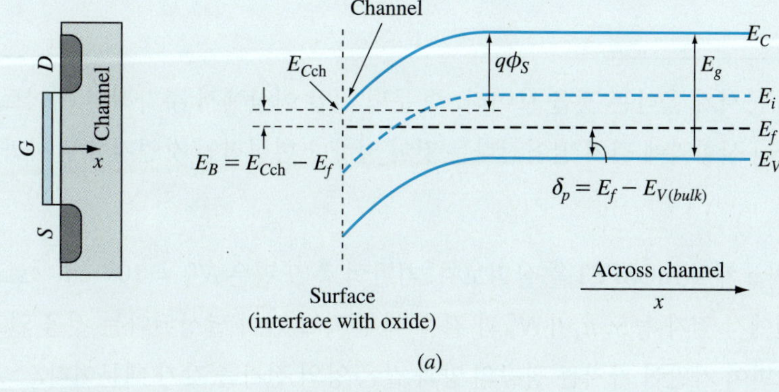

(a)

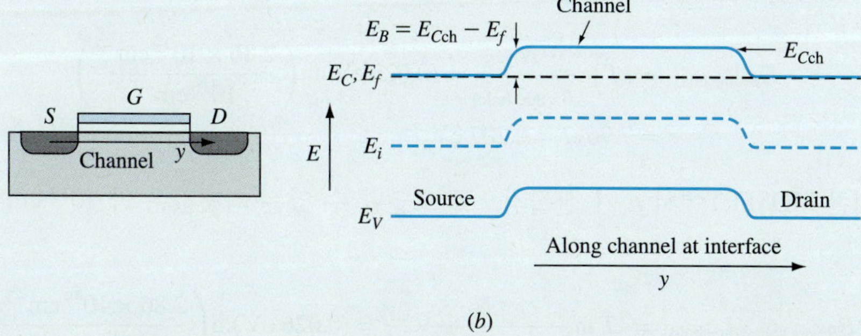

(b)

그림 7.14 드레인과 소스 사이의 전압이 0 V인 경우 채널을 가로질러 표현된 NFET 채널의 에너지 밴드 다이어그램(a)과 채널을 따라 표현된 에너지 밴드 다이어그램(b).

$$E_B = kT \ln \frac{N_C}{n_s} \tag{7.6}$$

그림 7.14a로부터 표면 전위 ϕ_s는

$$\phi_s = \frac{1}{q}[E_g - E_B - \delta_p] \tag{7.7}$$

와 같이 쓸 수 있고, 여기서 δ_p는 기판(중성) 실리콘에서 페르미 준위와 가전자대 가장자리와의 에너지 차이이다.

식 (7.6)에 의하면 E_B는 n_s에 따라 천천히(로그함수적으로) 변하므로, 식 (7.7)로부터 ϕ_s도 천천히 변한다. ϕ_s가 천천히 변하므로, 자주 문턱 전압 이상에서 에너지 밴드 변형 ϕ_s는 문턱 전압과 같게 유지된다고 가정한다. 게이트 전압은 일부는 산화막 양단에 걸쳐 떨어지고 일부는 반도체 내에서 에너지 밴드 변형 영역(공핍 영역)에 걸쳐 떨어진다. 에너지 밴드 변형의 양 ϕ_s의 크기는 (대략적으로) 일정하기 때문에, 문턱 전압 이상에서 게이트 전압의 변화는 산화막에 걸쳐 떨어진다고 가정한다. 우리는 이것을

$$V_{GS} - V_T = \phi_{\text{ox}} - \phi_{\text{ox}}^{\text{th}} \qquad V_{GS} > V_T \tag{7.8}$$

로 쓰고, $\phi_{\text{ox}}^{\text{th}}$는 문턱 조건에서의 산화막 전압이다.

예제 7.1

식 (7.8)의 근사가 옳다는 것을 보여라. 즉 문턱 전압 이상에서 추가적인 게이트 전압은 반도체가 아닌 산화막에 걸쳐 떨어진다는 것이 얼마나 현실적인 것인지를 말하라.

■ 풀이

그림 7.6의 n 채널 MOSFET을 살펴보자. 기판의 총 도핑은 $N'_A = 10^{16}\ \text{cm}^{-3}$로 놓는다. 채널의 표면에서 전자 농도 n_s가 N'_A과 같을 때 문턱 조건이 달성된다는 것을 알고 있다. 왜냐하면 표면이 기판이 가지는 정공의 양과 같은 양의 전자를 갖기 때문이다.

식 (7.6)으로부터

$$\begin{aligned} E_{B(\text{threshold})} &= kT \ln \frac{N_C}{n_{s(\text{threshold})}} = (0.026\ \text{eV}) \ln\left(\frac{2.86 \times 10^{19}\ \text{cm}^{-3}}{10^{16}\ \text{cm}^{-3}}\right) \\ &= 7.96kT = 0.207\ \text{eV} \end{aligned}$$

실리콘 MOSFET에서 n_s가 실질적으로 도달할 수 있는 최댓값은 약 $10^{19}\ \text{cm}^{-3}$이고, 이때

$$\begin{aligned} E_{B(\text{way above threshold})} &= kT \ln \frac{N_C}{n_{s(\text{way above threshold})}} = (0.026\ \text{eV}) \ln\left(\frac{2.86 \times 10^{19}\ \text{cm}^{-3}}{10^{19}\ \text{cm}^{-3}}\right) \\ &= 1.05\ kT = 0.027\ \text{eV} \end{aligned}$$

다시 말해서 문턱 전압과 문턱 전압 훨씬 위 사이에서, 장벽 높이 E_B와 그에 따른 $q\phi_s$는 실온에서 단지 6.9 kT 또는 180 meV만큼 변한다. 식 (7.7)로부터 이 같은 범위에 걸쳐 표면 전위 ϕ_s는 $\Delta E_B/q = 0.180$ V만큼 변한다.

식 (7.3)으로부터 문턱 조건에서 $\phi_{s(\text{threshold})} = 2\phi f$이다. $\phi_f = (E_i - E_f)/q$이고 $E_i - E_f = kT \ln(N_A'/n_i)$이므로

$$\phi_f = \frac{kT}{q}\ln\frac{N_A'}{n_i} = 0.026 \ln\frac{10^{16}}{1.08 \times 10^{10}} = 0.357 \text{ V}$$

이다. 따라서 문턱 조건일 때 에너지 밴드 변형은 아래와 같다.

$$\phi_{s(\text{threshold})} = 2\phi_f = 2(0.357) = 0.714 \text{ V}$$

이제 표면 농도가 10^{19} cm^{-3}일 때 에너지 밴드 변형을 구하면

$$\phi_{s(\text{문턱 조건 이상의 영역})} = 0.714 + 0.180 = 0.894 \text{ V}$$

이고, 이는 문턱 조건에서의 값보다 약 25% 정도 높다. 문턱 조건 이상에서 반도체에 걸친 전압 강하는 정확히 일정하지는 않고 천천히 변한다. 따라서 표면 전위 ϕ_s가 문턱 전압 이상에서 일정하다는 근사는 대개 적절하다.

$V_{DS} > 0$인 경우 앞 절에서 에너지 밴드 다이어그램, 장벽 높이, 그리고 채널에서의 캐리어 농도에 미치는 게이트-소스 전압의 효과를 살펴보았다. 채널에서의 캐리어 농도는 채널 컨덕턴스와 직결된다. 우리는 거기에서 채널의 양 끝단은 같은 전압에 있다고 가정하였다.

이 절에서 우리는 드레인 전압과 소스 전압을 다르게 인가할 것이며, 따라서 채널 내에 종방향 전계를 만들어낼 것이다. 이 전계는 채널을 따라 흐르는 전류를 유도할 것이다. 저항을 통해 흐르는 전류가 양단 전압에 의존하듯이, 드레인에서 소스로 흐르는 전류는 드레인-소스 전압에 의존한다. 그러나 MOSFET에서 채널의 컨덕턴스(따라서 저항)는 게이트-소소 전압에 의존한다. 사실 이것이 트랜지스터(transistor)라는 이름의 근원이다. 소자에 걸친(trans) 저항은 게이트 소스 전압에 의해 조정된다. 그것은 전압 제어 저항이다.

그림 7.15a는 n 채널 MOSFET을 보여준다. 드레인은 소스에 비해 양의 값의 전압 V_{DS}에 있다. 게이트에는 문턱 전압 이상의 어떤 전압이 인가되어 있으므로 채널은 전도한다. 만일 가상의 전압계가 있어 채널의 소스 끝에서 산화막 양단 전압을 어떻게든지 측정할 수 있다면, 그것은 $V_G - V_S = V_{GS}$이 될 것이다. 드레인 끝에서 산화막에 걸리는 전압은 $V_G - V_D$이다. 채널 전압은 채널을 따라 변하고 기판 전압은 일정하므로, 이 변화하는 채

널 전압은 한 끝에서 다른 끝까지 공핍 영역의 폭 또한 변한다는 것을 의미한다. 따라서 채널은 소스 끝보다 드레인 끝에서 더 넓다.

V_{DS}가 양의 값이므로 소스 끝으로부터 전위 우물에 들어가는 전자들은 드레인 끝으로 더 낮은 전자 에너지로 채널을 드리프트하여 내려간다. 그림 7.15b는 양의 값의 드레인 전압에 대해 소스와 드레인에서 게이트에 수직인 에너지 밴드 다이어그램을 보여준다. 채널의 위치 에너지(E_C)는 소스에서 드레인까지 채널을 따라 감소한다.

그림 7.15c는 채널을 따라 에너지 밴드 다이어그램을 보여준다. 드레인-소스 전압이 인가되지 않을 때(실선)에는 종방향 전계가 $\mathscr{E}_L = 0$이므로, 채널에 있는 전자들은 드리프트하지 않는다. $V_{DS} > 0$이 인가되면, 드레인 끝단에서의 전자 에너지는 낮아지고 따라서 전

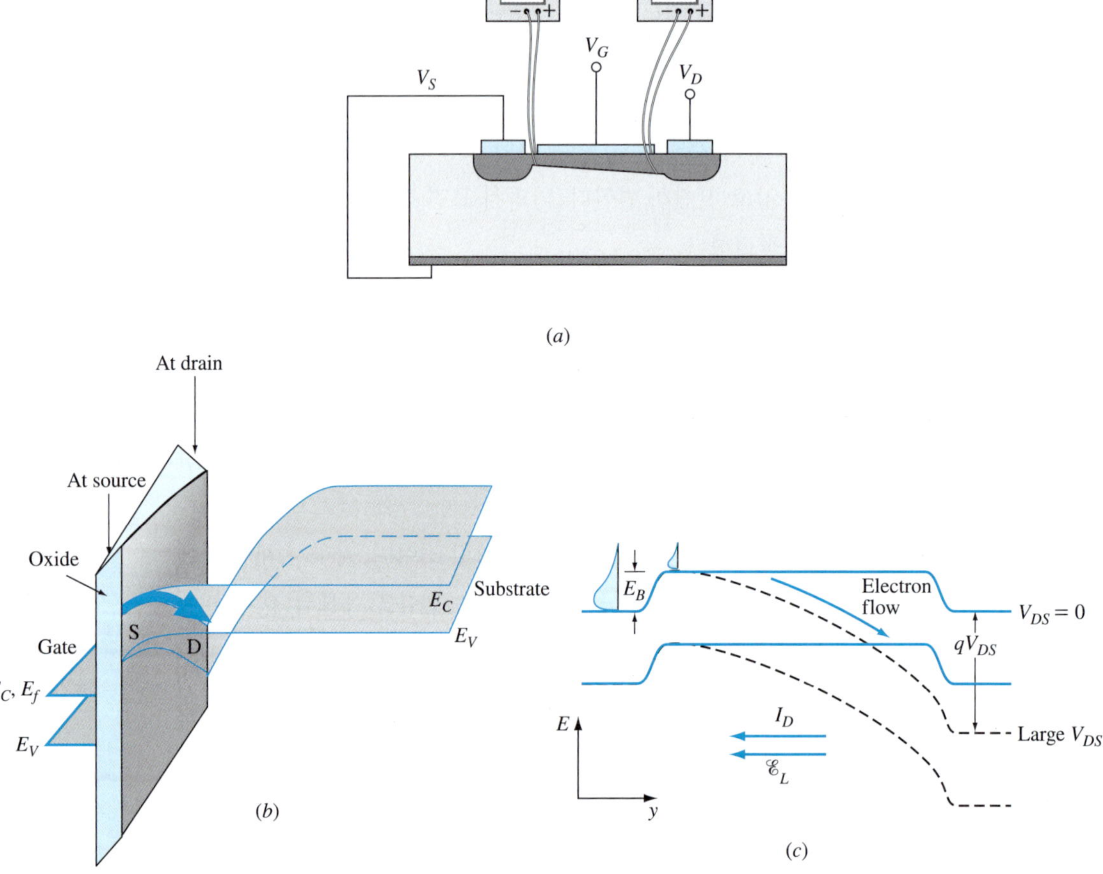

그림 7.15 (a) 소스를 기준으로 하여 드레인에 전압을 인가하면, 공핍 영역의 폭은 채널을 따라 달라진다. 따라서 채널을 가로질러 어떤 임의의 위치에서 채널의 전압도 따라 변한다. (b) 소스와 드레인에서 게이트에 수직인 방향의 에너지 밴드 다이어그램. 여기서 드레인 전압은 소스 전압보다 높으므로, 채널의 깊이는 그 길이를 따라 변한다. (c) 소스에 대해 드레인에 전압이 인가되지 않았을 때와 드레인과 소스 간에 양의 값의 전압이 인가되었을 때, 채널을 따른 에너지 밴드 다이어그램.

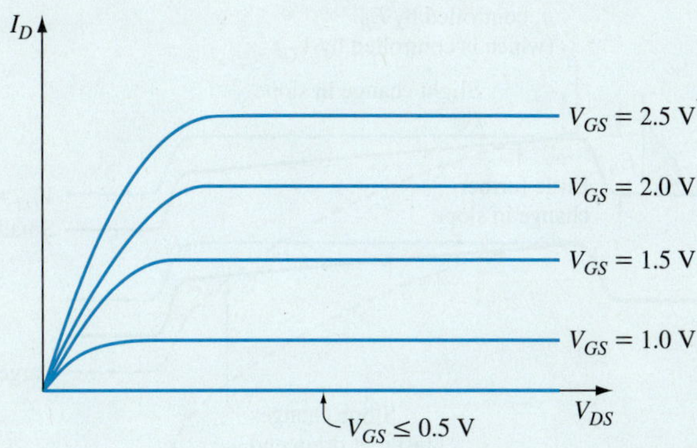

그림 7.16 전형적인 MOSFET의 I_D-V_{DS} 특성. 이 MOSFET의 문턱 전압은 0.5 V이다.

자들은 드레인을 향하여 움직이게 된다. 전지는 음전하이므로 실제 전류 I_D는 드레인에서 소스로 흐른다.

그림 7.16에 있는 대표적인 NFET의 전류-전압 특성을 살펴보자. 게이트 전압이 문턱 값 이하일 때($V_{GS} \leq V_T$) 채널은 약하게 전도할 것이고 전류 $I_{\text{ch}} = I_D$는 V_{DS}의 값에 무관하게 무시될 수 있을 것으로 예상된다. 이 예에 있는 트랜지스터의 문턱 전압은 $V_T = 0.5$ V가 되도록 선택되어 있어서, 0.5 V 이하의 어떤 게이트-소스 전압에 대해 트랜지스터는 분명하게 전도하지 않는다.

V_{DS}가 문턱 전압 이상으로 증가함에 따라, 채널로 들어가는 전자의 장벽 높이 E_B가 감소하고(그림 7.8c 재확인), 이것은 더욱 많은 전자들로 하여금 채널로 들어가게 하는 결과를 낳는다. 채널 컨덕턴스가 증가하므로 $V_{GS} > V_T$일 때 전류도 뚜렷하게 증가한다.

그림 7.16에는 주목할 만한 흥미 있는 내용이 있다. 주어진 게이트 전압에 대해서, 즉 주어진 채널 전도도(고정 저항)에 대해서, 전류는 '저항'(채널) 양단 전압 V_{DS}에 따라 직선적으로 변할 것이라 예측할 수 있다. 그림 7.16에서 V_{DS}가 매우 작을 때 이 직선적 거동을 살펴볼 수 있다. 그러나 곧 전류 레벨은 차단되고 포화된다. 우리는 포화 효과를 다음과 같이 설명할 수 있다. 그림 7.17은 문턱 전압 이상의 주어진 V_{GS} 값에 대해 소스로부터 드레인까지 채널을 따라 에너지 밴드 다이어그램을 보여준다. 3개의 값, 즉 $V_{DS} = 0$, 작은 V_{DS}, 큰 V_{DS}에 대해 보여준다. 드레인 전압이 소스 전압과 같을 때($V_{DS} = 0$), 채널 내의 종방향 전계도 0이다. 따라서 채널을 따라 전도대 가장자리의 기울기[$\mathscr{E}_L = (1/q)(dE_C/dy)$]는 없다. 따라서 $I_D = 0$이다[3부 도입부의 식 (III.5)]. V_{DS}가 작을 때, 에너지 밴드 다이어그램은 약간 기울어진다. 소스로부터 채널로 들어가는 전자들은 채널 전계에 의해 드레인 쪽으로 가속된다. 처음에는 드레인 전압이 증가함에 따라 종방향 전계가 증가하고 따라서 I_D가 증가한다. (그림 7.16의 I_D-V_{DS} 특성 곡선에서 V_{DS}가 낮은 끝 부분을 다시 보라.) 우리는 다음 절에서 V_{DS}가 증가함에 따라 종방향 전계는 소스 끝에서보다 드레인 끝 근처에서 더

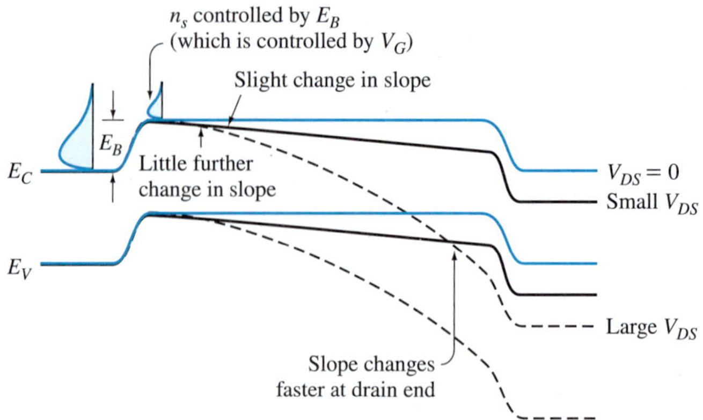

그림 7.17 3가지 다른 값의 V_{DS}에 대해 채널을 따라서 묘사한 에너지 밴드 다이어그램. 드레인 전압이 증가함에 따라 기울기(따라서 전계)는 드레인 끝에서 더 빨리 증가하지만, 소스 끝에서는 거의 변하지 않아서 전류가 포화한다. 따라서 전류는 소스 끝에서의 전계에 의해 제한된다.

빨리 증가하며(이것은 그림에 나와 있다 — 전계는 전도대 가장자리의 기울기에 비례한다는 것을 기억하라), 드레인 전압 증분의 대부분이 드레인 근처에서 떨어진다는 것을 보여줄 것이다. 다시 말해서 V_{DS} 증가에 따라 그림에 나타낸 바와 같이 소스 끝에서 종방향 전계의 변화는 점점 더 작아진다. 결국 어떤 V_{DS} 값에서 소스에서의 전계는 제한된 값에 도달하게 된다. 채널의 한쪽 끝에서의 전류의 크기는 다른 한쪽 끝에서의 그것과 동일해야 하기 때문에, 전류 I_D는 소스 끝의 이 전계에 의해 공급될 수 있는 값에 제한된다. 드레인 전류는 $I_D \propto n_s \mathscr{E}_{L(\text{소스})}$이고, n_s(채널의 소스 쪽에서의 전자 농도)는 장벽 높이 E_B, 따라서 V_{GS}에 의해서 제어된다. 전계 $\mathscr{E}_L(y = 0)$이 포화될 때 I_D도 포화된다(3부 도입부에서 논의한 2개의 호수와 수로의 유추와 비교하라).

소스와 채널 사이의 에너지 장벽 E_B는 게이트-소스 전압 V_{GS}에 의존한다는 것도 주목하라. 따라서 장벽 높이에 의존하는 채널 내 전자의 개수 n_s도 V_{DS}가 아닌 V_{GS}에 의존한다.[7)]

MOSFET의 거동에 대한 우리의 정성적 논의를 요약하면, MOSFET은 일종의 전압 제어 저항기인 셈이다. 저항기는 소스와 드레인 사이에 있다. 우리는 전기 전도에 기여하는 채널 캐리어의 개수를 제어함으로써 소스와 드레인 사이에 있는 채널의 전도도를 제어할 수 있다. MOSFET에서 이 제어는 게이트 전압을 조절함으로써 이루어지는데, 이것은 반도체 내의 밴드 변형도 제어한다. 게이트 전압은 전도대 가장자리를 페르미 준위에 더 가깝도록 변형시키기도 하고 더 멀리 떨어지도록 변형시키기도 한다.

---

1) 7.6에서 논의할 것과 같이, 매우 짧은(서브마이크로미터) 채널 길이에 대해서, 사실 V_{DS}는 E_B의 값에 영향을 준다.

전류는 게이트 단자로 흘러 들어가지 않는데, 그 이유는 게이트와 소스, 채널, 드레인 사이에는 절연성 산화막 층이 있기 때문이다. 게이트 전압은 산화막에 전계를 유도하고, 이것은 또 반도체 내의 에너지 밴드에 영향을 주게 된다. FET가 그 이름을 얻게 된 이 전계는 게이트 전압에 의해 유도된 전계이다. MOSFET에서 이 전계는 산화막 양단에 걸려 있다.

다음 절에서 트랜지스터의 I_D-V_{DS} 특성에 대한 관계식을 유도하는 데에 이 과정에서 얻은 물성적 이해를 적용할 것이다.

7.3 MOSFET의 드리프트 모델(정량적 해석)

이제 우리는 MOSFET이 어떻게 작동하는가에 대해서 물성적인 이해를 하였으므로 좀 더 정량적으로 다룰 수 있다. 우리는 먼저 드리프트 모델을 사용하면서 NFET의 I_D-V_{DS} 특성에 관한 관계식을 유도할 것이다. 채널에서의 전류는 드리프트와 확산의 함수인 반면에 $V_{GS} > V_T$에 대해 드리프트가 지배적이다. 다음, 소스와 드레인 사이 채널의 전자들 충돌이 없는 탄도적 모델에 대한 전기적 특성들이 유도된다. 드리프트 모델에 있어서 MOSFET의 전기적 특성에 관한 이 유도는 3단계로 표현된다. 우선 채널을 따라서 캐리어 이동도가 일정하다는 가정을 이용한 수식화를 고려한다.[1] 이것은 **긴 채널(long channel)** 모델이라고 부르는 가장 간단한 모델이며, I_D-V_{DS} 특성의 일반적인 형태를 예견한다. 이것은 MOSFET의 일반적 거동에 관한 통찰을 얻는 데 유용하지만 현대의 소자에 대한 결과를 가깝게 재현하지는 못한다. 따라서 우리는 이 간단한 모델을 이동도 변화를 설명하도록 수정할 것이다. 이동도는 채널 내의 횡방향 전계와 종방향 전계의 2가지에 의해 영향을 받는다. 이것들에 대한 고려가 우리 전개의 2차와 3차 단계이다.

전자 이동도는 방정식 $\mu_n = \frac{q\bar{t}}{m_{ce}^*}$ 를 상기하자. 여기서 $\bar{t}$ 는 충돌(이 상황에서는 채널 내) 사이의 평균 자유시간이고 m_{ce}^* 은 전자 전도성 유효 질량이다. 매우 짧은 채널 길이(Si에서 10-20 nm)에서 전자들은 소스와 드레인 사이에 충돌을 발생시키지 않는다(혹은 소수 발생). 이 모델은 **탄도 이동 모델** 혹은 간단히 **탄도 모델**로 언급되며 7.5절에서 논의한다.

우리는 그림 7.6의 증가형 NFET를 고려하는데 이것은 그림 7.18에 다시 나와 있다. 그림은 채널 폭 W, 채널 길이 L, 그리고 산화막 두께 t_{ox}를 나타낸다. 횡방향 전계 E_T라고 불리는 채널에 수직인 전계 성분과 함께 종방향 전계 $\mathscr{E}_L$의 방향이 보인다. 채널 전압 V_{ch}는 소스를 기준으로 채널을 따라 어떤 주어진 위치에서의 전압이며 채널을 따라 위치의 함수임을 보여주는 그림 III.7을 기억하자. 채널의 드레인 끝에서 채널 전압 V_{ch}는 드레인-소스 전압 V_{DS}와 같다.

우리의 출발점은 식 (III.3)에서 (III.7)까지이며, 편의를 위해 여기에 반복한다.

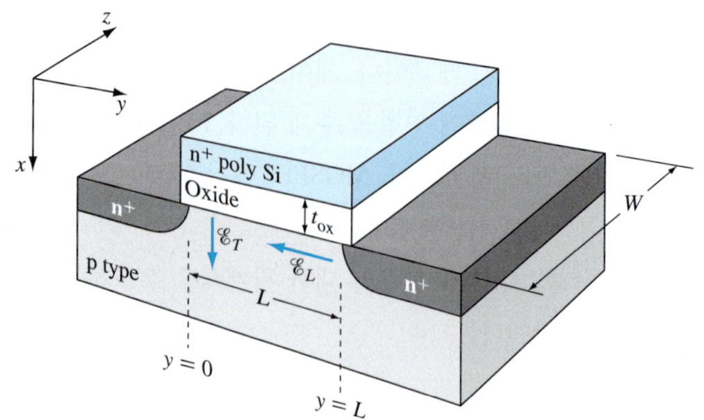

그림 7.18 NFET. 종방향 전계와 횡방향 전계의 방향이 나타나 있다.

$$I_D = -WQ_{ch}(y)v(y) \tag{III.3}$$

$$v(y) = -\mu(y)\mathscr{E}_L(y) \tag{III.4}$$

$$I_D = WQ_{ch}(y)\mu(y)\mathscr{E}_L(y) \tag{III.5}$$

$$\mathscr{E}_L = -\frac{dV_{ch}}{dy} \tag{III.6}$$

$$I_D dy = -WQ_{ch}(y)\mu(y)dV_{ch}(y) \tag{III.7}$$

우리의 목표가 I_D에 관한 관계식을 얻는 것이므로, 식 (III.7)로부터 다음이 필요하다는 것을 확인한다. 채널 내의 캐리어 이동도 μ에 대한 해석적 표현, 채널 내 단위 면적당 전하량 Q_{ch}에 관한 표현(이것은 이동 가능한 전하이며, 이 경우 전도대에 있는 전자), 위치 y의 함수로서 V_{ch}에 관한 관계식. 물리적 원리를 설명하기 위해서 먼저 긴 채널 모델에 대해 이들을 유도할 것이다. 그다음에 그 식에 현실성(따라서 복잡함)을 추가할 것이다.

7.3.1 일정한 채널 이동도를 가진 긴 채널 MOSFET 모델

μ와 Q_{ch}를 기술하는 데 사용되는 모델은 여러 가지가 있다. 우리는 이 양들에 대해 매우 간략화된 모델로 시작한다. 이 모델은 매우 긴 채널($L > 5 \sim 10\ \mu$m)을 갖는 MOSFET에 대해 단지 I_D-V_{DS} 특성에 관한 실질적 결과를 주는 반면에, 수학적으로 매우 간단하며 동작의 일반적 원리를 보여준다. 이 수식들은 SPICE 레벨 1 모델에 채용된다.

채널 전하 농도 채널 전류는 채널 전하 농도에 의존하므로, 우리의 첫 번째 일은 채널 내에 있는 전하를 해석하는 것이 될 것이다. 전하는 바이어스 조건에 의존할 것이다. 게이트 전압이 문턱 전압보다 낮을 때, 전도에 기여하는 전자의 수가 적으므로 컨덕턴스는 작다. 간단히 나타내기 위해 다음과 같이 근사화한다.

$$Q_{\text{ch}} \approx 0 \quad \text{and} \quad I_D \approx 0 \quad (V_{GS} \leq V_T) \tag{7.9}$$

물론 $V_{GS} > V_T$일 때, Q_{ch}는 0이 아니다. 게이트 아래의 영역이 커패시터처럼 동작한다는 것을 이해함으로써 얼마나 많은 전하가 존재하는지를 알 수 있다. 두 개의 전도성 판(강하게 도핑된 다결정 실리콘 게이트 전극과 전도성 채널)이 절연체(산화물)에 의해 떨어져 있다. 평행판 커패시터의 정전 용량은 다음 식으로 주어진다.

$$C = \varepsilon \frac{A}{t} \tag{7.10}$$

여기서 ε은 절연체의 유전율, A는 판의 면적, 그리고 t는 유전층의 두께이다. 그리고 우리가 다루는 소자에서 산화물 두께 t_{ox}를 사용한다. 게이트 전극의 면적은 $W \times L$이다.

주어진 집적회로에서 다른 트랜지스터들은 다른 폭과 길이를 가질 수 있다. 그러나 산화물의 두께는 주어진 공정에 대해서 대개 일정하므로 칩 위에 있는 모든 소자들에 공통적이다. 따라서 **단위 면적당 산화물 정전 용량(oxide capacitance per unit area)** C'_{ox}를 정의하는 것이 유용하다.

$$C'_{\text{ox}} = \frac{\varepsilon_{\text{ox}}}{t_{\text{ox}}} \tag{7.11}$$

여기서 ε_{ox}는 산화물의 유전율로 $\varepsilon_{\text{ox}} = \varepsilon_r \varepsilon_0$이고, ε_r은 유전체의 상대 유전율(유전 상수)이다. SiO_2의 유전 상수는 $\varepsilon_r = 3.9$이고 SiON은 약 5이다(기호 k가 종종 유전 상수로 사용된다).

우리는 커패시터에 걸려 있는 전압을 알 필요가 있는데, 이것이 산화막에 걸려 있는 전압일 것이다. 우리는 산화막에 걸려 있는 전압이 얼마인지를 정확히 알 수는 없지만, 예제 7.1로부터 의미 있는 근사로, $V_{GS} > V_T$일 때 게이트 전압에 있어 어떤 변화는 산화막 양단에 나타난다는 것을 다시 이용한다. 정전 용량은 $C = |dQ/dV|$이므로

$$C'_{\text{ox}} = -\frac{dQ_{\text{ch}}}{dV_{GS}} = -\frac{\Delta Q_{\text{ch}}}{\Delta V_{GS}} = -\frac{[Q_{\text{ch}}(V_{GS}) - Q_{\text{ch}}(V_T)]}{V_{GS} - V_T} = -\frac{[Q_{\text{ch}}(V_{GS}) - 0]}{V_{GS} - V_T} \tag{7.12}$$

여기서 우리는 Q_{ch}는 음의 값이고, $V_{GS} = V_T$일 때 $Q_{\text{ch}} = 0$이라는 정보를 이용하였다[식 (7.9)]. $Q_{\text{ch}} = Q_{\text{ch}}(V_{GS})$로 놓으면

$$Q_{\text{ch}} = -C'_{\text{ox}}(V_{GS} - V_T) \qquad V_{DS} = 0 \tag{7.13}$$

V_{DS}가 더 이상 0이 아니고 양의 값일 때, 커패시터의 아래 판에 걸려 있는 채널과 접지 간의 전압 V_{ch}는 채널을 따라 위치 y의 함수이다. 따라서 산화막에 걸쳐서 떨어지는 전압은 y에 따라서 변할 것이며 Q_{ch}에 영향을 미칠 것이다.

$$Q_{\text{ch}}(y) = -C'_{\text{ox}}(V_{GS} - V_T - V_{\text{ch}}(y)) \qquad V_{GS} - V_T > V_{\text{ch}}(y) \tag{7.14}$$

채널의 소스 쪽 끝에서는 $V_{\text{ch}} = 0$인데, V_{ch}는 소스에 대한 채널 전압이므로, 이것은 식

(7.13)으로 축소된다.

이제 우리는 채널 전하에 관한 관계식을 가지고 있다. 그러나 문제가 하나 있다. 식 (7.14)는 $(V_{GS} - V_T) > V_{ch}(y)$일 때에만 성립된다. 이것은 게이트 전압이 문턱 전압보다 위에 있으면 $V_{ch} = 0$이므로 채널의 소스 끝에서 항상 맞는다. 그러나 드레인 끝에서는 $V_{ch}(y = L) = V_{DS}$이다. 따라서 만일 $V_{DS} > (V_{GS} - V_T)$이면, 채널 내 어떤 위치 y에서, 채널 전압은 $V_{ch} =(V_{GS} - V_T)$와 같아야만 한다. 채널을 따라서 그 지점에서 식 (7.14)는 $Q_{ch} = 0$을 의미한다. 그러나 V_{GS}는 문턱 전압 이상이고 V_{DS}는 0이 아니므로, 우리는 전류 I_D가 채널을 통해 흐르고 있다는 것을 알고 있다. 그러면 식 (III.3)으로부터 $I_D > 0$이므로, 이것은 전자의 속도가 무한대임을 의미한다. 게다가 이 값보다 큰 y에서, 즉 $V_{ch} > (V_{GS} - V_T)$일 때 채널 전하는 양의 값임을 의미한다. 그것은 채널 전류는 정공에 의해서 운반된다는 것을 의미하기도 한다. 그러나 물리적 논의로부터, 우리는 이 두 가지 시나리오를 모두 반대한다. 우리는 가능한 최대 속도는 포화 속도 v_{sat}이라는 것과, 그림 7.14a로부터 정공은 분명히 채널로 들어가지 못한다는 것을 알고 있다. 따라서 I_D는 채널 내 모든 위치에서 일정하므로, 식 (III.3)으로부터 속도가 최댓값을 가질 때 전하는 최솟값을 가져야 한다. Q_{ch}의 최솟값은

$$Q_{ch\,min} = -\frac{I_{Dsat}}{W v_{sat}} \tag{7.15}$$

여기서 I_{Dsat}은 포화 전류이고, 이것은 여러 개의 V_{GS} 값에 대해 그림 7.19에 표시되어 있다. 이 모델에 의하면, 전류는 주어진 값의 게이트 전압 V_{GS}에 대해 이 양을 초과할 수 없다. 포화 전류는 $V_{ch} = V_{GS} - V_T$가 되는 위치가 채널 내에 있을 때 도달된다. 이것은 $V_{DS} = V_{GS} - V_T$일 때, 드레인 끝에서 먼저 일어난다. 우리는 이것을 드레인 포화 전압 V_{DSsat}이라고 부른다.

이 포화점 이상에서 식 (7.14)는 더 이상 성립하지 않는다. 우리는 이것을 뒤에서 다시

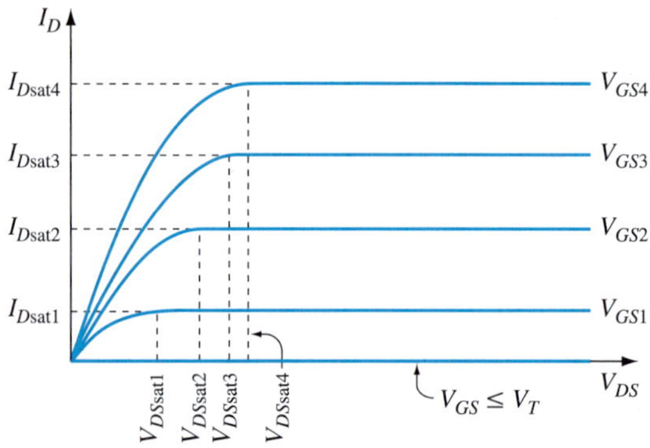

그림 7.19 포화 전류와 포화 전압이 정의된다.

지적할 것이다. 그 러나 그것이 성립하는 영역에서, 우리는 이제 채널 전하에 대한 모델을 가지고 있다.

채널 이동도 다음으로 채널 이동도 μ를 살펴본다. 이 간단한 긴 채널 모델에서 우리는 이 동도를 상수로 취급할 것이다. 실제로 이동도는 종방향 전계 $\mathscr{E}_L$(그리고 따라서 V_{ch})에 의존한다. 예로써 우리는 3장에서 고전계하에서 속도는 포화된다는 것을 보았다. 아울러 횡방향 전계 $\mathscr{E}_T$가 영향을 미칠 것이다. 그러나 이러한 이동도의 전계 의존성은 나중에 자세하게 다룰 것이며, 여기서는 가장 간단한 모델, 즉 저전계 경우를 고려할 것인데, 이때 이동도는 상수이다.

긴 채널(제곱 법칙) 모델, 일정한 이동도 이 모델에서는 수학적으로 간단하게 나타내기 위해 μ는 상수라 가정한다. 그리고 그 값을 몸체 값의 1/3 내지 1/6 근처의 어떤 값으로 가정한다. 우리는 커다란 단결정에서의 이동도를 MOSFET의 채널과 같이 얇은 층에서 캐리어들이 갖게 되는 이동도와 구별하기 위해서 기판(bulk)이라는 용어를 사용한다. 뒤에서 살펴보겠지만, 기판에서의 값의 1/3 내지 1/6로 가정하는 이유는 채널의 작은 두께는 기판에서의 값보다 캐리어들을 느리게 하기 때문이다.

이 모델에 대한 I_D-V_{DS} 특성을 얻기 위해 식 (III.7)의 양변을 적분한다.

$$\int_0^L I_D\,dy = \int_0^{V_{DS}} -WQ_{ch}(y)\mu(y)\,dV_{ch} \tag{7.16}$$

적분 구간에 대해 주목하라. 채널 길이에 걸쳐, 채널 전압은 소스 전압 $V_{ch} = 0$에서 드레인-소스 전압 V_{DS}까지 변한다. 드레인 전압이 $(V_{GS} - V_T)$보다 작은 동안에는, 채널 전압 V_{ch}는 역시 $V_{ch} < (V_{GS} - V_T)$를 만족한다. 따라서 채널 전하에 대해 식 (7.14)를 사용할 수 있다. 이 모델에서 이동도 μ는 상수이므로 적분 밖으로 나온다. 전류 I_D는 채널을 따라서 위치에 따라 달라질 수 없으므로, 이것도 상수이고 또한 적분 밖으로 나온다. 따라서 식 (7.16)은 다음과 같이 된다.

$$I_D\int_0^L dy = -W\mu\int_0^{V_{DS}} Q_{ch}\,dV_{ch} = -W\mu\int_0^{V_{DS}} \left[-C'_{ox}(V_{GS} - V_T - V_{ch})\right]dV_{ch} \tag{7.17}$$

적분하면 $V_{DS} \le (V_{GS} - V_T)$에 대해 그 결과는

$$I_D = \frac{WC'_{ox}\mu}{L}\int_0^{V_{DS}} (V_{GS} - V_T - V_{ch})\,dV_{ch} \quad V_{DS} \le (V_{GS} - V_T) \tag{7.18}$$

또는

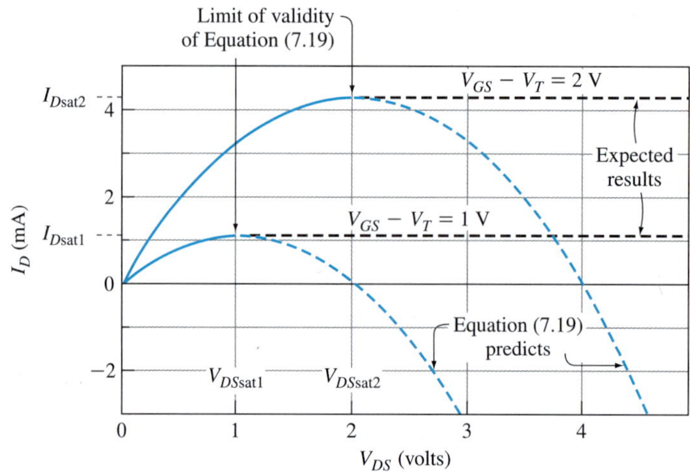

그림 7.20 식 (7.19)를 사용하여 예측되는 전류(실선)는 $V_{DS} = V_{GS} - V_T$인 지점까지만 맞는다. 그 지점 이후 전류는 포화되는(검은 점선) 반면에 식 (7.19)에 의하면 전류는 감소하여 점차 부호가 역전된다고(색깔 점선) 예측할 것이다.

$$I_D = \frac{WC'_{ox}\mu}{L}\left[(V_{GS} - V_T)V_{DS} - \frac{V_{DS}^2}{2}\right] \quad V_{DS} \leq (V_{GS} - V_T) \tag{7.19}$$

가 된다.

이 식에는 드레인 전압과 게이트 전압이라는 두 개의 독립 변수가 있다. 그림 7.20은 두 개의 다른 값의 게이트-소스 전압 V_{GS}에 대해 식 (7.19)로부터 계산된 드레인 전류 대 드레인 전압을 보여준다. 우리는 NFET의 파라미터로 $t_{ox} = 4$ nm, $k = \varepsilon_r = 3.9(SiO_2)$, $W/L = 5$, 그리고 $\mu = 500$ cm^2/V·s를 선택했다.

그래프로부터 $V_{DS} = (V_{GS} - V_T)$에 대해 전류는 최댓값($dI_D/dV_{DS} = 0$)에 도달함을 볼 수 있다. 이것은 또한 식 (7.19)의 정당성의 한계이다. $V_{DS} > (V_{GS} - V_T)$일 때, 식 (7.19)로부터 I_D는 그림 7.20의 색깔 점선으로 표시된 바와 같이 감소한다고 예상된다. 우리는 뒤에서 간단한 모델은 그림 7.20에서 곡선이 일단 그 정점에 도달하면 더 큰 V_{DS}에 대해 전류는 (본질적으로) 일정하게 유지된다는 것을 예측한다는 것을 확인할 것이다. 따라서 전류는 표시된 것처럼 어떤 값 I_{Dsat}에 포화된다.

I_D가 포화되는 V_{DSsat} 값은 식 (7.19)에서 $\partial I_D/\partial V_{DS}$를 취해서 0으로 놓음으로써 알아낼 수 있다.

$$\frac{\partial I_D}{\partial V_{DS}} = 0 = \frac{WC'_{ox}\mu}{L}(V_{GS} - V_T - V_{DSsat}) \tag{7.20}$$

또는

$$V_{DSsat} = (V_G - V_T) \tag{7.21}$$

이 값 위에서 I_D는 일정하게 유지된다.

우리는 이 결과를 식 (7.17)에 사용할 수 있다. 적분 한계를 $V_{DS\text{sat}}$로 놓음으로써, 포화 전류에 대한 관계식을 얻을 수 있다.

$$I_D = I_{D\text{sat}} = \frac{WC'_{\text{ox}}\mu}{L}\left[\left(V_{GS} - V_T - \frac{V_{DS\text{sat}}}{2}\right)V_{DS\text{sat}}\right] \tag{7.22}$$

그러나 이 모델에서 $V_{DS\text{sat}} = V_{GS} - V_T$이므로, 다음과 같이 쓸 수 있다.

$$I_{D\text{sat}} = \frac{WC'_{\text{ox}}\mu}{2L}(V_{GS} - V_T)^2 = \frac{WC'_{\text{ox}}\mu}{2L}V_{DS\text{sat}}^2 \tag{7.23}$$

$I_{D\text{sat}}$은 $V_{DS\text{sat}}^2$에 비례하므로, 이 모델은 때로 **제곱 법칙 모델(square law model)**이라고 부른다. 이것은 긴 채널 모델로부터 얻을 수 있고, 상수 이동도를 가정하며, 문턱 전압 이하의 영역에서 채널 전하를 나타내는데 식 (7.14)를 사용한다.

따라서 아래의 3개 식으로 이 모델에 대한 I_D-V_{DS} 특성을 기술할 수 있게 된다.

$$I_D = \frac{WC'_{\text{ox}}\mu}{L}\left[(V_{GS} - V_T)V_{DS} - \frac{V_{DS}^2}{2}\right] \quad V_{DS} \le V_{DS\text{sat}}, V_{GS} \ge V_T \tag{7.24}$$

$$\begin{aligned} I_{D\text{sat}} &= \frac{WC'_{\text{ox}}\mu}{L}\left[\left(V_{GS} - V_T - \frac{V_{DS\text{sat}}}{2}\right)V_{DS\text{sat}}\right] \\ &= \frac{WC'_{\text{ox}}\mu}{2L}(V_{GS} - V_T)^2 \quad V_{DS} \ge V_{DS\text{sat}}, V_{GS} \ge VT \end{aligned} \tag{7.25}$$

$$V_{DS\text{sat}} = (V_{GS} - V_T) \tag{7.26}$$

예제 7.2

간단한 긴 채널 모델을 사용하고 일정한 이동도를 가정하여, $W/L = 5$와 $t_{\text{ox}} = 4$ nm인 NFET에 대한 I_D-V_{DS} 특성을 그려라. 채널에서 전자의 상수 이동도는 500 $\text{cm}^2/\text{V}\cdot\text{s}$이다. $V_{GS} - V_T = 1, 2, 3, 4$ V 그리고 V_{DS}는 0 ~ 5 V에 대해서 그려라. $\varepsilon_r = 3.9$ (SiO_2)를 가정한다.

■ **풀이**

식 (7.11)로부터

$$C'_{\text{ox}} = \frac{\varepsilon_{\text{ox}}}{t_{\text{ox}}} = \frac{\varepsilon_{r(\text{ox})}\varepsilon_0}{t_{\text{ox}}} = \frac{3.9(8.85 \times 10^{-14}\,\text{F/cm})}{4 \times 10^{-7}\,\text{cm}} = 8.6 \times 10^{-7}\ \text{F/cm}^2$$

각각의 $V_{GS} - V_T$ 값에 대해서, 식 (7.24)를 사용할 것인가 혹은 (7.25)를 사용할 것인가

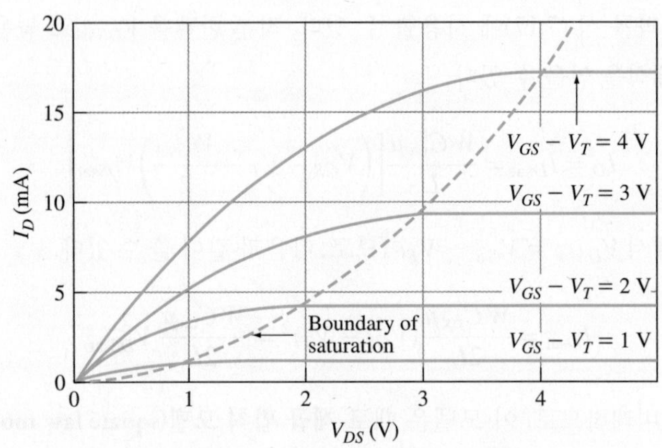

그림 7.21 간단한 모델로부터 얻은 예제 7.2의 NFET의 I_D-V_{DS} 특성. 이 소자는 $W/L = 5, t_{ox} = 4$ nm, $C'_{ox} = 8.63 \times 10^{-3}$ F/m², $\mu_n = 500$ cm²/V·s이다.

를 결정하기 위해서는 포화점을 알아야 한다. 예를 들어 식 (7.26)으로부터 $V_{GS} - V_T = 1$ V일 때, $V_{DS\text{sat}} = V_{GS} - V_T = 1$ V이다. 그러면 V_{DS}가 0과 1 사이일 때, 식 (7.24)를 사용한다.

$$\begin{aligned} I_D &= \frac{W}{L}C'_{ox}\mu\left[(V_{GS} - V_T)V_{DS} - \frac{V_{DS}^2}{2}\right] \\ &= (5)\left(8.6 \times 10^{-7}\,\text{F/cm}^2\right)\left(500\,\text{cm}^2/\text{V}\cdot\text{s}\right)\left[(1)\cdot V_{DS} - \frac{V_{DS}^2}{2}\right] \\ &= 2.15 \times 10^{-3}\left[V_{DS} - \left(\frac{V_{DS}}{2}\right)^2\right] \end{aligned}$$

$V_{DS} = V_{DS\text{sat}} = 1$ V일 때, I_D는 식 (7.25)의 포화값에 도달한다.

$$I_{D\text{sat}} = \frac{WC'_{ox}\mu}{2L}(V_{GS} - V_T)^2 = (5)\frac{(8.6 \times 10^{-7})(500)}{2}(1)^2 = 1.07\text{ mA}$$

다른 $V_{GS} - V_T$ 값에 대해서도 같은 과정이 사용된다. 그 결과가 그림 7.21에 그려져 있다. 점선은 준선형 영역과 포화 영역 간의 경계를 나타낸다. 즉 $V_{DS} = V_{DS\text{sat}} = (V_{GS} - V_T)$을 나타낸다.

전류 포화 재고찰 앞에서 우리는 간단한 긴 채널 모델(상수 이동도)은 드레인 전압이 일단 $V_{DS\text{sat}} = V_{GS} - V_T$에 도달하면, 전류는 포화되고 더 높은 모든 드레인 전압에 대해 일정하게 유지된다는 것을 예측한다고 주장하였다. 이 포화는 3부, 전계 효과 트랜지스터에서 논의한 것처럼 운하를 통한 두 호수 간의 물의 흐름에서 유추하여 정성적으로 논의하였다. 여기서는 전류 포화를 좀 더 정량적으로 논의한다.

그림 7.16을 논의할 때, 낮은 값의 V_{DS}에 대해, 종방향 전계 $\mathscr{E}_L$은 채널을 따라 일정하다고 지적했다. 그림 7.17에 나타낸 바와 같이, 더 큰 드레인 전압에서 전계는 드레인 끝단에서는 꽤 증가하지만, 소스 끝에서는 그리 증가하지 않는다. 이 점의 효과에 대해 해석적으로 고찰해보자. 상수 μ와 함께 주어진 V_{DS}와 V_{GS}에 대해, 식 (III.5)는 다음과 같이 된다.

$$I_D = W\mu Q_{ch}(y)\mathscr{E}_L(y)$$

전류는 일정하고 어떤 y 값에서 $Q_{ch}\mathscr{E}_L$ 곱에 비례한다. 이 곱과 따라서 채널의 소스 쪽 끝($y = 0$) 근처에서 I_D-V_{DS} 관계를 결정하는 것이 편리하다. 만일 y의 함수로서 V_{ch}에 관한 식이 있다면 식 (III.6) ($\mathscr{E}_L = -dV_{ch}/dy$)으로부터 $\mathscr{E}_L$을 구할 수 있다. 식 (III.7)을 0에서 y까지 적분함으로써 $V_{ch}(y)$를 구할 수 있다. 따라서 식 (III.7)과 (7.14)로부터

$$I_D\int_0^y dy = WC'_{ox}\mu\int_0^{V_{ch}(y)}(V_{GS} - V_T - V_{ch})dV_{ch} \tag{7.27}$$

또는

$$I_D = \frac{WC'_{ox}\mu}{y}\left(V_{GS} - V_T - \frac{V_{ch}(y)}{2}\right)V_{ch}(y) \tag{7.28}$$

$V_{ch}(y)$에 대해서 풀면

$$V_{ch}(y) = (V_{GS} - V_T) - \sqrt{(V_{GS} - V_T)^2 - \frac{2I_Dy}{WC'_{ox}\mu}} \tag{7.29}$$

여기서 $y = 0$에 대해서 $V_{ch}(0) = 0$이므로, 제곱근에 음의 부호가 붙어 있다.

이것은 채널 전압을 채널을 따라 거리의 함수로 나타낸 관계식을 우리에게 제공한다. 위치 에너지(E_C)는 전위와 같은 형태를 가지지만 반전되어 있고($dE_C/dy = -qdV_{ch}/dy$) 이것은 전도대의 가장자리는

$$E_C(y) = E_C(0) - qV_{ch}(y) \tag{7.30}$$

의 형태를 갖는다는 것을 의미한다.

따라서 식 (7.29)를 (7.30)에 대입하여 다음을 얻을 수 있다.

$$E_C(y) = E_C(0) - q\left[(V_{GS} - V_T) - \sqrt{(V_{GS} - V_T)^2 - \frac{2I_Dy}{WC'_{ox}\mu}}\right] \tag{7.31}$$

여러 가지 V_{DS} 값에 대해서 채널을 따라 전도대 가장자리가 그림 7.22a에 그려져 있다. 여기서 $W/L = 10, \mu = 500\ \text{cm}^2/\text{V}\cdot\text{s}, (V_{GS} - V_T) = 2\ \text{V}, C'_{ox} = 6.9 \times 10^{-7}\ \text{F/cm}^2(t_{ox} =$

5 nm이고 SiO_2이다)이고, I_D는 식 (7.19)로부터 얻어진 값이다. $V_{DS}=0$일 때, $I_D=0$이고 채널을 따라 전압 강하가 없으며 E_C는 평탄하다. V_{DS}가 증가함에 따라, 밴드는 그림에 보이는 대로 더욱더 휘어진다. 소스($y=0$)에서 E_C-y 그래프의 기울기의 크기는 V_{DS}의 증가에 따라 커지며 V_{DS}가 $V_{GS}-V_T$(2 V)에 가까워짐에 따라 포화되는 경향을 가진다.

전계는 E_C의 기울기에 비례한다. 어떤 점 y에서 종방향 전계는

$$\mathscr{E}_L(y) = -\frac{dV_{\text{ch}}}{dy} = \frac{1}{q}\frac{dE_C}{dy} = -\frac{\dfrac{I_D}{WC'_{\text{ox}}\mu}}{\sqrt{(V_{GS}-V_T)^2 - \dfrac{2I_D y}{WC'_{\text{ox}}\mu}}} \tag{7.32}$$

가 된다.

전계 $\mathscr{E}_L(y)$가 여러 가지 드레인 전압에서 같은 소자에 대해 그림 7.22b에 그려져 있다. 소스 쪽 끝 근처에서 전계의 크기 $\mathscr{E}_L(0)$는 V_{DS}가 작을 때에는 V_{DS}와 함께 급격히 변하지만, V_{DS}가 $V_{DS\text{sat}}=(V_{GS}-V_T)$에 가까워짐에 따라 일정한 값에 접근한다(포화된다)는 것을 주목하라.

$y=0$에서 식 (III.5)와 (7.13)을 조합하면 최종 결과로 다음을 얻게 된다.

$$I_D = -WC'_{\text{ox}}(V_{GS}-V_T)\mu\,\mathscr{E}_L(0) \tag{7.33}$$

다시 소스 끝에서 전류는 전계에 비례한다. 전계가 포화되므로 전류도 포화된다.

마지막으로, 마지막 항인 소스 끝에서의 전계 $\mathscr{E}_L(0)$가 V_{DS}에 따라 변화하는 비율을 조사해보자. 식 (7.32)에 $y=0$을 대입함으로써

$$\mathscr{E}_L(0) = -\frac{\dfrac{I_D}{WC'_{\text{ox}}\mu}}{(V_{GS}-V_T)} = -\frac{I_D}{WC'_{\text{ox}}\mu(V_{GS}-V_T)} \tag{7.34}$$

이 되고 식 (7 .19)로부터 I_D를 치환하면

$$\mathscr{E}_L(0) = -\frac{\left(V_{GS}-V_T-\dfrac{V_{DS}}{2}\right)V_{DS}}{L(V_{GS}-V_T)} = -\frac{1}{L}\left[1-\frac{V_{DS}}{2(V_{GS}-V_T)}\right]V_{DS} \tag{7.35}$$

$(V_{GS}-V_T)=2$ V일 때

$$\mathscr{E}_L(0) = -\frac{\left(1-\dfrac{V_{DS}}{4}\right)V_{DS}}{L} \tag{7.36}$$

이 된다. 채널 길이가 $L=1\,\mu$m일 때, 전계는 다음과 같다.

$$\mathscr{E}_L(0) = -\left(1-\frac{V_{DS}}{4}\right)V_{DS}\,\frac{\text{V}}{\mu\text{m}} \tag{7.37}$$

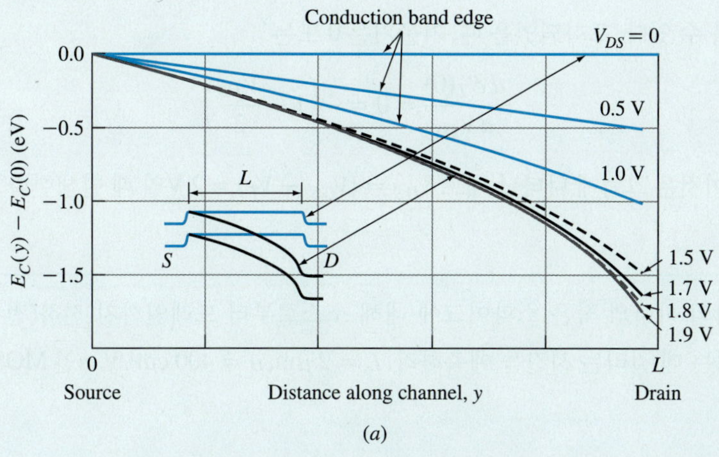

(a)

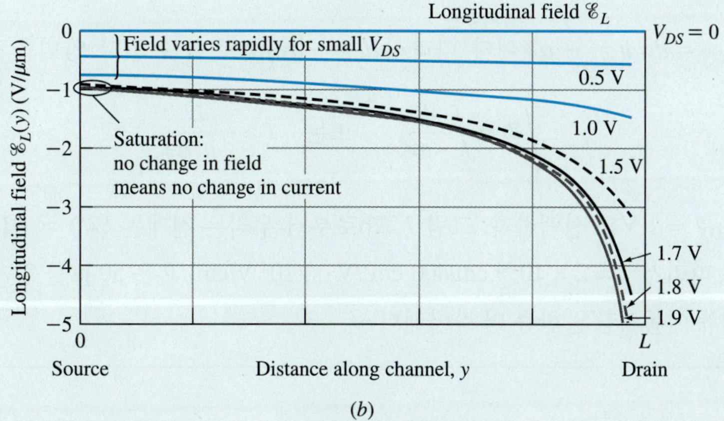

(b)

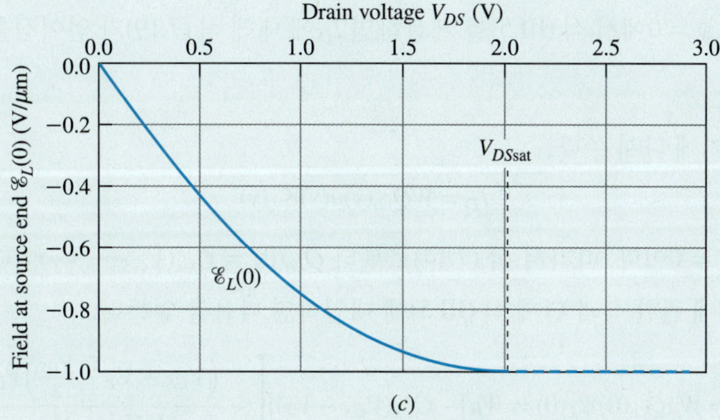

(c)

그림 7.22 전류 포화에 관한 그림. (a) 드레인 전압 V_{DS}가 클 때, 채널을 따른 전도대 가장자리는 소스 끝에서보다 드레인 끝에서 더욱 크게 구부러진다. (b) 종방향 전계는 E_C의 기울기에 비례하므로, V_{DS}가 증가할 때 드레인 끝에서 빠르게 변하지만 소스 끝에서는 그렇지 않다. (c) V_{DS}가 어떤 특정한 지점($V_{DS} = V_{DSsat}$)을 넘어서 증가해도 소스 끝에서 전계는 일정하고, 따라서 전류도 일정하다.

이 결과는 그림 7.22c에 그려져 있다. 전계의 크기는 V_{DS}에 따라 증가하다가 일정해진다는 것을 볼 수 있다. 포화되었을 때, 기울기는 0 또는

$$\frac{d\mathscr{E}_L(0)}{dV_{DS}} = 0 = -\left(1 - \frac{V_{DS}}{2}\right) \tag{7.38}$$

이 되는데, 이것은 그림에 나타난 대로 $V_{DS} = (V_{GS} - V_T) = 2$ V일 때 발생한다.

예제 7.3

게이트 전압의 하나의 작은 스파이크에 대해 소스로부터 드레인까지 전하(전류) 스파이크가 움직이는 데 걸리는 시간을 예측하라. $L = 2\,\mu$m, $\mu = 400$ cm²/V·s인 MOSFET을 고려하라.

■ **풀이**

전자 속도는 $v = dy/dt = -\mu\mathscr{E}$이다. 따라서 $dt = -dy/\mu\mathscr{E}$로 쓸 수 있다. 양변을 적분하면

$$\int_0^T dt = \int_0^L \frac{dy}{-\mu\mathscr{E}} \qquad \text{또는} \qquad T \approx \frac{L}{-\mu\langle\mathscr{E}\rangle}$$

간단하게 $V_{DS} = 1$ V를 선택하자. 그림 7.22b로부터 우리는 전계는 $\langle\mathscr{E}\rangle \approx -1$ V/ μm $= -10^4$ V/cm, 따라서 $T \approx 2 \times 10^{-4}$ cm/400 cm²/V·s)(10^4 V/cm) 혹은 50 ps를 알게 된다. 더 큰 V_{DS}에 대해 이동시간은 한층 더 작아진다.

예제 7.4

μ가 일정할 때, $y = 0$에서 식 (III.5)를 계산하면 I_D에 대해 식 (7.19)가 얻어짐을 보여라.

■ **풀이**

식 (III.5)를 여기에 다시 쓴다.

$$I_D = WQ_{\text{ch}}(y)\mu(y)\mathscr{E}_L(y)$$

$y = 0$에서 $V_{\text{ch}} = 0$이다. 따라서 식 (7.14)로부터 $Q_{\text{ch}}(0) = C'_{\text{ox}}(V_{GS} - V_T)$이다. 이것을 식 (7.35)의 $\mathscr{E}_L(0)$에 관한 식과 함께 식 (III.5)에 대입하면 다음을 얻는다.

$$I_D = W\mu Q_{\text{ch}}(0)\mathscr{E}_L(0) = W\mu[-C'_{\text{ox}}(V_{GS} - V_T)]\left[-\frac{\left(V_{GS} - V_T - \frac{V_{DS}}{2}\right)V_{DS}}{L(V_{GS} - V_T)}\right]$$

$(V_{GS} - V_T)$를 소거하면

$$I_D = \frac{W\mu C'_{\text{ox}}}{L}\left(V_{GS} - V_T - \frac{V_{DS}}{2}\right)V_{DS}$$

이 되고 이것은 식 (7.19)가 된다.

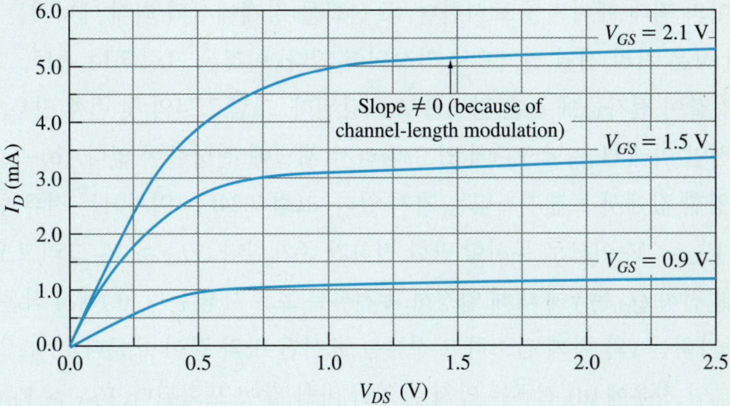

그림 7.23 3가지 게이트 전압에 대한 n 채널 MOSFET의 실험적 I_D-V_{DS} 특성. 채널 길이 변조 때문에 전류는 "전류 포화" 영역에서 V_D 증가에 따라 커진다. 이 소자는 $t_{ox} = 4.7$ nm, $L = 0.27$ μm, $W = 8.6$ μm. $V_T = 0.3$ V이다.

채널 길이 변조 위의 긴 채널 MOSFET 모델에서, 준선형 구간에서 드레인 전류는 식 (7.19)에 의해 주어진다.

$$\frac{WC'_{ox}\mu}{L}\left[(V_{GS}-V_T)V_{DS}-\frac{V_{DS}^2}{2}\right] \quad V_{DS} \le V_{DS\text{sat}} \tag{7.19}$$

그리고 포화 상태일 때, 식 (7.25)와 (7.26)을 조합하면

$$I_D = I_{D\text{sat}} = \frac{WC'_{ox}\mu}{2L}(V_{GS}-V_T)^2 = \frac{WC'_{ox}\mu}{2L}V_{DS\text{sat}}^2 \quad V_{DS} \ge V_{DS\text{sat}} \tag{7.39}$$

이 되고 이것은 일정한 값을 갖는다. 그러나 실제 소자에서 드레인 전압이 포화점 이상으로 증가하면($V_{DS} > V_{GS} - V_T = V_{GS\text{sat}}$), 그림 7.23에 나타난 바와 같이 I_D는 V_{DS} 증가에 따라 천천히 계속 증가한다. 이 그림은 $t_{ox} = 4.7$ nm, $L = 0.27$ μm, 그리고 $V_T = 0.3$ V인 n 채널 MOSFET에 대한 실험적 결과이다. 드레인 전류 증가에 관해 간단한 모델에서는 고려되지 않았던 두 가지 물성적 이유가 있다: (1) 드레인 전압 V_{DS}의 증가는 뒤에서 논의할 것이지만, 유효 채널 길이 L을 감소시킨다. (2) V_{DS}의 증가는 문턱 전압의 값을 감소시킨다. 이 효과들 중 두 번째 것은 매우 짧은 채널 소자의 경우 아주 중요하며 나중에 논의하는데, 거기에서 짧은 채널 효과를 다룬다.

V_{DS}가 포화 이상으로 증가하면 왜 채널 길이가 효과적으로 줄어드는지에 대해 정성적으로 조사해보자. 그림 7.24(a–e)는 에너지 밴드 다이어그램(위)을 그리고 일치하는 혼합 다이어그램(밑)을 다른 바이어스 조건들에 대해 보여준다. 에너지 밴드 다이어그램에서 공핍 영역의 가장자리들은 실선으로 표시되어 있다. 점선들은 소스와 채널 그리고 드레인

과 채널 사이의 최대 에너지를 표시한다. Si-산화물 경계에서의 최대 에너지는 소스 드레인으로부터 작은 거리 채널 영역으로 확장되어 있다. 이것은 그림 7.14, 7.15, 그리고 7.17에 표시된 것같이 전자들에 작은 장벽으로 해당된다. 그림 7.24의 첫 번째 경우, 게이트 전압은 문턱 전압 아래 ($V_{GS} < V_T$)에 있고 따라서 채널에 전하들이 없다. (b)–(e)에서 $V_{GS} > V_T$의 다양한 값에서 트랜지스터는 켜져 있다. 그림 7.24f는 일치하는 전류들을 보여준다. (a)에서 $V_{GS} < V_T$이므로 무시할 만한 전하가 존재한다. $V_{GS} > V_T$ 그리고 $V_{DS} = 0$인 (b)에서 채널 전하 Q_{ch}는 y에 대해 일정하고 전류는 흐르지 않는다. (c)에서 작은 V_{DS}에 대해 Q_{ch}는 증가하는 y와 함께 감소하고 전류는 표시한 바와 같이 흐른다. $V_{DS} \geq (V_{GS} - V_T) = V_{DS\text{sat}}$인 경우에 (d) 전류는 앞서 논의한 바와 같이 포화된다. $V_{DS} > V_{DS\text{sat}}$인 경우에 채널 전압 V_{ch}는 채널의 끝 바로 전 부근에서 $V_{DS\text{sat}}$에 도달한다[그림 (e)].

그러면 유효 채널 길이는 실제 길이보다 어떤 양 ΔL만큼 짧아진다.

$$L_{eff} = L - \Delta L \tag{7.40}$$

여기서 ΔL은 실험적인(측정에 의해 얻어진) 양으로 다룰 것이다.

이제 식 (7.40)을 (7.39)에 대입하면, 드레인 전류에 대해 다음을 구할 수 있다.

$$I_D = \frac{WC'_{ox}\mu}{2(L-\Delta L)}V_{DS\text{sat}}^2 = \frac{WC'_{ox}\mu}{2L\left(1-\frac{\Delta L}{L}\right)}V_{DS\text{sat}}^2 = \frac{I_{D\text{sat}}}{\left(1-\frac{\Delta L}{L}\right)} \tag{7.41}$$

여기서 ΔL 은 V_{DS} 의 함수이다. 작은 $\Delta L/L$에 대해

$$\frac{1}{\left(1-\frac{\Delta L}{L}\right)} \approx \left(1+\frac{\Delta L}{L}\right)$$

와 1차 근사로, $V_{DS} > V_{DS\text{sat}}$에 대해 채널 길이의 부분 변화는 $V_{DS} - V_{DS\text{sat}}$에 비례한다.

$$\frac{\Delta L}{L} = \lambda(V_{DS} - V_{DS\text{sat}}) \tag{7.42}$$

λ는 **채널 길이 변조 파라미터(channe1 1ength modulation parameter, SPICE 파라미터)**로 알려져 있다.[8] $V_{DS} > V_{DS\text{sat}}$일 때

$$I_D \approx I_{D\text{sat}}[1 + \lambda(V_{DS} - V_{DS\text{sat}})] \tag{7.43}$$

이다. 포화 상태일 때 I_D-V_{DS} 특성의 기울기 $\partial I_D/\partial V_{DS}$는 미분 출력 컨덕턴스이다. 출력 컨덕턴스는 따라서 λ에 비례한다. 식 (7.42)로부터 L이 감소함에 따라 λ는 증가한다는 것을 볼 수 있다. I_D-V_{DS} 곡선을 $I_D = 0$까지 직선 연장하면 V_A가 얻어지는데, 이것은 종종 쌍극

8) SPICE 레벨 1에서 사용된 표현은 $I_D = I_{D\text{sat}}(1 + \lambda V_{DS})$이다.

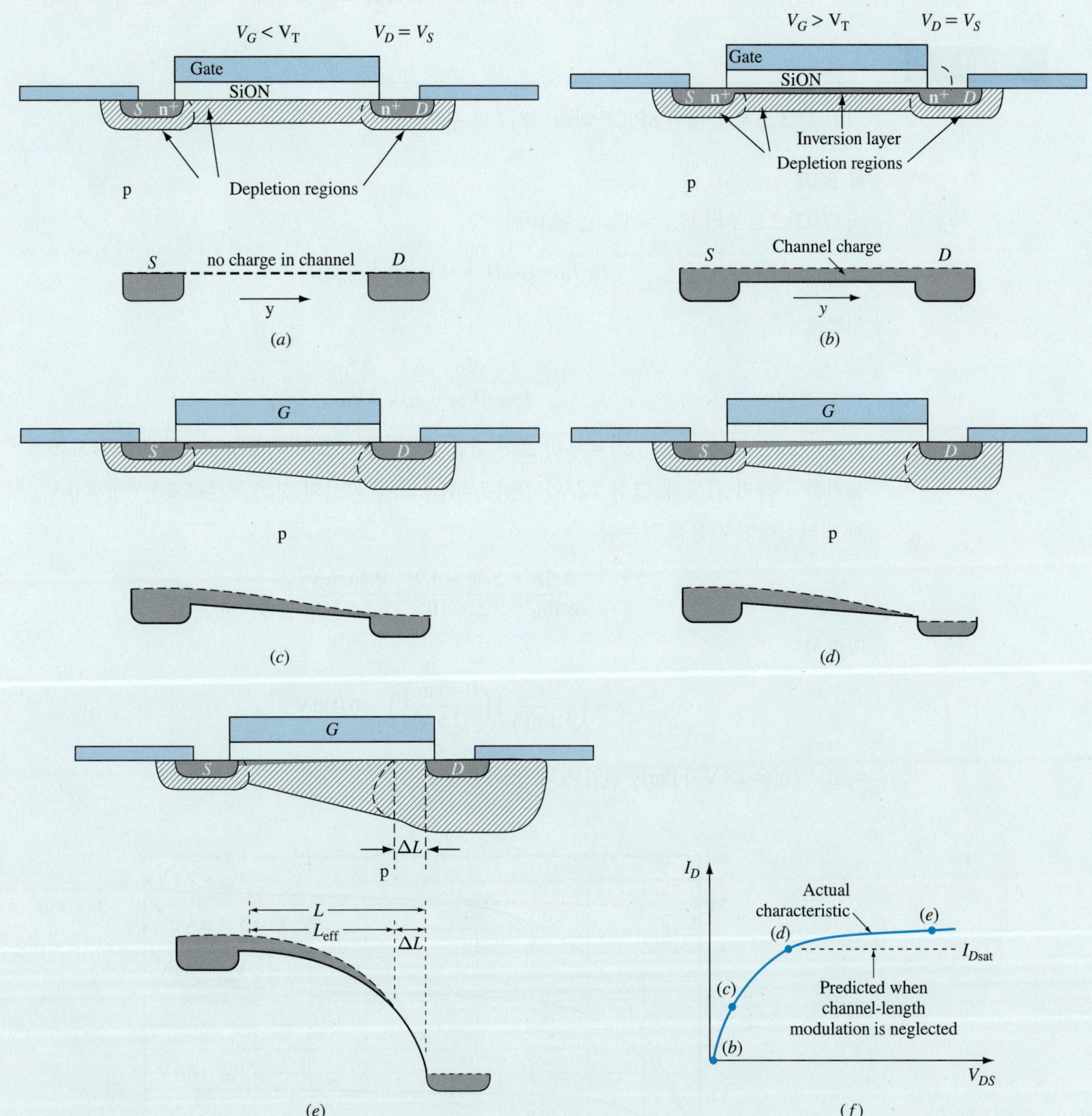

그림 7.24 채널 길이 변조에 관한 정성적 설명. (a)부터 (e)까지는 에너지 밴드(위)와 혼합 다이어그램(밑)을 보여준다. (a)부터 (d)는 간단한 긴 채널 모델을 다시 설명하고 있다. (e)에서 드레인 전압이 계속 증가할 때 채널 전하가 0이 되는 지점(어둡게 칠한 영역), 다시 말해 $V_{ch} = V_{GS} - V_T$인 지점이 채널을 따라 소스 쪽으로 이동한다. 채널은 실제로 짧아지게 된다. (e) I_D-V_{DS} 특성 곡선에 대응하는 점들을 (f)에서 보여준다. (d) 지점과 그 이후의 V_{DS}에서, 모델은 전류가 일정하다고 예측한다(점선).

성 트랜지스터의 전기적 특성 중 비슷한 효과와 유사한 "Early 전압"이라고 부른다.

예제 7.5

그림 7.23 소자에 대한 SPICE 파라미터 λ를 구하라.

■ 풀이

식 (7.43)으로부터 $V_{DS} > V_{DS\text{sat}}$에 대해

$$I_D = I_{D\text{sat}}[1 + \lambda(V_{DS} - V_{DS\text{sat}})]$$

이므로

$$\lambda = \frac{1}{I_{D\text{sat}}}\frac{\partial I_D}{\partial V_{DS}} = \frac{1}{I_{D\text{sat}}}\frac{\Delta I_D}{\Delta V_{DS}}$$

$V_{GS} = 2.1$ V일 때, 그림 7.21로부터 포화 전압은 $V_{DS\text{sat}} \approx 1.2$ V이고 $I_{D\text{sat}} \approx 5.1$ mA이다. 기울기를 구하기 위해서, 그림 7.25와 같이 I_D-V_{DS} 특성 곡선의 직선 부분을 2.5 V에서 0 V까지 외삽하면 다음을 얻는다.

$$\frac{\Delta I_D}{\Delta V_{DS}} = \frac{5.36 - 4.9}{2.5 - 0} = \frac{0.46\ \text{mA}}{2.5\ \text{V}}$$

따라서

$$\lambda = \left(\frac{1}{5.1\ \text{mA}}\right)\left(\frac{0.46\ \text{mA}}{2.5\ \text{V}}\right) = 0.036\ \text{V}^{-1}$$

이고, 이것은 28 V의 Early 전압에 해당한다.

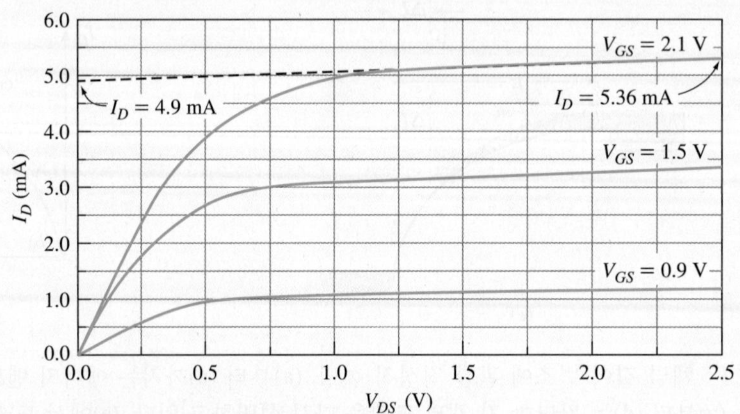

그림 7.25 채널 길이 변조 파라미터를 구하려면 "포화" 영역에서 I_D-V_{DS} 특성의 기울기를 알아야 한다(예제 7.5). 이 소자는 그림 7.23과 같은 소자이다.

7.3.2 좀 더 현실적인 긴 채널 모델: 전계가 이동도에 미치는 영향

MOSFET의 $I\text{-}V_{DS}$ 특성을 구하기 위한 위의 긴 채널 모델에서 이동도는 상수라고 가정하였다. 실제로 캐리어의 이동도는 횡방향 및 종방향 전계 $\mathscr{E}_T$와 $\mathscr{E}_L$에 의존한다. 따라서 FET 의 전기적 특성은 이들 채널 전계의 강도에 의존할 것이다. 예로써 큰 종방향 전계 $\mathscr{E}_L$에 대해, 캐리어 속도는 포화되고, 이것은 전류를 간단한 모델로 얻을 수 있는 크기보다 얼마간 작게 제한하게 된다. 종방향 전계가 낮을 때, 이동도는 $\mathscr{E}_L$에 무관하나 $\mathscr{E}_T$에는 의존한다. 우리는 이 두 가지 전계의 효과를 각각 고찰할 것이다.

종방향(채널을 따르는 방향) 전계가 충분히 작아 그 속도가 $\mathscr{E}_L$에 비례할 때, 캐리어는 **저전계 이동도(low-field mobility)** μ_{lf}라고 불리는 어떤 값을 갖는다. 그러나 이 저전계 이동도 값은 횡방향(채널을 가로지르는 방향) 전계 $\mathscr{E}_T$에 의해 영향을 받는다.

우리는 먼저 저전계 이동도에 미치는 $\mathscr{E}_T$의 효과를 고려하고 나서, 그것이 FET의 전기적 특성에 어떻게 영향을 주는지를 조사한다. 다음 절에서는 $\mathscr{E}_L$의 효과를 고려하기 위해 이것을 반복한다.

저전계 이동도에 미치는 횡방향 전계 $\mathscr{E}_T$의 효과 일반적으로 횡방향 전계의 변화율, $\partial\mathscr{E}_x/\partial x$ 그리고 종방향 전계의 변화율, $\partial\mathscr{E}_y/\partial y$는 게이트-소스 전압과 드레인-소스 전압의 함수들이다. 공핍 영역의 폭의 표현을 얻기 위해서 푸아송 방정식이 2차원에서 풀려야 한다. 수학을 간단히 하기 위해, $\partial\mathscr{E}_x/\partial x \gg \partial\mathscr{E}_y/\partial y$ 가정이 되면 1차원적 방정식이 풀린다. 이것은 공핍 영역의 폭의 변화는 게이트-소스 전압만의 함수라는 것을 의미한다. 이러한 가정은 완만한 채널 근사로 혹은 GCA로 알려져 있다. 이 절에서 우리는 종방향 전계의 크기가 충분히 작아서 채널을 따라 움직이는 전자의 속도에 대하여 포화 속도와 비교하여 캐리어 속도가 작다고 가정한다. 따라서 전자는 그의 저전계 이동도 μ_{lf}를 갖는다. 그러나 횡방향 전계 $\mathscr{E}_T$는 저전계 이동도의 크기에 영향을 준다.[2] 이것은 앞에서 우리가 일정하다고 놓았다($\mu = \mu_{\text{lf}}$). 이 효과의 근원을 조사해보자.

기판 반도체에서의 산란 메커니즘의 추가로, 예로써 격자 산란과 불순물 산란, FET의 채널 내의 전자는 그림 7.26a와 같이 채널 벽과의 충돌에 의해서 추가적으로 산란된다. 이것은 충돌들 간의 평균 자유 시간 $\bar{t}$를 감소시키고 따라서 μ를 몸체 값에 비해 감소시킨다. 전자가 소스로부터 드레인 쪽으로 이동하는 동안, 그림 7.26b처럼 그들은 Si/oxide 경계에서의 전위 장벽과 실리콘 내에서의 E_C에 있는 전위 장벽에 의해 채널 영역 내에 제한된다. 채널 내의 대부분의 전자들은 이 장벽들에 의해 형성된 전위 우물의 바닥 근처에 있고, 이곳에서 채널은 극도로 좁아져 있음을 주목하라. 실제의 MOSFET에서 이 추가적인 산란 메커니즘은 저전계 이동도 μ_{lf}를 그 몸체 값으로부터 3분의 1 내지 6분의 1 정도로 감소시킨다.

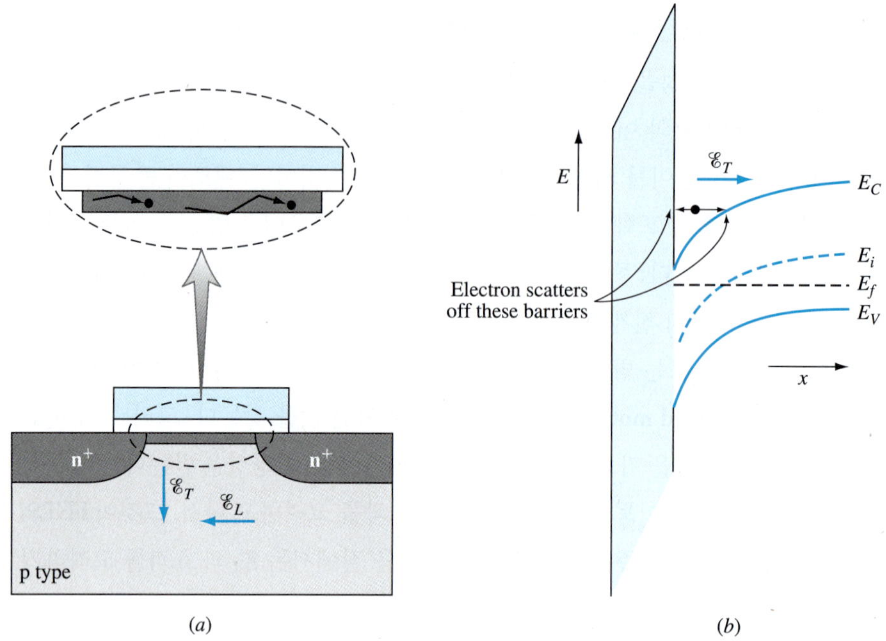

그림 7.26 이동도에 대한 횡방향 전계의 영향. (a) 채널 내의 전자는 채널의 "벽들"과 충돌한다. (b) 에너지 밴드 다이어그램은 이 벽들이 산화막 경계면에 있는 전위 장벽이며 반도체의 공핍 영역의 장벽임을 보여준다.

이 효과를 좀 더 해석적으로 조사해보자. 3장에서 우리는 기판 실리콘에서 충돌들 간의 전자의 평균 자유 시간은 2×10^{-13} s 정도임을 보였다. 그러면 평균 자유 거리는 대략

$$\bar{l} \approx \bar{v}\bar{t}$$

이다. 단 $\bar{v}$는 평균 열적 속도이다. 상온에서 이 속도는 10^7 cm/s = 10^5 m/s 정도의 크기이다. 따라서 기판 실리콘에 대해, 평균 자유 거리는 약 $\bar{l} \approx 2 \times 10^{-13} \times 10^5 = 2 \times 10^{-8}$ m = 20 nm이고, 방향에 무관하다.

MOSFET에서 채널을 따라 (x 방향 또는 횡방향 속도 없이 y와 z 방향으로) 이동하는 전자에 대해 충돌들 간의 평균 자유 거리 $\bar{l}$과 평균 자유 시간 $\bar{t}$는 대략 기판 실리콘에 대한 값과 비슷해야 한다. 그러나 성분을 갖는 전자에 대해서는 방금 논의한 바와 같이 채널 벽과의 충돌에 의한 추가적인 산란이 있다. 이 추가적인 산란은 다음 예에서 보듯이 $\bar{t}$와 이동도 μ를 감소시킨다.

예제 7.6

게이트에 수직으로 x 방향으로 움직이는 채널 전자들의 충돌 간의 시간 $\bar{t}_x$를 계산하라. 이것을 실리콘 몸체의 평균자유 시간 $\bar{t}$와 비교하라.

■ 풀이

채널 바닥보다 $\frac{3}{2}KT$ 더 큰 에너지를 갖는 전자를 고려하고, 횡방향 전계는 10^5 V/cm = 10^7 V/m이며 x에 대해 일정하다고 가정하자. $t = 0$일 때 Si/oxide 경계면에서 방금 충돌한 전자를 고려하자. 여기서 전자의 운동 에너지는 $\frac{3}{2}kT = m^* v_{max}^2/2$이다. 그림 7.27과 같이 전자는 채널을 가로질러 가므로 이것은 전자의 최대 속도이고, 전자의 총 에너지는 일정하지만 위치 에너지는 증가하고 운동 에너지(따라서 전자 속도)는 감소한다. 전자에 작용하는 힘은 $F = -q\mathscr{E}_T = m^* dv/dt$이고 전자를 감속시키는 작용을 한다.

이제 우리는

$$-q\mathscr{E}_T \int_0^{\bar{t}_x} dt = m^* \int_{v_{max}}^{0} dv$$

와

$$\bar{t}_x = \frac{m^* v_{max}}{q\mathscr{E}_T}$$

로 쓸 수 있다. 그러나

$$\frac{m^* v_{max}^2}{2} = \frac{3}{2}kT$$

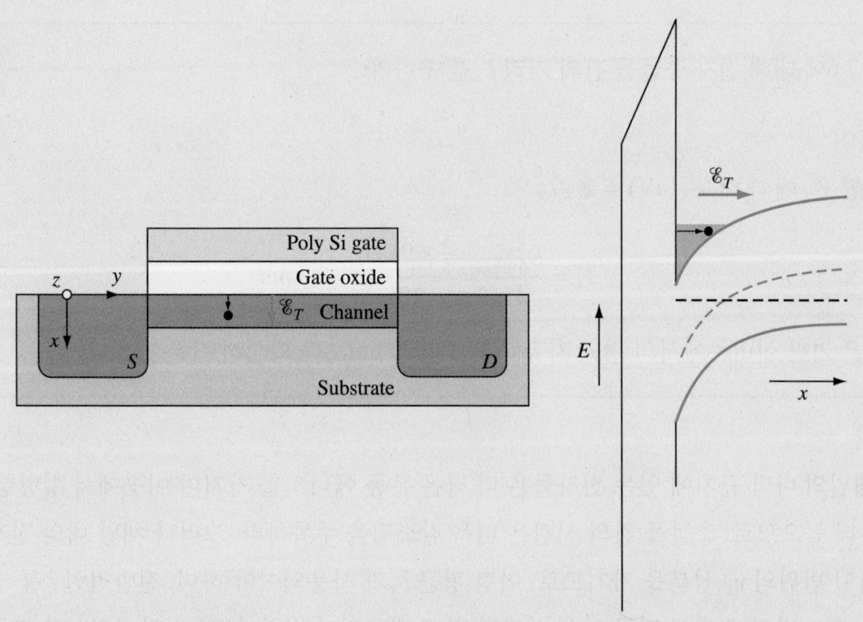

그림 7.27 예제 7.6을 위한 구조도. 전자의 운동에서 횡방향 성분만을 고려한다.

이므로 v_{max}에 대해서

$$v_{max} = \sqrt{\frac{3kT}{m^*}}$$

이다. 따라서

$$\bar{t}_x = \frac{m^*}{q\mathscr{E}_T}\sqrt{\frac{3kT}{m^*}} = \frac{\sqrt{3m^*kT}}{q\mathscr{E}_T}$$

kT를 eV로 표현하면

$$\bar{t}_x = \frac{1}{\mathscr{E}_T}\sqrt{\frac{3m^*kT(\text{eV})}{q}}$$

이 된다. m^*를 전도도 유효 질량으로 놓으면, $m^* = 0.26\,m_0$이고 다음을 얻게 된다.

$$\bar{t}_x = \frac{1}{10^7}\sqrt{\frac{3 \times 0.26 \times 9.11 \times 10^{-31} \times 0.026}{1.6 \times 10^{-19}}} = 0.34 \times 10^{-13}\ \text{s}$$

이 결과는 기판 실리콘에서의 $\bar{t}$ 값의 6배만큼 더 작다. 결과적으로 측면 산란이 x 방향 전자에 대해 주된 산란 메커니즘이다.

예제 7.7

예제 7.6에 대해 전자 충돌들 간의 거리 $\bar{l}_x$를 구하라.

■ 풀이

일정한 $\mathscr{E}_T$에 대해, $E_K(\text{eV}) = \mathscr{E}_T\bar{l}_x$

$$\bar{l}_x = \frac{E_{K(\text{eV})}}{\mathscr{E}_T} = \frac{\frac{3}{2} \times 0.026}{10^7} = 3.9\ \text{nm}$$

이것은 기판 실리콘에서의 평균 자유 거리 $\bar{l}$ 의 20 nm보다 확실히 작은 값이다.

채널의 바닥 근처에 있는 전자들은 더 작은 운동 에너지를 가지며 이곳에서 횡방향 전계는 더 높으므로, 충돌들 간의 시간은 더욱 감소됨을 주목하라. 그러나 채널 내의 전자들은 어떤 범위의 v_x 성분을 가지므로, 어떤 평균 $\bar{t}_x$가 사용되어야 하며, 전반적인 $\bar{t}$ 를 얻으려면 y와 z 방향에 대해 평균 자유 시간과 함께 평균되어야 한다. 이 점이, $\bar{t}$ 와 μ가 그들의 몸체 값들보다 감소되는 이유이다.

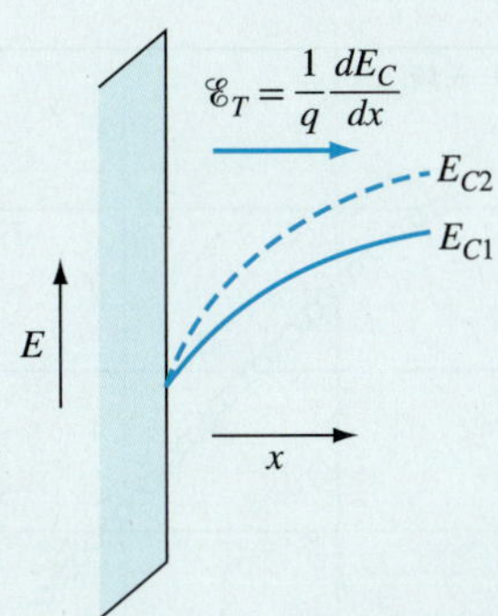

그림 7.28 에너지 밴드의 구부러짐이 커지면 횡방향 전계 $\mathscr{E}_T$가 커진다. 이것은 결국 $\bar{l}$, $\bar{t}$, $\mu_{\rm lf}$를 감소시킨다.

전자의 평균 자유 거리와 $\bar{t}$ 는 그러므로 $\mathscr{E}_T$에 의존하고, 이것은 그림 7.28에 다른 방법으로 나타낼 수 있다. 여기에 채널 내 영역에서 에너지 밴드 다이어그램의 일부를 그려놓았다. 산화막 경계면은 왼쪽에, 그리고 두 개의 가능한 전도대 가장자리는 오른쪽에 보인다. 경사도가 심해질수록 횡방향 전계는 높아지고, 따라서 평균 자유 시간과 이동도는 감소한다.

채널 내에서 $\mathscr{E}_T$의 값은 전도대 가장자리의 기울기에 의존한다. 이것은 두 가지의 함수이다. 첫 번째, 채널에 인접한 실리콘 공핍 영역 내에는 단위 면적당 전하 Q_B가 있다. n 채널 소자에서, 이들은 p형 기판 내에 고정되어 있으며 음으로 이온화된 억셉터들이다. 두 번째, 채널에는 움직일 수 있는 전하 $Q_{\rm ch}$가 있다. NFET에서 채널 전하는 전자이고, 이들은 채널의 위치 에너지를 증가시키므로 기울기에 영향을 미친다. 따라서 횡방향 전계의 강도는 도핑, 바이어스 조건, 그리고 채널 깊이에 따라 변하게 된다.

횡방향 전계가 저전계 이동도에 미치는 영향은 3부 보충에서 좀 더 자세히 논의한다. 그러나 실험적으로 저전계 이동도는 다음과 같이 표현될 수 있다.

$$\mu_{\rm lf} = \frac{\mu_0}{1 + \theta(V_{GS} - V_T - V_{\rm ch})} \qquad (7.44)$$

여기서 μ_0는 문턱 조건($V_{GS} = V_T$)일 때 소스($V_{\rm ch} = 0$)에서 채널 이동도이다. 그리고 θ는 측정된 실험적 파라미터로서, 0.03 ~ 0.2 $\rm V^{-1}$ 정도의 크기이고, 기판 도핑, 기판 바이어스, 그리고 산화막 두께를 포함한 공정 파라미터들에 의존한다.

$\mu_{\rm lf}$ 대 $(V_{GS} - V_T - V_{\rm ch})$의 실험적 그래프[3]가 그림 7.29에 나와 있다. 이 그림에서 $\mu_{\rm lf}$가 게이트 전압이 약 2 V 변화하는 동안 대략 30% 변한다는 것을 볼 수 있다.

우리는 앞에서 채널에서의 저전계 이동도 $\mu_{\rm lf}$가 소스로부터 드레인까지 증가한다는 것을 보았다. 그림에서 $\mu_{\rm lf}$는 $(V_{GS} - V_T - V_{\rm ch})$에 따라 대략 직선적으로 감소함을 볼 수 있다.

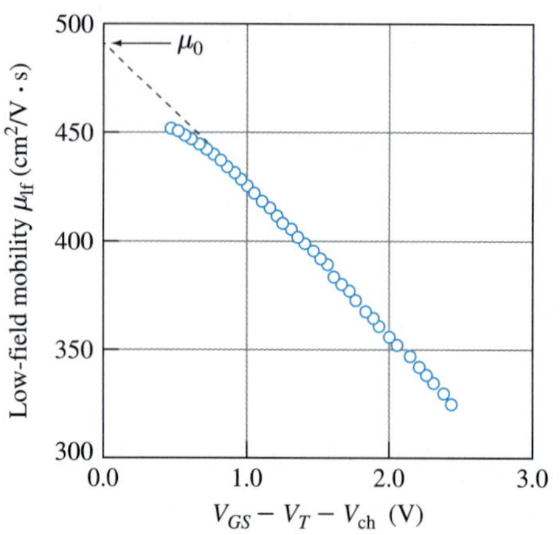

그림 7.29 Si n 채널 MOSFET에 대해 $V_{GS} - V_T - V_{\text{ch}}$의 함수로 나타낸 저전계 이동도의 변화. 저전계 이동도는 $\mu_{\text{lf}} = \mu_0[1 - \theta(V_{GS} - V_T - V_{\text{ch}})]$로 표현할 수 있다.

$$\mu_{\text{lf}} = \mu_0[1 - \theta(V_{GS} - V_T - V_{\text{ch}})]$$

여기서 μ_0는 0 전압 외삽 값이며 θ는 기울기의 음의 값이다. 이동도 최댓값은 500 cm^2/V·s이며, 대략 1330 정도인 몸체 값보다 현저히 작음을 주목하라.

$\theta(V_G - V_T - V_{\text{ch}})$가 1보다 작고, $x \ll 1$일 때 $1 - x \approx 1/1(1 + x)$이므로, μ_{lf}는 식 (7.44)에서 좀 더 익숙한 형태로 표현될 수 있다.

예제 7.8

그림 7.29의 소자에 대해 θ의 값을 구하라.

■ **풀이**

$\mu_{\text{lf}} = \mu_0[1 - \theta(V_{GS} - V_T - V_{\text{ch}})]$이므로, 이 식의 도함수를 구함으로써 θ에 대한 식을 구할 수 있다. 그래프상의 점들을 이용하면

$$\theta = -\frac{d\frac{\mu_{\text{lf}}}{\mu_0}}{d(V_{GS} - V_T - V_{\text{ch}})} = -\frac{1}{\mu_0}\frac{d\mu_{\text{lf}}}{d(V_{GS} - V_T - V_{\text{ch}})} = -\frac{1}{480}\frac{(355 - 480)}{(2 - 0)} = 0.13\ \text{V}^{-1}$$

I_D-V_{DS} 특성에 미치는 $\mathscr{E}_L$의 영향 $\mathscr{E}_L$가 μ_{lf}에 미치는 영향을 알아보았으므로, 다음 단계는 상수 이동도 모델과 비교하여 그것이 I_D-V_{DS} 특성에 어떻게 영향을 미치는지 알아보는 것이다. 우리는 식 (7.17)을 V_{ch}에 따른 이동도의 변화를 포함하도록 수정한다[식

(7.44)]. 이 식은

$$I_D \int_0^L dy = WC'_{ox}\mu_0 \int_0^{V_{DS}} \frac{V_{GS} - V_T - V_{ch}}{1 + \theta(V_{GS} - V_T - V_{ch})} dV_{ch} \tag{7.45}$$

이 되고

$$I_D = \frac{WC'_{ox}\mu_0}{\theta^2 L}\left\{\theta V_{DS} + \ln\left[\frac{1 + \theta(V_{GS} - V_T - V_{DS})}{1 + \theta(V_{GS} - V_T)}\right]\right\} \tag{7.46}$$

이 된다.

그러나 식 (7.46)은 약간 다루기가 힘들며 물리적 해석에 적합하지 않다. 결론적으로 식 (7.44)는 대개 다음과 같이 근사화된다.

$$\mu_{lf} = \frac{\mu_0}{1 + \theta(V_{GS} - V_T)} \tag{7.47}$$

이 경우에 있어서 V_{ch} 의존성은 편의상 제거되었고, 따라서 $\mu = \mu_{lf}$는 식 (7.16)의 적분 밖으로 나올 수 있게 되어 다음과 같이 된다.

$$\begin{aligned} I_D &= \frac{WC'_{ox}\mu_0}{L[1 + \theta(V_{GS} - V_T)]}\left(V_{GS} - V_T - \frac{V_{DS}}{2}\right)V_{DS} \\ &= \frac{WC'_{ox}\mu_{lf}}{L}\left(V_{GS} - V_T - \frac{V_{DS}}{2}\right)V_{DS} \qquad V_{DS} \le V_{DSsat} \end{aligned} \tag{7.48}$$

$$I_{Dsat} = \frac{WC'_{ox}\mu_{lf}}{L}\left(V_{GS} - V_T - \frac{V_{DSsat}}{2}\right)V_{DSsat} \quad V_{DS} \ge V_{DSsat} \tag{7.49}$$

이 식들은 식 (7.24)와 (7.25)에서 일정한 값의 μ를 μ_{lf}로 바꾼 것과 비슷하다. 여기서는 이동도가 V_{GS}의 함수라는 차이가 있다.

예제 7.9

상수 이동도 모델을 사용하여 MOSFET의 I_D-V_{DS} 특성을 비교하고, 그러고 나서 횡방향 전계를 고려한 MOSFET의 I_D-V_{DS} 특성을 비교하라. $W/L = 5, \theta = 0.13\ \mathrm{V}^{-1}, t_{ox} = 5\ \mathrm{nm}, V_T = 1\ \mathrm{V}, \mu_0 = 480\ \mathrm{cm^2/V\cdot s}$이다. 산화물은 SiO_2이다.

■ **풀이**

상수 이동도 모델에서는 $\mu_{lf} = \mu_0$을 사용하고, μ_{lf}에 대한 $\mathscr{E}_L$의 영향을 포함시키기 위해서는 $\mu_{lf} = \mu_0/[1 + \theta(V_{GS} - V_T)]$를 사용하는 식 (7.48)과 (7.49)를 이용한다.

단위 면적당 산화막 정전 용량은

$$C'_{ox} = \frac{\varepsilon_{ox}}{t_{ox}} = \frac{3.9(8.85 \times 10^{-12})}{5 \times 10^{-9}} = 6.9 \times 10^{-3}\,\mathrm{F/cm^2} = 6.9 \times 10^{-7}\,\mathrm{F/cm^2}$$

저전계 이동도는 $V_{GS} - V_T$에 의존한다. $V_{GS} - V_T = 0$일 때

$$\mu_{lf} = \frac{\mu_0}{1+0} = \mu_0 = 480\,\mathrm{cm^2/V \cdot s}$$

$V_{GS} - V_T = 1$일 때

$$\mu_{lf} = \frac{\mu_0}{1+\theta(V_{GS} - V_T)} = \frac{480}{1+(0.13)(1)} = 425\,\mathrm{cm^2/V \cdot s}$$

$V_{GS} - V_T = 2$일 때

$$\mu_{lf} = \frac{\mu_0}{1+\theta(V_{GS} - V_T)} = \frac{480}{1+(0.13)(2)} = 380\,\mathrm{cm^2/V \cdot s}$$

$V_{GS} - V_T = 3$일 때

$$\mu_{lf} = \frac{\mu_0}{1+\theta(V_{GS} - V_T)} = \frac{480}{1+(0.13)(3)} = 345\,\mathrm{cm^2/V \cdot s}$$

$V_{GS} - V_T = 4$일 때

$$\mu_{lf} = \frac{\mu_0}{1+(0.13)(4)} = 316\,\mathrm{cm^2/V \cdot s}$$

그림 7.30은 상수 이동도 곡선과 횡방향 전계 효과를 고려하여 얻어진 곡선과의 비교를 보여준다. 드레인 전류는 횡방향 전계를 고려한 경우에 현저히 감소한다는 것을 주목하라. 그러나 V_{ch}의 영향을 무시하는 것, 즉 식 (7.44) 대신 (7.47)을 사용하는 것은 저전계 이동도에 대한 V_{GS}의 효과를 과대하게 계산한다는 것에 주의해야 한다.

채널 이동도에 미치는 종방향 전계 $\mathscr{E}_L$의 영향 우리는 횡방향 전계가 이동도에 영향을 미친다는 것과 따라서 주어진 게이트 전압에 대해 포화 전류의 값에 영향을 미친다는 것을 보았다. 이 절에서 우리는 이동도에 대한 종방향 전계의 영향과 따라서 I_D-V_{DS} 곡선에 대한 영향을 조사한다. 반도체 내에서 캐리어의 속도는 전계가 증가함에 따라 커지며 점차 포화된다.

이 속도 포화 효과는 FET의 채널 내에 있는 캐리어들에게는 중요할 수 있다. 현대의 소자들은 게이트 길이는 매우 작아서(수 분의 1 마이크로미터), 채널 길이의 중요 부분에서 매우 높은 전계가 형성된다.

실리콘을 포함한 많은 반도체들에 대해, FET의 채널 내에서 캐리어 속도는 실험적으

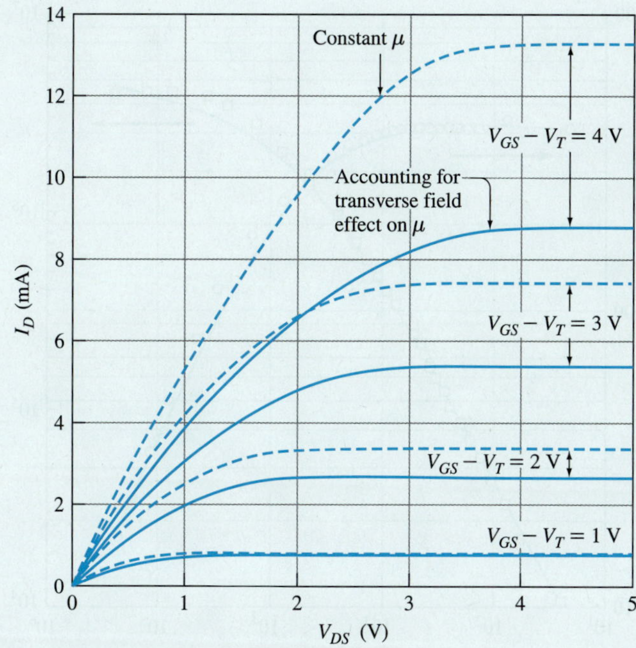

그림 7.30 상수 이동도 모델의 사용($\theta = 0$, 점선)과 $\theta = 0.13\ \mathrm{V}^{-1}$인 경우의 횡방향 전계의 효과를 고려하여 계산된 I_D-V_{DS} 특성의 비교. 횡방향 전계는 전류를 감소시키는 경향이 있다.

로 다음과 같이 표현될 수 있다.

$$|v| = \frac{\mu_{\mathrm{lf}}|\mathscr{E}_L|}{1 + \dfrac{\mu_{\mathrm{lf}}|\mathscr{E}_L|}{v_{\mathrm{sat}}}} \tag{7.50}$$

여기서 μ_{lf}는 저전계 이동도(낮은 $\mathscr{E}_L$에서 채널 캐리어 이동도)이고 v_{sat}는 채널에서 캐리어 포화 속도이다. 식 (7.50)은 실리콘 n 채널 FET에서 전자와 p 채널 소자에서 정공에 모두 사용된다.

$$|v| = \mu|\mathscr{E}_L| \tag{7.51}$$

이므로 이동도는 다음과 같이 표현될 수 있다.

$$\mu = \frac{\mu_{\mathrm{lf}}}{1 + \dfrac{\mu_{\mathrm{lf}}|\mathscr{E}_L|}{v_{\mathrm{sat}}}} \tag{7.52}$$

식 (7.52)로부터 채널을 따라 전계 $|\mathscr{E}_L|$의 증가와 함께 μ가 감소함을 알 수 있다. 이것은 광학적 포논 산란(optical phonon scattering) 때문에 충돌들 간의 평균 자유 시간이 감소한 결과이다. 그림 7.31은 n 채널 MOSFET에서 $\mathscr{E}_L$의 함수로 나타낸 전자의 이동도에 관한 실

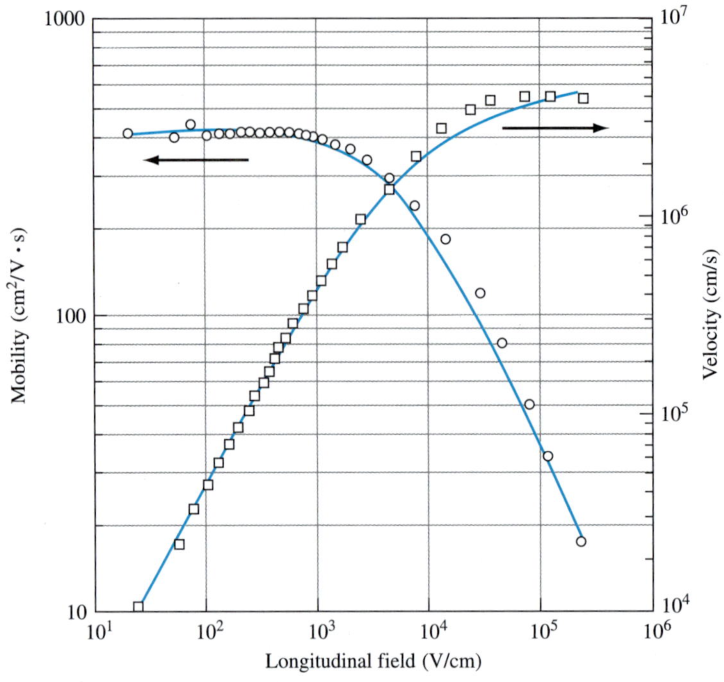

그림 7.31 V_{GS} = 1.42 V일 때, 종방향 전계의 함수로 나타낸 채널 전자 이동도와 속도($v = \mu\mathscr{E}$).

험적 데이터를 보여준다. 데이터는 식 (7.51) 및 (7.52)와 일치하고 있다(실선). 그림으로부터 이 소자의 포화 속도는 $v_{sat} \approx 4 \times 10^6$ cm/s임을 알 수 있다. 실리콘 MOSFET의 채널 내의 캐리어에 대해 v_{sat}는 어느 정도 μ_{lf}에 의존하지만—이것은 온도, 횡방향 전계, 기판 도핑 농도에 의존한다—따로 언급이 없으면 전자 및 정공 모두에 대해서 $v_{sat} \approx 10^7$ cm/s를 사용할 것이다.[3] 이 값들은 기판 실리콘에 대한 값이다.

MOSFET의 I_D-V_{DS} 특성에 미치는 $\mathscr{E}_T$의 영향 우리는 μ가 종방향 전계에 따라 변한다는 것을 보았고, 따라서 이제 캐리어 이동도가 I_D-V_{DS} 특성에 미치는 영향을 고려하도록 단순한 긴 채널 모델을 재구성한다. 식 (7.52)를 (III.7)에 대입하면 다음과 같이 쓸 수 있다.

$$I_D dy = \frac{-W Q_{ch} \mu_{lf}\, d V_{ch}}{1 + \dfrac{\mu_{lf}|\mathscr{E}_L|}{v_{sat}}} \tag{7.53}$$

전계는 $|\mathscr{E}_L| = dV_{ch}/dy$로 쓸 수 있으므로, 이를 분모에 대입하면

$$I_D dy = -\frac{W Q_{ch} \mu_{lf}\, d V_{ch}}{1 + \dfrac{\mu_{lf}}{v_{sat}} \dfrac{d V_{ch}}{dy}} \tag{7.54}$$

이 된다. 식 (7.54)의 양변에 분모를 곱하고 정리하면 다음과 같다.

$$I_D dy + \frac{I_D \mu_{lf}}{v_{sat}} dV_{ch} = -WQ_{ch}\mu_{lf} dV_{ch} \tag{7.55}$$

이제 양변을 적분한다. 준선형 영역에 대해서는

$$I_D \int_0^L dy + I_D \int_0^{V_{DS}} \frac{\mu_{lf}}{v_{sat}} dV_{ch} = -W \int_0^{V_{DS}} Q_{ch}\mu_{lf} dV_{ch} \quad V_{DS} \le V_{DS\text{sat}} \tag{7.56}$$

이 되고 포화 영역에 대해서는

$$I_{D\text{sat}} \int_0^L dy + I_D \int_0^{V_{DS\text{sat}}} \frac{\mu_{lf}}{v_{sat}} dV_{ch} = -W \int_0^{V_{DS\text{sat}}} Q_{ch}\mu_{lf} dV_{ch} \quad V_{DS} \ge V_{DS\text{sat}} \tag{7.57}$$

이 된다. 적분 결과는 다음과 같다.

$$I_D = -\frac{W\mu_{lf}\int_0^{V_{DS}} Q_{ch} dV_{ch}}{L + \frac{\mu_{lf} V_{DS}}{v_{sat}}} \quad 0 \le V_{DS} \le V_{DS\text{sat}} \tag{7.58}$$

$$I_{D\text{sat}} = -\frac{W\mu_{lf}\int_0^{V_{DS\text{sat}}} Q_{ch} dV_{ch}}{L + \frac{\mu_{lf} V_{DS\text{sat}}}{v_{sat}}} \quad V_{DS} \ge V_{DS\text{sat}} \tag{7.59}$$

채널 전하에 대해 긴 채널 모델[식 (7.14)]과 같은 모델을 사용하면 다음을 얻는다.[4]

$$I_D = \frac{WC'_{ox}\mu_{lf}}{L + \frac{\mu_{lf} V_{DS}}{v_{sat}}} \left[(V_{GS} - V_T)V_{DS} - \frac{V_{DS}^2}{2} \right] \quad V_{DS} \le V_{DS\text{sat}} \tag{7.60}$$

$$I_{D\text{sat}} = \frac{WC'_{ox}\mu_{lf}}{L + \frac{\mu_{lf} V_{DS\text{sat}}}{v_{sat}}} \left[(V_{GS} - V_T)V_{DS\text{sat}} - \frac{V_{DSsat}^2}{2} \right] \quad V_{DS} \ge V_{DS\text{sat}} \tag{7.61}$$

이들은 L을 $V_{DS} \le V_{DS\text{sat}}$일 때에는 $L + \mu_{lf} V_{DS}/v_{sat}$, $V_{DS} \ge V_{DS\text{sat}}$일 때에는 $L + \mu_{lf} V_{DS\text{sat}}/v_{sat}$로 바꾼 것을 제외하면, 식 (7.48)과 (7.49)의 이전 모델로부터 나온 표현과 유사하다. 사실 이동도에 종방향 전계 $\mathscr{E}_L$을 포함시키는 것은 채널 길이가 보다 단순한 모델에 대한 것보다 $\mu_{lf} V_{DS}/v_{sat}$(또는 $\mu_{lf} V_{DS\text{sat}}/v_{sat}$)만큼 더 길어 보이게 한다. 이 효과를 감안하여, 식 (7.58)과 (7.59)는 보통 다음과 같이 쓸 수 있다.[9)]

9) 식 (7.52)에 표현된 것같이 채널 전계의 이동도 의존성 때문에 모든 V_{DS} 값에 대하여 μ_{lf}와 v_{sat} 모두 전류에 관한 방정식 (7.62)와 (7.63)에 나타난다.

$$I_D = \frac{-W\mu_{\text{lf}}\int_0^{V_{DS}} Q_{\text{ch}}\,dV_{\text{ch}}}{L\left(1+\frac{\mu_{\text{lf}}V_{DS}}{Lv_{\text{sat}}}\right)} \quad V_{DS} \le V_{DS\text{sat}} \tag{7.62}$$

$$I_{D\text{sat}} = \frac{-W\mu_{\text{lf}}\int_0^{V_{DS\text{sat}}} Q_{\text{ch}}\,dV_{\text{ch}}}{L\left(1+\frac{\mu_{\text{lf}}V_{DS\text{sat}}}{Lv_{\text{sat}}}\right)} \quad V_{DS} \ge V_{DS\text{sat}} \tag{7.63}$$

잠시 뒤에 살펴보겠지만, 단순한 긴 채널 모델에 대한 경우와는 달리 $V_{DS\text{sat}} \neq (V_{GS} - V_T)$이다.

그러면 식 (7.63)의 분모에 있는 괄호 항은 I_D-V_{DS} 특성에 대한 속도 포화 효과의 영향을 나타낸다.[4]

$$I_D = \frac{I_D(\text{no velocity saturation model})}{1+\frac{\mu_{\text{lf}}V_{DS}}{Lv_{sat}}} \quad V_{DS} \le V_{DS\text{sat}} \tag{7.64}$$

$$I_{D\text{sat}} = \frac{I_{D\text{sat}}(\text{no velocity saturation model})}{1+\frac{\mu_{\text{lf}}V_{DS\text{sat}}}{Lv_{sat}}} \quad V_{DS} \ge V_{DS\text{sat}} \tag{7.65}$$

여기서 속도 포화를 고려하지 않으면 $I_{D\text{sat}}$는 식 (7.49)로 주어지지만, $V_{DS\text{sat}} \neq (V_{GS} - V_T)$이다.

앞선 식으로부터 긴 채널 모델에 의해 주어진 조건으로부터 발생한 전류의 감소는 채널 길이가 짧아질수록 커진다. 이것은 큰 $\mathscr{E}_L$로부터 기인하는데, 이는 더욱 큰 부분의 채널에 걸쳐 속도 포화 효과가 중요하게 되는 원인이다.

이제 n 채널과 p 채널 MOSFET에 대한 약간의 수치화된 예를 살펴볼 것이다. 표 7.1에 대표적인 MOSFET의 상온 동작에 대한 몇 가지 파라미터 값을 나타내었다. 또한 다음 예에서 이 값들을 사용할 것이다.

예제 7.10

n 채널 실리콘 MOSFET에 있어서 드레인-소스 전압 $V_{DS} = 2$ V일 때, 속도 포화 효과가 준포화 전류의 크기를 반으로 줄이는 L 값을 구하라.

■ **풀이**

식 (7.64)로부터 다음과 같이 놓을 수 있다.

$$\left(1+\frac{\mu_{\text{lf}}V_{DS}}{Lv_{\text{sat}}}\right) = 2$$

표 7.1로부터 $\mu_{lf} = 250\ \text{cm}^2/\text{V}\cdot\text{s}$, $v_{sat} = 10^7$ cm/s이므로 L에 대해서 풀면 아래와 같이 채널 길이를 구할 수 있다.

$$L = \frac{\mu_{lf} V_{DS}}{v_{sat}} = \frac{(250\ \text{cm/V}\cdot\text{s}) \times (2\ \text{V})}{10^7\ \text{cm/s}} = 5 \times 10^{-5}\ \text{cm} = 0.5\ \mu\text{m}$$

L = 50 nm의 좀 더 현재 소자에 있어서 우리는 긴 채널 모델을 사용하면서 얻어진 전류는 다음 인자만큼 벗어난다는 것을 발견한다.

$$\frac{I_D(\text{long-channel model})}{I_D} = 1 + \frac{\mu_{lf} V_{DS}}{L v_{sat}} = 1 + \frac{(250\ \text{cm}^2/\text{V}\cdot\text{s}) \times (2\text{V})}{(5 \times 10^{-16}\ \text{cm}) \times (10^7\ \text{cm/s})} = 10$$

분명한 것은 실제 FET에 있어서 속도 포화의 효과는 꼭 고려되어야 한다는 것이다.

FET의 I_D-V_{DS} 특성 유도를 계속하면, 식 (7.64)와 (7.65)를 표준 형식으로 다시 쓸 수 있다.

$$I_D = \frac{W C'_{ox} \mu_{lf}\left(V_{GS} - V_T - \frac{V_{DS}}{2}\right) V_{DS}}{L\left(1 + \frac{\mu_{lf} V_{DS}}{L v_{sat}}\right)} \quad V_{DS} \le V_{DSsat} \tag{7.66}$$

$$I_{Dsat} = \frac{W C'_{ox} \mu_{lf}\left(V_{GS} - V_T - \frac{V_{DSsat}}{2}\right) V_{DSsat}}{L\left(1 + \frac{\mu_{lf} V_{DSsat}}{L v_{sat}}\right)} \quad V_{DS} \ge V_{DSsat} \tag{7.67}$$

표 7.1 전형적인 실리콘 MOSFET 일부 파라미터

Parameter	n-channel MOSFET	p-channel MOSFET
μ_{lf} (low-field mobility)	250 $\text{cm}^2/\text{V}\cdot\text{s}$	100 $\text{cm}^2/\text{V}\cdot\text{s}$
v_{sat} (carrier saturation velocity)	10^7 cm/s	10^7 cm/s
t_{ox} (gate oxide thickness)	2 nm	2 nm

V_{DSsat}에 관한 표현을 구할 필요가 있다. 우리는 7.3.1절에서 취한 것과 똑같은 접근 방법을 사용할 수 있다. 식 (7.66)에서 $\partial I_D/\partial V_{DS} = 0$으로 놓으면

$$V_{DSsat} = \frac{v_{sat}}{\mu_{lf}} L\left[\left(1 + \frac{2\mu_{lf}(V_{GS} - V_T)}{v_{sat} L}\right)^{1/2} - 1\right] \tag{7.68}$$

식 (7.68)을 다음 식에 의해 곱하고 나누면

$\left[\left(1+\frac{2\mu_{\mathrm{lf}}(V_{GS}-V_T)}{v_{\mathrm{sat}}L}\right)^{1/2}+1\right]$ 그리고 $(x+1)\cdot(x-1)=(x^2-1)$을 회상하면서,

식 (7.68)은 교체 형태를 가진다.

$$V_{D\mathrm{sat}}=\frac{2(V_{GS}-V_T)}{\left[\left(1+\frac{2\mu_{\mathrm{lf}}(V_{GS}-V_T)}{v_{\mathrm{sat}}L}\right)^{1/2}+1\right]} \tag{7.69}$$

식 (7.69)로부터 긴 체널 모델에 있어서 큰 L에 대해 $V_{D\mathrm{sat}}$는 $(V_{GS}-V_T)$로 접근하고 식 (7.67)은 식 (7.25)로 접근한다.

예제 7.11

n 채널 MOSFET에 대해 긴 채널 수식이 합리적인 표현을 하는 최소 채널 길이를 산출하라.

■ **풀이**

식 (7.69)로부터, $V_{Dsat}\approx(V_{GS}-V_T)$ for $\frac{2\mu_{\mathrm{lf}}(V_{GS}-V_T)}{v_{\mathrm{sat}}L}\ll 1$

$\frac{2\mu_{\mathrm{lf}}(V_{GS}-V_T)}{v_{\mathrm{sat}}L}<0.1$을 선택하면 $L>\frac{2\mu_{\mathrm{lf}}(V_{GS}-V_T)}{0.1\,v_{\mathrm{sat}}}$

$\mu_{\mathrm{lf}}=250\ \mathrm{cm^2/V\cdot s}$, $v_{\mathrm{sat}}=10^7\ \mathrm{cm/s}$, $(V_{GS}-V_T)=1\ \mathrm{V}$라 두면

우리는 $L>\frac{(2\times 250\ \mathrm{cm^2/V\cdot s})(1\mathrm{V})}{0.1\times 10^7\ \mathrm{cm/s}}=5\times10^{-4}\ \mathrm{cm}=5\ \mu\mathrm{m}$를 발견한다.

그래서 5 μm보다 큰 L에 대해서 긴 채널 모델은 합리적인 근사치이다. $\frac{\mu_{\mathrm{lf}}V_{D\mathrm{sat}}}{v_{\mathrm{sat}}L}\gg 1$인 작은 L에 대해서 식 (7.67)은

$$I_{D\mathrm{sat}}=WC'_{\mathrm{ox}}v_{\mathrm{sat}}\left(V_{GS}-V_T-\frac{V_{D\mathrm{sat}}}{2}\right) \tag{7.70}$$

이 되고 L($V_{D\mathrm{sat}}$ 동안)에만 약간 의존하게 된다. 식 (7.68)에서 L이 0으로 가는 극한에서 $V_{D\mathrm{sat}}$는 0이 된다. 그리고

$$I_{D\mathrm{sat}}=WC'_{\mathrm{ox}}v_{\mathrm{sat}}(V_{GS}-V_T) \tag{7.71}$$

이 수식에서, $L=0$에 대해 $I_{D\mathrm{sat}}$는 유한하다는 것을 주목하자. 여기서 그러나 v_{sat}는 채널에서 입자 충돌에 의존하기 때문에 물리적으로 의미 있는 양이 아니다. 하나의 평균 자유 거리보다 작은 L에 대해서 채널에서 무시할 만한 충돌이 있기 때문에 다른 이동 역학을 고려해야 한다. 이것은 탄도 이동으로 7.5절에 다룬다.

식 (7.70)의 사용을 가능하게 하면서 $\frac{\mu_{lf} V_{D\text{sat}}}{L v_{\text{sat}}} \gg 1$인 위의 가정을 만족하는 L의 값을 결정하는 것은 흥미롭다. $\frac{\mu_{lf} V_{D\text{sat}}}{L v_{\text{sat}}} \gg 10$ 을 가정하면서 우리는 $L \ll \frac{\mu_{lf} V_{D\text{sat}}}{10 v_{\text{sat}}}$ 를 얻는다. L의 함수로서 $V_{D\text{sat}}$를 얻기 위해서 우리는 식 (7.68)을 사용한다. 매우 작은 $(V_{GS} - V_T)$를 제외하고는 1의 항은 무시할 수 있기 때문에, 그리고

$$V_{D\text{sat}} \approx \left(\frac{2 v_{\text{sat}} L (V_{GS} - V_T)}{\mu_{lf}}\right)^{1/2} > \frac{10 v_{\text{sat}} L}{\mu_{lf}}$$

L에 대해 풀면

$$L < \frac{2\mu_{lf}(V_{GS} - V_T)}{100 v_{\text{sat}}} = 5 \times 10^7 \text{ cm} = 5 \text{ nm}$$

전자 평균 이동 거리는 10에서 20 nm 차수이고 따라서 채널에서의 전자 충돌이 거의 없기 때문에 $L < 5$ nm에 대해 여기 제시된 드리프트 모델은 가치가 없다. 전자들이 채널에 충돌이 없다(혹은 소수)는 모델은 약 10 nm보다 작은 채널 길이에 대해 더 적합하다. 10 nm $< L <$ 20 nm에 대해 드리프트와 탄도 모델의 혼합이 적합하다.

단순한 드리프트 모델로부터 구한 I_D-V_{DS} 특성과 속도 포화를 포함한 모델로부터 구한 것을 비교해보자. 이 예를 위해 표 7.1의 파라미터와 $V_{GS} - V_T = 1$ V, 채널 길이 $L =$ 100 nm를 선택한다. 먼저 상수 이동도를 사용한 긴 채널 모델 결과를 그림 7.32(점선)에 나타내었다.

계속하기 전에, PFET와 NFET 모두는 앞의 모델에서는 같은 결과를 가지고 있다는 점을 지적한다. 전자와 정공에 대한 저전계 이동도는 서로 다르므로($\mu_{lfn} \approx 2.5\, \mu_{lfp}$), 두 소자가 다른 모든 점에 있어서 동일하더라도 두 FET의 전류는 크게 다르다. NFET와 PFET를 모두 사용하는 많은 회로(예, 8장에서 논의할 CMOS)에 있어서, 두 소자의 포화 전류가 같은 것이 바람직하다. 긴 채널 소자들에 있어 이 점을 만족시키기 위해, PFET의 W/L 비는 NFET의 2.5배가 되도록 만들어진다. 이것이 여기서 이루어진 것이다. 우리는 NFET와 PFET에 대해 각각 $W = 2\,\mu$m와 $5\,\mu$m을 선택한다. 이렇게 함으로써 식 (7.48)의 긴 채널 모델로부터 예측된 것처럼 두 소자의 특성이 같아지게 될 것이다.

속도 포화를 고려한 모델로부터 얻어진 결과도 그림에 함께 나타나 있다. 식 (7.66)과 (7.67)로부터, 비록 폭-길이 비율이 그림처럼 수정되어도 속도 포화 모델에서의 전류는 NFET와 PFET에 대해 다르다는 것이 분명하다. 그림 7.32에서 작은 V_{DS}에 대해 두 모델은 같은 기울기를 예측한다. 이 영역에서 종방향 전계는 아직 속도 포화가 중요해질 만큼 충분히 크지 않다. 그러나 속도 포화 효과의 도입은 포화 전류를 감소시키는 원인이 되고, 전

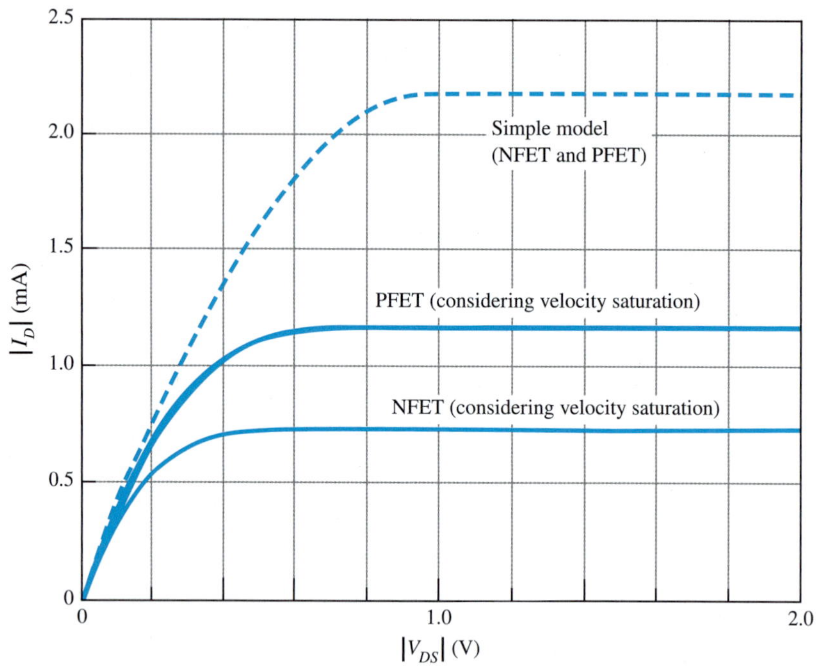

그림 7.32 간단한 모델에 대해서 계산된 I_D-V_{DS} 특성과 캐리어 속도 포화를 고려하여 계산된 NMOS와 PMOS의 I_D-V_{DS} 특성. $V_{GS} - V_T = 1$ V, $L = 100$ nm인 경우를 고려했다. NFET와 PFET의 W/L 비는 간단한 모델에서 예측된 것처럼 같은 I_D-V_{DS} 특성 곡선을 갖도록 크기가 조절되었다. 이동도 차이가 크기 조절된 소자를 서로 다르게 하는 원인이다.

류가 포화되는 전압($V_{DS\text{sat}}$) 또한 감소하는 원인이 된다. NFET에 대한 μ_{lf}가 PFET보다 크므로, $I_{D\text{sat}}$와 $V_{DS\text{sat}}$는 NFET가 더 작다. 8장에서 알게 되겠지만, 속도 포화 효과는 전계 효과 트랜지스터의 성능을 저하시킨다.

앞에서 우리는 속도 포화가 고려될 때, 포화 전압은 더 이상 $V_{GS} - V_T$와 같지 않다는 것을 보였다. 채널 길이가 짧아짐에 따라 식 (7.68)로부터 포화 전압 $V_{DS\text{sat}}$ 역시 감소한다. 예로써 그림 7.33은 $L = 2\,\mu$m, $(V_{GS} - V_T) = 2.6$ V일 때, 포화 전압은 NFET와 PFET에 대해 각각 $V_{DS\text{sat}} = 2.28$과 2.45 V임을 보여준다. 좀 더 짧은 채널 소자, 예로써 $L = 65$ nm에 대해, 이 값들은 각각 0.93과 1.3 V로 감소한다. 이 값들은 우리가 상수 이동도 긴 채널 모델로부터 얻은 $V_{DS\text{sat}} = (V_{GS} - V_T) = 2.6$ V보다 현저히 작다. 다시 지적하면, 이것은 단순한 긴 채널 모델은 속도 포화를 고려하지 않기 때문이다. 그림은 $(V_g - V_t) = 1$ V에 대한 $V_{D\text{sat}}$를 또한 보여준다.

포화 전압 $V_{DS\text{sat}}$는 채널 길이 L(채널 폭 W가 아니라)에 의존하는 반면, 포화 전류 $I_{D\text{sat}}$는 W와 L 모두에 의존한다. 그림 7.34는 $W/L = 10$으로 일정할 때, $I_{D\text{sat}}$를 L의 함수로 보여

준다. 그림은 n 채널과 p 채널 MOSFET 모두에 대한 결과를 보여준다. 예상했던 대로, 주어진 W/L 비율에 대해, 채널 길이가 감소함에 따라 $I_{D\text{sat}}$는 감소하며, 다시 이것은 속도 포화 때문이다.

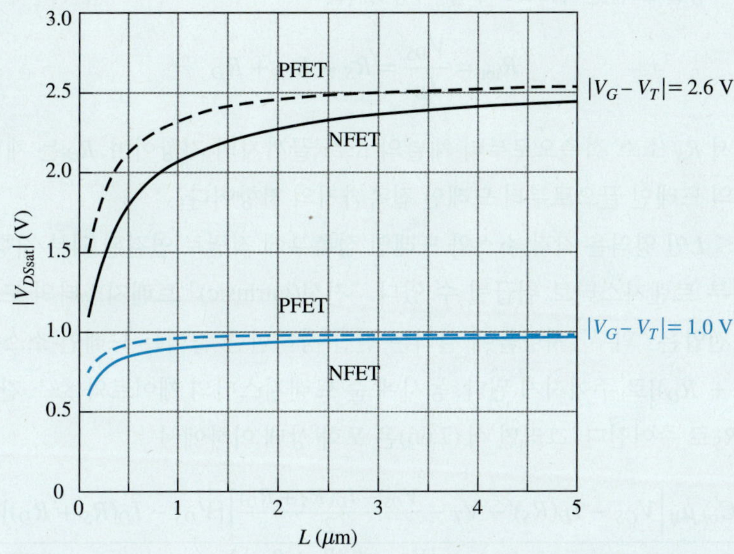

그림 7.33 $|V_{GS} - V_T| = 2.6$ V와 $|V_{GS} - V_T| = 1.0$ V일 때, 채널 길이의 함수로 나타낸 포화 전압.

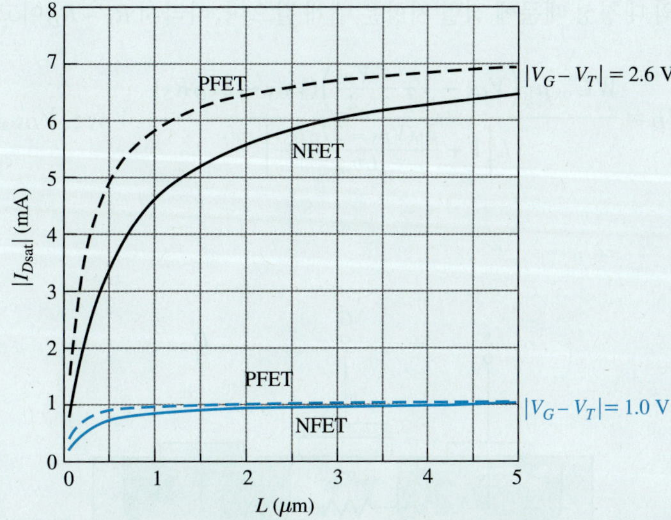

그림 7.34 L의 함수로 나타낸 n 채널과 p 채널 실리콘 MOSFET의 포화 전류 $|I_{D\text{sat}}|$. 여기에서 $|(V_{GS} - V_T)| = 1$ V, $|(V_{GS} - V_T)| = 1.0$ V, 폭-길이 비는 $W/L = 10$, $W_p = 2.5\ W_n$이다.

7.3.3 직렬 저항

다음으로 FET의 저항을 알아보자. 이것은 소스와 드레인 간의 저항이다. 이것은 n 채널 MOSFET에 대한 그림 7.35와 같이 채널 자체를 따른 저항과 함께, 소스와 드레인 접촉과 채널 간의 저항을 포함한다. FET의 총 저항 R_{tot}는

$$R_{\text{tot}} = \frac{V_{DS}}{I_D} = R_S + R_{\text{ch}} + R_D \tag{7.72}$$

인데, 여기서 R_S 소스 접촉으로부터 채널의 소스 끝까지의 저항이며, R_{ch}는 채널의 저항, R_D는 채널의 드레인 끝으로부터 드레인 접촉까지의 저항이다.

$0 \le y \le L$인 영역은 각각 소스와 드레인 접촉부에 직렬로 연결된 외부 저항 R_S와 R_D를 갖는 내부 트랜지스터로 취급될 수 있다. "진성(intrinsic)" 트랜지스터의 드레인과 소스 사이의 전압은 "외부" 저항들에 걸리는 전압 강하만큼 줄어든 드레인-소스 전압 $V_{DS} - [I_D\,(R_S + R_D)]$로 주어지게 된다. 동시에 순 트랜지스터의 게이트와 소스 간의 전압은 $V_{GS} - I_D R_S$로 주어진다. 그러면 식 (7.66)은 포화 상태 이하에서

$$I_D = \frac{W C'_{\text{ox}} \mu_{\text{lf}} \left[V_{GS} - I_D(R_S) - V_T - \dfrac{V_{DS} - I_D(R_S + R_D)}{2} \right] [V_{DS} - I_D(R_S + R_D)]}{L\left\{ 1 + \dfrac{\mu_{\text{lf}}[V_{DS} - I_D(R_S + R_D)]}{L v_{\text{sat}}} \right\}} \qquad V_{DS} \le V_{DS\text{sat}} \tag{7.73}$$

이 된다.

MOSFET의 대칭성 때문에 직렬 저항은 대개 같으며, 따라서 $R_S \approx R_D$이고 식 (7.73)은

$$I_D = \frac{W C'_{\text{ox}} \mu_{\text{lf}} \left(V_{GS} - V_T - \dfrac{V_{DS}}{2} \right)(V_{DS} - 2 I_D R_S)}{L\left[1 + \dfrac{\mu_{\text{lf}}(V_{DS} - 2 I_D R_S)}{L v_{\text{sat}}} \right]} \qquad V_{DS} \le V_{DS\text{sat}} \tag{7.74}$$

이 된다.

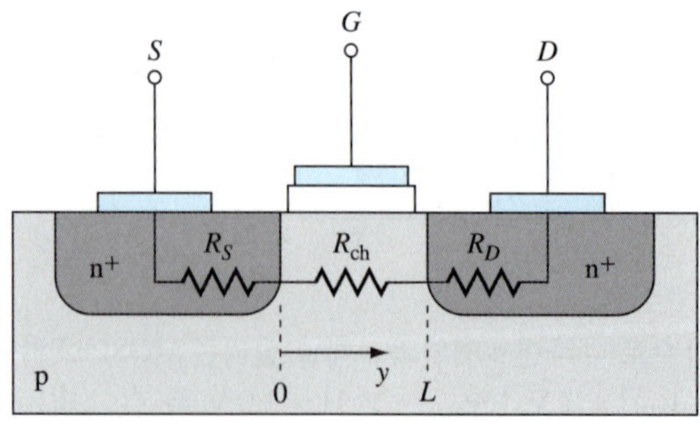

그림 7.35 채널 저항 R_{ch}, 소스 저항 R_S, 드레인 저항 R_D를 보여주는 NMOS 개략도.

포화 상태에서 비슷한 방법으로 식 (7.67)을 적용하면

$$I_{D\text{sat}} = \frac{WC'_{\text{ox}}\mu_{\text{lf}}\left(V_{GS} - V_T - \frac{V_{DS\text{sat}}}{2}\right)(V_{DS_{\text{sat}}} - 2I_{D_{\text{sat}}}R_S)}{L\left[1 + \frac{\mu_{\text{lf}}(V_{DS\text{sat}} - 2I_{D\text{sat}}R_S)}{Lv_{\text{sat}}}\right]} \quad V_{DS} \geq V_{DS\text{sat}} \tag{7.75}$$

이 얻어진다.

식 (7.74)와 (7.75)는 대수학적으로 또는 반복적으로 계산하여 전류에 관해 풀 수 있다.

우리는 채널 저항이 직렬 저항보다 훨씬 큰, 즉 $R_{\text{ch}} \gg 2R_S$인 소자에 대해서는 직렬 저항을 무시할 수 있다. 직렬 저항은 채널의 폭 W와 함께 세부 제조 공정에 의존한다. R_S와 R_D의 대표적인 값은 대략 10 ~ 100 Ω 정도이다.

7.4 모델과 실험의 비교

우리는 MOSFET의 I_D-V_{DS} 특성에 관한 여러 가지 긴 채널 모델을 알아보았다. 이들은 상수 이동도 모델, 횡방향 전계가 포함된 모델, 그리고 속도 포화가 포함된 모델들이다. 우리는 또한 직렬 저항을 고려하기 위해 이 모델들을 변형하였다. 우리는 다음 질문을 탐구하기를 원한다. 이 모델들이 얼마나 우수한가?

1.8 V 전원으로 동작하도록 설계된 실제 n 채널 MOSFET을 고려하자. 측정된 파라미터들은 다음과 같다.

$$\begin{aligned} L &= 0.25\ \mu\text{m} \\ W &= 9.9\ \mu\text{m} \\ t_{\text{ox}} &= 4.7\ \text{nm} \\ \mu_{\text{lf}} &= 400\ \text{cm}^2/\text{V . s} \\ R_s = R_D &= 19.9\ \Omega \\ V_T &= 0.30\ \text{V} \end{aligned}$$

게이트 소스 전압은 전원 전압과 같이 1.8 V이다.

그림 7.36에서 가장 위에 있는 선이 간단한 긴 채널 모델[식 (7.48)과 (7.49)], 즉 상수 이동도를 가정한 모델로 계산된 결과를 보여준다. 우리는 하나의 게이트 전압만을 고려하고 있으므로 적절한 값의 저전계 이동도 값이 선택되었고, 게이트 전압에 따른 횡방향 전계 변화의 효과는 고려할 필요가 없다. 아울러 동일한 소자 파라미터를 사용하기는 했지만 속도 포화를 고려함으로써[식 (7.66)과 (7.67)] 종방향 전계 효과를 고려하여 얻어진 결과도 그림에 나와 있다. 또한 그림 7.36에는 속도 포화와 함께 소스와 드레인 직렬 저항(R_S와 R_D)을 고려한 모델의 결과도 그려져 있다.[5] 포화 속도는 이 소자에 대해 측정된 것이 아

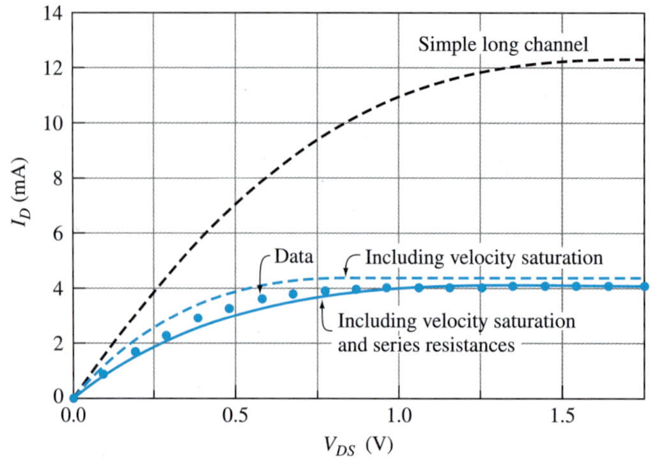

그림 7.36 간단한 긴 채널 모델, 속도 포화를 포함한 모델, 속도 포화와 직렬 저항 R_S와 R_D 모두를 포함한 모델, 실제 측정 데이터 간의 비교. NFET 소자는 $L = 0.25\ \mu\text{m}$, $W = 9.9\ \mu\text{m}$, $V_T = 0.3$ V이다. 게이트 소스 전압은 1.8 V이다.

니고 $v_{sat} = 7 \times 10^6$ cm/s로 가정되었다. 마지막으로 실제의 측정 데이터도 그려져 있다.

그림 7.36으로부터, 속도 포화 모델로 예측된 전류는 상수 이동도 긴 채널 모델로 예측된 것보다 확실히 더 작다는 것과, 실험과 적절히 맞는 것을 볼 수 있다. 드레인과 소스 저항을 고려하면 그 결과가 이론과 실험 간에 더욱 일치하게 된다.

7.5 MOSFET 탄도 모델

소스와 드레인 사이에 전자들이 많은 충돌이 있을 만큼 충분히 긴 채널의 n 채널 MOSFET 전류 형성에 있어서 전류는 현저히 드리프트(드리프트 모델)로부터이고 식 (7.33)에 표현된 것같이 소스에서 종방향 전계에 비례한다. 현대 소자에 있어서 그러나 전자들이 채널에서 충돌이 거의 없을 만큼 짧은 채널일 수 있어서 이론은 수정되어야 한다. 여기에 우리는 전자들이 소스와 드레인 사이에 충돌을 일으키지 않는 하나의 모델을 논의한다. 이것을 **탄도 이동 모델** 혹은 간단히 **탄도 모델**이라고 일컫는다.[6]

그림 7.37a는 $V_{GS} > V_T$ 그리고 $V_{DS} = 0$에 대한 소스와 드레인의 도핑 농도는 같은 MOSFET의 에너지 밴드 그림을 보여준다. 종방향 전계가 없는 채널에 있어서 전자 농도는 일정하다. 따라서 드리프트와 확산 전류들은 모두 0이다. 소스로부터 드레인(I_D^+)으로 흐르는 전자로부터의 전류는 드레인으로부터 소스로(I_D^-) 흐르는 것과 같다. 혹은

$$I_D = (I_D^+ - I_D^-) = 0$$

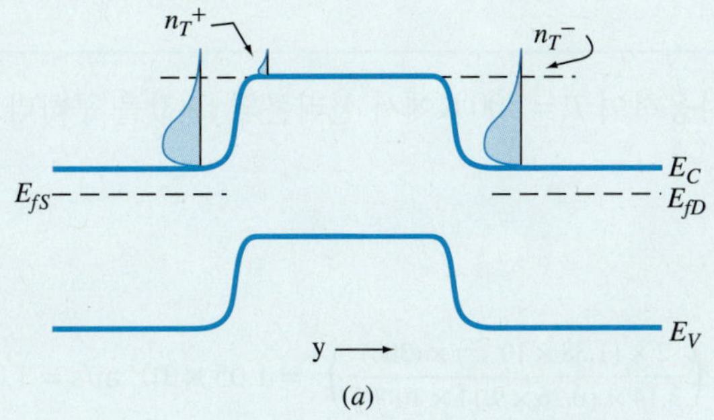

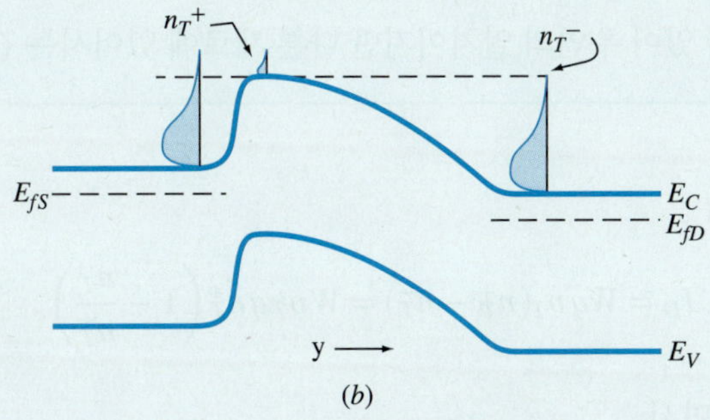

그림 7.37 (a) $V_{GS} > V_T$, $V_{DS} = 0$의 MOSFET. (b) $V_{GS} > V_T$, $V_{DS} = 0$의 MOSFET. 소스 끝에서 장벽, 그리고 드레인 끝에서 장벽보다 더 높은 에너지를 가진 각각의 단위 면적당 전자수 n_T^+와 n_T^-.

그림 7.37b는 $V_{GS} > V_T$ 그리고 $V_{DS} > 0$에 대한 에너지 밴드 그림을 보여준다. 소스 끝에서 장벽보다 더 높은 에너지의 오른쪽으로 움직이는 단위 면적당 어떤 전자수가 있다. 그것들은 일정한 에너지(무충돌)로 채널을 가로지르고 드레인에서 E_C로 떨어져 열화시킨다. (페르미 레벨이 의미가 있을 만큼 소스와 드레인은 모두 평형 상태에 있다고 가정한다.) 드레인에 의해 공급되는 단위 면적당 장벽을 가로지르는 전자수들은 n_T^-이다. 그러면 드레인 전류는

$$I_D = I_D^+ - I_D^- \tag{7.76}$$

이러한 전류는 $I_D^+ = Wqn_T^+ v_T$와 $I_D^- = Wqn_T^- v_T$로 표현될 수 있다. 여기서 V_T는 소스 인접한 장벽의 위에 y 방향에서의 평균 양(혹은 음)의 전자 속도의 크기이다. 그것은 아래와 같다.

$$v_T = \left(\frac{2kT}{\pi m^*}\right)^{\frac{1}{2}} \tag{7.77}$$

예제 7.12

전도도 유효 질량을 사용하여 $T = 300$ K에서 실리콘의 v_T 값을 구하라.

■ **풀이**

식 (7.77)로부터

$$v_T = \left(\frac{2kT}{\pi m^*}\right)^{\frac{1}{2}} = \left(\frac{2 \times (1.38 \times 10^{-23}) \times (300)}{3.14 \times (0.26 \times 9.11 \times 10^{-31})}\right)^{\frac{1}{2}} = 1.05 \times 10^5 \text{ m/s} = 1.05 \times 10^7 \text{ cm/s}$$

이것은 실리콘에 있어 드리프트 모델에서 사용된 전자의 포화 속도($v_{sat} \approx 10^7$ cm/s)에 가깝다. 이것은 실리콘에 있어 우연의 일치이지만 다른 재료에 있어서는 같지 않다.

식 (7.76)으로부터 전류는

$$I_D = Wqv_T(n_T^+ - n_T^-) = Wv_Tqn_T^+\left(1 - \frac{n_T^-}{n_T^+}\right) \tag{7.78}$$

볼츠만 통계를 가정하면서

$$n_T^+ = N_C<t>e^{-\left(\frac{E_T - E_{fS}}{kT}\right)}$$
$$n_T^- = N_C<t>e^{-\left(\frac{E_T - E_{fD}}{kT}\right)}$$

여기서 $\langle t \rangle$는 점유 채널의 평균 두께이고 E_{fS}는 소스에서의 페르미 에너지, E_{fD}는 드레인에서의 페르미 에너지이다. 그러면

$$\frac{n_T^+}{n_T^-} = e^{\left(\frac{E_{fD} - E_{fS}}{kT}\right)} = e^{-\left(\frac{qV_{DS}}{kT}\right)}$$

$$\text{and } I_D = Wv_Tqn_T^+\left(1 - e^{-\left(\frac{qV_{DS}}{kT}\right)}\right) \tag{7.79}$$

장벽의 위에서 단위 면적당 전하, Q_T는

$$Q_T = -q(n_T^+ + n_T^-) = -qn_T^+\left(1 + \frac{n_T^-}{n_T^+}\right) = -qn_T^+\left(1 + e^{-\left(\frac{qV_{DS}}{kT}\right)}\right) \tag{7.80}$$

따라서

$$qn_T^+ = \frac{-Q_T}{1 + e^{-\left(\frac{qV_{DS}}{kT}\right)}} \tag{7.81}$$

그리고

$$I_D = -WQ_Tv_T\frac{1 - e^{-\left(\frac{qV_{DS}}{kT}\right)}}{1 + e^{-\left(\frac{qV_{DS}}{kT}\right)}} \tag{7.82}$$

작동할 때, 그러나 $V_{GS} > V_T$, $Q_T = -C'_{ox}(V_{GS} - V_T)$에서 식 (7.82)는 아래와 같이 된다.

$$I_D = WC'_{ox}\upsilon_t(V_{GS} - V_T)\frac{\left(1 - e^{-\left(\frac{qV_{DS}}{kT}\right)}\right)}{\left(1 + e^{-\left(\frac{qV_{DS}}{kT}\right)}\right)} \tag{7.83}$$

식 (7.83)은 여기서 반복된 전통적인(드리프트 모델) 전류 방정식과 공통점이 있다.

$$I_D = \frac{WC'_{ox}\upsilon_{sat}\left(V_{GS} - V_T - \frac{V_{DS}}{2}\right)V_{DS}}{L\left(1 + \frac{\mu_{lf}V_{DS}}{L\upsilon_{sat}}\right)} \tag{7.66}$$

$\upsilon_t(V_{GS} - V_T)\frac{\left(1 - e^{-\left(\frac{qV_{DS}}{kT}\right)}\right)}{\left(1 + e^{-\left(\frac{qV_{DS}}{kT}\right)}\right)}$을 $\upsilon_{sat}\left(\frac{\left(V_{GS} - V_T - \frac{V_{DS}}{2}\right)V_{DS}}{L\left(1 + \frac{\mu_{lf}V_{DS}}{L\upsilon_{sat}}\right)}\right)$로 대치하고

탄도 모델에 있어서 전류는 L에 독립적이다. 이것은 이 모델에 있어서 장벽을 넘어 주입된 소스로부터 모든 전자들이 채널 길이에 독립적인 드레인에 도달한다.

$V_{DS} > \frac{kT}{q}$인 경우, 전류는 아래 값에 포화된다.

$$I_{Dsat} = WC'_{ox}\upsilon_T(V_{GS} - V_T) \tag{7.84}$$

우리는 탄도 이동 모델을 드리프트 공식 식 (7.66), (7.67) 그리고 (7.68)과 비교한다. 그림 7.38은 $L = 100$ nm(10^{-5}), $\varepsilon_r = 5$(SiON을 게이트 절연체로 가정), $\mu_{lf} = 250$ cm^2/V·s, $v_{sat} = 10^7$ cm/s, $v_T = 1.05 \times 10^7$ cm/s, $V_T = 0.2$ V, 그리고 $T = 300$ K를 가진 실리콘 MOSFET에 대해 2 모델에 대해 I_D/W의 계산된 특성들을 보여준다. 탄도 모델에 있어 처음 기울기는 드리프트 모델보다 더욱 크다. 그리고 주어진 V_G에 대해 전류는 상당히 더 큰 값에서 그리고 더 작은 드레인 전압에서 포화한다.

7.6 몇 가지 짧은 채널 효과들

MOSFET에 관해 논의된 전기적 특성은 채널 길이에 의존하는데, 이 절에서 우리는 짧은 채널, 특히 서브마이크로미터 범위에서 중요한 몇 가지 추가적인 기생 효과에 대해 논의한다.

7.6.1 유효 채널 길이의 V_{DS} 의존성

앞서 포화일 때 채널 길이 변조 효과를 논의하였다. 그림 7.24는 일단 포화에 도달하면, 추가적인 드레인 전압은 포화가 일어나는 위치를 채널을 따라 사실상 이동시키며, 채널을

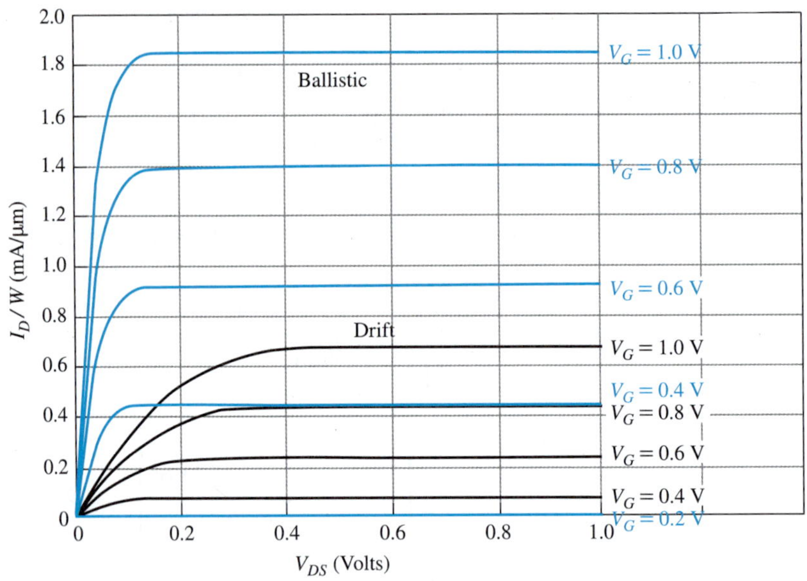

그림 7.38 $V_G = V_{GS}$ 가정하에, 탄도 모델 대 정상(드리프트) 모델을 사용한 MOSFET의 전류-전압 특성.

짧게 한다는 것을 보여주었다. 여러분은 이것이 포화 영역에서 I_D-V_{DS} 특성의 기울기가 0이 아닌 이유(채널 길이 변조 효과)라는 것을 기억할 것이다. 그러나 매우 짧은(서브마이크로미터) 채널 길이에 대해서, 드레인 전압은 $V_{DS} < V_{DS\text{sat}}$일 때에도 채널 길이를 변조시킬 수 있다.

긴 채널 MOSFET에서, NMOS 트랜지스터에 대한 그림 7.39a와 같이 우리는 채널 길이 L을 소스-채널 간과 드레인-채널 간의 금속학적 접합들 사이의 거리 L_m으로 정했다.[10) 그러나 소스와 드레인은 기판보다 훨씬 높게 도핑되어 있으므로 n^+ 소스, 드레인과 p형 기판 간의 공핍 영역은 기판 쪽으로 확장된다. 이것은 $V_{ds} = 0$에 대한 그림에서 보여준다. 그림은 $V_{DS} = 0$일 때를 보여준다. 공핍 영역 두께는 채널 근처에서 감소하는데, 이는 소스-기판과 드레인-기판 전압이 양의 표면 전위의 결과로 그곳에서 감소되기 때문이다. 바이어스가 인가되지 않아도 에너지 밴드 변형 때문에 채널은 실질적으로 n형이 될 수 있다는 것을 기억하라. 그러면 이 영역에서 접합들은 n^+n이 되고, 전이 영역들은 주로 n 영역에 있게 된다. 이 경우에 대해서 채널을 따른 에너지 밴드 다이어그램이 그림 7.39b에 나와 있다. 실제로 채널 길이 L은 금속학적 채널 길이 L_m보다 짧다.

이제 양의 드레인 전압이 인가되면, 드레인-채널 공핍 영역의 폭은 그림 7.39c에 나타난 것과 같이 증가한다. 따라서 유효 채널 길이 L은 V_{DS} 증가에 따라 감소한다. 그러나 유

10) 축퇴된 소스나 드레인의 채널 가장자리를 금속학적 접합으로 정의한다.

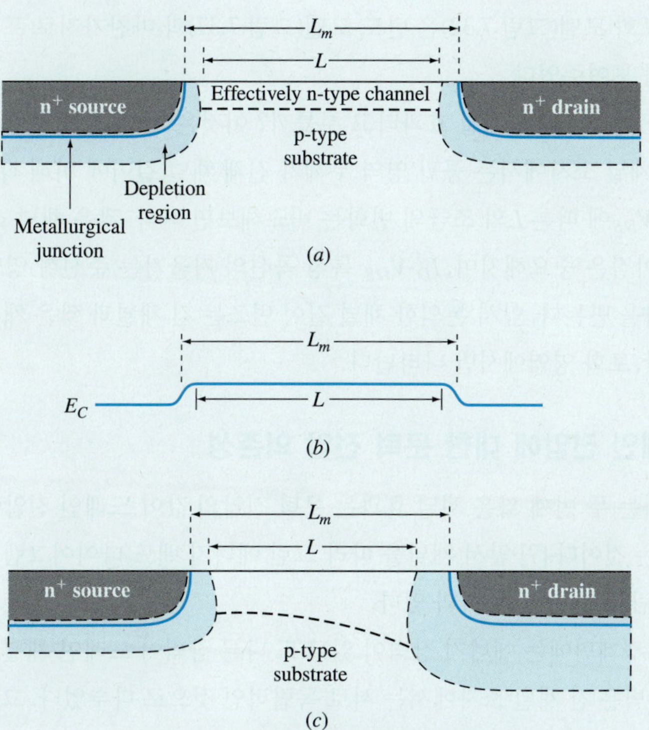

그림 7.39 소스와 기판 간, 그리고 드레인과 기판 간 공핍 영역의 모식도. (a) V_{DS} = 0일 때. 유효 채널 길이 L은 금속학적 채널 길이 L_m보다 짧아진다. (b) V_{DS} = 0일 때, 채널을 따른 E_C-y 그림. (c) V_{DS}의 증가에 따라 유효 채널 길이 L은 감소한다.

효 채널 길이가 작아짐에 따라 채널 전류는 [유효 채널 길이가 분모의 전체 양인 식 (7.66)과 (7.67)로부터 예측한 대로] 증가한다는 것을 상기하라. 따라서 V_{DS}가 증가함에 따라 채널 길이가 감소하고, 결과적으로 포화 조건 이상이나 이하 모두에서 전류가 증가한다는 것을 예상할 수 있다. 이것이 그림 7.40의 I_D-V_{DS} 특성 곡선에 나와 있다. 긴 채널(간단한)

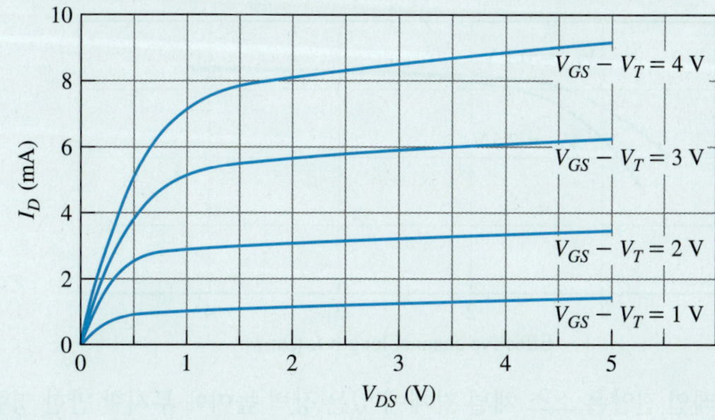

그림 7.40 짧은 채널 소자의 경우, V_{DS}의 증가에 따라 유효 채널 길이의 감소는 I_D의 증가를 가져온다.

모델과 속도 포화 모델(그림 7.32)은 탄도 모델(그림 7.37)과 마찬가지로 포화 영역에서 수평인 I_D-V_{DS}를 보여주었다.

우리는 이것을 왜 짧은 채널 효과라고 부를까? 이것은 긴 채널 소자에서도 발생한다. 그 이유는 긴 채널 소자에서는 공핍 영역 두께가 전체 채널 길이에 비해 작아서 $L \approx L_m$이기 때문이다. V_{DS}에 따른 L의 조금의 변화는 비교해보면 작다. 짧은 채널 소자의 경우, 채널 길이의 짧아짐은 중요해지며, I_D-V_{DS} 특성 곡선의 기울기는 준선형 영역과 포화 영역 모두에서 영향을 받는다. 앞서 논의한 채널 길이 변조는 긴 채널과 짧은 채널 소자에서 모두 발생하지만, 포화 영역에서만 나타난다.

7.6.2 드레인 전압에 대한 문턱 전압 의존성

우리가 논의하는 두 번째 짧은 채널 효과는 문턱 전압의 값이 드레인 전압에 의해 영향을 받을 수 있다는 것이다.[7] 앞서 채널을 따라 그린 에너지 밴드 다이어그램을 다시 살펴보자. 이것은 그림 7.41a에 다시 나와 있다.

소스-채널 경계면에는 에너지 장벽이 있고 또 다른 장벽이 드레인-채널 경계면에 존재한다. 이 두 장벽은 긴 채널 소자에서는 서로 독립적인 것으로 다루었다. 그러나 짧은 채널 소자에서는 드레인 전압은 그림 7.41b에 그려진 것처럼 채널의 소스 끝 쪽에서 장벽 높이

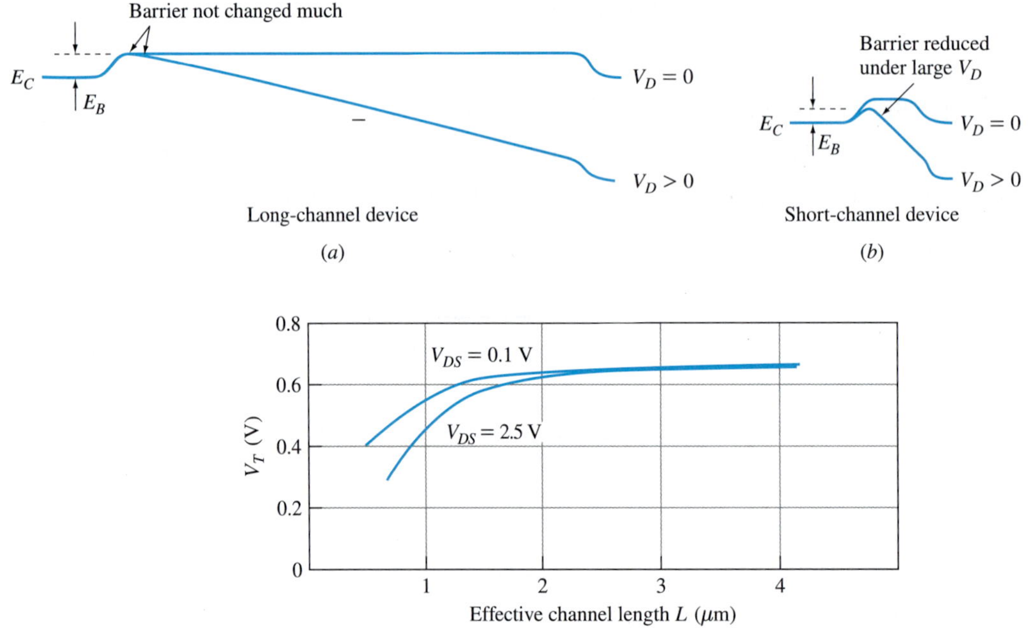

그림 7.41 (a) 긴 채널 소자에서, 드레인 전압은 소스-채널 경계에 있는 장벽 높이에 무시할 만한 영향을 미친다. (b) 짧은 채널 소자의 경우, 드레인 전압은 소스 끝에 있는 장벽을 감소시키는 경향이 있다. (c) 그 결과 문턱 전압은 감소한다. 이 효과는 채널이 짧아질수록 더욱 심해진다.

에 영향을 줄 수 있다. 드레인 전압이 충분히 크고 채널이 충분히 짧다면, 소스로부터 채널까지의 장벽 E_B는 감소한다. 그러면 이 효과는 문턱 전압을 감소시키게 된다. 두 가지 드레인 전압 값에 대해 문턱 전압을 유효 채널 길이의 함수로 그림 7.41c에 나타내었다. 채널이 짧아질수록 그 효과는 더 심해진다는 것을 주목하라. 이 효과는 **드레인 유도 전위 장벽 감소(drain-induced barrier lowering)** 또는 **DIBL 효과**라고 부른다. DIBL 효과는 서브마이크로미터 소자들(예로써 그림 7.23의 $L = 0.27\ \mu\text{m}$ 소자)의 I_D-V_{DS} 특성의 기울기(gdsat)가 유한한 값을 갖게 하는 주요 원인이다.

7.7 준문턱 누설 전류

$V_{DS} = 0.1$ V의 n 채널 MOSFET의 실험적 I_D-V_{GS} 특성을 그림 7.42에 반로그 눈금으로 보여준다. [log I_D-V_{GS}] 특성은 문턱 조건 이하에서 대략 직선이 된다. 이것은 문턱 전압 이하에서 V_{GS}의 감소에 따라 I_D는 거의 지수함수적으로 감소한다는 의미이다.

우리는 다음 이유 때문에 이 준문턱 누설 전류를 무시할 수 없다. 스위칭 회로에서 소자는 충분히 문턱 조건 이상에서 동작할 때 **도통** 상태가 된다($V_{GS} \approx V_{DD}$, V_{DD}는 전원 전압).

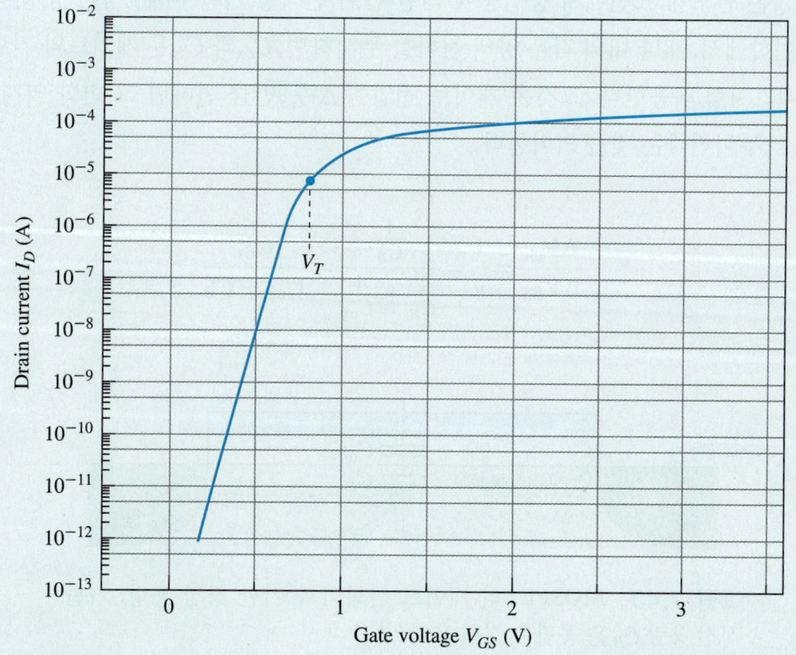

그림 7.42 반로그 모눈지에 $V_{DS} = 0.1$ V의 실험적 I_D-V_{GS} 특성 곡선, 문턱 전압 이하에서 전류는 V_{GS}에 따라 거의 지수함수적으로 변한다.

충분한 문턱 조건 이하에서 동작하고 있을 때($V_{GS} \approx 0$), 소자는 **차단** 상태가 된다.[11] 차단 상태에서도 작은 전류가 흐른다. 수십만 혹은 수백만 개의 트랜지스터를 갖는 집적회로에 있어, 이 차단 상태 전류는 상당한 크기의 전력 소모를 가져올 수 있으며, 그 결과 온도 상승을 가져오게 된다. 따라서 준문턱 누설 전류의 값을 계산하는 것은 가치가 있다.

우리는 소스에서 채널 내의 전자 농도는 소스-채널 장벽 높이 E_B에 지수함수적으로 변한다는 것을 알고 있다. 따라서 유효한 캐리어의 개수에 의해 결정되는 전류는 같은 의존성을 갖는다. 혹은

$$I_D = I_0 e^{q(V_{GS}-V_T)/nkT} \quad (V_{GS} < V_T) \tag{7.85}$$

여기서 I_0는 문턱 조건에서 ($V_{GS} = V_T$) 전류이고 $1/n$은 소스-채널 장벽에 영향을 주는 ($V_{GS} - V_T$)의 일부분이다. 게이트 전압이 변함에 따라, 전압 변화의 일부는 산화막에서 강하되고 일부는 반도체에서 강하된다. 이것은

$$\frac{1}{n} = \frac{\Delta V_{\text{ch}}(y=0)}{\Delta V_{GS}} \tag{7.86}$$

여기서 $\Delta V_{\text{ch}}(y = 0)$는 채널의 소스 끝에서 소스에 대한 채널 전압이다.

n은 다음과 같이 구할 수 있다. 그림 7.43은 게이트 구조를 직렬로 연결된 두 개의 커패시터로 볼 수 있음을 보여준다. 이들은 C'_{ox}과 C'_B인데, C'_{ox}은 단위 면적당 산화막 정전 용량이고 C'_B은 반도체 표면에서 공핍층에 의한 단위 면적당 기판(본체) 정전 용량이다. 문턱 조건 이하에서, 채널 내의 적은 양의 전하를 무시하면, C'_{ox}과 C'_B은 게이트와 기판 간에 전압 분배기처럼 작용한다. 그것은 게이트 전압이 ΔV_{GS}만큼 변하면 그 변화 역시 C'_{ox}과 C'_B 간에 나누어진다는 것을 의미한다.

그러면

$$\frac{\Delta V_{\text{ch}}}{\Delta V_{GS}} = \frac{1}{n} = \frac{\dfrac{1}{C'_B}}{\dfrac{1}{C'_B} + \dfrac{1}{C'_{\text{ox}}}} = \frac{C'_{\text{ox}}}{C'_{\text{ox}} + C'_B} \tag{7.87}$$

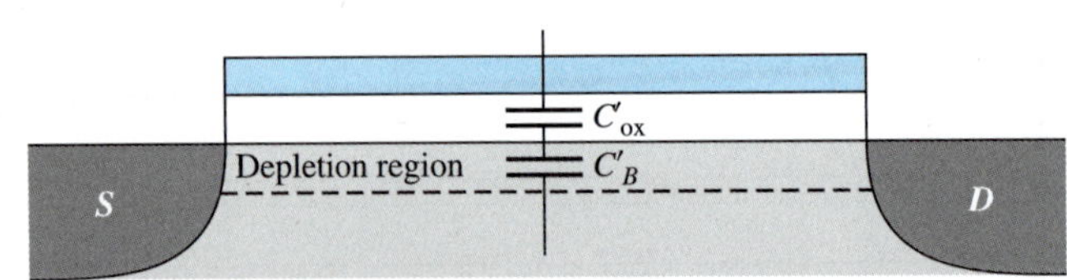

그림 7.43 MOSFET의 게이트 산화막과 기판 정전 용량. 기판 정전 용량 C'_B은 공핍층 정전 용량이다.

11) 디지털 회로에 일반적으로 사용되는 증가형 소자를 논의하고 있다.

또는 식 (7.86) 의 상수 n은

$$n \approx \frac{C'_{ox} + C'_B}{C'_{ox}} = 1 + \frac{C'_B}{C'_{ox}} \tag{7.88}$$

이다.

그림 7.42는 V_T 표시와 함께 일정한 $V_{DS} = 0.1$ V에 대해 V_{GS}에 따른 I_D의 변화를 보여준다. 문턱 조건보다 충분히 아래인 게이트 전압에 대해, 지수함수적인 의존성 때문에 전류는 사실 문제가 되지 않을 정도로 충분히 작다. 그러나 게이트-소스 전압이 V_T에 접근함에 따라, 전류는 상당한 크기가 된다. 트랜지스터가 **차단**되어 있을 때 **차단** 상태 누설 전류를 최소화하기 위해서는 트랜지스터들이 강하게 차단되어야 한다. 다른 한편 트랜지스터가 **도통** 상태일 때에는, 게이트 전압은 I_D에 강한 변화를 가져오는 데 충분하도록 변해야 한다. 따라서 우리는 "얼마만큼의 게이트 전압 변화가 드레인 전류의 10배 변화를 가져올까?"라고 물어본다. 이것에 대해 답하기 위해서, 직선 영역에서 전류의 10배 변화당 게이트 전압 변화를 "스윙" 혹은 "준문턱 스윙" S로 정의한다. 그것은 다음과 같다고 알려져 있다.

$$S = \frac{\partial \mathrm{V_{GS}}}{\partial \ \log I_D} \tag{7.89}$$

식 (7.85)에 있는 I_D의 함수로 나타낸 V_{GS} 표현을 이용하여 미분을 하면

$$S = \frac{2.3kTn}{q} \tag{7.90}$$

인자 2.3은 자연 로그를 밑이 10인 로그로 변환할 때 나온다.

보여준 소자에 대해서 $S = 84$ mV/decade이다. 식 (7.88)로부터 파라미터 n은 C'_B/C'_{ox} 비에 의존한다는 것에 주의하라. 이상적으로 우리는 문턱 조건 이하에서 전압을 최대한 작게 변화시켜도 여전히 큰 전류 변화를 얻기를 희망한다. 작은 S를 위해서, 우리는 작은 C'_B(큰 전이 영역 폭 또는 등가적으로 낮은 기판 도핑에 의해 생기는)과 큰 C'_{ox}(얇은 산화막 또는 작은 유전 상수를 가진 t_{ox})을 원한다. n의 값은 C'_{ox}가 무한대, 또는 t_{ox}가 0에 접근함에 따라 1이라는 최솟값에 도달한다. S를 최소화하려면, n의 값이 최소화되어야 한다. 그러면 실온에서 1인 n에 대해, S의 최솟값은

$$S_{\min} = 2.3\frac{kT}{q} \approx 60 \text{ mV/decade} \tag{7.91}$$

가 된다.

논리 회로에서 문턱 전압은 일반적으로 전원 전압의 대략 20 퍼센트로 선택된다. 즉 $V_T \approx 0.2\ V_{DD}$이다. S를 최소화하는 것은 필요한 문턱 전압 V_T를 최소화할 수 있고 따라서 칩에 대한 공급 전압 V_{DD}를 최소화할 수 있다. V_{DD}를 감소시키는 것은 스위칭 동안 전력 소모를 낮춘다.

예제 7.13

2백만 개의 트랜지스터를 가진 칩을 생각하라. 주어진 시간에 그들 중 절반은 꺼져 있다. 칩에 대한 총 차단 상태 준차단 전류를 10 μA 이하로 유지하고자 한다. 단일 소자에 대해, 문턱 조건에서의 전류는 1 μA이고 준차단 영역 기울기 S는 전류 1 decade당 80 mV이다. 최소 전원 전압 V_{DD}를 계산하라. 입력 게이트 전압은 0과 V_{DD} 사이에서 변한다.

■ **풀이**

V_{GS}(문턱 조건 이하, 차단 상태)에서 칩에 대한 총 전류는 10 μA이다. 따라서 트랜지스터 당 허용될 수 있는 최대 누설 전류는 $I_D = 10^{-5}$ A/10^6 트랜지스터 $= 10^{-11}$ A/트랜지스터이다. 문턱 조건에서 전류는 $I_D = 10^{-6}$ A/트랜지스터이므로, $V_{GS} = 0$과 $V_{GS} = V_T$ 사이에서 전류는 5 decade 변한다. 80 mV/decade일 때, $V_T = 80 \times 5$ mV $= 0.4$ V가 된다. 보통 $V_{DD} \approx 5\ V_T$로 선택되므로, $V_{DD} = 2$ V이다.

앞의 예제에서 누설 전류에 따른 전력 소모는 2 V × 10^{-5} A = 2 μW/칩이다. 그러나 이것은 총 전력 소모는 아니다. 8장에서 논의할 것처럼, 스위칭에 따른 전력 소모는 준문턱 영역 누설 전류에 따른 그것보다 훨씬 더 크다.

7.8 요약

이 장에서 우리는 실리콘 기반 MOSFET의 물리적 동작 원리를 논의하였다. 이 트랜지스터들은 4개의 단자, 소스(S), 게이트(G), 드레인(D), 그리고 기판 혹은 본체(B)를 가지고 있다. 그러나 종종 기판은 사실상 3개의 단자 소자를 만들면서 소스와 연결되어 있다. 게이트 전극에 걸려 있는 전압은 드레인과 소스 간의 채널을 따라 있는 저항을 제어하는 데 사용된다. 이들은 **전계 효과(field-effect)** 트랜지스터라고 불리는데 그것은 게이트가 전계를 통해 채널 컨덕턴스를 제어하기 때문이다. 이 전계는 게이트와 기판 사이 산화막에 걸쳐 나타난다. 이 층은 종종 실리콘 질화산화막(SiON)이며 종종 간단히 산화막으로 언급된다. 산화막이 절연체이기 때문에 게이트에는 오직 변위 전류만 흐른다는 것을 주목하라. 게이트에 인가된 전압은 전계를 만들어내게 되고 이것은 기판 내에서 에너지 밴드를 구부러지게 하여 채널을 반전시키기도 하고(증가형 MOSFET) 비반전시키기도 한다(공핍형 MOSFET).

우리는 MOSFET의 전류-전압 특성에 관해 상수 채널 이동도를 가정하는 간단한 (긴 채널) 모델을 살펴보는 것으로 시작하였다. 우리는 게이트 전압이 어떤 문턱 전압보다 클 때 전류가 채널에 흐를 수 있음을 보았다. 채널 양단(드레인과 소스 사이)에 걸린 전압이 커질수록 더 많은 전류가 흐르게 된다. 우리는 이것이 사실이기는 하지만 어떤 상황까지만 성립한다는 것을 알았다. 어떤 V_{DS}에서, 종방향 전계 $\mathscr{E}_L$이 충분히 커서 캐리어들이 소스에 의해 공급되는 속도로 소스로부터 드레인으로 빨려 나가게 되고, 따라서 전류는 포화된다. 포화 전압 $V_{DS\text{sat}}$(전류가 포화하는 V_{DS}의 값)와 포화 전류 $I_{D\text{sat}}$는 모두 게이트 전압에 의존한다.

간단한 긴 채널 모델에 관한 식은

간단한 긴 채널 모델

$$I_D \approx 0 \qquad V_{GS} < V_T \tag{7.9}$$

$$I_D = \frac{WC'_{ox}\mu}{L}\left[(V_{GS} - V_T)V_{DS} - \frac{V_{DS}^2}{2}\right] \qquad V_{DS} \le V_{DS\text{sat}},\quad V_{GS} \ge V_T \tag{7.24}$$

$$I_{D\text{sat}} = \frac{WC'_{ox}\mu}{L}\left[\left(V_{GS} - V_T - \frac{V_{DS\text{sat}}}{2}\right)V_{DS\text{sat}}\right] \qquad V_{DS} \ge V_{DS\text{sat}},\quad V_{GS} \ge V_T \tag{7.25}$$

$$V_{DS\text{sat}} = V_{GS} - V_T \tag{7.26}$$

이동도는 모든 바이어스 조건에서 상수로 취급되고, 따라서 채널 내에서 저전계 이동도와 같다. 이 이동도는 몸체 값보다 상당히 작다.

다음으로 우리는 채널 길이 변조 효과를 고려하였고, 큰 드레인 전압하에서 채널 내의 전압은 드레인 직전 어딘가에서 포화되어 포화 특성의 기울기로 하여금 0이 되지 않도록 한다는 것을 보았다. 그 기울기는 실험적으로 다음과 같이 모델링되었다.

채널 변조 효과(포화 상태)

$$I_D \approx I_{D\text{sat}}(1 + \lambda(V_{DS} - V_{DS\text{sat}})) \tag{7.43}$$

아래 식과 함께

$$\frac{\Delta L}{L} = \lambda(V_{DS} - V_{DS\text{sat}}) \tag{7.42}$$

여기서 채널은 사실상 ΔL만큼 짧아진다.

그다음 우리는 횡방향 전계의 영향에 관해 살펴보았다. 채널은 매우 얇으므로, 캐리어들은 경계면에서 전위 장벽을 산화막에 대해 구부러지게 하고 기판에서 에너지 밴드를 구부러지게 한다. 결과적으로 캐리어 속도는 앞에서 계산된 것보다 좀 더 감소되고, 전류 또한 더 작아지는 결과를 가져온다. 캐리어의 저전계 이동도는 게이트 전압의 항으로 모델링될 수 있다.

횡방향 전계의 영향(실험적)

$$\mu_{\text{lf}} = \frac{\mu_0}{1 + \theta(V_{GS} - V_T)} \tag{7.47}$$

여기서 파라미터 μ_0(문턱 조건일 때 소스에서의 저전계 이동도)와 θ는 실험적으로 결정된다. I_D-V_{DS} 특성에 대한 영향은 간단한 긴 채널 모델의 상수 이동도 μ를 게이트 전압에 의존하는 저전계 이동도 μ_{lf}로 대체하는 것이다.

이 간단한 긴 채널 모델은 속도 포화를 무시한다. (즉, $Q_{\text{ch}}v$가 일정하도록 캐리어는 임의의 높은 속도를 가질 수 있다고 가정하는 것이다.) 그러나 실제 소자에서는 속도 포화가 발생한다. 이동도는 짧은 채널로부터 기인하는 높은 종방향 전계에 의해 감소된다. 감소된 이동도를 고려할 때, 하나의 FET에서 전류는 다음과 같이 표현될 수 있다.

속도 포화를 포함한 긴 채널 모델

$$I_D = \frac{I_D(\text{neglecting velocity saturation})}{\left(1 + \frac{\mu_{\text{lf}} V_{DS}}{L v_{\text{sat}}}\right)} \quad V_{DS} \leq V_{DS\text{sat}} \tag{7.64}$$

$$I_{D\text{sat}} = \frac{I_{D\text{sat}}(\text{neglecting velocity saturation})}{\left(1 + \frac{\mu_{\text{lf}} V_{DS\text{sat}}}{L v_{\text{sat}}}\right)} \quad V_{DS} \geq V_{DS\text{sat}} \tag{7.65}$$

전류가 포화되는 드레인-소스 전압은 다음과 같다.

$$V_{DS\text{sat}} = \frac{v_{\text{sat}}}{\mu_{\text{lf}}} L \left[\left(1 + \frac{2\mu_{\text{lf}}(V_{GS} - V_T)}{v_{\text{sat}} L}\right)^{1/2} - 1\right] \tag{7.68}$$

혹은 다른 형태로

$$V_{D\text{sat}} = \frac{2(V_{GS} - V_T)}{\left[\left(1 + \frac{2\mu_{\text{lf}}(V_{GS} - V_T)}{v_{\text{sat}} L}\right)^{\frac{1}{2}} + 1\right]} \tag{7.69}$$

속도 포화 효과를 포함하는 모델은 실험과 상당히 일치한다는 것을 알았다.

마지막으로 I_D-V_{DS} 특성에 대한 소스와 드레인 저항의 효과를 고려하였다. 속도 포화와 $R_S = R_D$를 가정한 결과는 다음과 같다.

속도 포화와 직렬 저항

$$I_D = \frac{WC'_{ox}\mu_{lf}\left(V_{GS} - V_T - \frac{V_{DS}}{2}\right)(V_{DS} - 2I_D R_S)}{L\left[1 + \frac{\mu_{lf}(V_{DS} - 2I_D R_S)}{L\upsilon_{sat}}\right]} \qquad V_{DS} \le V_{DSsat} \tag{7.74}$$

$$I_{Dsat} = \frac{WC'_{ox}\mu_{lf}\left(V_{GS} - V_T - \frac{V_{DSsat}}{2}\right)(V_{DSsat} - 2I_{Dsat} R_S)}{L\left[1 + \frac{\mu_{lf}(V_{DSsat} - 2I_{Dsat} R_S)}{L\upsilon_{sat}}\right]} \qquad V_{DS} \ge V_{DSsat} \tag{7.75}$$

매우 짧은 채널 길이(L < 20 nm)에 대해 전자들은 소스와 드레인 사이에 채널에서 충돌이 거의 없다. 그러한 탄도적 MOSFET의 전기적 특성에 대한 하나의 모델이 제시된다. 결과적인 식은

$$I_D = WC'_{ox}\upsilon_t(V_{GS} - V_T)\frac{\left(1 - e^{-\left(\frac{qV_{DS}}{kT}\right)}\right)}{\left(1 + e^{-\left(\frac{qV_{DS}}{kT}\right)}\right)} \tag{7.83}$$

이며 υ_T는 채널의 소스 끝단에서의 소스로부터 드레인으로 이동하는 전자의 평균 속도의 크기이다.

7.9 참고문헌

1. C1. C. Y. Sah, “Evolution of the MOS transistor—from concept to VLSI,” *Proc. IEEE*, 76, pp. 1280-1326, 1988.
2. G. Baccarani and M. R. Wordman, “Transconductance degradation in thin-oxide MOSFETs,” *IEEE Trans. Electron Devices*, ED-30, pp. 1295-1304, 1983.
3. Dennis Hoyniak, Edward Nowak, and Richard L. Anderson, “Channel electron mobility dependence on lateral electric field in field-effect transistors,” *J. Appl. Phys.*, 87, pp. 876-881, 2000.
4. B. T. Murphy, “Unified field-effect transistor theory including velocity saturation,” *IEEE J. Solid-State Circuits*, SC-15, pp. 325-327, 1980.
5. Dac C. Pham, “Selective device-temperature scaling for optimum powerdelay product in MOSFET circuit design,” dissertation, University of Vermont, 1998. Unpublished.
6. Mark Lundstrom, “ECE 612: Nanoscale Transistors (Fall 2008),” https://nanohub.org/resources/5328 Lecture 7.
7. R. R. Troutman, “VLSI limitations from drain-induced barrier lowering,” *IEEE Journal of Solid State Circuits*, SC-14, pp. 389-391, 1979.

7.10 복습문제

1. 왜 MOSFET의 게이트로는 실질적으로 전류가 흐르지 않는지 설명하라. 만일 이 전극으로 전류가 흘러 들어가지 않는다면, 게이트에 인가된 신호가 트랜지스터 나머지 부분의 동작에 어떻게 영향을 주는가?
2. 드레인과 소스 간의 전압 차이가 증가할 때 드레인과 소스 간의 전류(흐름의 비율)가 포화되는 이유를 설명하라.
3. 예제와 같이 긴 채널 모델을 사용한 I_D-V_{DS} 특성을 유도하는 데 사용된 단계들을 말로 요약하라.
4. 게이트에 인가된 전압이 어떻게 사실상 채널의 표면에서 재료를 p형에서 n형으로 변화시키는지를 설명하라,
5. 그림 7.7의 소자는 증가형 FET인가 공핍형 FET인가?
6. 입자 이동도는 본체에서보다 채널에서 왜 더 작은가?
7. 왜 문턱 전압은 긴 채널 MOSFET이 아닌 짧은 채널 MOSFET에서 드레인 전압에 의존하는가를 설명하라.
8. 왜 MOSFET 탄도 모델에서 계산된 포화 전류가 드리프트 모델에서 계산된 것보다 더 큰가를 설명하라.

7.11 연습문제

7.1 어떤 회로에서 트랜지스터의 동작은 트랜지스터의 특성과 회로에 의해서 부과된 조건들(부하선)과의 중첩을 조사함으로써 이해될 수 있다. 그러면 디지털 트랜지스터 회로를 아날로그의 그것과 구분 짓는 특성은 무엇인가?

7.2 최근의 FET에서 게이트는 대개 축퇴되도록 도핑된 실리콘이므로 그의 페르미 준위는 본질상 전도대의 바닥에 있거나(NFET의 경우) 가전자대의 꼭대기에 있다(PFET의 경우).

a. 트랜지스터를 PFET로 하여 그림 7.2c와 비슷한 에너지 밴드 다이어그램을 그려라.

b. 소자는 NFET이지만 게이트는 (초기에 그랬던 것처럼) 금속으로 만들어진 소자를 상상한다. 에너지 밴드다이어그램을 그려라. $\Phi_M < \Phi_S$로 취하라.

7.3 그림 P7.1의 트랜지스터에 대해, 반전을 일으키려면 게이트 전압이 얼마나 변해야 하는가? 문턱은? 인가된 전압의 반은 산화막에, 그리고 나머지 반은 반도체에 걸리는 것으로 가정하라. 그림의 소자가 평형 상태에 있다면, 이것은 증가형 FET인가 공핍형 FET인가?

7.4 그림 7.12의 각각의 트랜지스터에 대해

a. 문턱 전압 V_T의 극성은 무엇인가?

b. 어떤 극성의 V_{DS}가 사용되어야 하는가?

c. $V_{GS} = 0$(평형 상태)일 때, 트랜지스터는 도통(on) 상태인가 차단(off) 상태인가?

d. 전류 I_D는 전자에 의한 것인가 정공에 의한 것인가?

e. $V_{GS} > V_T$일 때, 전류 I_D는 주로 드리프트에 의해서인가 확산에 의해서인가?

7.5 NFET가 축퇴되도록 도핑된 n형 게이트로 만들어진다. 전압이 인가되지 않아도 채널이 존재하는 데 필요한 p형 기판의 도핑 농도는 얼마인가? 내부 전압의 반은 산화막에 걸리고 나머지 반은 실리콘에 걸린다고 가정하라. "채널의 존재"는 Si/oxide 경계면에서 전자의 농도가 p형인 기판에서의 정공 농도와 같아지도록 실리콘의 표현이 반전되는 것으로 정의하자. 알아낸 도핑이 공핍형 소자를 만드는 데 필요한 최솟값인가 최댓값인가?

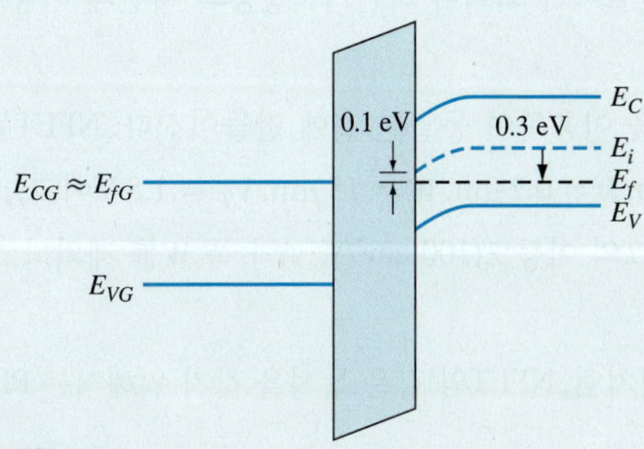

그림 P7.1

7.6 기판 도핑이 10^{16} cm^{-3}인 n 채널과 p 채널인 두 개의 MOSFET을 생각하라. NMOS는 n^+ 게이트, PMOS는 p^+ 게이트를 가지며, 그 도핑은 모두 10^{19} cm^{-3}이다. 각각에 대해 내부 전압 V_{bi}를 계산하고, 에너지 밴드 다이어그램을 그려라. 2장에서 논의한 밴드 갭 감소 효과는 무시하라.

7.7 MOS 제조 과정에서 트랜지스터의 게이트와 같은 구조가 또한 커패시터를 만드는 데 사용되곤 한다. 산화막 두께가 4 nm라면, 1 pF의 정전 용량을 얻기 위해서는 면적이 얼마가 되어야 하는가? 이산화규소의 유전율은 3.9 ε_0이다.

7.8 MOS 제조 과정에서 W/L 비는 자주 트랜지스터와 트랜지스터 간에 의도적으로 서로 다르도록 만들어진다. 그림 7.19의 소자에 대해 W/L 비를 5 대신 10으로 바꾸어 I_D-V_{DS} 특성을 그려라. 이 결과를 $W/L = 5$와 비교하라.

7.9 왜 전자 친화도 모델이 MOSFET에서 게이트에 수직인 밴드 정렬을 결정하는 데 훌륭한 가정으로 사용될 수 있는가? 즉 터널링에 의해 형성된 쌍극자 효과는 왜 무시

될 수 있는가?

7.10 긴 채널 모델을 사용하여 $W = 10\ \mu\text{m}, L = 1\ \mu\text{m}, t_{ox} = 4\ \text{nm}, V_T = 0.25\ \text{V}$이고, 채널 길이 변조 파라미터는 $\lambda = 0.04\ \text{V}^{-1}$인 NFET의 I_D-V_{DS} 특성을 그려라. $V_{GS} = 1\ \text{V}$, 2 V, 3 V, 4 V를 사용하라. $V_{GS} = 3\ \text{V}$일 때, 포화 상태에서 출력 컨덕턴스를 구하라.

7.11 표 7.1의 특성을 갖는 증가형 NFET가 문턱 전압 $V_T = 1\ \text{V}$, 채널 길이 1 μm, 채널 폭 5 μm을 가지고 있다. $v_{sat} = 10^7$ cm/s로 하여 속도 포화를 고려함으로써, 다음에 대한 전류 I_D를 계산하라.

a. $V_{GS} = 0\ \text{V}, V_{DS} = 1\ \text{V}$

b. $V_{GS} = 2\ \text{V}, V_{DS} = 1\ \text{V}$

c. $V_{GS} = 3\ \text{V}, V_{DS} = 1\ \text{V}$

7.12 NFET가 $t_{\text{ox}} = 2\ \text{nm}, L = 1\ \mu\text{m}, W = 10\ \mu\text{m}, V_T = 1\ \text{V}$로 만들어져 있고, $\mu_{\text{lf}} = 250$ cm²/V·s이다. 간단한 모델이 사용된다면, (극성은 별개로 하고) 같은 포화 전류를 얻기 위해서는 PFET의 폭이 얼마가 되어야 하는가? 정공의 저전계 이동도는 100 cm²/V·s이다.

7.13 NFET와 PFET가 같은 공정을 이용하여 동일한 칩에 만들어진다. NFET는 $C'_{\text{ox}} = 1.73 \times 10^{-6}\ \text{F/cm}^2, t_{\text{ox}} = 2\ \text{nm}, L = 0.2\ \mu\text{m}, W = 15\ \mu\text{m}, V_T = 1.5\ \text{V}$이고, $\mu_{\text{lf}} = 250$ cm²/V·s이다. 만일 PFET가 그의 이동도(100 cm²/V·s)와 폭 W를 제외하고 동일하다면,

a. 간단한 모델에서 예측된 것처럼, NFET와 같은 특성을 갖기 위해서는 PFET의 W는 얼마가 되어야 하는가?

b. $V_{GS} - V_T = 1\ \text{V}$에 대해 $V_{DS\text{sat}}$와 $I_{D\text{sat}}$를 구하라.

c. 속도 포화가 고려된다면, NFET와 PFET에 대한 $V_{DS\text{sat}}$와 $I_{D\text{sat}}$는 간단한 모델 결과와 비교해서 얼마나 다른가? 결과를 비율로 나타내라(예, $I_{D\text{satNFET}}/I_{D\text{satPFET}}$과 $V_{DS\text{satNFET}}/V_{DS\text{satPFET}}$). $v_{\text{sat}} = 4 \times 10^7$ cm/s로 가정하라.

7.14 모델 유도의 타당성을 확인하는 좋은 방법은 특별히 알려져 있는 경우에 대해서 예상된 결과로 정리되는가를 검증하는 것이다. 예를 들어 간단한 모델에서 우리는 속도 포화를 무시했다가, 뒤 모델에서 그것을 고려하였다. 속도 포화를 가져오는 고전계는 짧은 채널 소자에서 발생하므로, 뒤 모델이 긴 채널 소자에 대한 간단한 모델로 변형될 것이라고 예측할 수 있다.

a. 큰 L의 한계에서, 식 (7.68)로 주어지는 $V_{DS\text{sat}}$는 간단한 (긴 채널) 모델에 대한 식 (7.26)으로 주어지는 $V_{DS\text{sat}} = (V_{GS} - V_T)$로 정리됨을 보여라.

b. 큰 L의 한계에서, 식 (7.61)로 주어지는 $I_{D\text{sat}}$는 간단한 모델에 대한 식 (7.25)로 주어지는 것과 같음을 보여라.

다음 관계식이 필요할 것이다. $x < 1$일 때

$$(1 \pm x)^n = 1 \pm nx + \frac{n(n-1)x^2}{2!} \pm \cdots$$

$$(1 \pm x)^{-n} = 1 \mp nx + \frac{n(n+1)x^2}{2!} \mp \cdots$$

7.15 직렬 저항과 소독 포화를 고려하여 드레인 전류에 대한 근사화된 완결형(closed-form) 관계식을 구하라. 즉 식 (7.74)에서 I_D에 관해서 풀라. I_D^2 항은 무시하라.

7.16 $L = 65$ nm, $\mu_{\text{lf}} = 250$ cm²/V · s인 n 채널 MOSFET을 간주하라. 탄도 모델($I_{D\text{sat(B)}}$)과 드리프트 모델($I_{D\text{sat(D)}}$)에서 계산된 포화 전류의 비를 발견하라.

7.17 소스와 드레인 인접한 기판에 공핍 영역들이 존재한다. 이 두 영역들이 겹치면, 드레인과 소스 사이와 전류를 발생시키면서 소스 채널 간의 장벽은 감소한다. 이러한 조건은 펀치-스루라 일컫는다.

실리콘 n 채널 MOSFET에서 소스 드레인 도핑은 $N_D' = 10^{19}$ cm^{-3}, 그리고 기판 농도는 $N_A' = 10^{17}$ cm^{-3}이다. $L = 0.4\ \mu$m에서 펀치-스루 전압 V_{pt}를 구하라. 소스는 기판에 연결되어 있다고 가정한다.

CHAPTER 8

다른 전계 효과 트랜지스터

8.1 서론

MOSFET의 기본적인 정적 특성을 7장에서 논의하였다. 이 장에서는 MOSFET에 관한 약간의 추가적인 검토와 함께 다른 형태의 FET들에 관해서 논의한다.

우선 MOSFET 거동을 제어하는 파라미터들에 대한 우리의 이해를 진전시킬 것이다. 특히 지금까지 문턱 전압과 저전계 이동도는 알려진(측정된) 양들로 취급해왔다. 이 장에서 우리는 이 파라미터들이 특정 MOSFET에 대해서 어떻게 측정될 수 있는가를 보일 것이다.

그다음에는 동작 중인 MOSFET을 주시할 것이다. 우리는 간단한 CMOS 소자로 시작한다. CMOS란 n 채널 소자와 p 채널 소자가 모두 사용된 상보형(complementary) MOS 회로를 의미한다. 대표적 회로로서 인버터 논리 회로를 선택하여 그 동작, 전력 소모, 그리고 스위칭 지연(전달 지연)을 조사한다.

비록 인버터는 디지털 회로의 고전적 예이지만, MOSFET은 아날로그 회로에도 자주 쓰이며, 사실상 CMOS는 고이득, 고선형 증폭기로도 쓰일 수 있다.

우리는 그러고 나서 3가지 다른 실리콘 기반의 MOSFET, 절연체 위 실리콘(SOI), 비휘발성(부유 게이트) MOSFET, 그리고 FinFET를 논의한다.

다른 형태의 전계 효과 트랜지스터들(MESFET, JFET, HFET, 그리고 TFET)을 간략히 논의한다. 이 소자들은 중요하기는 하지만, 현재 MOSFET보다 덜 자주 사용된다.

8.2 문턱 전압과 저전계 이동도 측정

7장에서 우리는 문턱 전압 V_T의 값을 알고 있는 값으로 취급하였다. 설계 과정 동안

MOSFET의 문턱 전압을 정확하게 예측하는 것은 어렵다. 그것은 몇 가지 공정 특성들(예로써 산화막에 포획된 전하들, 실리콘-산화막 계면에서의 결함들)에 의존하기 때문이다. 따라서 실제에 있어, 문턱 전압은 특정한 제조 공정에서 제작된 샘플 소자에 대해 측정된다.

문턱 전압은 실험적인 전류-전압 특성과 이론에 의해 예측된 그것들과의 비교로 측정될 수 있다. 이 측정을 이해하기 위해 7장에서 배운 것처럼 문턱 조건 이상 포화 조건 이하에서 드레인 전류는 다음 형태를 갖는다는 사실로부터 시작한다.

$$I_D = \frac{WC'_{ox}\mu_{lf}\left(V_{GS} - V_T - \frac{V_{DS}}{2}\right)V_{DS}}{L\left(1 + \frac{\mu_{lf}V_{DS}}{Lv_{sat}}\right)} \tag{8.1}$$

여기서 식 (7.47)로부터

$$\mu_{lf} = \frac{\mu_0}{1 + \theta(V_{GS} - V_T)} \tag{8.2}$$

식 (8.1)은 횡방향 전계(μ_{lf} 속)와 종방향 전계(속도 포화에서)의 효과를 포함하는 모델이다. 속도 포화(즉 분자의 두 번째 항목)가 무시될 수 있도록 충분하게 작은 V_{DS} 또는 ($\mu_{lf}V_{DS}/Lv_{sat} \ll 1$에 대해), 식 (8.1)은 다음으로 간략화된다.

$$I_D = \frac{WC'_{ox}\mu_{lf}\left(V_{GS} - V_T - \frac{V_{DS}}{2}\right)V_{DS}}{L} \tag{8.3}$$

그러고 나서 식 (8.2)를 (8.3)에 대입하면

$$I_D = \frac{WC'_{ox}\mu_0\left(V_{GS} - V_T - \frac{V_{DS}}{2}\right)V_{DS}}{L[1 + \theta(V_{GS} - V_T)]} \tag{8.4}$$

작은 $(V_{GS} - V_T)$에 대해 이것은 아래와 같이 근사화될 수 있다.

$$I_D = \frac{WC'_{ox}\mu_0\left(V_{GS} - V_T - \frac{V_{DS}}{2}\right)V_{DS}}{L} \tag{8.5}$$

이것은 V_{GS}에 대한 I_D의 직선의 식이다. 교점 $(I_D = 0)$은

$$V_{GS}(0) = V_T + \frac{V_{DS}}{2} \tag{8.6}$$

에 있고 그 기울기는

$$\frac{dI_D}{dV_{GS}} = \frac{WC'_{ox}\mu_0 V_{DS}}{L} \tag{8.7}$$

이다.

그림 8.1은 문턱 전압이 실험적인 I_D 대 V_{GS} 그림으로부터 어떻게 결정될 수 있는가를 보여준다. 점선은 식 (8.6)으로 주어진 교점을 갖는다. $I_D = 0$에서 외삽된 교점으로부터

$$V_T = V_{GS}(0) - \frac{V_{DS}}{2} \tag{8.8}$$

나아가 점선의 기울기는 μ_0의 값을 구하는 데 사용될 수 있다. $W, C'_{ox}, (C'_{ox} = \varepsilon_{ox}/t_{ox})$의 값들은 제조 공정으로부터 알고 있는 값이므로, 문턱 조건에서의 저전계 이동도 μ_0는 정해질 수 있다.[1] 식 (8.7)로부터 우리는 μ_0에 대해 풀 수 있고 문턱에서의 이동도는

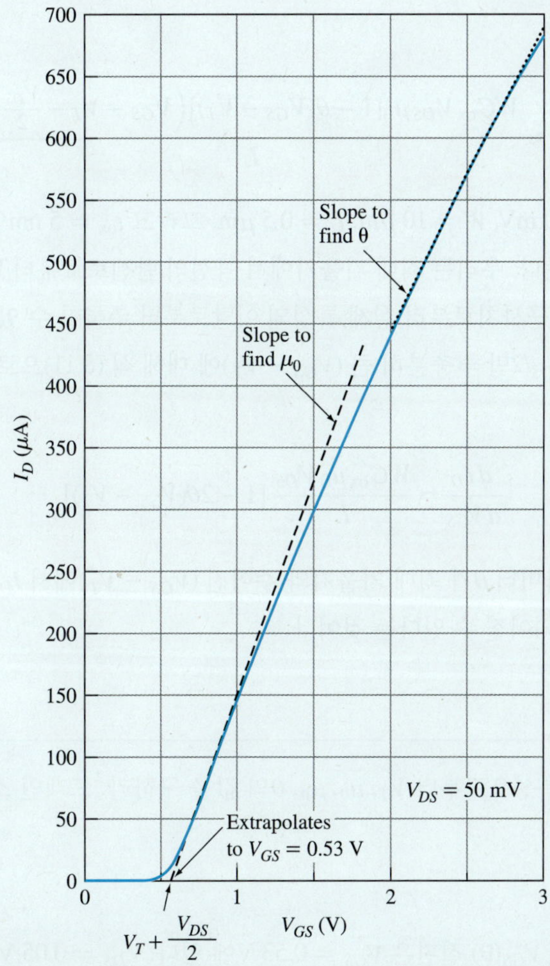

그림 8.1 $W = 10\,\mu$m, $L = 0.5\,\mu$m, 그리고 $t_{ox} = 5$ nm인 MOSFET의 $V_{DS} = 50$ mV(실선)에서 I_D-V_{GS} 특성 곡선. 하부의 점선은 커브의 최대 경사 지역의 접선이다. 상부의 작은 점선은 선택된 V_{GS} 값에서의 접선이다. 그림으로부터 문턱 전압 V_T, 문턱에서 소스에서 이동도 μ_0, 그리고 게이트 전압 유도 이동도 변조 요소 θ가 결정될 수 있다.

$$\mu_0 = \frac{L}{WC'_{ox}} \cdot \frac{dI_D}{dV_{GS}} \tag{8.9}$$

이며 여기서 $\frac{dI_D}{dV_{GS}}$는 작은 V_{GS}에서 기울기, 그림 8.1에서의 하부 점선의 기울기이다.

그러나 실험적인 I_D-V_{GS} 곡선은 식 (8.3)으로부터 예측된 것처럼 직선이 아니다. 이것은 낮은 전계 이동도, μ_{lf} 또한 V_{GS}에 의존하기 때문이다. 우리는 그림 8.1로부터 θ가 더 높은 V_{GS}에서 I_D-V_{GS} 곡선의 기울기와 관련 있다는 것을 알고 있기 때문에 식 (8.2)로부터 μ_{lf}를 얻을 수 있다. 이것은 그림에서 상부 작은 점선에 의해 보여준다. 그러나 θ가 작기(0.1 V^{-1} 정도) 때문에 작은 $(V_{GS} - V_T)$의 경우 다음을 얻는다.

$$\mu_{lf} \approx \mu_0[1 - \theta(V_{GS} - V_T)] \tag{8.10}$$

그리고

$$I_D \approx \frac{WC'_{ox} V_{DS} \mu_0 [1 - \theta(V_{GS} - V_T)]\left(V_{GS} - V_T - \frac{V_{DS}}{2}\right)}{L} \tag{8.11}$$

그림 8.1은 $V_{DS} = 50$ mV, $W = 10\ \mu$m, $L = 0.5\ \mu$m, 그리고 $t_{ox} = 5$ nm인 MOSFET의 I_D-V_{DS}의 특성을 보여준다. 우리는 최대 기울기에서 곡선의 탄젠트로부터 V_T와 μ_0를 구할 수 있다. θ의 값은 직선 근사치로부터 실제 특성의 이탈로부터 추론할 수 있다.

$(V_{GS} - V_T) \gg V_{DS}/2$만큼 충분히 큰 $(V_{GS} - V_T)$에 대해 식 (8.11)으로부터 I_D-V_{GS}의 기울기는

$$\frac{dI_D}{dV_{GS}} = \frac{WC'_{ox} \mu_0 V_{DS}}{L} [1 - 2\theta(V_{GS} - V_T)] \tag{8.12}$$

이 유용성은 파라미터 θ가 최대 기울기와 주어진 $(V_{GS} - V_T)$에서 I_D-V_{GS} 특성 기울기를 비교하면서 결정되어질 수 있다는 것이다.

예제 8.1

그림 8.1의 I_D-V_{GS} 특성으로부터 V_T, μ_0, μ_{lf}, θ의 값을 구하라. 드레인-소스 전압은 V_D = 0.05 V이다.

■ **풀이**

그림 8.1로부터 직선 $V_{GS}(0)$ 절편은 $V_{GS} = 0.53$ V에 있다. $V_{DS} = 0.05$ V이므로 식 (8.8)로부터

$$V_T = V_{GS}(0) - \frac{V_{DS}}{2} = 0.53 - \frac{0.05}{2} \approx 0.5 \text{ V}$$

θ의 값은 문턱에서 I_D-V_{GS} 특성의 기울기와 어떤 임의 점에서의 기울기와 비교해서 구할 수 있다. 우리가 $V_{GS} = 2.5$ V를 선택한다고 하면 식 (8.7)로부터

$$\left.\frac{dI_D}{dV_{GS}}\right|_{\text{threshold}} = \frac{WC'_{\text{ox}}\mu_0 V_{DS}}{L}$$

그리고 식 (8.12)로부터

$$\left.\frac{dI_D}{dV_{GS}}\right|_{V_{GS}=2.5\text{ V}} = \frac{WC'_{\text{ox}}\mu_0 V_{DS}}{L}\left[1 - 2\theta(V_{GS} - V_T)\right]$$

따라서

$$\frac{V_{GS} = 2.5\text{ V에서 데이터 기울기}}{\text{문턱에서 직선의 기울기}} = 1 - 2\theta(V_{GS} - V_T)$$

$V_{GS} = 2.5$ V에서 데이터 기울기는 236 μA/V이고 직선 구역의 기울기는 333 μA/V이다. 따라서

$$\theta = \frac{1 - \dfrac{236}{333}}{2(2.5 - 0.5)} = \frac{0.29}{4} = 0.073\ \text{V}^{-1}$$

식 (8.7)로부터

$$\mu_0 = \left.\frac{dI_D}{dV_{GS}}\right|_{\text{threshold}} \cdot \frac{L}{WC'_{\text{ox}}V_{DS}} = 483\ \text{cm}^2/\text{V}\cdot\text{s}$$

그리고 식 (8.10)으로부터

$$\mu_{\text{lf}} = 483\ \text{cm}^2/\text{V}\cdot\text{s}\left(1 - 0.73\,V^{-1}(2.5 - 0.5)V\right) = 412\ \text{cm}^2/\text{V}\cdot\text{s}$$

우리는 독자들에게 이 개발이 오직 작은 V_{DS}에서만 유효하다는 것을 상기시키고자 한다.

예제 8.2

앞선 방법이 유효한 결과를 산출하도록 V_{DS}의 최댓값을 구하라.

■ 풀이

우리는 아래 식에 의해 식 (8.1)을 근사화하기 위하여 작은 V_{DS}의 조건을 사용했다.

$$I_D = \frac{W\mu_{\text{lf}}C'_{\text{ox}}}{L}\left(V_{GS} - V_T - \frac{V_{DS}}{2}\right)V_{DS}$$

사실상 아래 식을 표현하면서

$$\frac{\mu_{\mathrm{lf}} V_{DS}}{L v_{\mathrm{sat}}} \ll 1$$

오차가 10% 되는 "최대 허용 V_{DS}"의 조건을 선택하면서 우리는 아래와 같이 쓴다.

$$\frac{\mu_{\mathrm{lf}} V_{DS}}{L v_{\mathrm{sat}}} < 0.1$$

우리의 결과를 재배열하면서

$$V_{DS\max} \leq \frac{0.1\, v_{\mathrm{sat}}}{\mu_{\mathrm{lf}}} L$$

$v_{\mathrm{sat}} = 107$ cm/s, $\mu_{\mathrm{lf}} = 250$ cm²/V·s에 대해, 문턱 전압을 구하는 이 그래프 방법이 유효한 최대 드레인 전압은

$$V_{DS\max} \leq 4x10^3\, L \text{ cm} = 0.4\, L\, \mu\text{m}$$

0.25 μm의 채널 길이에 대해

$$V_{DS\max} \leq 0.1 \text{ V}$$

이 전압은 감소하는 L과 함께 감소한다.

8.3 상보형 MOSFET(CMOS)

지금까지 n 채널 MOSFET과 p 채널 MOSFET을 독립적으로 논의해왔다. 현재 대부분의 집적회로들은 n 채널과 p 채널 소자 모두를 사용한다. 여기에서 상보형 MOSFET 또는 CMOS라는 용어가 나온다. 그림 8.2a는 소위 n 우물 기술을 사용한 CMOS 인버터의 개략적인 구조도를 보여준다. n 우물은 p형 기판에 이온 주입된 것이다. p 채널 소자는 n 우물 속에 만들어지는 반면에 n 채널 FET는 p형 기판에 직접 만들어진다. 인버터는 디지털 집적회로에서 기본적인 구조 블록이다.

인버터의 개략적인 단면도가 그림 8.2b에 나와 있다. n^+ 소스는 기판(본체)에 연결되어 있다는 것을 주목하라. n 채널 소자의 소스와 기판 간에는 pn 접합이 있다. 그러나 그 양단에는 바이어스가 걸려 있지 않아서 소스와 기판 간에 전류가 흐르는 것을 막고 있다. p 채널 소스는 n 우물에 연결되어 있다. 이것은 전류가 p 소스로부터 n 우물로 흘러나올 수 없게 한다. n 우물과 p형 기판의 접합은 역방향 바이어스가 되어 있어 우물-기판 전류는 작다

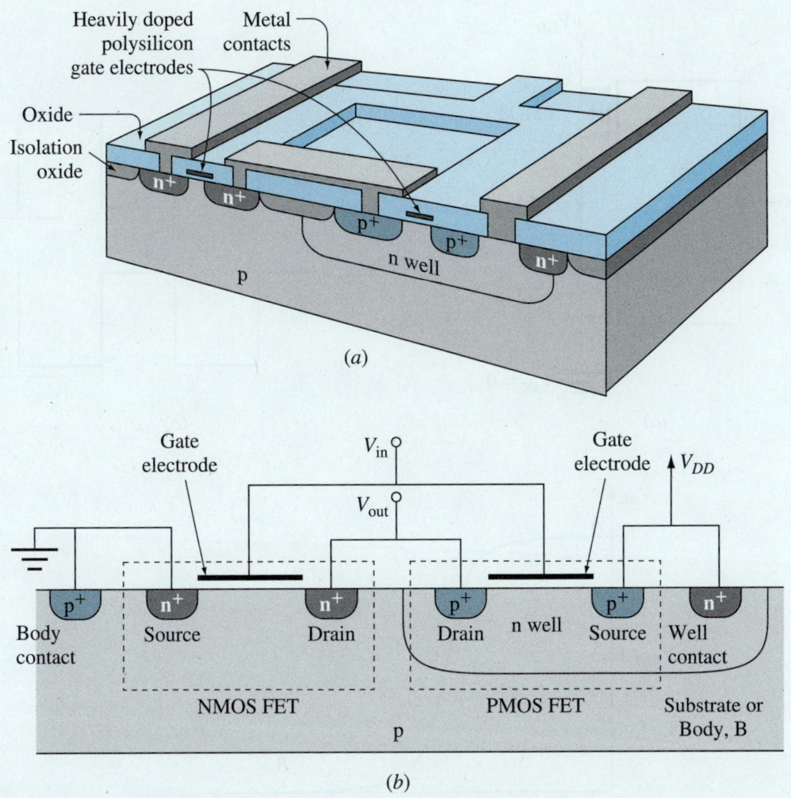

그림 8.2 CMOS 인버터. (a) 실제 구조, (b) 단면도.

는 것을 주목하라. 또한 양쪽 게이트(입력)들은 서로 연결되어 있고, 두 드레인(출력)들도 서로 연결되어 있다는 것을 주목하라.

8.3.1 인버터의 동작

디지털 CMOS 인버터의 회로도가 그림 8.3a에 나와 있다. 양쪽의 채널 영역들은 이들이 증가형 소자, 즉 게이트와 소스 간의 전압이 0일 때 차단되는 소자임을 나타내기 위해서 단락된 선(게이트 전극에 평행인 선)으로 표시되어 있다. 즉 게이트와 소스 사이 0 전압에 대해 그것들은 차단 상태이다. 그림 8.3b와 같이 전원 공급 전원은 V_{DD}이고 입력 사각파는 0과 V_{DD} 사이에서 변한다고 가정하자. 입력 전압이 0 V일 때, NFET의 게이트-소스 전압은 0이고 소자는 차단되며 그 채널은 전류가 흐르지 않으므로 이 트랜지스터는 개방 회로처럼 동작한다. 그러나 PFET에서 게이트는 소스에 비해 음의 값이므로 이 소자는 도통 상태이다. 채널은 전원 전압 V_{DD}와 출력 단자 간에 도전체로 동작한다. 결과적으로 출력 전압도 V_{DD}가 되고, 이것은 논리 1의 상태이다.

그러나 게이트 전압이 $V_{in} = V_{DD}$일 때, NFET는 **도통**, PFET는 **차단**된다. 따라서 출력

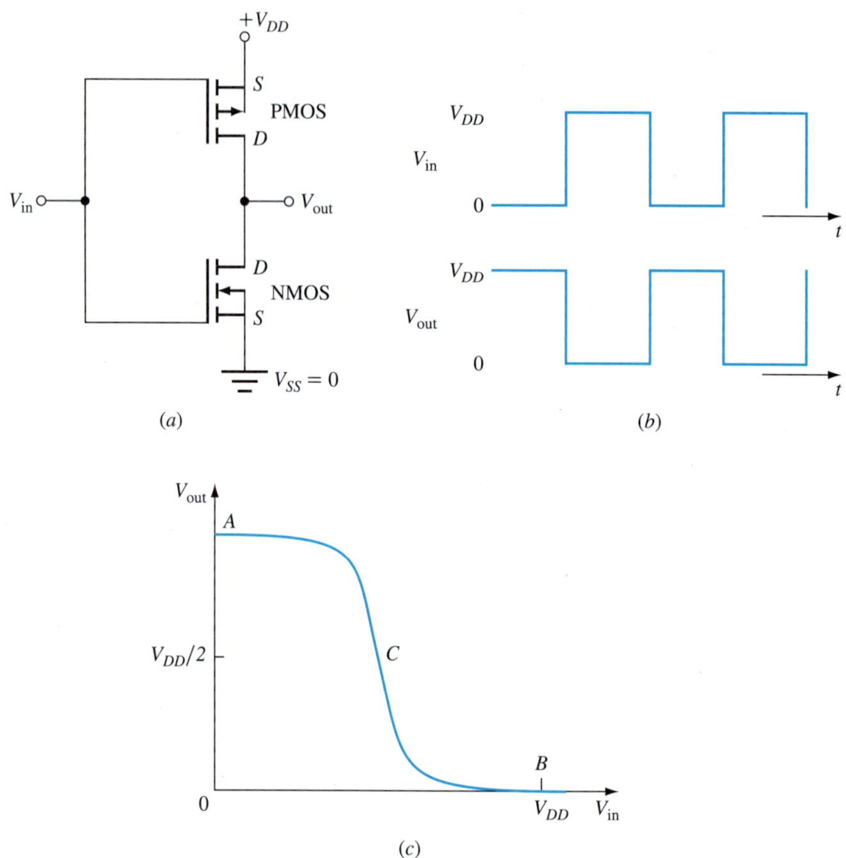

그림 8.3 (a) CMOS 논리 인버터 회로도, (b) 입력과 출력 파형, (c) CMOS 인버터의 전달 특성.

단자는 접지에 사실상 연결되어 논리 0 상태에 있게 된다. 회로는 입력 신호를 반전시키는 것이다. NMOS 게이트 전압이 $V_{GSn}=0$일 때 PMOS 게이트-소스 전압은 $V_{GSp}=-V_{DD}$이고, $V_{GSn}=V_{DD}$일 때에는 $V_{GSp}=0$임을 주목하라. 어느 상태에서도 하나의 소자는 *차단*되어 있고, 따라서 정상 상태에서 V_{DD}로부터 접지까지 전류가 흐르지 못하게 된다.[1)]

전압 전달 특성(V_{out} 대 V_{in})을 그림 8.3c에서 보여준다. $V_{in}=0$일 때, 소자는 영역 A 내에서 동작하고 있다. 여기서 NMOS는 **차단**되어 있는 반면에 PMOS는 **도통**한다. 영역 B에서 $V_{in}=V_{DD}$일 때, NMOS는 **도통**이고 PMOS는 **차단**이다. $V_{in}\approx V_{DD}/2$인 영역 C에서 NMOS와 PMOS는 모두 각각의 전류 포화 영역에서 동작하고 있다. 영역 C 기울기의 가파른 정도는 스위칭 속도, 혹은 아날로그 회로에서는 전압 이득의 척도이다.

그림 8.4(a)는 CMOS 인버터의 개략도를 보여준다. PFET와 NFET에 대한 일반적인 그

1) 물론 실제로는 차단된 소자에도 준문턱 누설 전류가 흐른다.

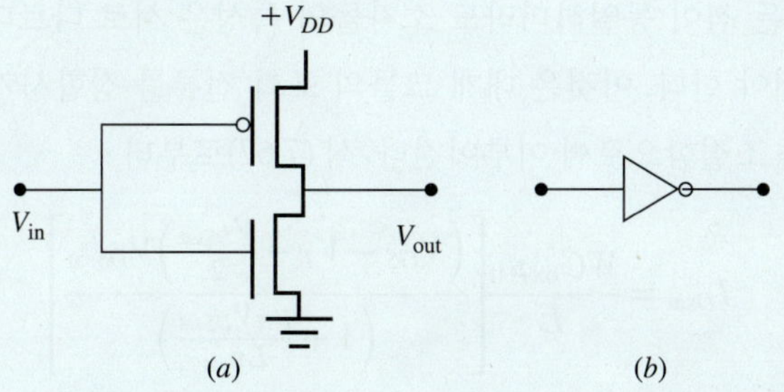

그림 8.4 그림 8.3a CMOS 인버터의 간략화.

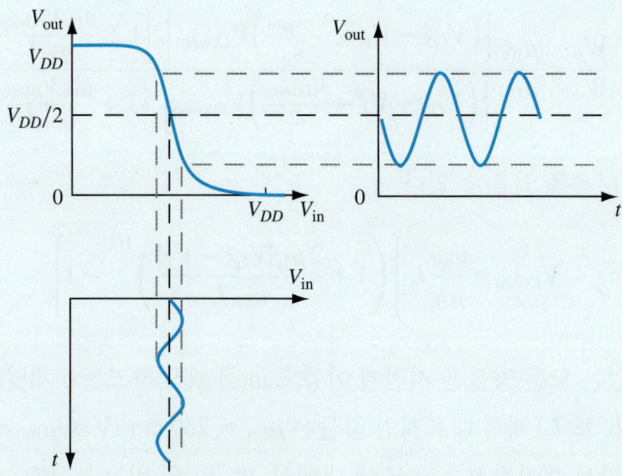

그림 8.5 전압 이득을 표현하는 아날로그 CMOS 인버터.

림이 사용되고 게이트에 기포는 PFET를 표시한다. 인버터의 표준 회로 상징은 출력에 있어 기포는 출력이 입력의 역이라는 것을 의미하는 (b)에 표시되어 있다. CMOS 인버터가 아날로그 증폭기로 사용될 때 게이트-소스 전압은 그림 8.5에 표시된 것같이 $V_{GS} = \frac{V_{DD}}{2}$로 바이어스되어 있다. 여기에 그림 8.3c의 CMOS 인버터 전압 전달 함수는 반복되지만 현재 게이트에 가해진 소신호 입력 전압은 표시한 바와 같이 증폭된다(그리고 반전). 실제적인 인버터에 있어 변이 영역은 명확히 여기에 보여준 것보다 더 가파르고 수백의 전압 이득이 충분히 얻어진다.

8.3.2 CMOS 소자의 정합

CMOS 논리 인버터에서 최대 스위칭 속도를 위해서는 NMOS와 PMOS 소자의 I_D-V_{DS} 특성을 가능한 한 가깝게 정합시키는 것이 대개는 바람직하다. I_D-V_{DS} 특성은 부분적으로 이동도들에 의존하고[예로써 식 (7.66)과 (7.67)을 보라], 전자와 정공의 이동도는 다르기 때문에, 다른 모든 점이 동일하더라도 소자들의 특성은 서로 다르다. 따라서 NFET와 PFET는 "정합"되어야 한다. 이것은 대개 그들의 포화 전류를 정합시키기 위해서 트랜지스터 게이트의 폭을 조절함으로써 이루어진다. 식 (7.67)로부터

$$I_{D\text{sat}} = \frac{WC'_{\text{ox}}\mu_{\text{lf}}}{L}\left[\frac{\left(V_{GS} - V_T - \frac{V_{DS\text{sat}}}{2}\right)V_{DS\text{sat}}}{\left(1 + \frac{\mu_{\text{lf}} V_{DS\text{sat}}}{L\upsilon_{\text{sat}}}\right)}\right] \tag{8.13}$$

만일 NFET와 PFET의 채널 길이가 같고, $v_{\text{satn}} = v_{\text{satp}}$, $C'_{\text{oxn}} = C'_{\text{oxp}}$라고 가정하면, $I_{D\text{satn}} = I_{D\text{satp}}$가 되게 하기 위해서는 다음과 같이 된다.

$$\frac{W_p}{W_n} = \frac{\mu_{\text{lfn}}}{\mu_{\text{lfp}}}\frac{\left[\left(V_{GS} - V_T - \frac{V_{DS\text{satn}}}{2}\right)V_{DS\text{satn}}\right]\left[1 + \frac{\mu_{\text{lfp}} V_{DS\text{satp}}}{\upsilon_{\text{sat}}L}\right]}{\left[\left(V_{GS} - V_T - \frac{V_{DS\text{satp}}}{2}\right)V_{DS\text{satp}}\right]\left[1 + \frac{\mu_{\text{lfn}} V_{DS\text{satn}}}{\upsilon_{\text{sat}}L}\right]} \tag{8.14}$$

식 (7.68)로부터 다음을 얻을 수 있다.

$$V_{DS\text{sat}} = \frac{\upsilon_{\text{sat}}}{\mu_{\text{lf}}}L\left[\left(1 + \frac{2\mu_{\text{lf}}|V_{GS} - V_T|}{\upsilon_{\text{sat}}L}\right)^{1/2} - 1\right] \tag{8.15}$$

식 (8.15)에 있는 모든 양들은 저전계 이동도 μ_{lf}를 제외하고는 n 채널과 p 채널 소자에 대해서 동일하다. 표 7.1에서 대표적인 값들은 $\mu_{\text{lfn}} = 250\ \text{cm}^2/\text{V}\cdot\text{s}$, $\mu_{\text{lfp}} = 100\ \text{cm}^2/\text{V}\cdot\text{s}$임을 상기하라. 따라서 주어진 $V_{GS} - V_T$에 대해서, W_p/W_n의 비는 $\mu_{\text{lfn}}VD_{S\text{satn}}$과 $\mu_{\text{lfp}}VD_{S\text{satp}}$의 차이에 의존한다. 그림 8.6은 트랜지스터 전류를 정합시키는 데 필요한 (W_p/W_n) 비를 채

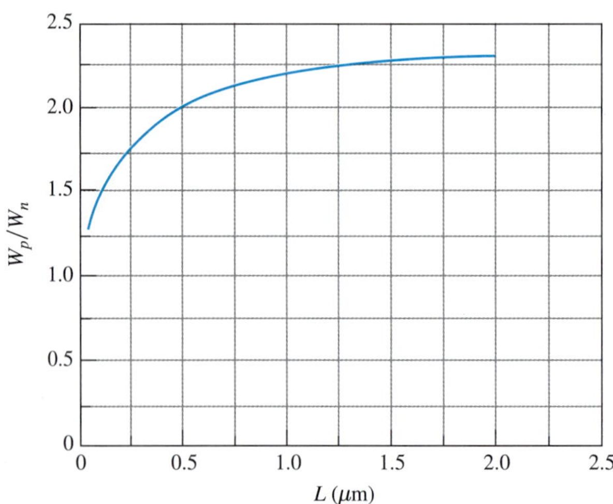

그림 8.6 $L_{nFET} = L_{pFET}$일 때, 채널 길이의 함수로 나타낸 포화 전류의 정합($I_{\text{Dsatn}} = I_{\text{Dsatp}}$)에 필요한 W_p/W_n 비.

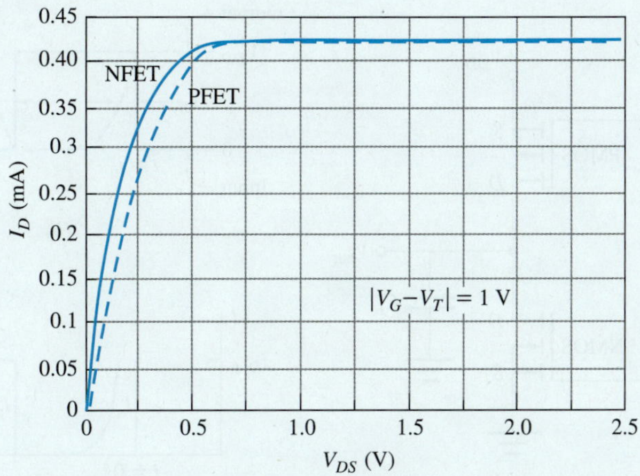

그림 8.7 포화 전류가 정합된 NMOS와 PMOS에 대한 I_D-V_{DS} 특성의 비교. $L_{nFET} = L_{pFET} = 0.2\,\mu$m, NMOS는 $W/L = 10$, PMOS는 $W/L = 17.7$이다.

널 길이 L의 함수로 $(V_{GS} - V_T) = 1$ V에 대해 그런 것이다. NFET와 PFET의 폭은 채널 길이 $L = 30$ nm일 때 $W_p/W_n = 1.31$에서부터 $L = 2\,\mu$m일 때 $W_p/W_n = 2.34$까지 변한다. 이 후자는 속도 포화 효과를 무시한 긴 채널 모델에 의해 예측된 $W_p/W_n = 2.5$와 비교된다.

그러나 비록 포화 전류가 정합되었다 하더라도, 포화가 시작되는 전압 VD_{Ssat}는 W에 무관하다는 것을 주목하라. 그것은 포화 조건 이하에서 NMOS와 PMOS의 I_D-V_{DS} 특성은 여전히 정합되지 않는다는 것을 의미한다. 이 내용이 그림 8.7로부터 $W_p/W_n = 1.77$인 채널 길이 $0.2\,\mu$m에 대해서 그림 8.7에 나와 있다. NMOS와 PMOS에 대한 폭 대 길이 비 W/L은 각각 10과 17.7이다. 소자 특성은 채널 길이를 $L_p < L_n$으로 만들고 W_p/W_n를 다시 조절함으로써 문턱 조건 이하에서 더욱 비슷하게 근사화될 수 있다.

8.4 CMOS 인버터 회로에서의 스위칭

지금까지, CMOS 논리 인버터의 정상 상태 측면을 논의해왔다. 이 절에서는 과도 스위칭 효과를 고려한다.

8.4.1 부하 정전 용량의 영향

그림 8.8a의 회로를 살펴보자. 이것은 앞에서 본 그림 8.3의 인버터 회로인데, 우리는 부하 정전 용량을 추가하였다. 커패시터 C_L은 부유 배선 정전 용량, 회로의 출력 정전 용량, 그리고 다음 단 입력 정전 용량을 포함한다. 불행하게도 회로가 하나의 논리 상태에서 다른 상태로 스위칭할 때 정전 용량을 충전하거나 방전하기 위해서는 약간의 전류가 흘러야 한

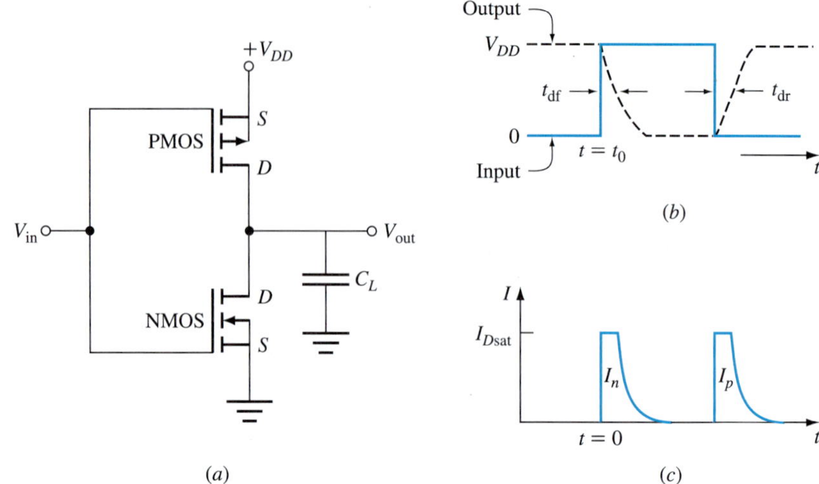

그림 8.8 (a) 인버터 회로, (b) 입력과 출력 전압 신호. 실선은 입력 파형, 점선은 출력. 부하 커패시터가 충전과 방전되는 데에는 약간의 시간이 필요하므로 출력은 즉각 변할 수 없다. (c) 한 주기 동안 흐르는 충전과 방전 전류 하나의 펄스는 n 채널 소자를 통해 흐르고, 다른 펄스는 p 채널 소자를 통해 흐른다.

다. 이 충전과 방전은 시간 지연을 가져온다. 게다가 전류는 과도기 동안 접지로 흐르게 되고 추가적인 전력 소모를 만들어낸다.

정전 용량이 충전될 때(출력이 낮음에서 높음으로 갈 때), 전류는 전원으로부터 PMOS를 통해 정전 용량으로 흐른다. 방전 기간 동안, 전류는 정전 용량으로부터 NMOS를 통해서 접지로 흐른다. 종합적인 결과는 얼마간의 전하가 전원으로부터 접지로 전송된다는 것이며, 이것이 전체 전력 소모를 증가시킨다. 출력 전압은 그림 8.8b에 표시된 바와 같이 그 상태 변화에 유한한 시간이 걸린다. (c)에 표시된 것과 같이 전류는 스위칭 기간 동안에만 흐른다. (전류 파형과 상승 및 하강 시간 지연들 t_{df}와 t_{dr}은 다음 절에서 논의한다.)

그러면 각 주기 동안, 전하 $Q = C_L V_{DD}$가 전원으로부터 접지로 흐른다. 한 주기당 전달된 에너지는

$$\text{Energy/cycle} = Q\,V_{DD} = C_L V_{DD}^2 \tag{8.16}$$

소모된 전력은 주기당 에너지 곱하기 단위 초당 주기의 횟수 혹은 주파수이다. 동적 전력 소모 또는 스위칭 동안 부하 정전 용량을 충전과 방전시키는 데 사용된 전력은 따라서[2)]

$$P_{\text{dynamic}} = C_L V_{DD}^2 f \tag{8.17}$$

이 된다.

2) 좀 더 명쾌한 유도를 위해서는 참고문헌 2를 보라.

고속 회로에서 주파수 f는 크다. 전력 소모, 이에 따른 칩의 용도를 최소화하기 위해서는 C_L과 V_{DD}를 최소화할 필요가 있다. 그러나 최소 전원 전압은 8.3절에서 논의한 것처럼 차단 상태에서 작은 누설 전류를 갖게 할 필요에 의해 제한된다. 이 누설 전류는 정적 전력 소모에 기여한다.

예제 8.3

(a) 주파수 100 MHz에서 $V_{DD} = 2.5$ V로 동작하는 CMOS 인버터에 대해 동적 전력 소모를 구하라. 부하 정전 용량은 0.1 pF로 가정하라.

(b) 15 GHz에서 $V_{DD} = 1.1$ V로 동작하는 2천만 개의 CMOS 쌍을 갖는 미래의 CMOS 회로에 대해 위 문제를 되풀이하라.

■ **풀이**

a. 식 (8.17)에서

$$P_{\text{dynamic}} = C_L V_{DD}^2 f = 10^{-13} \times (2.5)^2 \times 10^8 = 6.25 \times 10^{-5}\,\text{W}$$

b. $$P_{\text{dynamic}} = C_L V_{DD}^2 f \times \text{number of CMOS pairs} = 10^{-13} \times (1.1)^2 \times (15 \times 10^9) \times (20 \times 10^6) = 36.3\,\text{kW}$$

이만한 양의 전력 소모는 미래의 회로에 생길 수 있는 문제점을 보여준다.

8.4.2 CMOS 스위칭 회로에서의 전달(게이트) 지연

스위칭 회로의 동작 속도는 출력에 영향이 나타나도록 입력이 변하는 데 필요한 시간에 의해 결정된다. 다른 말로 신호 변화가 입력에 인가되면 새로운 정보가 회로를 "통과하여" 전달되는 데 얼마간의 시간이 걸리게 된다. 입력과 출력 간의 시간 지연의 한 가지 척도는 전달 시간 지연 t_d인데, 때때로 게이트 지연이라고 부른다. 입력이 그 전압 스윙의 50 퍼센트일 때로부터 출력이 그 전압 스윙의 50 퍼센트일 때까지의 시간으로 정의된다. 예로써 그림 8.8의 CMOS 인버터를 다시 검토하자.

우리의 목적을 위해서는 지연 시간을 계산해보는 것이 적절하다. 이 계산을 위해 0과 V_{DD} 사이의 펄스인 전압 계단 함수열이 그림 8.8b와 같이 $t = t_0 = 0$일 때 입력에 인가된다고 가정하자.

입력과 출력 전압은 0과 전원 전압 V_{DD} 사이의 범위를 갖는다. 전달 지연 시간들(상승 지연과 하강 지연의 2가지가 있다)은 $V_{\text{in}} = V_{DD}/2$와 $V_{\text{out}} = V_{DD}/2$ 사이를 스위칭하는 데 필요한 시간이다. 이들은 그림 8.8b에서 상승은 t_{dr} 하강은 t_{df}로 표시되어 있다. 이 시간들은 다를 수 있으므로, 전달 지연은 이 두 개의 평균으로 정의된다.

$$t_d = \frac{t_{\mathrm{df}} + t_{\mathrm{dr}}}{2} \tag{8.18}$$

부하 커패시터에 있는 전하는 $Q = C_L V_{\mathrm{out}}$이다. 출력이 V_{DD}에서 $V_{DD}/2$로 변할 때, 커패시터에 있는 전하는 ΔQ만큼 변하는데, 여기서

$$\Delta Q = -C_L \frac{V_{DD}}{2} = -\int_0^{t_{\mathrm{df}}} I_{Dn}\, dt \tag{8.19}$$

이다.

출력이 높음에서 낮음으로 전이되는 동안 전류는 NFET를 통해서 I_{Dn}이 따라서 흐른다.

$V_{GS} - V_T = 2.6$ V이고 $V_{DD} = 3.3$ V인 집적된 CMOS 회로를 고찰하자. I_{Dn}이 시간의 함수이므로, t_{df}는 식 (8.19)로부터 계산될 수 있다. t_{df}의 값은 그림 8.9의 도움으로 계산될 수 있다. 입력 전압이 논리 1 상태에서 논리 0 상태로 스위칭할 때 NMOS에 흐르는 전류 I_{Dn}을 그려놓았다. 처음에는 NMOS는 차단, PMOS는 도통이므로 출력 전압(또한 전압 $V_{D(\mathrm{NFET})}$)은 높다. $t = 0$일 때, 그림 8.8a와 같이 계단 전압 입력에 의해서 NMOS는 도통이 되고 PMOS는 차단이 된다. 이것은 I_{Dn}이 0(그림 8.9의 점 1)으로부터 $I_{D\mathrm{sat}}$(점 2)로 이동하는 것에 해당한다. 커패시터는 NMOS를 통해 I_{Dn}에 비례하는 비율로 방전하므로, V_{DSn}은 시간에 따라 V_{DD}(점 2)로부터 $V_{DS\mathrm{sat}}$(점 3)와 0(점 4)으로 감소한다. 표시된 것같이 $V_{DS\mathrm{sat}} \leq V_{DD}/2$일 때, 출력이 V_{DD}에서 $V_{DD}/2$로 감소하는 데 필요한 시간 t_{df} 동안 전류는 $I_{D\mathrm{sat}}$로 일정하다. 이 경우, 식 (8.19)로부터

$$t_{\mathrm{df}} \approx \frac{C_L V_{DD}}{2 I_{D\mathrm{satn}}} \tag{8.20}$$

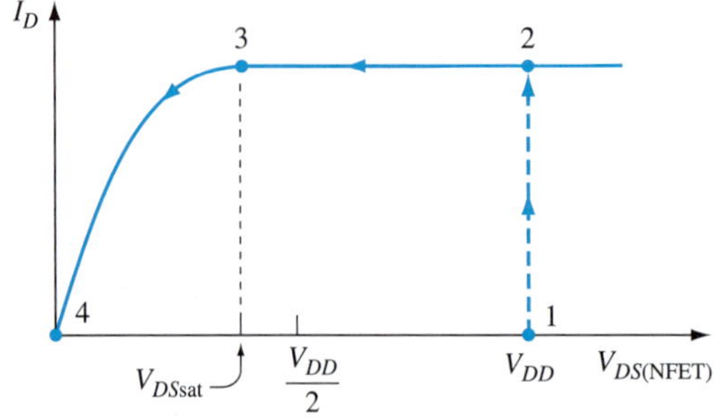

그림 8.9 입력이 논리적 **낮음**에서 논리적 **높음**으로 스위칭될 때 NFET를 흐르는 전류 초기에 NFET 출력(드레인)은 **높음**이다(점 1). 입력이 **높음**으로 스위칭될 때. NFET는 도통 상태가 되어 전류가 흐를 수 있다(점 2). 흐르는 전류 I_{Dn}은 부하 커패시터를 방전시켜(점 3), 출력 전압이 0이 되게 한다(점 4).

이다.

이 해석에서는 NFET를 통해 부하 정전 용량을 방전하는 인버터에 대한 전달 지연을 고찰하고 있다. 따라서 식 (8.20)의 $I_{D\text{sat}}$를 계산하는 데 사용된 파라미터들($L, W, \mu_{\text{lf}}, V_{DS\text{sat}}, v_{\text{sat}}, C'_{\text{ox}}$)의 값은 NFET의 그것들이다. 그러나 부하 정전 용량은 출력이 낮음에서 높음으로 갈 때 PFET를 통해 충전된다. 따라서 t_{dr}은 다음과 같다.

$$t_{\text{dr}} \approx \frac{C_L V_{DD}}{2I_{D\text{satp}}} \tag{8.21}$$

이를 위해, $I_{D\text{sat}}$를 알아내는 데 사용된 파라미터들은 PFET의 것이다. 식 (8.19), (8.20), 그리고 (8.21)로부터, 우리는 다음과 같이 쓸 수 있다.

$$t_d = \frac{1}{2}\left[\frac{C_L V_{DD}}{2I_{D\text{satn}}} + \frac{C_L V_{DD}}{2I_{D\text{satp}}}\right] \tag{8.22}$$

이제 우리는 $|V_{DS\text{sat}}| \le V_{DD}/2$인 조건에 의존하는 식 (8.20)과 (8.21)의 타당성을 조사한다. 앞 장에서 그림 7.33은 $V_{GS} - V_T = 2.6$ V인 NFET와 PFET에 대해 채널 길이의 함수로 $|V_{DS\text{sat}}|$의 값을 보여주었다. 필요한 포화 전압의 값은 $|V_{DS\text{sat}}| \le V_{DD}/2 = 3.3/2 = 1.65$ V이다. 이 $V_{DS\text{sat}}$ 값은 NFET는 채널 길이를 $L < 1.8\ \mu$m, PFET는 $L < 0.8\ \mu$m로 만들어줌으로써 얻을 수 있다. 그러면 서브마이크로미터 영역에서의 L에 대해서, 합리적인 근사는 $I_D = I_{D\text{sat}}$으로 놓는 것이다.

이상적으로 게이트 지연을 최소화하기 위해서 우리는 상승과 하강 전달 지연 시간이 같게 되는 것을 원한다. 이들을 같게 하기 위해서, 식 (8.22)의 $I_{D\text{satn}}$과 $I_{D\text{satp}}$가 같도록 한다. 우리는 앞에서 논의한 바와 같이 트랜지스터들의 (W_p/W_n) 비를 적절히 조절함으로써 이것을 이룬다.

전달 지연에 관한 앞선 논의에서, 계단 전압 함수가 입력에 인가된다고 가정하였다. 물론 실제에서는 입력 전압의 상태가 변하려면 그것이 앞단 회로의 출력으로부터 나오므로 약간의 시간이 걸린다. 이 경우에 대해서, t_{df}와 t_{dr}이 그림 8.10에 $V_{DD}/2$ 값에 도달하는 입력과 출력 사이 시간으로 표시되어 있다. 그들은 각각 하강과 상승에 있어 입력이 $V_{DD}/2$

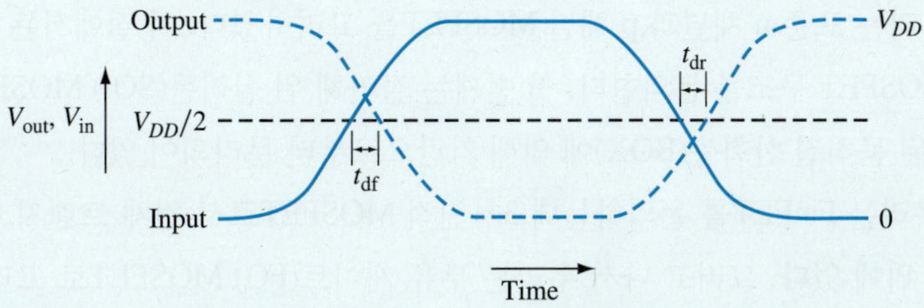

그림 8.10 입력이 완벽한 계단 함수가 아닐 때 상승 및 하강 지연 시간의 정의.

를 지나고 출력이 $V_{DD}/2$를 지나는 사이 시간이다.

짧은 채널 MOSFET에서, 전류에 대한 표현식은 여기서 논의한 것보다 훨씬 복잡하고, 부하 정전 용량은 V_{DS}에 의존한다. 그런 경우, 정확한 결과를 얻기 위해서 t_d는 대개 회로 시뮬레이터를 이용하여 수치 해석적으로 계산된다.

예제 8.4

그림 8.8의 CMOS 인버터의 전달 지연 시간을 결정하라. $I_{Dsatn} = I_{Dsatp} = 1$ mA, $C_L = 0.1$ pF 그리고 $V_{DD} = 2.5$ V로 가정하라.

■ **풀이**

식 (8.25)로부터 $I_{Dsatn} = I_{Dsatp} = I_{Dsat}$이므로

$$t_d = \frac{C_L V_{DD}}{2I_{Dsat}} = \frac{10^{-13}\ \text{F} \times 2.5\ \text{V}}{2 \times 10^{-3}\ \text{A}} = 1.25 \times 10^{-10}\ \text{s}$$

또는 $t_d = 125$ ps이다.

8.4.3 CMOS 스위칭에서의 관통 전류

그림 8.10의 스위칭 파형들이 그림 8.11a에 좀 더 자세히 다시 그려져 있다. NMOS와 PMOS의 문턱 전압은 각각 V_{Tn}과 V_{Tp}이다. 우리는 입력이 스위칭하여 $V_{Tn} < V_{in} < (V_{DD} - |V_{Tp}|)$ 구간을 지나고 있을 때, 두 트랜지스터는 동시에 일시적으로 도통 상태에 있다는 것을 볼 수 있다. 이 구간 동안, 전류는 그림의 (b) 부분에 표시된 바와 같이 전원으로부터 트랜지스터를 통과하여 접지로 흐른다. 이것은 동적 전력 소모를 가져온다. 이 전류의 평균값은 입력 전압의 전이 시간이 감소함에 따라 줄어든다. 이 **관통(pass-through)** 전류에 의한 전력 소모는 식 (8.17)에 의해 주어지는 전력 소모의 50 퍼센트까지 도달할 수 있다.

8.5 다른 MOSFETs

지금까지, 우리는 표준 n 채널과 p 채널 MOSFET을 고려하였다. 이 절에서는 간단하게 3가지 다른 MOSFET 구조를 논의한다. 첫 번째는 절연체 위 실리콘(SOI) MOSFET인데 그 소자는 절연된 묻혀진 산화층(BOX)에 의해 기판으로부터 분리되어 있다.

다음에 우리는 FinFET를 논의하는데 3차원적 MOSFET로서 전체 트랜지스터 구조가 실리콘 기판 위에 있다. 그리고 나서 우리는 부유 게이트(FG) MOSFET로 고려하는데 전원이 제거되더라도 그 상태(**0** 혹은 **1**)를 보유하고 있다.

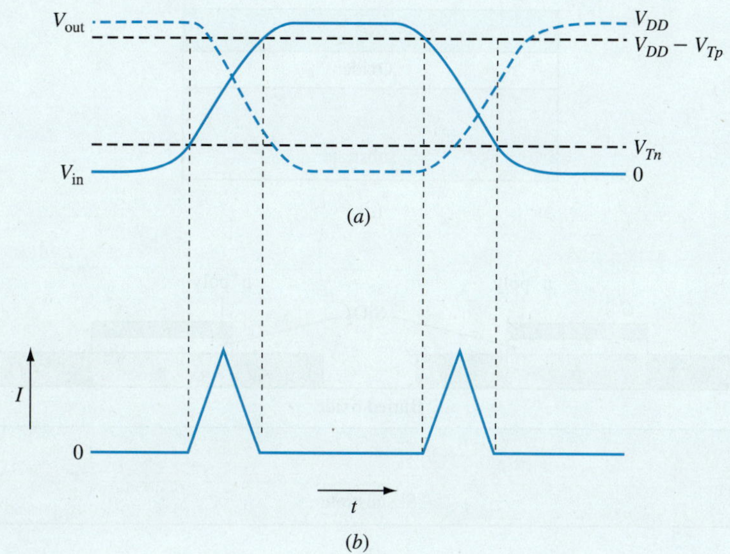

그림 8.11 두 소자 모두가 도통 상태일 때, 전류는 V_{DD}로부터 접지로 흐른다. (a) 전압파형, (b) 전류파형.

8.5.1 절연체 위 실리콘(SOI) MOSFET

앞서 논의한 MOSFET 구조의 변형은 소위 말하는 절연체 위의 실리콘(SOI: silicon on insulator) 소자이다. 이 소자를 만드는 한 가지 방법은 SIMOX(이온 주입된 산소에 의한 분리) 공정이다. n 채널 MOSFET을 만들기 위해서는 p형 기판의 표면 바로 아래에 산소가 이온 주입된다. 그러고 나서 웨이퍼를 고온에서 열처리하면, 표면 단결정 실리콘 층을 기판의 단결정 실리콘과 효과적으로 분리시키는 SiO_2 층이 형성된다(그림 8.12a). 그러고 나서 표준 공정으로 표면 실리콘에 소자가 만들어진다. 마지막으로 CMOS 기술을 위한 NMOS와 PMOS를 보여주는 그림 8.12b와 같이 소자들을 격리시키기 위해 표면 실리콘은 선택적으로 식각된다. SiO_2 증착을 포함하여 계속되는 공정을 통해 만들어지는 최종적인 CMOS 구조가 (c)에 나와 있다. "금속" 접촉은 내열성 금속 실리사이드(refractory metal silicide(예, $TiSi_2$)이다. 산화물로 만들어진 간격을 띄우는 장치(oxide spacer)들은 실리사이드 접촉을 소스와 드레인 영역에 제한되도록 하는 역할을 한다. 소자의 격리는 기생 정전용량을 감소시키므로 그러한 SOI 소자는 표준 MOSFET보다 더 빠른 속도를 갖도록 제작될 수 있다.[3]

SOI에는 두 가지 변형, 즉 부분 공핍된 SOI(PD SOI)와 완전 공핍된 SOI(FD SOI)가 있다. 부분 공핍된 SOI의 경우, 게이트 밑의 실리콘 두께가 채널에 인접한 실리콘 공핍 영역보다 더 크다(그림 8.13a). 이것은 산화막과 채널 사이에 전기적으로 "부유(floating)" 중성

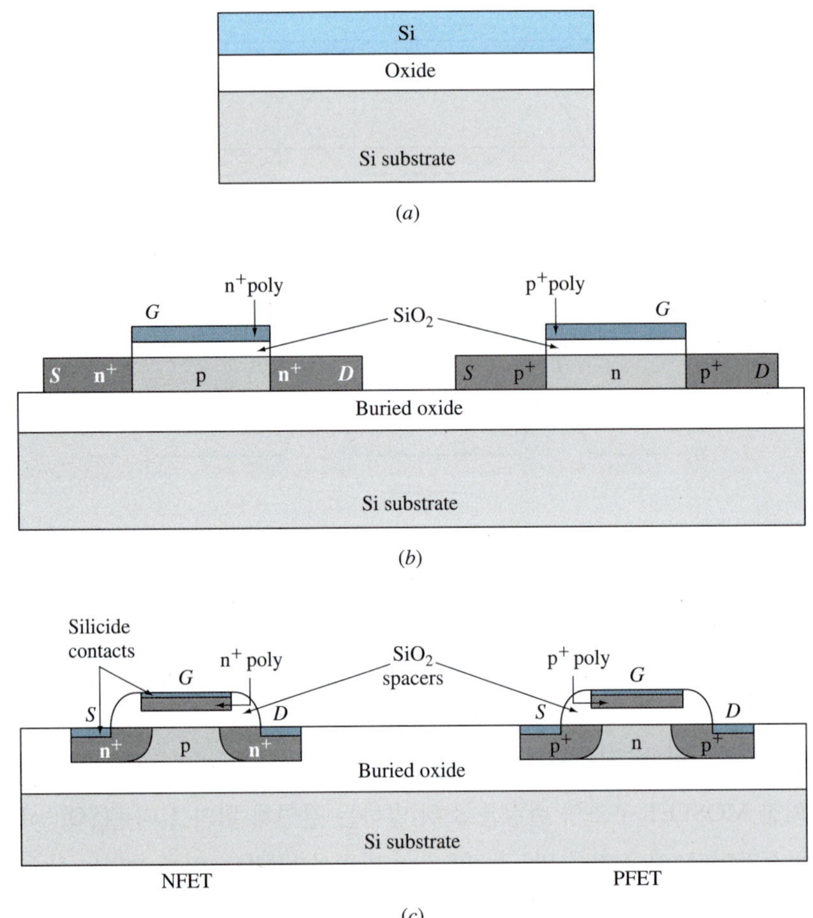

그림 8.12 (a) 절연체 위의 실리콘, (b) SOI NMOS와 PMOS 트랜지스터, (c) CMOS SOI 구조의 단면도. (c)에서 게이트, 드레인, 소스 접촉은 금속 실리사이드이다. 기생 접합 정전 용량과 기판 누설 전류는 보통 MOSFET의 그것들보다 감소된다.

실리콘 영역이 존재하는 결과를 가져온다. 이 부유 영역은 소자의 전기적 특성에 영향을 줄 수 있다. 드레인 근처의 고전계 공핍 영역 내에서 이온화 충돌이 발생할 수 있다. n 채널 소자에서 공핍 영역 전계는 전자들이 드레인에 의해서 모이는 방향이고, 그러나 정공은 양의 값으로 충전하면서 부유 기판에 저장된다. 이것은 차례로 짧은 채널 전위 장벽을 낮추고 채널 전류를 증가시킨다. 이 효과는 종종 **부유 기판(floating body)** 또는 **킹크(kink)** 효과라 부른다. 고속 소자에서는 부유 기판을 충전하는 시간이 입력 전이 시간보다 더 길어져, 결과적으로 과도 전류를 증가시키게 된다.

그림 8.13b의 완전 공핍된 SOI 소자에서, 실리콘 층은 충분히 얇고 p 영역이 채널로부터 SiO_2 영역까지 확장될 만큼 작게 도핑(혹은 고의적 도핑이 아닌)되어 있다. 이것은 준

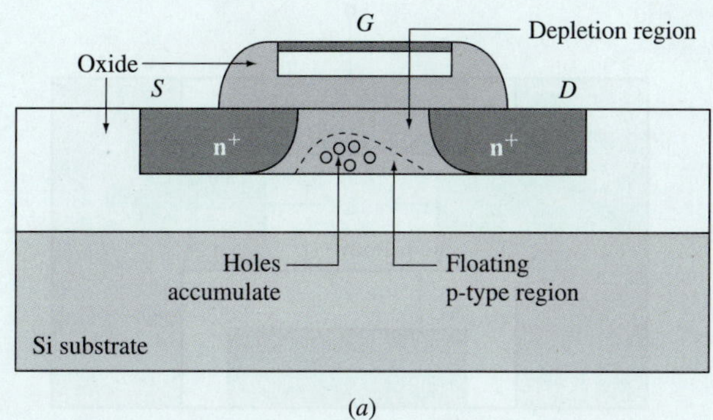

(a)

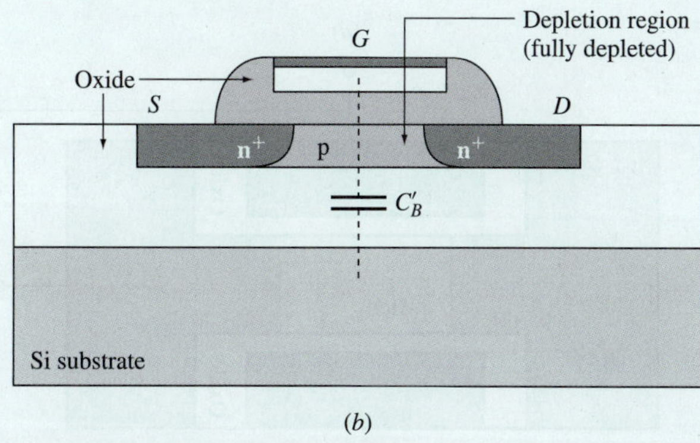

(b)

그림 8.13 SOI의 2가지 형태(NMOS를 보여주고 있다). (a) 부분 공핍된 형태로 부유 반도체 영역이 존재. (b) 완전 공핍된 형태.

문턱 영역 스윙을 감소시키는 효과를 가진다. 식 (8.23)으로부터

$$S = 2.3\frac{kT}{q}\left(1 + \frac{C'_B}{C'_{ox}}\right) \tag{8.23}$$

이고 C'_B은 단위 면적당 기판 정전 용량이다. FD SOI에서 기판 정전 용량 C'_B은 채널로부터 p형 기판과 SiO_2 층을 거쳐 실리콘 기판까지 확장되어, 결과적으로 C'_B 값이 작아지게 된다. 따라서 준문턱 전압 스윙 S는 상온에서 이상적인 값인 60 mV/decade에 매우 가까워진다. 이 감소된 S는 낮은 문턱 전압 V_T와 주어진 값의 **차단** 전류에 대한 낮은 전압을 초래한다. 그러나 매우 짧은 채널을 갖는 소자에 있어, 산화막은 게이트 아래 영역에 전계의 침투를 사실상 증가시키며, 문턱 전압에 대한 드레인 전압의 효과(DIBL 효과)를 증가시킨다.

이중-게이트 SOI SOI MOSFET의 다양한 구조의 간단한 형태가 그림 8.14에 나타나 있다. 그것은 하나의 게이트 SOI MOSFET과 비슷하지만 2개의 게이트를 가지고 있다; 얇은

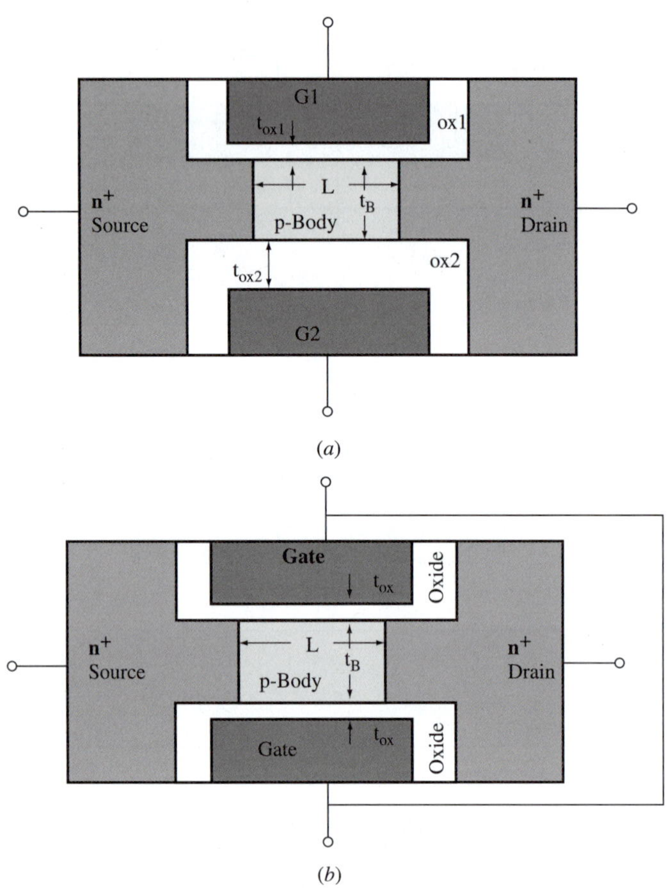

그림 8.14 간단한 2개의 이중 게이트 MOSFET 구조도. 비대칭 SOI MOSFET(a)와 대칭 SOI MOSFET(b).

실리콘 기판(B) 위에 게이트 1(G1) 그리고 아래에 게이트 2(G2). 그림 8.14(a)는 비대칭 이중 게이트 SOI MOSFET을 나타내며 게이트 2는 게이트 1과 결합된 문턱 전압을 작동시키기 위해 사용하는 반면 게이트 1 전압은 소자 전류를 제어하기 위해 사용된다. 게이트 1에 대한 산화물(ox1)은 얇고 고품질(보통 열적 성장)이고 게이트 2 산화물(ox2)은 두껍고 고품질일 필요가 없다. 그림 8.14(b)는 대칭 SOI MOSFET을 나타낸다. 여기서 게이트들은 서로 연결되어 있고 모두 전류에 기여한다. 산화물들은 얇고 고품질이어야 한다. 이것은 상당한 제조의 어려움과 가격을 추가하게 된다.

비대칭 이중-게이트 SOI MOSFET 그림 8.15는 부분적으로 공핍된(PD) 이중-게이트 SOI 소자(a)와 완전히 공핍된(FD) 이중-게이트 SOI 소자(b)의 표면에 수직인 에너지 밴드 그림을 보여준다. (a)에서 전기적으로 중성의 공핍되지 않은 영역과 분리되어 있고 각 게이트와 결합된 공핍 영역이 있다. (b)에서 공핍 영역들은 합쳐지고 중성 영역이 없거나 혹

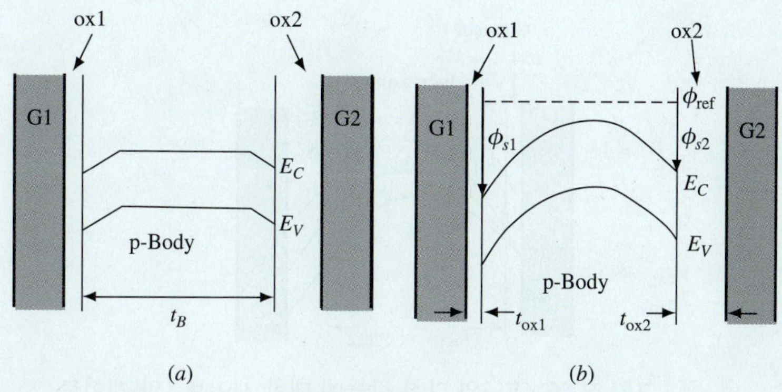

그림 8.15 부분적으로 공핍된 비대칭 SOI MOSFET의 표면에 수직인 에너지 밴드 그림(a)과 완전히 공핍된 SOI MOSFET(b). 기준 전위 ϕ_{ref}는 전기적 중성 조건을 위해서 기판 내의 전도대로 취한다. 표면 전위들은 이 기준에 대한 기판-산화물 표면들에서의 전위들이다.

은 실리콘 기판이 완전히 공핍되어 있다. 그림 8.15b에서 기준 에너지는 평탄 밴드 조건(중성 혹은 비공핍 조건)하에서 기판의 전도대 에너지이다. 게이트 재료들은 동일하다고 가정하면서 게이트 2의 산화물 두께, t_{ox2}가 게이트 1의 산화물 두께보다 크기 때문에 기판에서의 표면 전위 ϕ_{s2}는 ϕ_{s1}보다 작다. 그림 8.15(a) PD SOI 소자에서 게이트 1과 게이트 2와 결합된 MOSFET은 독립적이고 이 구조는 거의 흥미가 없다. 여기서 우리는 FD 이중-게이트 SOI MOSFET만 고려한다.

완전히 공핍된 소자에서 실리콘 기판에서 전하 밀도는 $Q_B = -qN'_A$ 그리고 단위 채널의 단면적당 전체 전하는 $Q'_B = -qN'_A t_B$이다. 여기서 t_B는 실리콘 기판의 두께이다. 기판에서 평탄 조건하에서 실리콘 전도대에 관해 게이트 1과 게이트 2의 게이트 전압들은 푸아송 방정식과 가우스 방정식으로부터 결정될 수 있다.

결과들은[4]

$$V_{G1} = \frac{\Phi_{GB1}}{q} + \phi_{s1} - \frac{Q'_{ch1} + \frac{Q'_B}{2}}{C'_{ox1}} + \frac{C'_B(\phi_{s1} - \phi_{s2})}{C'_{ox1}} \tag{8.24}$$

$$V_{G1} = \frac{\Phi_{GB1}}{q} + \phi_{s1} - \frac{Q'_{ch1} + \frac{Q'_B}{2}}{C'_{ox1}} + \frac{C'_B(\phi_{s1} - \phi_{s2})}{C'_{ox1}} \tag{8.25}$$

여기서

V_{G1}은 소스에 대해 게이트 1 전압이다.

V_{G2}는 소스에 대해 게이트 2 전압니다.

Φ_{GB1}은 게이트 1과 (중성) 기판 사이 일함수 차이이다.

Φ_{GB2}는 게이트 2와 (중성) 기판 사이 일함수 차이이다.

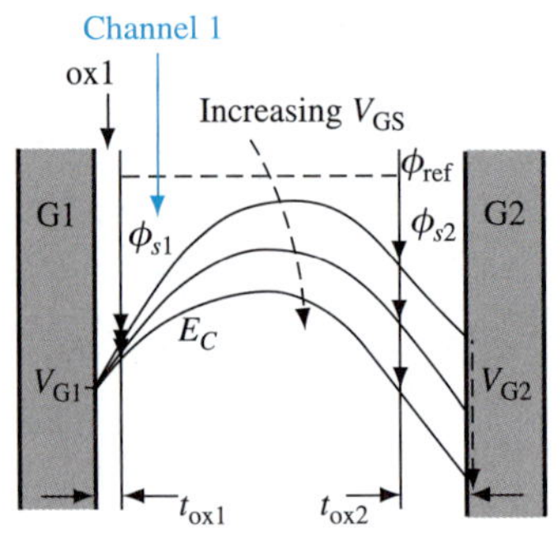

그림 8.16 V_{G2}의 다른 값들에 대한 게이트 1과 게이트 2 사이의 전위 측면도. 증가하는 V_{G2}는 게이트 1의 문턱 전압을 감소시킨다.

Q'_{ch1}은 게이트 1에 인접한 채널에서 단위 면적당 전하이다.

Q'_{ch2}는 게이트 2에 인접한 채널에서 단위 면적당 전하이다.

Q'_B는 기판에서 단위 면적당 전하이다($Q_B = -qN'_A t_B$).

t_B는 실리콘 기판 두께이다.

C'_{ox1}은 게이트 1과 채널 1과의 단위 면적당 정전 용량이다.

C'_{ox2}는 게이트 2와 채널 1과의 단위 면적당 정전 용량이다.

C'_B는 실리콘 기판의 단위 면적당 정전 용량이다($C'_B = \frac{\varepsilon_{si}}{t_B}$).

ϕ_{s1}은 채널 1에서 기판 실리콘의 표면 전위이다.

ϕ_{s2}는 채널 1에서 기판 실리콘의 표면 전위이다.

비대칭 소자에서, 전류 흐름은 위 채널에 있다(채널 1). 반면에 게이트 2 전압은 채널 1의 문턱 전압을 조절하기 위해 사용된다. 그림 8.16은 3가지 V_{G2} 값에 대해 표면에 수직인 소자를 가로지르는 전위 측면도를 보여준다. 증가하는 V_{G2}는 표시된 것같이 게이트 2와 게이트 1 사이 모든 곳에서 전자 에너지를 낮춘다. 증가하는 V_{G2}는 ϕ_{s1}을 증가시키고 따라서 기판 장벽 높이와 게이트 1-기판 구조의 문턱 전압을 감소시키는 것으로 알 수 있다.

그림 8.17은 V_{G2}의 함수로서 문턱 전압 V_{T1} 그림을 보여준다. 채널 2에서 소스에서 드레인으로 흐르는 전류가 없어야 하기 때문에 게이트 1의 문턱 전압을 변화시키기 위해 인가할 수 있는 V_{G2}의 범위는 ox2에 인접한 기판이 공핍되는 것에 제한되어 있다. 그것은 축적이나 반전하에 전류를 흐를 수 있는 채널 입자들이 있기 때문이다.

대칭 이중-게이트 SOI MOSFET 이중-게이트 완전 공핍(FD) SOI MOSFET의 변화는 앞서 그림 8.14에 지적한 것같이 대칭 SOI 구조이다. 여기서 2개의 산화물 층은 같은 두께를 가지고 있고 게이트들은 서로 연결되어 있다. 그와 같이 2개의 채널은 평행이다. 이 경

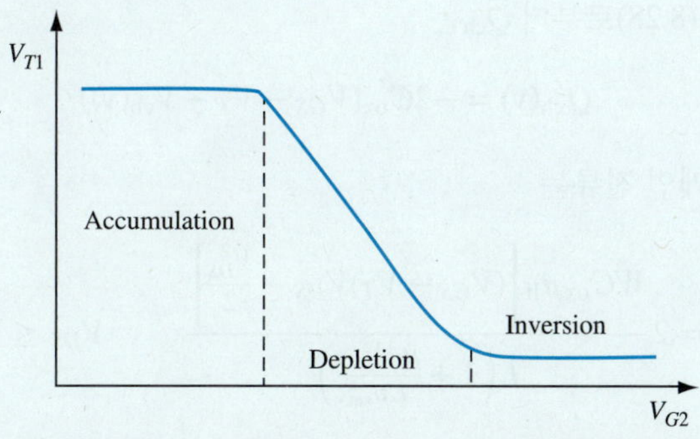

그림 8.17 V_{G2}에 따른 V_{T1}의 변화. 채널 2에서 드레인과 소스 간의 전류를 없애기 위해 기판과 산화물 2 사이의 경계는 축적과 반전 사이에 있어야만 한다.

우에,

$$V_{G1} = V_{G2} = V_G, \quad \phi_{s1} = \phi_{s2} = \phi_s, \ \ C'_{ox1} = C'_{ox2}, = C'_{ox} \text{ and } Q'_{ch1} = Q'_{ch2} = \frac{Q'_{ch}}{2}$$

여기서 Q'_{ch}는 결합된 양쪽 채널에서의 전하이다. 그러면 식 (8.24)[혹은 (8.25)]로부터

$$V_G = \frac{\Phi_{GB}}{q} + \phi_s - \frac{Q'_{ch} + Q'_B}{2C'_{ox}} \tag{8.26}$$

이중-게이트 완전 공핍된 SOI MOSFET의 문턱 전압 전통적인 MOSFET에 있어 문턱 전압은 $V_T = 2\phi_s$로서 정의된다. 여기서 ϕ_s는 N'_A에 의해 결정된다. 그러나 대칭 FD SOI에 있어서 문턱 $V_G = V_T, Q'_{ch} = 0$에서 식 (8.26)은[3)]

$$V_T = \frac{\Phi_{GB}}{q} + \phi_s - \frac{Q'_B}{2C'_{ox}} \tag{8.27}$$

이 된다. 식 (8.26)과 (8.27)에서 Q'_{ch}를 풀면

$$Q'_{ch} = -2C'_{ox}(V_G - V_T) \tag{8.28}$$

인가된 드레인과 소스 간의 전압과 함께 드레인 전류는 전통적인 MOSFET로서 결정될 수 있다. 우리는 여기 반복된 식 (7.58)로 시작한다.

$$I_D = \frac{-W\mu_{lf}\int_0^{V_{DS}} Q_{ch}\, dV_{ch}(y)}{L\left(1 + \frac{\mu_{lf} V_{DS}}{L v_{sat}}\right)} \tag{8.29}$$

3) FD SOI MOSFET에서 문턱 전압의 다른 정의들이 존재한다.

$V_{DS} > 0$과 함께, 식 (8.28)로부터 Q_{ch}는

$$Q'_{\text{ch}}(y) = -2C'_{\text{ox}}(V_{GS} - V_T - V_{\text{ch}}(y)) \tag{8.30}$$

이 된다. 그러면, 드레인 전류는

$$I_D = 2\frac{WC'_{\text{ox}}\mu_{\text{lf}}\left[(V_{GS} - V_T)V_{DS} - \frac{V_{DS}^2}{2}\right]}{L\left(1 + \frac{\mu_{\text{lf}}V_{DS}}{L\upsilon_{\text{sat}}}\right)} \qquad V_{DS} \le V_{D\text{sat}} \tag{8.31}$$

$$I_{D\text{sat}} = 2\frac{WC'_{\text{ox}}\mu_{\text{lf}}\left[(V_{GS} - V_T)V_{DS\text{sat}} - \frac{V_{DS\text{sat}}^2}{2}\right]}{L\left(1 + \frac{\mu_{\text{lf}}V_{DS\text{sat}}}{L\upsilon_{\text{sat}}}\right)} \qquad V_{DS} \ge V_{DS\text{sat}} \tag{8.32}$$

전류는 2개의 게이트 때문에 전통적인 MOSFET의 2배이다.

이중-게이트 FD SOI MOSFET에서 준문턱 전압 스윙 FD SOI MOSFET의 주된 이점은 전통적인 MOSFET과 비교해 감소된 준문턱 전압의 진폭이다.

MOSFET의 이상적인 요소, n은 다음과 같이 정의된다.

$$n = \frac{dV_G}{d\phi_s} \tag{8.33}$$

식 (8.26)으로부터

$$n = \frac{dV_G}{d\phi_s} = \frac{d\left(\frac{\Phi_{GB}}{q} + \phi_s - \frac{Q'_{\text{ch}} + Q'_B}{2}\right)}{d\phi_s} \tag{8.34}$$

준문턱 전압 영역에서, $Q'_{\text{ch}} \approx 0$와 Φ_{GB}, Q'_B와 C'_{ox}는 모두 ϕ_s와 독립적이다. 따라서, 이상적인 요소는 1이고 준문턱 스윙은 $2.3\frac{kT}{q}$의 최솟값 혹은 실내 온도에서 60 mV/decade의 준문턱 전류를 가진다. 매우 얇은 기판, 극히 얇은 기판 혹은 UTB SOI 소자($t_B < 5$ nm)에 대해서 전위는 거의 기판을 가로질러 일정하다. 여기서 구조는 박스 내 양자 전자 문제와 비슷하고 기판 반도체에서와 같이 잘 정의된 전도대와 가전자대를 가지는 것보다 오히려, 미니밴드가 그림 8.18에서 나타난 것같이 E_C 위에 E_V 아래에 형성된다. 사실상, 금지대가 증가되고 그것은 문턱 전압을 증가시킨다.

이러한 구조는 제조하기가 어렵다. 대칭적 이중-게이트 SOI 구조의 이점을 가지면서 제조하기에 더 쉬운 구조는 8.5.2절에서 논의할 FinFET이다.

완전 공핍 SOI CMOS와 기판 CMOS 인버터의 작동을 비교하는 것은 흥미롭다. $I_{D\text{satn}} = I_{D\text{satp}} = I_{D\text{sat}}$인 어울리는 소자들에 대해 식 (8.22)로부터 각 경우의 게이트 지연은

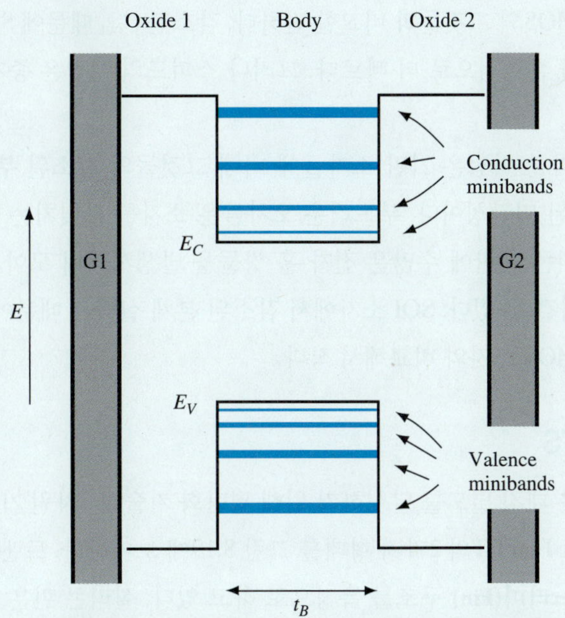

그림 8.18 극히 얇은 기판(UTB) 대칭적인 2개의 게이트 SOI 소자에 있어서 E_C 위와 E_V 아래에 미니 밴드들이 존재한다. 이것은 문턱 전압을 증가시킨다.

$$t_d = \frac{V_{DD}}{2I_{D\text{sat}}} C_L \tag{8.35}$$

이며 여기서 C_L은 부하 정전 용량이다. 실용적으로 CMOS 인버터는 보통 하나 혹은 그 이상의 다음의 회로들을 드라이버하는 데 사용된다. 이러한 경우에 부하 정전 용량은

$$C_L = C_{\text{out}} + C_w + \text{FO} \times C_{\text{in}} \tag{8.36}$$

이고 여기서 C_{out} = 드라이빙 회로의 출력 정전 용량

C_w = 산재 배선 정전 용량

FO = 팬 아웃, 혹은 병렬로 드라이버된 따르는 회로 수

C_{in} = 동일 드라이버된 회로들을 가정하면서 드라이버된 회로 중 하나의 입력 정전 용량

출력 정전 용량 C_{out}는 드라이빙 단계의 출력에서의 정전 용량이고 겹친 정전 용량을 포함하면서 드레인 접합 정전 용량과 드레인과 게이트 간의 정전 용량으로 구성되어 있다. 단 하나의 단계 입력 정전 용량 C_{in}은 게이트와 소스, 게이트와 드레인, 게이트와 기판 (게이트와 채널 + 체널과 기판) 정전 용량들을 포함한다.

기판 CMOS 인버터에 있어서, C_{out}의 대부분은 드레인 접합 정전 용량에 기인한다. 그것은 SOI CMOS에서는 무시할 만하다. SOI CNMOS에서 배선 정전 용량 C_w와 입력 정전

용량 C_{in}은 기판 CMOS의 그것들과 비교할 만하다. 감소된 C_{out} 때문에 SOI CMOS는 따라서 기판 CMOS보다 본질적으로 더 빠르다. 그러나 스피드의 이점은 증가된 팬 아웃과 함께 감소한다.

SOI 소자들의 다른 이점은 기판 소자들에 비해 그것들의 감소된 **부드러운 오차(soft error)**에 대한 감소된 민감성이다. 부드러운 오차들은 소자를 부딪치는 높은 에너지 입자들의 결과이며 실리콘 기판에 수많은 전자-홀 쌍들을 발생시키며 모아져 하나의 저장된 로직 상태를 변화시킬 수 있다. SOI 소자에서 감소된 본체 실리콘 때문에, 발생된 전자-홀 쌍들의 수는 기판 MOS 소자와 비교해서 작다.

8.5.2 FinFETS

MOSFET의 더 높은 패킹 밀도를 달성하기 위해 평탄화 기술이 3차원 기술에 의해 대체될 수 있다. 3개 게이트 FinFET의 2가지 형태를 그림 8.19에 보여준다. 트랜지스터가 기판 실리콘 표면 위에 **지느러미(Fin)** 구조를 특징으로 하고 있다. 실리콘 핀은 도핑된 소스와 드레인, 그리고 전도하는 게이트 아래 얇은 절연층과 분리된 도핑되지 않은 (혹은 가볍게 도핑된) 반도체 채널 영역으로 구성되어 있다. (a)에서 핀은 실리콘 기판의 확장이다. (b)에서 핀은 산화물 층(SOI FinFET)에 의해 실리콘 기판과 분리되어 있다. 3개 게이트 표현은 실리콘 핀 채널의 위와 2면 위 게이트 영역으로부터 나왔다. 게이트 바이어스하에서, 채널은 완전히 공핍되고 채널의 두께는 실리콘 핀의 두께이다; 따라서 채널 정전 용량, C'_B는 본질적으로 0이고 준문턱 스윙은 식 (8.23)으로부터

$$S = \frac{2.3kT}{q}\left(1 + \frac{C'_B}{C'_{\text{ox}}}\right) \simeq \frac{2.3kT}{q} = 60 \text{ mV/decade} \tag{8.37}$$

이며 그림 8.20에 표시된 것같이 **차단** 상태($V_{GS} = 0$)에서 감소된 누설 전류를 초래한다.

평탄 MOSFET에서 **도통** 전류는 게이트 폭/길이 비에 의해 결정된다. FinFET에 등가적인 MOSFET 폭은 (대략) 그것의 높이에 폭을 더한 것의 2배이다. 작은 핀의 폭이 원하기 때문에 그리고 많은 핀 높이들의 제조의 어려움 때문에, 적절한 **도통** 상태에서, FinFET는 평행으로 종종 여러 개의 핀들로 구성된다. 공통 소스와 드레인을 가지는 3개의 평행 핀들에 대한 개략도가 8.21에 나타난다. 복수의 채널 SOI FinFET의 2장의 확대 전자 현미경 사진이 그림 8.22에 나타난다. 이 소자에서 게이트는 금속(TiN)이고 게이트 채널의 절연은 HfO_2이다. SiON (≈ 5) 혹은 SiO_2(3.9)의 유전 상수보다 더 높은 절연 HfO_2의 유전 상수(ε_r 혹은 $k \approx 20$) 때문에 절연 HfO_2가 선택된다. 이러한 높은 유전 상수는 게이트 채널 정전 용량을 증가시키고 $I_{\text{on}}/I_{\text{off}}$ 비를 증가시킬 뿐 아니라 준문턱 스윙[식 (8.23)]을 감소시킨다. FinFET의 변화는 **gate-all-around(GAA) 트랜지스터**, 그림 8.23이다. 여기에서 핀이 제

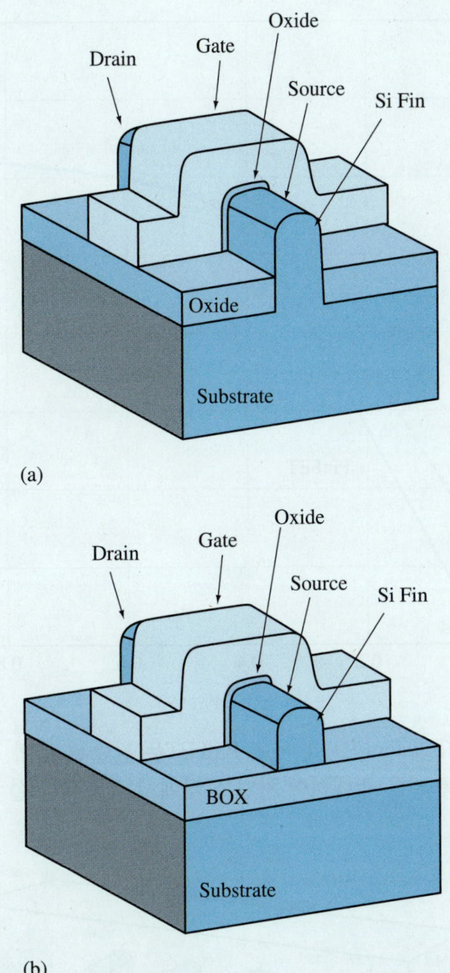

그림 8.19 3개 게이트 FinFET의 2가지 형태들.

어 게이트로 둘러싸인 좁은 실리콘(실리콘 나노 와이어) 작은가지, 나노와이어에 의해 대체된다.

8.5.3 비휘발성 MOSFETs

비휘발성 실리콘 반도체 메모리는 n 채널 부유 게이트 MOSFET의 구조에 관해 그림 8.24에 보여주듯이 제어 게이트(CG)와 폴리 실리콘 부유 게이트(FG)의 1개가 아닌 2개의 게이트를 가지고 있다는 것을 제외하고 표준 MOSFET과 비슷한 MOSFET을 사용한다.

FG는 전기적으로 절연층에 의해 격리되어 있다. 그래서 포획된 어떤 전자들은 수년 동안 (가해진 전압 없이) 거기에 남아 있다. 적당한 바이어스를 가함으로써, 전자들은 부유 게이트로 주입되거나 부유 게이트로부터 추출된다. FG에서의 음의 전하의 존재는 산

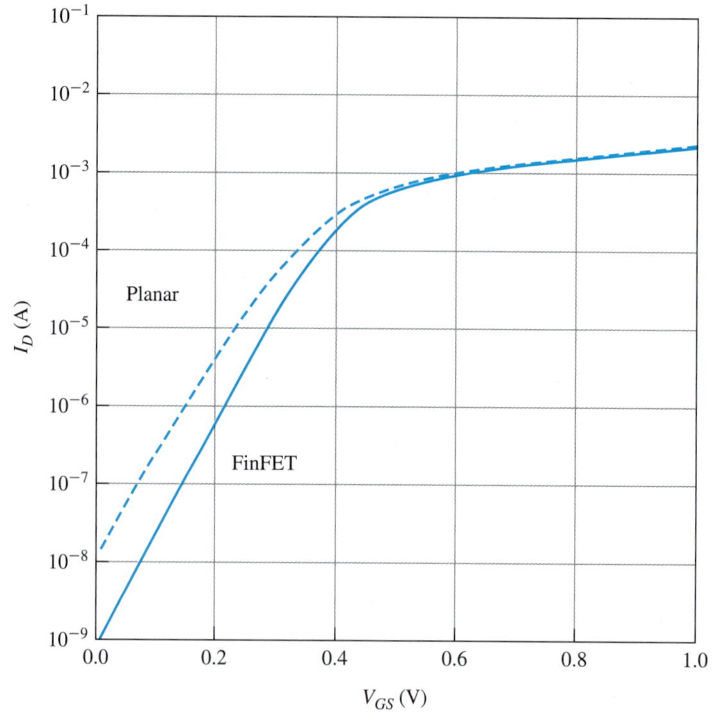

그림 8.20 MOSFET과 FinFET의 비교. FinFET는 감소된 문턱 진폭(swing)을 가지고 그로 인해 주어진 도통 전류에 대하여 차단 상태에서 감소된 누설 전류를 가지고 있다.

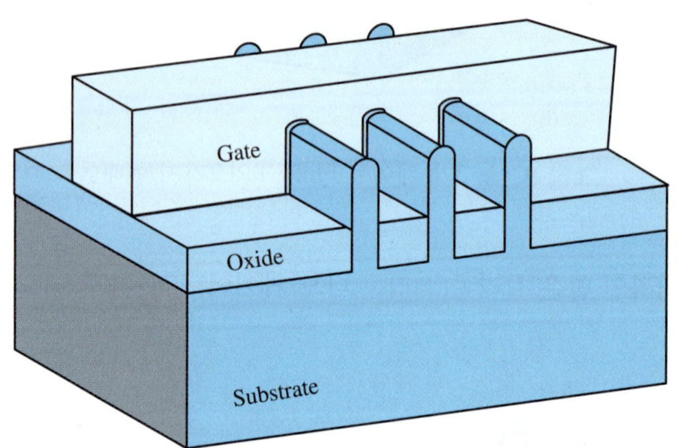

그림 8.21 평행인 3개의 FinFET의 개략도.

화물과 실리콘 기판 경계에서 산화물에 있는 전계를 감소시켜 그 결과 문턱 전압을 증가시킨다.

전기적으로 중성인 FG에 대해 트랜지스터는 문턱 전압 V_{T1}을 가지기로 되어 있다. FG에 적당한 전자 전하와 함께, 문턱 전압은 V_{T2} 값으로 증가된다. 트랜지스터의 상태(메모

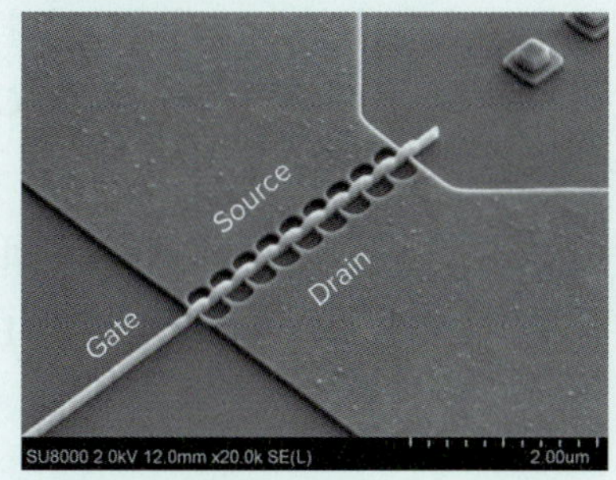

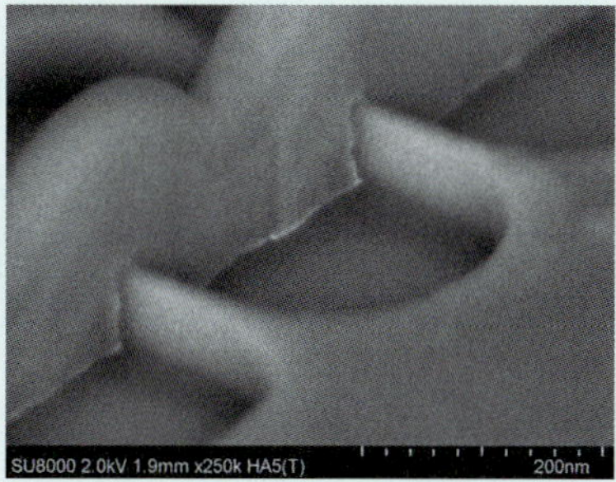

그림 8.22 10 평행 채널을 가지는 SOI FinFET의 전자 현미경 사진(a)과 고배율 사진(b). 핀 폭은 20 nm이고 높이는 65 nm이다. 채널 길이(소스로부터 드레인까지 게이트 길이)는 50 nm이다(IMEC 제공).

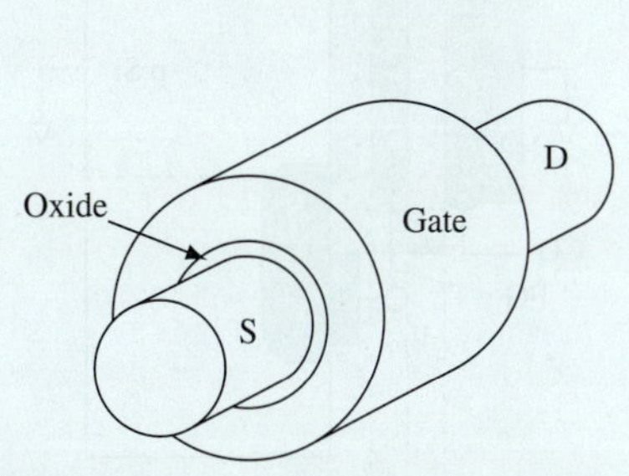

그림 8.23 gate-all around(GAA) MOSFET 개략도.

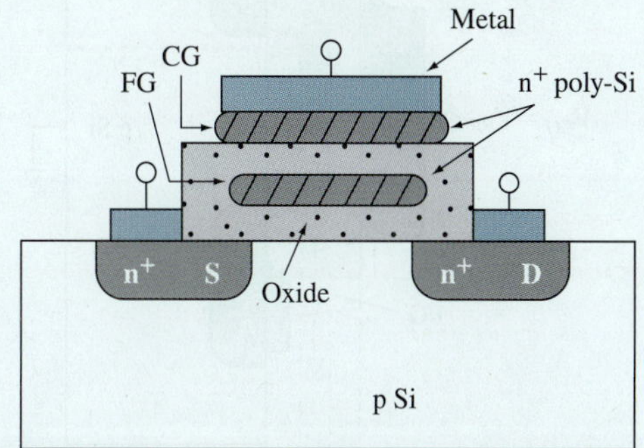

그림 8.24 n 채널 비휘발성 MOSFET의 단면도. 실리콘 부유 게이트(FG)가 제어 게이트(CG)와 실리콘 기판 사이에 격리되어 있다(비축척).

리 셀의 read-out)를 결정하기 위하여 드레인-소스 전압이 가해지며 V_{T2}와 V_{T1} 사이 전압이 소스에 대해 제어 게이트에 가해진다. 만약 FG가 충전되지 않는다면, 채널은 전도하고 드레인 전류를 발생시킨다(논리적 **1**). 만약 FG가 충전된다면, 전류는 흐르지 않는다(논리적 **0**).

프로그래밍 FG를 충전하기 위해서(즉, 소자 상태를 **1**로부터 **0**으로 변화), CG는 상대적으로 높은 전압 (V_{PP}), 현재 약 5 V로 바이어스된다. 그리고 드레인-소스 전압($V_D = V_{DD}$)은 상당한 전류가 흐르도록 충분하다. 그림 8.25a에 드레인(비척도) 가까이 일치하는 에너지 밴드 그림과 함께 부유 게이트 트랜지스터의 단면도(명확히 하기 위해 비척도)를 보여준다.

얇은 FG 채널 절연층(예 2−3 *nm*)을 가진 현재 소자들에 있어, FG를 충전하는 주요한 과정은 채널로부터 FG로 터널 주입에 의한 것이다. FG가 음으로 충전됨으로서 FG 밴드 에너지는 FG 전위가 드레인에 있어 채널의 전위에 도달할 때까지, 그 점에서 터널링은 정지되지만, 올라간다(그림에서). FG에서 전하 그리고 그와 같이 문턱 전압(V_{T2})은 CG 전압 (V_{PP})과 프로그래밍 동안 가해진 드레인 전압에 의해 결정된다.

트랜지스터를 지우기 위해(FG 전하를 제거 혹은 0으로부터 1로 셀 상태를 변화), 양 전압 (V_{PP}이 기판과 CG에 관해 소스에 가해진다. 그림 8.25b에 그 상황이 보여진다. FG는 소스로 전자 터널링에 의해 방전된다.

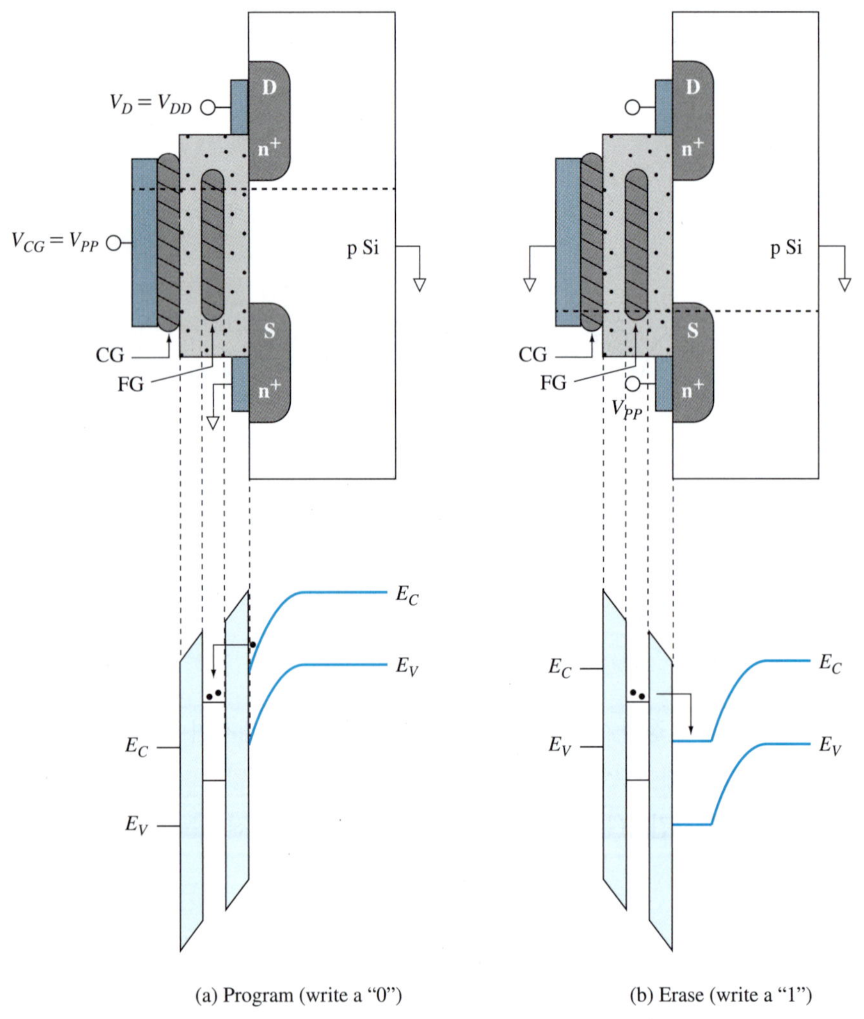

그림 8.25 인가된 전압과 함께 보인 그림 8.24의 MOSFET 개념도. (a) 프로그램(**0**을 씀)을 위해, 문턱 전압을 V_{T1}으로부터 V_{T2}로 증가시키면서 V_{PP}가 제어 게이트에 가해진다. 채널의 드레인 끝으로부터 FG로 산화물을 경유하여 전자들이 투과하고 그들은 음으로 충전된다(에너지 밴드 다이어그램에서 위로 움직인다). (b) 지우기 위해(**1**을 씀), 제어 게이트는 접지되고 V_{PP}가 소스에 인가된다. 문턱 전압이 V_{T2}로부터 V_{T1}으로 감소하면서, 전자들은 FG로부터 소스로 FG가 소스 전위에 있을 때까지 터널된다.

8.6 다른 FETs

지금까지 우리는 실리콘을 기반으로 하는 MOSFET에 집중해왔다. 그러나 중요하게 응용되는 다른 형태의 FET들이 존재한다. 이 절에서 몇 가지 특수한 FET들을 간략하게 논의한다.

8.6.1 이종 접합 전계 효과 트랜지스터(HFET)

이종 접합 전계 효과 트랜지스터(HFET: heterojunction field-effect transistor)부터 알아본다. 이들은 게이트 산화막이 소자의 나머지 부분보다 더 큰 밴드 캡을 갖는 반도체로 대체된 것을 제외하고는 MOSFET과 비슷한 구조를 가지고 있다.

그림 8.26a는 AlGaAs-GaAs 구조에 만들어진 HFET 소자의 단면[4]을 보여주고 있다. 그림 8.26b는 게이트에 수직 방향으로의 에너지 밴드 다이어그램을 보여준다. 이종 접합이 형성될 때, 전도대 가장자리 Ec에 불연속이 생긴다. 이것은 MOSFET에서 반도체와 산화막 사이의 에너지 장벽과 유사하다. 따라서 두 개의 서로 다른 반도체 간의 경계면에 채널이 형성된다.

이 소자를 제조하기 위해서, 페르미 준위가 에너지 갭의 중간 근처에 놓이도록 적절히 도핑함으로써 반절연성의 GaAs 기판이 만들어진다. 페르미 준위가 에너지 갭의 중간 근처에 있으므로, 자유 전자와 정공은 거의 존재하지 않게 되어 기판은 반절연체가 된다.

다음으로 가볍게 도핑된 GaAs의 p층이 반절연성 기판 위에 에피 성장된다. 이것은 소자에 대해 기판 반도체로서 이용되며, 그 표면에 있는 채널은 게이트에 전계를 인가함으로써 조절된다(전계 효과 트랜지스터). 이 기판 층 위에, 명목상으로 비도핑된 얇은 층의 AlGaAs가 성장되고, 그러고 나서 축퇴되도록 도핑된 n AlGaAs의 두꺼운 층이 성장된다. 이 AlGaAs 층은 게이트 구조로 이용된다.

마지막으로 n^+ GaAs 층이 AlGaAs 층을 위한 보호막으로서 증착된다. AlGaAs에 들어 있는 Al이 대기 중의 산소와 화학적으로 반응하기 때문에 보호막이 필요하다. 이 GaAs "윗부분"은 AlGaAs를 대기와 격리해준다. 이 층은 나중에 게이트로 하여금 넓은 밴드 캡 층과 직접적으로 접촉하도록 게이트 영역이 식각된다.

소스와 드레인을 형성하기 위해서, 그다음으로 표면으로부터 p형 GaAs 내부까지 연장되어 있는 n^+ 영역을 만들기 위해 이 층들을 통과하여 도너 불순물이 이온 주입된다. 그러고 나서 얇은 저항성 (터널링) 쇼트키 장벽을 형성하기 위해 n^+ GaAs 표면 위에 금속이 도

4) 이 소자를 변조 도핑 전계 효과 트랜지스터(MODFET) 또는 고전자 이동도 트랜지스터(HEMT)라고도 부른다.

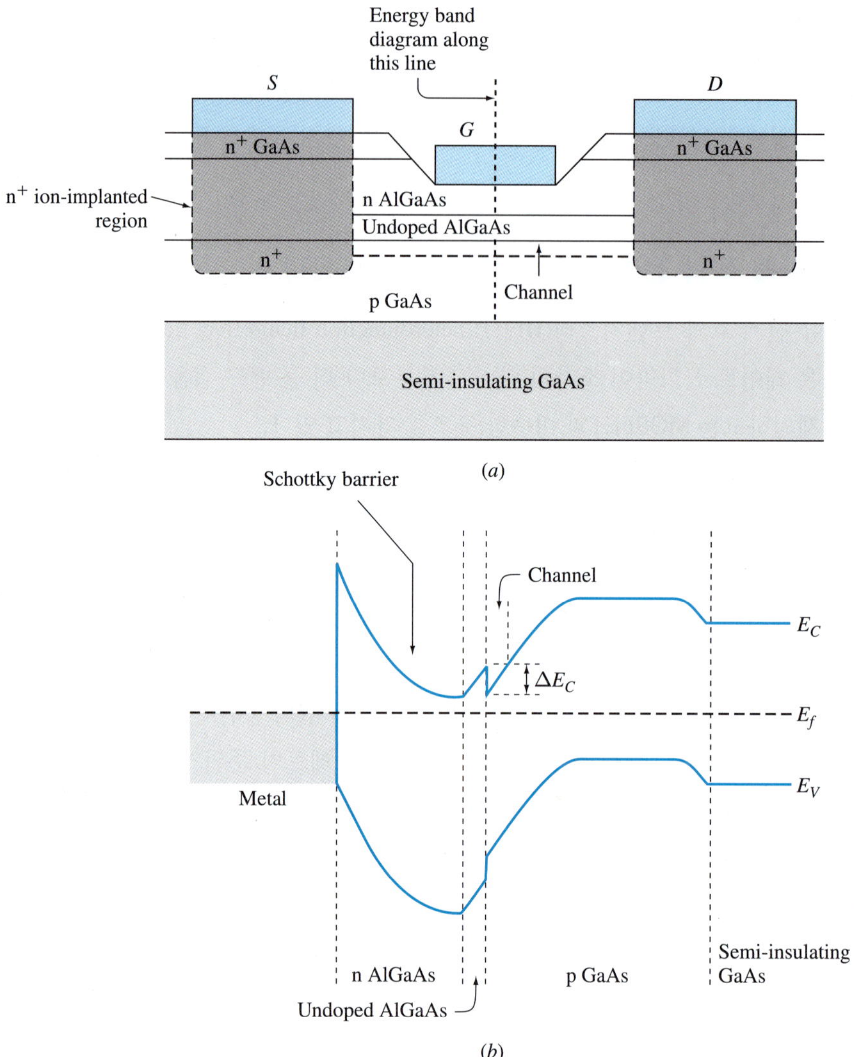

그림 8.26 (a) GaAs 기반 HFET의 개략적 단면도. (b) 게이트에 수직인 방향으로의 에너지 밴드 다이어그램 금속 AlGaAs와 금속 GaAs의 경계에 있는 쇼트키 장벽은 충분히 얇아서 터널링이 발생하게 되어 저항은 작다.

포된다. n^+ GaAs 내의 공핍 영역이 얇기 때문에 터널링 전류는 크게 되고 접촉은 낮은 저항을 갖게 되어 저항성이 된다.

전도대 가장자리 E_C의 차이 때문에, 채널은 AlGaAs와 경계면에서 p GaAs 내에 존재한다. 게이트 접촉은 금속을 AlGaAs 위에 증착함으로써 만들어진다. 쇼트키 장벽이 금속과 AlGaAs 접촉에 존재한다. 이 AlGaAs 층은 평형 상태에서 완전 공핍될 만큼 충분히 얇다. 따라서 AlGaAs를 통하여 소스로부터 드레인까지 전도되는 통로는 없다.

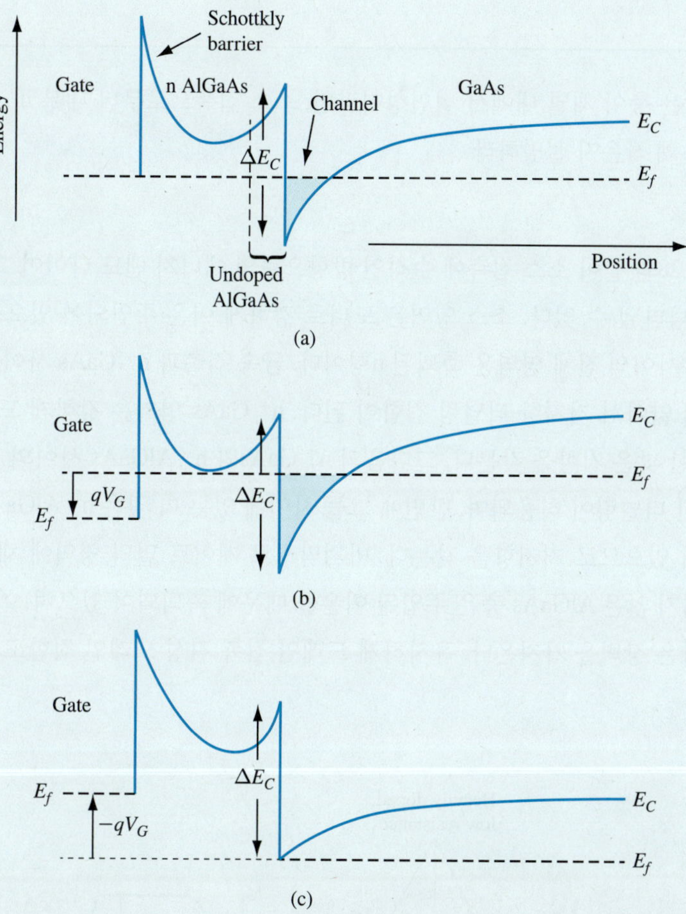

그림 8.27 그림 8.26a의 HFET에 대한 게이트에 수직인 전도대 다이어그램 (a) 평형 상태에서, (b) 양의 게이트 바이어스인 경우 그리고 (c) 음의 게이트 바이어스인 경우.

이러한 경우에 전도대 그림이 그림 8.27에 3개의 게이트 전압에 대해 나타나 있다. 표시된 경우에 대해, $V_G = 0$에서 전도 채널이 소스와 드레인 사이에 존재하고 소자는 공핍형 HFET임을 주목하라.

양의 V_G에 대한 전도대 측면도를 그림 8.27b에 나타냈다. 양의 게이트 전압은 전기적으로 중성인 GaAs에 대해 AlGaAs-GaAs 이종 접합에서 전도대 가장자리를 낮춘다; 따라서 채널에서의 전자 농도는 증가한다. 소스와 드레인 사이의 교류 통로를 허용하면서 양의 게이트 전압은 충분히 전자 점유를 허용하기 위해 AlGaAs에서 전도대 최솟값을 낮추는 전압까지 제한한다는 것을 주목하라. 음의 게이트 전압에 대해 전도대 가장자리는 채널에 있어 전자 농도를 감소하면서 에너지에 있어 증가한다. 그림 8.27c는 공핍 채널에 대한 경우를 보여준다—즉 차단 조건.

예제 8.5

도핑되지 않은 층이 채널 내에서 절연성이라면, 소스 접촉으로부터 내부 n^+ 소스 영역까지의 저항이 왜 작은지 설명하라.

■ 풀이

이는 그림 8.28과 같이 소스 접촉에 수직인 방향으로의 에너지 밴드 다이어그램을 이용하여 가장 잘 나타낼 수 있다. 소스 영역은 도너로 강하게 이온 주입되어 있으므로 소스 접촉과 p 영역 사이의 전체 영역은 축퇴된 n형이다. 금속 접촉과 n^+ GaAs 사이의 에너지 장벽은 충분히 얇아서 저저항 터널링 접합이 된다. n^+ GaAs 영역은 강하게 도핑되어 있으므로, 이 또한 낮은 저항을 갖는다. 그다음의 n^+ GaAs와 n^+ AlGaAs 사이의 장벽 역시 얇아서 이 또한 터널링이 허용되며, 반면에 그들 사이에 있는 더 깊은 n^+ AlGaAs 층은 강하게 도핑되어 있으므로 저저항을 갖는다. 마지막으로 게이트 밑의 영역에 채널을 생성시키는 도핑되지 않은 AlGaAs 층은 주입된 이온들 때문에 축퇴되어 있으며, 이에 터널링을 허용하는 얇은 장벽을 가져온다. 유사하게 드레인 접촉 진성 드레인 접합도 낮은 저항을 갖는다.

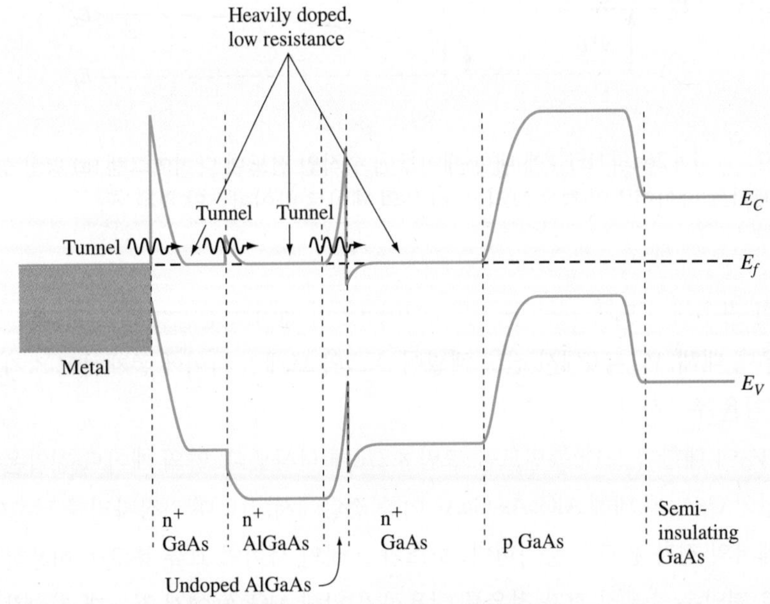

그림 8.28 HFET에 대해, 소스에 수직인 방향으로의 에너지 밴드 다이어그램.

그림 8.26b의 에너지 밴드 다이어그램으로부터, 게이트와 기판 간의 내부 전압은 일부는 도핑되지 않은 AlGaAs에 그리고 일부는 p GaAs에 가로질러 강하된다. 페르미 준위에 비하여 채널의 아래쪽 끝 에너지는 도핑되지 않은 AlGaAs 의 두께에 의해 결정된다. AlGaAs는 그것이 뒷받침하는 내부 전압이 $\Delta E_C/q$보다 더 크도록 충분히 두꺼워야 한다. 따라서 MOSFET에서 산화막 두께가 V_T에 영향을 주는 것과 비슷하게, 이 층의 두께는 HFET의 문턱 전압을 제어한다.

HFET의 동작은 MOSFET의 동작과 유사하다. 그림의 소자에 대해, 채널은 평형 상태에서 페르미 준위 위에 있게 되고 많은 전자를 가지고 있지 않다. 따라서 채널은 상당하게 전류를 흘리지 않는다. 게이트에 양의 전압이 인가될 때, 에너지 밴드 다이어그램의 채널 쪽은 아래로 내려간다. 채널의 바닥은 페르미 준위에 접근할 것이며, 채널에 전자가 채워지는 것을 허용하게 되어 전류가 흐르게 된다. 게이트 전압을 더 음의 값으로 해주면 채널은 공핍될 것이다. 채널을 형성하는 전위 우물은 매우 얇고, 그래서 전도층은 종종 2차원적 이동 전하판 혹은 2차원적 전자가스(2DEG)로 간주된다.

HFET 구조 사용의 장점은 고속 동작에 있다. 도핑되지 않은 AlGaAs 와 p형으로 가볍게 도핑된 GaAs는 이온화된 불순물에 의한 채널 전자의 산란이 거의 발생되지 않게 한다. 전자 산란이 감소하므로, 그 이동도는 증가한다. 따라서 고속 소자가 얻어지는 것이다.

갈륨 질화물 시스템에서 제조되는 HFET의 다른 형태 혹은 HEMT는 AlGaN/GaN 이종 구조를 사용한다. 이 HEFT는 채널에서의 전하가 도핑으로부터가 아니라 결정학적인 구조로부터 자연적으로 일어나기 때문에 방금 서술한 AlGaAs/GaAs HFET와 다르다. 이것을 알기 위하여, 우리는 그림 8.29로 시작한다. 그것은 GaN의 우르츠석 구조의 2개의 가능한 방향을 보여준다. A와 B층 하나의 경우가 아닌 ABAB의 번갈아가는 양쪽 층은 다른 경우의 반전 형태이다. 더욱이 결속이 다소 이온성이기 때문에, 음전하에 대한 전하의 중심은 유도 쌍극자를 발생하면서, 양전하에 비해 같지 않다. 표면이 전기 쌍극자 모멘트가 표면을 향해 가리킬 때 N-극화되었다고 말하고 다른 경우에 Ga-극화되었다고 한다. 분극화는 내부 전계를 발생시킨다. GaN 표면의 단위 면적당 순간적인 분극 전하는 $n_\pi \approx 10^{13}$ cm^{-2}이다. 그래서 내부 전계는

$$\mathscr{E}_\pi = \frac{Q_\pi}{\varepsilon} = \frac{qn_\pi}{\varepsilon_r\varepsilon_0} = \frac{(1.6\times10^{-19}\,\mathrm{C})(10^{13}\,\mathrm{cm}^{-2})}{(9.5)(8.84\times10^{-14}\,\mathrm{F/cm})} = 1.9\ \mathrm{MV/cm} \tag{8.38}$$

GaN과 AlGaN 사이의 이종 접합이 형성될 때, 두 번째 효과가 작동된다. 격자 상수에 있어 어긋남은 어떤 긴장의 힘이 경계에 생긴다. GaN과 그것의 합금은 압축 혹은 인장의 긴장의 힘이 전압을 발생시킬 수 있는 것을 의미하는 **피에조 일렉트릭**이다. Al 양의 증가는 순간적인 분극 전하와 피에조 전하 모두 증가시킨다. 피에조 전하의 부호는 그러나 재

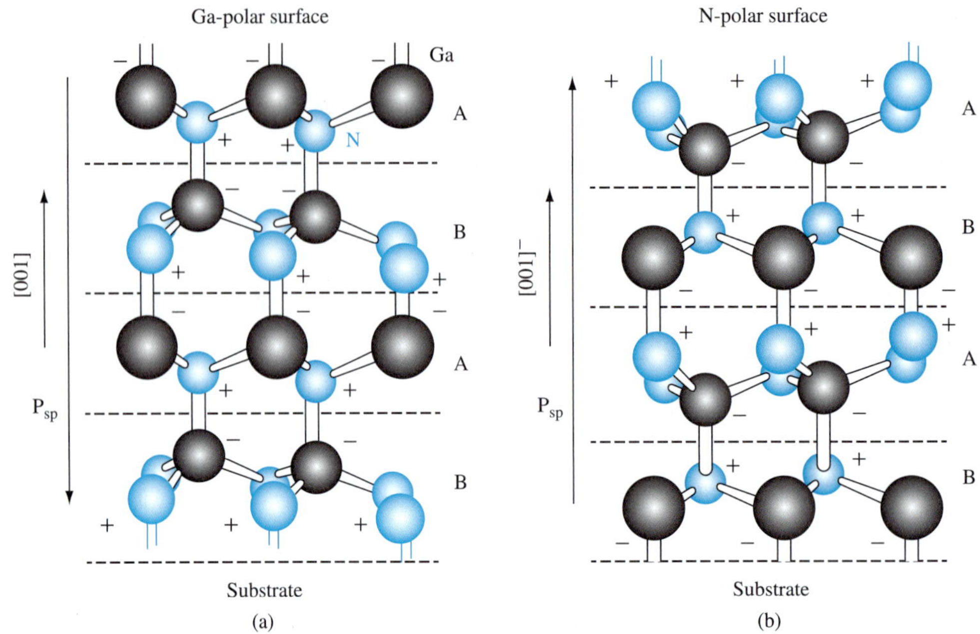

그림 8.29 우르츠석 결정 구조의 GaN. (a) Ga-극의 표면, (b) N-극의 표면.

료가 Ga-극화 혹은 N-극화인가에, 그리고 긴장의 힘이 압축인가 혹은 인장인가에 의존하면서 변할 수 있다. 따라서 압전성에 의해 전기적으로 유도된 전하는 자발적인 분극 전하를 더할 수도 혹은 부분적으로 막을 수도 있다.

GaN 기반의 HFET에서, AlGaN과 GaN 층 사이의 이종 접합이 있다(그림 8.30a). 이 소자에서 AlGaN 층은 절연 게이트로 작동하고 얇은 전하의 채널이 그림 8.30b에서 보여주듯이 AlGaN/GaN 이종 접합의 GaN 편에 나타난다. $\pm Q_{\pi AlGaN}$로 주어지고 그림의 부분 (c)에 보여주는 AlGaN 분극 전하들(순간적인 그리고 피에조 전기적으로 유도된 전하의 합)은 그림 8.30d 그 층에 E_C에서 일정한 기울기로서 보여주듯이 AlGaN에 일정한 전계를 발생시킨다. 분극 전하는 이종 접합의 AlGaN와 GaN 재료 사이에 순 전하 차이를 초래하면서 Al 양과 함께 증가한다. 전자에 기여하는 경계에 도너-같은 불순물이 있다. 그것은 ΔE_C에 기인하여 형성된 전위 우물에 의해 포획된다. 앞의 HFET와 함께, 이러한 전자들이 매우 좁은 영역에 가두어짐에 따라 경계에 2차원적 밀도 n_{2DEG}의 전자 농도를 발생시킨다.

GaN과 기판 사이의 경계에서, 효과적으로 거기에 분극 전하를 막고 기판 GaN에서 평탄 밴드를 초래하면서, 이온화(Q_{scf})될 수 있는 많은 불순물들이 존재한다. AlGaN의 표면에서, 표면에 분극 전하를 부분적으로 상쇄하는 도너-같은 표면 상태 NDD들이 있다.

순 결과는 이종 접합에서 그림 8.30(d) 채널에서 전류를 흐르게 할 수 있는 얇은 전하막 $-qn_{2DEG}$가 존재한다. AlGaN/GaN 극화 HFET와 AlGaAs/GaAs 시스템의 HFET 사이의 차이는 극화한다는 것이다. 2DEG는 도너보다 분극 전하로부터 발생하고, 판 막 전하 밀도는 AlGaAs/GaAs HFET보다 GaN 기반 소자들이 10 내지 100배 더 크다. 이것은 보도된 [5] 2 A/mm보다 더 큰 전류밀도와 함께, 더 높은 전류 이동 능력을 초래한다. GaN과 그 합금의 큰 밴드 갭은 높은 전자 이동도와 함께, GaN을 고속 전원 트랜지스터의 우수한 재료로 만든다.

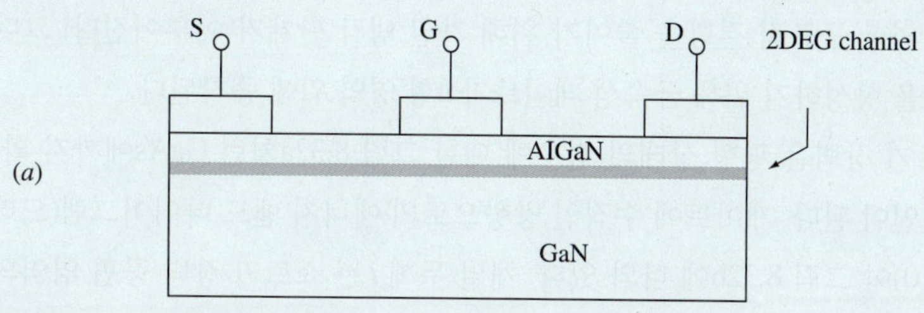

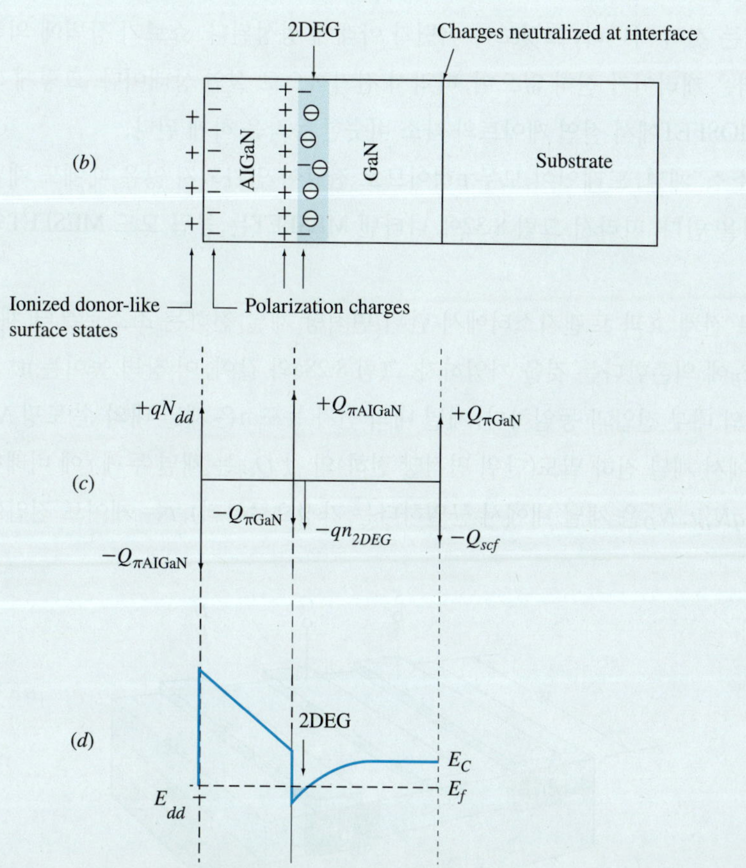

그림 8.30 (a) AlGaN/GaN HFET의 구조. (b) 분극 전하들이 경계에 나타난다. 표면 상태들은 이종 접합 가까이 GaN에서 2차원적인 전자가스를 발생하는 전하들에 기여한다. (c) 전하의 근원들. (d) 평형 상태 전도대 에너지 밴드 다이어그램.

8.6.2 금속-반도체 전계 효과 트랜지스터(MESFET)

그림 8.31은 n 채널 GaAs 기반 금속-반도체 전계 효과 트랜지스터(MESFET: metal-semiconductor field-effect transistor)의 구조를 나타내고 있다. n형 GaAs의 얇은 필름은 이온 주입되거나 반절연성 GaAs 기판 위에 에피 증착된다. 그러고 나서 소스와 드레인은 이온 주입에 의해 강하게 도핑된(축퇴된) n^+형 영역으로 형성된다. 이온 주입 다음에 이온 주입에 의한 구조적 결함을 줄이기 위해 가열 냉각 단계가 이루어진다. 그다음으로 쇼트키 접합을 형성하기 위해 금속성 게이트가 n형 영역 위에 증착된다.

쇼트키 장벽은 평형 상태의 경우에 대한 그림 8.32a처럼 GaAs에까지 확장된 공핍 영역의 원인이 된다. 게이트에 수직인 방향으로의 에너지 밴드 다이어그램(드레인과 게이트 전압은 0)이 그림 8.32b에 나와 있다. 채널 두께 t는 쇼트키 장벽 공핍 영역의 가장자리에서부터 n GaAs 기판 공핍 영역에까지 확장된다.

이 소자는 앞에서 논의한 FET와는 다른데, 이 소자에서 채널은 반도체 표면에 직접적으로 형성되는 것이 아니라, 그것보다 어딘가 아래에 형성된다. 쇼트키 장벽에 의해 유발된 공핍 영역은 캐리어가 전혀 없으며, 따라서 전기적으로 절연 상태이다. 그렇게 되면 공핍 영역은 MOSFET에서 절연 게이트와 다소 비슷한 동작을 하게 된다.

우리는 소스, 채널, 드레인이 모두 n형이므로 전압이 인가되지 않은 때에도 채널은 존재한다는 것을 안다. 따라서 그림 8.32에 나타낸 MESFET는 공핍 모드 MESFET임을 알 수 있다.

다음으로 전계 효과 트랜지스터에서 단위 면적당 채널 전하는 소스로부터 채널까지 장벽 높이 E_B에 의존한다는 것을 기억하자. 그림 8.28a와 같이, 이 장벽 높이는 n^+ 소스와 n 채널 사이의 내부 전압과 동일하다. 채널 내의 전자 농도 n은 채널 내의 순 도핑 N_D'와 같다. 소스 끝에서 채널 전하 밀도(단위 면적당 전하)의 값 Q_{ch}는 채널 두께 t에 비례하게 되고($Q_{ch} = -qN_D't$, N_D'은 채널 내에서 균일하다는 가정으로부터), t는 게이트 전압에 의해

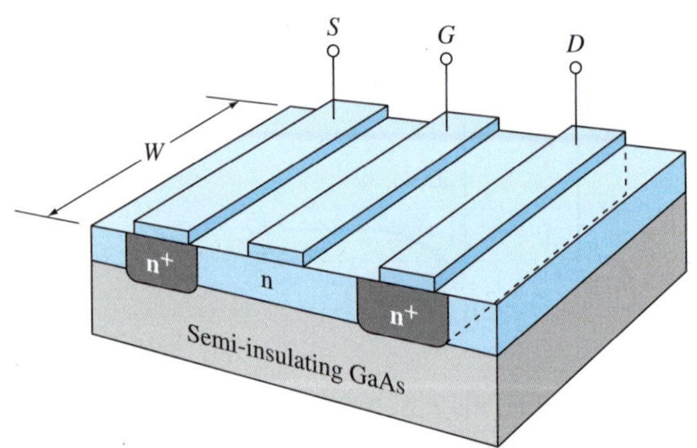

그림 8.31 GaAs MESFET 구조를 보여주는 개략도.

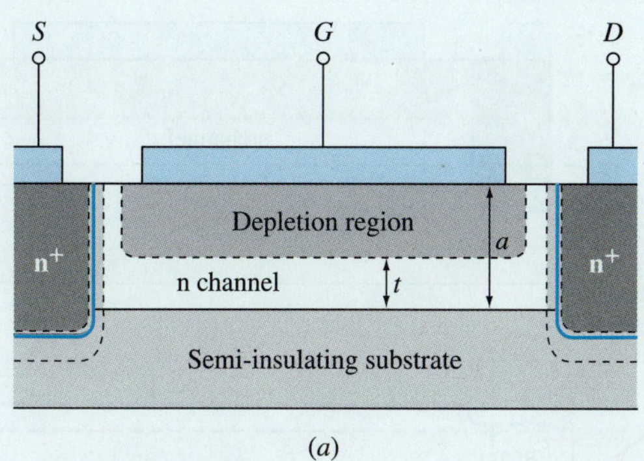

(a)

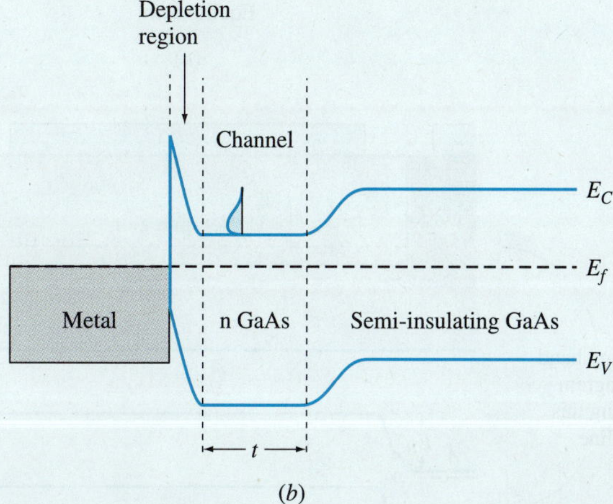

(b)

그림 8.32 (a) 평형 상태일 때 공핍 영역을 나타낸 MESFET의 단면도, (b) 게이트에 수직인 방향으로의 에너지 밴드 다이어그램 채널 두께는 t이다.

제어된다.

우리는 또한 2개의 공핍 영역이 있다는 것을 볼 수 있다. 하나는 쇼트키 접합에 의한 공핍 영역이고 다른 하나는 채널과 반절연성 기판 간의 공핍 영역이다. 만일 이 두 공핍 영역이 중첩되도록 게이트 전압 V_G가 인가된다면, 소스-채널 장벽은 증가한다. 이는 그림 8.33b에 나와 있다. 이 장벽을 높이는 것은 이동 가능한 채널 전하 Q_{ch}를 (거의) 0으로 감소시켜, 소자를 작동하지 않게 한다.

이 조건이 달성되는 데 필요한 게이트 전압의 값은 **문턱 전압(threshold voltage)**이라고 불리며 이 경우에 있어서 음의 값이다.[5)]

그림 8.33a에서 게이트 전압이 인가되지 않아도 소스 끝에 공핍 영역이 중첩되면 증가형 MESFET가 된다. 그러한 경우 소스-채널 장벽은 평형 상태에서 도전성 채널이 무시될

---

5) 이 전압을 때때로 핀치오프 전압(pinch-off voltage)이라고 부른다.

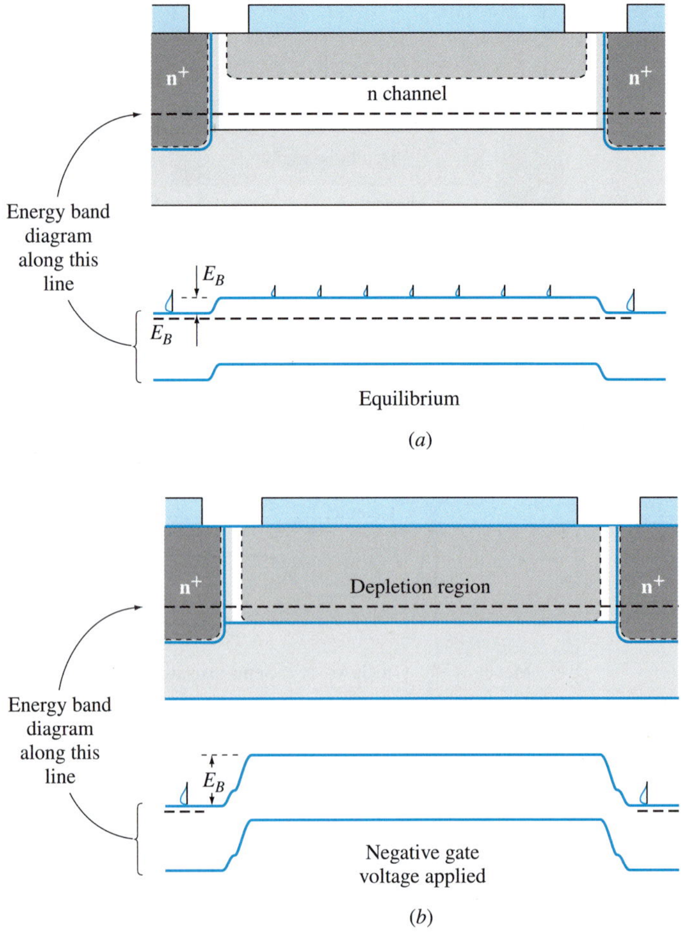

그림 8.33 MESFET의 에너지 밴드 다이어그램과 공핍 영역. (a) 평형 상태, (b) 채널을 공핍시키는 게이트 전압이 인가될 때. 두 번째 경우에서, 채널은 아직 n형이지만 증가된 장벽 높이 때문에 채널에는 캐리어가 없다.

수 있을 정도가 된다. 양의 값의 게이트 전압의 인가는 게이트-채널 공핍 영역을 감소시켜 채널을 형성시키고, 이는 전류를 증가시키게 된다. 증가형 FET에서, 게이트-채널 쇼트키 장벽은 실제로는 공핍 영역의 폭을 감소시키기 위해 순방향으로 바이어스가 된다. 게이트 전압은 과도한 게이트-채널 전류를 방지하기 위해 대략 3/4 V로 제한되어야 한다. 증가형 MESFET의 문턱 전압은 양의 값이다.

양의 값의 드레인 전압을 갖는 MESFET의 단면도가 소스 근처와 드레인 근처에서 게이트에 수직인 방향의 에너지 밴드 다이어그램과 함께 그림 8.34에 나와 있다. 드레인 끝에서 쇼트키 장벽에 걸려 있는 역바이어스가 소스 끝보다 더 커서 공핍 영역이 더 넓다. 결과적으로 채널 두께는 소스로부터 드레인 쪽으로 갈수록 감소한다.

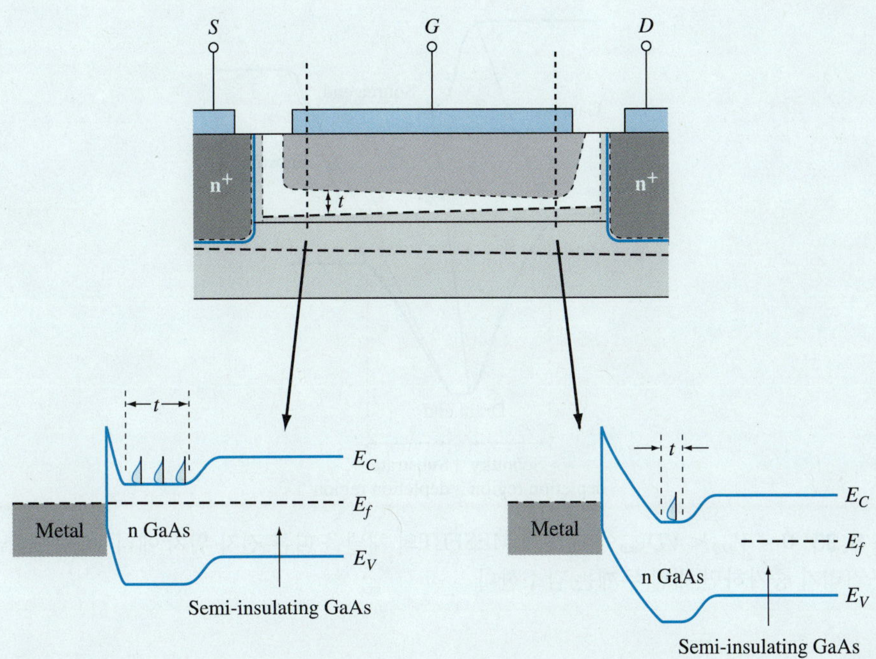

그림 8.34 V_{DS}가 작을 때의 MESFET의 단면도와 이에 해당하는 게이트의 소스 쪽 끝과 드레인 쪽 끝에서의 에너지 밴드 다이어그램.

물성적 원리는 약간 다르지만 MESFET의 I_D-V_{DS} 특성은 정량적으로 볼 때 MOSFET의 그것과 비슷하다. 포화 조건 이하의 경우를 우선 살펴보자.

채널을 통해 흐르는 전류는 단위 면적당 전하 Q_{ch}에 비례하며, 이 전하는 채널의 두께 t에 비례한다는 것을 상기하자. 따라서 드레인 전압이 증가함에 따라 저항도 증가한다. 그러므로 전류는 포화 이하에서 V_{DS}에 따라 준선형적으로 증가한다. 이것은 그림 8.35의 도움으로 확인될 수 있는데, 이 그림은 주어진 게이트 전압 V_{GS}에서 $0 < V_{DS} < V_{DSsat}$(즉 준선형 영역에서 동작)에 대해 x와 y에 따른 E_C의 변화를 보여준다. 채널에서 전자 농도는 $n_{ch} = N'_D$, 또는 n형 채널 영역에서의 순 도핑 농도이다. 게이트 전압이 소스 가까이 채널의 두께를 제어하지만, $Q_{ch} = -qN'_D t$이므로, 이것은 또한 단위 면적당 채널 전하를 제어한다. 채널의 드레인 끝으로 갈수록 t의 두께는 Q_{ch}의 감소로 감소한다. 채널을 따른 전류는 일정하므로, $I_D = WQ_{ch}v$[식 (III.3)]으로부터 우리는 채널 전하가 감소하면 그 속도가 증가한다는 것을 알 수 있다.

V_{DS}의 어느 값에서 드레인 전류가 포화된다는 것을 예상할 수 있다. 이것이 어떻게 발생하는지 조사해보자. 충분히 높은 드레인 전압에서, 채널에서의 공핍 영역은 그림 8.36에 표시된 바와 같이 드레인 근처에서 중첩되는데, 그림은 전류 포화 상태에서 소스 끝과 드레인 끝에서 접합에 수직인 방향으로의 에너지 밴드 다이어그램을 보여주고 있다. 공

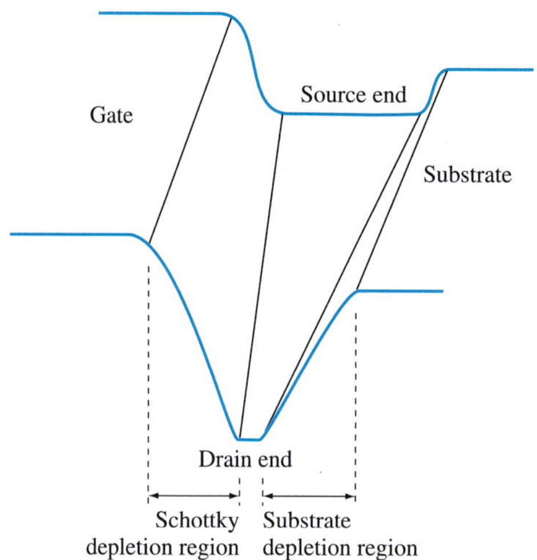

그림 8.35 $0 < V_{DS} < VD_{Ssat}$에 대해서 MESFET의 채널을 따른 전자 위치 에너지(E_C). 채널을 따라 거리가 증가하면 채널 두께는 감소한다.

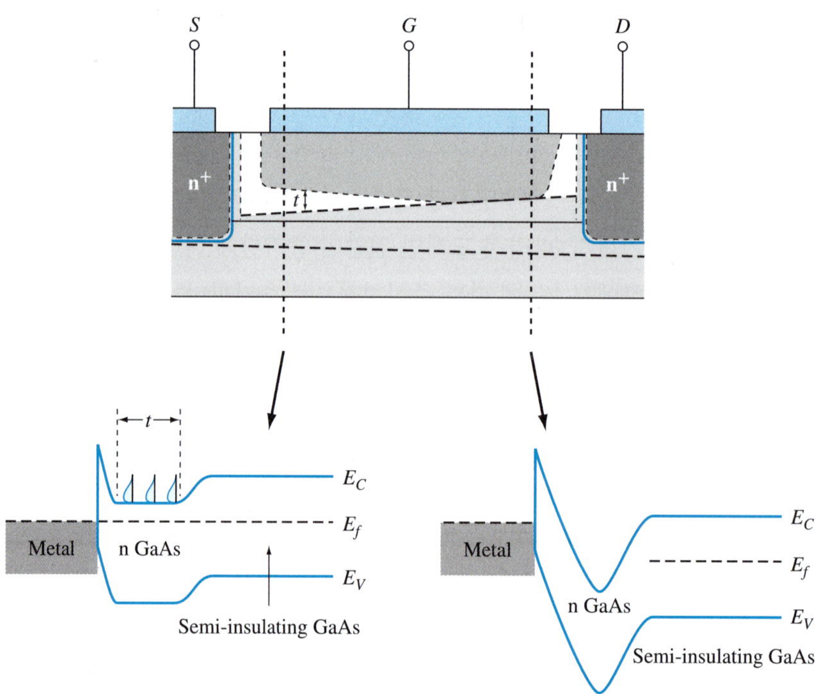

그림 8.36 $V_{DS} > V_{DSsat}$일 때, 그림 8.34의 MESFET. 소스에서의 에너지 밴드 다이어그램은 그림 8.34와 동일하다. 그러나 드레인에서는 두 공핍 영역이 중첩된다.

핍 영역은 보통 캐리어를 가지고 있지 않으므로 전류 흐름은 중지되는 것처럼 보일 수 있다. 그러나 이 경우 비록 공핍 영역들은 서로 맞닿게 되지만, 그 벽의 에너지 장벽들은 그림 8.35와 유사하게 전위 계곡을 형성하므로 소스로부터 드레인으로 터널링 전류가 흐르게 된다. 따라서 전류는 계속 흐르게 된다.

그러나 전류는 MOSFET에서와 동일한 이유로 포화된다. 채널로 들어가는 캐리어의 개수는 그림 7.17에 나타낸 것처럼 소스 끝에 있는 장벽에 의해 제어되고, 전류는 채널 전하와 채널 전계에 비례하게 되어, $I_D = WQ_{\mathrm{ch}}(0)\mu_{\mathrm{lf}}\mathscr{E}_L(0)$이 된다. 작은 드레인 전압의 인가는 소스 끝에서도 전계를 변화시키지만. V_{DS}가 증가할 때, 그것은 드레인 끝에서 밴드를 더욱 변형시키지만 소스 끝에서는 추가적인 영향이 거의 없다.

8.6.3 접합 전계 효과 트랜지스터(JFET)

JFET는 p^+n 접합 게이트가 쇼트키 장벽 게이트로, 그리고 반절연성 기판이 p형 기판으로 대체된다는 것을 제외하고는 MESFET 와 유사하다(NFET의 경우). 이 소자가 그림 8.37에 개략적으로 나와 있다. MESFET와 같이, 제어 전계는 역바이어스가 된 게이트 접합에 의한 공핍 영역을 통해 인가된다. MESFET의 경우, 그 접합은 쇼트키 장벽이고, JFET에서는 p^+n 접합이다. 드레인-소스 및 게이트-소스 전압이 0인 그림 8.37a에 나와 있는 대로, 채널

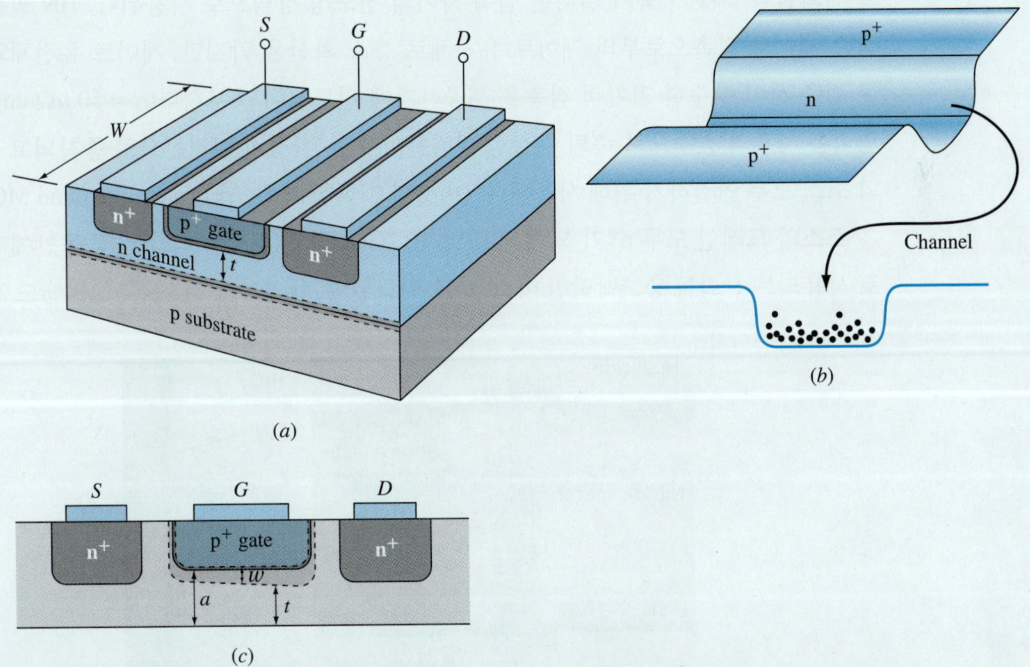

그림 8.37 JFET. 음영 처리된 부분은 공핍 영역을 나타낸다. (a) 단연도, (b) $V_{DS} = 0$일 때 에너지 밴드 다이어그램(E_C), (c) $V_{DS} > 0$일 때(그러나 아직 포화 상태에 있지는 않을 때), 드레인 끝에서의 공핍 영역이 증가하여, 채널은 좁아지게 되고 채널 저항은 증가한다.

두께 t는 게이트 채널 공핍 영역의 가장자리에서부터 기판 채널 공핍 영역까지 연장되어 있다. 이에 해당하는 에너지 밴드 다이어그램이 그림 8.37b에 나와 있다(여기에서는 E_C만 보인다). 그림 8.37c는 드레인 전압이 0은 아니지만 아직 포화 조건 이하일 때에 대한 공핍 영역을 보여준다. 금속학적 채널 두께는 a, 공핍 영역 폭은 w, 그리고 유효 채널 두께는 t이며, 여기서 $t = (a - w)$이다.

JFET의 물리적 동작 원리와 전기적 특성은 MESFET의 그것과 유사하다. 역바이어스가 된 게이트-채널 전압은 전류를 감소시킨다.

8.6.4 터널 전계 효과 트랜지스터(TFET)

논의된 FET에서, 최소 준문턱 스윙 S는 채널 전류가 소스와 채널 사이 장벽을 넘어 열적으로 야기되는 입자들로부터 발생하기 때문에 실내 온도에서 60 mV/decade로 제한되어 있다. 이 제한은 터널 다이오드와 비슷한 터널 전계 효과 트랜지스터 혹은 TFET에서 밴드-밴드 간의 터널링에 의한 소스로부터 드레인까지의 입자 흐름에 의해 극복될 수 있다. 그림 8.38은 실리콘 나노와이어 gate-all-around(GAA) TFET의 전자 현미경 사진을 보여준다. 소스와 게이트는 p^+(붕소), 드레인은 n^+(비소) 그리고 나노와이어 채널은 도핑되지 않는다. 게이트-채널 절연체는 HfO_2이다. 오른쪽에 확대에서 보여주는 얇은 TiN 층은 게이트 산화물과 그것의 축퇴 실리콘 접촉 사이의 **전도성 장벽**으로 사용된다. TiN 필름은 실리콘 게이트 접촉으로부터 게이트 유전체로 붕소 확산을 막지만, 게이트 유전체와 실리콘 접촉 사이 우수한 전기적 접촉을 제공하기에 전도성이 충분하다($\sigma \approx 50\ \mu\Omega$-cm). α-Si 영역은 차후의 공정으로 축퇴 다결정 실리콘이 되는 비정질 실리콘으로 증착되고 게이트와 소스 모두 연결하기 위해 사용된다. (비슷한 기하학적 구조의 gate-all- around MOSFET은 소스와 드레인 모두 n^+가 되게 제조된다.) "GateHM"은 포토 식각 공정 동안에 마스크로 사용되는 산화물 층, "딱딱한 마스크"로 언급된다. 채널보다 더 작은 소스 밴드 갭을 가

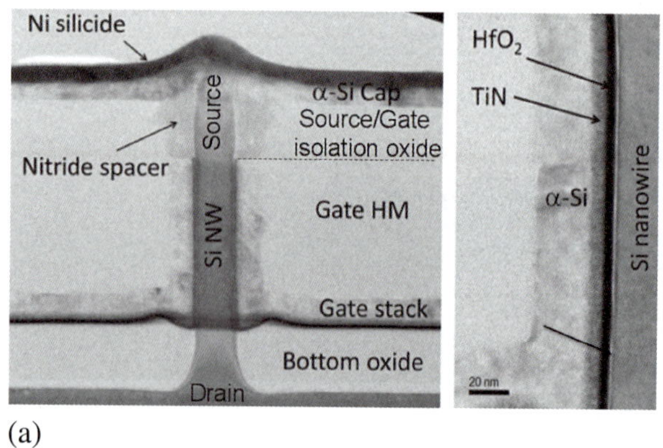

(a)

그림 8.38 (a) gate-all-around Si 나노와이어 TFET(IMEC 제공).

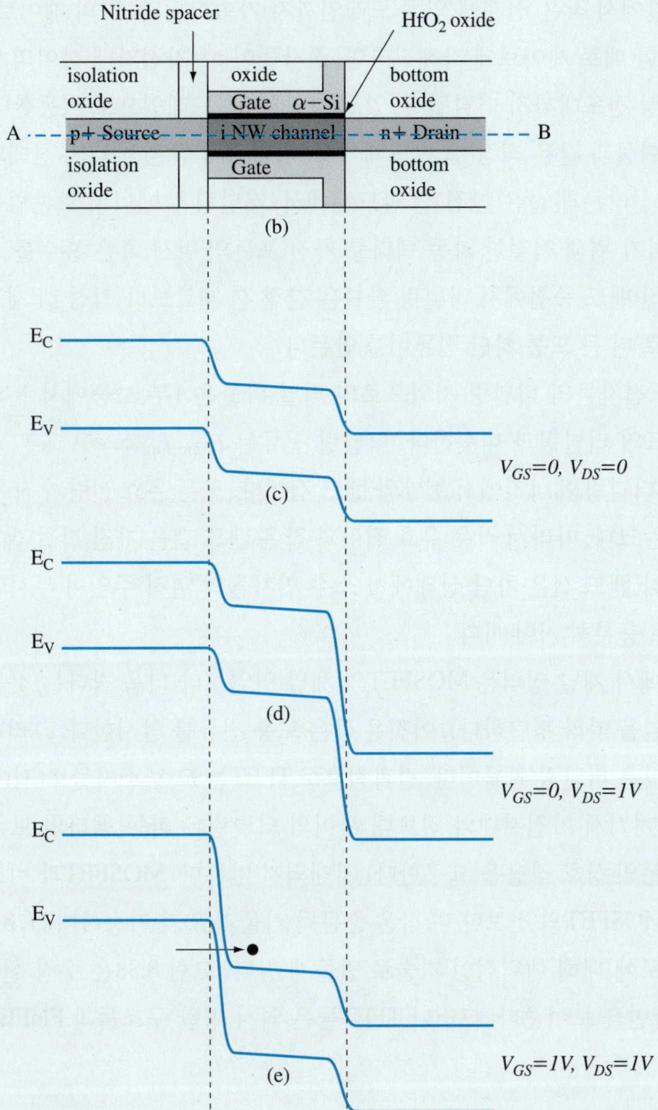

그림 8.38 (계속) (b) 개략도. (c) $V_{GS}=0$, $V_{DS}=0$인 경우의 에너지 밴드 다이어그램. (d) $V_{GS}=0$, $V_{DS}=1$ V. (e) $V_{GS}=1$ V, $V_{DS}=1$ V.

진 이종 접합 TFET은 더 좁은 터널링 영역을 만들고 따라서 도통 전류를 증가시키게 된다.[6]

평형 상태에서 A-B 선을 따라 소스로부터 드레인까지의 에너지 밴드 다이어그램을 그림 8.38b에 보여준다. $V_{GS}=0$과 작은 V_{DS}(예, 1 V)에 대한 경우를 (c)에 보였다. 게이트에 의해 영향받는 진성 채널의 전위를 가진 채, 소자는 효과적으로 역바이어스된 pin 다이오드이다. 작은(무시할 만한) 전류가 흐른다. 그 전류는 진성 채널로부터 발생된 전자로부터 초래되고 채널에서 작은 전계에 의해 드레인까지 가속화된다. 양의 게이트 전압(예, 1 V)이 (d)에 표시한 대로 게이트에 가해진다면, 전자들이 p^+ 가전자대 사이의 얇은 전이 영역을 통하여 진성 전도대까지 터널될 수 있고 따라서 n^+ 드레인으로 이동한다. 갈륨 비소물 혹은 인듐 인화물과 같은 직접 갭 반도체에서, 터널링이 같은 에너지 상태와 파동 벡터의 사이에 있다. 실리콘과 같은 간접 갭 반도체에서, 터널링은 에너지 보존법칙과 파 벡터의 법칙을 만족하기 위해 적절한 파동 벡터를 가진 포논의 방사 혹은 흡수를 요구한다. 결과적으로, 주어진 밴드 중첩에서 터널링 확률은 간접 갭 재료보다 직접 갭 재료에서 더욱 크다. 결과적으로 더 큰 **도통**/**차단** 전류비를 만든다.

보통 입사 전자들의 터널링 지역으로의 터널 확률은 1부 보충에서 논의했다. 그것은 터널 다이오드의 터널링과 비슷하다. 터널링 전류는 $I_{\mathrm{Tunneling}} \propto e^{-\left(\frac{4E_g^{3/2}\sqrt{2m^*}}{3q\mathscr{E}\hbar}\right)}$.[6] 여기서 $\mathscr{E}$와 E_g는 각각 터널링 에너지에서 전계와 밴드 갭이다. 작은 유효 질량과 작은 밴드 갭의 재료에서 확률은 크다. 따라서 작은 유효 질량과 작은 밴드 갭을 가진 직접 갭 반도체가 바람직하다. 그러나 밴드 갭은 **차단** 상태에서 소수 입자들의 열적 주입이 무시할 만한 전류에 기여할 정도로 충분히 커야 하다.

그림 8.38에서 채널 영역은 MOSFET의 채널 영역보다 더욱 작다는 것을 보여준다(밴드는 거의 채널을 따라 평탄하다). 이것은 작은 **도통** 전류를 암시한다. 그러나 전류에 있어 주된 제한은 낮은 터널링 확률이다. 결과적으로 TFET는 고속 소자들로(적어도 간접 갭 반도체에 대해, 거기서 가전자대와 전도대 사이의 터널링은 파동 벡터의 보존 법칙을 만족하기 위해 포논의 상호 작용을 요구한다) 기대되지 않는다. MOSFET과 비교해 다른 전류 구조 때문에 MOSFET의 것보다 더 작은 준문턱 기울기(S)가 가능하며,[7, 8] TFET를 저전압-저전력 회로에 대해 매력적인 기술로 만들게 한다. 그림 8.38은 수직 실리콘 나노와이어 TFET의 단면을 보여준다; 그러나 TFET들은 역시 평탄 구조들과 FinFET 구조들로 제조되었다.

8.7 기판 채널 FET: 정량적 해석

MESFET와 JFET의 물리적 동작 원리가 유사하다는 것을 보았다. 여기서 우리는 좀 더 정량적으로 다룰 것이다. 모든 FET와 마찬가지로, MESFET와 JFET를 수학적으로 다루는 것은 식 (III.7)로 시작한다. $Q_{\mathrm{ch}} = -qn(y)t(y)$인 JFET나 MESFET에 대해

$$I_D = qW\mu(y)n(y)\,t\,(y)\frac{dV_{\mathrm{ch}}(y)}{dy} \tag{8.39}$$

우리가 μ, n, t에 대한 모델을 가지고 있다면, 원칙적으로 식 (8.39)는 $V_{\mathrm{ch}}(y)$에 관해서 풀 수 있다. $V_{\mathrm{ch}}(L) = V_{DS}$로 놓음으로써 I_D-V_{DS} 특성을 구할 수 있다. 여기서는 JFET에 대한 결

과를 보이겠지만, MESFET의 결과도 이와 유사하다.

JFET에 관한 간단한 모델 MOSFET에 대해 그랬던 것처럼, 속도 포화 효과가 무시된 간단한 JFET 모델로부터 시작한다. 포화 조건 이하($0 < V_{DS} < V_{DS\mathrm{sat}}$)에서의 I_D-V_{DS} 특성부터 시작한다. 이 긴 채널 모델에 대해 다음과 같이 대략 가정한다.

1. 순 채널 도핑은 균일하다. 즉 $n(y) \approx N'_D$.
2. 전자 이동도는 저전계 이동도($\mu = \mu_{\mathrm{lf}}$)이고, $\mathscr{E}_L$에 무관하다.
3. 게이트-채널 공핍 영역 폭 $w(y)$는 모두 채널 쪽에 있다. (p^+ 게이트가 강하게 도핑되어 있으므로 이것은 합리적이다.)
4. 기판에 인접한 n형 채널 영역 내의 공핍 영역의 폭은 무시할 수 있다. 이는 $t(y) = a - w(y)$를 암시하는데, 여기서 a는 n형 영역의 두께이다. (그림 8.37c를 보라.)
5. 채널 길이는 충분히 길어서($L \gg a$) 채널 전체에 걸쳐 $\mathscr{E}_L \ll \mathscr{E}_T$이다. 또한 게이트 공핍 영역 두께 w는 $\mathscr{E}_L(y)$에 무관할 수 있다고 가정한다. 이것을 **완만 채널 근사(gradual channel approximation)**라고 한다.

가정 4는 이것이 간단한 모델일지라도 사실적이지 않다는 것을 지적해둔다. 기판에 인접한 채널 내 실제 공핍 영역은 기판의 도핑과 비교한 채널 내의 순 도핑에 의존하며, 정확한 해석을 위해서 반드시 알아야 한다.

이 가정들을 이용하면, 식 (8.39)는 다음과 같이 된다.

$$I_D\,dy = qW\mu N'_D a \left[1 - \frac{w(y)}{a}\right] dV_{\mathrm{ch}} \tag{8.40}$$

주어진 N'_D에 대해, 공핍 영역 폭은 단지 게이트-채널 전압 $V_G - V_{\mathrm{ch}}(y)$에만 의존한다. 식 (5.39)를 적용하면, $\mathrm{n}^+\mathrm{p}$ 접합에서 공핍 영역 폭에 대한 표현은 아래와 같다.

$$w(y) = \left[\frac{2\varepsilon_s}{qN'_D}(V_{\mathrm{bi}} - V_{GS} + V_{\mathrm{ch}}(y))\right]^{1/2} \tag{8.41}$$

단 접합 전압은 $V_j = V_{\mathrm{bi}} - V_{GS} = V_{\mathrm{ch}}(y)$로 표현되었다. 여기서 인가전압 V_{GS}는 접합이 확실히 역바이어스가 되도록 음의 값이다.

I_D를 문턱 전압(쉽게 측정 가능한 양)의 항으로 표현하는 것이 편리하다. 문턱 조건일 때, $V_{GS} = V_T$이고 소스 끝에서 $w(0) = a$와 $V_{\mathrm{ch}} = 0$이므로, 식 (8.41)은 $y = 0$에서 다음과 같이 다시 쓸 수 있다.

$$w(0) = a = \left[\frac{2\varepsilon_s}{qN'_D}(V_{\mathrm{bi}} - V_T)\right]^{1/2} \tag{8.42}$$

문턱 전압에 관해서 풀면 다음과 같다.

$$V_T = V_{\text{bi}} - \frac{a^2 q N'_D}{2\varepsilon_s} \tag{8.43}$$

따라서 문턱 전압은 n형 층의 도핑과 두께에 의해 정해진다. V_T는 증가형 JFET에 대해서는 양의 값이며 공핍형 JFET에 대해서는 음의 값임을 주의하라.

식 (8.41)과 (8.29)로부터 $w(y)$와 a에 대한 표현을 식 (8.40)의 괄호 속에 대입하면

$$I_D dy = qW\mu N'_D a \left[1 - \left(\frac{V_{\text{bi}} - V_{GS} + V_{\text{ch}}}{V_{\text{bi}} - V_T}\right)^{1/2}\right] dV_{\text{ch}} \tag{8.44}$$

이제 $\mu = \mu_{\text{lf}}$이고 V_{ch}에 무관하다는 가정 2를 이용한다. 식 (8.44)를 소스로부터 드레인까지 적분하고 좀 더 정리하면 포화 조건 이하에 대해 다음을 구할 수 있다.

$$I_D = \frac{qW\mu_{\text{lf}}N'_D a}{L} \times \left\{V_{DS} - \frac{2}{3}(V_{\text{bi}} - V_T)\left[\left(\frac{V_{DS} + V_{\text{bi}} - V_{GS}}{V_{\text{bi}} - V_T}\right)^{3/2} - \left(\frac{V_{\text{bi}} - V_{GS}}{V_{\text{bi}} - V_T}\right)^{3/2}\right]\right\} \tag{8.45}$$
$$V_{DS} \leq V_{DS\,\text{sat}}$$

전류 포화 상태일 때, 기울기는 MOSFET과 동일하게 $\partial I_D/\partial V_{DS} = 0$임을 알고 있다. 포화는 $V_{DS} = V_{DS\text{sat}}$일 때 시작된다. 식 (8.45)를 미분하여 0으로 놓으면

$$V_{DS} = V_{DS\,\text{sat}} = V_{GS} - V_T \tag{8.46}$$

이것을 다시 식 (8.45)에 대입하면, 포화점에서(그리고 그 이상에서) 다음을 얻을 수 있다.

$$I_{D_{\text{sat}}} = \frac{qW\mu_{\text{lf}}N'_D a}{L} \times \left\{V_{GS} - V_T - \frac{2}{3}(V_{\text{bi}} - V_T)\left[1 - \left(\frac{V_{\text{bi}} - V_{GS}}{V_{\text{bi}} - V_T}\right)^{3/2}\right]\right\} \tag{8.47}$$
$$V_{DS} \geq V_{DS\,\text{sat}}$$

JFET에 대한 속도 포화 모델 MOSFET에서 간단한 긴 채널 모델은 짧은 채널 소자에는 잘 맞지 않았고, 그것은 JFET에 대해서도 맞지 않는다. 이제, 이 JFET 모델에 속도 포화를 포함하도록 수정한다. MOSFET에서처럼 이동도 μ는 종방향 전계 $\mathscr{E}_L$이 높을 때 감소한다. 다시

$$\mu = \frac{\mu_{\text{lf}}}{1 + \frac{\mu_{\text{lf}}\mathscr{E}_L}{v_{\text{sat}}}} \tag{8.48}$$

위의 관계식과 $|\mathscr{E}_L| = dV_{\text{ch}}/dy$ 관계식을 사용하여 식 (8.48)에 대입한다. 식 (8.44)를

적분하면 $V_D \le V_{D\text{sat}}$일 때에는

$$I_D = \frac{qW\mu_{\text{lf}} N'_D a}{L\left(1 + \frac{\mu_{\text{lf}} V_{DS}}{v_{\text{sat}} L}\right)} \times$$

$$\left\{ V_{DS} - \frac{2}{3}(V_{\text{bi}} - V_T)\left[\left(\frac{V_{DS} + V_{\text{bi}} - V_{GS}}{V_{\text{bi}} - V_T}\right)^{3/2} - \left(\frac{V_{\text{bi}} - V_{GS}}{V_{\text{bi}} - V_T}\right)^{3/2}\right]\right\} \tag{8.49}$$

$$V_{DS} \le V_{DS\,\text{sat}}$$

그리고 포화일 때에는

$$I_{D_{\text{sat}}} = \frac{qW\mu_{\text{lf}} N'_D a}{L\left(1 + \frac{\mu_{\text{lf}} V_{DS_{\text{sat}}}}{v_{\text{sat}} L}\right)} \times$$

$$\left\{ V_{DS_{\text{sat}}} - \frac{2}{3}(V_{\text{bi}} - V_T)\left[\left(\frac{V_{DS_{\text{sat}}} + V_{\text{bi}} - V_{GS}}{V_{\text{bi}} - V_T}\right)^{3/2} - \left(\frac{V_{\text{bi}} - V_{GS}}{V_{\text{bi}} - V_T}\right)^{3/2}\right]\right\} \tag{8.50}$$

$$V_{DS} \ge V_{DS\,\text{sat}}$$

위 식들은 MOSFET에 대해서와 마찬가지로 다음과 같이 표현될 수 있다는 것을 알게 된다.

$$I_D = \frac{I_D(\text{model neglecting velocity saturation})}{1 + \frac{\mu_{\text{lf}} V_{DS}}{L v_{\text{sat}}}} \tag{8.51}$$

$$I_{D_{\text{sat}}} = \frac{I_{D_{\text{sat}}}(\text{model neglecting velocity saturation})}{1 + \frac{\mu_{\text{lf}} V_{DS_{\text{sat}}}}{L v_{\text{sat}}}} \tag{8.52}$$

MOSFET의 경우와 같이, 짧은 채널에 대해 속도 포화 효과는 속도 포화를 무시하고 예측한 값보다 전류를 감소시킨다.

$V_{DS\text{sat}}$에 대한 관계식은 이전과 마찬가지로 $\partial I_D / \partial V_{DS} = 0$으로 놓음으로써 구할 수 있지만, 이 경우 결과식은 해석적으로 풀기가 어렵다.

MESFET의 I_D-V_{DS} 특성 실리콘 기반 MESFET의 I_D-V_{DS}는 JFET의 그것과 동일하다. 그러나 많은 MESFET는 실리콘보다는 GaAs로 만들어지므로 n 채널 GaAs 기반 FET에 대해 식 (8.48)은 전자 이동도를 제대로 근사화하지 못하며 $\mathscr{E}_L$에 대한 이동도의 의존성은 여기에서 고려된 것보다 상당히 복잡하다는 것을 지적해둔다. 이것은 3장에서 논의한 바와 같이 속도-전계 관계에서 절정 때문이다(그림 3.9).

8.8 요약

7장에서 MOSFET의 기본 동작을 실리콘 기반 평탄 n 채널 소자를 예로 들어 논의하였다. 이 장에서는 문턱 전압(V_T)과 저전계 이동도(μ_{lf})를 실험적으로 결정하는 과정을 서술했다. 논의는 예로써 CMOS 디지털 인버터 회로와 함께 n 채널과 p 채널 MOSFET을 사용하면서 실리콘 기반 소자들을 포함하는 것으로 확장되었다. 그러한 인버터의 스위칭 특성을 조사했다. 스위칭 동안 전달(게이트) 지연은

$$t_d = \left[\frac{C_L V_{DD}}{2I_{D\text{satn}}} + \frac{C_L V_{DD}}{2I_{D\text{satp}}}\right]$$

우리는 또한 MOSFET의 전력 소모도 조사하였다. 비록 $V_{GS} < V_T$일 때 보통 $I_D \approx 0$이라 가정하지만, 실제로는 약간의 전류가 흐른다. V_T를 충분히 크게 선택하여 **차단** 상태(즉 $V_{GS} = 0$일 때)에서 전류는 무시할 수 있도록 하여야 한다. 이 V_T 값은 전원 전압을 고정시키는데($V_{DD} \approx 5\ V_T$), 이것은 순차적으로 스윙에 따른 동적 전력 소모에 영향을 주게 된다. 간단한 CMOS 인버터에 대해

$$P_{\text{dynamic}} = C_L V_{DD}^2 f$$

이다.

논의된 소자들은 휘발성이라 그 소자들은 전원이 제거될 때 그들의 상태를 분실한다. 비휘발성 MOSFET은 전원의 제거와 함께 현재 상태를 유지하는 소자이다. 부유 게이트 비휘발성 MOSFET을 간략히 서술했다.

그러고 나서 실리콘 기반 MOSFET의 변형들을 조사했다. 절연체 위 실리콘(SOI) 소자들과 MOSFET이 수평 기판의 수직적 확장인 3D FinFET들이다.

그 후에 다른 FET 구조들을 조사했다. 이것들은 이종 전계 효과 트랜지스터(HFET), 금속 산화물 전계 효과 트랜지스터(MESFET), 그리고 접합 전계 트랜지스터(JFET)이다.

지금까지 논의한 소자들에 있어서, 전류는 채널에서 전위 장벽을 넘어설 수 있는 입자들에 의해 제한된다. 그리고 최소로 이룰 수 있는 준문턱 스윙 S는

$$S = 2.3\frac{kT}{q} \quad \text{mV/decade 전류}$$

혹은 실내 온도에서 60 mV/decade 전류이다. 이 제한을 극복하기 위하여, 그리고 따라서 좀 더 적은 낭비 전력을 발생하는 저동작 전압의 사용을 허용하기 위해서, 우리는 게이트-채널 p^+in^+ 소자를 예로 사용하면서, 터널 전계 효과 트랜지스터(TFET)를 논의했다.

8.9 참고문헌

1. See for example Y. Taur, G. J. Hu, R. H. Dennard, L. M. Terman, C. Y. Ting, and K. E. Petrillo, "A self-aligned 1 μm channel CMOS technology with retrograde n well and thin epitaxy," *IEEE Trans. Electron Devices*, ED-32, pp. 203-209, 1985.
2. Richard C. Jaeger, *Microelectronic Circuit Design*, Section 7.7, McGraw-Hill, New York, 1997.
3. M. Yoshimi, H. Hazama, M. Takahashi, S. Kambayashi, J. Wada, and H. Tango, "Two-dimensional simulations and measurement of high-performance MOSFETs made on very thin SOI films," *IEEE Trans. Electron Devices*, ED-36, pp. 493-503, 1989.
4. Mark Lundstrom, *ECE Nanoscale Transistors* (Fall 2008), https://nanohub.org/resources/5328, Lecture 25.
5. A. Chini, R. Coffie, G. Meneghesso, E. Zanoni, D. Buttari, S. Heikman, S. Keller, and U. K. Mishra, "2.1 A/mm current density AlGaN/GaN HEMT," *Electronics Letters*, 39, no. 7, pp. 625-629, 2003.
6. R. B. Fair, and H. W. Wivell, "Zener and avalanche breakdown in Asimplanted low voltage Si n-p junctions," *IEEE Trans. Electron Devices* ED-23, pp. 512-518, 2002.
7. R. Ghandi, Z. Chen, N. Singh, K. Bannerjee, and S. Lee, "CMOS compatible vertical silicon nanowire gate-all-around p-type tunneling FETs with ≤ 50 mV/decade subthreshold swing," *IEEE Transactions on Electron Devices*, 32, no 11, pp. 1504-1506, 2011.
8. Márcio D. V. Martino, Filepe S. Neves, Paula G. D. Agopelan, João A. Martino, Rita Rooyackers, and Cor Claeys, Nanowire tunnel field transistors at high temperatures, *Journal of Integrated Circuits and Systems*, 8, no. 2, pp. 2110-2115, 2013.

8.10 복습문제

1. V_{GS}가 클 때 왜 I_D-V_{DS} 특성이 직선이 아닌가를 설명하라.
2. 준차단 영역 누설 전류를 줄이는 것이 왜 중요한가? 설계 과정에서 이를 위해 무엇을 비교 선택해야 하는가?
3. 그림 8.5의 인버터 회로의 동작을 설명하라.
4. CMOS 회로에 사용될 때 왜 NFET와 PFET는 다른 크기를 가져야 하는가?
5. 관통 전류란 무엇인가?
6. 그림 8.12c와 그림 8.2를 비교하면서 SOI 디자인이 접합 정전 용량 C_{jS}와 C_{jD}를 전통적인 CMOS 회로 정전 용량보다 아래로 어떻게 감소시키는가를 설명하라.
7. MOSFET, HFET, MESFET, JFET를 비교하여, 제어 전계가 존재하는 영역을 지적하라. 각각에 대해서 그것을 제어하는 데 사용되는 메커니즘은 무엇인가(예, 산화막에 걸리는 전계, 공핍 영역에 걸려 있는 전압의 변화 등)?
8. 오직 하나의 전도 채널을 가진 비대칭 이중 게이트 SOI MOSFET의 사용은 무엇인가?
9. 초박막 기판(UTB) 대칭적인 2개 게이트 SOI MOSFET에 대해, 왜 문턱 전압은 기판 넓이에 의존하는가?

10. 그림 8.22a는 평행인 10개의 FinFET를 보여준다. 왜 단 한 개의 FinFET를 사용하지 않는가?

11. 비휘발성 MOSFET의 목적은 무엇인가?

12. GaN HFET의 채널 전도 이동도는 왜 Si MOSFET과 같지 않게 몸체 값으로부터 거의 악화되지 않는가?

13. MOSFET 최소 스윙은 실내 기온에서 왜 60 mV/decade 전류인가?

14. TFET는 MOSFET보다 왜 더 작은 스윙을 가질 수 있는가?

8.11 연습문제

8.1 그림 P8.1에서 I_D-V_{GS} 특성을 보여주는 소자에 대해 μ_0 ,V_T, 그리고 θ를 구하라. V_{DS} = 50 mV, W = 10 mm, L = 0.5 mm, t_{ox} = 5 nm이 측정되었고 산화물은 SiO_2이다.

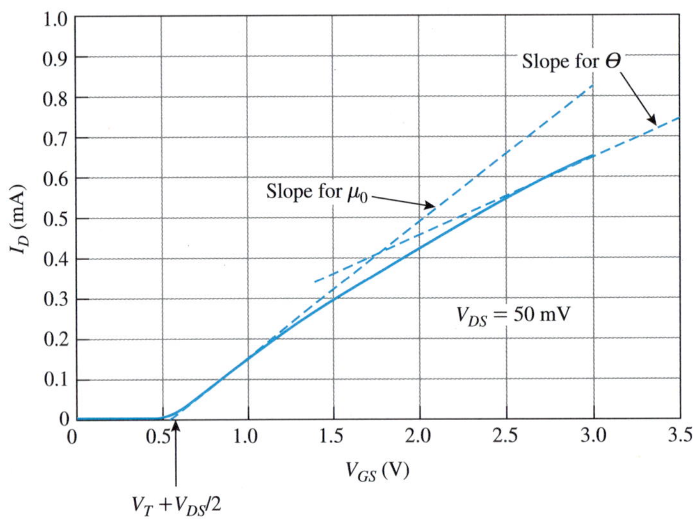

그림 P8.1

8.2 특정한 공정을 통해 $C_B' = 10^{-7}$ F/cm^2, $I_0 = 4 \times 10^{-20}$ A, 문턱 전압 V_T = 0.5 V인 MOSFET을 얻었다. 게이트 산화막 두께가 2 nm와 4 nm일 때, 준차단 영역에서 n과 S를 구하라. 어떤 소자가 더 좋은가, 그리고 그 이유는?

8.3 a. μ_{1fn} = 250 cm^2/V·s, μ_{1fp} = 100 cm^2/V·s, L = 0.5 μm, 그리고 $V_G - V_T$ = 1 V일 때, CMOS 트랜지스터들에 대한 I_{Dsat}를 정합시키는 데 필요한 W_p/W_n을 구하라. v_{sat} = 10^7 cm/s로 가정하라.

b. NMOS와 PMOS에 대한 V_{DSsat}를 구하라.

c. V_{DSsat}가 같게 되도록 NFET의 길이를 조절하라. I_{DSsat}를 같도록 유지하려면 새로운 W_p/W_n는 얼마가 되어야 하는가?

8.4 CMOS 인버터가 다른 FET의 게이트로 구성된 부하를 동작시키고 있다. 그 게이트 면적은 $0.2 \times 5\ \mu$m이다. 클록 주파수가 350 MHz, 전원 전압이 $V_{DD} = 2.5$ V, 산화막 두께가 2 nm일 때 동적 전력 소모량을 구하라. 만일 중간 정도의 집적도를 갖는 (MSI) 회로가 5000개의 트랜지스터를 갖고 있다면, 단지 스위칭에만 기인하는 전력 소모는 얼마인가? (입력-출력 관통 전류는 무시하라.)

8.5 CMOS 인버터의 $W_p/W_n = 1.5$이다. 채널 길이는 $L = 1\ \mu$m이고, $W_n = 10\ \mu$m이다. 부하 정전 용량이 1 pF일 때, 전달 지연 시간을 구하라. $t_{ox} = 4$ nm, $V_{DD} = 2.5$ V, $V_{GS} - V_T = 2$ V이다.

8.6 교재에서 논의한 바대로 SOI 소자는 통상적인 CMOS보다 더 좋은(대기권 밖이나 핵 반응기 등과 같은 방사성 환경에 덜 민감한) 방사성 내성을 가지고 있다. 이온화 복사의 예는 높은 운동 에너지를 갖는 중성자, 전자, 양성자, 또는 감마선(수 MeV의 에너지를 갖는 양자)과의 충돌이다. 고에너지 입자들은 통상적인 CMOS의 실리콘 결정을 파괴할 수 있는 반면에 SOI에서는 소자 내에 결정질 실리콘의 양이 훨씬 적다. 게다가 매장 SiO_2 층에 축적되는 충돌에 의한 전하는 일반적으로 소자 동작에 영향을 주지 않는다. SOI 소자가 감마선 흡수로부터도 영향을 덜 받는 이유를 설명하라.

8.7 a. HFET가 강하게 도통되어 있는 경우에 대해, 게이트에 수직인 방향으로 이 트랜지스터의 에너지 밴드 다이어그램을 그려라. 게이트 전압의 극성을 표시하라.

b. 공핍(채널이 없는)인 경우에 대해서 되풀이하라. 이제 게이트 전압의 극성은 어떻게 되는가?

c. 평형 상태일 때와 채널에 전류가 흐를 때에 대해서, 채널을 따라 에너지 밴드 다이어그램을 그려라.

8.8 GaAs 기반 HFET가 실리콘 MOSFET보다 빠른 두 가지 주요 이유가 있다. 하나는 교재에 나와 있는 바대로, 전자는 약하게 도핑된 채널 내를 이동한다는 것이다. 어떻게 이것이 전자의 속도를 증가시키는지 설명하라. 다른 이유는 무엇이라고 생각하는가?

8.9 HFET의 채널은 2차원 전자가스를 가지고 있는 것으로 가끔 이야기된다. 전자가스라는 이름은 트랜지스터에 전류가 흐르고 있을 때 터널 내에 전자가 넓게 퍼져서 존재한다는 것을 지칭하는 것이다. 왜 그것을 2차원적이라고 하는가?

8.10 포화 이하에 있는 JFET의 소스와 채널 끝에서 에너지 밴드 다이어그램을 그려라 (예, MESFET에 대한 그림 8.36과 비슷한 형태의 그림). 두 가지 서로 다른 형태의 소자 동작에 있어 그 유사점과 차이점을 지적하라.

8.11 n 채널 JPET의 채널 도핑이 10^{16} cm^{-3}이다. n층의 두께는 1 μm, 채널 길이는 4 μm, 그리고 채널 폭은 40 μm이다. 기판에 인접한 공핍 영역과 속도 포화 효과는 무시하라.

a. 문턱 전압은 얼마인가?

b. 게이트 전압이 –2 V라면, 드레인 전압이 얼마일 때 전류가 포화되는가?

c. 간단한 긴 채널 모델을 사용하여, 이 조건하에서 포화 전류는 얼마인가?

8.12 그림 8.19는 2개의 FinFET 형태의 개략도를 보여준다. 비슷한 기하학적 구조에서, 어느 형태가 전류에 있어서 더 크게 허용할 것인가? 답을 설명하라.

8.13 부유 게이트 MOSFET은 전통적인 MOSFET보다 더 제조하기 어렵고 신뢰성도 없다. 왜 그것들이 문제가 되는가?

8.14 TFET에 사용된 반도체에 대한 밴드 갭 에너지의 선택을 논의하라.

8.15 TFET에 사용되는 직접 갭 반도체 도통 전류밀도와 간접 갭 반도체 도통 전류밀도를 비교하라.

SUPPLEMENT 3

보충: MOSFET의 추가 고려사항

S3.1 서론

7장과 8장에서는 주로 FET 동작의 기본 원리에 대해 설명하였다. 이 보충에서는 MOSFET과 MOS를 기반으로 하는 정전 용량 구조와 연관된 더욱 전문적인 주제의 일부를 설명한다.

S3.2 채널 전하 Q_{ch}의 종방향 전계 $\mathscr{E}_L$ 의존성

MOSFET의 I_D-V_{DS} 특성에 대한 이전의 모델(7장)에서는, 소자가 포화 상태에 있을 때 채널 전하 Q_{ch}는 0으로 접근하는 것으로 놓았다. 이 모델에서는 $Q_{ch}v$의 곱이 유한하고 따라서 I_D가 일정한 값인 $I_{D\text{sat}}$로 유지되도록 캐리어 속도 v는 무한대로 접근했음을 기억하라. 그러나 높은 종방향 전계에서 캐리어 속도는 포화되고, 이것은 $Q_{ch}v$의 곱을 일정하게 유지하기 위해서는 채널 전하 Q_{ch}가 어떤 최솟값에 도달할 것임을 의미한다. 이 절에서는 Q_{ch}의 v_{sat} 의존성에 대해 논의한다.

식 (III.3)으로부터 $I_D = -WQ_{ch}v$임을 기억하라. 따라서 다음 식을 얻는다.

$$Q_{ch}(y) = -\frac{I_D}{Wv(y)} \tag{S3.1}$$

여기서 Q_{ch}와 캐리어 속도 v는 어떤 한 위치 y에서 계산된다. $v \ll v_{sat}$가 되는 작은 종방향 전계 세기 $\mathscr{E}_L$에서, Q_{ch}는 다음과 같다.

$$Q_{ch} = Q_{chlf} = -C'_{ox}[V_{GS} - V_T - V_{ch}(y)] \tag{S3.2}$$

여기서 Q_{chlf}는 작은 종방향 전계에서의 채널 전하이고 $\mathscr{E}_L$과는 무관하다.

I_D가 채널 내 전 영역에서 상수이기 때문에 곱 $Q_{ch}v$는 상수이다. 캐리어 속도가 포화될

정도로 종방향 전계가 충분히 클 때, 채널 전하는 다음과 같은 어떤 최솟값 Q_{chmin}에 도달한다.

$$Q_{chmin} = -\frac{I_D}{Wv_{sat}} \tag{S3.3}$$

종방향 임계 전계 $\mathscr{E}_{Lc}$는 식 (S3.2)에 의해 주어진 Q_{chlf}가 식 (S3.3)에 주어진 Q_{chmin}과 같아지는 전계로 정의한다. 그러면 $\mathscr{E}_L \geq \mathscr{E}_{Lc}$인 경우 다음을 얻는다.

$$Q_{chlf} = Q_{chmin} \qquad \mathscr{E}_L \geq \mathscr{E}_{Lc} \tag{S3.4}$$

그림 S3.1은 $v_{sat} = 5.5 \times 10^6$ cm/s로 가정하고, $V_{GS} = 2$ V일 때, n 채널 MOSFET에 대해서 이 모델에 의한 Q_{ch}를 전계 세기 $\mathscr{E}_L$의 함수로 나타낸 것이다. 이 모델에서는 캐리어 속도가 낮은 전계에서의 속도 $v = \mu_{lf}\mathscr{E}_L$로부터 임계 전계인 $\mathscr{E}_{Lc}$에서의 v_{sat}로의 전계 의존성이 $\mathscr{E}_{Lc}$에서 급격히 변한다고 가정한다. 이 가정은 $\mathscr{E}_L$이 $\mathscr{E}_{Lc}$에 가까워질 때 Q_{ch}를 과소평가한다.

Q_{ch}에 대한 실험적 모델은 이 차이를 제거하기 위하여 다음과 같이 제안되었다[1]:

$$Q_{ch} = Q_{lf} + \frac{I_D}{Wv_{sat}}\left(1 - \frac{I_D}{WQ_{lf}\mu_{lf}\mathscr{E}_L}\right) \tag{S3.5}$$

이 모델이 다소 임의적이긴 하지만, 요구되는 바와 같이 위 식은 작은 $\mathscr{E}_L$에서는 Q_{lf}

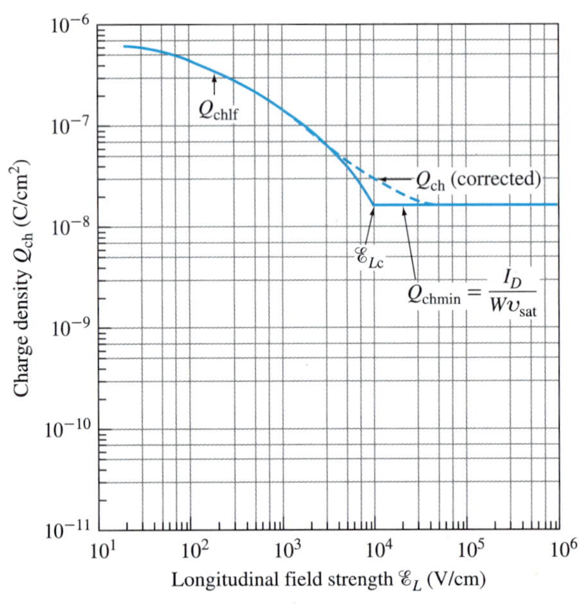

그림 S3.1 임계 전계 $\mathscr{E}_{Lc}$ 이하에서는 $Q_{ch} = Q_{chlf}$로 사용하고 $\mathscr{E}_L \geq \mathscr{E}_{Lc}$인 경우에는 $Q_{chmin} = I_D/Wv_{set}$를 사용하는 채널 전하 Q_{ch}에 대한 모델(실선). 또한 $\mathscr{E}_{Lc}$ 근처에서의 Q_{ch}에 대한 보정(점선)도 나타내었다.

로 축소하고, Q_{1f}가 작은 큰 $\mathscr{E}_L$에서는 식 (S3.3)으로 간소화된다. 식 (S3.5)의 결과가 그림 S3.1에 점선으로 나타나 있다.

S3.3 MOSFET의 문턱 전압

문턱 전압 V_T는 좋은 전도 채널이 막 형성되는 데 필요한 게이트 전압으로 생각한다. 이 파라미터는 소자가 일단 만들어지면 실험적으로 결정될 수 있는 반면, 이는 소자의 다양한 재료 특성에 의존하며 따라서 그 값은 제조 과정에서 조절될 수 있음을 아는 것이 중요하다.

문턱 전압은 채널의 소스 쪽 끝에서 $\phi = 2\phi_f$의 표면 전위를 만들어내는 데 필요한 게이트 전압으로 정의된다. 그것은 채널의 소스 쪽 끝 부분 표면에 기판과 크기는 같지만 부호는 반대인 캐리어 농도를 만들어내는 게이트 전압이다. 이 표면 전위는 게이트와 기판 사이의 일함수 차이뿐만 아니라 산화막 두께에도 의존한다. 이전에 논의되었던 이 두 가지 원인에 추가하여, 그림 S3.2에 보인 것처럼 게이트 아래의 재료 내에는 전하들이 존재할 수 있다.

그림은 n 채널 증가형 MOSFET을 보이는데, 기판은 p형이다. 채널 근처의 기판에 있는 통상적인 기판(공핍) 전하와 함께, 산화물-기판 경계에도 전하가 존재한다. (이 소자는

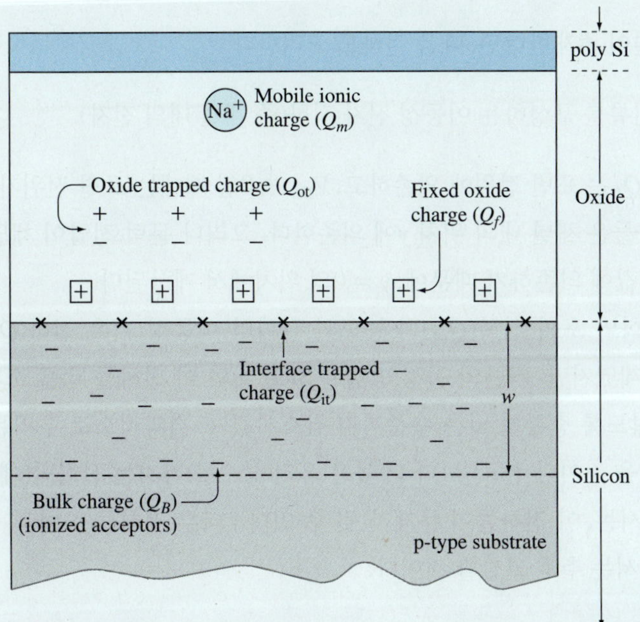

그림 S3.2 MOSFET의 문턱 전압에 영향을 주는 MOSFET 내의 전하들. 이 전하들은 산화막을 통해 분포되어 있는 포획 전하 Q_{ot}, Si/산화막 계면 근체의 산화막 내에 존재하는 고정 전하 Q_f, 기판 공핍 영역(w) 내의 몸체 전하 Q_B, 산화막 내의 이동성 이온에 의한 전하 Q_m, Si/산화막 계면에 있는 계면 상태에 포획된 전하 Q_{it}를 포함한다. 임의의 크기로 그려져 있음.

증가형 모드 소자이므로 평형 상태에서 전도 채널은 없으며, 그래서 채널 내에 이동성 전하 캐리어는 보이지 않음을 주의하라.)

이들 전하의 농도는 그들의 위치와 함께 문턱 전압에 영향을 준다. 이 전하들은 제조 과정에서 조절되어야 하며, 만약 이들이 조절될 수 없다면 소자 설계 시에 고려되고 보상되어야 할 것이다.

문턱 전압 값에 영향을 주는 다양한 형태의 전하(단위 면적당 쿨롱)는 다음과 같다.

Q_{ot}, 산화막 포획 전하. 위치가 고정되어 있으며 산화막 전반에 걸쳐 분포한다.

Q_f, 산화막 고정 전하. SiO_2/Si 경계면 근처(약 2 nm 이내)의 SiO_2 내에 있는 양의 Si^+ 이온과 연관이 있는 전하. 역시 위치가 고정되어 있다.

Q_m, 산화막 내에 있는 이동성 이온에 의한 전하(예, Na^+ 이온), 이들은 SiO_2 내에서 상당히 이동성이 있고, 산화막 내 전계의 영향에 의해 움직일 수 있다.

Q_{it}, 계면 포획 전하. SiO_2/Si 경계의 계면 상태와 연관된 전하(이 상태들은 경계에서의 결정 결함, 예를 들어, 미만족 결합과 같은 결정 결함에 의한 것임). 이 전하는 표면 전위에 의존하는데, 표면 전위는 게이트 전압에 의존한다.

Q_B, 공핍 영역 전하 또는 몸체 전하. 채널의 소스 끝 지점에서 실리콘 공핍 영역 내에 있는 이온화된 억셉터와 도너와 연관된 전하.

추가로 채널이 존재한다면, 다음 전하도 고려한다.

Q_{ch}, 채널 전류를 구성하는 이동성 전자 전하(즉 채널 내의 전자).

전하 Q_{it}와 Q_B는 표면 전위에 의존하고, $V_{DS} \neq 0$일 때에는 표면 전위가 위치 y에 의존하므로 이 전하들은 채널 내의 위치 y에 의존한다. 그러나 문턱 전압이 채널의 소스 끝 지점에서 그들의 값에 의존하기 때문에, $y = 0$의 위치에서 계산된다.

이들 중 산화막 포획 전하(Q_{ot})의 농도와 산화막 이동성 이온 전하(Q_m)는 과거에는 SiO_2에서의 문제였지만, 최근의 공정 방법은 SiO_2 내의 이 전하들 수를 소자 특성에 영향을 거의 주지 않도록 충분히 낮은 수준까지 감소시켰다. 결과적으로 우리는 더 이상 이들을 고려하지 않을 것이다. [SiO_2보다 더 높은 유전 상수를 가지는 산화막(예, HfO_2)을 사용하려는 경향에서는, 이 전하들이 문제가 될 수 있다.] 다른 전하들은 아직 중요하고, 그들의 효과에 대해서는 추후 고찰할 것이다.

S3.3.1 고정 전하

경계 근처의 SiO_2 내에 존재하는 산화막 고정 전하 Q_f는 산화막 절연층을 만들기 위해 사용되는 열 산화 공정의 자연스러운 결과이다. 열 산화 과정 동안 산소는 이미 존재하고 있는 SiO_2 층을 통해서 확산하여 기판의 실리콘과 반응하며, 따라서 산화막의 두께는 증가한다(그리고 기판 속으로 잠식해 들어간다). 그러나 이 산화 공정은 균일하지 않으며, 부분적으로 산화되어 양의 값으로 대전된 실리콘을 포함하는 약 2 nm의 영역이 실리콘과 SiO_2 사이에 존재한다. 산화 공정이 계속됨에 따라, 이들 실리콘 이온은 산화되지만(산소와 결합하지만), 일부 실리콘 이온은 새로 형성된 산화막에 혼합된다. 현재 공정 방법을 사용하면 이들 실리콘 이온의 농도를 약 10^{10} cm^{-2}보다 작은 낮은 수준까지 줄일 수 있다.

S3.3.2 계면 포획 전하

계면 포획 전하 Q_{it}는 Si/산화막 계면에 있는 미만족 결합에 의한 것이다. 실리콘 표면에 형성되는 산화막의 결합은 미만족 결합의 수를 감소시키고 따라서 계면 상태의 수가 줄어들지만 일부 미만족 결합은 남아 있다. 남아 있는 계면 상태의 수를 줄이기 위한 한 가지 방법은 실리콘 산화막 속으로 약간의 수소를 첨가하는 것이다. 작은 원자인 수소는 산화막 내에서 비교적 잘 움직이기 때문에, 공정 과정 중에 높은 온도에서 일부 H 원자가 산화막/Si 계면으로 확산하여 미만족 결합에 부착된다. 그러면, 미만족 결합은 **부동태화(passivated)**되었다고 말하며, 이것은 비활성화가 되었음을 의미한다. 그러나 수소는 상온에서도 산화막 내에서 확산할 수 있기 때문에, 비활성화의 정도는 시간에 따라 변할 수 있고 결과적으로 트랜지스터의 전기적 특성이 변할 수 있다. 대안으로, 수소의 동위원소인 중수소를 수소 대신 비활성화에 사용할 수 있다. 수소보다 큰 중수소는 더 작은 확산 계수를 가지므로 더욱 안정된 소자를 얻게 된다.[2] SiO_2에 질소를 추가하면 SiON이 되는데, 계면 부위를 비활성화하는 데 도움을 준다. 질소는 바깥쪽 껍질에 산소보다 전자를 하나 적게 가지고 있어서 Si 계면의 미만족 결합들과 결합할 수 있다. SiO_2에 질소를 추가하면 산화막 내에서의 이온성 확산을 또한 줄이기도 한다.

표면 전위 ϕ_s, 따라서 문턱 전압은 이들 계면 상태 내에 존재하는 전하에 의존한다. 그림 S3.3은 평형 상태에서의 에너지 밴드 다이어그램을 보여준다. 계면 포획 전하 Q_{it}는 **계면(interface)** 상태에 있는 전하라는 것을 주의하라. 원칙적으로 Q_{it}는 음일 수도 양일 수도 있다. 그러나 실리콘 MOSFET의 경우, 순 Q_{it}는 평형 상태에서 보통 양의 값이다.

S3.3.3 몸체 전하

문턱 전압은 채널의 끝 지점의 공핍 영역 내에 있는 고정된 이온화된 억셉터(p 채널 소자의 경우 이온화된 도너)로 구성된 몸체 전하 Q_B에도 또한 의존한다. 몸체 전하는 기판의 순 도핑 수준의 함수이고 또한 공핍 영역의 폭 $w(y)$에도 의존하여, 다음 식으로 표현된다.

$$Q_B(y) = -qN_A' w(y) \tag{S3.6}$$

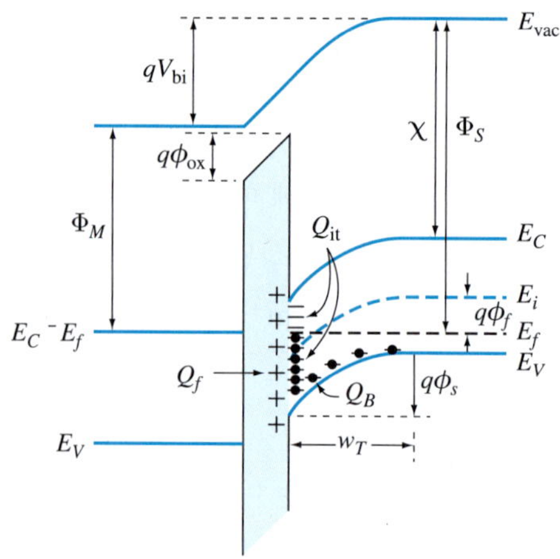

그림 S3.3 게이트에 수직인 방향으로의 평형 상태 에너지 밴드 다이어그램. 고정 전하 Q_f, 몸체 전하 Q_B, 계면 포획 전하 Q_{it}들이 나타나 있다. 페르미 준위 아래 계면 상태는 대부분 채워져 있고 그 위는 비어 있다.

여기서 Q_B는 단위 면적당 몸체 전하이고, $w(y)$는 다음과 같다.

$$w(y) = \left[\frac{2\varepsilon_s}{qN_A'}\phi_s(y)\right]^{1/2} \tag{S3.7}$$

문턱 전압이 ($y = 0$에서) 소스-채널 전위 장벽에 의존하므로, 그리고 문턱 조건에서 $\phi s(0) = 2\phi_f$이므로, 문턱 조건일 때 채널의 소스 끝 지점에서 다음과 같이 된다.

$$Q_{B(\text{threshold})}(y = 0) = -\left[2qN_A'\varepsilon_s(2\phi_f)\right]^{1/2} \tag{S3.8}$$

S3.3.4 문턱 전압에 미치는 전하들의 효과

소스, 기판(몸체), 드레인, 그리고 게이트가 함께 연결된 (평형 상태) MOSFET을 고찰하자. 기준점으로 소스를 사용하고 있으므로, $V_{GS} = V_{DS} = V_{BS} = 0$이고, 여기서 V_{BS}은 소스와 기판(몸체) 사이의 전압이다. 게이트와 기판 사이의 내부 위치 에너지 qV_{bi}는 게이트의 일함수 Φ_M과 반도체의 일함수 Φ_S의 차이이다. 즉 $V_{bi} = |\Phi_{MS}|$이고, 여기서 $\Phi_{MS} = (\Phi_M - \Phi_S)$이다(그림 S3.3 참조).[1] 내부 전위는 그림 S3.3에 나타낸 것과 같이 일부는 산화막을 가로질러, 그리고 일부는 기판을 가로질러 떨어진다. 만일 이제 전압 $V_{GB} = V_T$가 게이트에

1) 비록 현대 FET에서 게이트는 종종 축퇴 도핑된 다결정 실리콘이지만, 아래첨자 M은 "금속"을 의미한다.

인가된다면, 게이트와 기판 사이의 정전위는 문턱 조건에서 다음과 같다.

$$V_{GB} + V_{\text{bi}} = V_T - \frac{\Phi_{MS}}{q} = \phi_{\text{ox}}(V_{GB}) + \phi_s(V_{GB}) \tag{S3.9}$$

여기서 $\phi_{\text{ox}}(V_{GB})$와 $\phi_s(V_{GB})$는 게이트-기판 전압이 V_{GB}일 때 각각 산화막을 가로질러 강하하는 정전위와 표면 전위를 표현한다. 그러면, 문턱 전압은 다음과 같다.

$$V_T = \frac{\Phi_{MS}}{q} + \phi_{\text{ox}}(V_T) + \phi_s(V_T) \tag{S3.10}$$

문턱 조건일 때, $\phi_s = \phi_s(V_T) = 2\phi_f$이고, 다음 식을 얻는다.

$$\phi_{\text{ox}}(V_T) = -\left[\frac{Q_f + Q_{\text{it}}(2\phi_f) + Q_B(2\phi_f)}{C'_{\text{ox}}}\right] \tag{S3.11}$$

여기서 Q_{it}와 Q_B는 $\phi_s = 2\phi_f$에서 계산된다.

따라서 문턱 전압은 다음과 같이 표현될 수 있다.

$$V_T = \frac{\Phi_{MS}}{q} + 2\phi_f - \frac{Q_f}{C'_{\text{ox}}} - \frac{Q_{\text{it}}(2\phi_f)}{C'_{\text{ox}}} - \frac{Q_B(2\phi_f)}{C'_{\text{ox}}} \tag{S3.12}$$

S3.3.5 평탄 밴드 전압

게이트 전압이 변할 때, 그림 S3.3의 밴드의 구부러짐 또한 변한다. 전압을 인가하여 반도체 내의 에너지 밴드를 아래가 아니라 위로 구부러지게 하는 것이 가능하다. 그림 S3.4a는 평형 상태의 증가형 NMOS를 보여준다. 이 경우 음의 게이트 전압을 인가하는 것은 밴드의 구부러짐을 감소시킬 것이다. 인가된 게이트 전압이 어떤 값이 되면 실리콘의 에너지 밴드는 그림 S3.4b에 나타낸 것과 같이 평탄하게 된다. 기판의 에너지 밴드 가장자리가 평탄하게 되는 데 필요한, 혹은 $\phi_s = 0$이 되기 위한, V_{GS}의 값을 평탄 밴드 전압 V_{FB}라고 부르고, 다음과 같이 쓸 수 있다.

$$V_{FB} = \frac{\Phi_{MS}}{q} + \phi_{\text{ox}}(0) = \frac{\Phi_{MS}}{q} - \frac{(Q_f + Q_{\text{it}}(0))}{C'_{\text{ox}}} \tag{S3.13}$$

여기서 $Q_{\text{it}}(0)$와 $\phi_{\text{ox}}(0)$는 평탄 밴드 조건($\phi_s = 0$)에서 평가된다. 그림 S3.4c는 게이트 전압이 더 음이 되면 밴드의 구부러짐 방향을 반대로 만들 수 있음을 보여준다.

문턱 조건에서의 에너지 밴드 다이어그램을 그림 S3.4d에 나타내었다. 여기서 인가된 게이트 전압은 양의 값이다. 계면에서 포획된 전하의 양은 평탄 밴드 조건과는 다르다. 즉 $Q_{\text{it}}(0) \neq Q_{\text{it}}(2\phi_f)$라는 것을 주의하라.

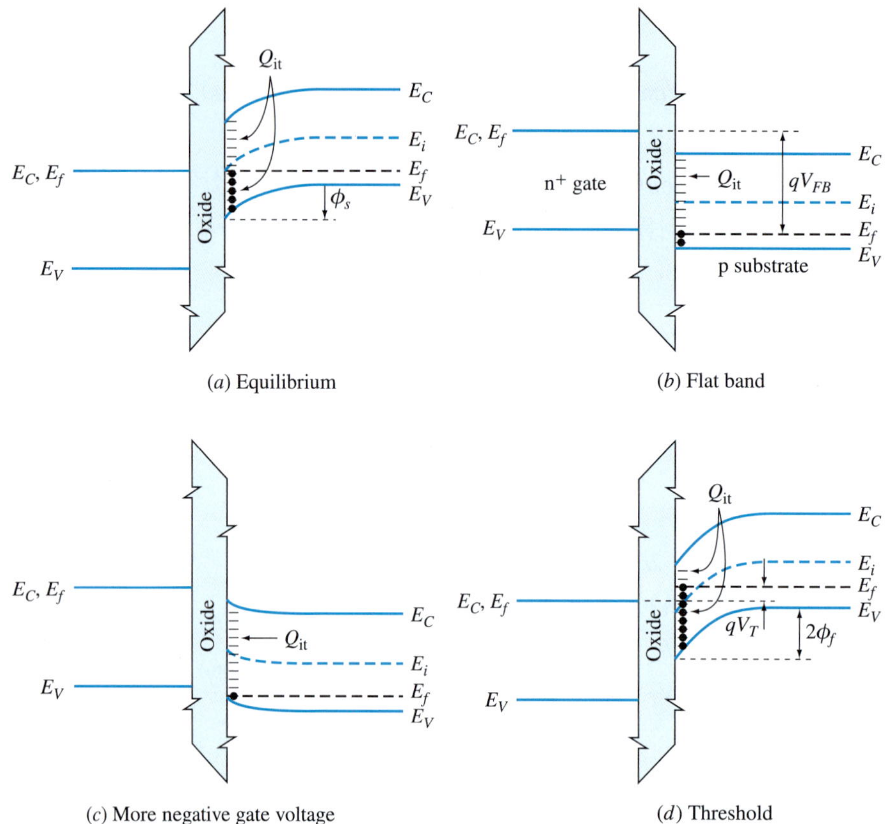

그림 S3.4 표면 상태(트랩)의 점유. (a)평형 상태. (b) 평탄 밴드 조건. (c) 음의 값으로 게이트 전압을 증가시키면, 에너지 밴드는 실재로 위로 구부러질 수 있다. (d) 문턱 조건. 도너 트랩에 대해서, 준위 이하의 도너 트랩은 점유되어 있으므로 따라서 중성이다. 페르미 준위 이상은 비어 있으므로 양성이다. 문턱 조건일 때보다 평탄 밴드일 때 Q_{it}가 더 크다(더 양의 값)는 것을 볼 수 있다.

문턱 전압은 평탄 밴드 전압의 항으로 표현될 수 있다.

$$V_T = V_{FB} + 2\phi_f - \frac{Q_B(2\phi_f)}{C'_{ox}} - \frac{Q_{it}(2\phi_f) - Q_{it}(0)}{C'_{ox}} \tag{S3.14}$$

종종 다음을 가정하고,

$$Q_{it}(2\phi_f) \approx Q_{it}(0) \tag{S3.15}$$

식 (S3.14)의 마지막 항이 무시된다.

예제 S3.1

n^+ 다결정 실리콘 게이트를 가지는 n 채널 MOSFET의 문턱 전압을 구하라. 기판 내에 $N_A' = 10^{16}\ \text{cm}^{-3}$, $Q_f = Q_{it}(2\phi_f) = q \times 10^{10}\ \text{C/cm}^2$, 산화막(유전 상수가 5인 SiON)의 두께는 2 nm, 다결정 실리콘 게이트는 $2 \times 10^{19}\ \text{cm}^{-3}$로 도핑되어 있다.

■ **풀이**

식 (S3.12)에서 각 항의 기여도를 계산한다. 먼저. Φ_{MS}/q를 구하기 위해서 다음 식을 사용한다.

$$\Phi_{MS} = \Phi_M - \Phi_S$$

다결정 실리콘은 축퇴 도핑되었고, 그림 2.25로부터 $N_D' = 2 \times 10^{19}\ \text{cm}^{-3}$일 때, 밴드 갭은 명백히 0.07 eV만큼 줄어든다. 페르미 준위는 (축소된) 전도대의 가장자리와 일치한다고 가정하거나 또는 동요되지 않은 전도대 가장자리보다 0.07 eV만큼 아래(명백히 전도대의 가장자리)에 위치함을 가정하라.

평형 상태에서는 $E_{fM} = E_{fS}$이므로 다음 식을 얻는다.

$$\Phi_M = \chi_s + 0.07\ \text{eV}$$

그리고

$$\Phi_S = \chi_s + E_G - (E_f - E_V)$$

그러면 다음 식을 얻는다.

$$\Phi_{MS} = 0.07 - [E_G - (E_f - E_V)]$$

게이트 아래의 기판 내에서 페르미 준위 위치($E_f - E_V$)를 알아내기 위해 (p 영역이 축퇴 도핑되지 않았기 때문에) 다음 관계를 이용한다.

$$p_0 = N_A' = N_V e^{-(E_f - E_V)/kT}$$

또는

$$E_f - E_V = kT\ \ln\frac{N_V}{N_A'} = 0.026\ \ln\frac{3.1 \times 10^{19}}{10^{16}} = 0.21\ \text{eV}$$

밴드 갭 에너지는 $E_g = 1.12\ \text{eV}$이므로, 이들을 결합하면 다음을 얻는다.

$$\Phi_{MS} = 0.07 - 1.12 + 0.21 = -0.84\ \text{eV}$$

식 (S3.12)의 그다음 항은 아래 관계로부터 얻는다.

$$p_0 = N_A' = n_i e^{q\phi_f/kT}$$

$$\phi_f = \frac{kT}{q}\ln\frac{N_A'}{n_i} = 0.026\left(\ln\frac{10^{16}}{1.08\times 10^{10}}\right) = 0.36\ \text{V}$$

$$2\phi_f = 0.72\ \text{V}$$

마지막 3개 항을 계산하기 위해서는 단위 면적당 산화막 정전 용량 값이 필요하다.

$$C_{\text{ox}}' = \frac{\varepsilon_{\text{ox}}}{t_0} = \frac{5\times 8.85\times 10^{-14}\ \text{F/cm}}{2\times 10^{-7}\ \text{cm}} = 2.21\times 10^{-6}\ \text{F/cm}^2$$

이제 전하를 계산하는 것이 남았는데, 다음과 같이 주어진다.

$$Q_f = Q_{\text{it}} = q\times 10^{10}\ \text{C/cm}^2 = (1.6\times 10^{-19}\,\text{C})(10^{10}\ \text{charges/cm}^2)$$

이 식으로부터 Q_f의 양을 구한다.

$$\frac{Q_f}{C_{\text{ox}}'} = \frac{Q_{\text{it}}(2\phi_f)}{C_{\text{ox}}'} = 0.00072\ \text{V}$$

몸체 전하 항은 다음과 같다.

$$\begin{aligned} Q_B &= -\sqrt{2\varepsilon_s q N_A'(2\phi_f)} \\ &= -\sqrt{2\cdot(11.8\times 8.85\times 10^{-14})(1.6\times 10^{-19})(10^{16})(2)(0.36)} \\ &= -4.9\times 10^{-8}\ \text{C/cm}^2 \\ \frac{Q_B}{C_{\text{ox}}'} &= -0.022\ \text{V} \end{aligned}$$

식 (S3.12)에 이 모두를 대입하면, n 채널 소자의 문턱 전압 값이 얼마가 될지 알 수 있다.

$$V_T = -0.84 + 0.72 - 0.00072 - 0.00072 + 0.022 = -0.10\ \text{V}$$

예제 S3.1로부터 계면 전하의 기여가 작으므로 식 (S3.15)는 합리적 근사임을 볼 수 있다.

앞선 계산에서는 축퇴 도핑된 게이트에서 불순물 첨가로 인해 발생한 밴드 갭 감소를 살펴보았다. 만일 이 효과를 무시하고 (축퇴 반도체에서 종종 그러듯이) 동요되지 않은 전도대 가장자리와 페르미 준위를 일치시킨다면, V_T의 계산 값은 위에서 계산한 값보다 0.07 eV 더 작게 된다. 즉 $V_T \approx -0.17$ V이 된다.

예제 S3.2

예제 S3.1의 소자에 대해 평탄 밴드 전압을 구하라. $Q_{\text{it}}(2\phi_f) = Q_{\text{it}}(0)$라고 가정하라.

■ 풀이

식 (3.13)으로부터 다음을 얻는다.

$$V_{FB} = \frac{\Phi_{MS}}{q} - \frac{(Q_f + Q_{it})}{C'_{ox}} = -0.84 - \frac{1.6 \times 10^{-19}(10^{10} + 10^{10})}{2.21 \times 10^{-6}} = -0.84\ \text{V}$$

S3.3.6 문턱 전압 조절

예제 S3.1에서 n 채널 MOSFET의 문턱 전압으로 $V_T = -0.10$ V를 얻었다. 이 문턱 전압 값을 보면 그 소자가 공핍형 소자임을 알 수 있고, 이보다 더 양의 전압($V_G = 0$ 포함)을 인가하면 전도 채널이 형성되는 소자이다. 그러나 디지털 회로에서는 증가형 MOSFET들을 더 선호하므로, 그들을 턴오프시키기 위한 전압보다 턴온시키기 위한 전압이 필요하다. 전형적인 설계 규칙은 전원 전압의 약 20% 정도의 문턱 전압을 목표로 한다.[2] 따라서 전원 전압 +2.5 V로 동작시키고자 하는 소자는 문턱 전압이 대략 $V_T \approx +0.5$ V이어야 한다.

이 문턱 전압의 조절은 채널 영역의 실리콘 기판 속으로 p형 불순물(예, 붕소)을 이온 주입하여 달성할 수 있다. 그림 S3.5는 이런 이온 주입이 어떻게 이루어지는가를 보여준다. 이온 주입에서, 불순물 원자는 이온화되고 샘플을 향해 정전기적으로 가속되며, 주입될 수 있을 정도의 충분한 힘을 가지고 샘플에 부딪힌다. 이온이 너무 깊게 주입되는 것을 방지하기 위해 얇은 산화막 희생층을 통하여 주입을 하기도 한다. 주입 후 산화막은 제거되고, 게이트 산화막은 다음 공정 과정에서 성장된다.

만일 주입이 매우 얕다면, 모든 불순물이 산화막/Si 계면에 존재한다고 근사할 수 있다. 이 억셉터들은 이온화되기 때문에, 그들은 추가적인 전하 층(이 경우 음전하) 형성에 기여하며, 계면에 존재한다고 가정된다. 불순물의 이러한 국지화는 문턱 전압을 다음과 같은 값만큼 조절해준다.

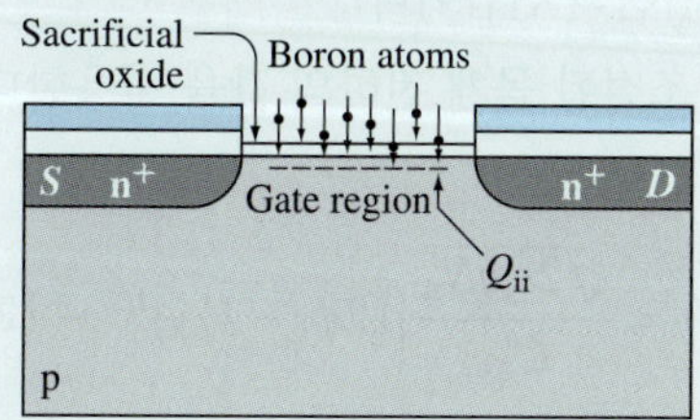

그림 S3.5 (이 경우) 붕소 원자의 이온 주입은 실리콘 표면 근처에 과잉 음전하를 남긴다. 게이트 산화막은 추후에 성장된다. 과잉 전하는 문턱 전압을 조절하는 데 사용된다.

2) 그러나 고성능 로직 소자의 경우에는 $V_T \approx 0.1\ V_{DD}$이고, 낮은 대기 전압이 요구되는 회로(예, 메모리)의 경우에는 $V_T \approx 0.5\ V_{DD}$이다.

$$\Delta V_T = -\frac{Q_{ii}}{C'_{ox}} = +\frac{qN_{ii}}{C'_{ox}} \tag{S3.16}$$

여기서 Q_{ii}는 단위 면적당 주입된 전하, N_{ii}는 단위 면적당 주입된 붕소 원자 수이다. 이 경우 추가된 전하가 음이기 때문에 문턱 전압의 변화는 양의 값이다. 문턱 전압은 또한 채널 근처에 그리고 채널에 수직으로 기판에 불균일한 도핑을 함으로써 조절이 가능하다.

예제 S3.3

앞 절 예제의 MOSFET을 설계 가이드라인을 따라 증가형 소자로 변형하기 위해서, 문턱 전압이 0.60 V만큼 올라가도록 제작 공정을 수정해야 할 것이다.

■ **풀이**

조금 전에 묘사한 이온 주입 기술을 이용하여, 다음과 같은 불순물을 주입해야 할 것이다.

$$N_{ii} = \frac{22.1 \times 10^{-7} \times 0.60}{1.6 \times 10^{-19}} = 8.3 \times 10^{12} \text{ boron atoms/cm}^2$$

이온 주입은 소자 제조 과정 중에 문턱 전압을 조절하는 기술이다. 그러나 MOSFET이 이미 완전히 만들어진 뒤에 그 문턱 전압을 조절하는 방법이 있다. 즉 소스에 대한 기판의 바이어스를 변화시키는 것이다. 기판에 인가된 전압은 채널과 그 밑의 몸체 기판 사이의 공핍 영역 폭을 변화시키고, 따라서 채널의 소스 끝 지점에서 몸체 전하 Q_B를 다음과 같이 변화시킨다.

$$Q_B = -[2\varepsilon_s qN'_A(2\phi_s - V_{BS})]^{1/2} \tag{S3.17}$$

여기서 V_{BS}는 소스에 대한 기판의 전압이다.

만일 식 (S3.12)에 있는 조절된 몸체 전하의 값을 사용한다면, 문턱 전압 조절 값은 다음과 같다.

$$\Delta V_T = \frac{\sqrt{2\varepsilon_s qN'_A}}{C'_{ox}}\left[(2\phi_f - V_{BS})^{1/2} - (2\phi_f)^{1/2}\right] \tag{S3.18}$$

식을 간단히 하기 위해 다음 표현식을 사용한다.

$$\gamma = \frac{\sqrt{2\varepsilon_s q N'_A}}{C'_{ox}} = \frac{t_{ox}}{\varepsilon_{ox}}\sqrt{2\varepsilon_s q N'_A} \tag{S3.19}$$

여기서 γ는 **몸체 효과 계수(body effect coefficient)**라고 불린다. 그러면, 식 (S3.18)은 다음과 같이 표현 가능하다.

$$\Delta V_T = \gamma\left[(2\phi_f - V_{BS})^{1/2} - (2\phi_f)^{1/2}\right] \quad \text{(S3.20)}$$

다시 표현하면 다음 식을 얻는다.

$$\Delta V_T = \gamma\sqrt{2\phi_f}\left[\left(1 - \frac{V_{BS}}{2\phi_f}\right)^{1/2} - 1\right] \quad \text{(S3.21)}$$

예제 S3.4

$N'_A = 10^{18}\ \text{cm}^{-3}$인 n 채널 MOSFET과 $\varepsilon_r = 5$, $t_{ox} = 2$ nm인 SiON 게이트 산화막을 고려하라. $V_{DS} = -1$ V일 때 문턱 전압 변화를 구하라.

■ **풀이**

$\phi_f = \frac{kT}{q}\ln\frac{N'_A}{n_i}$ 대신 $\phi_f = 0.026\ln\frac{10^{18}}{1.05\times10^{10}} = 0.48$ V를 얻는다.

그러면, 식 (S3.19)로부터 다음을 얻고,

$$\gamma = \frac{2\times10^{-7}\text{cm}}{5(8.854\times10^{-14}\ \text{F/cm})}\sqrt{2(11.8\times8.854\times10^{-14}\text{F/cm})(1.6\times10^{-19}\text{C})(10^{18}\text{cm}^{-3})}$$
$$= 0.26\ \text{V}^{1/2}$$

식 (S3.21)로부터 다음을 얻는다.

$$\Delta V_T = 0.26\ \text{V}^{1/2}\times\sqrt{2\times0.48\ \text{V}}\left[\left(1+\frac{1\ \text{V}}{2\times0.48\ \text{V}}\right)^{1/2} - 1\right] = 0.11\ \text{V}$$

S3.3.7 채널 양자 효과

지금까지 MOSFET 내의 채널을 고전적으로 살펴보았다. 즉, 상태 밀도 함수 $S(E)$는 다음과 같았다.

$$S(E) = \frac{1}{2\pi^2}\left(\frac{2m^*_{ds}}{\hbar^2}\right)^{3/2}\sqrt{E - E_C}$$

이것은 연속 함수이고, 전자는 밴드 내에서 어떠한 에너지 상태에도 있을 수 있었다.

그러나 MOSFET의 채널에서, 캐리어는 Si/산화막 계면에서 좁은 위치 에너지 우물 내에 갇혀 있다. 높은 전계에서($\mathscr{E}_T > 10^5$ V/cm), 캐리어가 양자역학적으로 취급되어야 할 만큼 우물의 폭이 충분히 작다. 1차원 위치 에너지 우물 문제로부터 전자에 모든 에너지가 허용되지 않고 유한한 수의 불연속적인 에너지 상태만을 허용함을 상기하라. 이는 그림 S3.6a의 왼편에 보이는데, 그림을 보면 위치 에너지가 우물 내에서 일정하다. 그러나 오른

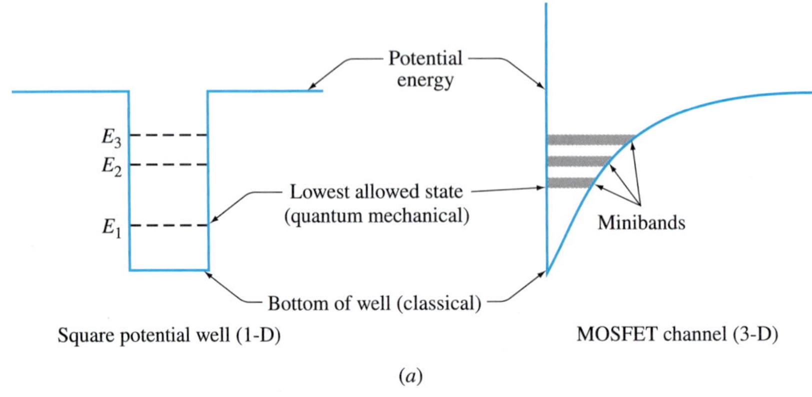

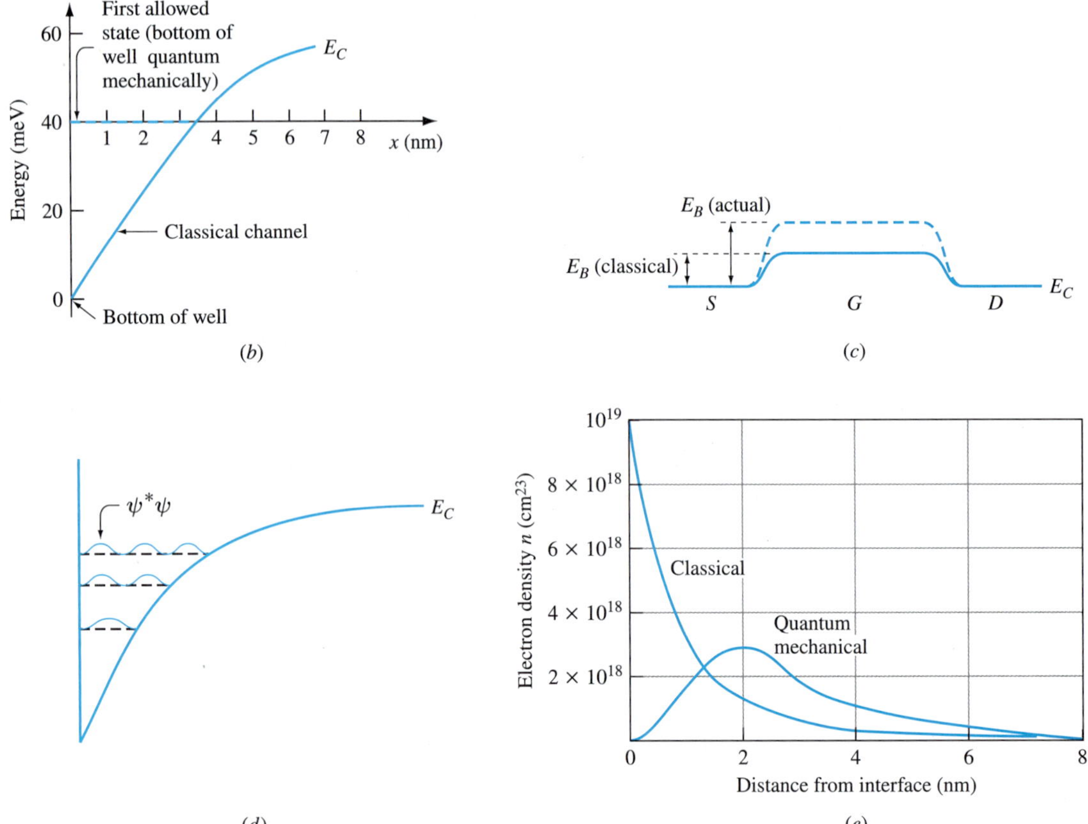

그림 S3.6 MOSFET의 채널은 충분히 얇아서 위치 에너지 우물처럼 거동한다. (a) 사각 우물과 MOSFET 채널 우물과의 비교, (b) 고전적 채널 깊이와 양자역학적 최저 에너지 준위와의 비교, (c) 고전적인 우물의 바닥보다 위인 최저 에너지 상태는 우물에 들어가는 전자들에게 더 높은 위치 에너지 장벽을 초래한다, (d) 파동 함수들은 전하가 계면이 아닌 우물 내부의 어딘가에 집중된다는 것을 나타낸다, (e) 고전적인 경우와 양자적인 경우에 대해 표현한 게이트에 수직인 전자 농도. 두 경우 모두 $Q_{ch}/q = 10^{12}$ cm^{-3}이다. 참고문헌 3과 4로부터 적용.

편에 보이는 MOSFET 채널의 경우에는, 위치 에너지가 우물 내의 위치에 따라 변한다. 불연속적인 에너지 상태가 존재하고, 그 개수와 실제 에너지는 우물의 깊이와 폭에 따라 변한다는 원리는 동일하지만, 우물의 모양이 다르기 때문에 정량적인 결과는 다소 다르다. 그러나 MOSFET에서의 위치 에너지 우물은 3차원이고 단지 x 방향으로만 좁다. 이 경우 그림에서 각각의 불연속적인 에너지 상태는 실제로 "미니밴드"의 가장 낮은 에너지이다. 가장 낮은 에너지 밴드의 바닥은 계면에서의 고전적 밴드의 최솟값보다 약간 높다.[3]

게이트에 수직 방향으로 양자화된 상태의 존재는 2가지 효과가 있다. n 채널 MOSFET을 살펴보자.

1. 가장 낮은 에너지 상태들이 표면에서 우물의 고전적 바닥보다 높기 때문에, 채널로 전자가 들어가는 것을 허용하도록 충분히 밴드를 변형시킬 만큼 큰 게이트 전압이 필요하다. 그러면 이는 문턱 전압을 증가시킨다. 그림 S3.6b는 우물에 10^{12}개/cm^2의 전자가 있는 경우에 대해서 이것을 보여준다.[4] 허용된 가장 낮은 상태는 우물의 바닥 위 40 meV이고, 그림 S3.6c와 같이 전자가 채널로 들어가기 위해서 넘어야 할 전위 장벽 E_B를 증가시킨다.
2. 위치 에너지 우물 내의 전자는 우물 안에서는 진동하고 우물 밖에서는 0이 되는 파동함수를 갖는다. 이는 최댓값이 우물 안에 존재하는 정상파를 형성한다. 우물 내에서 x 방향으로 향하는 정상파 때문에, $\psi^*\psi$와 이에 따라 주어지는 전자의 최대 전하 농도는 (a)의 소자에 대해 그림 S3.6d에 나타난 것과 같이 Si/산화막 계면으로부터 제거된다.[4] 그림 S3.6e는 고전적인 경우와 실재적인(양자역학적) 경우에 대해 위치의 함수로 전하 밀도의 그래프를 보여준다. 여기서 고전적인 고찰을 통해서는 채널 전하가 계면 근처에서 집중되어야 하지만, 양자화를 고려하면 최대의 전하는 계면으로부터 1~2 nm 정도에 있음을 볼 수 있다. 전하가 반도체 내의 더 깊은 곳에 위치하기 때문에, 이 효과는 두께가 증가한 산화막을 갖는 것과 유사하다. 이것은 전달 컨덕턴스의 감소를 가져온다.

이 경우에 대해 문턱 전압은 점유된 가장 낮은 상태와 우물에서의 고전적 바닥 사이의 40 meV 차이보다 좀 더 증가되었다. 산화막이 사실상 두꺼워지므로, 그리고 인가된 게이트 전압의 일부는 "산화막"을 가로질러 내려가고, 일부는 반도체에서 내려가기 때문에, 요구되는 추가 40 meV의 밴드 구부러짐을 만들어내기 위해서는 약 60 meV가 게이트에 인가되어야 한다.

이 양자역학 효과들은 횡방향 전계를 따라 증가하므로 기판이 더 높게 도핑되거나 채널 전하가 증가하면 더욱 뛰어나게 된다.

S3.4 MOSFET 아날로그 등가회로

이번 장과 앞의 두 장에서 이미 토의한 MOSFET의 동작 기본 원리에 추가하여 고려해야 하는 몇 가지 주변 요소들이 있는데, 이들은 그림 S3.4에 표현되었다.

소스 저항과 드레인 저항인 R_S와 R_D는 소스 및 드레인 접촉으로부터 채널 끝까지의 저항이다. 소스-기판 그리고 드레인-기판 저항인 R_{BS}과 R_{BD}은 소스-기판과 드레인-기판 공핍 영역의 가장자리에서부터 기판(또는 몸체) 접촉까지의 저항들이다.

게이트 산화막은 직류 전류가 게이트로 흐르는 것을 막는다. (얇은 산화막을 가지는 현대 소자들에서는 일부 작은 터널링 전류는 용인된다.) 그러나 게이트와 n^+ 소스 간에 약간의 정전 용량 C_{OS}와 게이트와 n^+ 드레인 간에 C_{OD}가 존재한다. 게이트가 소스와 드레인 영역에 중첩되어 있으므로 이들은 중첩 정전 용량이라고 부른다. 게다가 게이트와 채널 간에 정전 용량이 존재한다. 엄격히 말해서 이들은 분산된 정전 용량이기는 하지만 대개 게이트와 소스 간의 정전 용량 C_{GS}와 게이트와 드레인 간의 정전 용량 C_{GD}인 두 개의 덩어리도 모델링된다. 또한 n^+ 소스와 p형 기판 그리고 n^+ 드레인과 p형 기판 간의 접합 정전 용량 C_{jS}와 C_{jD}도 존재한다. 우리가 앞에서 사용한 C'_{ox}은 단위 면적당 정전 용량이었을지라도, 정전 용량 C_{OS}, C_{OD}, C_{GS}, C_{GD}, C_{jS}, C_{jD}는 단위 면적당 정전 용량이 아니고 그냥 정전 용량임을 주의하라.

중첩 정전 용량은 게이트를 소스와 드레인의 이온 주입 공정에서 마스크로 사용하는 자기 정렬 게이트 구조를 사용함으로써 줄일 수 있다. 그러므로 중첩 정전 용량을 작게 만들 수 있으므로 MOSFET의 소신호 등가회로를 다루는 다음 절에서 이들을 무시할 것이다.

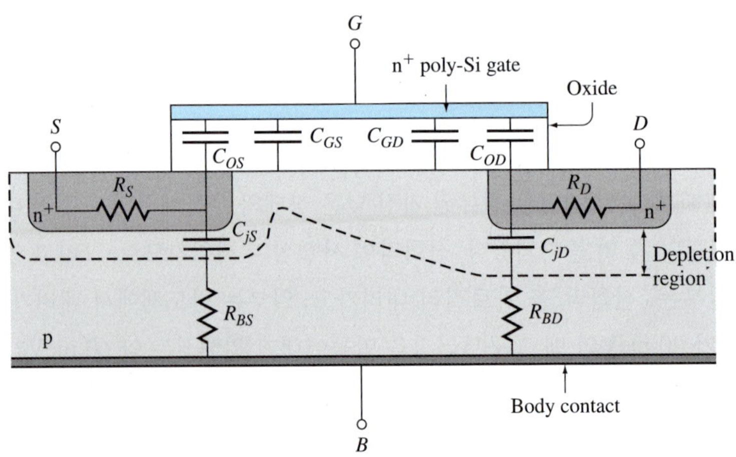

그림 S3.7 다양한 저항과 정전 용량을 보여주는 n 채널 MOSFET의 모식도.

S3.4.1 소신호 등가회로

디지털 회로의 대표적인 예로 CMOS 인버터를 토의하였다. MOSFET은 아날로그 회로에도 사용될 수 있고, 그러한 회로를 분석하기 위해서 소자를 소신호 등가회로로 특성화하는 것은 유용하다. 그림 S3.7의 소자의 소신호 등가회로를 그림 S3.8a에 나타냈다. 전류원은 $g_m v_{gs}$인데, 거기에서 g_m은 전달 컨덕턴스이며 앞으로 논의할 것이다. 간단히 나타내기 위해서 (b)에서 저항들은 무시되었다. 출력 컨덕턴스 g_d도 추가되었다. 입력 소신호 전압[3]은 v_{gs}이고, 출력 소신호 전압은 v_{ds}이다. 입력 및 출력 소신호 전류는 각각 i_g과 i_d이다.

그림 S3.8c는 낮은 주파수에서 MOSFET에 대한 등가회로를 보여준다. 낮은 주파수란

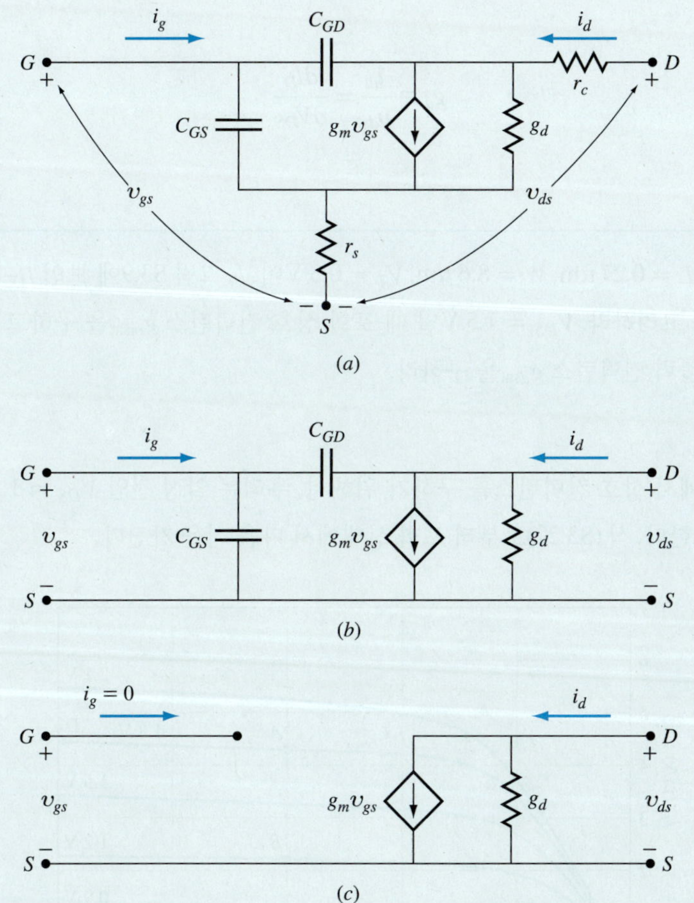

그림 S3.8 MOSFET의 소신호 등가회로. (a) 고주파일 때, (b) 소스와 드레인 저항을 무시할 때, (c) 저주파일 때.

---

3) 대문자는 정상 상태나 직류 값을 나타내는 데 사용하고(V_{GS}, V_{DS}, I_D 등), 이 정상 상태 값 주변에서의 작은 변화는 소문자로 나타내는(v_{gs}, v_{ds}, i_d 등) 전통적 표기법을 사용한다.

정전 용량들이 무시할 정도의 영향을 신호에 줄 정도로 천천히 변화하는 신호를 의미한다.

높은 주파수와 낮은 주파수 모두에서, 출력 전류는 출력 컨덕턴스 g_d와 병렬로 연결된 전류원 $g_m v_{gs}$에 의해 특징을 묘사할 수 있다. 입력 신호는 전압이지만, 일반적으로 이들 트랜지스터로 검토하는 출력 양은 전류라는 것을 기억하는 것이 중요하다. 전달 함수 i_{out}/v_{in}은 컨덕턴스 단위를 가진다. 따라서 소자의 전달 컨덕턴스 g_m은 다음과 같이 정의된다.

$$g_m \equiv \frac{i_d}{v_{gs}} = \frac{\partial I_D}{\partial V_{GS}} \tag{S3.22}$$

여기서 V_{DS}는 상수로 취급되고, 또는 v_{ds}는 0으로 취급된다.

V_{GS}를 일정하게 놓고 I_D-V_{DS} 특성의 기울기로부터 출력 컨덕턴스를 다음과 같이 얻을 수 있다.

$$g_d \equiv \frac{i_d}{v_{ds}} = \frac{\partial I_D}{\partial V_{DS}} \tag{S3.23}$$

예제 S3.5

$t_{ox} = 4.7$ nm, $L = 0.27\,\mu$m, $W = 8.6\,\mu$m, $V_T = 0.3$ V이고, 그림 S3.9에 보인 I_D-V_{DS} 특성을 가진 NFET를 고려하라. $V_{DS} = 1.5$ V일 때 포화 상호 컨덕턴스 g_{msat}을 구하고, $V_{GS} = 1.8$ V일 때 포화 출력 컨덕턴스 g_{dsat}을 구하라.

■ 풀이

$V_{GS} = 1.5$ V에서 상호 컨덕턴스를 구하기 위해서, 우리는 일정 전압 $V_{DS} = 1.5$ V에서 점 A와 B를 선택한다. 식 (S3.22)로부터 포화 상태에서 다음 식을 가진다.

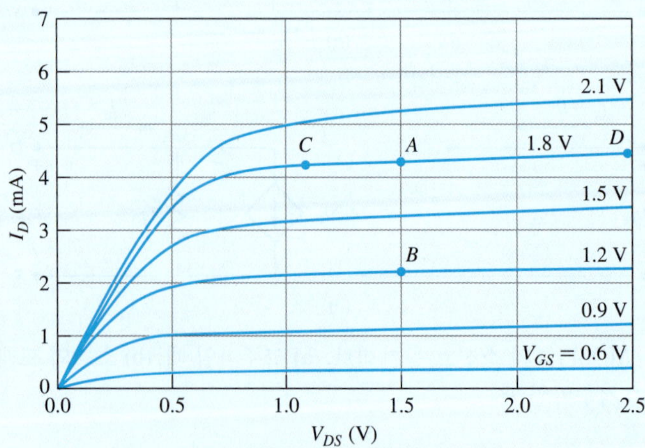

그림 S3.9 전기적 측정으로부터 MOSFET의 g_m과 g_d를 구하는 방법(예제 S3.5).

$$g_{m\text{sat}} = \frac{\partial I_D}{\partial V_{GS}} \approx \frac{\Delta I_D}{\Delta V_{DS}} = \frac{4.3\text{ mA} - 2.2\text{ mA}}{1.8\text{ V} - 1.2\text{ V}} = 3.5\frac{\text{mA}}{\text{V}} = 3.5\text{ mS}$$

점 C와 D로부터 식 (S3.23)을 사용하여 출력 컨덕턴스를 구하고, 이를 포화 영역에 적용하면, 다음 식을 얻는다.

$$g_{d\text{sat}} = \left.\frac{\partial I_D}{\partial V_{DS}}\right|_{\text{sat}} \approx \frac{4.50\text{ mA} - 4.25\text{ mA}}{2.5\text{ V} - 1.2\text{ V}} = 0.178\text{ mS}$$

이는 출력 저항의 $(0.178 \times 10^{-3})^{-1} = 5.3\text{ k}\Omega$과 동등하다.

이제 전달 컨덕턴스 g_m와 출력 컨덕턴스 g_d에 대한 일부 근사식을 제시할 것이다. 이를 위해 일부 기생 효과들은 무시된다. 소스 저항과 드레인의 저항이 존재하고, 이동도 μ_{lf}에 대한 횡방향 전계의 영향이 존재하는데, 이들은 모두 7장에서 다루었다. 또한 V_T와 유효 채널 길이 L에 대한 V_{DS}의 영향도 무시할 것이다. 그러나 속도 포화는 I_D-V_{DS} 특성에 중요한 영향을 주므로 여기서 다룰 것이며, 유도의 출발점으로서 I_D-V_{DS} 특성에 대한 속도 포화 모델을 사용할 것이다.

식 (S3.22)와 (S3.23)으로부터 2개의 컨덕턴스를 I_D-V_{DS} 특성에서 구할 수 있음을 알 수 있다. I_D-V_{DS} 관계는 식 (7.66)에 의해 주어지며 여기에서 반복된다.

$$I_D = \frac{WC'_{\text{ox}}\mu_{\text{lf}}\left(V_{GS} - V_T - \dfrac{V_{DS}}{2}\right)V_{DS}}{L\left(1 + \dfrac{\mu_{\text{lf}}V_{DS}}{L\upsilon_{\text{sat}}}\right)} \qquad V_{DS} \le V_{DS\text{sat}} \tag{S3.24}$$

이것은 속도 포화를 고려한 모델로부터 얻은 식이다. 이에 따른 포화 전류는 [식 (7.67)]과 같다.

$$I_D = I_{D\text{sat}} = \frac{WC'_{\text{ox}}\mu_{\text{lf}}\left(V_{GS} - V_T - \dfrac{V_{DS\text{sat}}}{2}\right)V_{DS\text{sat}}}{L\left(1 + \dfrac{\mu_{\text{lf}}V_{DS\text{sat}}}{L\upsilon_{\text{sat}}}\right)} \qquad V_{DS} \ge V_{DS\text{sat}} \tag{S3.25}$$

전달 컨덕턴스로부터 시작된다. 식 (S3.22)에서 미리 정한 대로 편미분을 취하면, $V_D \le V_{D\text{sat}}$인 경우의 식을 다음과 같이 얻는다.

$$g_m = \frac{WC'_{\text{ox}}\mu_{\text{lf}}V_{DS}}{L\left(1 + \dfrac{\mu_{\text{lf}}V_{DS}}{L\upsilon_{\text{sat}}}\right)} \qquad V_{DS} \le V_{DS\text{sat}} \tag{S3.26}$$

이것은 포화 조건 이하에서의 결과이다. 포화 조건 이상일 때에는, 전달 컨덕턴스 $g_{m\text{sat}}$를 식 (S3.22)와 (S3.25)로부터 결정할 수 있다. 그러나 이것은 보기보다 복잡한데, 이는 $V_{DS\text{sat}}$가 V_{GS}의 함수이기 때문이다. 이전에 7장에서 사용했던 방법을 다시 사용해보자. 거기에서 우리는 식 (7.66)[식 (S3.24)와 동일]을 사용했고, 기울기 $\partial I_D/\partial V_{DS}$ 을 0으로 놓아 $I_{D\text{sat}}$을 얻었다.

L이 작아서 $\mu V_{D\text{sat}}/v_{\text{sat}}L \gg 1$이면, 식 (S3.25)는 다음과 같이 된다.

$$I_{D\text{sat}} \approx WC'_{\text{ox}}\upsilon_{\text{sat}}\left(V_{GS} - V_T - \frac{V_{D\text{sat}}}{2}\right) \tag{S3.27}$$

이것을 식 (S3.22)에 대입 후 V_{GS}에 대해 편미분하면 다음을 얻는다.

$$g_{m\text{sat}} = W\upsilon_{\text{sat}}C'_{\text{ox}}\left(1 - \frac{\partial V_{DS\text{sat}}}{2\partial V_{GS}}\right) \tag{S3.28}$$

식 (7.68)에 표현된 것과 같은 $V_{DS\text{sat}}$를 사용하면 다음과 같다.

$$g_{m\text{sat}} = W\upsilon_{\text{sat}}C'_{\text{ox}}\left\{1 - \frac{1}{2}\left[1 + \frac{2\mu_{\text{lf}}(V_{GS} - V_T)}{\upsilon_{\text{sat}}L}\right]^{-1/2}\right\} \tag{S3.29}$$

이제 출력 컨덕턴스 g_d를 검사하자. 우리는 g_d의 정의[식 (S3.23)]로부터 출발한다. 식 (S3.24)와 (S3.25)를 포화 조건 이하와 이상에 대해 미분하면 다음을 얻는다.

$$g_d = \frac{WC'_{\text{ox}}\mu_{\text{lf}}}{L}\left(\frac{(V_{GS} - V_T - V_{DS}) - \dfrac{\mu_{\text{lf}}V_{DS}^2}{2L\upsilon_{\text{sat}}}}{\left(1 + \dfrac{\mu_{\text{lf}}V_{DS}}{L\upsilon_{\text{sat}}}\right)^2}\right) \qquad V_{DS} \le V_{DS\text{sat}} \tag{S3.30}$$

그리고

$$g_{d\text{sat}} = 0 \qquad V_{DS} \ge V_{DS\text{sat}} \tag{S3.31}$$

물론 포화 출력 컨덕턴스는 이 유도에서 우리가 몇 가지 효과를 무시하였기 때문에 진짜로 0은 아니다. 이 중 하나는 7장에서 논의한 채널 길이 변조인데, 그것은 유효 채널 길이가 드레인-소스 전압 V_{DS}에 따라 변한다는 것이다. 이차 효과는 문턱 전압이 V_{DS}에 의존한다는 것이다.

S3.4.2 CMOS 증폭기

CMOS 인버터는 디지털 회로와 관련하여 토의하였다. 그들은 소신호 증폭기로서도 유용하다. 그림 8.3에서 보였고, S3.10에 반복해서 보여준 CMOS 인버터를 생각하자. 소자의 전달 특성(V_{out}-V_{in})을 그림 S3.10b에 나타냈다. $V_{in} = V_{DD}/2 + v_{ac}$이므로, 여기서 v_{ac}는 소신호 전압인데, V_{in}의 작은 변화(예, v_{ac})에 대해서 출력 전압은 큰 값으로 변함을 볼 수 있고, 다시 말하면 교류 전압 이득이 크다는 것을 볼 수 있다.

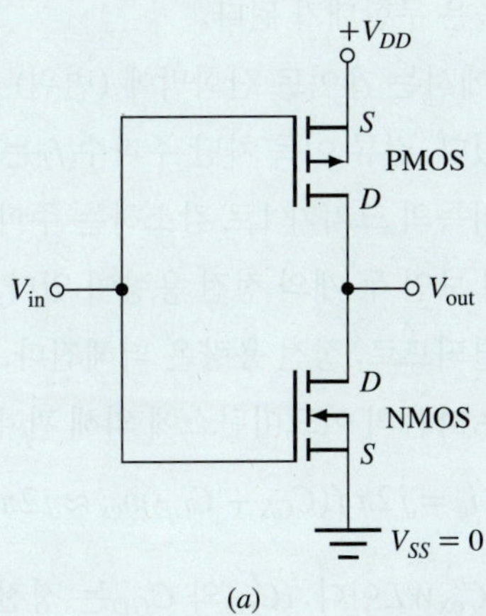

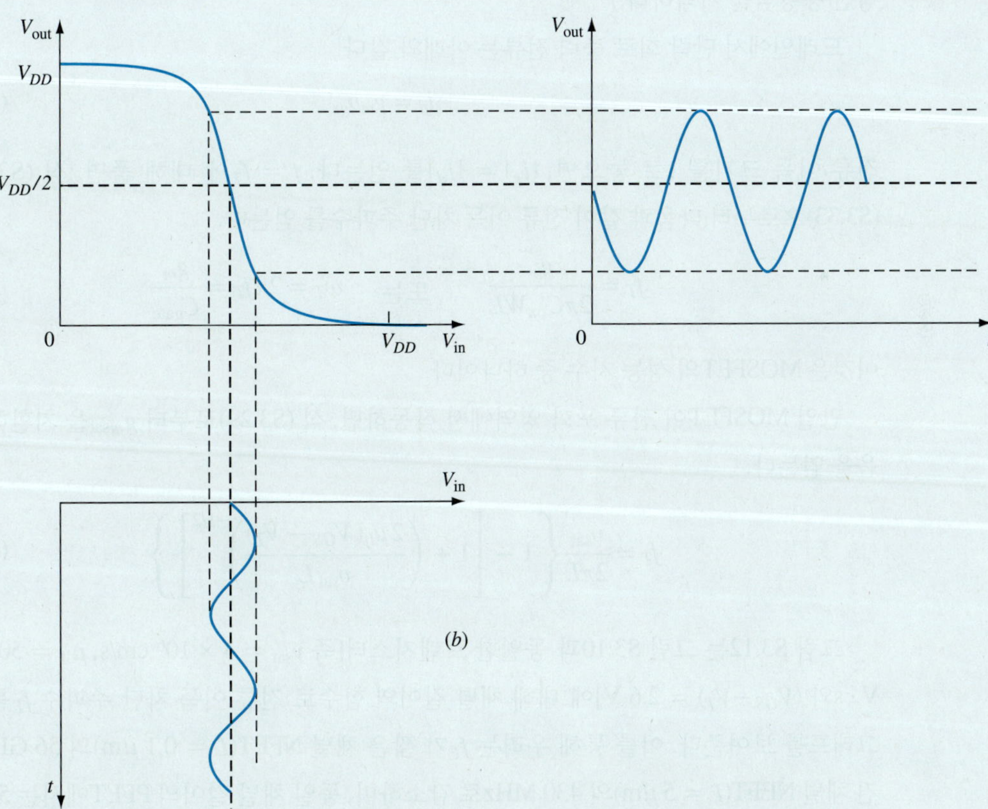

그림 S3.10 (a) CMOS 인버터. (b) 입력 전압이 출력에서 증폭된다.

S3.5 단위 전류 이득 차단 주파수 f_T

낮은 주파수에서는 게이트 정전 용량이 모든 게이트 전류(산화막을 통한 작은 누설 전류를 제외하고)를 차단하므로, 입력 전류는 0이다. 트랜지스터의 전류 이득은 i_d/i_g이므로, 낮은 주파수에서 전류 이득은 무한대가 된다.

그러나 높은 주파수에서는 게이트 산화막에 (변위) 전류가 흐르고, 이것은 전류 이득을 감소시키는 경향이 있다. 전류 이득 차단 주파수 f_T는 그림 S3.8 회로의 교류 출력을 단락시킨 상태에서 전류 이득의 크기가 1로 감소하는 주파수로 정의된다.[4] 그림 S3.8a의 고주파 모델에는 명백하게 보인 두 개의 정전 용량이 있다. 출력이 단락되는 경우에는 이 두 정전 용량은 병렬로 연결되므로, 정전 용량은 더해진다. 중첩 정전 용량을 무시하면, 입력 전류와 전압 v_g의 관계는 다음의 어드미턴스에 의해 관계가 형성된다.

$$i_g = j2\pi f(C_{GS} + C_{GD})v_{gs} \approx j2\pi f(C'_{\mathrm{ox}}WL)v_{gs} \tag{S3.32}$$

여기서 $(C_{GS} + C_{GD}) \approx C'_{\mathrm{ox}}WL$이다. ($C_{GS}$와 C_{GD}는 정전 용량인 반면, C'_{ox}는 단위 면적당 정전 용량임을 기억하라.)

드레인에서 단락 회로 출력 전류는 아래와 같다.

$$i_d = g_m v_{gs} \tag{S3.33}$$

전류 이득 크기를 1로 놓으면, $|i_g| = |i_d|$를 얻는다. $f = f_T$에 대해 풀면, 식 (S3.32)와 (S3.33)으로부터 다음과 같이 전류 이득 차단 주파수를 얻는다.

$$f_T = \frac{g_m}{2\pi C'_{\mathrm{ox}}WL} \qquad \text{또는} \qquad \omega_T = 2\pi f_T = \frac{g_m}{C_{\mathrm{gate}}} \tag{S3.34}$$

이것은 MOSFET의 성능 지수 중 하나이다.

만일 MOSFET이 전류 포화 영역에서 작동하면, 식 (S3.29)로부터 $g_{m\mathrm{sat}}$을 치환하여 다음을 얻는다.

$$f_T = \frac{v_{\mathrm{sat}}}{2\pi L}\left\{1 - \left[1 + \left(\frac{2\mu_{lf}(V_{GS} - V_T)}{v_{\mathrm{sat}}L}\right)^{-1/2}\right]\right\} \tag{S3.35}$$

그림 S3.12는 그림 S3.10과 동일한 트랜지스터[즉 $v_{\mathrm{sat}} = 4 \times 10^6$ cm/s, $\mu_{\mathrm{lf}} = 500$ cm²/V · s와 $(V_{GS} - V_T) = 2.6$ V]에 대해 채널 길이의 함수로 전류 이득 차단 주파수 f_T를 그린 그래프를 보여준다. 이를 통해 우리는 f_T가 짧은 채널 NFET($L = 0.1$ μm)의 56 GHz부터 긴 채널 NEFT($L = 5$ μm)의 430 MHz로 감소하며, 동일 채널 길이의 PFET에서는 50 GHz

4) 교류 출력은 부하 정전 용량을 통해 접지되어 있다. 물론, 동작하기 위해서는 $V_{DS} > 0$이기 때문에, 직류 출력은 단락되지 않는다.

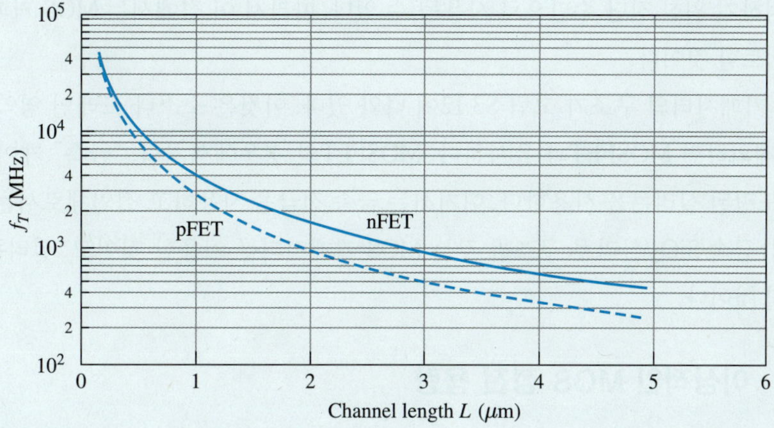

그림 S3.11 n 채널과 p 채널 MOSFET에 대해 채널 길이의 함수로 나타낸 전류 차단 주파수.

에서 234 MHz로 감소함을 본다. 확실히 짧은 채널은 소자의 주파수 특성을 상당히 향상시킨다.

이 그래프들(그림 S3.10과 S3.12)에서, 우리는 주어진 파라미터에서 속도 포화 효과만 고려하였다. 이는 낙관적인 결과이다. 다음 절의 직렬 저항과 짧은 채널 효과는 여기에서 발표한 값으로부터 g_m과 f_T를 감소시킨다.

S3.6 MOS 커패시터

전계 효과 트랜지스터의 게이트 구조는 커패시터처럼 생겼다는 것을 7장에서 언급하였다. 사실 직접 회로의 회로 요소로서 커패시터를 배치하는 데 동일한 제조 공정이 사용될 수 있다. 나아가 MOS 커패시터의 전기적 특성은 제조 공정에서 발생하는 다양한 재료 특

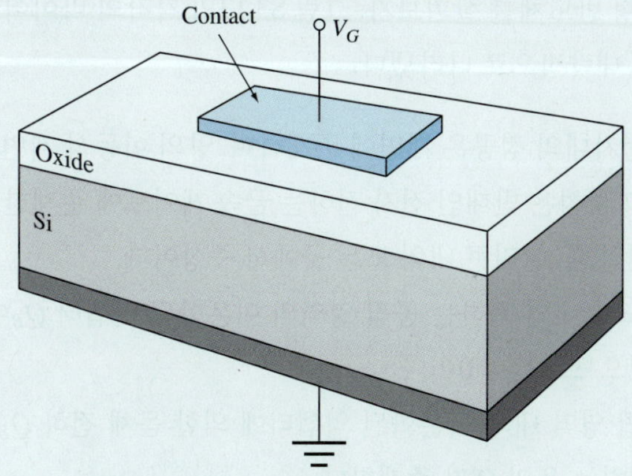

그림 S3.12 MOS 커패시터 개략도.

성을 결정하기 위한 진단 수단으로 사용될 수 있다. 따라서 이 절에서는 MOS 커패시터를 상세히 검토할 것이다.

MOS 커패시터의 구조가 그림 S3.12에 나와 있다. 이것은 소스나 드레인 영역이 없다는 것을 제외하면 MOSFET과 유사하다. MOSFET의 경우에서처럼, "금속" 게이트로 종종 축퇴 도핑된 실리콘을 사용한다. 여기서는 금속 전극을 사용하고 절연체로서는 SiO_2를 사용하여, 금속/SiO_2/실리콘 구조를 갖는 MOS 커패시터를 이용할 것이고, 실리콘은 p형을 사용할 것이다.

S3.6.1 이상적인 MOS 정전 용량

게이트와 기판 사이의 정전 용량은 인가전압, 금속-반도체의 일함수 차이, 그리고 MOSFET의 문턱 전압을 결정하는 데 관련된 모든 전하에 의존한다. 이 절에서는 Φ_{MS}과 Q_f, Q_{it}가 모두 0이라고 가정하여 문제를 이상적으로 만들었다. (다음 절에서는 이 항을 모두 포함할 것이다.) 여기에서는 몸체 기판 내의 공핍 영역 폭이 몸체 전하 Q_B에 미치는 영향과, Si/산화막 계면에서 실리콘 내에 있는 Q_i라고 불리는 이동성 전하에 미치는 영향만을 고려할 것이다. MOSFET에서는 이 이동성 전하가 단위 면적당 채널 전하인 Q_{ch}로 불렸음을 주의하라. 이 정전 용량에는 소스나 드레인이 없기 때문에 채널이 없다.

그림 S3.13은 다양한 게이트-기판 전압 V_G에서 금속/산화막/p형 반도체와 금속/산화막/n형 반도체의 에너지 밴드 다이어그램을 보여준다. (a)에서는 표시된 극성의 게이트 전압이 인가되면 밴드를 변형시켜서 반도체 표면 근처에 다수 캐리어가 축적된다. 단순화된 이상적인 상태를 다루고 있기 때문에, $\Phi_{MS} = 0$인 (b)의 평탄 밴드의 경우도 역시 평형 상태이다.

(c)에서는 게이트 전압이 인가되어 실리콘에 공핍 영역이 생성되어 있고, (d)에서는 게이트 전압이 충분히 커서 계면 근처의 실리콘이 반전되어 있다.

금속/산화막/p형 반도체를 살펴보자. 그림 S3.13의 각각의 바이어스 조건에 관련된 전하는 그림 S3.14에 대략적으로 나타냈다.

- 축적일 때, 가전자대의 정공은 계면에 존재하며, 양의 이동성 계면 전하 Q_i를 생성시킨다. 크기는 같고 극성은 반대인 전자 전하는 금속 게이트에 존재한다.
- 평탄 밴드 조건일 때, 실리콘 내의 모든 곳에서 중성이다.
- 공핍일 때, 반도체 내의 전하는 공핍 영역의 이온화된 억셉터 Q_B에 의해 생성된다. 이동성 전하는 없으므로 $Q_i \approx 0$이다.
- 반전일 때, 공핍 영역 내의 이온화된 억셉터에 의한 몸체 전하 Q_B에 추가로 계면에서의 전자에 기인하는 음의 Q_i가 존재한다.

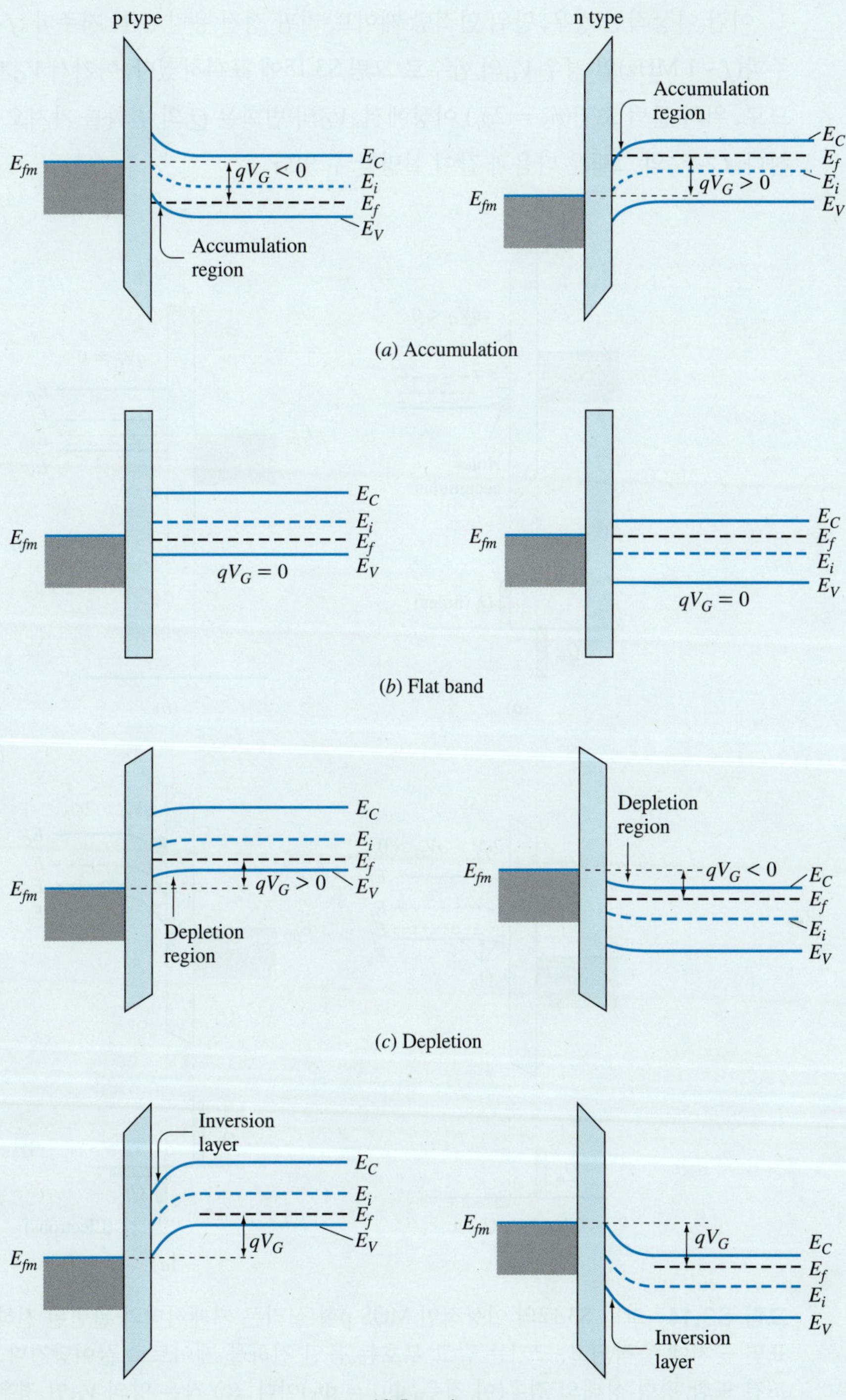

그림 S3.13 금속 게이트와 p형 실리콘을 사용한 경우(왼쪽)와 n형 실리콘을 사용한 경우(오른쪽)의 이상적인 MOS 구조에 대한 에너지 밴드 다이어그램. (a)에서 밴드는 실리콘의 표면이 (다수 캐리어로) 축척되도록 변형된다. $\Phi_M = \Phi_S$인 특별한 경우에 대해서, 평탄 밴드의 경우 (b)도 평형 상태의 경우이다. (c)에서 V_G의 극성은 실리콘 내에 공핍 영역이 수립되게 설정된다. (d)에서 V_G는 반전층을 생성하기에 충분하다.

이런 이상적인 경우, 단위 면적당 게이트-기판 정전 용량 C'를 저주파 ($f \sim 10$ Hz)와 고주파($f \sim 1$ MHz)인 경우 V_G의 함수로 그림 S3.15에 표현하였다. 여기서 V_G가 천천히 변하므로, 위의 문턱 조건($\phi_S = 2\phi_f$) 이상에서, V_G의 변화는 Q_i의 변화를 가져오며, Q_B는 일정하다. C'-V_G의 그림은 다음과 같이 설명할 수 있다.

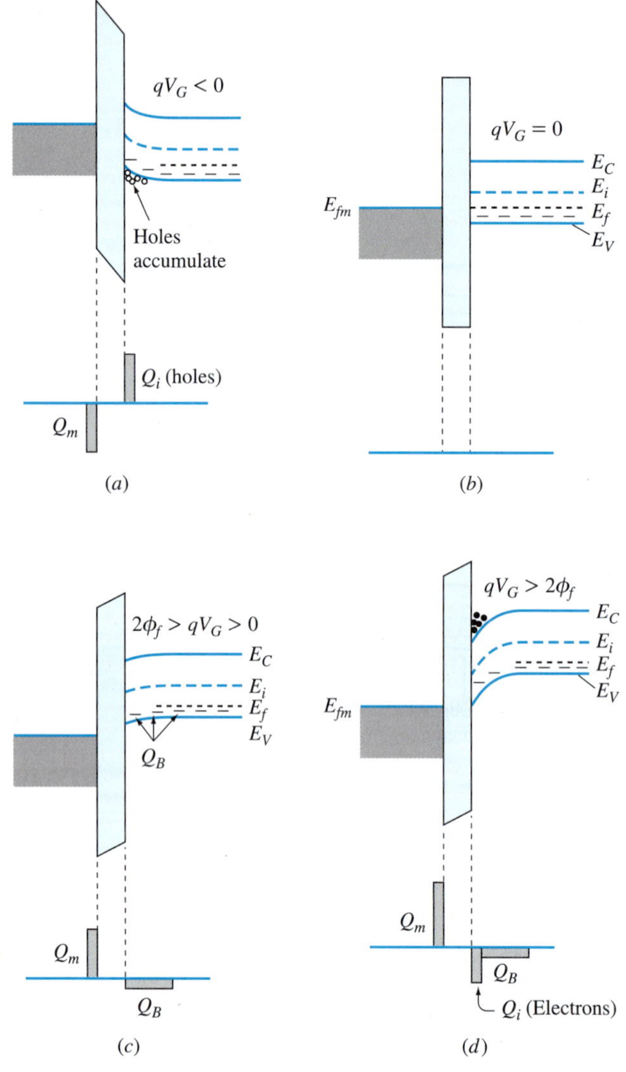

그림 S3.14 그림 S3.12의 이상적인 MOS p형 실리콘 커패시터와 관련된 전하들. (a) 정공이 표면 근처에 축적되고, 크기는 같고 부호는 음인 전하를 게이트로 끌어당긴다. (b) 평탄 밴드 조건 또한 평형 상태의 경우(이 경우, $\Phi_M = \Phi_S$)이다. (c) 작은 양의 V_G인 경우, 정공에 의해 중화되지 않은 음으로 이온화된 억셉터를 가지고 있는 공핍 영역이 실리콘 내의 표면 근처에 형성된다. 크기는 같고 부호는 다른 양의 값을 갖는 전하가 게이트에 나타난다. (d) $\phi_S > 2\phi_f$가 되는 V_G인 경우, 몸체 전하 Q_B가 남아 있고, 게다가 실리콘 위치 에너지 우물 내의 상태들을 차지하는 이동성 전자들이 존재한다.

- $V_G < 0$ V인 경우, 실리콘 표면은 S3.13a에서 나타냈듯이 축적 상태이다. $C' = |dQ_m/dV_G|$이므로, dV_G에 변화가 있다면, 금속 위의 전하는 $dQ_m = -dQ_i$만큼 변화한다. 이 구조는 SiO_2를 유전체로 가지며, 단위 면적당 정전 용량을 가지는 평행판 커패시터와 비슷하며 동작도 비슷하다.

$$C' = C'_{ox} \qquad \text{축적} \tag{S3.36}$$

C'-V_G 그래프 위의 a 지점은 축적을 나타낸다.

- 평탄 밴드의 경우(그림 S3.15의 b 지점), 계면에는 아직 약간의 이동성 전하가 존재한다. 만약 게이트 전압이 V_{FB}으로부터 조금 변하면, 밴드는 위나 아래로 조금 구부러진다. 따라서 dV_G의 효과는 기판 안으로 약간 작은 거리를 침투하게 된다. 이 거리는 디바이 길이 L_D로 알려져 있다. 이것은 사실상 산화막 커패시터에 직렬로 연결된 두 번째 커패시터를 추가한다. 따라서 $V_G = V_{FB}$일 때 다음과 같이 된다.

$$\frac{1}{C'} = \frac{1}{C'_{ox}} + \frac{L_D}{\varepsilon_{Si}} = \frac{t_{ox}}{\varepsilon_{SiO_2}} + \frac{L_D}{\varepsilon_{Si}} \qquad \text{평탄 밴드 근처} \tag{S3.37}$$

- 축적의 경우, 이동성 전하의 수는 상당히 크며, 계면에 밀집해 있으므로 식 (S3.37)의 두 번째 항은 무시될 수 있다는 것을 주의하라. 그렇게 되면 식 (S3.37)은 식 (S3.36)으로 간략히 된다.
- $V_G > V_{FB}$의 경우(이 이상적인 커패시터에서는 $V_{FB} = 0$임을 기억하라), 공핍 영역이 기판 내에 형성된다. 그림의 c 지점에서 이동성 전하는 없으므로 $Q_i = 0$이다. 정전 용량은 산화막 정전 용량 C'_{ox}과 (몸체) 접합 정전 용량 C'_B의 직렬로 연결된 조합이다.

$$\frac{1}{C'} = \frac{1}{C'_{ox}} + \frac{1}{C'_B} \tag{S3.38}$$

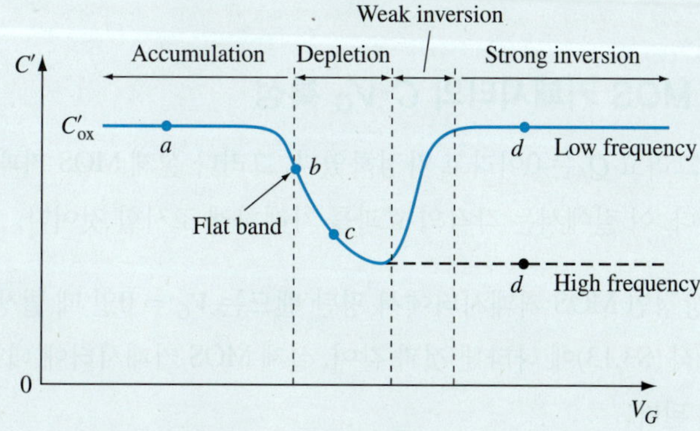

그림 S3.15 저주파 및 고주파에서 이상적인 MOS 커패시터의 정전 용량-전압 특성. (a) 축적, (b) 평탄 밴드, (c) 공핍, (d) 강한 반전.

여기서 C'_B은 공핍 영역에 관련된 단위 면적당 정전 용량으로서 다음과 같다.

$$C'_B = \left(\frac{\varepsilon_{Si} q N'_A}{2\phi_s}\right)^{1/2} \tag{S3.39}$$

그리고 공핍 영역의 깊이 w_B는 다음과 같다.

$$w_B = \left(\frac{2\varepsilon_{Si}\phi_s}{qN'_A}\right)^{1/2} \tag{S3.40}$$

- 반전 영역의 경우(d 지점), 공핍 전하 Q_B에 추가로 계면 전하 Q_i가 존재한다. 이 경우 정전 용량은 고주파에서 측정되는지, 저주파에서 측정되는지에 따라 다르다.

고주파(전형적으로 1 ~ 10 MHz)일 때, $f \gg 1/\tau$이고, 여기서 τ는 공핍 영역 내에서 캐리어의 생성과 재결합에 관련된 수명이다. 이 경우, V_G의 변화는 1주기 동안 전하의 생성과 재결합의 발생이 무시될 수 있을 정도로 충분히 빨라서 Q_i가 영향을 받지 않음을 의미한다. 따라서 $|dQ_m/dV_G| = |dQ_B/dV_G|$이고, 정전 용량은 다음과 같이 C'_{ox}와 C'_B의 직렬 조합이 된다.

$$\frac{1}{C'} = \frac{1}{C'_{ox}} + \frac{1}{C'_B} \tag{S3.41}$$

이 값은 그림 S3.15에 점선으로 나타낸 것과 같이 V_G의 값에 무관하다.

그러나 저주파(전형적으로 1 ~ 100 MHz)일 때, $f \ll 1/\tau$이고, 공핍 영역 내에서 소수 캐리어의 생성과 재결합은 V_G의 변화를 따라갈 수 있다. 따라서 Q_i는 게이트 전압의 변화에 응답하여 변할 수 있다. 그러나 7.2.4절 '문턱 조건에 대한 추가 고찰'을 기억하라. 그것은 문턱 조건 이상에서 ϕ_s는 거의 일정하며 게이트 전압의 추가적인 모든 변화는 산화막에 걸린다는 것이다. 그것은 Q_B가 일정하다는 것을 암시한다. 따라서 이 경우, $|dQ_m/dV_G| = |dQ_i/dV_G|$이다. 결과적으로 이 영역에서 C'은 C'_{ox}와 본질적으로 동일하며 V_G의 직류 값에 무관하다.

S3.6.2 실제 MOS 커패시터의 C-V_G 특성

위에서 Φ_{MS}, Q_{it}, 그리고 Q_f는 0이라고 가정하였다. 그러나 실제 MOS 커패시터에서는 이들을 고려해야 한다. 이 절에서는 각각의 효과를 차례차례 조사할 것이다.

Φ_{MS}의 효과 이상적인 MOS 커패시터에서 평탄 밴드는 $V_G = 0$일 때 발생하였다. S3.3.5절에서 논의하고 식 (S3.13)에 나타낸 것과 같이, 실제 MOS 커패시터에 대한 평탄 밴드 전압은 다음과 같이 된다.

$$V_{FB} = \frac{\Phi_{MS}}{q} - \frac{[Q_f + Q_{it}(0)]}{C'_{ox}} \tag{S3.42}$$

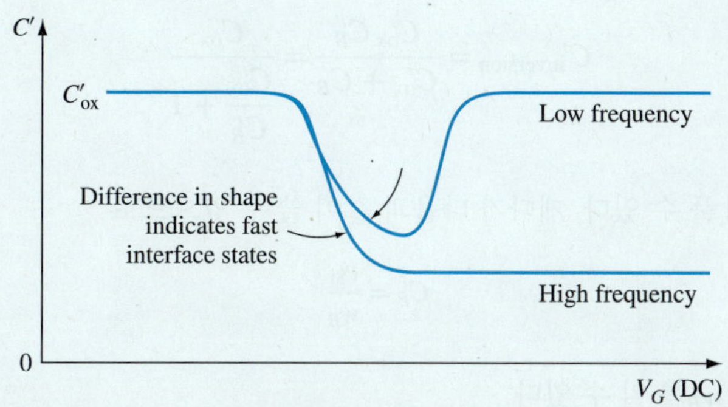

그림 S3.16 저주파 및 고주파에서 실제 MOS 커패시터의 C-V 특성. 일반적인 모양에 있어서 그림 S3.15의 이상적인 MOS 커패시터와의 차이는 빠른 계면 상태의 존재에서 온다. 이 상태들의 점유는 V_G의 저주파 변화는 따라갈 수 있으나 고주파 변화는 따라갈 수 없기 때문에, 두 그래프의 차이는 빠른 상태의 농도를 측정하는 척도가 된다.

그리고 그 효과는 그림 S3.16의 C-V 그래프를 전압축상에서 Φ_{MS}의 극성에 따라 오른쪽 또는 왼쪽으로 이동시키는 것이다.

계면 상태 앞에서 계면 상태에 포획된 전하 Q_{it}는 반도체의 밴드 변형 ϕ_S에 의존한다는 것을 나타냈다. 주어진 ϕ_S 값에서 반도체의 페르미 준위 위의 계면 포획 상태는 대개 비어 있는 반면 페르미 준위 아래에 있는 계면 포획 상태는 거의 다 점유되어 있다. V_G가 변하고 그래서 밴드 구부러짐이 달라지면, Q_{it}의 값 역시 달라진다. 그러나 **빠른 계면 상태(fast interface state)**라고도 불리는 계면 상태는 약 1 kHz 이하의 주파수에서는 V_G에 응답하지만 1 MHz 정도의 주파수에는 그렇지 않다. 따라서 그들의 농도는 고주파 정전 용량과 저주파 정전 용량의 비교로부터 결정될 수 있다(그림 S3.16 참조).

S3.6.3 C-V_G 측정으로부터 MOSFET 파라미터 분석

MOSFET의 일부 물리적 파라미터가 어떻게 C'-V_G 곡선에 영향을 주는지 알아보았다. 역으로, 이 곡선의 조사와 해석은 산화막 두께, 몸체 또는 공핍 정전 용량 C'_B, 공핍 영역의 폭 w_B, 그리고 기판 도핑 수준을 포함한 몇 가지 파라미터의 값들을 드러낼 수 있게 해준다.

축적 모드와 저주파 반전 모드에서(그림 S3.15 참조), 산화막 유전율이 알려졌다면, 산화막 두께를 다음과 같이 구할 수 있다.

$$C' = C'_{ox} = \frac{\varepsilon_{oxide}}{t_{ox}} \qquad \text{(S3.43)}$$

반전 모드의 고주파 C-V_G 특성으로부터, 그리고 C'_{ox}의 측정값을 사용하여, 몸체 또는 공핍 영역의 정전 용량을 다음과 같이 알 수 있다.

$$C'_{\text{inversion}} = \frac{C'_{\text{ox}} C'_B}{C'_{\text{ox}} + C'_B} = \frac{C'_{\text{ox}}}{\dfrac{C'_{\text{ox}}}{C'_B} + 1} \tag{S3.44}$$

이 식을 C'_B를 위해 풀 수 있다. 게다가 다음과 같이 쓸 수 있으므로

$$C'_B = \frac{\varepsilon_{\text{Si}}}{w_B}$$

최대 공핍 영역 폭 w_B를 알 수 있다.

$$w_B = \left[\frac{2\varepsilon_{\text{Si}}(2\phi_f)}{qN'_A}\right]^{1/2} \tag{S3.45}$$

다음 식을 사용하여 기판에서의 도핑 농도를 계산할 수 있다.

$$\phi_f = \frac{kT}{q} \ln \frac{N'_A}{n_i} \tag{S3.46}$$

2부 보충에서 토의한 것과 같이, N'_A은 또한 산화막이 제거된 실리콘 표면 위에 금속을 부착하여 얻어지는 쇼트키 장벽의 C-V 특성으로부터 결정될 수 있다.

S3.7 Dynamic Random Access Memory(DRAM)

MOS 기술은 RAM(random access memory)과 같은 메모리 셀을 만드는 데에도 사용된다.[5] RAM의 매력적인 특징은 각각의 셀을 개별적으로 쓰고 읽을 수 있다는 것이다. RAM 메모리에서는 셀이 다시 기록되거나 회로의 전원이 꺼질 때(휘발성 메모리)까지 각 셀에 저장된 정보가 남아 있다.

가장 일반적인 형태의 RAM은 DRAM(dynamic random access memory, 디-램이라 발음함)이다. 각 셀은 하나의 MOS 커패시터와 전달 게이트에 의해 이와 분리되어 있는 하나의 n^+p 접합으로 구성된다. 그런 “단일 트랜지스터 메모리 셀”의 단면을 그림 S3.17a에 개념적으로 보였다. 이 개념도에서 커패시터는 일정한 2.5 V 전압에 연결되어 있다. DRAM 셀의 전달 게이트는 전압이 0 V일 때, 모든 증가형 전계 효과 소자에서와 같이 커패시터를 다이오드로부터 격리시킨다. $V_G = 2.5$ V일 때, 전도 채널은 커패시터 우물과 다이오드를 연결한다.

그림 S3.17b는 커패시터와 다이오드가 서로 격리되어 있는 $V_G = 0$일 때 이 메모리 셀에 대한 혼성 그림을 보여준다. 커패시터 우물이 비어 있으면 커패시터에 **0**이 저장된 것으로 정의하고, 우물이 가득 차 있다면 커패시터에 **1**이 저장된 것으로 정의한다. 점선들은 소스 우물에 전하가 없고(논리 **0**) 다이오드가 2.5 V로 바이어스된 경우를 나타낸다. 실선

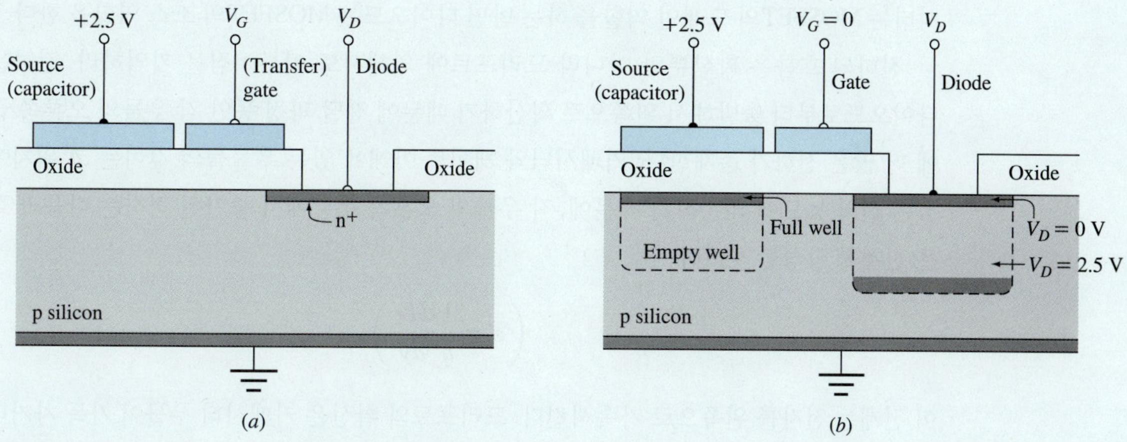

그림 S3.17 (a) DRAM의 단면도와 (b) 혼성 개략도. 이 단일 트랜지스터 메모리 셀은 전달 게이트에 의해 격리되어 있는 한 개의 다이오드와 한 개의 MOS 커패시터로 구성되어 있다. $V_G = 0$일 때, 소스와 드레인은 격리된다.

들은 논리 **1**의 상태를 나타낸 것으로, 이 경우에는 커패시터 아래 위치 에너지 우물은 전하를 포함하고 있다. 저장된 상태는 단지 커패시터 우물 내의 전하에만 의존하며, 다이오드 전압 V_D와는 관련이 없음을 주의하라. 그러나 다음에서 우리는 두 가지 조건을 모두 사용할 것이므로, V_D의 두 다른 값을 보일 것이다.

이제 커패시터 우물에 **0** 또는 **1**을 쓰는 방법을 알아볼 것이다. 쓰기 동작을 위해서, 커패시터 우물은 초기에는 비어 있다(논리 **0**). **1**을 쓰기 위해서는 게이트에 펄스를 인가함과 동시에 V_D를 0볼트로 설정한다. $V_G = 2.5$ V인 동안 채널이 존재한다. 그러면 그림 S3.18a에 나타낸 것과 같이 다이오드로부터 커패시터로 전하가 흐른다. 이 동작을 위해서 커패

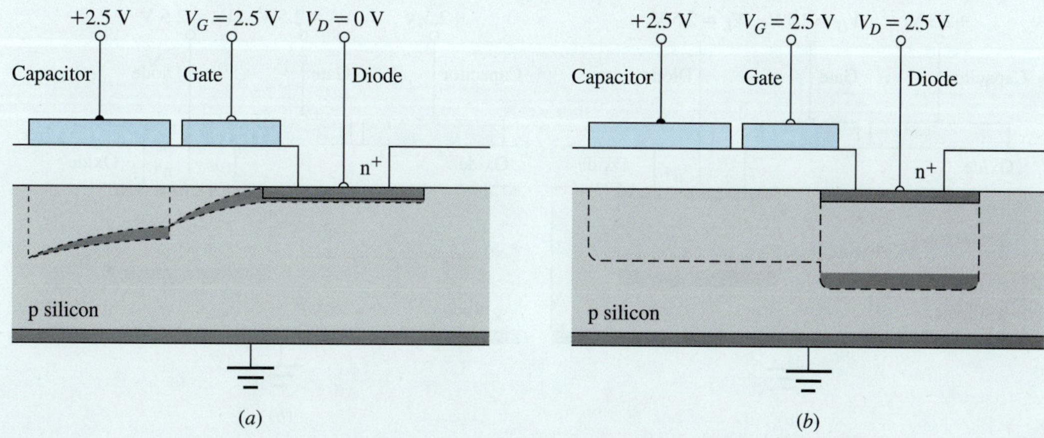

그림 S3.18 (a) 메모리 셀에 **1**을 쓰는 모식도. $V_D = 0$과 $V_G = 2.5$ V일 때, 다이오드로부터 커패시터로 전하가 흘러 소스 커패시터의 위치 에너지 우물을 채운다. (b) **0**을 쓰기 위해서는, 게이트가 개방되었을 때 V_D를 양으로 만든다. 이 경우 다이오드에서 커패시터로 전하가 흐르지 않는다.

시터는 MOSFET의 드레인 역할을 하는 반면 다이오드는 MOSFET의 소스 역할을 한다.

전하의 흐름은 확산뿐만 아니라 드리프트에 의해서도 이루어짐을 기억하라. 전하는 다이오드로부터 출발해서 왼쪽으로 확산하기 때문에 전달 과정 동안 각 우물의 오른쪽 끝에 더 많은 전하가 존재한다. 커패시터와 게이트 아래에 있는 우물들의 깊이는 그 위치에 있는 전자 농도에 의존하기 때문에, 각 우물의 오른쪽 부분에서 증가된 전하는 다음과 같은 전계를 형성할 것이다.

$$\left(\mathscr{E} = \frac{1}{q}\frac{dE_C}{dy}\right)$$

이 전계는 전자를 왼쪽으로 가속시킨다. 드리프트와 확산은 커패시터 우물이 가득 차거나 **1**이 될 때 계속된다. 게이트 펄스가 제거되면 채널은 사라지고 전하는 커패시터 전위 우물에 갇혀 있게 된다.

0을 쓰기 위해서는 $V_D = 2.5$ V로 설정하고 펄스를 게이트에 인가한다. 비록 채널이 존재할지라도(채널은 그림에 나타내지 않았다), 이 경우 다이오드가 커패시터와 같은 전위에 위치하기 때문에 전하의 전달은 없음을 그림 S3.19b로부터 알 수 있다. 게이트가 차단($V_G = 0$ V)될 때, 소스 우물은 여전히 비어 있다. 즉, 충전되지 않는다.

따라서 **1**을 쓰기 위해서는, 다이오드 전압을 0 V로 설정하고 펄스를 게이트에 인가한다. 이렇게 되면 커패시터가 충전된다. **0**을 쓰기 위해서는 다이오드의 전압을 2.5 V로 설정하고 게이트에 펄스를 인가한다. 둘 가운데 어떤 경우든, 커패시터 전압은 2.5 V로 유지된다.

우물 속에 저장된 내용을 읽기 위해서는 V_D를 2.5 V로 설정하고 게이트를 켠다. 만일 커패시터가 **1**을 저장하고 있다면 그림 S3.19a가 나타낸 것과 같이 전하는 다이오드로 전

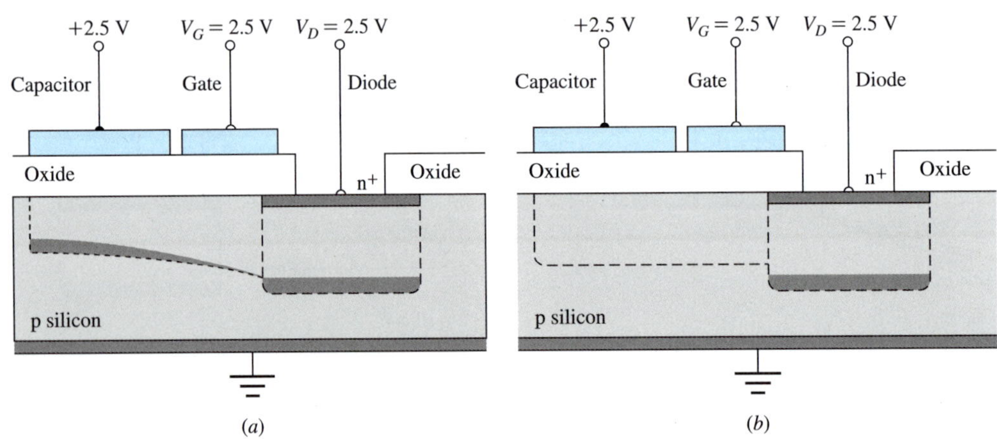

그림 S3.19 DRAM 메모리 셀의 내용을 읽기 위해서는, 게이트가 개방되었을 때($V_G = 2.5$ V) V_D를 양으로 만든다. (a) 만일 셀이 **1**을 저장하고 있으면, 커패시터에서 다이오드로 전하가 흐른다. (b) 만일 셀이 **0**을 저장하고 있으면, 전하는 흐르지 않는다.

달된다. 이 전하 전달에 의한 전류가 저장된 **1**을 읽는 것으로 해석된다. 이 읽기 동작을 위해서 다이오드는 MOSFET의 드레인으로서 역할을 하는 반면 커패시터는 MOSFET의 소스로서 역할을 한다. 만일 커패시터 우물이 비었다면(미충전되었다면), 그림 S3.19b에 나타냈듯이, 읽는 주기 동안 전하 흐름은 없고, 다이오드 전류가 없음이 저장된 **0**을 읽는 것으로 해석된다.

그러나 커패스터 우물 영역 내에서 열생성된 전자는 우물 속에 포획될 것이다. 시간이 지나면 빈 우물은 전자로 채워질 것이고, 다시 말하면 **0**이 **1**이 될 것이다. 이 때문에 저장된 전하는 주기적으로(수 ms마다) "재충전"되어야 한다. 즉 읽어내고 다시 써야 한다.

S3.8 MOSFET 스케일링[6]

MOSFET의 스케일링은 MOSFET과 배선의 크기를 체계적으로 줄임으로써 MOSFET 칩의 크기를 축소하는 과정이다. 더 작은 소자는 주어진 기능을 가진 칩들을 한 웨이퍼에 더 많이 넣을 수 있게 해준다. 웨이퍼의 제작 공정 가격은 상대적으로 일정하기 때문에, 칩당 비용은 대략 웨이퍼당 들어가는 칩의 수에 반비례한다. 더 작은(더 짧은 채널 길이) MOSFET은 또한 더 짧은 소스-드레인 전이 시간과 더 빠른 스위칭(디지털 회로)과 더 높은 주파수 응답(아날로그 회로)을 의미한다.

MOSFET 스케일링의 두 가지 주된 접근이 있다. 표 S3.1에 나타낸 것처럼 **등전계 스케일링(constant scaling)**과 **등전압 스케일링(constant voltage scaling)**이다. 두 접근법에서 소자의 치수 L과 W는 동일한 인수 k에 의해 감소된다. 단위 면적당 게이트 산화막 정전 용량(C'_{ox})은 또한 같은 인수에 의해 증가된다. 게이트 산화막 물질은 변하지 않는다고 가정하

표 S3.1 MOSFET 스케일링 가이드라인. 스케일링 상수 k의 크기는 일반적으로 0.7이다.

Parameter	Symbol	Constant field scaling	Constant voltage scaling
Field	$\mathscr{E}$	1	$1/k$
Voltage	V	k	1
Channel width	W	k	k
Channel length	L	k	k
Area/device	A	k^2	k^2
Oxide thickness	t_{ox}	k	k
Gate capacitance per unit area	C'_{ox}	$1/k$	$1/k$
Gate capacitance	C_{ox}	k	k
Substrate doping	N^j	$1/k$	$1/k^2$
On current	I_D	k	1
Power per device	P/D	k^2	1
Power density	P	1	$1/k^2$

고, 산화막 두께 t_{ox}는 또한 동일한 인수 k에 의해 줄어든다.[5)]

등전계 스케일링에서, MOSFET 내의 모든 전계는 동일하게 유지되므로, 인가된 전원 전압 V_{DD}와 기판의 도핑 농도가 표 S3.1에서 보이듯이 변해야 한다. 스케일링 인수 k는 약 2년마다 바뀌는 각 MOSFET 세대의 경우 약 0.7이다.

이전 회로에서 사용하던 전원 전압을 변경하는 것에 대한 저항 때문에, 등전계 스케일링으로 전원 전압을 낮추기 이전에는 MOSFET의 여러 세대에서 보통 등전압 스케일링 제도가 사용되었다. 세 번째 스케일링 과정은 일반적인 스케일링이라 부르는데 이 방법이 종종 사용된다. 이 방법은 전원 전압을 인수 k로 줄인 것을 제외하고는 등전계 스케일링과 동일한, 수정된 등전계 스케일링이다.

소자의 크기를 줄이는 것과 연관된 여러 가지 문제가 존재한다. 하나는 7장에서 논의한 드레인 유도 장벽 감소 효과(DIBL)로, 채널의 길이가 감소하면 이 효과는 증가한다. 또한, 매우 짧은 채널의 경우, 소스와 드레인의 공핍 영역이 겹치게 되고, 따라서 소스에서 채널로의 장벽이 줄어들어서(펀치-스루), 채널의 전류가 증가한다. 이 경우 소자가 항상 켜져 있기 때문에 V_{GS}가 0인 경우에도 주목할 만한 전류가 흐를 수 있다. 이 두 문제는 전원 전압을 줄이면 극복할 수 있다. 펀치-스루의 문제도 기판의 도핑을 증가시켜 줄일 수 있다.[6)] 그러나 기판의 도핑이 약 10^{19} cm^{-3}보다 크면, 역방향 바이어스된 드레인-기판 접합의 밴드와 밴드 사이의 터널링이 드레인-기판 전류를 증가시킨다.

펀치-스루 문제는 드레인 근처에 매우 얇고 고농도로 도핑된 n^{++} 영역(드레인의 연장)을 만들어서 드레인-기판의 공핍 영역을 채널로부터 (그리고 소스로부터) 실질적으로 더 멀리 이동시켜서 감소시켰다. 이는 드레인의 공핍 영역을 소스의 공핍 영역으로부터 분리하고 펀치-스루를 방지한다. 소스 편에서의 드레인 공핍 영역의 형성을 억제하기 위해, 기판과 동일한 형으로 높게 도핑한 영역(halo)인 p^+를 그림 S3.20의 n 채널 소자에서 드레인에 인접하게 더해준다.

등전압 스케일링 접근법에서, 게이트 채널 정전 용량(C'_{ox})은 등전계 스케일링에서와 같이 동일한 인수 k에 의해 줄어든다. 그러나 게이트 절연체가 SiO_2이고 그 두께 t_{ox}가 2 nm보다 작으면 게이트에서 채널로의 터널링이 과도하게 된다. 이는 절연체의 유전 상수를 증가시키면, 주어진 정전 용량 C'_{ox}를 얻기 위해 더 두꺼운 절연층 t_{ox}를 허용하기 때문에, 이 문제를 완화할 수 있다. 유전 상수가 3.9인 SiO_2에 비해서 유전 상수가 약 5인 실리콘 질산화물(SiON)을 사용하면 이를 어느 정도 개선한다. 터널링 확률은 밴드 갭과 산화

5) 종종 유전 상수로 사용되는 기호 k와의 혼동을 피하기 위해, 일부 반도체 문헌에서는 $S = 1/k$인 스케일링 계수의 역수 S를 사용한다.

6) 그러나 최소 전원 전압은 MOSFET을 켜기 위해 요구되는 값으로 제한되는데, S_i의 경우에는 약 1 V이다.

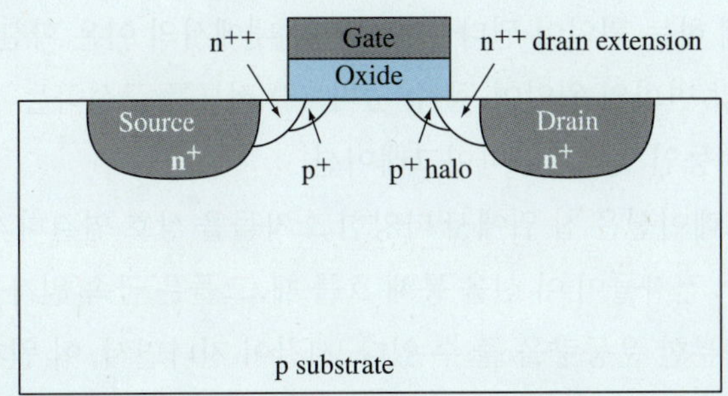

그림 S3.20 짧은 채널 효과를 줄이기 위한 MOSFET 구조의 단면.

표 S3.2 게이트 유전체로 고려되고 있는 일부 절연체의 유전 상수 및 밴드 갭.

	SiO_2	SiON	HfO_2	Al_2O_3	ZrO_2	TiO_2	Ta_2O_3
Dielectric constant	3.9	~5	20	9.5	22	80	25
Band gap (eV)	9	~6.5	4.5	8.8	4	3	5

막 두께에 기하급수적으로 의존한다.[7] 표 S3.2에 게이트 절연체로서 고려되는 일부 금속 산화물의 밴드 갭과 유전 상수를 보인다.

그림 S3.20을 보면, 공정 과정이 대칭이기 때문에 드레인 연장과 halo 구조가 소스 쪽에도 존재하는 것을 주의하라. V_{DD}가 줄고 그래서 드레인 공핍 영역이 줄면, 쇼트 채널 효과가 줄어들고, 또한 결과적으로 문턱 전압 V_T가 줄어든다. 준문턱(문턱 전압 이하의) 전류가 게이트-소스 사이의 전압인 V_{GS}에 따라 기하급수적으로 증가하기 때문에, 더 작은 전압 V_T는 결과적으로 ($V_{GS} = 0$에서) 누설 전류를 크게 증가시킨다. 수십억 개의 MOSFET 소자를 가진 칩에서, 이 누설 전류의 증가는 상당한 수준이 될 수 있고, 결과적으로 용납할 수 없는 전력 손실을 초래할 수 있다. 이는 소자의 수를 제한하고, 따라서 칩당 기능을 제한하게 된다.

S3.9 소자와 배선의 열화

이 절에서는 MOSFET의 여러 가지 고장 메커니즘을 알아본다. 이들 중 일부는 열에 의해 활성화되는데, 이는 열화 메커니즘이 열에너지에 의해 작동함을 의미한다. 결과적으로 이것은 열화가 높은 온도에서는 더 빠를 것임을 암시한다. 열화 메커니즘의 예는 다음과 같다. (1) 산화막 항복, 즉 열적으로 들뜬 전하들이 산화막 내에 자리 잡고 궁극적으로 산화

7) 또한 SiO_2를 SiON으로 대체하면 산화물 내에서의 붕소 확산을 감소시킨다.

막이 전도성을 띠게 하는 원인이 된다. (2) 산화막 내에서의 이온 확산, 이것은 시간이 지남에 따라 문턱 전압 변화의 원인이 될 수 있다. (3) 전류를 구성하는 전자의 충돌에 의한 원자 또는 이온의 이동인 일렉트로마이그레이션.

일렉트로마이그레이션은 칩 위에서 다양한 소자들을 상호 연결하기 위해 사용되는 금속 선에서 발생한다. 전자들이 이 선을 통해 흐를 때, 그들은 금속 원자들과 충돌하면서 원자가 움직이기에 충분한 운동량을 줄 수 있다. 시간이 지나면서, 이 원자의 움직임은 선에 빈자리가 생기게 할 수도 있고 인접한 선들을 단락시킬 수도 있다. 온도가 올라가면, 원자들은 더 큰 진동 운동 에너지를 갖게 되고 따라서 평형 상태의 위치로부터 더 쉽게 벗어나기 때문에 일렉트로마이그레이션은 열에 의해 활성화된다.

열적 활성 메커니즘에 대해서는 평균 고장 수명(MTTF)이 다음과 같이 표현된다.

$$\mathrm{MTTF} \propto e^{E_a/kT} \tag{S3.47}$$

여기서 E_a는 활성화 에너지이다. 산화막 항복을 위한 전형적인 E_a의 값은 0.3 eV이고, 산화막 내의 이온 확산을 위한 값은 0.7 eV이며, 그리고 일렉트로마이그레이션을 위해서는 0.7 eV이다. 그러나 이 메커니즘들은 소자를 적절히 설계함으로써 감소시킬 수 있다.[8)]

핫 캐리어 유도 열화로 알려진 다른 고장 메커니즘은 열에 의해 활성화되지 않지만 채널 캐리어의 운동 에너지에 의존한다. 이것은 심각한 열화의 원인이 될 수 있다. 이 현상의 근원을 설명하기 위하여, 전류 포화 영역으로 바이어스된 n 채널 MOSFET을 고려하자. 그림 S3.21a는 이 소자의 채널을 따라서 나타낸 에너지 밴드 다이어그램을 보인다. 종방향 전계 $\mathscr{E}_L$이 높은 드레인 근처의 영역에서 전자는 충돌 사이에 높은 운동 에너지를 얻을 수 있다. 그들은 높은 온도 때문에 높은 운동 에너지를 가지는 전자와 유사하여 **핫 캐리어(hot carrier)**라고 부른다.

또한 그림 S3.21b에 나타낸 것과 같이 빠르게 이동하는 이 캐리어들을 산화막 방향으로 가속시키는 횡방향 전계 $\mathscr{E}_T$도 존재한다. 충분한 운동 에너지를 가지고 산화막과 부딪히는 이 전자들은 전자를 포획할 수 있는 계면 상태를 생성하거나 또는 산화막 속으로 짧은 길이를 침투하여 포획될 수 있다. 이 포획된 음전하는 드레인에 인접한 영역에서 $\mathscr{E}_L$이 최대가 되기 때문에, 그 영역에서 전도대의 가장자리를 위쪽으로 이동시킨다.

그림 S3.22는 핫 캐리어 스트레스를 받지 않은 초기 소자 (a)와 핫 캐리어 스트레스를 받은 소자 (b)에 대해 $V_{DS} = 0$일 때의 에너지 밴드 다이어그램을 보여준다. 보인 경우에서, 위치 에너지 언덕은 전도성 채널이 소스와 드레인 사이를 연결하지 못하게 한다.

---

8) 예를 들어, 훨씬 더 가벼운 알루미늄 전선보다 구리 도선을 사용하면 일렉트로마이그레이션을 감소시킬 수 있다.

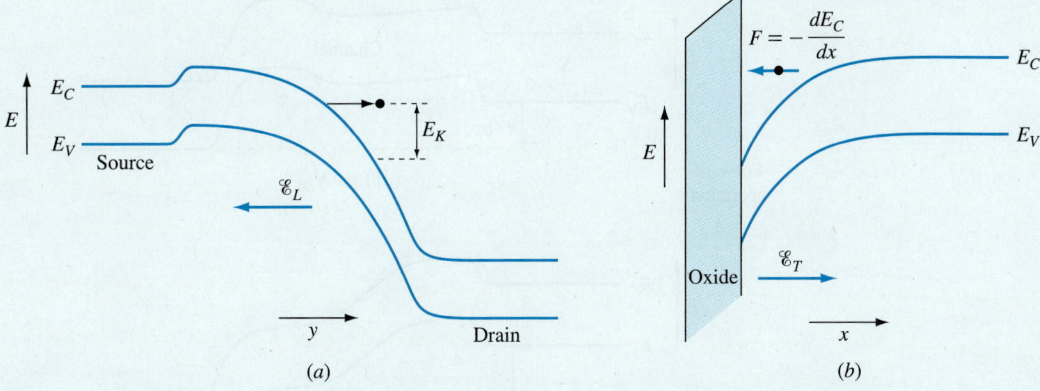

그림 S3.21 (a) 채널에 따라 표현한 에너지 밴드 다이어그램. 높은 수평 전계는 전자가 충돌 사이에 상당한 운동 에너지를 얻을 수 있음을 의미한다. (b) 산화막에 수직 방향인 전계 때문에 핫 전자들이 산화막 쪽으로 가속되고, 그곳에서 계면 상태를 만들거나 산화막 내에 내포되어 음전하를 비축한다.

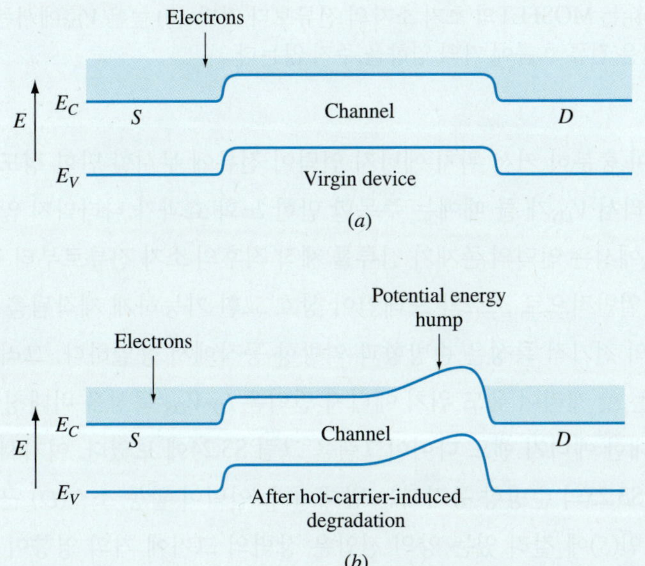

그림 S3.22 $V_{DS} = 0$이고 V_{GS}가 채널을 형성시킬 만큼 충분히 클 때, 핫 캐리어 스트레스가 MOSFET의 채널을 따라서 에너지 밴드 다이어그램에 미치는 영향. (a) 바로 출하된 초기 소자. (b) 순방향 모드로 장시간 동작 후의 소자. 스트레스를 받은 소자의 경우 드레인 근처에 채널이 존재하지 않는다.

그림 S3.23는 드레인 전압 V_{DS}가 변할 때 스트레스를 받은 초기 소자 내에서 어떤 현상이 발생하는지를 나타낸다. 작은 값의 V_{DS}가 인가된 (a)와 큰 값의 V_{DS}가 인가된 (b)의 에너지 밴드 다이어그램이 그려져 있다. V_{DS}가 작을 때 이 언덕은 전류 흐름을 막는다. (b)에서

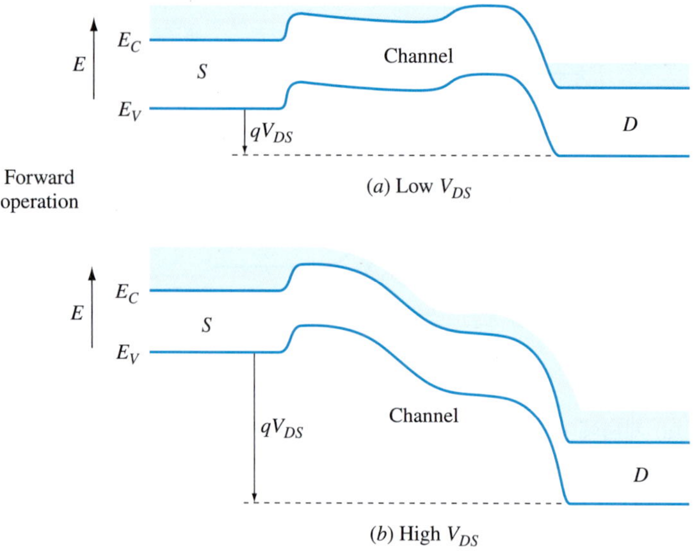

그림 S3.23 순방향 모드로 동작하는 스트레스를 받은 소자의 에너지 밴드 다이어그램. (a) 작은 V_{DS}에서는, I_D는 MOSFET의 초기 소자의 전류보다 작다. (b) 높은 V_{DS}에서는, 핫 캐리어에 의해 유도된 언덕은 전류 흐름에 거의 영향을 주지 않는다.

는 드레인 전압이 충분히 커서 위치 에너지 언덕이 전류에 무시할 만한 정도의 영향을 가지고 있으며, 따라서 V_{DS}가 클 때에는 주목할 만한 노화 효과가 나타나지 않는다. 그러나 중간 정도의 V_{DS}에서는 언덕의 존재가 전류를 제작 직후의 소자 전류로부터 감소시킨다.

MOSFET은 일반적으로 소스와 드레인이 상호 교환 가능하게 제작됨을 상기하라. 따라서 초기 소자의 전기적 특성은 순방향과 역방향 동작에서 동일하다. 그러나 드레인 근처의 채널에 있는 핫 캐리어 유도 위치 에너지 언덕은 I_D-V_{DS} 특성을 비대칭이 되게 한다. 역방향 동작에 대한 에너지 밴드 다이어그램을 그림 S3.24에 보였다. 여기서 드레인 전압의 극성은 그림 S3.23의 순방향 동작과는 반대이다. 언덕이 활동 소스(D) 근처에 있기 때문에, 활동 드레인(S)에 걸려 있는 양의 전압은 장벽의 크기에 거의 영향이 없다. 이것은 역방향 동작 시 문턱 전압이 증가함을 의미한다.

그림 S3.25는 초기 상태의 MOSFET과 스트레스를 받은 후의 MOSFET의 순방향과 역방향 동작에서의 I_D-V_{DS} 의 특성을 보여준다. 순방향 특성은 1사분면에 나타냈고, 역방향 특성은 3사분면에 나타냈다. 실선들은 초기 소자의 특성을 나타내고 점선들은 순방향 모드에서 장기적인 동작 후의 특성을 보여준다. 초기 소자의 I_D-V_{DS} 특성은 순방향과 역방향 동작에서 대칭이지만 스트레스를 받은 소자에서는 그렇지 않다.

순방향과 역방향 동작 모두에서 특성이 변한다. 작은 V_{DS}를 이용한 순방향 동작의 경우, 드레인 전류 I_D는 초깃값보다 다소 감소된다. V_{DS}가 충분히 큰 포화 영역에서는 전류

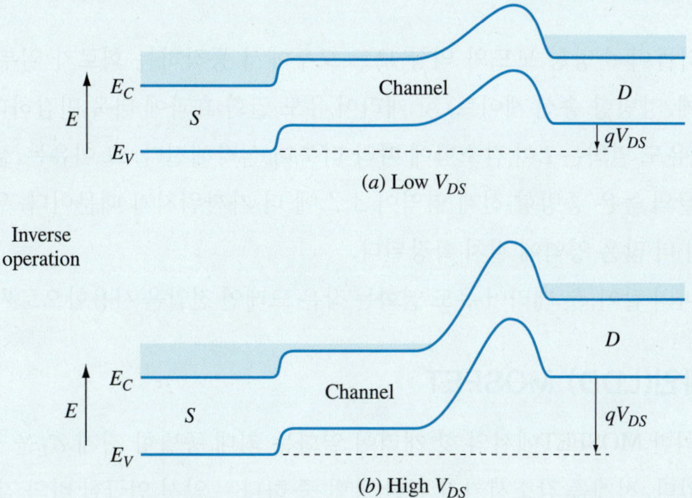

그림 S3.24 역상 모드(드레인 전압 극성이 반대임)로 동작하는 스트레스를 받은 소자의 에너지 밴드 다이어그램. 이 동작 모드에서는 실제 드레인은 소스처럼, 실제 소스는 드레인처럼 동작한다. 위치 에너지 언덕은 활동 소스 근처에 있기 때문에, 활동 드레인 전압은 전도성 채널을 형성하기에 충분하지 않다. 사실상 문턱 전압 V_T가 상승하였다.

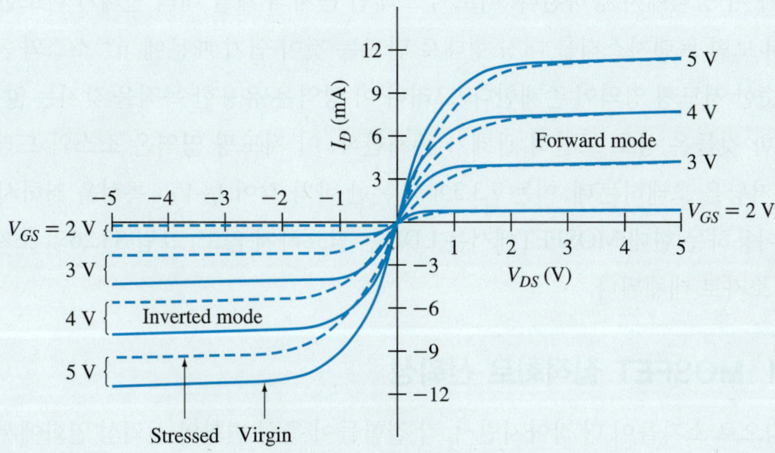

그림 S3.25 초기 소자(실선)와 핫 캐리어에 의해 스트레스를 받은 소자(점선)의 순방향 및 역방향 동작에 대한 I_D-V_{DS} 특성. 역동작 시, V_T 상승과 그에 따른 I_D 감소가 뚜렷하다.

가 스트레스를 받기 전과 같고, 소자는 정상 동작을 하는 것으로 보인다.

다음으로 그림 S3.25의 $V_{GS} = 2$ V에서의 I_D-V_{DS} 특성을 비교해보자. 순방향 모드에서는 포화 전류가 초기 소자와 스트레스를 받은 소자에서 동일하다. 그러나 역상 모드에서는 큰 V_{DS}에서조차 전도성 채널이 존재하지 않는다. 전도가 시작되기 위해서는 더 큰 V_{GS}가 필요하다. 다시 말해서, V_T는 증가하고 그 결과 모든 드레인-소스 전압에서 전류가 감소된다.

트랜지스터들이 순방향 모드와 역상 모드 모두에서 동작하는 회로가 일부 존재한다. 이들 회로는(예, 양방향 송신 게이트) 핫 캐리어 유도 열화 효과에 더욱 민감하다.

핫 캐리어 유도 열화는 L이 감소함에 따라 더욱더 심각해진다. 그 이유는, 짧은 채널에서는 드레인 끝의 높은 종방향 전계 영역이 소스에 더 가까워지기 때문이다. 위치 에너지 언덕은 채널의 더 많은 영역에 걸쳐 확장된다.

예상했던 바와 같이, 핫 캐리어 유도 열화는 작은 드레인 전압을 사용함으로써 감소된다.

저도핑 드레인(LDD) MOSFET

앞 절에서 논의한 MOSFET에서의 핫 캐리어 열화는 최대 종방향 전계 $\mathscr{E}_L$을 줄임으로써 감소시킬 수 있다. 전계를 감소시키기 위한 방법 중 하나는 앞서 언급한 바와 같이 더 작은 드레인 전압을 사용하는 것이다. 다른 방법은 저도핑 드레인(LDD)으로 알려진 구조를 사용하는 것이다.

그림 S3.26에 도식적으로 보였듯이, LDD MOSFET에는 n^+ 드레인과 채널 사이에 더 낮게 도핑된 n 영역이 존재한다. 더 낮게 도핑된 영역의 저항은 조금 더 크고 드레인 전압의 일부가 이 영역에서 강하된다. 이로써 드레인 근처의 채널 내의 전계가 감소한다. 제조 관점에서 보면 트랜지스터를 대칭 형태로 만드는 것이 쉽기 때문에, n^+ 소스와 채널 사이에도 비슷한 저도핑 영역이 존재한다. 그러나 이 영역은 유용한 목적을 갖지는 않는다.

이러한 것들은 상호 보완적 관계가 존재한다. 이 저도핑 영역은 소스와 드레인에 추가 직렬 저항을 초래하는데, 이는 7.3.3에서 논한 바와 같이 I_D-V_{DS} 특성을 저하시킨다. 저전압을 이용하는 현대 MOSFET에서는 LDD는 필요하지 않고, 그림 S3.26의 소자가 그림 S3.20의 소자로 대체된다.

S3.9.1 MOSFET 집적회로 신뢰성

스케일링으로 소자들이 더 작아지면서, 각 결함들이 특성 변화와 신뢰성 열화에서 점점 더 중요하게 된다. 소자와 배선 모두 고장에 기여한다. 초기 고장들은 공정 중에 도입되는 결함 때문이다. 이런 초기 고장들 때문에 동작할 수 없게 된 소자들은 온도, 습도, 그리고 몇

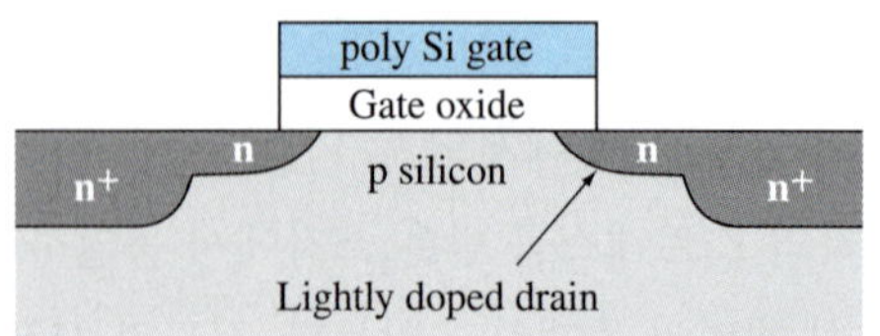

그림 S3.26 낮게 도핑된 드레인(LDD) MOSFET 단면.

시간 동안의 바이어스 순환을 받게 하는 통전 테스트(또는 burn-in)라고 부르는 과정에 의해 식별되고 제거될 수 있다. 초기 고장 이후에는 고장률이 작고 약 10년 내지 20년 동안은 일정하게 유지되며, 그 이후에는 재료가 낡게 된다. 이것을 나타내는 그림 S3.27은 시간에 따른 고장률의 변화를 로그 스케일로 보여준다. 이 분포는 **욕조 모양 곡선(bathtub curve)** 이라고 부른다.

MOSFE 변동성과 특성 열화 메커니즘 MOSFET에서의 대부분의 변동성과 특성 열화 메커니즘은 게이트 구조로 추적될 수 있는데, 산화물 층의 금지대 내의 상태에서 또는 산화막-실리콘 계면에서의 결함 상태에서의 캐리어들(전자와 정공)의 포획(trapping)과 방출(de-trapping)에 의해 유발된다. 이 상태들의 일부는 제조 공정에서 기인한다. 다양한 재료들은 서로 다른 열팽창 계수를 가지기 때문에 높은 공정 온도에서부터 상온으로 칩이 냉각될 때 기계적 응력이 발생한다. 그런데도 다른 전하들은 높은 에너지를 가지는 캐리어를 게이트 산화막에 주입함으로써 생성된다.

임의의 전신 잡음(Random Telegraph Noise, RTN) 현대 MOSFET의 얇은 게이트 산화막으로는, 산화막이나 계면 상태 내에서의 전자의 존재나 부재가 결함 근처에 있는 채널 위치 에너지에 변화를 일으키고 따라서 채널 전류에 영향을 미친다. n 채널 MOSFET에서 전자가 이 상태에 포획될 때 전류가 감소하고, 그 전자가 방출될 때 전류가 다시 상승한다. 이러한 변동하는 전류는 아날로그 회로와 디지털 회로에서 잡음(Random Telegraph Noise or RTN)을 생성하고 최소 동작 전압에 영향을 미친다. 이것은 SRAM 회로에서 특별히 중요하다.

게이트 산화막 신뢰성 RNT에 더하여, 포획과 방출의 과정은 산화막에, 영원히 캐리어를 잡아둘 수 있는 결함을 형성할 수 있다. 트랩의 농도가 충분하면, 문턱 전압은 변한다. 트랩은 드레인 근처의 고전계 채널 영역 내의 산화막으로 터널링하는 전자(또는 정공)에

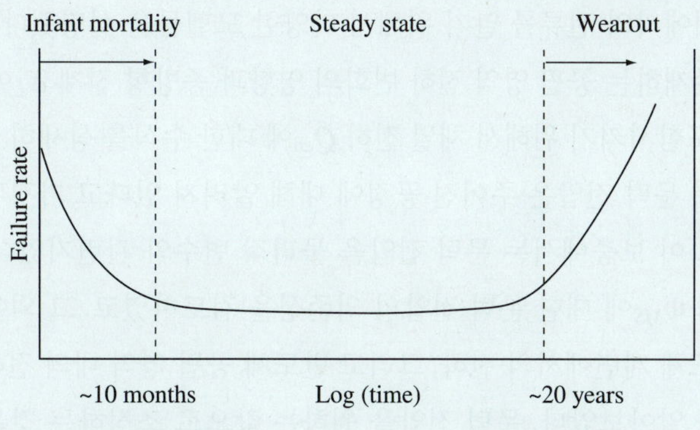

그림 S3.27 IC 고장률에 대한 욕조 모양 곡선.

의해서도 발생할 수도 있고, 또는 패키지 재료(예, 금속)의 방사성 붕괴에서 또는 우주선(cosmic ray)으로부터 발생하는 높은 에너지를 갖는 입자에 의한 "soft errors"에 의해서 만들어질 수도 있다. 이는 **시간 의존 유전 파괴(time-dependent dielectric breakdown: TDDB)** 라고 불린다.

산화막-실리콘 계면에서의 계면 트랩 상태의 형성은 트랩에서 트랩으로의 전자의 점핑에 의한 소스에서 드레인으로의 "계면 드레인 전류"를 형성할 수 있다.

배선 열화 게이트 산화막 유전체의 특성 열화에서처럼, 금속 배선 층 사이의 절연 유전체가 시간이 지나면서 나빠질 수 있다(TDDB). 박막 금속 배선들은 10^6 A/cm^2 정도의 높은 전류밀도를 나른다. 전도 금속 막 내에서 흐르는 전자들은 흐름은 금속 막의 원자들과 충돌하고, 따라서 금속 원자들에게 운동량을 전달하고, 주로 결정립 경계에서, 일부 원자들을 전자가 흐르는 방향으로 이동시킨다. 이 원자의 이동(일렉트로마이그레이션)은 금속선 폭을 감소시킬 수 있다. 더 얇아진 이 영역에서 국부적으로 전류밀도가 증가하고 결과적으로 원자들의 움직임을 증가시켜서, 결국은 개방 회로 또는 빈자리를 만든다. 원래 배선용 금속은 알루미늄이었는데, 일렉트로마이그레이션을 줄이기 위해서 알루미늄에 구리를 도핑해서 사용하는데, 구리는 결정립 경계에 분리되는 경향이 있다. 구리 원자가 알루미늄 원자보다 훨씬 더 무겁기 때문에 그들은 전자의 충돌에 영향을 덜 받는다. 더 최근에는, 알루미늄 배선이 구리로 대체되었다. 구리 원자는 알루미늄보다 전자와의 충돌에 덜 영향을 받기 때문에, 구리 배선은 더 높은 전류밀도를 허용한다. 일렉트로마이그레이션을 더 줄이기 위해, 구리선을 종종 내화물 피복 층(예, TiN)으로 덮어 표면의 원자의 움직임을 줄인다.

S3.10 요약

이 보충에서는 7장과 8장에서 다룬 내용들을 좀 더 상세히 설명하였다. 이 두 장에서 우리는 MOSFET 내에서의 전류를 알기 위해서 다양한 모델들을 설명했다. 3부의 보충에서는 채널을 따라 존재하는 공핍 영역 전하 변화의 영향과 종방향 전계 $\mathscr{E}_L$에 대한 채널 전하 Q_{ch}의 의존성을 포함시키기 위해서 채널 전하 Q_{ch}에 대한 수식을 상세히 다루었다.

앞의 장들에서 문턱 전압은 주어진 공정에 대해 알려져 있다고 가정된 실험적 측정값으로 취급되었다. 이 보충에서는 문턱 전압을 물리적 변수와 관련지었다. 게이트와 기판 간의 일함수 차이 Φ_{MS}에 대한 문턱 전압의 의존성을 검토하였고, 그 외에도 산화막 내의 전하, 산화막-반도체 계면에서의 전하, 그리고 반도체 공핍 영역 내의 전하를 포함한 다양한 전하의 영향을 알아보았다. 문턱 전압을 원하는 값으로 조정하는 것은 산화막과 반도체 계면 근처의 반도체 내에 불순물 이온 주입을 해서 이룰 수 있다.

아날로그 회로에서의 MOSFET의 등가회로를 설명했다. 채널의 길이가 감소하면, 주파수 응답은 증가한다.

다음으로는, 유용한 회로 요소이고 소중한 진단 도구인 MOS 커패시터를 검토하였다. 특히 정전 용량-전압 특성은 계면 상태의 농도, 공핍층 폭, 산화막 두께, 기판 도핑 농도를 포함한 제조 공정으로부터 얻게 되는 재료 특성들을 측정하는 데 유용하다. 정전 용량 관련 소자들 중 DRAM에 관하여 간략히 설명하였다.

MOSFET의 크기를 줄이는 방법(스케일링)에 관하여 토의하였다. 소자의 크기를 줄이는 것은 한 웨이퍼 위에 주어진 기능을 갖는 칩을 더 많이 만들 수 있게 하고, 따라서 칩당 비용을 절감한다. 작아진 소자는 또한 소스로부터 드레인으로의 캐리어 이동 시간이 줄어들고, 그 결과 스위칭 시간은 줄어들고 주파수 응답은 높아진다. 스케일링과 관련된 문제는 이러한 문제를 최소화하는 해답과 함께 토의하였다.

소자 특성 열화의 원인이 되는 메커니즘들도 간략히 검토했다. 이들은 산화막 항복과 일렉트로마이그레이션과 같이 열에 의해 활성화되는 메커니즘들과, 채널 수평 고전계에서 동작함에 의해 발생하는 핫 캐리어 유도 열화도 포함한다.

S3.11 참고문헌

1. Dennis Hoyniak, Edward Nowak, and Richard L. Anderson, "Channel electron mobility dependence on lateral electric field in field-effect transistors," *J. Appl. Phys.*, 87, pp. 876-881, 2000.
2. Kangguo Cheng, Jinju Lee, Karl Hess, Joseph W. Lyding, Young-Kwang Kim, Young-Wug Kim, and Kwang-Pyuk Suh, "Improved hot-carrier reliability of SOI transistors by deuterium passivation of defects at oxide/silicon interfaces," *IEEE Trans. Electron Devices*, ED-49, pp. 529-531, 2002.
3. F. Stern and W. E. Howard, "Properties of semiconductor surface inversion layers in the quantum limit," *Phys. Rev.*, 163, p. 816, 1967.
4. F. Stern, "Quantum properties of surface space charge layers," *CRC Crit. Rev. Solid-State Sci.*, 4, p. 499, 1974.
5. R. H. Dennard, "Scaling challenges for DRAM and microprocessors in the 21st century," *Electrochemical Society Proceedings*, 97-3, pp. 519-532, 1997.
6. Cor Claeys, et. al. "Advanced semiconductor devices for future CMOS technologies," *Electrochemical Society Transactions*, 66, no. 5, pp. 49-60, 2015.
7. Anthony S. Oates, Richard C. Blish, Gennadi Bersuker, and L. Kasprzak, "Reliability of electron devices, interconnects and circuits," Chapter 9 in *Guide to State-of-the-Art Electron Devices*, Joachim N. Burghartz, ed., Wiley-IEEE Press, Chichester, West Sussex, 2013.

S3.12 복습문제

1. 왜 현실적으로 채널을 따라서 채널에 가까운 공핍 영역 전하가 위치에 따라 변할 것으로 예상하는가? 이것을 고려한다면, MOSFET의 전류-전압 특성에 미치는 영향은 무엇인가?
2. 산화막 고정 전하의 존재가 어떻게 문턱 전압 값에 영향을 미치는지 설명하라. 또한 고려할 다른 전하들은 무엇인가?
3. 평탄 밴드 전압의 의미는 무엇인가?
4. 제작 후 MOSFET의 문턱 전압을 어떻게 조절하는가?
5. 채널이 매우 좁을 때 양자역학 효과가 나타난다. 채널 내의 전자들에 허용되는 에너지에 관한 결과는 무엇인가?
6. 저전계 이동도와 그것의 게이트 전압 의존성의 관계를 알아내기 위해 I_D-V_{GS} 관계를 어떻게 이용할 수 있는지 정량적으로 설명하라.
7. 공정의 다양한 변수들을 실험적으로 알아내기 위해 C-V 측정을 어떻게 사용할 수 있는지 설명하라. 이 방법을 사용하여 어떤 변수들은 얻을 수 있는가?
8. DRAM 셀의 동작을 설명하라.
9. 핫 캐리어 유도 열화가 뜻하는 것은 무엇인가? 그것이 MOSFET 동작에 미치는 영향은 무엇인가? 이를 어떻게 완화시킬 수 있는가?
10. 상호 컨덕턴스는 무엇을 의미하는가?
11. 트랜지스터의 전류 이득 차단 주파수 f_T는 무엇을 의미하는가?
12. MOSFET에서 등전계 스케일링은 무엇인가? 어떤 변수들이 관련되었는가?
13. 채널의 길이가 감소할 때, 왜 MOSFET의 주파수 응답이 증가하는가?
14. n 채널 MOSFET의 문턱 전압을 증가시키기 위해서, 도너와 억셉터 중 무엇을 주입하는가? 왜 그런가?
15. n 채널 MOSFET에서 n^{++} 드레인 확장 영역의 용도는 무엇인가?
16. 그림 S3.20의 소자에 "광륜(halo)"의 목적은 무엇인가?

S3.13 연습문제

S3.1 t_{ox} = 2 nm인 실리콘 NMOS의 문턱 전압이 0.2 V이다. 문턱 전압을 0.5 V로 증가시키는 데 필요한 불순물의 주입량(원자 수/cm^2)은 얼마인가?

S3.2 인접한 MOSFET들은 그림 PS3.1에 나타낸 것과 같이 두꺼운 필드 산화막 영역에 의해 상호 격리되었다. 게이트 산화물 두께는 5 nm이고 필드 산화막 두께는 0.5 μm

이다. 게이트와 배선에는 $\Phi_{MS} = -0.4$ eV인 동일한 금속이 사용되었다. 실리콘 순 도핑 농도는 10^{16} cm^{-3}이고, NMOS의 문턱 전압은 0.5 V이다. 활성 소자 사이에 있는 기생 NMOS의 문턱 전압은 무엇인가?

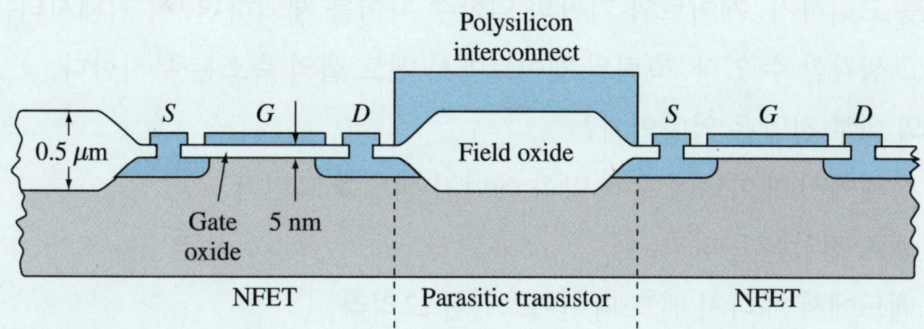

그림 PS3.1

S3.3 그림 S3.3에서 양의 전하 Q_f의 양이 증가되면, V_T에는 어떤 영향을 주는가? 물리적 근거를 들어 설명하라.

S3.4 다음과 같은 변수를 갖는 실리콘 n 채널 FET의 V_T를 구하라.

$N_{D\text{gate}} = 10^{20}\ \text{cm}^{-3}$

$N_A = 10^{17}\ \text{cm}^{-3}$, 채널에서

$t_{\text{ox}} = 4$ nm

$Q_f = q \times 5 \times 10^{10}\ \text{C/cm}^2$

$Q_I = q \times 10^{10}\ \text{C/cm}^2$

a. 이 FET는 증가형 소자인가 아니면 공핍형 소자인가? 이미터 페르미 준위는 명백히 전도대 가장자리에 있다고 가정하라.

b. 밴드 갭 감소 효과를 무시할 수 있다면 결과가 어떻게 되는가?

S3.5 예제 S3.1의 소자에 대해서, 여전히 증가형 소자의 특성을 유지하면서 가질 수 있는 합산된 고정 전하와 계면 전하의 최솟값은 얼마인가? 이때의 전하 밀도는 얼마인가?

S3.6 다음 변수들이 얻어지는 MOSFET 공정이 있다.

$\Phi_{MS} = -0.5$ eV

$C'_{\text{ox}} = 6.9 \times 10^{-7}\ \text{F/cm}^2$

$Q_f = q \times 10^{10}\ \text{C/cm}^2$

$Q_{\text{it}}(2\phi_f) = q \times 10^{10}\ \text{C/cm}^2$

$Q_B(2\phi_f) = -5 \times 10^{-8}\ \text{C/cm}^2$

$\phi_f = 0.4$ eV

이 소자를 3.3V 동작 회로 내에서 동작시키기 위한 증가형 모드 소자로 만드는 데 필요한 이온 주입의 양은?

S3.7 게이트가 축퇴된 n^+ 실리콘이고 기판이 $N'_D = 10^{16}\ cm^{-3}$인 n형 실리콘의 MOS 커패시터를 고려하자. 게이트와 기판의 일함수 차이를 제외하면, 이 커패시터는 이상적이라고 생각할 수 있다. 축퇴된 게이트에서 밴드 갭의 축소는 무시한다.

a. 소자의 내부 전압은 얼마인가?

b. 평형 상태에서 게이트에 수직 방향 에너지 밴드를 그려라.

c. 평탄 밴드 전압을 구하라.

d. 평탄 밴드에서 에너지 밴드 다이어그램을 그려라.

e. 소자의 저주파 C-V_G 특성과 고주파 C-V_G 특성을 그려라.

f. $V_G = 0$, $V_G = +5$ V, 그리고 $V_G = -5$ V일 때 위치에 따른 전하 분포를 그려라.

S3.8 면적이 $10^{-3}\ cm^2$인 (이상적인) MOS 커패시터의 C-V_G 특성을 그림 PS3.2에 나타냈다.

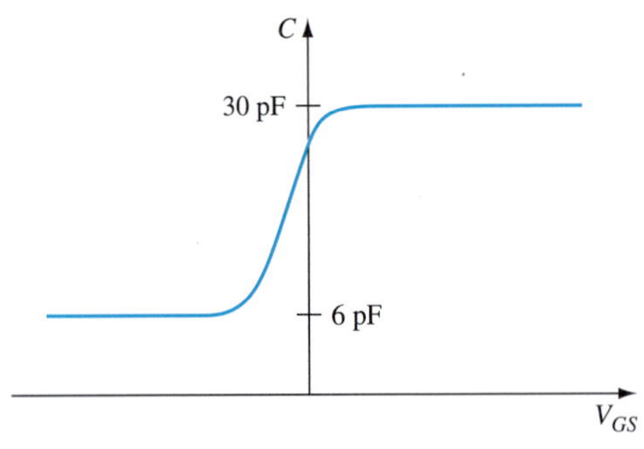

그림 PS3.2

a. 이 측정이 고주파에서 되었는가 또는 저주파에서 되었는가?

b. 반도체는 n형인가 p형인가?

c. 산화막 두께는 얼마인가?

d. 반도체의 순 도핑 농도는 얼마인가?

S3.9 만약 셀의 초깃값이 책에서 가정한 0이 아니라 1이라면, 논리 1과 논리 0은 DRAM에 어떻게 쓰여질 수 있는가?

S3.10 CMOS 회로는 500 MHz에서 동작해야 한다. 짧은 채널 효과를 무시하면 허용되는 채널의 최대 길이는 얼마인가?

S3.11 회로 모델을 사용해서 연습하라. 어떤 FET가 유한한 입력 저항 R_{in}을 가지고 있다고 가정하라. 이것을 그림 S3.8a의 모델에 어떻게 포함시키겠는가? 채널 저항을 어떻게 포함시킬 것인가?

S3.12 그림 PS3.3은 트랜지스터의 I_D-V_{DS} 특성을 보여준다. 소신호 파라미터들을 구하라.

a. $V_{GS} = 1.0$ V, $V_{DS} < V_{DSsat}$일 때의 g_d

b. $V_{DS} > V_{DSsat}$, $V_{GS} = 1.1$ V일 때의 g_d

c. $V_{DS} = 0.2$ V, $V_{GS} = 1.1$ V일 때의 g_m

d. $V_{DS} > V_{DSsat}$, $V_{GS} = 1.1$ V일 때의 g_{msat}

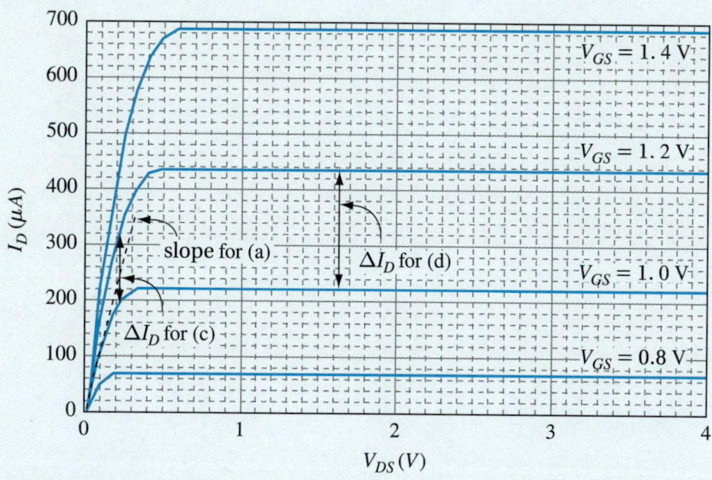

그림 PS3.3

S3.13 열 활성화되는 고장 메커니즘에서, 고장 평균 시간은 식 (S3.47)에 의해 $MTTF \propto e^{\frac{E_a}{kT}}$로 주어지고, 여기서 E_a는 활성화 에너지이다. 상온(27°C)에서의 일렉트로마이그레이션($E_a = 0.7$ eV)의 MTTF를 기준으로 하여 50°C와 100°C에서의 MTTF의 비를 구하라.

S3.14 소자가 매우 작아지면, 왜 등전계 스케일링이 비현실적인가?

S3.15 다음 세 MOSFET 모델에서 상호 컨덕턴스 g_{msat}의 표현식을 얻어라: 긴 채널 드리프트 모델, $L \to 0$일 때 짧은 채널 드리프트 모델, 탄도(ballistic) 모델.

S3.16 $L = 5\ \mu$m인 경우의 드리프트 모델, $L \to \infty$에서의 드리프트 모델, 탄도 모델인 세 가지 모델의 단위 채널 폭당 상호 컨덕턴스인 $\frac{g_{msat}}{W}$를 비교하라. $L = 5$ nm인 소자는 $\mu_{lf} = 400$ cm^2/V·s이고, 다른 두 소자는 250 cm^2/V·s라고 가정하라. $v_{sat} = 10^7$ cm/s이고 $v_T = 1.05 \times 10^7$ cm/s이다. 모든 경우 게이트 산화막은 $\varepsilon_r = 5$인 SiON이고, 산화막 두께는 2 nm이다.

PART 4

양극성 접합 트랜지스터

이전 장에서는 전자 혹은 정공 중 한 가지 유형의 캐리어만이 소자의 전류 흐름에 기여하는 단극성 소자인 전계 효과 트랜지스터(Field-Effect Transistors, FET)를 다루었다. 이 장에서는 전자와 정공을 모두 고려해야 하는 양극성 소자를 다룰 것이다.

FET처럼 양극성 접합 트랜지스터(Bipolar Junction Transistor: BJT)도 두 개의 접합과, 세 개의 전극으로 구성되어 있고, 이들 중 하나의 전극은 다른 두 전극 사이의 전류 흐름을 제어한다. 하지만 이들을 지칭하는 용어는 다르다. 표 IV.1에 BJT와 FET의 유사한 영역에 해당하는 용어가 비교되어 있다.

FET에서는 소스가 캐리어 공급원의 역할을 하며, 이 캐리어들은 채널로 방출되어 드레인으로 흘러 들어간다. BJT에서는 이미터가 캐리어 공급원의 역할을 하고 캐리어들을 베이스로 방출한다. 방출된 캐리어들은 컬렉터로 흘러가 수거된다. 두 경우 모두 제어 전극(게이트 혹은 베이스)의 전압이 소스부터 드레인까지 혹은 이미터부터 컬렉터까지 흘러가는 캐리어의 수를 결정한다. 하지만 FET와 BJT에서 이러한 제어가 가능하게 하는 물리적 메커니즘은 같지 않다. FET에서는 제어(게이트) 전압이 정전 용량적으로 채널과 연결되어 있지만, BJT에서는 베이스와 직접적으로 연결되어 있다. 또 다른 차이점으로 FET에서는 소스부터 드레인까지 전류 흐름이 대부분 표동(drift)에 의해 이루어진다. 반면 BJT에서는 이미터부터 컬렉터까지의 전류 흐름이 적어도 어느 정도는 확산에 의해 이루어진다.

그림 IV.1은 집적회로(IC) npn(이미터-베이스-컬렉터) BJT의 (평면) 구조로, 이미터(E), 베이스(B), 그리고 컬렉터(C)의 전극이 모두 상단에 형성되어 있다.[1] 이 소자의 평면 개념도가 (a)에 나와 있고, 단면 개념도는 (b)에 나와 있다. 그림 IV.1은 1970년대 중반의 대표적

1) 이것은 컬렉터 전극이 대부분은 바닥면에 형성되는 개별 BJT와는 대조적이다.

표 IV.1 BJT와 FET의 용어 비교.

FET	BJT
Source	Emitter
Drain	Collector
Channel (gate electrode)	Base

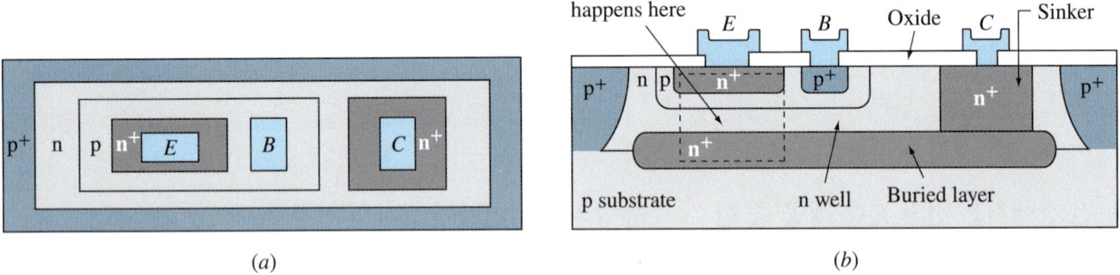

그림 IV.1 집적회로에 적용되는 npn 양극성 접합 트랜지스터의 개념도. (a) 평면도, (b) 단면도.

인 BJT 구조이다. 이것은 비교적 간단한 구조이므로 양극성 접합 트랜지스터의 기본 동작 원리를 전개하는 데 사용할 것이다. 좀 더 현대적인 소자의 구조와 동작 원리는 나중에 논의하자. 이러한 집적회로 트랜지스터는 p형 기판 내부의 n형 **우물(well)** 안에 존재하는 것에 주목하자. p형 기판에 회로의 가장 낮은 음의 전압을 인가하여 n형 우물과 p형 기판에 순방향으로 전압이 절대 가해질 수 없도록 하였다. 이런 방법을 통해 칩(chip) 위의 다양한 트랜지스터들을 전기적으로 단락시킨다. 전자가 이미터에서 베이스로 주입되고 컬렉터까지 이동하는 트랜지스터 동작은 그림에 표시된 부분에서 일어난다. 매립된 n^+ 층은 이미터 아래의 컬렉터 영역에서부터 오른쪽의 컬렉터 전극까지의 저저항 경로를 제공한다.

다양한 전위차와 전류가 표시된 npn과 pnp 소자의 회로 기호는 그림 IV.2에 나타나 있다. 키르히호프의 전압 법칙(Kirchhoff's voltage law)에 의하면

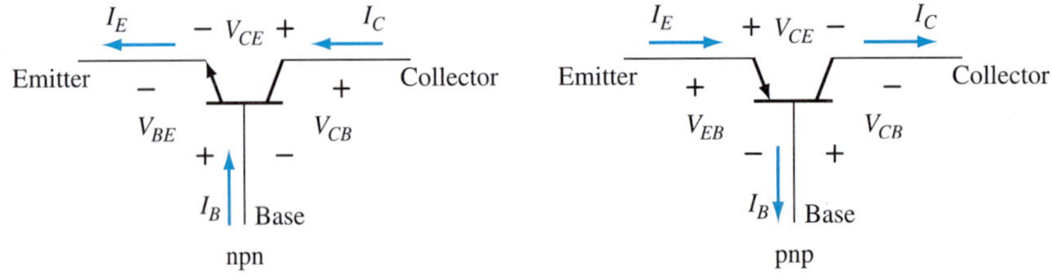

그림 IV.2 npn과 pnp BJT의 회로 기호. 이미터에 표시된 화살표는 전류 흐름의 방향을 나타낸다. 전압의 극성은 활성 모드(active mode) 바이어스에 해당한다.

$$V_{CE} = V_{CB} + V_{BE} \tag{IV.1}$$

이고, 키르히호프의 전류 법칙(Kirchhoff's current law)에 의하면 다음을 만족한다.

$$I_E = I_C + I_B \tag{IV.2}$$

회로 기호에서 이미터에 표시된 화살표는 활성 모드에서 전류 흐름의 방향을 의미하고, 따라서 이것이 npn인지 pnp인지를 나타낸다.

그림 IV.3은 npn BJT의 두 가지 보편적인 회로 구조를 나타내며, 입력과 출력 전압 및 전류가 함께 표시되어 있다. (a)에서는 베이스가 입력과 출력 모두에 공통이므로 **베이스 공통 구조(common-base configuration)**라 한다. (b)에서는 이미터가 입력과 출력에 모두 공통이므로 **공통 이미터 구조(common-emitter configuration)**라 한다.

그림 IV.4의 a와 b는 공통 이미터 구조에서 동작하는 npn과 pnp 트랜지스터 I_C-V_{CE} 특성을 나타낸다. 정성적으로 이 특성은 FET의 특성과 비슷하다. 그러나 한 가지 큰 차이점은 I_C-V_{CE} 그래프 특성은 각기 다른 베이스 전류에 의해 결정 되는 반면, FET는 게이트 전압에 의해 그 특성이 달라진다는 점이다. 이 점은 뒤에서 다시 논의할 것이다.

각각 순방향과 역방향 전압이 가해지는 두 개의 접합의 경우에, 표 IV.2에 나와 있는 것처럼 네 가지의 동작 방식이 가능하다. FET의 유사한 바이어스 형태도 마지막 열에 나와 있다. 순방향과 포화 바이어스 형태 또한 그림 IV.4에 나와 있다.

표 IV.2 BJT의 전압 인가 모드들.

	Biasing polarity and typical values for Si BJTs		
Biasing mode	***E-B* junction**	***C-B* junction**	**FET analog**
Active	Forward (0.7 V)	Reverse (5 V)	Current saturation
Voltage saturation	Forward (0.7 V)	Forward (0.5 V)	Sublinear
Inverted	Reverse (5 V)	Forward (0.7 V)	Inverted
Cutoff	Reverse, zero, or weakly forward (0 V)	Reverse (5 V)	Cutoff

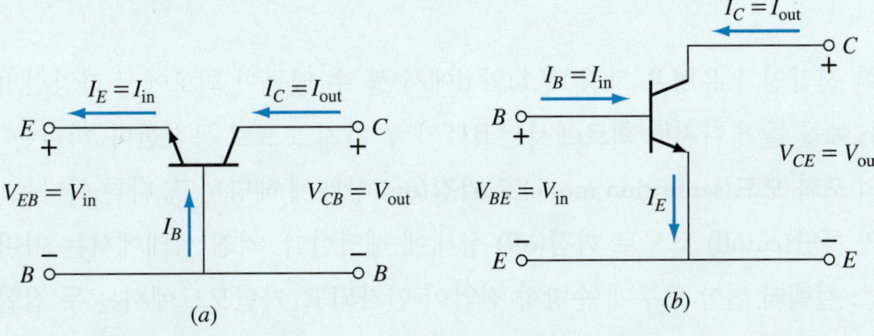

그림 IV.3 npn BJT의 (a) 베이스 공통 구조, (b) 공통 이미터 구조.

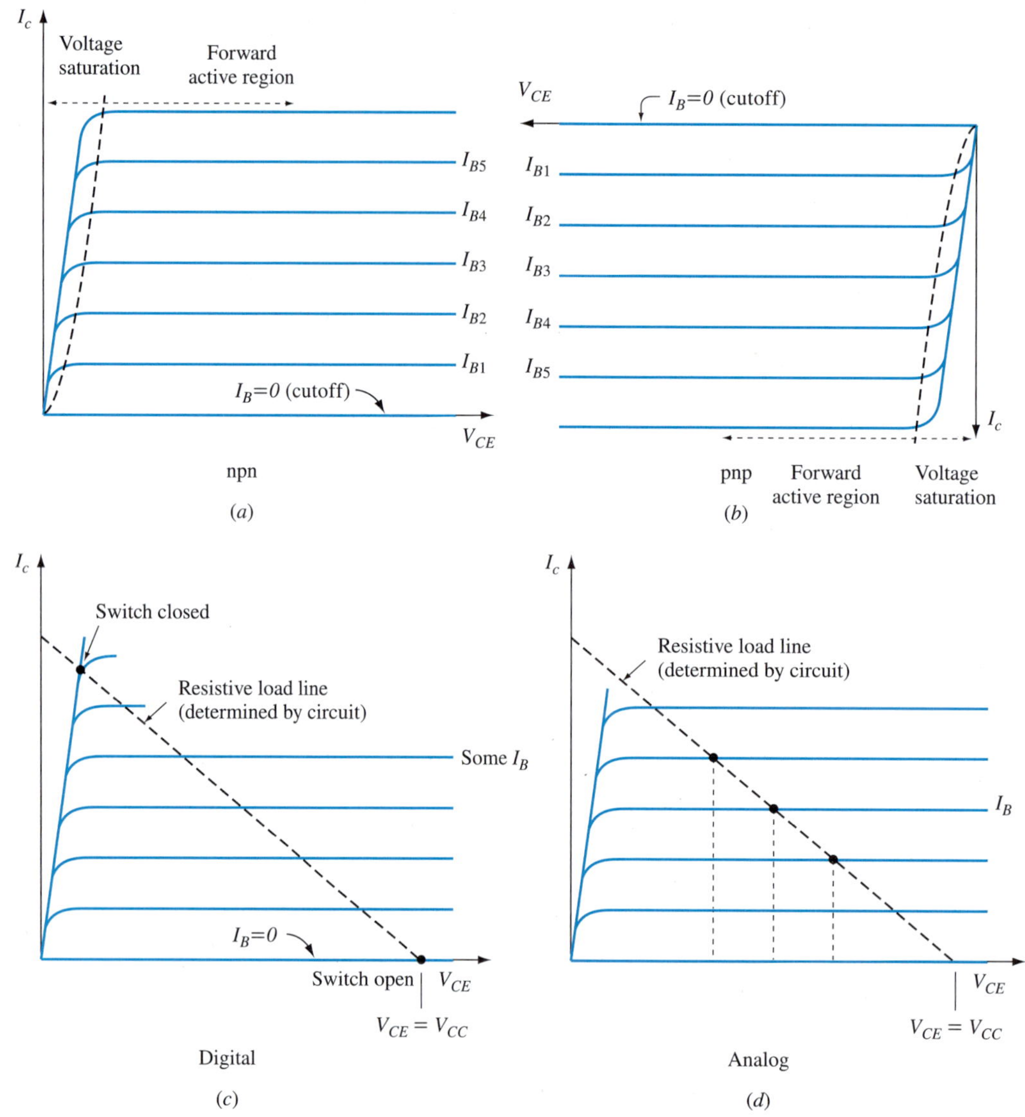

그림 IV.4 공통 이미터 구조의 (a) npn 트랜지스터와 (b) pnp 트랜지스터의 전형적인 I_C-V_{CE} 그래프. npn BJT는 (c) 디지털 회로 혹은 (d) 아날로그 회로에서 사용될 수 있다.

이러한 전압인가 유형은 그림 IV.4c와 d에서 볼 수 있듯이 회로에서 다양한 방식으로 사용된다. 예를 들어 디지털 회로에서는 BJT가 두 가지 모드로 동작한다. 하나는 저-전압, 고-전류의 **포화 모드(saturation mode)**로 **켜짐(on)** 상태에 해당하고, 다른 하나는 저-전류, 고-전압의 **차단(cutoff)** 모드로 **꺼짐(off)** 상태에 해당한다. 켜짐 상태에서는 이미터-베이스, 베이스-컬렉터 접합 모두에 순방향 전압이 인가되고, 차단모드에서는 두 접합 모두에 역방향 전압이 인가된다. BJT의 전환(switching) 특성은 10장에서 다룰 것이다. 아날로그 회로에서는 BJT가 **순방향 활성 모드(forward active mode)**로 동작한다. 이 모드에서는 이미터-베이스 접합에 순방향 전압이 인가되고, 베이스-컬렉터 접합에는 역방향 전압이 인가된다.

BJT의 전기적 특성은 소자의 각 영역의 적절한 경계조건과 초기조건을 이용하여 구한 연속 방정식의 해를 통해 얻을 수 있다. 이 방정식은 광 생성(optical generation)이 없는 조건(빛이 없는 조건)에서 다음과 같이 표현할 수 있다.

$$\frac{\partial n}{\partial t} = \frac{\partial \Delta n}{\partial t} = \frac{1}{q}\frac{\partial J_n}{\partial x} - \frac{\Delta n}{\tau_n} \tag{IV.3}$$

$$\frac{\partial p}{\partial t} = \frac{\partial \Delta p}{\partial t} = -\frac{1}{q}\frac{\partial J_p}{\partial x} - \frac{\Delta p}{\tau_p} \tag{IV.4}$$

이때 J_n 혹은 J_p는 일반적으로 표동 전류밀도와 확산 전류밀도의 합을 나타낸다.

$$J_n = J_{n\text{drift}} + J_{n\text{diff}}$$
$$J_p = J_{p\text{drift}} + J_{p\text{diff}}$$

정상 상태(steady-state)의 (dc) 특성을 얻기 위하여 시간에 따라 변화하는 항은 0으로 둔다. 하지만 과도(transient) 상태 해석을 위해서는 그 항들을 반드시 고려해야 한다.

9장에서는 정상 상태에서의 BJT 동작을 해석하는 모델(직류 모델)을 발전시켜볼 것이다. 첫 번째로 각각의 영역(이미터, 베이스, 컬렉터)의 도핑이 일정한 이상적인 (원형의) BJT를 고려할 것이다. 그다음에는 비이상적인 요소들의 효과를 논의해보고, 경사형으로 도핑된 베이스가 적용된 트랜지스터와 경사형으로 도핑된 SiGe-베이스를 적용한 이종 접합 양극성 트랜지스터를 소개할 것이다. 10장에서는 BJT의 교류 동작 특성에 대하여 알아볼 것이다. 여기서는 에버스-몰(Ebers-Moll) 모델과 하이브리드-파이(hybrid pi) 소신호 모델을 소개할 것이다. BJT 정전 용량과 과도 상태의 동작 특성도 살펴볼 것이다. 또한 10장에서는 2층 다결정(다결정 실리콘)이 적용된 자기 정렬형(self-aligned) 양극성 접합 트랜지스터, BJT 변환(switching) 트랜지스터, BJT와 FET가 혼합된 BiMOS와 같은 특정 BJT에 대하여 설명할 것이다. BiMOS 기술은 FET와 BJT의 장점을 융합한 형태이다. 4부 보충에서는 BJT에서의 여러 비선형 (2차) 효과에 대해 알아볼 것이다.

CHAPTER 9

양극성 접합 트랜지스터: 정적 특성

9.1 서론

4부 서론에서 기본적인 양극성 접합 트랜지스터(Bipolar Junction Transistor: BJT)에 대하여 논의하였다. 두 전극 사이를 흐르는 전류가 세 번째 단자에 인가되는 제어 신호에 의해 조절된다는 점에서 전계 효과 트랜지스터와 비슷한 전류-전압 특성을 보인다는 점을 보았다. 하지만 FET에서는 게이트에 인가된 전압이 제어 신호인 반면, BJT에서는 베이스에 인가되는 전류가 제어 신호이다. 이 두 트랜지스터는 전류가 흐르기 위해서는 캐리어(carrier)가 에너지 장벽을 넘어야 한다는 점에서는 비슷하다. FET에서는 게이트에 인가된 전압이 소스-채널 장벽을 변화시킨다. BJT의 경우에는 베이스-이미터 전압이 에너지 장벽을 제어한다. 비록 V_{BE}가 에너지 장벽을 높이긴 하지만 이는 베이스 전류와 직접적으로 연관되어 있으므로 베이스 전류가 제어 신호라고 생각하는 것이 편리하다.

순방향 전압이 인가된 pn 접합에서 소수 캐리어는 접합을 가로질러 주입되고, 주입되는 캐리어의 수는 인가전압에 따라 달라지는 것을 상기하자. 활성 모드의 npn BJT에서 (순방향 전압 인가된) 베이스-이미터 전류는 이미터에서 베이스로 주입되는 전자 유량 F_n을 제어한다. 이 유량은 그림 9.1에 표시되어 있다. 전자 유량은 시간당 단위 면적을 지나가는 전자의 수이다. 전류는 캐리어의 전하량에 유량을 곱한 값이다. 전자 전류는 전자 유동 방향의 반대로 흐르고, 정공 전류는 정공 유동의 방향과 같은 방향으로 흐른다.

실제 트랜지스터의 경우 요즘에는 베이스를 매우 얇게(1 마이크로미터의 수십 분의 1 정도) 제작하는 반면, 이미터 면적은 수 마이크로미터 정도의 크기로 제작된다. 나중에 다시 논의하겠지만, 얇거나 혹은 짧은 베이스는 BJT의 효율적인 동작에 필수적이다.

그림 IV.1에 보이는 것처럼 트랜지스터 동작은 이미터 영역 아래에 존재하는 이미터, 베이스, 그리고 컬렉터 사이에서 일어난다는 것을 기억하자. 실제 트랜지스터는 이미터,

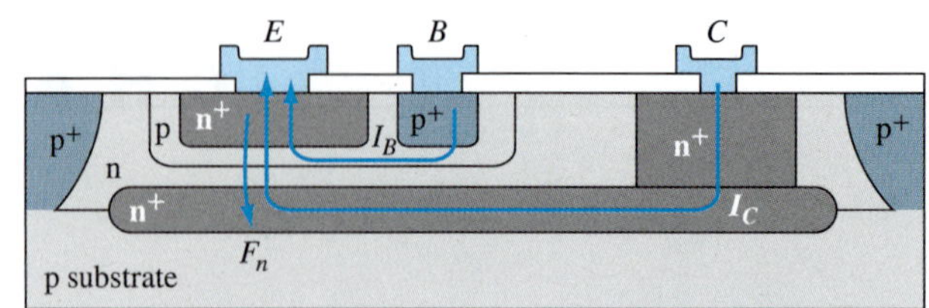

그림 9.1 npn BJT에서 전자 유속 F_n과 전류를 나타낸 개념도.

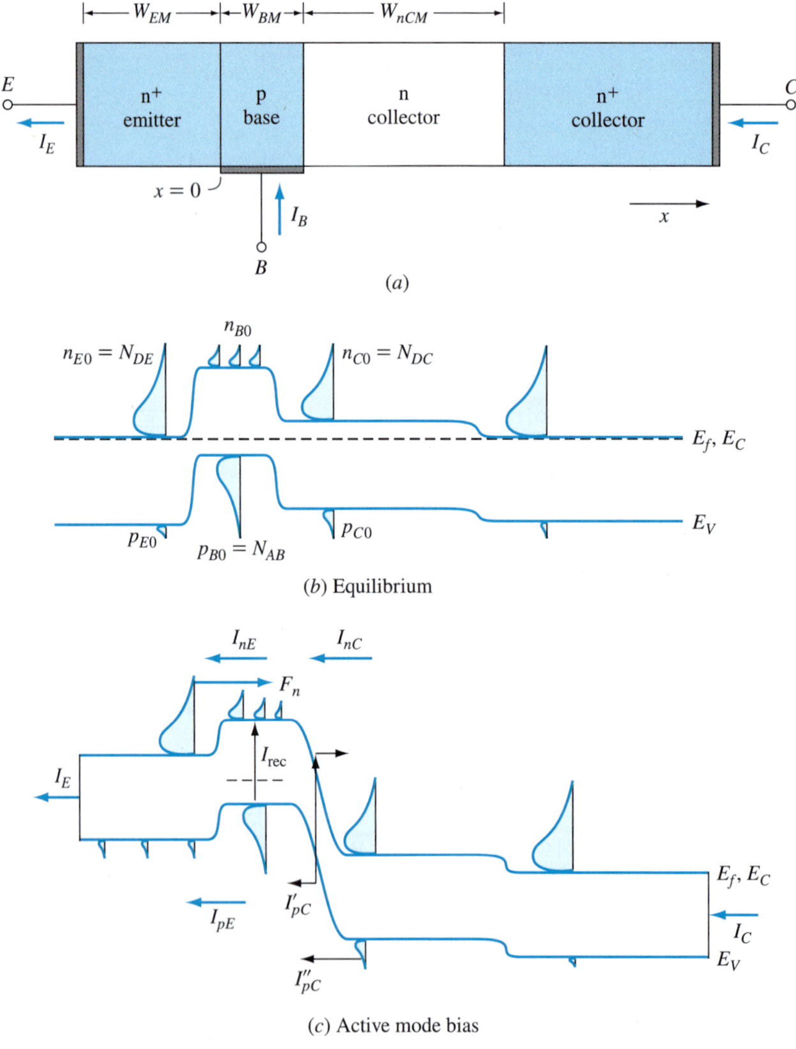

그림 9.2 (a) 그림 9.1에 제시된 npn 소자에서 이미터에서부터 컬렉터까지의 전류 경로를 따라 그려진 단면도. (b) 각 영역이 균일하게 도핑된 BJT의 평형 상태 에너지 밴드 다이어그램. (c) 활성 모드 동작에서의 에너지 밴드 다이어그램.

베이스, 그리고 컬렉터 영역에 전극을 형성하기 위해 훨씬 더 크게 만들어진다. 앞으로 논의할 이상적인 트랜지스터의 명료한 표현을 위해 그림 9.2a처럼 베이스가 명확하게 보이도록 두께가 과하게 확대된 "상자" 도안이 사용될 것이다.

npn BJT의 주요 전류 흐름은 전자가 이미터 전극으로부터 흘러 이미터를 지난 후, 이미터-베이스 전위 장벽을 넘어 베이스를 통과하고, 그다음 컬렉터의 n과 n^+ 영역으로 들어가 컬렉터 전극을 통해 빠져나와서 발생하는 것이다. 이미터 영역의 넓이(금속학적 접합들의 사이)는 W_{EM}이고, 베이스 영역의 넓이는 W_{BM}이며, n 컬렉터 영역의 넓이는 W_{nCM}이다.

반도체 소자에서 일어나는 물리적 현상을 이해하는 가장 좋은 방법은 에너지 밴드 다이어그램을 이용하는 것이다. 평형 상태 에너지 밴드 다이어그램이 그림 9.2b에 나와 있다. 이 에너지 밴드 다이어그램을 그리기 위해, 다음과 같은 가정이 필요하다.

1. n^+ 이미터의 도핑은 축퇴되어 있고. 이미터는 균일하게 도핑되었다.
2. p형 베이스의 도핑은 축퇴되어 있지 않고 균일하다(에너지 밴드 다이어그램에 포함되지 않은 베이스 전극 아래의 p^+ 영역은 제외).
3. n 컬렉터 영역의 도핑은 축퇴되어 있지 않고 균일하다.
4. 축퇴되어 있는 n^+ 컬렉터 영역의 도핑은 균일하다.
5. 불순물에 의한 밴드 갭 감소는 무시한다.
6. 페르미 준위는 n^+ 이미터와 n^+ 컬렉터의 전도대 경계와 일치한다.

각각의 영역이 균일하게 도핑된 BJT를 **원형(prototype)** 트랜지스터라고 한다. 이 원형 BJT의 정상(아날로그) 동작 상태(활성 모드) 에너지 밴드 다이어그램이 그림 9.2c에 나와 있다. 이미터-베이스 접합은 순방향 전압이 인가되어서, 전자는 이미터에서 베이스로, 정공은 베이스에서 이미터로 주입된다. 베이스-컬렉터 접합은 역방향 전압이 인가되었다. 이미터에서 베이스로 주입되는 n_E 전자들 중에, 소수의 전자들이 베이스에서 재결합하여 베이스 전류 I_B에 기여한다. 이미터에서 베이스로 주입되는 대부분의 전자들은 컬렉터-베이스 접합에 도달한 후 컬렉터에 수집되어 컬렉터 전류 I_C에 기여한다. $I_C < I_E$이므로 이미터에서부터 컬렉터까지의 전류 이득 $\alpha = I_C/I_E$은 1보다 작다. 하지만 대부분의 회로는 입력 전류가 I_B이고 출력 전류가 I_C인 공통 이미터 구조를 사용하며, 이 경우 전류 이득 $\beta = I_C/I_B$는 100 정도의 값을 가진다. 이때 이 원형 BJT에서 소수 캐리어인 전자는 베이스에 전기장이 존재하지 않기 때문에 오직 확산을 통해서만 베이스를 가로질러 흐른다. 즉

$$\mathscr{E} = \frac{1}{q}\frac{dE_{\text{Vac}}}{dx} = \frac{1}{q}\frac{dE_C}{dx} = 0$$

그림 9.2에서 이미터 전류 I_E는 이미터에서 베이스로 주입된 전자(I_{nE})와 베이스에서

이미터로 주입된 정공(I_{pE})의 합으로 구성되어 다음과 같이 표현할 수 있다.

$$I_E = I_{nE} + I_{pE} \tag{9.1}$$

특히 이 경우에 E-B 접합 내부의 재결합 전류는 무시되었다. 이 재결합 전류는 나중에 고려한다.

컬렉터 전류 I_C는 전자 성분과 정공 성분으로 구성되어 있다. 전자 전류 I_{nC}는 이미터에서부터 베이스를 가로질러 컬렉터에 도달한 전자 전류에 의해 발생한다. 정공 전류 I_{pC}는 두 가지 구성 요소로 이루어졌다. 하나는 컬렉터에서부터 빠져나와 베이스로 들어간 정공 전류 I''_{pC}이고, 다른 하나는 역방향 전압이 인가된 B-C 접합 내부의 전자-정공 재결합에 의한 전류 I'_{pC}이다. 따라서

$$I_C = I_{nC} + I_{pC} \tag{9.2}$$

이고 여기서 $I_{pC} = I'_{pC} + I''_{pC}$이다.

컬렉터 전자 전류 I_{nC}는 베이스에 주입된 이미터 전자 전류에서 베이스 내부의 재결합에 의해 손실된 전류를 뺀 값으로 다음과 같다.

$$I_{nC} = I_{nE} - I_{\text{rec}} \tag{9.3}$$

여기서 I_{rec}은 베이스 내부의 전자-정공 재결합에 의한 전류이다.

따라서 베이스로 흐르는 전류 I_B는

$$I_B = I_{pE} + I_{\text{rec}} - I_{pC} \tag{9.4}$$

다양한 전류 요소들의 상대적인 크기에 대한 몇 가지 정성적인 결과를 얻을 수 있다. 이미터는 베이스보다 훨씬 많이 도핑되어 있으므로

$$I_{nE} \gg I_{pE}$$

라는 것을 알 수 있다.

게다가 베이스의 넓이는 전자 확산 길이보다 훨씬 짧게 제작되므로, 전자가 베이스 내부에서 재결합할 확률은 매우 작다.

$$I_{\text{rec}} \ll I_{nE}$$

따라서

$$I_{nC} \approx I_{nE}$$

이다.

활성 모드에서 I_C는 밀리암페어 정도의 크기이지만, 역방향 전압이 인가되어 있는 pn 접합의 누설 전류는 이것보다 훨씬 작다. 따라서 I_{pC}의 크기는 작으므로

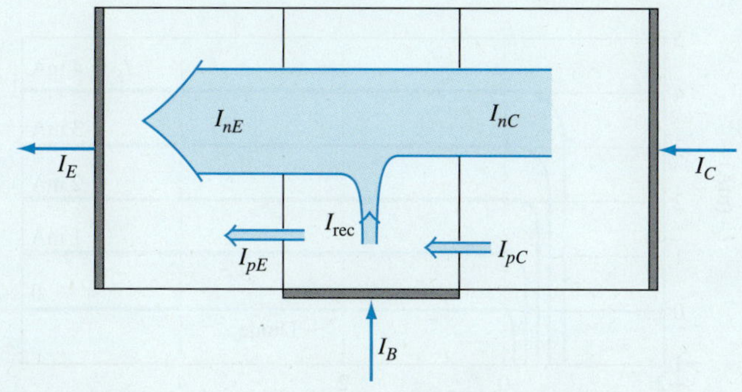

그림 9.3 활성 모드에서 동작하는 npn BJT의 다양한 전류 요소들의 상대적 크기를 나타는 개념도(실제 크기와는 다름).

$$I_C \approx I_{nC}$$

이다.

앞에서 언급한 전류들의 상대적 크기가 그림 9.3에 나와 있다. 여기서 I_{pE}, I_{pC}, 그리고 I_{rec}는 명확한 표현을 위해 확대해서 그렸다.

9.2 출력 특성(정성적 분석)

베이스 공통 구조로 동작하는 npn BJT의 전형적인(이상적인) 출력 특성이 입력 (이미터) 전류를 변수로 하여 그림 9.4a의 그래프로 나타나 있고, 입력 (베이스) 전류를 변수로 하는 **공통 이미터 구조**의 출력 특성은 그림 9.4b에 나와 있다. 그림 9.4c는 공통 이미터 구조의 출력 특성을 여러 입력 전압(V_{BE})에 따라 그린 그래프이다.

그림 9.4a의 베이스 공통 구조에 대한 출력 특성은 쉽게 설명이 가능하다. 맨 처음으로 $I_E = 0$인 경우를 생각해보자. 이미터 전류가 없을 때 $I_C = -I_B$이고, 컬렉터부터 흐르기 시작한 전류는 컬렉터-베이스 접합을 지나 베이스 전극으로 빠져나온다. 이는 단순한 다이오드의 경우와 같고, np 접합의 I_C-V_{CB} 특성을 얻을 수 있다. 그림에서 이 다이오드 곡선은 보통 다이오드 그래프가 그려진 방향의 반대 방향으로 그려져 있다. 관례에 따라 컬렉터-베이스 접합에 순방향 전압이 인가되면, V_{CB}와 I_C가 음수가 되고, 이 접합에 역방향 전압이 인가되면 V_{CB}와 I_C가 양수가 된다.

지금부터는 이미터-베이스 접합에 순방향 전압이 인가되어 I_E가 양수일 때 어떤 현상이 일어나는지 생각해보자. 이 경우 이미터는 n형이므로, 전자들은 이미터에서 베이스로 주입된다. 여기서 전자는 이미터에서 다수 캐리어이지만, 일단 베이스에 도달하면 소수 캐리어가 됨을 잊지 말자. 보통 이들 전자는 p형 베이스 영역에서 평균 시간(수명) τ_n에, 혹

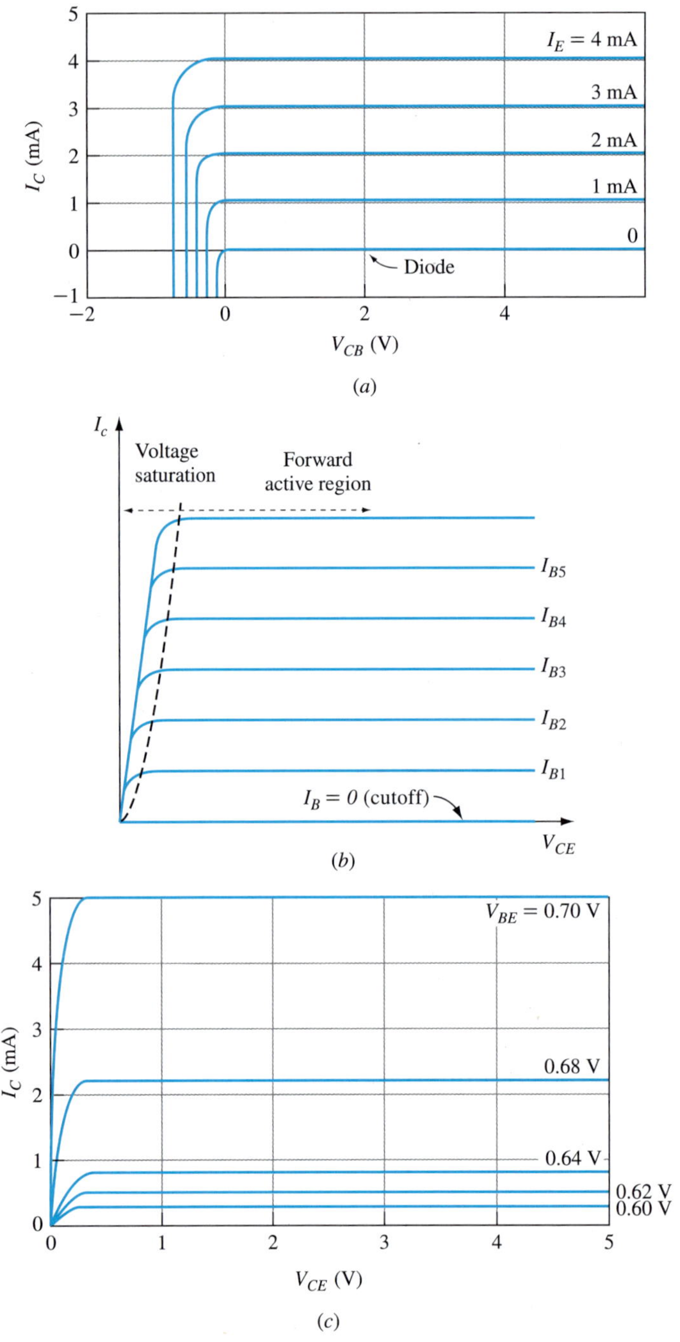

그림 9.4 (a) 베이스 공통 구조 및 (b) 공통 이미터 구조로 동작하는 npn 트랜지스터의 입력 전류를 변수로 하는 이상적인 출력 특성. (c) 입력 전압을 변수로 하는 공통 이미터 구조의 출력 특성.

은 확산 길이 L_n 이내에서 재결합한다. 실리콘에서 소수 캐리어의 수명은 $\tau_n = 1\ \mu$s의 수준이고 이는 수십 마이크로미터의 L_n에 해당한다. 하지만 베이스 영역은 매우 얇기 때문에 주입된 대부분의 캐리어들은 재결합하기 전에 이미 베이스 접합의 컬렉터 경계까지 도달한다. 만약 C-B 접합에 역방향 전압이 인가되었으면, 이 접합의 전기장이 캐리어들을 컬렉터 방향으로 가속시킨다. 따라서 대부분의 이미터 전류는 컬렉터 전류에 기여한다. 이러한 현상이 그림 9.4a에 나와 있는 I_C-V_{CE} 특성에 미치는 영향은 전체 다이오드 그래프를 αI_E만큼 위로 평행이동시키는 것이다. 이때 α는 I_C에 기여하는 I_E의 비율을 의미하고 보통 99퍼센트 정도이다.

공통 이미터 구조의 경우, 동작 원리는 같지만 이 경우 여러 I_C-V_{CE} 그래프가 여러 I_B의 조건에 따라 그려지므로 I-V 특성이 다르게 보인다. 만일 p 베이스에 이미터에 대해서 양의 전압이 인가되면, 즉 이 베이스-이미터 접합에 순방향 전압이 인가되면, 전자는 이미터에서 베이스로 주입되고 정공은 베이스에서 이미터로 주입된다. 주입된 정공은 이미터에서 혹은 이미터 전극에서 재결합하여 이미터-공통 전극을 통해 빠져나오지만, 베이스로 주입된 전자들은 소수만이 재결합하여 베이스 전극으로 빠져나온다. 대부분의 전자들은 확산에 의해 얇은 베이스를 가로지르고 결국 컬렉터에 의해 수집된다.

그림 9.3에 나와 있는 것처럼, (베이스에 의해 공급되는) 베이스 입력 전류 I_B는 세 가지 요소로 구성되어 있다. I_B는 이미터로 주입되는 정공 전류 I_{pE}와 전자-정공 재결합 전류 I_{rec}의 합에 컬렉터-베이스 누설 전류 I_{pC}를 뺀 것이다. 각각의 성분들의 크기는 작다. 따라서 I_B의 크기는 (이미터 전극으로부터) 주입된 전자 전류의 1% 수준이다. 대부분의 이미터 전자 전류는 컬렉터에 도달하고, 이 컬렉터 전류가 출력이 된다. 따라서 이 출력 전류 I_C의 크기는 입력 전류 I_B의 100 배 수준이 된다. 이것은 그림 9.4b에 나와 있다.

식 (IV.1)로부터 알 수 있듯이, 컬렉터-이미터 전압(V_{CE})이 고정되면, 베이스-이미터 전압(V_{BE})과 컬렉터-베이스 전압(V_{CB})의 합이 일정하므로 V_{BE}를 가하면 V_{CB}가 감소하게 된다. V_{CE}가 작은 경우에는, 베이스-이미터 전압이 V_{CB}보다 커지면 V_{CB}가 음의 값을 갖게 된다. 이것은 베이스-이미터 접합과 베이스-컬렉터 접합 모두 순방향의 전압이 인가되었음을 의미하고, 이러한 경우 소자는 **포화 영역(saturation region)**에서 동작한다고 한다. 즉 컬렉터-이미터 전압(V_{CE})이 작은 값(대략 0.2 ~ 0.3V)으로 포화되어 있다. V_{CE}가 클 때는, 그림에 나와 있는 것처럼 전류가 주어진 I_B에 대하여 포화된다. 이 전류 포화는 FET의 포화 영역에 해당하지만 BJT에서 **포화(saturation)**라는 용어는 9.4b에 표시되어 있는 영역을 의미한다. 입력 전류가 그래프의 각기 다른 곡선들을 결정하는 변수가 되는 그림 9.4a와 b에서, 출력 전류는 입력 전류와 거의 비례한다. 하지만 (c)의 경우에는 출력 전류가 입력 전류에 대해 지수적으로 증가한다. 이러한 비선형 특성으로 이해 후자의 표시 방법은 거의 사용되지 않고, 여기서도 더 이상 고려하지 않는다.

9.3 전류 이득

이전에 언급했던 것처럼, BJT의 두 가지 일반적인 동작 모드에는 그림 IV.3에 나와 있는 것과 같이 베이스 공통 구조와 공통 이미터 구조가 있다. 베이스 공통 회로에서는 이미터 전류가 입력 전류가 되고 컬렉터 전류가 출력 전류가 된다. 베이스 공통 구조의 동작에서 전류 이득은 다음과 같다.

$$\alpha = \frac{I_{\text{out}}}{I_{\text{in}}} = \frac{I_C}{I_E} \tag{9.5}$$

이 비율은 1에 가깝다. 베이스로 주입된 전자들 중 소수만이 재결합에 의해 소멸되고, 작은 양의 정공 전류가 베이스에서 이미터로 주입된다. 게다가 나중에 논의하겠지만 컬렉터에서부터 베이스로 흐르는 정공 전류는 무시할 만큼 작다. 그러므로 컬렉터 전류는 이미터 전류보다는 작지만 거의 비슷하고, 즉 $I_C < I_E$이고 $\alpha < 1$이며, α는 일반적으로 약 0.99의 값을 갖는다.

이미터 공통 회로에서는 베이스 전류가 입력이고 출력은 컬렉터 전류이다. 따라서 공통 이미터 구조의 동작에서 전류 이득은 다음과 같다.

$$\beta = \frac{I_{\text{out}}}{I_{\text{in}}} = \frac{I_C}{I_B} \tag{9.6}$$

$I_E = I_C + I_B$이므로, 공통 이미터 구조의 전류 이득 β는 다음과 같이 표현할 수 있다.

$$\beta = \frac{I_C}{I_B} = \frac{I_C}{I_E - I_C} = \frac{\dfrac{I_C}{I_E}}{1 - \dfrac{I_C}{I_E}} = \frac{\alpha}{1 - \alpha} \tag{9.7}$$

혹은

$$\alpha = \frac{\beta}{\beta + 1} \tag{9.8}$$

하지만 $\alpha < 1$이므로 큰 값의 β를 얻기 위해서는 α가 1에 가까운 값이어야 한다.

이러한 전류 이득을 좀 더 쉽게 이해하기 위하여, 여러 전류 요소들을 전자와 정공의 성분으로 나누어보았다. 먼저 α를 고려해보자. 식 (9.5)를 I_{nE}와 I_{nC}로 곱하고서 다시 나눈 후에 식을 정리하면 다음과 같다.

$$\alpha = \frac{I_{nE}}{I_E}\frac{I_{nC}}{I_{nE}}\frac{I_C}{I_{nC}} \tag{9.9}$$

이때 I_{nE}는 그림 9.2c에 나오는 것과 같이 이미터에서 베이스로 주입된 전자 유량에 의해 생성된 전자 전류이고, I_{nC}는 컬렉터에 도달한 전자에 의해 발생된 전류이다.

식 (9.9)의 각각의 항을 개별적으로 살펴보도록 하자. 첫 번째 항은 주입 효율 γ이고, 이것은 베이스로 주입된 전자에 의한 이미터 전류의 비율로 정의된다.

$$\gamma = \frac{I_{nE}}{I_E} = \frac{I_{nE}}{I_{nE} + I_{pE}} = \frac{1}{1 + \dfrac{I_{pE}}{I_{nE}}} \tag{9.10}$$

여기서 I_{pE}는 베이스에서 이미터로 주입된 정공 전류이다.

이상적인 경우에 γ는 1에 가까운 값을 가지게 되며, 이는 $I_{pE} \ll I_{nE}$가 되도록 하여 달성할 수 있다.

베이스 전송 효율 α_T(종종 전류 전송 계수라고도 불림)는 이미터에서 베이스로 주입된 전자 중에 컬렉터에 도달하는 전자의 비율로 정의된다.

$$\alpha_T = \frac{I_{nC}}{I_{nE}} = \frac{I_{nE} - I_{\text{rec}}}{I_{nE}} = 1 - \frac{I_{\text{rec}}}{I_{nE}} \tag{9.11}$$

여기서 I_{rec}은 베이스 내부의 전자 재결합 전류이다. α_T의 값은 $I_{\text{rec}} \ll I_{nE}$의 경우에 1에 가까워진다.

마지막 항은 수집 효율 M으로

$$M = \frac{I_C}{I_{nC}} = \frac{I_{nC} + I_{pC}}{I_{nC}} = 1 + \frac{I_{pC}}{I_{nC}} \tag{9.12}$$

이고, 이때 I_{pC}는 역방향 전압이 인가된 B-C 접합에서 컬렉터에서 베이스로 흐르는 정공 누설 전류이다. 이 수집 효율은 종종 **수집 증폭 인자(collection multiplication factor)**라고 불리는데, 이는 높은 베이스-컬렉터 전압 조건에서 캐리어 증배가 1보다 크기 때문이다. 식 (9.9)로부터

$$\alpha = \gamma \alpha_T M \tag{9.13}$$

α와 β의 값을 결정하기 위해서는 γ, α_T, M의 값을 $I_{pE}, I_{nE}, I_{\text{rec}}, I_{nC}, I_{pC}$와 같은 전류 값과 연계해야 한다. 이를 해석적으로 얻기 위해서는 소자에 관한 모델이 필요하다.

9.4 원형 BJT의 모델

이제부터 활성 모드의 BJT 동작 특성을 단순하지만 완전히 실제적이지는 않은 모델을 이용하여 좀 더 정량적으로 살펴볼 것이다. 일단 기본적인 동작 원리를 이해한 후에, 개선사항을 추가할 것이다.

이전에 그림 IV.1과 그림 9.1에서 고려하였던 Si npn BJT를 예로 들어보자. 이것은 축퇴형으로 도핑된 n^+ 이미터(E)와, 축퇴되지 않은 p형 베이스(B), 그리고 축퇴되지 않은 n형과 축퇴형 n^+ 영역 모두를 포함한 컬렉터 영역(C)으로 구성되어 있다. 이러한 원형(prototype) 트랜지스터에서는 모든 영역이 균일하게 도핑되어 있다고 가정한다.

특히 금속 단자 전극은 축퇴형으로 도핑된 n^+ 이미터와 n^+ 컬렉터 영역, 그리고 베이스의 축퇴형으로 도핑된 p^+ 영역에 형성되어 있다. 이러한 금속-축퇴형 반도체 전극은 쇼트키 장벽을 형성하는데 이는 터널링을 허용할 만큼 얇아서 저-저항 전극을 가능하게 한다.

n컬렉터 영역은 컬렉터-베이스 정전 용량을 줄이고 컬렉터-베이스 접합의 항복(breakdown) 전압이 항복이 일어나지 않을 만큼 충분히 크게 하기 위하여 비교적 가볍게 도핑된다(베이스-컬렉터 접합은 순방향 활성 모드에서 역방향으로 전압이 인가됨을 상기하자). n^+ 컬렉터 영역(매몰층)은 컬렉터에 저-저항 경로를 제공한다. 컬렉터 전극과 n^+ 컬렉터 영역 사이의 n^+ **싱커(sinker)**도 컬렉터 저항을 감소시킨다.

각 영역의 전류에 대한 정량적인 결과를 얻기 위하여, 적절한 경계조건이 적용된 연속 방정식을 풀어야 한다. 정상 상태(dc) 전류를 얻기 위한 연속 방정식을 [식 (IV.3)과 (IV.4)로부터] 다음과 같이 표현할 수 있다.

$$\frac{\partial J_n}{\partial x} = q\frac{\Delta n}{\tau_n} \tag{9.14}$$

$$\frac{\partial J_p}{\partial x} = -q\frac{\Delta p}{\tau_p} \tag{9.15}$$

우리가 고려하고 있는 원형 트랜지스터는 이미터, 베이스, 컬렉터가 각각 균일하게 도핑되어 있으므로, 평형 상태에서 이들 영역에 전기장이 형성되지 않는다. 순방향 전압이 가해진 경우에만 아주 작은 크기의 전기장이 존재하고, 소수 캐리어는 주로 확산에 의해 이동한다. p형 베이스에서 소수 캐리어인 전자의 유입은 접합 근처의 소수 캐리어 농도를 증가시킨다. 중성 상태를 유지하기 위해서 같은 수의 정공이 베이스 전극을 통해 베이스로 유입된다. 여기서 고려하는 저-주입(low-injection) 조건에서 과잉 정공 농도는 이온화된 억셉터에 의해 생성되는 평형 상태 정공 농도에 비교하여 무시할 만큼 작다. 마찬가지로 이미터로 주입되는 정공이 그곳의 전자 농도에 미치는 영향도 무시할 수 있다. 따라서 중요한 전류는 소수 캐리어 확산 전류이다. 일반적으로 이 전류를 구하기 위해서는 각각의 영역에서 적합한 경계조건을 이용하여 연속 방정식을 풀어야 하나, 이것이 항상 쉽지는 않다. 하지만 각 영역의 도핑 분포가 균일하고 따라서 $\mathscr{E} \approx 0$이므로, 소수 캐리어의 경우 확산 전류만 고려하면 된다.

그림 9.5는 그림 9.2a를 이미터-베이스 및 베이스-컬렉터 공핍 영역을 확대해서 다시

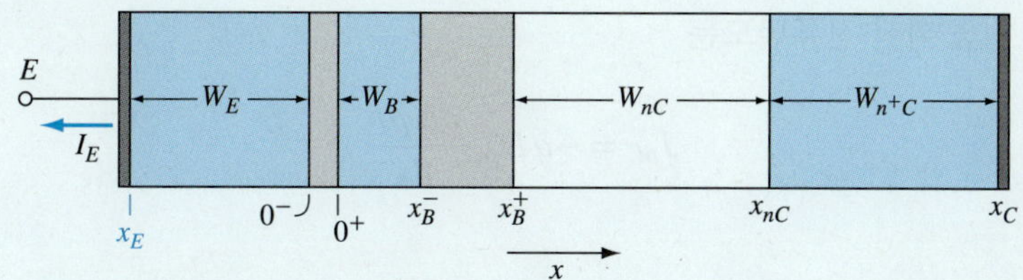

그림 9.5 단순한 원형 모델의 넓이와 좌표. 공핍 영역 폭은 과장되어 있다.

그린 그림이다. npn BJT의 경우에 양의 전류의 흐름은 음의 x 방향인 컬렉터에서부터 이미터 방향이므로, 연속 방정식의 결과로부터 얻어진 전류는 음수가 될 것이다. 즉, 음의 x 방향으로 흐르는 전류가 될 것이다. E-B 접합에서 이미터 쪽 경계를 $x = 0^-$로 정하고 베이스 쪽 경계를 0^+로 정하자. 비슷하게 B-C 접합에서 베이스 쪽 경계를 x_B^-로, 컬렉터 쪽 경계를 x_B^+로 정하자. 이미터, 베이스, 그리고 n 컬렉터의 준-중성(quasi-neutral) 영역 넓이는 각각 W_E, W_B, 그리고 W_{nC}이다.

이미터에서 확산 전류밀도는

$$J_{pE} = -qD_{pE}\frac{d\Delta p_E}{dx} \tag{9.16}$$

이고, 식 (9.15)로부터

$$D_{pE}\frac{d^2\Delta p_E}{dx^2} = \frac{\Delta p_E}{\tau_{pE}} \tag{9.17}$$

을 얻을 수 있다. 이때 경계조건은

$$\Delta p_E(x = 0^-) = p_{E0}\left(e^{qV_{BE}/kT} - 1\right)$$
$$\Delta p_E(x = x_E) = 0$$

이다. 여기서 p_{E0}는 이미터의 평형 상태 정공 농도이다. 베이스에서 전자 확산 전류밀도는

$$J_{nB} = qD_{nB}\frac{d\Delta n_B}{dx} \tag{9.18}$$

이고, 식 (9.14)로부터

$$D_{nB}\frac{d^2\Delta n_B}{dx^2} = \frac{\Delta n_B}{\tau n_B} \tag{9.19}$$

를 얻을 수 있다. 이때 경계조건은 다음과 같다.

$$\Delta n_B(0^+) = n_{B0}(e^{qV_{BE}/kT} - 1)$$
$$\Delta n_B(x_B^-) = n_{B0}(e^{qV_{BC}/kT} - 1)$$

컬렉터에서 정공 확산 전류밀도는

$$J_{pC} = -qD_{pC}\frac{d\Delta p_C}{dx} \tag{9.20}$$

이고

$$D_{pC}\frac{d^2\Delta p_C}{dx^2} = \frac{\Delta p_C}{\tau_{pC}} \tag{9.21}$$

이다. 이때 경계조건은 다음과 같다.

$$\Delta p(x_B^+) = p_{C0}(e^{qV_{BC}/kT} - 1)$$
$$\Delta p(x_{nC}) \approx 0$$

마지막 경계조건에서는 $W_{nC} \gg L_{pC}$를 가정한다. 따라서 모든 과잉 소수 캐리어는 그들이 컬렉터 영역의 끝부분에 도달하기 전까지 전부 재결합한다고 가정한다.

각 영역에서의 확산 전류를 계산하기 위해서는 적절한 경계조건을 이용하여 Δp_E, Δn_B, Δp_C를 구하고, 식 (9.16), (9.18), (9.20)을 이용하여 각 영역의 소수 캐리어 확산 전류를 구해야 한다. 일반적으로 결과들은 쌍곡선 함수를 포함한다.[1, 2] 하지만 이전의 가정들을 이용하여 활성 모드 동작에 대해서 풀이하는 것은 비교적 간단하다.

전류 이득 변수들 $\alpha = \gamma\alpha_T M$와 $\beta = \alpha/(1-\alpha)$를 구하기 위해서는 반드시 I_{nB}, I_{pE}, I_{nC}, I_{rec} 및 I_{pC}를 구해야 한다. 정량적인 결과를 얻기 위하여 대부분의 최신 BJT에 적합한 다음과 같은 추가적인 가정이 필요하다.

1. 두 공핍 영역의 경계면 사이의 거리로 정의된 베이스 영역의 넓이 W_B는 베이스 내부의 전자 확산 길이보다 훨씬 작다, 즉 $W_B \ll L_{nB}$이다.
2. 이미터 영역의 넓이 W_E는 이미터 내부의 정공 확산 길이 L_{pE}보다 작다. 즉 $W_E \ll L_{pE}$이다.
3. 베이스로 주입되는 전자의 농도는 충분히 작다. 이로 인해 베이스 전역에서 항상 전자 농도가 정공의 농도보다 훨씬 작게 된다. 즉 $n_B \ll p_B$이다. 이것을 "저-주입(low-injection)" 조건이라고 한다. 고-주입 조건은 4부 보충에서 다룰 것이다.

그림 9.2c에 나와 있는 활성 모드 동작에 대한 에너지 밴드 다이어그램에 *E-B*와 *B-C* 전이 영역을 표시하여 그림 9.6에 다시 나타내었다. 간단한 표현을 위하여 n^+ 컬렉터 영역은 생략했다. 특히 베이스의 소수 캐리어 농도는 컬렉터 쪽 경계면(접합에 인가된 역방향 전압에 의해 소수 캐리어들이 추출되는 지점)에서 0이 되고, 이미터로 주입되는 과잉 소수 캐리어 농도는 이미터 끝에 존재하는 전극(그림에서 보이지는 않음)에 의해 경계에서 0이 되는 것에 유의하자.

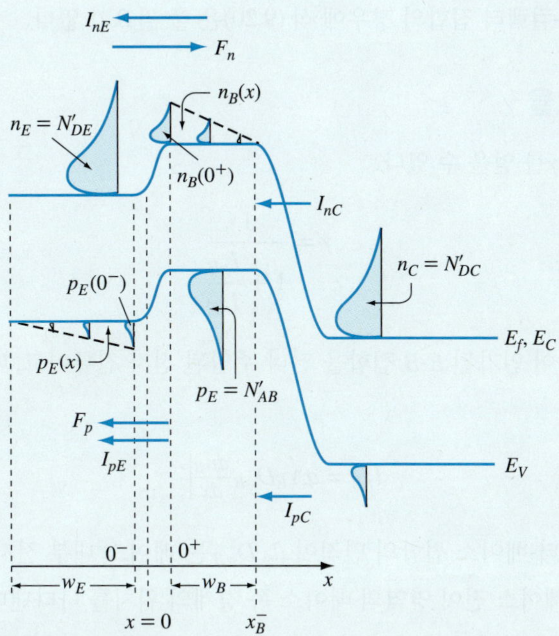

그림 9.6 원형 npn BJT의 활성 모드 에너지 밴드 다이어그램. 수송 특성을 결정하는 데 사용되는 전류가 표시되어 있다.

9.4.1 수집 효율 *M*

식 (9.12)로부터 수집 효율 M은 다음과 같이 표현할 수 있다.

$$M = \frac{I_{nC} + I_{pC}}{I_{nC}} = 1 + \frac{I_{pC}}{I_{nC}} \tag{9.22}$$

이때 I_{pC}는 컬렉터로부터 베이스로 확산되는 정공 전류와 컬렉터-베이스 접합 내부의 정공 생성 전류의 합이다. 전자-정공 쌍은 접합 내부에서 열에 의해 끊임없이 생성되고, 전기장은 그들을 분리한 후 접합에서 먼 방향으로 몰아낸다(그림에 표현되지는 않았음). 역방향 전압이 상당한 캐리어 증배(carrier multiplication)를 일으킬 만큼 큰 경우를 제외하고(항복에 다다를 때로 피해야 하는 상황이다), I_{pC}는 I_{nC}보다 매우 작다. 따라서 정상 동작 상태에서는

$$M \approx 1 \tag{9.23}$$

이고 따라서

$$\alpha \approx \gamma \alpha_T \tag{9.24}$$

이다. 마지막으로 역방향 전압이 인가된 접합에서는 생성 전류가 확산 전류보다 훨씬 크

다. 따라서 베이스-컬렉터 접합의 경우에 식 (9.20)은 풀 필요가 없다.

9.4.2 주입 효율 γ

식 (9.10)으로부터 γ를 얻을 수 있다.

$$\gamma = \frac{1}{1 + \dfrac{I_{pE}}{I_{nE}}} \tag{9.10}$$

I_{nE}는 순방향 전압이 인가된 E-B 접합을 건너 주입된 전자 전류이고, 따라서 다음과 같이 표현할 수 있다.

$$I_{nE} = qA_E D_{nB} \frac{dn_B}{dx}\bigg|_{x=0^+} \tag{9.25}$$

여기서 A_E는 이미터-베이스 접합의 면적이고, D_{nB}는 베이스 내부 전자의 확산 계수이며, $x = 0^+$는 이미터-베이스 전이 영역의 베이스 쪽 경계의 위치를 나타낸다.

dn_B/dx를 구하기 위해서 과잉 캐리어가 베이스-이미터 접합에서 베이스 쪽으로 주입되고, $n_B(0^+)$는 베이스의 이미터 쪽 경계($x = 0^+$)에서의 전자 농도이며, 베이스의 컬렉터 쪽 경계에선 캐리어들이 추출된다는 것을 기억하라. 베이스는 소수 캐리어 확산 길이보다 훨씬 짧기 때문에($W_B \ll L_{nB}$), 베이스 내부에서 일어나는 전자-정공 재결합은 매우 작고, 이러한 조건에서 1차 근사(first approximation)를 하게 되면 베이스의 과잉 캐리어 농도는 $n_B(0^+)$에서부터 $n_B(x_B^-) \approx 0$까지 선형적으로 변화한다고 할 수 있다. 따라서

$$n_B(x) = n_B(0^+)\left[1 - \frac{x - 0^+}{W_B}\right]$$

이고, 이는 그림 9.6에서 베이스 영역의 전도대에 점선으로 표시된 직선에 해당한다. 그러므로

$$\frac{dn_B}{dx}\bigg|_{x=0^+} = -\frac{n_B(0^+)}{W_B}$$

이고 식 (9.25)는 다음과 같이 표현할 수 있다.

$$I_{nE} = -\frac{qA_E D_{nB} n_B(0^+)}{W_B} \tag{9.26}$$

마찬가지로, 이미터 역시 $W_E \ll L_{pE}$가 될 만큼 얇으므로, E-B 접합의 이미터 쪽 끝에서도 다음과 같은 관계가 성립한다.

$$I_{pE} = I_{pB} = -qA_E D_{pE} \frac{dp}{dx}\bigg|_{x=0^-} \approx -\frac{qA_E D_{pE} p_E(0^-)}{W_E} \tag{9.27}$$

여기서 D_{pE}는 이미터 내부의 정공에 대한 확산 계수이다. 이 식을 식 (9.10)에 대입하고 단순화하면 다음과 같은 식을 얻을 수 있다.

$$\gamma \approx \frac{1}{1 + \frac{p_E(0^-)}{n_B(0^+)} \frac{D_{pE}}{D_{nB}} \frac{W_B}{W_E}} \tag{9.28}$$

주입 효율을 최대화하기 위해서는, 식 (9.28)에서 분모의 두 번째 항을 최소화해야 한다. D_{pE}와 D_{nE}는 거의 제어가 불가능하지만 소수 캐리어 농도 비율 $p_E(0^-)/n_B(0^+)$은 최소화할 수 있다. 다시 말해, 베이스보다 이미터를 더 많이 도핑해야 한다. 또한, W_B/W_E를 작게 만들거나, 혹은 베이스를 이미터보다 얇게 만들어야 한다.

9.4.3 베이스 전송 효율 α_T

컬렉터의 전자 전류 I_{nC}는 이미터의 전자 주입 전류에서 베이스 내부의 재결합으로 인해 손실된 값을 뺀 것과 같다. 재결합 전류는 소수 캐리어 수명 τ_{nB}에 대한 베이스의 전자 전하량 $qA_E \langle n_B \rangle W_B$의 비율이라는 것을 상기하면 다음과 같이 표현할 수 있다.

$$I_{\text{rec}} = \frac{qA_E \langle n_B \rangle W_B}{\tau_{nB}} \tag{9.29}$$

여기서 $\langle n_B \rangle$는 베이스의 평균 전자 농도이다. 그러므로

$$\langle n_B \rangle \approx \frac{n_B(0^+)}{2} \tag{9.30}$$

이다. 식 (9.26), (9.29) 및 (9.30)을 이용하여 식 (9.11)을 다시 정리하면 다음과 같다.

$$\alpha_T \approx 1 - \frac{W_B^2}{2D_{nB}\tau_{nB}} = 1 - \frac{W_B^2}{2L_{nB}^2} \tag{9.31}$$

이때 $D_{nB}\tau_{nB} = L_{nB}^2$가 적용되었다. 그러므로 전류 전송 효율 α_T를 최대화하기 위해서는 베이스 넓이 W_B를 작게 만들어야만 한다. 식 (9.31)은 npn 트랜지스터의 경우에 해당하고, L_{nB}는 베이스의 소수 캐리어 확산 길이를 나타내는 것에 유의하자. pnp 트랜지스터의 경우에 L_{pB}를 적용해야 하는 것을 제외하고는 식은 동일하다.

npn 트랜지스터에 대하여 β를 계산하는 것은 흥미로울 것이다. 아래에 두 가지 예제가 있다. 예제 9.1에서는 비축퇴적으로 도핑된 이미터를 고려할 것이다. 예제 9.2에서는 이 결과들을 축퇴적으로 도핑된 이미터를 가진 좀 더 실제적인 BJT에 적용해볼 것이다. 두 경우 모두 각 영역이 균일하게 도핑되어 있어 확산 전류가 제일 우세하고, γ에 대한 관계식으로 [식 (9.28)]이 적용될 수 있다고 가정하였다.

예제 9.1

비축퇴 도핑된 이미터를 가진 양극성 접합 트랜지스터의 β를 구하라. 이미터, 베이스, 컬렉터는 한 가지의 불순물로만 도핑되어 있고, 도핑 값은 다음과 같다.

$$N'_{DE} = N_{DE} = 2 \times 10^{18}\ \text{cm}^{-3}$$
$$N'_{AB} = N_{AB} = 10^{16}\ \text{cm}^{-3}$$
$$N'_{DC} = N_{DC} = 10^{15}\ \text{cm}^{-3}$$
$$W_E = 0.2\ \mu\text{m}$$
$$W_B = 0.1\ \mu\text{m}$$

■ 풀이

β를 구하기 위해서 우선 γ, α_T, α를 구해야 한다. 식 (9.28)은 다음과 같다.

$$\gamma \approx \frac{1}{1 + \dfrac{p_E(0^-)}{n_B(0^+)}\dfrac{D_{pE}}{D_{nB}}\dfrac{W_B}{W_E}} \tag{9.28}$$

분모의 첫 번째 항을 구하기 위해서, 주어진 V_{BE} 값에 대하여 다음과 같은 관계식을 이용하자.

$$p_E(0^-) = p_{E0}\, e^{qV_{BE}/kT} \tag{9.32}$$

$$n_B(0^+) = n_{B0}\, e^{qV_{BE}/kT} \tag{9.33}$$

여기서 p_{E0}는 이미터의 평형 상태 정공 농도이고, n_{B0}는 베이스의 평형 상태 전자 농도이다. 위의 두 식의 비를 구하면 다음과 같은 결과를 얻을 수 있다.

$$\frac{p_E(0^-)}{n_B(0^+)} = \frac{p_{E0}}{n_{B0}} \tag{9.34}$$

여기서 고려되는 두 영역은 모두 비축퇴적으로 도핑되었으므로

$$p_{E0}n_{E0} = n_i^2 \tag{9.35}$$

$$n_{B0}p_{B0} = n_i^2 \tag{9.36}$$

이다. 위의 두 식에 각각 $n_{E0} = N'_{DE}$와 $p_{B0} = N'_{AB}$를 대입하면

$$p_{E0} = \frac{n_i^2}{N'_{DE}}$$

$$n_{B0} = \frac{n_i^2}{N'_{AB}}$$

이고

$$\frac{p_E(0^-)}{n_B(0^+)} = \frac{N'_{AB}}{N'_{DE}} = \frac{10^{16}}{2 \times 10^{18}} = \frac{1}{200}$$

이다. 다음으로 D_{pE}/D_{nB}를 구해보자. 주어진 도핑 농도에 대하여 소수 캐리어 확산 계수는 다음과 같고

$$D_{pE} = 5.5\ \text{cm}^2/\text{s}$$
$$D_{nB} = 32\ \text{cm}^2/\text{s}$$

따라서 $D_{pE}/D_{nB} = 0.17$이다.

베이스와 이미터의 넓이 W_B와 W_E는 주어져 있으므로, 따라서

$$\gamma = \frac{1}{1 + \dfrac{p_E(0^-)}{n_B(0^+)}\dfrac{D_{pE}}{D_{nB}}\dfrac{W_B}{W_E}} = \frac{1}{1 + \dfrac{1}{200} \times 0.17 \times \dfrac{0.1}{0.2}} = 0.9996$$

다음으로 전송 효율 α_T는 식 (9.31)로부터 구할 수 있다. $N_{AB} = 10^{16}\ \text{cm}^{-3}$인 경우에 $L_{nB} = 300\ \mu\text{m}$이고(이것은 베이스에서 소수 캐리어 확산 길이이다) 따라서

$$\alpha_T = 1 - \frac{1}{2}\left(\frac{0.1}{300}\right)^2 = 0.9999999 \approx 1$$

이다. 추가적으로 $W_B = 0.1\ \mu\text{m}$이고 $L_{nB} = 300\ \mu\text{m}$이므로 베이스가 소수 캐리어 확산 길이보다 훨씬 짧다는 가정이 타당함을 알 수 있다. 마찬가지로 이미터의 소수 캐리어 확산 길이는 $L_{pE} = 16\ \mu\text{m}$이고 이미터 길이 $0.2\ \mu\text{m}$는 그 값에 비해 짧으므로, $W_E \ll L_{pE}$의 가정은 상당히 유효하다. 계속해서 식 (9.24)로부터 $\alpha = \gamma\alpha_T \approx \gamma$임을 알 수 있다. 따라서 식 (9.7)에 의해

$$\beta = \frac{\alpha}{1-\alpha} \approx \frac{\gamma}{1-\gamma} = \frac{0.9996}{1-0.9996} = 2500$$

이 결과는 일반적으로 100 ~ 200 수준의 값을 갖는 Si npn BJT의 β 값보다 훨씬 크다. 한 가지 이유로는 실제 트랜지스터의 이미터와 베이스 영역의 도핑 농도가 이전 예제의 경우에 비해 훨씬 높기 때문이다. 축퇴적으로 도핑되어 있는 n형 이미터의 경우에, 전도대 경계는 2장에서 논의한 밴드 갭 감소 현상에 의해 낮아져 있다. 이것은 그림 9.2에 나와 있다. 따라서 이미터에서 베이스로 주입되는 전자는 예제 9.1에서 고려하는 것보다 좀 더 높은 에너지 장벽을 만나게 된다. 이 예제의 경우 이미터와 베이스 모두 축퇴형으로 도핑된 p형이 아니므로, 정공에 대한 장벽은 근본적으로 영향을 받지 않는다.[1] 전자에 대한 에너지 장벽이 증가하여 전자 주입이 감소하지만 정공 주입은 그대로이다. 다시 말해, 이것은

1) 최신 트랜지스터의 경우에 베이스도 고농도로 도핑되어 그것의 밴드 갭 역시 영향을 받는 경우가 자주 있다.

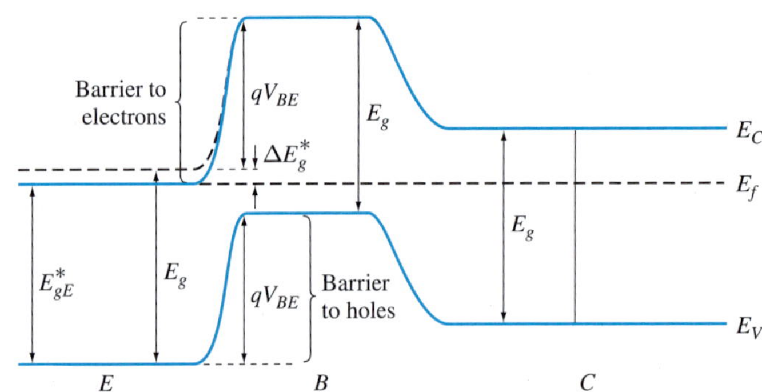

그림 9.7 고농도로 도핑된 이미터의 겉보기 밴드 갭 감소로 인하여 이미터-베이스 접합에서 전자에 대한 에너지 장벽이 정공에 대한 에너지 장벽보다 높아졌다.

주입 효율 γ를 감소시킨다[식 (9.10)]. 주입되는 양은 에너지 장벽에 대하여 지수적으로 변화하므로 그 효과는 상당히 크다. 예제 9.1에서 주입 효율은 β를 결정하는 가장 중요한 요소이다. 이때 p형 베이스의 전도대 경계는 아무런 영향을 받지 않음에 유의하자.

양극성 접합 트랜지스터의 경우 축퇴적으로 도핑된 이미터의 페르미 준위 에너지 값(혹은 전자의 준-페르미 준위)을 정확히 알 수 없고, 대신 명백한 값인 겉보기 밴드 갭 감소(apparent band gap narrowing) ΔE_g^* 를 고려해야 한다. 이 값은 다음의 관계식에 의해 주어진다.[3]

$$\Delta E_g^* = 6.92 \left[\ln \frac{N}{1.3 \times 10^{17}} + \sqrt{\left(\ln \frac{N}{1.3 \times 10^{17}} \right)^2 + 0.5} \right] meV \qquad (9.37)$$

그림 9.8의 그래프에 n형과 p형 실리콘에 대한 값이 나와 있다. 이 식에서 N은 n형 Si의 N_D

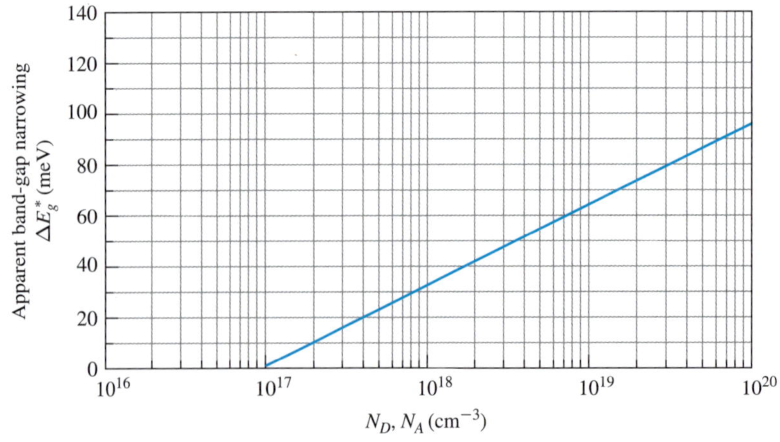

그림 9.8 다수 캐리어 도핑에 따른 n형과 p형 실리콘의 겉보기 밴드 갭 감소.

혹은 p형 Si의 N_A를 나타낸다.

지금부터 밴드 갭 감소 효과를 더한 좀 더 실제적인 예를 고려해보자.

예제 9.2

축퇴 도핑된 이미터를 고려해보자. 각 영역이 균일하게 도핑된 예제 9.1과 같은 구조의 npn 원형 트랜지스터를 다시 고려해보자. 하지만 이번에는 이미터가 축퇴 도핑되어 있다. $N'_{DE} = 5 \times 10^{19}\ \text{cm}^{-3}$이고, N'_{DE}/N'_{AB}의 비율이 이전 예제와 같아지도록 $N'_{AB} = 2.5 \times 10^{17}$ cm^{-3}으로 하자.

■ **풀이**

식 (9.28)에 의해 주어진 주입 효율은 여전히 다음과 같다.

$$\gamma \approx \frac{1}{1 + \dfrac{p_E(0^-)}{n_B(0^+)}\dfrac{D_{pE}}{D_{nB}}\dfrac{W_B}{W_E}}$$

하지만 γ를 구하기 위해 D_{pE}/D_{nB}와 $p_E(0^-)/n_B(0^+)$를 다시 구해야 한다. 이 경우, $p_E(0^-)/n_B(0^+)$ 비율을 구하기 위해서는 축퇴적으로 도핑된 이미터의 경우를 반드시 고려해야 한다.

앞선 경우와 같이

$$p_E(0^-) = p_{E0}\,e^{qV_{BE}/kT}$$
$$n_B(0^+) = n_{B0}\,e^{qV_{BE}/kT}$$
$$\frac{p_E(0^-)}{n_B(0^+)} = \frac{p_{E0}}{n_{B0}}$$

이고, 비축퇴적으로 도핑된 베이스는 이전 경우와 같이 평형 상태에서 다음을 만족한다.

$$n_{B0} = \frac{n_i^2}{N'_{AB}}$$

하지만 축퇴적으로 도핑된 이미터의 경우 식 (2.102)으로부터

$$n_0 p_0 = n_i^2\, e^{\frac{\Delta E_g^*}{kT}} \tag{9.38}$$

이 되고, 여기서 ΔE_g^*는 불순물에 의한 겉보기 밴드 갭 감소를 나타낸다.

$$\frac{p_E(0^-)}{n_B(0^+)} = \frac{N'_{AB}}{N'_{DE}}\,e^{\Delta E_g^*/kT}$$

이 경우 주입 효율은 다음과 같다.

$$\gamma \approx \frac{1}{1+\dfrac{p_E(0^-)}{n_B(0^+)}\dfrac{D_{pE}}{D_{nB}}\dfrac{W_B}{W_E}} = \frac{1}{1+\dfrac{N'_{AB}}{N'_{DE}}e^{\Delta E_g^*/kT}\dfrac{D_{pE}}{D_{nB}}\dfrac{W_B}{W_E}} \quad \text{축퇴된 이미터} \qquad (9.39)$$

$N'_{DE} = 5 \times 10^{19}$ cm^{-3}이고, 그림 9.8 혹은 식 (9.37)로부터 $\Delta E_g^* = 0.083$ eV를 얻을 수 있다. 그림 3.11로부터 얻은 $D_{pE} = 3.3$ cm^2/s와 $D_{nB} = 15$ cm^2/s을 이용하면

$$\gamma = \frac{1}{1+\dfrac{2.5\times10^{17}}{5\times10^{19}}e^{0.083/0.026}\times\dfrac{3.3}{15}\times\dfrac{1}{2}} = 0.987$$

이다. α_T는 이전 경우와 같이 식 (9.31)을 이용해 구할 수 있지만, 베이스 도핑 농도에 따라 $L_n = 40\,\mu$m으로 두어야 한다. ($W_B \ll L_{nB}$라는 가정은 여전히 유효함)

$$\alpha_T = 1 - \frac{1}{2}\left(\frac{0.1}{40}\right)^2 = 0.999999$$

역시 $\alpha_T \approx 1$을 확인할 수 있고 결국

$$\alpha \approx \gamma$$

이다. 따라서

$$\beta = \frac{\alpha}{1-\alpha} = \frac{\gamma}{1-\gamma} = 75$$

이다. 이것은 예상했던 수준의 값이다.[2)] 이 예제에서 도핑 농도를 변화시켰지만 N'_{DE}/N'_{AB}의 비율은 그대로 유지하였다는 사실에 유의하자. 만일 이 새로운 도핑 농도에 의한 밴드갭 감소를 무시하였다면, D_{pE}/D_{nB} 값이 조금 달라지긴 하겠지만 결국 예제 9.1과 비슷한 결과를 얻었을 것이다.

예제 9.2에서 계산된 β가 이전 예제에서 계산된 값보다 감소하게 된 가장 중요한 이유는 불순물에 의한 겉보기 밴드 갭 감소 ΔE_g^*이다. 이 효과는 실제 트랜지스터에서 무시될 수 없다. 예제 9.2에서 베이스는 비축퇴 도핑되어 있어 그 효과가 매우 작으므로, 베이스의 밴드 갭 감소 효과는 무시되었다. 만일 이 효과가 고려된다면 식 (9.39)는 다음과 같이 변형된다.

2) 100~200 수준의 현실적인 값보다 다소 작기는 하다. 9.5와 9.6절에서 실제 BJT의 불균일 도핑과 경사형 조합에 의한 β 값 증가에 대해 살펴볼 것이다.

$$\gamma = \frac{1}{1 + \frac{N'_{AB}}{N'_{DE}} e^{\Delta E^*_{gBE}/kT} \frac{D_{pE}}{D_{nB}} \frac{W_B}{W_E}} \quad \text{축퇴형으로 도핑된 베이스와 이미터} \tag{9.40}$$

여기서

$$\Delta E^*_{gBE} = E^*_{gB} - E^*_{gE} \tag{9.41}$$

이고 E^*_{gB}는 베이스의 겉보기 밴드 갭이고 E^*_{gE}는 이미터의 겉보기 밴드 갭이다. 따라서 ΔE^*_{gBE}는 베이스와 이미터의 (겉보기) 밴드 갭의 차이이다.

예제 9.3

원형 트랜지스터의 β는 다음과 같은 근사식으로 표현할 수 있음을 보여라.

$$\beta \approx \frac{n_B(0^+)}{p_E(0^-)} \frac{D_{nB}}{D_{pE}} \frac{W_E}{W_B}$$

■ **풀이**

$\beta \approx \gamma/(1-\gamma)$이고, $\gamma = \beta/(1+\beta)$이므로, 식 (9.28)로부터

$$Z = \frac{p_E(0^-)}{n_B(0^+)} \frac{D_{pE}}{D_{nB}} \frac{W_B}{W_E}$$

을 정의할 수 있고, $\gamma = 1/(1+Z)$로 표현할 수 있다. 그리고

$$\beta \approx \frac{\frac{1}{1+Z}}{1 - \frac{1}{1+Z}} = \frac{\frac{1}{1+Z}}{\frac{Z}{1+Z}} = \frac{1}{Z}$$

이므로

$$\beta \approx \frac{n_B(0^+)}{p_E(0^-)} \frac{D_{nB}}{D_{pE}} \frac{W_E}{W_B}$$

이다. 따라서 비축퇴적으로 도핑된 이미터의 경우에

$$\beta \approx \frac{N'_{DE}}{N'_{AB}} \frac{D_{nB}}{D_{pE}} \frac{W_E}{W_B} \tag{9.42}$$

이고, 축퇴적으로 도핑된 이미터의 경우에는

$$\beta \approx \frac{N'_{DE}}{N'_{AB}} \frac{D_{nB}}{D_{pE}} \frac{W_E}{W_B} e^{-\Delta E^*_{gBE}/kT} \tag{9.43}$$

겉보기 밴드 갭 감소는 이미터 도핑 농도와 온도에 따른 β 값의 변화로부터 구할 수 있다. 원형 BJT의 모델은 실제에 비해 과하게 단순화되었다는 점에 유의하자. 대부분의 BJT에서는 각 영역의 도핑 농도는 균일하지 않다. 다음 절에서 보게 될 것처럼, 베이스의 불순물 경사는 밴드 갭 감소를 고려한 원형 모델로부터 계산된 값보다 β 값을 증가시키는 경향이 있다.

9.5 BJT의 도핑 경사

우리는 지금까지 각 영역이 균일하게 도핑되어 있는 원형 트랜지스터를 다루었다. 지금부터는 좀 더 실제적인 양극성 접합 트랜지스터를 고려하자. **bipolar-CMOS (BiCMOS)** 기술[3)]로 제조된 npn BJT를 예로 들어보겠다. 이것의 도핑 분포는 그림 9.9a에 나와 있다. $x = 0$인 이미터 표면을 기준으로 왼쪽에서 오른쪽으로 양의 x 값을 나타내는 이 분포 곡선은 **2차 이온 질량 분석법(secondary-ion mass spectroscopy: SIMS)**을 이용하여 측정되었다. 불순물의 농도는 세로축에 로그 척도로 표시되었으며, 가로축은 물질 내부 위치까지의 거리를 나타낸다. 베이스 영역은 붕소(boron)로 도핑되어 있고 이미터는 p형 불순물(인, 안티몬, 비소)로 도핑되어 있다. 이 도핑 분포는 표면 산화막을 통한 이온 주입공정(ion implant)을 통해 제작되었기 때문에, 약간의 불순물이 산화막 영역($x < 0$)에 남아 있다.

이 분포에서 활성 트랜지스터 영역을 확대하여 그림 9.9b에 다시 나타내었다. 도너의 농도가 억셉터의 농도보다 크면 그 영역은 n형이 된다. 이미터-베이스 및 베이스-컬렉터의 금속학적 접합은 $N_A = N_D$인 위치로 정하였다. 이미터의 금속학적 넓이 W_{EM}은 0.13 μm이고, 베이스의 금속학적 넓이 W_{BM}은 0.14 μm이다.

그림 9.9b에서 볼 수 있듯이, 이미터, 베이스 및 컬렉터의 도핑 분포는 모두 균일하지 않고, 이로 인해 해석이 복잡해진다. 불순물 농도의 기울기로 인하여 각 영역에 전기장이 형성되고, 따라서 전류의 흐름은 표동(drift) 전류와 확산 전류의 조합에 의해 이루어진다. 이러한 복잡한 요소들은 쉽게 계산되지 않으며, 해석하기 위해서는 소자 시뮬레이션 프로그램이 필요하다.[4)] 하지만 경사형 도핑 효과의 물리적 특성에 대해 논의해보고 몇몇 결과들을 제시할 것이다.

이미터, 베이스 및 컬렉터의 도핑 기울기는 전도대와 가전자대의 밴드 경계를 휘어지게 하고, 이는 내부 전기장을 발생시킨다. 이 내부 전기장은 반드시 고려되어야 한다. 도핑의 변화가 고려된 소자의 에너지 밴드 다이어그램이 그림 9.10a에 나와 있다. 그림은 활성

3) 이것은 MOSFET의 n 채널과 p 채널, 그리고 npn과 pnp BJT을 동일한 기판 위에 제작하는 기술이다.

4) 이 소자의 명목상(nominal) 이미터 공통 이득은 $\beta = 90$이다.

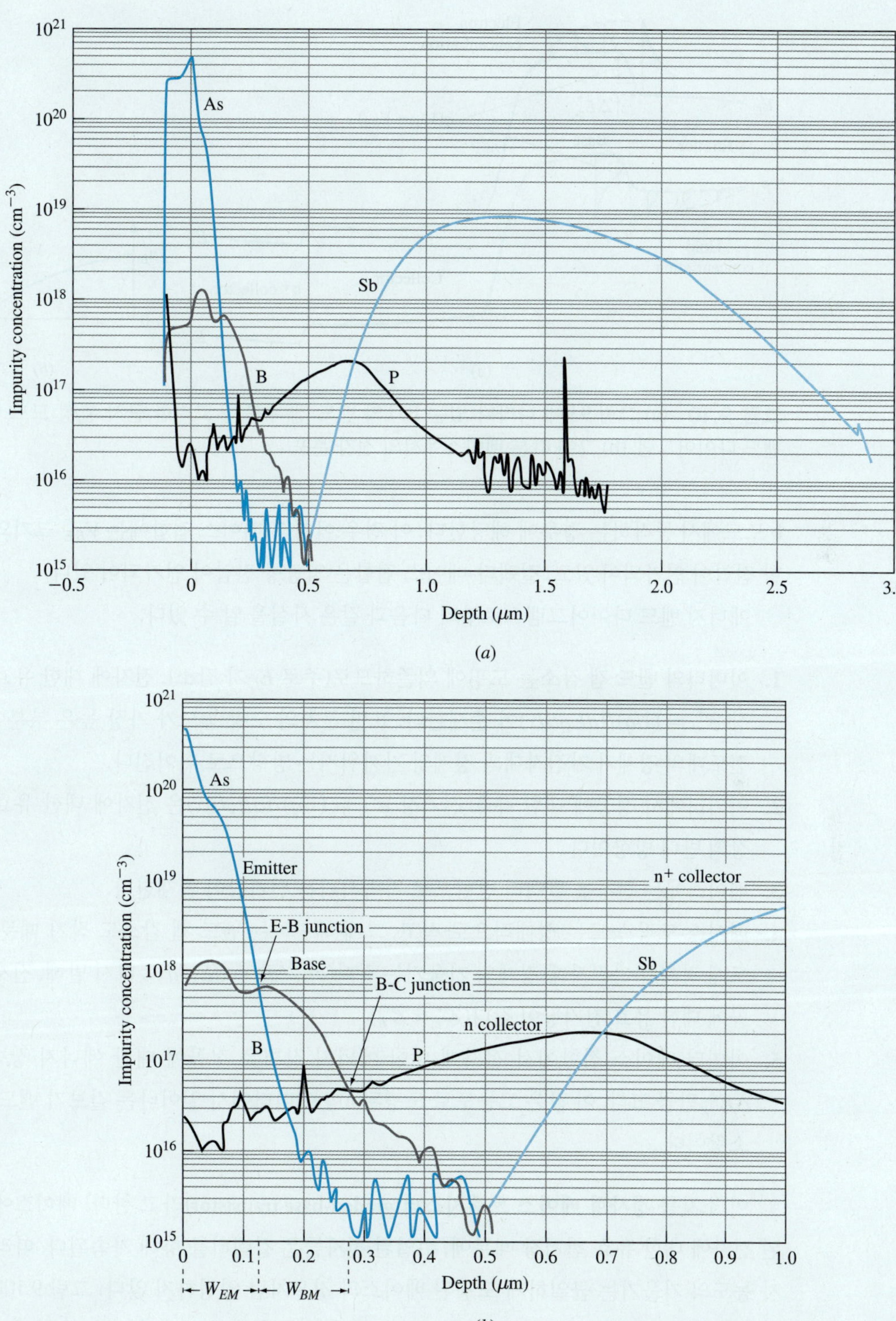

그림 9.9 SIMS 데이터. (a) npn BJT의 불순물 농도 측정 분포도, (b) 활성 영역을 x 방향으로 확대시킨 그래프.

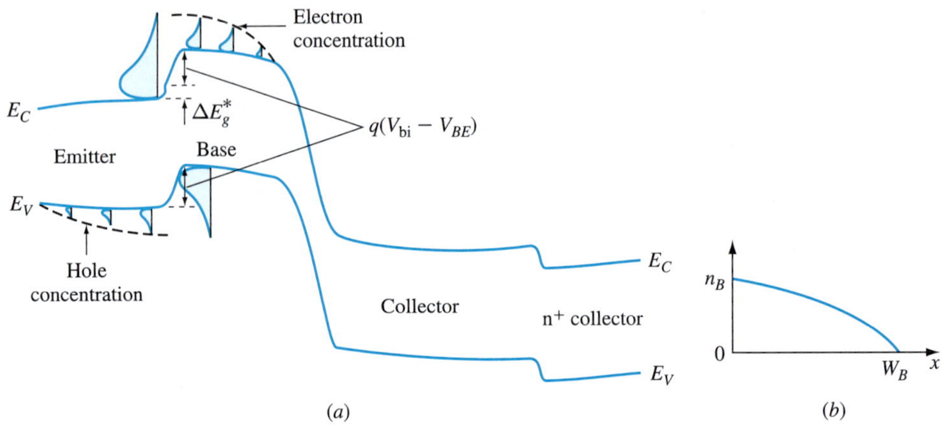

그림 9.10 (a) 그림 9.9에 나타나 있는 BJT의 밴드 갭 수축을 고려한 근사 활성 모드 에너지 밴드 다이어그램, (b) 그에 따른 베이스에서의 전자 분포.

b 모드에서 동작하는 경우에 해당한다. 이 경우 이미터-베이스 접합에는 V_{BE} 크기의 순방향 전압이 인가되어 있고, 컬렉터-베이스 접합은 역방향 전압이 인가되어 있다.

에너지 밴드 다이어그램으로부터 다음과 같은 사실을 알 수 있다.

1. 이미터의 밴드 갭 감소는 도핑에 의존하므로(주로 E_C가 감소), 전자에 대한 유효 전기장 $\mathscr{E}_e^* = (1/q)/(dE_C/dx)$이 존재한다. 표면 근처의 도핑 농도가 가장 높은 부분에서는 전도대의 경계가 가전자대의 경계와 가까워지는 방향으로 휘어진다.
2. 이미터에서 정공에 대한 유효 전기장 $\mathscr{E}_h^* = (1/q)/(dE_V/dx)$은 전자에 대한 유효 전기장의 반대 방향이다.
3. 베이스에는 전자를 컬렉터 방향으로 가속시키는 전기장이 존재한다.
4. 베이스 도핑 농도는 상대적으로 작고, 그에 해당하는 밴드 갭 감소도 작기 때문에, 전도대 경계와 가전자대 경계의 기울기는 같다($dE_C/dx = dE_V/dx$). 다시 말해, 전자와 정공에 대한 유효 전기장이 같다($\mathscr{E}_e^* \approx \mathscr{E}_h^*$).
5. 이미터-베이스 접합에서 전자에 대한 에너지 장벽은 정공에 대한 에너지 장벽보다 ΔE_g^*만큼 크다. 이 값은 고농도로 도핑된 n형 이미터에서 일어나는 겉보기 밴드 갭 감소량이다.

이 소자를 **경사형 베이스 트랜지스터(graded-base transistor)**라고 한다. 베이스에 형성된 전자에 대한 유효 전기장 때문에, 주입된 전자들은 컬렉터를 향해 가속된다. 따라서 전자 농도의 기울기는 균일하게 도핑된 베이스의 경우처럼 일정하지 않다. 그림 9.10b에 이 경사형 베이스 트랜지스터의 베이스에서의 전자 분포가 나와 있다. 베이스에 형성된 전기장은 표동(drift) 전류를 발생시키고, 이것은 I_{nB}가 확산 전류 값 이상으로 증가하게 한다.

그림 9.10b의 베이스에서의 전자 분포와 베이스의 전기장이 β 값을 증가시키는 현상은 다음 절에서 다룰 것이다.

9.5.1 경사형 베이스 트랜지스터

이전 절에서 경사형 도핑 분포에 의해 베이스 영역에 전기장이 형성되고, 그것은 베이스를 가로지르는 전자를 가속시킨다는 것을 알았다. 이것은 주입 효율을 향상시킨다. 지금부터 이것을 좀 더 자세히 살펴보자.

임의의 베이스 도핑 분포 $N'_{AB}(x)$를 가진 npn BJT를 생각해보자. 베이스에서 정공(다수 캐리어) 전류밀도는

$$J_{pB} = q\mu_p p\mathscr{E} - qD_P\frac{dp}{dx} \tag{9.44}$$

아인슈타인 관계식 $D/\mu = kT/q$를 이용하여 식 (9.44)는 다음과 같이 변형될 수 있다.

$$J_{pB} = qD_P\left[\frac{q}{kT}p\mathscr{E} - \frac{dp}{dx}\right] \tag{9.45}$$

평형 상태에서, 알짜 전류는 0이고, 따라서 $J_{pB} = 0$이므로

$$\frac{q}{kT}p\mathscr{E} = \frac{dp}{dx} \tag{9.46}$$

모든 억셉터가 이온화되었다고 가정하면, $p(x) = N'_{AB}(x)$가 되고, 베이스에 형성되는 전기장은

$$\mathscr{E} = \frac{kT}{qN'_{AB}(x)}\frac{dN'_{AB}(x)}{dx} \tag{9.47}$$

이다. 식 (9.47)은 비축퇴적으로 도핑된 반도체의 일반적인 관계식이다.

다수의 BJT에서 합리적인 근사 조건으로 다음과 같이 베이스의 도핑 분포가 위치에 따라 지수적으로 변하는 경우를 생각할 수 있다.

$$N'_{AB}(x) = N'_{AB}(x_0)e^{-(x-x_0)/\lambda} \tag{9.48}$$

여기서 $N'_{AB}(x_0)$는 베이스 내부의 특정 위치 $x = x_0$에서의 도핑 농도이고, λ는 도핑 기울기 정도를 나타내는 특성 길이(characteristic length)이다. 지수함수의 도핑 변화는 균일한 전계를 발생시킨다.

$$\mathscr{E} = -\frac{kT}{q\lambda} \tag{9.49}$$

푸아송 방정식(Poisson's equation)으로부터

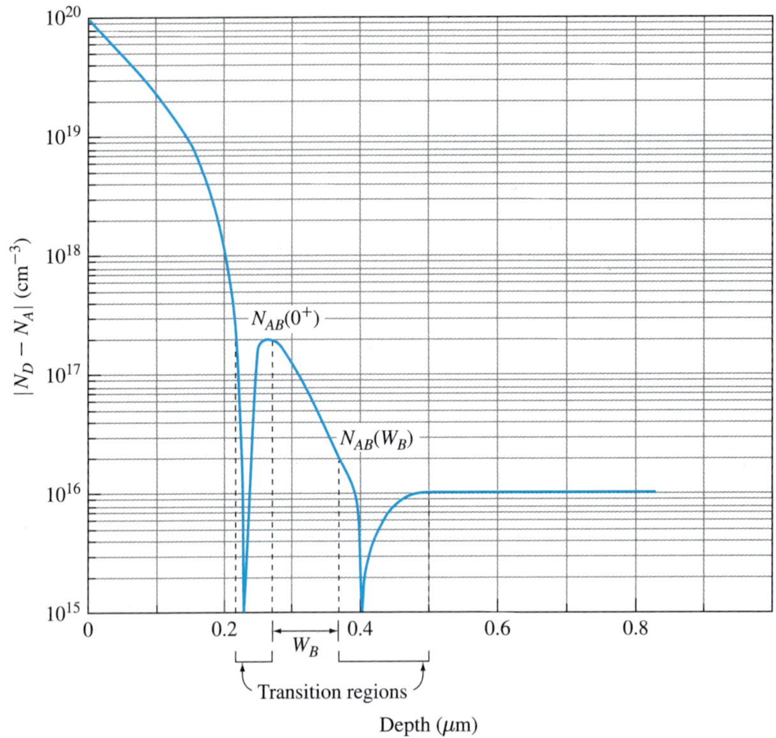

그림 9.11 경사형 베이스 트랜지스터의 도핑 분포. 위치 x의 함수로 나타낸 베이스 도핑 분포는 이 반로그 그래프에서 직선으로 근사할 수 있고, 이는 베이스에서 지수함수 형태의 불순물 분포(혹은 균일한 전기장)를 나타낸다.

$$\frac{d\mathscr{E}}{dx} = \frac{Q_V}{\varepsilon} \tag{9.50}$$

여기서 Q_V는 단위 부피당 전하를 의미한다. 하지만 $\mathscr{E}$이 일정하므로 $Q_V = 0$이 되고, 이것은 베이스가 전기적으로 중성임을 의미한다. 만약 N_{AB}가 지수함수의 분포를 가지고 있지 않다면, 적은 양의 알짜 전하가 존재하게 되고, 베이스 내부는 준-중성(quasi-neutral) 영역이라고 한다.

한 가지 예를 들어보자. 그림 9.11과 같은 경사형 베이스 트랜지스터의 불순물 농도를 생각해보자. 여기서 알짜 도핑 농도 $|N_D - N_A|$ 그래프는 표면에서부터 깊이에 따라 그려져 있다. 반로그 그래프에서 직선은 지수함수 분포를 나타낸다. 따라서 이 그래프 대부분의 베이스 영역에서 알짜 억셉터 농도는 식 (9.48)과 같이 근사할 수 있다.

편의를 위해 다음의 변수를 도입하자.[4]

$$\eta = \frac{W_B}{\lambda} = (W_B \mathscr{E})\left(\frac{q}{kT}\right) \tag{9.51}$$

이것은 도핑 분포를 나타내는 λ에 따라 변화하므로, 실제로는 베이스에서 일어나는 전압 강화 값의 척도를 나타낸다. 식 (9.48)을 식 (9.51)에 대입하고 η에 관하여 풀면

$$\eta = \frac{W_B}{x} \ln \frac{N_A(0^+)}{N_A(x)} \tag{9.52}$$

이 식에 $x = W_B$을 대입하면

$$\eta = \ln \frac{N_A(0^+)}{N_A(W_B)} \tag{9.53}$$

전기장의 크기는 다음과 같이 쓸 수 있다.

$$\mathscr{E} = \frac{kT}{q} \frac{1}{\lambda} = \frac{kT}{q} \frac{\eta}{W_B} \tag{9.54}$$

이 결과들을 응용해보자.

예제 9.4

그림 9.11에 나와 있는 트랜지스터의 베이스에서 η와 $\mathscr{E}$를 구하라.

■ **풀이**

N_{AB}는 반로그 그래프에서 직선으로 근사되므로, 이는 지수함수의 분포를 갖는다고 할 수 있고 따라서 앞의 해석 결과를 이용할 수 있다. 그림 9.11에서 베이스 넓이 W_B는 0.10 μm이다. 베이스 양쪽 끝의 도핑 농도는

$$N_{AB}(0^+) = 2 \times 10^{17}\,\text{cm}^{-3} \qquad N_{AB}(W_B) = 2 \times 10^{16}\,\text{cm}^{-3}$$

식 (9.53)으로부터 η을 구하면

$$\eta = \ln \frac{2 \times 10^{17}}{2 \times 10^{16}} = 2.3$$

식 (9.52)에 따르면 전기장의 세기는

$$\mathscr{E} = 0.026 \times \frac{2.3}{0.10} = 0.6\ \text{V}/\mu\text{m} = 6\ \text{kV/cm}$$

이와 같은 강한 전기장에서, 전자는 거의 포화 속도로 이동하고 있음에 유의하자.

또한 이와 같이 균일한 내부 형성 전기장은 지수함수 형태의 **다수** 캐리어(억셉터) 분포에 의해 형성된다. 하지만 이 전기장은 베이스의 **소수** 캐리어 전자 전류에 영향을 미친다(그리고 전자가 베이스를 가로질러 컬렉터에 도달하는 데 걸리는 속도에 영향을 미친

다). 이러한 현상은 다음과 같이 해석할 수 있다. 베이스의 전자 전류밀도는 확산 전류와 표동 전류의 합이다.

$$J_{nB} = q\mu_n n_B \mathscr{E} + qD_n \frac{dn_B}{dx} \tag{9.55}$$

다시 $D/\mu = kT/q$ 관계를 이용해서 식 (9.55)를 dn_B/dx에 관하여 풀면 다음과 같은 식을 얻을 수 있다.

$$\frac{dn_B}{dx} = \frac{J_{nB}}{qD_n} - \frac{qn_B\mathscr{E}}{kT} \tag{9.56}$$

$\mathscr{E}$에 관한 식 (9.54)를 식 (9.56)에 대입하자. 컬렉터에는 역방향 전압이 인가되었으므로, 베이스의 컬렉터 쪽 경계에서의 전자 농도를 $n(W_B) = 0$으로 설정한다. 따라서 베이스의 전자 분포 함수 $n_B(x)$는 다음과 같다.

$$n_B(x) = \frac{J_{nB}W_B}{qD_n}\left[\frac{1 - e^{\eta(x/W_B - 1)}}{\eta}\right] \quad \text{경사형으로 도핑된 베이스} \tag{9.57}$$

여기서 D_n은 η과 연관된 전기장의 크기를 고려하여 결정된다. ($\mathscr{E}$ 값이 큰 경우에, μ와 D는 $\mathscr{E}$가 증가할수록 감소한다는 것을 상기하자.)

괄호 밖의 항은 특정 트랜지스터에서 주어진 전압 값에 대하여 상수이다. 이 전압 값은 J_{nB}를 결정한다. 따라서 다음과 같이 표현되는 베이스의 정규화(normalized)된 전자 농도 분포 그래프를

$$n_{B(\text{norm})} = \frac{n_B(x)}{\dfrac{J_{nB}W_B}{qD_n}}$$

정규화된 거리 x/W_B의 함수로 표현하여 그림 9.12에 나타내었다. 이 그래프는 어떠한 지수함수 분포의 도핑 영역에도 적용될 수 있기 때문에 정규화를 하는 것이 유용하다.[5] 이 그래프는 괄호 안의 항을 η를 변수로 하여 보여준다. $\eta = 0$일 때가 베이스 도핑이 균일한 경우이다. 전기장이 증가하면서 (η이 증가하면서) 거리에 따른 캐리어 분포가 점점 평탄해지는데, 이는 확산 전류($J_{n(diff)} = qD_n dn_B/dx$)가 점점 덜 중요해진다는 것을 의미한다. 따라서 점점 더 표동 전류가 우세해진다. 주어진 J_{nB}의 값에 대하여 베이스의 총 전자 전하는 η가 증가함에 따라 감소한다.

그림 9.12의 각각의 그래프에 해당하는 전류 J_{nB}는 모두 같고, 따라서 η이 증가함에 따

5) 이 공식은 전기장의 크기가 작아 전자들이 포화 속도에서 이동하지 않고, 확산 계수가 $\mathscr{E}$에 상관없을 때(즉, 저전계 확산 계수일 때) 가장 유용하다.

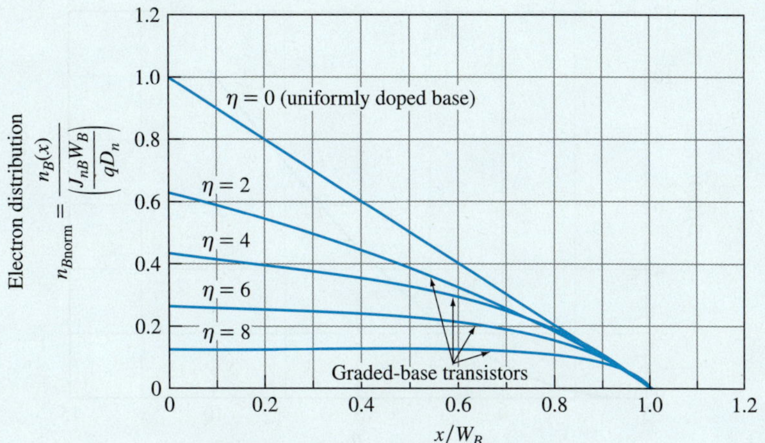

그림 9.12 주어진 I_C에 대하여 경사형-베이스 npn 트랜지스터의 베이스에서의 과잉 캐리어 분포. 전자 분포는 표시된 것과 같이 정규화되었고, 가로축은 베이스를 가로지르는 거리의 함수이다. 다양한 값의 경사 변수 η에 대한 분포 그래프가 그려져 있는데, 이 중 η 값이 0일 때가 균일하게 도핑된 트랜지스터 경우에 해당한다. η가 증가할수록(즉, $\mathscr{E}$가 증가할수록) 농도의 기울기는 특히 감소하는데, 특히 이미터 쪽이 더욱 그러하고, 이것은 전류가 점점 더 확산보다는 표동에 의해 운반됨을 의미한다. 이 그래프에서 D_n은 $\mathscr{E}$(즉, η)에 무관하다고 가정한다.

라 표동 전류가 증가하므로 주어진 J_{nB}에 도달하기 위해 요구되는 J_{pE}가 작아진다. 즉, 동일 $n_B(0^+)$일 때 J_{nB} (그리고 J_C)는 증가한다.

또 다른 예로 $\eta = 4$의 꽤 전형적인 값을 갖는 트랜지스터를 생각해보자. 그림 9.12로부터 $\eta = 4$인 경우에 베이스의 전자 농도는 대부분의 영역에서 거의 균일하다고 할 수 있다. 확산 전류는 $J_{nB} = qD_n dn/dx \approx 0$이므로, 확산 전류는 무시할 수 있고, 표동 전류가 지배적이다. 베이스 영역의 컬렉터 쪽 경계 방향으로 x가 증가할수록, 확산 전류가 더욱 두드러진다.

9.5.2 베이스의 전기장이 β에 미치는 영향

베이스 내부에 전기장이 존재하면 주입된 캐리어들이 베이스를 가로지르는 원리가 달라지고, 이는 β에 영향을 미치게 된다. 다음 식을 상기하자.

$$\beta = \frac{I_C}{I_B} \approx \frac{J_{nB}}{J_{pE}} \tag{9.58}$$

경사형 베이스 트랜지스터에 대한 식 (9.57)을 이용하여 $x = 0^+$에서의 J_{nB}를 구하면

$$J_{nB} = \frac{qD_n n_B(0^+)}{W_B}\left(\frac{\eta}{1 - e^{-\eta}}\right) \tag{9.59}$$

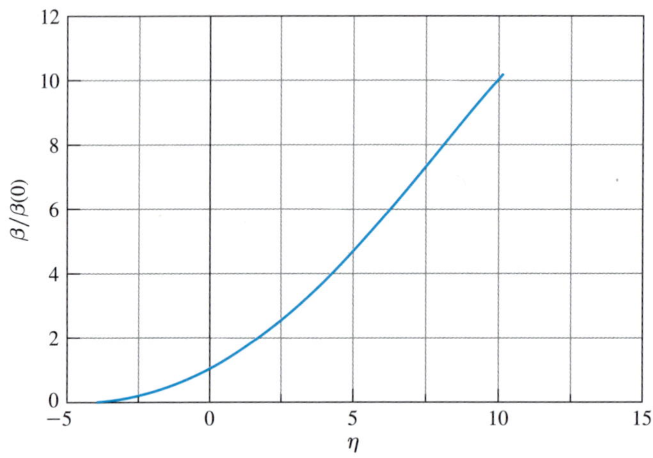

그림 9.13 경사 변수 η가 BJT의 전류 이득 β에 미치는 영향. 만약 경사도가 잘못된 방향이면($\eta < 0$), 실제로 β는 작아진다.

베이스 끝의 특정 도핑 값 $N'_{AB}(0^+)$과 이미터-베이스 전압에 대하여, 소수 캐리어 농도 $n_B(0^+)$와 역주입 J_{pE}는 일정하다. 따라서 위의 식에서 이 트랜지스터와 균일하게 도핑된 트랜지스터의 유일한 차이는 괄호 안에 있는 항에서 발생한다. η가 전류 이득에 미치는 영향을 살펴보기 위해, 이번에는 경사형 도핑에 대한 β 값인 $\beta(\eta)$를 균일하게 도핑된 트랜지스터의 $\beta(0)$(η가 0이다)에 대하여 정규화하자. 이 정규화된 β는 다음과 같이 표현할 수 있다.

$$\frac{\beta(\eta)}{\beta(0)} \approx \frac{\eta}{1 - e^{-\eta}} \tag{9.60}$$

이 함수가 그림 9.13에 그려져 있다. 그래프로부터 η가 증가할수록, 혹은 베이스 전기장이 증가할수록 β가 증가하는 것을 볼 수 있다. 예를 들어 $\eta = 4$인 경우, β는 균일하게 도핑된 베이스 소자의 경우보다 4배 크다.[6] 또한, η가 음수인 경우에(x가 증가함에 따라 N'_{AB}가 증가하는 경우) β는 매우 작다.

9.6 이종 접합 양극성 트랜지스터

동종 접합 BJT에서 β를 증가시키기 위해서는 베이스보다 이미터를 훨씬 고농도로 도핑해서 주입 효율 γ를 최대화해야 한다. 그러나 이렇게 고농도로 도핑하게 되면 불순물에 의해

6) 이 해석에서는 베이스 고전계에서 전자의 포화 속도를 무시하였으므로, 결과가 다소 낙관적으로 예측된다.

이미터 밴드 갭이 감소하고, 이로 인해 그림 9.14a에서 보이는 것과 같이 npn 트랜지스터에서 전자에 대한 위치 에너지 장벽이 정공에 대한 에너지 장벽보다 커지게 된다.

이 현상에 의해 에너지 주입 효율은 낮아지지만, 정공의 역주입은 그대로이므로 β는 감소하게 된다. $\beta \approx \gamma/(1-\gamma)$가 $e^{-\Delta E^*_{gBE}/kT}$만큼 감소했던 예제 9.2의 결과를 생각해보자. 이때,

$$\Delta E^*_{gBE} = E^*_g(\text{base}) - E^*_g(\text{emitter}) \tag{9.61}$$

사실상 고농도의 도핑은 추가적인 장벽을 만들어 불리하게 작용한다. 이것을 다른 방향으로 작용하게 하여, 역주입되는 홀에 대한 장벽을 **증가**시키고, 전자 주입에 대한 장벽은 **감소**시키도록 해야 한다.

이것은 그림 9.14b에 나와 있는 것처럼 이미터에 베이스보다 큰 밴드 갭을 가진 물질을 적용하면 달성할 수 있다. 이러한 구조를 이종 접합 양극성 트랜지스터, 혹은 HBT라고 한다.

9.6.1 균일하게 도핑된 HBT

균일하게 도핑된 $Al_xGa_{1-x}As$:GaAs (AlGaAs:GaAs) HBT를 생각해보자. 이때, 베이스와 컬렉터는 GaAs이고 평형 상태 에너지 밴드 다이어그램은 그림 9.14b에 나와 있다. 여기서 각 영역(이미터, 베이스 및 컬렉터)은 균일하게 비축퇴적으로 도핑되어 있다고 가정한다. 이미터는 넓은 밴드 갭 물질인 Al_xGa_{1-x} As이고, 베이스와 컬렉터는 GaAs로 만들어졌다. 전도대와 가전자대에는 각각 ΔE_C와 ΔE_V만큼의 불연속점이 있다. 보통은, 제작 과정에서 베이스 접점 근처 이미터의 Al 함량을 서서히 변화시켜 그림 9.14와 같이 위치 에너지 스파이크가 생기지 않도록 한다. 그림에서 전자에 대한 에너지 장벽(E_{Bn})이 정공에 대한 에너지 장벽(E_{Bp})보다 현저하게 작은 것을 볼 수 있다.

그림 9.15는 활성 모드에서 동작하는 HBT의 에너지 밴드 다이어그램을 보여준다. 주입된 전자 전류는 주입된 정공 전류보다 몇 배 크다. 하지만 실제 소자의 경우, 이미터와 베이스의 격자 상수가 사실상 같지 않다면 β는 예상보다 작아진다. 만약 격자 상수가 잘 일치되지 않으면 이종 접합의 계면 상태(interface states)에 의한 재결합을 통해 흐르는 베이스-이미터 전류가 생겨나고 이는 주입 효율을 감소시키기 때문이다. 그렇다 하더라도 이 구조의 β는 동종 접합 트랜지스터의 β보다 훨씬 크다.

HBT 구조는 전류 이득의 증가 이외에 또 다른 장점을 가지고 있다. 앞에서 보았듯이, 동종 접합 트랜지스터의 경우 충분한 γ와 β를 얻기 위해서 이미터는 베이스보다 훨씬 더 고농도로 도핑되어야 한다. 하지만 동종 접합 BJT에서 γ는 (따라서 β도) 고농도의 이미터 도핑에 의해 발생한 ΔE^*_{gBE}에 의해 저하된다. 이종 접합에서는 γ가 밴드 갭의 차이에 의해

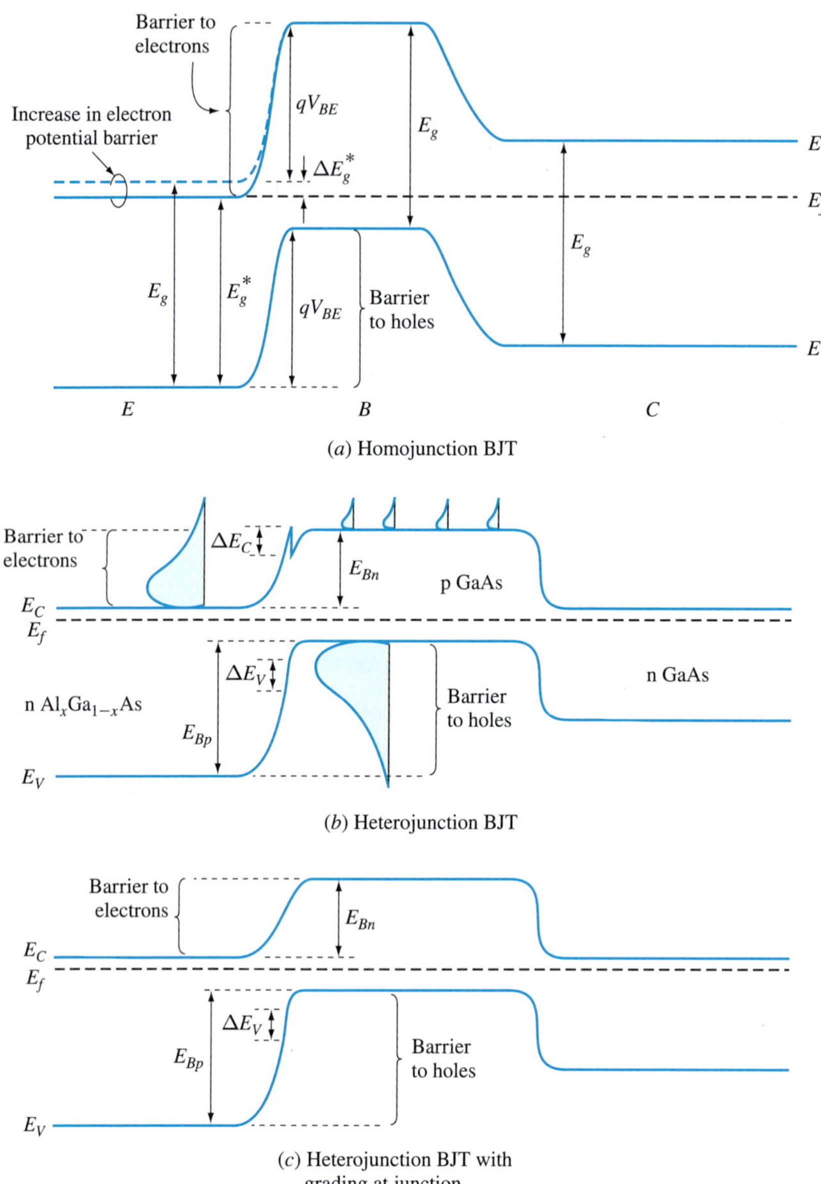

(*a*) Homojunction BJT

(*b*) Heterojunction BJT

(*c*) Heterojunction BJT with grading at junction

그림 9.14 BJT의 평형 상태 에너지 밴드 다이어그램. (a) 동종 접합 npn 트랜지스터: 축퇴 도핑된 이미터의 에너지 밴드가 감소하여 전자 주입에 대한 에너지 장벽이 증가하고 이로 인해 β가 감소한다. (b) 이종 접합 양극성 트랜지스터(HBT)는 넓은 밴드 갭의 이미터를 사용하여 정공에 대한 에너지 장벽을 높이고 이를 통해 역주입을 감소시킨다. (c) 이미터-베이스 접합 근처에서 넓은 밴드 갭 물질의 농도가 경사지게 변화시켜서 전도대에 발생할 수 있는 위치 에너지 스파이크를 제거한다.

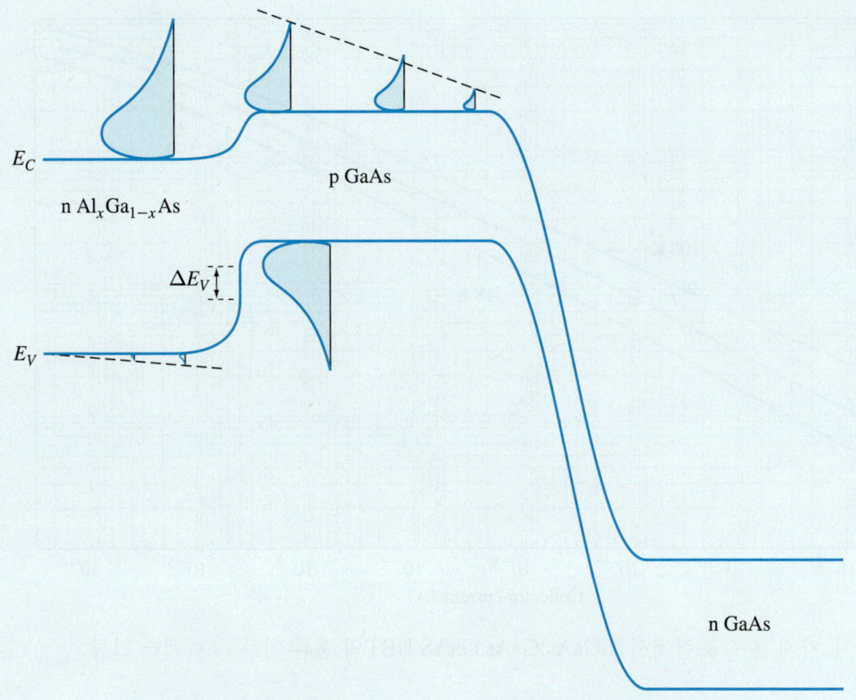

그림 9.15 순방향 활성 바이어스하의 인가된 HBT.

제어되므로, 이러한 도핑의 제한이 없다. 따라서 베이스 저항을 줄이기 위해 고농도로 베이스를 도핑할 수 있고, 이미터-베이스 접합 정전 용량을 줄이기 위해 이미터를 저농도로 도핑할 수 있다.

그림 9.16에 npn Al_xGa_{1-x} As:GaAs HBT의 컬렉터 전류 I_C에 따른 β의 그래프가 세 가지 온도 조건에 대하여 그려져 있다.[5] 이 소자는 알루미늄 함량이 $x = 0.4$이고, 이미터 두께가 $W_E = 1.0\,\mu$m, 베이스 두께는 $W_B = 0.4\,\mu$m, 그리고 도핑 농도는 $N'_{DE} = 3 \times 10^{17}$ cm^{-3}, $N'_{AB} = 10^{18}$ cm^{-3}, $N'_{DC} = 10^{15}$ cm^{-3}이다.[6] I_C가 작을 때는 기생 (재결합) 전류가 지배적이어서 전류 이득이 작다. 하지만 I_C의 V_{BE} 의존성($I_c \propto e^{qVBE/nkT}$)이 재결합 전류의 V_{BE} 의존성($I_B \propto e^{qVBE/nkT}$, 이때 $n \approx 2$)에 비해 훨씬 크기 때문에 I_C가 증가할수록 β가 증가한다.

그림 9.16에서 볼 수 있듯이 β는 온도가 낮아질수록 증가한다. 이것은 온도가 낮아질수록 β가 감소하는 동종 접합 트랜지스터의 동작 특성과는 반대이다. 이것은 다음과 같이 설명할 수 있다: 축퇴적으로 도핑된 이미터와 비축퇴적으로 균일하게 도핑된 베이스를 가진 npn 동종 접합 트랜지스터의 경우 식 (9.43)으로부터,

$$\beta \approx \frac{N'_{DE}}{N'_{AB}} \frac{D_{nB}}{D_{pE}} \frac{W_E}{W_B} e^{-\Delta E^*_{gBE}/kT} \tag{9.62}$$

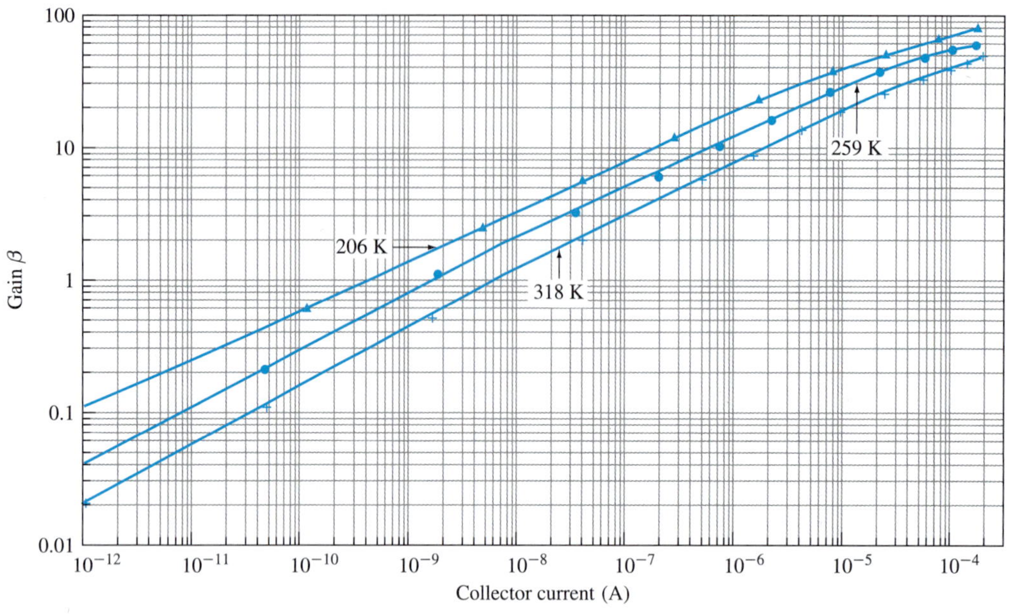

그림 9.16 세 가지 온도 조건에서 AlGaAs:GaAs:GaAS HBT의 전류 이득 vs 컬렉터 전류.

확산 상수의 온도 의존성은 불순물에 의한 이미터의 겉보기 밴드 갭 감소에 의한 효과를 나타내는 $e^{-\Delta E^*_{gBE}/kT}$ 항의 온도 의존성보다 작다. 따라서 앞의 식을 1차로 근사하면

$$\beta \propto e^{-\Delta E^*_{gBE}/kT} \tag{9.63}$$

이고 β는 온도가 감소함에 따라 감소하게 된다. (양수인) ΔE^*_{gBE}의 값은 $1/T$에 대한 $\ln \beta$를 나타낸 그래프의 기울기($\Delta E^*_{gBE}/k$)로부터 구할 수 있다.

하지만 이종 접합 트랜지스터에서 이미터 밴드 갭은 베이스 밴드 갭보다 크기 때문에 ΔE^*_{gBE}는 보통 음수이고. 따라서 β는 온도가 낮아질수록 증가하게 된다. Si 동종 접합 트랜지스터의 전류 이득은 온도가 낮아짐에 따라 현저히 감소하지만 HBT의 전류 이득은 증가한다. 따라서 HBT는 극저온에서도 동작 가능할 것이다.

9.6.2 경사형 조성 HBT:(Si: SiGe-base: Si HBTs)

그림 9.16의 결과는 베이스의 도핑이 균일한 HBT의 경우에 해당한다. 동종 접합의 경우처럼, 베이스를 적절하게 변화하는 분포로 도핑하여 베이스에 내부 형성 전기장을 발생시키고, 이를 통해 소수 캐리어를 컬렉터로 가속시켜 소자의 동작 특성을 향상시킬 수 있다.[7]

베이스에 내부 형성 전기장을 발생시키는 또 다른 방법은 물질의 조성을 (경사형으로) 변화시켜 베이스 내부 위치에 따라 밴드 갭을 변화시키는 것이다. 그러한 경사형 조성(Graded-composition)은 균일하게 도핑된 베이스를 가진 npn Si:Si_xGe_{1-x}:Si HBT를 나타

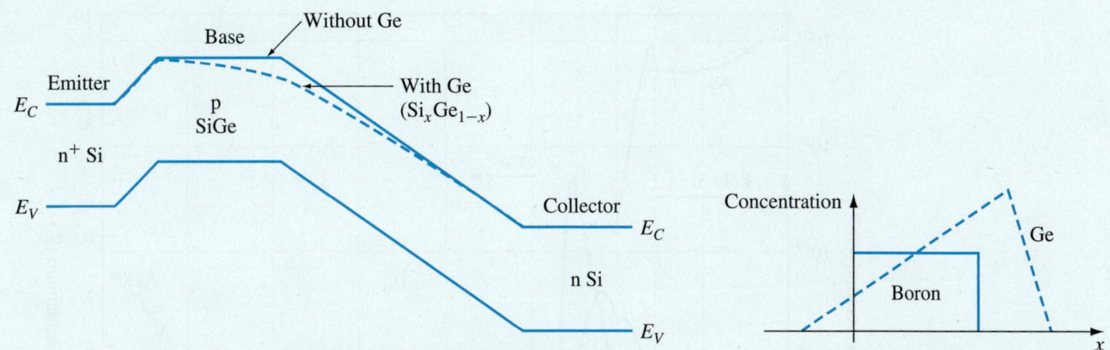

그림 9.17 Si:Si$_x$Ge$_{1-x}$:Si HBT의 에너지 밴드 다이어그램(왼쪽). 게르마늄 농도 분포 그래프(오른쪽). 이미터 쪽으로 살짝 들어간 지점부터 Ge가 첨가되기 시작해서 컬렉터 내부로 조금 들어간 지점까지 뻗어 있다.(출처: John D. Cressier and Katsuyoshi Washio, "Bipolar Transistors," in *Guide to State-of-the-Art Electron Devices*, Wiley/IEEE Press, John Wiley and Sons Ltd, pp. 3-20, 2013.)

낸 그림 9.17에서 개략적으로 볼 수 있다.[8] 여기서 이미터와 컬렉터는 실리콘이고, 베이스는 SiGe 합금이다. Ge 함량은 이미터 내부로 약간 들어간 지점에서 0으로부터 시작하여 컬렉터로 어느 정도 들어간 지점에서 최종 Ge 함량까지 증가한다. 전도대에서 위치 에너지 스파이크가 발생하는 것을 방지하기 위해 Ge 함량을 컬렉터 내부에서 서서히 감소시킨다. Ge 함량이 증가할수록 밴드 갭 E_g가 감소하므로, E-B 접합은 이종 접합이고, 이 경우에 밴드 경계에서 스파이크를 피하기 위해 조성이 경사형으로 변하고 있다. 위치에 따라 감소하는 E_g는 베이스에 내부 형성 전기장을 발생시킨다.

그림 9.18의 SIMS 그래프에서 보이는 경우처럼, 경사형 조성과 경사형 도핑 분포를 합하면 베이스 전기장의 세기는 더욱 강해진다.[9]

이 경우 베이스 내부에서 Ge 함량을 증가시키고 동시에 억셉터 도핑을 감소시켜 (10^3에서 10^4 V/cm 수준의) 강한 베이스 전기장을 유도하였다. 이 전기장은 베이스 통과 시간을 감소시켜, 주파수 응답을 향상시킨다. Si BJT의 경우 약 50 GHz 정도인 단일 이득 주파수 f_T가 300 GHz보다 크게 측정되었다.[10]

하지만 SiGe 합금의 경우 Si과 Ge의 격자 상수는 4%의 차이가 난다. 따라서 위치에 따른 게르마늄 합금 농도의 변화는 이미터-베이스 접합과 베이스 내부에 불포화 결합과, 그로 인한 계면 상태를 발생시킬 것이다. 이러한 계면 상태들은 계면과 베이스 내부에서 재결합을 일으키고, 트랜지스터의 전류 이득 β를 저하시킨다. 하지만 Ge의 함량을 비교적 작게 (20% 이하로) 유지하고, 합금의 두께를 얇게 한다면, 이러한 격자 정합 결함(lattice-matching defect)은 피할 수 있다. 이 경우에 경계면 한 면의 Si$_x$Ge$_{1-x}$ 합금은 다른 면의 Si과 불포화 결합 없이 원자 대 원자로 하나씩 결합할 수 있다. 이러한 결합은 합금에 변형(strain)을 일으키므로, 이 층을 **변형된 층(strained layer)**이라고 부른다. SiGe 베이스에서는

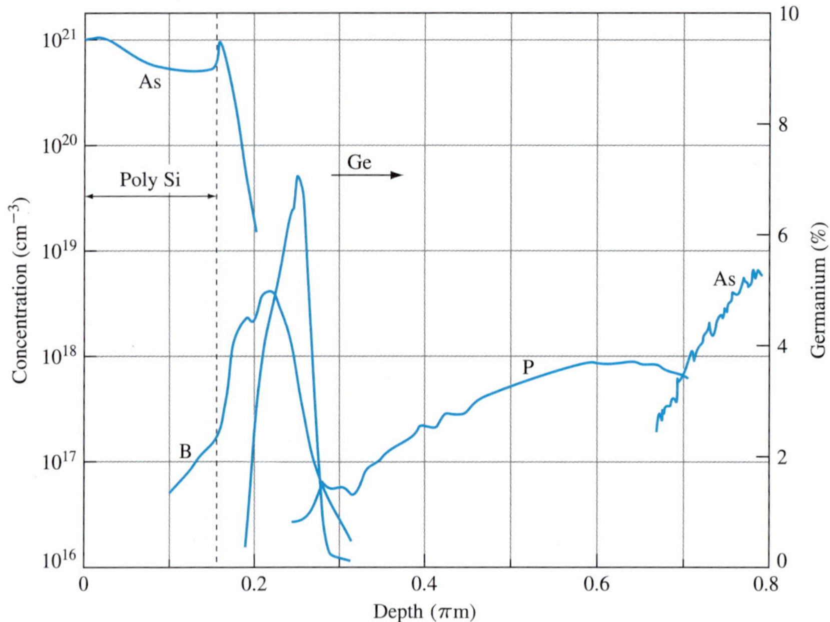

그림 9.18 Si:Si$_x$Ge$_{1-x}$:Si 이종 접합 양극성 트랜지스터에 포함된 도펀트와 Ge 농도를 보여주는 SIMS 측정 결과. (출처: G. Niu, J. D. Cressler, S. Zhang, W. E. Ansley, C. S. Webster, and D. L. Harame, "A unified approach to RF and microwave noise parameter modeling in bipolar transistors," *IEEE Transactions on Electronic Devices*, 48, no. 11, pp 2568-2574, 2001.)

압축(compressive) 변형이 일어나고, 이것은 밴드 갭을 감소시켜 주입 효율을 더욱 증가시킨다. 만약 이 층이 너무 두껍거나 Ge의 함량이 너무 높으면, 변형은 완화되고 밴드 사이 내부 상태(interband states)를 생성한다. 이것들은 캐리어를 포획하고, 이로 인해 β가 감소한다.

HBT에 관한 또 다른 특징을 살펴보자. 9.6.1절에서 β는 온도가 낮아짐에 따라 증가하고, 이는 실험적으로 증명되었음을 보았다. 그림 9.19는 실온에서의 β 값으로 정규화된 [$\beta(T)/\beta(300\text{ K})$]의 그래프를 역 온도($1/T$)의 함수로 나타내었다. 그림은 Si 동종 접합 트랜지스터와 Si:Si$_x$Ge$_{1-x}$:Si 이종 접합 트랜지스터를 비교하여 나타내었다.

이전에 언급하였던 것처럼, 경사형으로 도핑된 BJT는 β를 증가시킬 뿐만 아니라 얼리(Early) 전압을 증가시키고, 베이스 통과 속도를 감소시킨다. 그림 9.20은 Si 베이스를 가진 비슷한 소자와 비교했을 때, Si:Si$_x$Ge$_{1-x}$:Si BJT의 이 세 가지 물리량의 상대적인 개선을 베이스의 최대 밴드 갭 차이에 대한 함수로 표현하였다.[11]

9.6.3 이중 이종 접합 양극성 트랜지스터

지금까지 이미터 밴드 갭이 베이스와 컬렉터 밴드 갭보다 큰 단일 이종 접합 트랜지스터

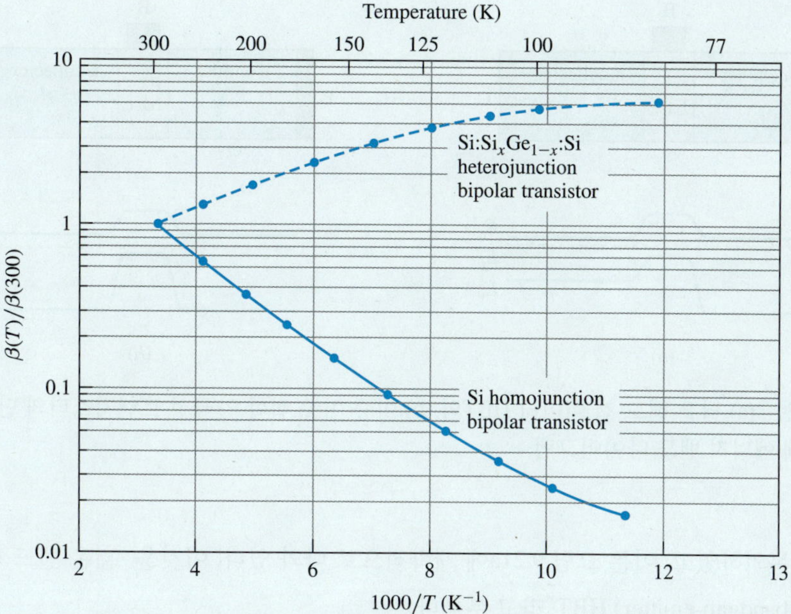

그림 9.19 Si 양극성 트랜지스터(실선)와 Si:Si$_x$Ge$_{1-x}$:Si HBT(점선)의 온도에 따른 정규화된 β 값의 변화.

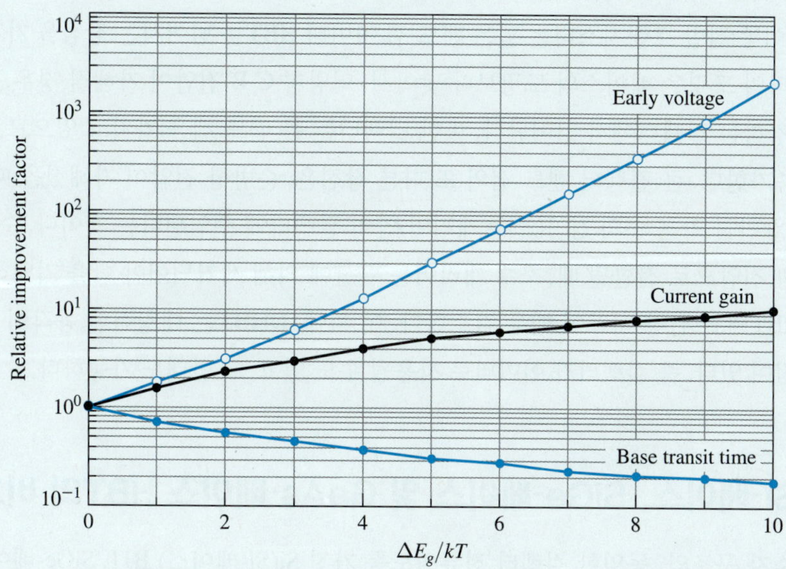

그림 9.20 실리콘 베이스를 가진 유사한 소자와 비교했을 때, Si:Si$_x$Ge$_{1-x}$:Si BJT의 얼리(Early) 전압, 전류 이득, 베이스 통과 시간의 개선. (출처: T. Ning, "History and Future Perspectives of the Modern Silicon Bipolar Transistor," *IEEE Trans. Electron Devices*, 48, pp. 2485-2491, © IEEE 2001.)

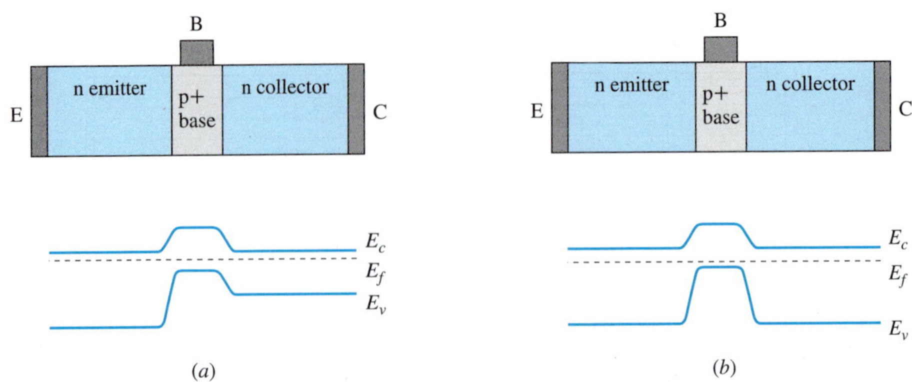

그림 9.21 (a) 넓은 밴드 갭 이미터 HBT와 (b) 이중 이종 접합 양극성 트랜지스터의 단면도와 평형 상태 에너지 밴드 다이어그램.

에 대해 논의하였고, 이는 그림 9.21a에 개략적으로 나와 있다. 이것을 "넓은 밴드 갭 이미터(wide-bandgap-emitter) HBT"라고 부른다.

이중 이종 접합 양극성 트랜지스터(Double Heterojuction Bipolar Transistor, DHBT)에서는 그림 9.21b에 나와 있는 것처럼 이미터와 컬렉터가 베이스보다 더 넓은 밴드 갭을 가지고 있다. 여기서는 이미터-베이스 접합과 베이스-컬렉터 접합에서 에너지 스파이크가 발생하는 것을 피하기 위하여 접합 부근의 물질 함량을 서서히 변화시켰다.

이중 이종 접합 트랜지스터는 넓은 밴드 갭 이미터 HBT를 넘어서는 장점을 가지고 있다. 컬렉터의 도핑은 베이스의 도핑보다 낮아서, 역방향 C-B 전압이 가해질 경우, 대부분의 전압 강하는 컬렉터에서 일어난다. 또한 컬렉터는 큰 밴드 갭을 가지고 있으므로 항복 전압이 증가한다. 큰 컬렉터 밴드 갭의 또 다른 장점은, 순방향 전압이 가해졌을 때, 무시할 수 있을 만큼 작은 수의 정공(소수 캐리어)만이 컬렉터에 주입된다는 것이다. 순방향에서 역방향 전압으로 전환될 때, 소수 캐리어는 확산에 의해 제거되어야 함을 기억하자. 따라서 DHBT의 스위칭 시간이 매우 감소한다. 이 외에, DHBT는 대칭적인 동작이 가능하다는 장점이 있다. 즉 컬렉터가 이미터로 사용될 수도 있고, 그 반대도 가능하다.

9.7 Si-베이스, SiGe-베이스 및 GaAs-베이스 HBT의 비교

비슷한 소자 구조와, 동일한 컬렉터 전류밀도를 가진 Si(Si-베이스) BJT, SiGe-베이스, 그리고 GaAs-베이스 HBT의 특성변수를 나열해보았다.

- SiGe-베이스 트랜지스터의 베이스 통과 시간은 Si-베이스 소자보다 짧은데, 그 이유는

베이스의 경사형 조성이 전자에 대한 준-전기장을 형성하고, 이것이 전자들을 컬렉터 쪽으로 가속시켜서이다.

- GaAs-베이스 HBT의 베이스 통과 시간은 Si-베이스 BJT보다 짧은데, 이는 GaAs의 저전계 전자 이동도가 더 높기 때문이다.
- (균일하게 도핑된) GaAs-베이스 HBT의 베이스 통과 속도는 SiGe-베이스 소자와 비슷하다.[7)]
- 베이스 컬렉터 접합의 통과 속도 t_{tBC}는 세 경우에 다 비슷한데, 이는 베이스-컬렉터 공핍 영역에 형성된 강한 전기장 때문에 전자가 포화 속도로 이동하기 때문이다. 전자의 포화 속도는 세 소자 모두 거의 비슷하다.
- SiGe-베이스와 Si-베이스 이종 접합 BJT의 이미터-베이스 접합 정전 용량은 비슷한데, 이는 이미터와 베이스 도핑이 비슷하기 때문이다. 하지만 GaAs-베이스 HBT의 경우에 이미터-베이스 접합 정전 용량은 훨씬 감소하고, 이는 이미터가 (10^{19} cm^{-3}의 수준으로 도핑되는 Si-베이스와 SiGe-베이스 트랜지스터에 비해서) $10^{17}cm^{-3}$의 수준으로 가볍게 도핑되었기 때문이다.
- GaAs-베이스 HBT의 베이스 저항은 Si-베이스와 SiGe-베이스 소자에 비해 약 10 배 정도 작은데, 이는 GaAs-베이스는 전류 이득의 손실 없이 (10^{19} cm^{-3}의 수준의) 고농도로 도핑 가능하기 때문이다.
- SiGe-베이스 소자가 GaAs-베이스 HBT를 넘어서는 가장 중요한 장점은 SiGe가 Si 집적회로 공정에 적용 가능하고, BiCMOS 회로를 제작하는 데 이용될 수 있다는 것이다.

9.8 기본적인 에버스-몰 직류(DC) 모델

지금까지 이미터-베이스 접합에는 순방향 전압이, 베이스-컬렉터 접합에는 역방향 전압이 인가된 활성 모드에서 동작하는 BJT에 대해서만 논의하였다. 이 동작 모드는 아날로그 혹은 선형 회로에서 사용된다. 하지만 디지털 회로에서는 표 IV.2에 나열된 네 가지의 모드 모두에서 동작이 가능하다. 디지털 전환 회로에서 동작하는 트랜지스터를 모사하기 위해서 보통 에버스-몰(Ebers-Moll) 모델을[12] 사용한다.

그림 9.22에서 볼 수 있듯이, 에버스-몰 모델에서 npn BJT는 반대로 맞댄 방향(back-to-back)으로 연결된 두 개의 다이오드 사이의 상호작용으로 나타낸다. 이 그림은 공통 베이스 구조를 보여준다. 이 모델에서 각각의 접합은 다이오드로 표현된다. 또한 각 접합은 종

7) GaAs-베이스 HBT의 베이스 통과 시간은 베이스의 도핑이나 물질 함량을 또는 둘 다 경사형으로 변화시켜 감소시킬 수 있다.

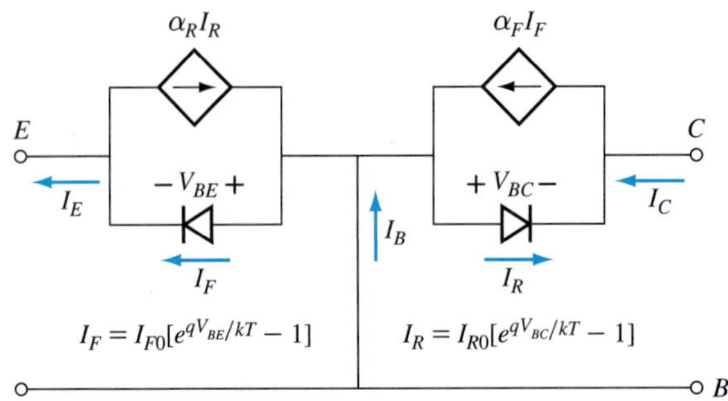

그림 9.22 에버스-몰 모델에서는 양극성 접합 트랜지스터를 반대로 맞댄 방향(back-to-back)으로 연결되어 상호작용하는 두 개의 다이오드로 나타낸다. 이것은 베이스-공통 구조이다.

속된 전류 공급원을 가지고 있는데, 이것의 전류는 **반대편** 접합의 전류에 영향을 받는다.

I_F를 순방향 전압이 인가된 이미터-베이스 전류라고 하자. 베이스 영역의 두께는 얇기 때문에, 순방향-전압이 인가된 이미터-베이스 접합으로부터 베이스로 주입된 대부분의 캐리어들은 컬렉터로 흐를 것이다. α_F는 순방향 베이스-공통 전류 이득이다. 따라서 $\alpha_F I_F$는 역방향 전압이 인가된 컬렉터에 의해 수집되는 이미터-베이스 전류를 나타낸다. 이 전류는 컬렉터-베이스 접합에 종속된 전류 공급원으로 모사된다. 지금까지 활성 모드(active mode) 동작을 모사하는 방법을 다루었다.

역상 모드(inverse mode)의 동작에서 컬렉터-베이스 접합에는 순방향 전압이 인가되어 있고, 베이스-이미터 접합에는 역방향 전압이 인가되어 있다. 이 모델에서 컬렉터-베이스 전류는 I_R로 표시하고, 역방향 전압이 인가된 베이스-이미터 접합에서 수집된 전류는 $\alpha_R I_R$로 표시한다.[8] 이 전류는 이미터-베이스 접합의 종속적 전류 공급원으로 표시된다. 여기서 α_R은 역상 모드 베이스 공통 전류 이득이라 한다.

보통 트랜지스터의 역상 모드 특성은 좋지 않다. 즉 $\alpha_R \ll \alpha_F$이다. (두 값이 거의 비슷한 DHBT의 경우는 제외한다.) 전류 전송 비율 $\alpha = I_C/I_E \approx \gamma\alpha_T$임을 기억하자. 9.4절에서 논의하였듯이, 주입 비율 γ를 최대화하기 위해서는 이미터를 베이스보다 고농도로 도핑해야 한다. 역상 모드에서는 컬렉터가 이미터로 동작한다. 그러나 컬렉터의 도핑 농도는 베이스보다 낮기 때문에, 역방향 동작의 주입 효율 γ는 작다. 게다가 보통 이미터 면적은 컬렉터 면적보다 훨씬 작다. 따라서 컬렉터에서 베이스로 주입된 전자들 중 소수만이

8) 아래첨자 F와 R은 헷갈릴 수 있다. 이들은 순방향 활성 바이어스 조건에서 각 접합의 전압을 의미한다. 역상 모드에서, 이미터-베이스 접합은 역방향 바이어스되고, I_F는 실제로 역방향 바이어스의 전류이다. 하지만 이 모델은 여전히 유효하다. α_F는 컬렉터에 도달하는 이미터-베이스 전류의 비율이고, α_R은 이미터에 도착하는 베이스-컬렉터 전류의 비율이다.

이미터에 도달하게 되고, 결국 (역상 모드의) 전송 효율 α_T가 작아진다.

이 모델에서 다이오드의 전류 I_F와 I_R는 일반적인 다이오드 전류이므로 다음과 같이 표현할 수 있다.

$$I_F = I_{F0}(e^{qV_{BE}/kT} - 1)$$
$$I_R = I_{R0}(e^{qV_{BC}/kT} - 1) \tag{9.64}$$

여기서 I_{F0}와 I_{R0}는 각각 이미터-베이스와 컬렉터-베이스 다이오드의 포화 전류이다. 이미터와 컬렉터 단자 전류는

$$I_E = I_F - \alpha_R I_R$$
$$I_C = \alpha_F I_F - I_R \tag{9.65}$$

혹은, 식 (9.64)로부터

$$I_E = I_{F0}(e^{qV_{BE}/kT} - 1) - \alpha_R I_{R0}(e^{qV_{BC}/kT} - 1)$$
$$I_C = \alpha_F I_{F0}(e^{qV_{BE}/kT} - 1) - I_{R0}(e^{qV_{BC}/kT} - 1) \tag{9.66}$$

따라서 베이스 단자 전류는

$$I_B = I_E - I_C = I_F(1 - \alpha_F) + I_R(1 - \alpha_R) \tag{9.67}$$

순방향과 역방향의 베이스 공통 전류 이득은 다음의 식과 같이 연관되어 있다.[13]

$$\alpha_F I_{F0} = \alpha_R I_{R0} = I_S \tag{9.68}$$

여기서 SPICE에서 사용되는 변수인 I_S가 도입되었다.

회로 분석을 위해, 그림 9.23에 나와 있는 에버스-몰 모델의 이미터 공통 표현을 사용하는 것이 보통 좀 더 편리하다. 여기서

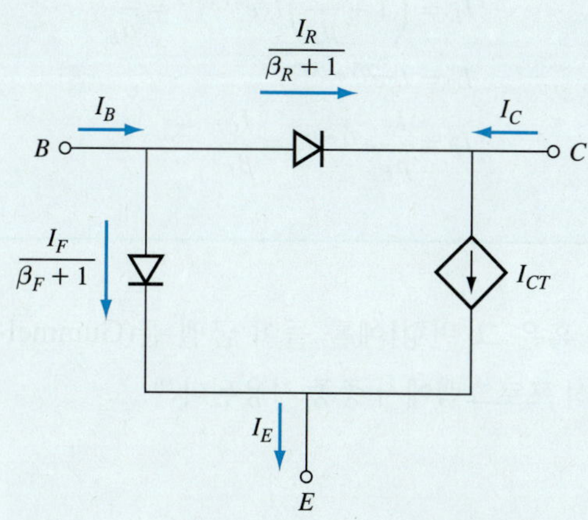

그림 9.23 에버스-몰 모델의 이미터 공통 표현.

$$\beta_F = \frac{\alpha_F}{1-\alpha_F} \qquad \alpha_F = \frac{\beta_F}{\beta_F+1}$$
$$\beta_R = \frac{\alpha_R}{1-\alpha_R} \qquad \alpha_R = \frac{\beta_R}{\beta_R+1} \tag{9.69}$$
$$I_{CT} = (\alpha_F I_F - \alpha_R I_R) = \frac{\beta_F I_F}{\beta_F+1} - \frac{\beta_R I_R}{\beta_R+1}$$

따라서 단자 전류는

$$I_E = I_{CT} + \frac{I_F}{\beta_F+1} = \left(1+\frac{1}{\beta_F}\right) I_S(e^{qV_{BE}/kT}-1) - I_S(e^{qV_{BC}/kT}-1)$$
$$I_C = I_{CT} - \frac{I_R}{\beta_R+1} = I_S(e^{qV_{BE}/kT}-1) - \left(1+\frac{1}{\beta_R}\right) I_S(e^{qV_{BC}/kT}-1) \tag{9.70}$$
$$I_B = \frac{I_F}{\beta_F+1} + \frac{I_R}{\beta_R+1} = \frac{I_S}{\beta_F}(e^{qV_{BE}/kT}-1) + \frac{I_S}{\beta_R}(e^{qV_{BC}/kT}-1)$$

여기서 식 (9.70)의 우변은 SPICE 변수명을 사용하여 표현하였다. 하지만 SPICE에서 I_E는 I_E의 관습적인 방향과 반대 방향일 때 양의 값을 갖는다. 따라서 SPICE에서 I_E는 위에서 표시된 것과는 반대의 부호를 가질 것이다.

예제 9.5

활성 모드에서 동작하는 npn BJT의 단자 전류를 구하라.

■ 풀이

활성 모드에서 $e^{qV_{BE}/kT} \gg 1$이고 $e^{qV_{BC}/kT} \ll 1$이다. 따라서 식 (9.70)으로부터,

$$I_E = \left(1+\frac{1}{\beta_F}\right) I_S e^{qV_{BE}/kT} = \frac{I_C}{\alpha_F}$$
$$I_C = I_S e^{qV_{BC}/kT}$$
$$I_B = \frac{I_S}{\beta_F} e^{qV_{BC}/kT} = \frac{I_C}{\beta_F}$$

에버스-몰 방정식, 혹은 그 변형[예를 들어 굼멜-푼(Gummel-Poon) 방정식]은[14] SPICE와 같은 회로 분석 프로그램에서 종종 사용된다.[9)]

9) 굼멜-푼(Gummel-Poon) 방정식은 에버스-몰 모델에서 고려되지 않은 2차(2nd-order)의 효과들을 포함하고 있다. 예를 들어, 상수가 아닌 β와 같은 경우를 포함한다.

9.9 요약

이 장에서는 양극성 접합 트랜지스터의 기본 동작 원리에 관한 몇 가지 개념을 소개하였다. BJT의 캐리어는 이미터에서 베이스로 주입된다. 이상적으로는 주입된 모든 전자가 베이스를 건너 컬렉터에서 수집된다. 주입되는 양은 이미터-베이스 접합의 에너지 장벽에 큰 영향을 받기 때문에, 베이스 전압이 조금만 변해도 트랜지스터 전류가 크게 변한다.

BJT는 다양한 동작 모드의 전류에 따라서 특정 지어진다. 아날로그 회로에서 사용되는 활성 모드에서 동작하는 BJT의 성능 지수는

$$\beta = \frac{I_C}{I_B} = \frac{\gamma \alpha_T M}{1 - \gamma \alpha_T M}$$

여기서, $W_B \ll L_{nB}$와 $W_E \ll L_{pE}$이고, 원형의 비축퇴 이미터의 경우에

$$\gamma = \frac{1}{1 + \dfrac{N'_{AB}}{N'_{DE}} \dfrac{D_{pE}}{D_{nB}} \dfrac{W_B}{W_E}} \qquad \text{균일하게 도핑된 npn}$$

$$\gamma = \frac{1}{1 + \dfrac{N'_{DB}}{N'_{AE}} \dfrac{D_{nE}}{D_{pB}} \dfrac{W_B}{W_E}} \qquad \text{균일하게 도핑된 npn}$$

이고,

$$\alpha_T = 1 - \frac{W_B^2}{2 L_{nB}^2} \qquad \text{npn}$$

$$\alpha_T = 1 - \frac{W_B^2}{2 L_{pB}^2} \qquad \text{pnp}$$

그러나 α_T와 M은 1에 가까운 값이므로,

$$\beta \approx \frac{\gamma}{1 - \gamma}$$

이미터와 베이스가 모두 비축퇴적으로 도핑된 경우에(일반적인 상황은 아님)

$$\beta_{npn} \approx \frac{I_{nE}}{I_{pE}} \approx \frac{N'_{DE}}{N'_{AB}} \frac{D_{nB}}{D_{pE}} \frac{W_E}{W_B} \qquad \text{비축퇴 이미터와 베이스}$$

$$\beta_{pnp} \approx \frac{I_{pE}}{I_{nE}} \approx \frac{N'_{AE}}{N'_{DB}} \frac{D_{pB}}{D_{nE}} \frac{W_E}{W_B} \qquad \text{비축퇴 이미터와 베이스}$$

보통의 경우에 이미터는 축퇴적으로 도핑되어 있다. 고농도의 이미터 도핑은 이미터의 밴드 갭을 감소시키고, 이로 인해 주입되는 전자에 대한 에너지 장벽이 증가하고, 전류 이득 β가 심각하게 감소한다. 축퇴적으로 도핑된 이미터와 비축퇴적으로 도핑된 베이스의 경우에

$$\beta_{npn} \approx \frac{N'_{DE}}{N'_{AB}} \frac{D_{nB}}{D_{pE}} \frac{W_E}{W_B} e^{-\Delta E^*_{gBE}/kT} \quad \text{npn 축퇴형 이미터, 균일하게 도핑된 베이스}$$

$$\beta_{pnp} \approx \frac{N'_{AE}}{N'_{DB}} \frac{D_{pB}}{D_{nE}} \frac{W_E}{W_B} e^{-\Delta E^*_{gBE}/kT} \quad \text{pnp 축퇴형 이미터, 균일하게 도핑된 베이스}$$

이때, $\Delta E^*_{gBE} = E^*_g(\text{베이스}) - E^*_g(\text{이미터})$는 베이스와 이미터의 겉보기 밴드 갭 감소의 차이이다.

만약 베이스의 불순물 농도가 경사형으로 변화하고, 그에 따른 전기장을 고려하면 β는 이전 값보다 어느 정도 증가한다. 베이스의 전기장은 주입된 전자가 컬렉터에 닿는 비율을 증가시키고, 따라서 컬렉터 전류를 증가시킨다.

이종 접합 양극성 트랜지스터는 동종 접합 BJT를 넘어서는 고유의 장점을 가지고 있다. 일단 주입 효율이 증가하고, 이로 인해 전류 이득 β와 동작 주파수가 증가한다. 동종 접합 BJT처럼 베이스 도핑이 적절하게 경사형으로 변화하면, 즉 베이스의 이미터 쪽 경계에서부터 멀어질수록 억셉터 도핑이 감소하면, 소자 동작 특성이 향상된다. 게다가 SiGe 베이스 BJT에서처럼, 베이스의 물질 함량을 베이스의 이미터 쪽 경계에서부터 거리에 따라 밴드 갭이 감소하도록 변화시키면 소자의 동작 특성을 더욱 향상시킬 수 있다. 이중 이종 접합을 사용하면 순방향 전압이 인가되었을 때 컬렉터로 주입되는 소수 캐리어를 감소시킬 수 있고, 따라서 전환 속도가 향상된다.

9.10 참고문헌

1. Yuan Taur and Tak H. Ning, *Fundamentals of Modern VLSI Devices*, 2nd ed. Cambridge University Press, Cambridge, U.K., 2009.
2. S. M. Sze and K. K. Ng, *Physics of Semiconductor Devices*, 3rd ed, John Wiley & Sons, Inc. Hoboken, 2007.
3. D. B. M. Klassen, J. W. Slotboom and H. C. deGraaff, "Unified apparent bandgap narrowing in n- and p-type silicon," *Solid State Electron*, 35, 125-129, 1992.
4. Joseph Lindmayer and Charles Wrigley, *Fundamentals of Semiconductor Devices*, Chap. 4, Van Nostrand, Princeton, 1965.
5. R. J. Ferro, "Base and collector current mechanisms in bipolar NPN Gallium aluminum arsenide/gallium arsenide heterojunction transistors," Ph.D. dissertation, University of Vermont, 1985.

6. A. Marty, G. Rey, and J. P. Bailbe, "Electrical behavior of an NPN AlGaAs/GaAs heterojunction transistor," *Solid State Electronics*, 22, pp. 549-557, 1979.
7. H. Kroemer, "Theory of wide-gap emitter for transistors," *Proc. IRE*, 45, pp. 1535-1539, 1957.
8. J. D. Cressler (ed.), *Silicon Heterojunction Handbook: Devices, Circuits, and Applications of SiGe and Si Strained-Layer Epitaxy*, Boca Raton FL, CRC Press. 2006.
9. Guofu Niu, John D. Cressler, Shiming Zhang, William E. Ansley, Charles S. Webster, and David L. Harame, "A unified approach to RF and microwave noise parameter modeling in bipolar transistors," *IEEE Trans. Electron Devices*, ED48, pp. 2568-2574, 2001.
10. John D. Cressler and Katsuyoshi Washio, "Bipolar transistors," in *Guide to State-of-the Art Electron Devices*, John N. Burghartz (ed.), John Wiley and Sons, pp. 3-20, 2013.
11. Tak H. Ning, "History and future perspectives of the modern silicon bipolar transistor," *IEEE Trans. Electron Devices*, 48, pp. 2485-2491, 2001.
12. J. J. Ebers and J. L. Moll, "Large-signal behavior of junction transistors," *Proc. IRE*, 42, pp. 1761-1772, 1954.
13. R. S. Muller and T. I. Kamins, *Device Electronics for Integrated Circuits*, John Wiley & Sons, New York, 1977.
14. H. K. Gummel and H. C. Poon, "An integral charge control model for bipolar transistors," *Bell Syst. Tech. J.*, 49, pp. 827-852, 1970.

9.11 복습문제

1. 그림 IV.1의 n^+ 싱커의 목적은 무엇인가?
2. 식 (9.1)은 순방향 활성 바이어스된 원형 BJT를 나타낸다. 이미터-베이스 접합에서 재결합 전류를 무시해도 괜찮은 이유는 무엇인가?
3. 양극성 접합 트랜지스터에서 베이스를 얇게 만드는 것이 유리한 이유를 설명하라.
4. 이미터를 베이스보다 고농도로 도핑하는 이유와, 컬렉터를 저농도로 도핑하는 이유를 설명하라.
5. (베이스에서 이미터로의) 역주입을 감소시켜야 하는 이유는 무엇인가? 어떻게 하면 그것을 조절할 수 있는가?
6. 축퇴 도핑된 이미터의 밴드 갭 감소가 전류 이득 β에 미치는 영향을 설명하라. 이 현상에 대한 물리적 근거는 무엇인가?
7. 그림 9.8의 SIMS 그래프로부터, 세 영역 모두—이미터, 베이스 및 컬렉터—의 도핑은 경사형으로 변화하는 것을 알 수 있다. 그런데 왜 이 소자를 **경사형 베이스 트랜지스터**라고 부르는 것일까?
8. 경사형으로 변화하는 베이스 도핑이 트랜지스터의 이미터 공통 전류 이득을 어떻게 증가시킬 수 있는지 서술하라.
9. 그림 9.9에서 반도체의 표면에 가까워질수록 E_C는 아래쪽으로 E_V는 위쪽으로 휘어지는 이유를 설명하라.

10. 심지어 활성 영역에서도 V_{CE}가 증가하면 컬렉터 전류가 증가하는 이유를 설명하라.

11. 베이스의 밴드 갭보다 이미터의 밴드 갭이 큰 HBT에서 β가 증가하는 이유를 설명하라.

12. BJT의 베이스는 이미터보다 저농도로 도핑되어 있고, HBT의 베이스는 이미터보다 고농도로 도핑이 되어 있는 이유는 무엇인가?

13. DHBT의 컬렉터 밴드 갭을 베이스 밴드 갭보다 크게 하는 목적은 무엇인가?

9.12 연습문제

9.1 그림 P9.1의 각 트랜지스터에 대하여, 동작 모드를 표시하라(순방향 활성, 차단, 포화 등).

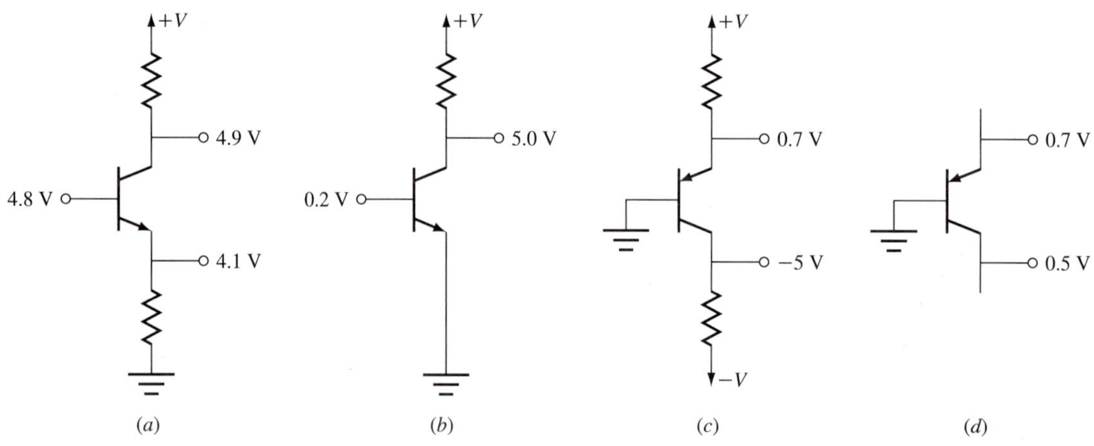

그림 P9.1

9.2 그림 P9.2의 각 영역에 대하여, 좋은 pnp 트랜지스터를 만들기 위해서는 어떻게 도핑되어야 하는지[n^+, n, 진성(instrinsic), p, p^+] 표시하고, 이유를 설명하라. pnp 트랜지스터의 활성 영역이 어디인지 표시하라.

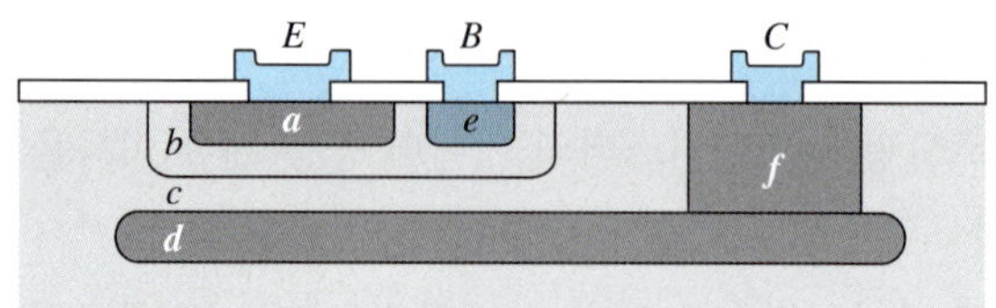

그림 P9.2

9.3 평형 상태일 때와 순방향 활성 바이어스일 때 pnp 트랜지스터의 에너지 밴드 다이어그램을 그려라.

9.4 식 (9.13)에 의하면 $\alpha = \gamma\alpha_T M$이고, 이때 M은 베이스-컬렉터 접합의 캐리어 증배 상수이다. 작은 베이스-컬렉터 전압에 대하여 $M = 1$이고 $\alpha = \gamma\alpha_T$이며, $\beta = \alpha/(1 - \alpha)$이다. 사태 항복(avalanche breakdown)의 경우에 $M = 1 + 1/\beta$임을 보여라.

9.5 원형 모델을 이용하여(즉, 겉보기 이미터 밴드 갭 감소가 주입 효율에 미치는 영향을 무시하고), $N'_{DE} = 10^{19}\ \text{cm}^{-3}$, $N'_{AB} = 2 \times 10^{17}\ \text{cm}^{-3}$, $N'_{DC} = 10^{17}\ \text{cm}^{-3}$인 npn BJT의 α와 β를 구하라. 계산 과정의 모든 단계를 명확하게 제시하라. $V_{BE} = 0.8$ V이고 $V_{CB} = 2.0$ V로 가정하라. 야금 접합 폭은 $W_{EM} = 0.2\ \mu$m이고 $W_{BM} = 0.2\ \mu$m이다.

9.6 예제 9.1의 소자에 대하여, 이미터-베이스 접합의 폭과 그중 이미터 쪽에 나타나는 폭 및 베이스 쪽에 나타나는 폭을 모두 구하라. 접합은 $V_j = V_{\text{bi}} - V_a = 0.2$ V로 순방향 전압이 바이어스되었다고 가정하라. 이미터와 베이스를 비율에 맞게 그리고 전이 영역의 가장자리를 표시하라.

9.7 비축퇴 도핑된 이미터를 가지고 있는 pnp 트랜지스터의 β에 관한 단순-모델 식을 유도하라[식 (9.42)의 pnp의 경우에 해당하는 식].

9.8 이미터가 $N'_{DE} = 5 \times 10^{19}\ \text{cm}^{-3}$으로 도핑된 원형 npn 트랜지스터가 있다. 베이스는 $N'_A = 2 \times 10^{17}\ \text{cm}^{-3}$으로 도핑되어 있다. 이미터 전도대의 감소를 고려하여 ΔE^*_g를 구하라. $W_E = 0.12\ \mu$m이고 $W_B = 0.07\ \mu$m일 때 β를 구하라.

9.10 $N_{DE} = 10^{20}\ \text{cm}^{-3}$이고 $N_A = 0$인 축퇴형 Si 층이 9.4절에 나와 있는 트랜지스터의 이미터 위에 에피택시(Epitaxy) 방법으로 증착되어 있다고 가정하자. 이 층이 어떻게 β를 약간 증가시키는지 설명하라. 두 이미터 층의 전체 두께는 여전히 이미터의 전자와 정공의 확산 길이보다 훨씬 짧다. [힌트: 베이스의 억셉터에 의해 (그리고 이미터의 보상된 억셉터에 의해) 약간의 밴드 갭 감소가 있다.]

9.11 SIMS에 대하여 조사하고 학습하라. 그리고 그것이 무엇이며 어떻게 작동하는지 짧게 서술하라.

9.12 pnp 트랜지스터와 npn 트랜지스터가 같은 크기와 같은 도핑 농도로 제작되었을 경우 pnp가 더 낮은 β를 갖게 되는 이유를 설명하라. 밴드 갭 감소 효과는 무시하라.

9.13 npn 트랜지스터의 모든 접합이 계단형일 때, 아래 표에 제시된 값들을 이용하여 다음을 계산하라.

$N'_{DE} = 5 \times 10^{19}\ \text{cm}^{-3}$	$N'_{AB} = 4 \times 10^{17}\ \text{cm}^{-3}$	$N'_{DC} = 10^{17}\ \text{cm}^{-3}$
$W_{EM} = 0.13\ \mu$m	$W_{BM} = 0.20\ \mu$m	
$V_{BE} = 0.8$ V (forward bias)	$V_{CB} = 2$ V (reverse bias)	

a. 소수 캐리어 수명

b. 조건에 상응하는 확산 상수 및 확산 길이

c. 컬렉터-베이스 접합의 내부 전압

d. 이미터-베이스 접합의 내부 전압(밴드 갭 감소는 무시하라)

e. W_B

f. γ, 밴드 갭 감소는 무시하라

g. α_T

h. $\alpha, M = 1$로 가정하라

i. β

9.14 이미터 밴드 갭의 감소를 고려하여 예제 9.13을 반복하라.

9.15 축퇴 도핑된 이미터를 가진 npn 트랜지스터의 β 값을 구하라. 소자 각 영역의 도핑 농도는 $N'_{DE} = 10^{20}\ \text{cm}^{-3}, N'_{AB} = 5 \times 10^{17}\ \text{cm}^{-3}$이다. $W_E = 0.15\ \mu\text{m}$이고 $W_B = 0.1\ \mu\text{m}$로 두자.

9.16 그림 P9.3에 보이는 것과 같은 SIMS 분포를 가진 경사형 베이스 트랜지스터를 고려해보자.

a. η를 구하라.

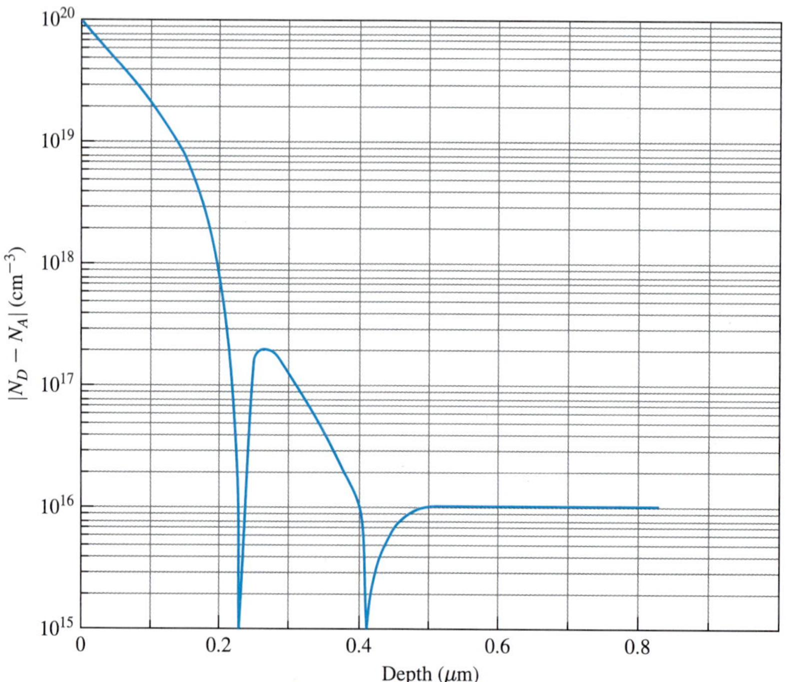

그림 P9.3

b. 베이스의 내부 전계를 구하라.

c. β를 구하라.

9.17 축퇴 도핑된 이미터의 불순물 농도는 10^{19} cm^{-3}이고, 베이스의 도핑 농도는 이미터 경계에서 5×10^{17} cm^{-3}이며, 경사 계수가 $\eta = 3$인 경사형-베이스 트랜지스터가 있다. 이미터의 폭은 $W_E = 0.2\ \mu$m이고, 베이스의 폭은 $W_B = 0.15\ \mu$m이다. β를 구하라.

9.18 순방향 활성 영역에서 동작하는 npn BJT가 있다. SPICE의 초기 설정 값이 $I_S = 10^{-16}$ A, $\beta_F = 100$이라고 할 때, $V_{BE} = 0.7$ V인 경우에 I_C, I_B 및 I_E와 같은 단자 전류를 구하라.

9.19 전형적인 순방향 β는 100 정도의 수준인 반면, 전형적인 역방향 β는 0.1 수준이다. 이 경우에 상응하는 α_F와 α_R을 구하라.

9.20 그림 P9.4는 실험으로 측정된 양극성 접합 트랜지스터의 전류 이득 데이터를 온도의 함수로 나타내었다(결과는 300 K일 때의 값으로 정규화하였음). 또한, 선형 영역에 대한 직선 근사가 포함되어 있다. 이들 결과로부터 ΔE_g^*를 계산하라.

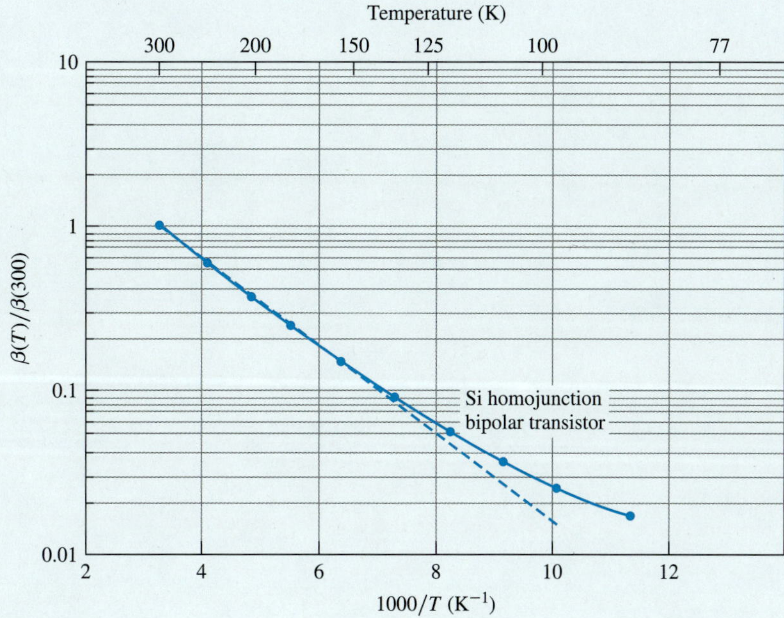

그림 P9.4

9.21 식 (9.28)은 다음과 같다.

$$\gamma = \frac{1}{1 + \dfrac{p_E(0^-)}{n_B(0^+)} \dfrac{D_{pE}}{D_{nB}} \dfrac{W_B}{W_E}}$$

도핑이 동일할 때, 이종 접합이 $p_E(0^-)/n_B(0^+)$ 항에 미치는 효과에 관하여 설명하라. α와 β에 미치는 영향은 무엇인가?

9.22 비축퇴 도핑된 HBT를 고려해보자. 식 (9.42)를 적용하여 이 트랜지스터의 β에 관한 식을 이미터와 베이스의 밴드 갭에 관한 함수로 표현하라.

CHAPTER 10

BJT의 시변 해석

10.1 서론

9장에서 양극성 접합 트랜지스터의 동작 원리를 설명하기 위해 직류(dc) 특성을 논의하였다. 하지만 많은 시스템에서 아날로그 시스템의 고주파 동작이나 디지털 회로의 빠른 전환 속도는 매우 중요하다. 이 장에서는 BJT의 시변 분석을 살펴볼 것이다. 먼저, 아날로그 회로에서 사용되는 소신호(small-signal) 교류(ac) 모델을 살펴보자. 그다음엔 디지털 회로의 스위칭 과도(switching transient)를 살펴보자. BJT의 장점과 단점을 MOSFET과 비교해보고, 두 가지 형태의 트랜지스터를 하나의 칩 위에 모두 적용한 BiMOS를 논의해보자.

10.2 에버스-몰 교류(AC) 모델

9장의 9.8절에서 BJT의 에버스-몰 직류 모델을 살펴보았다. 교류의 동작 특성을 모사하기 위해서는 기생(parasitic) 저항과 정전 용량이 반드시 고려되어야 한다. 그림 10.1은 에버스 몰 교류 모델의 BJT에 대한 이미터 공통 등가회로(equivalent circuit)를 보여준다. 이것은 그림 9.23의 직류 등가회로에 기생 정전 용량을 추가한 것이다. 시변 특성을 결정하는 데 있어서 기생 저항보다 정전 용량이 더 중요하므로, 문제를 단순화하기 위해 기생 저항은 생략하였다[이것은 뒤에 나오는 하이브리드-파이(hybrid-pi) 모델에서 다시 고려할 것이다]. 그림 10.1에서 C_{jBE}와 C_{jBC}는 각각 베이스-이미터 접합과 베이스 컬렉터 접합의 접합 정전 용량(junction capacitance)을 나타내고, $C_{\mathrm{sc}BE}$와 $C_{\mathrm{sc}BC}$는 각각 순방향 전압이 인가된 베이스-이미터 접합과 베이스-컬렉터 전압의 축적 전하 정전 용량(stored-charge capacitance)을 나타낸다. 9.8절에서 다루어졌던 단자 전류는 여기서도 적용 가능하다.

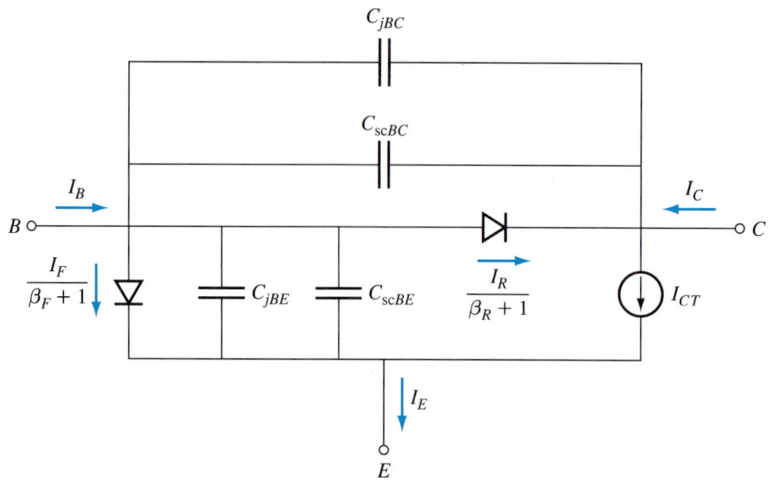

그림 10.1 BJT의 에버스-몰 이미터 공통 교류 모델.

$$I_E = I_{CT} + \frac{I_F}{\beta_F + 1}$$

$$I_C = I_{CT} - \frac{I_R}{\beta_R + 1}$$

$$I_B = \frac{I_F}{\beta_F + 1} + \frac{I_R}{\beta_R + 1}$$

여기서

$$I_{CT} = \frac{\beta_F I_F}{\beta_F + 1} - \frac{\beta_R I_R}{\beta_R + 1}$$

활성 모드에서 동작하는 에버스-몰 등가회로는 그림 10.2에 나와 있다. 베이스-컬렉터 접합에 역방향 전압이 인가되었으므로, I_R과 C_{scBC}는 생략하였다.

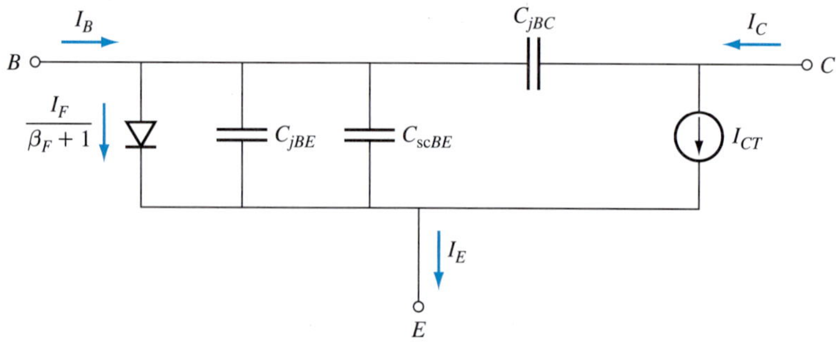

그림 10.2 순방향 활성 모드에서 동작하는 BJT의 에버스-몰 이미터 공통 모델. 컬렉터-베이스 접합이 역방향 바이어스되어 있으므로 C_{scBC}와 I_R은 무시한다.

에버스-몰 모델은 스위칭 회로(switching circuit) 및 아날로그 회로를 분석하는 데 매우 유용하다. 다음 절에서는 에버스-몰 모델을 이용한 소신호 분석에 대하여 살펴보자.

10.3 소신호 등가회로

많은 아날로그 회로는 소신호 전압 및 전류를 증폭하기 위하여 활성 모드에서 동작하는 BJT를 사용한다. 그림 10.3과 같이 공통 이미터 구조에서 동작하는 증폭기를 고려해보자. (a)에 입력 및 출력 전압과 전류가 표시되어 있다. 관례에 따라 직류를 나타내는 변수는 I_B, I_C, V_{BE} 및 V_{CE}와 같이 대문자 기호로 표시하고, 교류를 나타내는 변수는 i_b, i_c, υ_{be} 및 υ_{ce}

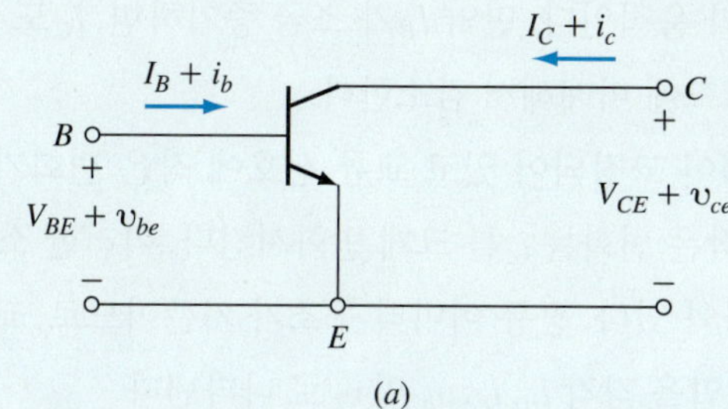

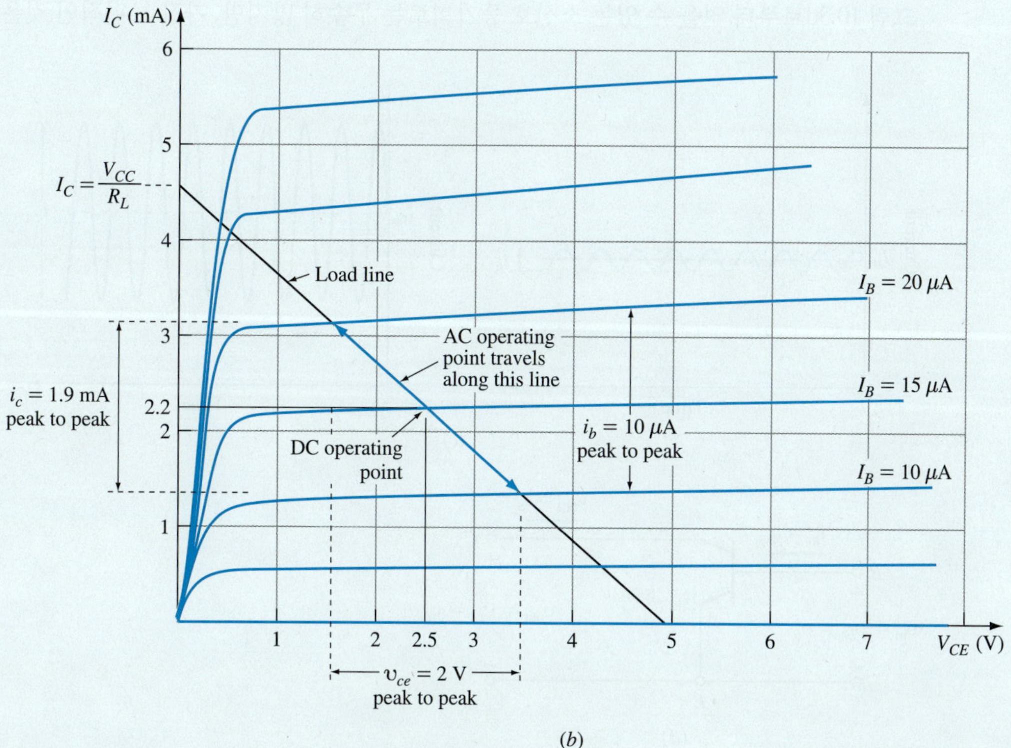

그림 10.3a–b (a) 직류와 소신호(혹은 교류) 변수가 표시된 이미터 공통 회로, (b) 부하선에 따른 동작의 설명. $I_B = 15\,\mu$m인 경우에 직류 동작점은 $I_C = 2.2$ mA이고 $V_{CE} = 2.5$ V이다.

와 같이 소문자 기호로 표시한다. 각 접점(node)은 그 지점에 해당하는 직류 전압(dc bias point)과 그 전압에 따른 직류 전류를 가지고 있고, 아날로그 신호는 그 전압 부근의 작은 변화로 간주된다. 예를 들어, 그림 10.3b에서 직류 동작점은 $I_B = 15\ \mu\text{A}$, $V_{CE} = 2.5\ \text{V}$, $I_C = 2.2\ \text{mA}$이다. 베이스 전류는 직류 동작점 부근에서 최대진폭 10 μA로 변화하고 있다. 부하 저항(load resistance)이 R_L이고 공급 전압이 V_{CC}일 때, 직류 컬렉터 전류는

$$I_C = \frac{V_{CC} - V_{CE}}{R_L}$$

이고, 이 식은 (b)의 부하선(load line)을 나타낸다. $I_C = \beta I_B$이므로, 주어진 I_B 값에 대하여 동작점은 부하선과 I_C-V_{CE} 특성 곡선의 교차점에 해당한다. 그림에 표시된 것과 같이 동작점은 부하선을 따라 움직인다. 만약 I_B가 조금 증가하면, I_C도 그 양의 β 배만큼 증가한다. 출력 전압 V_{CE}는 그에 비례해서 감소한다.

만약 직류 동작점이 고정되어 있고 교류 신호에 작은 변화가 생기면, 그림 10.3c에서 보이는 것처럼 i_b의 작은 변화는 i_c를 크게 변화시킨다. 이러한 소신호 분석에 해당하는 회로는 그림 10.3d에 나와 있다. 공통 이미터 구조가 기준이므로, 교류 입력 전류, 출력 전류, 입력 전압 및 출력 전압을 각각 i_b, i_c, υ_b 및 υ_c로 나타낸다.

그림 10.3d로부터 얻을 수 있는 소신호 등가회로는 무수히 많지만, 가장 보편적인 것은

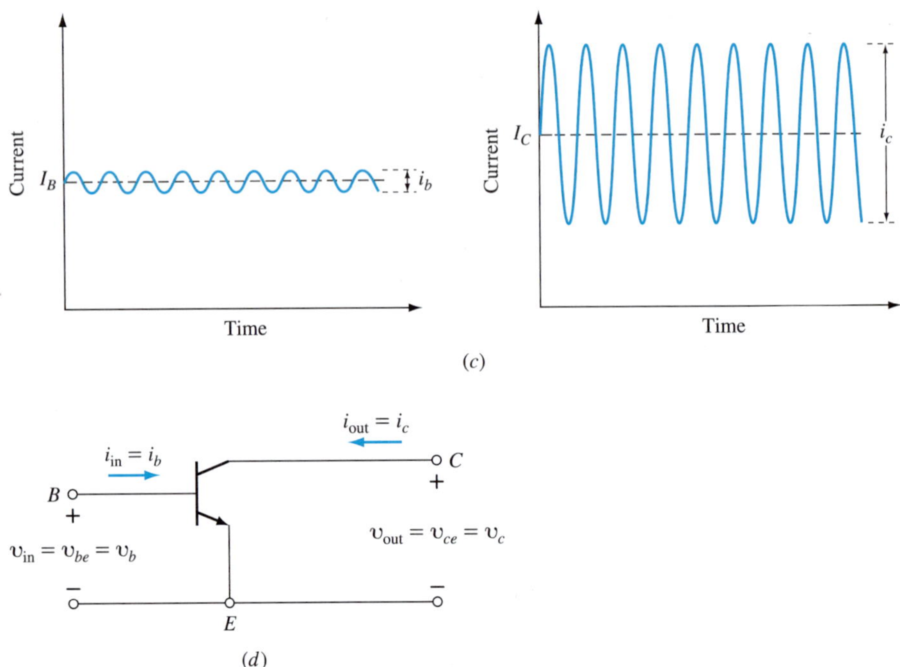

그림 10.3c–d (c) 직류 성분(각각 I_B 및 I_C)과 교류 성분(각각 i_b 및 i_c)을 가진 전체 입력 및 출력 신호, (d) 교류 변수만을 고려한 이미터 공통 회로.

하이브리드-파이 등가회로이고, 이것에 대하여 다음 절에서 다룬다.

10.3.1 하이브리드-파이 모델

소신호 동작 특성을 모사하기 위해, 그림 10.4의 BJT 집적회로를 고려해보자(앞 장에서 다루었던 BJT). 그림에 소신호 전류와 전압이 표시되어 있다. 또한 직렬 베이스 저항 r_b, 컬렉터 저항 r_c 및 이미터 저항 r_e도 표시되어 있다. 이 저항들은 반도체 영역의 한정된 전기 전도도에 의해 발생하고, 전극 저항까지 포함한 소자의 실제적인 물리적 저항을 나타낸다.

공통 이미터 구조의 이상적인 트랜지스터에 대한 등가회로가 그림 10.5a에 나와 있다. 이것을 **하이브리드-파이 모델(hybrid-pi model)**이라고 한다.[1)] 여기서는 여러 기생 정전 용량뿐만 아니라 저항도 나타나 있다. 이 모델은 실제 회로와 같이 분석될 수 있으며, 이상적인 트랜지스터와 동일한 (소신호) 동작 특성을 제공한다. 이상적인 트랜지스터에서는 저항이 0이므로, 이 경우 하이브리드-파이 모델은 그림 10.2의 에버스-몰 모델과 같아진다.

하이브리드-파이 모델에서, 컬렉터와 베이스 사이의 정전 용량 C_μ는 역방향 전압이 인가된 컬렉터-베이스 접합의 접합 정전 용량을 나타낸다.

$$C_\mu = C_{jBC} \tag{10.1}$$

베이스와 이미터 사이의 정전 용량은

$$C_\pi = C_{jBE} + C_{scBE} \tag{10.2}$$

이 정전 용량 C_π는 순방향 전압이 인가된 베이스-이미터 접합의 접합 정전 용량 C_{jBE}과 축적 전하 정전 용량 C_{scBE}의 합이다. 축적 전하 정전 용량은 이전에 다이오드와 관련하여 논의하였으며 BJT에서도 같은 의미를 가진다.

하이브리드-파이 모델에서는 베이스 전압의 차별적 변화에 대하여 베이스 전류가 어떻게 변화하는지를 나타내는 척도인 차동 입력 저항(differential input resistance) r_π를 볼

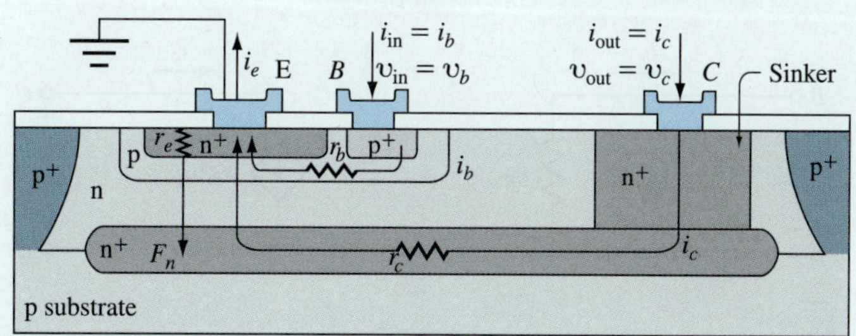

그림 10.4 소신호 전류를 나타내고 있는 공통 이미터 구조의 집적회로 양극성 접합 트랜지스터.

1) 모델에서 저항의 배열이 그리스 문자 파이(π)를 연상시키기 때문에 이렇게 부른다.

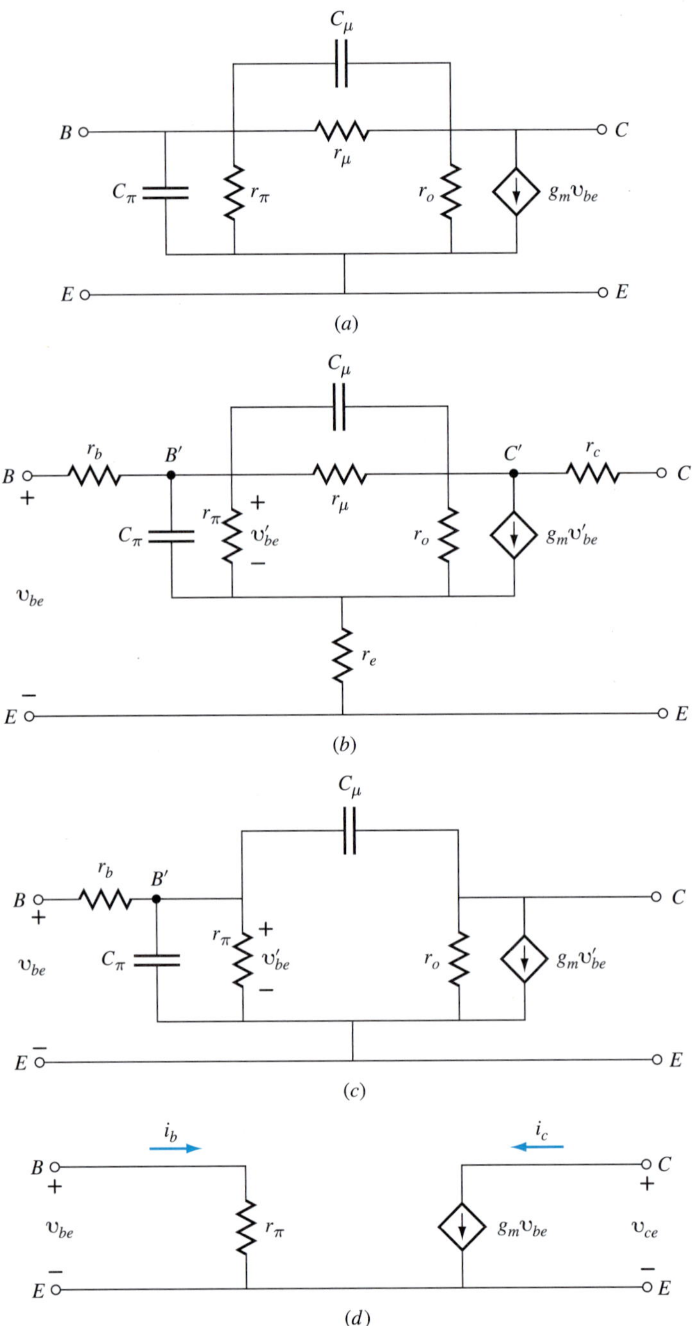

그림 10.5 하이브리드-파이 모델: (a) 이상적인 BJT(모든 저항은 무시되었다). (b) 전극의 접촉 저항까지 고려한 모든 저항이 포함되었다. 실제 BJT에서 r_e와 r_c는 대부분 무시할 만큼 작지만, 관통 저항(feedthrough resistance) r_μ는(역방향 전압이 인가된 C-B 접합의 저항) 크다. 이러한 근사를 이용해 하이브리드-파이 모델을 (c)의 형태로 단순화할 수 있다. (d) 정전 용량이 무시된 저주파 모델.

수 있다. 다이오드의 접합에 대한 I-V 특성은 선형이 아니므로, 이 저항은 관심 동작 지점의 I-V 곡선 기울기에 따라 달라진다.

$$r_\pi \approx \frac{1}{\left.\frac{\partial I_B}{\partial V_{BE}}\right|_{V_{CE}}} = \frac{v_{be}}{i_b} \tag{10.3}$$

I_B와 V_{BE} 사이의 관계식은 $I_B \approx I_{B0}(e^{qV_{BE}/kT} - 1)$이므로

$$\left.\frac{\partial I_B}{\partial V_{BE}}\right|_{V_{CE}} = \frac{q}{kT} I_{B0} e^{qV_{BE}/kT} \approx \frac{qI_B}{kT} \tag{10.4}$$

따라서 식 (10.3)과 (10.4)를 결합하면

$$r_\pi \approx \frac{kT}{qI_B} \approx \frac{\beta_{\mathrm{DC}} kT}{qI_C} \tag{10.5}$$

위의 마지막 단계에서 직류, 혹은 저주파 전류 이득을 나타내는 $\beta_{\mathrm{DC}} = I_C/I_B$의 관계식을 이용하였다.

일반적으로 베이스의 재결합 전류 I_{nB}는 베이스에서 이미터로 주입되는 전류 I_{pB}보다 훨씬 작기 때문에 I_B를 다음과 같이 표현할 수 있고,

$$I_B = I_{nB} + I_{pB} \approx I_{pB} \tag{10.6}$$

이 관계를 기반으로 r_π를 소자 변수들을 이용해 표현할 수 있다.

9장에서 다루었던 것처럼, 비축퇴적 원형 트랜지스터의 경우에 $I_{pB} = I_{pE} = (qA_E D_{pB} p_E(0^-)/W_E)$ [식 (9.27)][2]를 만족하므로,

$$I_B = qA_E \left(\frac{D_p E}{W_E} p_E(0^-) \right) \tag{10.7}$$

$p_E(0^-) = (n_i^2/N'_{DE})\exp(qV_{BE}/kT)$를 대입하면

$$I_B = qA_E n_i^2 \left(\frac{D_{pE}}{W_E N'_{DE}} \right) e^{qV_{BE}/kT} \tag{10.8}$$

식 (10.5)로부터

$$r_\pi = \frac{\frac{kT}{q^2 A_E n_i^2} e^{-qV_{BE}/kT}}{\left(\frac{D_{pE}}{W_E N'_{DE}} \right)} = \frac{kT W_E N'_{DE}}{q^2 A_E n_i^2 D_{pE}} e^{-qV_{BE}/kT} \tag{10.9}$$

2) 여기서는 음의 x 방향으로 흐르는 전류를 양의 값으로 정하였다.

컬렉터와 베이스 사이의 관통 저항 r_μ는

$$r_\mu = \frac{1}{\left.\dfrac{\partial I_C}{\partial V_{CB}}\right|_{V_{BE}}} \tag{10.10}$$

이것은 역방향 전압이 인가된 컬렉터-베이스 접합의 차동 저항(베이스 공통 구조 출력 특성의 기울기의 역수)이다. 보통 이 저항은 충분히 커서 무시할 수 있다.

출력 저항 r_0는

$$r_0 \approx \frac{1}{\left.\dfrac{\partial I_C}{\partial V_{CE}}\right|_{V_{CB}}} = \frac{V_A}{I_C} \tag{10.11}$$

이고, 이것은 공통 이미터 구조 출력 특성의 기울기의 역수이다. V_A는 얼리 전압이다.

하이브리드-파이 모델의 종속 전류 공급원은 베이스-이미터 전압 v_{be}에 비례하는 전류를 발생시킨다. 이 전류의 크기는 $g_m v_{be}$이고, 여기서 g_m은 소자의 전달 컨덕턴스(transconductance)를 나타낸다.

$$g_m = \left.\frac{\partial I_C}{\partial V_{BE}}\right|_{V_{CE}} = \frac{i_c}{v_{be}} \tag{10.12}$$

전달 전도도는 트랜지스터의 입력 전압이 출력 전류를 어떻게 제어하는가를 보여주는 척도이다.

순방향 활성 영역에서 동작하는 트랜지스터에서 컬렉터 전류는 근본적으로 이미터 전류와 같아야 하고, 이미터 전류는 베이스-이미터 전압에 의해 좌우되므로,

$$I_C \approx I_E \approx I_{E0}\, e^{qV_{BE}/kT} \tag{10.13}$$

여기서 I_{E0}는 베이스-이미터 접합의 누설 전류이다. 따라서 식 (10.12)로부터

$$g_m = \frac{qI_C}{kT} \tag{10.14}$$

그러나 식 (10.5)에 의하면

$$\frac{1}{r_\pi} = \frac{qI_B}{kT}$$

이다. 따라서 마지막 두 식을 결합하면 $g_m/(1/r_\pi) = I_C/I_B = \beta_{DC}$, 혹은

$$g_m = \frac{\beta_{DC}}{r_\pi} \tag{10.15}$$

지금까지 하이브리드-파이 모델의 변수에 관한 수식을 구하였다. 그러나 우리가 이 모

델에서 논의했던 것은 이상적인 트랜지스터의 경우뿐이었다. 만약 직렬 저항이 포함된다면, 그림 10.5b의 등가회로와 같은 모델이 된다. 예를 들어, 약간의 전압 강하가 입력 저항 r_b에서 일어난다고 하자. 그렇게 되면 종속 전류 공급원은 $g_m v'_{be}$의 값을 갖게 되고, 이때 v'_{be}는 r_π에서 일어나는 전압 강하를 의미한다. 즉

$$v'_{be} = v_{be} - i_b r_b - i_e r_e \tag{10.16}$$

이미터는 고농도로 도핑되어 있고 두께가 얇으므로, r_e는 작고 대부분의 경우 무시할 수 있다.[3)]

컬렉터 저항 r_c의 값은 그림 10.4에 나오는 것처럼 축퇴적으로 도핑된 n^+ 컬렉터 혹은 매몰층을 이용하거나, n^+ 싱커를 이용하면 감소한다. 잘 설계된 BJT의 경우 r_c는 대부분 무시할 수 있을 만큼 충분히 작다. 게다가, 베이스와 컬렉터 사이의 저항 r_μ는 접합에 역방향 전압이 인가되어 있으므로 매우 크다. 따라서 관통 저항은 무한대로 근사할 수 있다. 이 근사를 이용하면, 그림 10.5c의 등가회로와 같은 모델을 얻을 수 있다.

기생 저항(r_b, r_e 및 r_c)은 회로의 전압 이득을 감소시키므로, 이들의 값들은 최소화되어야 한다. 설계자는 베이스 영역을 더욱 고농도로 도핑하고 베이스 두께를 늘려 베이스 저항을 줄일 수 있다. 하지만 베이스 도핑 증가는 C_{jBE}를 증가시키고, 베이스 두께의 증가는 β_{DC}와 g_m을 증가시키기 때문에 적절한 타협점을 찾아야 한다.

잘 설계된 트랜지스터의 경우에, 대부분 r_e, r_b 및 r_c는 무시할 수 있을 만큼 작다. 저주파에서 정전 용량은 무시할 수 있으므로 그림 10.5d와 같은 단순화된 등가회로를 얻을 수 있다. 이 회로는 단순하기 때문에 1차적인 해석에 널리 사용된다.

고주파에서는, 그림 10.5b와 c의 하이브리드-파이 모델이 사용된다. 다음 절에서 정전 용량이 BJT의 고속 동작에 미치는 영향에 대해 알아보자. 하지만 그림 10.5b의 모델은 수 GHz 수준의 주파수까지만 유효하다. 이 값을 넘어서면, 주파수가 증가할수록 모델의 정확도가 감소하는데, 이는 이미터에서 컬렉터까지의 캐리어 (전송 시간) 지연을 고려하지 않았기 때문이다.

10.4 BJT의 축적 전하 정전 용량

5장에서 pn 접합의 축적 전하 저장용량을 논의하였다. 여기서는 BJT에 대한 축적 전하 정전 용량에 대하여 그림 10.6을 참고하여 다시 살펴볼 것이다. 이 그림은 베이스와 이미터가 균일하게 도핑된 트랜지스터를 보여준다. 그림의 (a)에서는 특정 이미터-베이스 전압

3) 고주파 작동을 위해 설계된 최신 BJT의 경우, r_e가 항상 무시 가능한 것은 아니다. 이것에 관해서 10.6장에서 더 자세히 다룰 것이다.

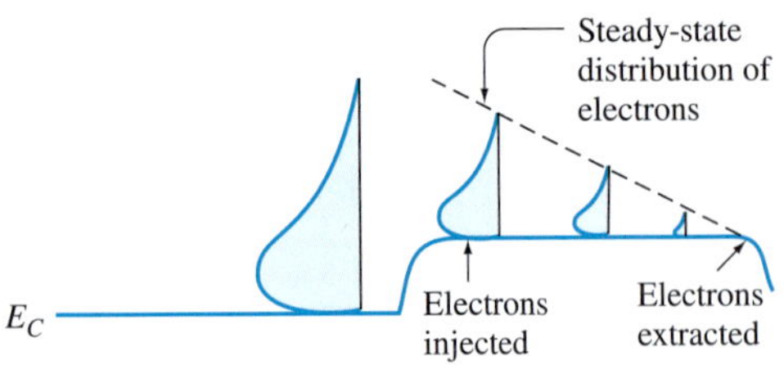

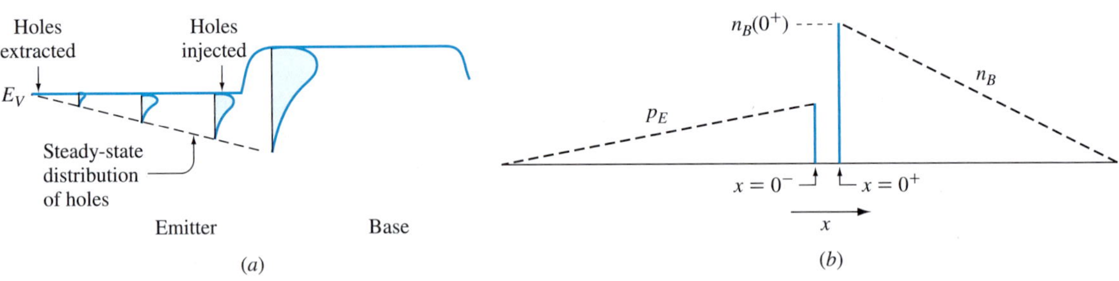

그림 10.6 베이스-이미터 접합의 양쪽에 주입된 전하는 정전 용량처럼 (축전기에 저장된 전하처럼) 행동한다. (a) 에너지 밴드 다이어그램, (b) 전하 분포(비율을 맞추지는 않았음).

에 대하여 활성 모드에서 동작하는 npn BJT의 에너지 밴드 다이어그램을 보여준다. 또한 여기에 베이스와 이미터 영역에서의 소수 캐리어 분포도 나타내었다. 과잉 소수 캐리어(전자)는 이미터에서 베이스로 주입되고, 베이스-컬렉터 접합에서 추출된다. 비슷하게, 과잉 정공은 베이스에서 이미터로 주입되어 이미터 전극에서 추출된다.

만약 균일하게 도핑되었다면 베이스 내부의 전하 분포는 그림 10.6b와 같이 직선에 가깝다. 베이스에 저장된 총 전하는

$$Q_B = -\frac{qA_E n_B(0^+)W_B}{2} \tag{10.17}$$

여기서 $n_B(0^+)$는 베이스의 이미터 쪽 경계에서의 전자 밀도이고, A_E는 이미터의 면적이다. 그러나 균일하게 도핑된 베이스에서 전자 전류는 확산에 의해 생성되므로,

$$I_n = -qA_E D_n \frac{dn(x)}{dx}$$

이때, 현재의 좌표 체계에서 음의 x 방향으로 흐르는 전류를 양수로 정하였기 때문에 위의 식에 음의 부호를 추가하였다.

전자 농도의 기울기는 $-n_B(0^+)/W_B$이므로,

$$I_{nB} = \frac{qA_E n_B(0^+)D_n}{W_B} \tag{10.18}$$

따라서, 식 (10.17)과 (10.18)을 결합하면

$$Q_B = -\frac{W_B^2 I_{nB}}{2D_n} \tag{10.19}$$

마찬가지로, 이미터에 저장된 전하는

$$Q_E = -\frac{W_E^2 I_{pE}}{2D_p} \tag{10.20}$$

하지만 잘 설계된 BJT에서는 이미터의 정공 전류가 베이스의 전자 전류보다 훨씬 작으므로($I_{pE} \ll I_{nB}$), 대부분의 경우에 이미터에 축적된 캐리어의 전하 효과는 무시할 수 있다. 이것은 이종 접합 양극성 트랜지스터에서 특히 그러하다.

그림 10.7a는 시간 $t = 0$일 때, 균일하게 도핑된 베이스의 캐리어 분포를 보여준다. 이미터-베이스 전압이 dV_{BE}만큼 감소하면, $x = 0$ 평면을 가로질러 주입되는 캐리어의 수(다시 말해, $n_B(0^+)$)가 감소한다. 정상 상태에서 축적된 베이스 전하는 음영 처리된 영역과 동일한 양만큼 감소한다.

$$dQ_B = \frac{W_B^2}{2D_n}\frac{dI_{nB}}{dV_{BE}}dV_{BE} \tag{10.21}$$

균일하게 도핑된 베이스에서 일어나는 전하 분포 변화의 진행은 10.7a에 나와 있다. 제거되어야 하는 전하 dQ_B 중에 일부는 이미터로 다시 확산하여 돌아가고, 나머지는 컬렉터로 확산해간다. dQ_B 중에 회복 비율 δ만큼만 이미터에 의해 회복되고, 이미터 외부 회로로 흘러서 축적 전하 정전 용량에 기여한다. 회복 가능한 전하 dQ_{Br}은 다음과 같이 정의한다.

$$dQ_{Br} = \delta dQ_B \tag{10.22}$$

균일하게 도핑된 베이스의 경우에 δ는 약 2/3이고, 이는 dQ_B의 2/3만큼 이미터에 의해 회복된다는 것을 의미한다.

그림 10.7의 경사형으로 도핑된 베이스를 가진 트랜지스터의 경우, 베이스 내부의 전기장이 베이스 전자를 컬렉터로 가속하고, 베이스로 돌아가는 전자의 비율을 감소시킨다. 이로 인해 되찾을 수 있는 전하는 감소하고, 그에 따라 축적 전하 정전 용량도 감소한다.[4] 전형적인 경사형 베이스의 경우, dQ_B의 회복 비율은 $\delta = 0.2 \sim 0.3$ 수준이다.

회복 가능한 전하를 구하는 것은 이 책의 수준을 뛰어넘기 때문에, 여기서는 베이스의

---

4) 균일한 도핑 분포와 균일한 물질 조성을 가진 베이스의 경우에, 확산에 의해 베이스 전하가 회복되고, 그로 인한 정전 용량을 **확산 정전 용량(diffusion capacitance)**이라고 한다. 대부분의 BJT에서, 전하는 확산과 표동(drift) 모두에 의해 회복되므로, 이로 인한 정전 용량을 **축적 전하 정전 용량**이라고 한다.

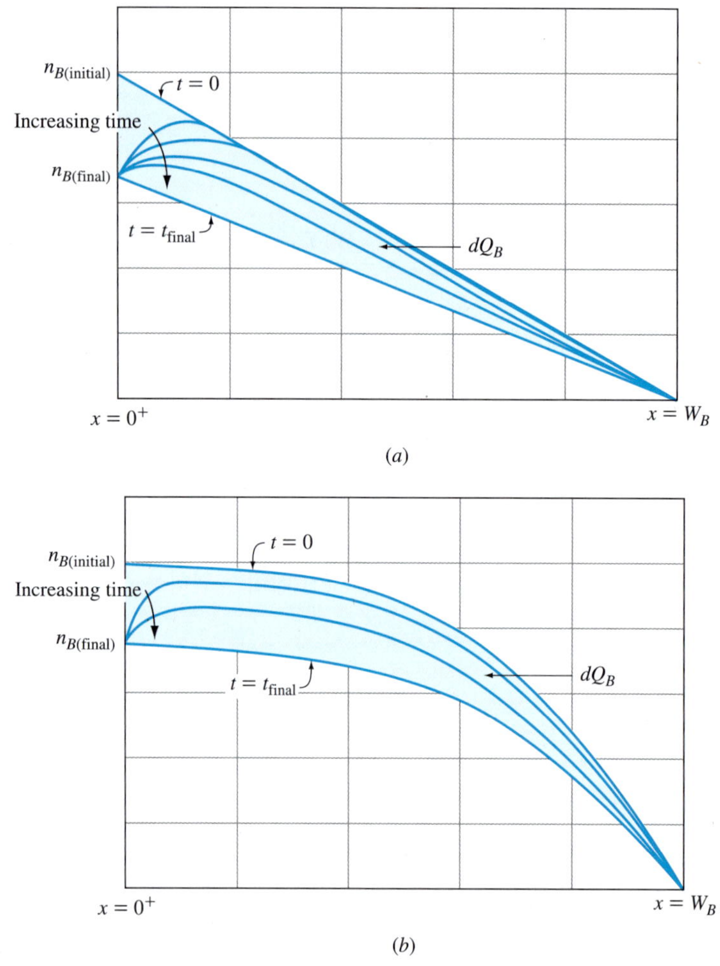

그림 10.7 균일하게 도핑된 접합에서 전하 주입량이 변화하였을 때 발생하는 전하 분포의 변화. 과잉 전하를 제거하는 데는 시간이 걸리는데, 이는 축전기를 방전시키는 시간과 동등하다. (a) 균일하게 도핑된 베이스, (b) 경사형 베이스.

축적 전하 Q_B를 증명 없이 바로 기술하였다.[1]

$$Q_B = \frac{I_C W_B^2}{\langle D_{nB} \rangle} \left[\frac{\eta - 1 - e^{-\eta}}{\eta^2} \right] \tag{10.23}$$

여기서 η는 도핑 변수, $\langle D_{nB} \rangle$는 베이스의 평균 확산 상수이다. 회복 가능한 전하 Q_{Br}은

$$Q_{Br} = \frac{I_C W_B^2}{\langle D_{nB} \rangle} \left[\frac{1 - e^{-\eta}}{\eta^2} \right] \left[\frac{\sinh \eta - \eta}{\cosh \eta - 1} \right] \tag{10.24}$$

따라서 전압 변화 dV_{BE}에 따른 회복 전하의 비율 δ는

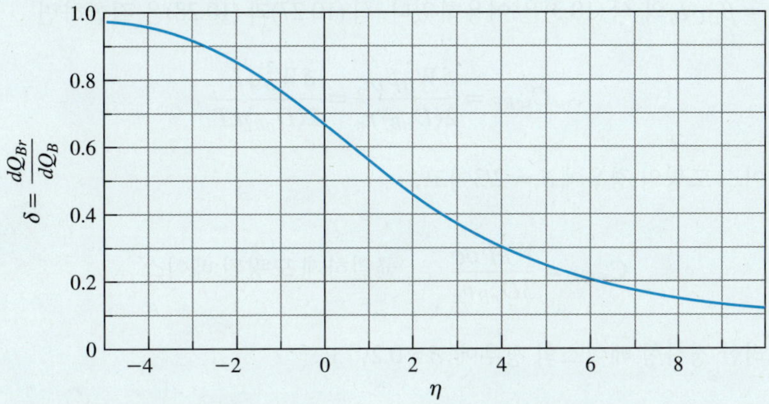

그림 10.8 베이스의 경사 변수 η에 대한 베이스의 회복 가능한 전하의 비율. 회복 가능한 전하의 비율이 감소할수록, 축적 전하 정전 용량이 감소하고, 소자 응답 시간 또한 감소한다(소자는 더욱 빠르게 동작한다).

$$\delta = \frac{dQ_{Br}}{dQ_B} = \frac{(1 - e^{-\eta})\left(\frac{\sinh \eta - \eta}{\cosh \eta - 1}\right)}{\eta - 1 + e^{-\eta}} \tag{10.25}$$

이고, 이것은 그림 10.8에 그래프로 그려져 있다. 그림에서 볼 수 있듯이, 회복 가능한 전하의 비율은 $\eta = 0$일 때(균일한 도핑, 균일한 물질 함량의 경우)의 값 2/3부터 $\eta = 10$일 때의 값 0.13까지, η가 증가할수록 감소한다. 이것은 축적 전하 정전 용량의 감소를 의미하므로, 결국 경사형-베이스 혹은 경사형 물질 함량의 베이스를 가진 트랜지스터가 균일하게 도핑된 베이스의 경우보다 더 빠른 동작 속도를 갖는다. 음의 값을 갖는 η는 주입된 전하를 이미터를 향해 가속시키는 전기장을 나타낸다. 따라서 $\eta = -3$의 경우, 약 90%의 주입된 전하가 회복 가능하고, 이로 인해 정전 용량이 상당히 증가하여 소자 응답 속도가 느려진다.

축적 전하 정전 용량을 다음과 같이 정의한다.

$$C_{scBE} \equiv \delta \left|\frac{dQ_B}{\partial V_{BE}}\right| \tag{10.26}$$

따라서 식 (10.21)로부터,

$$C_{scBE} = \frac{\delta W_B^2}{2\langle D_{nB}\rangle} \frac{\partial I_{nB}}{\partial V_{BE}} \tag{10.27}$$

컬렉터 전류는 주로 베이스로부터 나오는 전류로 이루어졌으므로, 다음과 같이 표현할 수 있다.

$$\frac{\partial I_{nB}}{\partial V_{BE}} \approx \frac{\partial I_C}{\partial V_{BE}} \approx \beta_{DC} \frac{\partial I_B}{\partial V_{BE}} = \frac{\beta_{DC}}{r_\pi} \tag{10.28}$$

여기서 $I_C = \beta_{DC} I_B$와 식 (10.3)을 이용하였다. 식 (10.27)과 (10.28)을 결합하면

$$C_{scBE} = \frac{\delta W_B^2 \beta_{DC}}{2\langle D_{nB}\rangle r_\pi} = \frac{\delta W_B^2 q I_C}{2\langle D_{nB}\rangle kT} \tag{10.29}$$

균일한 베이스 도핑의 경우에 $\delta = 2/3$이고,

$$C_{scBE} = \frac{W_B^2 \beta_{DC}}{3 D_{nB} r_\pi} \qquad \text{균일하게 도핑된 베이스} \tag{10.30}$$

앞에서 고려한 경사형 베이스의 경우에, $\delta \approx 0.2$이고,

$$C_{scBE} \approx \frac{W_B^2 \beta_{DC}}{10\langle D_{nB}\rangle r_\pi} \qquad \eta = 6\text{인 경사형 베이스} \tag{10.31}$$

축적 전하 정전 용량은 베이스 두께가 줄어들수록 감소하고, 베이스의 전기장이 증가할수록 감소하는 회복 가능 비율 δ에 의해서도 감소한다.

10.5 주파수 응답

높은 주파수에서 정전 용량은 BJT의 전류 이득을 감소시킨다. 이 절에서는 공통 이미터 구조의 BJT를 이용해 단락 회로(short-circuit) 전류 이득의 주파수 응답을 알아볼 것이다. 그림 10.9는 그림 10.5c의 하이브리드-파이 회로에서 r_b와 r_c가 생략되고, 출력이 단락된 회로의 경우를 나타낸다. 출력 전류는

$$i_c = (g_m - j\omega C_\mu) v_{BE} \tag{10.32}$$

반면 베이스 전류는

$$i_b = \left(\frac{1}{r_\pi} + j\omega C_\pi + j\omega C_\mu\right) v_{BE} \tag{10.33}$$

따라서 단락 회로 전류 이득은

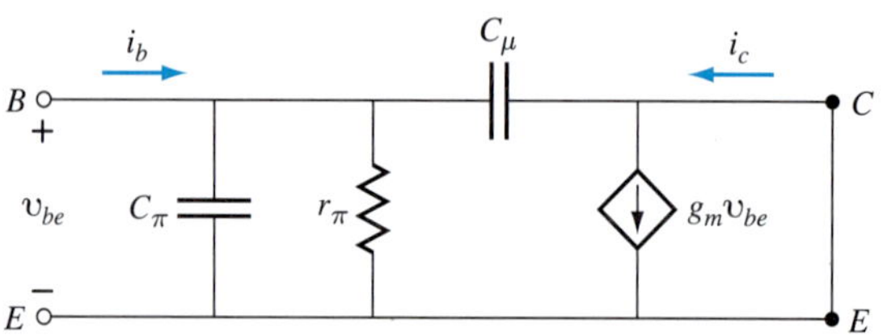

그림 10.9 고주파 단락 회로 전류 증폭에 대한 하이브리드-파이 모델.

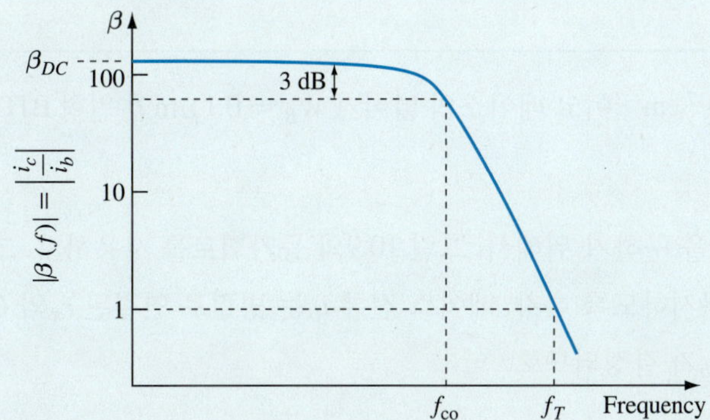

그림 10.10 BJT의 주파수 응답. 차단 주파수 f_{co}와 단일 이득 주파수 f_T가 표시되어 있다.

$$\beta(\omega)\frac{i_c}{i_b} = \frac{g_m - j\omega C_\mu}{\frac{1}{r_\pi} + j\omega(C_\pi + C_\mu)} = \frac{r_\pi(g_m - j\omega C_\mu)}{1 + j\omega r_\pi(C_\pi + C_\mu)} \tag{10.34}$$

일반적인 동작 주파수와 전류 조건에서, $g_m \gg \omega C_\mu$이고, 따라서

$$\beta(\omega) \approx \frac{r_\pi g_m}{1 + j\omega r_\pi(C_\pi + C_\mu)} = \frac{\beta_{DC}}{1 + j\omega r_\pi(C_\pi + C_\mu)} \tag{10.35}$$

주파수의 함수로 나타낸 전류 이득의 크기는

$$\beta(f) = \frac{\beta_{DC}}{\sqrt{1 + \left(\frac{f}{f_{co}}\right)^2}} \tag{10.36}$$

이때 β의 주파수 응답에 대한 차단 주파수 f_{co}는

$$f_{co} = \frac{1}{\sqrt{2\pi r_\pi(C_\pi + C_\mu)}} \tag{10.37}$$

이 결과는 그림 10.10의 그래프에 나타나 있다.

10.5.1 단일 전류 이득 주파수 f_T

그림 10.1에 전류 이득이 1인 경우에 해당하는 주파수 f_T가 표시되어 있다. 이 성능 지수는 **단일 전류 이득 주파수(unity current gain frequency)** 혹은 **단일 이득 주파수(unity gain frequency)**로 알려져 있다. 식 (10.36)으로부터, $\beta(f) = \beta(f_T) = 1$, 혹은 $\beta_{DC} = \sqrt{1 + (f_T/f_{co})^2}$ 을 만족한다. 하지만 $\beta = 1$과 $f \gg f_{co}$인 경우에

$$f_T = \beta_{DC} f_{co} \tag{10.38}$$

f_T는 전류 이득과 대역폭의 곱($\beta_{DC} f_{co}$)과 동일하다.

예제 10.1

베이스 도핑이 10^{17} cm^{-3}이고 베이스의 넓이가 $W_B = 0.1\ \mu$m인 원형 BJT의 f_T를 구하라.

■ **풀이**

대략적인 f_T의 값을 구하기 위해서, 그림 10.9의 등가회로를 사용하자. 그러나 C_μ의 값은 보통 작으므로, 무시하도록 하자. 베이스 전류 i_b는 병렬로 연결된 r_π와 C_π를 가로지르는 전압 v_{be}에 의해 i_b가 결정되므로,

$$i_b = v_{be}\left(\frac{1}{r_\pi} + j\omega C_\pi\right)$$

컬렉터 전류는 $i_c = g_m v_{be}$이다. 따라서 전류 이득 $\beta(f)$는

$$\beta(f) = \frac{i_c}{i_b} = \frac{g_m v_{be}}{v_{be}\left(\frac{1}{r_\pi} + j\omega C_\pi\right)} = \frac{g_m}{\left(\frac{1}{r_\pi} + j\omega C_\pi\right)}$$

이며, 위 식을 이용하여 다음의 결과를 얻을 수 있다.

$$\beta(f) = \frac{g_m r_\pi}{1 + j\omega r_\pi C_\pi} = \frac{\beta_{\mathrm{DC}}}{1 + j\omega r_\pi C_\pi}$$

$\omega = 0$인 경우엔, 예상한 대로 위의 식은 β_{DC}가 된다.

$|\beta(f)| = 1$인 경우에, $\omega r_\pi C_\pi \gg 1$이고,

$$|\beta(f)| = 1 = \frac{\beta_{\mathrm{DC}}}{2\pi f_T r_\pi C_\pi} = \frac{\beta_{\mathrm{DC}}}{2\pi f_T r_\pi (C_{jBE} + C_{\mathrm{sc}BE})}$$

저전류의 경우를 제외하고, 축적 정전 용량은 접합 정전 용량보다 확실히 크다. 따라서 $C_\pi \approx C_{\mathrm{sc}BE}$이다. 위의 식을 f_T에 대하여 정리하고, 식 (10.29)를 이용하면

$$f_T \approx \frac{\beta_{\mathrm{DC}}}{\frac{2\pi\delta r_\pi W_B^2 \beta_{\mathrm{DC}}}{2D_n r_\pi}} = \frac{2D_n}{2\pi\delta W_B^2}$$

원형 트랜지스터의 경우에, $\delta = 2/3$이고, 베이스 도핑이 10^{17} cm^{-3}인 경우에 그림 3.11로부터 $D_n \approx 20$ cm^2/s를 얻을 수 있다. 베이스의 넓이가 $0.1\ \mu$m $= 10^{-5}$ cm이므로,

$$f_T = \frac{2 \times 20\ \mathrm{cm}^2/\mathrm{s}}{2\pi \times \frac{2}{3} \times (10^{-5}\ \mathrm{cm})^2} = 9.5 \times 10^{+10}\ \mathrm{Hz} = 95\ \mathrm{GHz}$$

하지만 이 값은 근사치이고, 실제로 존재하는 기생 저항을 고려하면 이 값은 더 작아질 것이다.

예제 10.1에서, f_T의 값을 $f_T = 1/2\pi r_\pi C_{scBE}$로 계산하였다. f_T를 계산하는 또 다른 방법은 이미터에서부터 컬렉터로 전송되는 캐리어가 베이스를 통과할 때 발생하는 시간 지연을 계산하는 것이다. 이것을 다음 절에서 다루어보자.

10.5.2 베이스 통과 시간(transit time), t_T

npn 트랜지스터에서 베이스의 전자 전류는

$$I_{nB} = qA_E \Delta n(x) \upsilon_n(x) \tag{10.39}$$

여기서 $\upsilon(x)$는 베이스 내부 위치 x에서의 평균 속도이다. 적은 양의 재결합 전류를 무시하면, 전체 베이스 전류 I_B는 x에 무관하고, $\Delta n(x)\upsilon_n(x)$의 곱은 일정하다. 전자가 거리 dx만큼 이동하는 데 걸리는 시간은

$$dt = \frac{1}{\upsilon_n(x)} dx \tag{10.40}$$

따라서 베이스를 통과하는 데 걸리는 시간은

$$t_T = \int_0^{t_{tB}} dt = \int_0^{W_B} \frac{1}{\upsilon_n(x)} dx \tag{10.41}$$

식 (10.39)로부터 얻어진 속도를 이용하면

$$t_T = \int_0^{W_B} \frac{qA_E \Delta n}{I_{nB}} dx = \frac{1}{I_{nB}} \int_0^{W_B} qA_E \Delta n dx \tag{10.42}$$

(I_{nB}를 포함하지 않는) 우변의 적분 식은 베이스에 축적된 전체 소수 캐리어 전하량 Q_B을 나타낸다. 따라서 베이스 통과 시간은

$$t_T = \frac{Q_B}{I_{nB}} = \frac{Q_B}{I_C} \tag{10.43}$$

식 (10.43)은 임의의 베이스 도핑 분포에 대하여 모두 유효하다. 균일하게 도핑된 베이스의 경우, 전자 분포는 이미터에서부터 베이스로 감소하는 선형 함수이므로

$$\Delta n(x) = \Delta n(0^+) \left(1 - \frac{x}{W_B}\right) \tag{10.44}$$

이고, 축적 전하는

$$Q_B = \frac{qA_E \Delta n(0^+) W_B}{2} \tag{10.45}$$

컬렉터 전류는 거의 대부분이 베이스로부터 도달한 전자들이므로

$$I_C = I_{nB} = qA_E D_n \frac{d\Delta n}{dx} \tag{10.46}$$

따라서 식 (10.44)를 이용하면

$$I_C = \frac{qA_E D_n \Delta n(0^+)}{W_B} \tag{10.47}$$

이고, 식 (10.43)으로부터

$$t_T = \frac{W_B^2}{2D_n} \tag{10.48}$$

이 근사식을 이용하면

$$f_T = \frac{1}{2\pi t_T} \tag{10.49}$$

예제 10.2

예제 10.1의 npn 원형 트랜지스터에서 전자에 대한 베이스 통과 시간을 구하라[베이스 도핑이 10^{17} cm^{-3}이고 베이스의 폭은 $W_B = 0.1\,\mu$m (10^{-5} cm)이다].

■ 풀이

식 (10.48)로부터,

$$t_T = \frac{W_B^2}{2D_n} = \frac{(10^{-5})^2}{2\times 20} = 2.5\times 10^{-12}\,\text{s} = 2.5\,\text{ps}$$

여기서 $D_n \approx 20$ cm^2/s이다. 이 결과는 베이스의 전자 수명보다 10^5 배보다 더 작고, 이는 10^{-5} 정도의 비율로 베이스 전자가 재결합 한다는 것을 의미한다. 즉, 약 100,000개의 전자들 중 단 한 개의 전자가 베이스에서 재결합으로 소실되고, 따라서 $\alpha_T \approx 1$이다.

이러한 근사를 이용하면,

$$f_T = \frac{1}{2\pi t_T} = \frac{1}{2\pi \times 2.5\times 10^{-12}\ \text{s}} = 63.6\ \text{GHz}$$

이것은 예제 10.1의 결과보다 $1/\delta$ 배만큼 감소한 값이다.

경사형으로 도핑된 베이스, 혹은 경사형의 물질 조합을 가진 트랜지스터의 경우, 베이스의 전기장이 전자를 컬렉터 쪽으로 가속시키기 때문에(즉, 확산과 표동 모두에 의해 전

자가 이동하므로), 앞에서 제시된 t_T 값보다 더 작은 값을 갖게 될 것이다. 약 5 kV/cm보다 큰 값을 갖는 베이스 전기장의 경우, 전자는 포화 속도로 베이스를 가로지른다. 이 경우,

$$t_T \approx \frac{W_B}{v_{\text{sat}}} = \frac{0.1\ \mu\text{m}}{10^7\ \text{cm/s}} = 1\ \text{ps}$$

이고 예제 10.2에 해당한다.

10.5.3 베이스-컬렉터 통과 시간 t_{BC}

베이스를 통과하는 데 걸리는 시간에 의한 지연 이외에도, 캐리어가 베이스와 컬렉터 사이의 공핍 영역을 건너는 데 걸리는 시간 t_{BC}에 의한 지연이 있다. 이 영역의 전기장의 세기는 크기 때문에, 대부분의 공핍 영역에서 캐리어 속도는 포화 속도와 동일하다.

$$t_{BC} = \frac{w_{BC}}{v_{\text{sat}}} \tag{10.50}$$

여기서 w_{BC}는 베이스-컬렉터 공핍 영역의 넓이이고, 도핑 농도와 컬렉터-베이스 전압에 따라 달라진다.

10.5.4 최대 진동 주파수 f_{MAX}

단일 전류 이득 주파수 f_T는 특히 저전류 조건에서 BJT의 편리한 성능 지수지만, 이것은 기생 저항의 효과를 고려하지 않는다. 또 다른 보편적인 성능 지수로 **최대 진동 주파수 (maximum oscillation frequency)** $f_{\max}$가 있는데, 이는 베이스 저항을 고려하는 조건에서 소자의 전력 이득이 1이 될 때의 주파수를 나타낸다. 이것은 다음과 같은 식으로 표현할 수 있다.[2]

$$f_{\max} = \left(\frac{f_T}{8\pi r_b C_{jBC}} \right)^{1/2} \tag{10.51}$$

여기서 r_b는 베이스 저항이고, C_{jBC}는 베이스-컬렉터 접합 정전 용량이다. r_b와 C_{jBC}의 값에 따라 $f_{\max}$는 f_T보다 클 수도 있고 작을 수도 있다는 것에 유의하자. 현대의 고성능 트랜지스터의 경우에 보통 $f_{\max} > f_T$이다.

10.6 고주파 트랜지스터

9장에서 일반적인 트랜지스터의 직류 특성에 대하여 논의하였는데, 그때는 기생 저항이 중요하지 않았다. 하지만 고주파 동작의 경우 기생 저항과 정전 용량이 최소화되는 구조를 사용해야만 한다. 다음 절에서 그러한 구조 중에 하나로서 다결정 실리콘 이미터를 가

진 이중 다결정 실리콘 자체 정렬 구조(double poly Si self-aligned structure)에 대하여 논의해보자. 그다음에는 베이스 통과 시간이 BJT의 고속 동작에 미치는 영향에 대하여 살펴볼 것이다. (9.6.2절에서 다루었던 $Si{:}Si_xGe_{1-x}{:}Si$ HBT는 사실상 이중 이종 접합 BJT이다. 이 소자는 300 GHz 이상의 f_T와 f_{max}가 보고되었다.)

10.6.1 이중 다결정 실리콘 자체 정렬 트랜지스터

이중 다결정 실리콘 자체 정렬 트랜지스터[5)]의 단면도가 그림 10.11에 나와 있다.[3] 고속 동작용 설계의 경우, 두 개의 베이스 영역이 있다. 좀 더 정확히는 베이스 영역이 양분되어 그중에 반은 이미터 양쪽에 나타난다.[6)] "외적(extrinsic)" 베이스를 형성하기 위해, p^+ 다결정 실리콘을 표시된 영역에 증착하고, 고온에서 억셉터를 확산시켜 저저항 p^+ 베이스를 형성한다. 좀 더 가볍게 도핑된 활성 베이스는 이온 주입을 이용해 미리 형성시켜둔다. 이미터를 형성하기 위해서, n^+ 다결정 실리콘을 증착하고, 열처리를 통해 도너를 확산시켜 얕은(30 nm 수준의) n^+ 이미터를 단결정 Si 안에 형성한다. 이 소자의 이미터는 직렬로 연결된 n^+ 단결정 영역과 n^+ 다결정 영역으로 구성되어 있다.

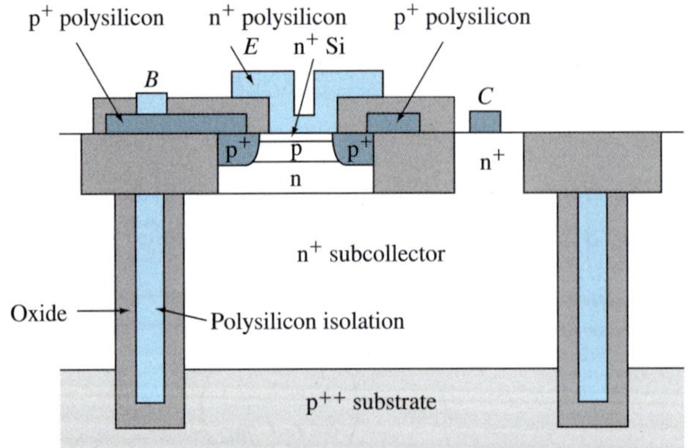

그림 10.11 이중 다결정 자체 정렬 BJT의 단면도. 이미터는 얕은 n^+ 단결정 영역과 n^+ 다결정 실리콘 영역으로 구성되어 있다. 외적 베이스는 p^+ 다결정 실리콘 영역과 다결정 실리콘에서부터 확산된 불순물에 의해 생성된 p^+ 단결정 영역으로 구성되어 있다. (출처: T. Ning, "History and Future Perspectives of the Modern Silicon Bipolar Transistor," *IEEE Transactions on Electron Devices*, 48, pp. 2485-2491, 2001.)

5) **자체 정렬(self-aligned)**이라는 용어의 이미는 각각이 독립적으로 정렬되어야 하는 포토마스크(photomask)를 여러 장 사용하는 대신 각 층이 성장할 때 아래층의 위에 미리 형성된 구조가 마스크로 사용되는 것을 의미한다.

6) 그림 10.11에서는 베이스 전극이 하나만 있는 것처럼 보인다. 하지만 두 전극이 내부적으로 연결되어 있기 때문에 양쪽 베이스 영역 모두 활성화되어 있다.

일반적인 트랜지스터를 뛰어넘는 이 구조의 장점은 다음과 같다.

1. 베이스-컬렉터 접합 면적을 작게 만들 수 있다. 따라서 그에 따른 접합 정전 용량을 감소시킬 수 있다.
2. 외적 베이스 영역을 짧게 하고, 고농도로 도핑하여 베이스 저항을 줄일 수 있다.
3. 이중 베이스를 사용함으로써 고유의 베이스 저항을 4배까지 줄일 수 있다.
4. 활성 이미터 면적을 작게 만들어 접합 정전 용량을 줄일 수 있다.
5. 다결정 실리콘 이미터를 활성 이미터보다 훨씬 넓은 면적으로 확장하여 이미터 저항을 줄일 수 있다.
6. 자체 정렬 공정을 사용함으로써 정렬 허용 오차로 인하여 베이스와 이미터 전극 사이에 더 넓은 공간이 요구되는 광식각 공정을 통해 제작된 일반적인 소자에 비해 소자의 면적을 줄일 수 있다.
7. 다음에서 설명할 것처럼 이미터에 다결정 실리콘 부분이 있어서 전류 이득이 증가한다.

이 소자들은 고속 동작을 위해서 설계되지만, 또한 예상보다 큰 β 값을 가진다. 다결정 실리콘 이미터 구조 사용에 의한 β의 증가는 잘 설명되지 않지만, 이 효과를 설명하기 위한 여러 가지 모델이 존재한다.[4] 이 모델들 중 하나는 밴드 갭 감소의 효과가 단결정 이미터에서보다 다결정 실리콘에서 더 작다는 것을 이용하여 설명하고 있다. 이것은 그림 10.12a를 이용하여 설명할 수 있다. 베이스는 p형으로 도핑되어 있고, 도핑 농도는 $N'_{AB} \approx 10^{18}$ cm^{-3}이며, 베이스에는 약간의 밴드 갭 감소가 있어 E_V가 위로 상승하였다. n$^+$ 단결정 이미터는 p 베이스 영역으로 확산하여, 이미 언급된 E_V 상승과 더불어 이미터의 도너에 의한 E_C 감소가 추가적으로 일어난다. 하지만 n$^+$ 다결정 실리콘은 이들 구조의 맨 위에 성장되어 있어, 무시할 만큼 작은 양의 억셉터만 존재한다. 따라서 n$^+$ 다결정 실리콘에서는 도너에 의한 밴드 갭 감소만 발생하고, E_V는 영향을 받지 않는다. 결과적으로 단결정 이미터의 가전자대는 다결정 실리콘 이미터의 가전자대보다 더 높은 에너지에 위치한다. 이러한 E_V의 불연속점은 정공의 흐름에 에너지 장벽으로 작용하여 베이스-이미터 정공 전류가 감소하고, 이로 인해 주입 효율과 따라서 β가 증가한다.

다결정 실리콘 이미터를 가진 소자와 단결정 이미터에 금속 전극을 바로 붙인 소자의 정공 농도 분포 비교를 개략적으로 나타낸 그래프가 그림 10.12b에 나와 있다. 다결정 실리콘 이미터 확장 층의 경우에 금속 전극이 단결정 이미터 층에 직접적으로 연결된 경우보다 정공 농도 기울기가 작고, 따라서 정공 확산 전류가 감소한다. 또한 Δp 분포에 불연속점이 있다. 이 불연속점에서 손실된 정공은 이미터 전극에 도달하지 못하고 따라서 베이스-이미터 정공 전류에 기여하지 못한다. 이러한 I_{pE}의 감소는 주입 효율 γ를 증가시키고, 결국 전류 이득 β를 증가시킨다. 이러한 이미터 구조에서의 β 값 증가를 설명하기 위한

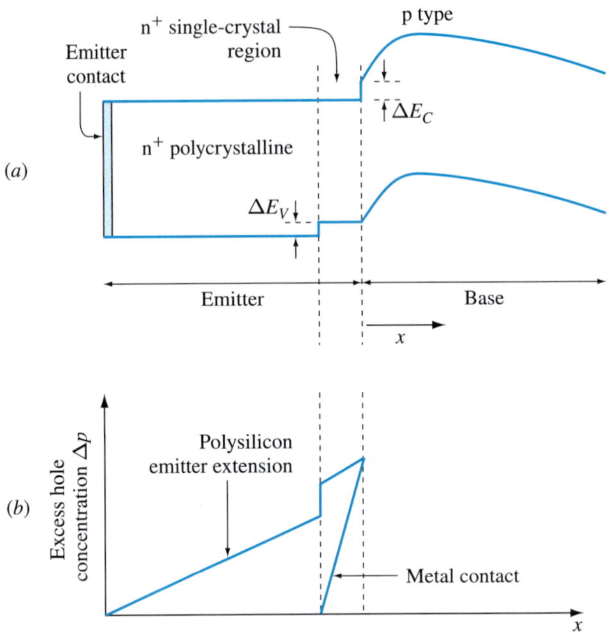

그림 10.12 n^+ 다결정 실리콘 이미터 확장 층의 사용. (a) 에너지 밴드 다이어그램. 가전자대의 불연속은 정공에 대한 에너지 장벽으로 작용한다. (b) 단결정 이미터 위에 직접적으로 연결된 금속 전극의 과잉 정공 농도와 비교한 다결정 이미터의 과잉 정공 농도. Δp의 기울기가 더 작으므로 정공 전류가 감소하고 β가 증가한다.

또 다른 방법은 다결정 실리콘-실리곤 경계에 자연적으로 형성되는 얇은 SiO_2 층을 이용한 해석이다. 이 층은 베이스에서 이미터로의 정공 전류 주입을 감소시키는 장벽으로 작용하고, 따라서 γ(그리고 β)가 증가한다.

10.7 BJT 스위칭 트랜지스터

10.4절에서 순방향 전압이 인가된 접합에서 주입된 소수 캐리어는 축적 전하 정전 용량을 유도한다는 것을 보았다. 여기서는 그 정전 용량이 전환 속도에 미치는 영향을 구할 것이다.

전계 효과 트랜지스터에 관한 논의에서 언급했던 것처럼, 회로를 **꺼짐(off)**과 **켬(on)** 상태 사이에서 전환하는 시간은 회로 정전 용량을 충전하고 방전하는 데 필요한 시간에 달려 있다. 이것은 양극성 접합 트랜지스터에서도 마찬가지이다. 하지만 BJT의 경우에는 소수 캐리어와 다수 캐리어가 모두 관여한다. 게다가, 회로의 정전 용량을 방전하기 위하

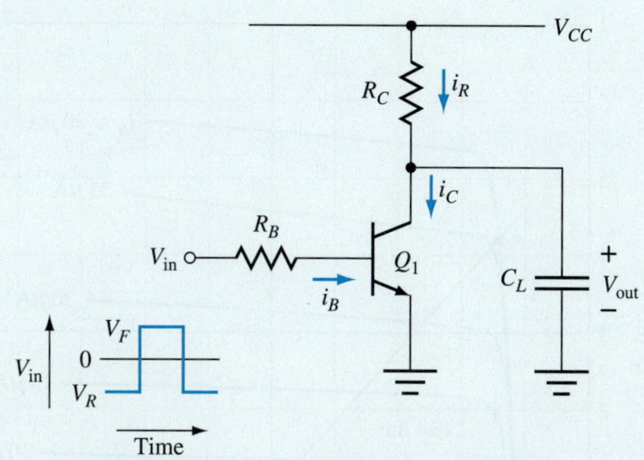

그림 10.13 간단한 양극성 트랜지스터 인버터 회로.

여 회로로 흘러 들어가는 컬렉터와 이미터의 다수 캐리어 이외에도, 소수 캐리어 축적 전하를 주입하고 제거하는 데 걸리는 시간은 켜짐 응답 시간(turn-on time)과 꺼짐 응답 시간(turn-off time)을 한층 더 증가시킨다.

저장된 소수 캐리어의 효과를 그림 10.13의 회로를 이용하여 설명해보자. 여기서 R_C는 부하 저항이고 C_L은 부하 정전 용량이다. 베이스 전류는 베이스 저항 R_B를 통해서 입력 전압 V_{in}에 의해 공급된다. 도시된 회로에서, 입력 전압은 V_R에서 V_F로 전환된다. 음의 V_R일 때, 베이스-이미터 접합에는 역방향 전압이 인가되고 BJT는 꺼짐 상태가 된다. 출력 전압은 $V_{out} = V_{CC}$이고, 여기서 V_{CC}는 공급 전압이다. $V_{in} = V_F$인 경우에, 베이스-이미터에는 순방향 전압이 인가되고, 트랜지스터에는 전류가 흐른다.

스위치로서 동작하기 위해서, $V_{in} = V_F$인 경우에 BJT를 포화 상태 혹은 켜짐 상태에서 동작하게 하고, $V_{in} = V_R$일 때는 트랜지스터가 꺼짐 상태가 되도록 V_F, R_B, R_C를 정한다. 이러한 두 가지 상태는 BJT의 I_C-V_{CE} 특성 그래프가 관련되는 저항(R_C) 부하선과 함께 나타나 있는 그림 10.14에 표시되어 있다. 컬렉터 전류 I_C는 베이스 전류 I_B에 의해 제어된다. 음의 V_{in}의 경우에(혹은 0일 때), E-B 접합에 순방향 전압이 인가되지 않고, $I_E \approx 0$이 된다. 따라서 $I_C = I_E - I_B \approx 0$이다. 이 경우 R_C에는 전압 강하가 일어나지 않는다. 따라서 V_{in}이 음수일 때, 점 C가 나타내는 것처럼 $V_{CE} = V_{CC}$이다(차단 상태, cutoff). 부하선 위의 대부분의 영역에서는 $I_B = (V_{in} - V_{BE})/R_B \approx V_{in}/R_B$이다. $V_{in} = V_F$인 경우, E-B 접합에는 순방향 전압이 인가되고 전류가 흐르게 된다. 전압 V_F는 큰 I_C가 흘러 대부분의 V_{CC}가 R_C에서 강하되고 V_{CE}가 트랜지스터에 양단에 남아 있도록 (즉, 출력이 되도록) 선택된다. 따라서 I_C는 V_{CE}에서 포화되고, 이는 점 S에 의해 표시되었다(포화 상태).

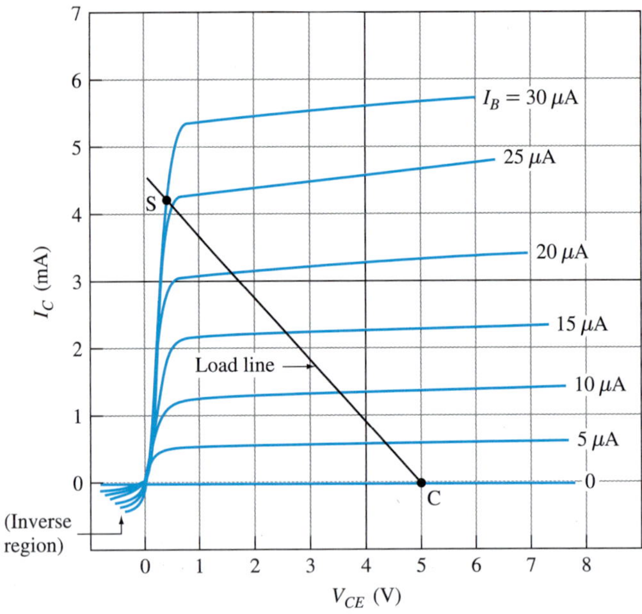

그림 10.14 그림 10.13에 나와 있는 트랜지스터의 I_C-V_{CE} 특성과 회로 부하선. 입력이 높으면 트랜지스터 Q1의 E-B 접합은 순방향 바이어스가 되고, 트랜지스터는 포화 상태가 된다(점 S). 전류가 트랜지스터와 R_C를 통과하여 흐르므로, 저항에서 전압 강하가 일어나고 출력은 낮아진다. 입력이 낮을 땐, 트랜지스터는 꺼짐 상태가 된다(점 C). 이때 E-B 접합은 역방향 바이어스가 된다. Q1에는 전류가 흐르지 않고, 따라서 R_C에는 전압 강하가 일어나지 않는다. 즉 전압 출력은 높다.

10.7.1 출력의 저-고 전이 시간

베이스에 주입된 소수 캐리어가 컬렉터에 도달하는 데는 어느 정도 시간이 필요하기 때문에, 출력의 고-저 전이 시간 t_{hl}은 단순히 접합 정전 용량을 방전하는 데 필요한 시간보다는 더 길다. 더 중요한 것은 출력의 저-고 전이 시간(Output low-to-high transition time) t_{lh}에 미치는 영향, 혹은 그림 10.14의 S에서 C로 이동하는 데 걸리는 시간이다. 포화 상태에서, 이미터-베이스와 컬렉터-베이스 접합 모두에는 순방향 전압이 인가되어 있다. 따라서 두 접합 모두에서 주입이 일어나고, 이미터, 베이스 및 컬렉터에서는 축적된 소수 캐리어가 있다. 이것은 그림 10.15의 에너지 밴드 다이어그램에 나와 있다. 입력 V_{in}이 V_F에서 V_R로 전환될 때, 새로운 입력 전압은 베이스-이미터 접합을 역방향 전압 인가 상태로 전환하려고 한다. 하지만 입력이 전환되기 이전에 이미터로부터 이미 주입된 베이스 내부의 과잉 전자 대부분은 계속해서 컬렉터로 진행한다. 이로 인해 한동안 컬렉터 전류가 일정하게 유지된다. 이미터와 컬렉터의 과잉 정공도 베이스로 확산되어 베이스 전류에 기여한다. 베

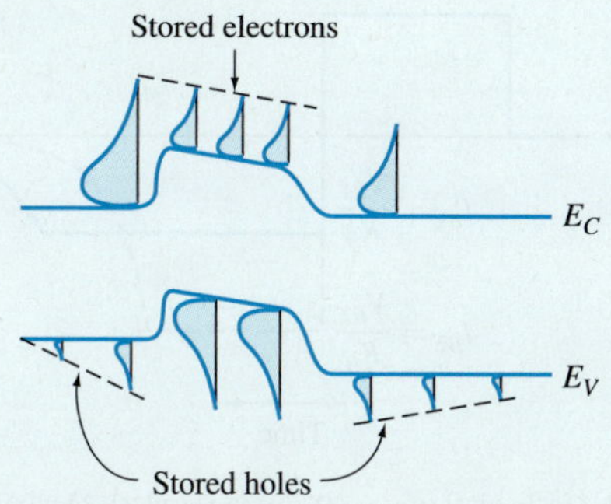

그림 10.15 포화 상태에서 동작 중인 트랜지스터의 과잉 캐리어 분포 중 "축적된" 전하. 캐리어들은 두 접합을 가로질러 계속해서 주입되고, 이로 인해 이미터와 컬렉터에는 과잉 정공이, 베이스에는 과잉 전자가 생긴다. 트랜지스터가 포화 상태를 벗어날 때, 이 과잉 캐리어 농도가 소멸하는 데 시간이 걸리고, 따라서 트랜지스터의 응답이 느려진다.

이스 전류는 $I_B \approx V_R/R_B$이고, 축적 전하가 충분히 작아서 베이스 전류가 결국 감소할 때까지 변하지 않는다. 그때가 되어서야 트랜지스터는 S(저)에서 C(고)로 상태를 바꾸기 시작한다. 축적된 소수 캐리어를 제거하기 위해 발생하는 이러한 지연은 BJT 출력의 저-고 전이 시간에 관련된 심각한 문제이다. 예상대로, 이 지연은 이미터와 베이스의 두께 및 이미터, 베이스, 컬렉터의 내부 형성 전기장에도 관련이 있다.

특히, t_{lh}는 그림 10.16에 표시된 것처럼 **꺼짐** 전압 V_R의 값에 관련이 있다. V_R이 더욱 음으로 큰 값을 가지면, I_B가 커지고, 캐리어들은 좀 더 빨리 소멸되어 지연 시간이 감소한다.

전이 시간의 값은 소자의 구조나 도핑 분포가 알려져 있더라도 쉽게 계산되지 않는다. 이는 접합 전압이 축적 전하와 관련되었기 때문이다.[7] 그림 10.13에 보이는 간단한 회로의 경우에도 전이 시간은 쉽게 1 μs에 가까워지고, 이 값은 고성능 논리 회로에 적용하기에는 너무 길다. 게다가 두 가지 극성의 V_{in}을 사용하는 것은 불편하다. 그러나 $V_R = 0$ V로 사용하게 되면 전이 시간이 더 길어진다.

그림 10.13의 회로는 소수 캐리어 저장 효과를 설명하는 데는 유용하지만 고속 회로에 실제로 사용하기에는 스위칭 시간이 너무 길다. 다음 절에서 두 가지 대안에 대하여 살펴보자.

7) 하지만 이 문제는 SPICE로 풀 수 있다.

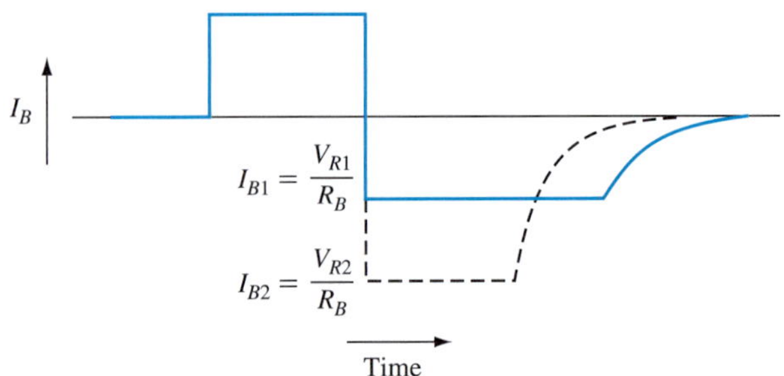

그림 10.16 꺼짐 응답 시간(turn-off time)은 꺼짐 상태일 때의 전압(V_R)이 증가할수록 감소한다.

10.7.2 쇼트키 고정 트랜지스터

쇼트키 고정 트랜지스터(Schottky-clamped transistor)를 사용하면 출력의 저-고 전이 속도를 훨씬 증가시킬 수 있다. 이러한 트랜지스터의 개념도가 그림 10.17a에 나와 있다. 베이스의 금속이 p^+ 베이스 영역(여기서는 저저항 옴형 전극을 형성)과 n-컬렉터 영역(여기서는 쇼트키 장벽이 형성)의 윗부분에 걸쳐 펼쳐져 있다. (b)에서 보이는 것처럼, 사실상 베이스-컬렉터 pn 접합과 금속-컬렉터 쇼트키 장벽 접합이 병렬로 연결되어 있다.

꺼짐 상태에서[출력이 고(high)일 때], 이들 접합 모두에 역방향 전압이 인가되어 있고, 트랜지스터는 보통 때와 같이 동작한다. **켜짐** 상태에서는[출력이 저(low)일 때] 두 접합 모두에 순방향 전압이 인가되고, 보통은 트랜지스터가 베이스-이미터와 베이스-컬렉터 접합을 통해 큰 전류가 흐르는 포화 상태에서 동작할 것이라고 예상한다. 하지만 쇼트키 고정 트랜지스터에서 쇼트키 장벽 다이오드의 베이스에서 컬렉터로의 내부 전압은 베이스-컬렉터 pn 접합의 내부 전압보다 작다. 그림 10.18로부터, 베이스에서 컬렉터로의 특정 순방향 전압에 대해서, 쇼트키 장벽을 통과하는 전류는 pn 접합을 통과하는 전류보다

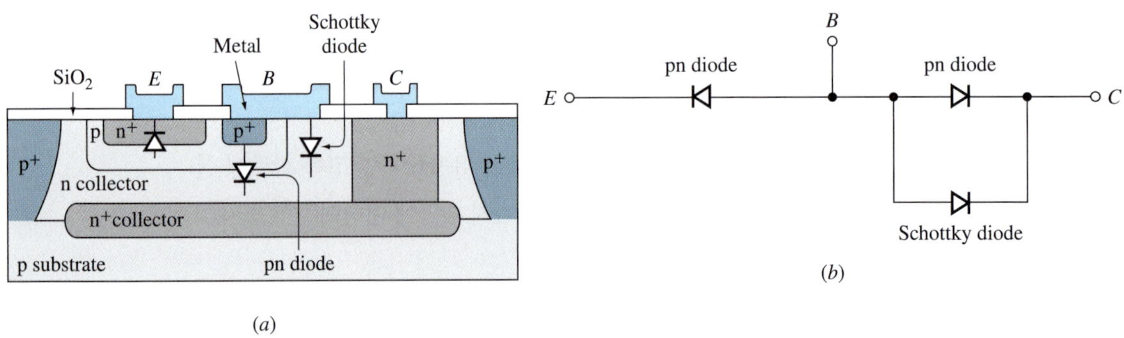

그림 10.17 쇼트키 고정 트랜지스터. (a) 단면도, (b) 등가회로. 베이스-컬렉터 접합은 병렬로 연결된 두 다이오드로 구성되어 있다.

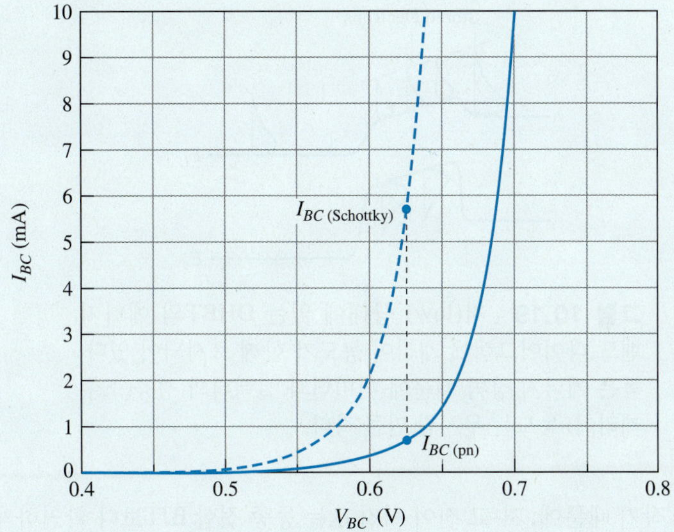

그림 10.18 쇼트키 고정 트랜지스터의 쇼트키 다이오드와 pn 다이오드의 순방향 바이어스 I-V_{BC} 특성 비교. 쇼트키 다이오드에서 pn 접합보다 더 많은 양의 전류가 흐른다. 쇼트키 전류는 대부분 다수 캐리어로 구성되어 있으므로, 소수 캐리어 주입이 거의 없다. 따라서 특정 I_C 조건에서, 쇼트키 고정 트랜지스터의 축적 전하 정전 용량이 더 작다.

크다는 것을 알 수 있다. 게다가 쇼트키 전류는 다수 캐리어에 의해 운반되는 반면 pn 접합 전류는 소수 캐리어에 의해 운반된다. 이는 베이스-컬렉터 접합을 통한 소수 캐리어 주입 및 축적 전하가 기존 BJT에 비해 크게 감소하는 것을 의미한다. 축적 전하가 감소하면, 이것을 제거하는 데 필요한 시간도 감소한다.

10.7.3 이중 이종 접합 양극성 트랜지스터

저-고 전이 시간을 줄이는 또 다른 방법은 이중 이종 접합 양극성 트랜지스터(Double heterojunction bipolar transistor, DHBT)를 사용하는 것이다. 실리콘을 사용하는 시스템의 경우에 이 소자는 Si_xC_{1-x} 이미터와 컬렉터를 실리콘 베이스와 함께 사용하거나, 실리콘 이미터와 컬렉터를 Si_xGe_{1-x} 베이스와 함께 사용하여 만들 수 있다. III-V 반도체를 사용하는 BJT의 경우에 수많은 반도체 조합이 가능하다. 그중 하나는 GaAs 베이스를 AlGaAs 이미터, 컬렉터와 함께 사용하는 것이다.

그림 10.19는 경사형 물질 함량의 베이스를 가진 DHBT가 저(low) 상태에 있을 때의 에너지 밴드 다이어그램과 캐리어 농도를 나타낸다. 그림에서 보이는 것처럼, 가전자대의 높은 에너지 장벽 때문에 이미터와 컬렉터의 정공(소수 캐리어) 농도는 무시할 만큼 작다. p-베이스에 축적된 전자들이 있긴 하지만 베이스는 좁고, 전자에 대한 전기장이 존재하므로 높은 컬렉터 전압이 가해지면 빠르게 제거된다. 그리고 이미터와 컬렉터의 정공의 수

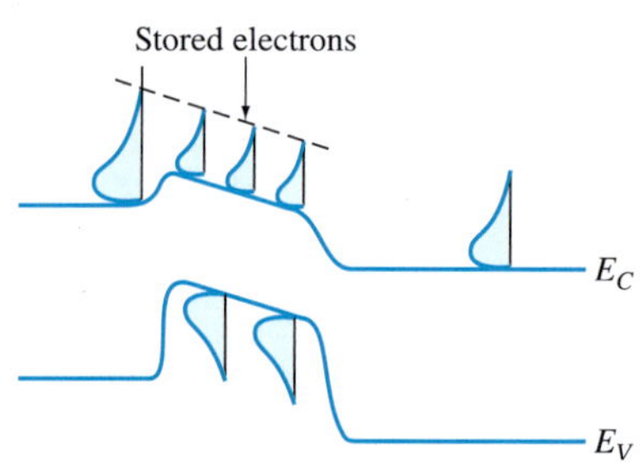

그림 10.19 저(low) 상태에 있는 DHBT의 에너지 밴드 다이어그램에 캐리어 농도가 함께 표시되어 있다. 높은 에너지 장벽 때문에 이미터와 컬렉터의 정공(소수 캐리어) 농도는 무시할 만큼 작다.

는 무시할 만큼 작기 때문에, 저-고 전이 시간 t_{lh}는 동종 접합 BJT보다 확연하게 감소한다.

10.8 BJTs, MOSFETs 및 BiMOS

10.8.1 BJT와 MOSFET의 비교

BJT와 MOSFET 모두 전자 회로에 사용된다. 이 소자들의 중요한 전기적 변수들을 비교하는 것은 의미가 있다.

입력 임피던스 MOSFET의 직류 입력 저항은 사실상 무한대이다. 고주파에서

$$Z_{\text{in}} = \frac{1}{j\omega(C_{GS} + C_{GD})} \qquad \text{FET} \tag{10.52}$$

E-B 접합에 순방향 전압이 인가된 BJT의 경우

$$Z_{\text{in}} = r_\pi + \frac{1}{j\omega(C_{jBE} + C_{\text{sc}BE})} \qquad \text{BJT} \tag{10.53}$$

$(C_{jBE} + C_{\text{sc}BE}) \gg (C_{GS} + C_{GD})$이므로, BJT보다 MOSFET의 입력 임피던스가 훨씬 크다.

전달 전도도 전달 전도도는 입력 전압의 변화에 따른 출력 전류의 변화로 정의된다.

$$g_m = \left.\frac{\partial I_{\text{out}}}{\partial V_{\text{in}}}\right|_{V_{\text{out}}} = \frac{i_{\text{out}}}{v_{\text{in}}}$$

MOSFET의 경우, 간단한 긴 채널 모델에 따르면 전류 포화 영역에서

$$I_{\text{out}} = I_{D\text{sat}} = \frac{W\mu C'_{\text{ox}}(V_{GS} - V_T)^2}{2L}$$

$$g_m = \frac{W\mu C'_{ox}(V_{GS} - V_T)}{L} = \frac{2I_{D\text{sat}}}{(V_{GS} - V_T)} \approx \frac{2I_{D\text{sat}}}{V_{DD}} \qquad \text{FET} \qquad (10.54)$$

여기서 $V_{GS} = V_{DD} \gg V_T$이다.

BJT의 경우 [식 (10.13)으로부터]

$$I_{out} = I_C = I_{E0}\, e^{qV_{BE}/kT}$$
$$g_m = \frac{qI_C}{kT} \qquad \text{BJT} \qquad (10.55)$$

전달 전도도의 비는

$$\frac{g_m(\text{BJT})}{g_m(\text{MOSFET})} = \frac{\dfrac{qI_C}{kT}}{\dfrac{2I_{D\text{sat}}}{V_{DD}}}$$

출력 전류가 동일할 때, $I_C = I_{D\text{sat}}$이고, $V_{DD} = +2.5$ V이므로,

$$\frac{g_m(\text{BJT})}{g_m(\text{MOSFET})} = \frac{2.5}{2 \times 0.026} \approx 50$$

즉 BJT의 전달 전도도가 MOSFET의 전달 전도도보다 훨씬 크다.

이전의 비교는 긴 채널 MOSFET의 경우에 해당한다. 최신 MOSFET 대부분은 채널 길이가 짧기 때문에 포화 속도를 고려해야 한다. 포화 속도를 고려하면, MOSFET의 전달 전도도 g_m은 채널 길이가 짧아질수록 감소하고, BJT와의 차이는 훨씬 커진다.

속도 부하가 없는 회로의 경우 단일 전류 이득 주파수는

$$f_T(\text{MOSFET}) \approx \frac{g_m(\text{MOSFET})}{2\pi(C_{GS} + C_{GD})}$$

$$f_T(\text{BJT}) \approx \frac{g_m(\text{BJT})}{2\pi(C_{jBE} + C_{scBE})}$$

$g_m(\text{MOSFET}) \ll g_m(\text{BJT})$라고 하더라도, $(C_{GS} + C_{GD}) \ll (C_{jBE} + C_{scBE})$ 역시 사실이므로 부하가 없는 소자의 차단 주파수는 거의 비슷하다. 하지만 부하 정전 용량 C_L이 상당히 큰 회로의 경우에, 부하 저항이 지배적이다. 따라서

$$f_T(\text{MOSFET}) \ll f_T(\text{BJT})$$

전력 손실 MOSFET에서의 전력 손실은 고속 BJT보다 상당히 작다.

제작 용이성 MOSFET을 제작하는 데 필요한 공정 단계는 BJT보다 적다. 즉 더 낮은 가

격으로 제작할 수 있다.

요약 위에서 나열한 사실에 의하면, MOSFET 집적회로가 BJT 회로보다 더 적합하다는 것을 알 수 있다. 이것은 저속 및 중간 속도의 응용일 경우에 해당한다. BJT의 가장 큰 장점은 전달 전도도가 훨씬 크다는 것으로, 이로 인해 부하 정전 용량의 크기가 상당할 때에도 사용할 수 있다. 부하 저항은 배선 정전 용량과 큰 팬-아웃(fan-out)에 의한 정전 용량으로 구성된다. BJT는 전달 전도도가 더 크기 때문에 출력 전류가 크고, 이는 정전 용량을 더 빨리 충전하고 방전한다.

다음 절에서 논의할 BiMOS 혹은 BiCMOS 기술을 이용하면 단일 칩 위에서 MOSFET의 장점과 BJT의 장점을 결합할 수 있다. (4부 보충에서 논의할) 측면 BJT를 사용하면 이 조합이 가능해진다.

10.8.2 BiMOS

간단한 BiMOS 아날로그 증폭기 회로의 기본 회로도가 그림 10.20에 나와 있다. 입력은 n 채널 전계 효과 트랜지스터의 게이트에서 들어가고, 출력은 양극성 트랜지스터의 컬렉터에서 나온다. 이 두 소자는 동일한 칩에 제작된다. MOSFET (M)의 게이트로 들어가는 입력은 직류 전압과 소신호 교류 아날로그 전압 v_{in}으로 구성된다. 직류 게이트 전압을 MOSFET에 인가하면 드레인 전류가 소스를 통과한 후에 BJT (Q)의 베이스로 흐른다. 이 전류는 BJT를 활성 모드로 인가하기에 충분하다. 신호 전압 v_{in}은 드레인의 교류 전류 $i_M = i_B = g_{m(M)}v_{in}$을 생성한다. 이 신호 전류는 BJT에 의해 증폭되고, 출력 신호 전류는

$$i_{(Q)} = i_{out} = \beta i_B = \beta g_{m(M)} v_{in}$$

따라서 이 회로의 총 전달 전도도는

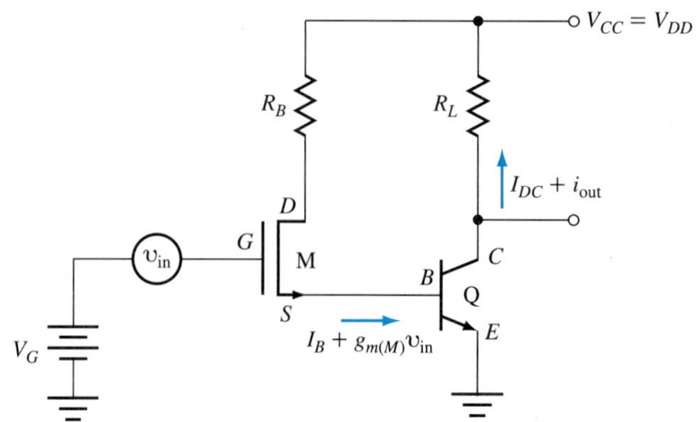

그림 10.20 단순 아날로그 BiMOS 증폭기의 개념도. 회로의 입력은 MOSFET(M)의 게이트에 있고, 출력은 BJT(Q)의 컬렉터에 있다.

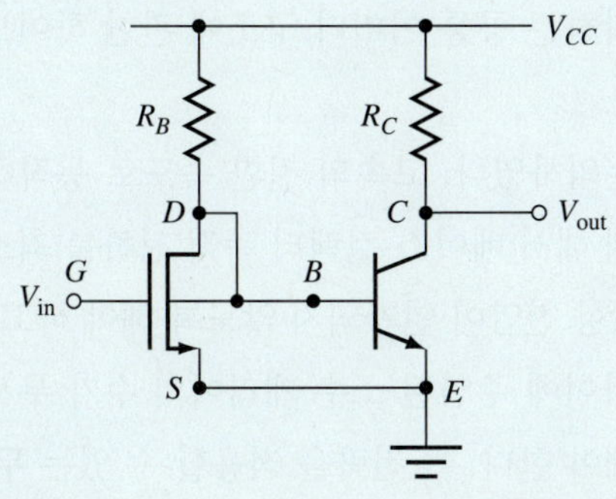

그림 10.21 BiMOS 디지털 인버터의 회로도. 이 회로는 MOSFET의 높은 입력 저항과 작은 입력 정전 용량을 가지고 있고, BJT의 높은 전달 전도도를 가지고 있다.

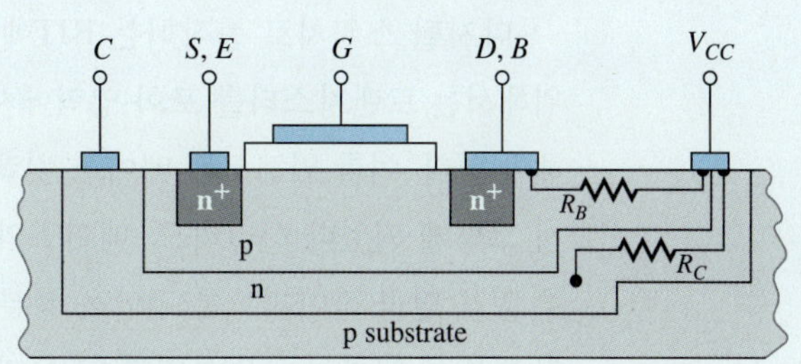

그림 10.22 그림 10.20의 BiMOS 회로의 단면도. 드레인과 베이스처럼, 소스와 이미터가 공통이다.

$$g_{m\text{total}} = \frac{i_{\text{out}}}{v_{\text{in}}} = \beta g_{m(M)}$$

이 회로는 MOSFET의 높은 입력 임피던스와 높은 전달 전도도를 결합할 수 있다는 장점을 가지고 있다.

단순 디지털 인버터 스위치가 그림 10.21에 개략적으로 나와 있다. MOSFET이 증가형 소자(enhancement device)인 경우를 고려해보자. 따라서 $V_{in} = 0$일 때, MOSFET은 **꺼짐** 상태이고 전류는 V_{CC}에서 R_B를 거쳐 BJT의 베이스로 흘러 들어가 BJT를 **켜짐** 상태로 만든다. 이렇게 되면 큰 I_C가 R_C를 거쳐 흐른다. $V_C = V_{CC} - I_C R_C$이므로, 출력 전압 V_{out}은 낮다.

양의 전압의 경우에 ($V_{in} > V_T$), MOSFET은 **켜짐** 상태로 바뀌고, 전류는 R_B를 통과한 후 MOSFET으로 방향을 바꾼다. 이렇게 되면 베이스 전류는 작아지고 BJT는 **꺼짐** 상태가 된다. 이제 $V_{out} = V_{CC}$이다. 따라서 그림 10.21의 BiMOS 회로는 인버터이다. 그림 10.22는 간단한 BiMOS 회로의 단면도를 보여준다. n^+ 소스 영역은 이미터로도 작동한다. BJT는 n^+pn 소자로 구성되어 있다. 드레인 전극은 p 베이스 영역과 겹쳐져 있음에 주의하자.

앞의 설명은 매우 단순하다. 좀 더 진보한 회로 역시 CMOS와 상호 보완적인 BJT(예를 들면 npn과 pnp)를 모두 사용하고, 이것은 BiCMOS라고 한다.

10.9 요약

이 장에서는 9장의 직류 모델을 확장하여 BJT의 시변 운동 특성을 설명하였다. 에버스-몰 직류 모델을 베이스-이미터와 베이스-컬렉터의 접합 정전 용량과 축적 전하 정전 용량이 포함되도록 변형하였다. 또한, 활성 모드로 동작하는 공통 이미터 구조에 관한 하이브리드-파이 모델을 알아보았다.

디지털 스위치로 동작하는 BJT에 관하여 논의하였다. 고속의 전환 속도로 동작하기 위해서는 트랜지스터를 포화 영역에서 벗어나게 해서 베이스-컬렉터 축적 전하를 최소화해야 한다. 이를 위해서는 베이스-컬렉터에 순방향 전압이 인가되지 않도록 해야 하고, 혹시 그렇게 되었다 하더라도, 베이스와 컬렉터 사이에 주입된 소수 캐리어의 수가 무시할 수 있을 만큼 작아지도록 전압을 충분히 작게 해야 한다. 이 전략을 적용할 수 있는 두 가지 방법에 대하여 논의하였다: 쇼트키 다이오드가 베이스-컬렉터 pn 접합과 병렬로 연결되어 있는 쇼트키 고정 트랜지스터와 이미터 및 컬렉터의 밴드 갭이 베이스의 밴드 갭보다 큰 이중 이종 접합 양극성 트랜지스터이다.

그다음에는 각각의 기술의 장점을 알아보기 위하여 BJT의 전기적 변수들을 MOSFET의 전기적 변수들과 비교하였다.

- MOSFET의 입력 임피던스는 BJT보다 훨씬 크다. MOSFET의 입력 저항은 거의 무한대에 가깝고, BJT의 경우 kΩ 수준이다. MOSFET의 입력 정전 용량은 BJT보다 훨씬 작다.
- BJT의 전달 전도도는 MOSFET보다 훨씬 크다.
- 부하가 없는 회로의 경우 두 소자의 단일 전류 이득 주파수는 비슷하다. 하지만 상당히 큰 부하 정전 용량이 연결된 회로의 경우 큰 전달 전도도를 가진 BJT가 더 빠르다.
- MOSFET을 입력단에 적용하고 BJT를 출력단에 적용하여 각 트랜지스터의 장점을 이용할 수 있다. 그러한 BiMOS 회로의 두 가지 예를 살펴보았다.

10.10 참고문헌

1. Joseph Lindmayer and Charles Y. Wrigley, *Fundamentals of Semiconductor Devices*, D. Van Nostrand, Princeton, NJ, Chapter 4, 1965.
2. John D. Cressler and Katsuyoshi Washio, "Bipolar transistors," in *Guide to State-of-the Art Electron Devices*, John N. Burghartz (ed.), Wiley/IEEE Press, John Wiley and Sons, pp. 3-20, 2013.
3. Tak H. Ning, "History and future perspective of the modern silicon bipolar transistor," *IEEE Trans. Electron Devices*, 48, pp. 2485-2491, 2001.
4. A. K. Kapoor and D. J. Roulston, eds., *Polysilicon Emitter Bipolar Transistors*, IEEE Press, New York, 1989.

10.11 복습문제

1. 어떤 조건에서 그림 10.1의 정전 용량 C_{scBC}가 무시 가능하고 그 이유는 무엇인가? 그림 10.2에서 베이스-컬렉터 접합을 나타내는 다이오드가 보이지 않는 이유는 무엇인가?

2. 어떻게 I_B의 작은 변화가 크고, 비례하는 I_C의 변화를 만들어내는지 설명하라.

3. BJT의 기생 베이스 저항을 최소화할 수 있는 방법을 설명하라.

4. 단일 전류 이득 주파수가 의미하는 것은 무엇인가?

5. 9장에서 베이스 영역을 얇게 만들면 트랜지스터의 β가 증가한다는 것을 보았다. 얇은 베이스가 차단 주파수 또한 증가시키는 이유를 설명하라.

6. 자체 정렬 구조를 사용하면 어떻게 더 높은 고주파 BJT를 제작할 수 있는가?

7. 쇼트키 고정 트랜지스터의 동작을 설명하라.

8. DHBT의 스위칭 속도가 BJT보다 빠른 이유는 무엇인가?

10.12 연습문제

10.1 $N'_{DE} = 5 \times 10^{19}\ \text{cm}^{-3}, N'_{AB} = 2 \times 10^{17}\ \text{cm}^{-3}, N'_{DC} = 5 \times 10^{16}\ \text{cm}^{-3}, W_E = 0.13\ \mu\text{m}$, $W_B = 0.15\ \mu\text{m}$이고 $I_B = 20\ \mu\text{A}$와 $V_{BC} = -2.5\ \text{V}$의 전압 조건을 가진 npn 트랜지스터에 대하여 다음을 구하라.

a. β

b. I_C

c. r_π

d. g_m

e. $C_{BE}\,(C_\pi)$

f. C_μ

g. f_{co}

h. f_T

밴드 갭 감소를 반드시 고려하고, E-B 접합 양쪽은 모두 짧다는 것에 유의하자. 이미터 접합의 면적은 $A_E = 2.5 \times 10^{-7}\ \text{cm}^{-2}$이고, 컬렉터 접합의 면적은 $A_C = 8 \times 10^{-7}\ \text{cm}^{-2}$이다.

10.2 문제 10.1의 트랜지스터에 대해서 $|i_c|/|i_b|$ 그래프를 주파수의 함수로 그려라. 단일 전류 이득 주파수는 얼마인가?

10.3 균일하게 도핑된 이미터, 베이스, 컬렉터를 가진 npn BJT의 $\beta = 95$이고, 베이스 넓

이 W_B는 0.15 μm, 전자 확산 상수는 10 cm^2/s, r_π는 1000 Ω이며, C-B 접합 정전 용량은 0.05 pF이다. 차단 주파수는 얼마인가?

10.4 앞의 문제에서 실제로는 베이스가 경사 계수 $\eta = 2$의 경사형으로 도핑되어 있다면,

a. 베이스의 전기장 세기는 얼마인가?

b. 동일한 I_C 값의 경우에, β는 얼마인가?

c. 그에 따른 차단 주파수는 얼마인가?

10.5 하나는 베이스가 균일하게 도핑되어 있고, 다른 하나는 베이스가 $\eta = 6$의 경사형으로 도핑된 것을 제외하고는 동일한 두 개의 트랜지스터가 있다. 베이스의 전기장은 확산 상수가 저전계 조건의 값을 가질 만큼 충분히 작다고 가정하자.

a. 경사형 소자에서 β는 얼마만큼 증가하였는가?

b. 만약 두 트랜지스터가 동일한 I_C의 값에서 동작한다면 축적-전하 정전 용량은 얼마만큼 변화하는가?

10.6 식 (10.39)는 I_{nB}가 일정한 경우에, $\Delta n_B(x)$가 감소할수록 베이스 내부의 전자 속도가 증가한다는 것을 나타낸다. 이 현상의 물리적 원인을 설명하라.

10.7 $W_B = 0.05$ μm이고 베이스 도핑 농도가 5×10^{17} cm^{-3}인 원형 npn BJT의 베이스 통과 속도 t_T를 구하라.

10.8 $W_B = 0.05$ μm이고 베이스 도핑 농도가 5×10^{17} cm^{-3}인 원형 pnp BJT에 대하여 10.7을 반복하라.

10.9 베이스 도핑은 5×10^{17} cm^{-3}, 컬렉터 도핑은 5×10^{16} cm^{-3}, 컬렉터-베이스 전압은 2.5 V인 npn 원형 BJT의 베이스-컬렉터 전이 영역을 통과하는 통과 속도 t_{BC}를 구하라.

10.10 특정 원형 트랜지스터 공정 과정에서, 베이스 두께를 반으로 줄였다. 이것이 베이스 통과 속도에 미치는 영향은 무엇인가? 만일 이런 트랜지스터가 제작된다면, β와 동작 주파수에 어떤 영향이 있겠는가?

10.11 npn 트랜지스터의 베이스 영역은 10^{18} cm^{-3}으로 도핑되어 있다. 베이스 통과 시간이 베이스 내부의 전자 수명의 1/100이 되게 하려면 베이스 영역의 두께는 얼마가 되어야 하는가?

10.12 이중 다결정 자체 정렬 트랜지스터는 9장에서 논의한 기존 트랜지스터보다 고속으로 동작하는 BJT에 더 적합하다. 이미터, 베이스, 컬렉터의 도핑 농도가 비슷할 경우에 다음의 소자 변수들을 비교해보고 그 이유를 설명하라.

a. 컬렉터-베이스 접합 정전 용량

b. 순방향 전류 이득 β_F

c. 역방향 전류 이득 β_R

d. 베이스 저항

e. 얼리 전압

10.13 특정 쇼트키 고정 트랜지스터의 경우에, 쇼트키 다이오드에서 발생하는 누설 전류밀도는 $J_{0SD} = 10^{-5}$ A/cm^{2}이고, 베이스-컬렉터 접합의 누설 전류밀도는 $J_{0BC} = 10^{-11}$ A/cm^{2}이다. 병렬 연결된 두 소자에 인가된 전압에 대해서, 쇼트키 전극을 통해 흐르는 전류 대 B-C 접합을 통해 흐르는 전류의 비율은 얼마인가? 꺼짐 응답 시간에 미치는 영향은 무엇인가? 베이스-컬렉터 접합의 면적은 쇼트키 다이오드 면적의 10 배만큼 크다고 가정하라.

10.14 식 (10.43)과 (10.23)으로 부터, 경사형 베이스 트랜지스터의 베이스 통과 시간을 η의 함수로 나타내어라. pn 접합의 면적은 쇼트키 다이오드의 20 배만큼 크다고 가정하라.

10.15 부하가 걸린 MOSFET 증폭기의 주파수 응답이 비슷한 BJT 회로의 주파수 응답보다 작은 이유는 무엇인가?

10.16 BiMOS 증폭기를 사용하는 이유를 설명하라.

10.17 DHBT의 켬-꺼짐(on-off) 스위칭 시간이 동종 접합 BJT보다 훨씬 작은 이유는 무엇인가?

4 SUPPLEMENT

보충: 양극성 소자

S4.1 서론

이전 두 장에서 양극성 접합 트랜지스터의 기본 동작 원리와 전기적 특성에 대하여 논의하였다. 여기서는 높은 전류와 전압 조건에서 동작하는 경우에 중요하게 작용하는 몇 가지 2차 효과에 대하여 다루어보자.

S4.2 BJT에서의 전류 과밀 현상(current crowding)과 베이스 저항

9.3절에서 언급했던 것과 같이, 좋은 양극성 트랜지스터에서 전류 이득과 주파수 응답을 증가시키기 위해서는 베이스 영역이 반드시 얇아야 한다. 하지만 얇은 베이스는 소자 성능을 저하시키는 높은 베이스 저항을 가지는 단점이다.

그림 S4.1의 개별 트랜지스터를 생각해보자. 이미터 길이 L과 넓이 h가 표시되어 있다. 베이스 저항은 두 개의 부분으로 구성되어 있다. 하나는 베이스 전극에서부터 이미터 쪽 경계까지의 부분에서 발생하는 저항 R_B'로 주로 p형 물질의 저항에 의해 발생하고, 다른 하나는 이미터 아래의 유효 저항 R_B로[종종 **고유 베이스 저항(intrinsic base resistance)**이라고 불린다],이 부분의 베이스가 얇기 때문에 보통 더 크다. 이 절에서는 R_B만 다룰 것이다. R_B는 "유효" 저항이라고 부른다. I_B가 위치 y가 증가함에 따라 감소하기 때문에 실제로는 분포 저항이지만, 회로 분석의 편의성을 위해서 집중 저항이라고 간주한다.

베이스 전류 I_B는 측면으로 흐르고(접합면과 평행하게), 베이스 영역에서 측면 IR 전압 강하를 발생시킨다. 이렇게 이미터 경계를 따라 발생하는 전압 강하에 의해 베이스-이미터 전압 V_{BE}가 위치에 따라 달라진다. 이미터 전류밀도는 V_{BE}에 대한 지수함수이므로,

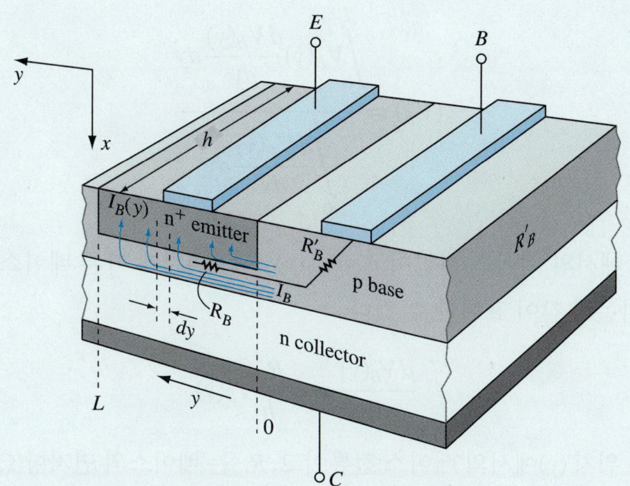

그림 S4.1 BJT에서 발생하는 전류 과밀 현상. 베이스 저항 R_B에서 전압 강하가 일어나고, 이에 의해 이미터 경계를 따라 이미터 베이스 접합의 전압이 변화한다. 그 결과 베이스 전극 쪽 끝으로 갈수록 더 전압의 크기가 더 커지고, 따라서 그 쪽 끝에서 더 많은 컬렉터-이미터 전류가 흐르게 된다.

$$J_E(y) = J_{E0}\left(e^{qV_{BE}(y)/kT} - 1\right) \tag{S4.1}$$

베이스에서 일어나는 적은 양의 측면 전압 강하에도 이미터 전류밀도와 따라서 컬렉터 전류밀도까지도 공간에 따라 크게 변하게 된다. 이러한 측면 전압 강하의 극성은 베이스 전극에 가장 가까운 이미터 경계에서 V_{BE}가 최대가 되는 형태이다. 이렇게 되면 이미터와 컬렉터 전류는 베이스 전극을 향해서 집중된다.

이 전류 과밀 현상은 (종종 이미터 집중 현상이라고도 함) 베이스 전류가 증가할수록 IR 전압 강하의 효과가 증가하므로 더욱 두드러지게 된다. 즉, I_B가 증가할수록 전류 과밀 현상이 증가하고, 베이스와 컬렉터로부터 흘러나온 전류 중 더 큰 비율의 전류들이 베이스 전극 부근의 이미터 끝 쪽에서 이미터로 흘러 들어간다. 그 결과 전류가 증가할수록 베이스 전류가 흐르는 유효 거리가 감소하고, 따라서 등가 집중 베이스 저항, R_B가 감소한다.

집중 저항을 정의하는 방법은 여러 가지가 있다.[1] 여기서는 R_B의 크기를 평균 측면 베이스 전압 강화를 단자 베이스 전류로 나눈 값으로 정의한다.

$$R_B \equiv \frac{\langle V_B \rangle}{I_B} \tag{S4.2}$$

이때, 평균 측면 베이스 전압 강화는

$$\langle V_B \rangle = \frac{\int_0^L V_B(y)\frac{dV_B(y)}{dy}dy}{\int_0^L \frac{dV_B(y)}{dy}dy} \tag{S4.3}$$

$V_B(y)$는 위치 y에서의 베이스 전압이고, $dV_B(y)/dy$는 위치에 따른 베이스 전압 분포 함수이다. 이것은 다음과 같이 표현할 수 있다.

$$\frac{dV_B(y)}{dy} = -\frac{R_\square}{h} I_B(y) \tag{S4.4}$$

여기서 $I_B(y)$는 위치 (y)에서의 베이스 전류이고, $R_\square$는 베이스의 면저항($\Omega/\square$)이다.

$$R_\square = \frac{1}{q\mu_p \int_0^{W_B} N'_{AB}\,dx} \tag{S4.5}$$

이때 W_B는 베이스 넓이이다.

일반적으로 R_B를 구하는 것은 다소 복잡하다. 하지만 $V_{BE}(y)$가 거의 일정할 만큼 작은 베이스 전류가 흐를 때는(저주입의 조건에서), $I_B(y)$는 $y = 0$일 때 I_{B0}에서 $y = L$일 때 0으로 선형적으로 변한다.

$$I_B(y) = I_B\left(1 - \frac{y}{L}\right) \tag{S4.6}$$

여기서 I_B는 베이스 단자 전류이다.

식 (S4.4)와 (S4.6)을 결합한 후에 적분하면

$$V_B(y) = -\frac{R_\square}{h} I_B\left[y - \frac{y^2}{2L}\right] \tag{S4.7}$$

따라서 식 (S4.2), (S4.3), (S4.4), (S4.7)을 이용하여 R_B를 구하면

$$R_B = \frac{R_\square L}{4h} \tag{S4.8}$$

식 (S4.8)은 I_B가 작아서 전류 과밀 현상을 무시할 수 있는 경우에 유효하다. I_B가 증가함에 따라, 이미터 전류는 베이스 전극 근처 이미터 경계 주변에서 점점 더 집중되고, 이로 인해 앞에서 본 것처럼 R_B가 감소한다. 그림 S4.2는 정규화된 베이스 저항(이미터의 h/L 종횡비와 면저항을 고려하여 정규화되었음)의 그래프를 정규화된 베이스 전류(그래프에 표시된 것과 같이 정규화되었음)에 대한 함수로 나타내고 있다. 그래프에 두 번째 선이

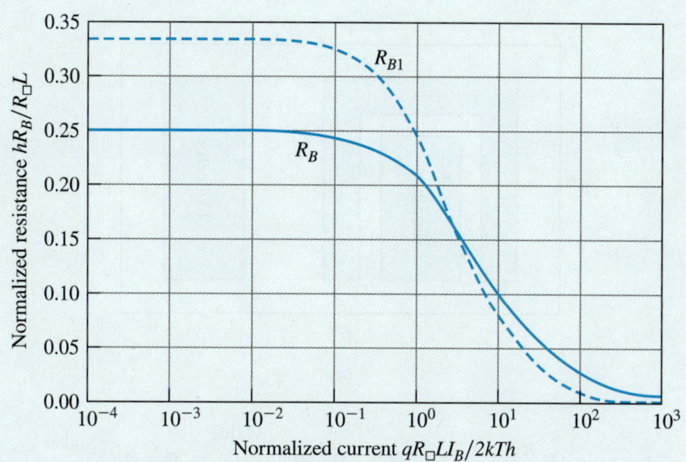

그림 S4.2 베이스 전류가 유효 저항 R_B에 미치는 영향은 베이스 전류가 전류 과밀 현상에 미치는 영향을 나타낸다. 분포 저항을 집중 저항으로 변환하는 두 개의 다른 모델이 사용되었다. 실선은 집중 저항에 발생하는 평균 전압 강하를 이용한 모델이다. 점선은 저항에서 발생하는 평균 전력 손실을 이용한 모델이다.

있는데, 이는 또 다른 등가성의 정의를 이용하여 구해진 정규화된 대체 베이스 등가 저항 R_{B1}이다. 이 대체 저항 R_{B1}은 연습문제의 근거가 될 것이다.

전류 과밀 현상에 의한 베이스 저항의 감소는 유익한 것 같아 보이지만, 그렇지 않은 두 가지 이유가 있다.

1. 베이스-이미터 전류가 베이스 전극 부근의 이미터 경계에 집중되어 있기 때문에, 이미터의 상당한 부분이 비활성 상태가 된다. 하지만 이 비활성 이미터와 관련된 이미터-베이스 접합 정전 용량은 그대로 남아 있어서, 주파수 응답에 부정적인 영향을 미친다.
2. 이미터 경계의 높은 전류밀도는 전류 이득 β를 감소시킨다. 이는 S4.5절에서 살펴볼 것이다.

전력 트랜지스터(power transistor)에서는, 전류 과밀 현상이 전류 이득을 감소시키는 고주입 효과를 유발할 만큼 전류의 크기가 크다. 이 경우, 집중 현상을 줄이기 위해 그림 S4.3a와 b에 나오는 것처럼 이미터의 양쪽에 하나씩 두 개의 베이스가 종종 사용된다. (보통 베이스 전극은 한쪽에만 형성한다.) 이 이중 베이스는 베이스 저항을 4 배가량 감소시킨다. 베이스 저항을 더욱 감소시키기 위해, S4.4a와 b에 개념적으로 나타낸 것과 같은 깍지형 구조를 종종 사용한다.

현대의 집적회로 BJT에서는 이미터 띠의 폭 L을 (1 μm 미만으로) 작게 만들 수 있고, 그러한 경우에 전류 과밀 현상은 중요한 문제가 되지 않는다. 현대의 소자에서 전형적인 이미터 크기는 0.1×1 μm 수준이다.

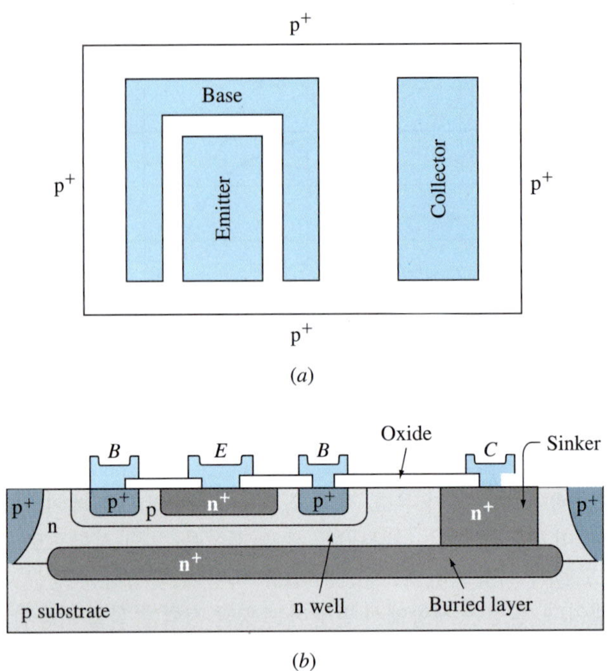

그림 S4.3 이중 베이스 트랜지스터. (a) 평면도 (b) 단면도.

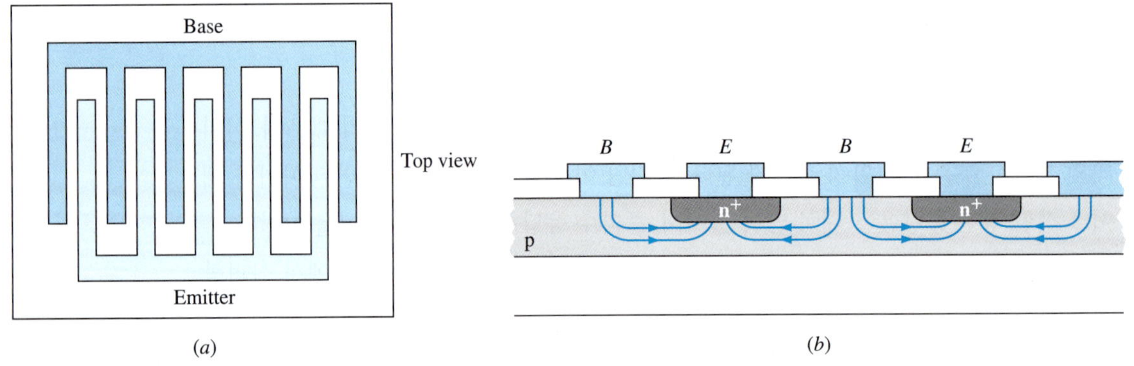

그림 S4.4 깍지 낀 형태의 전극 구조. (a) 평면도 (b) 단면도.

S4.3 베이스 넓이 변조(얼리 효과)

9.4.2절에서 W_B/W_E 항을 분모에 포함하고 있는 주입 효율 γ에 관한 식[식 (9.28)]을 구하였다. W_B는 그림 9.5에서 보이는 것처럼 E-B 공핍 영역 경계와 B-C 공핍 영역 경계 사이에서 측정된 베이스의 넓이를 나타낸다. 컬렉터-베이스 접합에 인가된 역방향 전압이 증가할수록, 공핍 영역은 점점 넓어지고, 유효 베이스 넓이는 점점 좁아진다. 이 현상은 γ를

증가시키는 효과가 있고, 따라서 전류 이득 β를 증가시킨다.

그림 S4.5는 균일하게 도핑된 베이스를 가진 트랜지스터에서 여러 V_{CE}의 값에 대하여 베이스의 전자 분포 n_B를 베이스 내부의 거리에 대한 함수로 나타낸 것이고, 이 경우 분포는 직선 형태의 1차 함수이다($\eta = 0$). 역방향 전압이 인가된 C-B 접합은 캐리어를 추출해 내므로, W_B에서 n_B는 0이 되며, W_B는 V_{CB}(이때 베이스-이미터 전압이 일정하다고 가정하면 V_{CE}도 해당됨)에 의해 줄어든다.

베이스 넓이가 좁아지는 현상이 I_C-V_{CE} 특성에 미치는 효과는 그림 S4.5b에 나와 있다. $\beta = I_C/I_B$임을 상기하자. 그러므로 주어진 I_B 값에 대하여, I_C는 V_{CE}가 증가할수록 증가하고, 이는 β의 증가를 의미한다. I_C-V_{CE} 그래프를 외삽하면 $-V_A$ 지점에서 만나게 되는데 이를 **얼리 전압(Early voltage)**이라고 한다.[2] 이것은 MOSFET에서 드레인 전압이 채널 길이에 미치는 영향, 그리고 따라서 드레인 전류에 미치는 영향과 비슷하다. 인수는 다르지만, *I-V* 특성은 같다.

그림 S4.5a를 경사형 베이스 트랜지스터의 경우에 대해서 다시 그린 그래프가 S4.6에 나와 있다. V_{CE}가 베이스의 유효 넓이를 바꾸기는 하지만 베이스 전기장에는 영향을 미치지 않고, 베이스의 이미터 쪽 경계에서의 dn_B/dx에도 거의 영향을 주지 않는다. 따라서 포화 전류에 미치는 영향도 매우 작다. 결국, 얼리 전압 V_A의 크기를 증가시키고, β의 값이 보다 일정해진다. 10장에서 소신호 출력 전도도($g_d = dI_C/dV_{CE}$) 또한 감소하는 것을 보았다.

컬렉터 전압이 높아질수록, 베이스-컬렉터 접합의 공핍 영역이 점점 넓어지다가, 결국 W_B가 0이 될 만큼 넓어질 수가 있다. 이렇게 되면, 그림 S4.7a에서 보이는 것처럼, 컬렉터의 공핍 영역이 실제로 이미터의 공핍 영역에 닿게 된다. 이 순간 전류는 매우 커진다. 전자들이 이미터에서 컬렉터로 휩쓸려가고, 베이스는 I_C를 제어할 수 없게 된다. 그림 S4.7b의 I_C-V_{CE} 특성 곡선에서 볼 수 있는 것처럼 트랜지스터로서의 동작은 사라진다. 이 효과를 **펀치-스루(punch-through)**라고 한다.

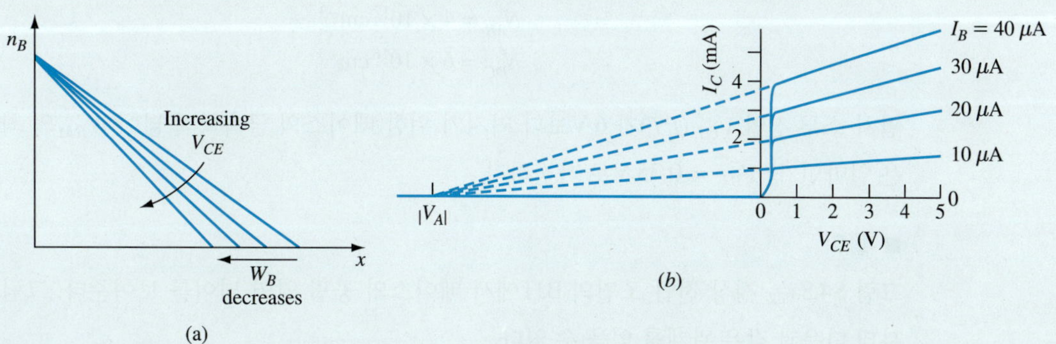

그림 S4.5 균일하게 도핑된 베이스를 가진 트랜지스터에서 컬렉터 전압의 증가는 (a) 베이스의 유효 넓이를 감소시키고 (b) 이로 인해 I_C와 β가 증가한다. 얼리 전압 V_A가 표시되어 있다.

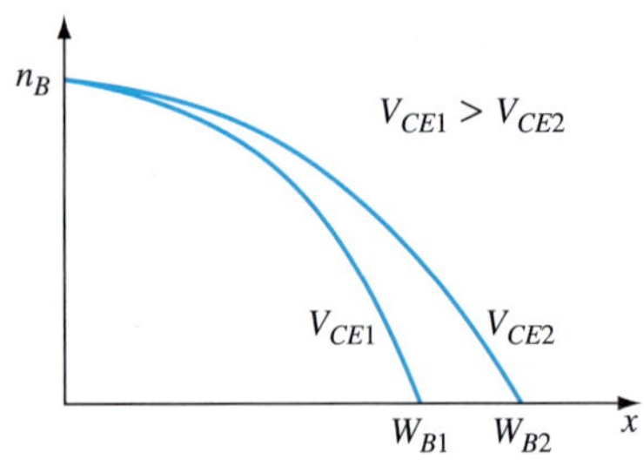

그림 S4.6 경사형으로 도핑된 베이스를 가진 트랜지스터의 경우에, 컬렉터 전압의 변화는 이미터 근처의 n_B에 거의 영향을 주지 않는다. 따라서 I_C 혹은 β에도 거의 영향이 없고, 결국 V_A가 증가한다.

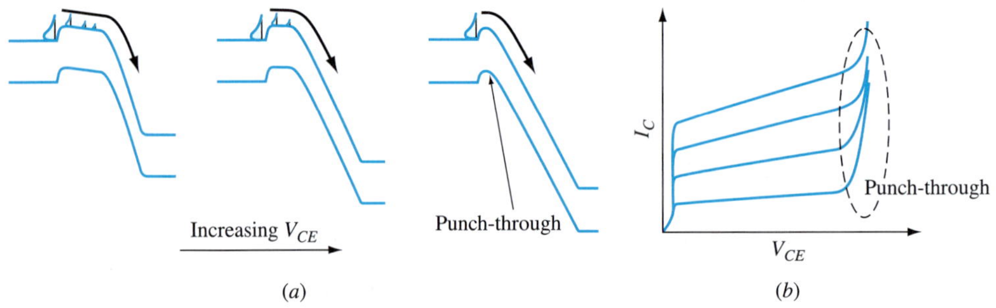

그림 S4.7 (a) 컬렉터-베이스 전압이 증가함에 따라 베이스의 유효 넓이가 감소한다. 펀치-스루가 일어날 때, 두 공핍 영역이 만나게 되고, 이미터 전자는 컬렉터로 바로 휩쓸려간다. (b) 그 결과 트랜지스터 동작이 사라진다.

예제 S4.1

이미터, 베이스 및 컬렉터 도핑이 다음과 같은 원형 npn BJT를 고려하라.

$$N'_{DE} = 7 \times 10^{19}\,\text{cm}^{-3}$$
$$N'_{AB} = 4 \times 10^{17}\,\text{cm}^{-3}$$
$$N'_{DC} = 6 \times 10^{16}\,\text{cm}^{-3}$$

펀치-스루 전압 $V_{CE}(PT)$가 6 V보다 커지기 위한 베이스의 금속학적 넓이 W_{BM}의 최솟값은 얼마인가? $V_{BE} = 0.75$ V로 가정하라.

■ **풀이**

그림 S4.8a는 정상 전압 조건의 BJT에서 베이스의 공핍 영역 넓이를 보여준다. 그림으로부터 다음과 같은 관계를 얻을 수 있다.

$$W_B = W_{BM} - w_{pEB} - w_{pCB}$$

여기서 W_{BM}은 베이스의 금속학적 넓이이고, w_{pEB}와 w_{pBC}는 E-B 접합과 B-C 접합의 p(베이스) 쪽 공핍 영역 넓이이다.

펀치-스루에서 C-B 공핍 영역은 E-B 공핍 영역과 닿게 되고, 따라서 $W_B = 0$이므로,

$$W_{BM} = w_{pEB} + w_{pCB}$$

컬렉터-베이스 접합의 경우에, 식 (5.36)으로부터

$$w_{pCB} = \left[\frac{2\varepsilon V_{jCB}}{qN'_{AB}\left(1 + \dfrac{N'_{AB}}{N'_{DC}}\right)}\right]^{1/2} = \left[\frac{2\varepsilon(V_{\text{bi}BC} + V_{CB})}{qN'_{AB}\left(1 + \dfrac{N'_{AB}}{N'_{DC}}\right)}\right]^{1/2}$$

이때, $V_{jCB} = V_{\text{bi}CB} + V_{CB}$이고, N'_{AB}는 접합의 p 쪽 알짜 도핑이며, N'_{DC}는 n 쪽의 알짜 도핑이다.

이미터-베이스 접합은 일방형 접합으로 간주될 수 있으므로, w_{pEB}는

$$w_{pEB} = \left[\frac{2\varepsilon(V_{\text{bi}EB} - V_{EB})}{qN'_{AB}}\right]^{1/2}$$

내부 전압을 구하기 위해 이 트랜지스터의 중성 상태 에너지 밴드 다이어그램을 보여주고 있는 그림 S4.8b를 참고하자. 그림 9.8로부터, 이미터에서 발생하는 불순물에 의한 겉보기 밴드 갭 감소는 $\Delta E_g^* \approx 0.09$ eV임을 알 수 있다. 베이스와 컬렉터에서 발생하는 약간의 겉보기 밴드 갭 감소는 무시한다.

베이스의 정공 농도는 $p_{B0} = N'_{AB} = N_V e^{-\delta p/kT}$이다. 따라서 그림에 나타나 있는 것처럼,

$$\delta p = kT \ln \frac{N_V}{N'_{AB}} = 0.11 \text{ eV}$$

그러므로 이미터-베이스 내부 전압은 [이미터의 E_f는 (감소한) E_C의 위치에 있다고 가정]

$$V_{\text{bi}EB} = \frac{1}{q}\left(E_g - \Delta E^*_{gBE} - \delta p\right) = 1.12 - 0.09 - 0.11 = 0.92 \text{ V}$$

마찬가지로 컬렉터에서 $\delta n = 0.16$ eV이고 베이스에서 컬렉터로의 내부 전압은

$$V_{\text{biCB}} = E_g - \delta n - \delta p = 0.85 \text{ V}$$

혹은, 식 (5.13)으로부터,

$$V_{\text{biCB}} = kT \ln \frac{N'_{DC} N'_{AB}}{n_i^2} = 0.85 \text{ V}$$

평형 상태 에너지 밴드 다이어그램이 그림 S4.8c에 나와 있다. 지정된 펀치 스루 전압 $V_{CE} = 6$ V에 대하여, $V_{BE} = 0.75$ V일 때, 컬렉터-베이스 역방향 전압은 $V_{CB} = V_{CE} - V_{BE} = 6 - 0.75 = 5.25$ V이다. 이 전압 조건에서 C-B 접합의 베이스 쪽 공핍 영역의 넓이는

$$w_{pCB} = \left[\frac{2\varepsilon(V_{\mathrm{bi}BC} + V_{CB})}{qN'_{AB}\left(1 + \frac{N'_{AB}}{N'_{DC}}\right)}\right]^{1/2} = \left[\frac{2 \times (11.8 \times 8.85 \times 10^{-12}) \times (0.85 + 5.25)}{1.6 \times 10^{-19} \times 4 \times 10^{23}\left(1 + \frac{4 \times 10^{23}}{6 \times 10^{22}}\right)}\right]^{1/2} = 0.051\ \mu\text{m}$$

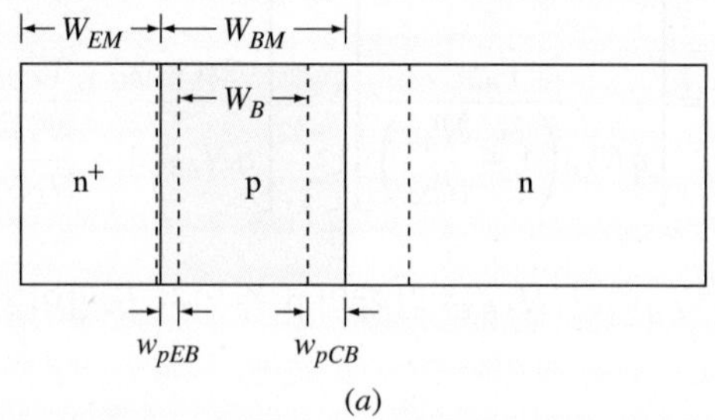

(a)

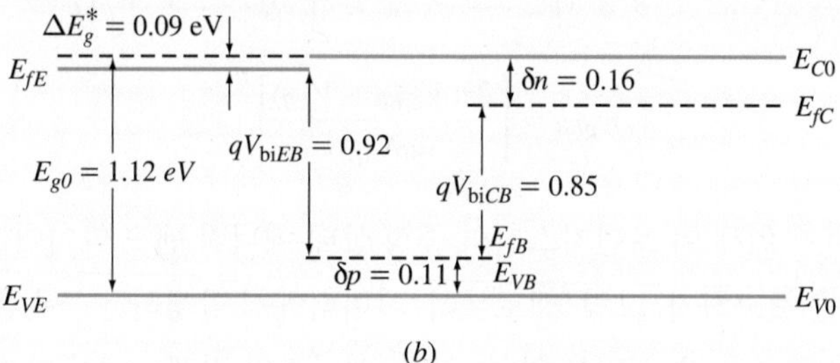

(b)

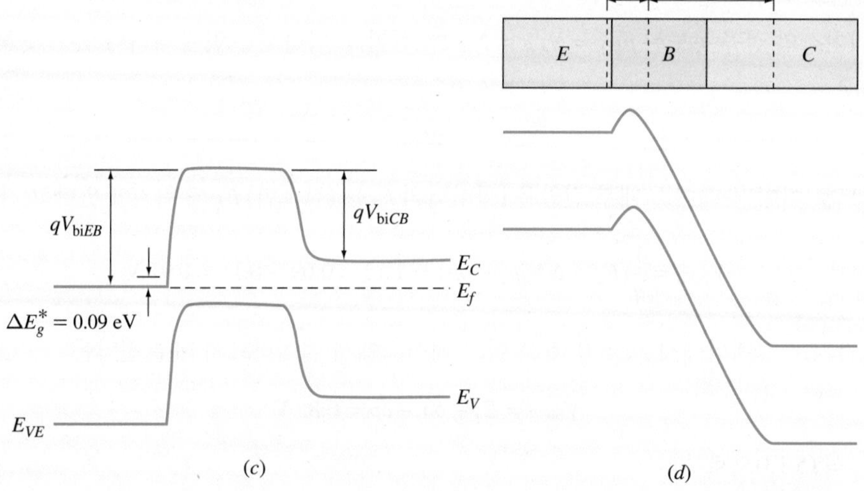

(c) (d)

그림 S4.8 (a) 예제 S4.1과 관련된 이미터, 베이스 및 공핍 영역의 넓이. (b) 중성 상태 에너지 밴드 다이어그램. (c) 평형 상태 에너지 밴드 다이어그램. (d) 펀치-스루일 때 에너지 밴드 다이어그램.

마찬가지로, 베이스에서 이미터 쪽 공핍 영역 넓이는

$$w_{pEB} = 0.024\ \mu\text{m}$$

펀치-스루가 일어난 경우를 나타내는 (d)에서, 두 공핍 영역은 만난다. 6 V보다 작은 V_{CE}의 조건에서 펀치-스루가 일어나는 것을 막기 위한 베이스의 금속학적 넓이의 최솟값은

$$W_{BM} = w_{pEB} + w_{pCE} = 0.024 + 0.051 = 0.075\ \mu\text{m}$$

S4.4 사태 항복

이전까지는 컬렉터-베이스 접합의 전압이 캐리어 증배 효과(carrier multiplication effect)를 무시할 수 있을 만큼 충분히 작은 경우, 혹은 $M = 1$이고 $\alpha = \gamma\alpha_T$인 경우만 고려하였다. 역방향 전압이 충분히 크면, 전류 증폭이 일어나고, $M > 1$이 된다. 이 경우에, 사태 항복(Avalanche breakdown)이 일어나고, $M = 1 + 1/\beta$가 된다. 특히 $\beta = 100$인 경우에, 사태 항복 $M = 1.01$이고, 따라서 비교적 작은 증폭에도 사태 항복이 유발된다.

사태 항복은 다른 효과이긴 하지만 사태 항복의 I_C-V_{CE} 특성은 그림 S4.7에 나와 있는 펀치-스루의 I_C-V_{CE} 특성과 유사하게 보인다.

S4.5 고주입

지금까지는 저준위 주입 조건에서의 BJT만 다루었다. 이것은 p형 베이스로 전자가 주입됨에도 불구하고, 베이스 내부의 전자 농도가 모든 영역에서 정공 농도보다 훨씬 작다는 것을 의미한다. 그림 S4.9의 에너지 밴드 다이어그램은 저주입의 경우를 표현하고 있다. 소자가 동작하게 되면, 과잉 전자 농도 Δn이 베이스로 주입된다. 이 과잉된 음의 전자 농도는 베이스를 더욱 음으로 만든다. 결국 베이스 전극으로부터 과잉 정공 Δp를 당기는 전기장을 형성한다. 중성 상태를 유지하기 위해서는 반드시 Δp와 Δn이 동일해야 한다. 하지만 저주입 조건 $\Delta p \ll N'_A$에서는 상대적인 정공 농도에 거의 변화가 없다. 따라서 베이스에서 이미터로의 정공의 역주입은 실질적으로 영향을 받지 않는다.

그림 S4.9b와 같이 큰 순방향의 전압이 인가되어 Δn이 $p_{B0} = N'_A$에 비해 작지 않은 경우에, $p = p_{B0} + \Delta p = N'_A + \Delta n$인 정공의 수가 상당히 변할 수 있다. 큰 순방향 전압이 인가되면 정공 주입에 대한 에너지 장벽이 낮아져서, 수많은 과잉 정공들이 이미터로 주입될 만큼 충분한 에너지를 가지게 되고, 따라서 I_{pE}와 I_{pB} 모두 증가하게 된다. I_{pE}의 증

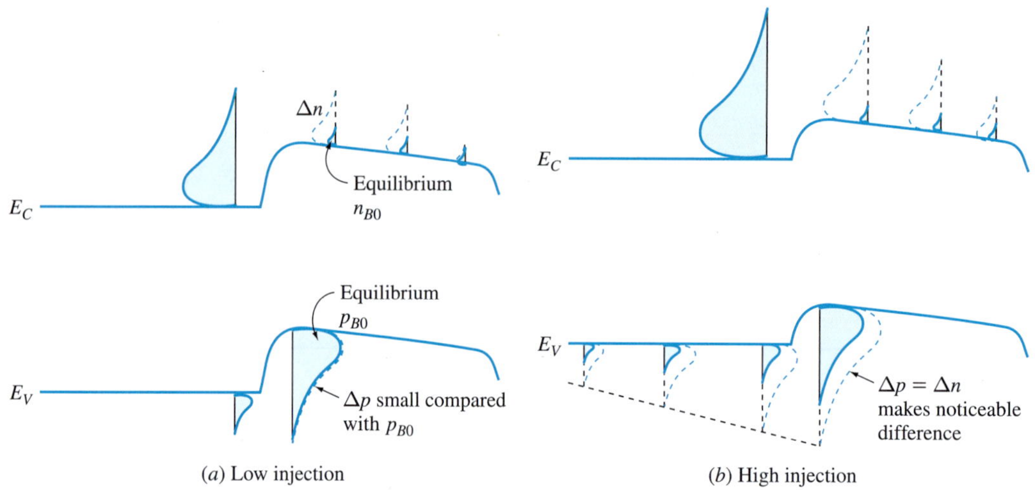

그림 S4.9 공간 전하 중성 상태를 유지하기 위하여, 베이스로 주입된 전자(Δn)는 같은 수의 과잉 정공(Δp)를 끌어당긴다. (a) 저주입의 경우에, 이 과잉 정공은 베이스-이미터 정공 전류에 영향을 거의 주지 않는다. (b) 고주입의 경우에, 정공에 대한 베이스-이미터 에너지 장벽은 수많은 과잉 정공이 이미터로 주입될 만큼 충분히 낮아진다.

가는 주입 효율을 감소시킨다.

주입 효율 γ는

$$\gamma = \frac{I_{nE}}{I_E} = \frac{I_{nE}}{I_{nE} + I_{pE}} = \frac{1}{1 + \frac{I_{pE}}{I_{nE}}}$$

여기서 $I_{pE} \to I_{nE}$가 될수록 $\gamma = 1/2$로 수렴한다. 이로 인해 이미터 전류와 컬렉터 전류가 $e^{qV_{BE}/2kT}$의 함수로 변화하게 된다.

I_{pB}가 증가하면 총 베이스 전류 I_B가 증가하고, 이에 따라 $\beta = I_C/I_B$이므로 저주입 경우보다 β가 감소하게 된다.

S4.6 베이스 확장(커크) 효과

고주입 조건에서 β가 감소하는 두 번째 이유가 있다. 고전류에서 유효 베이스 넓이는 **증가하고**, 동시에 β가 **감소한다**. 이것은 종종 **베이스 확장 효과(base push-out effect)** 혹은 **커크 효과(Kirk effect)**[3]라고 불리며, 그림 S4.10을 참고로 하여 살펴보자.

저주입 조건을 고려할 때, W_B에서 전자 농도는 0이라고 가정하였고, 베이스-컬렉터 전이 영역 내부 소량의 전자 농도는 무시하였다. 이것은 정확한 가정이 아닌데, 이는 컬렉터 전류밀도 J_C와 동일한 베이스 전자 전류밀도가 다음과 같기 때문이다.

$$J_C = J_{nB} = -q\,n_B(x)\,v(x) \tag{S4.9}$$

여기서 $v(x)$는 캐리어의 속도이다. 큰 전기장이 존재하는 C-B 접합에서 전자 속도는 포화 속도 v_{sat}에 제한되므로

$$v(x) \leq v_{sat} \tag{S4.10}$$

식 (S4.9)로부터, 만약 $v(x)$가 주어진 전류에 대해 최댓값을 갖는다면, 심지어 CB 전이 영역 근처 혹은 내부에서도 전자 농도는 최솟값을 갖는다.

$$n \geq \left|\frac{J_C}{q\,v_{sat}}\right| = n_{min} \tag{S4.11}$$

따라서 n_{min}은 공핍 영역에서의 최소 전자 농도이다.

저주입 조건에서(J_C가 작을 때), n_{min}은 무시할 만큼 충분히 작다. 하지만 고주입 조건에서, 이것은 반드시 고려되어야 한다. 전자가 큰 전기장이 존재하는 전이 영역으로 들어가면, 컬렉터 방향으로 가속된다. 전자의 속도는 포화 속도에 도달할 때까지 x가 증가할수록 증가한다. 이 음전하에 의해 전이 영역 내부의 전자 준위 에너지 E_C (그리고 또한 E_V)가 올라간다. 이것은 실질적으로 베이스의 유효 넓이 W_B를 증가시키고, 그에 상응하여 β를 감소시킨다.

N'_{DC}가 n 컬렉터의 도너 농도일 때, $n_{min} > N'_{DC}$가 될 만큼의 고전류가 흐르면, **겉보기** 베이스 영역은 n 컬렉터 영역 내부까지 확장되고, N'_{DC}가 훨씬 높은 n^+ 컬렉터 영역까지 접근할 수 있다. 따라서 J_C가 증가할수록, 그림 S4.10에서 보이는 것처럼 높은 전기장 영역은 컬렉터 쪽으로 이동한다. 명백한 베이스 확장을 피하기 위해 다음과 같은 설계 조건이 필요하다.

$$J_C \leq 0.3|q\,N'_{DC}\,v_{sat}| \tag{S4.12}$$

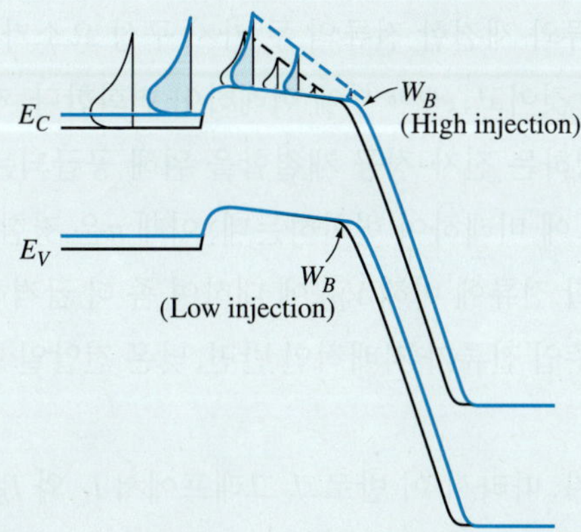

그림 S4.10 고전류 조건에서는 베이스의 컬렉터 경계 근처와 베이스-컬렉터 전이 영역 안쪽 짧은 거리에서의 전자 전하 밀도가 반드시 고려되어야 한다. 이로 인해 베이스의 유효 넓이가 증가하고, β가 감소한다.

예제 S4.2

n 컬렉터 도핑이 $N'_{DC} = 5 \times 10^{16}\ \text{cm}^{-3}$인 경우에 과도한 베이스 확장을 피하기 위한 최대 컬렉터 전류밀도 J_C를 구하라.

■ **풀이**

식 (S4.12)로부터

$$\begin{aligned} J_{C\text{max}} &\approx 0.3|qN'_{DC}v_{\text{sat}}| = 0.3(1.6 \times 10^{-19}\ \text{C})(5 \times 10^{16}\ \text{cm}^{-3})(10^7\ \text{cm/s}) \\ &= 2.4 \times 10^4\ \text{A/cm}^2 \\ &= 0.24\ \text{mA}/\mu\text{m}^2 \end{aligned}$$

위의 결과로부터, 전형적으로 J_C는 1 mA/μm^{2}보다 작다는 것을 알 수 있다.

S4.7 이미터-베이스 접합에서의 재결합

pn 접합 다이오드와 마찬가지로, BJT의 이미터-베이스 접합의 전이 영역에서도 전자-정공 재결합이 일어난다. 이 재결합에 의해 발생한 B-E 전류는 컬렉터에 절대 닿지 못하므로, I_C에는 기여하지 않는다. 하지만 I_E와 I_B는 둘 다 이전 모델에 의해 구해진 값보다 증가한다. $\alpha = I_C/I_E$이고 $\beta = I_C/I_B$이므로, 이러한 I_E와 I_B의 증가는 α와 β 값을 감소시킨다. 그림 S4.11은 베이스-이미터 전압의 함수로 나타낸 I_C와 I_B의 그래프를 보여준다. 이것을 **굼멜 그래프(Gummel plot)**라고 한다. 컬렉터 전류 I_C는 실질적으로 베이스로 주입되는 이미터 전자 전류 I_{nE}와 같고, $e^{qV_{BE}/kT}$에 비례하는 크기를 갖는다. 따라서 그림 S4.11의 반로그 척도로 그려진 I_C-V_{BE} 그래프는 $(q/kT)\log e$의 기울기를 갖는 직선이 된다.

베이스 전류는 주입 전류와 재결합 전류의 두 가지 구성 요소가 있다. 주입 전류는 이미터로 주입된 정공에 의한 것이고, $e^{qV_{BE}/kT}$에 비례하여 변화한다. 재결합 전류는 이미터-베이스 전이 영역에서 발생하는 전자-정공 재결합을 위해 공급되는 정공에 의한 전류이다. 재결합 전류는 $e^{qV_{BE}/nkT}$에 비례하여 변화하는데, 이때 n은 경험적(empirical)변수로 $n \approx 2$이다. 주입 전류가 재결합 전류에 비해 V_{BE}에 대하여 좀 더 급격하게 변화하므로, 베이스-이미터 전압이 높을 땐 주입 전류가 지배적인 반면, 낮은 전압일 땐 재결합 전류가 우세하다.

$\beta = I_C/I_B$임을 상기하자. 따라서 이 반로그 그래프에서 I_C와 I_B 곡선 사이 수직 거리는 β에 비례한다. 아날로그 회로의 경우, 일반적으로 BJT는 β가 거의 일정한 영역에서 동작한다.

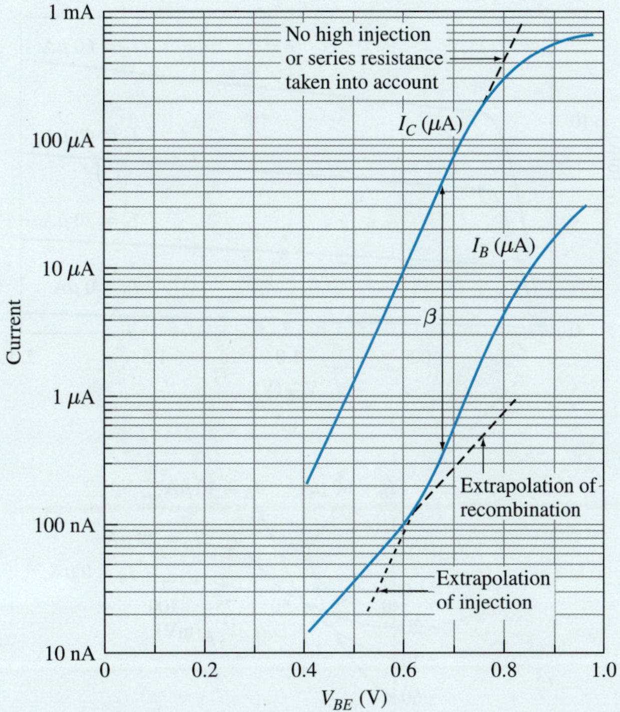

그림 S4.11 BJT의 굼멜 그래프(Gummel plot). 고전류일 경우를 제외하고, I_C-V_{BE} 그래프는 기울기 $(q/kT)\log e$의 직선이다. I_B-V_{BE} 그래프는 저전류 조건에서는 $(q/nkT)\log e$의 직선이지만, 전류 값이 증가하면 $(q/kT)\log e$의 직선이 된다. 고전류에서 나타나는 편차는 베이스 직렬 저항에 의해 V_{BE}의 일부가 강하되기 때문에 발생한다(작은 베이스 저항을 가진 전력 트랜지스터의 경우 고주입 효과에 의해 발생한다).

고전류 조건에서, 기울기는 직렬 저항에 의해 감소하고, S4.5절과 S4.6절에서 논의한 바대로, β는 고주입 효과에 의해 또한 감소한다.

S4.8 BJT의 오프셋 전압

공통 이미터 구조에서 동작하는 BJT의 I_C-V_{CE} 특성이 그림 S4.12에 나와 있다. 모든 I_B의 값에 대하여, $V_{CE} = 0$일 때 $I_C = 0$인 것처럼 보인다. 하지만 S4.12b에서 보이는 것처럼 실제로 그래프들은 원점을 지나지 않는다. 각각의 그래프들이 $I_C = 0$을 지날 때 오프셋(offset) 전압이 존재한다. 이것에 대하여 알아보자.

$V_{CE} = 0$일 때, $I_B > 0$이면 E-B와 B-C 접합에는 모두 순방향 전압이 인가된다. 따라서 베이스에서 이미터로, 또한 베이스에서 컬렉터로 정공 전류가 흐른다(관례에 따라 I_C는 음의 값을 갖는다). 이미터는 베이스보다 훨씬 고농도로 도핑되어 있고 베이스도 컬렉터

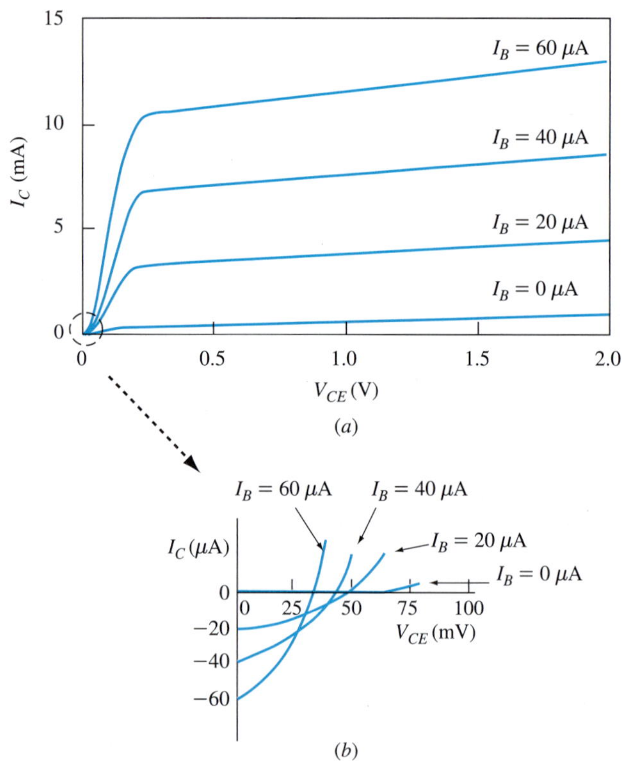

그림 S4.12 npn BJT의 (a) I_C-V_{CE} 특성과 (b) 원점 근처에서 확대된 특성 그래프.

보다 고농도로 도핑되어 있으므로 $I_{BC} \gg I_{BE}$이다. I_{BE}는 매우 작고, 주로 재결합 전류이고, 따라서 β에 영향을 주지 않는다.

주어진 I_B 값에 대하여, V_{CE}가 증가할수록 V_{BE}가 감소하고, V_{BC} 또한 감소하기 시작하므로 I_{BC}가 감소한다(만약 V_{CE}가 충분히 증가하면, 베이스-컬렉터 접합에는 역방향 전압이 인가되기 시작할 것이다). I_B를 고정하면, $I_B = I_{BC} + I_{BE}$이므로 I_{BC}가 감소할 때 I_{BE}는 증가하게 되고, 이에 따라 베이스-이미터 접합에 인가된 순방향 전압은 점점 더 증가하게 된다. 이는 주입 전류를 증가시키고, I_{BE}가 주입 전류로 대부분 구성되어 β가 변하지 않을 때까지 β를 증가시킨다. (그림 S4.11을 참고하라.)

오프셋 전압은 베이스, 이미터, 컬렉터의 도핑 농도와 베이스 넓이에 따라 변하지만, 일반적으로 약 25 ~ 50 mV의 값을 갖기 때문에 보통 실험적으로 얻어진 I_C-V_{CE} 특성에서는 거의 관찰되지 않는다.

S4.9 측면 바이폴라 트랜지스터

지금까지 설명한 양극성 접합 트랜지스터는 모두 수직 방향의 구조를 가지고 있어서, 그림 S4.13a와 같이 캐리어가 이미터에서 컬렉터로 표면에 수직하게 흐른다. 좀 더 최근에, 실리콘 측면(lateral) 양극성 트랜지스터가 보고되었다.[4] 그림 S4.13b와 c는 절연체 위(SOI)에 형성된 대칭구조를 가진 상호 보완적 측면 바이폴라 트랜지스터의 구조를 나타낸다. 이 구조에서 이미터와 컬렉터는 고농도로 도핑되어 있는 반면, 베이스는 좀 더 저농도로 도핑되어 있다. 수직의 BJT보다 우수한 이 소자의 장점은 다음과 같다.

1. 이미터와 컬렉터가 동일하게 도핑되어 있고, 넓이도 같으므로 이 소자는 순방향 활성 모드와 역방향 활성 모드에서 동일하게 동작할 수 있다.
2. 컬렉터가 고농도로 도핑되어 있으므로 베이스 확장 효과가 없다.
3. SOI 구조이므로, 이미터와 컬렉터 접합 정전 용량이 작고, 따라서 높은 주파수 응답을 가지고 있다. 350 GHz의 f_T 와 700 GHz의 $f_{\max}$ 가 보고되었다.
4. 공정 과정의 흐름이 CMOS와 비슷하다. 따라서 양극성 트랜지스터와 CMOS 트랜지스터가 동일한 칩 위에 제작될 수 있고, BiCMOS라고 불리는 공정이 가능하다.
5. 측면 BJT는 동일 전류밀도 조건을 가진 수직 구조 트랜지스터보다 훨씬 작은 크기로 제작될 수 있다. 더 작은 크기는 더 짧은 배선과 더 작은 트랜지스터 및 배선 정전 용량을 의미한다. 따라서 더 빠른 고주파 동작이 가능하다(그림 S4.13 참고).

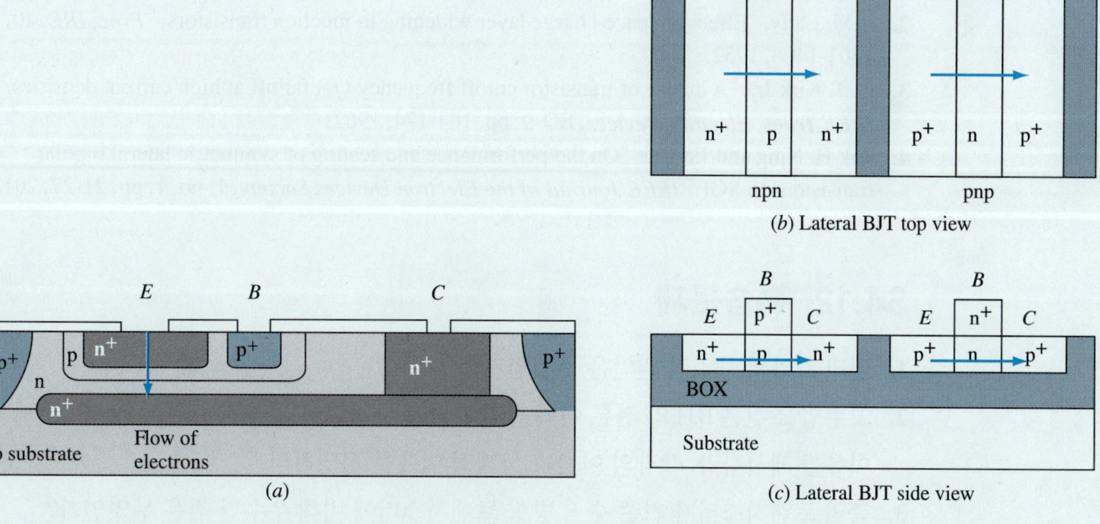

그림 S4.13 절연체 위(SOI)에 형성된 상호 보완적인 측면 바이폴라 트랜지스터의 구조를 나타내는 개념도. (a) 비교를 위해 제시된 수직 방향 트랜지스터, (b) 평면도, (c) 측면도.

6. 베이스에 비해 높은 이미터와 컬렉터의 도핑 농도는 **꺼짐** 상태에서 컬렉터와 이미터에 축적되는 소수 캐리어를 감소시키므로 **켬-꺼짐** 스위칭 시간이 훨씬 줄어든다.

S4.10 요약

이 장에서는 고전류와 고전압 조건에서 중요하게 작용하는 몇 개의 이차 효과에 대하여 논의하였다. 이미터 아래의 베이스 영역에서 발생하는 $I_B R_B$ 전압 강하로 인하여, 베이스-이미터와 컬렉터-이미터 전류가 베이스 전극 방향으로 "집중"되고, 따라서 고주입 효과가 증가한다. 컬렉터 전압이 높을 경우에, 베이스-컬렉터 접합의 전이 영역의 일부가 베이스 내부로 확장되어 베이스 유효 넓이가 금속학적 넓이보다 감소하게 된다. 컬렉터 전압이 증가할수록, 베이스의 유효 넓이는 점차 감소하고 따라서 β가 증가하게 된다(얼리 효과). 전력 트랜지스터와 같은 고주입 조건에서, 고전류와 관련된 전자 전하는 베이스의 유효 넓이를 증가시킨다. 따라서 주어진 컬렉터 전압에서 β는 전류가 증가할수록 감소한다(커크 효과). 낮은 전류 조건에서, 이미터-베이스 전이 영역의 캐리어 재결합은 β를 감소시킨다.

SOI 위에 형성된 대칭의 측면 바이폴라 트랜지스터 구조를 간략하게 소개 하였다. 이 소자는 기존 수직 방향 BJT보다 우수한 여러 가지 장점을 가지고 있다.

S4.11 참고문헌

1. J. L. Lary and R. L. Anderson, "Effective base resistance of bipolar transistors," *IEEE Trans. on Electron Devices*, ED-32, pp. 2503-2505, 1985

2. J. M. Early, "Effect of space-charge layer widening in junction transistors," *Proc. IRE*, 40, pp. 1401-1406, 1952.

3. C. T. Kirk Jr., "A theory of transistor cutoff frequency (f_T) falloff at high current densities," *IEEE Trans. Electron Devices*, ED-9, pp. 164-174, 1962.

4. Tak H. Ning and Jin Cai, "On the performance and scaling of symmetric lateral bipolar transistors on SOI," *IEEE Journal of the Electron Devices Society*, 1, no. 1, pp. 21-27, 2013.

S4.12 복습문제

1. 얼리 효과의 물리적 원인은 무엇인가?

2. 고주입 조건은 BJT의 전류 이득을 감소시키는 경향이 있다. 이 장에서 논의된 세 가지 이유를 제시하라. 각각의 이름과 물리적 이유를 설명하라.

3. 측면 트랜지스터가 기존 수직 방향 트랜지스터에 비해 우수한 점은 무엇인가?

4. 베이스 확장 효과는 무엇이고, 이것이 측면 BJT에서 나타나지 않는 이유는 무엇인가?

5. 고전류일 때 BJT의 전류 이득이 감소하는 이유는 무엇인가?

S4.13 연습문제

S4.1 식 (S4.8)을 증명할 때 생략된 단계를 모두 완성하라.

S4.2 이전에는 베이스에서 발생하는 평균 전압 강하를 이용하여 베이스의 등가 저항을 구하였다. 여기서는 저항에서 손실되는 전력, $P = I^2R$을 이용하여 베이스의 등가 저항을 구해볼 것이다. 즉, 집중 저항 $R_B = P_B/I_B^2$을 통해 흐르는 베이스 전류에 의해 손실되는 전력 P_B를 기반으로 새로운 등가 저항을 정의하자. 여기서 P_B는 베이스에서 손실되는 전력이다. R_B에 관한 식을 구하라. I_B는 식 (S4.6)이 유효할 만큼 충분히 작다고 가정하라.

S4.3 그림 PS4.1에 보이는 I_C-V_{CE} 곡선을 가진 트랜지스터에 대하여 얼리 전압을 구하라.

S4.4 $N'_{DE} = 10^{20}, N'_{AB} = 5 \times 10^{17}, N'_{DC} = 10^{16}$를 가진 npn 트랜지스터가 있다. $V_{BE} =$ 0.75 V인 경우에, 펀치-스루 전압을 12 V 이상으로 유지하기 위해서는 W_{BM}가 얼마까지 작아질 수 있는가?

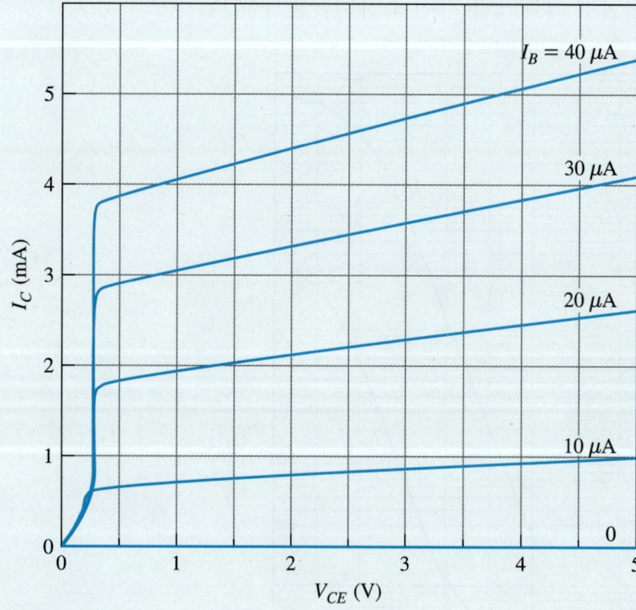

그림 PS4.1

S4.5 S4.6절에서 설명한 것처럼, 베이스 확장을 피하기 위해서는 J_C가 약 1 mA/μm^{2}보다 작아야 한다. 이미터 폭(L)이 0.5 μm이고, 베이스 면저항이 10 kΩ / □인 BJT를 고려하자. $\beta = 100$인 경우에, I_B 및 고유(intrinsic) 베이스 영역의 측면 전압 강하를 구하

라. 또한 이 소자에서 발생하는 전류 과밀 효과에 관하여 논의하라.

S4.6 그림 PS4.2에 나와 있는 I_C-V_{CE} 곡선을 가진 트랜지스터에 대하여, I_B가 증가할수록 곡선들이 점점 가까워지는 이유를 설명하라.

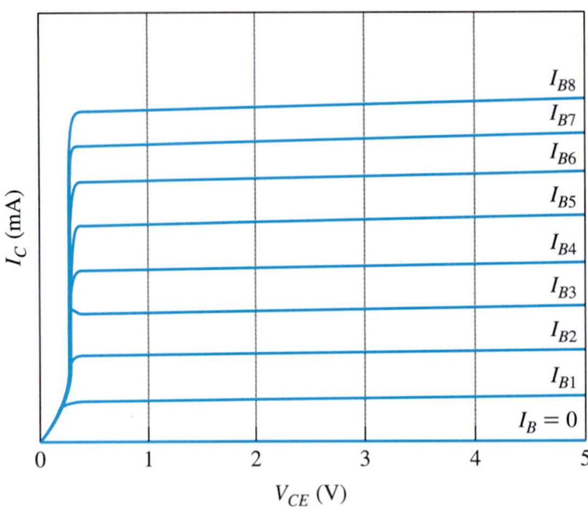

그림 PS4.2

S4.7 그림 PS4.3과 같은 굼멜 그래프를 가진 소자의 β를 구하라.

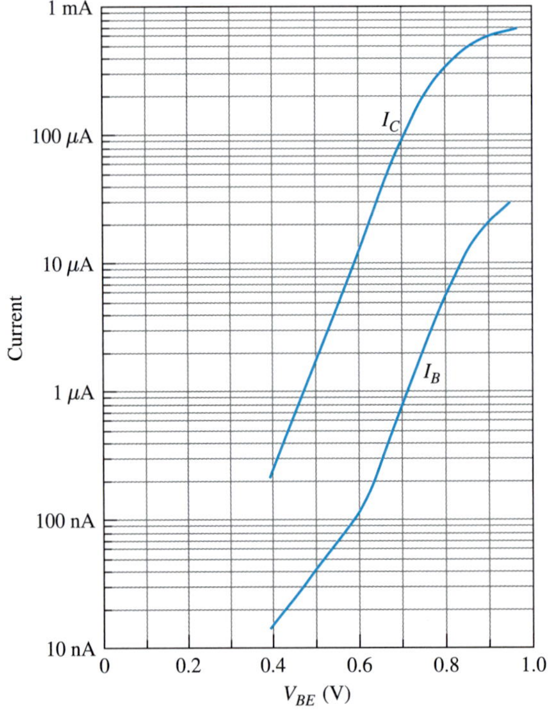

그림 PS4.3

S4.8 베이스 폭 변조(얼리 효과)가 수직 방향 BJT보다 측면 BJT에서 더 확연하게 일어나는 이유는 무엇인가?

S4.9 npn BJT의 양의 베이스 전류에 대하여, $V_{CE} = 0$이 되기 위해서 컬렉터 전류는 음수이다(그림 S4.13b). 이 현상을 설명하라.

PART 5

광전자 및 전력 반도체 소자

반도체가 우리 인생에서 가장 중대한 변화를 끼친 두 영역을 논하라고 하면 컴퓨팅과 커뮤니케이션이라 하겠다. 점점 더 광통신은 정보를 한 장소에서 다른 장소로 전송하는 가장 빠르고 또 대부분의 경우 가성비가 가장 높은 방법이 된다. 인터넷과 월드와이드웹(WWW)을 집 안 도구(및 놀이터)로 바꿔놓은 광대역 통신은 대부분 광통신에 기인한다.

11장에서 우리는 포토닉스(photonics)에서의 반도체의 역할을 탐구하면서, 광 검출기, 발광 다이오드, 레이저 및 이미지 감지기와 같은 일반적인 광소자를 살펴보려 한다.

동시에 사회는 점점 전기 및 전자 기계에 의존적이다. 이러한 장치에는 전원이 필요하다. 휴대폰에는 충전기가 필요하다. 세탁기는 전기 모터와 이를 제어하는 회로가 필요하다. 전기 자동차는 그리드에서 에너지를 얻어야 하며 그리드 자체도 통제, 모니터링 및 스위칭이 필요하다. 12장에서는 고전압 및 고전류를 스위칭하거나 제어할 수 있는 다양한 반도체 소자에 대해 설명한다.

CHAPTER 11

광전소자

11.1 서론과 개관

광전소자에 대해 설명하려면 먼저 주파수 스펙트럼을 고려하여야 한다. 그림 11.1에서 $f \approx$ 10 Hz의 수중음향주파수로부터 $\lambda \approx 1$ nm인 X-선 영역까지 살펴보자. 관심을 끄는 전자기파 주파수는 kHz 영역인 AM 라디오 주파수로부터 시작한다. 반도체 광전자에서는 자외선과 근적외선 영역이 1차적으로 중요하다. 가시광선 영역에서의 광자의 파장과 에너지가 확대 그림에 표시되어 있으며, 광섬유에서 가장 중요한 두 파장도 포함되어 있다.

광통신의 성공적 실현은 광섬유의 발달뿐만 아니라 고속, 저가, 신뢰성 광원(레이저 다이오드와 발광 다이오드, LED)과 광 검출기의 동시 개발에 기인한다. 더욱이 LED는 디스플레이뿐만 아니라 조명용으로도 점점 중요해진다. 이러한 소자들이 이번 장의 주제이다.

11.2 광 검출기

광 검출기라는 용어는 광 에너지의 존재량을 측정하는 데 사용되는 다이오드(혹은 트랜지스터)를 나타낸다. 우리가 "측정한다"라는 말은 출력 신호가 빛의 세기의 함수임을 의미한다.[1] 예를 들어, 광섬유 수신기에는 출력 전류가 검출된 빛의 세기에 비례하는 광 검출기가 들어 있다. 수신기의 나머지 부분은 증폭기와 판별회로이다.

일반적인 광 검출기의 경우를 먼저 살펴볼 것이다. 설계 시 절충 사항들을 이해하고 나서, 몇 가지 개별 광 검출기 형태를 살펴볼 것이다.

1) 실제로는, 여기서 세기라는 용어는 포괄적으로 사용된다. 기술적으로는, 세기란 입체각당 출력을 나타내는 비직관적인 단위이며 보통 발광소자를 나타낼 때 사용된다. 광 검출기에는 방사량(단위는 W/m^2)이라 불리는 실제 단위가 필요하다.

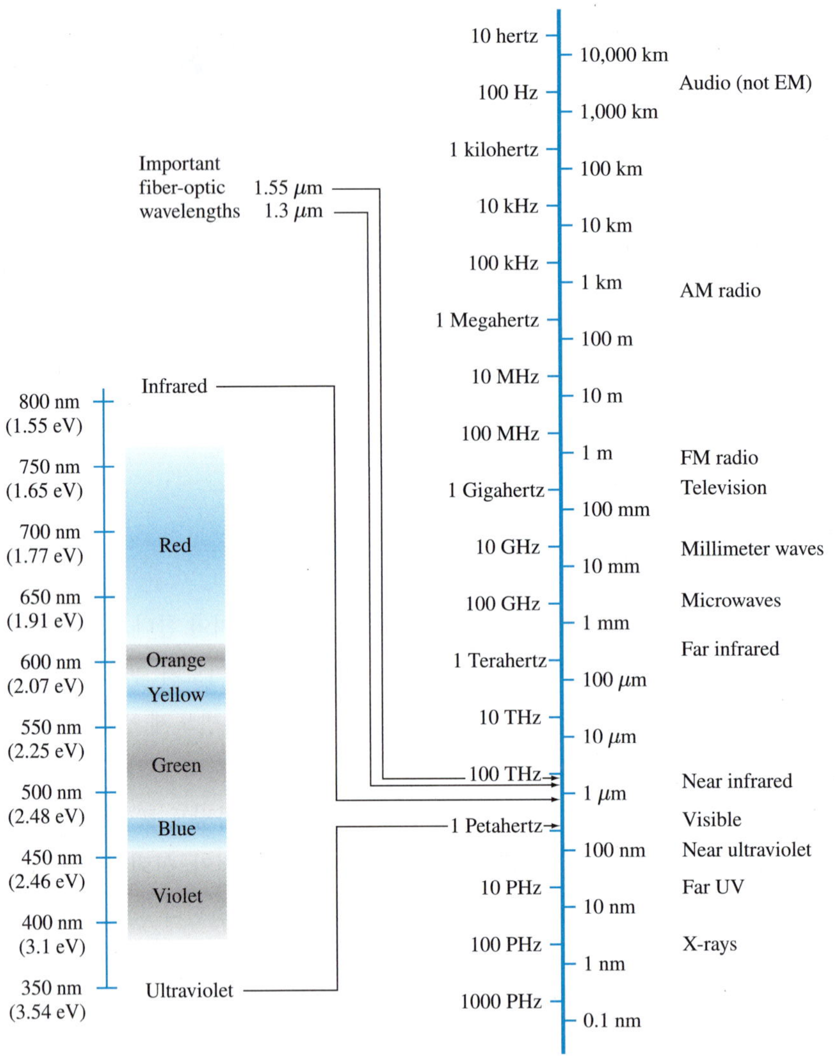

그림 11.1 전자기파 스펙트럼.(음파는 전자기파가 아니지만 비교를 위해 그 주파수를 삽입하였다.)

11.2.1 일반적인 광 검출기

그림 11.2에 일반적인 광 검출기 구조가 있다. 여기에는 pn 접합이 있는데 위로부터 빛이 입사된다. 반도체의 밴드 갭 에너지보다 큰 에너지를 갖는 광자는 전자-정공 쌍을 생성한다. 접합 공핍층에서의 전계에 의해 전자와 정공이 분리되어 위와 아래에 있는 접합을 거쳐 외부 회로로 흘러간다.

상부 접합으로 빛이 들어오는 것을 차단하지 않는 것이 매우 중요하다. 그래서 접합은 종종 고리 형태가 된다. n^+ 영역으로부터 접합에 도달하기 위해서는 상부 층에서는 전류가 수평 방향으로 흐른다. 그러므로 이 영역은 면저항이 매우 작아야 한다. 작은 면저항을

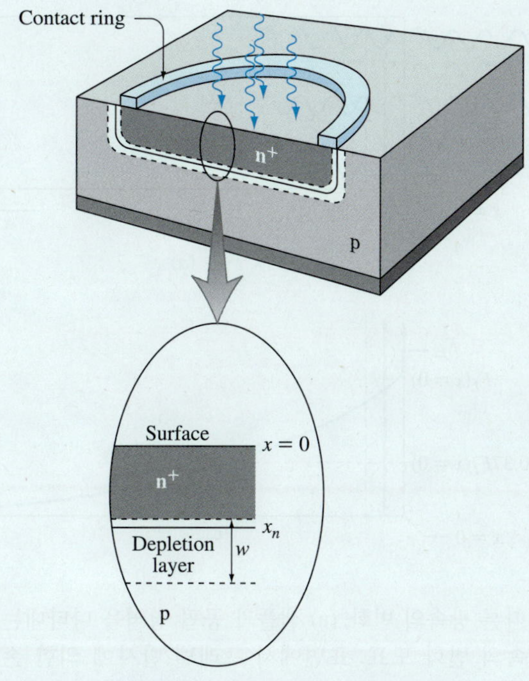

그림 11.2 일반적인 포토다이오드.

얻으려면 단면적을 크게 하거나 도핑을 많이 하여야 한다. 그러나 실제에서는 이 영역에서 흡수되는 빛을 줄여야 하므로 이 영역을 얇게 만든다(몇 분의 1 마이크로미터). 그러므로 이 영역은 세게 도핑한다.

빛이 반도체를 침투해 가면서 흡수된다. 반도체 내부의 주어진 깊이에서의 광자 플럭스 혹은 광속을 $F_L(x)$라 하면, 반도체 내부 깊이 x에 따른 F_L의 변화는 $F_L(x)$에 비례한다.

$$\frac{dF_L(x)}{dx} = -\alpha F_L(x) \tag{11.1}$$

여기서 α는 흡수계수이다. 이를 풀면

$$F_L(x) = F_L(0)e^{-\alpha x} \tag{11.2}$$

흡수계수 α는 광속이 표면 값의 $1/e$ (37%)로 줄어드는 깊이의 역수가 된다.

빛이 표면에 입사될 때, 그 부분에서 일부 반사가 일어난다. 이러한 **프레넬(Fresnel) 반사**는 굴절률이 다른 두 물질의 경계면으로 빛이 입사될 때 항상 발생한다. 수직 입사의 경우, 반사계수 R은 입사된 광자에 대해 매질 1과 매질 2의 경계면에서 반사된 광자의 비율로서[2)]

2) 이 식은 두 물질의 굴절률이 다른 경계면에서 광자(photon)가 반사될 확률을 나타내는데, 이를 두 물질의 위치 에너지가 다른 경계면에서 전자가 반사될 확률식과 비교해보라. 궁극적으로 이 두 식을 유도하는 수학은 동일하다.

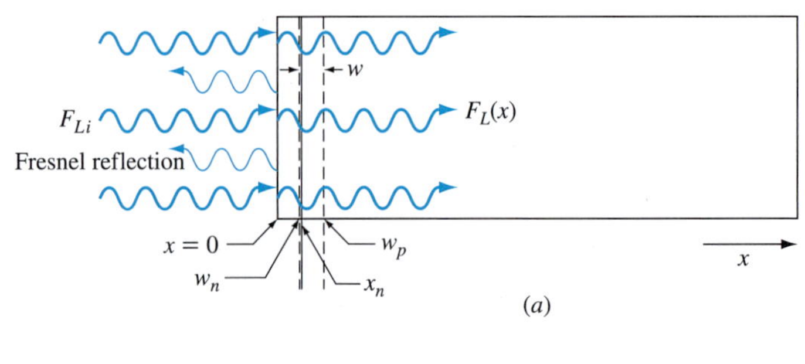

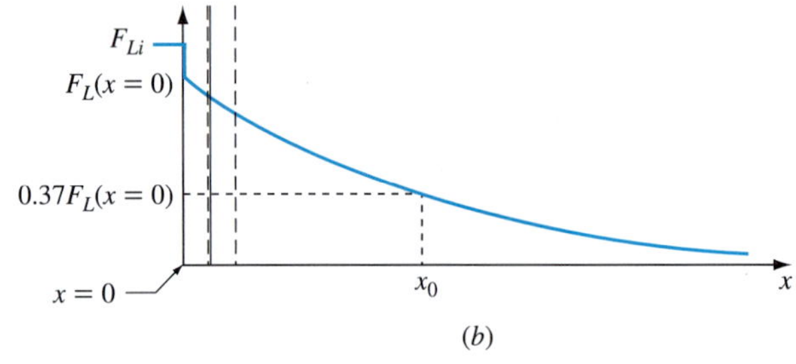

그림 11.3 위치에 따른 광속의 변화. (a) 샘플과 공핍 영역을 나타내는 물리적 개략도. (b) 거리에 따른 광속의 변화 도표. 표면에서 프레넬 반사에 의한 손실이 발생하고, 그다음에 흡수에 의해 지수적으로 감소한다. 광 투과 깊이 x_0는 광속의 값이 표면에 비해 e^{-1}으로 줄어드는 깊이로 정의된다.

$$R = \frac{F_{L\text{reflected}}}{F_{Li}} = \left(\frac{n_1 - n_2}{n_1 + n_2}\right)^2 \tag{11.3}$$

여기서 F_{Li}는 입사 광속을, n은 매질의 굴절률을, $F_{L\text{reflected}}$는 반사 광속을 나타낸다. 표면에서의 투과 계수 T는

$$T = 1 - R\frac{4n_1n_2}{(n_1 + n_2)^2} \tag{11.4}$$

그림 11.3은 반도체 표면에 입사되는 빛과 반도체 내부 깊이의 함수로 변하는 광속을 보여주고 있다.

예제 11.1

GaAs 발광 다이오드에서 방출된 빛과 같이, 1.42 eV(그림 11.1에서 보면 근적외선)의 단색광이 입사된 Si n^+p 접합에서 깊이에 따른 광속의 변화를 구하라.

■ 풀이

입사광속을 F_{Li}라 하면, 반도체 표면에서의 광속은

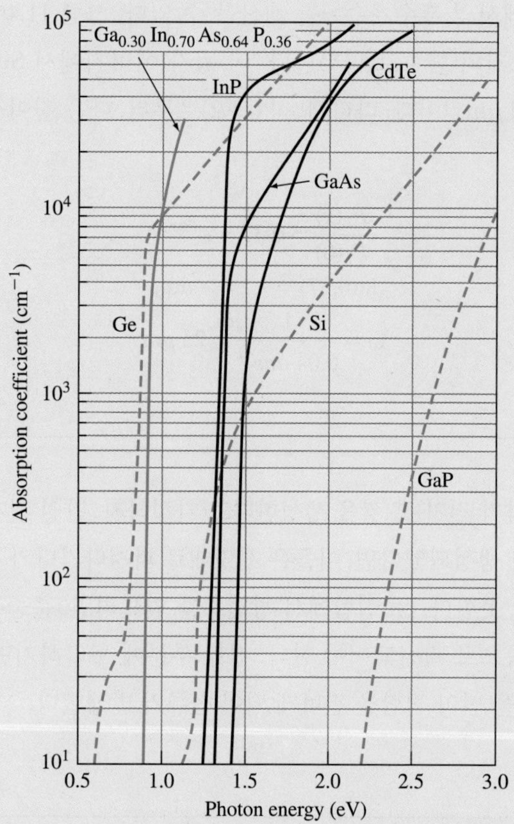

그림 11.4 주요 반도체의 흡수계수. 간접 밴드 갭 물질은 점선으로 나타나 있다.[1, 2]

$$F_L(0) = (1 - R)F_{Li} \tag{11.5}$$

Si의 굴절률은 광자 에너지의 함수이다. 하지만 가시광 영역에서는 $n_{\mathrm{Si}} = 3.6$ 정도이다. 공기($n = 1$)와 Si의 경계에서의 반사계수는 식 (11.3)으로부터

$$R = \frac{(n_{\mathrm{air}} - n_{\mathrm{Si}})^2}{(n_{\mathrm{air}} + n_{\mathrm{Si}})^2} = \frac{(1 - 3.6)^2}{(1 + 3.6)^2} = 0.32$$

즉, 입사광의 약 32퍼센트 정도가 반사된다. 그러므로 반도체 표면에서의 프레넬 반사로 인해 상당한 광자 손실이 발생한다. 실제 표면 반사를 줄이기 위해 공기와 반도체의 굴절률 값의 중간 값을 갖는 투명한 유전체를 반도체 표면에 얇게 코팅한다.

코팅이 안 된 원래 예제에서는 표면을 통과하여 실리콘에서의 표면 광속은

$$F_L(0) = (1 - 0.32)F_{Li} = 0.68\,F_{Li}$$

이제 실리콘 내부에서의 흡수계수 α를 계산할 수 있다. 그림 11.4에서 여러 반도체의 흡수계수를 광자 에너지의 함수로 나타난다. 이 광자 에너지에서 Si에서의 흡수계수 α는 $4 \times 10^2\ \text{cm}^{-1} \approx 0.04\ \mu\text{m}^{-1}$이다. 따라서, 식 (11.2)로부터, 다음 깊이 x_0에서 빛의 세기가 37% 감소한다.

$$\frac{F_L(x)}{F_L(0)} = 0.37 = e^{-\alpha x_0}$$

$$\ln(0.37) = -1 = -\alpha x_0$$

$$x_0 = \frac{1}{0.04\ \mu\text{m}^{-1}} = 25\ \mu\text{m}$$

흡수된 각각의 광자가 전자-홀 쌍을 생성한다고 가정하자. 만일 전자와 홀이 전계가 없는 준중성 영역 깊숙이 생성되었다면, 이들은 제멋대로 퍼져나가다가 결국 재결합하여 실질적인 전류를 만들지 못한다. pn 접합에서 광전류를 얻으려면, 준중성 영역에서 생성된 소수 캐리어가 접합 쪽으로 확산되어야 한다. 접합 부분에 도달하기만 하면 전계에 의해 이들 캐리어들이 가속을 받아 접합을 건너게 되어 전류가 발생한다.

예제 11.2

예제 11.1의 n^+p 소자에 대하여 흡수 깊이와 소수 캐리어 확산 길이를 비교하라. 캐리어가 접합 쪽으로 확산되어 광전류를 생성할 수 있을까? $V_a = 0$, n^+ 영역의 두께는 $0.3\ \mu\text{m}$, 그리고 p 영역 도핑은 $10^{17}\ \text{cm}^{-3}$이라 가정하라.

■ 풀이

n^+ 영역의 두께($0.3\ \mu\text{m}$)는 광 침투 깊이($25\ \mu\text{m}$)보다 훨씬 얇다. 그러므로 이 영역에서의 흡수에 의한 광전류 기여도는 무시할 수 있다. $V_a = 0$에 대하여, 접합 두께는 $0.11\ \mu\text{m}$이며 이 영역 역시 광전류 기여도를 무시할 수 있다.

준중성인 p 영역에서 이 정도의 도핑 수준에서의 소수 캐리어(전자)의 확산 길이는 $110\ \mu\text{m}$이다. 이는 광 침투 길이보다 현저히 크다. 따라서 빛에 의해 생성된 전자의 상당한 부분이 역으로 접합 쪽으로 확산되어 집속되므로 광전류를 만든다.

전자-홀 쌍이 발생되는 비율인 G_L은 광속에 비례한다. 즉, $G_L(x) = \alpha F_L(x)$이다. 이는 아직도 모든 광자가 각각 하나의 전자-홀 쌍을 발생한다고 가정할 때이다. 정상 상태에서의 전자의 농도는 p 영역에서 전자에 대한 연속 방정식의 풀면 얻어낼 수 있다. 이 경우 빛에 의해 생성된 잉여 캐리어에 대한 광 생성 항과 재결합 항은 다음과 같다.

$$\frac{1}{q}\frac{dJ_n(x)}{dx} + G_L(x) - \frac{\Delta n_p}{\tau_n} = 0 \tag{11.6}$$

여기서 J_n은 광전류이며 Δn_p는 잉여(광 생성) 전자 농도이다. p 영역이 균일하게 도핑되었으므로, 전계가 없으며($\mathscr{E} = 0$) 전체 전자 전류는 확산에 의존한다.

$$J_n = qD_n\frac{dn}{dx} \tag{11.7}$$

$n = n_0 + \Delta n$이며, n_0가 상수임을 상기하면, 식 (11.6)은

$$D_n\frac{d^2\Delta n(x)}{dx^2} + \alpha(1-R)F_{Li}e^{-\alpha x} - \frac{\Delta n(x)}{\tau_n} = 0 \tag{11.8}$$

식 (11.8)을 $\Delta n(x)$에 대하여 풀면, 광전류 결과치는 식 (11.7)을 편의상 $x = 0$에서와 같은 위치에서 계산하여 얻을 수 있다. 이 부분은 태양전지 부분에서 보다 상세하게 다룰 것이다.

이전 설명에서는, 천이 영역과 n^+ 표면층에서의 흡수에 의한 광전류는, 이 영역들이 광침투길이에 비해 얇기 때문에 무시하였다. 보다 높은 흡수계수에 대해서는, 광침투길이가 작아지고 이 영역에서의 흡수도 고려하여야 한다. 먼저 접합에서의 흡수를 살펴보기로 하자.

공핍층에서는 전계가 충분히 커서 이 영역에서 생성된 캐리어는 재결합하기 전에 가속되어 이 영역을 벗어난다. 그러므로 모두 광전류에 기여한다. 이를 구하려면 접합 영역에 대해 흡수된 양을 적분하면 된다.

$$J_D = q\alpha\int_{x_n}^{x_n+w} F_L(x)dx = qF_{Li}(1-R)e^{-\alpha x_n}\left[1 - e^{-\alpha w}\right] \tag{11.9}$$

여기서 J_D는 공핍층에서 생성된 광전류이며 x_n과 w는 그림 11.2에서 정의된 바와 같다.

흡수계수 α가 클 경우, 빛은 표면에 더 가까운 곳에서 흡수되고, 이 경우 표면 n^+층 역시 광전류에 기여하게 된다. 그러나, 표면 상태로 인해 이 얇은 영역에서 빛에 의해 생성된 캐리어는 표면에서 재결합할 확률이 매우 높아서 광전류에 기여하는 바는 작아진다.

캐리어가 생성된 위치는 또한 응답시간에도 영향을 미친다. 공핍층의 높은 전계로 인해 여기서 생성된 캐리어는 준중성 영역에서 생성된 캐리어보다 훨씬 빠른 응답시간을 갖는다. 준중성 영역에서는 캐리어가 접합 영역으로 확산되어야만(느린 과정) 전류를 발생할 수 있다. 공핍층에서 빛에 의해 생성된 전류는 **순간 광전류(prompt photocurrent)**라 부르기도 한다.

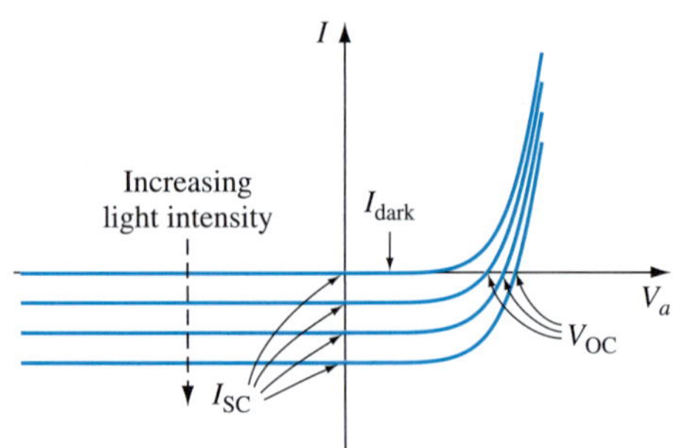

그림 11.5 태양전지에서 입사광을 변수로 한 I-V_a 특성 곡선. 빛의 세기가 증가함에 따라 I_{SC}는 선형적으로 증가하지만, 개방 회로 전압 V_{OC}는 미세하게 증가한다.

다음으로 광전류가 포토다이오드의 I-V_a 특성에 미치는 영향을 살펴보자. 총전류는 빛이 없을 때 흐르는 암전류(dark current)와 광전류 I_L의 합이다.

$$I = I_{\text{dark}} + I_L \tag{11.10}$$

직렬 저항에서의 전압 강하를 무시하면, 접합 전압은 $V_j = V_{\text{bi}} - V_a$가 된다. 표면층과 공핍층에서의 광전류 기여도가 무시할 정도이면, I_L은 접합에 걸리는 전압에 무관하게 된다. 이는 빛이 미치는 영향은 암전류-전압 특성 곡선을 $-I$ 방향으로 I_L만큼 수직 이동하는 것을 의미한다(광전류는 역방향 전류와 같은 방향). 그림 11.5가 이를 설명해준다. 단락 시의 광전류 I_{SC}($V_a = 0$인 경우)와 개방 전압 V_{OC}($I = 0$인 경우)도 함께 볼 수 있다. I_{SC}는 빛의 세기에 직접 비례하는 것에 비해, V_{OC}는 빛의 세기에 로그함수 형태로 미세하게 증가한다.

암전류는 5장에서 다룬 다이오드 전류와 같다. 이는 포토다이오드를 다룰 때 붙이는 다른 이름일 뿐이다. 이는 주입 전류와 생성-재결합 전류의 합이며, 다음과 같이 주어진다.

$$I_{\text{dark}} = I_0\left(e^{qV_a/nkT} - 1\right) \tag{11.11}$$

식 (11.10)에서 $I = 0$이라 놓으면, 식 (11.11)을 통하여 개방 회로 전압 V_{OC}는

$$V_{OC} = \frac{nkT}{q}\ln\left(1 + \left|\frac{I_L}{I_0}\right|\right) \tag{11.12}$$

다음 절에서 보겠지만, 태양전지에서는 V_{OC}가 크면 클수록 유리하다. 식 (11.12)를 보면 n을 키워야 큰 V_{OC}를 얻을 수 있는 것처럼 보인다. 하지만 사실은 이 경우 그 반대이다. 왜냐하면 큰 I_0가 큰 n과 연관되어 있어 n을 키우면 실상은 V_{OC}가 줄어들기 때문이다. 더욱이 역방향 암전류 I_0는 광 검출 과정에서 신호 대 잡음비를 감소시키므로 최소화해야 한다.

광 검출기에 대한 두 가지 성능지표는 **양자 효율(quantum efficiency)** η_Q와 **반응감도**

(responsivity) R_{ph}이다. 양자 효율은 입사된 광속밀도 F_{Li}에 대하여 접합 영역을 통과하는 광캐리어의 J_L/q의 비로 주어진다. 즉,

$$\eta_Q = \frac{J_L/q}{F_{Li}} \tag{11.13}$$

반응감도는 단위 면적당 입사된 광일률 1 watt당 출력 전류밀도로 정의된다. 광자의 에너지가 $h\nu$이므로,

$$R_{ph} = \frac{J_L}{h\nu\, F_{Li}} = \frac{q\eta_Q}{h\nu} \tag{11.14}$$

예제 11.3

다음 InGaAs pn 포토다이오드의 양자 효율과 반응감도를 구하라. 단, 접합면은 표면 아래 0.2 μm에 있고, 공핍층의 폭은 역방향 전압 V = 10 V에서 2 μm이다. 입사광의 파장은 1.55 μm이다. 이 파장에서 이 반도체의 흡수계수는 10^4 cm^{-1}이며, 굴절률은 3.4이고 무반사 코팅을 하지 않았다.

■ **풀이**

공기에서 반도체로 입사될 때 프레넬 반사는

$$R = \left(\frac{n_{\text{air}} - n_{\text{semi}}}{n_{\text{air}} + n_{\text{semi}}}\right)^2 = \left(\frac{1.0 - 3.4}{1.0 + 3.4}\right)^2 = 0.30$$

여기서 입사광의 $(1 - R) = 0.7$에 해당하는 입사광이 남게 된다. 표면층에서 흡수된 후 남은 광 플럭스는

$$F_L(x_n) = (1 - R)F_{Li}e^{-\alpha x_n} = 0.7\,F_{Li}e^{-(10^4\,\text{cm}^{-1})(2\times10^{-5}\,\text{cm})} = 0.573\,F_{Li}$$

이 중에서 공핍층에서 흡수되는 비율은

$$1 - e^{-\alpha w} = 1 - e^{-(10^4\,\text{cm}^{-1})(2\times10^{-4}\,\text{cm})} = 1 - 0.135 = 0.865$$

그러므로 순간 응답에 대한 전체 양자 효율은

$$\eta_Q = (1 - R)e^{-\alpha x_n}(1 - e^{-\alpha w}) = 0.573 \times 0.865 = 0.495$$

이에 해당하는 반응감도는

$$R_{ph} = \frac{q}{h\nu}\eta_Q = \frac{q\,\lambda}{h\,c}\eta_Q = \frac{(1.6\times10^{-19}\,\text{C})(1.55\times10^{-6}\,\text{m})}{(6.62\times10^{-34}\,\text{J}\cdot\text{s})(3\times10^{8}\,\text{m/s})}(0.495) = 0.62\ \text{A/W}$$

11.2.2 태양전지

태양전지(solar cell)는 dc 전력을 생산하는 데 사용되는 광 검출 소자이다.[1] 그런 이유로 몇 제곱센티미터 단위로 상당히 넓은 면적을 갖는다. 얇은 표면층을 따라서 수평 방향으로 흐르는 전류의 기생 저항을 줄이기 위해서 그림 11.6과 같이 깍지(digitated) 구조의 금속 전극을 빛이 비추는 면에 사용한다. 전력은 태영전지에서 생성되어 부하에서 소모되는데, 이 경우 부하저항은 R_L이다.

이 소자의 입사광세기에 따른 I-V_a 특성과 부하선(load line)은 그림 11.7과 같이 주어진다. 부하선의 기울기는 $-1/R_L$이고, 인가전압은 0이기 때문에 (태양전지는 전력원이며 전력을 필요로 하는 것이 아님) 부하선은 원점을 통과한다. 입사광에 따라 최대 전력을 얻을 수 있는 부하를 선정하면, 동작점은 그림에서와 같이 (I_m, V_m)이 된다. 소자에서 소모된 전

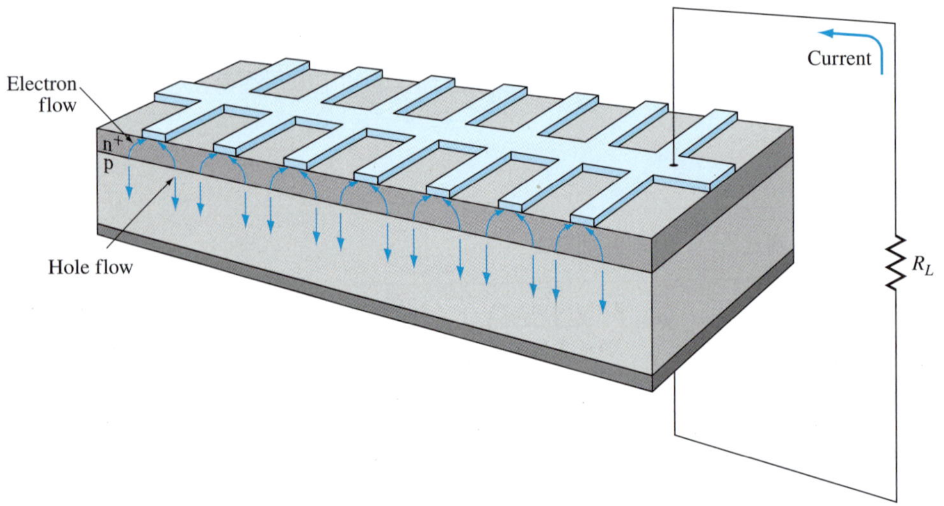

그림 11.6 깍지 구조의 전극을 갖는 태양전지. 부하저항은 R_L이다.

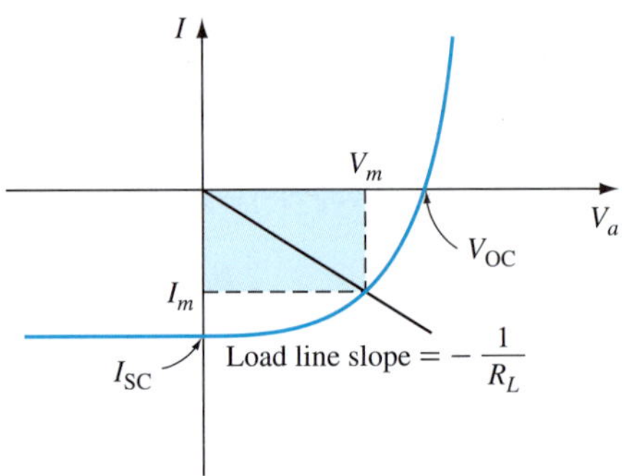

그림 11.7 태양전지의 I-V_a 특성 곡선. 최대 전력은 $P_m = I_m V_m$에서 얻는다.

력은 $P = IV$ 임에 주의하라. 단 이 경우 V는 양수이고 I는 음이 된다. 그러므로 태양전지에 의해 **소모된** 전력은 음이 되며 이는 곧 전력 생산을 의미한다.[3)]

최대 출력 전력 P_m은

$$P_m = I_m V_m \tag{11.15}$$

이며 그림 11.7의 음영 영역으로 표현된다.

태양전지의 전력 변환 효율은 최대 출력 전력 대 입사 광전력 P_{Li}의 비로 정의된다.

$$\eta = \frac{P_m}{P_{Li}} \times 100 \qquad \text{percent} \tag{11.16}$$

충전율(fill factor)이라 불리는 파라미터 FF는 그림 11.7에서 음영 영역이 *I-V* 특성 곡선의 IV 사분면을 얼마나 채우느냐로 측정된다. 충전율은 다음과 같이 정의된다.

$$\text{FF} = \frac{I_m V_m}{I_{\text{SC}} V_{\text{OC}}} \tag{11.17}$$

일반적인 FF 값은 대개 0.7 정도이다. 효율은 충전율을 이용해서 다음과 같이 표현할 수 있다.

$$\eta = \text{FF}\frac{I_{\text{SC}} V_{\text{OC}}}{P_{Li}} \tag{11.18}$$

주의할 점은 전력 변환 효율은 η이고, 양자 효율은 식 (11.13)과 같이 η_Q이다.

태양전지의 전력 변환 효율은 I_{SC}와 V_{OC}에 영향을 주는 수많은 파라미터에 의존한다. 이들 중 하나는 태양으로부터의 출력 광 스펙트럼인데, 스펙트럼에 따라 흡수도가 달라지기 때문이다. 태양 스펙트럼은 AM0(공기비중 0)과 AM1(공기비중 1)에 대해 그림 11.8과 같이 나타난다. 공기비중 0(AM0)이라 함은 지구 대기권 밖에서 지구 공전 위성이 보는 방사 에너지이다. 대기권을 통과하면 스펙트럼이 달라지는데, AM1은 태양이 남중할 때 대기를 통과하여 해수면에 도달한 태양의 스펙트럼을 나타낸다. 두 곡선의 차이는 입사된 태양광이 대기권에서 산란과 흡수를 겪기 때문이다.

최대 변환 효율을 얻기 위해서, 물질의 밴드 갭 에너지, 흡수계수 스펙트럼, 그리고 소수 캐리어 수명 등을 모두 고려하여야 한다. 밴드 갭이 중요한 이유는 입사된 광자의 에너지가 밴드 갭보다 작으면 흡수가 되지 않아 광전류에 기여할 수 없기 때문이다. 흡수계수 스펙트럼은 광자가 전자-정공 쌍을 생성할 확률에 영향을 주며, 소수 캐리어 수명은 확산 길이를 결정하므로 광 생성 소수 캐리어의 수집 확률에 영향을 미친다.

---

3) 이 책에 나오는 다른 모든 *I-V* 특성 곡선은 제1, 제3 사분면에 나타나는데, 그 *I-V* 곱(소모전력)은 양의 값임을 상기하라.

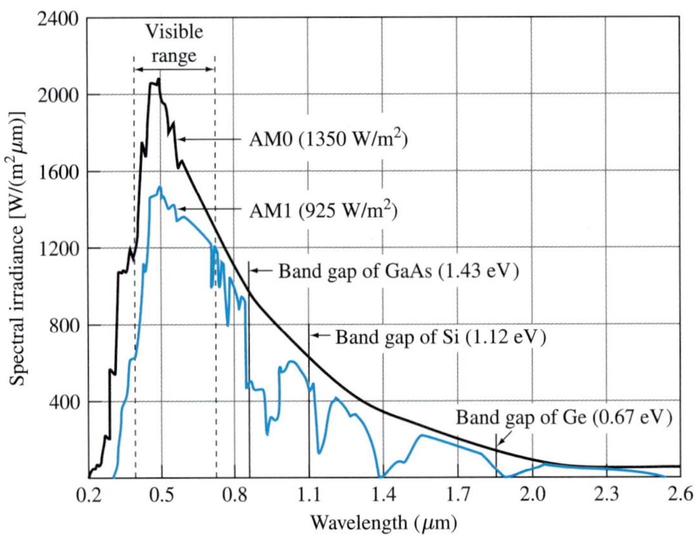

그림 11.8 태양광 스펙트럼. 지구 해수면에서의 수직 입사광의 스펙트럼이 AM1(일 대기)이다. 대기권 밖의 인공위성과 다른 물질들은 AM0에 노출된다.

실리콘 태양전지에서, 약 20% 정도의 입사 태양 전력 손실이 있는데, 그 이유는 입사광의 스펙트럼에서 밴드 갭 에너지보다 낮은 에너지를 갖는 광자가 많기 때문이다. 밴드 갭보다 큰 에너지를 갖는 광자는 흡수되지만, 광자 하나는 하나의 전자-정공 쌍을 생성한다. 전자는 전도대의 최저 에너지 준위로, 그리고 정공은 가전대역의 최고점으로 이완된다. 따라서, 광자 에너지가 밴드 갭보다 더 큰 부분은 열(phonon)로 사라진다. 이것은 실리콘 소자에 입사된 에너지의 또 다른 40% 정도의 손실을 야기한다. 그러므로 실리콘 태양전지의 이론적 최대 변환 효율 $\eta_{\max}$는 다음과 같다.

$$\eta_{\max} \approx 100 - 20 - 40 \approx 40\%$$

실제 변환 효율은 대략 이 값의 절반 정도이다.

그림 11.9에 개략적으로 그린 것과 같은 어떤 Si n^+p 태양전지를 고려하라. 물질접합면을 $x = 0$이라 하자(앞에서는 표면을 원점으로 잡았지만 이제부터 옮기기로 하자). p 영역의 너비는 W_p'이며 전자확산 길이 L_n보다 훨씬 크게 잡았다. 흡수계수가 α인 단색광이 입사된 경우 p 영역에서 흡수된 광자에 의해 생성된 단락전류를 계산하기로 하자.

광속밀도(단위 시간당 단위 면적당 p 영역을 통과하는 광자의 수)는 $F_{Li}(1 - R)e^{-\alpha x_n}$이다. 그러면 p 영역 내 위치 x에서, 광속 밀도는 $F_{Li}(1 - R)e^{-\alpha x_n}e^{-\alpha x}$이며 식 (11.8)은

$$D_n \frac{d^2\Delta n(x)}{dx^2} + \alpha F_{Li}(1 - R)e^{-\alpha x_n}e^{-\alpha x} - \frac{\Delta n}{\tau_n} = 0 \tag{11.19}$$

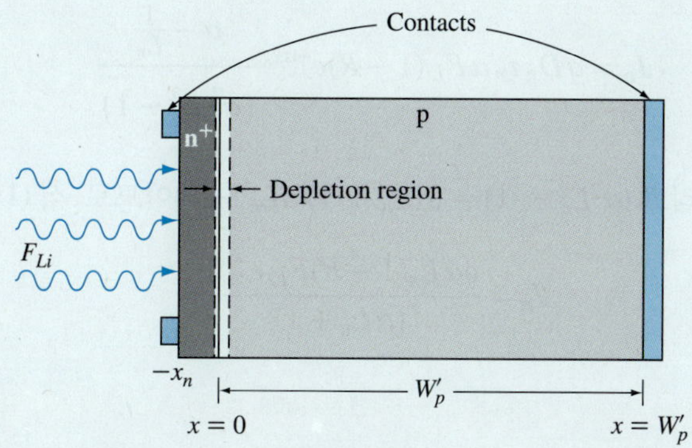

그림 11.9 왼쪽에서 빛이 입사되는 태양전지.

가 된다. 이 방정식의 해는

$$\Delta n(x) = C_1 e^{x/L_n} + C_2 e^{-x/L_n} - \frac{\alpha \tau_n F_{Li}(1-R)e^{-\alpha x_n} e^{-\alpha x}}{\alpha^2 L_n^2 - 1} \tag{11.20}$$

이 되며, 여기서 C_1과 C_2는 상수이다. 이들을 구하기 위해서, $V_a = 0$에서의 단락전류를 계산하고 있음을 기억하여야 한다. 또한 접합 $x = 0$에는 공핍층이 있다. 그러므로

$$\Delta n(0) = 0$$

만일 실리콘이 충분이 두꺼워 $W'_p \gg L_n$이면, $W'_p = \infty$로 근사할 수 있으며, 따라서

$$\Delta n(W'_p) = 0$$

이러한 경계조건을 이용하면,

$$C_1 = 0$$

그리고

$$C_2 = \frac{\alpha \tau_n F_{Li}(1-R)e^{-\alpha x_n}}{\alpha^2 L_n^2 - 1}$$

따라서 깊이에 따른 잉여 캐리어의 분포는

$$\Delta n(x) = \frac{\alpha \tau_n F_{Li}(1-R)e^{-\alpha x_n}}{\left(\alpha^2 L_n^2 - 1\right)}\left(e^{-x/L_n} - e^{-\alpha x}\right) \tag{11.21}$$

이 된다. 이제 접합을 통과하는 전류밀도는 다음으로부터 구할 수 있다.

$$J_n = qD_n \left.\frac{d\Delta n}{dx}\right|_{x=0} \tag{11.22}$$

식 (11.21)을 미분함으로써 다음을 얻는다.

$$J_n = qD_n\tau_n\alpha F_{Li}(1-R)e^{-\alpha x_n}\frac{\alpha - \frac{1}{L_n}}{\left(\alpha^2 L_n^2 - 1\right)} \tag{11.23}$$

여기서 $D_n\tau_n = L_n^2$ 그리고 $(\alpha^2 L_n^2 - 1) = (\alpha L_n + 1)(aL_n - 1)$이므로, 식 (11.23)은

$$J_n = \frac{q\alpha L_n(1-R)F_{Li}e^{-\alpha x_n}}{(\alpha L_n + 1)} \tag{11.24}$$

가 된다.

예제 11.4

Si 태양전지의 양자 효율을, $\lambda = 1\ \mu$m에서와 태양 에너지의 정점에 가까운 $\lambda = 0.5\ \mu$m에서 구하라. n^+ 영역과 공핍층에서의 광전류는 무시하라. 이 태양전지의 파라미터들은

$R = 0.2$
$x_n = 0.4\ \mu m$
$W_p' = 500\ \mu m$
$N_A' = N_A = 10^{17}\ cm^{-3}$

■ **풀이**

식 (11.13)으로부터 시작하자. 광전류 J_L에 대한 J_n을 사용하면

$$\eta_Q = \frac{J_n}{qF_{Li}}$$

식 (11.24)에서 J_n을 치환하면,

$$\eta_Q = \frac{\alpha L_n(1-R)e^{-\alpha x_n}}{(\alpha L_n + 1)} \tag{11.25}$$

α와 L_n을 결정하여야 한다. 그림 11.4로부터 흡수계수를 찾을 수 있지만, 먼저 파장을 광 에너지로 환산할 필요가 있다. 다음 식

$$E_{ph}(\text{eV})\lambda(\mu\text{m}) = 1.24$$

으로부터

$$E_{ph}(1) = \frac{1.24}{1} = 1.24\ \text{eV} \quad (\lambda = 1\ \mu\text{m일 때})$$

$$E_{ph}(0.5) = \frac{1.24}{0.5} = 2.48\ \text{eV} \quad (\lambda = 0.5\ \mu\text{m일 때})$$

그림 11.4로부터, 위 파장들에서 Si의 흡수계수는 다음과 같다.

$$\alpha(1) = 100\ \text{cm}^{-1} = 10^{-2}\mu\text{m}^{-1}$$
$$\alpha(0.5) = 10^{4}\ \text{cm}^{-1} = 1\ \mu\text{m}^{-1}$$

전자(소수캐리어)의 확산 길이는 주어진 도핑 레벨에서 그림 3.23으로부터

$$L_n = 73\ \mu\text{m}$$

W_p'이 L_n보다 상당히 크므로, 식 (11.24)와 (11.25)는 적당한 근사식이다.

그러면 η_Q는 식 (11.25)로부터

$$\eta_Q(1) = \frac{10^{-2} \times 73 \times (1-0.2)e^{-10^{-2}\times 0.4}}{(10^{-2}\times 73)+1} = \frac{0.73 \times 0.8 \times 0.996}{1.73} = 34\%$$
$$\eta_Q(0.5) = \frac{1 \times 73 \times (1-0.2)e^{-1\times 0.4}}{(1\times 73)+1} = \frac{73 \times 0.8 \times 0.67}{74} = 53\%$$

가 된다.

예제 11.4에서 특정한 두 파장을 살펴보았다. 하지만 태양전지의 전체 양자 효율을 얻기 위해서는, 태양 스펙트럼 전체에 대하여 η_Q의 가중 평균치를 계산하여야 한다.

태양전지의 전력 효율 η는 양자 효율 η_Q보다 작게 될 것이다. 이것은 밴드 갭보다 더 큰 광자의 에너지 초과분은 광전류에 기여하지 못하기 때문이다.

좋은 태양전지를 설계하기 위해서는 양자 효율이 흡수계수와 소수캐리어의 확산 길이에 의존한다는 것을 살펴봐야 한다. 광전류 캐리어를 최대한 집속하기 위해서는 확산계수는 될 수 있는 한 커야 한다.

우리는 또한 광 투과 깊이가 흡수계수의 역수와 같다는 것을 상기한다. 작은 α 값은 투과 길이를 키워주는 반면 확산 길이 또한 커져야 한다. 이와 반대로, α 값이 큰 경우 표면의 n^+ 층에서 흡수가 일어나지만, 앞 절에서 지적한 바와 같이, 여기서 생성된 캐리어 대부분은 표면에서 재결합하여 광전류에 기여하지 못한다. 이번 예제에서 살펴본 두 파장에 대하여 $\lambda = 1\ \mu$m의 경우 광 투과 길이는 100 μm(길다)이고 $\lambda = 0.5\ \mu$m인 경우는 1 μm(짧다)이다. 태양전지에 입사된 광자의 일부분인 $(1 - e^{-\alpha x_n})$은 p형 영역에 이르지 못한다. 앞의 예제에서 이 값은 $\lambda = 1\ \mu$m의 경우 0.4% 손실에 달하지만, $\lambda = 0.5\ \mu$m의 경우 33%에 달한다.

11.2.3 pin(PIN) 포토다이오드

태양전지에서, 대부분의 광전류는 소수 캐리어가 pn 접합으로 확산될 때 일어난다. 확산은 비교적 느린 과정이기 때문에, 빛의 변화에 따른 광전류의 반응속도는 제한된다. 입사

광과 이에 따른 출력이 dc인 태양전지에서는 이 문제가 상관없지만, 광통신 응용에 사용되는 광 검출기의 주파수 응답에는 상당한 제약이 된다. 이러한 응용에 있어서 속도를 향상시키는 한 가지 방법은 pin(종종 PIN이라 불린다) 광 검출기를 사용하는 것이다.

pin 다이오드는 n-층과 p-층 사이에 진성(intrinsic) 혹은 낮게 도핑된 층으로 이뤄진다. 이 구조는 광발생 전자-정공 쌍의 집속을 늘리기 위해서 이 영역에서의 공핍층의 물리적 길이를 늘리도록 고안되었다. 그림 11.10a에서 그 구조를, 그림 11.10b와 c에서는 열적 평형 상태에서와 역방향 전압에서 각각 접합과 수직 방향으로의 에너지 밴드 다이어그램을

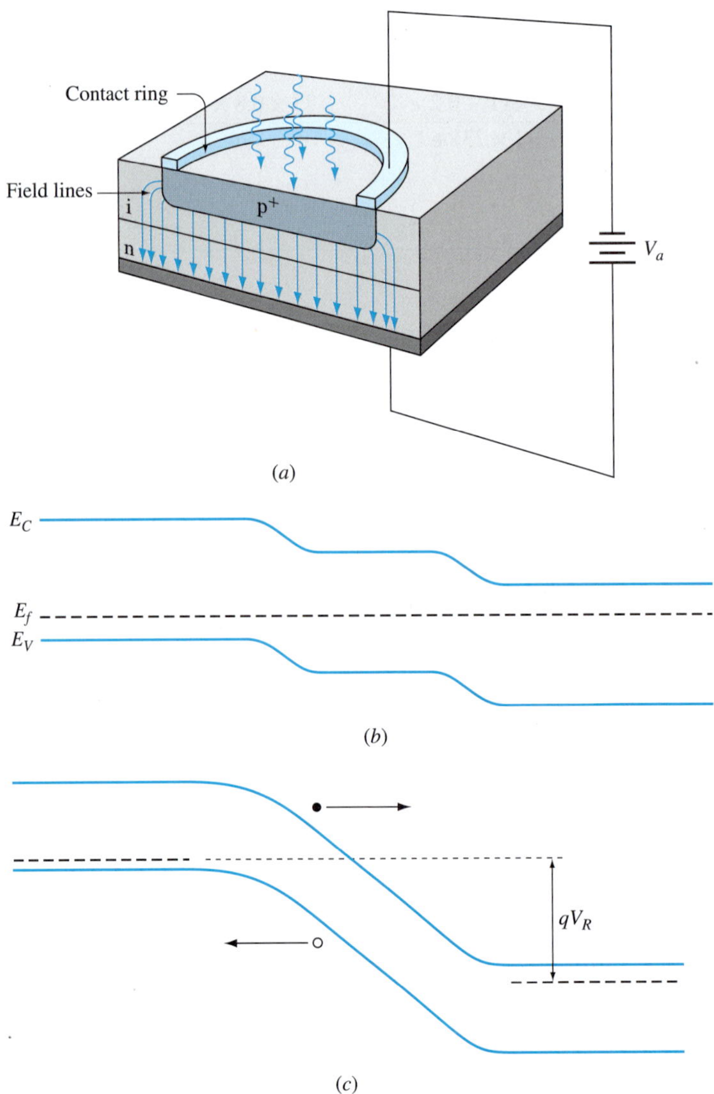

그림 11.10 pin 다이오드. (a) 구조, (b) 열적 평형 상태에서의 에너지 밴드 다이어그램, (c) 역방향 바이어스에서의 에너지 밴드 다이어그램.

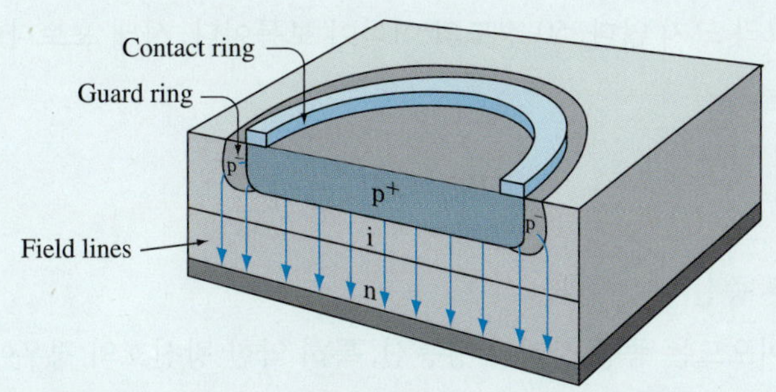

그림 11.11 pin 다이오드는 전계가 집중되는 p^+ 영역의 가장자리에서 항복 현상이 일어난다. 보호고리 구조는 조기 항복을 방지한다.

볼 수 있다. 여기서 진성 영역 전체에 걸쳐서 전계가 존재함을 볼 수 있다. 이는 이 영역은 전류 전송에 필요한 캐리어의 수가 적어서 본질적으로 저항 성분을 띠기 때문이다. 이러한 높은 저항은 이 영역에서 대부분의 전압 강하가 일어남을 의미한다. n-층과 p-층은 훨씬 더 큰 전도성을 띠기 때문에 이 영역에서의 전압 강하는 무시할 수 있다.

pin 광 검출기에서, 표면층(이 경우 p^+ 층)은 충분히 얇게 만들어져서 이 영역에서는 거의 광흡수가 일어나지 않는다. 진성층은 충분히 두꺼워서(광 투과 깊이보다 크다) 대부분의 광흡수는 진성 영역에서 일어난다. 그러므로 대부분의 광 생성 캐리어는 순간 응답에 기여한다.

하지만 주의할 것은, 그림 11.10a의 p 영역의 모서리에서 전계선이 밀집되어 있어서 이곳에서는 전계가 세어진다는 점이다. 그림 11.10a의 pin 구조에는 이러한 모서리에서의 항복 문제가 있다. 더 큰 역방향 전압을 허용하고 응답속도를 높이기 위하여, 이 영역에서의 전계를 그림 11.11에서와 같이 약하게 도핑된 p형 **보호고리(guard ring)**를 이용하여 저하시킬 수 있다. 얼마 정도의 공핍층이 이 약하게 도핑된 보호고리에 존재하기 때문에, 이 영역의 최대 전계는 감소된다.

11.2.4 사태 광다이오드(Avalanche Photodiodes)

통신에서 통상적으로 사용되는 또 다른 종류의 포토다이오드는 사태 포토다이오드(APD)이다. 이것은 pin 다이오드의 몇몇 전략을 활용한다. APD에서의 가장 큰 차이점은 내부 이득을 가진다는 점이다.

이러한 소자들은 200 V 정도의 역방향 전압에서 동작하므로 공핍층에는 매우 큰 전계가 존재한다. 입사된 광에 의해 전도대로 여기된 전자는 매우 빠른 가속도를 경험하게 되고, 결과적으로 충돌 이온화(impact ionization)와 캐리어 증배(multiplication)가 일어난다. 전자와 정공 둘 다 증산하여 광자에 대한 증폭 반응이 일어난다. 정상적으로는 인가된 전압은 사태 항복전압보다 조금 작은 값이며, 캐리어 증배 인수(multiplication factor) M은 크지만 암전류는 그리 크지 않다. 50 정도의 이득이 보통이다. 사태 포토다이오드의 반응감도(responsivity)는,

$$R_{\text{ph}} = M\left(\frac{q\eta_Q}{h\nu}\right) \tag{11.26}$$

이다. 여기서 M은 증산 인수이다.

사태 포토다이오드는 종종 장거리 광통신, 특히 약한 광신호의 경우에 사용되는데 그 이유는 높은 감도 때문이다. 이 사태 과정은 반면에 시간이 좀 걸리므로 APD는 pin 다이오드와 같은 높은 속도를 얻을 수 없다. APD의 또 다른 절충 사항은 공핍층에서 발생한 캐리어들이 빛뿐만 아니라 열에 의해서도 생성되기 때문에 잡음 또한 증폭된다. 또한, 충돌 이온화 과정은 어느 정도 임의적이기 때문에 추가적인 잡음을 생성한다.

11.3 발광 다이오드(Light-Emitting Diodes)

이 절에서는 광 작용 과정을 역으로 하여 흡수가 아니라 방출을 고려한다. 발광 다이오드(LED)는 디스플레이로부터 광통신 링크에 이르기까지 다양한 응용 분야를 갖는다.

11.3.1 순방향 바이어스된 접합에서의 자발 방출

LED는 자발적 광 방출(spontaneous emission)로 동작한다. 전도대의 전자와 가전대역의 정공은 유한한 수명을 가진다. 이들이 재결합할 때, 전자의 준위 에너지는 빛으로(발광 천이, radiative transition) 혹은 포논(비발광 천이, nonradiative transition) 혹은 둘의 조합으로 방출된다.

상당한 광 방출을 얻기 위해서는, 높은 에너지 준위(즉 전도대)에 전자가 많이 있고 정공(전자와 재결합을 위해)이 같은 물리적 공간에 존재할 상황이 필요하다. 전형적인 접근 방식은 그림 11.12a와 같이 이중 이종구조 pn 접합(double heterostructure pn junction)을 활용하는 것이다. 이 접합은 p 쪽과 n 쪽에 밴드 갭이 큰 물질이 있으며 그 사이에 밴드 갭이 작은 물질이 있다. 결과적으로 전자와 정공의 에너지 우물(potential well)이 생긴다. 순방향 바이어스가 인가된 경우 잉여 캐리어는 n 쪽으로부터 공핍층을 지나 확산되고, 정공은 다른 방향으로 확산된다. 캐리어들은 우물에 빠져 가두어져서 재결합할 확률을 증가시킨다.

반도체의 광 천이는 에너지뿐만 아니라 파동벡터 (K) 또한 보존되어야 한다. 그러므로, LED들은 그림 11.12b처럼 직접 밴드 갭 물질로 만들어져야 한다. 여기에는 갈륨비소(gallium arsenide), 인듐인(indium phosphide) 및 기타 많은 재료들이 있다. 3중 및 4중 화합물 반도체(3가지 혹은 4가지 원소를 갖는다) 또한 직접 밴드 갭 물질이 될 수 있다. 예를 들

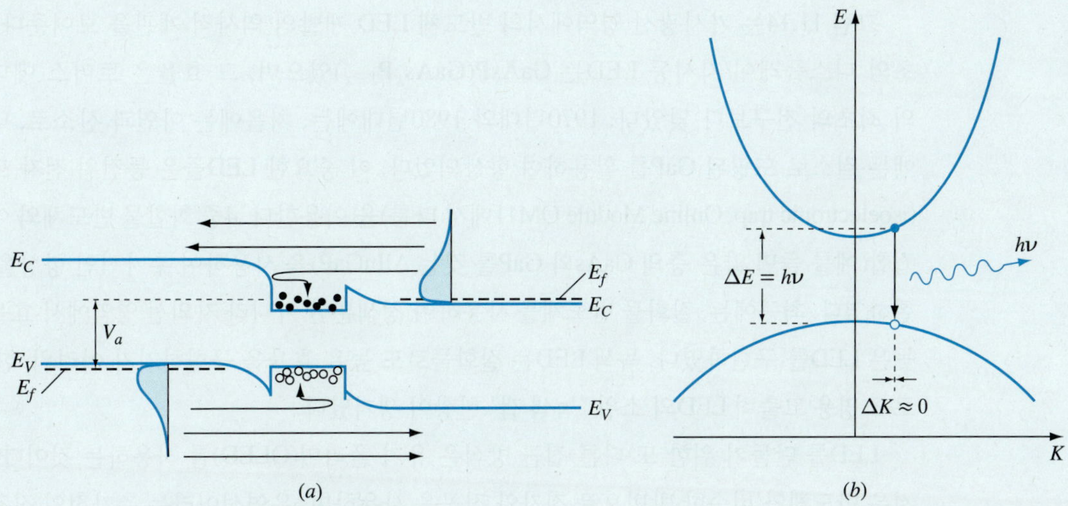

그림 11.12 (a) 이중 이종구조 LED pn 다이오드. 전자와 정공을 위한 에너지 우물은 캐리어를 포획하여 재결합 확률을 높여준다. (b) *E-K* 다이어그램은 *K* 또한 보존되어야 함을 상기시켜준다. 그러므로 LED는 일반적으로 직접 밴드 갭 물질로 제작된다.

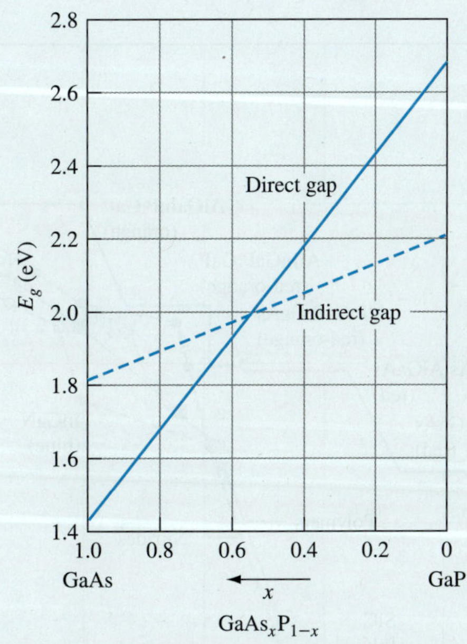

그림 11.13 GaAsP 계의 밴드 갭. 비소의 몰 성분비가 약 0.55보다 작을 때, 이 물질은 간접 밴드 갭 물질이 된다.

어, 그림 11.13을 보면, $GaAs_xP_{1-x}$의 밴드 갭은 비소(As) 성분 x의 함수가 된다. GaAs는 직접 밴드 갭 물질이지만, GaP는 간접이다. $GaAs_xP_{1-x}$ 합금은 $x = 0.55$에서 직접에서 간접으로 바뀌게 된다. GaAsP는 $x = 1$에 해당하는 870 nm(적외선)로부터 시작해서 $x = 0.55$에 해당하는 630 nm(적색)에 이르는 파장을 갖는 LED를 구현할 수 있다.

그림 11.14는 가시광선 영역에서의 반도체 LED 개발의 역사적 개관을 보여준다. 최초의 디스플레이/지시등 LED는 GaAsP($GaAs_xP_{1-x}$)였으며, 그 효율은 토머스 에디슨의 최초의 전구보다 낮았다. 1970년대와 1980년대에는, 처음에는 아연과 산소로, 나중에는 질소로 도핑된 GaP를 활용하여 향상되었다. 이 중요한 LED들은 등전위 전자 트랩(isoelectronic trap, Online Module OM11에서 다룸)을 이용한다. 4중 화합물 반도체와 이종접합(예를 들면 얇은 층의 GaAs와 GaP를 갖는 AlInGaP)을 사용하여 추가적인 향상을 구현하였다. 최근에는, 질화물 반도체를 사용하여 청색뿐만 아니라 자외선 영역에서 효율이 높은 LED를 구현하였다. 녹색 LED는 질화물로도 높은 효율을 구현하기가 어려워, 한 예로 조명용 고출력 LED의 소위 "녹색 갭" 현상이 생겨났다.

LED를 만들기 위한 또 다른 접근 방식은 유기 폴리머(OLED)를 사용하는 것이다. 이것은 반도체와 비슷한 방법으로 전자와 정공을 사용하며, 유연성이라는 추가적인 장점이 있고 또 매우 얇아서 등각변형(conformal) 디스플레이가 구현될 수 있다. 현재 OLED는 상대적으로 적은 전력을 소모하기 때문에, TV 수상기와 휴대전화기, 그리고 휴대용 전자소

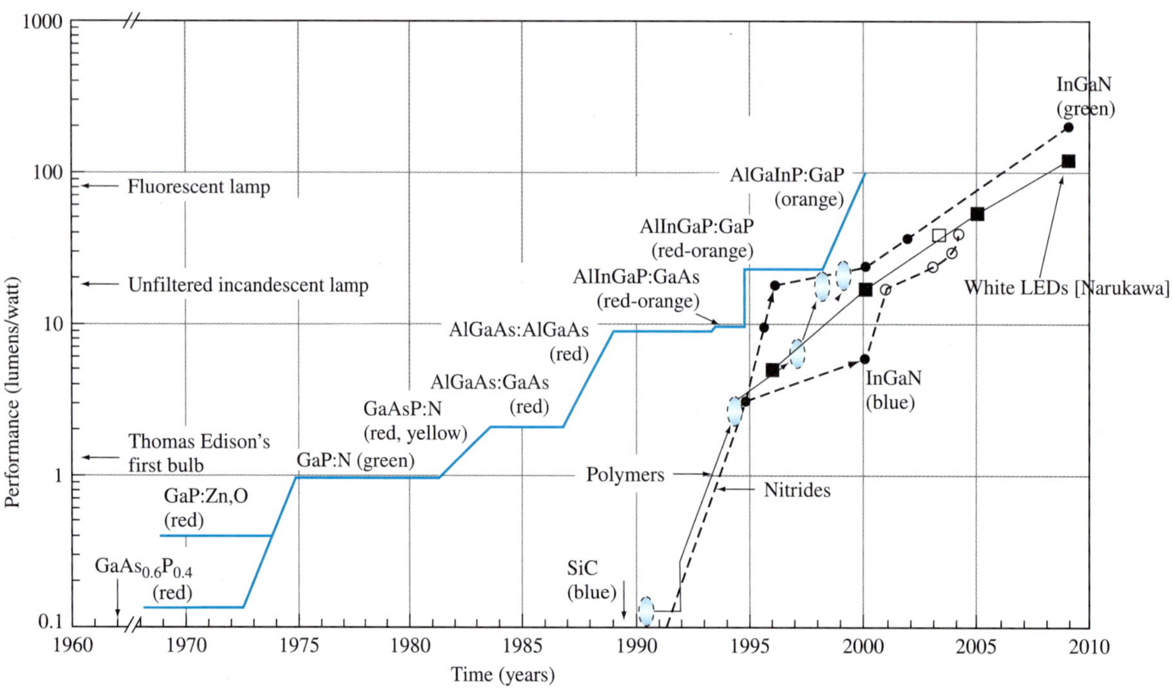

그림 11.14 가시광 영역의 LED 개발의 역사적 개관도. 백색 LED는 내부 형광물질을 이용하여 백색광을 발생함에 주의하라; LED 자체는 통상적으로 청색, 보라색, 혹은 자외선이다. (데이터 출처: J. R. Sheats, et al., *Science*, 273, no. 5277, pp. 884-888, 1996, © 1996 AAAS, with updates from Yukio Narukawa, et al., "White light emitting diodes with super-high luminous efficacy." *J. Phys. D: Appl. Phys.* 43 (2010), article id. 354002, 그리고 University of California, Santa Barbara Solid State Lighting Center의 데이터.)

자에 사용된다. 하지만 이들의 열화속도가 빠른 이유로 인해, 시간에 따라 조도가 감소한다. 유기 반도체는 이 책의 범위 밖이다.

11.3.2 청색, 보라색, 그리고 백색 LED

여러 해 동안, LED는 단지 녹색, 황색, 오렌지색, 적색, 그리고 적외선만 가능했다. 청색 LED는 오랫동안 찾기 힘든 성배로 남아 있었는데, 그 이유는 청색 LED가 존재할 때까지는 LED 기술은 적색, 녹색, 청색 파장이 있어야 총천연색을 구현할 수 있는 컬러 디스플레이에 사용될 수 없었기 때문이다.

하지만 1990년대 후반에, 우수한 품질의 갈륨질소가 나타나게 된다. 그 결과, 현재 자외선 영역에 이르기까지 LED를 상용으로 구입할 수 있다. GaN에 In을 첨가하면(InGaN) 청색 LED가 만들어진다.[4)]

지금까지 설명한 모든 LED들은 특정한 색상만을 보여준다. 백색 LED는 모든 파장을 포함하는데 이는 11.3.4절에서 다루게 된다.

11.3.3 적외선 LED

LED는 디스플레이뿐만 아니라 광통신 시스템에서 광원으로도 자주 사용된다. 그림 11.15a는 광원(LED 혹은 레이저)과 광섬유를 이어주는 광섬유 링크를 보여준다. 그림

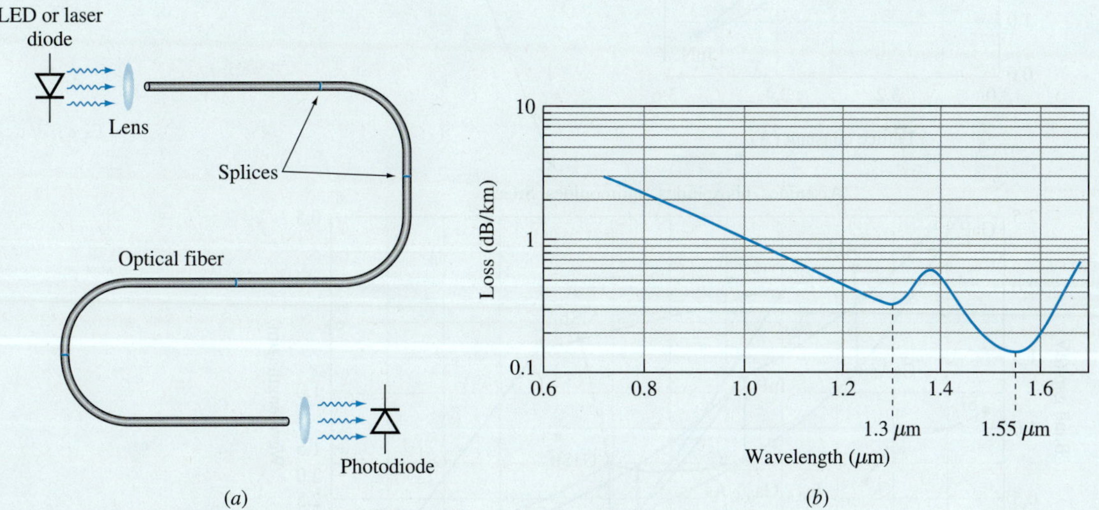

그림 11.5 (a) 광섬유 링크는 일반적으로 LED 혹은 레이저로 구성된 광원, 여러 번 융착되기도 하는 광섬유, 그리고 pin이나 사태 포토다이오드로 구성된 광 검출기를 포함한다. (b) 광섬유에 사용되는 유리의 광 손실. 광 손실은 선호되는 파장인 1.3 μm과 1.55 μm에서 최소이다.

---

4) 이사무 아카사키(Isamu Akasaki), 히로시 아마노(Hiroshi Amano), 슈지 나카무라(Shuji Nakamura)는 청색(InGaN) LED를 개발한 업적으로 노벨상을 수상하였다.

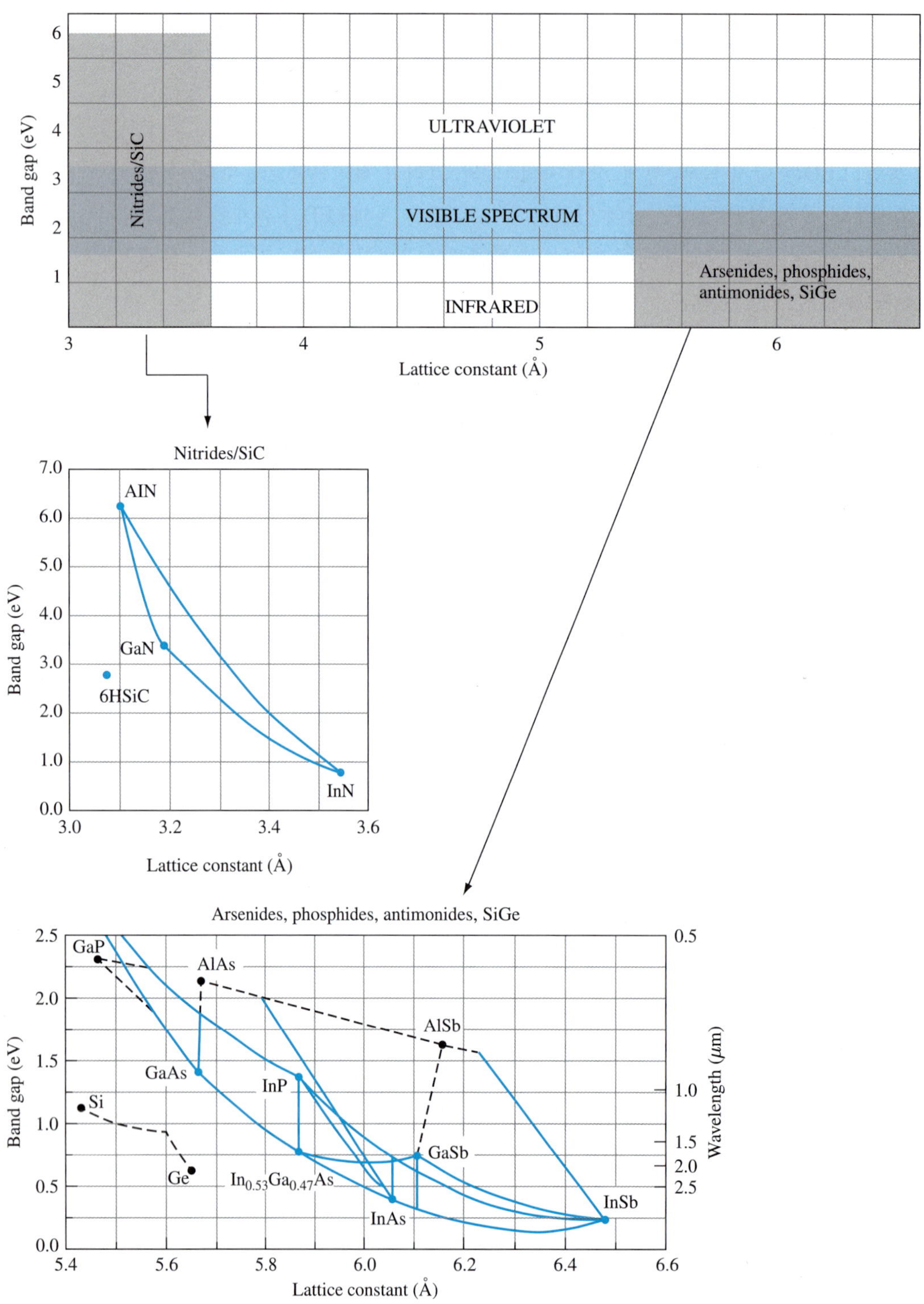

그림 11.16 널리 사용되는 여러 가지 통상적 반도체의 격자 상수. 실선은 직접 밴드 갭 물질을, 점선은 간접 밴드 갭 물질을 나타낸다. (SiC는 간접 반도체이다.)

11.15b는 광섬유에 사용되는 유리의 흡수 스펙트럼을 보여준다.[5] 이를 통하여 낮은 손실을 얻을 수 있는 최선의 파장은 $\lambda = 1.3\ \mu$m에서 $\lambda = 1.55\ \mu$m 사이에 있으며, 이는 근적외선 영역이다.

이러한 파장에서 어떤 물질을 사용하는 것이 최선의 제조공법이 될지 결정하기 위해서, 다양한 화합물 반도체의 밴드 갭과 발광 파장을 보여주는 그림 11.16을 참조한다. 이는 $In_xGa_{1-x}As$, $InAs_xP_{1-x}$ 그리고 몇몇 안티몬 계열의 화합물 반도체를 추천한다. 선정된 특정물질은 격자 상수에도 의존한다—발광 물질은 통상적으로 구할 수 있는 기판 위에 성장할 수 있어야 한다.

예제 11.5

GaAs와 InP가 널리 사용되는 기판 물질이라면, 어떤 물질과 어떤 성분비를 가져야 1.3 μm에서 발광하는 LED를 만들 수 있는가?

■ **풀이**

격자 상수가 양질의 기판과 같아야 하며 동시에 1.3 μm에 해당하는 밴드 갭 에너지를 가지는 물질이 필요하다.

$$E(eV)\lambda(\mu\text{m}) = 1.24 \text{ or } E_g = \frac{1.24}{1.3\ \mu\text{m}} = 0.95 \text{ eV}$$

GaAs와 격자 상수가 같은 경우(그림 11.16) 모든 물질의 밴드 갭이 이 값보다 크다. 그러므로 GaAs는 적정한 기판이 아니다.

하지만, InP는 GaAs-InAs 3중 화합물 중에 격자정합이 되는 물질이 있다. $In_{0.53}Ga_{0.47}As$가 그렇다. 하지만 1.3 μm에서 발광하지 않고 $\lambda = 1.65\ \mu$m에서 발광한다. 그렇지만, 인(P) 성분을 증가하면 InP 특성 쪽으로 옮겨간다. 이 추세는 수직적으로 움직이는 경우가 아닌데, 그 이유는 4중 원소를 화합물로 조성한다는 것은 GaAs-InAs 곡선과 InAs-InP 곡선의 보간(interpolation)을 의미하기 때문이다. 최종결과는 $In_{0.76}Ga_{0.24}As_{0.55}P_{0.45}$이다.

이제 자발 방출의 특성을 살펴보자. 이 방출은 불규칙적 사건(random event)이며, 빛은 다음 방식으로 그 불규칙성이 반영된다. 광자의 전파 방향이 불규칙적이며, 방출 시간(광자의 위상)이 임의적이며, 그리고 빛의 편광이 예측 불가능이다.

완전히 임의적이지 않은 것은 빛의 에너지이다. 이는 전자와 정공의 에너지 분포에 의

5) 1.3과 1.55 μm 사이의 정점은 유리에 함유된 물 이온에 의한 것이며 현대 광섬유에서는 무수공정을 통해 근본적으로 제거되었다.

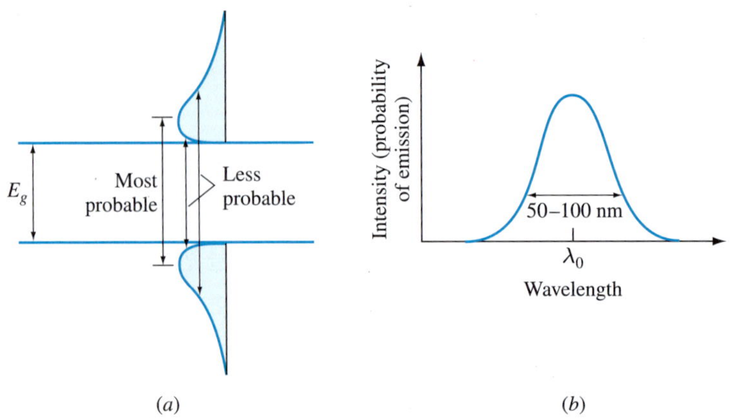

그림 11.17 (a) 주어진 에너지에서의 재결합 강도는 전자와 정공의 에너지 분포에 의존한다; (b) 결과적인 방사 스펙트럼.

해 조절된다. 그림 11.17을 살펴보라. 밴드 대 밴드 천이에 있어서 생성된 광자가 가질 수 있는 최소 에너지는 이론적으로 밴드 갭 에너지와 같다. 사실, 이 특정 천이는 발생할 수 없는데, 그 이유는 전도대 가장 밑바닥에 있는 전자와 가전대역 최상위 에너지를 갖는 정공을 요구하기 때문이다. 이 두 에너지에서 상태 밀도(density-of-states) 함수는 0이다. 농도가 최대가 되는 전자 에너지는 E_C보다 $1/2kT$ 위이며, 정공은 E_V보다 $1/2kT$ 아래다. 그러므로 가장 가능한 방사 에너지는 밴드 갭 에너지보다 약간 크다. 이 정점 에너지보다 위나 아래에서도 천이가 가능하나, 단지 확률이 줄어들 뿐이다. 이는 실제 LED가 작은 파장 범위를 갖고 방출하는 것을 의미하는데, 대체로 50 내지 100 nm 폭이다.

다음으로, LED의 물리적인 구조를 살펴보자. 그림 11.18은 이중 이종구조 표면방출 LED를 보여준다. 이미 설명한 바와 같이 광 방출은 **활성층(active layer)**이라 불리는 얇은 밴드 갭 층(그림 11.12 참조)에서 발생한다. 광자가 진행하는 방향은 완전히 임의적이기 때문에, 방출은 모든 방향으로 골고루 분포한다. 위나 아래로 방출된 광자는 넓은 밴드 갭 층으로 진입하는데, 이들은 진입된 광자(이들은 밴드 갭 에너지를 극복하기엔 너무 작은 에너지를 가졌으므로)를 흡수할 수가 없다. 그러므로 이 영역들은 방출된 빛이 투과한다. 활성층 방향으로 방출된 빛은 다시 흡수될 것이다.

오직 표면을 통하여 방출된 빛은 사용될 것이다. 하지만 다른 손실 요인들이 있다. 이들 중 하나는, 앞서 포토다이오드에서 언급한 바와 같이, 프레넬 반사이며, 다른 하나는 내부 전반사 손실이다. 표면에 비해 매우 작은 각도로 방출된 광자들은(그림 11.18) 스넬(Snell)의 법칙에 따라 내부로 반사된다. 반도체 표면에 대하여 임계각을 측정하면,

$$\theta_{cr} = \cos^{-1}\left(\frac{n_{air}}{n_{semi}}\right) \tag{11.27}$$

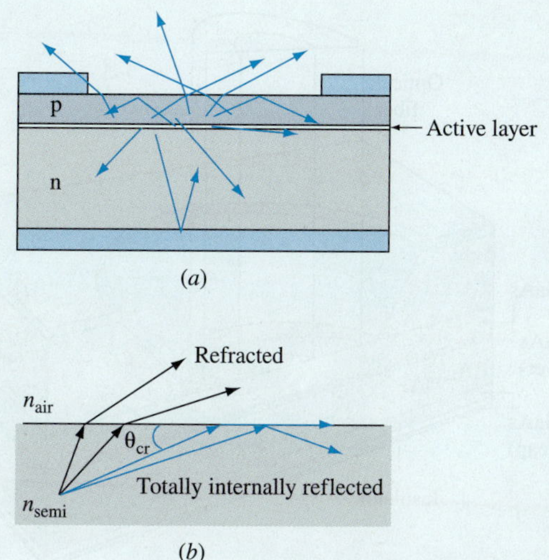

그림 11.18 일반적인 표면 방출 LED. (a) 광자의 일부는 반도체 내에서 다시 흡수되거나 표면에서의 프레넬 반사에 의해 사라진다. (b) 경계면에 매우 낮은 각도로 입사되는 빛들은 내부 전반사되어 추가적인 손실로 귀결된다.

이 된다. 여기서 n들은 굴절률이다. 이 각도 밖으로 입사된 빛만이 표면을 통과하여 공기로 전달될 수 있다.

마지막으로, 빛은 모든 방향으로 골고루 방출되기 때문에 광집속장치(렌즈 혹은 광섬유)를 접합에 가능한 한 가깝게 배출하여 가능한 한 많은 빛을 포획하는 것이 필수적이다. 그림 11.19는 부리스(Burrus) LED 구조를 보여주는데, 여기에는 LED 표면에 우물을 파서 광섬유를 삽입하고 에폭시로 접착한다.

일반적으로, LED와 광섬유 간 광결합에는 광 손실이 불가피하지만, Burrus 구조는 상당한 도움이 된다.

광섬유로의 광결합을 위한 또 다른 해결책으로는 모서리 발광 다이오드(edge emitting diode)가 있다. 이는 밴드 갭 에너지가 작은 물질이 굴절률은 커지는 경향이 있는 현상에 착안한 것이다. 식 (11.27)로부터, 굴절률이 큰 물질로부터 작은 물질로 빛이 진행할 때, 내부 전반사가 가능하다. 그림 11.20은 어떻게 얇고, 굴절률이 큰 층(활성층)이 도파로(waveguide)가 될 수 있는지를 보여준다. 충분히 얇은 각도로 진행하는 광자들은 활성층의 상하 경계면에서 반사되는 경향이 있다.

이 구조에서 빛은 반도체의 표면으로가 아니라 칩의 모서리에서 나오게 된다. 이러한 구조는 장점과 단점이 있다. 빛이 상당히 작은 영역으로부터 방출되므로 광섬유로의 광결합이 용이하다. 반면에 모서리에 결합하기 위해서는 칩이 웨이퍼의 다른 부분으로부터 정확히 절삭되거나 갈라져야 하는데 소자의 크기가 작으므로 다루기가 매우 어려운 단점이

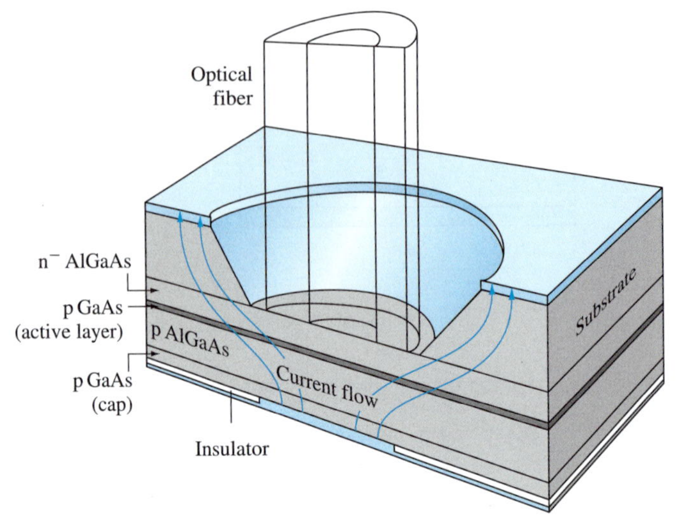

그림 11.19 Burrus형 LED. 이 구조는 캐리어를 가두기 위해 이중 이종구조를 사용하여 재결합 효율을 향상시킨다. LED의 식각(etch)된 개방구는 광섬유와의 정렬과 결합에 도움이 된다.

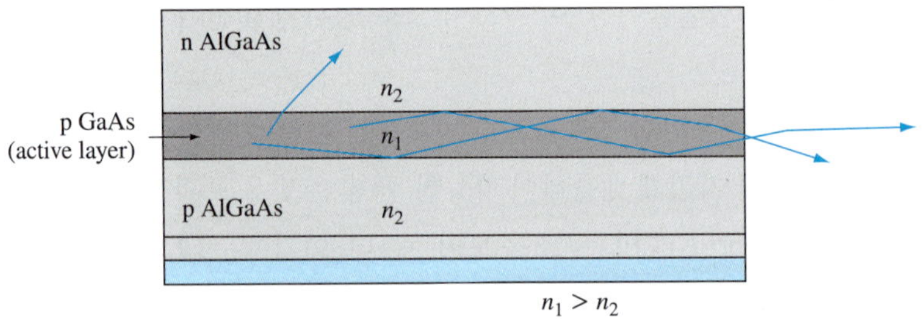

그림 11.20 모서리 발광 LED에서, 굴절률이 더 큰 활성층은 임계각보다 작은 각도로 진행하는 광자에 대하여 도파로 역할을 한다.

있다.

그림 11.20으로부터 모서리 발광 LED에서 빛이 발광 층에 가둬져 있기 때문에 광의 대부분이 재흡수되는 것으로 추측할 수 있다. 그러나 실제로는 그렇지 않다. 그 이유를 이해하기 위해서는 도파관에 관해 좀 더 자세히 공부해야 한다.

그림 11.21과 같은 광도파관을 생각해보자. 이것은 **코어(core)**라 부르는 굴절률 n_1을 가진 얇은 층을 **클래딩(cladding, 피복층)**이라 부르는 작은 굴절률 n_2를 가진 층이 둘러싼 구조로 되어 있다. 이 구조는 모서리 발광 LED 또는 레이저에서 사용하는 도파로 구조가 될 수도 있고, 광섬유일 수도 있다. 이에 관련한 광학 원리는 동일하다. 그러나 여기서는 LED에 관해 논의하는 것으로 가정하며 모든 광자는 큰 굴절률을 가진 코어(이것은 LED

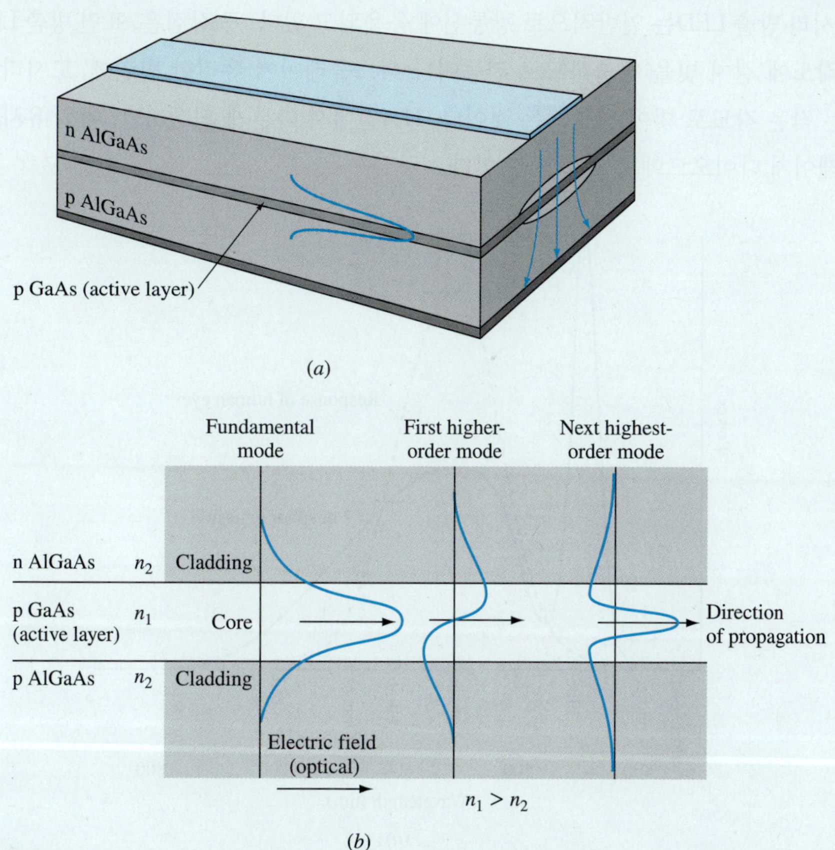

그림 11.21 (a) 모서리 발광 LED의 도파로는 (b)와 같은 전계 분포를 갖는 특정한 횡모드(transverse mode)만 허용한다. 실제로는, 첫 번째 모드만 허용한다. 광이 활성층에만 완전히 국한된 것이 아니므로 광흡수도 줄게 된다.

의 활성층과 같다)로부터 방출된 것으로 가정한다.

비록 그림 11.20에서는 빛이 모두 내부 전반사되는 것으로 도시하였으나 이 광선(ray) 모델은 1 μm 이하의 얇은 코어 층에는 적용되지 않는다. 대신에 모든 전자기파 벡터를 포함하는 이론을 적용해야 하며, 모든 영역에 대하여 맥스웰(Maxwell)의 파동 방정식의 해를 구하여 경계 조건을 충족시켜야 한다. 이것의 유도식에 관해서는 다른 교과목에서 다루게 되겠지만, 중요한 결과는 '도파로는 특정한 파동 모드만 전달할 수 있도록 허용한다'는 것이다. 이 그림은 전파의 진행 방향으로 첫 세 개의 모드에 대한 전계 분포를 보여준다. (그러나 실제로는 활성층이 매우 얇아서 오직 한 개의 횡모드만 허용한다.) 이 모드는 낮은 밴드 갭 에너지 층에 중심이 있지만 각 모드 에너지의 일부는 투명한 클래딩 층으로 투과된다. 따라서 이들 모드가 겪게 되는 광자의 흡수는 코어 층의 높은 흡수와 클래딩 층의 낮은 흡수의 평균과 거의 유사하다.

모서리 방출 LED는 일반적으로 광통신에 응용되고 있다. 큰 장점은, 표면 방출 LED는 넓은 각도에 걸쳐 빛을 방출하므로 전등이나 디스플레이에 유리한 반면에, 모서리 방출 LED는 작은 각도로 빛이 방출되는 것이다. 11.4절에서 다루게 되겠지만, 매우 유사한 구조가 레이저 다이오드에도 사용될 수 있다.

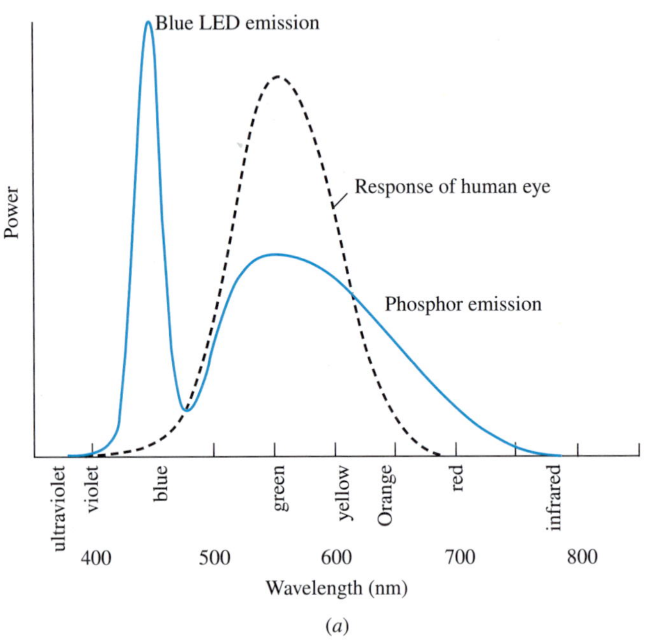

(a)

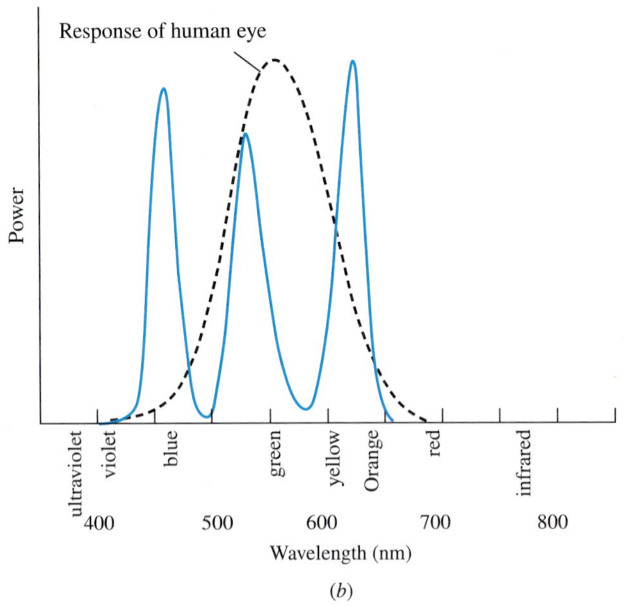

(b)

그림 11.22 (a) 형광물질 기반의 LED 스펙트럼. (b) 백색을 만들기 위해 세 개의 LED를 결합한다.

11.3.4 백색 LED와 고체 조명

이때까지 다룬 모든 LED는 특정한 한 가지 색만 방출한다. 그런데, 청색 LED와 형광물질을 이용하여 백색 "LED"가 발명되었다. 그림 11.22는 전형적인 청색 LED와 형광물질의 스펙트럼을 보여주고 있다. 청색 빛의 일부가 형광물질에 흡수되어 녹색과 황색의 빛을 재방출한다. 청색 LED의 빛과, 형광물질에서 나온 붉은색까지 포함하는 넓은 스펙트럼의 빛을 조합하면, 결과적으로 사람의 눈에는 거의 흰색으로 보인다. 덜 일반적으로 사용되지만, 두 번째 방법으로는 그림 11.22b와 같이 한 패키지 안에 세 개의 LED를 사용하는 것이다. 빨강, 녹색, 그리고 청색(RGB)을 결합하면 흰색으로 보인다.

고체(LED) 조명은 가까운 장래에 백열등과 콤팩트 형광등을 추월할 것으로 기대된다. LED는 같은 밝기를 내는 데 훨씬 적은 전력을 사용하며, 훨씬 더 수명이 길 것으로 기대된다. 현재 미국에서 사용되는 전력의 30% 정도가 조명에 사용되므로 그 에너지 절약은 상당할 것이다.

소비된 단위 전력당 생성된 광 출력을 비교하기 위해서, 눈의 반응도를 고려하여야 한다. 인간의 시각은, 그림 11.22에서와 같이, 빨강이나 파랑에 비해 녹색에 훨씬 민감하다. 광원의 "밝기"를 인지하는 정도는 루멘스(lumens) 단위로 측정되는데, 이는 가시영역에서 방사 플럭스를 측정하여 인간의 눈의 반응도를 고려하여 보정한 것이다.

가열해서 빛을 발생하는 백열등은 대부분의 빛이 적외선 영역에서 발생되는데, 이는 사람들이 볼 수 없기 때문에 조명에는 도움이 된다고 생각되지 않는다. 그러므로 조명에서는 발광효능(luminous efficacy)이 사용된다. 입력된 전력 대비 방사 전력을 비교하기보다는, 입력된 전력(watt 단위) 대비 발광 플럭스(lumens 단위)를 비교한다. 그러므로, 백색 LED는 대부분의 빛이 가시광 영역에서 발생하기 때문에 백열등에 비해 높은 효능을 가진다. 표 11.1의 첫 번째 열은 일반적인 광원에 대한 발광효능을 비교하고 있다.

하지만, 발광효능이 모든 것을 다 말해주지는 않는다. 발광효능은 watt당 lumens를 측정하지만, 파랑, 녹색, 그리고 백색을 구별하지는 않는다. 색상 역시 많은 조명 환경에서

표 11.1 lumens/watt 단위를 갖는 발광효능, 연색지수(CRI), 그리고 보정된 색온도(CCT)의 전형적인 값

	Luminous efficacy (lm/W)	Color-rendering index (CRI)	Correlated color temperature (K)
Incandescent bulb	10	100	2700
Compact fluorescent bulb	60	60	5000
Fluorescent tube T8 (including ballast)	100	62	3000–6500
LED, white	150	80	2700–7000

중요하다. 예를 들어, 저압 나트륨 등은 발광효능이 200 lm/W에 달하지만, 나오는 빛은 꽤 좁은 영역의 노란색이다. 색상이 별로 중요하지 않은 가로등에는 이게 사용되고 있지만, 사람이나 음식이 제대로 보이지 않기 때문에 실내조명으로는 사용되지 않는다. 초기 LED 전등은 너무 푸르스름하게 보였지만, 최근에는 훨씬 더 "따뜻하게" 만들어진다. 태양과 같은 흑체복사와 비교하여 조명광원이 얼마나 사물의 색상을 정확하게 보여줄 수 있는가 하는 능력을 연색지수(color-rendering index, 또는 CRI)라 부른다. 완벽한 연색광원은 CRI 값이 100이 된다. 백색 LED는 80 정도이고, 백열등은 100에 가까우며, 주광색 형광등은 60 정도이다. 저압 나트륨 등은 거의 0이다. 현재 대부분의 LED는 여전히 사물들을 햇빛처럼 "자연색"처럼 보이게 하지 못한다.

광원의 색온도는 빛의 질을 나타내는 또 다른 척도이다. 흑체의 온도는 광원으로부터 방사된 빛의 스펙트럼을 결정한다. 단위 표면 면적 단위 고체각 단위 파장에 대하여 방사된 전력은 다음과 같다.

$$I(\lambda) = \frac{2hc^2}{\lambda^5\left(e^{\frac{hc}{\lambda kT}} - 1\right)} \tag{11.28}$$

여기서 λ은 전자기 방사 파장이며 T는 온도이다. 그림 11.23은 몇몇 온도에 대한 스펙트럼이다. 높은 색온도는 보다 푸른 빛깔을 띠게 되는 것을 알 수 있다. 이는 혼동을 초래할 수 있는데 그 이유는 빨간색을 파란색보다 더 따뜻한 색이라고 생각하기 때문이다. (아마도

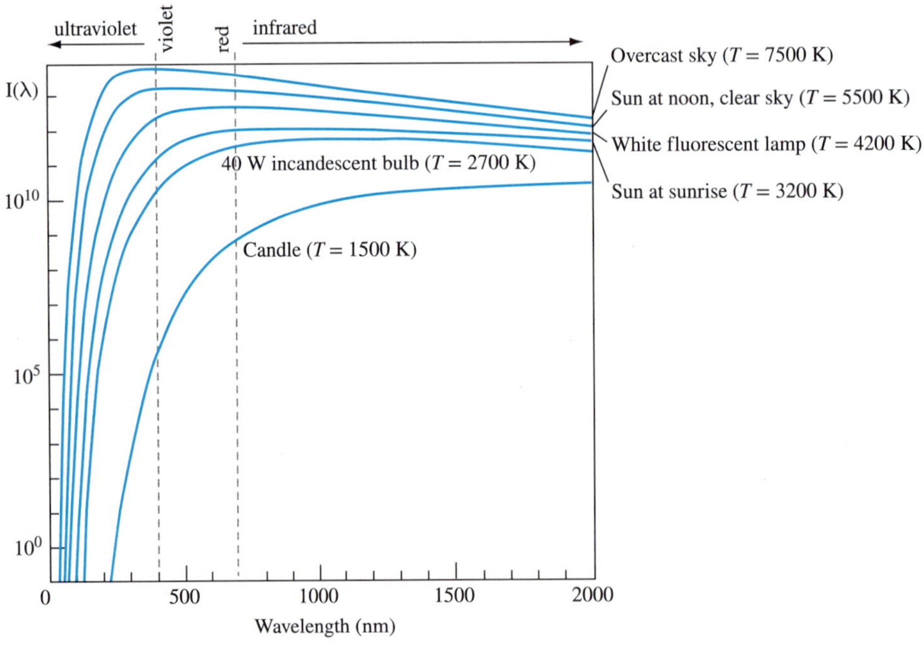

그림 11.23 다양한 광원의 색온도.

불은 빨갛고 얼음은 파랗기 때문이다.) 하지만, 그것은 단지 인식일 뿐이다. 백색 LED의 색온도는 형광물질을 선택함으로써 어느 정도 조정할 수 있다. LED 색온도는 2700 K에서 7000 K까지 상용으로 구할 수 있다.

색온도 개념은 진정한 흑체광원에만 실제로 적용되며, 단지 흑체일 경우에 실제 온도에 해당한다. 예를 들어, 백열등(현실적인 흑체)의 색온도는 실제 필라멘트의 온도에 해당한다. LED와 같은 비흑체에 대해서는 보정된 색온도(correlated color temperature, CCT)를 특정하는데, 이는 사람들이 보았을 때 가장 비슷한 색으로 보이는 흑체의 온도와 비교해서 결정된다. 그러므로 색온도는 광원의 실제 스펙트럼에 대해서나 혹은 빛이 얼마나 사물을 자연색으로 보이게 하느냐에 대한 정보를 포함하지 않는다. 그러므로 앞서 이야기한 연색지수가 필요하다.

11.4 레이저 다이오드

LED와 레이저 다이오드(laser diode)의 주된 차이는 레이저 다이오드가 자발적 광 방출(spontaneous emission)이 아니라 유도 광 방출(stimulated emission)에 의해 동작한다는 것이다.[6] 유도 방출이 일어나기 위해서는 밀도 반전(population inversion)이 필요하다. 즉 여기된 상태의 에너지(반도체의 경우 전도대)에 많은 전자가 존재하고 전자가 떨어질 낮은 에너지 상태(가전자대의 정공)에는 비어 있는 에너지 상태가 넉넉히 있어서, 셀 내의 다른 손실을 극복하고 남을 정도로 충분한 유도 방출이 일어날 확률이 흡수될 확률을 능가하게 된다. 광 시스템에서는 출력으로 나오는 광자의 수가 입사된 광자의 수보다 더 많은 경우 광 이득(optical gain)을 가졌다고 말한다.

레이저가 동작하기 위해서는 다음의 두 가지 조건이 필요하다.

1. 이득(gain)
2. 궤환(feedback)

이 두 가지가 함께 작용하여 레이징이 일어난다.

11.4.1 광 이득

어떤 시스템의 출력으로 나오는 광자의 수가 입사된 광자의 수에 비해 더 높을 때 광 이득

6) LASER라는 용어는 Light Amplification by Stimulated Emission of Radiation(방사의 유도 방출에 의한 광증폭)을 나타내는데 이는 입력 마이크로파 신호를 증폭하는 Microwave Amplification by Stimulated Emission of Radiation(방사의 유도 방출에 의한 마이크로파 증폭)의 약어인 MASER와 비슷하다. 하지만, 반도체 소자에는 입력 광이 없으므로, 출력은 소자 내의 발진(oscillation)에 의한 것이 되며, 보다 정확한 약어는 LOSER가 되겠지만, 용인된 용어는 LASER이다.

(optical gain)이 존재한다(반대의 경우는 광 손실로서 흡수가 존재하여 광자의 수가 감소한다). 앞서 말한 바와 같이 세 가지 광 프로세스가 있다: 자발적 방출, 흡수, 그리고 유도 방출. 반도체에서는 이들 중 어떤 것도 일어날 수 있으며, 실제로 주어진 시점에서 이들 모두 발생한다.

자발적 광 방출(spontaneous emission)에 관해 먼저 논의하기로 한다. 그림 11.24에 나타낸 바와 같이 전자에 대한 두 개의 에너지 준위 E_1과 E_2를 고려해보자. 높은 에너지 상태에 존재하는 전자의 수를 N_2라고 하면 높은 에너지 상태는 다음의 비율로 감소하게 된다.

$$\frac{dN_2}{dt} = -A_{21}N_2 \qquad \text{자발 방출} \tag{11.29}$$

여기서 A_{21}은 자발 광 방출에 대한 아인슈타인 비율 상수(Einstein rate coefficient)이다. 실제 속도는 음의 값을 가지는데, 이는 일어나는 프로세스가 오직 자발적 방출뿐일 경우 N_2는 감소함을 의미한다. 실제로 비율 상수 A_{21}은 자발 방출 수명인

$$\tau_{\text{radiative,spont}} = \frac{1}{A_{21}} \tag{11.30}$$

에 관계된다.

흡수(absorption)의 경우, 낮은 에너지 준위의 전자 농도 N_1이 감소하고 N_2는 증가하게 된다.

이 경우 비율 방정식(rate equation)은

$$\frac{dN_2}{dt} = B_{12}N_1 g(\nu) \qquad \text{흡수} \tag{11.31}$$

로 나타낼 수 있으며, 여기서 $g(\nu)$는 **선모양 함수(lineshape function)**라 부른다. 이는 흡수에서 프로세스를 촉발시키기 위해서 입사 광자가 필요하기 때문에 부각된다. 이 광자가 흡수되려면 적절한 에너지를 가져야 한다. 즉 전자로 채워진 낮은 에너지 준위와 비어 있는 높은 에너지 준위의 차이와 동일한 에너지를 가져야 한다. 선모양 함수는 주어진 재료 내에서 빛의 주파수 ν에 따른 흡수 확률을 나타낸다. 예를 들어 그림 11.24에는 두 개의 분리된 허용 에너지 준위(discrete level)가 있으며 오직 한 주파수에서만 흡수될 수 있다. 이

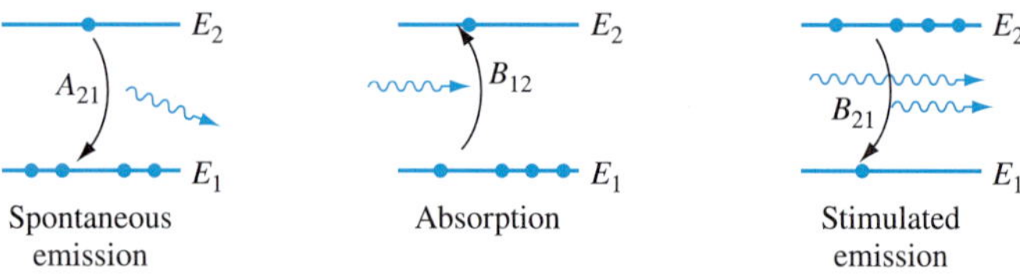

그림 11.24 광 프로세스 복습.

경우 $g(\nu)$는 델타 함수가 된다. 하지만 불확정성 원리에 따라 에너지 준위가 무한히 좁을 수 없으며 모든 선모양 함수는 약간의 폭을 가지고 있다.

반도체 내에서는 분리된 에너지 준위 대신에 가전대역과 전도대가 존재하며 이들은 각각의 상태 밀도 함수를 가지고 있다. 이들의 분포와 점유 정도는 흡수될 확률을 광자 에너지의 함수로 결정한다.

이와 동일한 확률들에 의해서 자발적 광 방출이 결정되며, 따라서 선모양 함수는 자발적 광 방출의 방출 스펙트럼과 동일하다. 그러므로 그림 11.17b에 나타난 분포 함수가 바로 선모양 함수가 된다.

마지막으로 유도 방출(stimulated emission)에 관해 살펴보자. 유도 방출은 재결합이 가능한 여기된 에너지 상태에 존재하는 캐리어의 수와, 입사되는 광자의 주파수에 의존한다는 것을 예측할 수 있다. 반도체 레이저에서는 입사되는 광자의 실질적인 근원은 공동(cavity) 내부에서 발생되는 자발적 광 방출이다. 따라서 비율 방정식은

$$\frac{dN_2}{dt} = -B_{21} N_2 g(\nu) \qquad \text{유도 광 방출} \qquad (11.32)$$

이 된다. 아인슈타인 상수 A_{21}, B_{21} 및 B_{12}에서 아래첨자의 첫 글자는 초기 상태(initial state)를, 두 번째 글자는 나중 상태(final state)를 나타낸다.

열평형 상태에서는 전자가 재결합할 비율과 동일한 비율로 전도대로 여기된다. 따라서

$$\frac{dN_2}{dt} = -\frac{dN_1}{dt} \qquad \text{평형 상태} \qquad (11.33)$$

가 된다. 더욱이 이들 에너지 준위에는 에너지 겹침(degeneracy, 축퇴)이 존재할 수 있다. 이들을 각각 g_2와 g_1이라고 하자. g는 각 에너지 상태의 겹침, 즉 파울리의 배타 원리를 위반하지 않고 점유될 수 있는 에너지 상태의 수이다. 만약 전자가 낮은 에너지 준위를 g_1 가지 방법(즉 각운동량 등 다른 양자 상태를 가지는 g_1개의 에너지 상태)으로 점유하고 있고 동일한 방식으로 높은 에너지 상태에 g_2개의 에너지 겹침이 있다면

$$g_2 B_{21} = g_1 B_{12} \qquad (11.34)$$

이 된다.

만일 적절한 에너지를 가진 광자가 입사된다면,

$$\frac{N_2}{g_2} > \frac{N_1}{g_1} \qquad (11.35)$$

을 만족시킬 때 흡수보다 유도 방출 확률이 더 높다.

이런 상황을 보통 **밀도 반전(population inversion)**이라는 용어로 부르지만, **확률 반전 (probability inversion)**이라 한다. 이는 모든 전자가 보다 낮은 에너지 상태로 가려 하기 때문에 정상적인 상태는 아니다. 일반적으로 $N_1 > N_2$가 기대된다. 밀도 반전을 생성하기 위해서는 전자들이 높은 에너지 상태에 모일 수 있도록 인위적으로 유인하여야 하는데, 반도체 레이저의 경우 전자들을 전도대로 여기하여야 함을 의미한다. 열평형 상태의 n형 반도체에는 전자는 많이 존재하지만 이들과 재결합할 수 있는 정공은 매우 적다. 앞에서 LED에 관해 공부할 때 본 바와 같이, 이중 이종 접합에 잉여 전자와 정공을 주입할 수 있으며 이 경우 동일한 공간에 두 가지 캐리어를 다량으로 확보할 수 있다. 동일한 기술이 레이저 다이오드에도 사용된다. 이중 이종 접합을 채택하고 접합에 순방향 전압을 인가한다. 차이점은 레이징(다이오드에서의 발광)을 얻기 위해서는 LED의 경우보다는 잉여 캐리어의 농도가 훨씬 더 커야 한다는 것이다. 실제로 모든 레이저 다이오드는 LED이기도 하다. 접합에 작은 순방향 전압을 인가하면 작은 전류가 흐른다. 전자와 정공이 접합을 지나면서 재결합한다. 작은 전류가 흐를 때는 밀도 반전은 일어나지 않으며 광 방출은 주로 자발적 광 방출이다. 전류가 증가함에 따라, 그림 11.25(LED 영역)에서 보는 바와 같이, 광 출력은 선형적으로 증가한다.

그러나 전류가 계속 증가함에 따라 밀도 반전이 일어난다. 접합에는 자발적 광 방출에 의한 광자가 이미 존재하고 있으며 이들의 에너지 분포는 선모양 함수와 일치한다. 그러므로 밀도 반전이 형성되면, 광자는 접합에 존재하는 여기된 전자들로부터 보다 많은 광 방출을 유도하게 된다. 밀도 반전이 증가함에 따라 유도 방출 또한 증가한다. 유도 방출이 흡수뿐 아니라 공진기(cavity) 내의 다른 손실(다음 절에서 논의하게 되는 종단 반사부에서의 손실 등)을 능가할 정도로 충분히 커지면 빛의 방출은 급격히 증가하게 된다. 레이저 다이오드에는 광 출력-전류 특성 곡선에서 보는 바와 같이 뚜렷한 임계(threshold) 전류가

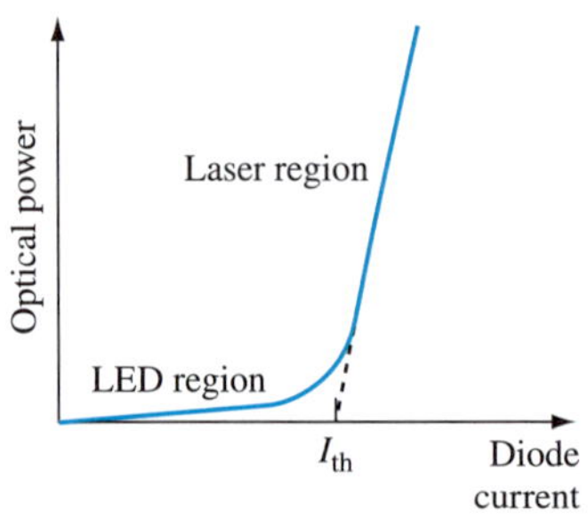

그림 11.25 레이저 다이오드의 광 출력-전류 특성 곡선. 임계 전류보다 작은 경우 다이오드는 LED처럼 동작한다. 임계 전류보다 큰 경우 밀도가 반전되어 빛의 방출이 급격히 증가한다.

존재한다. 임계 전류보다 작은 전류에서 레이저는 마치 LED와 같이 동작하며 임계 전류보다 큰 전류에서는 레이저로서 동작한다.

밀도 반전을 유지하기 위해서는 전류가 지속적으로 공급되어야 한다. 그렇지 않으면 이용 가능한 모든 전자는 즉시 소모되어 없어지게 된다. 실제로 레이징 과정은 매우 빨라서 임계 전류보다 큰 경우 전자들은 전도대에 도달함과 거의 동시에 유도 방출에 의해 다시 가전자대로 되돌아간다. 따라서 광 출력 세기는 전자와 정공의 도달률에 의해 한정된다. 다시 말하자면 전류에 비례하게 된다.

11.4.2 궤환

그렇다면, 모든 LED가 전류만 키워줘서 간단히 레이저로 만들 수 있는 것처럼 보일 수도 있다. 그러나 사실은 그렇지 않다. 그림 11.20과 11.21에 나타낸 모서리 발광 LED를 고려해보자. 기억하는 바와 같이 자발적으로 방출된 광자는 불규칙한 방향성을 가지며 이들 방출된 광자의 대부분은 접합과 평행한 방향으로 진행하지는 않는다. 그러나 이득은 오직 접합 내부 또는 부근에만 존재하므로, 이들 광자는 증폭되지 않을 것이다. 자발적으로 방출된 광자의 일부는 우연히 접합면과 나란히 전파될 수도 있으며, 이득이 존재하는 영역에 머무르게 될 것이다. 밀도 반전이 일어나 흡수 확률에 비해 유도 방출 확률이 크기만 하면 실제로 이들이 증폭될 수 있다. 그러나 칩의 길이가 짧아서 광자들은 이들이 칩을 떠나기 전에 이득 영역(gain region)에서 오랜 시간 머무를 수 없다. 더구나 앞에서 이해한 바와 같이 광의 모드가 넓은 밴드 갭을 가진 층으로 확장되어 실제로 이곳에서는 광 모드의 극히 일부분만이 이득 영역과 중첩된다.

전체 광증폭을 증가시키기 위해서 광자들이 이득 영역을 반복해서 통과하는 광 궤환(optical feedback)이 사용된다. 광 궤환은 일반적으로 레이저 양쪽 끝에 두 거울을 두면 일어난다. 이러한 구조를 **페브리-페로 공진기(Febry-Perot cavity)**라고 한다. 그림 11.26에서 보는 바와 같이 이들 거울은 부분적으로 반사하고 부분적으로 투과시킨다. 이들 거울은 종종 단순히 반도체 결정의 쪼갠(cleaved) 단면 자체로 얻어진다. 반도체의 굴절률이 공기

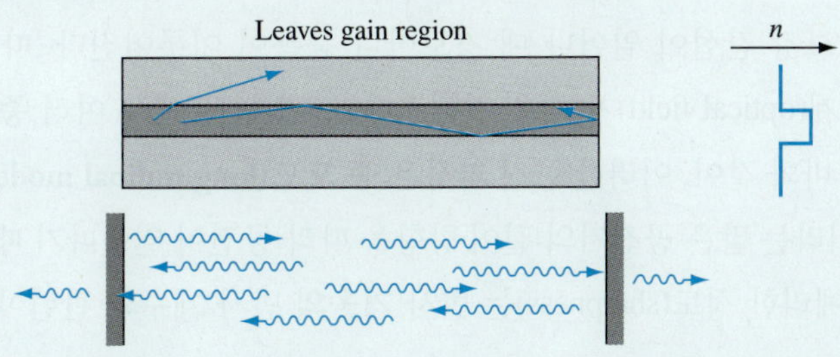

그림 11.26 칩의 끝 부분이 부분 반사 거울을 형성하여, 광자를 전후로 반사시킴으로써 보다 긴 시간 동안 이득 영역을 통과하도록 한다.

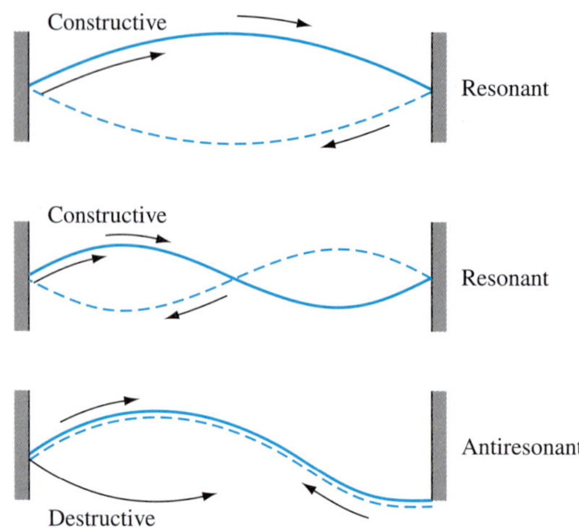

그림 11.27 파장이 공진기 길이의 반의 정수배인 경우 보강 간섭이 일어나 공진을 일으킬 수 있다. 다른 파장은 궁극적으로 사라진다.

의 굴절률보다 훨씬 크므로 프레넬 반사율이 상당하다. 따라서 거울에 부딪치는 광자의 상당 부분이 레이저 공진기 안으로 다시 반사될 것이다. 이들 광자는 레이저 내에서 앞뒤로 반복하여 반사될 것이며, 반사가 이루어질 때마다 빛은 더욱 증폭된다. 몇 번의 반사 과정이 끝나면 광의 세기는 매우 강해진다. 캐리어가 증폭을 위해 소진되는 비율과 캐리어가 공급되는 비율이 같아지면 빛의 세기가 일정 수준을 유지하게 된다. 빛의 세기를 키우기 위해서는 전류를 증가시킴으로써 캐리어 공급 비율을 증가시켜야 한다.

그러나 거울 공진기에서는 흥미로운 일이 발생한다. 연속된 왕복 과정에서 빛의 전계가 서로 간섭을 일으킨다. 그림 11.27을 보면 일부 파장은 보강 간섭을 형성하여 연속된 반사 과정 중에 전계가 증가하며, 또한 일부는 상쇄 간섭을 형성하여 파동이 사라지게 된다. 비공진(nonresonant) 파장에서 자발적으로 방출된 개별 광자는 상태 밀도 함수 $g(\nu)$가 크기만 하면 여전히 증폭될 수 있으나, 공진기 내에서 몇 번 반사하면서 간섭에 의해 사라지게 된다.

반면에 자발적으로 방출된 광자로 시작했지만 공진 파장에 해당되는 경우 공진기를 반복하는 동안 보강 간섭이 일어나 매 경로마다 증폭이 이루어진다. 따라서 이들 파장에서는 빛의 전계(optical field)가 매우 강해진다. 그림 11.28에서 여러 종류의 반사 계수에 대해 나타낸 바와 같이, 이러한 공진 파장은 **종 모드(longitudinal mode)**라 불린다. "종(longitudinal)"이라는 말은 공진기의 길이 방향을 따라 공진이 일어나기 때문에 붙여진 것이다.[7] 공진의 예리한 정도(sharpness)는 반사 거울의 반사 계수와 관련이 있음을 주목하

7) 횡모드(transverse mode)도 존재하지만, 레이저 다이오드는 일반적으로 단일 횡모드로 동작하도록 설계되므로 여기서는 논의하지 않는다.

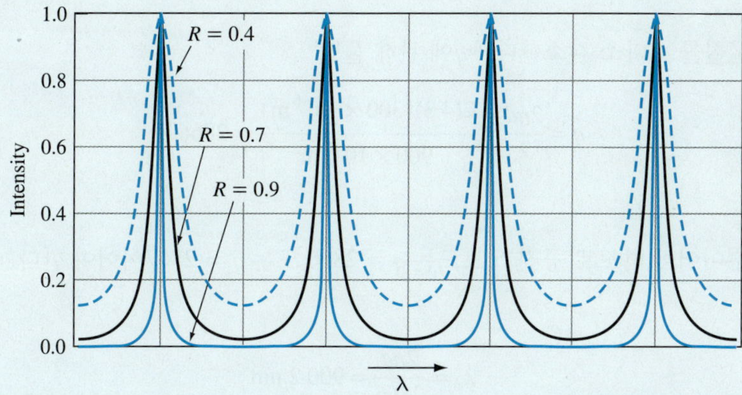

그림 11.28 페브리-페로 공진기에서의 공진. 공진의 폭은 반사 거울의 반사 계수 R에 의존한다.

기 바란다.

페브리-페로 공진기의 공진 파장은

$$\lambda = \frac{2nd}{q} \tag{11.36}$$

로부터 얻을 수 있으며, 여기서 d는 공진기의 길이, n은 공진기 내부 물질의 반사 계수, 그리고 q는 정수이다.[8)]

예제 11.6

AlGaAs-GaAs 체계를 사용하는 이중 이종 접합 페브리-페로 모서리 발광 레이저가 900 nm 대역의 빛을 방출한다. 칩의 길이는 300 μm이다. 두 인접한 모드 간 파장의 차이는 얼마인가?

■ **풀이**

먼저 어떤 q 값 부근에서 동작하는지를 찾는 것부터 시작한다. 식 (11.35)로부터 반사 계수 n이 필요함을 알 수 있다. 이중 이종 접합 레이저에서 작은 밴드 갭을 가지고 큰 굴절률을 가진 재료가 활성 영역으로 사용된다. AlGaAs/GaAs 체계의 경우 GaAs가 작은 밴드 갭을 가진다(그림 11.16). GaAs는 또한 큰 굴절률을 가진다. GaAs의 굴절률은 약 4.3이며 Al이

---

8) 이 교재에서 기호 q는 일반적으로 전자의 전하량을 나타낸다. 레이저와 관련된 문헌들과의 일관성을 유지하기 위해 여기 종 모드에 대하여 고려할 경우에 한해서 동일한 기호를 사용하였다. 문맥을 보면 각각의 q가 무엇을 의미하는지가 분명할 것이다.

첨가되면 굴절률이 다소 감소한다.[9] q에 관해 풀면

$$q = \frac{2nd}{\lambda} = \frac{2(4.3)\left(300 \times 10^{-6}\,\mathrm{m}\right)}{900 \times 10^{-9}\,\mathrm{m}} = 2866.7$$

을 얻는다.

q는 정수이어야 하므로 공진기 모드는 $q = 2866$ 또는 $q = 2867$이어야 한다. 이들의 파장은

$$\lambda_2 = \frac{2nd}{2866} = 900.2\ \mathrm{nm}$$

$$\lambda_2 = \frac{2nd}{2867} = 899.9\ \mathrm{nm}$$

가 된다.

따라서 이들 두 모드 간의 파장 차이는 $900.2 - 899.9 = 0.3$ nm가 된다.

그림 11.28에 나타낸 바와 같이 레이저 동작 모드의 선폭(spectral width)은 반사 거울의 반사 계수 R에 의해 영향을 받는다. 표면 코팅이 되지 않은 상태의 쪼갠 면이 반사 거울인 GaAs 레이저의 경우 반사 계수가 낮아($R = 0.38$) 공진이 다소 광범위하다. 반사면에 코팅을 하여 고반사율 거울을 만들 수 있으며 이 경우 공진선폭을 매우 좁게 할 수 있다. 그 결과는 레이저 빔이 보다 응축하게(coherent) 된다. 고반사율 거울을 사용하면 레이징 임계전류를 감소시키며 따라서 효율도 증가시킨다.

11.4.3 이득 + 궤환 = 레이저

그러므로 레이저에서는 두 가지 현상이 동시에 작용해야 한다. 유도 방출 확률이 흡수 확률을 능가하면 광 이득이 존재한다. 또한 광자가 반복하여 이득 영역을 통과하도록 거울을 통한 광 궤환이 존재한다. 이제 레이징이 어떻게 일어나는지 알아보자.

유도 방출을 얻기 위해서는 레이징 과정을 시작할 초기 광자가 있어야 한다. 광자는 항상 자빌적으로 생성되는데, 그 확률은 그림 11.29a에 나타낸 바와 같이 선모양 함수(이득 곡선)에 의해 결정된다. 자발적으로 방출된 광자의 일부는 접합 평면을 탈출하여 전파될 것이다. 그런데 이들은 이득 영역에 남아 있지 못하므로 소멸될 것이며 나중에 재흡수되

9) 광 모드는 실제로 작은 굴절률을 가진 클래딩 층으로도 확장되므로 광 모드가 겪게 되는 유효 굴절률은 두 굴절률의 어떤 평균값이 될 것이다. 문제를 단순화하기 위해 GaAs의 굴절률로 가정하였다.

거나 표면을 통해 방출될 것이다.

접합면을 따라 이동하는 자발 방출 광자는 증폭될 것이다. 이중 이종 접합은 마치 도파로처럼 동작하므로, 낮은 각도를 가지고 이동하는 광자들은 코어 부분으로 재반사될 것이다. 접합면을 따라 이동하는 자발 방출 광자의 대부분은 처음에 증폭이 된다. 유도 방출된 광자는 초기 광자와 파장, 위상, 그리고 방향성이 동일하다. 초기의 광 방출은 대체로 자발적인 광 방출이며 출력 스펙트럼은 이득 곡선과 유사하다. 이 광자들은 접합면을 따라 진행하고 증폭이 된다. 그러나 이 광자들이 도파로의 끝에 도달하면 부분 반사 거울을 만나게 된다. 이들 광자의 일부는 투과하고 이 광자들이 레이저 광 출력 빔의 일부를 형성하며, 나머지는 공진기로 반사된다. 이들은 다시 증폭되는데, 공진기의 다른 쪽 끝에 또 다른 부분 반사 거울이 있으므로 보다 많은 광자들이 전파된다. 그러나 선모양 함수의 정점(peak) 부근 모드들은 보다 큰 이득을 가지며 더 많이 증폭된다.

이제 공진 현상의 역할이 작동된다. 여러 번의 통과 후에 광은 보강 간섭 또는 상쇄 간섭이 시작된다. 공진 파장들은 증폭되며 그림 11.29b에 나타낸 바와 같이 이들 파장과 관계된 전자장 세기는 급격히 증가하게 된다. 공진기 내를 몇 번 왕복한 후에 보강 간섭이 일어나 모드가 나타나기 시작한다.

마침내 중심 모드의 진폭이 매우 큰 값을 가지게 되어 그림 11.29b에 나타낸 바와 같이 전자가 주입되자마자 새로운 유도 방출을 촉진하게 된다. 어떤 상황에서는 이 에너지

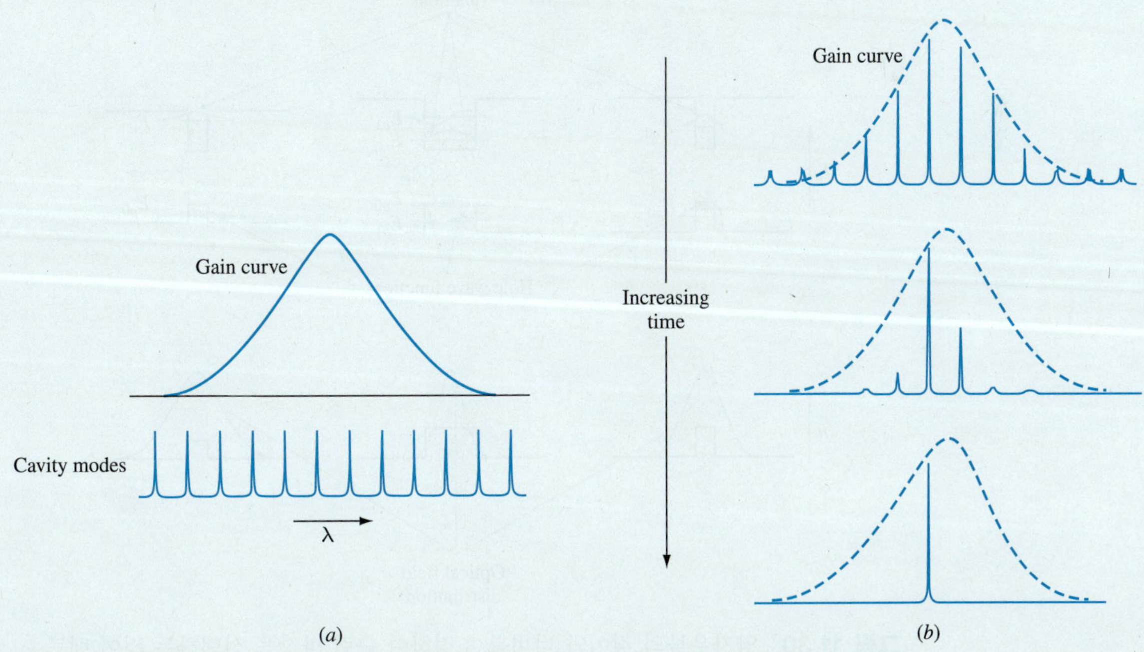

그림 11.29 레이징 발달 과정. (a) 이득 분포는 자발적 광 방출 스펙트럼과 동일하다. (b) 공진 파장 부근의 광자만이 증폭된다. 이득 곡선의 중심 부근에 있는 파장을 가진 광자들은 빠른 속도로 증폭될 것이다.

를 갖는 광자의 수가 많기 때문에 전자가 공급되자마자 한 개의 모드가 이들 모든 전자들을 소진하게 된다. 실제로는 이런 단일 모드 동작을 선호하는데, 그 이유는 보다 응축된(coherent) 빛과 이로 인한 광대역 데이터 전송을 의미하기 때문이다.

또한 레이저 다이오드에서 이득이 낮으면(낮은 전류 레벨) 광자가 공진기를 왕복하는 동안 증폭되는 비율보다 더 빠른 비율로 거울을 통해 빠져나갈 수 있음을 유의하라. 이 경우 순 이득이 존재하지 않아 레이징이 일어나지 않는다. 즉, 밀도 반전이 레이징을 보장하지 않는다; 밀도 반전이 이 공진기의 손실을 능가할 정도로 충분히 큰 값을 가져야 한다.

손실을 감소하기 위해서는 거울의 반사 계수를 가능한 한 키워야 한다. 예를 들어 반사계수가 99%이고 레이저가 3 mW(시력 손상을 일으킬 만큼 큰 출력임)를 방출하는 경우 레이저 내부의 출력은 99배 높은 297 mW이다.

11.4.4 레이저 구조

레이저 다이오드를 만드는 데는 다양한 구조가 사용된다. 예를 들면 활성층을 충분히 얇게 만들어 양자우물(에너지 상태가 분리됨)이 형성되는 방식으로 이중 이종 접합이 종종 사용된다. 그림 11.30은 여러 종류의 이중 이종 접합(DH: double heterostructure) 단일 양자우물(SQW: single-quantum-well) 구조의 에너지 밴드 다이어그램과 그와 관련된 굴절

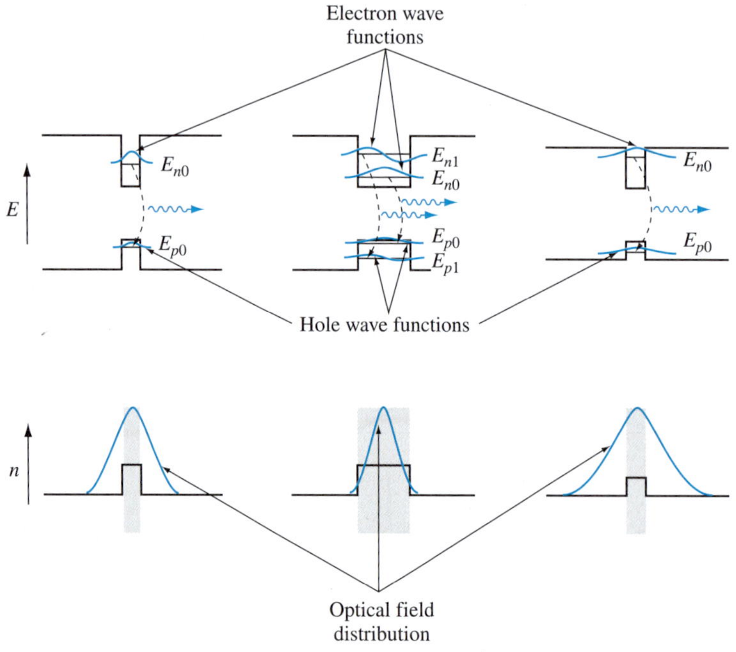

그림 11.30 양자우물의 깊이와 너비를 조정하여 출력 파장을 선택하는 것이 밴드갭 엔지니어링의 한 형태이다. 음영 역역은 모드의 집속도를 나타내기 위해 우물의 너비를 나타낸다.

률 도표를 보여준다. 이에 따른 광세기의 분포도 더불어 보여준다. 음영 처리된 부분은 코어의 크기를 나타낸다. 이 영역과 모드의 중첩이 클수록 그 모드의 이득은 증가한다. 그림 11.30으로부터 양자우물의 폭이 좁을수록 광 모드는 적게 집속됨을 알 수 있다. 실제로 모드가 활성 영역과 중첩되는 부분만이 이득을 갖게 되므로 높은 집속(confinement) 효과가 선호된다(지나친 재흡수에 기여하는 LED와는 달리).

양자우물의 허용된 에너지 상태의 수와 그 에너지 값은 우물의 너비와 깊이에 의존한다. 허용 에너지 상태의 에너지의 차는 레이저의 출력 파장을 결정한다. 양자우물의 폭은 활성층의 두께에 의해 결정되고 양자우물의 깊이는 전도대(전자에 대한)와 가전자대(정공에 대한)의 에너지 차이에 의해 조절된다. 또한 이들은 반도체 재료의 선택에 의해 결정된다. 이들은 **밴드 갭 엔지니어링(bandgap engineering)**의 기회를 제공하는데, 이는 재료의 광학적 전기적 특성을 이러한 파라미터로써 조율하는 것이다.

좁은 양자우물은 격리된 에너지 준위를 만들기 위해 필요하다. 그러나 이 구조는 전자나 정공을 포획할 확률이 낮아지는데, 그 이유는 전자와 정공이 양자우물을 쉽게 건너뛰기 때문이다. 좁은 양자우물은 모드와 이득의 중첩이 나빠진다. 그림 11.31은 단일 양자우물 구조 설계에 있어 레이저의 성능을 개선하기 위한 일반적인 두 구조를 나타낸다. 하나는 경사진 굴절률을 가진 분리 집속 이종 접합 구조(GRINSCH: graded-index separate confinement heterostructure) 레이저이다(a). 활성층은 전과 같이 SQW의 낮은 밴드 갭 물질이다. 그러나 클래딩 층은 화합물의 성분비가 점진적으로 변화하고 있다. 에너지 밴드

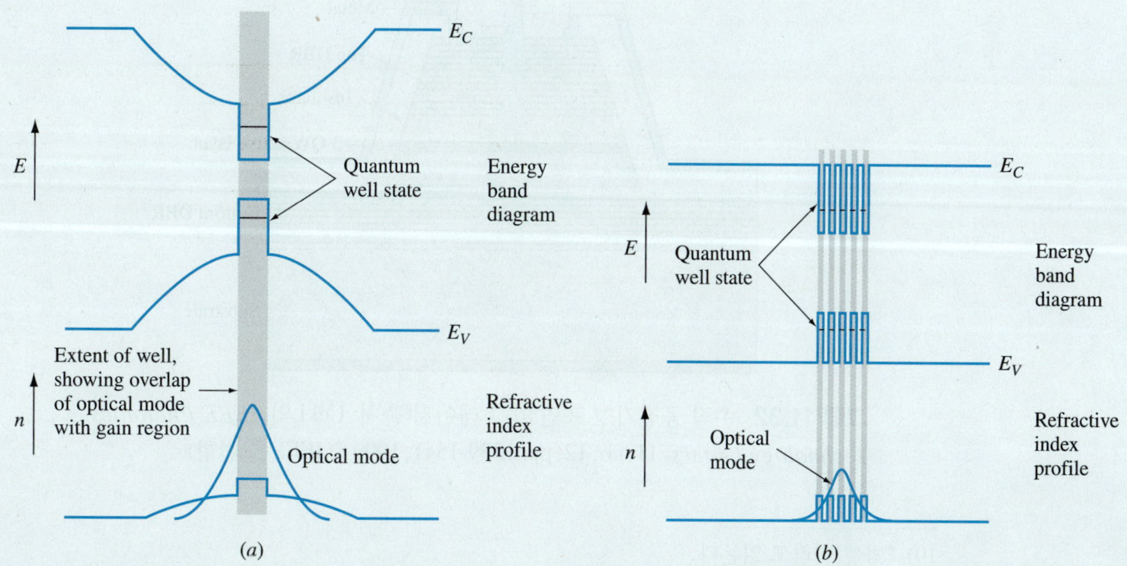

그림 11.31 (a) GRINSCH 구조는 재결합 확률을 개선하기 위해 양자우물로 캐리어를 모으는 깔때기 역할을 한다. (b) 다중 양자우물 구조는 SQW 구조처럼 단일 에너지 상태의 장점을 가지면서 캐리어의 재결합 확률을 개선한다.

다이어그램에서와 같이 이는 활성층의 에너지 우물로 캐리어를 모으기 위한 깔때기 역할을 한다. 이를 이용하면 주어진 전류 레벨에 대해 보다 높은 이득을 얻게 된다. GRINSCH 레이저는 캐리어를 집속하는 데 도움이 될 뿐만 아니라 광모드의 분포에도 영향을 주어서 광모드와 이득 영역의 중첩 정도를 개선한다. 얇은 양자우물을 사용하면서도 광의 중첩과 캐리어 집속을 동시에 개선하는 다른 방법은 그림 11.31b와 같이 다중 양자우물(MQW: multiple-quantum-well) 구조를 사용하는 것이다.

그러나 레이저 다이오드는 모서리 발광일 필요는 없다. 수직 공진기형 표면 발광 레이저(VCSEL: vertical-cavity surface-emitting laser)[10]는 두 개의 반사 거울을 가지는데 하나는 활성층의 위에, 다른 하나는 활성층의 아래에 존재한다(그림 11.32). 이 반사 거울은 서로 다른 굴절률을 가진 두 반도체를 교대로 겹친 다층 구조이다. 이들은 일반적으로 **유전체 거울 적층 구조(dielectric mirror stack)** 또는 **분포형 브래그 반사기(DBR: distributed Bragg reflector)**라 한다.

이들 유전체 반사 거울은 유전체 경계면에서의 프레넬 반사의 보강 간섭을 사용한다. 50 ~ 100층의 적층 구조가 보통이며, 100%에 근접하는 높은 반사 계수를 구현할 수도 있다.[11]

VCSEL의 장점 중 하나는 모서리 발광 레이저에 비해 출력 빔을 광섬유에 결합하기가 쉽다는 것이다. 그 이유를 이해하기 위해서 그림 11.33에 나타낸 모서리 발광 페브리-페로

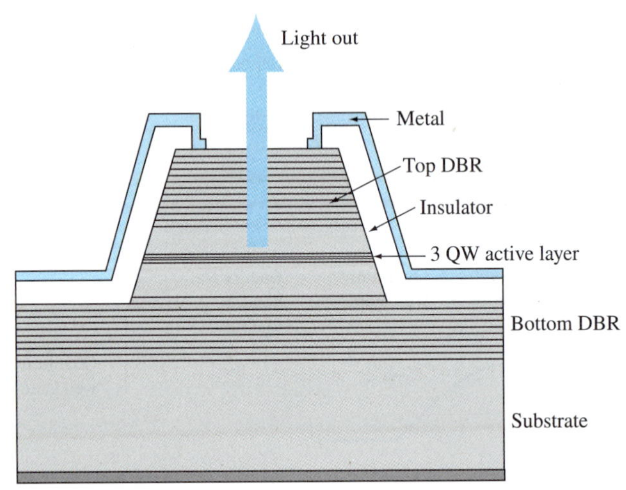

그림 11.32 수직 공진기형 표면 발광 레이저(출처: Ueki 외, *IEEE Photonics Technology Letters*, 11, no, 12, pp. 1539-1541, 1999 © IEEE를 변형)

10) "빅셀"이라고 읽는다.

11) 보강 간섭은 각 층의 두께를 주의해서 선택해야 얻을 수 있다. 다른 두께를 선택하는 경우 프레넬 반사는 상쇄 간섭을 일으킬 수 있으며, 반사가 소멸되고 무반사층(antireflection layer)을 만들 수 있다.

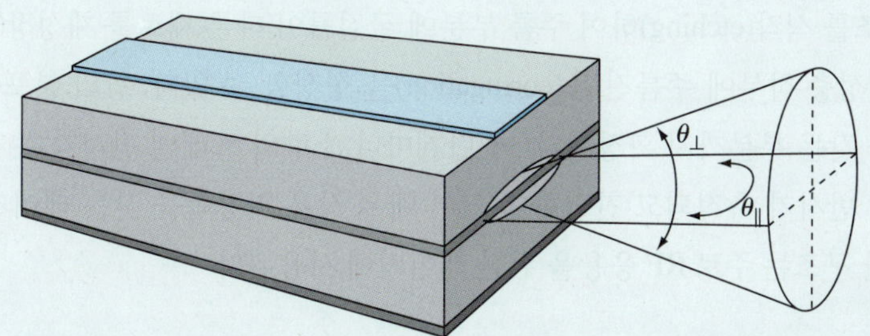

그림 11.33 모서리 발광 레이저의 출력 패턴은 타원형이며 공간적으로 넓게 발산된다.

레이저 다이오드를 생각해보자. 활성층은 약 0.1 μm로서 매우 얇다. 레이저 빔의 폭은 대체로 이것보다는 넓으며 수 마이크로미터 정도가 일반이다. 따라서 이 빔을 근접장(near field, 칩의 출력 면의 바로 위쪽)에서 관찰하면 타원형(elliptical)으로 보인다.

그러나 멀리 떨어진 곳(far field)에서는 그 그림이 사뭇 다르다. 빛이 작은 조리개를 통과할 때 회절이 일어남을 상기하라. 조리개가 작을수록 회절각은 더 커진다. 출력 면에서의 빔은 접합면에 수직인 방향으로 훨씬 작은 개구면을 가지며, 따라서 빔의 수직 방향 발산각 $\theta_\perp$은 접합면과 평행인 방향의 발산각 $\theta_\parallel$에 비해 훨씬 큰 값을 가진다. $\theta_\perp$는 대체로 20°~40°, 그리고 $\theta_\parallel$는 5°~20°를 가진다. 따라서 먼 곳에서 모서리 레이저(또는 LED)로부터의 빔은 타원 구조이며 가까운 곳에서의 타원에 대해 수직인 방향성을 가진다. 짐작하는 바와 같이 타원 구조의 빔을 원형의 광섬유로 결합시키면 손실이 발생한다. 수직 공진기형 레이저 또한 크기가 작기 때문에 넓은 발산각을 가진다. 하지만 빔이 원형이므로 렌즈를 이용하면 광섬유의 코어에 효율적으로 집광시킬 수 있다. 또한 VCSEL 구조는 레이저가 칩의 다른 부분과 절개될 필요가 없기 때문에 논리 회로나 구동 회로 등과 같은 전자 회로와의 집적이 가능하여 광전 집적회로(OEIC: optoelectronic integrated circuit)의 구현이 가능하다.

끝으로 페브리-페로 공진기와는 다른 광 궤환 구현 방법이 있다. 그중 널리 사용되는 구조는 그림 11.34에 나타낸 바와 같은 분포 궤환형(DFB: distributed feedback) 레이저이

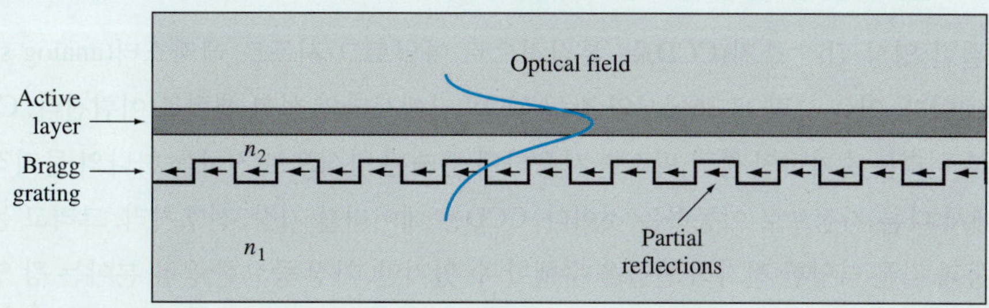

그림 11.34 분포 궤환형(DFB) 레이저는 레이저 공진기를 따라 연속적인 궤환이 이루어지도록 하기 위해 회절 격자(grating)를 사용한다.

다. 주기 구조를 식각(etching)하여 주름 부분에 굴절률이 다른 재료를 재성장(regrowth)시킴으로써 활성층 하부에 주름진 층(corrugation)을 형성할 수 있다. 광의 분포는 굴절률의 주기 구조를 갖는 부분까지 확장된다. 매 단계마다 소량의 프레넬 반사가 존재하게 된다. 이들 반복된 반사가 축적되고 간섭하게 되어 매우 작은 파장폭을 갖는 레이저 빔이 생성된다. 이러한 구조는 주로 RF 응용을 위한 레이저에 사용된다.

11.4.5 기타 반도체 레이저 재료

비록 주로 AlGaAs와 InP 구조의 레이저에 관해 논의하였으나 다른 많은 반도체들도 레이저 다이오드용으로 기술적인 중요성이 증대되고 있다. 여기에는, 적색(red) 및 근적외선(near infrared)용으로 InGaAsSb, InAsPSb, InGaAsP 및 AlGaAs의 III-V족 화합물 반도체가, 5~17 μm 범위용으로 PbSnTe, PbSSe와 같은 IV-IV족 화합물 반도체 및 II-VI HgCdTe, 그리고 청색 및 자색용으로 ZnCdTe와 ZnTeSe 같은 II-VI족 화합물 반도체뿐만 아니라 III-V 질화물 반도체가 사용되고 있다. 이 반도체들에 대한 파장을 그림 11.35에 나타내었다. 이들 반도체 재료를 사용하는 데 있어서의 난관은 이 반도체 층들을 성장시킬 수 있는 적절한 격자정합 기판을 찾는 것이다.

11.5 이미지 센서(영상소자)

반도체 기반 이미지 센서(영상소자)가 디지털 카메라와 캠코더 등과 같은 응용 분야에 널리 사용되고 있다. 여기에서는 두 종류의 그러한 영상소자에 관해 간략히 설명하기로 한다. 이들은 곧 전하 결합 영상 감지 소자(CCD: charge-coupled device)와 광 검출용으로 포토다이오드를 사용하는 CMOS[12] 이미지 센서이다. 먼저 CCD 소자에서 전하 전송 방법을 설명한다. 다음으로 CCD 이미지 센서에서의 그 사용법을 설명하고 아울러 영상 감지에 사용되는 교대식 CMOS 구조를 설명한다.

11.5.1 전하 결합 영상 감지 소자(CCD)

전하 결합 영상 감지 소자(CCD)는 본질적으로 아날로그 시프트 레지스터(analog shift register)이다. 이는 그림 11.36에서와 같이 MOS 커패시터의 선형 행렬로 이뤄진다. CCD의 기본 원리는 순차적인 클럭 펄스를 사용하여 통제된 방식으로 전하를 하나의 물리적인 지점에서 다른 지점으로 이동하는 것이다. CCD는 데이터를 저장, 신호처리, 그리고 논리연산 등과 같은 다양한 전자적 연산을 수행할 수 있지만, 가장 중요한 응용 분야는 광 영상

12) CMOS라는 명칭은 검출된 신호처리와 연관된 CMOS 회로로부터 유래한다.

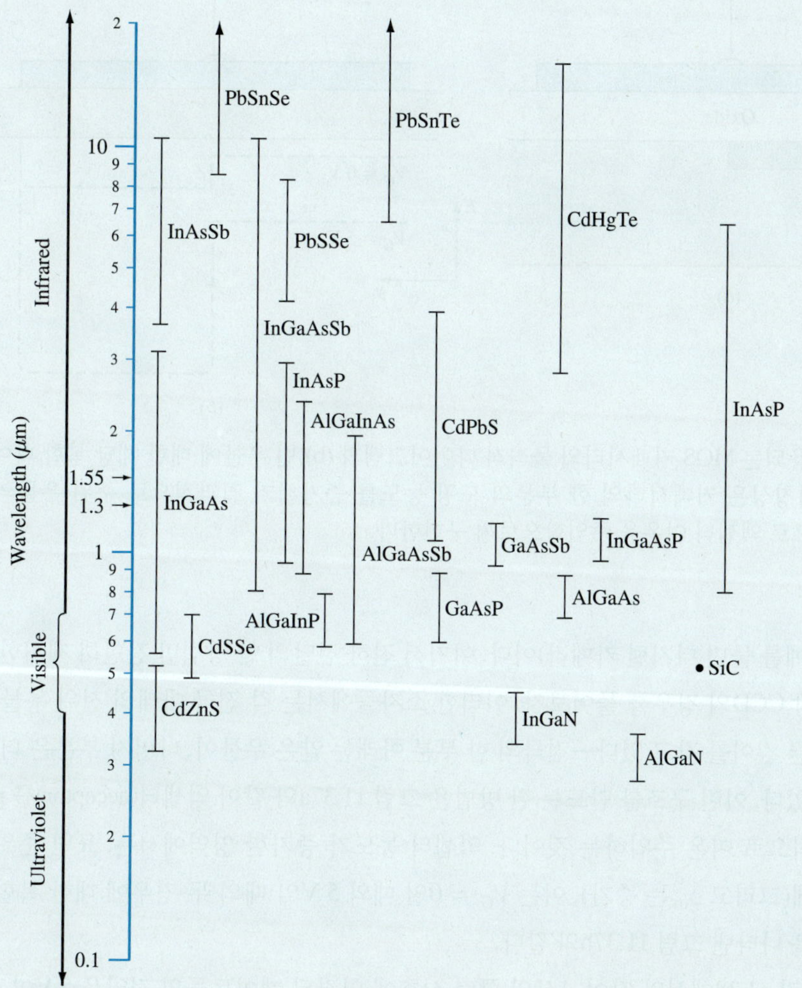

그림 11.35 반도체 재료와 이들의 파장 영역. 참고문헌 [3-5]에 의거함.

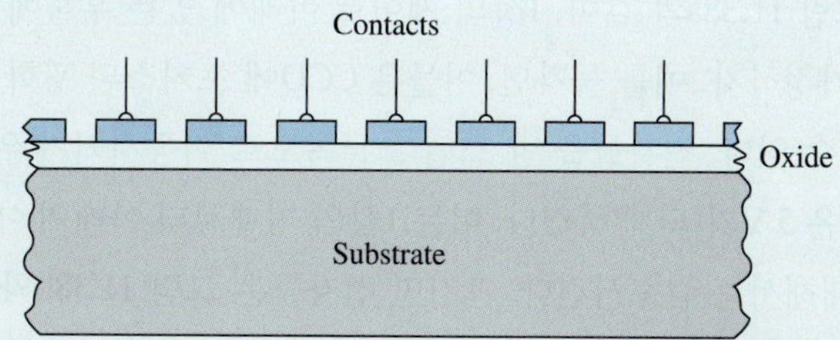

그림 11.36 인접한 MOS 커패시터의 선형 배열이 CCD 시프트 레지스터를 이룬다.

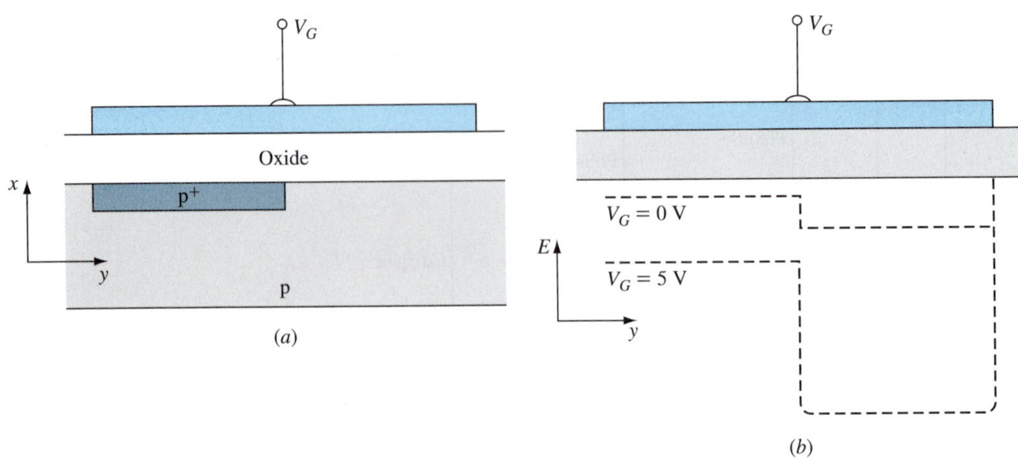

그림 11.37 (a) CCD에 사용되는 MOS 커패시터의 물리적 다이어그램과 (b) 빈 우물에 대한 해당 복합 다이어그램. 준위 우물에서 필요한 비대칭성은 커패시터의 한 부분의 도핑 농도를 증가시켜 결과적으로 준위 우물의 깊이를 감소시키기 위하여 선택적으로 엑셉터 이온을 주입함으로써 구현한다.

감지(예를 들면 디지털 카메라)이다. 여기서 전하 전달의 한 방법만 간단히 제시한다.

2상 CCD의 경우를 들어보자. 이러한 소자들에서는 각 전극 아래의 전위 우물은 두 가지 다른 깊이를 갖고 있다—전극의 한 부분 아래는 얕은 우물이, 나머지 부분은 더 얕은 우물이 있다. 이런 구조를 만드는 한 방법은 그림 11.37a와 같이 억셉터(acceptor)를 p 영역에 선택적으로 이온 주입하는 것이다. 억셉터 농도가 증가한 영역에서는, 표면 준위가 감소하는데(그리고 ϕ_{ox}는 증가), 이는 $V_G = 0$일 때와 5 V일 때의 두 경우에 대한 복합 다이어그램을 나타낸 그림 11.37b와 같다.

그림 11.38에서와 같이, 1상의 클럭 신호에 연결된 게이트들의 전압은 5 V이고, 2상에 연결된 게이트들의 전압은 0 V라 가정하고 이러한 2상 시프트 레지스터의 동작을 예시한다. 이러한 두 전압은 계단식 도핑과 결합하여 행렬을 따라 네 종류의 다른 우물 깊이를 만들게 된다.

우리는 또한 그림 11.38a와 같이, 1상의 게이트 아래에 있는 우물에는 다양한 전자의 수가 존재한다고 가정하자. 예를 들자면, 이들은 CCD에 포커스된 광학적 영상을 이루는 빛에 의해 생성될 수 있다. 전자들을 반 스텝 오른쪽으로 이동시키기 위해서 1상에 전압은 0 V로 하고 2상은 5 V가 되게 하였다. 이는 1상의 커패시터 아래의 에너지는 증가시키고 2상의 경우에 대해서는 감소시킨다. 그러면 전자들은 그림 11.38b와 같이 2상으로 옮아간다. 이동이 완료된 후의 복합 다이어그램은 (c)와 같다. 다음은, 두 전압이 다시 회전하여 전하가 다시 반 스텝 오른쪽으로 이동한다. 전압이 두 위상으로 회전함에 따라 전자 “신호”는 오른쪽으로 계속 옮겨진다. 이러한 신호들은 시프트 레지스터의 출력에 있는

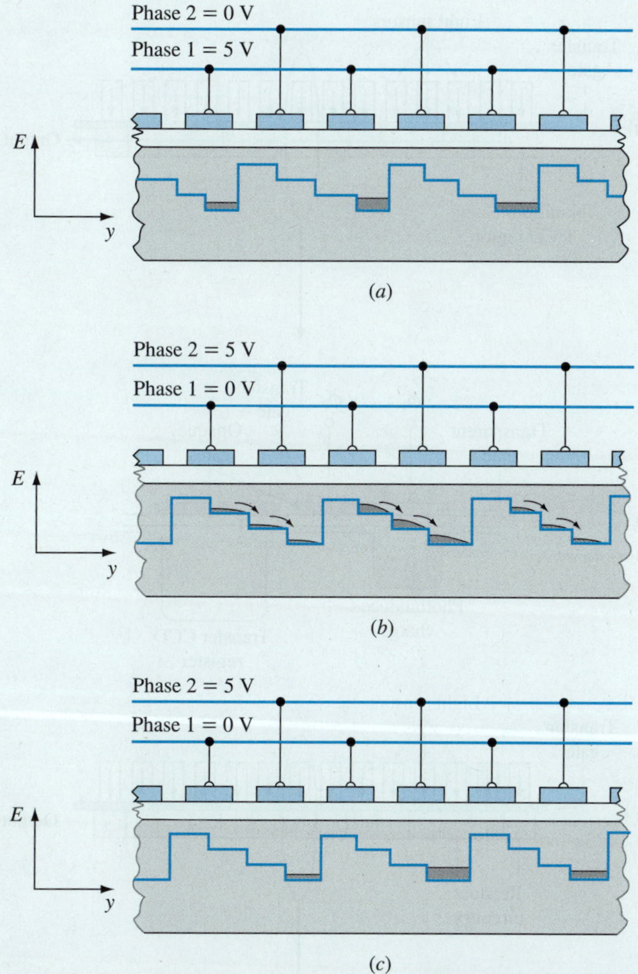

그림 11.38 2상 CCD 단면의 복합 다이어그램. (a)에서는 1상에 연결된 전극은 5 V, 2상에 연결된 전극은 0 V이다. 모든 움직일 수 있는 전자는 1상 아래에 있는 우물에 갇혀 있다. (b)에서는 1상은 0 V가 되고 2상은 5 V이다. 전하는 1상 커패시터에서 2상 커패시터로 흐른다. (c)에서는 전하 이동 과정이 완료된다; 전하는 반 스텝 오른쪽에 있는 우물에 들어 있다.

MOSFET을 이용하여 검출한다.

11.5.2 선형 이미지 센서

다양하게 변형된 이미지 센서 구조가 있다. 여기서 우선 CCD와 CMOS 선형 이미지 센서를 설명하고 다음으로 디지털 카메라 등에 사용되는 간단한 면적 이미지 센서를 다루겠다.

그림 11.39a의 구조를 고려해보자. 이 소자는 빛에 대해 투명한 게이트 콘택트("Light sensors"로 표기)가 있는 다수의 MOS 커패시터, 전송 게이트(transfer gate), 위에서 설명

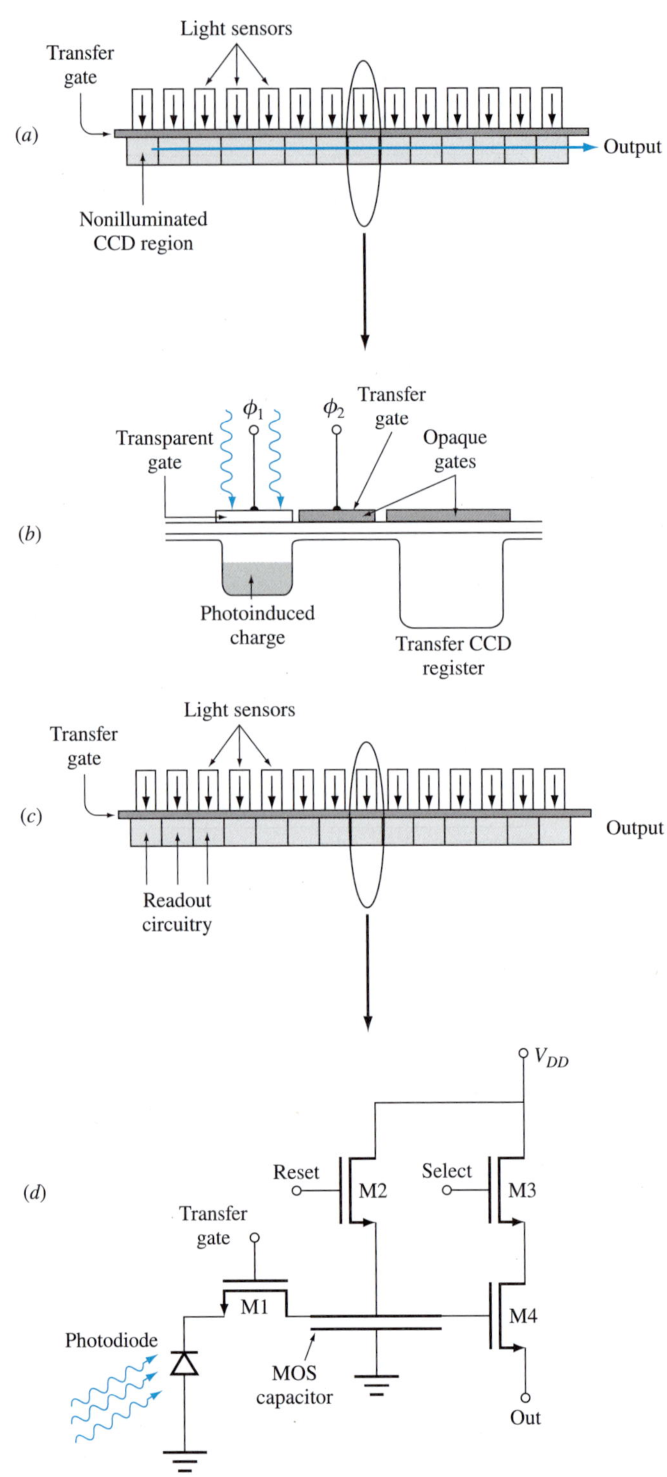

그림 11.39 (a) 선형 CCD 센서의 구조, (b) 한 단계의 복합 다이어그램, (c) 선형 CMOS 센서의 구조, (d) 단일 스테이지의 검출 회로.

한 CCD 시프트 레지스터(shift register), 그리고 MOSFET과 같은 검출(readout) 소자(그림에는 나타내지 않음)로 구성되어 있다. 전하 대 전압 변환기의 출력 전압은 전하 크기(아날로그 신호)에 비례하기 때문에, 디지털 카메라로 사용하기 위해서는 일반적으로 아날로그-디지털 변환기(ADC)가 뒤따른다. 동작 중일 때는, 광 감지 커패시터는 그 아래에 에너지 우물을 형성할 수 있도록 바이어스가 인가된다. 전송 게이트는 바이어스를 인가하여 그림 11.39b에 나타낸 바와 같이 광에 의해 생성된 전자를 가둘 수 있도록 에너지 장벽을 형성하고 있다. 빛이 조사된 경우, 에너지 우물 내의 전하가 시간이 경과함에 따라 증가하게 되며 이는 빛의 세기에 비례하게 된다. 특정한 광 적분 시간이 경과한 후에 ϕ_1 접점이 펄스의 낮은 전위, 그리고 ϕ_2 접점이 펄스의 높은 전위로 설정된다. 이때까지 축적된 전하가 전송 게이트 밑의 준위 우물로 이송되며 여기로부터 검출 소자로 전달된다. 위상 신호 ϕ_1과 ϕ_2 원래의 전압으로 회복되고 이러한 과정이 주기적으로 반복된다. 시간에 따른 출력 전압의 변화는 곧 위치에 따른 광의 세기를 나타내는 척도가 된다.

그림 11.39c는 선형 CMOS 센서를 보여준다. 여기서 전하 대 전압 변환은 그림 11.39d에 예시된 회로에 의해 각 픽셀(pixel) 단위로 이뤄진다. 각 픽셀에는 광 검출을 위한 하나의 포토다이오드와 네 개의 MOSFET, 그리고 하나의 MOS 커패시터가 있다.

광 검출 주기에서는, M1, M2, 그리고 M3가 **off** 되고 커패시터는 VDD(예를 들면 2 V)로 충전된다. 포토다이오드(개방 회로)의 전압은 빛 세기와 적분 시간에 의존한다. 포토다이오드의 전압과 그에 따른 전하량을 검출하기 위하여 M1이 **on**된다. 그러면 전자는 다이오드에서 M1을 통하여 커패시터로 흐르고, 따라서 커패시터가 방전되고 그 전압은 받은 전하량에 의존하는 값으로 줄어든다. 전하가 이동한 후에는(예를 들면 1 μs), M1이 **off** 되고 포토다이오드는 다시 입사광을 감지한다. 한편, 광신호를 나타내는 커패시터의 전압은 M3을 **on**시켜서 검출할 수 있는데("Select"신호를 통하여), 이는 M4의 드레인 전압을 V_{DD}가 되게 한다. 그러면 출력 전류는 커패시터 전압 즉 검출된 빛의 척도가 된다. 검출 후에는 (예를 들면 1 μs), M3는 **off** 되고 M2는 **on**되어 커패시터를 V_{DD}로 재충전(리셋)한 다음에 **off**시킨다. 미리 설정된 광 적분 시간이 경과한 후 M1은 **on**되고 주기가 반복된다.

11.5.3 면적 이미지 센서

위에서 설명한 여러 개의 선형 영상소자들을 결합하면 그림 11.40에 나타낸 것과 같은 면적(area) 영상 감지 소자를 구현할 수 있다. CCD 영상소자에서는(a), 광 적분 시간이 지난 후 모든 광 감지 준위 우물은 동시에 각각의 해당 (수직) 시프트 레지스터로 비워지게 된다. 이러한 시프트 레지스터의 준위 우물에 존재하는 전하들은 출력 (수평) 시프트 레지스터로 이송되어 출력으로 전송된다. 출력 신호 전압 파형은 따라서 광세기의 2차원 위치 의존성을 갖는 함수가 된다.

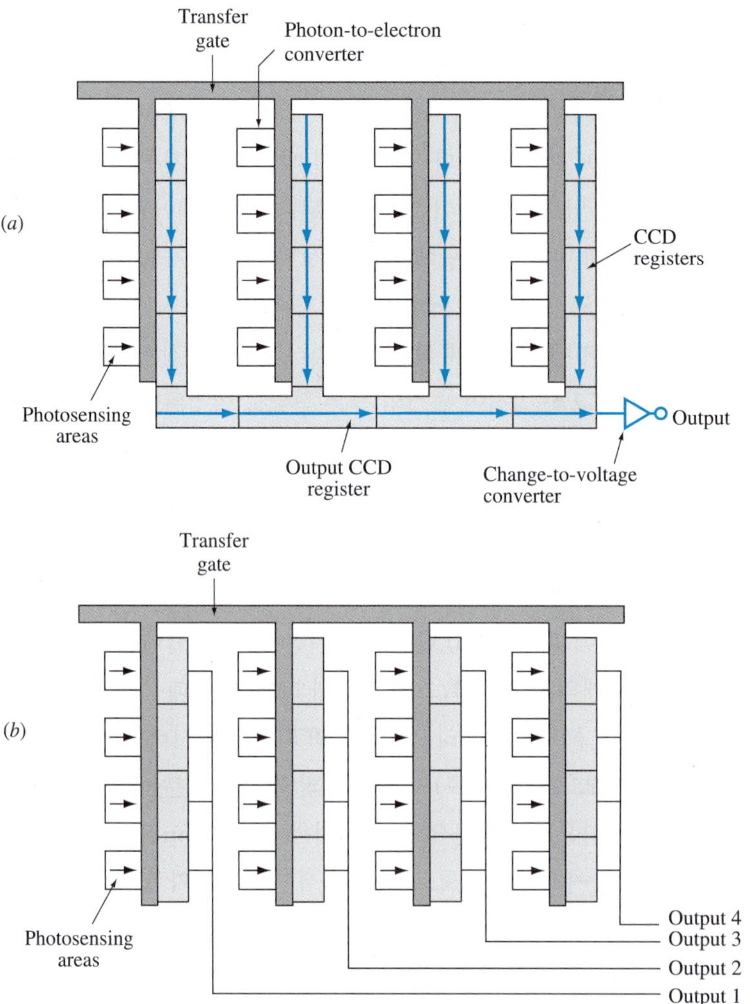

그림 11.40 (a) 4 × 4 면적 CCD 영상 센서의 개략도와 (b) CMOS 영상 센서의 개략도.

4 × 4 pixel CMOS 영상 감지기가 그림 11.40b에 개략적으로 나와 있다. 선형 영상소자에서처럼 전하-대-전압 변환이 각 픽셀에서 이뤄진다.

CCD와 CMOS 영상소자는 둘 다 광범위하게 사용된다. CCD 영상소자는 더 큰 광 감도를 갖는다. 하지만 긴 전하 결합 레지스터를 거쳐서 가는 데 필요한 시간 때문에 그런 레지스터가 필요 없는 CMOS 영상소자에 비해 상대적으로 느리다. CCD 영상소자들은 특별한 제조 공정이 요구된다. 하지만 CMOS 영상소자들은 전통적인 CMOS 장비로 만들 수 있기 때문에 상당히 비용을 절감할 수 있다. CMOS 영상소자의 전력 소모 역시 CCD 영상소자의 1% 정도이다. 그러므로 CMOS 영상소자들은 휴대전화기나 디지털 카메라와 같은 소비자 가전에 일반적으로 사용된다. CCD 영상소자들은 전문적인 사진작가들을 위한 카메라 등과 같이, 높은 감도와 높은 품질을 요구하는 곳에 사용된다.

11.6 요약

이 장에서는 반도체 소자의 주요 광특성에 대해 검토하였고 다이오드가 어떻게 광 감지기와 광원으로 사용될 수 있는지에 대해 살펴보았다.

태양 전지와 광 검출 소자에서는, 접합에서 흡수되거나 접합으로부터 확산 길이 이내에서 흡수된 광자들만이 광전류에 기여한다. 따라서 성공적인 다이오드 구조는 빛이 흡수되는 접합 부분이 표면에 가까이 있거나 또는 표면층이 큰 밴드 갭 에너지를 갖고 있어서 입사광에 대해 투명하게 만들어져야 한다. 또한 광에 의해 생성된 캐리어를 잘 수집할 수 있도록 공간 전하 영역을 충분히 넓게 만드는 것이 유리하다. 이러한 용도로 가장 널리 사용되는 구조는 PIN 다이오드인데, 이는 중간에 있는 진성 영역이 공핍 영역의 폭을 효과적으로 확장하는 역할을 한다. 이 경우 광에 의해 생성된 전류의 대부분이 순간 응답에 기여한다.

고속 광 검출 소자는 역방향 바이어스에서 동작한다. 이는 공핍 영역의 폭을 확장하여 광흡수를 증가시키고 접합 부분 내의 전계는 응답 시간과 동작 속도의 개선에 기여한다. 역방향 바이어스가 인가된 상태에서는 부하가 다양하게 변하더라도 전류가 광입력에 비례한다.

반면에 발광 다이오드와 레이저는 순방향 바이어스가 인가된 상태에서 동작한다. 접합을 통하여 전자와 정공을 주입함으로써 두 종류의 캐리어가 동일한 물리적 공간 내에 존재하여 재결합에 효율적으로 기여할 수 있다. 캐리어를 보다 효율적으로 가두기 위해 이중 이종 접합을 사용하면 레이저와 LED 모두 효율을 개선할 수 있다.

이중 이종 접합은 또한 레이저 다이오드에서 빛을 이득 영역에 집속하는 데에도 도움이 된다. 이것은 작은 밴드 갭을 가진 재료의 굴절률이 외곽의 큰 에너지 밴드 갭을 가진 재료의 굴절률보다 큰 값을 갖기 때문이다. 굴절률이 큰 영역에서 작은 영역으로의 경계면으로 들어오는 빛은 내부에서 전반사가 가능하다.

레이저에서는, 공진기의 양쪽 끝에 있는 거울은 빛이 이득 구간 안으로 왕복하도록 반사시켜 광 전계가 여러 번 증폭된다. 하지만 특정한 파장에서만 보강 간섭이 일어나고 실제 레이징이 발생한다. 다이오드 레이저의 좁은 스펙트럼 분포는 이득의 스펙트럼 분포 때문이라기보다는 페브리-페로 공진기의 좁은 파장 영역의 공진에 기인한 것이다.

III-V족 화합물 반도체가 반도체 광원으로 가장 널리 사용되지만, 재료공학 기술의 발전에 힘입어 넓은 광 파장 범위에 걸쳐 새로운 가능성을 만들어내고 있다.

전하 결합 영상 감지 소자 및 CMOS 기반의 영상 감지 소자도 간단히 논의하였다. 이 소자들은 디지털 카메라나 캠코더에 사용되고 있다.

11.7 참고문헌

1. J. J. Loferski, "The first forty years: a brief history of the modern photovoltaic age," *Progress in Photovoltaics: Research and Applications*, Vol. 1, pp. 67-78, 1993.
2. H. Melchior, "Demodulation and photodetection techniques," in F. T. Arecchi and E. O. Schultz-Dubois, eds., *Laser Handbook*, Vol. 1, North-Holland, Amsterdam, pp. 725-835, 1972.
3. E. Kapon, *Semiconductor Lasers II: Materials and Structures*, Academic Press, New York, p. 73, 1999.
4. B. E. A. Saleh and M. C. Teich, *Fundamentals of Photonics*, John Wiley & Sons, New York, p. 633, 1991.
5. J. Singh, *Semiconductor Devices: Basic Principles*, John Wiley & Sons, New York, p. 460, 2001.

11.8 복습문제

1. 포토다이오드는 왜 일반적으로 역방향 바이어스를 인가하는가?
2. 태양 전지는 왜 제4분면에서 동작하는가?
3. 포토다이오드에서 빛 에너지가 어떻게 전류로 변환되는지 설명하라.
4. PIN 다이오드에서 진성 영역의 역할은 무엇인가?
5. 암전류(dark current)란 무엇인가? 어떤 메커니즘으로부터 생성된 것인가?
6. 양자 효율과 반응감도의 차이는 무엇인가?
7. AM0(air mass zero)란 무엇인가?
8. 자발적 광 방출과 유도 방출의 차이는 무엇인가? 발광 다이오드는 이들 중 어떤 광 방출 과정으로 동작하는가?
9. 왜 직접 천이형 재료가 레이저에 사용되는가?
10. 레이저에서 어떤 방식으로 광 궤환을 구현하는가?
11. 레이저 다이오드의 스펙트럼 폭은 무엇에 의해 결정되는가?
12. 이득 곡선이 왜 선모양 함수와 같은가?
13. 이중 이종 접합이 레이저의 효율을 어떻게 증대시키는지 설명하라. (힌트: 전기적인 이유와 광학적인 이유가 있음.)
14. CCD 영상 감지 소자의 동작을 직접 설명해보라.

11.9 연습문제

11.1 60 GHz 부근에서 동작하는 포토다이오드를 생각해보자. 60 GHz의 단일 사이클 동

안 녹색 빛은 몇 주기를 반복하는가? 광소자가 빛과 관련된 전자장의 발진을 추적하는 데 사용될 수 있는가?

11.2 $\lambda = 620$ nm의 파장을 가진 빛이 CdTe의 시료에 입사되고 있다.

a. 이 빛은 스펙트럼의 어디에 위치하는가?

b. 입사광 플럭스는 어느 깊이에서 표면에서의 값에 비해 10%로 감소하는가? 1%로 감소하는 깊이는?

c. 빛의 색이 830 nm로 바뀌었다. 이는 무슨 색인가? 빛이 10%까지 감소하는 깊이는?

11.3 면적 1 cm^2, 두께 25 μm인 순수한 InP 박막에 $\lambda = 700$ nm 파장의 1 mW/cm^2 출력의 빛이 입사될 때 이 필름의 전기전도도 변화를 구하라. 단 정공의 전기유동도 $\mu_p = 200\ \text{cm}^2/\text{V}\cdot\text{s}$, 전자의 전기유동도 $\mu_n = 5400\ \text{cm}^2/\text{V}\cdot\text{s}$이다.

11.4 a. 수직 입사된 빛이 공기로부터 유리($n = 1.5$)로 진행할 때 프레넬 반사 계수를 구하라.

b. 가게의 유리를 통해 내부를 볼 수 있으면서 동시에 당신의 반사도 볼 수 있지만, 밤에는 조명이 켜진 내부에서 창을 통해 밖을 보면 오직 당신의 반사만 볼 수 있는 이유를 설명하라.

11.5 식 (11.8)은 식 (11.6)으로부터 유도됨을 보여라.

11.6 그림 P11.1에 나타난 회로에 대하여

a. $I_L = 100\ \mu\text{A}$, $200\ \mu\text{A}$ 및 $300\ \mu\text{A}$의 광전류를 가진 다이오드에 대한 I-V_a 특성 곡선을 그려라. 단 $I_{\text{dark}} = I_0 = 10^{-14}$ A, 이상 계수 $n = 1$로 가정하라.

b. 위의 그래프에 $V_a = +5$ V와 $V_a = -5$ V인 경우의 부하 곡선을 그려라.

c. 각 부하 곡선에 대하여 회로에 흐르는 전류를 구하고 I_L의 함수로 그려라. 광전류 I_L은 빛의 세기에 비례함을 기억하여, 출력 전류가 빛의 세기에 비례하기를 원한다면 포토다이오드가 어떤 바이어스 영역에서 동작해야 하는지 설명하라.

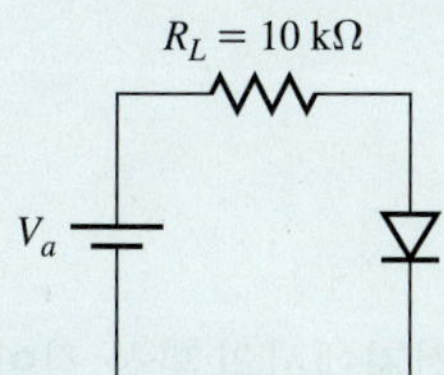

그림 P11.1

11.7 $\text{Al}_{0.3}\text{Ga}_{0.7}\text{As}$로 만든 포토다이오드가 있다. $\lambda = 850$ nm에서 굴절률은 3.423이다. 접합의 깊이가 0.2 μm이고 접합의 폭이 1.5 μm일 때, 양자 효율 η_Q와 반응감도 R_{ph}를

구하라. 단 빛은 공기로부터 입사되는 것으로 가정하라. 단 $\alpha = 10^{-4}\ \text{cm}^{-1}$이다.

11.8 그림 P11.2에 나타낸 *I-V* 특성을 가진 태양 전지에 관해 입력 전력이 15 mW인 경우의 I_{sc}, V_{oc} 및 η를 구하라.

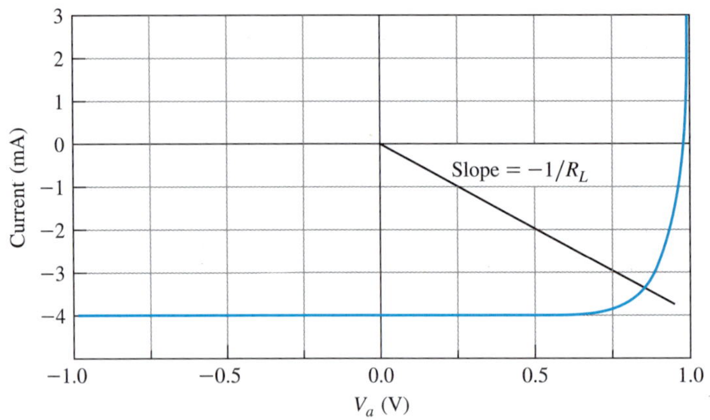

그림 P11.2

11.9 GaAs는 직접 밴드 갭 물질이므로 GaAs로 만든 태양전지는 Si보다 효율이 상당히 더 높다(35% 대 20%). 그렇지만 모든 태양전지는 실리콘으로 만든다. 왜 그런가?

11.10 태양 스펙트럼의 $\lambda = 0.5\ \mu$m(녹색)에서 최댓값을 가지는 광자가 Si에서 흡수된다면 전자와 정공은 그림 P11.3의 에너지 밴드 다이어그램에 나타낸 크기의 잉여 에너지를 가진다. 만약 이 캐리어들이 모두 에너지 밴드의 최저 및 최댓값(band edge)으로 천이하게 되는 경우 흡수된 에너지의 몇 퍼센트를 충돌에 의해 포논(phonon)으로 잃게 되는지 구하라.

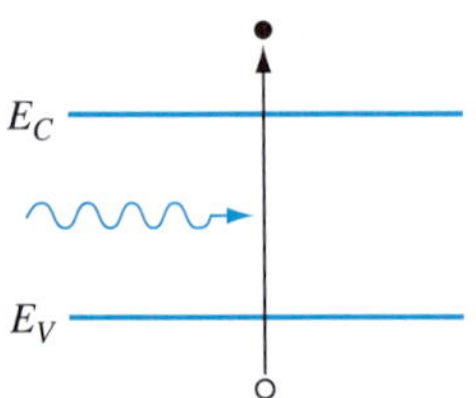

그림 P11.3

11.11 n^+p 포토다이오드의 p 영역의 도핑이 감소되면 태양 전지에서의 확산 길이가 증가할 것으로 예상한다. $N_a' = 10^{16}\ \text{cm}^{-3}$인 경우를 예제 11.4에 다시 적용함으로써 이를 확인(또는 부인)하라. 도핑 농도의 10배 변화는 η_Q에 얼마나 큰 변화를 가져오는지 설명하라.

11.12 GaAs 포토다이오드의 접합 깊이(junction depth)가 0.2 μm이고 표면층에서 흡수된

빛은 표면 재결합으로 잃게 되는 것으로 가정하면 표면층에서 광의 손실 비율은 얼마인가? 광자의 에너지가 $E_{ph} = 1.4$ eV인 경우와 $E_{ph} = 1.8$ eV인 경우를 반복해서 구하라. 이들 두 에너지는 스펙트럼상의 어디에 위치하는가?

11.13 a. 보호 띠(guard ring)가 없을 경우 PIN 다이오드의 모서리 부분에서 먼저 항복 현상이 발생하는 이유를 설명하라.

b. 높은 역방향 바이어스가 인가된 PIN 다이오드의 에너지 밴드 다이어그램을 그리고 항복 메커니즘을 표시하라.

c. 동일한 역방향 바이어스가 인가된 p^+p^- 접합의 에너지 밴드 다이어그램을 그려라. 왜 이 구조가 더 높은 역방향 전압에서 항복 현상이 발생하는지 설명하라.

11.14 a. $\lambda = 680$ nm(그림 11.13)에서 밴드 간 광 방출이 일어나도록 $GaAs_xP_{1-x}$ LED의 비소(As)의 성분비 x를 구하라.

b. 전자는 전도대 에너지 E_C보다 약간 큰 에너지, 정공은 E_V보다 약간 작은 에너지를 가진다는 점을 고려하면 위의 문제에서 어떤 에너지 밴드 갭을 선택하겠는가?

11.15 전자의 에너지에 따른 분포는 E_C보다 약 $1/2kT$ 정도 높은 에너지에서 최대가 되고 정공은 E_V보다 약 $1/2kT$ 정도에서 최대 분포를 가진다는 점을 상기하기 바란다. 만약 분포의 전체 에너지 폭이 kT라고 가정할 경우 방출 스펙트럼의 폭을 구하라. 단 재료는 1.3 μm에서 광 방출이 일어나는 것으로 가정하라. (힌트: $\Delta\lambda$를 구하기 위해서는 $E = hc/\lambda$ 관계를 이용하고 미분 $dE/d\lambda$을 취하여 $\Delta\lambda$를 ΔE의 함수로 구하라.)

11.16 광섬유 제조업체들에게는 OH^- 이온(물로부터의)이 큰 골칫거리다. 이들 이온이 유리질에 유입되면 1.4 μm 영역에서 강한 광흡수가 일어난다(그림 11.15 참고). 최종적으로는 이들을 거의 제거할 정도가 된다. 지구 대기에서도 유사한 흡수가 존재하는지 설명하라.

11.17 광자의 에너지가 1.0 eV이면 무슨 색인가? 1 eV에서 광 방출을 하고자 할 경우 사용할 수 있는 반도체 재료는 무엇인가? 이들 중 GaAs, GaN나 InP 등과 같이 쉽게 구할 수 있는 기판에 구현할 수 있는 것은 어떤 것이 있는가?

11.18 a. 모드의 유효 굴절률 = 3.4, 파장 = 850 nm, 칩의 길이 = 100 μm인 모서리 발광 레이저 다이오드의 페브리-페로 공진 사이의 주파수 차이를 구하라. 만약 이득 곡선의 폭이 50 nm이면 이 범위에서 다이오드는 얼마나 많은 수의 페브리-페로 공진이 존재하는지 구하라.

b. 이 장에서 레이저는 궁극적으로 단 하나의 모드에서 공진하는 것을 암시하였다. 이는 과잉 단순화이며, 이 책의 범위를 벗어나는 이유에 의해서 레이저가 다중 모드로 발진하는 것이 가능하다. 앞의 (a)에서, 단 하나의 모드가 레이징하기 위해서는 공진기의 길이가 얼마나 짧아야 하는가? VCSEL은 저절로 이 조건을 만족시

킨다.

11.19 다이오드는 공진기 내의 이득이 손실을 능가할 때 발진이 시작된다. 손실을 일으키는 원인의 하나로 공진기 끝에서의 부분적인 반사 거울에 의한 손실이 있다. 빛은 거울에 부딪칠 때마다 일부 손실이 발생하게 된다. 반사 계수를 개선하기 위해서 반사면에 코팅을 할 경우 레이저의 광전력-전류 곡선은 어떻게 변할지 설명하라.

11.20 레이저는 VCSEL에 대한 그림 P11.4에 나타낸 바와 같이 광, 전류, 전압 특성, 즉 *L-I-V* 곡선으로 특성을 분석한다. *L-I* (전력 또는 광과 전류의 관계) 곡선은 왼쪽의 축을 사용하고 *V-I* 곡선은 오른쪽 축을 사용한다. 그림에 나타낸 레이저의 경우 10 mA의 동작 전류에서 소자에서 소모된 전력에 대한 방출된 광전력의 비는 얼마인지 구하라. 나머지 전력은 어떻게 된 건지 설명하라.

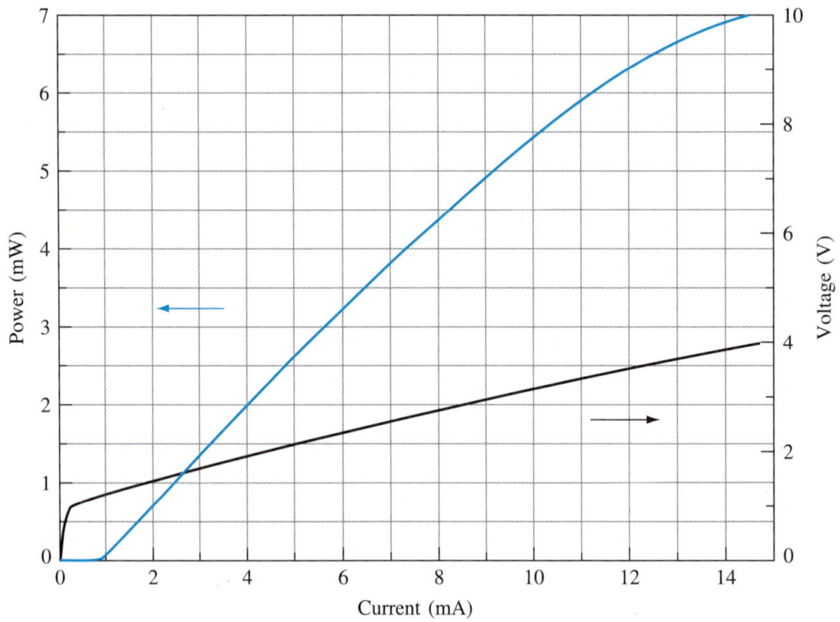

그림 P11.4

CHAPTER 12

전력 반도체 소자

전력 소자는 반도체 소자의 특별한 분류를 이룬다. 이들은 자동화 시스템, 전력 동기, 재생 에너지 변환 및 다른 응용 분야에 사용된다. 이러한 소자들은 고장 없이 매우 큰 전압(kV)과 수십 혹은 수백 암페어를 다룰 수 있어야 하고, 열을 최대한 효율적으로 제거할 수 있도록 열전도가 잘되어야 하고, 높은 온도에서 작동할 수 있어야 한다. 이 장에서는, 일반적인 전력 반도체 소자 구조를 살펴보고, 왜 현재 SiC와 GaN와 같은 넓은 밴드 갭을 가진 물질에 관심을 가지는지 살펴볼 것이다.

12.1 서론과 개관

전기 차에 사용되는 모터는 AC 혹은 DC일 수 있지만, 동작은 DC 배터리를 통해서만 가능하다. 태양 발전 단지에서는 DC 에너지를 생산하지만, 그 에너지를 분배하기 위해서는 AC로 변환하여야 한다. 사실 (미국에서는) 120 V 60 Hz로 변환되어 배전망과 동기화되어야 한다. 풍력 발전용 터빈은 AC 에너지를 생산하지만, 반드시 주파수까지 정확하지는 않게 된다. 세탁기에는 AC 전원으로 동작하는 DC 모터가 있을지도 모른다.

이러한 모든 경우에서, 전압은 DC에서 AC 또는 AC에서 DC로 변해야 하고, 한 전압에서 다른 전압으로 변환해야 하고, 심지어 한 주파수에서 다른 주파수로 변환되어야 한다. 변환 회로들(정류기와 인버터)은 매우 높은 전류와 전압을 다룰 수 있는 반도체 물질을 필요로 한다. 그러므로 반도체 물질은 파손 없이 높은 전압을, 녹지 않고 높은 전류를, 고장 없이 높은 온도를, 몇몇 경우는 높은 주파수도 다룰 수 있어야 한다.

전력 반도체 소자의 전기적 특성의 정확한 계산은 상당히 복잡하다. 관련된 물리적 과정을 설명하기 위해 많은 근사를 사용할 것이다. 이러한 근사는 불순물에 의해 밴드 갭 에너지가 좁아지는 효과를 무시하는 것도 포함한다. 더욱이, 단순화를 위해, 상쇄된 도핑은 무시하여, n형의 물질 N_D는 $N'_D = N_D - N_A$로 나타내며, p형의 물질 N_A는 $N'_A = N_A - N_D$로 표현한다. 전기적 특성은 또한 온도에 매우 민감하다. 하지만 여기서는 간략하게 하기 위해, 상온 동작만을 살펴본다.

12.2 정류 다이오드

AC-DC 변환기에서, 입력 전압을 정류하기 위해 사용되는 다이오드는 높은 역방향 항복 전압과 매우 작은 역방향 누설 전류를 가져야 한다. 순방향에서 큰 전류를 다루기 위해서는 다이오드가 낮은 전압 강하와 낮은 저항을 가져야 한다.

12.2.1 접합 파괴

높은 항복 전압의 경우, 파괴의 메커니즘은 사태 증배(avalanche multiplication)에 의한 것이다. 그림 12.1은 간단한 pn 접합에서 역바이어스일 때의 에너지 밴드 다이어그램을 두 개의 다른 밴드 갭의 경우에 대하여 보여준다. 임계 전계 $\mathscr{E}_{cr}$은 캐리어가 충분히 가속되어 산란될 때 반대편 대역에서 자유 전자를 만들 수 있는 전계로 정의된다. 이 그림에서 보여주는 전압에서, 좁은 밴드 갭 물질에서는 접합에서 이러한 현상이 발생하지만, 넓은 밴드 갭을 가진 물질에서는 그렇지 않다는 것을 알 수 있다. 넓은 밴드 갭 물질에서의 접합은 파괴 없이 더 높은 전압을 견뎌낼 수 있다. 넓은 밴드 갭 물질은 또한 파괴 이전에는 역전류가 전적으로 열에 의해 생성된 캐리어들만 있기에, 훨씬 작은 누설 전류를 보여주게 될 것이다.

캐리어 증식에서, 캐리어는 충돌 사이에 충분한 운동 에너지를 얻게 되어 정공-전자 쌍을 만든다. 이와 같이 생성된 캐리어들은 마찬가지로 재생성할 수 있으며, 증식률은 무한

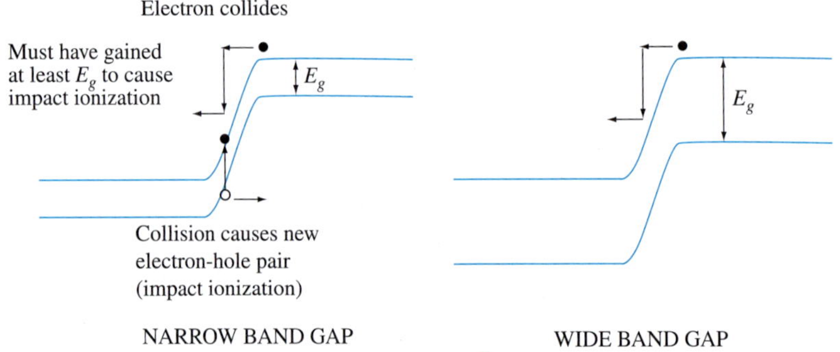

그림 12.1 사태 항복이 발생하려면, 캐리어(그림에는 전자)가 밴드 갭보다 더 큰 운동 에너지를 갖도록 가속되어야 한다. 이런 이유로 넓은 밴드 갭 물질에서는 더 큰 전계가 요구된다.

대가 될 수 있다. 이 과정을 **사태(avalanche)**라고 부른다.

증식을 조사해보자. 먼저, 천이 영역 내에서 일정한 전계가 있을 (인공적인) 조건을 고려한다. 정공이나 혹은 전자가 접합을 가로지르는 동안에 전자-정공 쌍을 만들 확률을 P라고 하자.[1] n_{in}을 p 쪽으로부터 천이 영역에 들어가는 전자의 개수라 하자. 그러면 n 쪽에서는 $n_{in}(1 + P)$ 개의 전자들이 도착하는 이온화 충돌이 Pn_{in}번 발생할 것이다. 그러나 정공 또한 Pn_{in} 개가 생성되고, 이는 $P(Pn_{in}) = P^2n_{in}$의 전자-정공 쌍을 형성한다. 이를 반복하면 접합에서 가로지르는 총 캐리어의 수는

$$n_{in}(1 + P + P^2 + P^3 + \cdots)$$

이는 $(P < 1)$이므로 다음과 같이 표현할 수 있다.

$$\frac{n_{in}}{1 - P}$$

캐리어 증배 인자 M은 한 캐리어가 생성할 수 있는 전자-정공 쌍의 수로 정의된다.

$$M = \frac{1}{1 - P} \tag{12.1}$$

실제 pn 접합에서, 전계는 천이 영역에서의 위치에 따른 함수이며, 따라서 P도 마찬가지다. 확률 P는 $\int_0^{W_D} \alpha dx$가 되는데, 여기서 W_D는 접합에서의 공핍층 두께[2]이고, 충돌 이온화 계수 α는, 공핍층에서 전계의 방향으로 단위 길이를 가로지르는 동안 하나의 캐리어에 의해 생성된 전자-정공 쌍의 수로 정의된다. 충돌 이온화 계수는 전자와 정공에 따라 다르지만, 단순화를 위해 동일하다고 가정한다. 캐리어 증배 인자 M은 다음과 같다.

$$M = \frac{1}{1 - \int_0^{W_D} \alpha dx} \tag{12.2}$$

표 12.1은 여러 종류의 도핑되지 않은 반도체에 대한 밴드 갭과 임계 전계를 보여준다. GaN와 SiC가 명백한 승자다. 임계 전계에 대한 이러한 값들은 결정 품질에 크게 의존하며, GaN의 이론값은 5 MV/cm 정도까지 높게 예측되고 있다. 또한 열전도도, 전자 이동도, 전자 포화 속도도 나타나 있다. SiC는 매우 높은 열전도도를 가지고 있어서, 열이 비교적 쉽게 빠져나갈 수 있다. 그러나 실제로 SiC 전력 소자에서 열 제거율과 동작 온도는 패키

1) 단순화를 위해, 정공과 전자에 대한 확률은 같다고 가정한다.
2) 여기서 W_D 용어는 접합 공핍층 폭을 나타내는데, 높은 항복 전압을 갖도록 설계된 전력 다이오드는 역바이어스에서의 공핍층은 폭 W_D의 낮게 도핑된 드리프트 층을 가로질러 우선 확장되기 때문이다.

표 12.1 Si, 4H-SiC, GaN의 주요 물질 특성[3)]

	Band gap E_g (eV) (room temperature)	Critical field $\mathscr{E}_{cr}$ (MV/cm)	Relative permittivity ε_r	Thermal conductivity (W/cm-K)	Electron mobility μ_n (cm^2/V-s)	Hole mobility μ_p (cm^2/V-s)	Saturation velocity v_{sat} (10^7 cm/s)
Si	1.124	0.3	11.8	1.3	1330	495	1
4H-SiC	3.26	2.2	10	3.7	1000	115	2.5
GaN	3.437	3.3	9.7	1.3	1000	70	2.5

징에 의해 제한되어 있다.

항복 전압 V_{br}은 전자와 정공의 충돌 이온화 계수를 사용한 도핑 농도에 따른 함수로 계산될 수 있다. 충돌 이온화 계수는 밴드 갭과 전계에 따른 함수이다. 전계에 따른 충돌 이온화 계수의 지수 법칙 근사는 $\alpha \propto \mathscr{E}^n$이고, 인자 n은 Si과 4H-SiC에서는 7 정도, GaN[4)]에서는 7, 8, 9 (9.2) 정도로 알려져 있다. p$^+$n 접합이 주어지면, 충돌 이온화는 주로 전계가 가장 강력한 접합 근처의 n 영역에서 발생한다. $n = 7$인 세 개의 반도체에 대해 고려해보자. p$^+$n 접합에서 항복 전압 V_{br}이 $V_{br} \propto N_D -\left[\frac{(n-1)}{(n+1)}\right]$의 형태를 가지기 때문에, $V_{br} = C_1 N_D^{-6/8} = C_1 N_D^{-3/4}$이 된다. 여기서, C_1은 Si, 4H-SiC, GaN에서 각각 5.3×10^{13}, 3.0×10^{15}, 6.1×10^{15}의 값을 가진다. 이 수식을 사용할 때, n 영역의 도핑 농도 N_D의 단위는 cm^{-3}이고, V_{br}은 볼트[V]이다.

전력 다이오드는 특정한 항복 전압을 가지도록 설계되기 때문에, V_{br}을 독립 변수로 사용하는 것이 편리하다. 그러므로

$$N_D = \left(\frac{1}{C_1}\right)^{-4/3} V_{br}^{-4/3} \tag{12.3}$$

다음으로, 임계 전계 $\mathscr{E}_{cr}$을 항복에서 최대 접합 전계로 정의한다. 항복 전압에 관해서 $\mathscr{E}_{cr}$의 표현을 찾기 위해, 먼저 역방향 인가전압 V_a를 살펴보면,

$$V_a = V_j + IR \tag{12.4}$$

이다. 여기서 V_j는 접합 전압이다. 역방향 전압에서 전류 I는 작으므로, $V_a \approx V_j$가 된다. 그리고 항복에서 $V_a = V_{br}$이 되므로,

$$\mathscr{E}_{cr} = \sqrt{\frac{2qN_D V_j}{\varepsilon_s}} \approx \sqrt{\frac{2qN_D V_{br}}{\varepsilon_S}} \tag{12.5}$$

3) GaN 내에서의 정공 이동도에 대해 여러 가지 값들이 보고되었다. 여기서 사용된 값은 거의 최대치이다.

4) GaN에서 충돌 이온화 계수는 현재 재료의 결합 농도가 높기 때문에 잘 이해되지 않는다.

표 12.2 $V_{br}, N_D, W_D, \mathscr{E}_{cr}$ 사이의 관계

	Si	4H-SiC	GaN
$N_D(\mathrm{cm^{-3}})$	$2.0\times10^{18}\,V_{\mathrm{br}}^{-4/3}$	$4.3\times10^{20}\,V_{\mathrm{br}}^{-4/3}$	$1.1\times10^{21}\,V_{\mathrm{br}}^{-4/3}$
W_D (cm)	$2.6\times10^{-6}\,V_{\mathrm{br}}^{7/6}$	$1.1\times10^{-7}\,V_{\mathrm{br}}^{7/6}$	$8.8\times10^{-8}\,V_{\mathrm{br}}^{7/6}$
$\mathscr{E}_{\mathrm{cr}}$ (V/cm)	$7.8\times10^{5}\,V_{\mathrm{br}}^{-1/6}$	$1.3\times10^{7}\,V_{\mathrm{br}}^{-1/6}$	$2.0\times10^{7}\,V_{\mathrm{br}}^{-1/6}$

이 된다. 마찬가지로,

$$W_D = \sqrt{\frac{2\varepsilon_s V_j}{qN_D}} \approx \sqrt{\frac{2\varepsilon_s V_{\mathrm{br}}}{qN_D}} \tag{12.6}$$

$$V_{\mathrm{br}} \approx \frac{\varepsilon_s \mathscr{E}_{\mathrm{cr}}^2}{2qN_D} \approx \frac{qN_D W_D^2}{2\varepsilon_s} \tag{12.7}$$

Si, 4H-SiC, GaN에 대하여 V_{br}의 N_D, $\mathscr{E}_{\mathrm{cr}}$, W_D에 대한 의존도가 표 12.2에 나와 있다. 이러한 계산에서, 캐리어 이동도는 도핑 농도와 무관하다고 가정한다. 그 계산 결과가 그림 12.2에 항복 전압이 100 V에서 10 kV 사이가 될 경우에 대하여 나타나 있다. 그러므로, 원하는 항복 전압을 얻기 위해서 도핑 농도와 공핍층의 두께를 결정할 수 있다. 더 큰 항복 전압을 필요로 하면, n 영역의 도핑 농도를 낮게 하고, 공핍층을 넓게 해야 한다.

전력 다이오드에서는 큰 역방향 항복 전압 V_{br}뿐만 아니라 큰 순방향 전류를 흘릴 수 있는 능력 또한 바람직하다. 이러한 두 이유 때문에, p형:진성:n형(pin) 구조 또는 금속과 n형 영역 사이에 진성층을 가진 쇼트키 다이오드가 전력 다이오드로써 종종 사용된다. 실제로, 진성층은 사실 낮게 도핑된 n형이다. 쇼트키 다이오드는 고도핑 n($\mathrm{n^+}$) 영역과 금속 사이에 저도핑 n($\mathrm{n^-}$) 영역(base)이 있다(그림 12.3a). pin 접합 다이오드는 저도핑된 $\mathrm{n^-}$ 영역은 $\mathrm{p^+}$ 영역과 $\mathrm{n^+}$ 영역 사이에 있다(그림 12.3b). 이에 대한 평형 상태 에너지 밴드 다이어그램이 (c)와 (d)에 그려져 있으며, 에너지 준위에 대한 캐리어 분포(돛 형태)도 함께 나타나 있다. $\mathrm{n^-}$ 영역과 금속 접촉 사이의 접합에서(쇼트키), 그리고 $\mathrm{p^+n^-}$ 접합에서 (pin) 공핍층이 존재하며, 사실상 $\mathrm{n^-}$ 영역 전부를 차지하게 된다.[5] 에너지 밴드 다이어그램에서, 간략히 하기 위해서 페르미 레벨은 $E_C(\mathrm{n^+})$와 $E_V(\mathrm{p^+})$라 가정한다.

두 경우 모두 $\mathrm{n^-n^+}$ 접촉에서, 전자 농도는 크고 따라서 저항은 작다. 전류가 전자에 의한 것일 때 쇼트키 다이오드의 순방향 전류에 의한 $\mathrm{n^-n^+}$ 전압의 변화는 거의 없다. 그러나

5) $\mathrm{n^+}$-금속과 $\mathrm{p^+}$-금속 영역 사이에서도 공핍층이 있다. 하지만 $\mathrm{n^+}$와 $\mathrm{p^+}$ 영역의 높은 도핑 때문에 많기 때문에, 이러한 접촉은 전자 터널링 현상으로 인해 거의 단락되어 있다. 따라서 이 장벽과 $\mathrm{n^+}$와 $\mathrm{p^+}$ 영역을 접합하는 금속층은 에너지 밴드 다이어그램에 나타내지 않았다.

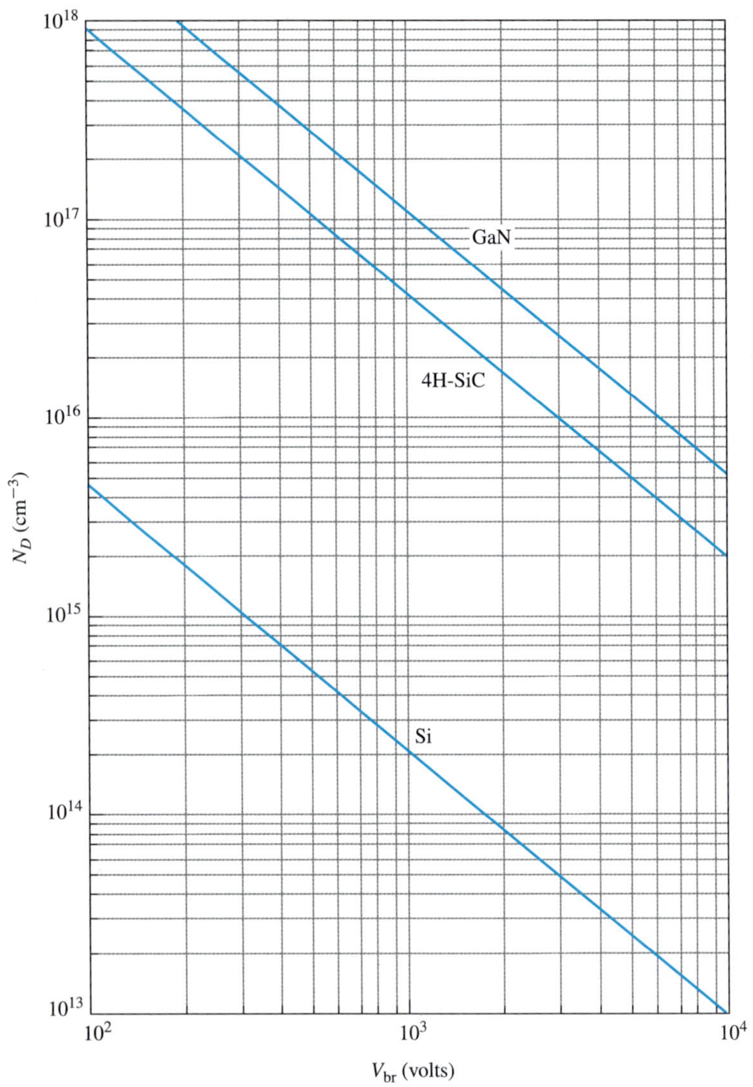

그림 12.2(a) (a) 상온에서 Si, 4H-SiC, GaN에 대한 계단형 일방 p^+n 접합에서, 항복 전압의 함수로 나타낸 도너 농도.

pin 다이오드에서는 전자와 정공이 모두 전달되므로 전류가 증가하여 전압이 감소한다. 이에 대해서는 잠시 후에 살펴볼 것이다.

그림 12.4a는 접합에서 다양한 전압에 따른 전력 pin 다이오드의 단면과 전계 분포를 보여준다. 평행판 근사를 적용하면(가장자리 효과를 고려하지 않고), 역바이어스가 증가할수록, 전계의 최대치는 증가하고, 전계는 공핍층으로 확장해 간다. 공핍층이 n^+ 영역에 도달하기 전에 임계 전계에 이르면, 이 다이오드를 “비관통(non-reach-through)” 디자인이라고 한다. 비관통 다이오드에서는, 임계 전계에 이를 때 공핍층이 n^+ 영역에 도달하도록

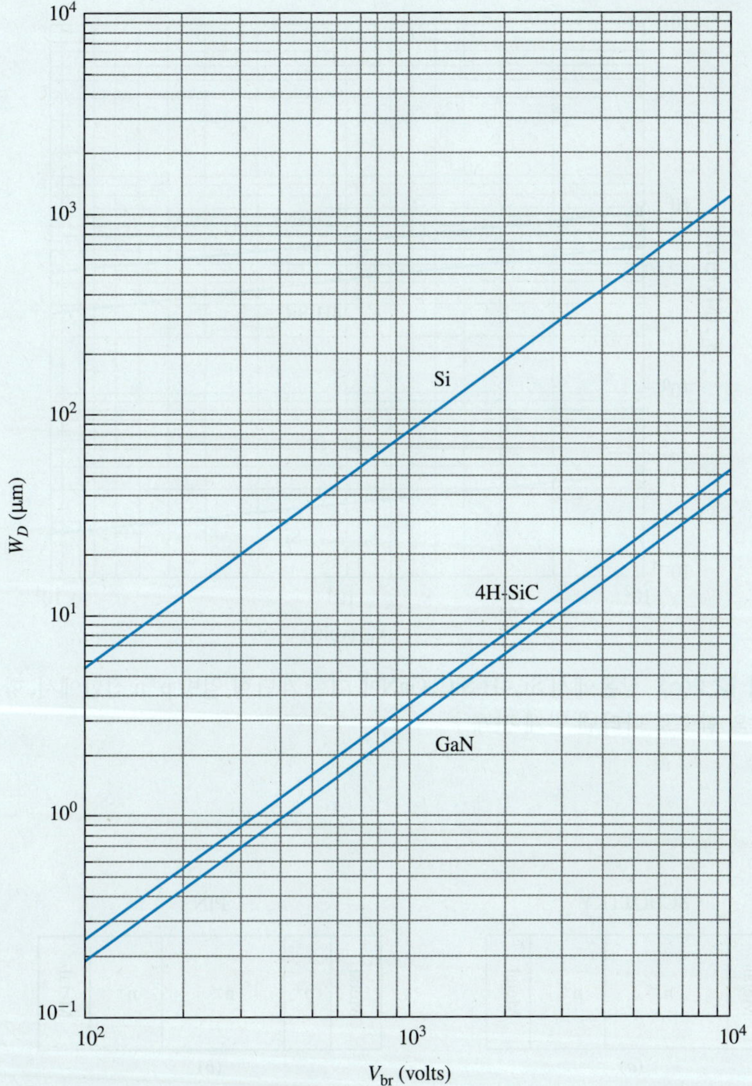

그림 12.2(b) 상온에서 Si, 4H-SiC, GaN에 대한 계단형 일방 p^+n 접합에서, 항복 전압의 함수로 나타낸 공핍 영역 폭.

낮게 도핑된 층의 두께를 정한다. 즉, $W_D = W_{cr}$인데, 여기서 W_D는 n^- 영역 또는 이동 영역의 두께이다. 이 영역은 종종 **base**로 언급된다. 차단 전압 또는 역방향 항복 전압 V_{br}은 임계 전계에 이르렀을 때 전계 곡선의 아래 면적과 같다($V = -\int \mathscr{E} dx$임을 기억하라). 그러므로 일방 p^+n 접합 또는 쇼트키 다이오드에서는,

$$V_{br} = \frac{\mathscr{E}_{cr}(W_D - W_{bi})}{2} \approx \frac{\mathscr{E}_{cr} W_D}{2}$$

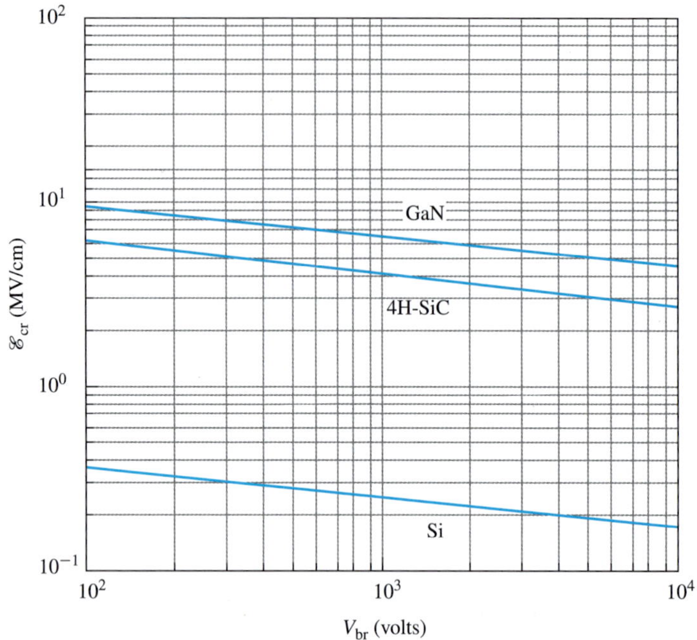

그림 12.2(c) 상온에서 Si, 4H-SiC, GaN에 대한 계단형 일방 p^+n 접합에서, 항복 전압의 함수로 나타낸 임계 전계.

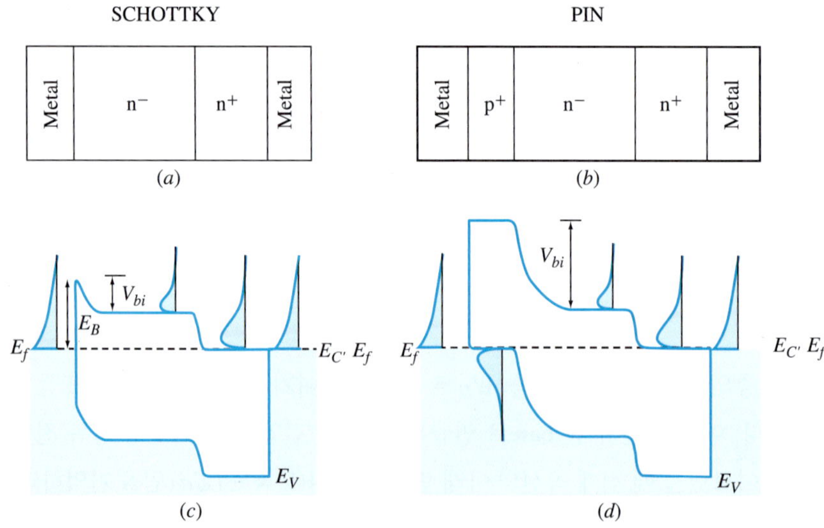

그림 12.3 쇼트키(a)와 pin(b) 다이오드의 단면과 그들의 평형 상태에서의 에너지 밴드, (c)와 (d)(축척 무시).

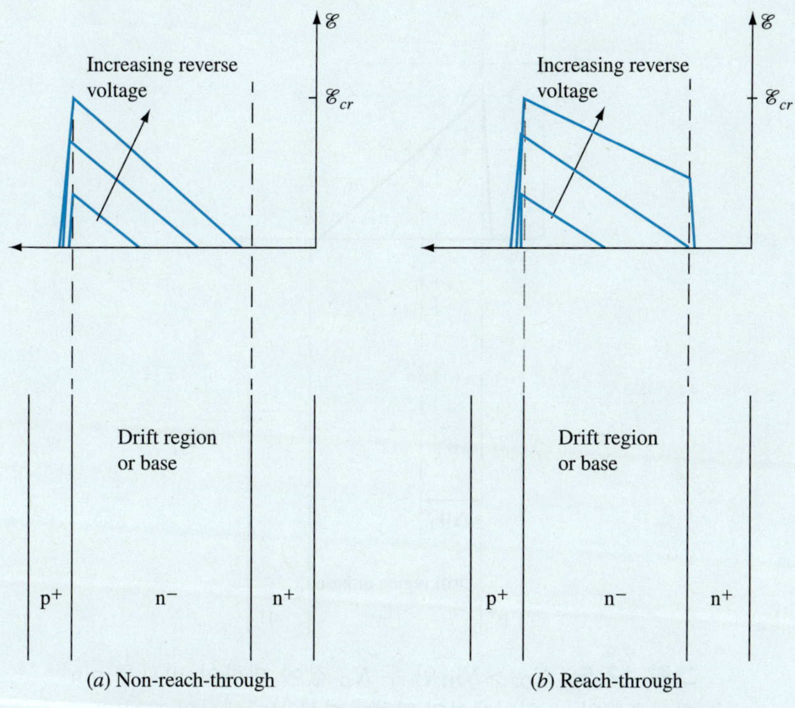

그림 12.4 (a) 비관통 항복 다이오드, (b) 관통 다이오드 설계.

이를 정리하면,

$$W_D = \frac{2V_{\text{br}}}{\mathscr{E}_{\text{cr}}} = \sqrt{\frac{2\varepsilon_s V_{\text{br}}}{qN_D}} = \frac{\varepsilon_s \mathscr{E}_{\text{cr}}}{qN_D} \quad \text{(비관통 항복 다이오드)} \tag{12.8}$$

일단 인가전압 V_a가 눈사태 항복 전압인 V_{br}에 도달하게 되면, 증식이 발생하고, 큰 역방향 전류가 흐르게 된다.

식 12.8과 그림 12.2(a)는 비관통 다이오드에서의 항복 전압이 낮게 도핑된 베이스 영역에서의 도핑 농도에 의존하는 것을 보여준다. 눈사태가 발생하려면, 전계는 충돌 이온화가 발생하기 위해 요구되는 최소한의 전계 $\mathscr{E}_{\text{min}}$보다 커야 한다. 사실, 전계는 p^+n^- 또는 쇼트키 접합에서 최대 전계($\mathscr{E}_{\text{cr}}$)를 이루는 지점으로부터 적어도 캐리어 평균 자유 경로(ΔW)에 해당하는 길이에 걸쳐서 최소한 이 정도를 유지해야 한다. 그래야 캐리어들이 원자에 충돌하고 눈사태 과정을 일으킬 기회를 가진다. 그림 12.5는 $N_{D2} > N_{D1}$인 n^- 영역에서의 두 도핑 농도 N_{D1}(검은색)과 N_{D2}(컬러)에 대한 전계를 보여준다. 전계는 도핑한 소자일 때 위치에 따른 변화가 크기 때문에 캐리어는 충돌과 충돌 사이에서 더 많은 운동 에너지를 얻게 된다. 따라서 충돌 이온화는 증가하고 눈사태를 위한 영역의 두께는 감소한다. 다시 말해, $\Delta W_2 < \Delta W_1$이 된다. 하지만 ΔW의 감소 비율은 W의 감소 비율보다 작아서, 결

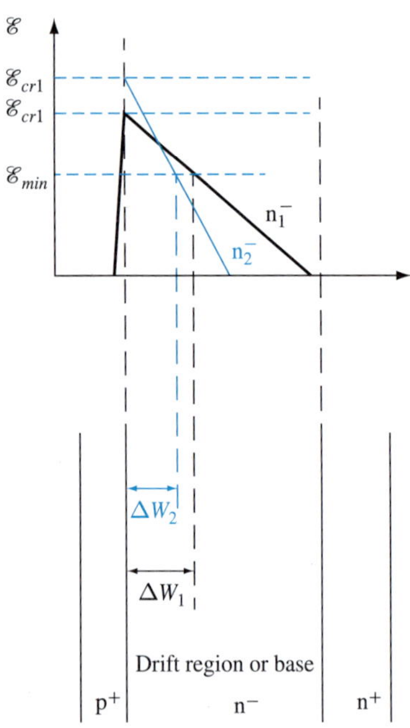

그림 12.5 $N_{D2} > N_{D1}$인 두 N_D 값에 대하여 비관통 pin 다이오드의 n⁻ 영역에서의 위치에 따른 사태에서의 전계($\mathscr{E}_{cr}$). 충돌 이온화가 ΔW에 걸쳐서 발생하기 위해서는, 임계 전계가 도핑이 증가함에 따라 증가한다.

과적으로 $\mathscr{E}_{cr2} > \mathscr{E}_{cr1}$ 혹은 $\mathscr{E}_{cr}$이 n^- 도핑이 증가함에 따라 증가한다.

매우 긴 낮게 도핑된 영역(n^-)의 약점은 큰 순방향 혹은 "켜진"저항이다. 이는 순방향 전류밀도가 커질 수 있기 때문에 전력 소자에 상당한 열 발생을 초래할 수 있다. 그러므로 때때로 "켜진" 저항을 작게 하기 위해서 베이스층(가운데, n^-)을 얇게 하는 것과 도핑을 증가시키는 것 사이에 절충이 이루어지는데, 하지만 항복 전압이 작아지는 값을 치러야 한다. 이 경우 공핍층은 그림 12.4b에 보이는 것처럼 임계 전계에 도달하기 전에 매우 전도성이 큰 n층에 "관통"한다.

낮게 도핑된 베이스 영역의 두께를 W_D라 하고, 임계 전계에 해당하는 두께를 W_{cr}이라 하자. 그러면 $\mathscr{E}_{cr}$에 해당하는 항복 전압이 V_{cr}이라 하면,

$$\frac{V_{br}}{V_{cr}} = \frac{-\int_0^{W_D}\left(\frac{\mathscr{E}_{cr}}{W_{cr}}x + \mathscr{E}_{cr}\right)dx}{-\int_0^{W_{cr}}\left(\frac{\mathscr{E}_{cr}}{W_{cr}}x + \mathscr{E}_{cr}\right)dx} = \frac{W_D\mathscr{E}_{cr} - \frac{qN_{D(n^-)}W_D^2}{2\varepsilon_s}}{\frac{1}{2}\mathscr{E}_{cr}W_{cr}} = \left(\frac{W_D}{W_{cr}}\right)\left(2 - \frac{W_D}{W_{cr}}\right) \quad \text{(관통 설계)} \tag{12.9}$$

관통 다이오드는 더 이상 고려하지 않을 것이다.

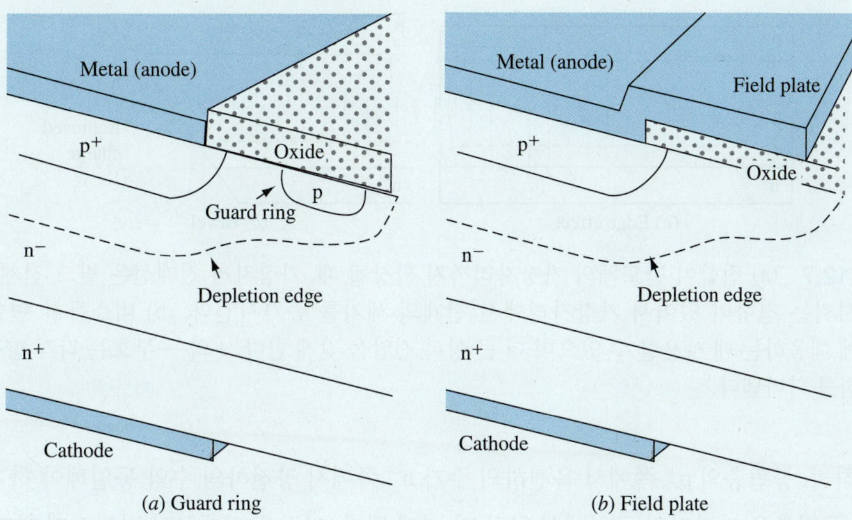

그림 12.6 조기 항복을 줄이기 위해, 가드 링(a) 혹은 전계판(b)을 사용하여 평면 소자에서 공핍층을 측면으로 확장시킨다.

항복 전압은 그림 12.4에서처럼 무한한 평행판 근사를 이용해 계산한다. 실제로는, 다이오드의 면적은 유한하고, 다이오드의 가장자리는 전계가 집중되는 것을 방지하기 위해 주의해서 설계하여야 한다. pin 다이오드에서의 가드 링(guard ring)을 이 목적으로 사용할 수 있다. 전력 다이오드에서, 가드 링은 보통 그림 12.6과 같이 보통 분리된 p형 고리이거나 혹은 전기적으로 떠 있는 고리들이다. 이 고리 주변에는 자연히 공핍층이 존재한다. 다이오드의 접합에 역방향 전압이 증가함에 따라, 이와 결부된 공핍층도 증가하고, 궁극적으로는 가드 링 주변의 공핍층과 연결되어서, 효율적으로 옆으로 퍼지게 함으로써 전계를 분산하게 된다. 또 다른 기술로는 그림 12.6b와 같이 전계 판을 사용하는 것이다. 전계 판은 떠 있는 상태이거나 혹은 양극과 연결될 수도 있다. 그림에 보이는 것처럼, 연결하였다고 할 때, 순방향 바이어스에서 전계판은 거의 영향을 끼치지 않는다. 역방향 바이어스에서는 판에서의 역전압은 반도체 내에서 전자들을 없애서 공핍층을 확장시킨다.

큰 전류를 구동해야 하는 전력 다이오드는 넓은 면적을 차지하는데, 때때로 칩이나 심지어 웨이퍼의 가장자리까지 확장된다. 실리콘과 공기의 경계에서, 전계선은 그림 12.7a처럼 바깥쪽으로 휘어진다. 전계선은 공핍층 경계면과 수직이기 때문에, 공핍층 가장자리가 구부러지는 효과가 생긴다. 전계선이 웨이퍼 가장자리 근처에서 보다 밀접하게 위치하게 되어, 전계가 더 세어져 조기에 항복이 일어날 수 있다. 이는 그림 12.7b처럼 웨이퍼의 가장자리를 사선으로 깎아낸 베벨(bevel) 구조로 해결할 수 있다. 여기서 p^+ 영역에서 이온화된 억셉터와 n^- 영역에서 이온화된 도너를 볼 수 있다. 이것이 어떻게 동작하는지 보기 위해, 베벨 공정에 있어서, n^- 영역과 양전하(이온화된 억셉터)의 일부가 제거되었다고

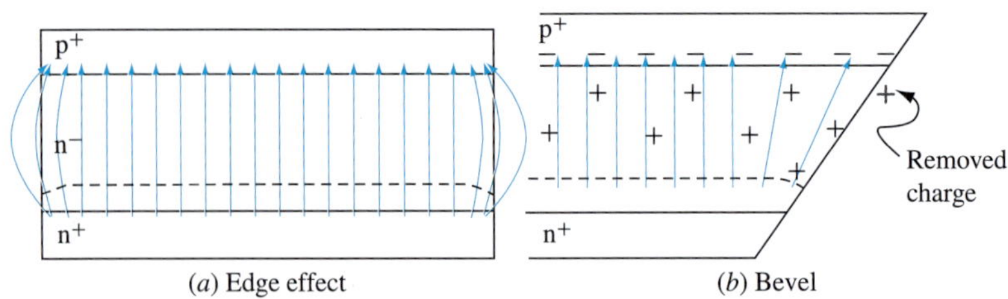

그림 12.7 (a) 접합이 반도체의 가장자리까지 확장될 때, 가장자리 전계선은 필드 전계선을 집중시키는 경향이 있어서 가장자리에서 전계의 세기를 증가시킨다. (b) 비스듬한 면은 이 영향에 대응하는 데 사용할 수 있으며 더 큰 항복 전압을 갖게 한다. +와 −부호는 각각 양전하, 음전하를 나타낸다.

상상하라. 공핍층의 p^+ 쪽에서 음전하의 수가 n^- 쪽에서 양전하의 수와 동일해야 하기 때문에, 공핍층은 가장자리 근처에서 약간 더 넓게 된다. 이것은 전계선이 벌어지게 한다. 베벨을 만들게 되면, 항복 전압은 가운데에서의 값과 가까워진다.

쇼트키와 pin 다이오드, 역바이어스 그림 12.8(a)는 쇼트키 다이오드의 단면을 보여준다. (b)와 (c)에서는 역바이어스의 두 값에 대한 에너지 밴드 다이어그램을 나타낸다.[6] (b)에서 공핍층은 n^- 영역의 일부를 차지한다. (c)에서는 n^+ 영역까지 확장한다. 직렬 저항을 최소화하기 위해(순방향 바이어스에서 큰 전류를 얻기 위해서는 중요), 주어진 항복 전압에 대해, n^- 이동 영역 두께 W_D는 임계 항복에서의 값보다 작으면 된다. 다시 말해서, $W_D < W_{cr}$이고, 계산에서는 $W_D = W_{cr}$이라고 가정한다.

예제 12.1

4H-SiC 쇼트키 소자에서 1000 V의 항복 전압을 가지기 위한 n^- 영역의 폭 W_D는 얼마인가?

■ **풀이**

표 12.2로부터,

$$W_D = 1.1 \times 10^{-7} V_{br}^{7/6} = 1.1 \times 10^{-7} \times (10^3)^{7/6} = 3.4 \times 10^{-4}\,\text{cm} = 3.4\ \mu\text{m} \tag{12.10}$$

이는 그림 12.2b와 일치하는 것을 알 수 있다.

이 해석은 pin 다이오드에도 적용 가능하다. V_{bi}의 차이는 결과적으로 무시해도 될 정도의 차이이다.

6) 간단하게 하기 위해, 이미지 효과로 전위 장벽이 낮아지는 영향은 무시한다.

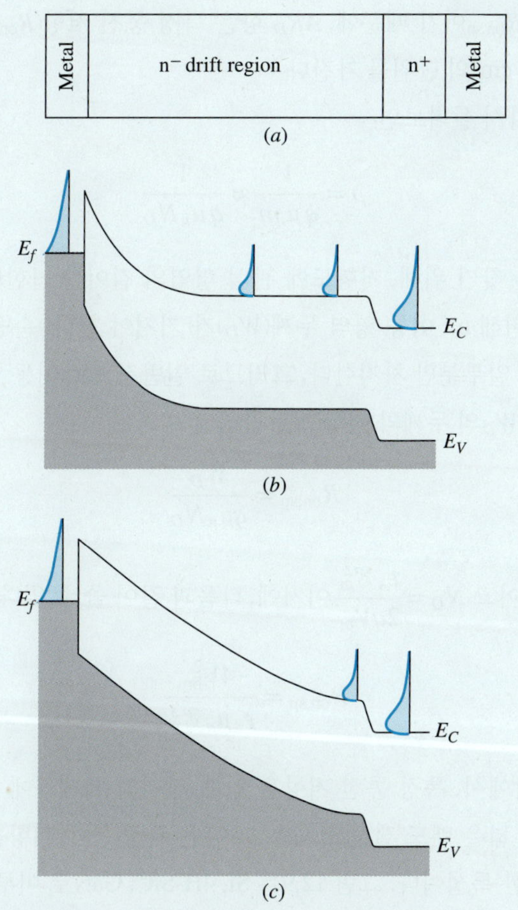

그림 12.8 쇼트키 다이오드의 단면(a)과 두 개의 역방향 바이어스 값들에 대한 에너지 밴드 다이어그램.

순방향 바이어스 비록 역방향 바이어스에서는 쇼트키와 pin 다이오드에 대한 항복 분석이 전류가 작기 때문에 비슷하다 하더라도, 순방향 바이어스 전류의 경우에는 상당히 다르다. 왜냐하면, 쇼트키 다이오드는 다수 캐리어에 의해 전류가 흐르는 반면 pin 다이오드는 다수 캐리어와 소수 캐리어가 동시에 전류에 기여하기 때문이다.

12.2.2 특정 통전 저항

우리는 이전 절에서 항복 전압이 베이스 두께를 결정하는 N_D의 함수이지만, 소자의 넓이와는 관련이 없다는 것을 보았다. 그러나 순방향 전류는 소자의 넓이와 관련이 있다. 따라서 I-V_a 특성에 대해 얘기하는 것보다 소자를 비교하기 위해 넓이와는 무관한 J-V_a 특성을 고려하는 것이 편리하다.

V_D가 이동 영역을 가로지르는 전압이라 하자. R_D가 이동 영역의 저항이라고 하면, V_D

$= IR_D = JAR_D = JR_{\text{on,sp}}$이기 때문에, AR_D 항은 특정 통전 저항($R_{\text{on,sp}}$)이라고 정의된다. 특정 통전 저항은 $\Omega \cdot \text{cm}^2$의 단위를 가진다.

n형의 저항률을 다시 살펴보면

$$\rho = \frac{1}{q\mu_n n} \approx \frac{1}{q\mu_n N_D} \tag{12.11}$$

특정 통전 저항을 찾기 위해, 저항도에 관심 영역의 길이를 곱한다. 전력 다이오드에서, 큰 항복 전압을 위해 n^- 이동 영역 두께(W_D)가 커져야 한다. 순방향 바이어스에서는 공핍층 두께가 W_D의 일부분만 차지한다. 그러므로 일반적으로 이동 영역이 W_D와 같다고 근사한다. 이동 영역 W_D의 두께와 저항도를 곱하면

$$R_{\text{on,sp}} = \frac{W_D}{q\mu_n N_D} \tag{12.12}$$

하지만, $W_D = \dfrac{2V_{\text{br}}}{\mathscr{E}_{\text{cr}}}$이고 $N_D = \dfrac{\varepsilon_s \mathscr{E}_{\text{cr}}^2}{2qV_{\text{br}}}$이기에, 다음과 같이 쓸 수 있다.

$$R_{\text{on,sp}} = \frac{4V_{\text{br}}^2}{\varepsilon_s \mu_n \mathscr{E}_{\text{cr}}^3} \tag{12.13}$$

주어진 항복 전압에서, 특정 통전 저항은 임계 전계의 세제곱에 반비례한다. 따라서, 큰 임계 전계를 가진 넓은 밴드 갭 반도체는 더 작은 특정 통전 저항을 가진다. 이는 전력 소자에 있어서 유용한 특성이다. 그림 12.9는 Si, 4H-SiC, GaN로 이루어진 쇼트키 정류기에서 항복 전압의 함수에 대한 특정 통전 저항을 보여준다. 4H-SiC는 Si에 비해 2500배 작고, GaN에 비하면 절반 정도의 특정 통전 저항을 가지고 있음을 보여준다.

일반적인 경우에 있어서 전자의 이동도가 더 높기 때문에, 이동 영역이 n형이라고 가정하자.[7] 이 특정 통전 저항은 다이오드의 전반적인 순방향 저항도에서 단지 하나의 기여 요인이지만, 소자를 비교하는 데에 있어서는 유용한 지표가 된다.

이 분석은 저전류 상태에서 쇼트키와 pin 다이오드 둘 다 적용된다. 고전력에서는 쇼트키 다이오드에서 계속해서 적용할 수 있다. 하지만, pin 다이오드에서는 전력 소자에서 쉽게 직면할 수 있는 고주입 상태에 놓이게 되어, 주입된 소수 캐리어의 수가 상당히 많아질 수 있는데, 그 크기의 수준이 도핑 농도보다 높아질 수 있으므로, 따라서 $R_{\text{on,sp}}$를 상당히 줄이게 된다(도전율 변조). 다음 단락에서는 쇼트키 다이오드와 pin 다이오드의 순방향 특성을 비교할 것이다.

7) 4H-SiC에서 $\mu_n = 1000\ \text{cm}^2/\text{Vs}$이고, $\mu_p = 115\ \text{cm}^2/\text{Vs}$이다.

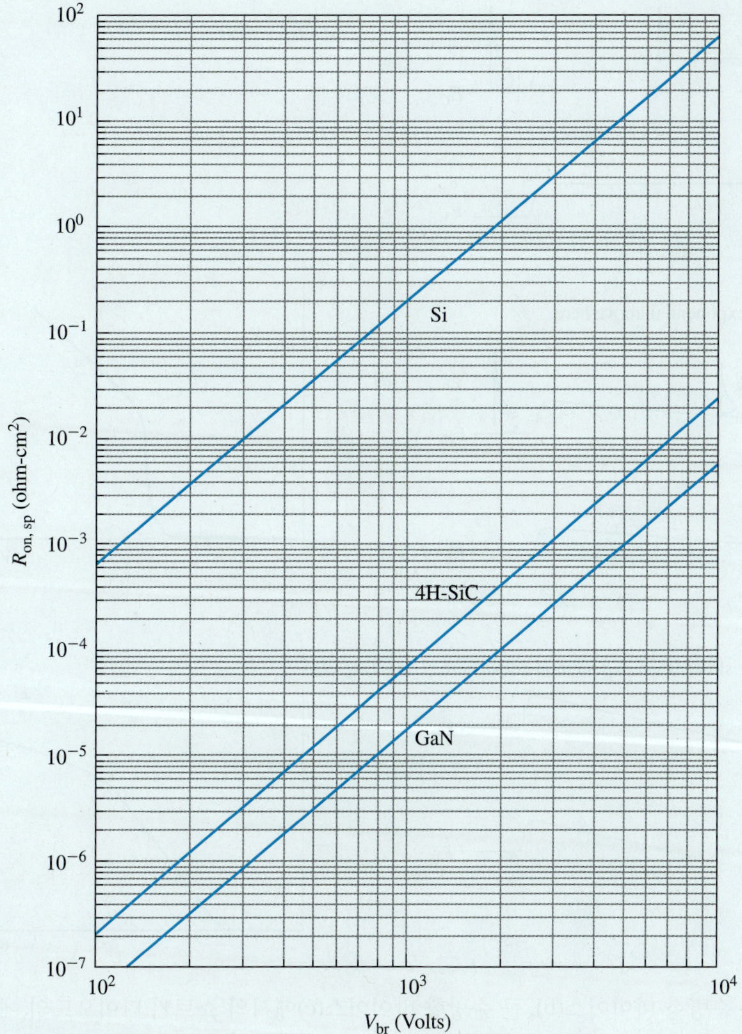

그림 12.9 Si, 4H-SiC, GaN 쇼트키 장벽 다이오드에서 항복 전압의 함수로서의 실온에서의 특정 통전 저항.

J-V_a 특성: 쇼트키 다이오드 여기서는 쇼트키 다이오드의 순방향 J-V_a 특성을 살펴본다. pin 다이오드의 특성은 조금 다르기에 나중에 논의할 것이다.

쇼트키 다이오드의 에너지 밴드 다이어그램을 그림 12.10에 나타내었는데, 각각 평형 상태일 때(a), 작은 순방향 바이어스일 때(b), 큰 순방향 바이어스일 때(c)의 경우다. 장벽 전압 V_j와 평형 상태에서의 내부 전위 V_{bi}가 나타나 있다.

장벽 전압 V_j가 여전히 $3kT/q$보다 크도록 하는 작은 인가전압에서는, 장벽 전압 위의 에너지에서, 베이스 영역의 캐리어 농도는 에너지에 따라 기하급수적으로 변한다. 그리고,

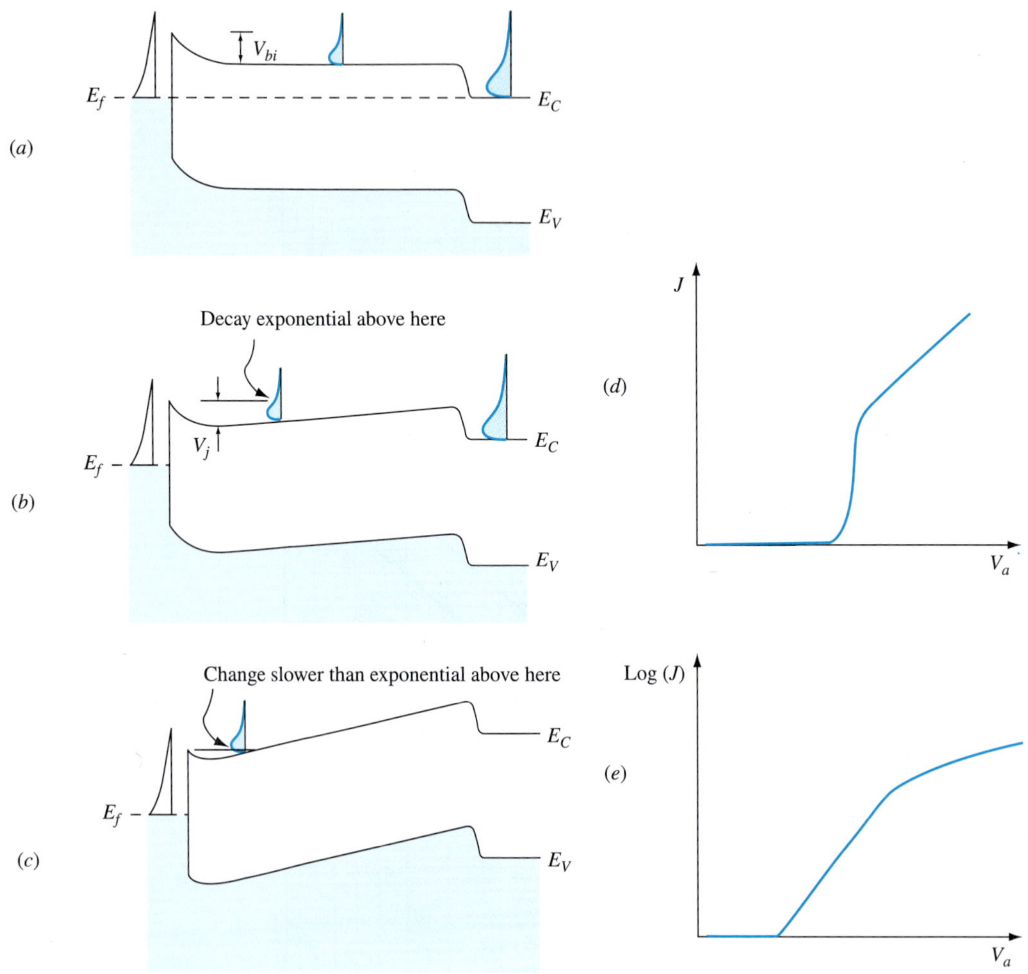

그림 12.10 평형 상태(a), 작은 순방향 바이어스(b), 큰 순방향 바이어스(c)에서의 쇼트키 다이오드의 에너지 밴드 다이어그램. J-V_a 곡선은 선형 척도(d)와 로그 척도(e)로 그려져 있다.

$$J = J_0\left(e^{\frac{q(V_{bi}-V_j)}{kT}} - 1\right) = J_0\left(e^{\frac{q(V_a - JR_{on,sp})}{kT}} - 1\right) \tag{12.14}$$

이 된다. 여기서 접합을 가로지르는 전압 $V_j = V_a - JR_{on,sp}$이고, V_{bi}는 내재 전위이다.

큰 인가전압에서, 접합 전압은 $V_j < 3kT/q$가 되게 줄어들고, 장벽 위의 에너지에 따른 캐리어 변화는 기하급수적 변화보다 작다. 그래서 j는 V_j에 따라 덜 증가한다. $JR_{on,sp}$에 의한 전압 강하와 마찬가지로, 이 효과로 인해 전류는 V_a에 따라 덜 증가하게 된다. $V_j = 0$, $V_a = V_{bi} + JR_{on,sp}$라 할 때, 즉,

$$J = (V_a - V_{bi})/R_{on,sp} \tag{12.15}$$

이 된다. $V_a \sim V_{bi}$ 정도의 큰 V_a에서는,

$$J = V_a/R_{\text{on,sp}} \tag{12.16}$$

이 된다.

쇼트키 다이오드의 순방향 바이어스 J-V_a 특성은 그림 12.10에 선형 척도(d)와 로그 척도(e)로 나타나 있다. 전력 소자에서 전류의 넓은 범위 때문에, log J와 V_a로 그리는 것이 편리하다.[8)]

J-V_a 특성: 쌍극 pin 다이오드 다음으로 쌍극 다이오드의 경우에 순방향 특성을 살펴보려고 한다. pin 다이오드에서 에너지 밴드 다이어그램은 그림 12.11에 있고, 각각 평형 상태(a), 중간 크기의 바이어스(b), 그리고 큰 바이어스(c)에 대한 것이다. (a)를 보면, n^-p^+ 접합에서 전자와 정공에 대한 장벽은 같다. 그러나 p^+ 영역에서 정공 농도가 n^- 영역에서의 전자 농도보다 훨씬 크기 때문에, 작은 순방향 바이어스에서라도 전류는 주로 n^- 베이스에서 주입된 홀에 의해 만들어진다. 이 양전하는 평형 상태 에너지로부터 n^- 밴드를 낮추는 경향이 있기 때문에 n^+n^- 장벽을 감소시킨다. 이는 n^- 전도대로 전자를 주입하게 된다. 그러나 이동 영역에서 $JR_{\text{on,sp}}$만큼의 전압 강하 때문에, 그림 12.11b의 다이어그램처럼 n^- 밴드는 약간 기울게 되어, 전자는 왼쪽으로, 정공은 오른쪽으로 가속하게 된다.

전력 소자들에서는 흔한 경우인 고주입 상태에 놓이게 되면(c), n^- 영역에서 주입된 소수 캐리어의 수가 상당해질 수가 있는데, 그 크기 수준이 도핑 농도보다 더 커지게 된다. 고주입에서는 이동 영역에서 n과 p 둘 다 매우 커져, 전도도가 상승한다. 이 효과를 **전도도 변조(conductivity modulation)**라 부른다.

정상 상태(steady-state)의 캐리어 농도(n+p)는 위치에 따른 함수로써 그림 12.12처럼 보이게 된다. 정상 상태에서, 캐리어 재결합은 끝단에 있는 전극으로부터 주입된 캐리어에 의해 유지된다. p^+ 영역에서의 전자 농도는 n^- 영역에서보다 훨씬 적고, n^+ 영역에서

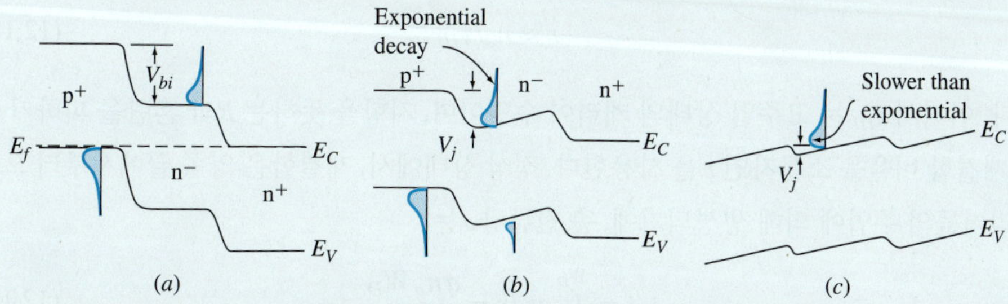

그림 12.11 pin 다이오드에서 에너지 밴드 다이어그램. (a) 평형 상태, (b) 중간 정도의 순방향 바이어스, (c) 큰 순방향 바이어스.

8) 이는 특히 12.2.4절에서 논의할 pin-쇼트키가 합병된 다이오드에서 논의하기에 유용하다.

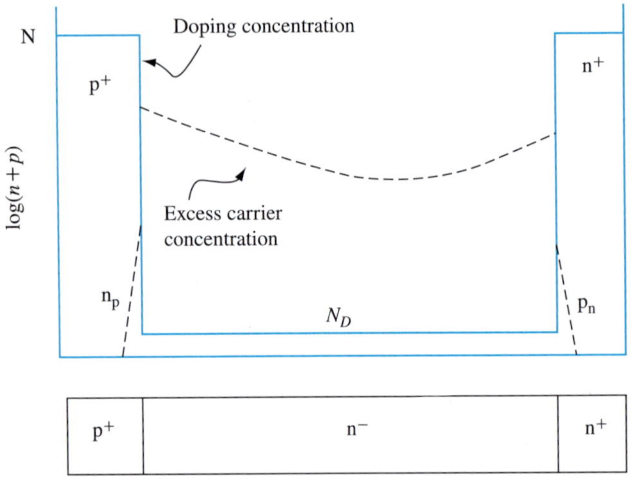

그림 12.12 순방향 바이어스에 놓인 pin 다이오드에서의 정상 상태 전하 농도.

의 정공 농도는 n^- 영역보다 훨씬 작기 때문에, p^+와 n^+ 영역에서의 재결합은 전류에 거의 영향을 미치지 않는다. 그러므로 이동 영역에서의 재결합에 의해서만 전류가 생성된다고 근사할 수 있다. 이 근사는 $W_D > 3L$에서 상당히 유효하다. 단, L은 캐리어 확산 길이다.

식 (12.12)로부터, $R_{\text{on,sp}} = \dfrac{W_D}{q\mu N_D} = \dfrac{W_D}{q\mu_n n}$ 이다. 여기서 n이 낮은 주입 상태에서 이동 영역에서의 전자 농도이다. 고주입 상태에서 pin 접합의 이동 영역에서의 특정 저항은 다음과 같이 주어진다.

$$R_{\text{on,sp}} = \frac{W_D}{q(\mu_n + \mu_p)n_a} \tag{12.17}$$

여기서 n_a는 이동 영역을 가로지르는 캐리어의 평균 농도이다. ($n \approx p$라고 가정한다.)

pin 다이오드의 이동 영역에서 재결합 비율은

$$r \approx n_a/\tau_{HL} \tag{12.18}$$

이다. 여기서 τ_{HL}는 고주입 상태의 캐리어 수명이며, 저항을 뜻하는 R과 혼란을 피하기 위해 재결합 비율을 소문자인 r을 사용한다. 정상 상태에서, 재결합은 양쪽 끝에서부터 오는 캐리어들의 주입에 의해 생성되기에, 총 전류량 J는

$$J = \int_0^{W_D} qrdx = \frac{qn_a W_D}{\tau_{HL}} \tag{12.19}$$

이다. 여기서 식 (12.18)을 사용하였다.

이동 영역에 걸리는 전압은 $V_D = IR_D = JR_{\text{on,sp}}$이다. 전류밀도 J와 특정 저항 $JR_{\text{on,sp}}$를 곱한 것에서,

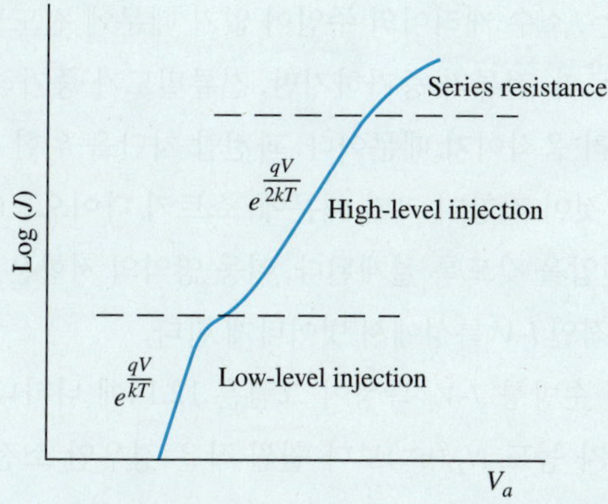

그림 12.13 pin 다이오드와 쇼트키 다이오드의 J-V_a 특성 비교.

$$V_D = J \cdot R_{\text{on,sp}} = \left(\frac{q n_a W_D}{\tau_{HL}}\right)\left(\frac{W_D}{q(\mu_n + \mu_p)n_a}\right) = \frac{W_D^2}{\tau_{HL}(\mu_n + \mu_p)} \tag{12.20}$$

이 된다. 이는 큰 전류에서는, 전도도 변조에 의해 이동 영역에 걸리는 전압 강하 V_D는 쇼트키 다이오드와는 달리 전류밀도와 상관없다는 것을 보여준다.[9] 그러므로 통전 전압은 쇼트키 다이오드가 더 작은 반면에, 대전류 상태에서는 pin 다이오드의 전압 강하가 더 작다. 이는 그림 12.13에 나타나 있다. 곡선들은 이동 영역을 가로지르는 전압과 접합의 순방향 전압을 포함한다.

예제 12.2

4H-SiC 전력 pin 다이오드가 1.5 kV의 항복 전압과 5 ns의 캐리어 수명을 가졌을 때, 표동 영역을 가로지르는 전압 V_D를 구하라.

■ **풀이**

식 12.20으로부터,

$$V_D = \frac{W_D^2}{\tau_{HL}(\mu_n + \mu_p)}$$

표 12.2로부터, $W_D = 1.1 \times 10^{-7}\ V_{\text{br}}^{7/6}$이고,

$$V_D = \frac{(5.6 \times 10^{-4})^2\,\text{cm}^2}{5 \times 10^{-9}\,\text{s} \cdot (1000 + 115)\ \text{cm}^2/\text{V}\cdot\text{s}} = 5.6 \times 10^{-2}\,\text{V} = 56\ \text{mV}$$

9) 표동 영역에 걸리는 전압 강하는 이 해석에서 고려되지 않은 두 개의 영향 때문에 전류가 증가할 때 약간 증가하게 된다. 첫째는, 매우 높은 전류밀도에서 캐리어 수명은 재결합이 증가하기 때문에 감소하게 되고, 두 번째로는, 캐리어 이동도가 캐리어 간의 산란에 의해 감소한다.

쇼트키 다이오드에는, 소수 캐리어의 주입이 없기 때문에 전도도 변조가 일어나지 않는다. 전압이 증가함으로써, 전류가 증가하지만, 전류밀도가 증가해서가 아닌, 이동 영역에서 캐리어들이 더 빨리 움직이기 때문이다. 과전압 차단을 위한 이동 영역은 필연적으로 얇은 것보다 두꺼운 것이 저항이 크기 때문에, 쇼트키 다이오드(Si에서)는 일반적으로 100볼트 이하의 차단 전압을 갖도록 설계된다. 이동 영역의 저항은 쇼트키 다이오드가 더 큰 전류가 흐를 때 지수적인 I-V 특성에서 벗어나게 한다.

pin 다이오드에서의 순방향 J-V_a 특성이 그림은 12.14에 나타나 있다. 이동 영역에서 주입된 정공 밀도가 전자 농도 $N_D(n^-)$보다 훨씬 작은 경우인 소전류에서는 전류밀도가 $e^{\frac{q(V_a-JR_{\text{on,sp}})}{kT}}$로 변하게 된다. 단, $R_{\text{on,sp}} = \dfrac{W_D}{q\mu_n N_D}$이다. 전도도 변조는 무시할 정도이다. 주입된 정공 농도가 $N_D(n^-)$를 초과할 만큼 전류가 증가하게 되면, 다이오드는 대주입 영역에 들어가고, 전류밀도는 전도도 변조 때문에 $e^{\frac{q(V_a-JR_{\text{on,sp}})}{2kT}}$로 변하게 된다. 왜냐하면 $R_{\text{on,sp}} = \dfrac{W_D}{q(\mu_n+\mu_p)n_a}$이므로 이동 영역을 가로지르는 전압은 $V_D = JR_{\text{on,sp}} = \dfrac{W_D^2}{\tau_{HL}(\mu_n+\mu_p)}$이기 때문이다. V_D는 전류와는 관련이 없음에 주의하라.

매우 높은 바이어스에서는, 그림 12.14에 나와 있는 것처럼 인가전압에 따른 전류 증가율이 감소한다. 이는 그림 12.11로부터 설명이 된다. 큰 V_a에서, 접합에 걸리는 전압은 0에 도달하고, 접합에서 캐리어 밀도-에너지 함수는 지수적으로 커지지는 않는다. 그러므로 접합 영역에서 캐리어의 전압에 따른 주입 비율이 감소한다. 이런 큰 바이어스에서, 전자와 정공에 대한 장벽은 전자와 정공이 이동 영역으로부터 p^+ 영역과 n^+ 영역으로 각각 주입될 수 있을 정도로 작아진다. 이는 이동 영역에서의 캐리어 농도 n_a를 감소시킨다. 이에 따라 이동 영역에서의 저항도는 증가한다. 그러므로 이동 영역을 지나는 전압 강하는 전류가 증가함에 따라 증가한다. V_j가 0인 극한에서, 전류는 $I = V_a/R$ 또는 $J = V_a/R_{\text{on,sp}}$로 표현할 수 있다. 단, R은 p^+, n^-, 그리고 n^+ 영역의 저항의 합이다.

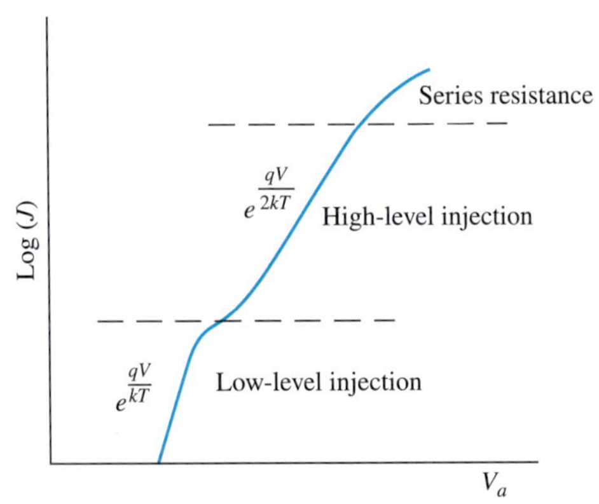

그림 12.14 전도도 변조의 출현과 소자의 직렬 저항 효과를 나타내는 J-V_a 특성.

12.2.3 과도 상태 손실

다양한 응용 회로에서 전력 다이오드는 전류의 흐름 방향을 제어한다. 어떤 시간엔 역방향(**꺼진** 혹은 차단)으로 동작하고, 어떤 시간엔 순방향(**켜진** 혹은 통전) 상태에 있게 된다. **꺼짐**에서 **켜지는** 과정에서의 다이오드의 천이는 소자전압이 정상상태 값으로 안정화되기 전까지 과도 오버슈트를 낳는다. 이를 **순방향 회복(forward recovery)**이라고 한다. **켜짐**에서 **꺼지는** 스위칭 과정에서는, 이동 영역의 잉여 캐리어가 보유하고 있는 전하가 **꺼짐** 상태에 도달하기 전에 외부로 추출되어야 하므로, 큰 과도 전류가 발생한다. 이 과정을 **역방향 회복(reverse recovery)**이라고 한다. (전기 모터와 같은) 전력 전자에서 유도 부하는 흔한 일이다. 유도 전압이 $V = L(dI/dt)$로 이루어졌기 때문에, 이는 켜지고 꺼지는 시간에 큰 영향을 줄 수 있다.

통전 과도현상(순방향 회복) pin 다이오드가 역방향(**꺼짐**)에서 순방향(**켜짐**) 바이어스로 바뀌는 시간 동안, 다이오드 양단의 전압은 정상 상태(**켜짐**)의 전압보다 훨씬 커질 수 있다. 그림 12.15는 전류 파형과 pin 다이오드 양단에 나타나는 전압을 보여준다. 다이오드는 역방향 상태에서 시작한다. 많은 수의 고정된 전하(이온화된 도너)를 품고 있는 넓은 공핍층이 있다. 인가전압이 순방향으로 바뀔 때, 전류가 흐르기 시작한다. 소수 캐리어

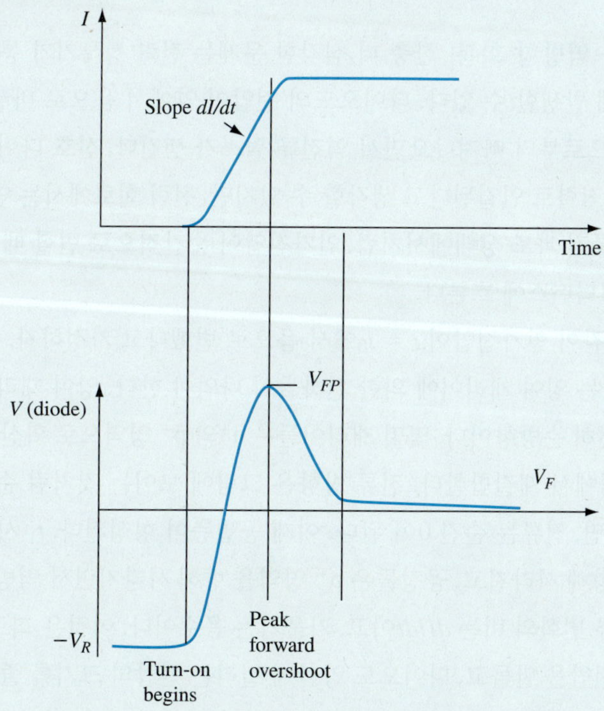

그림 12.15 전력용 pin 다이오드에서의 통전 과도현상.

의 확산 비율이 유한하기 때문에, n^- 이동 영역은 캐리어로 채우기까지 약간의 시간이 필요하다. 그러므로 이 시간 간격 동안에는 고정된 전하(도너)의 일부만 중성화된다. 전류가 급격하게 증가하면, 베이스의 일부는 높은 저항을 가진다. IR만큼의 전압 강하는 거대한 과도 전압을 생성하고, 변환 비율 dI/dt가 높다면, 인덕턴스 $V = L(dI/dt)$로 생성된 전압과 더해진다.

주입된 캐리어 농도가 표동 영역에 점점 쌓이면, 전도도 변조 효과로 저항도는 감소하고, 궁극적으로 다이오드는 정상상태 값 V_F에 정착한다. 따라서 변환시간(다시 말해, 시간에 따른 전류의 변화율, dI/dt)을 줄이는 것과 순방향 최대 전압 V_{FP}을 줄이는 것 사이에 절충이 있게 된다. 전력용 다이오드에서 수십 혹은 심지어 수백에 이르는 순방향 전압 오버슈트는 보통 신호 다이오드에서는 무시해도 된다. 이들은 일반적으로 작은 공핍층을 가지고 있고, 통전 저항이 거의 없고, 그만큼의 전류를 생산할 수 없기 때문이다. 전력 pin 다이오드에서, 큰 순방향 전류와 곱해지는 순방향 전압 오버슈트는 다이오드의 스위치를 **켤** 때마다 전력 손실을 가져온다. 실제로 더 많은 전력 손실이 다이오드가 **꺼질** 때와 연관되어 있는 것을 다음 절에서 볼 것이다.

쇼트키 장벽 다이오드에서의 켜질 때 생기는 오버슈트는 pin 다이오드보다는 낮다. 실제로, 개별 소자 쇼트키 다이오드는 쌍극 다이오드와 비교하였을 때 일반적으로 순방향 저항을 낮추기 위해 이동 영역을 더 많이 도핑한다.

차단 과도현상과 역방향 회복 한층 더 심각한 문제는 전력 정류기가 통전 상태에서 차단 상태로 바뀔 때 발생할 수 있다. 다이오드의 전압이 양에서 음으로 바뀔 때, 과잉 소수 캐리어가 공핍층으로부터 빠져나오면서 역전류 펄스가 생긴다. 신호 다이오드에서는, 다이오드가 저항과 직렬로 연결된다고 생각할 수 있지만, 전력 회로에서는 인덕턴스를 계산에 넣어야 한다. 통전 과도 상태에서처럼, 인가전압이 순간적으로 변할 때, 전류는 일정한 변화율 dI/dt로 인덕턴스에 흐른다.

그림 12.16과 같이 인가전압이 $t = t_0$에서 음으로 변했다고 가정하자. 첫째로, 이동 영역이 보유하고 있는 잉여 캐리어에 의한 전하들이 나와야 한다. 잉여 캐리어가 사라질 때까지, 접합은 여전히 순방향이다. 몇몇 캐리어들은 n^+와 p^+ 영역으로 확산하고, 다른 캐리어들은 이동 영역에서 재결합한다. 전류 방향은 그림에 보이는 것처럼 순방향이다. 잉여 캐리어가 제거되면, 전류는 순간 0이 된다. 이제 공핍층이 형성된다. t_1 시간 동안에 전자들은 n^+ 영역을 향해 사라지고, 공정들은 p^+ 영역을 향해 사라지면서 역방향 전류가 생성된다. 여전히 전류 변화의 비는 dI/dt이고, 기울기는 음수이다. 이것은 회로의 인덕턴스에서 음수의 유도 전압을 만들고, 다이오드 양단에 걸리는 전압의 크기를 줄이게 된다. 접합 전압이 인가된 역전압과 같아질 때, 공핍층은 완전히 커지게 된다. 역전류는 최대치에 다

다르게 되어 $L(dI/dt) = 0$이 되고, 다이오드의 전압은 인가된 전압과 같아진다. 전류 변화의 비는 0이 되지만, 전류 자체는 0이 아니다. 전류가 평형 상태의 값으로 돌아가기 시작하면, $L(dI/dt)$의 부호는 변하고, 회로에 전압을 생성하여 다이오드 양단의 전압의 크기를 증가시키게 되어, 전압 오버슈트가 일어난다.

"스내피(snappy)", 때로는 "유연한" 인수라 부르는 이 매개변수는 역방향 특성이 오버

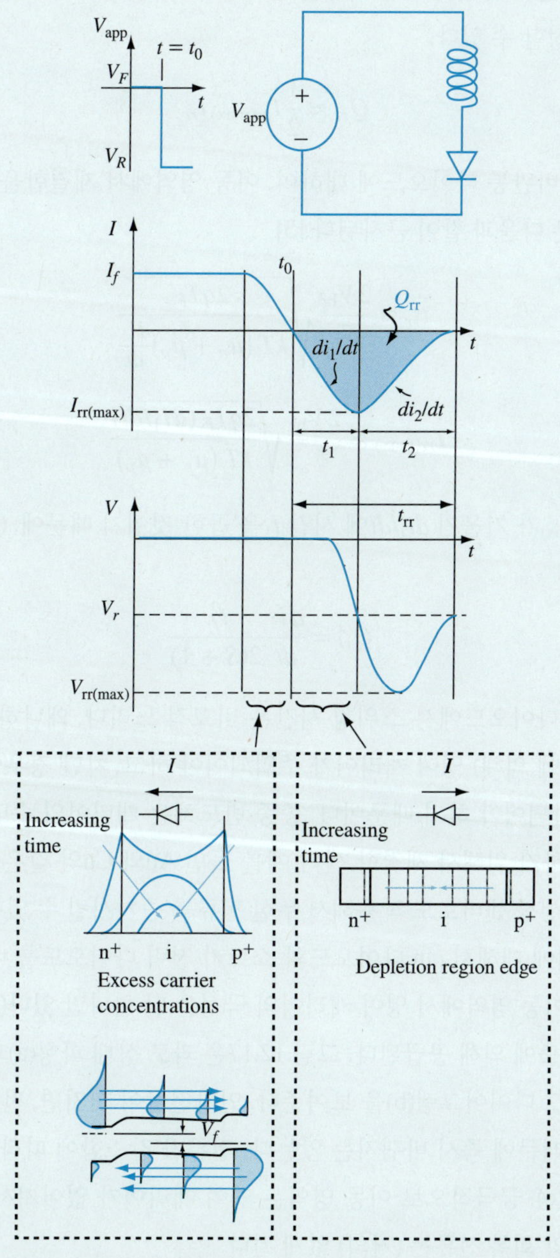

그림 12.16 쌍극 전력용 다이오드에서 역방향 회복 파형.

슈트 이후에 얼마나 잽싸게 “딱” 하고 V_R로 돌아오는지를 나타내는 것으로 정의한다. 이는 다음과 같이 쓸 수 있다.

$$S = \frac{t_2}{t_1} \tag{12.21}$$

$Q = \int I dt$를 이용하여, 역방향 회복 동안에 옮겨져야 하는 전하의 양 Q_{rr}은 그림 12.16에서 보는 것처럼, 전류 곡선으로 둘러싸인 면적이다. $t_{rr} = t_1 + t_2$라 정의하면, 전하의 양은 다음과 같이 산정할 수 있다.

$$Q_{rr} \approx \frac{1}{2} I_{rr(\max)} t_{rr} \tag{12.22}$$

계단형 접합의 비관통 다이오드에 대하여, 이동 영역에서 재결합을 무시할 수 있다면 역방향 회복 시간은 다음과 같이 근사된다.[3]

$$t_{rr} \approx \frac{2V_{\rm br}}{\mathscr{E}_{\rm cr}} \sqrt{\frac{2qI_F}{kT(\mu_n + \mu_p)\frac{di_1}{dt}}} \tag{12.23}$$

$$I_{rr(\max)} \approx \frac{2V_{\rm br}}{\mathscr{E}_{\rm cr}} \sqrt{\frac{2qI_F(di_1/dt)}{kT(\mu_n + \mu_p)}} \tag{12.24}$$

최대 전류 $I_{rr(\max)}$가 기울기 di_1/dt에 시간 t_1을 곱한 것이기 때문에, (12.22)와 (12.23)을 합치면,

$$Q_{rr} = \frac{di_1}{dt} \frac{t_{rr}^2}{2(S+1)} \tag{12.25}$$

이 된다. 쌍극 pin 다이오드에서 스위칭 시간은 비교적 느리다. 왜냐하면 통전 경우에는, 이동 영역에 (확산에 의해) 잉여 캐리어가 주입되어야 하고, 차단 경우에는 (확산에 의해) 제거하거나 재결합되어야 하기 때문이다. 종종 반도체는 캐리어의 수명시간을 줄이고 스위칭 속도를 증가하기 위해서 재결합 센터(예를 들면 Au와 Cu와 같은)를 도핑한다. 절충은 재결합 센터가 생성 센터로도 작용해서 누설 전류를 증가시킬 수 있다는 것이다.

차단 과도 상태에 대해서 pin 다이오드와 쇼트키 전력 다이오드를 비교해보자. 쇼트키 다이오드에서는, 이동 영역에서 잉여 캐리어의 극성은 단 하나만 있다(다수 캐리어). 그리고 이는 열전자 방출에 의해 공급된다. 그림 12.17은 과도 상태 파형(a)과 순방향 바이어스에서의 에너지 밴드 다이어그램(b)을 보여준다. 인가전압이 꺼지면, 전류는 0을 향하지만, 회로의 인덕턴스 때문에 즉시 바뀌지는 않는다. 전류가 감소함에 따라, 훨씬 적은 전자가 장벽을 넘게 된다(c). 궁극적으로 이동 영역은 잉여 캐리어가 없어져서 완전히 고갈된다. 결과적으로, 역전압 회복 전류는 (거의) 없게 된다.

pin 다이오드와 쇼트키 전력 정류기에 대하여 요약하면, 쇼트키 다이오드는 일반적으

로 낮은 통전 전압과 빠른 스위칭 속도를 갖지만, 특정 통전 저항이 높다. 차단 전압이 증가함에 따라, 쇼트키 다이오드의 통전 저항은 지나치게 커진다. 매우 높은 차단 전압에 대해서는, pin 다이오드가 저항이 더 작다. 쇼트키 다이오드는 주로 순방향 통전 동안에는 전력 손실이 크고 역방향 누설 전류가 크지만, pin 다이오드는 과도 상태 동안에 전력 손실이 더 크다.

실리콘 쇼트키 다이오드는 대략 1500 V 언저리의 항복 전압의 경우 상용으로 구할 수 있지만, 100 V 이하의 영역이 보다 일반적이다. 이와 반면 4H-SiC와 GaN pin과 쇼트키 정류기는 10 kV를 초과하는 차단 전압을 가질 수 있다.

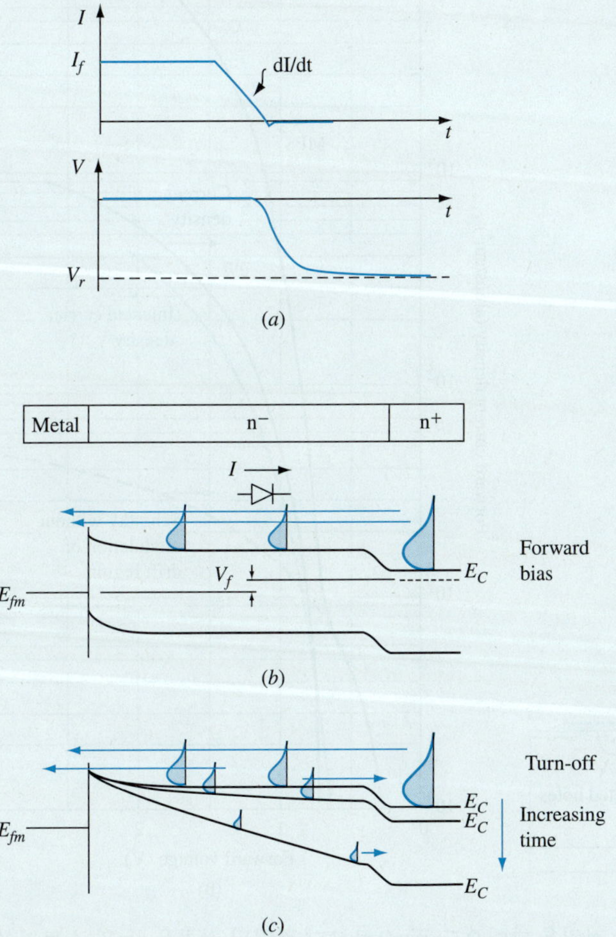

그림 12.17 쇼트키 장벽 다이오드에서 차단 파형. (a) 역방향 회복이 없거나 거의 없다. (b) 순방향 바이어스에서는, 전자들이 장벽을 넘어 열이온이 방출된다. 인가전압이 음으로 될 때, 회로의 인덕턴스는 dI/dt를 발생시키고, 유한한 변화율은 전류가 순간적으로 변할 수 없음을 의미한다. (c) 전류는 여전히 양방향이지만, 0으로 감소한다. 전류가 감소하면서, 장벽을 넘어 방출되는 캐리어의 수는 감소한다. 표동 영역에서 과잉 전자들 또한 소거된다.

12.2.4 PIN-쇼트키 결합(Meged PIN-Schottky: MPS) 다이오드

순방향 바이어스 특성에서 "일거양득"을 위한 기술은 그림 12.18a에서의 pin-쇼트키 결합(MPS) 다이오드이다. 여기에는 쇼트키와 pin 구조가 소자 전반에 걸쳐 주기적으로 배열되어 있다. 그림 12.18b는 400 V의 항복 역전압을 갖는 Si 비관통 MPS 정류기의 J-V_a 관계를 볼 수 있다.[10] 작은 순방향 바이어스에서, pin 다이오드는 **켜지지** 않지만, 쇼트키 장벽에서의 낮은 내장 전위로 인해 전류가 흐를 수 있다. 순방향 전압이 증가함에 따라, p^+n^- 접합도 **켜지**고, 주입 캐리어 농도도 증가한다. 이는 전도도 변조로 인해 베이스 영역의 직

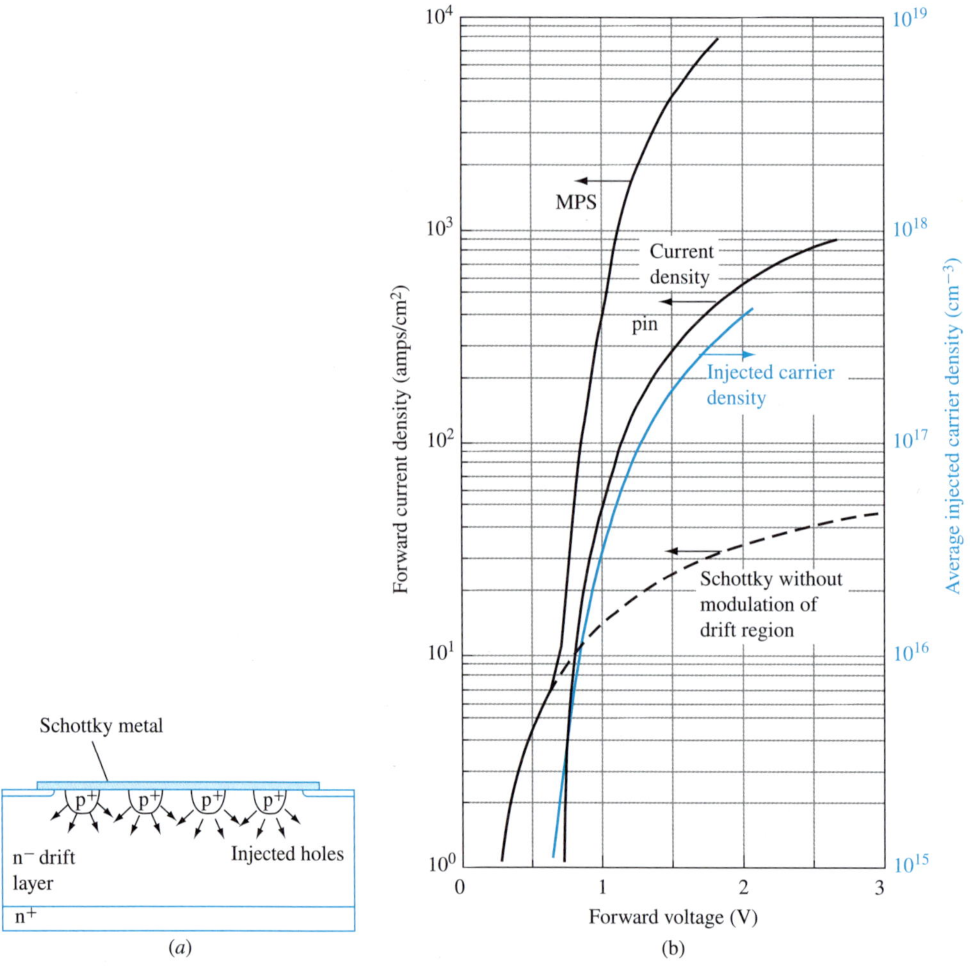

그림 12.18 (a) pin-쇼트키 결합 전력용 다이오드. pin으로부터 주입된 정공은 pin과 쇼트키 소자의 저항을 둘 다 감소시킨다. (b) Si MPS 정류기의 계산된 J-V_a 특성. 쇼트키, pin, 그리고 결합 PIN 소자의 특성이 제시되어 있다.([4]로부터 수정)

10) 그림 12.18(b)에서의 전류밀도는 전적으로 MPS에 의한 것이다. 쇼트키와 pin 소자가 같은 면적을 가지고 있기 때문에, 각 소자의 면적은 절반이 되었다.

렬 저항(그리고 $R_{on,sp}$)을 감소시킨다. pin과 쇼트키 구조가 가까이 있기 때문에, pin 구조로부터 베이스에 주입된 정공은 pin과 쇼트키 구조 모두의 n^- 베이스 저항(그리고 $R_{on,sp}$)을 줄여준다. 그리고 이에 따라 베이스 양단의 전압은 전류와는 무관하게 된다. 쇼트키의 내장 전압이 pin 소자보다 낮고, 둘 다 같은 $R_{on,sp}$를 가지기에, pin이 켜진 후에, 쇼트키로 항상 pin보다 더 많은 (일반적으로 대략 열 배 더 큰) 전류가 흐를 수 있다. 높은 순방향 전류에 대해, 인가전압은 각 소자의 내장 전압보다 상당히 높다. 그래서 전압의 대부분은 직렬 저항을 통해 강하가 발생한다. 똑같은 전류를 간단하게 저항을 사용해 얻을 수 있다. 그러나 저항은 높은 역방향 차단 전압을 제공할 수 없다. pin 전류가 총 전류보다 훨씬 작기 때문에, 주어진 순방향 전류에 대해 저장된 전하와 스위칭 속도는 pin 소자보다 한 열 배 정도 작다.

12.3 사이리스터(npnp 스위칭 소자)

다음으로 복수의 접합을 가진 쌍극 소자에 대해서 다루고자 한다. 세 개의 층(npn 또는 pnp)과 두 개의 접합을 가진 전력 쌍극 트랜지스터(BJT)가 존재하지만, 이들은 더 좋은 소자(후에 IGBT를 살펴볼 것이다)가 알려진 후에는 널리 사용되지는 않는다. 그러나 여기서 우리는 세 개의 pn 접합을 가진 소자를 살펴본다. 이런 부류의 소자의 일반적인 이름은 **사이리스터(thyristor)**이다. 먼저 네 개의 층으로 이루어진 다이오드 스위치를 논의한다. 이는 다이오드와 같이 애노드 및 캐소드를 가지고 있고, 인가된 신호에 따라서 전류가 흐르거나 막히게 된다. **실리콘 제어 정류기(silicon-controlled rectifier: SCR)**는 이와 같은 네 개의 층으로 이루어진 구조이지만, 세 번째 접촉(게이트)이 추가되어서 게이트에 제어 신호를 인가함으로써 소자를 스위치할 수 있게 하였다. 대개 사람들이 "사이리스터"를 말한다면 그건 SCR을 말한다. SCR은 외부 제어 신호로 켤 수 있지만 신호를 스위치하지 않고서는 끌 수 없다. **게이트 차단 사이리스터(gate turn-off thyristor: GTO)**라고 불리는 SCR의 변종은 게이트 신호로 켤 수도 있고, 끌 수도 있게 변경되었다. **반도체 제어 스위치(semiconductor-controlled switch: SCS)** 또한 켜거나 끌 수 있는데, 이는 두 개의 제어 전극을 가지고 있다.

12.3.1 4층 다이오드 스위치

그림 12.19a는 가장 간단한 사이리스터의 구조인 npnp 다이오드이다. 여기서 중간에 있는 p와 n의 떠 있는(floating) 층은 상대적으로 얇아서, 소수 캐리어 확산 길이보다 현저하게 짧다. 최상층(p층)을 애노드(anode, A)라고 하고, 바닥의 n층을 캐소드(cathode, K)라 한다. 다이오드와 같은 I_A-V_{AK} 특성은 그림 12.19b에 있다. 애노드 전류는 I_A이고, V_{AK}는 애노드

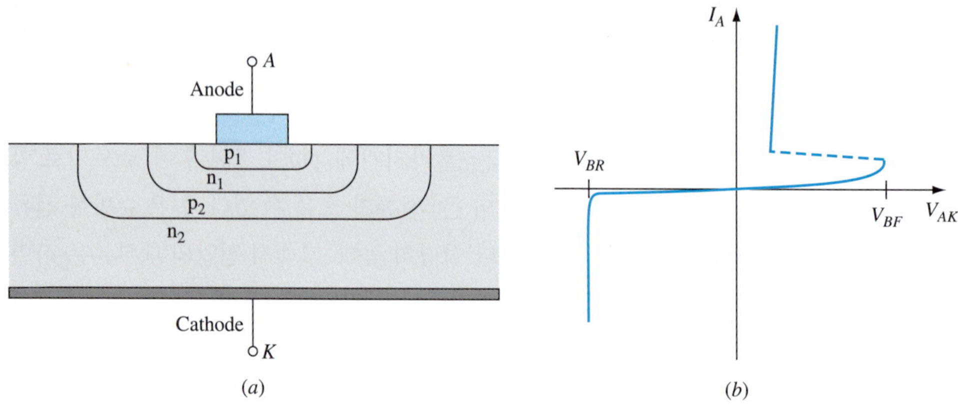

그림 12.19 (a) npnp 4층 소자의 단면; (b) I_A-V_{AK} 특성.

와 캐소드 사이의 전압이다. 이 특성은 명백하게 두 층으로 이루어진 다이오드의 형태와는 다르다. *I*-*V* 특성이 역방향 영역에서는 비슷할지라도, 순방향 영역에서 일반적인 접합 항복과는 다른 순방향 항복이 있다. 순방향 항복 전압 V_{BF}와 역방향 항복 전압 V_{BR}을 제시하였다.

I_A-V_{AK} 특성을 사용하여, 먼저 스위치의 회로적 행동을 살펴보고, 다음에 물리적 동작 원리를 설명한다.

그림 12.20a는 조절 가능한 공급 전압 V_S와 부하 저항 R_L로 이루어진 npnp 다이오드 회로이다. I_A-V_{AK} 특성과 부하선을 그림 12.20b에 0부터 증가하는 V_S에 대하여 나타내었다. $V_S = 0$이면, $I_A = 0$이다. V_S가 증가할 때, 전류는 I_A-V_{AK} 특성과 순시 부하선의 교차점에 의해 주어진다. V_{S2}와 V_{S3}에는 3개의 교차점이 있지만, V_S가 0부터 증가하게 되면, 동작점은 다른 전류 값으로 변할 방법이 없기 때문에 아래쪽을 통해 지나가게 된다.

그러나 V_{S4}에서, 부하선은 I_A-V_{AK} 특성과는 높은 전류, 낮은 전압을 가진 단 한 곳에서만 만나게 된다. 그러므로 $V_S = V_{S4}$일 때 높은 전압, 낮은 전류(**꺼진** 상태)에서 낮은 전압, 높은 전류(**켜진** 상태)로 변하게 된다. $V_S > V_{S4}$이면, 소자는 위쪽에서 동작한다.

소자가 일단 **켜진** 상태이면, V_S가 감소하게 될 때 동작점은 그림 12.20c와 같은 경로를 따라간다. 이는 I_A가 **지지 전류** I_H보다 작아질 때까지 유지되고, 그때 **꺼진** 상태로 변하게 될 것이다. V_S가 다시 증가하면, 특성은 그림 12.20b와 같이 V_S가 V_{S4}를 넘을 때까지 아래 경로를 따라가고, 넘어가면 그때 다시 **꺼진** 상태에서 **켜진** 상태로 스위치된다.

이런 스위칭은 I_A-V_{AK} 특성에서 **부성차등저항(negative differential resistance)**(음의 기울기)으로부터 나온 결과이다. V_{AK}가 음일 경우 이러한 음의 저항은 없다. 그러므로 V_S가 음일 경우 이런 스위칭은 발생하지 않는다.

이번에는 에너지 밴드 다이어그램을 이용하여 npnp 소자 특성을 (정성적으로) 설명하

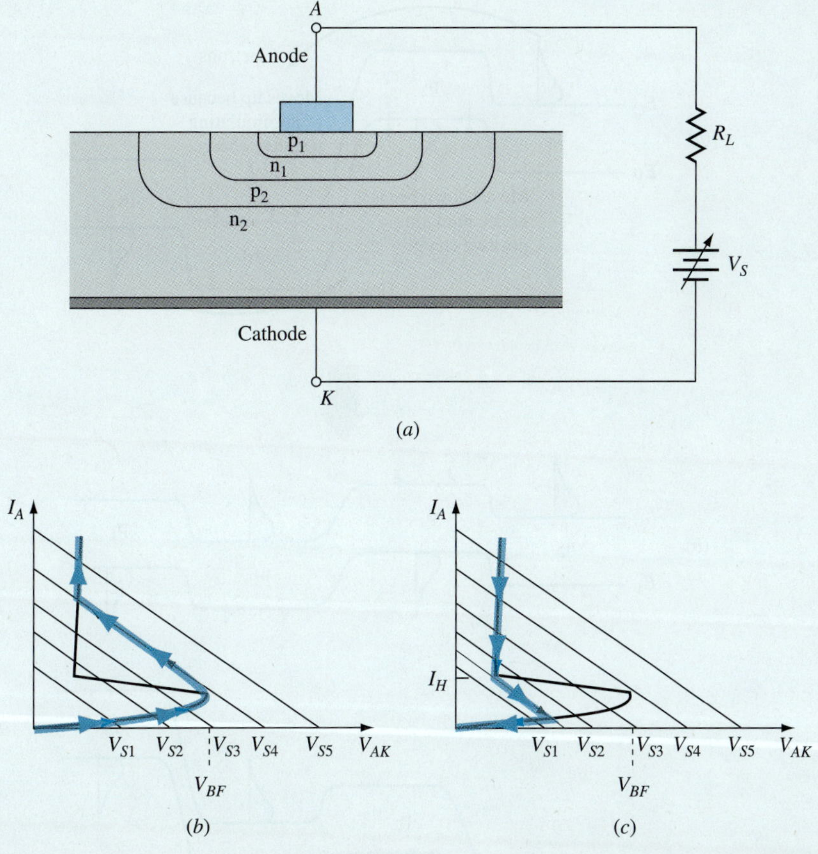

그림 12.20 동작 중인 npnp 4층 다이오드와 R_L 부하선. (a) 양극과 음극 사이에 변하는 전압을 인가한다. (b) V_S가 0에서부터 증가하면, 소자 양단의 전압은 V_S까지 증가한다. V_{BF}까지 올라가게 되면, 소자는 낮은 전압, 높은 전류 상태로 변한다. (c) V_S가 감소될 때, 동작점은 보여진 경로를 따르고, 지지 전류 I_H에 이를 때까지 낮은 전압, 높은 전류 상태를 유지한다.

고자 한다. 그림 12.21a는 V_S가 순방향일 때를 보여주고, 그림 12.21c는 역방향일 때를 나타낸다. 그림의 (b) 부분은 나중에 다시 올 것이다.

순방향 V_S에서는 두 개의 순방향 pn 접합과 한 개의 역방향 접합이 있다. n_1과 p_2층이 매우 얇기 때문에, p_1 영역으로부터 좁은 n_1 영역에 주입되는 정공들은 좁은 p_2 영역에 모이게 된다. p_2가 전기적으로 떠 있는 상태이기 때문에, 모인 정공으로부터 양성을 띠게 된다. 전자에 있어서 양전위는 더 낮은 에너지를 의미하고, p_2 부분은 에너지 밴드 다이어그램에서 아래로 내려가게 된다. 이는 p_2n_2 장벽을 줄여주고, 더 많은 전자들이 n_2에서 p_2로 주입되게 된다. 이러한 전자들은 n_1에 모이게 되고, 음을 띠게 된다. 그래서 실질적으로 다이어그램이 올라가게 된다. 이로 인해 p_1n_1 장벽이 감소하고, p_1으로부터 n_1에 더 많은 정공들이 주입된다. 그리고 p_2에 모이게 된다. V_S가 작아질 때, 이 순환 효과는 그림 12.21a에서와 같이 순방향 접합에서 주입 전류와 재결합 전류가 같아질 때까지 계속된다. 그러므

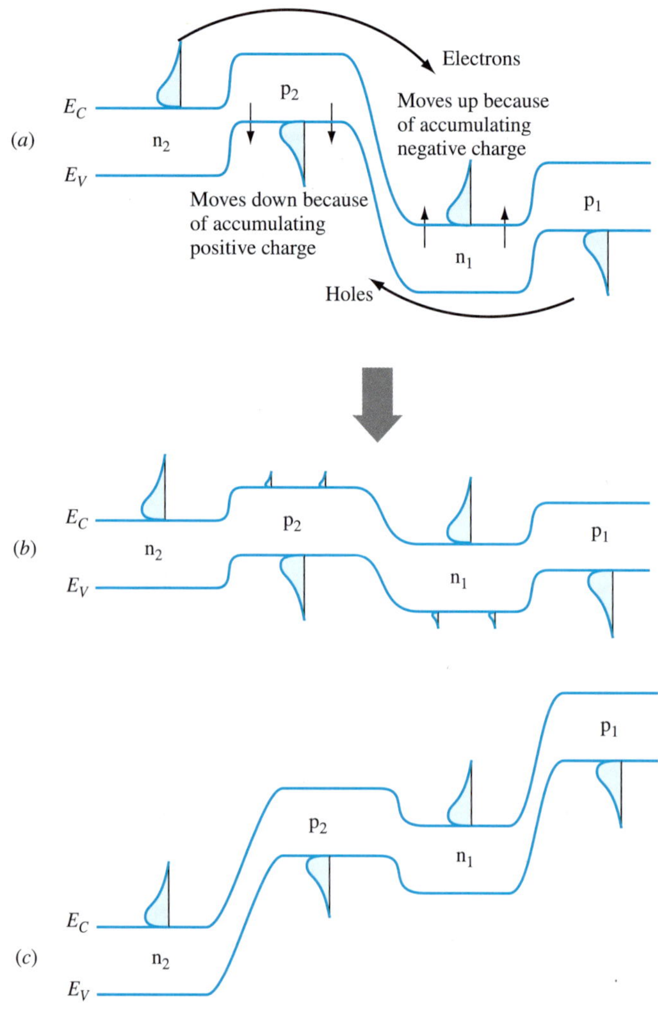

그림 12.21 npnp 소자의 에너지 밴드 다이어그램. (a) 양의 V_S에서, 두 개의 접합은 순방향 바이어스되지만, 가운데의 하나는 역방향 바이어스되어서 소자에 거의 전류가 흐르지 않는다. (b) 주입된 전자는 n_1 영역에 축적되고, 주입된 정공은 p_2 영역에 축적되어, 이는 두 영역 사이의 접합 양단의 역방향 바이어스를 감소시켜, 저전압, 대전류 상태를 만든다. (c) 역방향 바이어스에서는, 접합 중 두 개가 역방향 바이어스된다.

로 전반적인 전류는 매우 작은 값으로 제한된다. V_S가 어떤 양 이상으로 증가하면 피드백으로 인해 전류가 매우 급격하게 증가하게 되고, 전류는 회로에서 전압 강하 $I_A R_L$에 의해 제한된다. 이것이 그림 (b)에서 보는 상황이다. 여기서 모든 접합들이 순방향이다.

V_S가 역방향일 때는, 그림 12.21c와 같이 두 개의 역방향 접합과 한 개의 순방향 접합이 있다. n_1과 p_2에 갇힌 캐리어들은 n_1p_2 장벽을 감소시키지만, 캐소드와 애노드로 주입된 전류에는 영향을 미치지 못한다.

12.3.2 npnp 스위치의 두 트랜지스터 모델

V_S가 양이면, 그림 12.21a의 에너지 밴드 다이어그램은, 그림 12.22a에서 반복된 것처럼, npn 트랜지스터와 직렬 상태인 pnp 트랜지스터와 같은 것처럼 보여진다.

이 그림에 두 개의 트랜지스터의 이미터, 베이스, 컬렉터가 제시되어 있다. 그림 12.22b에 있는 회로 개략도는 두 개의 트랜지스터를 분명하게 보여준다.

일반적으로 트랜지스터에서,

$$I_C = \alpha I_E + I_{C0}$$
$$I_B = (1-\alpha) I_E - I_{C0} \tag{12.26}$$

여기서 I_{C0}는 $I_E = 0$에서 컬렉터와 베이스에 흐르는 전류이다. 이를 정리하면,

$$I_{B1} = (1-\alpha_1) I_{E1} - I_{C01}$$
$$I_{C2} = \alpha_2 I_{E2} + I_{C02} \tag{12.27}$$

그러나 $I_{B1} = I_{C2}$이다. 또한 이미터 전류 I_{E1}은 애노드 전류 I_A와 같고, 다른 이미터 전류는 캐소드 전류와 같다. 더욱이, 애노드 전류는 캐소드 전류와 같아야 한다. 그러므로 $I_{E1} = I_{E2} = I_A = I_K$이고, 이로부터 다음과 같은 식을 얻을 수 있다.

$$I_A = \frac{I_{C01} + I_{C02}}{1 - (\alpha_1 + \alpha_2)} \tag{12.28}$$

그러나 전류 이득(current gain)인 α_1과 α_2는 I_A의 함수이다. 정규 트랜지스터의 순방향 활성 영역에서, 이들은 1에 근접한다. 그러나 여기 트랜지스터는 절대로 그런 동작 모드

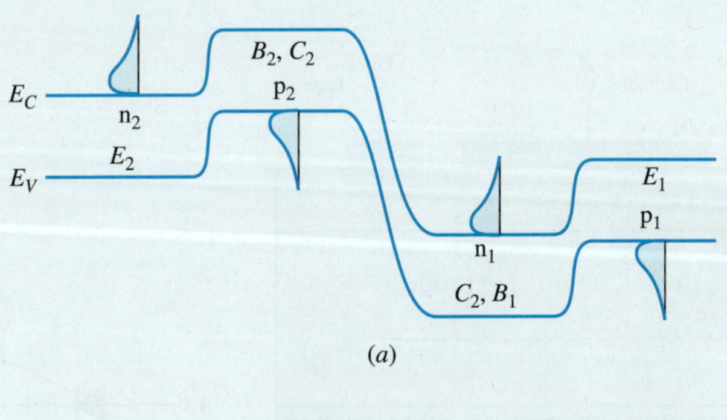

(a)

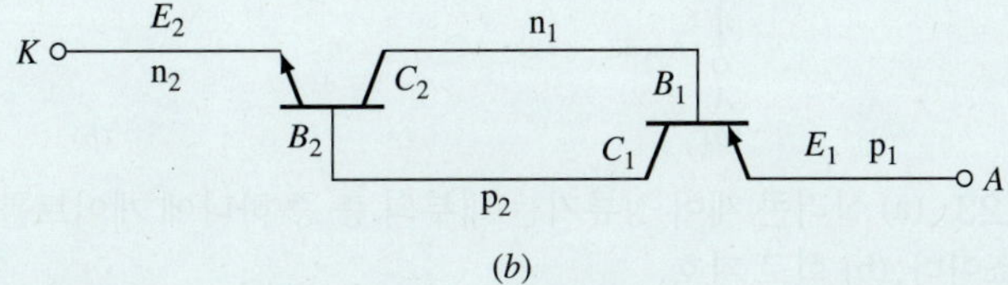

(b)

그림 12.22 npnp 소자는 pnp 트랜지스터에 연결된 npn 트랜지스터로 간주될 수 있다. (a) 작은 순방향 바이어스인 경우의 에너지 밴드 다이어그램, (b) 등가회로.

근처에도 갈 수 없다. 작은 I_A에서, 순방향 접합 천이 영역 내에서 재결합 전류는 수적으로 지배적이며 α는 작다. 이는 작은 전류를 생성한다. I_A가 $(\alpha_1 + \alpha_2) = 1$일 정도로 충분히 클 때, I_A가 무한대로 커지겠지만, 전압 강하 $I_A R_L$에 의해 제한된다.

12.3.3 실리콘 제어 정류기(SCRs)

논의한 4층 다이오드가 스위칭 메커니즘을 설명하는 데에는 유용하지만, 소자 자체는 사용에 제한이 있다. 왜냐하면 꺼짐 상태에서 켜짐 상태로 시동을 하려면 인가전압을 바꾸어야 하기 때문이다. 다시 말해서, 스위칭될 신호 자체가, 트랜지스터에서와 같이 다른 전압에 의해 스위칭되는 대신에, 스스로 변하여야 한다. 훨씬 더 일반적인 형태의 사이리스터는 **실리콘 제어 정류기(silicon-controlled rectifier)**[11] 또는 SCR이라고 하는 npnp 소자의 변형이다. 사실, 사람들이 "사이리스터"에 대해서 말할 때, 비록 SCR이 더 국한된 종류임에도 불구하고, 일반적으로 SCR을 의미한다.

SCR의 구조는 12.23a에 도식적으로 그려져 있다. 이는 4층으로 이루어진 다이오드 구조에서 그 내부 영역에(예를 들어 p_2에) 전극을 추가한 것을 제외하고는 비슷하다. 이 영역을 게이트라고 부르는데 그 이유는 이 영역에 인가된 전류 펄스가 꺼짐 상태에서 켜짐 상태로 바꾸어주기 때문이다. 그림 12.23b는 SCR 소자의 회로 기호를 보여준다.

꺼진 상태에서의 에너지 밴드 다이어그램은 그림 12.24a에 있다. 이 경우 $(\alpha_1 + \alpha_2) < 1$이다. 순방향의 전류 펄스로 게이트($p_2$)가 양으로 되었다면, p_2 영역은 에너지 밴드 다이어그램이 내려갈 것이고, n_2p_2 접합 장벽이 줄어들 것이다. 그리고 p_2로 더 많은 전자들이 주입될 것이다. 이러한 여분의 전자들은 n_1에 모이게 되고, (떠 있는 상태의) 영역은 음으

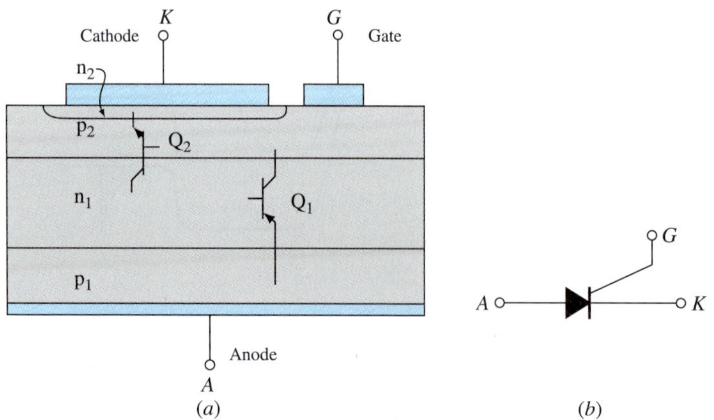

그림 12.23 (a) 실리콘 제어 정류기는 내부의 층 중 하나에 게이트를 연결한 npnp 구조이다, (b) 회로 기호.

11) 때때로 반도체 제어 정류기(semiconductor controlled rectifier)라고도 한다.

로 되게 된다. 그리고 이는 p_1n_1 장벽을 감소시켜, p_1으로부터 n_1으로 정공 전류 주입을 증가시킨다. 이 전류의 증가로 인해 α_1과 α_2가 증가하는 결과가 생긴다. 따라서 $(\alpha_1 + \alpha_2) = 1$[수식 (12.28)]이 될 만큼 충분히 큰 I_G에서 소자는 꺼짐 상태에서 켜짐 상태로 변할 것이다. 이에 대한 삽화가 그림 12.24b에 3개의 게이트 전류 값에 대하여 있다. $I_G = 0$이면 pnpn 다이오드와 특성이 같다. I_G를 증가시키면 $(\alpha_1 + \alpha_2) = 1$이 되는 소자 전압 V_{AK}가 감소하고, 따라서 스위칭 값이 달라진다.

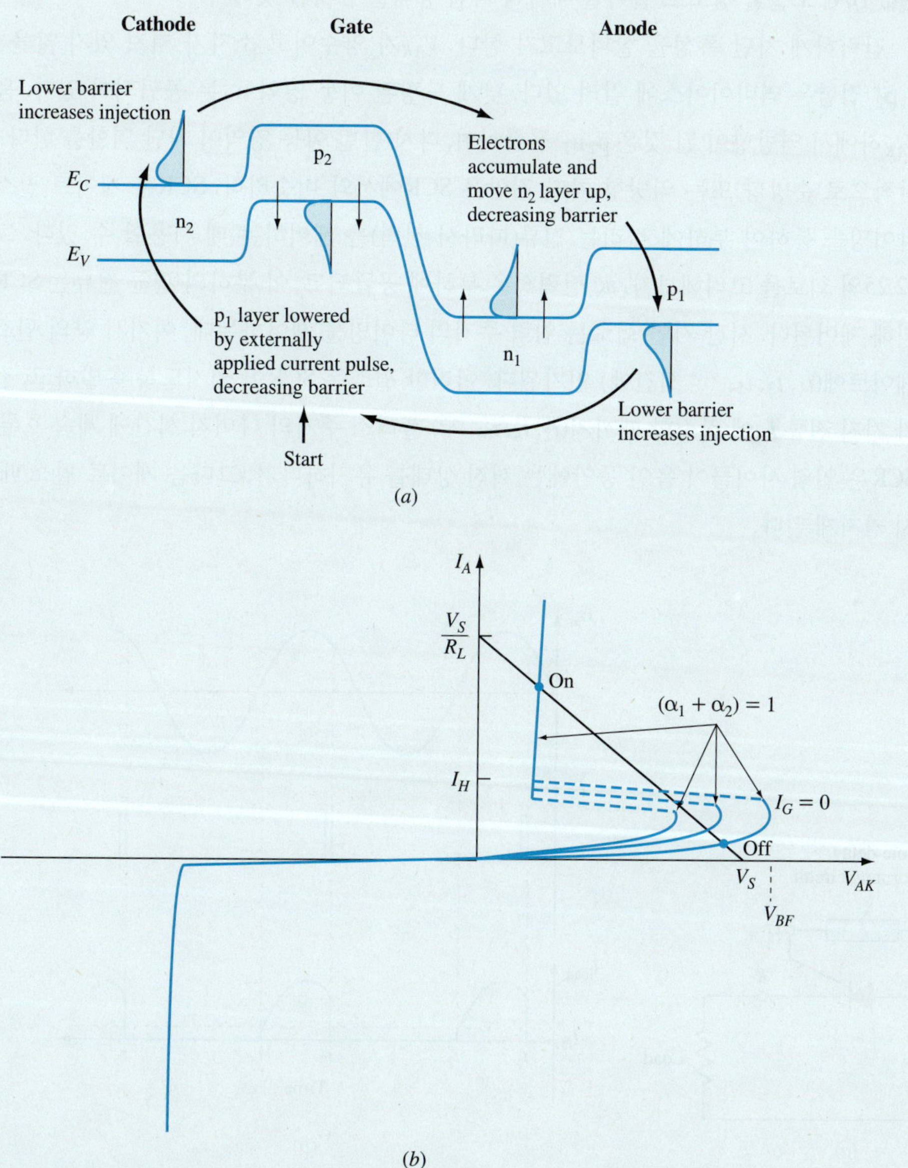

그림 12.24 (a) SCR 에너지 밴드 다이어그램과 (b) 동작 특성. 이 경우, 스위칭은 게이트 전류 I_G를 인가함으로써 활성화된다. 이를 통해 I_A-V_{AK} 특성이 변경되고 소자가 스위치된다.

4층 다이오드에 SCR의 게이트 전류를 포함하기 위해 수식 (12.28)을 수정하면,

$$I_A = \frac{\alpha_2 I_G + I_{C01} + I_{C02}}{1 - (\alpha_1 + \alpha_2)} \tag{12.29}$$

여기서 다시 한번 I_A는 Q_1의 이미터 전류이고, I_G는 Q_1의 컬렉터 전류에 추가되어서 분자에 $\alpha_2 I_G$ 항이 추가됨을 알 수 있다.

일단 소자가 켜지게 되면, V_S는 I_A가 지지 전류 또는 $(\alpha_1 + \alpha_2) = 1$를 만족하는 I_A의 최솟값 I_H에 도달할 정도로 떨어질 때까지 켜짐 상태를 유지할 것이다.

간략하게 차단 특성을 살펴보고자 한다. V_{AK}가 양수이고 소자가 켜져 있지 않을 때, n_1p_2 접합은 역바이어스에 걸려 있다. 낮게 도핑된 이동 영역 n^-는 공핍되어 있다. 음의 V_{AK}하에서 역방향이 된 것은 p_2n_1 접합이며, 다시 한번 이동 영역이 차단 역할을 한다. 일반적으로 순방향 또는 역방향 차단 전압은 SCR에서와 비슷하다. SCR은 게이트 펄스의 타이밍을 통하여 부하에 걸리는 전류(따라서 전력)를 제어하는 데 사용할 수 있다. 그림 12.25의 회로를 고려해보자. ac 전력선은 부하에 공급되고, 이 부하의 평균 전류는 SCR에 의해 제어된다. 시간 지연 회로는 입력 주기의 타이밍을 제어하는데, 여기서 양의 펄스가 게이트에($t_1, t_3, t_5, \cdots$ 시간에) 인가된다. 이러한 펄스는 SCR이 켜지도록 촉발하고, 전류가 지지 전류 I_H에 감소할 때까지($t_2, t_4, t_6, \cdots$) 플러스 주기의 나머지 시간에 계속 흐른다. SCR은 입력 사이클이 음인 동안에는 꺼진 상태를 유지하다가, 그다음 게이트 펄스 때 다시 켜지게 된다.

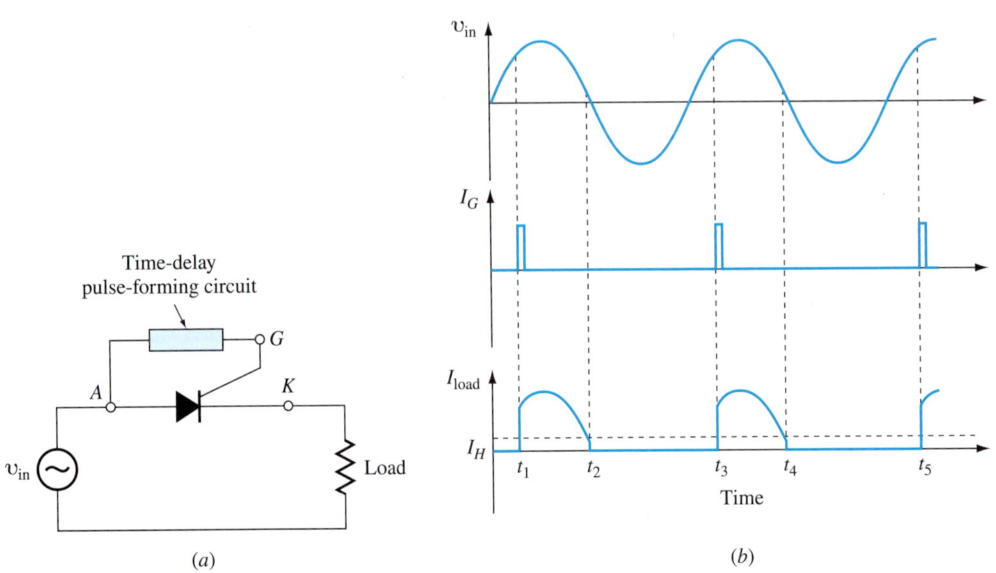

그림 12.25 (a) 부하에 전달되는 전력을 제어하는 SCR의 사용. (b) 입력 전압, 게이트 전류, 그리고 부하 전류의 파형.

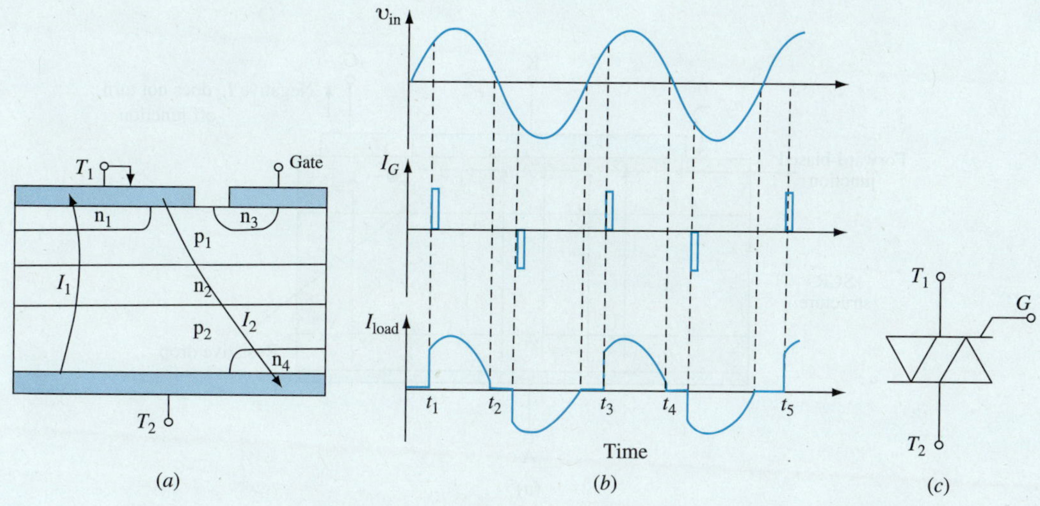

그림 12.26 (a) 트라이악의 단순화한 구조, (b) 입력 전압, 게이트 전류, 그리고 부하 전류 파형, (c) 트라이악의 회로 기호.

12.3.4 트라이악

SCR에서 부하 전류는 입력 주기의 절반 이하 동안만 흐른다. 더 유용한 사이리스터는 트라이악(TRIAC)이다. 이것의 구조는 그림 12.26a에 도식적으로 그려져 있다. 이는 역병렬로 연결된 두 개의 SCR로 구성되어, 입력 교류 사이클의 양쪽 절반 동안 전류가 흐르는 것이 가능하다. 그림 12.26b는 TRIAC에서 입력 전압과 주어진 게이트 전류 펄스에 따른 출력 부하 전류를 보여준다. (a)에서, I_1은 $p_2n_2p_1n_1$ SCR을 통해 T_2 단자에서 T_1 단자로 전류가 흐르고, I_2는 $p_1n_2p_2n_4$ SCR을 통해 T_1 단자에서 T_2 단자로 흐른다.

단자 T_1을 접지 상태이거나 기준 전위라 간주하면, 트라이악은 네 가지 다른 조건으로 켜질(전도될) 수 있다. 양전류는 T_2에서 T_1으로, 그리고 음전류(T_1에서 T_2)이다. 양의 T_2에 대하여 트라이악은 게이트 전류 펄스가 양이든 음이든 켜질 수 있다.

여기서 T_2 전압과 게이트 촉발 전류가 양인 경우를 고려해보자. 이에 대한 등가 회로는 그림 12.27에 있다. 양의 게이트 전류 펄스가 $n_1p_1n_2$ 트랜지스터의 베이스(p_1)에 인가될 때, 이 트랜지스터는 켜진다. 그리고 이는 $p_2n_1p_1$ 트랜지스터의 베이스로 전류가 흐르게 하여 이 트랜지스터를 켜지게 한다. 전체 결과는 pnpn SCR이 되는 것이고, 전류의 흐름은 T_2에서 T_1으로 흐른다.

T_2가 음수라면, 게이트 전류가 음의 펄스가 될 때, n_3p_1 접합은 순방향이 되고, 전자가 p_1층으로 주입된다. 이 전자의 일부는 n_2 영역에 도달하여 전위를 낮춘다. 이 n_2층은 $p_2n_2p_1$ 트랜지스터의 베이스로 동작한다. p_2 영역 또한 $n_4p_2n_2$ 트랜지스터에서 베이스 역할을 한다. 이때 사실상 T_2와 T_1 사이에 npnp SCR이 있는 것이다.

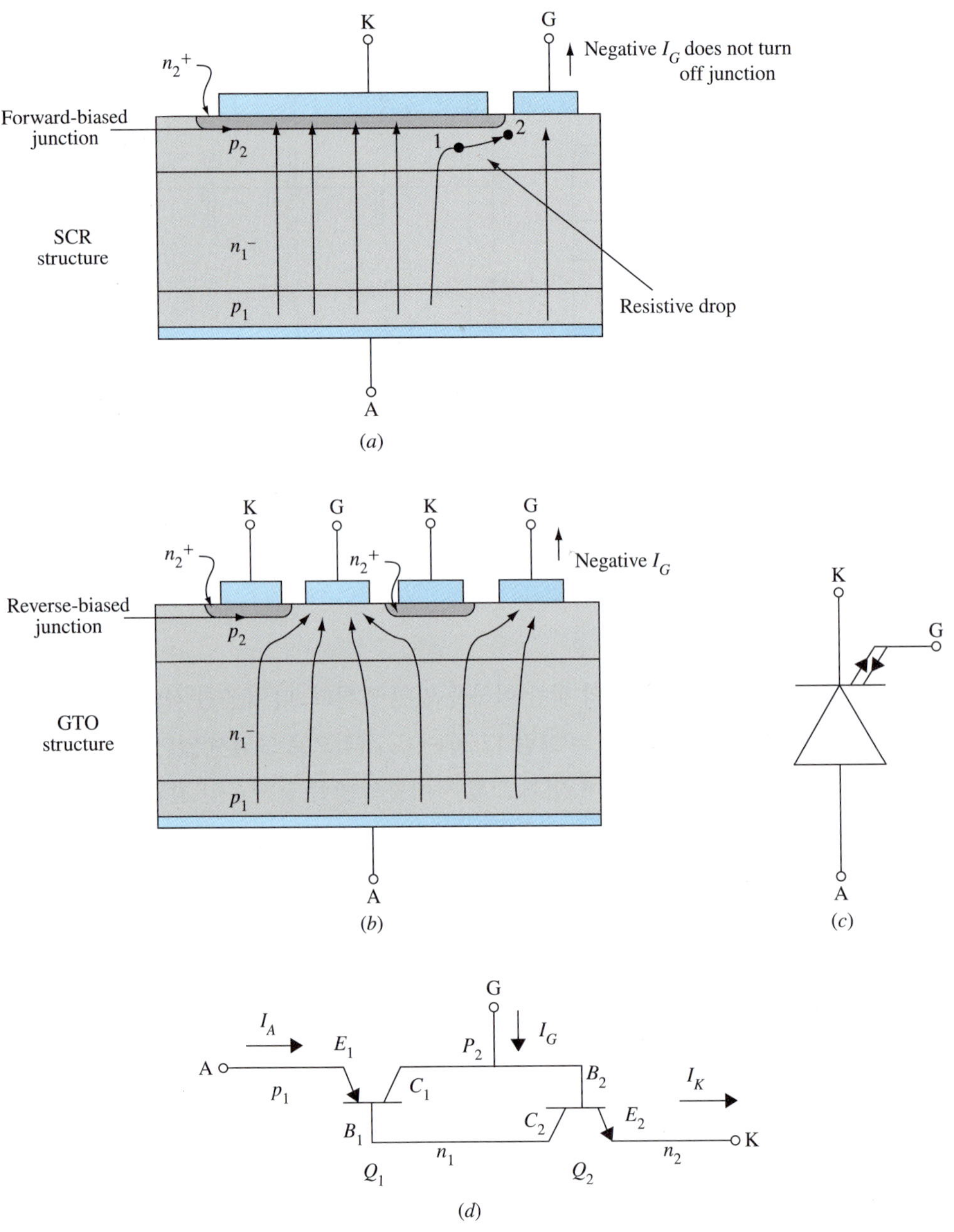

그림 12.27 (a) 게이트에서 역방향 전류는 SCR을 끌 수 없다. 왜냐하면 p_2층에서의 측면 저항 강하로 인해 점 (1)이 점 (2)보다 전위가 더 높아서 대부분의 캐소드(K) 영역에 걸쳐서 n_2p_2 접합이 역방향이 되는 것을 막기 때문이다. (b) **게이트 차단 사이리스터(gate turn-off thyristor: GTO)**에서, 캐소드 전극은 좁게 만들고, 게이트 전극은 캐소드 쪽과 교대로 있도록 만들어서, n_2p_2 접합이 역방향이 되게 하여, 양극-음극 전류 흐름을 차단할 수 있게 한다. (c) GTO의 회로 기호. (d) 트랜지스터 모델.

트라이악은 교류 전력 제어에 매우 유용하다. 일반적인 예시로 경관등 제어 디머(dimmer)나 가변속도 전동기 등이 있다.

12.3.5 게이트 차단 사이리스터(Gate Turn-Off Thyristor: GTO)

SCR 구조를 변형하면 게이트가 소자를 켜는 것뿐만 아니라 끌 수도 있게끔 제어할 수 있다. 이러한 소자를 **게이트 차단 사이리스터(Gate Turn-Off Thyristor)**, 또는 GTO라고 부른다. SCR과 GTO는 둘 다 게이트에 양의 전류를 인가함으로써 켤 수 있다. 음의 전류를 인가하였을 때 어떤 일이 벌어지는지 살펴보자.

이 경우 게이트 전류는 게이트와 캐소드(p_2n_2 접합) 사이에 장벽을 증가시킨다. 그리고 이는 Q_2를 끄고, 전류의 흐름을 막는 효과를 가질 거라고 기대할지도 모른다. 그림 12.27a는 범용 SCR을 보여준다. SCR에서 게이트 영역이 양극과 음극 영역에 비하면 굉장히 작다는 것을 알아야 한다. 게이트로부터 빠져나가는 전류는 양극에 의해 공급되지만, 게이트 단자에 도달하기 위해서 전류의 대부분은 p_2층에서 측면으로 흘러야만 한다. p_2층은 어느 정도 저항성을 띠고 있기 때문에, 캐소드의 중앙 부분과 게이트 사이에는 전압 강하가 있다. 점 1에서의 전위는 점 2보다 높다. 비록 게이트 근처의 p_2n_2 접합은 원하는 대로 역방향 바이어스일지라도, 캐소드의 대부분에 놓여 있는 p_2 영역에서의 전위는 여전히 p_2n_2 접합을 순방향으로 할 만큼 충분히 높다. 따라서 사이리스터는 계속해서 도통된다.

해결 방안은 캐소드와 게이트의 전극을 그림 12.27b와 같이 좁게, 그리고 교대로 배치하는 것이다. 이제 게이트 전극에서 음의 게이트 전류는 게이트-캐소트 접합을 더 완벽하게 역방향이 되게끔 흐를 수 있다. (게이트에 인가된 전압은 음의 값이다.) 그리고 소자는 차단된다. GTO의 회로 기호는 게이트 전류가 어느 방향이든 소자를 제어할 수 있음을 나타낸다.

우리가 GTO를 3단자 소자로 생각하고, 애노드가 이미터, 캐소드가 컬렉터, 게이트가 베이스라 하면, β를 다음과 같이 정의할 수 있다.

$$\beta = \frac{I_K}{I_G} \tag{12.30}$$

여기서, 차단 조건에 관심을 두면, I_G가 음일 때,

$$\beta_{\text{turnoff}} = \frac{I_K}{-I_G} \tag{12.31}$$

이 된다. 식 (12.27)로부터, 누설 전류 I_{C02}를 무시하면,

$$I_{E2} = I_K = \frac{I_{C2}}{\alpha_2} \tag{12.32}$$

가 된다. 수식 (12.29)와 (12.31)을 조합하면, 다시 한번 누설 전류를 무시하여,

$$\beta_{\text{turnoff}} = \frac{\alpha_2}{(\alpha_1 + \alpha_2) - 1} \tag{12.33}$$

이 된다. 차단 전류가 커지는 것을 원하지 않는다면, β_{turnoff}를 극대화해야 한다. 이것은 α_2는 크게(최대한 1에 가깝게), 하지만 분모는 작게 유지해야 하므로, α_1은 작아야 함을 의미한다. 즉, Q_1 트랜지스터를 굉장히 불량하게 만든다는 것이다. 이는 이미 우리가 다 해놓은 내용이 된다. 상기하자.

$$\alpha = \gamma \alpha_T M$$

그리고 베이스 전송 인자는

$$\alpha_T \approx 1 - \frac{W_B^2}{2L_{nB}^2}$$

가 된다. 우리는 이미 사이리스터에서 두꺼운 베이스 영역(n_1^-층)을 다루어보았다. 이는 높은 차단 전압을 얻기 위함이며 따라서 긴 이동 영역이 필요하기 때문이다. Q_1을 불량한 트랜지스터로 만들기 위해서 우리는 또한 L_{nB}를 작게 만들어야 할 것이다. 이는 도핑 증가를 의미한다. 그러나 차단 전압을 높이려면, 이동 영역은 약하게 도핑되어야 하고, 이는 앞과 모순된다. 이 결과는 일반적인 SCR보다 전도 상태에서 전압 강하가 더 커지지만, 외부 제어 신호로써 이 소자를 켤 수도 있고 끌 수도 있는 기능을 얻었다는 것이다.

12.4 전력용 MOSFET

지금까지 전력 다이오드와 사이리스터에 대해 살펴보았다. 다이오드는 신호 그 자체에 의해 켜지고 꺼진다. SCR은 별도의 제어 신호를 인가하여 켤 수 있으며, GTO는 별도의 제어신호로 턴온과 턴오프 모두 할 수 있으며, 이는 어느 정도 정성적으로 트랜지스터와 비슷하게 동작한다. 이 절과 다음 절에서는 실제의 전력 트랜지스터 구조에 대해 소개할 예정이다. 먼저 전력 MOSFET, 그리고 12.5절에서 **절연 게이트 바이폴라 트랜지스터(insulated-gate bipolar transistor: IGBT)**에 대해 다룬다.

디지털 또는 아날로그 회로에 사용되는 MOSFET 소자는 단지 낮은 전압만 본다. 전력 MOSFET은 높은 차단 전압을 요한다. 10 V 정도보다 큰 역방향 차단 전압은 약하게 도핑된 n-드레인 확장 영역이나 이동 영역으로 얻는다. 전력 MOSFET은 다양한 구조를 가진다. 그림 12.28a는 **수직 이중 확산 MOSFET(Vertical double diffused MOSFET: VDMOSFET/ VDMOS)**의 단면을 보여준다.[12] 소스(n^+)는 표면 상단에 있고 드레인은 하

12) 원래, n^+ 소스와 인접한 p 영역은 n^- 기판에 확산되었다. 현재, 이러한 확산은 종종 이온 주입으로 대체된다.

단에 위치한다. 소스 n^+ 우물은 더 큰 p-우물 안에 들어 있다. 채널은 p 지역이 표면과 만나는 게이트 아래에 위치한다. 전류 경로를 볼 수 있다. MOS 전력 트랜지스터는 게이트 인가전압이 없을 때 오프되고, 게이트 전압이 인가되면 트랜지스터가 턴온된다(즉, 항상 모드 MOSFET이다). 채널 길이 L이 보인다. 전류 이득(gain)이 W/L에 비례함을 상기하라. 그래서 소스 영역을 기하학적인 패턴으로 배치하고 이를 다수 병렬화함으로써 큰 채널 폭 W를 얻는다. 이는 큰 전류를 흐르게 할 능력을 부여한다.

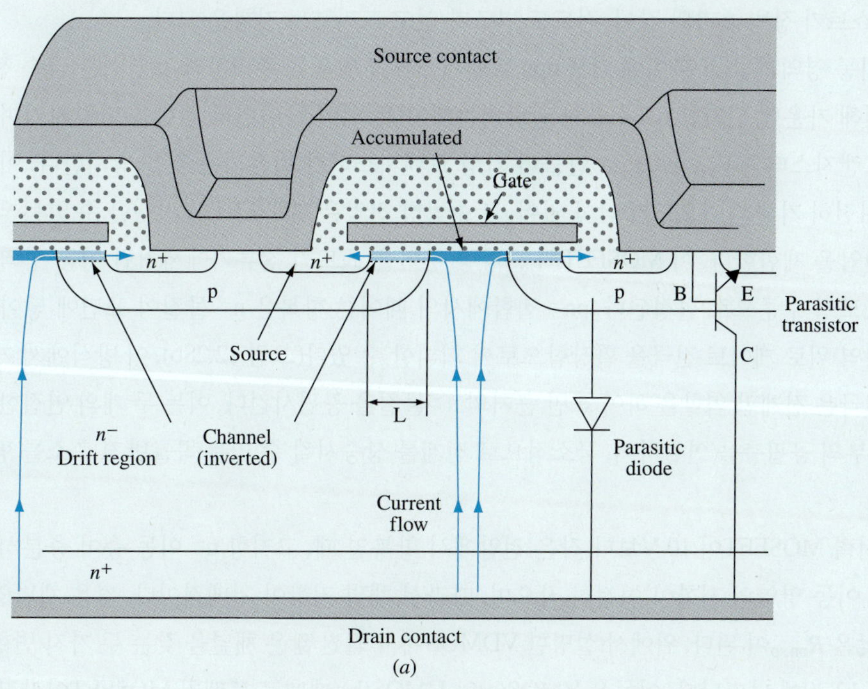

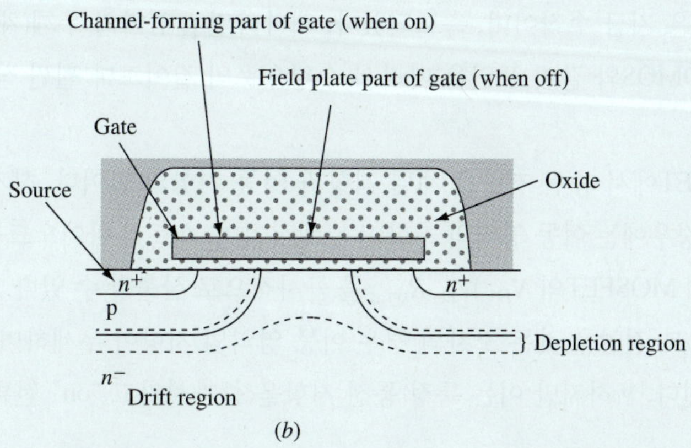

그림 12.28 전력 VDMOSFET. (a) 트랜지스터가 켜졌을 때 전류의 흐름, (b) 전계판으로서 작용하는 영역을 보여주는 게이트 전극의 확대도.

차단 모드에서 게이트 전압은 0이다.[13] 그때의 채널은 오프된다. 드레인 전압이 양이므로 pn^- 접합은 역방향이 된다. n^- 이동 지역은 p 지역보다 낮은 도핑 수준을 갖기 때문에 접합 공핍층의 대부분은 이동 영역에 걸쳐 있다. 이동 지역의 두께는 n^- 도핑 수준과 특정 차단 전압에 의해 결정된다.

소자를 턴온하기 위해서, 드레인에 양의 전압을 인가하고 게이트 전압도 양으로 하여 전류가 흐를 채널을 생성한다. 그러면 전자는 n^+ 소스로부터 채널을 통하여 n^- 이동 영역을 지나 드레인으로 흘러간다. 소자는 단극(unipolar)이기 때문에(전류는 전자에만 기인함), 쇼트키 장벽 소자와 같이, 전도도 변조가 없고 드리프트 저항은 크다.

이동 영역과 소스 사이에 기생 npn 트랜지스터가 있음을 주의하라. p 영역은 금속 전극에 의해 가운데 위치한 n^+ 소스와 단락되는데 이는 베이스-이미터 접합을 단락시키며 기생 트랜지스터의 $V_{BE} = 0$으로 만들어 기생 트랜지스터가 턴온되는 것을 방지한다. 이 경우, 여전히 기생 다이오드가 남아 있어, 그 순방향 전압은 MOSFET이 지탱할 수 있는 역방향 전압을 제한한다. 이 MOSFET의 순방향 항복은 쇼트키 정류기에서처럼 이동 영역 두께와 도핑 수준으로 설정된다. pn^- 접합에서의 때이른 항복은 n^- 물질이 표면에 닿아 있는 영역 위로 게이트 전극을 확장함으로써 회피할 수 있다(그림 12.28b). 이 방식에서 게이트 전극은 전계판 역할을 하여 표면 근처의 n^- 물질을 공핍시킨다. 이는 두 개의 인접한 pn 접합부의 공핍층을 연결하여, 국소적으로 전계를 상승시킬 수 있는 곡률반경 축소를 방지한다.

전력 MOSFET이 10 V보다 작은 전압에서 항복일 때, 고저항 n^- 이동 층이 충분히 짧아서 이동 영역의 저항이 여전히 작으며, 따라서 채널 저항이 지배적이다. 짧은 채널일수록, 낮은 $R_{on,sp}$이 된다. 위에서 설명한 VDMOS에서 훨씬 짧은 채널을 갖는 두 가지 변형이 그림 12.29에 나타난다. 이들은 VMOS(a)와 UMOS(b)(때때로 트렌치 MOSFET이라고 불림)이다. 채널은 지금 수직이며, 축소되었다. 왜냐하면 p 영역의 두께(채널 길이)는 그림 12.28(a)의 VDMOS와 같이 표면을 따라서 수평으로의 길이보다 훨씬 작게 만들 수 있기 때문이다.

VDMOSFET에서 통전 저항은 채널 저항과 이동 저항의 합이다. 하지만 차단 전압이 30 V보다 큰 경우에는 이동 영역의 저항이 지배적이며, 쇼트키 다이오드를 위한 결과식을 사용하여 전력 MOSFET의 N_D, W_D, $R_{on,sp}$를 근사적으로 산출할 수 있다.

더 높은 항복 전압을 갖는 소자의 경우 이동 영역의 저항이 우세하며, 이동 영역이 상당히 두꺼워진다.[14] 하지만 이는 특정 통전 저항을 증가시키고 “on” 전류를 제한한다. 그

13) 여기에서 소스는 기준점 또는 0 전위로 가정한다.
14) Si VDMOS에서, 항복 전압이 600 V일 경우, 표동 영역의 저항은 채널의 30배 정도가 된다.

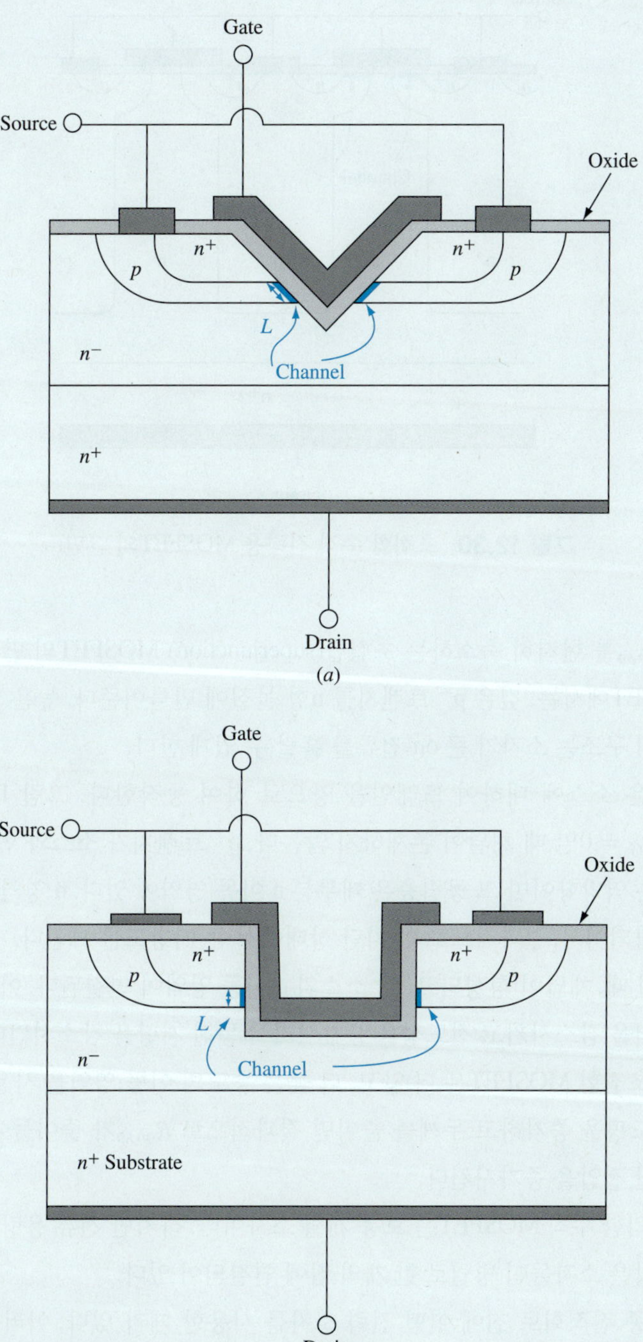

그림 12.29 전력용 VMOS(a)와 UMOS 소자(b)의 단면.

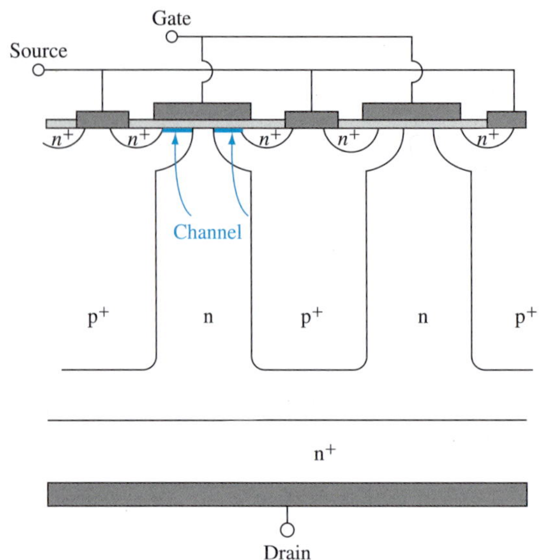

그림 12.30 초접합 수직 전력용 MOSFET의 단면.

림 12.30은 $R_{on,sp}$를 현저히 축소하는 초접합(superjunction) MOSFET의 단면을 보여준다. 초접합 MOSFET에서는, 깊은 p^+ 트렌치를 n형 물질에 만들어준다. 높은 항복 전압을 갖는 소자에서 이 구조는 소자가 큰 on-전류를 흘릴 수 있게 한다.

MOSFET은 소스에 대하여 드레인을 양으로 하여 동작한다. 그림 12.30의 초접합 MOSFET은 $V_G = 0$일 때 채널이 존재하지 않는다. p^+ 트렌치가 소스와 연결되어 있으므로, p^+n 접합은 역방향이며 그 공핍층은 대부분 n 이동 영역에 있다. n 영역은 충분이 얇아서 완전히 공핍되어서, 결과적으로 이 차단 상태에서 큰 저항도를 보인다.

$V_G > V_T$일 때, 채널이 형성되고, n^+ 소스와 n 이동 영역이 연결된다. 이는 이동 영역에서 공핍층 영역을 감소시키고 전도성을 증가시켜서 통전 저항을 감소시킨다.

그러므로 초접합 MOSFET은 더 얇고, 더 높은 농도의 이동 영역을 사용할 수 있다. 이동 영역에서 도핑을 증가하고 두께를 줄이면 결과적으로 $R_{on,sp}$가 줄어들어 on 전류 용량을 늘리고 차단 전압을 증가시킨다.

위에서 논의한 수직 MOSFET은 보통 개별 소자이다. 하지만 전류 용량이 증가하는 경우에는 종종 많은 소자들이 병렬로 한 개의 칩에 연결되어 있다.

하지만 종종 집적회로 칩에 어떤 전력 소자를 사용할 때가 있다. 이러한 경우 평면화 기술이 필요하다. 그림 12.31은 측면 이중 확산(lateral double diffused) MOSFET/LDMOS의 단면을 보여준다. 동작원리는 VDMOS와 유사하다. 다만, 전류가 소스로부터 n^- 이동 영역을 거쳐서 가로 방향으로 드레인으로 흐른다.

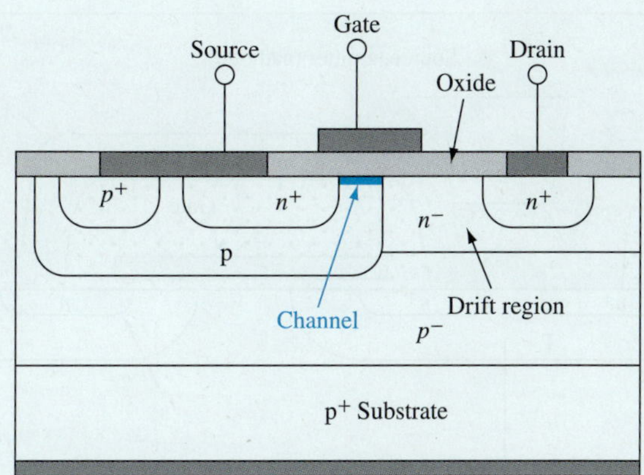

그림 12.31 LDMOS 소자의 단면.

12.5 절연 게이트 바이폴라 트랜지스터

방금 논의한 전력 MOSFET은 쌍극 전력 트랜지스터에 비해 몇 가지 장점이 있다. (쌍극 접합 트랜지스터에 필요한 베이스 전류 신호보다 구현하기 쉬운) 게이트 전압 신호로 턴온과 오프할 수 있다. 게이트로 흐르는 전류가 없으므로 입력 임피던스가 매우 크다. 그리고 이는 단극성 소자이기 때문에 쌍극 소자보다 더 빨리 턴온과 오프할 수 있다. 그러나 통전 저항이 높다. 이동 영역은 높은 전압을 지탱하기 위해 쇼트키 정류 다이오드에서 논의했듯이 두껍기도 하고 낮게 도핑되기도 하여야 한다.[15] 큰 전류가 이 저항을 통해 흐를 때, 열이 생성되고, 이 때문에 소자는 열을 발산하기 위해 크게 만들어야 한다.

절연 게이트 바이폴라 트랜지스터(Insulated-gate bipolar transistor: IGBT)는 MOSFET의 장점들과 쌍극 접합 트랜지스터(bipolar junction transistor: BJT)의 이점들을 결합한 기발한 소자이다. 그림 12.32는 기본적 IGBT의 구조를 보여준다.[16] 기본적으로 MOSFET과 같지만 n^+ 층에 위치한 하단 위치에 p^+ 층을 추가하였다. 이 소자의 동작을 살펴보자.

Off 상태: 드레인(양극) 전압이 소스(음극)에 비해 양의 값일 때, 게이트 전압 $V_G < V_T$은 문턱 아래이다. 그림 12.32에서 채널은 없다. 전류의 흐름도 없고, 소자는 그림 12.33의 *I-V* 특성에서 영역 1과 같다. 상단 근처의 p 층은 n^+ well에 단락되어 있음을 주의하라. n^+로부터 n^- 영역으로 전도성 채널이 없는 한, 이 소자는 off 상태의 pnp BJT처럼 보인다. n^- 영역(트랜지스터 베이스)은 떠 있는 상태이고 베이스에는 전류가 흐르지 않는다. 이미터와 컬렉터 터미널의 이름은, 나중에 알겠지만, pnp 트랜지스터의 실제 이미터와 컬렉터(물리

15) 초접합 전력용 MOSFET을 제외하고.
16) 이러한 소자들에서 사용된 몇몇의 구조가 있다.

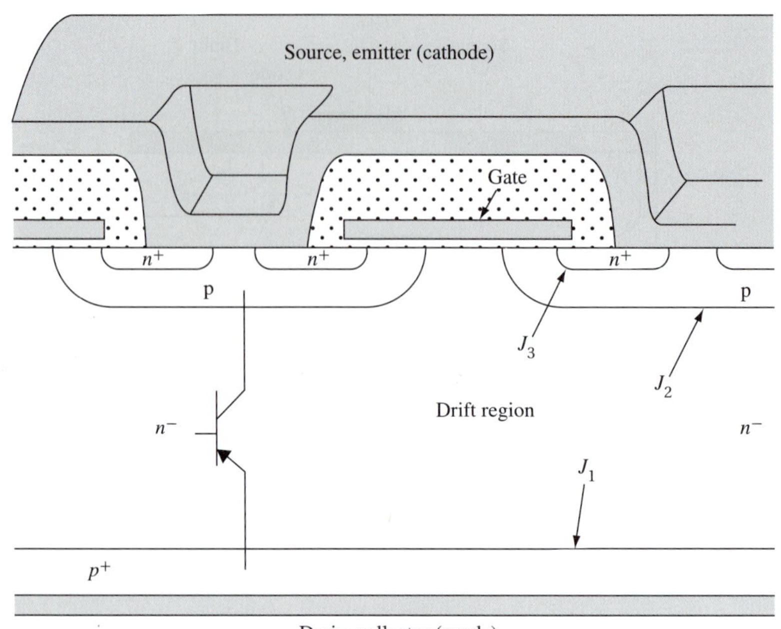

그림 12.32 기본적인 IGBT 구조의 단면도.

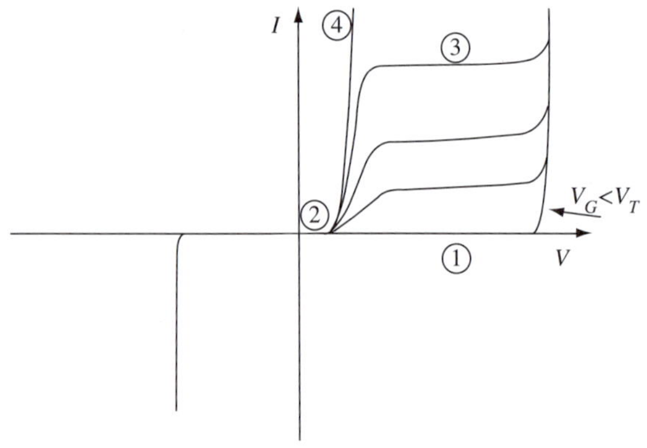

그림 12.33 다른 바이어스 조건에서의 IGBT의 양극에서 음극으로의 *I-V* 특성(본문 참조).

학적 관점에서)와 반대이다. 이름을 짓는 것은 역사적인 연유로, 혼동을 방지하기 위해 접합 J_1, J_2, J_3로 명명하겠다. pnp BJT는 양 방향으로 전압을 차단할 수 있다(이 구조는 "대칭"이라고 불리며 전계가 이동 영역까지 관통하지 않는다). 항복은 역방향 접합에서 발생하며, 접합 J_2는 양의 드레인 전압에 대하여, 그리고 접합 J_1은 음의 드레인 전압에 대해 발생한다.

다이오드: $V_G < V_T$가 게이트에 인가될 때, 그림 12.34와 같이 채널이 형성되고, n^- 이동

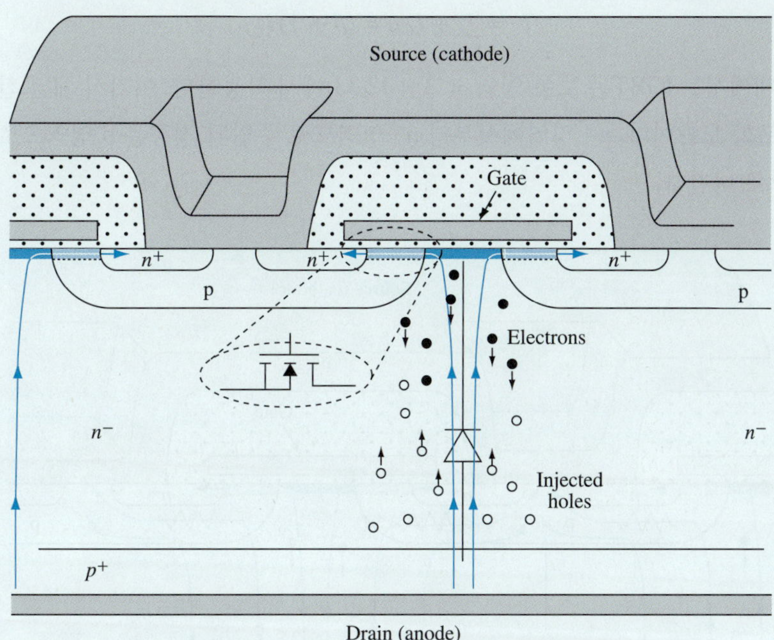

그림 12.34 $V_G > V_T$일 때, IGBT에서의 전류 흐름 모식도.

영역과 n$^+$ 소스 영역 사이에 도전 경로가 생성되어, 사실상 구조가 pn 접합(J_1)처럼 보이게 한다. 먼저 양의 낮은 드레인-소스 전압을 고려하자. 정공은 접합 J_1에 의해 n$^-$ 이동 영역으로 주입되고, 전자는 FET 전류에 의해 공급된다. 이 체계에서는 소자가 본질적으로 다이오드가 FET와 직렬로 연결된 것처럼 보인다. 순방향 전압 강하가 다이오드에 걸리며, 이는 전류가 전압에 따라 기하급수적으로 증가하게 된다(그림 12.33의 *I-V* 커브에서 영역 2). 드레인-소스 전압이 증가함에 따라 전류가 증가하고, 채널은 포화한다. 이는 이 경로를 따라 흐르는 전류를 제한한다. 이는 *I-V* 특성이 수평에 머물게 한다(영역 3).

On 상태: MOSFET을 통해서 n$^-$ 이동 영역에서 흘러나오는 전류는 pnp 트랜지스터의 베이스로부터 흘러나오는 것으로 생각할 수 있다. BJT는 전류를 증폭시켜 BJT(그림 12.35)의 콜렉터와 이미터를 통해 큰 전류가 흐르게 한다. 이 큰 전류는 과잉 캐리어를 생성하고 이는 이동 영역에서 저항을 감소시킨다(전도성 변조). 그림 12.36은 등가회로를 보여준다. p$^+$ 층은 IGBT의 "콜렉터"(또한 "드레인" 또는 "양극")라고 불린다. 이 층은 n$^-$ 이동 영역이나 p-well보다 더 높게 도핑되었기 때문에, 물리적으로 p$^+$ 층은 pnp 트랜지스터의 이미터처럼 작용한다.

pnp 트랜지스터의 이미터, 베이스, 콜렉터를 소문자로 명명하자. 트랜지스터의 콜렉터 전류 I_C는 베이스 전류의 β 배이고, 이는 또한 채널 전류 I_{CH}이다. IGBT의 콜렉터 전류는 I_C이고

$$I_C = I_c + I_{CH} = (\beta + 1) I_{CH} \tag{12.34}$$

on 상태에서는 IGBT는 보통 영역 3(그림 12.33)에서 작동한다. 여기서 채널 전류(양극 전류)는 포화 모드이다. p^+ 영역에서부터 n^- 영역으로 주입된 정공은 p 영역으로 들어가 소스 밖으로 나간다.

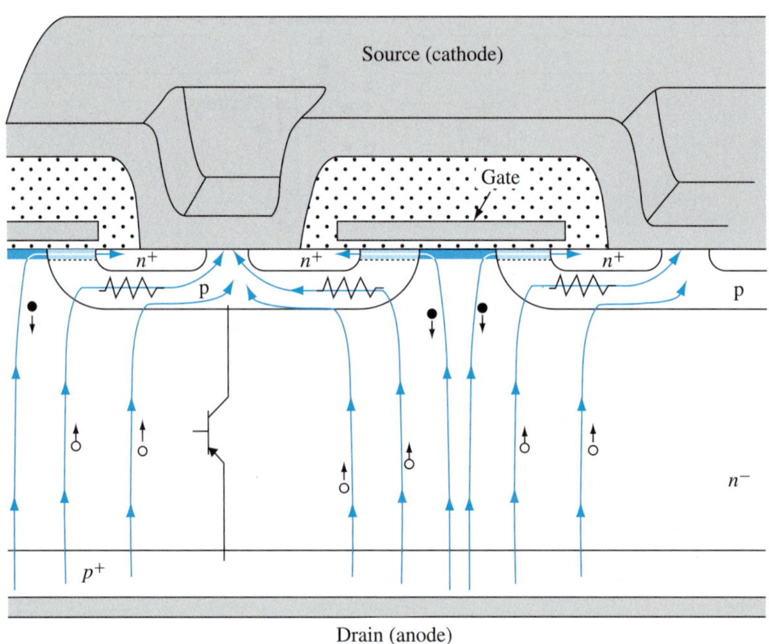

그림 12.35 $V_G \gg V_T$이고, 더 큰 V_{DS}에 대한 전류 흐름의 예시. 정공 전류가 p 영역을 거쳐 측면으로 흘러, n^+pn^- 트랜지스터를 켠다. 그 결과 $p^+n^-pn^+$ 사이리스터가 된다.

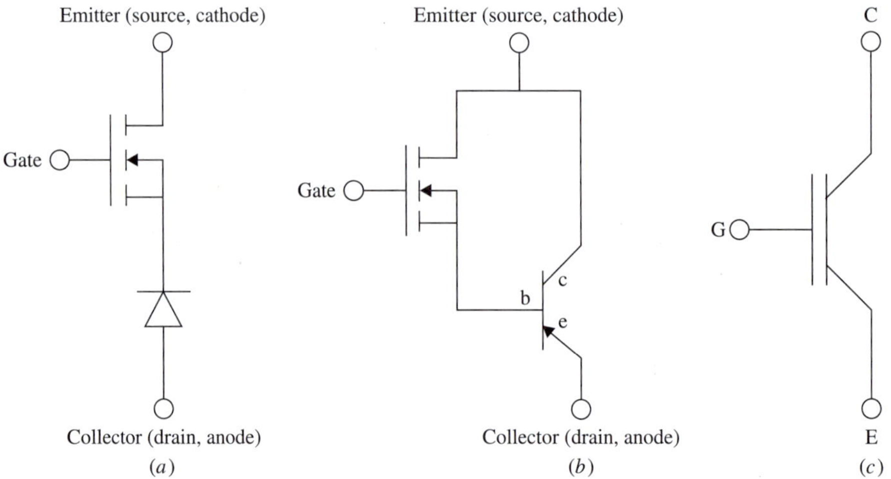

그림 12.36 (a) 저전류, (b) 고전류(오른쪽)에서의 IGBT 등가회로, (c) 회로 기호.

래치업(Latchup): p 영역에서 정공의 수평 전류는 이 p 층의 오믹 저항에서 수평 전압 강하를 일으켜, 이 n^+p 접합의 일부를 순방향으로 전환하는 경향이 있다. 이는 전자가 n^+ 영역에서 p 영역으로 주입되게 한다. 만일 이 측면 전류가 충분히 크다면, 그 결과로 발생하는 n^+p 전압은 n^+pn^- 트랜지스터를 턴온한다. 이 경우, n^+pn^-와 p^+n^-p 트랜지스터 모두 on 되고 결과적으로 그림 12.33의 영역 4의 특성과 함께 $p^+n^-pn^+$ 사이리스터가 된다(래치업, latch-up). 일단 래치업이 되면, 게이트는 양극 전류를 제어할 수 없게 되며, IGBT를 턴오프하는 유일한 방법은 기존 사이리스터와 같이 양극-음근 간 전압을 유지 전압 아래로 감소시키는 방법뿐이다.

순방향 및 역방향 항복과 역방향 차단: 순방향에서, 만약 V_{DS}가 충분히 크다면, 소자는 항복이 일어날 수 있어서 동작 전압 범위를 제한한다. 역방향일 때, 소자는 역방향 항복 전압에 도달할 때까지는 차단된다.

차단모드에서는, IGBT에 걸린 전압은 주로 이동 영역에 걸린 값이며, 따라서 쇼트키 다이오드에 대한 결과식을 사용하여 주어진 항복 전압에 대한 N_D와 W_D를 근사적으로 얻을 수 있다.

12.6 전력용 MOSFET 대 IGBT

전력 MOSFET과 IGBT는 현재 모터 구동회로, 무정전 전원 공급장치 및 태양광 인버터 등과 같은 응용 분야의 전력 반도체 시장에 군림하고 있다. 전력 MOSFET과 IGBT는 매우 비슷한 구조를 가진다. 단, MOSFET에서는 기판(드레인)이 n^+인 반면 IGBT에서는 기판(드레인, 양극)이 p^+(그림 12.28과 12.32 비교)라는 것만 다르다. 두 소자 모두 제로 게이트 전압에서는 off(비전도)이고 양의 게이트 전압일 때 on(전도)이다. 그림 12.37은 전력 실리

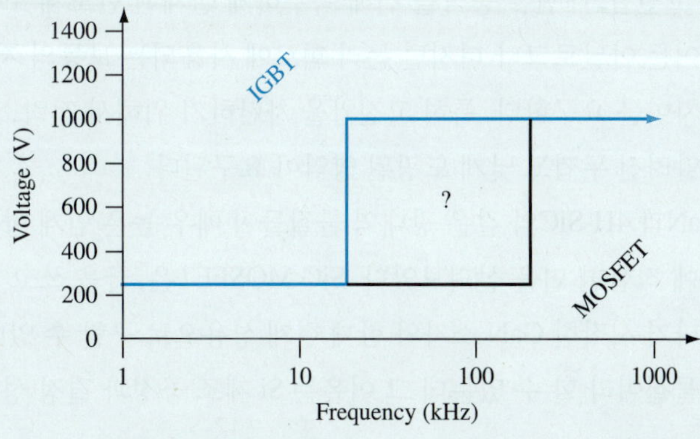

그림 12.37 Si 기반의 MOSFET과 IGBT에 대하여 근사적인 전압 주파수 경계 표시(출력 파워는 무시한다).

콘 기반 MOSFET이나 IGBT 중 어느 것을 어디서 선호할 수 있는지를 상당히 분명하게 보여준다.

실리콘 기반 소자의 경우, 전력 MOSFET이 선호되는 경우:

- 고주파수 응용($f > 200$ kHz)
- 낮은 전압 응용($V_{br} < 250$ V)
- 낮은 전력 응용($P < 500$ W)

IGBT가 선호되는 경우:

- 저주파수 응용($f < 25$ kHz)
- 높은 전압 응용($V_{br} > 1000$ V)
- 높은 전력 응용($P > 5$ kW)

MOSFET은 다수 캐리어(전자)에 의한 이동 영역에서의 전도성 때문에 높은 스위칭 주파수에서 작동할 수 있다. IGBT는 이동 영역에서 소수 캐리어가 장기 on-to-off 스위칭 타임과 동작 주파수를 감소시킨다.

MOSFET의 특정 on-resistance, $R_{on,sp}$는 항복 전압 V_{br}과 함께 대략 선형적으로 증가한다. 이는 높은 V_{br}에서 on-전류(열 발생)를 제한, 주어진 V_{br}, $R_{on,sp}$는 증가하는 전류(conductivity moduration)와 함께 감소하고 높은 전류에서 제로에 가까워진다. 그러므로 높은 V_{br}과 높은 on-전류를 위해서 MOSFET의 디바이스 폭은 IGBT보다 눈에 띄게 커야 한다. MOSFET의 실제 크기의 경우, 이로 인해 전력 처리 기능이 제한된다.

12.7 요약

이 장에서, 우리는 고전압, 대전류 동작을 위해 특수하게 설계된 반도체 소자의 물리적 특성을 살펴보았다. 이는 아날로그나 디지털 논리 회로에 사용되는 보통의 저전력 소자들과는 상당한 구조적 차이를 요구한다. 특히 고전압을 차단하기 위해서 전력소자는 일반적으로 이동 영역으로 알려진 두껍고 낮게 도핑된 영역이 요구된다.

우리는 또한 GaN과 4H-SiC와 같은 광대역 물질들이 매우 높은 임계 항복 전계를 가지며 전력 분야 응용에 적합한 면을 살펴보았다. SiC MOSFET은, 글을 쓰고 있는 시간에 이제 막 시장에 나타나기 시작한 GaN 소자와 함께 현재 상용으로 구할 수 있다. 실리콘은 여전히 실용상 으뜸 물질이라 할 수 있는데 그 이유는 Si 제조 공정과 결정 성장이 매우 성숙했기 때문이다.

정류기의 경우, 특정 통전 저항, 차단 전압 및 과도현상 손실은 pin 대 쇼트키 접합을 선택할 때 모두가 고려되어야 한다. Pin과 쇼트키 다이오드의 장점들은 결합 pin-Schottky (MPS) 정류기로 살릴 수 있는데, 이는 pin에서 발생하는 전도성 변조가 쇼트키에 의해 공유된다.

우리는 또한 다양한 전력 스위칭 소자에 대해서 논의했다. 쌍극 (전자와 정공에 의해 전달되는 전류) 편에서, 우리는 사이리스터(silicon-controlled rectifiers)를 포함하는 4층 소자에 대해서 논의했다. 4층 다이오드 스위치는 가장 단순단 npnp 스위칭 소자이다. 이는 별도의 스위치 제어 기능이 없지만 신호 자체(스위칭되는 신호)에 의해 턴온된다. 실리콘 제어 정류기는 세 번째 전극이 있어서 이를 통해 별도의 제어 신호를 인가하여 켤 수 있지만, 스위칭될 신호 V_S에 의해 턴오프된다. 게이트 차단 트랜지스터(Gate turn-off transistor, GTO)는 외부 제어 소자를 통해서 on과 off 모두 할 수 있다. 그림 12.38은 사이리스터가 가장 높은 전압(현재 12,000 V)과 상당한 전류를 지탱할 수 있음을 보여준다. 하지만 그 속도가 제한적이다. GTO는 가장 큰 전류를 지원하지만 전압이 4 kV에 불과하다.

다음으로 전류 신호 대신 전압에 의해 제어되는 (쌍극 트랜지스터 대비하여) 장점을 가진 전력 MOSFET에 대해 설명했다. 이것은 다른 전력 소자(BJT 포함)보다 빨리 스위치될 수 있지만 똑같은 대전류 혹은 고전압을 지원할 수는 없다. MOSFET과 BJT의 하이브리드인 절연 게이트 바이폴라 트랜지스터(insulated gate bipolar transistor, IGBT)는 양쪽의 이점을 결합한다. MOSFET만큼 빠르지는 않지만 사이리스터보다는 빠르며 고전압을 지원할 수 있다.

쌍극 소자에서, 턴오프 스위칭 속도는 이동 영역에서 소수 캐리어를 소거하는 데 필

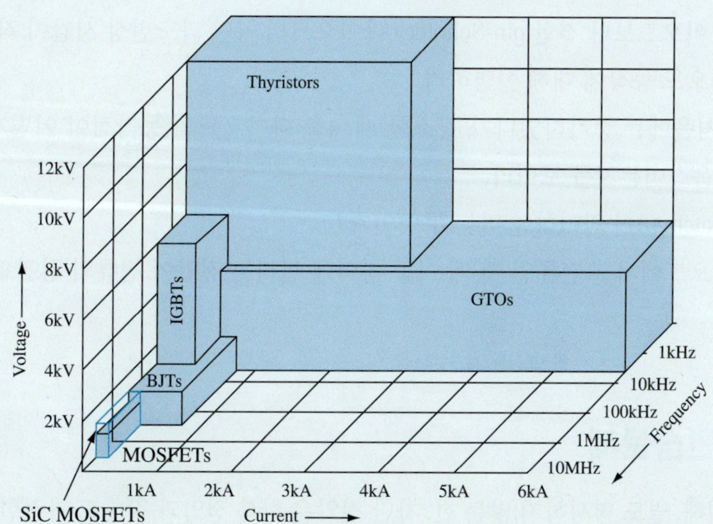

그림 12.38 몇몇 일반 전력 소자의 동작 변수. 그림에 보이는 박스들은 소자에서 이끌어낼 수 있는 전류, 전압, 주파수의 제한을 나타낸다. 그러나 이는 어떠한 하나의 소자에서 세 가지 모두 극값들을 얻을 수 있는 것은 아니다.

요한 시간에 의해 제한된다. 단극(MOSFET) 소자는, 쌍극 소자보다 스위칭 속도가 빠름에도 불구하고, 전류밀도 J는 큰 통전 저항에 의해 제한된다. 하지만 통전 저항은 초접합 VDMOSFET을 사용하여 크게 축소할 수 있다.

12.8 참고문헌

1. B. J. Baliga, "Breakdown voltage,"Chapter 3 in *Fundamentals of Power Semiconductor Devices*, Springer, New York, 2008.
2. Z. Z. Bandic, E. C. Piquette, P. M. Bridger, and T. C. McGill, "Design of GaN/AlGaN high power devices,"*Electrochemical Society Proceedings*, 98-12, 1998.
3. N. Mohan, T. M. Undeland, and W. P. Robbins, *Power Electronics: Converters, Applications, and Design*, 3rd ed., Wiley, New York, 2003.
4. B. J. Baliga, "Analysis of a high-voltage merged p-i-n/Schottky (MPS) rectifier," *IEEE Electron Device Letters*, vol. EDL-8, pp. 407-409, September 1987.

12.9 복습문제

1. 전력 다이오드에서 낮게 도핑된(이동) n^- 영역의 목적은 무엇인가?
2. p^- 또는 진성 대신 이동 영역 n^-이 되는 이유는?
3. Si보다 GaN에서 보다 큰 임계 항복 전계, $\mathscr{E}_{cr}$를 갖는 이유는?
4. 전력 다이오드에서 n^- 이동 영역의 실제 저항보다 왜 특정 통전 저항이 인용되는가?
5. 왜 쇼트키 다이오드보다 pin 다이오드에서 차단 과도현상 시간이 큰가?
6. 왜 pin 다이오드보다 결합 pin-Schottky 다이오드의 차단 과도현상 시간이 작은가?
7. 4층 다이오드 동작에 대해 설명하라.
8. 전압이 처음에는 증가하였다가 감소할 때, 4층 다이오드의 동작점이 어떻게 I-V 특성을 따라 움직이는지를 보여라.
9. 래치업(latchup)이 의미하는 바는 무엇인가?
10. pin 다이오드에서 고전류일 때 왜 이동 영역에 걸리는 전압이 전류와 상관없는지 설명하라.

12.10 연습문제

단순함을 위해, 별도 명시하지 않는 한, 차단 전압은 항복 전압과 같다고 가정한다.

12.1 그림 12.2a에서 Si, 4H-SiC 그리고 GaN p^+n 다이오드는 N_D 대 V_{br}의 변화는 $\log V_{br} - \log ND$ 그래프에서 서로 같은 기울기(a)를 갖는 직선이다. 그러므로 V_{br}과 ND의

관계는 다음과 같이 표현할 수 있다.

$$\log V_{\mathrm{br}} = \alpha \log N_D$$

혹은

$$\alpha = \frac{\Delta \log V_{\mathrm{br}}}{\Delta \log N_D}$$

또한 $\log \mathscr{E}_{\mathrm{cr}} = \beta \log V_{\mathrm{br}}$ 그리고 $W_D = \gamma \log V_{\mathrm{br}}$

β와 γ를 α의 함수로 구하라.

12.2 차단 전압(V_{br})이 100 V인 Si 쇼트키 다이오드에 대하여 특정 통전 저항($R_{\mathrm{on,sp}}$)을 구하라.

12.3 100, 600, 900 V를 차단하도록 설계된 4H-SiC 쇼트키 다이오드에 대하여 특정 통전 저항을 결정하라.

12.4 이동 영역에서의 도핑 레벨이 10^{14} cm^{-3}이고 평균주입 캐리어 밀도가 10^{15} cm^{-3}인 Si pin 다이오드에서 on-상태에서의 전류밀도를 계산하라. 이동 영역의 폭은 100 μm이고 고밀도 캐리어 수명은 1 μs이다.

12.5 문제 4번의 pin 다이오드에서의 역방향 항복 전압을 계산하라.

12.6 문제 4번의 pin 다이오드에서 on-상태에서의 전류밀도가 100 A/cm^{2}일 때 on-상태 전압을 찾아라.

12.7 이동 영역 도핑이 10^{16} cm^{-3}인 4H-SiC pin 다이오드에 대하여 역방향 항복을 구하라.

12.8 문제 7번의 다이오드를 위한 이동 영역의 폭은 얼마인가?

12.9 항복 전압이 5 kV로 설계된 GaN pin 다이오드에 대하여 이동 영역의 폭과 도핑 레벨을 구하라.

12.10 항복 전압이 20, 50, 100, 500 V인 Si 전력 MOSFET에 대하여 on-상태 특정 저항을 구하라.

12.11 항복 전압이 300 V인 n 채널 Si 전력 MOSFET에 대하여 이동 영역 도핑 농도와 두께를 구하라.

12.12 항복 전압이 200, 500, 1000, 5000 V인 GaN 전력 MOSFET에 대하여 on-상태 특정 저항을 찾아라.

12.13 그림 12.21의 npnp 소자와 연관해서, 낮은 V_S에서 순방향 접합부 천이 영역에서 재결합이 상당하다고 언급하였다.

a. 재결합 전류가 왜 상당한지 설명하라.

b. 재결합이 전류 주입에 상응하지 못할 때 에너지 밴드 다이어그램에 어떤 변화가 생기는가? 왜 이 소자가 대전류 상태로 스위치되는지 그 이유를 설명하라.

12.14 SCR 소자에서 양의 전압 펄스 V_G를 게이트(p2 지역)에 인가하여 디바이스를 턴온할 수 있음을 보였다. 어떻게 음의 전류 펄스를 n1 지역에 적용하여 같은 효과를 얻을 수 있는지 설명하라.

12.15 SCR에서 음의 전류 펄스를 p2 지역에 인가하여 이 소자를 턴오프할 수 있는가?

12.16 차단 전압 250 V로 설계된 Si VDMOSFET에 대하여 $R_{on,sp}$를 찾아라. 통전 저항은 우선적으로 이동 영역 W_D에 있다고 가정하라.

12.17 차단 전압이 4 kV인 4H-SiC VDMOSFET에 대하여 문제 16번을 반복하라.

12.18 Si IGBT가 300 V의 항복 전압을 가지며 고밀도 캐리어 수명이 1 μs이다. 높은 on-전류에서 이동 영역의 두께와 이동 영역에 걸린 전압을 구하라.

12.19 차단 전압이 4 kV이고 고밀도 캐리어 수명이 5 ns인 4H-SiC IGBT에 대하여 문제 18번을 반복하라.

APPENDIX A

상수

표 A.1 유도 단위

Energy	Joule: $\frac{kg \cdot m^2}{s^2}$
Force	Newton: $\frac{kg \cdot m}{s^2}$
Power	Watt: $\frac{kg \cdot m^2}{s^3} = \frac{J}{s}$
Capacitance	Farad: $\frac{C^2 \cdot s^2}{kg \cdot m^2}$
Current	Ampere: $\frac{C}{s}$
Current density	Ampere/area: $\frac{C}{s \cdot m^2}$
Electric potential	Volt: $\frac{kg \cdot m^2}{s^2 \cdot C}$
Inductance	Henry: $\frac{kg \cdot m^2}{C^2}$
Resistance	Ohm: $\frac{kg \cdot m^2}{s \cdot C^2}$
Magnetic induction	Tesla: $\frac{kg}{s \cdot C}$

표 A.2 주요 물리상수

진공 내에서의 빛의 속도	c	2.9979×10^8 m/s
진공유전율	ε_0	8.8542×10^{-12} F/m 8.8542×10^{-14} F/cm
Boltzmann 상수	k	1.38×10^{-23} J/K 8.62×10^{-5} eV/K
Planck 상수	h	6.63×10^{-34} J · s 4.14×10^{-15} eV · s
h-bar	$\hbar$	1.05×10^{-34} J · s 6.59×10^{-16} eV · s
상온 $kT(T = 300\text{ K})$	kT kT/q	0.0259 eV 0.0259 V
자유 전자 질량 (정지상태)	m_0	9.11×10^{-31} kg
전자 전하량	q	1.60×10^{-19} C

표 A.3 단위 변환

1 eV	1.6×10^{-19} J
1 cm	10^{-2} m 10^{8} Å 10^{4} μm
1 Å	10^{-10} m 10^{-8} cm 0.1 nm
0°C	273.18 K
1 tesla	1 Wb/m^2 10^{4} gauss

표 A.4 대표적인 반도체 및 그들의 밴드 갭 정보

반도체	밴드 구조	Band gap, eV
Si	Indirect	1.12
GaAs	Direct	1.43
Ge	Indirect	0.67
InP	Direct	1.35
AlAs	Indirect	2.16
AlP	Indirect	2.45
AlSb	Indirect	1.6
4H-SiC	Indirect	3.26
GaN	Direct	3.44
GaP	Indirect	2.34
GaSb	Direct	0.81
InAs	Direct	0.36
InSb	Direct	0.18
CdS	Direct	2.42
CdTe	Direct	1.56
CdSe	Direct	1.70
ZnO	Direct	3.35
ZnS	Direct	3.68
ZnTe	Direct	2.25
ZnSe	Direct	2.7
PbS	Indirect	0.41
PbTe	Indirect	0.31

표 A.5 주요 반도체의 물질 상수

	Silicon	**GaAs**	**Ge**	**InP**	**GaN**	**4H-SiC**
E_g	1.1242 eV	1.43 eV	0.67 eV	1.35 eV	3.437	3.26
N_C	2.89×10^{19} cm^{-3}	4.4×10^{17} cm^{-3}	1.05×10^{19} cm^{-3}	5.4×10^{17} cm^{-3}	2.3×10^{18}	1.23×10^{19}
N_V	3.10×10^{19} cm^{-3}	8.4×10^{18} cm^{-3}	4.0×10^{18} cm^{-3}	6.9×10^{18} cm^{-3}	1.8×10^{19}	4.58×10^{18}
n_i	1.08×10^{10} cm^{-3}	2.2×10^{6} cm^{-3}	1.64×10^{13} cm^{-3}	9.3×10^{6} cm^{-3}	1.9×10^{-10}	5×10^{-9}
χ	4.05 eV	4.07	4.0	4.35	4.1	3.1
ε_r	11.8 (SiO_2:3.9)	13.2	16.0	12.4	8.9	9.7
v_{sat} (intrinsic)	1×10^{7} cm/s (electrons and holes)	6×10^{6} cm/s (electrons)	6×10^{6} cm/s (electrons and holes)		2.5×10^{7}	2.5×10^{7}
E_{pho}	0.063 eV	0.034 eV	0.034 eV		91.2 meV	104.2 meV

표 A.6 전자 유효 질량(단위: 정지 상태 자유 전자 질량 m_0)

	$m^*_{(K=0)}$	$m^*_{\parallel}$	$m^*_{\perp}$	m^*_{ce}	m^*_{dse}
Si		0.92	0.197	0.26	1.09
GaAs	0.067			0.067	0.067
Ge		1.64	0.082	0.12	0.56
InP	0.077			0.077	0.077
GaN	0.20			0.20	0.20
4H-SiC		0.29	0.42	0.32	0.77

표 A.7 주요 반도체의 가전대역 정공 유효 질량

	m^*_{lh}	m^*_{hh}	m^*_{sh}	**Δ (eV)**	m^*_{ch}	m^*_{dsh}
Si	0.16	0.48	0.24	0.044	0.36	1.150
GaAs	0.082	0.45	0.15	0.34	0.34	0.48
Ge	0.044	0.28	0.08	0.29	0.21	0.292
InP	0.08	0.4	0.15	0.11	0.3	0.42
GaN	0.3	1.4	0.6	0.02		
4H-SiC						1.0

표 A.8 원소 주기율표

PERIODIC TABLE

Metals | Nonmetals

d Transition Elements

PERIOD \ GROUP	I A	II A	III A	IV A	V A	VI A	VII A	← VIII A →			I B	II B	III B	IV B	V B	VI B	VII B	VIII B
1	1 **H** 1.0079																	2 **He** 4.0026
2	3 **Li** 6.941	4 **Be** 9.012											5 **B** 10.811	6 **C** 12.011	7 **N** 14.007	8 **O** 15.999	9 **F** 18.998	10 **Ne** 20.180
3	11 **Na** 22.99	12 **Mg** 24.305											13 **Al** 26.982	14 **Si** 28.086	15 **P** 30.974	16 **S** 32.066	17 **Cl** 35.453	18 **Ar** 39.948
4	19 **K** 39.098	20 **Ca** 40.078	21 **Sc** 44.955	22 **Ti** 47.88	23 **V** 50.941	24 **Cr** 51.996	25 **Mn** 54.938	26 **Fe** 55.847	27 **Co** 58.933	28 **Ni** 58.69	29 **Cu** 63.546	30 **Zn** 65.39	31 **Ga** 69.723	32 **Ge** 72.610	33 **As** 74.921	34 **Se** 78.960	35 **Br** 79.904	36 **Kr** 83.80
5	37 **Rb** 85.468	38 **Sr** 87.620	39 **Y** 88.906	40 **Zr** 91.224	41 **Nb** 92.906	42 **Mo** 95.940	43 **Tc** (97.907)	44 **Ru** 101.07	45 **Rh** 102.906	46 **Pd** 106.42	47 **Ag** 107.87	48 **Cd** 112.41	49 **In** 114.82	50 **Sn** 118.71	51 **Sb** 121.75	52 **Te** 127.60	53 **I** 126.90	54 **Xe** 131.29
6	55 **Cs** 132.91	56 **Ba** 137.33	57 **La*** 138.91	72 **Hf** 178.49	73 **Ta** 180.95	74 **W** 183.85	75 **Re** 186.21	76 **Os** 190.20	77 **Ir** 192.22	78 **Pt** 195.08	79 **Au** 196.97	80 **Hg** 200.59	81 **Tl** 204.38	82 **Pb** 207.20	83 **Bi** 208.98	84 **Po** (208.99)	85 **At** (209.99)	86 **Rn** (222.02)
7	87 **Fr** (223.02)	88 **Ra** (226.03)	89 **Ac**** (227.03)	104 **Unq** (261.11)	105 **Unp** (262.11)	106 **Uns** (262.12)												

Gas (unshaded box) / Liquid (shaded box)

34 — Atomic number
Se
78.96 — Atomic mass (g mol $^{-1}$)

f Transition Elements

***Lanthanides (Rare Earths)**	58 **Ce** 140.12	59 **Pr** 140.91	60 **Nd** 144.24	61 **Pm** (144.92)	62 **Sm** 150.36	63 **Eu** 151.97	64 **Gd** 157.25	65 **Tb** 158.93	66 **Dy** 162.50	67 **Ho** 164.94	68 **Er** 167.26	69 **Tm** 168.93	70 **Yb** 173.04	71 **Lu** 174.97
****Actinides**	90 **Th** 232.04	91 **Pa** (231.04)	92 **U** (238.05)	93 **Np** (237.05)	94 **Pu** (244.06)	95 **Am** (243.06)	96 **Cm** (247.07)	97 **Bk** (247.07)	98 **Cf** (242.06)	99 **Es** (252.08)	100 **Fm** (257.10)	101 **Md** (258.10)	102 **No** (259.10)	103 **Lr** (260.11)

APPENDIX B

기호 목록

a	가속도, 격자 상수
A	면적
A_{21}	자발적 광방출에 대한 아인슈타인 상수
A_E	이미터 접합 면적
B	자기장
B_{12}	흡수에 대한 아인슈타인 상수
B_{21}	유도 방출에 대한 아인슈타인 상수
BF	순방향 전류 이득(SPICE)
BR	역방향 전류 이득(SPICE)
BV	역방향 항복 전압(SPICE)
c	광속
C	정전 용량
C'_B	단위 면적당 기판(벌크) 정전 용량
C_{GD}	게이트-드레인 정전 용량
C_{GS}	게이트-소스 정전 용량
C_{in}	입력 정전 용량
C_j	접합 정전 용량
C_{jBC}	베이스-컬렉터 접합 정전 용량
C_{jBE}	베이스-이미터 접합 정전 용량
CJC	0 전압 상태의 베이스-컬렉터 접합 정전 용량(SPICE)
D_{jD}	드레인 접합 정전 용량
CJE	0 전압 상태의 베이스-이미터 접합 정전 용량(SPICE)
C_{jS}	소스 접합 정전 용량
C_L	부하 정전 용량

C'_{ox}	단위 면적당 산화막 정전 용량
C_{OD}	드레인 중첩 정전 용량
C_{OS}	게이트-소스 중첩 정전 용량
C_{out}	출력 정전 용량
C_{sc}	축적 전하 정전 용량
C_{scBC}	컬렉터-베이스 접합의 축적 전하 정전 용량
C_{scBE}	이미터-베이스 접합의 축적 전하 정전 용량
C_w	배선에 의한 스트레이(stray) 정전 용량
C_μ	하이브리드 파이형 모델에서 컬렉터와 베이스 사이의 정전 용량
C_π	하이브리드 파이형 모델에서 베이스와 이미터 사이의 정전 용량
d	광 공진기의 길이
D_n	전자의 확산 계수
D_{nB}	베이스(npn)에서 전자의 확산 계수
D_p	정공의 확산 계수
D_{pC}	컬렉터(npn)에서의 정공의 확산 계수
D_{pE}	이미터(npn)에서의 정공의 확산 계수
E	에너지
E_a	활성화 에너지(activation energy)
E_0	기준 에너지, 기저 상태 에너지
E_A	억셉터 에너지, 음향 진동자(acoustic phonon) 에너지
E^*_A	유효 억셉터 에너지
E_B	에너지 장벽 높이
E_C	전도대 바닥의 에너지
E_{Cn}	n형 반도체의 전도대 하단 에너지
E_{Cp}	p형 반도체의 전도대 하단 에너지
E_{C0}	비축퇴 도핑 반도체의 전도대 가장자리
ΔE_C	축퇴 도핑으로 인한 전도대 가장자리의 에너지 변화량
E_D	도너 에너지
E^*_D	유효 도너 에너지
E_i	진성(intrinsic) 페르미 에너지 준위
E_f	페르미 에너지 준위
E_{fm}	금속(또는 다결정 Si)의 페르미 에너지 준위
E_{fn}	전자에 대한 유사 페르미 에너지 준위
E_{fp}	정공(hole)에 대한 유사 페르미 에너지 준위
E_{fs}	반도체의 페르미 준위
E_g	밴드 갭 에너지
E_{gn}	n형 반도체의 밴드 갭 에너지
E_{gp}	p형 반도체의 밴드 갭 에너지

E_{g0}	비축퇴 도핑된 반도체의 밴드 갭 에너지
ΔE_g	축퇴 도핑으로 인한 밴드 갭의 에너지 변화량
E_g^*	축퇴 도핑으로 인한 겉보기 밴드 갭 에너지
ΔE_g^*	불순물 유도 겉보기 밴드 갭 감소량
ΔE_{gBE}^*	베이스-이미터 접합의 겉보기 밴드 갭 감소
E_K	운동 에너지(kinetic energy)
E_n	*n*번째 에너지 준위
E_P	위치 에너지(potential energy, 에너지 장벽)
E_{pho}	광학 진동자 에너지(optional phonon energy)
E_{phonon}	진동자 에너지(phonon energy)
E_T	트랩 에너지 준위
E_V	가전자대 상단 에너지
$E_{V\mathrm{bulk}}$	벌크에서의 가전자대 상단 에너지
E_{Vn}	n형 반도체의 가전자대 상단 에너지
E_{Vp}	p형 반도체의 가전자대 상단 에너지
E_{vac}	진공 에너지 준위
$\mathscr{E}$	전계, 참 전계
$\mathscr{E}_L$	종/세로 방향(longitudinal) 전계
$\mathscr{E}_{Lc}$	수평 방향 임계 전계
$\mathscr{E}_e^*$	전자에 대한 유효 전계
$\mathscr{E}_h^*$	정공에 대한 유효 전계
$\mathscr{E}_{\mathrm{max}}$	최대 전계
$\mathscr{E}_T$	횡/가로 방향(transverse) 전계
$\mathscr{E}_{T\mathrm{eff}}$	유효 횡 방향 전계
f	주파수
f_{co}	차단 주파수
$f(E)$	에너지 준위 E가 전자에 의해 점유될 확률
$f_p(E)$	에너지 준위 E가 정공에 의해 점유될 확률
f_T	전류 이득 주파수
F	힘
F_e	전자에 작용하는 힘
FF	충전율(fill factor)
F_h	정공에 작용하는 힘
F_{Hn}	전자에 작용하는 로렌츠(Lorentz) 힘
F_{Hp}	정공에 작용하는 로렌츠 힘
F_L	광속/광 플럭스(photon flux)
F_{Li}	입사광 유속
F_n	전자 유속

FO	팬 아웃
F_p	정공 플럭스
g	중첩/축퇴의 수
$g(v)$	선형(lineshape) 함수
g_d	출력 컨덕턴스
$g_{d\text{sat}}$	포화 상태의 출력 컨덕턴스
g_i	i번째 상태의 축퇴/중첩 수
g_m	트랜스컨덕턴스, 전달 컨덕턴스
$g_{m\text{sat}}$	포화 동작 상태의 트랜스컨덕턴스
G	생성률
G_L	광 생성률
G_n	전자의 생성률
$G_{n(\text{th})}$	열에너지에 의한 전자의 생성률
$G_{n(\text{op})}$	빛에 의한 전자의 생성률
G_p	정공의 생성률
G_P	전이 영역에서의 소신호 컨덕턴스
G_{th}	열 생성률
GTO	게이트 턴-오프 사이리스터(Gate Turn-Off thyristor: GTO)
h	플랑크(Planck) 상수, 이미터 폭
$\hbar$	플랑크 상수($h/2\pi$)
HOT	고차항(higher-order term)
$\hat{i}$	x 방향 단위 벡터
i_b	소신호 베이스 전류
i_c	소신호 컬렉터 전류
i_d	소신호 드레인 전류
i_e	소신호 이미터 전류
i_g	소신호 게이트 전류
I	전류
I_A	양극 전류
I_B	베이스 전류
I_C	컬렉터 전류
I_{C0}	컬렉터-베이스 접합 누설 전류
I_{CT}	컬렉터 전류(Ebers-Moll)
I_D	드레인 전류
I_{dark}	암전류
I_{Dn}	NFET에서의 드레인 전류
I_{Dp}	PFET에서의 드레인 전류
$I_{D\text{sat}}$	드레인 포화 전류

I_{Dsatn} NFET에서의 드레인 포화 전류

I_{Dsatp} PFET에서의 드레인 포화 전류

I_E 이미터 전류

I_{EE} 이미터-접지 누설 전류

I_F 순방향 전류

I_{F0} 순방향 포화 전류(Ebers-Moll)

I_G 게이트 전류

I_K 음극 전류

I_{KF} 순방향 무릎 전류

I_{KR} 역방향 무릎 전류

I_L 암전류를 제외한 광전류

I_m 태양 전지의 동작 전류

I_n 전자에 의한 전류

I_{nC} 이미터로부터 주입되어 베이스를 통과하여 컬렉터에 도달한 전자 전류(npn)

I_{nE} 이미터로부터 베이스로 주입된 전자 전류(npn)

I_0 암전류, 누설 전류

I_p 정공에 의한 전류

I_{pC} 정공에 의한 컬렉터 전류

I'_{pC} B-C 접합에서의 전자-정공 생성에 의한 정공 전류

I''_{pC} 컬렉터로부터 베이스로 주입되어 빠진 정공 전류

I_{pE} 베이스로부터 이미터로 주입된 정공 전류

I_{rec} (베이스에서의) 재결합 전류

I_R 역방향 전류

I_{R0} 역방향 포화 전류(Ebers-Moll)

I_{SC} 단락 전류

j $\sqrt{-1}$

$\hat{j}$ y축 방향의 단위 벡터

J 전류밀도

J_C 컬렉터 전류밀도

$J_{C\max}$ 베이스 확장 현상을 피하기 위한 최대 컬렉터 전류

J_D 공간 전하 영역에서 생성된 광전류

J_{diff} 확산 전류밀도

J_{drift} 드리프트 전류밀도

J_E 이미터 전류밀도

J_{E0} 이미터 포화 전류밀도

J_G 생성 전류(generation current) 밀도

J_{GR} 생성-재결합 전류밀도

J_{GR0} 생성-재결합(generation-recombination)에 의한 포화 전류밀도

J_L	광에 의한 전류밀도
J_n	전자에 의한 전류밀도
J_{nB}	베이스 영역에서의 전자에 의한 확산 전류밀도
$J_{n\text{diff}}$	전자의 확산 전류밀도
$J_{n\text{drift}}$	전자의 드리프트 전류밀도
J_{np}	p형 반도체에서 전자에 의한 전류밀도
J_0	확산 암전류밀도; 확산 누설 전류밀도
J_{pn}	n형 반도체에서 정공에 의한 전류밀도
J_p	정공에 의한 전류밀도
J_{pB}	베이스에서의 정공 전류밀도
J_{pC}	컬렉터에서 정공의 확산에 의한 전류밀도
J_{pE}	이미터에서 정공의 확산에 의한 전류밀도
$J_{p\text{diff}}$	정공의 확산에 의한 전류밀도
$J_{p\text{drift}}$	정공의 드리프트에 의한 전류밀도
J_S	J_0와 J_{GR}의 함수인 누설 전류밀도
$\hat{k}$	z축 방향의 단위 벡터
k	볼츠만(Boltzmann) 상수
K	전자의 파동 벡터, 전파 상수
K_A	음향 포논의 파동 벡터
K_e	전자의 파동 벡터
K_i	입사 입자의 파동 벡터
K_{phn}	포논의 파동 벡터
K_{pht}	광자의 파동 벡터
K_t	투과된 입자의 파동 벡터
K_x	K의 x축 성분
K_y	K의 y축 성분
K_z	K의 z축 성분
$\bar{l}$	평균 자유 거리
L	길이, 채널 길이
ΔL	채널 길이 감소
L_{eff}	유효 채널 길이
L_m	금속학적 채널 길이
L_{min}	짧은 채널 효과가 나타나지 않는 최소 게이트 길이
L_n	전자의 확산 길이, NMOS의 게이트 길이
L_{nB}	베이스에서 전자의 확산 길이(npn)
L_p	정공의 확산 길이, PMOS의 게이트 길이
L_{pE}	이미터에서 정공의 확산 길이
m	질량

m_0	자유 전자의 질량
m^*	유효 질량
m_x^*	x축으로 진행하는 전자의 유효 질량
m_y^*	y축으로 진행하는 전자의 유효 질량
m_z^*	z축으로 진행하는 전자의 유효 질량
m_{ce}^*	전자에 대한 전도 유효 질량
m_{ch}^*	정공에 대한 전도 유효 질량
m_{dse}^*	전자에 대한 에너지 상태 밀도 유효 질량
m_{dsh}^*	정공에 대한 에너지 상태 밀도 유효 질량
m_e^*	전자의 유효 질량
m_h^*	정공의 유효 질량
m_{lh}^*	가벼운 정공(light hole)의 유효 질량
m_{hh}^*	무거운 정공(heavy hole)의 유효 질량
m_{sh}^*	갈라짐 밴드(split-off band)에 있는 정공의 유효 질량
$m_{\parallel}^*$	전자의 종 방향 유효 질량
$m_{\perp}^*$	전자의 횡 방향 유효 질량
M	입자의 질량, 증폭 계수(multiplication factor), 수집 효율
MTTF	평균 고장 시간
n	전자 농도, 보어(Bohr) 모델의 양자수, 굴절 계수, 다이오드의 성능 지수
n_B	베이스에서의 전자 농도
n_{BC}	베이스-컬렉터 재결합 전류 방출 계수
n_{BE}	베이스-이미터 재결합 전류 방출 계수
n_{B0}	(npn) 베이스 영역에서 평형 상태에서의 전자 농도
$n_{B(\mathrm{norm})}$	베이스 영역에서 정규화된(normalized) 열평형 상태의 전자 농도
n^+	높게 도핑된 n형 반도체
Δn	과잉 전자 농도
Δn_B	베이스 영역의 과잉 전자 농도
Δn_p	p형 영역의 과잉 전자 농도
$n(E)$	에너지에 따른 전자의 농도 분포
n_{E0}	이미터에서 전자의 평형 상태 농도
n_i	진성 전자 농도
$n_{\min}$	공간 전하 영역에서의 최소 전자 농도
n_{n0}	n형 반도체에서 평형 상태의 전자 농도
n_p	p형 반도체 내에서의 전자 농도
n_{p0}	p형 물질 내에서의 평형 상태의 전자 농도
n_0	평형 상태에서의 전자 농도
n_s	표면에서의 전자 농도
N_A	억셉터 농도

N'_A	순 억셉터 농도($N_A - N_D$)
N'_{AB}	베이스에서 순 억셉터 농도(npn)
N_C	전도대 내의 전자의 유효 상태 밀도
N_D	도너 농도
N'_D	순 도너 농도($N_D - N_A$)
N'_{DC}	컬렉터에서의 순 도너 농도(npn)
N'_{DE}	이미터에서의 순 도너 농도(npn)
N_{ii}	이온 주입된 불순물 원자의 단위 면적당 개수
N_T	트랩 농도
N_V	가전자대의 정공에 대한 유효 에너지 상태 밀도
O_{op}	양자역학 연산자
p	정공 농도, 고전역학에서의 운동량
p_{ac}	ac 전력
p_B	베이스에서의 정공 농도
p_{B0}	평형 상태에서 베이스 영역의 정공 농도
p_{dc}	dc 전력
p_E	이미터 영역의 정공 농도
p_{E0}	평형 상태에서 이미터 영역의 정공 농도
p_m	주어진 광 입사 조건에서 태양 전지에 의해 생성 가능한 최대 전력
p_n	n형 반도체에서의 정공 농도
p_0	평형 상태의 정공 농도
p_{n0}	n형 반도체에서 평형 상태의 정공 농도
p_{p0}	p형 반도체에서 평형 상태의 정공 농도
p^+	높게 도핑된 p형 반도체
p_{C0}	컬렉터에서 평형 상태의 정공 농도(npn)
Δp	과잉 정공 농도
Δp_C	컬렉터에서의 과잉 정공 농도(npn)
Δp_E	이미터에서의 과잉 정공 농도(npn)
Δp_n	n형 물질 내에서의 과잉 정공 농도
$p(E)$	에너지에 따른 정공의 분포
p_0	평형 상태에서의 정공 농도
$p(x,t)$	확률 밀도
P	하나의 캐리어가 사태 항복으로 전자-정공 쌍을 생성할 확률; 파워
P_{dynamic}	동적 전력 소모
q	전자가 가진 전하량의 절댓값($q = 1.6 \times 10^{-19}$ C); 레이저에서의 종 모드 수
Q	전하량
Q_B	공핍 또는 공간 전하, 베이스에 축적된 전하량
Q_s	축적 전하

Q_{ch}	단위 면적당 채널 전하량(전류 형성에 기여하는 이동 채널 전하)
Q_{chlf}	저전계에서의 채널 전하량
Q_{chmin}	최소 채널 전하
Q_f	산화막 내의 고정 전하
Q_{ii}	단위 면적당 이온 주입된 전하량
Q_{it}	계면에 포획된 전하
Q_m	재생 가능한 축적 전하
Q_{ot}	산화막 포획 전하
Q_{sR}	재생 가능한 축적 전하
Q_{ss}	표면 전하 밀도
Q_V	전하 밀도(단위 체적당 전하)
Q_{VT}	터널링 전하 체적 밀도
r	반경, 위치, 거리
r_b	베이스 기생 저항
r_c	컬렉터 기생 저항
r_e	이미터 기생 저항
r_o	출력 저항
r_n	n번째 에너지 준위의 궤도 반경(Bohr 모델)
r_μ	베이스-이미터 사이의 feedthrough 저항
r_x	미분 입력 저항(BJT)
$\vec{r}$	위치 벡터
R	저항, 재결합률, 반사 계수
$R_\square$	베이스 면 저항
R_B	이미터 아래 부분의 유효 저항; 베이스 저항
R_B'	베이스 접점부터 이미터 가장자리까지의 저항
R_{BD}	드레인-기판 저항
R_{BS}	소스-기판 저항
R_C	컬렉터 저항
R_D	드레인 저항
R_E	이미터 저항
R_H	홀(Hall) 상수
R_{Hn}	전자에 대한 홀 상수
R_{Hp}	정공에 대한 홀 상수
R_L	부하 저항
$R_{\max}$	최대 재결합률
R_n	전자의 재결합률
R_P	정공의 재결합률, 병렬 저항, 천이 구간의 소신호 저항
R_{ph}	감응도

R_S	직렬 저항, 소스 저항
S	게이트 전압 스윙
$S(E)$	상태 밀도
$S_a(E)$	특정 에너지 E_a에서의 상태 밀도
$S_{\min}$	최소 전압 스윙
$S_V(E)$	정공의 상태 밀도
t	시간, 두께
t_{BC}	베이스-컬렉터 영역 통과 시간
t_d	전파 지연 시간
t_{dr}	상승 지연 시간
t_{df}	하강 지연 시간
t_{lh}	low → high 천이 시간
$\bar{t}_n$	전자의 평균 충돌 시간
t_{nii}	이온화된 불순물에 의한 충돌로 인한 전자의 산란(충돌) 시간
t_{nl}	격자 충돌로 인한 전자의 산란 시간
t_{ox}	산화막의 두께
$\bar{t}_p$	정공의 평균 충돌 시간
t_s	축적 시간
t_T	베이스 통과 시간
t_{TF}	순방향 동작 모드에서의 베이스 통과 시간
t_{TR}	역방향 동작 모드에서의 베이스 통과 시간
T	온도, 투과 계수, 주기, 터널링 확률
$T(t)$	파동 함수의 시간 의존도
U_K	블로흐(Bloch) 함수
v	속도
v_a	ac 인가전압
v_{bc}	소신호 베이스-이미터 사이의 소신호 전압
v'_{be}	r_π 양단의 소신호 전압 강하
v_{ce}	컬렉터-이미터 사이의 소신호 전압
v_d	소신호 드레인 전압
v_{dn}	전자의 드리프트 속도
v_{dp}	정공의 드리프트 속도
v_g	그룹 속도, 소신호 전압
$v_{\max}$	최대 속도
v_n	n번째 에너지 준위에 있는 전자의 속도
v_p	위상 속도
v_{sat}	포화 속도
v_{satn}	n형 반도체에서의 포화 속도

v_{satp}	p형 반도체에서의 포화 속도
V	전압
V_a	인가전압
V_A	Early 전압
V_{AF}	순방향 동작 모드에서의 Early 전압
V_{AK}	양극-음극 전압
V_{AR}	역방향 동작 모드의 Early 전압
V_B	기판-소스 전압, 베이스 전압
V_{BE}	베이스-이미터 전압
V_{BF}	순방향 항복 전압
V_{bi}	내부 전압(built-in voltage)
$V_{\text{bi}BC}$	베이스-컬렉터 접합의 내부 전압
$V_{\text{bi}EB}$	베이스-이미터 접합의 내부 전압
V_{BR}	역방향 항복 전압
V_{ch}	채널 전압
V_E	이미터 전압
V_C	컬렉터 전압
V_{CC}	컬렉터 공급 전압(바이폴라 회로)
V_{CE}	컬렉터-이미터 전압
V_{CB}	컬렉터-베이스 전압
V_D	드레인 전압
V_{DD}	드레인 공급 전압(MOSFET 회로)
V_{Dn}	NFET의 드레인 전압
V_{Dp}	PFET의 드레인 전압
V_{DS}	드레인-소스 전압
$V_{D\text{sat}}$	드레인 포화 전압
V_F	순방향 전압
V_{FB}	평탄 밴드 전압
V_{FP}	순방향 피크 전압
V_G	게이트 전압
V_{GS}	게이트 소스 전압
V_H	홀 전압
V_{Hn}	전자의 홀 전압
V_{Hp}	정공의 홀 전압
V_{in}	입력 전압
V_j	접합 전압
V_j^n	n형 영역에 나타나는 접합 전압
V_j^p	p형 영역에 나타나는 접합 전압

V_{jCB} 컬렉터-베이스 접합의 접합 전압
V_{jBE} 이미터-베이스 접합의 접합 전압
V_m 태양 전지의 동작 전압
V_{OC} 개방 전압(open cicuit voltage)
V_{out} 출력 전압
V_ρ 비저항 측정에서의 전압
V_R 역방향 전압
V_S 소스 전압
V_{SS} MOSFET 회로의 소스 인가 전원 전압
V_{sub} 기판 전압
V_T 임계 전압(threshold voltage), 문턱 전압
V_{Tn} NFET의 임계 전압
V_{Tp} PFET의 임계 전압
w 공간 전하 영역의 폭
w_B 기판의 공간 전하 영역의 폭
w_{BC} 베이스-컬렉터 접합의 공간 전하 영역의 폭
w_D 드레인 공간 전하 영역의 폭
w_n n 영역의 공간 전하 영역의 폭
w_p p 영역의 공간 전하 영역의 폭
w_{pEB} 이미터-베이스 접합에서 p 영역의 공간 전하 영역의 폭(npn)
w_{pCB} 컬렉터-베이스 접합에서 p 영역의 공간 전하 영역의 폭
w_s 소스 공간 전하 영역의 폭
w_T 임계 전압 이상이 인가된 경우의 공간 전하 영역의 폭
W 폭, 게이트 폭
W_B 베이스 준중성 영역의 폭
W_{BM} 금속학적 접합과 접합 사이의 베이스 영역의 폭
W_E 이미터 준중성 영역의 폭
W_{EM} 금속학적 접합과 접합 사이의 이미터 영역의 폭
W_n NFET의 게이트 폭
W_{nC} 컬렉터 준중성 영역의 폭(npn)
W_{nCM} 금속학적 접합과 접합 사이의 n형 컬렉터 영역의 폭
W_p PFET의 게이트 폭
W_B 베이스 폭
W_T 터널링 폭
x 위치
x_B^- 베이스-컬렉터 공간 전하 영역의 베이스 쪽 끝점
x_B^+ 베이스-컬렉터 공간 전하 영역의 컬렉터 쪽 끝점
x_n n형 반도체에서 공간 전하 영역의 끝점의 위치

x_0	금속 접합의 위치
x_p	p형 반도체에서 공간 전하 영역의 끝점의 위치
y	위치, 채널과 나란한 방향의 위치
y_{be}	베이스-이미터 사이의 어드미턴스
z	위치
Z_{in}	입력 임피던스
α	베이스-공통(접지) 전류 증폭률, 흡수 계수
α_F	순방향 동작 시 베이스-공통(접지) 전류 증폭률
α_R	역방향 동작 시 베이스-공통(접지) 전류 증폭률
α_T	베이스 전송 효율
β	특정한 시간에 전자가 정공과 재결합할 확률, 이미터-공통(접지) 전류 증폭률
β_{DC}	저주파 전류 증폭률
β_F	순방향 동작 시 이미터-공통(접지) 전류 증폭률
β_R	역방향 동작 시 이미터-공통(접지) 전류 증폭률
γ	이온화 에너지, 주입 효율
γ_n	n형 반도체에서 이온화 에너지
γ_p	p형 반도체에서 이온화 에너지
δ	재활용 가능한 전하 비율
δ_n	전도대와 페르미 준위의 에너지 차이($E_C - E_f$)
δ_p	가전자대와 페르미 준위의 에너지 차이($E_f - E_V$)
ε	유전율
ε_0	자유 공간의 유전율
ε_{ox}	산화막의 유전율
ε_r	상대적 유전율
$\varepsilon_{\text{SiO}_2}$	SiO_2 산화막의 유전율
η	도핑 계수(W_B/l), 전력 변환 효율
η_Q	양자 효율
θ	이동도 변조 계수
θ_{cr}	임계 각
$\theta_\perp$	접합 평면에 수직인 분산 각
$\theta_\parallel$	접합 평면에 수평인 분산 각
λ	파장, 채널 변조 효과 상수(SPICE), 도핑 특성 계수
μ	이동도
μ_H	홀 이동도
μ_{lf}	저전계에서의 이동도
μ_n	전자의 이동도
μ_{nii}	이온화된 불순물과의 충돌에 의해 결정되는 전자의 이동도
μ_{nl}	격자 진동으로 인한 충돌에 의해 결정되는 전자의 이동도

μ_0	횡 방향 전계의 영향을 받는 경우의 영전계(zero-field) 이동도
μ_p	정공의 이동도
ν	주파수
ρ	비저항, 저항 계수
σ	전도도, 전기 전도도
σ_0	열평형 상태의 전기 전도도
σ_n	전자에 의한 전기 전도도
σ_p	정공에 의한 전기 전도도
σ_{pc}	광생성된 캐리어에 의한 전기 전도도
τ_0	평균 수명
τ_D	유전 이완 시간(dielectric relaxation time)
τ_n	전자의 평균 수명
τ_{nB}	베이스 영역에서 전자의 평균 수명(npn)
τ_T	소수 캐리어 천이 시간
τ_p	정공의 평균 수명
τ_{pC}	n형 컬렉터에서 정공의 평균 수명(npn)
τ_{pE}	n형 이미터에서 정공의 평균 수명(npn)
$\tau_{\text{radiative.spont}}$	자발적 광방출에서의 방사성 평균 수명(radiative life time)
ϕ_{ox}	산화막 양단의 전압
$\phi_{\text{ox}}^{\text{th}}$	임계 전압에서 산화막 양단의 전압
ϕ_f	페르미 준위와 진성 페르미 준위의 에너지 차이(in volts)
ϕ_s	표면 전위(in volts)
Φ	일 함수(work function)
Φ_M	금속의 일함수
Φ_n	n형 반도체의 일함수
Φ_p	p형 반도체의 일함수
Φ_s	반도체의 일함수
χ	전자 친화도(electron affinity)
χ_n	n형 반도체의 전자 친화도
χ_p	p형 반도체의 전자 친화도
χ_s	반도체 내에서의 전자 친화도
ψ	시불변 파동 함수
ψ_n	n번째 상태의 시간의 독립적인 파동 함수
ψ_r	반사된 입자의 시간의 독립적인 파동 함수
ψ_t	투과/전달된 입자의 시간의 독립적인 파동 함수
Ψ	파동 함수
ω	각주파수(angular frequency)
ω_{phn}	음향 진동자의 각주파수

APPENDIX C

제조 공정

C.1 서론

여기서는 반도체 산업체에서 사용하는 제조 공정에 관해 간단히 서술하고자 한다. 예를 들면 집적회로는 단일 칩 위에 수백만 개의 트랜지스터를 결합해야 한다. 기하학적 구조를 결정하기 위해 광리소그래피(photolithography) 공정을, 그리고 서로 다른 영역에 n형 또는 p형을 도핑하기 위해 다양한 기술들을 사용한다. 더욱이 금속 또는 다른 도체들을 배선 역할을 하기 위해 배치하여야 하며, 회로의 단락을 방지하기 위해 절연막을 사용하기도 한다. 회로들은 웨이퍼(wafer) 위에 대량 생산된 후 개별 칩들로 잘려져 분할된다. 이 칩들을 실장하여 외부 세계로 연결하며, 마지막으로 패키징 과정을 마무리하여 소자들을 선적한다. 여기서 강조할 부분은 실리콘이다. 모든 공정은 초순수 실리콘의 생산으로부터 시작된다.

C.2 기판 준비

반도체 소자 공정을 위해 산업체는 아주 순도가 높고 결정 결함이 없는 실리콘 결정이 필요하다. 반도체에 인위적으로 다른 원소를 도핑(doping)하지만 이 원소들이 최종적인 소자의 전기적 특성에 영향을 미치기 때문에 이들 원소들의 농도에 대한 정교한 제어가 필요하다. 금이나 구리와 같은 불순물은 밴드 갭 내에 결함 에너지 준위(trap)를 형성하여 결정 내에 캐리어를 포획하여 움직이지 못하도록 할 수 있다.

결정 결함(crystalline defect) 또한 유사한 문제를 발생시킬 수 있다. 댕글링 본드(dangling bond)와 기타 결함 에너지 상태는 캐리어를 포획하거나 재결합 메커니즘을 제공하기도 한다. 캐리어가 재결합할 때 전류 손실이 발생한다.

따라서 전자 소자급(electronic-grade)의 무결함인 순수 실리콘을 생산하기 위해서는 과학뿐 아니라 예술도 필요하다. 여기서 집적회로용 고품질 실리콘을 생산하기 위한 주요 제조 공정을 다루어본다.

C.2.1 원자재

집적회로 기술이 비싸지 않은 이유 중의 하나는 실리콘이 매우 풍부하게 존재하기 때문이다. 실리콘 기판을 제조하는 과정은 실제로 SiO_2(실리카)로부터 시작하는데 이는 모래의 주성분이기도 하다.

실리카 내의 산소를 제거하기 위해서 탄소 분위기 환경에서 약 1800°C로 가열한다. 탄소는 산소와 반응하여 일산화탄소를 생성하고 실리콘을 남기게 된다.

$$SiO_2 + 2C \rightarrow Si + 2CO \tag{C.1}$$

결과물인 실리콘은 약 95%의 순도를 가진다. 이 순도가 야금용으로는 적절할지라도 전자 소자용으로는 지나치게 많은 불순물을 포함하고 있다.

다음으로 이 실리콘을 염산과 반응시킨다. 실리콘은 염소와 반응하여 4염화 실리콘($SiCl_4$) 또는 3염화수소 실리콘을 생성하는데 이들은 모두 액체 상태이다.

$$Si + 4HCl \rightarrow SiCl_4 + 2H_2 \tag{C.2}$$

$$Si + 3HCl \rightarrow SiHCl_3 + H_2 \tag{C.3}$$

철분을 포함한 다른 불순물도 역시 염소와 반응하며 이들 화합물은 증류하여 제거할 수 있다. 서로 다른 온도에서 여러 단계의 증류 과정 후에 실리콘-염소 화합물은 다음 단계에 사용될 만큼 충분한 순도(약 99.99999% 순도)가 확보된다.

초순수 $SiCl_4$ 또는 $SiHCl_3$는 수소와 반응하여 아래와 같은 반응을 거쳐 Si을 생성한다.

$$SiCl_4 + 2H_2 \rightarrow Si + 4HCl \tag{C.4}$$

실리콘은 자연적으로 다이아몬드 결정 구조를 형성하지만 이 단계에서는 다결정 실리콘 상태이다. 다음 단계에서는 이 다결정 실리콘으로부터 단결정의 무결함 실리콘 결정을 성장하게 된다. 단결정의 실리콘을 얻는 과정에서도 산소와 탄소 등의 불순물이 유입되기도 한다.

C.2.2 결정 성장

큰 단결정 실리콘을 얻기 위한 과정은 단결정 씨앗(seed)을 사용하여 시작한다. 이 단결정 씨앗의 방향은 정밀하게 조정하여 표면이 (111) 또는 (100)의 특별한 결정면이 되도록 한다. 이렇게 하여 성장한 큰 실리콘 결정도 동일한 결정 방향을 가지게 된다.

단결정 실리콘 결정 잉곳(ingot)을 성장하기 위해 일반적으로 사용되는 방법은 **초크랄스키 방법(Czochralski method)**이다. 여기서는 그림 C.1에 설명한 것과 같이 씨앗 결정을 실리콘이 용융 상태로 있는 도가니에 살짝 담근다. 용융된 실리콘은 도핑된 실리콘 시료를 만들기 위해 용융 상태에 n형 또는 p형을 도핑할 수도 있다. 씨앗 결정을 서서히 끌어올리면 씨앗 결정 부근의 용융된 실리콘이 냉각되면서 씨앗 결정 위에 결정화되면서, 결정이 아래로 그리고 외부로 성장하게 된다. 이 과정에서 씨앗 결정이 효과적으로 확장되며 이들 새로 성장된 재료들은 씨앗 결정의 외연을 확장시키게 된다. 점차 실리콘 결정 덩어리의 직경이 커지는데 씨앗 결정을 당겨 올리는 속도에 의존한다. 성장된 결정이 필요로 하는 직경이 되었을 때 직경이 일정하게 유지되도록 당겨 올리는 속도를 조절한다.

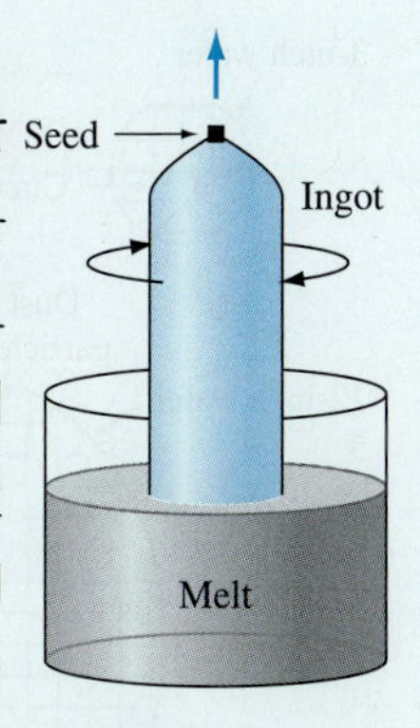

그림 C.1
초크랄스키 방법에서는 순수한 실리콘 용융액으로부터 씨앗 결정이 천천히 당겨 올려진다.

그런데 이 결정 성장 과정은 매우 정밀하게 조절하여야 한다. 끌어 올리는 속도가 느려지면 결정이 굵어지며 속도가 빠른 경우 결정 덩어리의 직경이 작아진다. 결정의 균일도를 개선하기 위해서는 성장 과정에서 회전을 하게 된다. 더욱이 결정 결함을 제거하기 위해서는 (시간당 약 50 mm 정도로) 느리게 결정 성장이 이루어지도록 해야 하며, 온도도 주의해서 통제하여야 한다. 이 과정은 어렵지만 오랜 시간 동안 연구 개발되었다. 실제로 실리콘 제조 공정에 대한 시대별 프로필 사진은 기판(웨이퍼)의 크기로 나타내는 것이 일감이다. 아주 초기에는 단지 1 또는 2인치 직경의 실리콘 결정 성장이 이루어졌고, 1970년대에 3인치 직경의 기판이 등장했다. 20세기 후반에는 200 mm(8인치)가 일반적으로 사용되었고 300 mm(12인치)도 생산되고 있었다.

기판이 크다는 것은 그만큼 경제성이 높다는 것을 의미한다. 수백만 개의 트랜지스터가 집적된 마이크로프로세서와 같은 초고집적회로(VLSI: very large scale IC)를 생각해보기로 한다. 그림 C.2a에 나타낸 바와 같이 기판의 크기가 클수록 더 많은 회로가 만들어질 수 있으며, 따라서 공정 측면에서 보면 보다 경제성이 높다. 그림 C.2b는 130개의 완전한 회로(16 MB DRAM)를 가진 200 mm 기판을 나타내고 있다.

제조 공정 중에 기판 위에 작은 먼지 조각이 떨어지는 경우를 생각해보자. 먼지 조각은 한 번에 많은 수의 트랜지스터를 망가뜨릴 수도 있지만, 단지 한 개의 트랜지스터라도 파괴되면 전체 회로를 버려야 한다. 작은 웨이퍼에서 12개의 회로 중 한 개가 불량일 경우 양호한 소자의 수율(yield)은 약 92%이다. 큰 기판에서는 단위 면적당 먼지에 의한 오염의 밀도가 동일할 경우, 더 많은 회로를 잃게 되지만, 수율은 현격히 증가된다. 그림에 나타낸 예에서, 큰 기판에 4개의 불량 회로가 있지만 아직도 98% 이상의 수율을 보여주고 있다.

더욱이 3인치 기판의 경우에도 12인치와 같은 횟수로 오븐(가열 장치)을 가열하고 동일한 횟수로 공정을 수행해야 하므로 규모의 경제성이 매우 크다. 부정적인 효과로는 전체 제조 라인이 특별한 기판의 크기에 맞추어 설계되어야 한다는 점이다. 오븐의 관(tube)

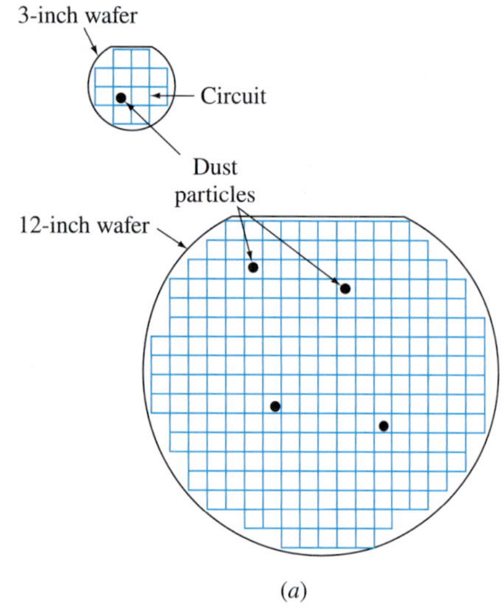

그림 C.2 (a) 웨이퍼가 클수록 더 많은 회로를 포함하며 따라서 더 경제적인 공정이 된다. (b) 16 MB DRAM 칩을 가진 200 mm 웨이퍼. [(b) © John Madere/Fuse/Getty 사진]

이나 기판을 지지하는 이송 장치(boat)를 포함한 모든 것이 기판의 크기에 맞추어져야 한다. 따라서 특정한 제조 라인을 개선하는 일은 매우 큰 비용이 소요된다.

적절한 직경의 단결정 실리콘을 성장하는 또 다른 방법은 **부유 영역 공정(float-zone process)**이다. 이 방법은 초크랄스키 법에 비해 고순도의 재료를 얻을 수 있다. 이 방법에서는 막대형 다결정 실리콘으로 시작한다. 이 막대형 재료는 그림 C.3에서 보는 바와 같이 수직 방향으로 고정된다. 여기에 RF 코일 또는 가열 장치가 다결정 실리콘 잉곳을 따라 이동하면서 국부적으로 용융 상태가 되도록 한다. 가열된 영역이 이동함에 따라 용융된 다결정 실리콘의 한쪽 끝은 용융되기 시작하고 다른 한쪽 끝은 재결정화된다. 그러나 이 재료가 고체화됨에 따라 오염 물질은 우선적으로 고체화 영역보다는 액화 상태로 된 영역에 남게 된다. 이것은 불순물의 분리 계수(segregation coefficient)에 의해 조절된다. 분리 계수는 특정 물질이 고체 상태로 변한 양과 다른 상태로 액체 상태에 남아 있는 물질의 비율을 의미한다.

액체로 된 영역이 이동함에 따라 불순물도 같은 방향으로 이송된다. 실리콘 잉곳이 충분한 순도를 가질 수 있도록 수회에 걸쳐 이 과정을 반복하게 된다. 불순물은 마지막으로 남은 끝 부분에 농축되어 있으므로 이 부분을 잘라서 버리게 된다.

부유 영역 공정은 초크랄스키 공정에 의해 훨씬 비싸다. 그리고 큰 직경의 영역을 액체 상태로 유지하는 것이 매우 어려우므로 초크랄스키 방법에 비해 결정의 직경은 훨씬 작다. 원석(boule)이 완성되면 웨이퍼로 잘라서 연마 과정을 거치게 된다.

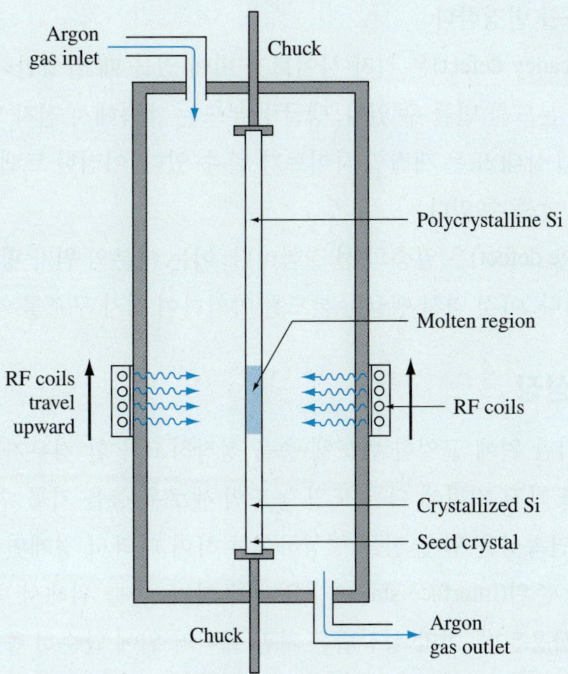

그림 C.3 부유 영역 공정. 용융된 영역이 원석을 따라 이동한다. 용융된 영역의 꼬리 부분이 냉각됨에 따라 불순물은 우선적으로 용융액에 남고 액화 영역을 따라 이동하여 끝 부분으로 가며, 거기에서 이 부분은 잘라서 버린다. 이 공정은 일반적으로 여러 번 반복된다.

C.2.3 결정 결함

실리콘 결정은 매우 순도가 높아야 하지만, 또한 결정 결함이 없어야 한다. 그림 C.4는 발생할 수 있는 세 가지 일반적인 결정 결함을 보여준다. 많은 다른 종류들도 있다.

격자 간 결함(interstitial defect)은 추가 원자가 결정에 삽입될 때 발생한다. 하지만 꼭 인접 원자에 구속되지는 않는다. 그러나 격자를 왜곡하여 국지적으로 주기성을 방해하고

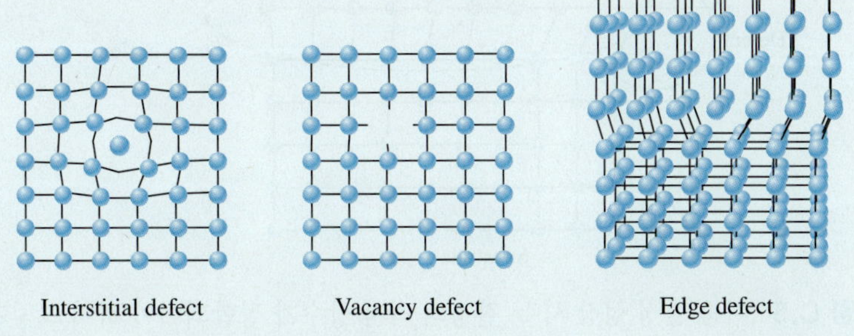

그림 C.4 몇 가지 단순한 결정 결함. 격자 간 결함과 결점 결함은 점 형태의 결함(point defect)으로 알려져 있으며, 가장자리 결함은 선 형태의 결정 결함이다.

에너지 밴드 구조를 변경한다.

결점 결함(vacancy defect)은 격자 사이트가 비어 있을 때 발생한다. 이것은 격자를 왜곡시키고 댕글링 본드를 만들 수 있다. 댕글링 본드는 계속해서 전자 또는 정공을 당겨 들일 수 있어서 트랩 상태 또는 재결합 사이트가 될 수 있다. 이러한 트랩은 캐리어를 모으고 시편의 전도도를 낮출 수 있다.

에지 결함(edge defect)은 일종의 선 결함이다. 이는 여분의 원자 평면이 격자에 존재하다가 갑자기 끝난다. 이것 역시 댕글링 본드를 야기하여 격자 구조를 왜곡시킨다.

C.2.4 박막 성장

때로는 반도체 기판 위에 균일한 반도체 층을 성장하고자 할 경우가 있다. 예를 들면 특정한 도핑 농도를 가진 기판에 다른 도핑 농도의 새로운 층을 기를 수 있다. 새로운 반도체 층은 기판과 연속성을 띤 결정을 형성하여야 하며 따라서 경계면에 캐리어를 포획할 결함이나 경계면 준위(interface states)가 없어야 한다. 이를 위해서 박막 성장(에피택시, epitaxy) 기법이 사용된다. 박막 성장법은 기판 웨이퍼 위에 단순히 증착되는 것이 아니라 기판을 일종의 씨앗 결정으로 활용하여 그 위에 얇은 층의 결정을 성장한다.

격자 정합 반도체에서는 이종 접합(heterojunction)을 만들 필요가 있다. 즉 반도체 위에 다른 종류의 결정을 올려야 한다. 예를 들면 두 개의 InGaP 층 사이에 InP 층이 끼워져 있는 이종 접합을 만들려고 할 수 있다. InGaP 기판을 구입할 수 없으므로 이것과 격자 상수가 정합되며 구할 수 있는 기판을 이용해서 시작해야 한다.

격자 정합(lattice matching)은 두 반도체 재료의 격자 상수가 가능한 한 거의 같아야 한다. 그림 C.5에 나타낸 바와 같이 기판 위에 결정을 성장하고자 할 때 어떤 일이 발생할지

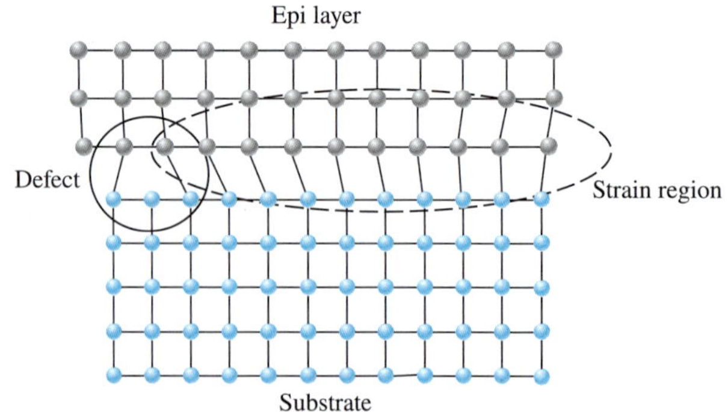

그림 C.5 이종 결정 성장 시 두 결정의 격자 상수가 정합되어야 하며 그렇지 않으면 결함이 생긴다. 격자 상수가 다를 경우 한 층에 변형력이 작용하는데, 이로 인해 재료의 주기성과 그에 따른 에너지 갭 특성에 변화가 생긴다.

를 고려해보라. 위층은 다소 큰 격자 상수를 가진다. 표면에 원자가 안착하면 결정 구조에 맞추려고 시도하게 되면서 그들은 아래층의 원자들과 결합하게 된다. 위층 재료의 원자가 일반적으로 좀 더 멀리 떨어져 있으므로 두 재료의 격자 상수가 일치하지 않으면 결정 결함이 발생하게 된다.

또한 결정 결함이 발생하지 않는 곳에서도 접합 부근에는 격자 사이에 변형력(strain)이 존재하게 된다. 박막층은 기판과 정합을 이루기 위해 약간 늘어나거나 또는 압축이 되기도 한다. 이 변형력이 부분적으로 박막층의 격자 상수를 변하게 하며 이로 인해서 밴드갭에 영향을 미치기도 한다. 박막층의 두께가 두꺼워짐에 따라 원자들은 그들의 원래의 간격으로 배열하게 되며 그 층은 오직 경계면에서만 변형력을 받게 된다.

반면에 박막층의 두께가 얇은 상태에서 다시 기판과 같은 재료의 층이 성장되면 바깥층은 변형된 형태로 박막층을 유지하게 될 것이다. 결정 성장 기술이 보다 고도로 발전되면서 공학도들은 변형력을 이용하는 박막 성장 및 이 결과를 이용한 밴드 갭 엔지니어링(band-gap engineering)을 통한 새로운 소자 개발에 대한 연구를 꾸준히 확대하고 있다.

다시 원래의 예로 돌아가면, InGaP-InP-InGaP의 이중 이종 접합 구조(double heterostructure)를 성장하고자 할 때 쉽게 구할 수 있는 InP 기판으로 시작할 수 있다. 기판 위의 첫 층으로 InGaP 층을, 그리고 InP 층을, 그다음에 InGaP 표층을 성장하게 된다.

그림 C.6은 많이 사용되는 몇 종류의 반도체 결정 격자 상수를 보여주고 있다. 두 2원소 화합물(binary compound)을 연결하는 선은 3원소 화합물(ternary compound)을 의미한다. 예를 들어 GaAs와 InAs를 연결하는 선을 따라가면서 $In_xGa_{1-x}As$에 대한 격자 상수와 밴드 갭을 구할 수 있다. 여기서 x는 Ga에 대한 In의 성분비를 의미한다. 화합물

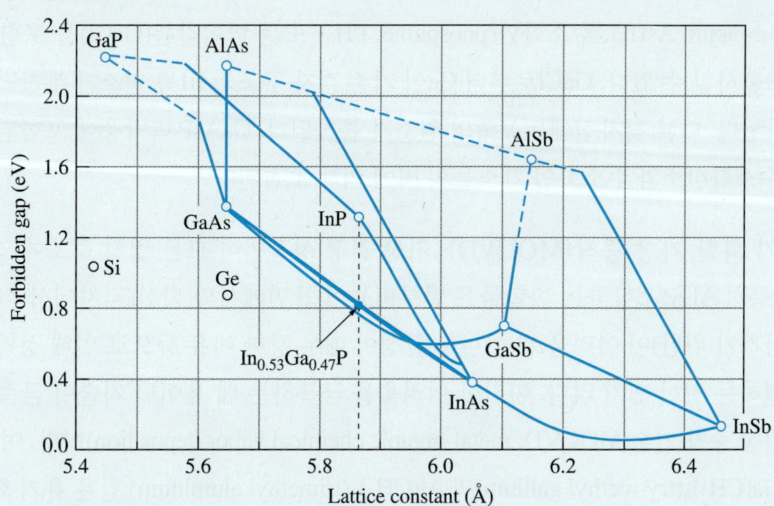

그림 C.6 몇 가지 일반 화합물 반도체의 에너지 갭과 격자 상수. 3원소 화합물 반도체인 $In_{0.53}Ga_{0.47}As$는 InP와 격자 정합됨을 알 수 있다.

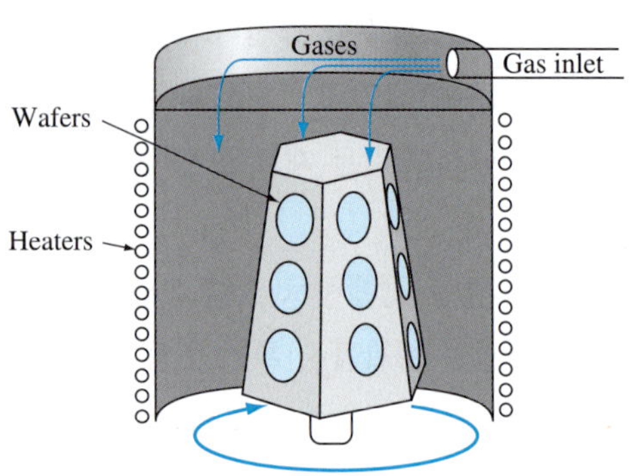

그림 C.7 기상 성장(VPE)에서는 물질이 기체 형태로 주입된다.

$In_{0.53}Ga_{0.47}As$는 InP와 격자 상수가 정확히 일치하며 가장 널리 사용되는 이종 접합이 되었다.

기상 성장(VPE: vapor-phase epitaxy) 기체 상태 박막 성장 또는 화학적 기상 증착(CVD: chemical vapor deposition)은 실리콘 위에 실리콘 층을 성장하는 가장 일반적인 기술이다. 실리콘 기판을 그림 C.7에 나타낸 바와 같이 저압실(chamber)에 놓고 $SiCl_4$와 같은 기체를 포함하는 분위기에 노출시킨다. 기판을 약 1200°C로 가열하면

$$SiCl_4 + 2H_2 \rightarrow Si + 4HCl \tag{C.5}$$

의 반응이 일어나게 된다. 이 반응에 의해 생성된 실리콘이 결정의 표면에 흡착되고 결정이 성장하게 된다.

VPE는 III-V족 화합물 반도체를 성장하는 데에도 사용된다. 예를 들면 GaAs 기판을 수소화비소(arsin, AsH_3), 수소화인(phosphine, PH_3) 또는 염화갈륨(GaCl)을 포함하는 분위기에 노출시킬 수 있다. GaCl로부터 Ga이 기존 격자 구조의 III족 원소가 부착되는 격자점에 흡착된다. 다른 격자점에는 V족의 원소가 흡착된다. GaAsP 박막층에 포함된 As와 P의 비는 수소화비소와 수소화인 가스들의 비에 의해 조절된다.

금속-유기 화학 기상 증착(MOCVD) 기상 결정 성장법이 모든 결정 구조에 적합하지는 않다. 특히 Al을 포함하는 화합물은 알루미늄이 표면에서의 확산(격자에서 적합한 위치를 찾아가기 위한)이 어려울 뿐 아니라 활성이 매우 강한 이유 등으로 인해 정확히 성분비를 조절하는 것이 쉽지 않다. 이러한 어려움을 극복하는 데 용이한 기술이 금속-유기물 화학적 기상 증착 기술(MOCVD: metal-organic chemical vapor deposition)이다. 여기서 Ga과 Al은 $Ga(CH_3)_3$(try-methyl gallium)과 $Al(CH_3)_3$(trimethyl aluminum) 같은 유기 화합물로 공급되며, As와 P은 앞에서와 같이 AsH_3와 PH_3의 형태로 공급된다. MOCVD는 단원자층(monolayer, 원자 1층의 두께)의 결정 성장도 가능해져서 성분비를 임의로 바꿀 수 있으며

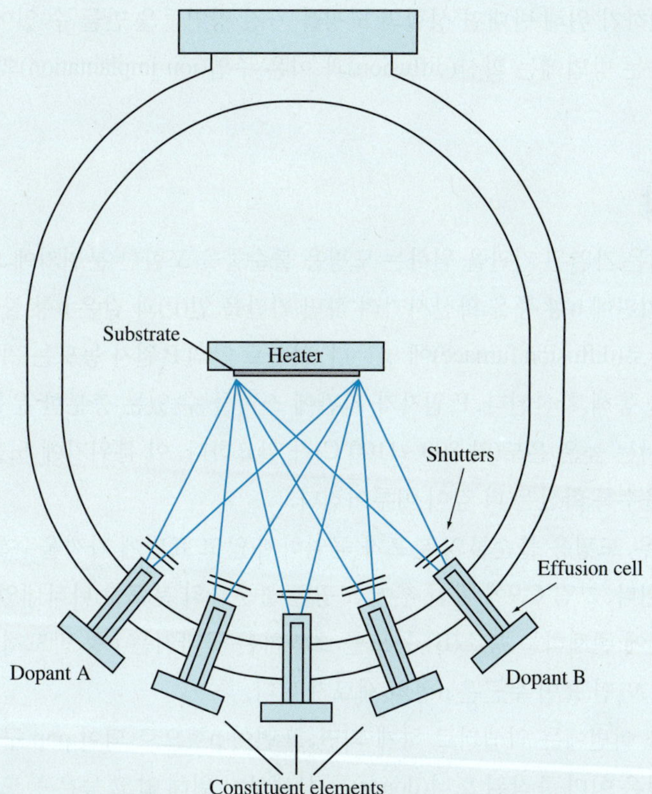

그림 C.8 분자선 결정 성장법(MBE)의 개념도. (출처: S.K. Ghandi, *VLSI Fabrication Principle: Silicon and Gallium Asernide*, 2nd ed., p. 294, John Wiley and Sons, 1994.)

매우 정확하게 제어할 수 있다.

분자선 성장(MBE: molecular beam epitaxy) 박막 결정 성장에서 매우 다양한 용도를 가진 성장법으로 **분자선 성장**(MBE) 기술이 있다. 이것은 고체 상태의 결정 성장 기술의 하나로 생각할 수 있다. 각각의 원소(또는 도핑 물질)를 분리된 도가니(crucible)에 담아 고진공 상태의 MBE 기계에 넣고 각각을 가열한다. 원자들이 증발하게 되면, 기판에 도달하여 증착된다. 각각의 도가니의 문을 열고 닫을 수 있어 그림 C.8에 나타낸 바와 같이 결정층의 성분비를 바꿀 수 있다.

MBE도 역시 단원자층의 성장이 가능할 정도로 매우 정교한 조절이 가능한 성장 기술이다.

C.3 도핑

기판은 단지 n형 또는 p형(또는 진성)일 수도 있지만 집적회로 공학도는 다이오드나 트랜지스터를 구현하기 위해 반대편 성질의 도핑을 가진 영역들을 만들 수 있어야 한다. 기존 기판을 도핑하는 방법에는 확산(diffusion)과 이온 주입(ion implantation)의 두 가지 주요 기술이 있다.

C.3.1 확산

확산 공정에서는 가열된 기판을 원하는 도핑용 불순물을 포함한 분위기에 노출시킨다. 예를 들면, p형 기판에 n형 층을 확산시키려 하면 기판을 인(P)과 같은 n형 불순물의 가스를 포함하는 확산로(diffusion furnace)에 넣는다. 확산로 안의 P 원자 농도는 기판보다 높아서 기판의 표면을 통해 확산된다. P 원자가 기판에 스며들 수 있는 충분한 운동 에너지를 갖게 하기 위해서는 높은 온도(약 800 ~ 1100°C)가 필요하다. 이 분위기에 노출된 시간이 길고 온도가 높을수록 확산은 더 깊이 이루어진다.

확산의 경우, 도핑용 불순물의 분포가 균일하지 않고 표면에 가까울수록 보다 높은 농도를 가지게 된다. 그림 C.9에 확산 후에 도핑한 불순물의 분포를 나타내었다. 인(P)의 농도가 p형 기판에 존재하는 붕소(B) 농도를 초과하는 곳까지는 p형 반도체임을 기억하기 바란다. $N_D > N_A$인 표면 부근은 n형의 재료가 된다.

2차 확산을 이번에는 억셉터로 하게 되면, 표면이 p형으로 되어 pnp 구조를 형성하게 된다. 2차 확산은 이미 증착된 도너(donor)를 상쇄하기 위해 얇고 높은 농도로 이루어져야 한다. 더구나 2차 확산을 위해 기판을 가열할 때 1차 확산에서 주입된 도너 원자가 반도체로 더욱 확산될 수도 있다.

확산은 반도체에 불순물을 주입하기 위해 가장 널리 사용되는 방법은 아니지만, 반도체 제조 과정에서 여러 공정이 고온에서 이루어지는데 기판이 가열될 때마다 반도체 내의 불순물은 종류를 막론하고 항상 농도가 낮은 쪽으로 확산되게 된다.

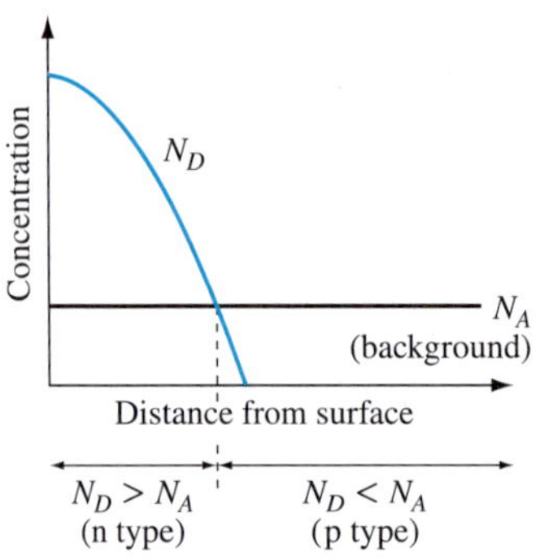

그림 C.9 p형 기판에 인을 확산시킨 후의 도펀트 분포도.

C.3.2 이온 주입

보다 널리 사용되는 반도체 도핑 공정은 이온 주입이다. 이 방법은 필요한 불순물이 이온의 상태로 기판 쪽으로 가속된다. 이 이온들은 수 keV에서 MeV 범위의 높은 운동 에너지를 갖는다. 이들은 표면으로 주입될 정도로 큰 에너지를 갖고 결정에 도달한다. 침투 깊이(penetration depth)는 실리콘 격자 상수의 1800배 정도에 해당하는 μm 단위도 될 수 있다. 이 공정은 실리콘에 상당한 손상을 끼쳐서 결합이 깨지거나 원자가 이탈하기도 한다. 따라서 이온 주입 후에는 반드시 풀림(annealing) 공정이 있다. 깨어진 결합을 고치고 또 위치 이동이 용이하도록 결정을 가열한다. 이 공정을 통해 원래의 결정 형태로 재구성하여 결정성을 회복하도록 한다.

그림 C.10은 쌍극 트랜지스터의 도핑 분포를 나타내고 있다. 이 소자는 BiCMOS(쌍극 트랜지스터와 CMOS 트랜지스터를 사용하는 집적회로) 기술을 사용하여 제작된다. 농도 분포는 2차 이온 질량 분석기(SIMS: secondary ion mass spectroscopy)에 의해 측정되었다. 이는 표면으로부터의 깊이의 함수로 도핑 농도 분포를 측정한다. 도핑은 보통 이온 주입한다.

깊은 곳의 반도체 층은 높게 도핑된 n형(n^+) 영역으로 "매립층(buried layer)"인데 큰 전기 전도도를 가진다. 이 층은 실리콘 내에서의 확산 속도가 느린 안티몬(Sb)으로 도핑되어 있으며 이후의 도핑에 사용되는 붕소나 인에 비해 1/10 정도로 느린 확산 특성을 가지고 있다. 따라서 안티몬은 이후의 공정이 이루어지는 동안 원자의 이동이 그리 심각하지 않다. n층은 트랜지스터의 **컬렉터(collector)** 층으로서 인으로 도핑되어 있다. 그다음에 p형 베이스(붕소)가 이온 주입된다. 마지막으로, 표면층인 **이미터(emitter)**는 도너 농도가 억셉터 농도를 능가하도록 아주 높게 도핑되어 있다. 여기서 비소(As)가 종종 이미터 불순물로 사용되는데 이는 인(P)에 비해 이미터-베이스 접합을 보다 균일하게 형성하기 때문이다. 표면에는 도핑 불순물이 함유된 산화막이 있는데 이것 또한 **SIMS** 분석도에 나타난다.

C.4 리소그래피

트랜지스터와 다이오드를 구현하기 위해서는 기판 전체가 아니라 따로 분리된 영역에만 도핑을 수행해야 할 필요가 있다. 또한 소자에 접점과 배선을 형성해야 할 필요도 있다. 여기서는 반도체 위에 리소그래피(lithograhpy, 패턴 형성 기술)를 통해 어떻게 작고 정교한 구조를 형성하는지에 대해 설명하고자 한다. 리소그래피에서는 정교하게 정해진 형상을 가진 마스크(mask)가 여러 공정에 있어서 기판의 일정 부분을 가리기 위해 사용된다.

간단하게 다이오드를 어떻게 만드는지 살펴보자(그림 C.11). 그림 C.11a에 나타낸 바

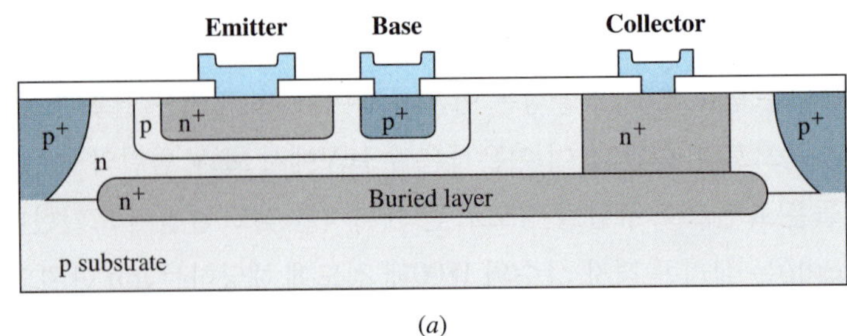

(a)

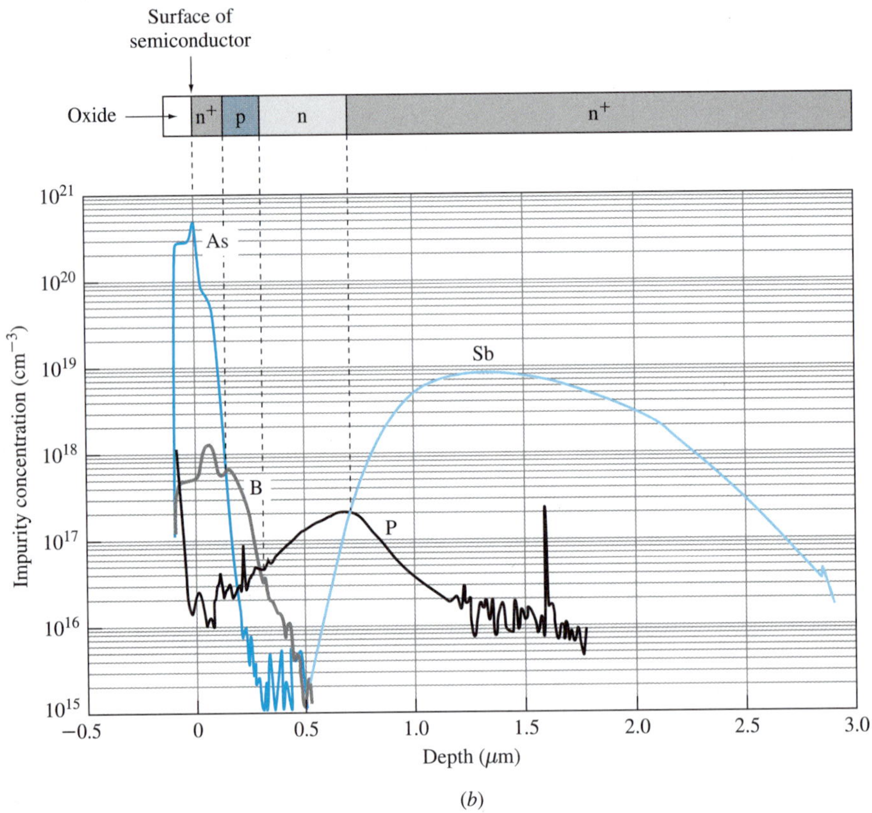

(b)

그림 C.10 (a) npn 쌍극 트랜지스터의 단면 구조. (b) 도핑 농도를 나타내는 SIMS 분포도. (출처: IBM) SIMS 분석은 금속 배선 공정이 이루어지기 전에 수행되었으며 현재 상태로는 표면에 산화막이 있다.

와 같이 p형 기판을 산화막 그리고 그 위에 **감광막(photoresist)**으로 덮는다. 감광막은 감광성의 유기 화합물인데 기판에 스핀코팅으로 도포한다. 빛에 노출될 경우 화학적 반응을 일으킨다. 양성(positive)의 감광막은 현상액(developer)에 담그면 빛에 노출된 부분이 제거된다. 음성(negative)의 감광막은 빛에 노출되지 않은 부분이 현상액에 의해 제거된다. 마스크를 사용하면 마스크의 투명한 부분만 빛에 노출된다. 그 후 감광막을 현상하면 감광막에 구멍이 뚫리게 된다.

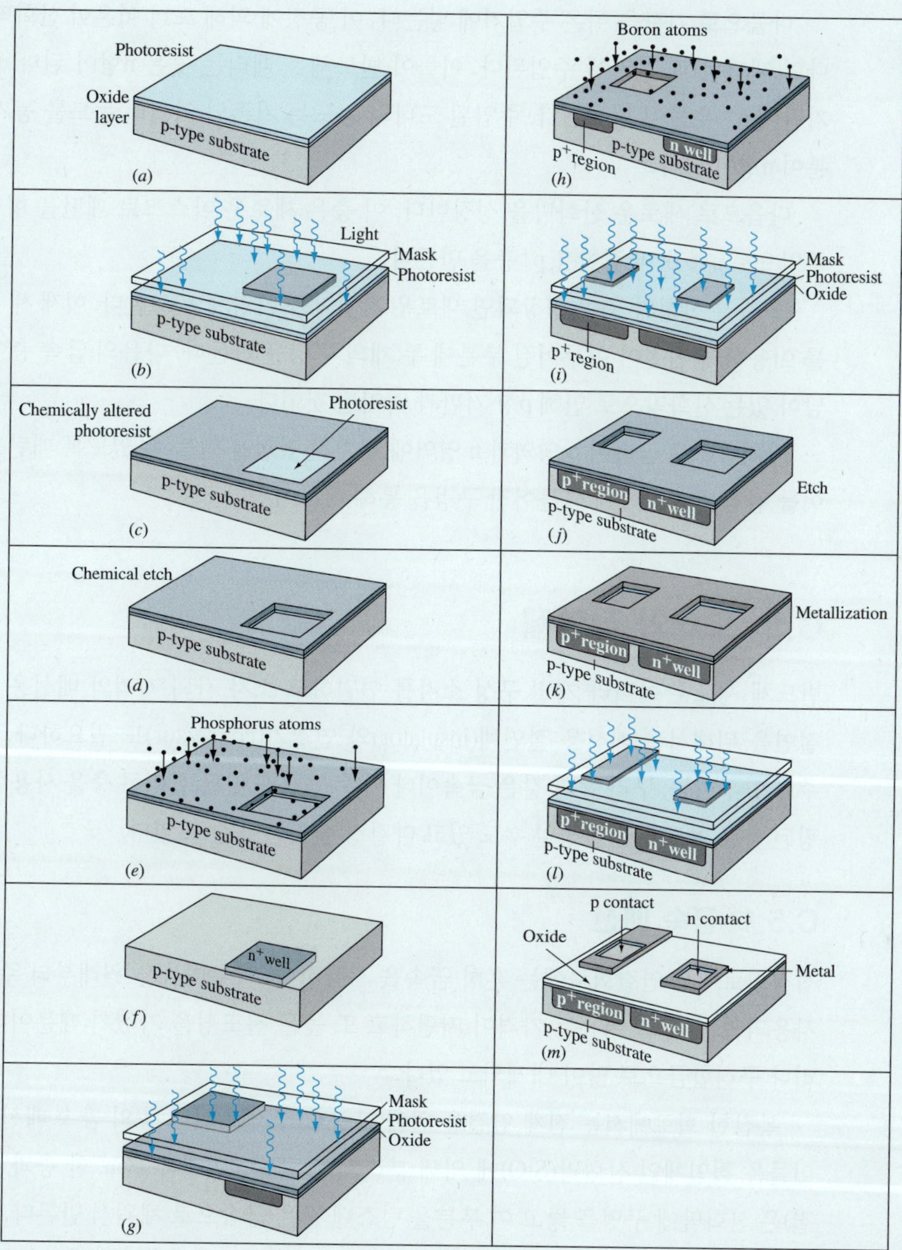

그림 C.11 다이오드를 만드는 데 광 리소그래피 공정이 사용된다. (a) 산화막을 성장하고 감광막을 도포한다. (b) 마스크를 통해 빛에 노출시킨다. (c) 빛에 노출된 부분의 감광막은 화학 구조가 변한다. (d) 노출된 감광막과 그 아래의 산화막 층을 식각한다. (e) 인을 이온 주입하면 (f)에 나타난 것처럼 n^+ 구조가 남는다. (g)에서는 새로운 산화막 층이 증착되고 산화막에 구멍을 뚫기 위한 마스크가 사용된다. (h) 두 번째 이온 주입 공정으로 접점용 p^+층을 형성한다. (i) 세 번째 마스크를 사용하여 산화막에 패턴을 형성한다. (j) 접점용 구멍을 식각한다. (k) 한 층의 금속을 전 웨이퍼상에 증착한다. (l) 또 다른 마스크를 사용하여 금속에 패턴을 형성한다. (m) 최종 소자는 n형 영역과 p형 기판에 두 개의 접점을 가진다.

다음으로 기판을 이온 주입기에 넣는다. 이 공정에 의해 도너 이온이 산화막(공정이 끝나면 제거됨)과 기판에 주입된다. 이들이 반도체를 때리는 곳은 n형이 된다. 이 경우 p형 기판에 n^+ 우물이 형성된다. 주입된 도너의 농도는 기존의 억셉터 농도를 능가해야 이 부분이 n형이 된다.

다음으로 새로운 산화막을 성장한다. 이 층은 새로운 마스크로 패턴을 형성하여 이온 주입으로 p형 오믹 접합용 p^+층을 만든다.

또 다른 산화막 층이 성장되면 새로운 감광막을 기판에 도포한다. 이제 세 번째 마스크를 이용하여 접점이 이루어질 부분에 두 개의 구멍을 만든다. 다음의 금속 층이 증착될 때 남아 있는 산화막으로 인해 p형 기판과 격리될 것이다.

마지막으로 금속이 p 영역과 n 영역에 전기적 접점을 만들 수 있도록 패턴을 형성한다. 이들 접점은 산화막에 만들어진 구멍을 통해 이루어진다.

C.5 도체와 절연체

반도체 재료뿐 아니라 개별 구성 소자를 연결하고 소자 간의 격리와 배선용 전극 사이의 절연을 위해서는 배선용 절연체(insulator)와 연결기(connector)도 필요하다. 도체는 보통 주로 알루미늄, 구리 등과 같은 금속이나 아주 높게 도핑된 실리콘 층을 사용한다. 높게 도핑된 층은 반도체 단결정일 수도 있고 다결정 실리콘일 수도 있다.

C.5.1 금속 배선

집적회로에서 연결회로에는 흔히 금속을 사용한다. 알루미늄은 원래부터 주요 금속으로 사용되었는데, 그 이유는 가격이 저렴하고 또 높은 전도성을 가졌기 때문이다. 요즘은 구리나 구리합금으로 많이 대체되고 있다.

복잡한 회로에서는 전체 연결을 위해 그림 C.12처럼 여러 층의 금속 배선이 필요하다. 이들은 절연체인 산화막(SiO)에 의해 분리되며, 금속 "연결홈"(via, 한 층과 다른 층을 연결)은 산화막에 구멍을 뚫고 이 부분을 텅스텐 같은 금속으로 채워서 만든다.

최근에는 최상층의 배선용 금속으로 구리가 알루미늄을 대체하고 있다. 알루미늄은 전기적 원자 이동(electromigration)을 나타내는데, 도체를 따라 이동하는 전자의 큰 운동 에너지에 의해 알루미늄 원자가 떨어져 나가는 현상이다. 시간이 경과함에 따라 충분한 양의 알루미늄이 이동하게 되어 공백이 생기거나 교량이 생기는 현상을 초래한다. 구리 원자는 상대적으로 무거워서 전기적 원자 이동 현상에 영향을 덜 받게 된다.

금(Au)도 배선에 사용되는데 특히 GaAs에 많이 사용된다. 금이 실리콘에서 사용될 수도 있지만 다른 금속 층과 조합을 이루어야 한다. 금은 실리콘으로 쉽게 확산되어 금지대

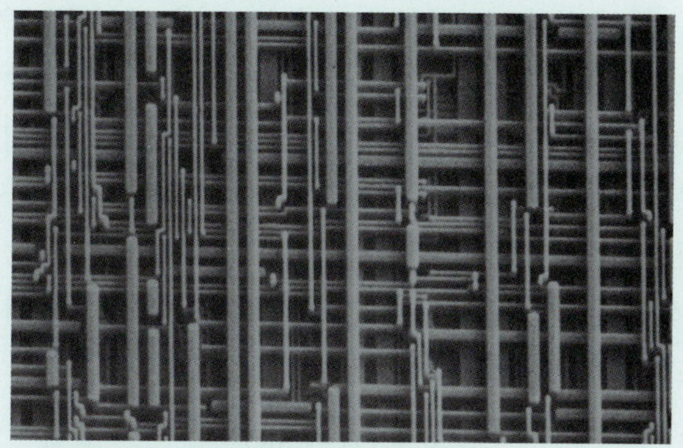

그림 C.12 집적회로의 금속 배선에 대한 주사형 전자 현미경 사진. 배선을 보기 위해 금속을 제외한 모든 재료는 제거하였다. (Avago Technologies 제공.)

역의 중간에 트랩(deep trap)을 형성하여 반도체의 전기적 특성을 망칠 수 있다.

C.5.2 다결정 실리콘

축퇴 도핑(degenerately doped) 실리콘의 전기 전도도는 매우 우수하며 따라서 배선으로 사용할 수 있다. 예를 들면 높게 도핑된 층은 칩 위의 다른 구조물 사이에 수평 방향으로 캐리어를 이동시키는 데 사용할 수 있다. 그림 C.10의 쌍극 접합 트랜지스터에 있는 n형 매립층(buried layer)은 이미터 하단의 컬렉터 영역에서 컬렉터 전극으로 전자가 흐르게 한다.

다결정 실리콘은 표면에서 종종 배선용 도체처럼 사용된다. 다결정 실리콘은 SiH_4 (silane)의 열분해 과정에 의해 증착되며 그 반응 과정은

$$SiH_4 \rightarrow Si + 2H_2 \tag{C.6}$$

을 통해 이루어진다.

실리콘이 증착되더라도 증착이 이루어질 때의 지배적인 조건으로 인해 단결정 성장 대신 다결정체를 형성하게 된다. 일반적으로 전도도가 그렇게 높지는 않지만 다결정 실리콘(poly Si)을 도핑하면 높은 전도도를 가질 수 있어서 MOS 제조 기술에서 게이트 전극 등과 같이 VLSI 구조에 사용하기 적합하게 된다. 다결정 실리콘 층은 또한 낮은 접촉 저항을 확보하기 위해 실리콘 기판과 금속 사이의 계면 층으로 사용되기도 한다.

C.5.3 산화 공정

실리콘 산화막은 전기적 절연체이며 칩 내의 다양한 구조물을 전기적으로 격리하는 데 사용된다. 실리콘이 가장 널리 사용되는 이유는 실리콘이 산소에 노출되기만 하면 항상 실리콘 산화막을 형성하여 "자연(native)" 산화막을 형성하기 쉽기 때문이다.

실리콘 산화막은 특정 영역을 확산이나 심지어는 이온 주입 공정으로부터 보호하는 용도로 사용할 수 있다. SiO_2 층은 광 리소그래피에 의해 패턴을 형성할 수 있으며 산화막에 형성된 구멍을 통해 확산이나 이온 주입이 이루어지게 된다. 산화막이 충분히 두꺼우면 도핑용 불순물은 실리콘의 보호막을 통과할 수 없다. 다행스럽게도 붕소나 인, 안티몬 등은 SiO_2 내에서의 확산 계수가 실리콘에서보다 훨씬 작다.

산화 과정은 습식 또는 건식 공정을 통해 수행될 수 있다. 건식 산화 공정(dry process)에서는 기판을 건조한 O_2에 노출하며 이때의 화학 반응은

$$Si + O_2 \rightarrow SiO_2 \tag{C.7}$$

에 의해 이루어진다. 반면에 습식 산화 공정에서는 수증기를 통해 산소가 공급되며 화학 반응은

$$Si + H_2O \rightarrow SiO_2 + H_2 \tag{C.8}$$

에 의해 이루어진다. 반응 속도는 온도에 의해 조절된다. 일반적인 온도는 900 ~ 1200°C이다. 습식 공정은 상당히 빠르게 이루어지며, 건식 공정은 실리콘과 산화막 사이에 보다 양질의 계면을 만든다. 따라서 건식 공정으로 얇은 산화막을 성장한 후 연속하여 습식 산화 공정으로 두꺼운 층을 형성한다.

산화 공정을 시작할 때, 첫 번째 산소 원자는 실리콘 표면과 반응한다. 그러나 산화가 진행됨에 따라 Si-SiO_2의 경계면에서 추가로 SiO_2 층의 성장이 이루어지는데, 이는 거기에 더 많은 실리콘 원자가 있어 반응이 일어나기 때문이다. 따라서 그림 C.13과 같이 산화막이 자라면서 실리콘이 소모된다. 기판 표면이 상승함에 따라(원료가 더해지기 때문에) 실리콘 면은 아래로 내려간다. 이들의 비는 거의 같다.

산화막은 성장하는 대신에 증착할 수도 있다. 하지만 화학증착법(CVD)이나 스퍼터링(sputtering)과 같은 증착 기술은 열적 산화 공정처럼 양질의 산화막-실리콘 경계면을 주지 못한다.

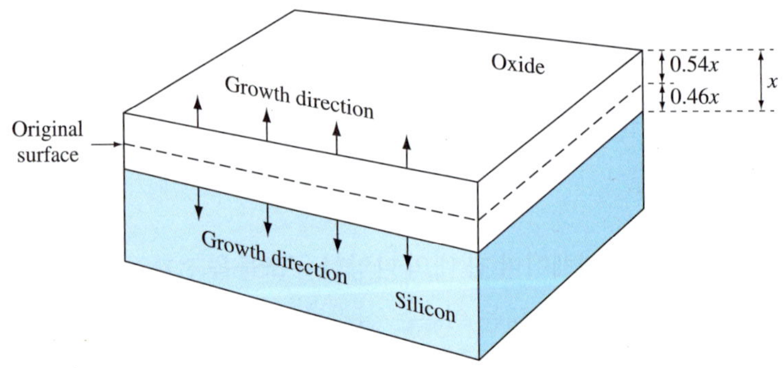

그림 C.13 산화막은 성장하면서 위쪽과 실리콘 안쪽인 아래쪽으로도 확장된다.

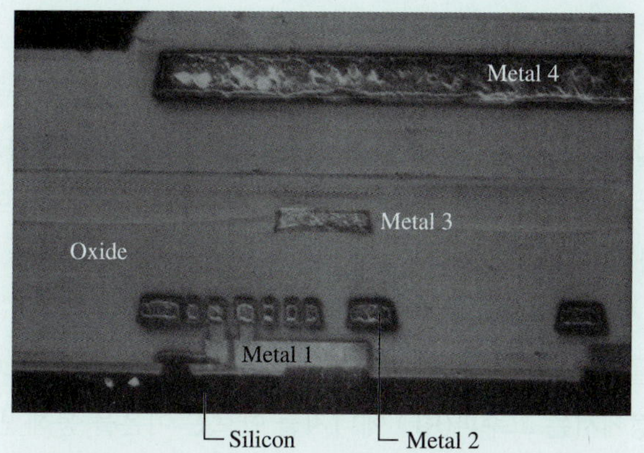

그림 C.14 표면에 다결정 실리콘 배선과 그 위로 산화막으로 분리된 네 금속 층이 있는 칩의 단면도. 산화막 층은 화학기계연마(CMP)를 이용하여 평탄화한다. (Avago Technologies 제공.)

산화막은 그림 C.14의 단면에 나타낸 바와 같이 여러 금속 층 사이를 격리하는 데도 사용된다. 여기에는 다결정 실리콘의 표면 배선층도 존재하며 다른 금속 층(Metal 1)으로 연결된다. Metal 2 층은 면의 안쪽으로 향하는 여러 선으로 되어 있다. Metal 2의 일부는 아래쪽에 있는 구조물과 일부 겹침이 있음도 주목하기 바란다. 금속이 단애면(표면 산화물에서 보는 것처럼)에 걸쳐서 증착되는 것을 방지하기 위하여, 낮은 부분에 산화막을 키워서 화학-기계 연마(CMP)를 이용해 평탄화(planarization) 공정을 해준다. 평탄화 능력은 복잡한 IC 생산을 위해 매우 중요한 발전의 계기가 되었다.

산화 공정에 대해 마지막으로 언급할 내용은 산화 반응은 빠르고 쉽게 일어난다는 것이며 이는 실리콘 기판이 대기 중에 노출되자마자 심지어는 상온에서도 즉시 산화막이 성장되기 시작함을 의미한다. 따라서 기판을 한 공정에서 다른 공정으로 옮길 때에도 매우 주의를 기울여야 하며, 그렇지 않으면 다음 공정을 시작하기 전에 산화막을 식각(etching)해 제거해야 할 수도 있다.

C.5.4 실리콘 질화물

실리콘 제조 공정에 널리 사용되는 또 하나의 절연 재료는 실리콘 질화물(silicon nitride) Si_3N_4이다. 질화막은 산화막에 비해 훨씬 더 밀도가 높으며 따라서 침투 저항력이 강하여 물이나 염분과 같은 빠른 확산물질을 대응하는 데 도움이 된다. 이런 이유로 칩이 완성된 후에 Si_3N_4을 최종 보호막으로 사용하여 주변 환경으로부터 칩을 보호한다. 실리콘 질화물은 또한 제조 공정에서 확산이나 이온 주입 공정의 차단층으로 사용되기도 한다.

질화 규소막은 $SiCl_2H_2$(dichlorosilane)과 암모니아 가스(NH_3)를 사용하여 액상화학증착(liguid-phase chemical-vapor deposition, LPCVD) 공정으로 증착할 수 있다.

$$3SiCl_2H_2 + 4NH_3 \rightarrow Si_3N_4 + 6HCl + 6H_2 \tag{C.9}$$

이 공정은 700 ~ 800°C의 고온에서 수행된다. 그러나 질화물을 최종 비활성화막이나 보호막으로 사용할 때 고온 공정을 사용할 수 없음을 상기하기 바란다. 온도가 상승할 때마다 도핑 물질들이 확산할 것을 기억하라. 더 중요하게도, 금속 전극으로 사용된 알루미늄은 660°C에 녹아내린다.

그러므로 비활성화막을 형성하기 위해서는 저온 공정이 필요하며 실레인(SiH_4)과 암모니아를 아르곤 플라즈마 내에서 반응시키는 플라즈마 향상 CVD(PECVD)를 사용할 수 있다. PECVD 공정에서는 고주파(RF) 에너지를 아르곤 이온을 통해 반응 물질에 전달하고 반응을 촉진시킨다.

$$SiH_4 + NH_3 \rightarrow SiNH + 3H_2 \tag{C.10}$$

PECVD 공정의 경우 실리콘 질화물 박막은 화학완전결합체가 아니어서 수소의 함량이 다를 수 있다.

C.6 실리콘 산화질화물(SIO_xN_y OR SION)

질소는 종종 MOSFET의 게이트 유전체로 사용되는 SiO_2에 함유된다. 질소와 산소는 2N 대 3O의 비율로 교환된다. SiO_2에 비하여 SiON의 가장 큰 장점은 Si 채널에 있는 도핑 원자(예, 보론)가 게이트 유전체로 확산되는 것을 억제한다는 것이다. 또한 SiO_2보다 유전 상수가 더 크므로, 주어진 게이트 커패시턴스에 대해 더 두꺼운 게이트 유전체를 허용하므로, 게이트-채널 사이 전자 터널링을 감소시킨다. 그러나 전자 터널링은 식 (C.11)(터널링이 밴드 갭에 의존하는 것을 명시적으로 나타내기 위해, 식 (C.11)에서 전자가 밴드 갭 에너지 중앙에서 터널링한다고 가정한다)에 대략적으로 나타낸 바와 같이 감소된 밴드 갭에 의해 부분적으로 상쇄되어 증가한다.

$$P \approx e^{-\frac{2}{\hbar}\sqrt{\frac{m^* E_g}{2}}t} \tag{C.11}$$

주어진 터널링 확률 P에 대해, 감소된 유전체 밴드 갭 Eg는 더 큰 유전체 두께 t를 요구한다.

그림 C.15는 SiON의 유전 상수 및 밴드 갭을 질소 함유량의 함수로 나타낸 것이다. 실제로 유전 상수≈5.5인 약 50% SiO_2에 해당하는 값이 사용된다.

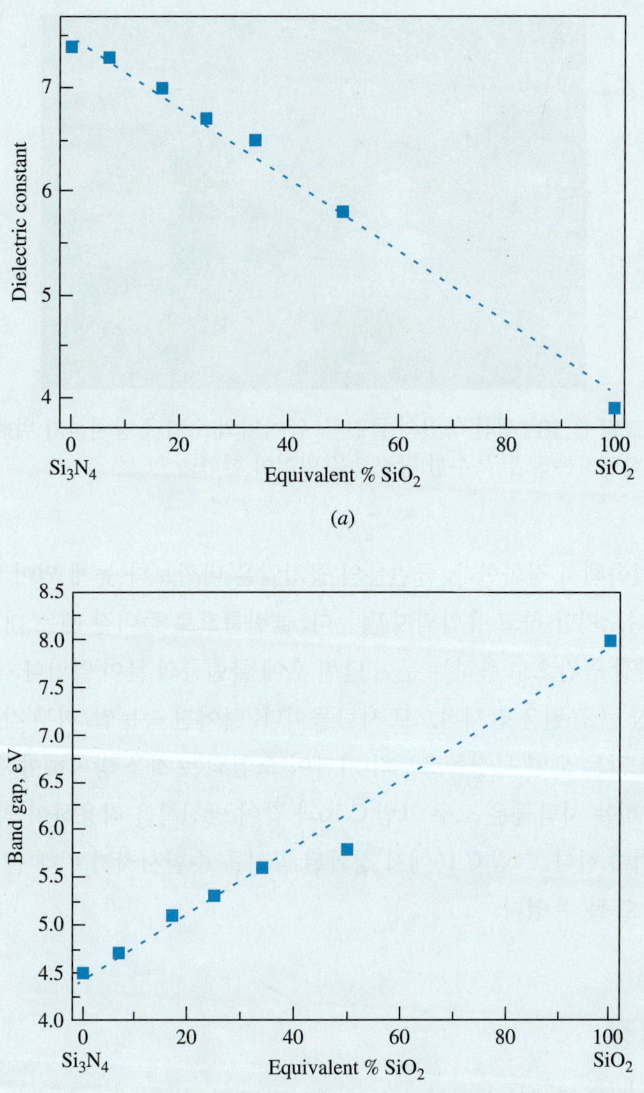

그림 C.15 질소 함유량의 함수로 나타낸 SiON의 (a) 유전 상수 그리고 (b) 밴드 갭. 출처: M. L. Green et. al., "Ultrathin (<4 nm) SiO_2 and Si-O-N gate dielectric layers for silicon microelectronics: Understanding the processing, structure and physical electrical limits," *Journal of Applied Physics*, 90, no. 5, pp. 2057–2121, 2001.

C.7 클린룸

모든 제조 공정들은 청정도에 대한 요구는 절대적이다. 모든 집적회로 공정은 오염 물질을 감소시키기 위해 특수하게 설계된 "클린룸(clean room)"에서 수행된다. 대량의 여과 장

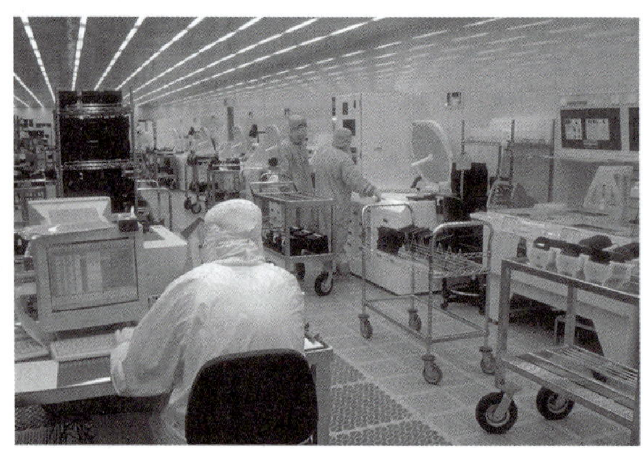

그림 C.16 생산 라인의 클린룸. 웨이퍼의 오염을 방지하기 위해 작업자는 모두 특수한 방진복을 입어야 한다.

치가 공기를 연속해서 정화한다. 클린룸의 공기압은 바깥보다 높게 되어 있으며 문이 열릴 때 공기가 나오기만 하고 유입되지 않는다. 클린룸으로 들어갈 때는 대기실(anteroom)을 거치는데 바깥 공간으로 통하는 문이 닫힌 후에 클린룸의 문이 열린다.

오염의 가장 큰 근원은 잠재적으로 사람들이다. 떨어진 속눈썹, 피부 각질 그리고 아주 작아서 보이지 않는 오염 물질들로부터 기판이 오염되는 것을 방지해야 한다. 따라서 클린룸에서 작업하는 사람들은 모두 그림 C.16과 같이 방진복을 착용하여 의복, 피부, 모발, 신발 등을 가려야 한다. 그림 C.16에서 정화된 공기를 순환시키기 위해 클린룸 바닥에 만들어놓은 구멍도 볼 수 있다.

C.8 패키징

칩이 완성되면 외부 세계와 연결하기 위해 패키징/포장(packaging)을 해야 한다. 집적회로는 웨이퍼 상태로 웨이퍼 전체에 걸쳐 단계별로 반복하면서 전기적 동작 시험을 거치게 된다. 각 구성 회로의 시험이 끝나면 동작 불량인 곳에 잉크로 표시를 한다.

웨이퍼를 작은 개별 칩으로 분리하는데 이것은 절단(sawing 또는 dicing) 공정을 통해 이루어진다. 절단 공정에서 웨이퍼는 다이아몬드 촉(tip)을 이용하여 금을 긋는다. 웨이퍼를 부드러운 소재 위에 두고 살짝 구부리며 양쪽으로 당겨서 실리콘 결정이 갈라지게(cleaving) 한다. 고장 난(잉크 표시된) 소자들은 버린다.

다음으로 작동하는 부품들을 헤더(header, 칩 고정용 소품)에 부착한다. 대체로 웨이퍼의 후면이 전극의 하나로 사용되므로, 장착 과정에서 헤더와 전기적 연결을 하여야 한다. 대표적 예로 전도성 에폭시, 땜납 또는 공융 접착(eutectic bond)을 이용한다. 공융 접착에서는 금을 웨이퍼의 후면에 증착한다. 칩을 헤더에 눌러 밀착한 상태에서 가열하고 초음파 에너지를 인가한다. 이렇게 하면 실리콘-금 합금이 형성되어 칩이 헤더에 부착된다.

C.8.1 와이어 본딩

개별 칩들은 외곽에 일련의 본딩 패드(bonding pad)를 가지고 있다. 본딩 패드는 그림 C.17a에 나타낸 것과 같이 대면적(100 ~ 250 μm 정도의 정사각형으로 칩 수준으로 보면 크다) 전극이다. 아주 가는(직경이 15 ~ 75 μm로서 외부와 비교하면 아주 가느다란[1]) 선이 이들 패드에 연결된다. 이 선들이 패키지의 단자(lead)들과 연결하는 데 사용된다.

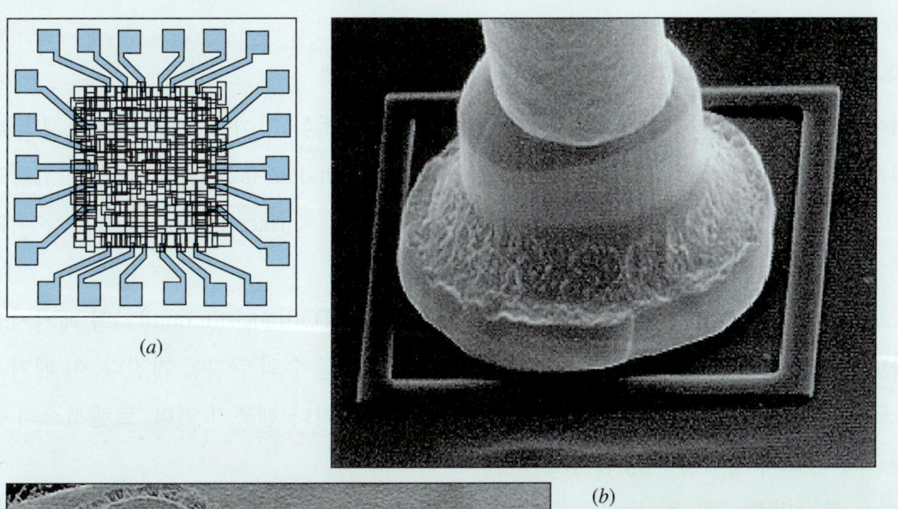
(a) (b)

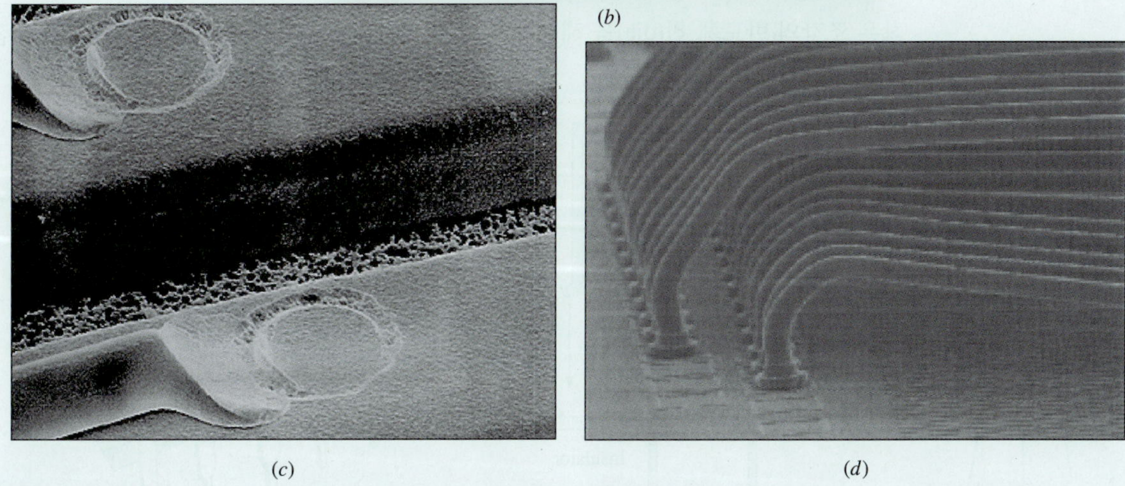
(c) (d)

그림 C.17 (a) 칩은 외곽에 와이어 본딩을 할 수 있는 본딩 패드를 가진다. (b) 볼 본드. (c) 웨지 본드. (d) 볼 본드의 행렬. (b-d. Intersil Corporation 사진 사용 허용.)

1) 사람 머리카락의 직경은 약 60 ~ 100 μm이다.

와이어 본드의 두 가지 주요 유형은 볼 본드(ball bonding) 및 웨지 본드(wedge bonding)이다. 볼 본드에서는, 와이어를 모세관 형태의 관을 통해 본딩 패드로 가져간다. 이 관을 가열하면 와이어의 끝이 전기 스파크에 의해 녹게 된다. 그림 C.17b에 나타낸 바와 같이 이 녹은 와이어를 패드에 눌러서 볼을 형성하면 패드와 우수한 전기적 접촉을 형성하게 된다. 웨지 본드(그림 C.17c)는 초음파(ultrasound) 진동(녹이는 대신)과 압력을 결합하여 접촉을 형성한다. 초음파는 와이어 금속이 흐르도록 하고 압력은 금속 접합 패드와 본딩을 이루도록 한다. 초음파에 의한 진동은 또한 표면에 남아 있는 산화막을 와이어가 털어내도록(scrub) 한다.

그림 C.17d에 나타낸 바와 같이 볼 본딩 기계로 많은 본딩을 병렬로 가공할 수 있다.

C.8.2 리드 프레임

와이어 본드의 또 다른 목적은 패키지의 각 단자로 연결하는 것이다. 패키지에는 개별 트랜지스터용 TO형 캔(can)으로부터 이중 배선 패키지(DIP: dual-in-line package), 초고집적 회로 기판을 위한 볼 배열(BGA: ball grid array) 표면 실장(surface-mount) 패키지 등 여러 형태가 있다.

그림 C.18a는 개별 트랜지스터용으로 널리 사용되는 TO(transistor outline)형 패키지를 나타내고 있다. TO형 패키지는 크기가 다양하고 각기 다른 수의 단자를 가진다. 이 패키지가 LED나 레이저 또는 광검출기에 사용될 때는 캔에 창이나 렌즈가 있다. 트랜지스터 종류인 경우는 고체 금속을 사용한다.

작은 조각의 반도체 칩(die)을 헤더에 부착하고 하나씩 단자와 와이어 본딩을 한다. 접

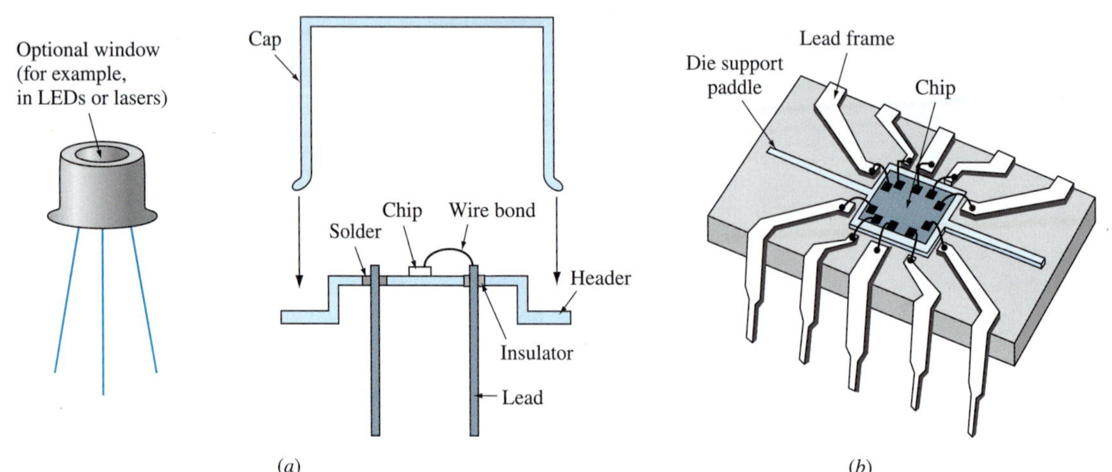

그림 C.18 (a) 개별 소자 패키지에 사용되는 TO형 패키지(LED나 광검출기에는 창이 뚫려 있다). (b) 이중 배선 패키지(DIP)형 리드 프레임.

지용 전극은 종종 칩의 아랫면을 통해 만들어지며 그에 해당하는 단자는 패키지용 캔 전체와 연결된다. 다른 단자들은 캔과 전기적으로 절연이 되도록 한다.

그림 C.18b에 있는 익숙한 이중 배선 패키지(DIP)는 여러 개의 단자를 갖는 리드 프레임(lead frame)을 포함하고 있다. 칩이 지지대에 장착되고 단자와 와이어 본딩을 한다. 이것이 마무리되면 에폭시 수지(대체로 검은색 패키지)로 밀봉을 하거나 또는 극한 환경에 사용하기 위해서는 금속 뚜껑을 사용하여 기밀 봉인(hermetically sealed)을 하기도 한다.

C.8.3 표면 실장 패키지

DIP와 TO형 패키지는 회로 기판에 구멍을 뚫어 단자를 고정하고 연결하는 관통형 (through-hole mount) 기술의 단지 두 가지 예이다. 다른 부류의 패키지는 표면 실장

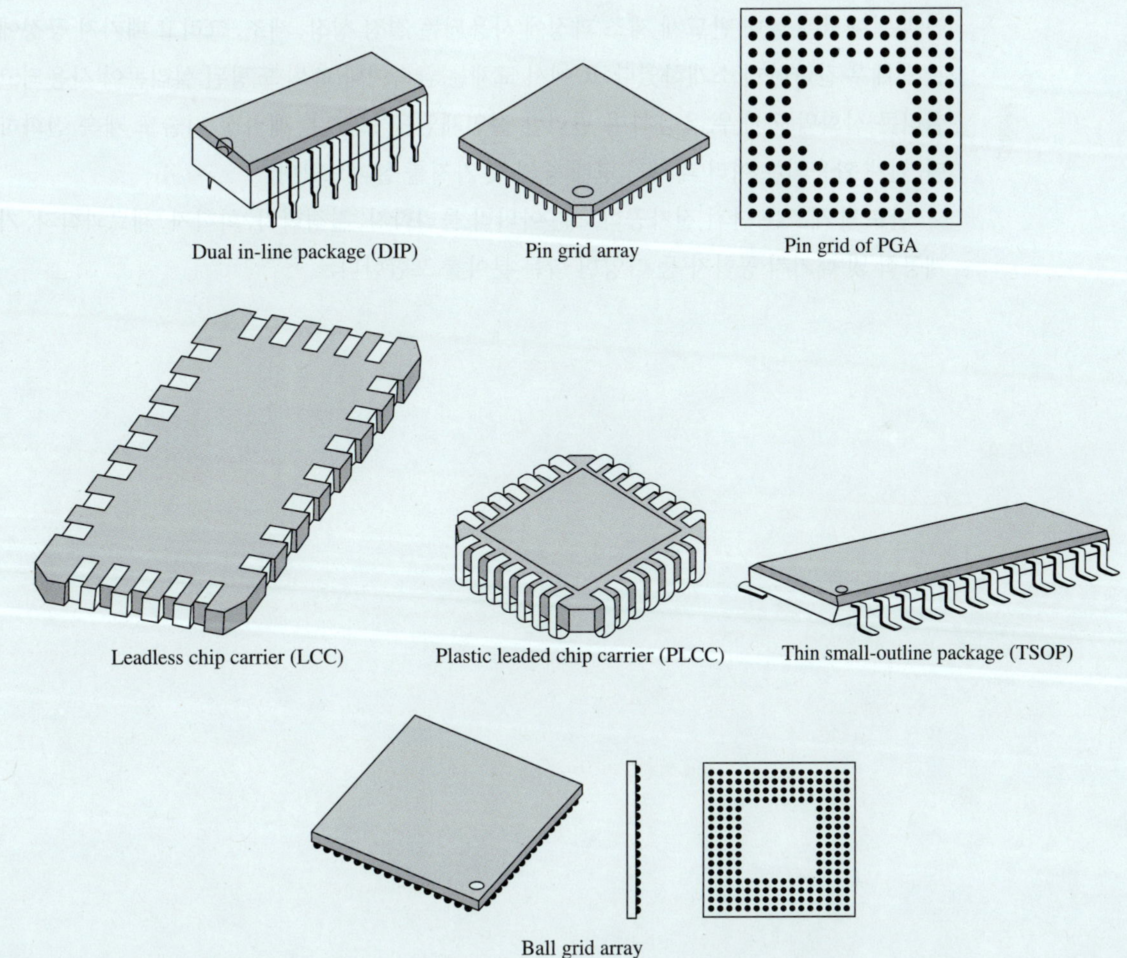

그림 C.19 다양한 종류의 집적회로 패키지. DIP와 PGA는 관통형 장착 패키지이고 다른 종류는 회로 기판의 표면 실장이 가능한 구조이다.

(surface-mount)형인데, 이 기술은 단자들을 칩의 표면에 있는 전극에다 납땜하거나 부착한다. 예로써 그림 C.19와 같이, 선이 없는 칩 운반자(LCC: leadless chip carrier), 얇은 소형 패키지(TSOP: thin small-outline package), 그리고 볼 그리드 배열(BGA) 등이 이에 속한다. LCC는 소자의 모서리 부분에 접촉 패드를 가지고 있어서 회로 기판과 직접 접촉을 이룬다. 이것이 변형된 형태로 선이 있는 칩 운반자가 있는데, 패키지의 아래쪽에 굽어 있는 단자(글자 J 모양을 한 J형 단자)가 있어서 그런 방식으로 접촉을 이룬다. TSOP의 경우는 갈매기 날개(gull wing)처럼 단자가 외곽으로 휘어져 있다. BGA의 경우 아주 촘촘한 패키지가 가능하다.

C.9 요약

이 부록에서는 현대 반도체 제조 과정에 사용되는 결정 성장, 제조, 그리고 패키지 공정에 관해 매우 간략하게 소개하였다. IC에서 도체는 금속이나 축퇴 도핑된 실리콘이 사용되고 실리콘 산화막도 매우 유용하며 편리한 절연체임을 보았다. 패키징 기술도 계속 진화하며, 현재 활용되는 여러 패키지 형태 중의 몇 가지를 살펴보았다.

반도체 제조는 단지 전자공학도뿐 아니라 물리학자, 결정학자, 화학자, 재료과학자, 기계공학 및 패키지 공학자 등 다양한 학문 분야를 포함한다.

APPENDIX D

유용한 적분식

$$y_n = \int_0^\infty x^n e^{-ax^2} \, dx$$

for $a > 0$

n even	n odd
$y_0 = \frac{1}{2}\sqrt{\frac{\pi}{a}}$	$y_1 = \frac{1}{2a}$
$y_2 = \frac{1}{4}\sqrt{\frac{\pi}{a^3}}$	$y_3 = \frac{1}{2a^3}$
$y_4 = \frac{3}{8}\sqrt{\frac{\pi}{a^5}}$	$y_5 = \frac{1}{a^3}$

$$y_n = \int_0^\infty x^n e^{-ax} \, dx = \frac{\Gamma(n+1)}{a^{n+1}}$$

for $n > -1$, $a > 0$

$y_0 = \frac{1}{a}$	$y_{-1/2} = \sqrt{\frac{\pi}{a}}$
$y_1 = \frac{1}{a^2}$	$y_{1/2} = \frac{1}{2}\sqrt{\frac{\pi}{a^3}}$
$y_2 = \frac{2}{a^3}$	$y_{3/2} = \frac{3}{4}\sqrt{\frac{\pi}{a^5}}$

$\Gamma_{(n+1)} = n!$	if n is an integer
$\Gamma_{1/2} = \sqrt{\pi}$	
$\Gamma_{(n+1)} = n\Gamma_n$	if $n > 0$

$$\int x^m e^{ax} \, dx = \frac{x^m e^{ax}}{a} - \frac{m}{a} \int x^{m-1} e^{ax} \, dx$$

APPENDIX E

유용한 관계식

일반 물리 관계식

$$\mathscr{E} = -\frac{dV}{dx}$$

$$C = \frac{\varepsilon A}{t}$$

$$\Psi(x,t) = U_K(x)e^{j[Kx - (E/\hbar)t]}$$

$$F = -\nabla E_P = -\frac{dE_P}{dr}$$

반도체 재료와 관련된 식

$$\gamma = E_{\text{vac}} - E_V \qquad \text{non degenerate}$$

$$\chi = E_{\text{vac}} - E_C$$

$$E_g = E_C - E_V$$

$$n_0 = N_C e^{-(E_C - E_f)/kT} \quad \text{nondegenerate}$$

$$p_0 = N_V e^{-(E_f - E_V)/kT} \quad \text{nondegenerate}$$

$$n_i^2 = N_C N_V e^{-E_g/kT} \quad \text{nondegenerate}$$

$$n_0 p_0 = n_i^2 \quad \text{nondegenerate}$$

$$E_g = kT \ln\frac{N_C N_V}{n_i^2} \quad \text{nondegenerate}$$

$$\delta_n = E_C - E_f = kT \ln\frac{N_C}{N_D'}$$

$$\delta_p = E_f - E_V = kT \ln\frac{N_V}{N_A'}$$

$$J_n = q\mu_n n\mathscr{E} + qD_n\frac{dn}{dx} = q\mu_n\left(n\mathscr{E} + \frac{kT}{q}\frac{dn}{dx}\right)$$

$$J_p = q\mu_p p\mathscr{E} - qD_p\frac{dp}{dx} = q\mu_p\left(p\mathscr{E} - \frac{kT}{q}\frac{dp}{dx}\right)$$

$$\mathscr{E} = \frac{1}{q}\frac{dE_{\text{vac}}}{dx}$$

$$n_0p_0 = N_C N_V e^{\frac{-(E_{g0}-\Delta E_g^*)}{kT}} = n_i^2 e^{\frac{\Delta E_g^*}{kT}}$$

접합

$$qV_{\text{bi}} = |\Phi_p - \Phi_n|$$

$$V_{\text{bi}} = \frac{kT}{q}\ln\frac{N_D' N_A'}{n_i^2}$$

$$qV_{\text{bi}} = E_g - (\delta_n + \delta_p)$$

$$V_j^n = \frac{qN_D'}{2\varepsilon}w_n^2$$

$$V_j^p = \frac{qN_A'}{2\varepsilon}w_p^2$$

$$w_n = (x_0 - x_n) = \left(\frac{2\varepsilon V_j^n}{qN_D'}\right)^{1/2}\left[\frac{2\varepsilon V_j}{qN_D'\left(1+\frac{N_D'}{N_A'}\right)}\right]^{1/2}$$

$$w_p = (x_p - x_0) = \left(\frac{2\varepsilon V_j^p}{qN_A'}\right)^{1/2}\left[\frac{2\varepsilon V_j}{qN_A'\left(1+\frac{N_A'}{N_D'}\right)}\right]^{1/2}$$

$$w = w_n + w_p = \left[\frac{2\varepsilon V_j(N_A' + N_D')}{qN_A'N_D'}\right]^{1/2} \quad \text{pn junction}$$

$$w = \left(\frac{2\varepsilon V_j}{qN_A'}\right)^{1/2} \quad \text{n}^+\text{p junction}$$

$$w = \left(\frac{2\varepsilon V_j}{qN_D'}\right)^{1/2} \quad \text{p}^+\text{n junction}$$

$$V_j = \frac{qN_D'N_A'w^2}{2\varepsilon(N_D' + N_A')} \quad \text{pn junction}$$

$$n_{p0} = N_D' e^{-qV_{\text{bi}}/kT} \quad \text{nondegenerate}$$

$$p_{n0} = N_A' e^{-qV_{\text{bi}}/kT}$$

$$n_p(x_p) = n_{p0} e^{qV_a/kT}$$

$$p_n(x_n) = p_{n0} e^{qV_a/kT}$$

$$\Delta n_p(x_p) = n_{p0}\left(e^{qV_a/kT} - 1\right)$$

$$\Delta p_n(x_n) = p_{n0}\left(e^{qV_a/kT} - 1\right)$$

$$J = q\left(\frac{D_n n_{p0}}{L_n} + \frac{D_p p_{n0}}{L_p}\right)\left(e^{qV_a/kT} - 1\right) = J_0\left(e^{qV_a/kT} - 1\right) \qquad \text{pn junction}$$

$$J_0 = q\left(\frac{D_n n_{p0}}{w_B} + \frac{D_p p_{n0}}{L_p}\right) \qquad \text{short p-side diode}$$

$$J_0 = q\left(\frac{D_n n_{p0}}{w_{B(p)}} + \frac{D_p p_{n0}}{w_{B(n)}}\right) \qquad \text{both sides short}$$

$$I = I_0\left(e^{qV_a/kT} - 1\right)$$

$$R - G = \frac{np - n_i^2}{\tau_0(n + n_i + p + n_i)}$$

$$C_j = A\left[\frac{q\varepsilon N_D' N_A'}{2(N_D' + N_A')(V_{\text{bi}} - V_a)}\right]^{1/2} \qquad \text{pn junction}$$

$$C_j = A\left[\frac{q\varepsilon N'}{2(V_{\text{bi}} - V_a)}\right]^{1/2} \qquad \text{one-sided junction}$$

$$C_j = \frac{A\left(\dfrac{\varepsilon_n \varepsilon_p}{w_n w_p}\right)}{\left(\dfrac{\varepsilon_n}{w_n} + \dfrac{\varepsilon_p}{w_p}\right)} \qquad \text{heterojunction}$$

$$C_{\text{sc}} = \frac{dQ_{\text{sr}}}{dV_a} = \delta\frac{dQ_s}{dV_a} = \delta I \tau_n\, q/kT$$

$$t_T = \frac{(W_B)^2}{2D_n}$$

$$\mathscr{E}(x) = \frac{qa}{2\varepsilon}\left[x^2 - \left(\tfrac{w}{2}\right)^2\right] \qquad -\left(\frac{w}{2}\right) \le x \le \frac{w}{2} \qquad \text{linearly graded junction}$$

$$w = \left(\frac{12\varepsilon V_j}{qa}\right)^{1/3} \qquad \text{linearly graded junction}$$

$$V_{\text{bi}} = \frac{2kT}{q}\ln\left[\frac{a}{2n_i}\left(\frac{12\varepsilon V_{\text{bi}}}{qa}\right)^{1/3}\right] \qquad \text{linearly graded junction}$$

전계 효과 트랜지스터(FET)

$$I_D = W Q_{\text{ch}}(y)\,\mu(y)\,\mathscr{E}_L(y)$$

$$I_D = 0 \qquad V_{GS} < V_T$$

$$C'_{\text{ox}} = \frac{\varepsilon_{\text{ox}}}{t_{\text{ox}}}$$

$$I_D = \frac{WC'_{\text{ox}}\mu}{L}\left[(V_{GS} - V_T)V_{DS} - \frac{V_{DS}^2}{2}\right] \qquad V_D \le (V_G - V_T) \qquad \text{simple model}$$

$$V_{DS\text{sat}} = (V_{GS} - V_T) \qquad \text{simple model}$$

$$I_{D\text{sat}} = \frac{WC'_{\text{ox}}\mu}{L}\left[\left(V_{GS} - V_T - \frac{V_{DS\text{sat}}}{2}\right)V_{DS\text{sat}}\right] \qquad V_{GS} > V_T,\quad V_{DS} > V_{DS\text{sat}} \qquad \text{simple model}$$

$$I_{D\text{sat}} = \frac{WC'_{\text{ox}}\mu}{2L}(V_{GS} - V_T)^2 = \frac{WC'_{\text{ox}}\mu}{2L}V_{DS\text{sat}}^2 \qquad V_{GS} > V_T,\quad V_{DS} > V_{DS\text{sat}}$$

$$|v| = \frac{\mu_{\text{lf}}|\mathscr{E}_L|}{1 + \dfrac{\mu_{\text{lf}}|\mathscr{E}_L|}{v_{\text{sat}}}} \qquad \mu = \frac{\mu_{\text{lf}}}{1 + \dfrac{\mu_{\text{lf}}|\mathscr{E}_L|}{v_{\text{sat}}}}$$

$$I_D = \frac{WC'_{\text{ox}}\mu_{\text{lf}}}{\left(L + \dfrac{\mu_{\text{lf}}V_{DS}}{v_{\text{sat}}}\right)}\left[(V_{GS} - V_T)V_{DS} - \frac{V_{DS}^2}{2}\right] \qquad V_{DS} \le V_{DS\text{sat}} \qquad \text{considering velocity saturation}$$

$$I_{D\text{sat}} = \frac{WC'_{\text{ox}}\mu_{\text{lf}}}{\left(L + \dfrac{\mu_{\text{lf}}V_{DS\text{sat}}}{v_{\text{sat}}}\right)}\left[(V_{GS} - V_T)V_{DS\text{sat}} - \frac{V_{DS\text{sat}}^2}{2}\right]$$

$$V_{DS} \ge V_{DS\text{sat}} \qquad \text{considering velocity saturation}$$

$$V_{DS\text{sat}} = \frac{v_{\text{sat}}}{\mu_{\text{lf}}}L\left[\left(1 + \frac{2\mu_{\text{lf}}(V_{GS} - V_T)}{v_{\text{sat}}L}\right)^{1/2} - 1\right] \qquad \text{considering velocity saturation}$$

$$\mu_{\text{lf}} = \frac{\mu_0}{1 + \theta(V_G - V_T)}$$

$$w_T = \left[\frac{2\varepsilon_s}{qN'_A}\phi_s(0)\right]^{1/2}$$

$$V_T = \frac{\Phi_{MS}}{q} + 2\phi_f - \frac{Q_f}{C'_{\text{ox}}} - \frac{Q_i(2\phi_f)}{C'_{\text{ox}}} - \frac{Q_B(2\phi_f)}{C'_{\text{ox}}}$$

$$\Delta V_T = -\frac{Q_{ii}}{C'_{\text{ox}}} = +\frac{qN_{ii}}{C'_{\text{ox}}}$$

$$I_D = I_0 e^{q(V_{GS} - V_T)/nkT} \qquad \text{subthreshold}$$

$$S = \frac{2.3kTn}{q}$$

$$P = C_L V_{DD}^2 f$$

$$P = I_{\text{Leakage}} V_{DD}$$

$$t_d = \frac{1}{2}\left(\frac{C_L V_{DD}}{2I_{D\text{satn}}} + \frac{C_L V_{DD}}{2I_{D\text{satp}}}\right)$$

$$g_m \equiv \frac{i_d}{\upsilon_g} = \frac{\partial I_D}{\partial V_{GS}}$$

$$g_d \equiv \frac{i_d}{\upsilon_d} = \frac{\partial I_D}{\partial V_{DS}}$$

$$g_m = \frac{W C'_{\text{ox}} \mu_{\text{lf}} V_{DS}}{L\left(1 + \frac{\mu_{\text{lf}} V_{DS}}{L\upsilon_{\text{sat}}}\right)}$$

$$g_{m\text{sat}} = W\upsilon_{\text{sat}} C'_{\text{ox}} \left\{1 - \left[1 + \frac{2\mu_{\text{lf}}(V_{GS} - V_T)}{\upsilon_{\text{sat}} L}\right]^{-1/2}\right\}$$

$$g_d = \frac{W C'_{\text{ox}} \mu_{\text{lf}}}{L}\left[\frac{(V_{GS} - V_T - V_{DS}) - \frac{\mu_{\text{lf}} V_{DS}^2}{2L\upsilon_{\text{sat}}}}{\left(1 + \frac{\mu_{\text{lf}} V_{DS}}{L\upsilon_{\text{sat}}}\right)^2}\right] \qquad V_{DS} \le V_{DS\text{sat}}$$

$$g_{d\text{sat}} = 0 \qquad V_D \ge V_{D\text{sat}}$$

$$f_T = \frac{\upsilon_{\text{sat}}}{2\pi L}\left\{1 - \left[1 + \left(\frac{2\mu_{\text{lf}}(V_{GS} - V_T)}{\upsilon_{\text{sat}} L}\right)^{-1/2}\right]\right\} \qquad \text{saturation}$$

$$I_D = \frac{W C'_{\text{ox}} \mu_{\text{lf}}\left(V_{GS} - V_T - \frac{V_{DS}}{2}\right)(V_{DS} - 2I_D R_S)}{L\left[1 + \frac{\mu_{\text{lf}}(V_{DS} - 2I_D R_S)}{L\upsilon_{\text{sat}}}\right]} \qquad V_{DS} \le V_{DS\text{sat}}$$

considering series resistance

$$MTTF \propto e^{E_a/kT}$$

$$\frac{I_{D\text{sat}}(77\text{ K})}{I_{D\text{sat}}(300\text{ K})} = \frac{\mu_{\text{lf}}(77\text{ K})}{\mu_{\text{lf}}(300\text{ K})} \frac{\left(1 + \left.\frac{\mu_{\text{lf}} V_{DS\text{sat}}}{L\upsilon_{\text{sat}}}\right|_{300\text{ K}}\right)}{\left(1 + \left.\frac{\mu_{\text{lf}} V_{DS\text{sat}}}{L\upsilon_{\text{sat}}}\right|_{77\text{ K}}\right)}$$

$$I_D = \frac{qW\mu_{\text{lf}} N'_D a}{L}\left\{V_{DS} - \frac{2}{3}(V_{\text{bi}} - V_T)\left[\left(\frac{V_{DS} + V_{\text{bi}} - V_{GS}}{V_{\text{bi}} - V_T}\right)^{3/2} - \left(\frac{V_{\text{bi}} - V_{GS}}{V_{\text{bi}} - V_T}\right)^{3/2}\right]\right\}$$

bulk channel FETs, below saturation, simple model

$$I_{D\text{sat}} = \frac{qW\mu_{\text{lf}}N_D'a}{L}\left\{V_{GS} - V_T - \frac{2}{3}(V_{\text{bi}} - V_T)\left[1 - \left(\frac{V_{\text{bi}} - V_{GS}}{V_{\text{bi}} - V_T}\right)^{3/2}\right]\right\}$$

bulk channel FETs, simple model

쌍극 접합 트랜지스터(BJT)

$$V_{CE} = V_{CB} + V_{BE}$$

$$I_E = I_C + I_B$$

$$I_E = I_{nE} + I_{pE}$$

$$I_C = I_{nC} + I_{pC}$$

$$I_{nC} = I_{nE} - I_{\text{rec}}$$

$$I_B = I_{pE} + I_{\text{rec}} - I_{pC}$$

$$\alpha = \frac{I_{\text{out}}}{I_{\text{in}}} = \frac{I_C}{I_E}$$

$$\beta = \frac{I_{\text{out}}}{I_{\text{in}}} = \frac{I_C}{I_B}$$

$$\beta = \frac{\alpha}{1 - \alpha}$$

$$\alpha = \frac{I_{nE}}{I_E}\frac{I_{nC}}{I_{nE}}\frac{I_C}{I_{nC}} = \gamma\alpha_T M$$

$$\gamma = \frac{I_{nE}}{I_E}$$

$$\alpha_T = \frac{I_{nC}}{I_{nE}} = 1 - \frac{I_{\text{rec}}}{I_{nE}}$$

$$M = \frac{I_C}{I_{nC}} = 1 + \frac{I_{pC}}{I_{nC}}$$

$$\gamma \approx \frac{1}{1 + \dfrac{p_E(0^-)}{n_B(0^+)}\dfrac{D_{pE}}{D_{nB}}\dfrac{W_B}{W_E}}$$ prototype (uniformly doped) npn

$$\gamma \approx \frac{1}{1 + \dfrac{n_E(0^-)}{p_B(0^+)}\dfrac{D_{nE}}{D_{pB}}\dfrac{W_B}{W_E}}$$ prototype (uniformly doped) pnp

$$\alpha_T \approx 1 - \frac{W_B^2}{2L_n^2}$$ prototype (uniformly doped) npn

$$\alpha_T \approx 1 - \frac{W_B^2}{2L_p^2}$$ prototype (uniformly doped) pnp

$$\gamma \approx \frac{1}{1 + \frac{N'_{AB}}{N'_{DE}} e^{\Delta E_g^*/kT} \times \frac{D_{pE}}{D_{nB}} \times \frac{W_B}{W_E}}$$ prototype npn with degenerately doped emitter

$$\gamma \approx \frac{1}{1 + \frac{N'_{DB}}{N_{AE}} e^{\Delta E_g^*/kT} \times \frac{D_{nE}}{D_{pB}} \times \frac{W_B}{W_E}}$$ prototype pnp with degenerately doped emitter

$$\beta \approx \frac{N'_{DE}}{N'_{AB}} \frac{D_{nB}}{D_{pE}} \times \frac{W_E}{W_B}$$ nondegenerate emitter (npn)

$$\beta \approx \frac{N_{DE}}{N'_{AB}} \frac{D_{nB}}{D_{pE}} \times \frac{W_E}{W_B} e^{-\Delta E_g^*/kT}$$ degenerate emitter (npn)

$$\Delta E_g^* = E_g^* \text{ (base)} - E_g^* \text{(emitter)}$$

$$\eta = \frac{W_B}{\lambda}$$ graded-doping parameter

$$\eta = \ln \frac{N'_A(0^+)}{N'_A(W_B)}$$ exponential grading of base doping

$$J_{nB} = \frac{q D_n n_B(0^+)}{W_B} \left(\frac{\eta}{1 - e^{-\eta}} \right)$$ graded base

$$\frac{\beta(\eta)}{\beta(0)} \approx \left(\frac{\eta}{1 - e^{-\eta}} \right)$$ graded base

$$I_F = I_{F0}\left(e^{qV_{BE}/kT} - 1\right)$$ Ebers-Moll Model

$$I_R = I_{R0}\left(e^{qV_{BC}/kT} - 1\right)$$

$$I_E = I_F - \alpha_R I_R$$

$$I_C = \alpha_F I_F - I_R$$

$$I_E = I_{CT} + \frac{I_F}{\beta_F + 1}$$

$$I_C = I_{CT} + \frac{I_R}{\beta_R + 1}$$

$$I_B = \frac{I_F}{\beta_F + 1} + \frac{I_R}{\beta_R + 1}$$

$$I_{CT} = \frac{\beta_F I_F}{\beta_F + 1} - \frac{\beta_R I_R}{\beta_R + 1}$$

$$R_B = \frac{R_\square L}{4h}$$ base resistance

$$J_C \le 0.3 |q N_{DC} v_{\text{sat}}|$$ design rule for base push-out (Kirk) effect

$$C\mu = C_{jBC}$$ Hybrid-pi model

$$C_\pi = C_{jBE} + C_{scBE}$$

$$r_\pi \approx \frac{kT}{qI_B} \approx \frac{\beta_{DC} kT}{qI_C}$$

$$r_\pi = \frac{\dfrac{kT}{q^2 A_E n_i^2} e^{-qV_{BE}/kT}}{\dfrac{D_{pE}}{W_E N_{DE}}} \qquad \text{npn}$$

$$r_\mu = \frac{1}{\left.\dfrac{\partial I_C}{\partial V_{CB}}\right|_{V_{BE}}}$$

$$r_0 = \frac{1}{\left.\dfrac{\partial I_C}{\partial V_{CE}}\right|_{V_{CB}}} = \frac{V_A}{I_C}$$

$$g_m = \left.\frac{\partial I_C}{\partial V_{BE}}\right|_{V_{CE}} = \frac{i_c}{v_{be}} = \frac{qI_C}{kT} = \frac{\beta_{DC}}{r_\pi}$$

$$Q_B = -\frac{qA_E n_B(0^+) W_B}{2}$$

$$dQ_{Br} = \delta dQ_B$$

$$C_{scBE} = \frac{\delta W_B^2 \beta_{DC}}{2D_{nB} r_\pi}$$

$$f_{co} = \frac{1}{\sqrt{2\pi r_\pi (C_\pi + C_\mu)}}$$

$$\beta(f) = \frac{g_m v_{be}}{i_b} = \frac{\beta_{DC}}{\sqrt{1 + \left(\frac{f}{f_{co}}\right)^2}}$$

$$t_{tB} = \frac{Q_B}{I_{nB}} = \frac{Q_B}{I_C} \qquad t_{tB} = \frac{W_B^2}{2D_n}$$

광전 소자

$$F_L(x) = F_L(0)\, e^{-\alpha x}$$

$$R = \left(\frac{n_1 - n_2}{n_1 + n_2}\right)^2$$

$$V_{oc} = \frac{nkT}{q} \ln\left(1 + \left|\frac{I_L}{I_0}\right|\right)$$

$$\eta_Q = \frac{J_L/q}{F_{Li}}$$

$$R_{ph} = \frac{J_L/q}{h\nu F_{Li}} = \frac{q\eta_Q}{h\nu}$$

$$\mathrm{FF} = \frac{I_m V_m}{I_{\mathrm{sc}} V_{\mathrm{oc}}}$$

$$\eta = \mathrm{FF}\frac{I_{\mathrm{sc}} V_{\mathrm{oc}}}{P_{Li}}$$

$$R_{\mathrm{ph}} = M\left(\frac{q\eta_Q}{hv}\right)$$

$$\frac{dN^2}{dt} = -A_{21}N_2 \qquad \text{spontaneous emission}$$

$$\tau_{\mathrm{radiative,spont}} = \frac{1}{A_{21}}$$

$$\frac{dN_2}{dt} = B_{12}N_1\rho(v)$$

$$\frac{dN_2}{dt} = -B_{21}N_2\rho(v) \qquad \text{stimulated emission}$$

$$\lambda = \frac{2nd}{q}$$

전력 반도체 소자

$$\xi_{cr} = \sqrt{\frac{2qN_D V_j}{\varepsilon_s}} \approx \sqrt{\frac{2qN_D V_{br}}{\varepsilon_s}}$$

$$W_D = \sqrt{\frac{2\varepsilon_s V_j}{qN_D}} \approx \sqrt{\frac{2\varepsilon_s V_{br}}{qN_D}}$$

$$V_{br} \approx \frac{\varepsilon_s \xi_{cr}^2}{2qN_D} \approx \frac{qN_D W_D^2}{2\varepsilon_s}$$

$$R_{\mathrm{on,sp}} = \frac{W_D}{q\mu_n N_D}$$

$$R_{\mathrm{on,sp}} = \frac{4V_{br}^2}{\varepsilon_s \mu_n \mathscr{E}_{cr}^3}$$

$$R_{\mathrm{on,sp}} = \frac{W_D}{q(\mu_n + \mu_p)n_a} \text{pin device}$$

$$\left.\begin{aligned} I_{B1} &= (1-\alpha_1)I_{E1} - I_{C01} \\ I_{C2} &= \alpha_2 I_{E2} + I_{C02} \end{aligned}\right\} \qquad \text{npnp two-transistor model}$$

$$I_A = \frac{I_{C01} + I_{C02}}{1 - (\alpha_1 + \alpha_2)} \qquad \text{npnp}$$

색인

ㄱ

ㄴ

ㄷ

ㄹ

ㅁ

ㅂ

ㅅ

ㅇ

ㅈ

ㅊ

ㅋ

ㅌ

ㅍ

ㅎ

기타